U0215014

中国作物线虫病害研究与诊控技术

张绍升　刘国坤　肖　顺◎著

海峡出版发行集团 | 福建科学技术出版社
THE STRAITS PUBLISHING & DISTRIBUTING GROUP | FUJIAN SCIENCE & TECHNOLOGY PUBLISHING HOUSE

图书在版编目(CIP)数据

中国作物线虫病害研究与诊控技术 / 张绍升, 刘国坤, 肖顺著.
—福州 : 福建科学技术出版社, 2021. 8
ISBN 978-7-5335-6498-8

Ⅰ. ①中… Ⅱ. ①张… ②刘… ③肖… Ⅲ. ①线虫感染 - 植物病害 - 防治 Ⅳ. ① S432.4

中国版本图书馆 CIP 数据核字(2021)第 122147 号

书　　名　中国作物线虫病害研究与诊控技术
著　　者　张绍升　刘国坤　肖　顺
出版发行　福建科学技术出版社
社　　址　福州市东水路76号(邮编350001)
网　　址　www.fjstp.com
经　　销　福建新华发行(集团)有限责任公司
印　　刷　福州德安彩色印刷有限公司
开　　本　889毫米×1194毫米　1/16
印　　张　37
图　　文　592码
版　　次　2021年8月第1版
印　　次　2021年8月第1次印刷
书　　号　ISBN 978-7-5335-6498-8
定　　价　360.00元

书中如有印装质量问题，可直接向本社调换

序

作物线虫病害是我国农业生产的重大敌害，其重要性日趋显现。福建农林大学植物线虫学科研团队从20世纪80年代开始对中国作物线虫病害进行研究，历经40年潜心努力，取得许多重要研究成果，将这些成果汇集成册很有必要。《中国作物线虫病害研究与诊控技术》采用图文并茂的编写方式，在我国植物线虫学领域尚属首次；全书各章节附有相关的彩色实物照片，不仅体现了内容及结论的科学性和可靠性，也增加了著作的实用性。该科研团队长期坚持科研、教学与生产相结合，理论源于实践、再指导实践的理念，书中收录的内容都来源科研、教学与生产实践，因此本书有其独特的原创性和指导性，具有较大的理论价值和应用价值。

全书以作者自己取得的科研、教学成果和实践经验为基础，以中国作物线虫病害的诊断、监测和防控为主线，内容涵盖作物病原线虫的形态学、分类鉴定、研究方法，线虫生防菌剂的开发利用等方法学，也涵盖作物线虫病害的诊断学、生态学、微生态学、流行学和防控原理；以专门章节阐述粮、油、果、菜、药、烟、茶、蔗、麻、树、花等作物线虫病害的诊断和防控技术。

这是一部内容新颖、结构合理且具有自身特色的学术专著，对保障我国农业安全和粮食安全具有重要意义。本书不仅可以作为农林院校植物保护学科教学和科研的参考书，也可供基层植物保护专业人员和新型职业农民学习。相信本书的出版能极大地推进我国植物线虫学科的发展。

中国科学院院士

福建农林大学教授

2020年6月17日

前言

作物病原线虫危害禾谷类作物、薯类作物、油料作物，以及果树、蔬菜、食用菌、药用植物、烟草、茶、甘蔗、麻、林木、花卉等各种作物。我国发生许多重要的作物线虫病害，如各类作物根结线虫病及大豆孢囊线虫病、甘薯茎线虫病、柑橘线虫病、花生茎线虫病、小麦孢囊线虫病等，给我国农业生产造成重大的损失。然而，作物病原线虫是农业生产中的隐蔽性敌害，其危害性仍然没有引起人们的重视。根据福建农林大学植物线虫研究室的调查研究结果：我国柑橘线虫病普遍发生，造成大面积柑橘树黄化衰退；有效防控柑橘线虫病，就可能避免大面积砍树毁园的悲剧发生。水稻潜根线虫病在各类水稻田普遍发生，采用稻田轮作或药剂防控线虫病害的措施能大幅度提高稻谷产量。研究结果表明，控制和减轻作物病原线虫的危害，是保护作物生产安全，增加作物产量和提高作物品质的一项切实有效的农业生产措施。

福建农林大学植物线虫学研究团队从 20 世纪 80 年代开始对中国主要作物线虫病害进行研究。针对我国主要作物开展线虫病害种类及危害性调查，病原线虫鉴定分类，以及病害发生机制和发生规律、杀线虫微生物资源开发应用、病害诊断和防控技术等方面的研究。研究工作得到国家自然科学基金、国家 863 计划、国家科技支撑项目、科技部公益性行业（农业）科研专项、农业部财政专项，福建省重大科研专项、省重点项目、省自然科学基金、省行业专项、省产业体系建设等项目资助。实行教学、科研、生产相结合，大批博士研究生、硕士研究生、本科大学生加入研究队伍，做了大量的调查研究工作。

40 年来，研究团队经过不懈的努力，较全面地了解和掌握了我国主要作物线虫病害的种类和分布，查明了根结线虫（*Meloidogyne*）、孢囊线虫（*Heterodera*）、根腐线虫（*Pratylenchus*）、潜根线虫（*Hirschmanniella*）、茎线虫（*Ditylenchus*）、半穿刺线虫（*Tylenchulus*）、滑刃线虫（*Aphelenchoides*）等重要病原线虫对我国作物生产构成的重大危害；发现了我国花生新病害——花生茎线虫病和花生茎线虫新种（*Ditylenchus arachis* n. sp.），首次报道了我国南方花生种植区发生的花生根腐线虫病；通过生物学和分子生物学方法研究表明，我国大面积发生的甘薯茎线虫病病原为腐烂茎线虫（*Ditylenchus destructor*）甘薯专化型或小种。调查结果表明，水稻潜根线虫病是一种常发性和普发性重要病害，采取适当的防控措施就能获得较显著的增产效益；根结线虫病成为蔬菜的重要病害，可对设施蔬菜生产造成毁灭性危害。调查发现，农业生产上发生的作物黄化症、衰退症等疑难病中，不少是由线虫造成的，一旦贻误防控时机将造成重大损失；调查还发现了入侵的重大检疫性病原线虫——相似穿孔线虫（*Radopholus similis*），并对疫情采取了铲除措施。对存在于作物线虫病害系统和土壤生态系统中的自由生活线虫、捕食性线虫和食菌性线虫进行了研究，初步了解这些线虫在自然生态系统中的作用。开展了作物线虫病害的生物防控，以及杀线虫微生物资源收集、开发和应用研究工作，确立了生产菌株的筛选技术，建立了线虫生防菌剂的生产工艺。针对生产上构成重大危害的柑橘线虫病、蔬菜根结线虫病、水稻线虫病进行大面积防控试验和示范，构建了高效实用的防控技术体系。

我国农业正处于传统农业向现代农业过渡阶段，随着作物品种更替、作物类别布局调整、农业耕作制度和栽培方式的变化，作物线虫病害问题日益突显。基于此，作者以长期积累的第一手科研生产成果资料为基础，经过归纳和整理编写成此书。全书分成 11 章。1~ 3 章为基础理论部分，介绍作物病原线虫的形态学、生物学，病原线虫的主要类群和鉴定方法；作物线虫病害症状和发生规律，病害诊断和防控技术。4~11 章以我国主要作物类别划分章节，介绍各类主要作物发生的重要线虫病害，涵盖症状、病原、发生规律和防控措施。对于一些危害较小的线虫病害，仅在各类主要作物的“其他线虫病”中介绍其症状和病原（一些病原未检出雄虫），其发病规律及防控措施可参阅同类线虫病害。附录介绍了作物根际土壤线虫。全书图文并茂，兼具理论性、应用性和通俗性，可供农林院校植物保护专业、农学专业、园艺专业、林学专业师生阅读，也可供植物保护工作者、作物种植和管理者使用。

值得说明的是，本书是科研团队全体人员，包括历届博士研究生、硕士研究生和本科实习生共同努力的结果，所列参考文献全面体现了他们在作物线虫病害研究中取得的成果和做出的贡献。作者根据自己长期从事植物病理学和植物线虫学教学、科研和生产实践的体会，提出了一些新的研究方法和学术观点。书中照片，除数幅引用同行照片外，其余均为作者及科研团队其他成员拍摄。

中国科学院院士谢联辉教授、谢华安研究员对本书编写工作十分关心，谢联辉教授还在百忙中抽出宝贵时间为本书作序。在此，谨致谢忱。

张绍升

2020 年 6 月于福建农林大学

目 录

第一章

作物线虫病害概述

线虫是动物界中的一大类群，大部分生活于海洋、河流和土壤中，有些线虫是人、动物和植物的寄生虫。广义上，将与植物有关的线虫都称为植物线虫，寄生于植物的线虫称为植物寄生线虫，能引起植物病害的线虫称为植物病原线虫。寄生于作物，且引起作物病害的线虫称为作物病原线虫。线虫引起的作物病害称为作物线虫病。甘薯茎线虫病、大豆孢囊线虫病、马铃薯孢囊线虫病、香蕉穿孔线虫病等都是重要的作物线虫病害。

第一节　作物病原线虫基本特征

一、形态特征

诊断作物线虫病害，需要鉴定病原线虫。作物病原线虫的形态学特征是鉴定和分类的主要依据。

（一）体形和大小

作物病原线虫是长管状两侧对称的低等动物。体形细小，体宽 15~35μm，体长 200~1000μm，个别种类体长达到 3000μm 以上。

作物病原线虫的体形有雌雄同形和雌雄异形（图 1–1）。雌雄同形的线虫成熟雌虫和雄虫均为蠕虫形，除生殖器官有差别之外，二者其他形态结构都相似，如根腐线虫（*Pratylenchus*）、茎线虫（*Ditylenchus*）。雌雄异形的线虫有两种类型：一是定居型线虫，雌虫虫体膨大为球形、柠檬形或肾形，如根结线虫（*Meloidogyne*）、孢囊线虫（*Heterodera*）、半穿刺线虫（*Tylenchulus*）、肾形线虫（*Rotylenchulus*）。二是迁移型线虫，如环科（Criconematidae）线虫，雌虫的虫体明显粗短，呈雪茄形、腊肠状或纺锤形，环纹粗大，有发达的口针和食道；雄虫则虫体细小、线形，环纹细，口针和食道退化。穿孔线虫（*Radopholus*）仅在虫体前部出现雌雄异形，其雌虫和雄虫均为线形，雌虫头部不缢缩、口针和食道发达，雄虫的头部缢缩为球形、食道退化。

（二）虫体对称性

作物病原线虫是两侧对称的动物，沿着其背面和腹面的中线纵裂可以分为两个相似部分。口孔位于头顶端部（图 1–2A，B）；排泄孔、阴门、肛门都位于腹中线（图 1–2A，C，D）；侧器孔、乳突和侧尾腺口位于侧中线（图 1–2B~D）。沿背侧和腹侧纵裂，可以将虫体分为 4 个相等扇面：1 个背面、1 个腹面和 2 个侧面（图 1–2E）。

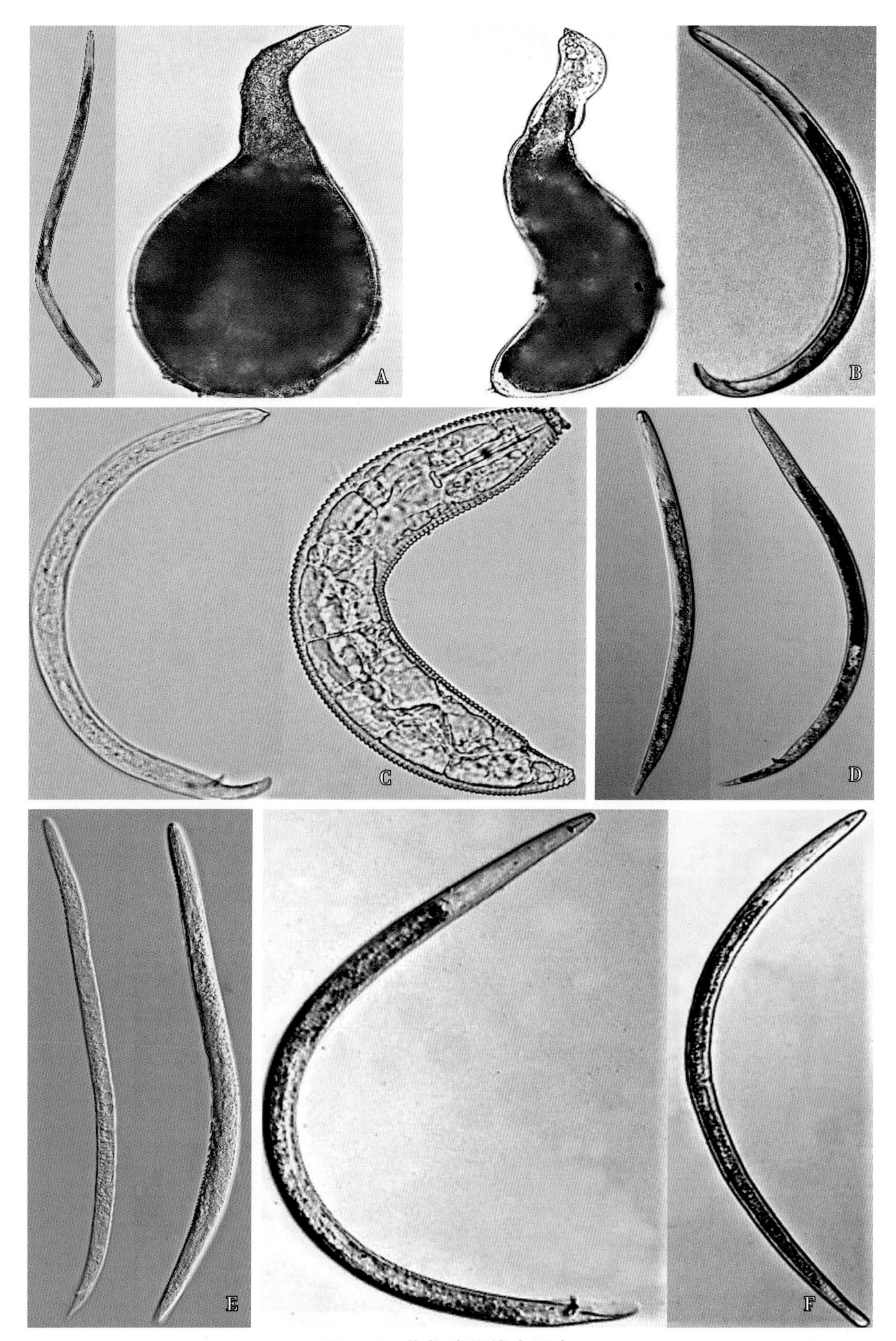

图 1–1　作物病原线虫形态

A. 根结线虫（*Meloidogyne*）雄虫和雌虫（雌雄异形）；B. 肾形线虫（*Rotylenchulus*）雌虫和雄虫（雌雄异形）；C. 盘小环线虫（*Discocriconemella*）雌虫和雄虫（雌雄异形）；D. 穿孔线虫（*Radopholus*）雌虫和雄虫（雌雄异形）；E. 根腐线虫（*Pratylenchus*）雌虫和雄虫（雌雄同形）；F. 矮化线虫（*Tylenchorhynchus*）雄虫和雌虫（雌雄同形）

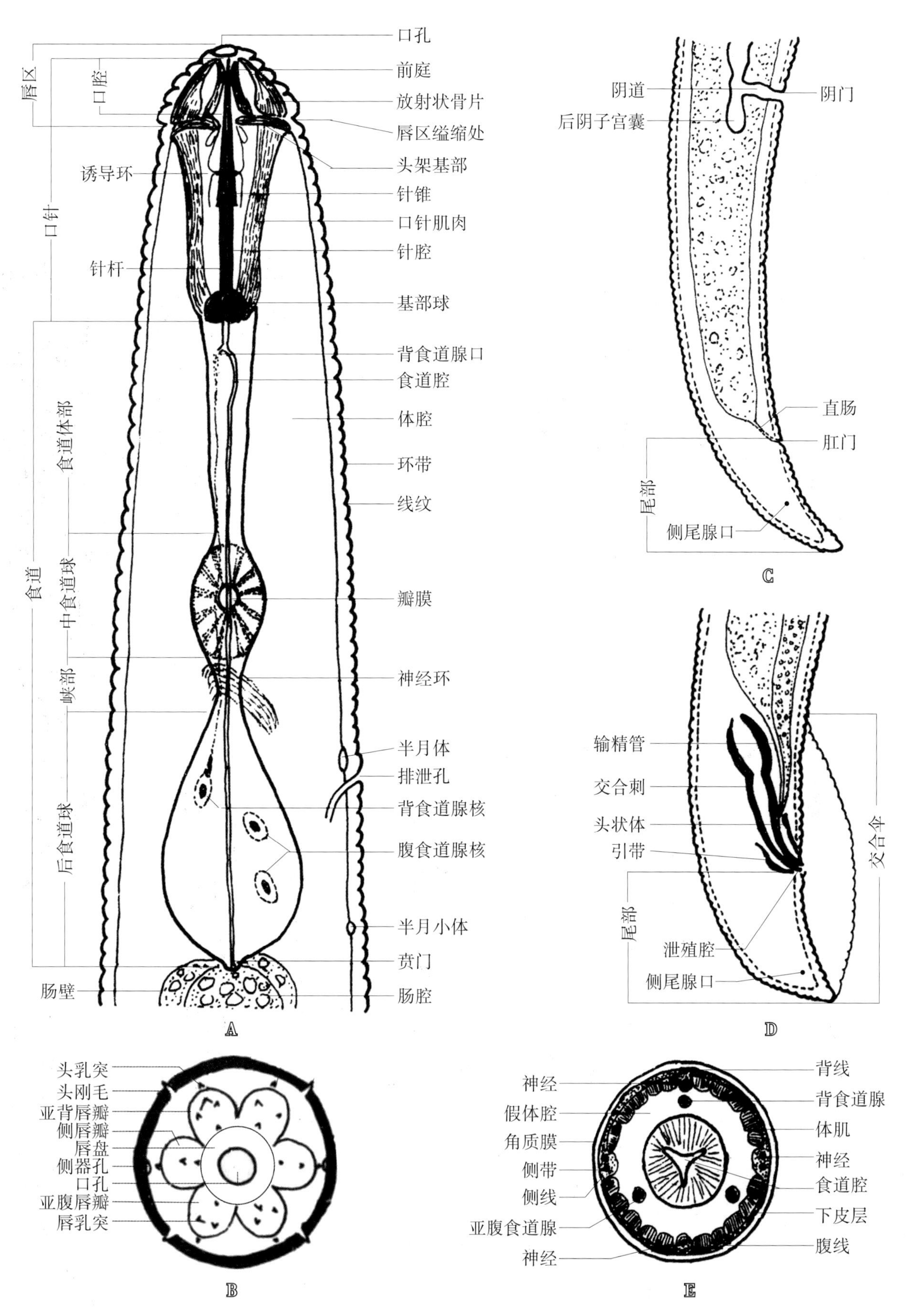

图 1–2　作物病原线虫虫体结构

A. 虫体前部及食道侧面；B. 头部正面；C. 雌虫后部侧面；D. 雄虫后部侧面；E. 食道横切面

作物病原线虫虫体分为头、颈、腹、尾 4 个躯段。从前端至口针基部球为头，包括侧器、头乳突、唇部、口腔和口针（图 1-2A，B）；口针基部球至食道和肠连接处为颈，包括排泄孔、半月体和食道（图 1-2A）；食道和肠连接处至肛门为腹，包括消化系统和生殖系统，含肛门和阴门；雌虫肛门之后为尾（图 1-2C），雄虫则在泄殖腔后为尾，泄殖腔附近有交合刺、引带及交合伞（图 1-2D）。线虫尾部形态变化很大，许多线虫的成虫与幼虫、雌虫与雄虫的尾部形态各异（图 1-3）。尾部的形态特征常常作为鉴定线虫属、种的依据。

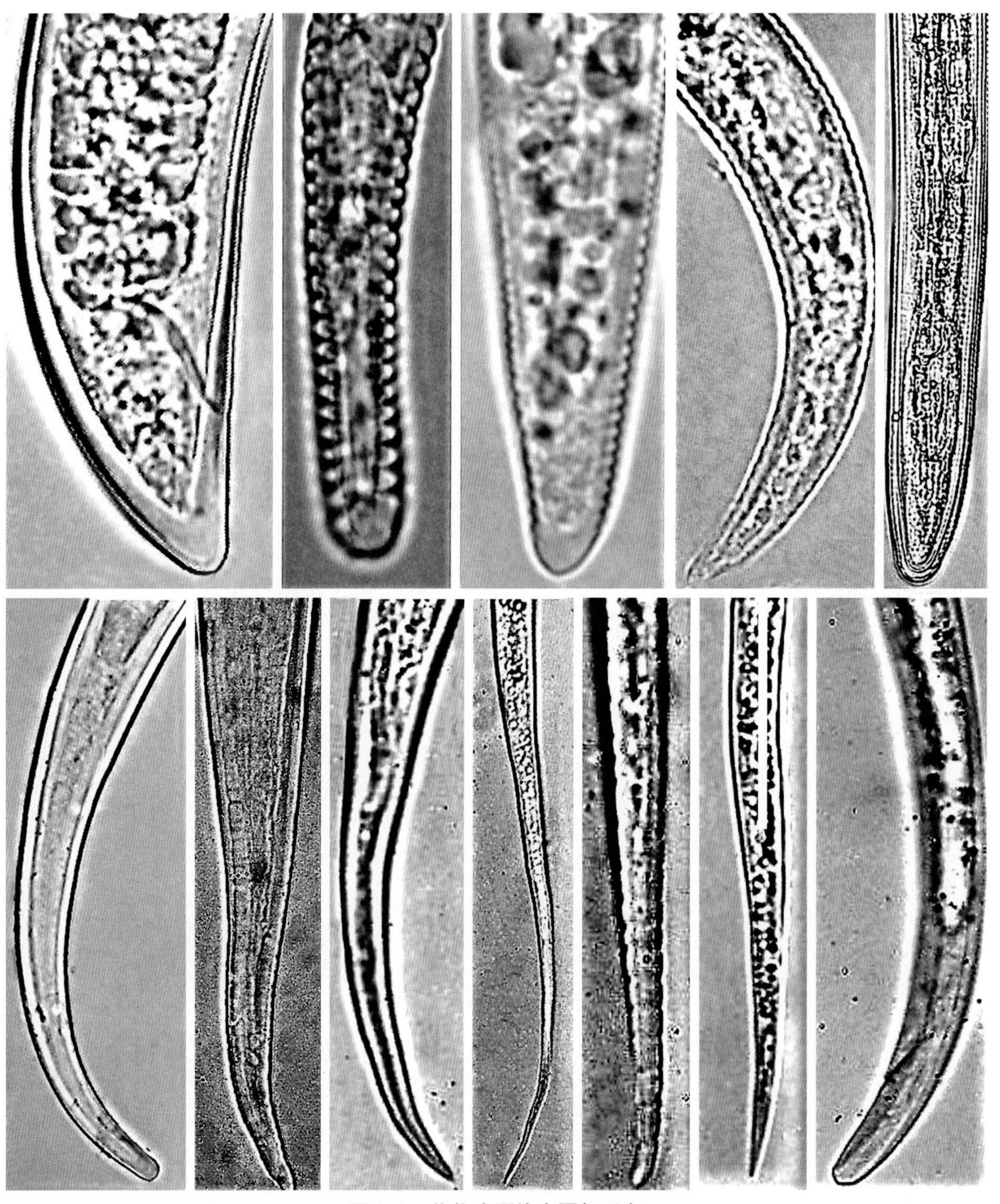

图 1-3　作物病原线虫尾部形态

（三）体壁和体腔特征

作物病原线虫的体壁由角质膜、下皮层和肌肉层构成。角质膜为线虫的外骨骼，包住整个虫体，同时也内陷为口腔、食道、排泄孔、阴道、直肠和泄殖腔的内衬膜。角质膜之下为下皮层，下皮层在背面、腹面和侧面加厚形成背索、腹索和侧索。线虫的肌肉一般为纵行肌，并且含有一些肌原纤维和专化收缩肌。专化收缩肌通常与感觉器官（侧器）、消化器官（口针、食道、肠）、排泄器官（肛门）以及生殖器官（阴门、交合刺、引带、交合伞）相联系。肌肉层下为体腔，线虫的体腔无真体腔膜，称为假体腔。

线虫角质膜表面形成特征性装饰物和饰纹（图 1–4），可以作为线虫的鉴别特征。多数线虫都具有体环或横纹。根结线虫（*Meloidogyne*）雌虫的会阴花纹及孢囊线虫（*Heterodera*）的孢囊表面各种皱纹，也是由横纹演变而来的。角质膜上装饰物包括鳞片、刺和鞘。线虫体侧角质膜上具有由凸起的纵脊和凹陷的纵沟（侧线）构成的侧带。侧带上的侧线数目是线虫属、种的重要鉴别特征。

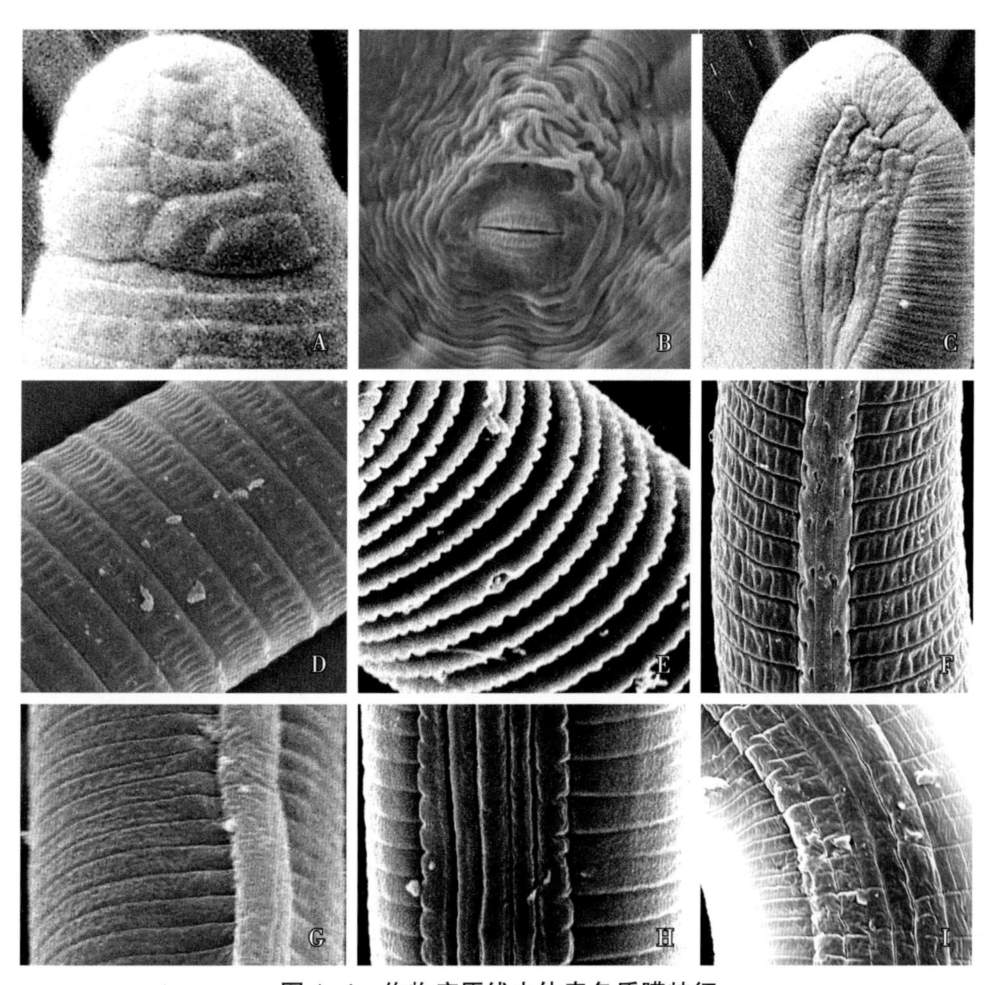

图 1–4 作物病原线虫体表角质膜特征

A. 盾线虫（*Scutellonema*）头部环纹；B. 南方根结线虫（*M. incognita*）会阴花纹；C. 盾线虫（*Scutellonema*）尾部环纹和侧尾腺口；D. 拟鞘线虫（*Hemicriconemoides*）雌虫体环；E. 环线虫（*Criconema*）体环；F. 矮化线虫（*Tylenchorhynchus*）体环和侧带；G. 丝尾垫刃线虫（*Filenchus*）体环和侧带；H. 头垫刃线虫（*Cephalenchus*）体环和侧带；I. 腐烂茎线虫（*Ditylenchus destructor*）体环和侧带

（四）头部结构特征

作物病原线虫头部由头架、口孔、感觉器官和侧器组成。头部正面观的典型模式是有一块卵圆形的唇盘，唇盘上有一卵圆形的口孔，唇盘基部有 6 个唇片。侧器开口为孔状，位于唇盘基部的侧唇片上。不同种类的线虫，其唇部的形态、唇片数目有所不同。利用扫描电子显微镜获得的头部正面观的超微形态特征已成为线虫鉴定的重要依据（图 1–5）。

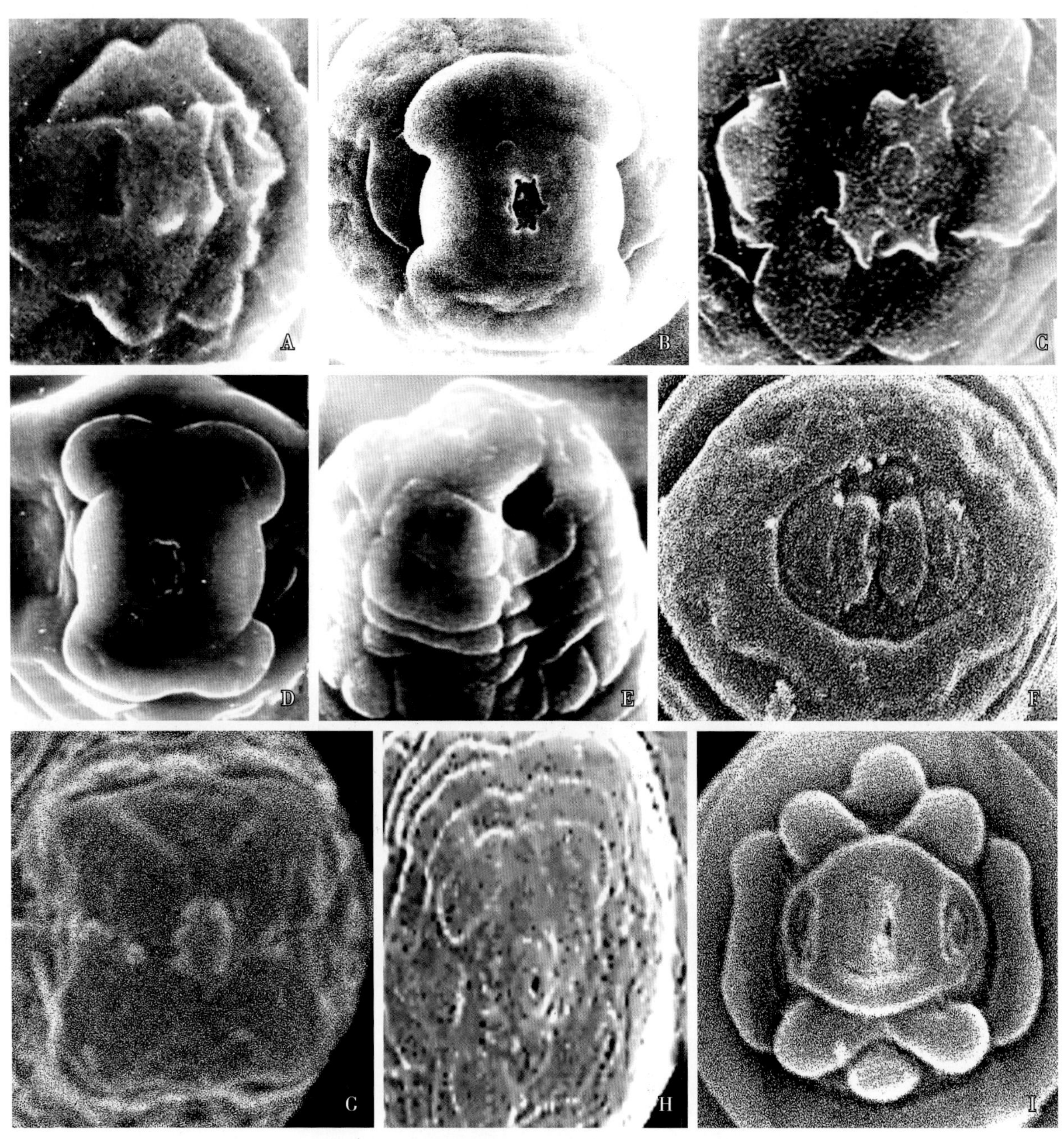

图 1–5　作物病原线虫头部正面观结构特征

A、B. 柑橘根结线虫（*M. citri*）雌虫和雄虫；C、D. 闽南根结线虫（*M. mingnanica*）雌虫和雄虫；E. 盘旋线虫（*Rotylenchus*）雌虫；F. 拟鞘线虫（*Hemicriconemoides*）雌虫；G. 丝尾垫刃线虫（*Filenchus*）雌虫；H. 腐烂茎线虫（*D. destructor*）雌虫；I. 小环线虫（*Criconemella*）雌虫

（五）消化系统特征

作物病原线虫的消化系统包括口针、食道、肠、直肠和肛门。口孔后为口腔，口腔内有一根骨质化的刺状物，称为口针。作物病原线虫用口针穿刺作物细胞和组织，向作物组织内分泌消化酶，吸食细胞内的营养物质。口针分为吻针和齿针：吻针中空，起源于口腔壁；齿针中实，由齿发育而成。口腔与肠瓣之间的消化道称为食道，它呈肌肉质、含有腺体的管状结构。作物病原线虫的食道分为两种基本类型（图 1–6）。一类是矛线型食道，这类食道由两部分圆筒体组成，包括 1 个细长的非肌质的前部和 1 个膨大的肌腺质的后部，口针为齿针。剑线虫（*Xiphinema*）、长针线虫（*Longidorus*）和毛刺线虫（*Trichodorus*）都属于这类食道。根据口针形状，矛线型食道又可分为长针型、剑型、毛刺型食道。另一类是垫刃型食道，这类食道由食道体部、中食道球、峡部和后食道组成，口针为吻针。垫刃目（Tylenchida）线虫和滑刃目（Aphelenchida）线虫的食道都属于垫刃型。垫刃目（Tylenchida）中有明显具瓣膜中食道球的食道为典型的垫刃型食道；有些线虫的体部与中食道球愈合，如环总科（Criconematoidea）线虫，这类食道称为环线型食道。滑刃目（Aphelenchida）线虫的中食道球较大，与典型的垫刃型食道有所不同，称为滑刃型食道。此外，小杆目（Rhabditida）线虫没有口针，有明显口腔，其食道称为小杆型食道。

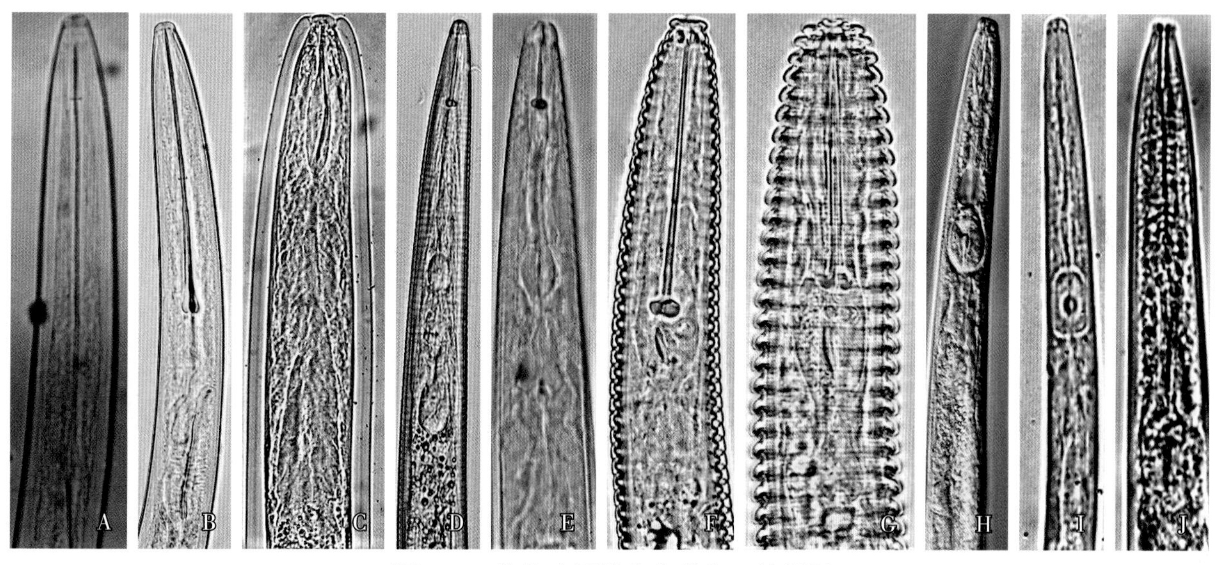

图 1–6　作物病原线虫食道和口针类型

矛线型食道：A. 长针型；B. 剑型；C. 毛刺型　垫刃型食道：D、E. 垫刃型；F、G. 环线型；H、I. 滑刃型　小杆型食道：J. 小杆型

垫刃目（Tylenchida）线虫和滑刃目（Aphelenchida）线虫的后食道为腺质，由 1 条背食道腺和 2 条亚腹食道腺构成。食道腺有时围成后食道球，有时呈游离状态覆盖于肠的背面或腹面。食道腺的排列方式是线虫分类鉴定的重要依据。纽带线虫（*Hoplolaimus*）的食道腺延伸覆盖于肠的背面和背侧，螺旋线虫（*Helicotylenchus*）的食道腺覆盖于肠的腹面和腹侧，矮化线虫（*Tylenchorhynchus*）的食道腺则围成后食道球。

背食道腺和亚腹食道腺有各自独立的管子向前延伸，并通过角质化的支管开口于食道腔。背食道腺开口的位置是重要的分类依据。滑刃目（Aphelenchida）线虫的背食道腺开口于中食道球的瓣膜前，垫刃目（Tylenchida）线虫背食道腺开口于食道前体部的口针基部球后附近。

线虫的肠是由一层上皮细胞组成的简单管状物，肠内通常充满脂肪质小颗粒。肠分为前肠、中肠和直肠。直肠是由角质膜内陷而成，也称肛道。雌虫的直肠开口于肛门，雄虫的直肠开口与精巢开口同在泄殖腔。

（六）神经系统特征

作物病原线虫有高度发达的神经系统，主要神经和感觉器官有神经环、半月体和半月小体、侧器、侧尾腺（尾腺）和乳突。神经环是线虫的神经中枢，由此处发出的神经向前延伸至侧器和头部感觉器官，向后达到尾部（图 1–7）。半月体位于排泄孔附近，是重要的侧腹神经受体。半月小体位于半月体稍后。侧器，或称化感器，是位于头部的一对侧向化学感觉器官。侧器开口称侧器孔，呈裂缝状。垫刃目（Tylenchida）、滑刃目（Aphelenchida）线虫的侧器孔位于口孔附近（图 1–8），而长针科（Longidoridae）线虫和毛刺科（Trichodoridae）线虫的侧器孔位于唇后（图 1–9）。

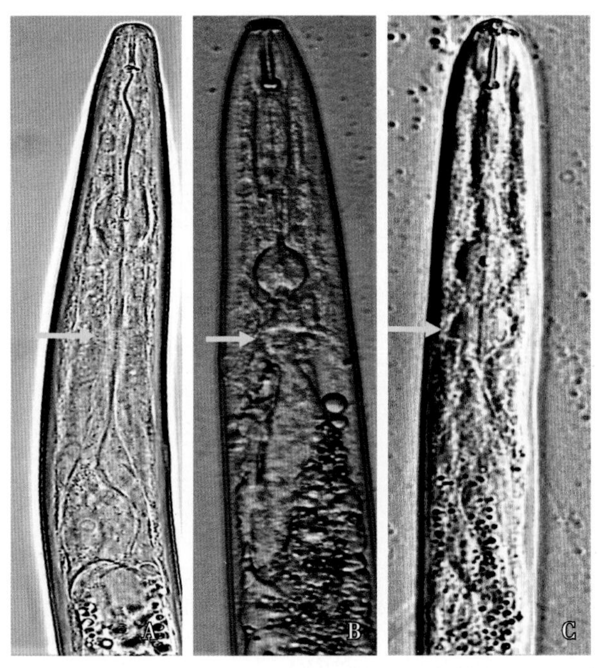

图 1–7 垫刃目 (Tylenchida) 线虫神经环

A. 茎线虫（*Ditylenchus*）；B. 根腐线虫（*Pratylenchus*）；C. 穿孔线虫（*Radopholus*）

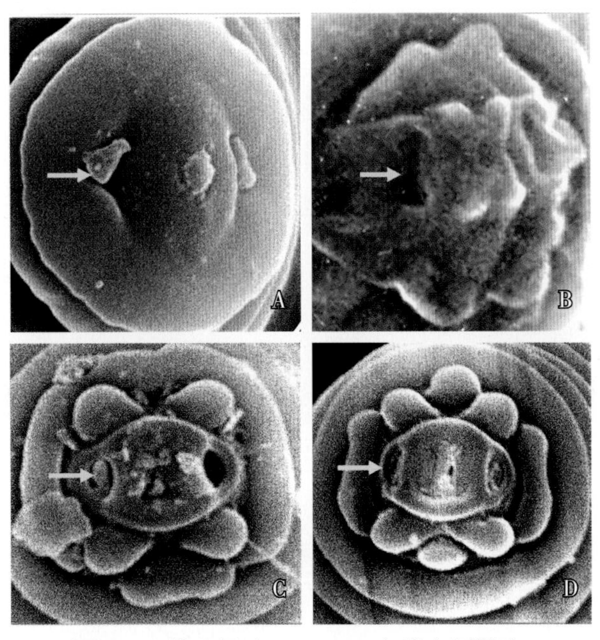

图 1–8 垫刃目（Tylenchida）线虫侧器孔

A. 根腐线虫（*Pratylenchus*）；B. 根结线虫（*Meloidogyne*）雌虫；C、D. 大刺环线虫（*Macroposthonia*）

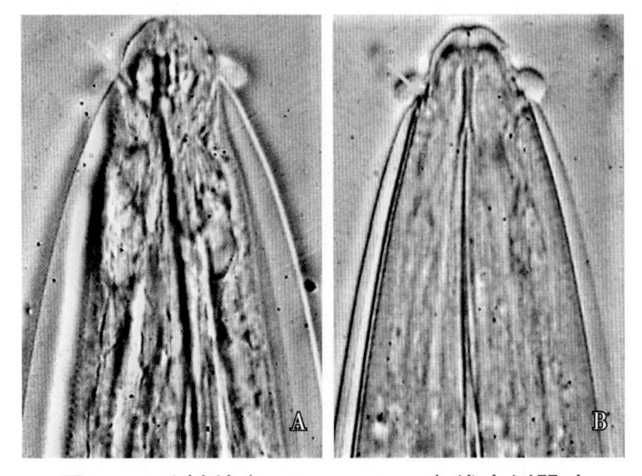

图 1–9 毛刺科（Trichodoridae）线虫侧器孔

A. 毛刺线虫（*Trichodorus*）；B. 拟毛刺线虫（*Paratrichodorus*）

乳突为外部无开口，并与神经相连的小突起物，常常位于头部、颈部和虫体后部。侧尾腺或尾腺是线虫尾部的一种化学感觉器官。垫刃目（Tylenchida）线虫和滑刃目（Aphelenchida）线虫都有侧尾腺，侧尾腺开口于尾部两侧（图 1-10、图 1-11A）；长针科（Longidoridae）线虫和毛刺科（Trichodoridae）线虫有尾腺，尾腺开口于尾末端（图 1-11B）。

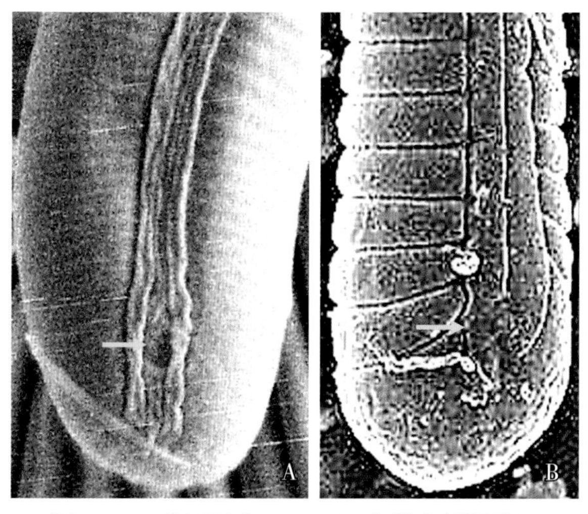

图 1-10　垫刃目（Tylenchida）线虫侧尾腺口

A. 盾线虫（*Scutellonema*）；B. 矮化线虫（*Tylenchorhynchus*）

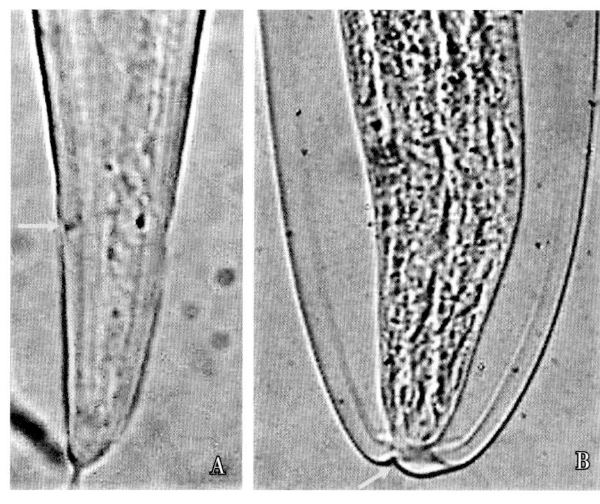

图 1-11　作物病原线虫侧尾腺口和尾腺口

A. 垫刃目（Tylenchida）线虫侧尾腺口；B. 毛刺科（Trichodoridae）线虫尾腺口

（七）排泄系统特征

垫刃目（Tylenchida）和滑刃目（Aphelenchida）线虫的排泄系统，由单个排泄细胞或腺肾管经一根排泄管伸至中腹面，开口于排泄孔（图 1-12）。

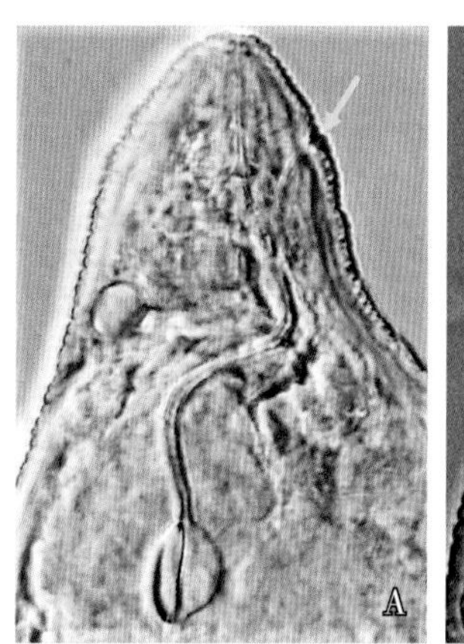

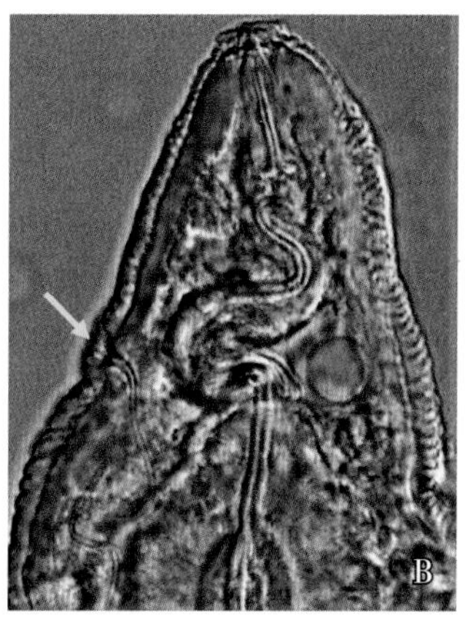

图 1-12　作物病原线虫排泄系统（排泄孔）

A. 南方根结线虫（*M. incognita*）雌虫；B. 爪哇根结线虫（*M. javanica*）雌虫

（八）生殖系统特征

作物病原线虫通常都具有发达的生殖系统。雌虫的生殖系统由生殖管、阴道和阴门组成。生殖管有不同类型，可分为单生殖管和双生殖管（图 1-13）。有些线虫的阴门后生殖管退化成后阴子宫囊。生殖管的前部分为卵巢，卵巢分为生殖区和生长区。卵巢下为输卵管，输卵管将成熟的卵原细胞送到受精囊受精；与受精囊连接的是子宫，受精卵细胞贮藏于子宫中并形成卵壳。子宫通往短的阴道，阴道以阴门开口于腹面，成熟卵经阴道和阴门排到体外（图 1-14）。阴门通常为一横裂（图 1-15）。雄虫的生殖系统由生殖管、交合刺、引带和交合伞组成（图 1-16）。生殖管分为精巢、输精管和射精管。交合刺角质化，成对，弯曲或弓形。引带小，位于交合刺基部。交合伞位于尾部两侧，呈膜状结构，由虫体角质膜延伸而成。

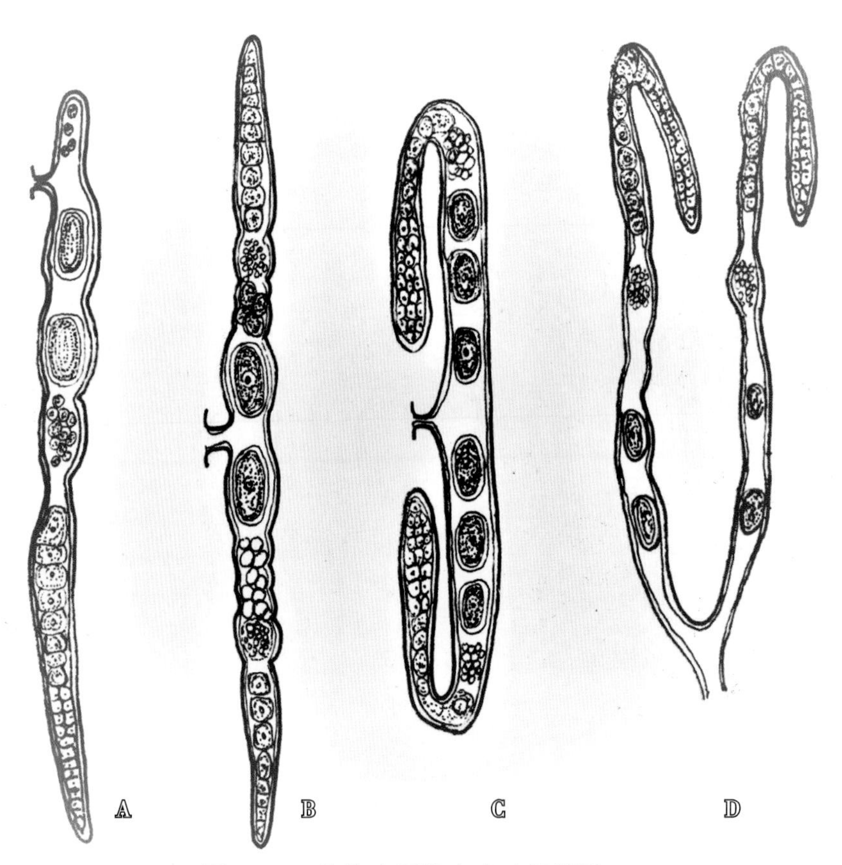

图 1-13 作物病原线虫生殖管类型

A. 单生殖管；B. 双生殖管对生、平伸；C. 双生殖管对生、回折；D. 双生殖管前生、回折

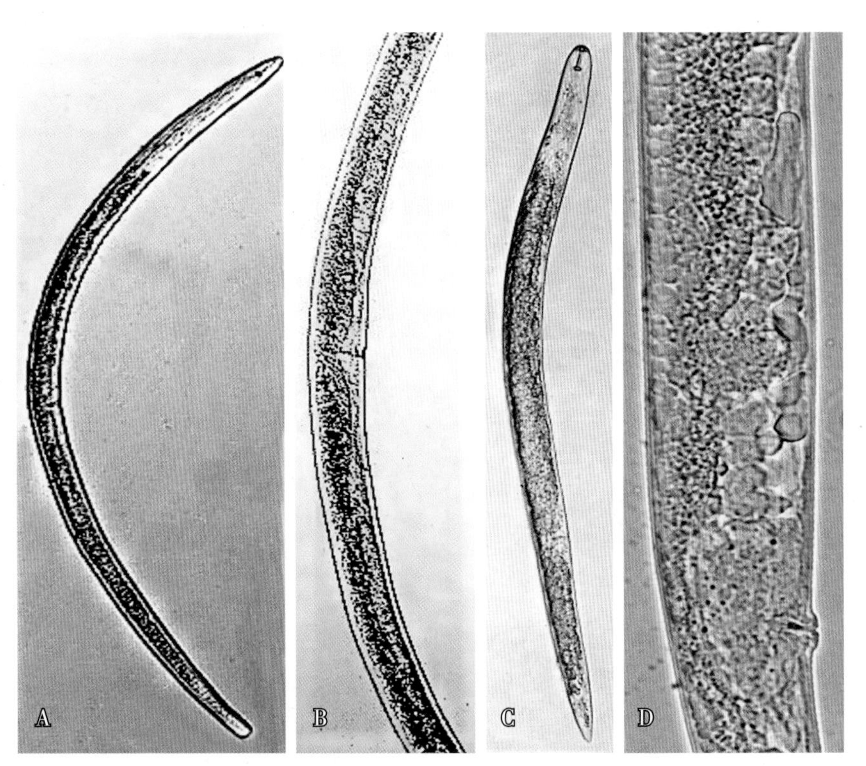

图 1-14 作物病原线虫不同生殖管类型阴门位置

矮化线虫（*Tylenchorhynchus*）：A. 阴门位于虫体中部；B. 双生殖管 根腐线虫（*Pratylenchus*）：C. 阴门位于虫体后部；D. 单生殖管、后阴子宫囊

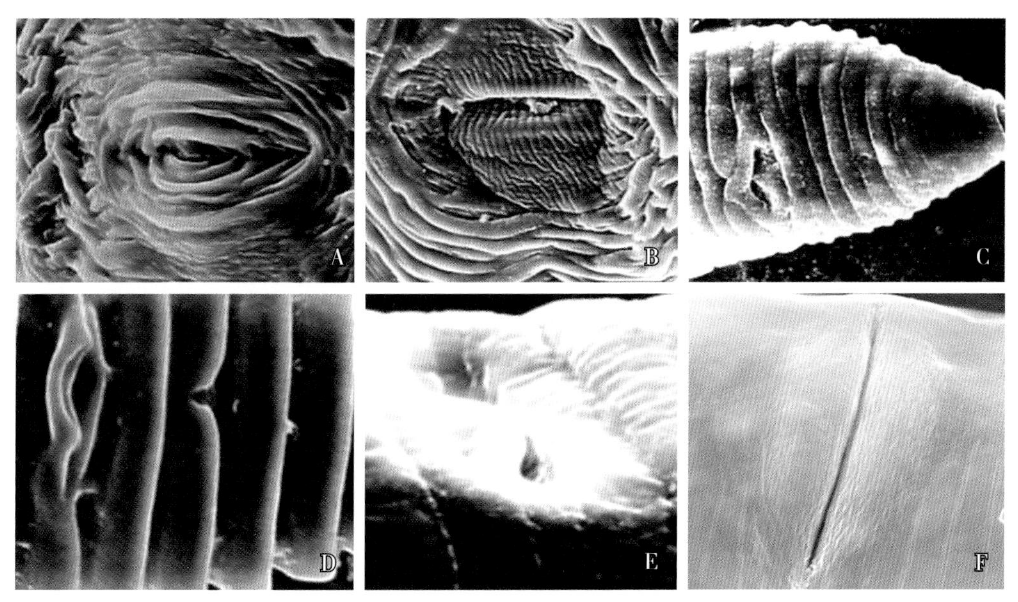

图 1–15　作物病原线虫阴门

A、B. 根结线虫（*Meloidogyne*）；C. 拟鞘线虫（*Hemicriconemoides*）；D. 大刺环线虫（*Macroposthonia*）；E. 盘旋线虫（*Rotylenchus*）；F. 茎线虫（*Ditylenchus*）

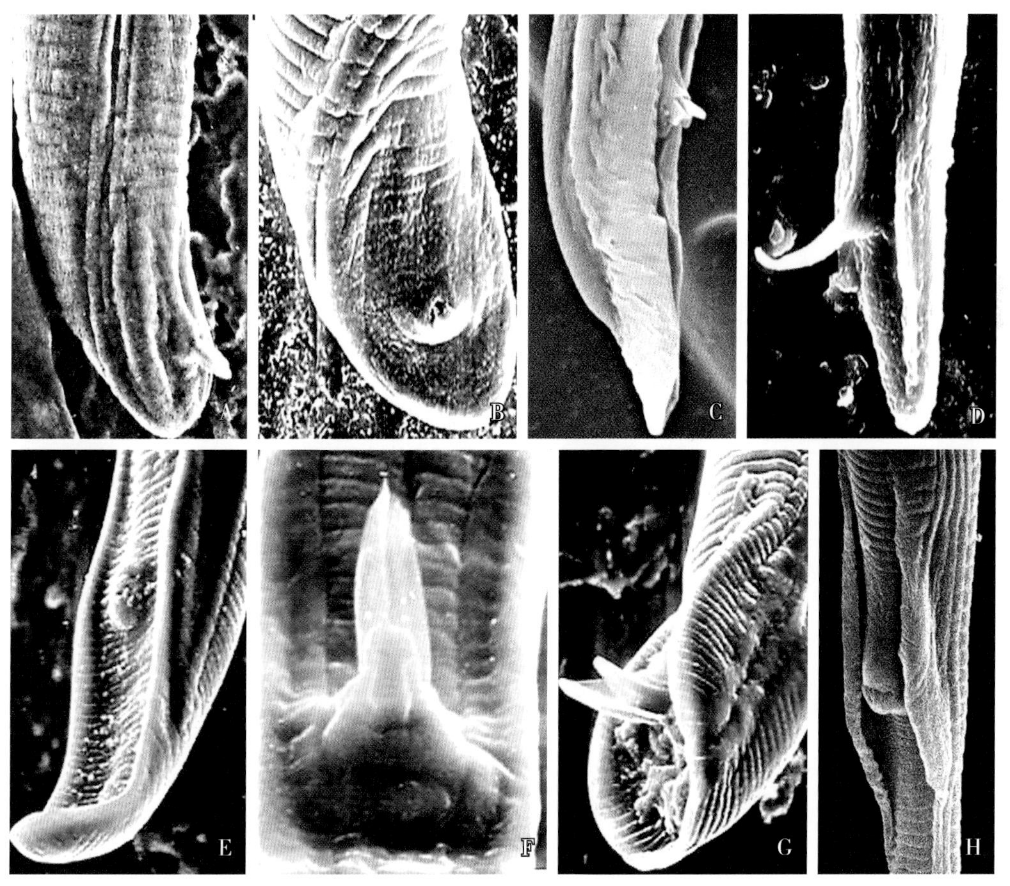

图 1–16　作物病原线虫雄虫尾部及生殖器

A、B. 根结线虫（*Meloidogyne*）尾部无交合伞；C. 根腐线虫（*Pratylenchus*）交合伞包至尾端；D. 拟鞘线虫（*Hemicriconemoides*）交合伞退化；E. 矮化线虫（*Tylenchorhynchus*）交合伞包至近尾端；F. 穿孔线虫（*Radopholus*）交合刺和引带；G. 盘旋线虫（*Rotylenchus*）交合伞较厚，端生；H. 垫刃线虫（*Tylenchus*）交合伞和泄殖腔

二、生物学特性

作物病原线虫是引起作物侵染性病害的重要病原物之一，孢囊线虫（*Heterodera*）、根结线虫（*Meloidogyne*）、茎线虫（*Ditylenchus*）都是重要的作物病原线虫，这些线虫对农业生产危害极大。病原线虫侵害作物造成的损害程度是在环境因素影响下，线虫与寄主作物相互作用的结果，这种相互关系主要体现在线虫对作物的寄生性和致病性，以及作物对线虫侵染的诱导和反应。

（一）寄生性和寄生方式

作物病原线虫营专性寄生生活，大多数线虫在植物上取食危害，有些线虫如茎线虫（*Ditylenchus*）和滑刃线虫（*Aphelenchoides*）的一些种类能在真菌、藻类、地衣上取食。作物病原线虫利用口针穿刺活的寄主作物细胞，吸食细胞原生质等内含物。大多数作物病原线虫寄生于植物根部；有些线虫如粒线虫（*Anguina*）、茎线虫（*Ditylenchus*）和滑刃线虫（*Aphelenchoides*）中的一些种类，可以侵染和危害作物茎、叶和种子。作物病原线虫的寄生方式分为外寄生、半内寄生和内寄生三种（图 1–17）。

1. 外寄生线虫

这类线虫在根部取食时虫体完全露在根外，仅以口针刺入作物表皮或在根尖附近间歇取食。根据线虫在取食期间的活动性，分为迁移型和定居型。

①迁移型外寄生线虫：线虫先在一个位点取食，当根组织被破坏后停止取食，并转移到新的取食点，生活史都在土壤中完成。重要线虫有长针线虫（*Longidorus*）、剑线虫（*Xiphinema*）、毛刺线虫（*Trichodorus*）、拟毛刺线虫（*Paratrichodorus*）、刺线虫（*Belonolaimus*）、锥线虫（*Dolichodorus*）等。这类线虫雌虫和雄虫都为蠕虫形，有发育良好的食道和发达的口针。

②定居型外寄生线虫：线虫能较长时间附于根部一个取食点。重要线虫有针线虫（*Paratylenchus*）、轮线虫（*Criconemoides*）、中环线虫（*Mesocriconema*）、大刺环线虫（*Macroposthonia*）、鞘线虫（*Hemicycliophora*）、拟鞘线虫（*Hemicriconemoides*）等。这类线虫的雌虫较粗短，不大活动，一般都有较长的口针。雄虫细长，口针和食道退化或发育不全。

2. 半内寄生线虫

在正常情况下，仅虫体前部钻入根内取食，分为迁移型和定居型。

①迁移型半内寄生线虫：线虫头部先钻入一个取食点，破坏根组织，之后迁移到新的位点继续取食。这类线虫雌雄同形，雌虫、雄虫和幼虫都有活动能力。重要线虫有矮化线虫（*Tylenchorhynchus*）、螺旋线虫（*Helicotylenchus*）、盘旋线虫（*Rotylenchus*）、盾线虫（*Scutellonema*）和纽带线虫（*Hoplolaimus*）等。

②定居型半内寄生线虫：线虫一旦将头部和虫体前部钻入根组织中，在正常情况下不再转移，直至完成发育和生殖。这类线虫雌雄异形，成熟雌虫呈球形、梨形、柠檬形和肾形；雄虫细长，食道和口针退化。重要线虫有半穿刺线虫（*Tylenchulus*）、肾形线虫（*Rotylenchulus*）、珍珠线虫（*Naccobus*）等。

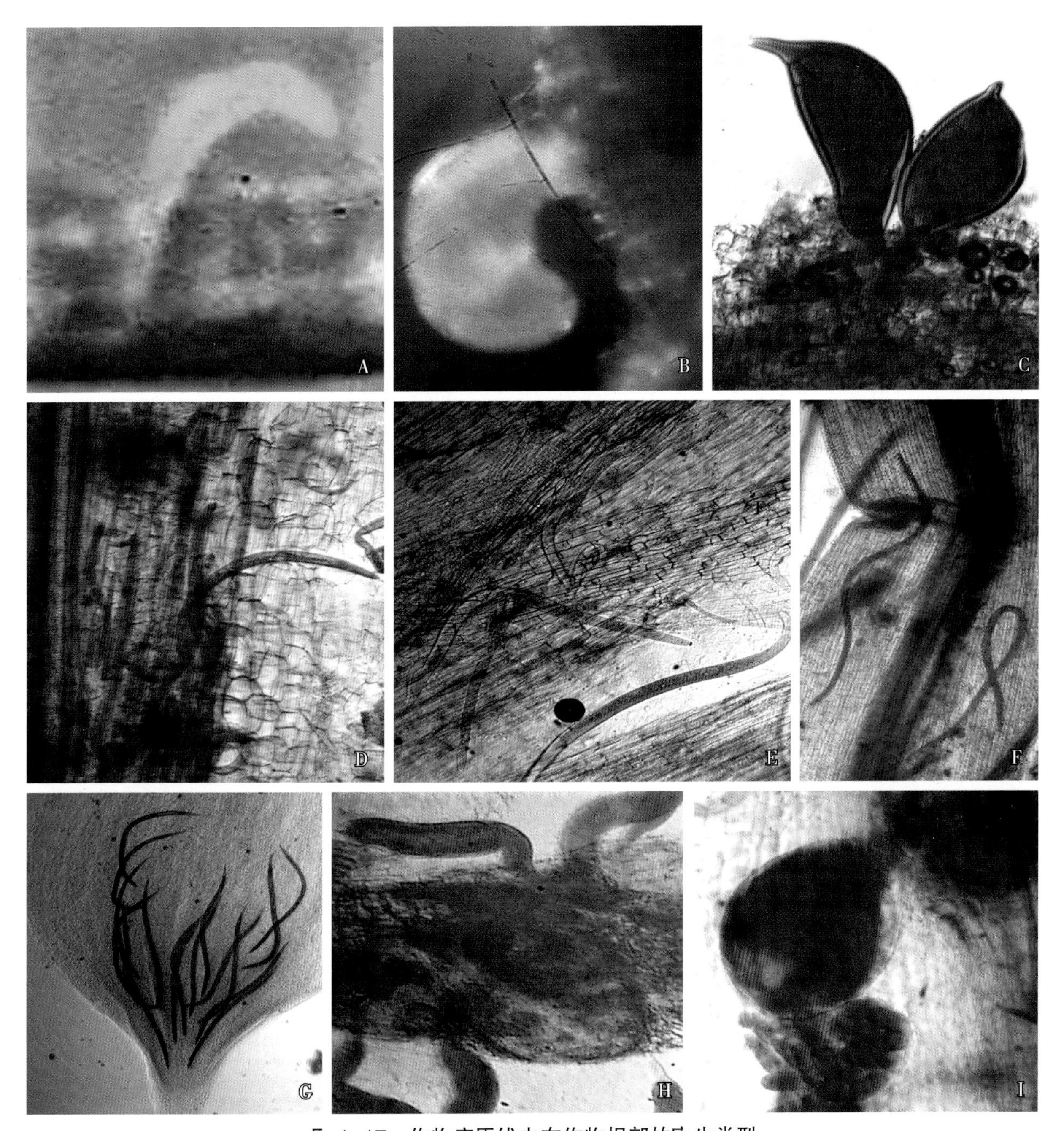

图 1–17　作物病原线虫在作物根部的寄生类型

A. 大刺环线虫（*Macroposthonia*），定居型外寄生；B. 肾形线虫（*Rotylenchulus*），定居型半内寄生；C. 半穿刺线虫（*Tylenchulus*），定居型半内寄生；D、E. 根腐线虫（*Pratylenchus*），迁移型内寄生；F. 潜根线虫（*Hirschmanniella*），迁移型内寄生；G~I. 根结线虫（*Meloidogyne*），定居型内寄生

3. 内寄生线虫

整个虫体侵入根组织内取食，在根组织内完成生活史。内寄生线虫分为迁移型和定居型两类。

①迁移型内寄生线虫：线虫在寄主根表皮薄壁细胞组织中取食、迁移和繁殖，常引起根组织大量坏死。重要线虫有根腐线虫（*Pratylenchus*）、穿孔线虫（*Radopholus*）、潜根线虫（*Hirschmanniella*）等。

②定居型内寄生线虫：其 2 龄幼虫在蜕皮前侵入根内取食后就不再转移，直至发育为成虫，整个生活史都在根内完成。重要线虫有根结线虫（*Meloidogyne*）、孢囊线虫（*Heterodera*）、球形孢囊线

虫（*Globodera*）等。

（二）寄生专化性

作物病原线虫对寄主作物种类有一定的选择性，只有在适宜的寄主作物上线虫才能繁殖。这种特性称为寄生专化性。线虫所能侵染寄主植物属、种的数量，构成其寄主范围。有些线虫能在几百种植物上取食和繁殖，有些线虫只能在少数几种植物上生活。例如：甜菜孢囊线虫（*Heterodera schachtii*）有几百种寄主植物，而大豆孢囊线虫（*H. glycines*）的寄主仅十几种。作物病原线虫除了在种间存在寄生专化性的差别之外，在种内的不同群体间也存在寄生专化性差异，形成线虫的生理小种。线虫的生理小种可以看作是线虫种内在生理特性上的分化，形态特征上无差异。目前已报道不少线虫具有生理小种，如南方根结线虫（*M. incognita*）、马铃薯金线虫（*Globodera rostochiensis*）、大豆孢囊线虫（*H. glycines*）、相似穿孔线虫（*Radopholus similis*）、肾状肾形线虫（*Rotylenchulus reniformis*）、柑橘半穿刺线虫（*T. semipenetrans*）和起绒草茎线虫（*Ditylenchus dipsasi*）等。

（三）致病机制

作物病原线虫的致病机制有以下 5 种方式。

①机械损伤：线虫穿刺作物细胞或细胞组织，造成伤害。

②营养掠夺：由于线虫取食寄主的营养物质，或者由于线虫对根的破坏而阻碍作物对营养物质的吸收。

③化学致病：线虫的食道腺分泌各种酶或其他生物化学物质，影响寄主作物细胞和组织的生长代谢。

④复合侵染：线虫侵染造成的伤口引起真菌、细菌等微生物的次生侵染，或者线虫作为真菌、细菌和病毒的介体，导致复合病害。

⑤抑制益生菌：在与菌根真菌或固氮根瘤菌共生的作物上，线虫侵染会阻碍菌根和固氮根瘤形成（图 1–18、图 1–19）。滑刃线虫（*Aphelenchoides*）、根腐线虫（*Pratylenchus*）、剑线虫（*Xiphinema*）和根结线虫（*Meloidogyne*）侵染都会破坏作物菌根。在田间，大豆、花生等

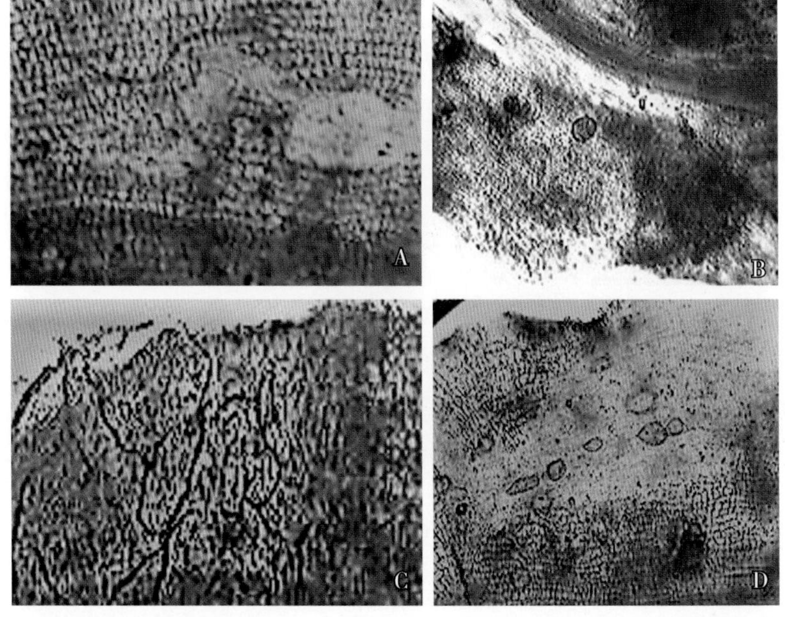

图 1–18 柑橘半穿刺线虫（*T. semipenetrans*）侵染限制柑橘菌根真菌的形成

A. 被病原线虫侵染根段中幼套球囊霉（*Glomus etunicatum*）菌丝少；B. 侵染根段中泡囊形成少；C. 未被侵染根段中幼套球囊霉 (*G. etunicatum*) 菌丝多；D. 未被侵染根段中泡囊形成多

图 1–19 花生茎线虫（*D. arachis*）侵染限制固氮根瘤的形成

A. 病原线虫侵染的花生根系无根瘤；B. 健康花生根系根瘤多

作物遭受孢囊线虫（*Heterodera*）或根结线虫（*Meloidogyne*）侵染后，根部形成的固氮根瘤数量大大减少。线虫还能在根瘤上繁殖，被线虫侵染的根瘤比正常根瘤更快崩解。

（四）复合致病

在田间，作物病原线虫经常与真菌、细菌、病毒共同侵染而引起复合病害。

1. 线虫与真菌复合侵染

作物病原线虫侵染作物后造成的伤口，有利于真菌的侵入。线虫的侵染还会削弱作物对一些真菌的抗性或诱导土壤中一些次生病原物的侵染。线虫与真菌引起的复合病害主要是枯萎病和根腐病。例如：根结线虫（*Meloidogyne* sp.）的侵染，能加剧由尖镰孢（*Fusarium oxysporum*）引起的瓜类作物、茄科作物、香蕉等枯萎病，田间施用杀线虫剂可以明显减轻作物枯萎病（图 1–20、图 1–21）。

2. 线虫与细菌复合侵染

在作物病原线虫与细菌引起的复合病害中，线虫起媒介作用，或者造成大量伤口，引起细菌侵染。小麦蜜穗病是由小麦粒线虫（*Anguina tritici*）和小麦蜜穗病菌（*Clavibacter tritici*）复合侵染引起的。草莓花椰菜病是由草莓滑刃线虫（*Aphelenchoides fragariae*）与缠绕红球菌（*Rhodococcus fascians*）复合侵染引起的。根结线虫（*Meloidogyne* sp.）侵染，能加剧由茄青枯菌（*Ralstonia solanacearum*）引起的烟草、番茄、茄子和辣椒青枯病发生（图 1–22）。

3. 线虫与病毒复合侵染

作物病原线虫主要作为病毒的传播介体。这类线虫有剑线虫(*Xiphinema*)、长针线虫(*Longidorus*)、拟长针线虫(*Paralongidorus*)、毛刺线虫(*Trichodorus*)和拟毛刺线虫(*Paratrichodorus*)。第一个被证明由线虫传播的病毒是线虫传多面体病毒属(*Nepovirus*)的葡萄扇叶病毒(GFLV，图 1–23)，

图 1–20　根结线虫(***Meloidogyne* sp.**)与尖镰孢(***F. oxysporum***)复合侵染黄瓜(左为未防控线虫，右为施用淡紫拟青霉)

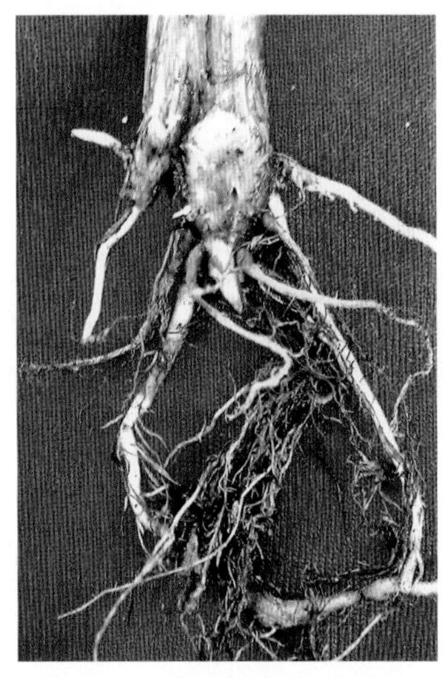

图 1–21　根结线虫(***Meloidogyne* sp.**)与尖镰孢(***F. oxysporum***)复合侵染香蕉

图 1–22　根结线虫(***Meloidogyne* sp.**)与茄青枯菌(***R. solanacearum***)复合侵染辣椒

图 1–23　线虫传葡萄扇叶病毒病

线虫传播的病毒还有豇豆花叶病毒属（*Comovirus*）、香石竹环斑病毒属（*Dianthovirus*）、烟草脆裂病毒属（*Tobravirus*）。

4. 多种线虫并发侵染

田间常常发生多种病原线虫对作物联合侵染引起的并发症状。如孢囊线虫（*Heterodera*）与根腐线虫（*Pratylenchus*）对大豆的并发侵染，根结线虫（*Meloidogyne* sp.）与肾形线虫（*Rotylenchulus*）对香蕉的并发侵染。

三、生活史

作物病原线虫生活史中具有卵、幼虫和成虫 3 种虫态（图 1–24、图 1–25）。卵正常为椭圆形。幼虫有 1~4 龄，1 龄幼虫在卵内发育且完成第一次蜕皮，2 龄幼虫从卵内孵出，再经过 3 次蜕皮发育为成虫。雌雄同形的线虫，其成虫与幼虫的最显著区别是具有第二性征（雌虫阴门和雄虫交合刺）。雌雄异形的线虫，其幼虫在生长发育为成虫的过程中普遍发生变态。定居型寄生线虫，如根结线虫（*Meloidogyne*）、孢囊线虫（*Heterodera*），其雌虫与同性别的幼虫有明显的形态差异；线形幼虫最后一次蜕皮转变为成虫后，其虫体明显膨大。有些外寄生线虫，如拟鞘线虫（*Hemicriconemoides*）的幼虫体环呈刺状或鳞片状，而雌虫体环完整且光滑。

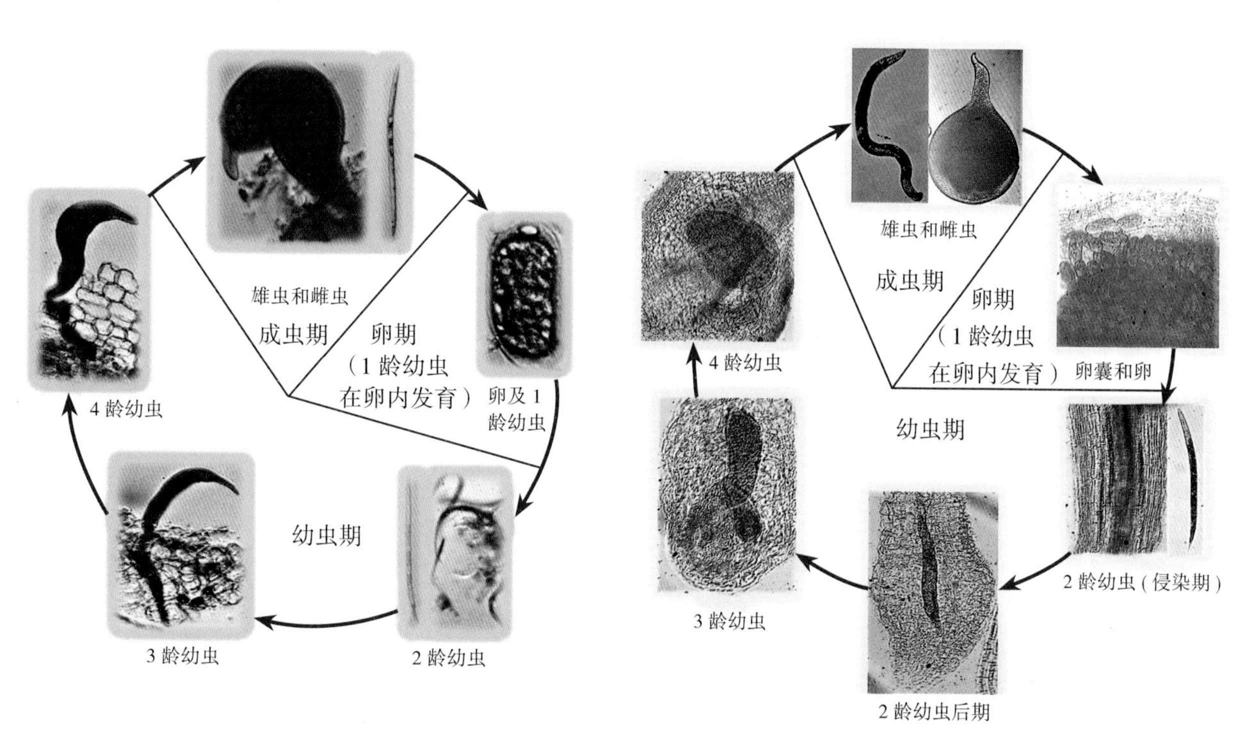

图 1–24　半穿刺线虫（*Tylenchulus*）生活史

图 1–25　根结线虫（*Meloidogyne*）生活史

第二节　作物病原线虫类群

一、作物病原线虫主要类群

线虫门 Nemata
侧尾腺纲 Secermentea
垫刃目 Tylenchida
茎线虫属 *Ditylenchus*
矮化线虫属 *Tylenchorhynchus*
根腐线虫属 *Pratylenchus*
穿孔线虫属 *Radopholus*
潜根线虫属 *Hirschmanniella*
纽带线虫属 *Hoplolaimus*
盘旋线虫属 *Rotylenchus*
螺旋线虫属 *Helicotylenchus*
肾形线虫属 *Rotylenchulus*
盾线虫属 *Scutellonema*
孢囊线虫属 *Heterodera*
球形孢囊线虫属 *Globodera*
根结线虫属 *Meloidogyne*
小环线虫属 *Criconemella*
盘小环线虫属 *Discocriconemella*
大刺环线虫属 *Macroposthonia*
拟鞘线虫属 *Hemicriconemoides*
半穿刺线虫属 *Tylenchulus*
针线虫属 *Paratylenchus*
滑刃目 Aphelenchida
滑刃线虫属 *Aphelenchoides*
伞滑刃线虫属 *Bursaphelenchus*
无侧尾腺纲 Adenophorea
矛线目 Dorylaimida
长针线虫属 *Longidorus*

拟长针线虫属 *Paralongidorus*

剑线虫属 *Xiphinema*

三矛目 Triplonchida

毛刺线虫属 *Trichodorus*

拟毛刺线虫属 *Paratrichodorus*

二、垫刃目（Tylenchida）

垫刃目（Tylenchida）线虫虫体形态多样，有雌雄同形和雌雄异形。食道为垫刃型，背食道腺开口于口针基部球后；口针为吻针，有明显的口针基部球；食道分为体部、中食道球、峡部和后食道，中食道球直径通常为虫体直径 2/3。垫刃目（Tylenchida）有大量作物病原线虫，寄生方式多样化，有内寄生、半内寄生和外寄生。大多数寄生于作物根部，也有些种类寄生于作物地上部。

（一）茎线虫属（*Ditylenchus*，图 1–26）

雌雄同形。蠕虫状，虫体较纤细，体长 600~1500μm，缓慢加热杀死后虫体直伸或稍弯曲。虫体角质膜有细微环纹，侧带有 4~12 条侧线。头骨质化弱，唇区无或有环纹。口针中等，有小的基部球；食道有肌肉质中食道球，后食道腺可以延伸为短叶状覆盖于肠。雌虫阴门位于虫体后部，单生殖管前生，有后阴子宫囊；尾部长，圆锥形。雄虫交合伞延伸至尾长的 1/4~3/4 处，交合刺窄细、基部宽大，有些种具有指状突。

重要种：起绒草茎线虫（*D. dipsaci*）、腐烂茎线虫（*D. destructor*）、狭小茎线虫（*D. angustus*）、食菌茎线虫（*D. myceliophagus*）。

本属线虫寄生于作物茎、块茎、球茎或鳞茎，也危害叶片，引起寄主组织坏死、腐烂、矮化、畸形。有一定的寄主专化性，种内可分化为生理小种。起绒草茎线虫（*D. dipsaci*）能寄生许多鳞球茎作物，引起畸形；腐烂茎线虫

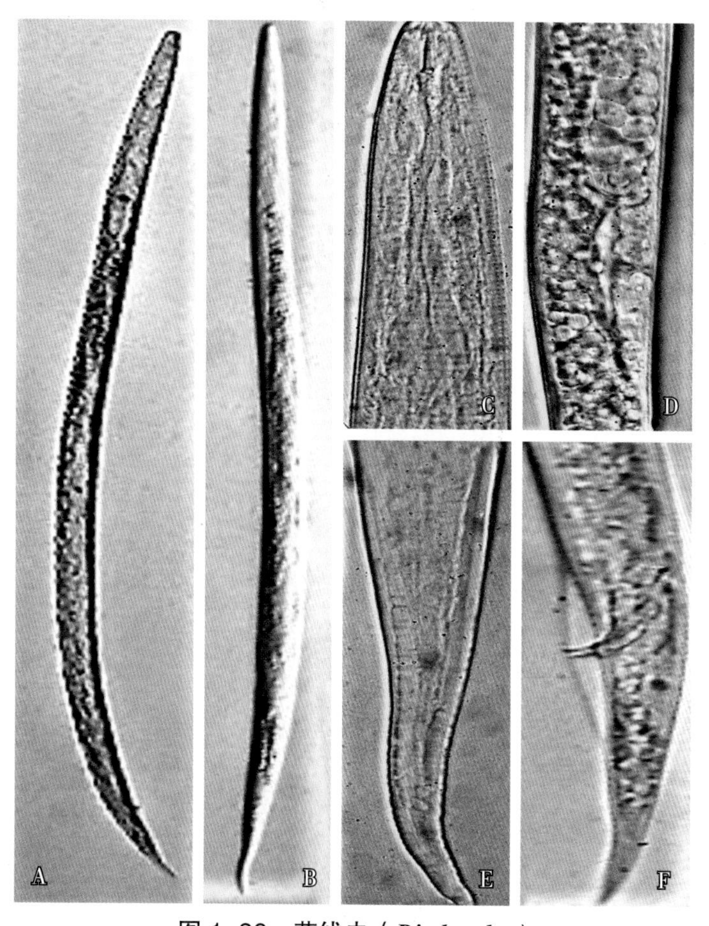

图 1–26　茎线虫（*Ditylenchus*）

A. 雄虫整体；B. 雌虫整体；C. 雌虫前部；D. 阴门部；E. 雌虫尾部；F. 雄虫尾部

（*D. destructor*）引起马铃薯和甘薯腐烂；狭小茎线虫（*D. angustus*）引起水稻病害；食菌茎线虫（*D. myceliophagus*）侵染食用菌，造成重大损失。

（二）矮化线虫属（*Tylenchorhynchus*，图 1–27）

雌雄同形。虫体蠕虫状，较纤细，体长一般不超过 1000μm，缓慢加热杀死后虫体稍朝腹面弯曲。头部不缢缩或稍缢缩，头架弱至中等。口针纤细，长度 15~30μm，口针基部球前缘后倾。食道发达，中食道球梭形，食道腺与肠平接、极少覆盖。虫体环纹细微，侧带有 2~5 条侧线。雌虫阴门位于虫体中部，双生殖管对生；尾长约为肛门部体宽 3 倍，圆锥形或近圆柱形，尾末端钝圆。雄虫尾部圆锥形，交合刺末端窄，有缺刻或尖，交合伞包至尾尖。

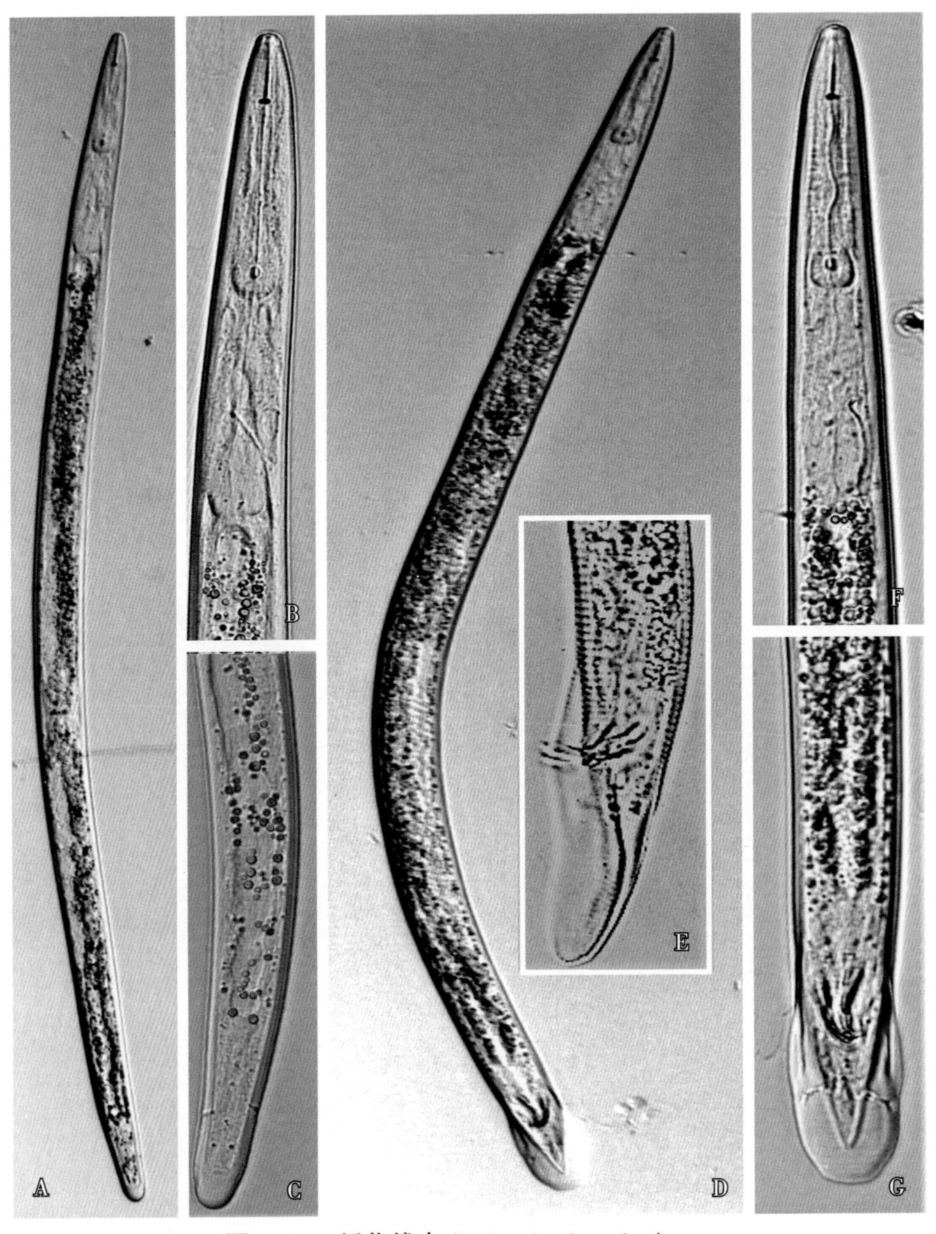

图 1–27 矮化线虫 (*Tylenchorhynchus*)

A. 雌虫整体；B. 雌虫前部；C. 雌虫尾部；D. 雄虫整体；E. 雄虫尾部侧面；F. 雄虫前部；G. 雄虫尾部腹面

重要种：饰环矮化线虫（*T. annulatus*）、克莱顿矮化线虫（*T. claytoni*）、甘蓝矮化线虫（*T. brassicae*）。

本属线虫在作物根部营外寄生，引起植株生长不良。侵染草坪草、烟草、甘蔗、牧草、花卉，导致矮化和生长衰退。

（三）根腐线虫属（*Pratylenchus*，图 1-28）

雌雄同形。虫体蠕虫状，体长通常不超过 1000μm，缓慢加热杀死后虫体朝腹面弯曲。头部低、扁平，有 2~4 个唇环。头架骨质化明显，头部与虫体相连、无缢缩。口针中等，长度在 20μm 以下，

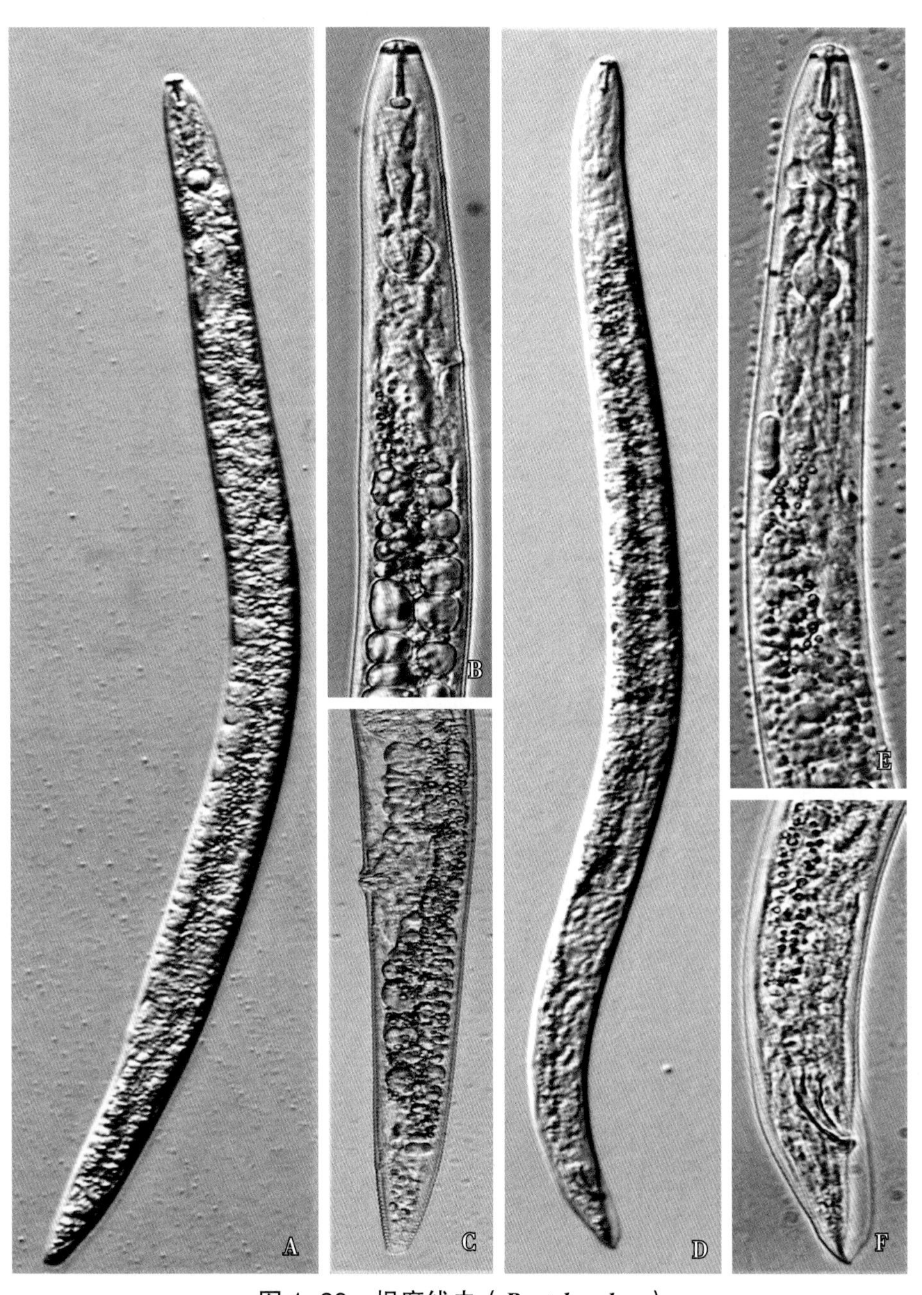

图 1-28 根腐线虫（***Pratylenchus***）

A. 雌虫整体；B. 雌虫前部；C. 雌虫尾部；D. 雄虫整体；E. 雄虫前部；F. 雄虫尾部

有明显的口针基部球。中食道球发达，后食道腺叶覆盖于肠腹面。雌虫阴门位于虫体后部，单生殖管前生，有后阴子宫囊，贮精囊卵圆形或圆形，两性生殖类型贮精囊内充满精子；尾部呈锥形或圆柱形，尾长为肛部体宽的2~3倍，尾端宽圆、窄圆或钝。雄虫尾部较短、锥形，交合伞包至尾末端。

重要种：咖啡根腐线虫（*P. coffeae*）、穿刺根腐线虫（*P. penetrans*）、短尾根腐线虫（*P. brachyurus*）、伤残根腐线虫（*P. vulnus*）。

本属线虫为迁移型内寄生线虫，在作物根、块根、块茎、果针和荚果等地下部器官的皮层组织内迁移取食，引起寄主细胞组织大面积坏死，诱导土壤微生物复合侵染而引起寄主组织腐烂。寄主范围广泛，危害玉米、大豆、咖啡、烟草、果树、牧草等作物。

（四）穿孔线虫属（*Radopholus*，图 1–29）

雌雄异形。虫体蠕虫状，体长通常不超过 1000μm，缓慢加热杀死后虫体朝腹面弯曲。虫体前部呈雌雄异形。雌虫头部低、圆，与虫体相连或稍缢缩，骨质化明显；口针和食道发达，中食道球发育

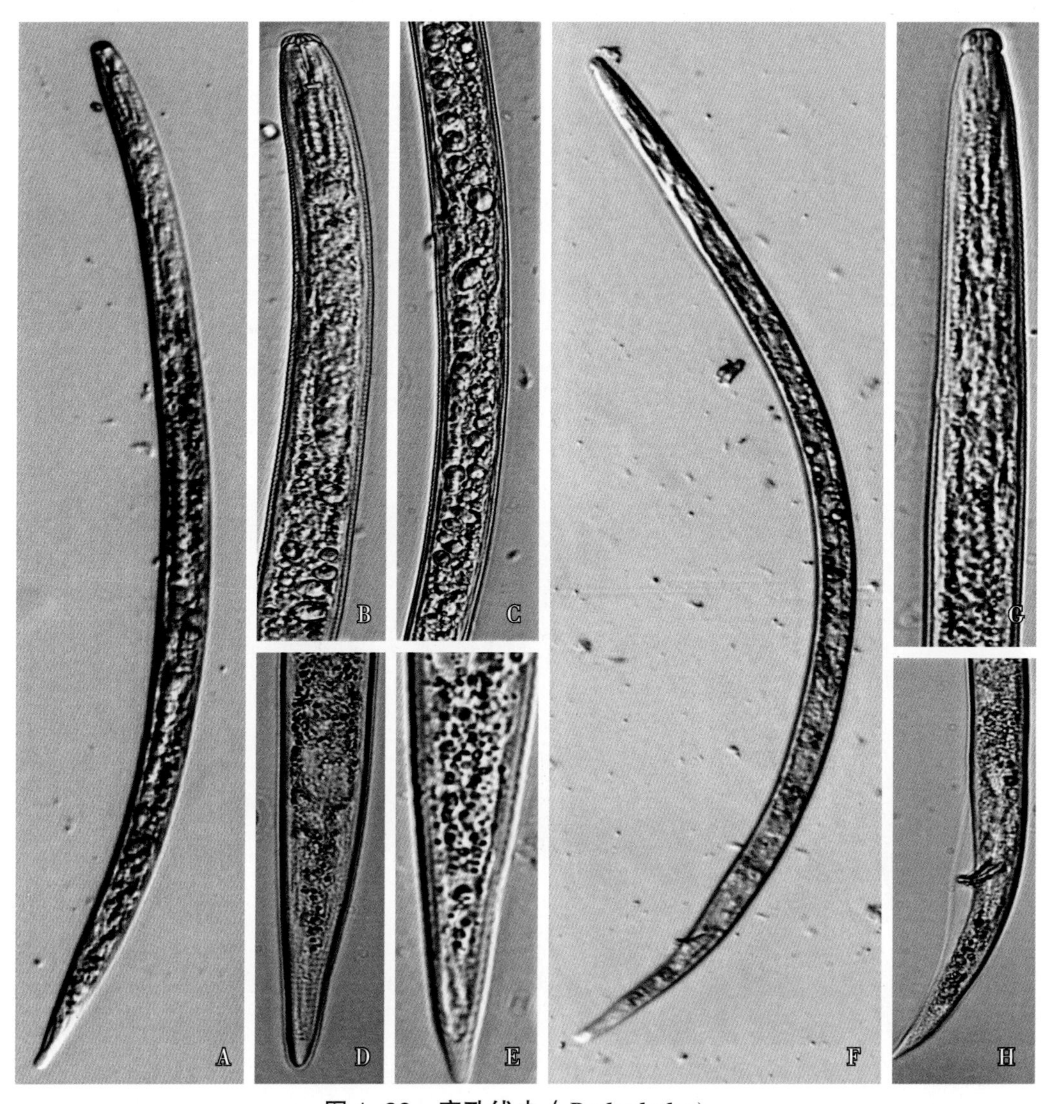

图 1–29　穿孔线虫（***Radopholus***）

A. 雌虫整体；B. 雌虫前部；C. 阴门和生殖管；D、E. 雌虫尾部；F. 雄虫整体；G. 雄虫头部；H. 雄虫尾部

良好，食道腺叶大部分覆盖于肠的背面；阴门位于虫体中部，双生殖管，贮精囊球形，两性生殖类型贮精囊内有精子；尾部细长，锥形。雄虫唇区隆起，呈球形，明显缢缩，骨质化；口针和食道退化；尾细长、锥形，朝腹面弯曲；交合刺细、弯曲，交合伞不包至尾末端。

重要种：相似穿孔线虫（*R. similis*）、嗜橘穿孔线虫（*R. citrophilus*）。

本属线虫为作物根、块根、块茎的迁移型内寄生线虫，雌成虫和幼虫在皮层组织内迁移运动，导致整个根系遭受破坏。相似穿孔线虫（*R. similis*）和嗜橘穿孔线虫（*R. citrophilus*）是香蕉、柑橘、咖啡、茶、胡椒等作物的重要病原物。相似穿孔线虫（*R. similis*）寄主广泛，可寄生 200 多种植物，危害性极大，各国都将其列为检疫对象。

（五）潜根线虫属（*Hirschmanniella*，图 1–30）

雌雄同形。虫体蠕虫状，细长，体长 1000~4000μm，缓慢加热杀死后虫体直伸或稍弯曲。唇区不缢缩，半球形或前端扁平。口针发达，口针基部球圆形；中食道球圆形至卵圆形，有明显瓣膜；

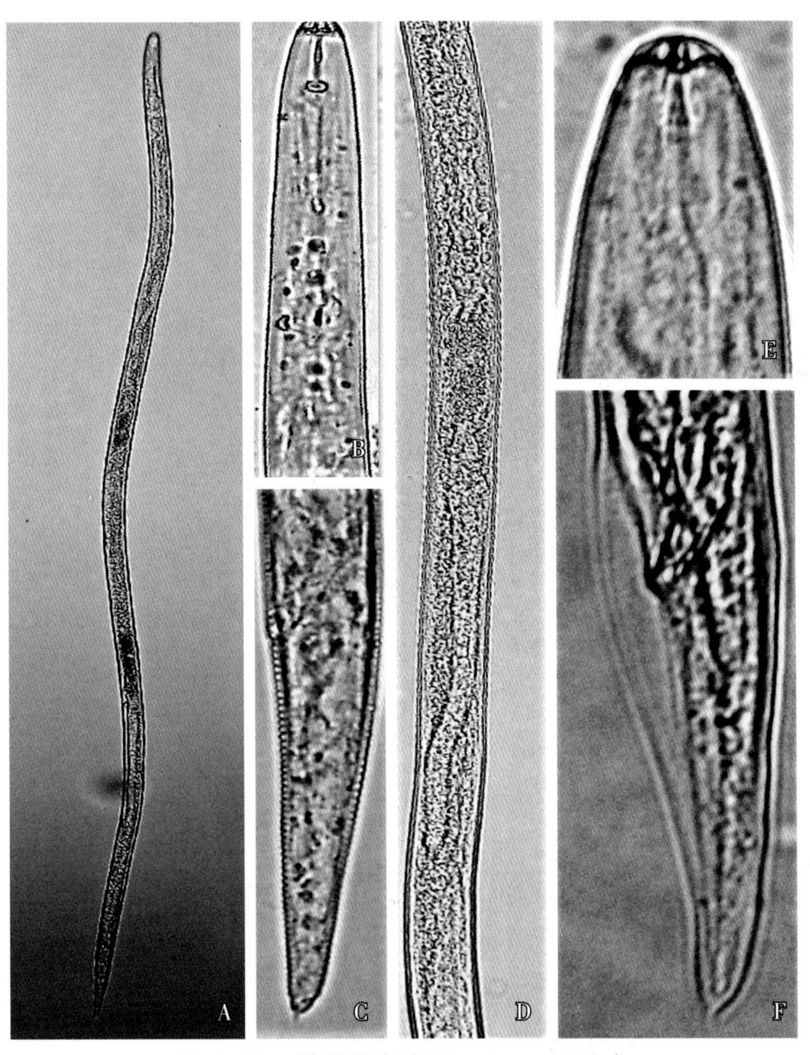

图 1–30 潜根线虫（*Hirschmanniella*）

A. 雌虫整体；B. 雌虫前部；C. 雌虫尾部；D. 生殖管；E. 雄虫头部；F. 雄虫尾部

食道腺延伸长，覆盖于肠的腹面。虫体有细微的环纹，侧带有4条侧线。雌虫阴门位于虫体中部，双生殖管对生、平伸，贮精囊球形至卵圆，卵原细胞大多数为单行排列；尾呈长锥形，常有尾尖突。雄虫交合刺纤细、弓形，交合伞包至近尾末。

重要种：水稻潜根线虫（*H. oryzae*）、刺尾潜根线虫（*H. spinicaudata*）。

本属线虫主要寄生水生植物，其中大多数种类发现于水稻田，是水稻根部最常见的病原线虫。水稻潜根线虫（*H. oryzae*）为稻田优势种，常和其他潜根线虫（*Hirschmanniella* spp.）混合发生，对水稻有极大的潜在危害性。

（六）纽带线虫属（*Hoplolaimus*，图1–31）

雌雄同形。虫体蠕虫状，中等大小，体长1000~2000μm，缓慢加热杀死后直伸或稍弯曲。唇区高、圆、缢缩，骨质化明显。口针粗大、长度达40~50μm，口针基部球大、前缘突起；食道发育良好，有明显的中食道球；食道腺发达，呈长叶状覆盖于肠的背面和腹面。雌虫阴门位于虫体中部，双生殖管对生；侧尾腺口大、盘状，一个位于阴门与肛门之间的侧区内，另一个位于另一体侧的阴门前；尾部短，长度通常不到肛部体宽，尾端钝圆。雄虫尾短、圆锥形，交合刺和引带发达，交合伞包至尾尖。

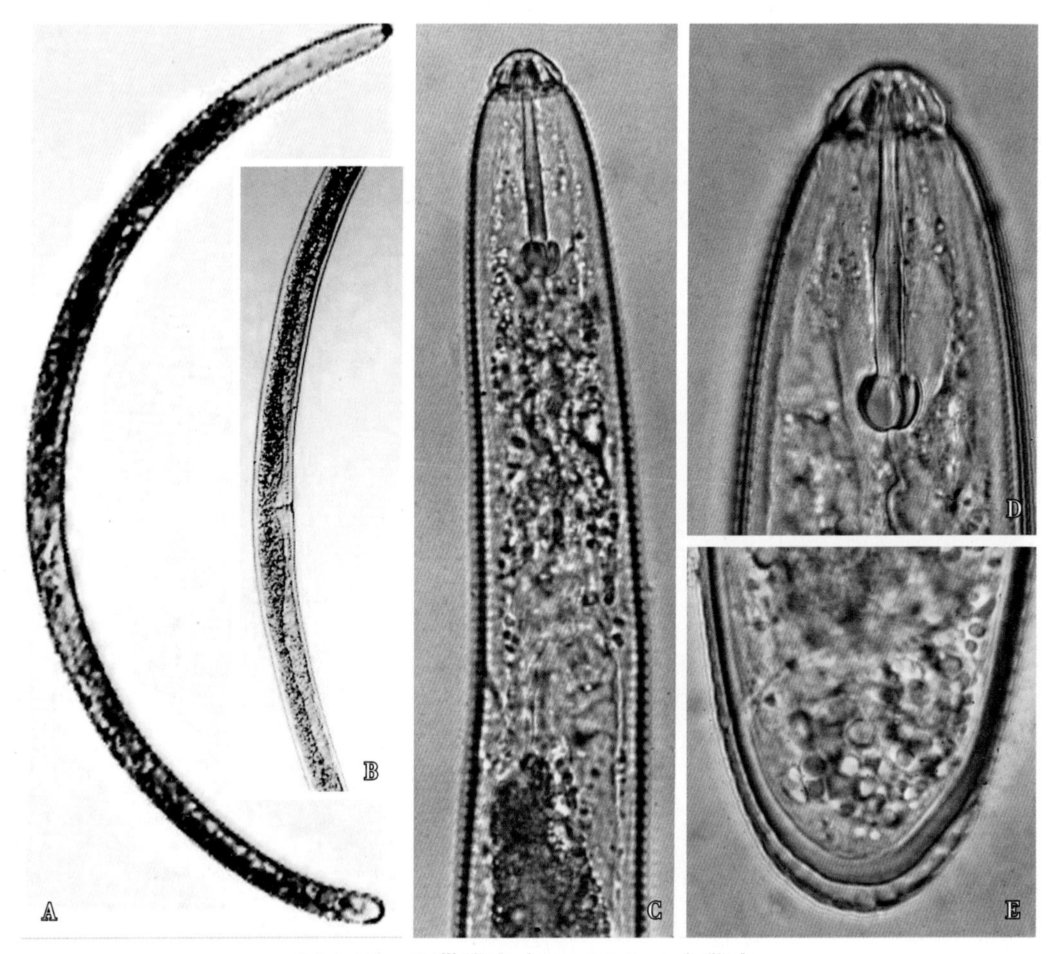

图1–31 纽带线虫（*Hoplolaimus*）雌虫

A. 整体；B. 阴门和生殖管；C. 前部（食道）；D. 头部；E. 尾部

重要种：哥伦布纽带线虫（*H. columbus*）、盔状纽带线虫（*H. galeatus*）。

本属线虫为迁移型外寄生或半内寄生线虫，寄主作物有棉花、小麦、香蕉、甘蔗及林木，高群体水平能引起牧草和草坪草的损害。

（七）螺旋线虫属（*Helicotylenchus*，图 1–32）

雌雄同形。虫体蠕虫状，小至中等，体长 400~1200μm，缓慢加热杀死后呈螺旋形。唇区锥圆，中等骨质化。口针发达，长度一般为唇部体宽的 3~4 倍，口针基部球圆形；食道腺叶大部分覆盖于肠的腹面。雌虫阴门位于虫体中后部，双生殖管对生、平伸，后生殖管有时退化或无功能；尾部短，通常背面弯曲，尾端呈锥状或半球形，末端可能具有尾突。雄虫尾短，交合刺发达、弓状，交合伞包至尾尖。

重要种：双宫螺旋线虫（*H. dihystera*）、多带螺旋线虫（*H. multicinctus*）。

本属线虫为迁移型外寄生或半内寄生线虫，危害香蕉、柑橘、甘蔗、蔬菜、牧草。

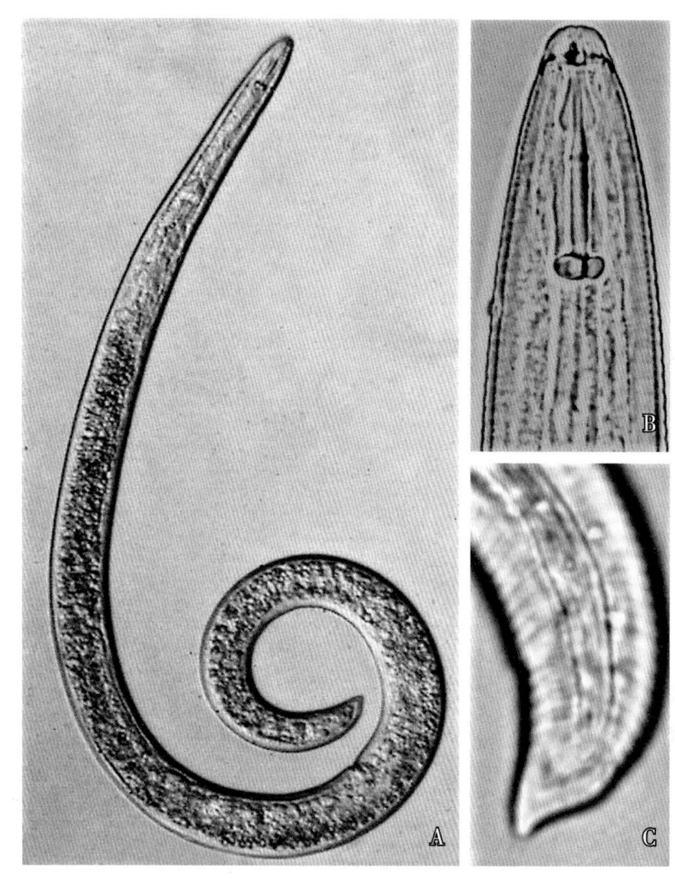

图 1–32　螺旋线虫（*Helicotylenchus*）雌虫

A. 整体；B. 头部；C. 尾部

（八）盘旋线虫属（*Rotylenchus*，图 1–33）

雌雄同形。虫体蠕虫形，体长 500~1100μm，缓慢加热杀死后呈螺旋形。唇部高，缢缩，中等骨质化；口针发达，口针基部球圆形；背食道腺开口于口针基部球后，为口针长度的 25%~50%处；食道腺叶覆盖于肠前端的背面和背侧面。雌虫阴门位于体中部，双生殖管；尾短，尾部末端宽圆。雄虫尾短，交合刺发达、弓状，交合伞包至尾尖。

重要种：强壮盘旋线虫（*R. robustus*）。

本属线虫为迁移型外寄生或半内寄生线虫，危害豌豆、胡萝卜、香蕉、咖啡、甘蔗、甜菜等多种作物，被侵害植株生长发育受阻，矮小、黄化。

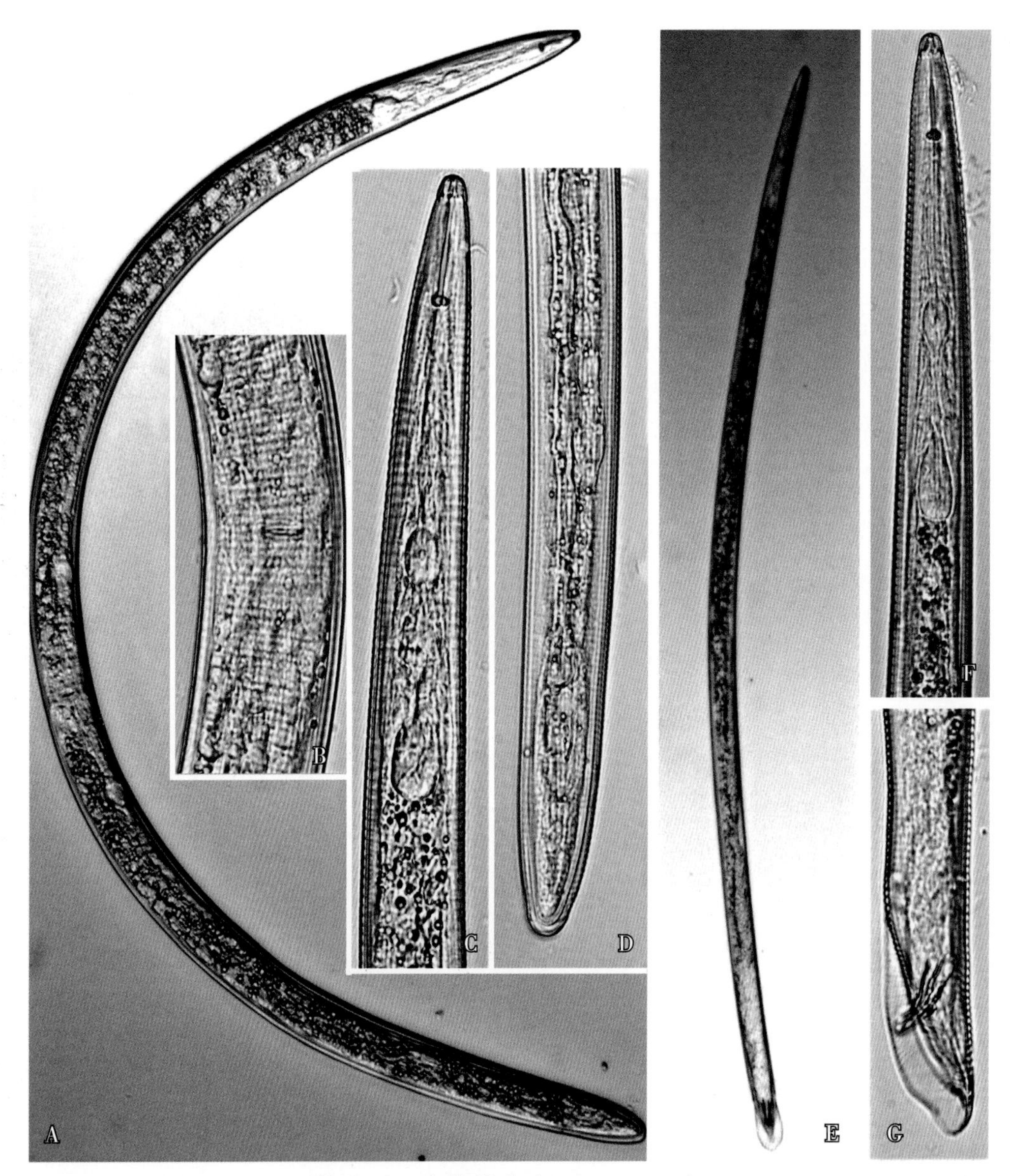

图 1–33 盘旋线虫（***Rotylenchus***）

A. 雌虫整体；B. 阴门部；C. 雌虫前部；D. 雌虫尾部；E. 雄虫整体；F. 雄虫前部；G. 雄虫尾部

（九）盾线虫属（*Scutellonema*，图 1–34）

雌雄同形。虫体蠕虫状，小至中等，体长 300~1500μm，缓慢加热杀死后虫体呈“C”形或螺旋形。唇区中等骨质化，口针中等发达，口针基部球圆形。食道腺叶大部分覆盖于肠的背面。雌虫阴门位于虫体中部，双生殖管对生；尾短，钝圆；侧尾腺口大、盾片状，位于尾部或近尾部，对生。雄虫尾短，交合刺发达、弓状，交合伞延伸至尾尖。

重要种：慢盾线虫（*S. bradys*）。

本属线虫为迁移型外寄生或内寄生线虫，有些种类危害作物地下部的块根、块茎、鳞茎等，引起作物组织坏死和腐烂。

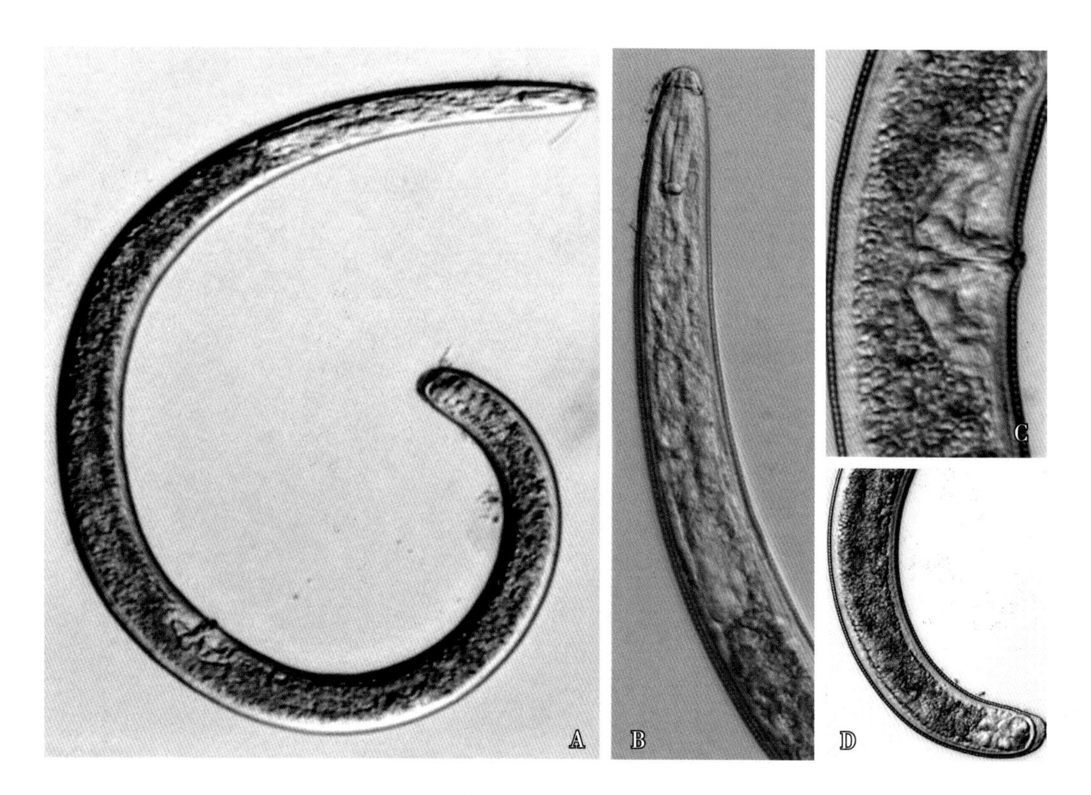

图 1-34　盾线虫（*Scutellonema*）雌虫

A. 整体；B. 前部；C. 阴门部；D. 尾部

（十）肾形线虫属（*Rotylenchulus*，图 1-35）

雌雄异形。成熟雌虫膨大为肾形，具有短尾部；双生殖管，阴门位于虫体中后部，卵产于体外胶质物中；虫体前部穿入根内，胶质物呈半球形覆盖虫体。未成熟雌虫蠕虫形，体长 230~640μm，缓慢加热杀死后虫体稍朝腹面弯曲；头部圆至锥形，中等骨质化；口针中等发达，口针基部球圆形；食道发达，中食道球有瓣膜，背食道腺开口于口针基部球后 10~20μm 处；食道腺长，覆盖于肠的侧面；阴门位于虫体后部，双生殖管、前端折叠；尾部圆锥形，末端圆。雄虫蠕虫形，头部骨质化；口针和食道退化；尾部长锥形，交合刺弯曲，交合伞小、不包至尾端。

重要种：肾状肾形线虫（*R. reniformis*）。

本属线虫为定居型半内寄生线虫，侵染作物根系，导致植株生长衰退。危害甘薯、大豆、果树和蔬菜。

（十一）孢囊线虫属（*Heterodera*，图 1-36）

雌雄异形。雌虫肥大，柠檬形，有明显颈部；虫体后部为突起的阴门锥，阴门和肛门位于阴门锥上。虫体初期为白色，老熟死亡后转变为黄色至深褐色孢囊，卵保留在孢囊内。雄虫蠕虫形、细长，缓慢加热杀死后虫体弯曲；唇区缢缩，有 3~6 个唇环；口针粗大，有明显的口针基部球；尾部短、尾端钝圆；交合刺突出、弯曲、近端生，无交合伞。

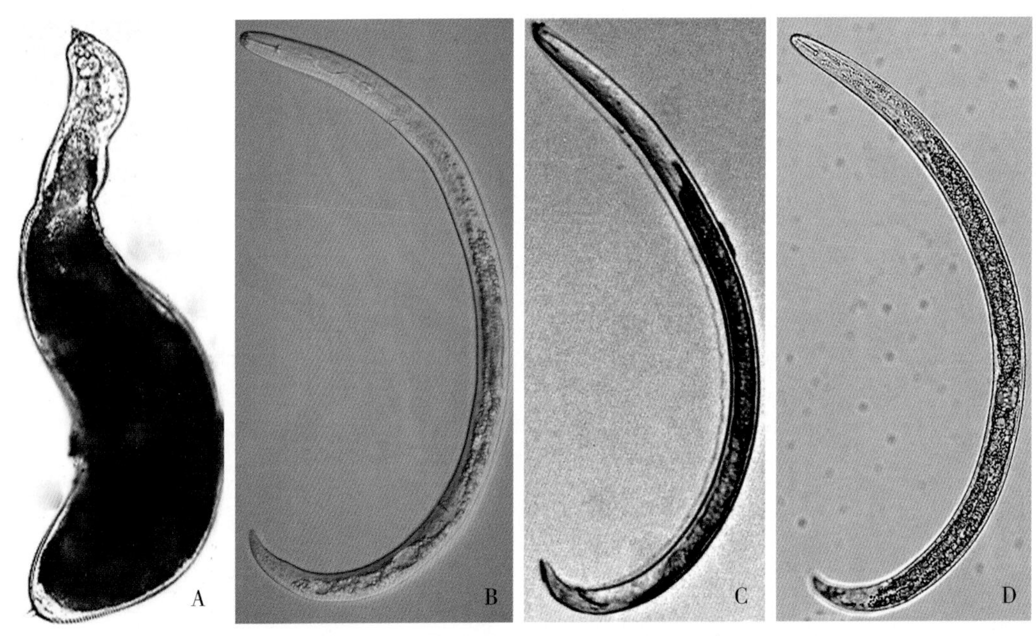

图 1-35 肾形线虫（*Rotylenchulus*）

A. 成熟雌虫；B. 未成熟雌虫；C. 雄虫；D. 幼虫

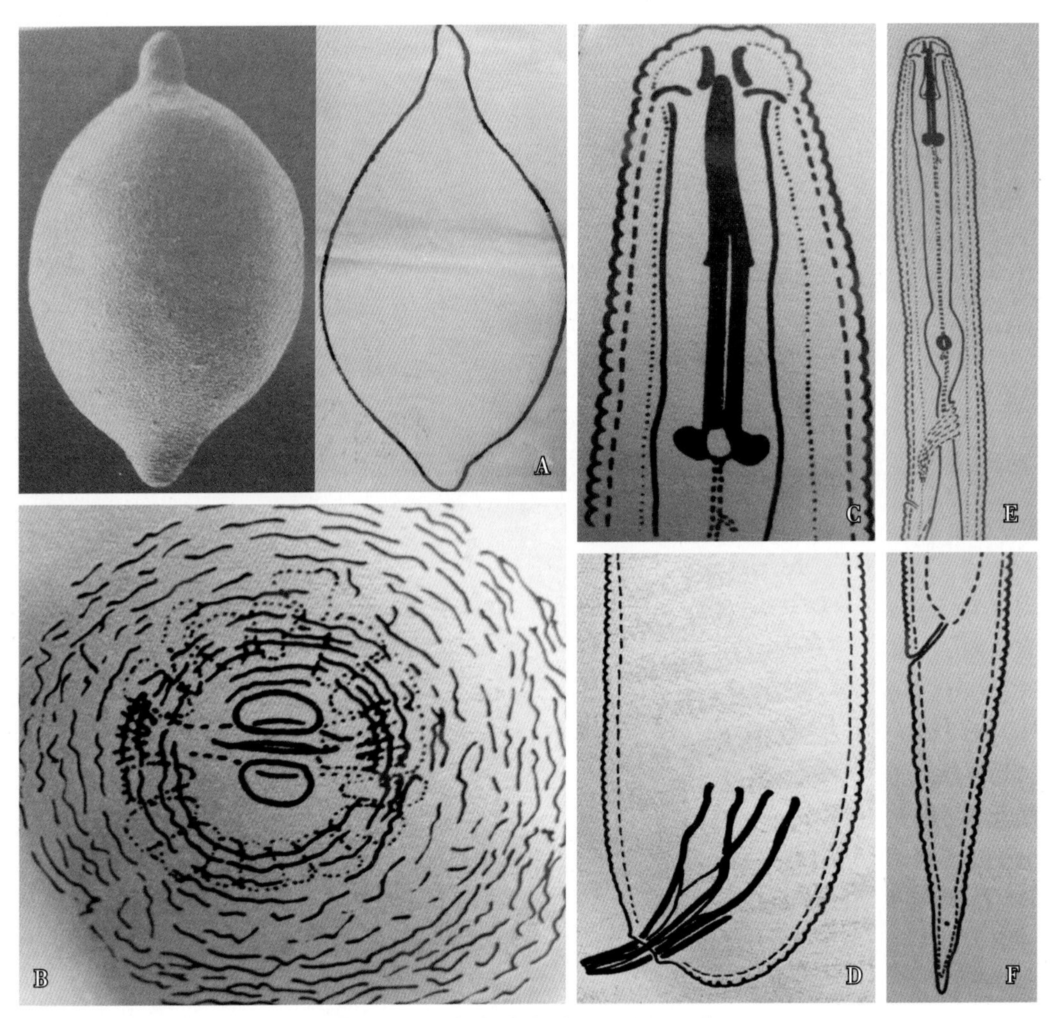

图 1-36 孢囊线虫（*Heterodera*）

A. 成熟雌虫整体；B. 孢囊阴门锥；C. 雄虫头部；D. 雄虫尾部；E. 幼虫前部；F. 幼虫尾部

重要种：大豆孢囊线虫（*H. glycines*）、甜菜孢囊线虫（*H. schachtii*）、燕麦孢囊线虫（*H. avenae*）。

本属线虫为定居型半内寄生线虫。大多数种的卵都保留在孢囊内，寄主作物根的分泌物能刺激卵孵化。有些种具有高度寄主专化性，有生理小种。大豆孢囊线虫（*H. glycines*）是我国北方大豆的重要病原线虫，对大豆生产造成巨大损失。

（十二）球形孢囊线虫属（*Globodera*，图 1–37）

雌雄异形。成熟雌虫虫体和孢囊球形，有一短的突起的颈部；孢囊褐色，表面有饰纹；阴门端生，阴门裂长度小于 15μm，在阴门附近有小瘤区；阴门窗为环形窗，泡状体少；肛门与阴门分开，位于虫体末端的阴门盆中；无肛门窗。雄虫虫体蠕虫状、细长，长度达 1500μm，体后部呈 90° ~180° 弯曲；角质膜有环纹，侧带有 4 条侧线、外带常有网纹；头部缢缩，有 3~7 个环纹；尾短、钝圆，尾长度小于肛部体宽；交合刺长 30μm 以上，末端尖。

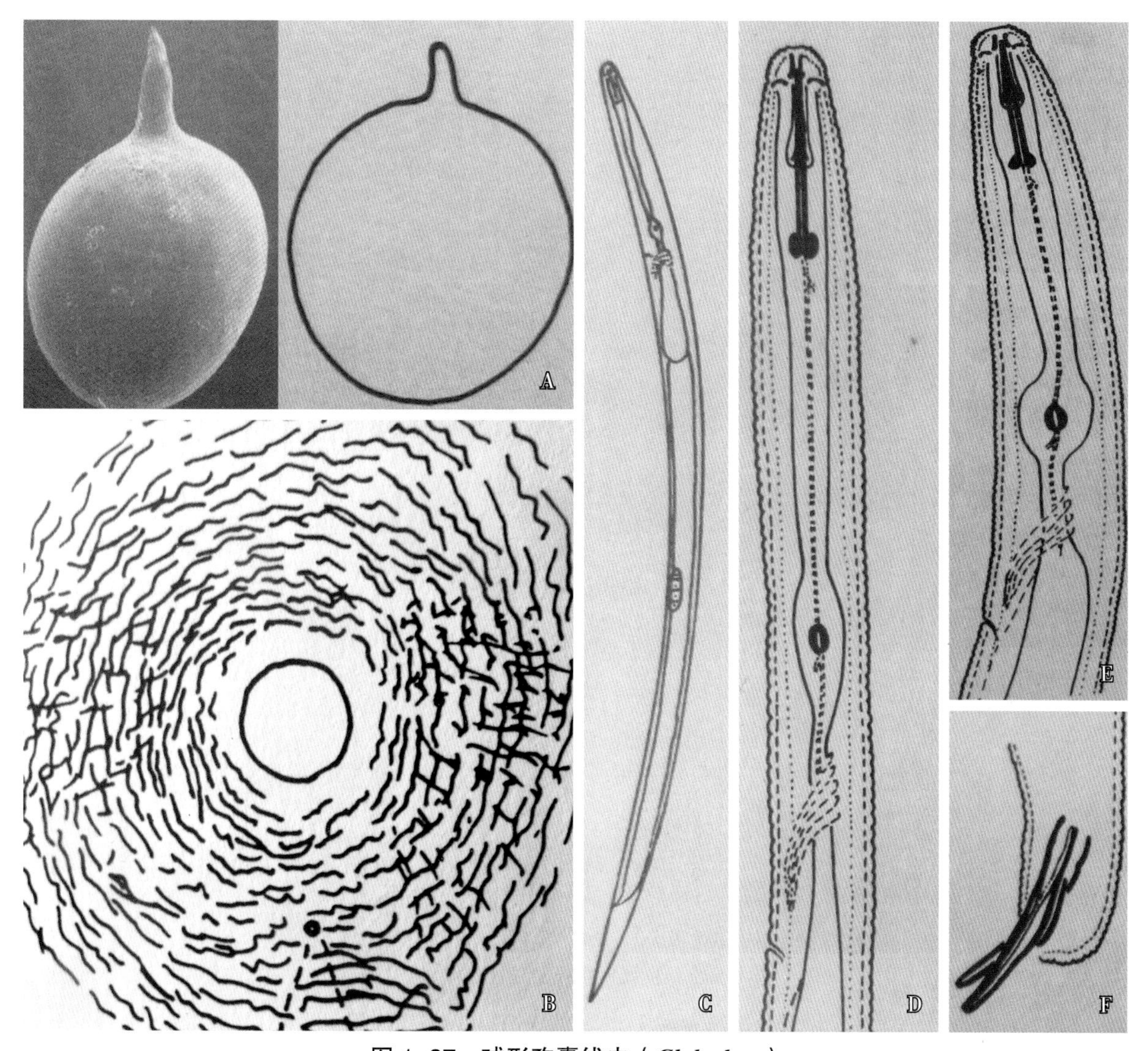

图 1–37　球形孢囊线虫（*Globodera*）

A. 成熟雌虫整体；B. 阴门部花纹；C. 幼虫整体；D. 幼虫前部；E. 雄虫前部；F. 雄虫尾部

重要种：马铃薯金线虫（*G. rostochiensis*）、马铃薯白线虫（*G. pallida*）。这两种线虫是欧洲马铃薯的重要病原线虫。

本属线虫为定居型内寄生线虫，有致病型分化。

（十三）根结线虫属（*Meloidogyne*，图 1–38）

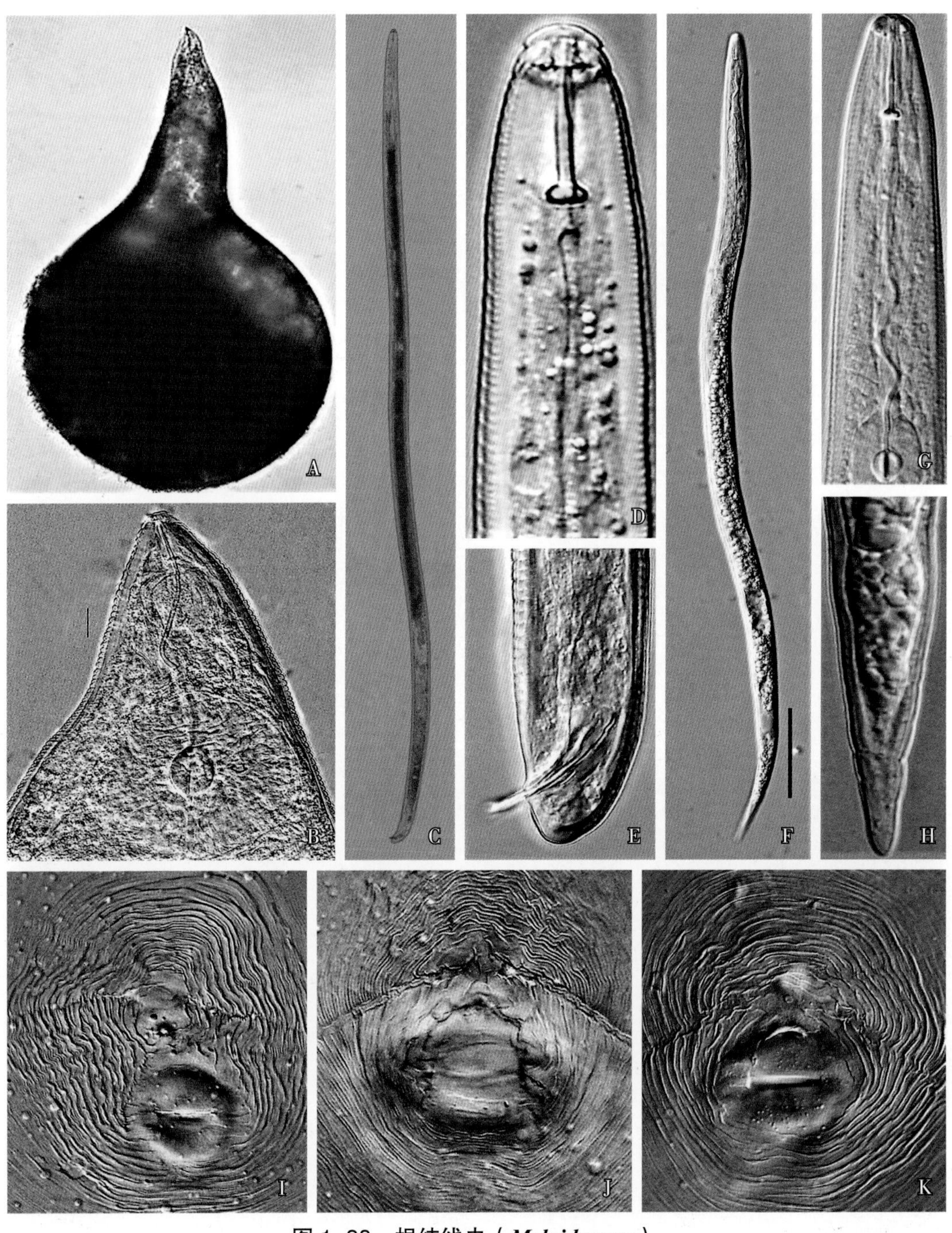

图 1–38 根结线虫（*Meloidogyne*）

A. 雌虫整体；B. 雌虫头部；C. 雄虫整体；D. 雄虫头部；E. 雄虫尾部；F. 幼虫整体；G. 幼虫头部；H. 幼虫尾部；I. 南方根结线虫（*M. incognita*）会阴花纹；J. 爪哇根结线虫（*M. javanica*）会阴花纹；K. 花生根结线虫（*M. arenaria*）会阴花纹

雌雄异形。雌虫呈梨形、白色；虫体前部有突出的颈部，口针短且明显，有口针基部球；食道发达，排泄孔位于中食道球前；阴门和肛门端生，周围形成具有特征性的会阴花纹；双生殖管前生，卵巢发达，卵产于体外的胶质状卵囊中。雄虫蠕虫形，缓慢加热杀死后弯曲；头架发达，口针长度通常为18~24μm，有明显的口针基部球；尾部短、末端半球形；交合刺发达、近端生，无交合伞。

重要种：南方根结线虫（*M. incognita*）、花生根结线虫（*M. arenaria*）、爪哇根结线虫（*M. javanica*）、北方根结线虫（*M. hapla*）。

本属线虫为定居型内寄生线虫，是极其重要的作物病原线虫。

（十四）半穿刺线虫属（*Tylenchulus*，图 1–39）

雌雄异形。成熟雌虫虫体前部钻入根组织内，颈部细长、不规则、角质膜薄；虫体后部突出于根表面，膨大，角质膜厚，具有短尾部；排泄孔和阴门位于虫体极后部，排泄细胞发达，能分泌胶质物；单生殖管，旋卷，含有数个卵；无肛门和直肠。未成熟雌虫蠕虫形，虫体小，虫体后部朝腹面弯曲；头部圆、不缢缩，头架骨质化弱；口针中等发达，口针基部球圆形；中食道与食道体部无明显分界，食道腺膨大为后食道球；阴门位于虫体极后部，单生殖管前生；排泄孔位于虫体后部，阴门稍前方；尾部呈圆锥形，无肛门和直肠。雄虫蠕虫形，头部骨质化；口针和食道退化；尾部圆锥形，末端尖；交合刺弯曲，无交合伞。

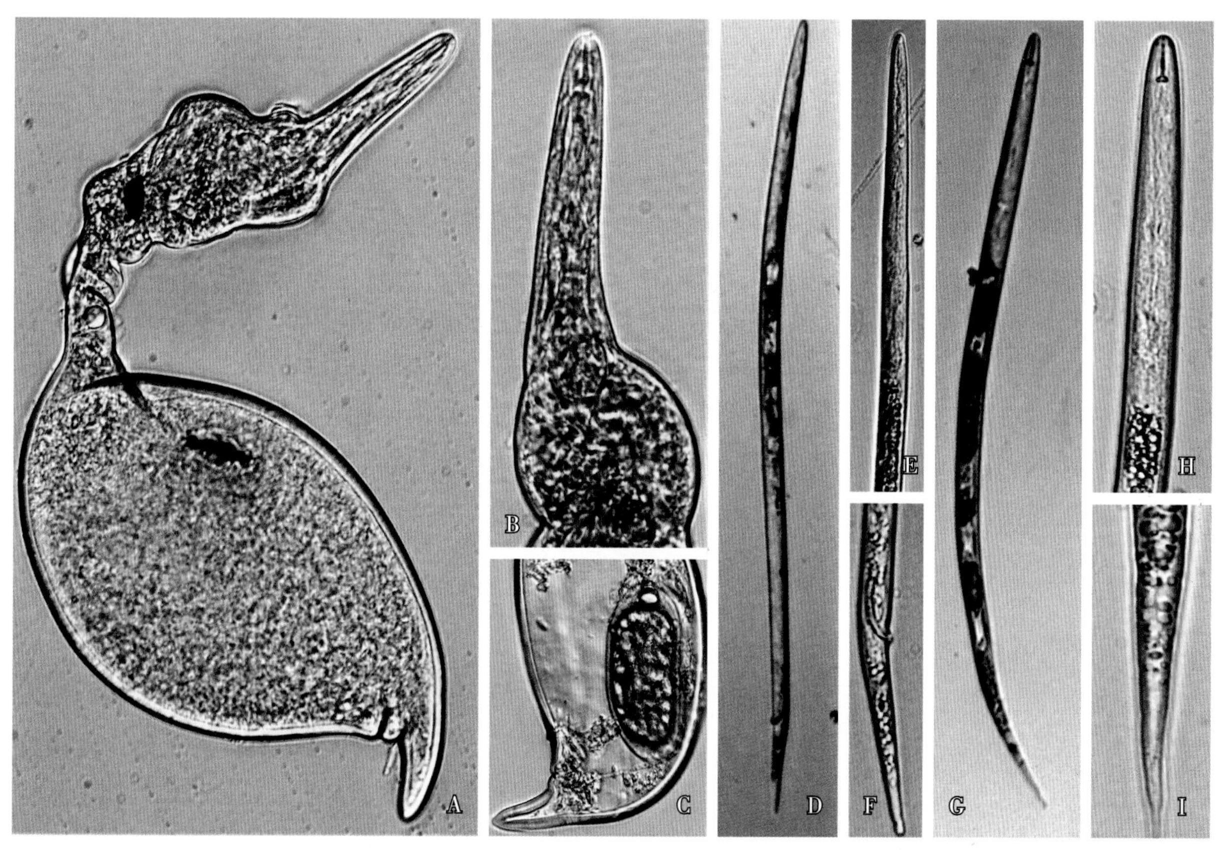

图 1–39　半穿刺线虫（*Tylenchulus*）

A. 成熟雌虫整体；B. 雌虫头部；C. 雌虫后部（排泄孔、阴门和卵）；D. 雄虫整体；E. 雄虫前部；F. 雄虫尾部；G. 幼虫整体；H. 幼虫前部；I. 幼虫尾部

重要种：柑橘半穿刺线虫（*T. semipenetrans*）。

本属线虫为定居型半内寄生线虫，侵染作物根系，导致植株生长衰退。危害柑橘、橄榄、枇杷、荔枝、龙眼、杧果、黄皮、草莓、葡萄、柿、梨等果树，也能侵染杉木等经济林木。

（十五）针线虫属（*Paratylenchus*，图 1-40）

雌雄同形。虫体蠕虫状。雌虫细小，体长 500μm 以下，缓慢加热杀死后虫体呈“C”形弯曲。唇区骨质化弱，口针细至中等，长度为 12~40μm；食道环线型，中食道球大、与食道体部无明显分界，后食道小。雄虫细小，食道和口针退化或无口针，交合刺窄，无交合伞。

重要种：布科维纳针线虫（*P. bukowinensis*）、弯曲针线虫（*P. curvitatus*）、突出针线虫（*P. projectus*）。

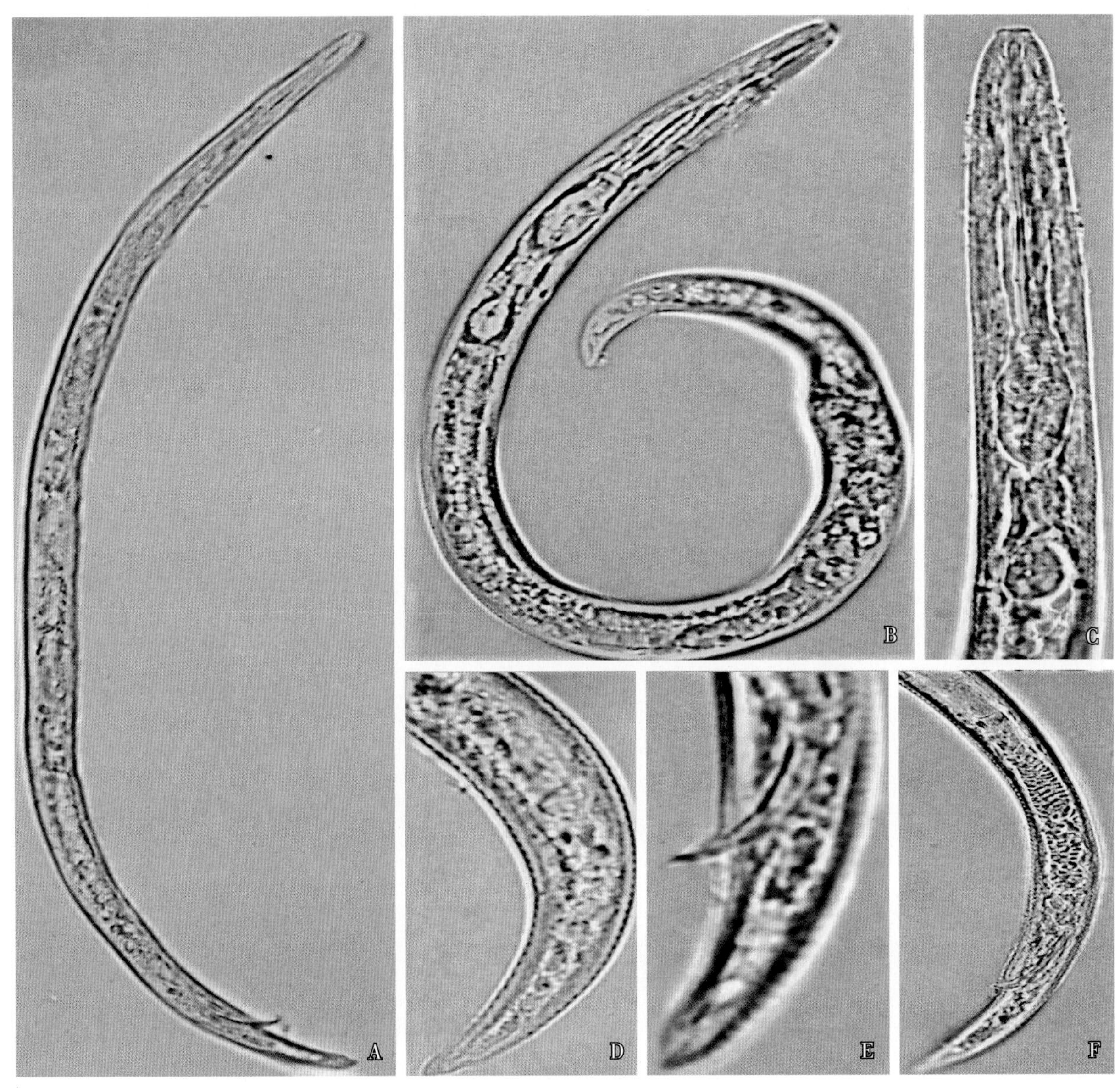

图 1-40　针线虫（*Paratylenchus*）

A. 雄虫整体；B. 雌虫整体；C. 雌虫前部；D. 雌虫尾部；E. 雄虫尾部（交合刺）；F. 雄虫后部（精巢和交合刺）

本属线虫为外寄生线虫，幼虫和雌成虫将口针插入根表皮细胞或根毛基部取食，引起细胞组织病变。作物根部出现针线虫的高群体水平时，能导致根系坏死和植株矮化。危害烟草、蔬菜、果树、茶等作物。

（十六）大刺环线虫属（*Macroposthonia*，图 1-41）

雌雄异形。雌虫虫体粗大，加热杀死后伸直或稍弯向腹面；头部圆，尾部锥形至钝圆形；角质膜上有 42~200 个明显的后倾体环，体环后缘光滑或有细微的齿纹；唇部与虫体部无明显分离，具有 2~3 个较薄的唇环；唇盘周围有 4 个亚中唇片，且明显分离；口针长而粗，口针基部球前缘突起、呈锚状；食道的中食道球大、与食道体部愈合，食道腺形成一个小的后食道球；阴门位于体后，单生殖管向前延伸。雄虫虫体细短，头部圆；无口针，食道退化；交合刺短，稍弯曲；交合伞窄小，甚至无交合伞，尾部尖。幼虫形态与雌虫相似，体环后缘光滑或有细齿纹。

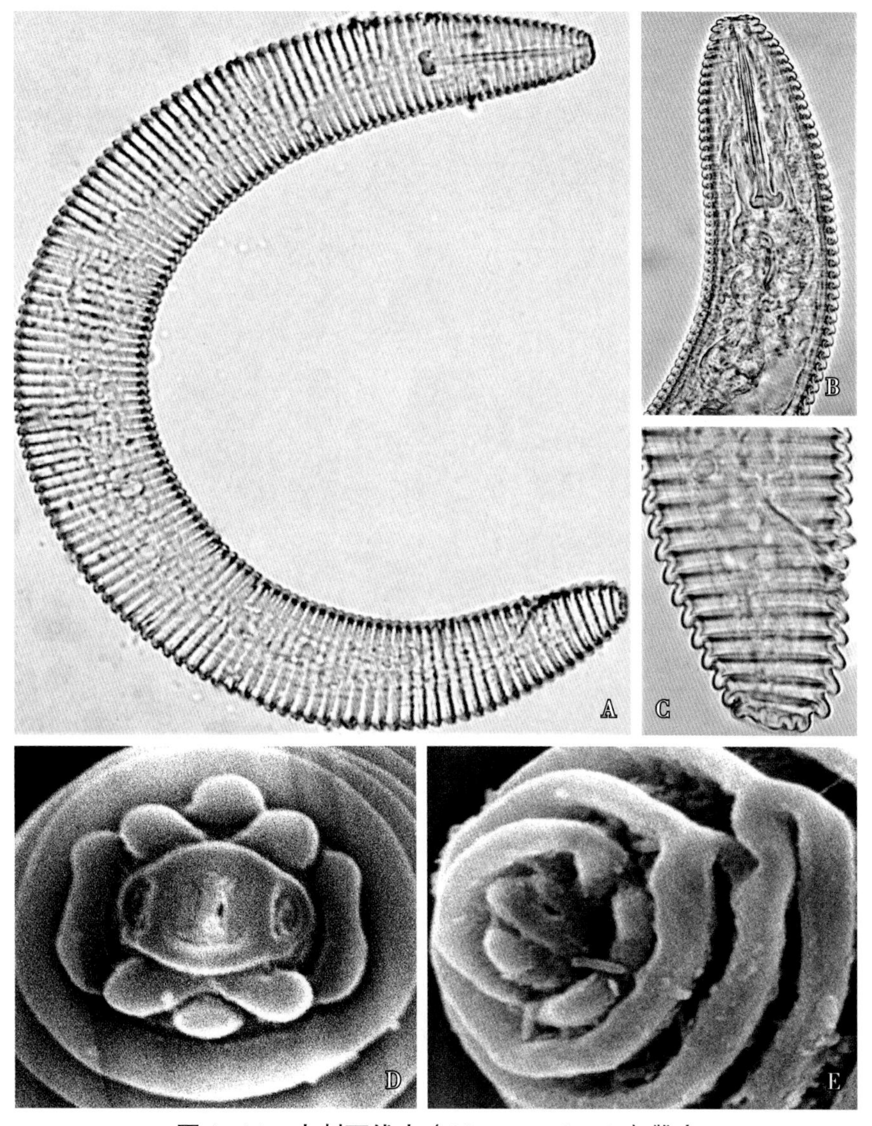

图 1-41　大刺环线虫（*Macroposthonia*）雌虫

A. 整体；B. 头部；C. 尾部；D. 头顶正面；E. 尾端正面

重要种：弯曲大刺环线虫（*M. curvata*）、装饰大刺环线虫（*M. ornate*）、异盘大刺环线虫 *M. xenoplax*）。

本属线虫为外寄生线虫，主要寄生果树，也危害花生，可以和土壤中病原微生物一起引起复合侵染。

（十七）拟鞘线虫属（*Hemicriconemoides*，图 1–42）

雌雄异形。雌虫虫体小至中等，体长 290~670μm；体态丰满，直伸或稍弯向腹面，两端较细。头架严重骨质化，第一头环与其他体环无差别或稍有差别，无亚中唇片；侧器孔缝状；口针强大，口针基部球前缘突起、呈锚状；角质膜分两层、紧贴，体环粗，虫体体环数 51~164 个，无侧带；阴门位于体后部，阴唇无饰纹，偶尔有阴门瓣；尾部短，锥形至钝圆。雄虫纤细，食道退化、无口针；交合刺细小、弯曲，引带短，交合伞无或微弱发生。幼虫单层角质膜，亚中唇片无或微弱发生，体环后缘有鳞片或刺。

重要种：杧果拟鞘线虫（*H. mangiferae*）。

本属线虫为迁移型半内寄生线虫，寄生于果树根部，引起果树生长衰退。

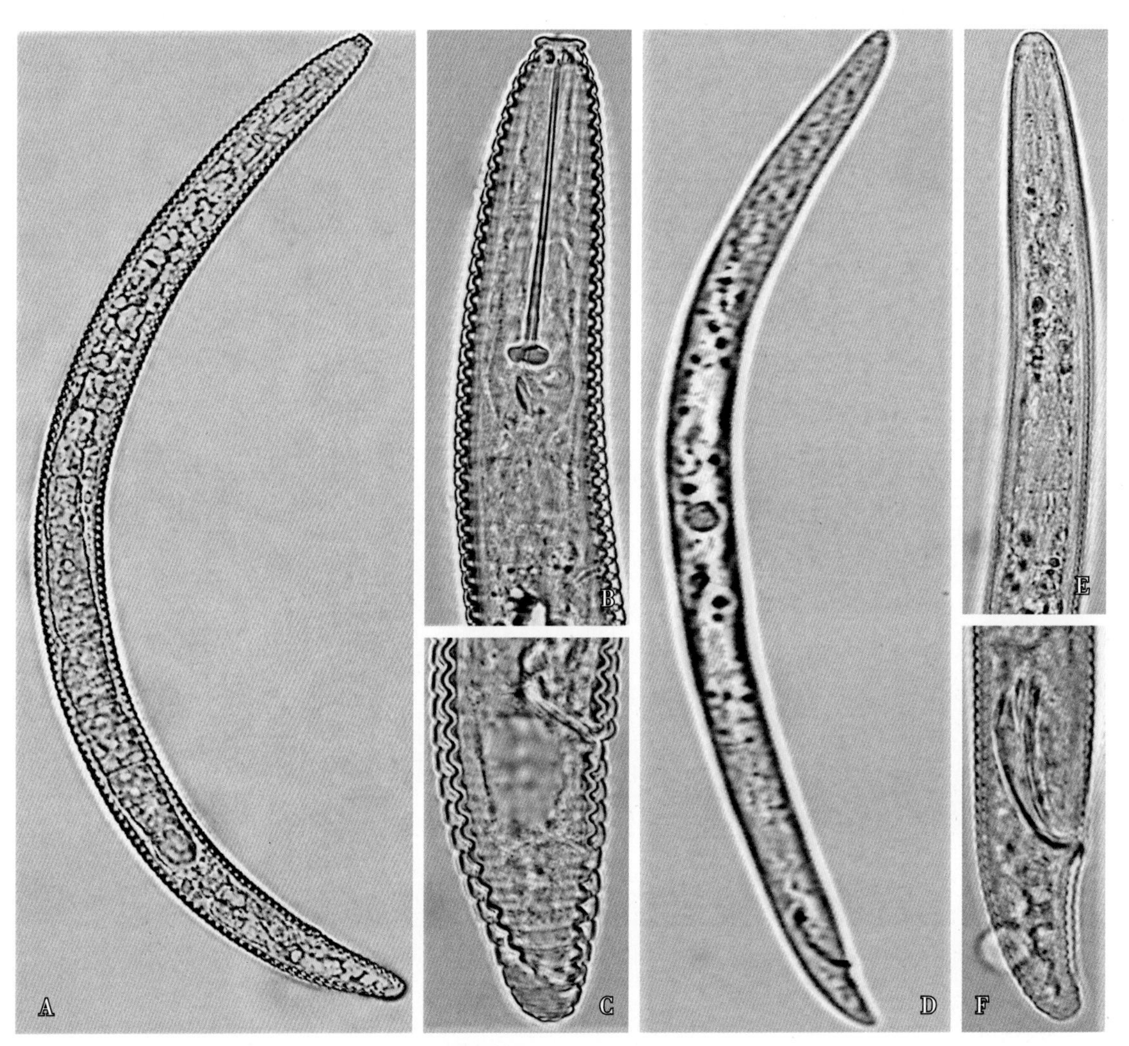

图 1–42 拟鞘线虫（*Hemicriconemoides*）

A. 雌虫整体；B. 雌虫头部；C. 雌虫尾部；D. 雄虫整体；E. 雄虫头部；F. 雄虫尾部

三、滑刃目（Aphelenchida）

滑刃目（Aphelenchida）雌雄同形，虫体蠕虫状。滑刃型食道，食道分为体部、中食道球、峡部和后食道，中食道球大、占满整个体宽。背食道腺开口于中食道球瓣膜前。口针为吻针，口针基部球小。滑刃目（Aphelenchida）线虫食性多样，含有植物线虫、食菌线虫和昆虫病原线虫，有些植物线虫也能取食真菌的菌丝和子实体，寄生方式有内寄生和外寄生。有些种类寄生危害作物的地下部，大多数是作物茎、叶、花和种子的寄生物，有的以昆虫为传播介体。

（一）滑刃线虫属（*Aphelenchoides*，图 1-43）

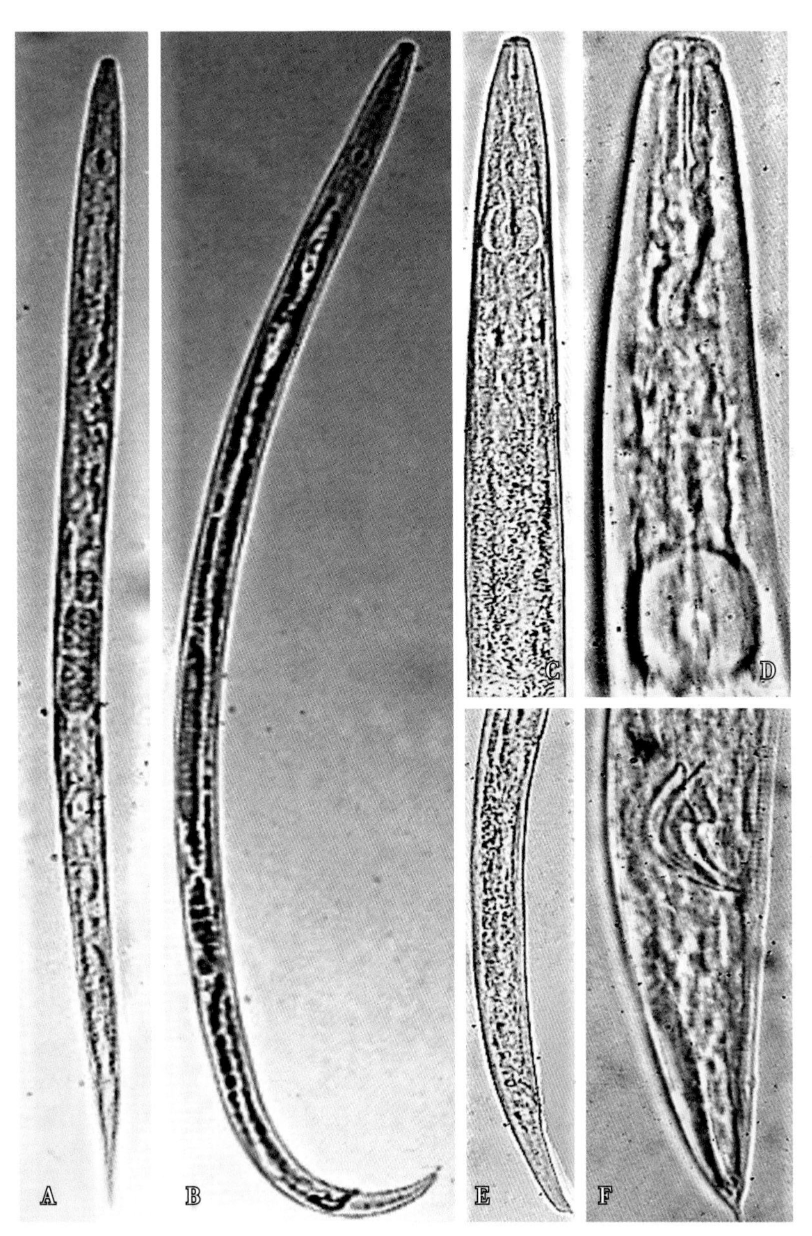

图 1-43　滑刃线虫（*Aphelenchoides*）

A. 雌虫整体；B. 雄虫整体；C、D. 雌虫前部；E. 雌虫尾部；F. 雄虫尾部

雌雄同形。虫体蠕虫状，体长400~1200μm，缓慢加热杀死后伸直或稍朝腹面弯曲。体环细，侧带有2~4条侧线，多数种为4条；唇区圆，通常有缢缩，有6个相等的唇片，头架弱；口针细，有口针基部球或口针基部膨大，口针长度在20μm以下，一般为10~12μm；食道体部圆柱形，中食道球大、卵圆形或球形、有明显瓣膜，食道腺叶发达、覆盖于肠的背面。雌虫阴门位于虫体中后部，单生殖管，通常有后阴子宫囊；尾部圆锥形，尾末端变化大，有些具尾尖突。雄虫尾部呈拐杖形向腹面弯曲；交合刺呈棘状、通常有发达的头状体和端部，无交合伞；典型的有3对尾乳突，即1对肛乳突、1对近端乳突，另1对在两对之间。

重要种：贝西滑刃线虫（*A. besseyi*）、花生滑刃线虫（*A. arachidis*）、草莓滑刃线虫（*A. fragariae*）、菊花滑刃线虫（*A. ritzemabosi*）、毁芽滑刃线虫（*A. blastophthorus*）、蘑菇滑刃线虫（*A. composticola*）。

本属线虫可以在作物的叶片、芽、茎、鳞茎上营外寄生或内寄生生活，造成细胞组织坏死，导致叶枯、死芽、畸形、腐烂等症状。许多种类也可以在真菌上生活和繁殖。

（二）伞滑刃线虫属（*Bursaphelenchus*，图1–44）

雌雄同形。虫体蠕虫状。唇区高，缢缩明显；口针细长，口针基部球小；中食道球卵圆形，占体宽2/3以上；食道腺长叶状，覆盖于肠的背面。雌虫阴门位于虫体后部，前阴唇向后延伸形成阴门盖；单生殖管前生，后阴子宫囊发达，长度为阴肛距的3/4；尾部呈近圆锥形、末端宽圆，无尾尖突或有一短小尾尖突。雄虫交合刺大、远端呈盘状膨大，喙突明显；尾部呈弓形，末端尖细，有一小的离肛型交合伞，交合伞卵形、铲状或其他形状。

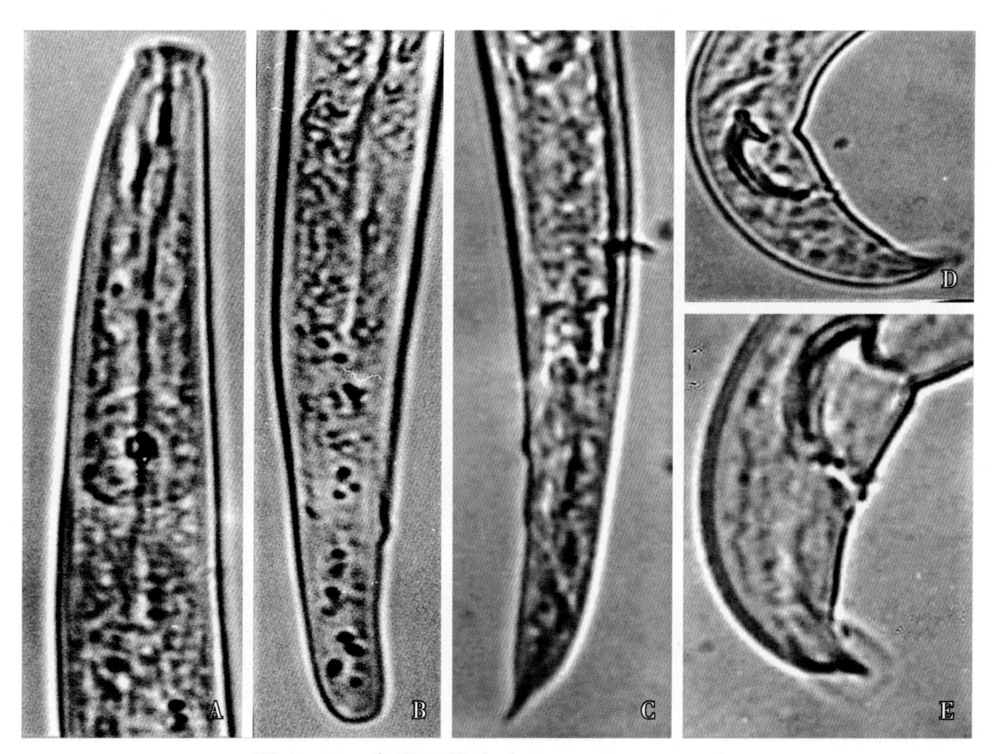

图1–44 伞滑刃线虫（*Bursaphelenchus*）

A. 雌虫头部；B、C. 雌虫尾部；D、E. 雄虫尾部重要种：嗜木伞滑刃线虫（*B. xylophilus*），可引起松树萎蔫线虫病，是重要的检疫性有害生物。本属线虫多数生活在枯死松材组织中，许多种类也可以在真菌上生活和繁殖。

四、矛线目（Dorylaimida）

矛线目（Dorylaimida）线虫为蠕虫形，虫体细长，体长1500~12000μm。角质膜光滑，无明显环纹。唇区圆，连续或有缢缩。侧器大，囊状或倒马镫状，侧器孔位于唇后。食道呈长瓶状，前部为细管状，后部短圆柱状或近球形。口针为齿针，极长（50~220μm），有的具有齿针延伸物；唇后至针尖基部之间有显著骨质化的导环。雌虫阴门位于虫体前部、中部或中后部，双生殖管对生、回折。雄虫双生殖管对生，交合刺大。

（一）长针线虫属（*Longidorus*，图1-45）

雌雄同形。大型线虫，体长通常达3000μm。唇区半球形，6瓣唇片上有6~10个乳突，呈2圈排列；侧器大，侧器孔孔状或裂缝状，开口于唇基部；口针包括针锥和延伸部，口针长度为50~220μm；食道瓶状，食道前部窄、后部宽；唇后的食道腔内有口针导环。雌虫双生殖管对生，卵巢回折；尾

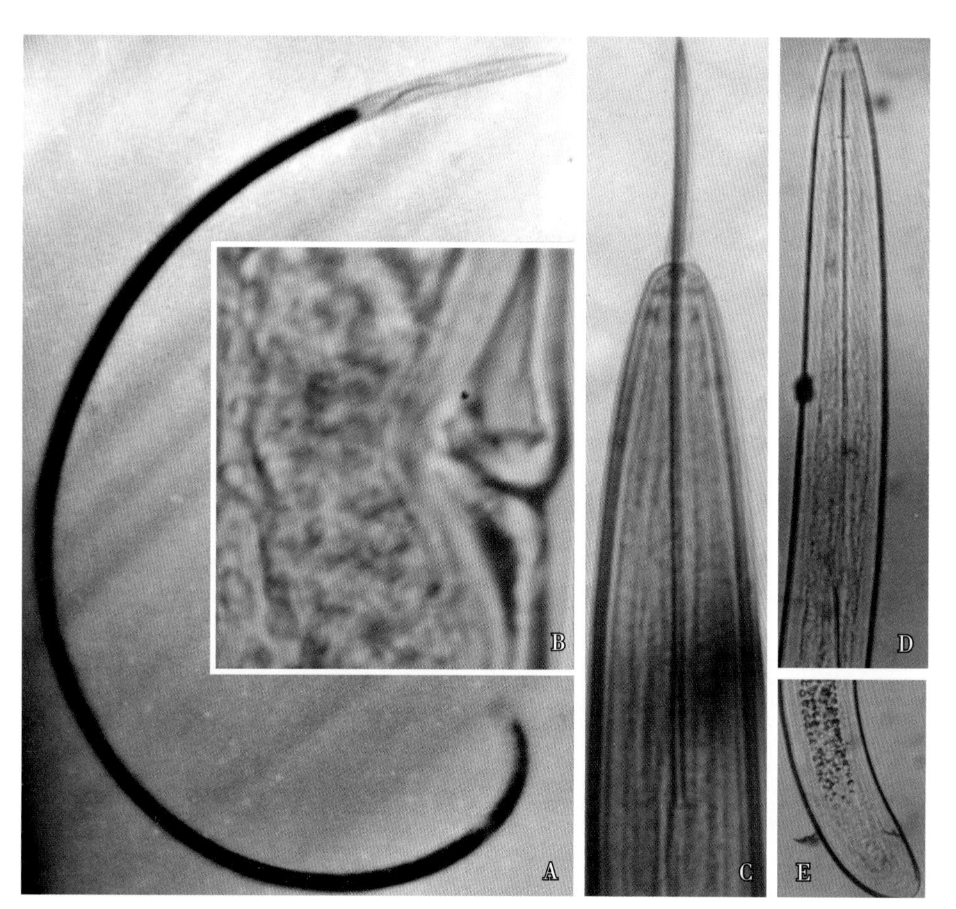

图1-45　长针线虫（*Longidorus*）雌虫

A. 整体；B. 阴门；C、D. 头部；E. 尾部

钝圆，长度略大于肛门部体宽。雄虫双生殖管，尾部锥形、末端钝圆，有2~4对尾乳突；交合刺1对，弓形。

重要种：渐狭长针线虫（*L. attenuatus*）、伸长长针线虫（*L. elongatus*）、大体长针线虫（*L. macrosoma*）。

本属线虫大多数为外寄生线虫，被害作物根系形成粗短根、根尖肿大，或产生结瘿，根系生长衰退。有些种类可以传播植物病毒。

（二）剑线虫属（*Xiphinema*，图1–46）

雌雄同形。大型线虫，成虫体长1000~5000μm，缓慢加热杀死后虫体呈“C”形或宽螺旋形。唇区缢缩。侧器发达、囊状，侧器孔小、孔状或裂缝状；口针细针状，长度为70~120μm，前部为矛状，延伸部膨大，矛部和延伸部等长；口针导环位于矛部与延伸部连接处附近。食道瓶状，食道前部为弯曲状窄管，后部膨大为长柱状。雌虫阴门横裂，位于虫体中部至中后部，双生殖管对生。有些种阴门位于虫体前部，前生殖管退化，后生殖管明显。雄虫交合刺粗大，有引带，有或无交合伞；泄殖腔附近有1对性乳突，泄殖腔前有1列腹中乳突（4~8个）；尾短，圆锥形，末端圆或呈指状。

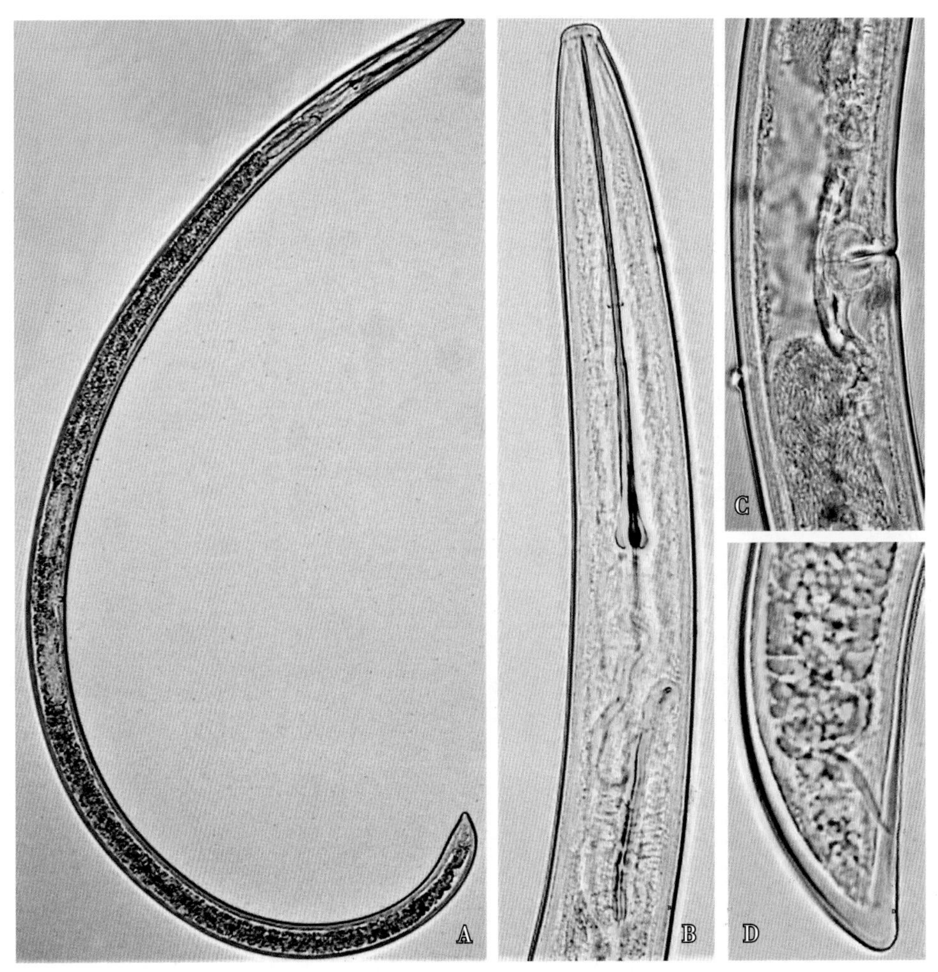

图1–46 剑线虫（*Xiphinema*）雌虫

A. 整体；B. 头部；C. 阴门部；D. 尾部

重要种：美洲剑线虫（*X. americanum*）、异尾剑线虫（*X. diversicaudatum*）、标准剑线虫（*X. index*）。

本属线虫大多数为外寄生线虫，被害作物根系皮层坏死，根尖肿大，或形成截根，受害根系生长衰退。有些种类可以传播植物病毒。

五、三矛目（Triplonchida）

雌雄同形。虫体呈雪茄形或香肠形，体型较小。角质膜光滑，不规则加厚。口针朝腹面弯曲，无口针基部球，口针前端有导环。食道瓶状，排泄孔明显。雌虫缓慢加热杀死后虫体直或略弯，双生殖管，肛门位于虫体近末端，尾短。雄虫缓慢加热杀死后虫体直，或尾部呈“J”形弯曲。单生殖管，交合刺直或弯曲，有或无交合伞。

（一）毛刺线虫属（*Trichodorus*，图 1–47）

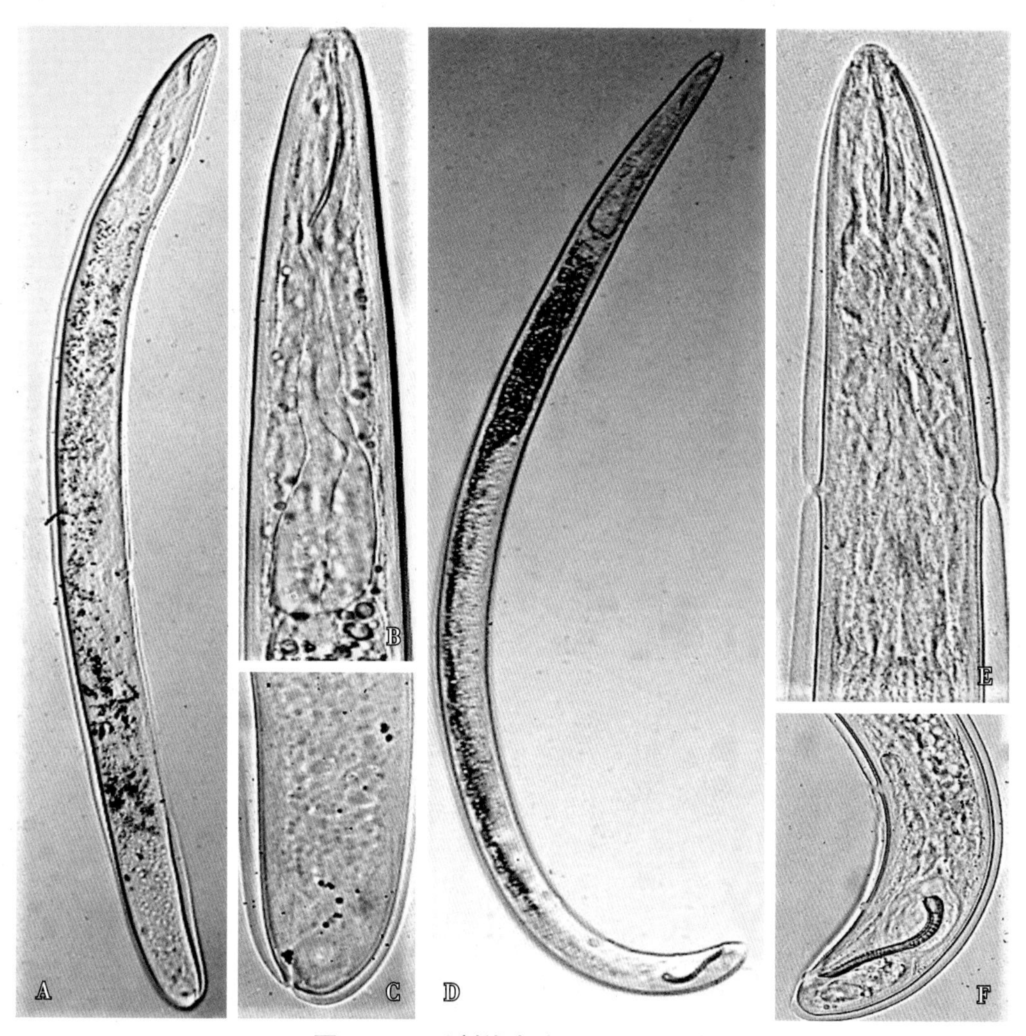

图 1–47　毛刺线虫（*Trichodorus*）

A. 雌虫整体；B. 雌虫前部；C. 雌虫尾部；D. 雄虫整体；E. 雄虫前部；F. 雄虫尾部

雌虫虫体粗短，体长 500~1500μm，雪茄形；角质膜薄，疏松，无明显环纹和侧带；口针朝腹面弯曲；食道前部细窄，后部逐渐膨大为勺状并与肠连接；阴门位于虫体中部，阴道肌发达、强烈骨质化；距阴门 1 个体宽内有侧体孔；双生殖管对生，卵巢前端回折；尾部极短，末端圆，肛门几乎位于尾末端。雄虫加热杀死后尾部朝腹面弯曲，食道与雌虫相似，在食道部的腹面有 1~4 个颈乳突；交合刺伸长并朝腹面弯曲，引带长度为交合刺的 1/3，在交合刺前有 3 个突起的亚腹中乳突；无交合伞。

重要种：原始毛刺线虫（*T. primitivus*）、相似毛刺线虫（*T. similis*）、带毒毛刺线虫（*T. viruliferus*）。

本属线虫为外寄生线虫，被害作物根系形成粗短根，生长发育受阻，地上部生长衰退。有些种类可以传播植物病毒。

（二）拟毛刺线虫属（*Paratrichodorus*，图 1–48）

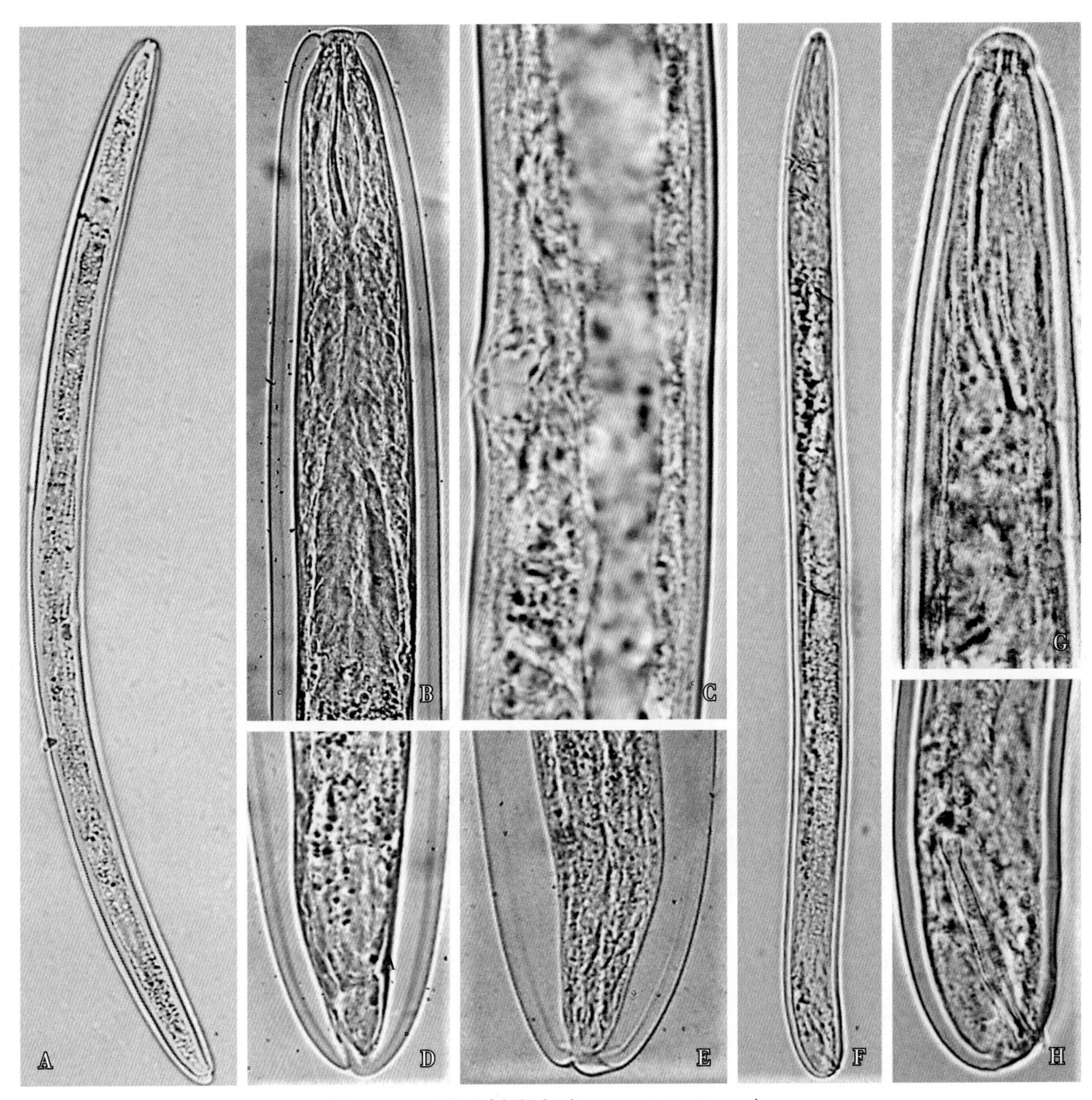

图 1–48　拟毛刺线虫（*Paratrichodorus*）

A. 雌虫整体；B. 雌虫前部；C. 阴门；D、E. 雌虫尾部；F. 雄虫整体；G. 雄虫前部；H. 雄虫尾部（交合刺）

雌虫体态丰满，雪茄形。在固定液中角质膜较疏松、膨胀。食道腺覆盖于肠背面或腹面。阴道肌不发达，距阴门 1 个体宽内无侧体孔。雄虫加热杀死后直伸，有交合伞，交合刺直，交合肌不发达。

重要种：微小拟毛刺线虫（*P. minor*）、厚皮拟毛刺线虫（*P. pachydermus*）。

本属线虫为外寄生线虫，被害作物根系形成粗短根，生长发育受阻，地上部生长衰退。有些种类可以传播植物病毒。

第三节　作物线虫病害发生特点

一、病害循环

作物线虫病害循环是指病害从作物的前一个生长季节开始发生，到下一个生长季节再度发生的过程。作物线虫病害循环包括线虫传播、侵染、存活三大环节（图 1-49）。

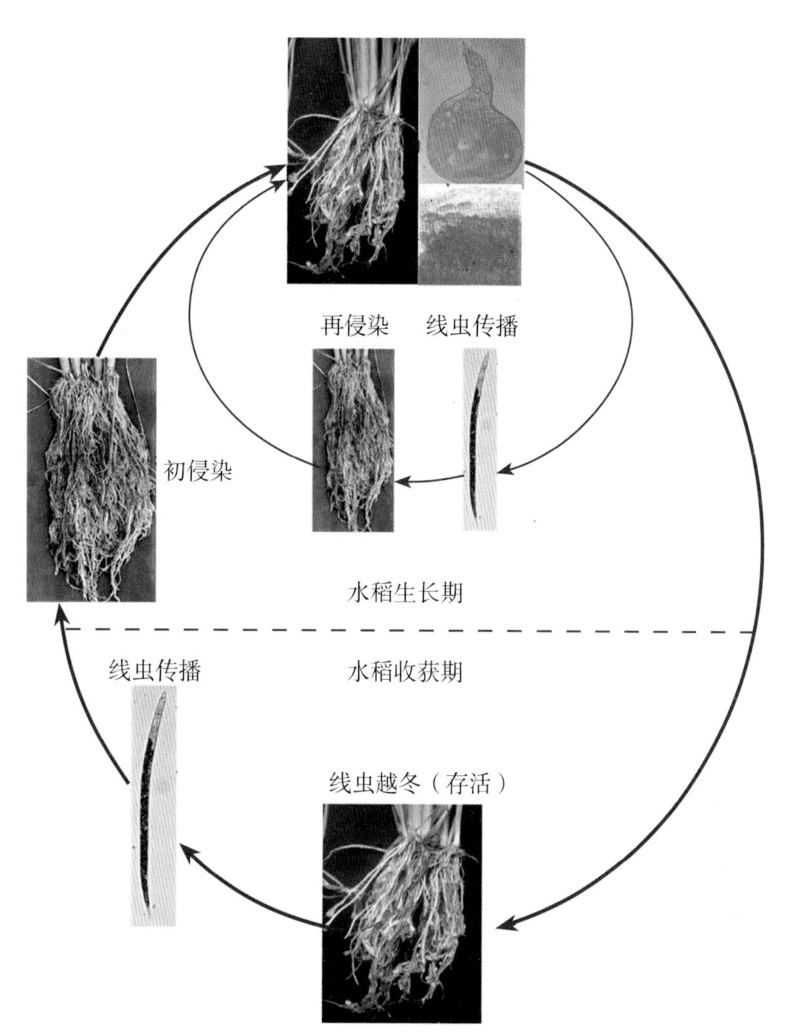

图 1-49　水稻根结线虫病病害循环

（一）传播

作物病原线虫的传播有主动传播和被动传播。在作物生长季节，线虫在有水或水膜的条件下能从栖息地向寄主表面迁移，或从发病点向无病点扩散。这种主动传播距离有限，在土壤中每年迁移的距离不会超过1~2m。被动传播有自然力传播和人为传播。自然力传播中以水流传播，特别是灌溉水的传播最为重要。有些线虫通过昆虫传播，例如：嗜木伞滑刃线虫（*B. xylophilus*）由松墨天牛（*Monochamus alternatus*）传播，椰子红环线虫（*Rhadinaphelenchus cocophilus*）由棕榈象甲（*Rhynchophorus palmarum*）传播。线虫的人为传播以带病的植物残体、黏附病土的机械或混杂线虫虫瘿的种子、苗木或其他繁殖材料的流通，以及污染线虫的农林产品和包装物品的流通最重要。这种人为传播不受自然条件和地理条件限制，可形成远距离传播。

（二）侵染

作物病原线虫通过头部的化感器（侧器），接受根分泌物的刺激，并且朝着根的方向运动。线虫一旦与寄主组织接触，即以唇部吸附于组织表面，以口针穿刺作物组织而侵入。大多数线虫侵染作物的地下部根、块根、块茎、鳞茎、球茎。有些线虫与寄主接触后从根部或其他地下部器官和组织向上转移，侵染作物地上部茎、叶、花、果实和种子。线虫很容易从伤口和裂口侵入作物组织内，但是，更重要的途径是从植物的表面自然孔口（气孔和皮孔）侵入和在根幼嫩部分直接穿刺侵入。

（三）存活

作物病原线虫的存活方式与取食部位、寄生方式有一定联系。寄生于作物地下部组织的内寄生和半内寄生线虫，其存活场所多样，可以存活于二年生或多年生的田间病株和得病的块根、块茎、鳞茎、球茎等无性繁殖材料上，也能存活于病株残体或土壤中。存活的虫态有两类：以根腐线虫（*Pratylenchus*）、穿孔线虫（*Radopholus*）和潜根线虫（*Hirschmanniella*）为代表的迁移型内寄生线虫，往往能以多种虫态度过寄主的休眠期；以根结线虫（*Meloidogyne*）、孢囊线虫（*Heterodera*）和半穿刺线虫（*Tylenchulus*）等定居型内寄生和半内寄生线虫，通常以卵为主要存活虫态，这类线虫的卵普遍贮存于卵囊或孢囊中。寄生于作物地上部的线虫，如嗜木伞滑刃线虫（*B. xylophilus*）、狭小茎线虫（*D. angustus*）、菊花滑刃线虫（*A. ritzemabosi*）、草莓滑刃线虫（*A. fragariae*）、小麦粒线虫（*A. tritici*），主要休眠场所是病株残体、二年生或多年生的田间病株或种瘿、叶瘿等病变组织；少数地上部寄生线虫，如贝西滑刃线虫（*A. besseyi*）和起绒草茎线虫（*D. dipsasi*），能存活于寄主的种子内外。地上部寄生线虫存活虫态多样，贝西滑刃线虫（*A. besseyi*）和草莓滑刃线虫（*A. fragariae*）以各种虫态存活，起绒草茎线虫（*D. dipsasi*）和狭小茎线虫（*D. angustus*）以4龄幼虫存活，小麦粒线虫（*A. tritici*）以休眠2龄幼虫存活，嗜木伞滑刃线虫（*B. xylophilus*）以扩散型3龄幼虫存活。

线虫的存活能力和繁殖能力是不容忽视的。作物病原线虫在缺乏寄主时，或在寒冷和干燥条件下以休眠或滞育的方式存活。线虫存活期的长短与体内贮藏的物质及环境条件有关，多数线虫的存活期可以达到1年以上，起绒草茎线虫（*D. dipsasi*）和小麦粒线虫（*A. tritici*）存活期长达20~30年之久。在感染病原线虫的田块，年度间病情受环境因素影响小。只要田间存在感病寄主作物，病害就可能发生，且逐年加重。大多数作物病原线虫是一类土壤生物，能适应土壤环境而生存很久，一旦发生线虫病则难以根除。线虫的繁殖能力强，繁殖量大，即使经过防控，其群体数量被压到很低，但一旦条件适宜，仍能在短时间内回升到足以再度猖獗的危害水平。

二、发病规律

（一）危害特点

作物线虫病害具有很大的隐蔽性，大多数作物线虫病害没有外部病征和特异性病状，在外观上不易识别。大多数作物病原线虫寄生于作物根部，一般不会造成寄主死亡，常见症状是植株矮小黄化，与一般缺水、缺肥、缺素衰退症相似；作物病原线虫还经常与真菌、细菌和病毒一起危害作物，形成复合症状，这样也常常导致对作物线虫病的误诊。

（二）分布特点

作物线虫病害在田间的水平分布一般是不均匀的，呈块状或多中心分布。有个别情况例外，如水稻潜根线虫（*Hirschmanniella* spp.）由于常年水耕的缘故，在田间分布比较均匀，得病植株的水平分布和病原线虫的分布一致。病原线虫在田间的垂直分布与作物根系分布密切相关，在根系生长旺盛的耕作层病原线虫种群量最大。

（三）病害流行特点

作物线虫病害是一类土传或种传的慢性流行病，不会在一个生长季节暴发流行，具有积年流行病和常发病的双重特征。在新病区，作物线虫病呈现积年流行的特点，特别是一些种传线虫病害，如水稻干尖线虫病、小麦粒线虫病，在新区经过数年病原线虫数量积累到一定水平时，病害才会流行。对于许多土传或作物根部的线虫病，由于病原线虫本身运动能力小，一般不大可能在短时间内迅速流行。只有在适宜的环境条件下，在种植感病品种若干年后，病原线虫群体数量逐渐增加到一定水平时，作物才会遭受较严重损失。旱作和连作田作物线虫病发生严重。感染病原线虫的田块，年度间病情受环境因素影响小，只要田间存在感病寄主作物，病害就可能发生，并逐年加重。感染病原线虫的田块作物收获后再种植相同的作物，就可能发生重茬病，即发生与前茬作物相同的病害。在感染病原线虫的土壤中，一年生作物连作会发生连作障碍，导致作物生长不良或歉收。多年生果树发生线虫病害后被砍除，在同一位置补种的果树可能发生再植病，补种的果树生长不良、衰退或死亡。

第四节　作物线虫病害监测

作物线虫病害监测工作主要有病原线虫初侵染群体调查、作物线虫病害损失估计、防控阈值确定。

一、病原线虫初侵染群体调查

测定病原线虫的初侵染虫量可以预测作物线虫病害的发生情况，适用于大多数作物线虫病害。作物线虫病害的初侵染源有带病原线虫的种子、无性繁殖材料、种苗和土壤。

（一）种子和无性繁殖材料携带的病原线虫检验

1. 检验对象

由种子和无性繁殖材料（块根、块茎、球茎等）传播的重要病原线虫，有侵染小麦的小麦粒线虫（*A. tritici*）、侵染马铃薯、甘薯的腐烂茎线虫（*D. destructor*）、侵染水稻的贝西滑刃线虫（*A. besseyi*）等。

2. 检验方法

在入库或贮藏前、调运时、播种或育苗前抽样检验。先根据症状用肉眼检出可能携带病原线虫的种子或无性繁殖材料，然后用作物组织解剖分离法、贝曼漏斗分离法等分离种子内或组织内的线虫，统计带虫量，提出处理意见。

（二）种苗根部携带的病原线虫检验

1. 检验对象

作物种苗根部内寄生的病原线虫和部分粘在根部土壤中的外寄生的病原线虫，如根结线虫（*Meloidogyne*）、孢囊线虫（*Heterodera*）、半穿刺线虫（*Tylenchulus*）、根腐线虫（*Pratylenchus*）、穿孔线虫（*Radopholus*）、剑线虫（*Xiphinema*）、长针线虫（*Longidorus*）、毛刺线虫（*Trichodorus*）等。

2. 检验方法

在苗圃期、出苗和调运时，按种苗数量大小进行抽样检验。先根据症状（根结、根表孢囊雌虫、粗短根、根尖结瘿等）用肉眼检出带病种苗，然后用作物组织解剖分离法、贝曼漏斗分离法等分离线虫，统计带虫量，提出处理意见。

（三）土壤中病原线虫群体检验

根据田块大小、作物种植方式和生育期等确定取样方法。病原线虫的取样方法有梅花形随机取样法、平行线跳跃随机取样法和交叉线随机取样法。取样深度根据不同线虫种类和作物根系类型确定。通常一块地取 20 个左右的土样，混匀之后取小样本进行定量分离。检查土壤中的线虫种类，统计线虫数量，提出处理意见。

二、作物线虫病害损失估计

损失包括生物学和经济学两方面的含义。狭义的损失指可达到的产量与线虫危害后的实际产量之间的差值，也称作物损失。作物病原线虫危害农作物会造成农产品产量、质量或经济上的损失，损失程度从轻微到绝收。损失估计即评估作物线虫病害造成的损失程度。损失估计包括定量定性分析和对作物损失的预算，是制订防控指标、进行防控决策和病害系统管理的重要依据。

（一）损失估计方法

准确估计作物线虫病害造成的损失是相当困难的，因为这种损失程度取决于线虫种类、线虫群体密度、作物感病性、微生物环境、理化环境等多因素之间的相互作用。损失估计有各种方法，比较准确的方法是先经过小区试验，找到线虫群体水平与发病程度及损失率的关系，然后以此作为损失估计的依据。试验方法大体有以下 3 种。

1. 接种法

盆栽或小区接种病原线虫，使作物发病，然后与健康植株比较。这种方法可以排除田间其他生物因素的干扰，查明由病原线虫单独引起的损失。接种方法可以用分离线虫接种，也可以用病土接种，设无虫苗作对照。接种法主要缺点是操作较复杂。接种法也可以用于复合病的损失测定。

2. 试验法

在病田进行小区药剂防控试验或盆栽试验，将防控区产量与未防控区产量对比，或将无病植株与自然发病植株对比。这一方法操作方便，主要缺点是防控效果受药剂特性影响，如有些杀线虫剂具有杀菌和刺激作物生长的作用。

3. 调查法

在病田按一定方法取样，将取回的样本分为无病和有病植株，再将病株按发病程度区分，然后进行产量比较。这种方法简便易行，但难以排除其他因素对作物产量的影响。

（二）损失测算

常用的损失测定方法分为个体水平和群体水平。个体水平测定是对试验中的植株进行单株调查，并将其分为发病程度不同的类别，用以下公式计算损失率：

$$损失率（\%）=\frac{健株平均产量-各级病株的平均产量}{健株平均产量}\times 100$$

群体水平测定可根据田间小区药剂防控试验或小区接种试验，系统调查各小区病情，并分区测产。群体损失率计算公式：

$$损失率（\%）=\frac{无病区产量-病区产量}{无病区产量}\times 100$$

在单株调查的基础上也可以用加权平均法推算群体产量损失，计算公式如下：

$$损失率（\%）=\left[1-\frac{\Sigma（各级株数\times 各级平均产量）}{总调查株数\times 健株平均产量}\right]\times 100$$

式中，Σ 为各级总产量之和，0 级为健株。

例一，用盆栽接种法测定潜根线虫（*Hirschmanniella*）在不同水稻品种上造成的损失情况（图1-50）。供试水稻品种为常规稻：江西丝苗、丰华占 -1、IR26。单苗盆栽，苗龄 25d 时每株接种线虫 300 条，对照不接种，重复 20 次。黄熟期统计各处理稻株的有效穗数、穗粒数、结实率、千粒重，统计产量和损失率。测定结果，每株接虫量 300 条，都会造成产量损失，损失率为 7.85%~17.54%，品种间有差异（表 1-1）。

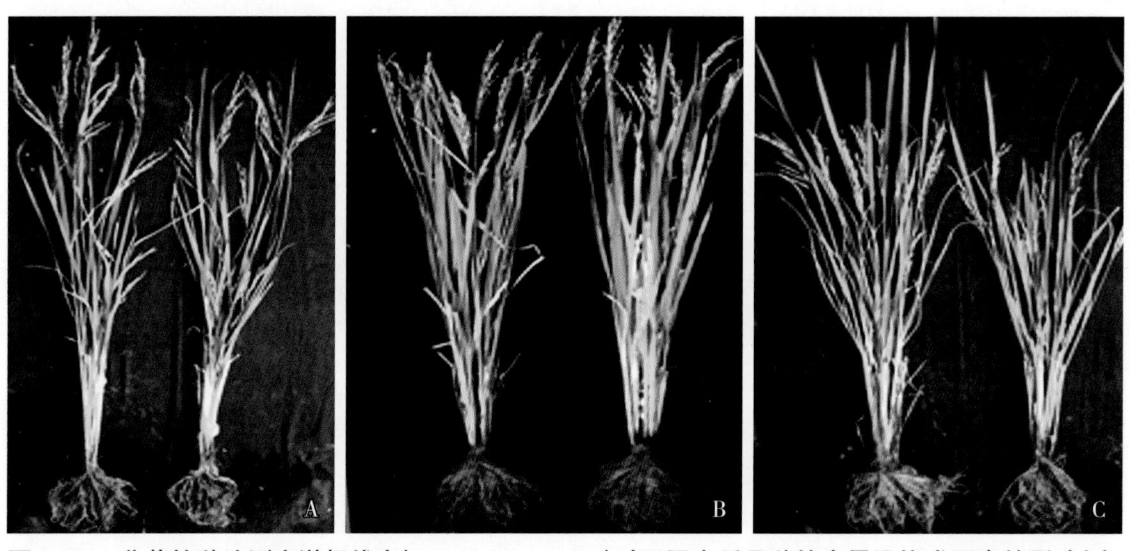

图 1-50　盆栽接种法测定潜根线虫（*Hirschmanniella*）对不同水稻品种的产量及构成因素的影响（每幅照片中左为健株，右为接种株）

A. 江西丝苗；B. 丰华占 -1；C. IR26

表 1–1　潜根线虫（***Hirschmanniella***）对不同水稻品种的产量及构成因素的影响

产量构成因素	江西丝苗		丰华占 -1		IR26	
	健株	接种株	健株	接种株	健株	接种株
有效穗数 / 个	6.20 ± 1.10	5.40 ± 1.14	5.75 ± 0.71	5.50 ± 0.53	5.67 ± 0.58	5.33 ± 0.58
穗长 /cm	28.38 ± 2.59	29.77 ± 1.72	22.98 ± 1.73	22.90 ± 1.96	23.49 ± 2.30	23.00 ± 2.15
穗粒数 / 粒	116.36 ± 20.42	119.68 ± 9.62	151.64 ± 29.07	152.84 ± 29.10	124.06 ± 23.92	111.38 ± 17.07
结实率 / %	91.75 ± 0.95	90.43 ± 1.89	71.84 ± 4.47	69.69 ± 3.29	88.61 ± 3.62	87.19 ± 5.96
千粒重 /g	22.53 ± 0.21	22.47 ± 0.26	20.05 ± 0.32	19.76 ± 0.16	18.21 ± 0.35	18.06 ± 0.26
每株产量 /g	14.91	13.13	12.56	11.57	11.35	9.35
损失率 / %	—	11.93	—	7.85	—	17.54

例二，用药剂防控试验法测定潜根线虫（*Hirschmanniella*）对水稻产量的影响：供试品种为优质稻天优 3301，于主季分蘖末期每 1/15hm^2（1 亩）撒施 1 次 10% 噻唑膦颗粒剂 1000g，施药时保持 3cm 深水层 3d，于主季和再生季水稻成熟期进行实割测产（图 1–51）。测产结果，潜根线虫（*Hirschmanniella*）对主季造成损失为 6.87%，再生季损失为 19.82%（表 1–2）。这种方法与施用时期、药剂种类有关，如果在主季返青期防控则主季的增产幅度更大。

图 1–51　水稻潜根线虫（***Hirschmanniella***）药剂防控试验（左为防控区，右为对照）

表 1-2　潜根线虫（*Hirschmanniella*）对再生稻产量的影响

季别	处理	实割面积 /m^2	生谷重量 /kg	生谷 1/15hm^2（1 亩）产量 /kg	2500g 湿谷晒干重 /g	晒干率 /%	干谷 1/15hm^2（1 亩）产量 /kg	损失率 /%
主季	防控	190	272.9	957.6	2055	82.2	787.1	6.87
	对照	190	261.1	916.2	2000	80.0	733.0	
再生季	防控	200	152.1	507.0	1955	78.2	396.5	19.82
	对照	200	119.2	397.4	2000	80.0	317.9	

三、防控阈值确定

防控阈值是指采取防控措施时线虫群体密度或病害发生程度，也可以理解为防控指标。根据防控阈值采取防控措施可以阻止线虫群体或作物线虫病害发生程度达到经济损失水平，同时防控获得的收益大于所花的费用（图 1-52、图 1-53）。确定防控阈值需要了解田间病原线虫的种群密度，预测病害的发生程度，评估病原线虫造成的潜在损失。如图 1-52 所示，横坐标表示病害发生程度，纵坐标表示金额（益损），曲线表示采用防控措施可能挽回的经济损失或防控收益。当防控费用（*C*）不变时，防控收益随病害发生程度的加重而上升。病害程度小于 N_1（无病无损失）时防控是亏本和无效的；病害程度在 N_1 和 N_2 之间时实施防控，则防控收益小于防控成本；病害程度大于 N_2 时实施防控，就可能获得净收益。

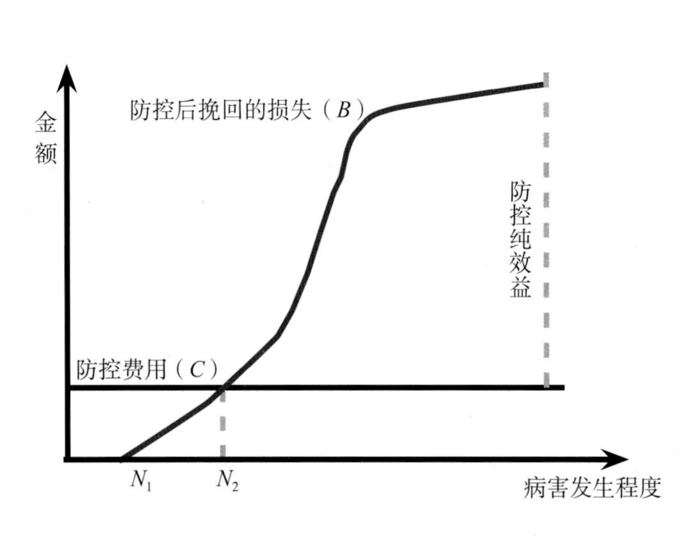

图 1-52　经济损失水平测定（引自谢联辉《普通植物病理学》）

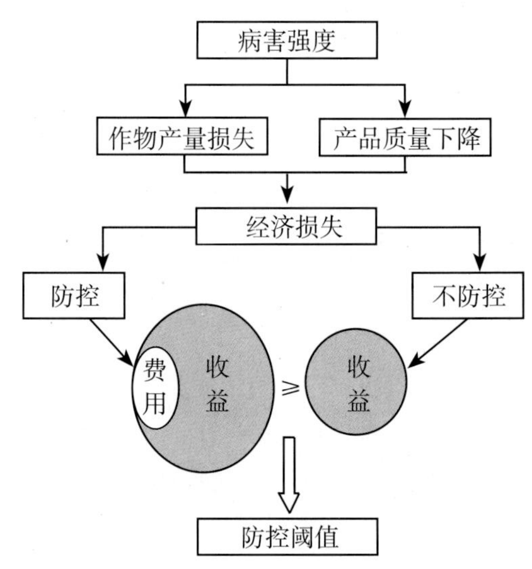

图 1-53　防控阈值确定

第二章 作物线虫病害诊断

作物线虫病害有三类：线虫病害、线虫复合病害、线虫再植病害。不管是哪类病害，诊断都是防控病害的前提，只有准确诊断病害，才能采取行之有效的防控措施。病害症状诊断、病原线虫鉴定是作物线虫病害诊断的基础。

第一节　症状诊断

一、诊断程序

作物线虫病害的诊断步骤：田间观察和调查—症状观察—病原线虫分离和侵染观察—核对鉴定结果，得出诊断结论。

（一）田间观察和调查

调查了解病害的田间发生情况和影响因素，对准确诊断病害和制订防控措施极其重要。调查的主要内容有：病害的田间症状；发病前后的气候情况；作物和品种名称、种苗来源，前作的作物类型，施用肥料、农药的种类和施用方法；作物生长环境，如地理位置、土壤类型、灌溉情况；得病植株在田间分布状态，病害发生期和扩展情况，发病率和严重度。

（二）症状观察

症状是病害诊断的基本依据。作物线虫病害症状诊断要注意观察病株的整体表现，特别是要注意观察根的破坏情况，确定发病部位和症状类型，做出准确的症状描述。

（三）病原线虫分离和侵染观察

查明病原线虫与症状的关系对任何作物线虫病害的诊断都是必不可少的。采集作物的病组织或病器官，对作物的地下部线虫病害还要采集受害根和根际土壤。分离作物组织内、根部和根际土壤中的线虫，并鉴定其线虫种类。在表现症状的作物组织内或根际土壤中如果检测到某种病原线虫高群体水平，并且是病株上的优势种群，则可以初步确定这种线虫是导致病害的线虫。将病组织染色，观察病组织内的线虫侵染情况和组织病理变化，对诊断极有价值。

（四）核对鉴定结果，得出诊断结论

将以上观察和调查的资料，与已有描述的作物线虫病害进行比较。如果发病特点、症状类型和病

原线虫种类与描述的某种病害相符，就可以确诊。

有许多重要的作物线虫病害已有详细描述，只要完成以上诊断程序，一般就能得出正确的诊断结果。对新的未描述的作物线虫病，还要采用接种的方法测定致病性，从而加以证实。

二、症状类型

（一）作物地下部病原线虫引起的病害症状

病原线虫危害作物地下部器官，如根、块根、块茎和鳞茎时，地上部和地下部器官都可能产生症状。

1. 作物根部线虫侵染引起的地上部症状

地上部症状大多数是非特异性的，表现为作物生长不良、矮化，叶片产生斑块或褪绿等（图 2–1）。

图 2–1 作物根部病原线虫侵染引起的地上部症状

A. 矮化：芹菜根结线虫病（右为病株，左为健株）；B. 黄化：黄瓜根结线虫病；C. 红化：番石榴根结线虫病；D. 黄化：柑橘线虫病；E. 生长衰退：柑橘线虫病；F. 萎蔫：柚线虫病；G. 枯萎：柚线虫病

①矮化：病原线虫侵染的常见症状是植株矮化和生长缓慢，如大豆孢囊线虫病、蔬菜根结线虫病引起植株矮化。病株在田间呈块状分布，其原因是病原线虫在田间非均匀分布，在线虫群体水平高的地方病害症状比较明显。

②变色：病原线虫侵染，导致植株根部受破坏而引起营养缺乏，枝梢和叶片产生褪绿、黄化、红化等症状。柑橘线虫病通常表现为黄化、生长衰退和梢枯，番石榴根结线虫病表现为叶片褪绿和紫红色。

③萎蔫：萎蔫常常是由于作物根系遭受病原线虫破坏的结果。在炎热的天气，即使土壤中还有足够的水分供应，损伤的根系也无法吸收水分，导致植株萎蔫。这种症状常常出现在发生根结线虫病或根腐线虫病的作物上。

2. 作物根部线虫侵染引起的地下部症状

地下部症状多数有特异性，如出现根结或根瘿、短茬根或粗糙根、根斑等；有些症状无特异性，如根腐（图 2–2）。

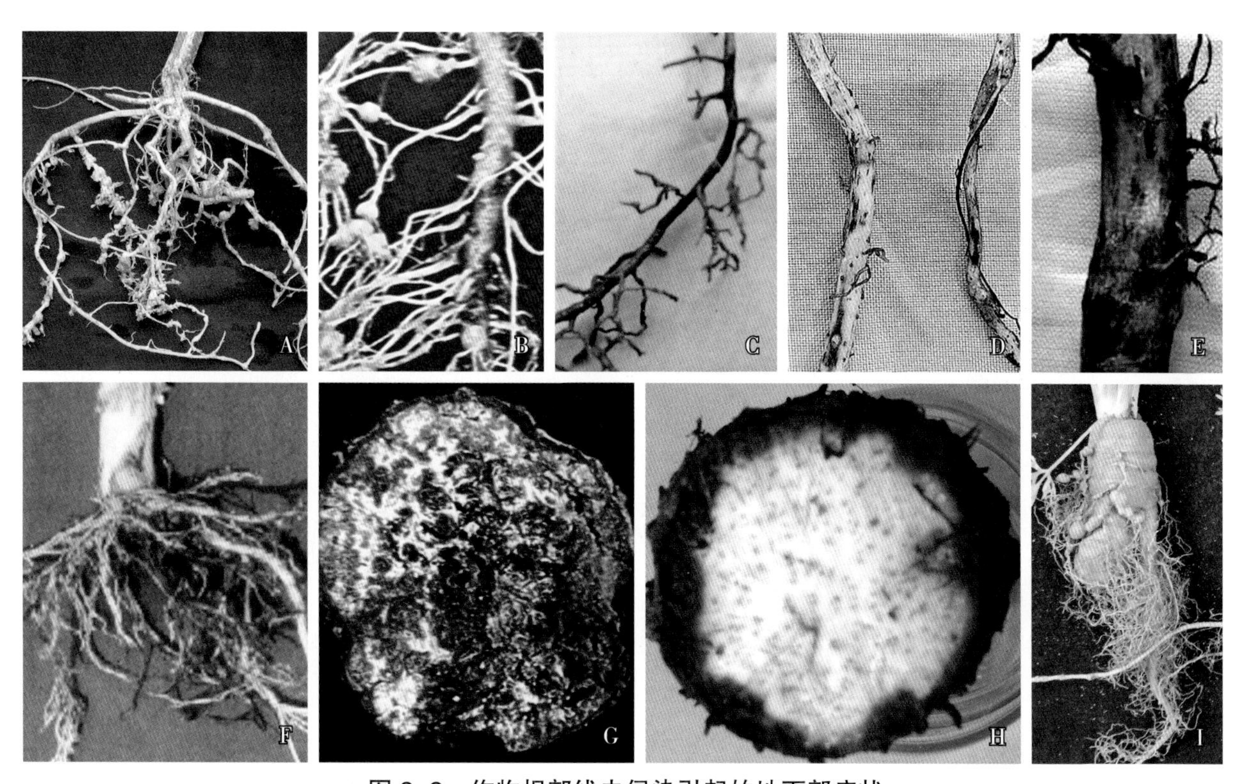

图 2–2 作物根部线虫侵染引起的地下部症状

A. 根结：黄瓜根结线虫病；B. 根瘿：番茄珍珠线虫病；C. 短茬根：柑橘半穿刺线虫病；D. 根斑：香蕉螺旋线虫病；E. 根斑：香蕉根腐线虫病；F. 根腐：香蕉根腐线虫病；G. 腐烂：甘薯茎线虫病；H. 腐烂：芋根腐线虫病；I. 根过度分枝：胡萝卜根结线虫病

①根结、根肿、根瘿：根结线虫（*Meloidogyne*）的所有种侵染寄主作物后，在寄主的根上都会产生根结；穿孔线虫（*Radopholus*）侵染后部分细根肿大；珍珠线虫（*Nacobbus*）侵染甜菜和番茄产生较大根瘿。

②短茬根、粗糙根：病原线虫在根尖取食，常常导致根停止生长，发生分枝。这些分枝又遭线虫侵染而停止生长，从而产生粗短根。如产生大量呈茬状分枝的短根，称短茬根；如根系中细根极缺，构成根系的主根表皮粗糙，此主根称粗糙根。长针线虫（*Longidorus*）和剑线虫（*Xiphinema*）大多数

种侵染寄主作物后，引起根尖肿大，形成短茬根。

③根斑：病原线虫侵染作物根部产生的坏死伤痕称根斑。穿孔线虫（*Radopholus*）、根腐线虫（*Pratylenchus*）侵染香蕉、柑橘的根系会产生根斑，大量螺旋线虫（*Helicotylenchus*）在香蕉根部侵染也会产生根斑。当土壤中存在致腐性病原真菌或细菌时，这些次生病原物从伤痕部侵入，引起根腐。

④腐烂：病原线虫侵入肥厚的肉质组织，引起广泛的组织毁坏和崩溃，称为腐烂。甘薯茎线虫病和芋根腐线虫病都表现腐烂症状。

⑤根过度分枝：一些线虫种类侵染幼根，能刺激侵染点附近的细根发生分枝。潜根线虫（*Hirschmanniella*）侵染水稻、根结线虫（*Meloidogyne*）侵染番茄，在侵染前期可产生此类症状。

（二）作物地上部病原线虫引起的病害症状

这类病原线虫引起的症状仅限于地上部作物器官，且具有特异性。根据症状观察，结合分离和鉴定病组织内的线虫，就能作出正确的诊断。其主要症状如下（图 2–3）。

图 2–3　作物地上部病原线虫引起的病害症状

A. 死芽：草莓滑刃线虫病；B. 皱缩扭曲：水稻干尖线虫病；C. 干枯扭曲：水稻干尖线虫病；D. 种瘿：小麦粒线虫病；E. 变色：椰子红环线虫病；F. 蓝变：松树萎蔫线虫病；G. 萎蔫：松树萎蔫线虫病

①死芽：病原线虫侵染，导致寄主作物的芽或生长点死亡，造成死芽而产生“盲株”。草莓滑刃线虫（*Aphelenchoides fragariae*）侵染草莓，有时产生这种症状。

②皱缩扭曲：当生长点受到侵染而未死亡，并继续生长时，茎、叶和其他器官可能出现皱缩、扭曲和变形等症状。小麦粒线虫（*Anguina tritici*）幼虫阶段危害小麦植株的生长点，引起植株扭曲；茎线虫（*Ditylenchus* sp.）侵染洋葱、水仙、苜蓿、草莓，植株茎部往往肿大、扭曲、节间缩短，花、叶畸形。

③种瘿：粒线虫（*Anguina* sp.）的一些种在禾谷类作物上危害后，受害籽粒不形成淀粉而产生大量病原线虫，称为种瘿。

④坏死和变色：寄生于作物茎和叶组织内的病原线虫会引起组织不同程度的坏死和变色。椰子红环线虫（*Rhadinaphelenchus cocophillus*）侵染后树干内形成红色坏死环。贝西滑刃线虫（*A. besseyi*）侵染水稻，引起叶尖呈淡黄至白色枯死扭曲。

⑤叶斑：病原线虫从作物叶片气孔侵入，在叶片的薄壁细胞组织内取食危害，引起叶斑。菊花滑刃线虫（*A. ritzemabosi*）就是引起这类症状的典型例子。

⑥萎蔫：松树萎蔫线虫病是由嗜木伞滑刃线虫（*Bursaphelenchus xylophilus*）引起的系统性萎蔫，这是作物地上部线虫病中出现此类症状的唯一病例。

三、病原线虫检测

（一）线虫标本采集

绝大多数作物病原线虫生活于土壤中，危害作物根和块茎等地下部器官；有一些线虫寄生于作物地上部，危害作物的茎、叶、花、果实和种子。采集根部和根际土壤线虫应在作物生长期和线虫活动期进行；采集病变组织，应在作物发病期进行，新鲜病组织中的线虫相对较多。

①采集病变组织：作物受病原线虫侵染后，发生明显病变的部位往往也是病原线虫存在的部位。寄生于作物地上部的线虫，要认真采集作物的茎、叶、花、果、种子和有关器官。根部的内寄生线虫，可以采集病根等。

②采集病根和根际土壤：采集作物根部的线虫，要选择生长不良的病株，挖取其营养根和根际土壤。多数病原线虫都是从根尖或根尖稍后部侵入，取样时要小心取出完整根，特别要挖出根尖。根样本取出后，轻轻抖落表面土壤，切不可硬拔硬甩。采集一年生作物上的线虫，可以将根连同周围土壤一并采回；多年生作物则要从根的不同部位取出样本。

将采集的病组织、土壤样本和根样本小心装入聚乙烯袋中，然后扎紧袋口，以保持湿润。每个样本都附上标签，用铅笔详细记载寄主、地点、土类、症状和采集日期等。根和土壤样本可以放在 10℃ 左右的温度下短期贮藏。

（二）线虫分离和检查

1. 作物组织解剖分离法

用显微镜或可调变倍体视显微镜检查作物组织内的线虫（图 2–4）。检查时，先细心洗净根表面的土壤或其他污物，然后将其放入培养皿或表面皿内的水中，用解剖针撕开组织，线虫就会从组织中释放并游到水中。线虫游离到水中后就可以用细挑针或吸移管收集线虫。用摄影体视显微镜（图 2–5）观察，还可以获取线虫运动的录像或照片。

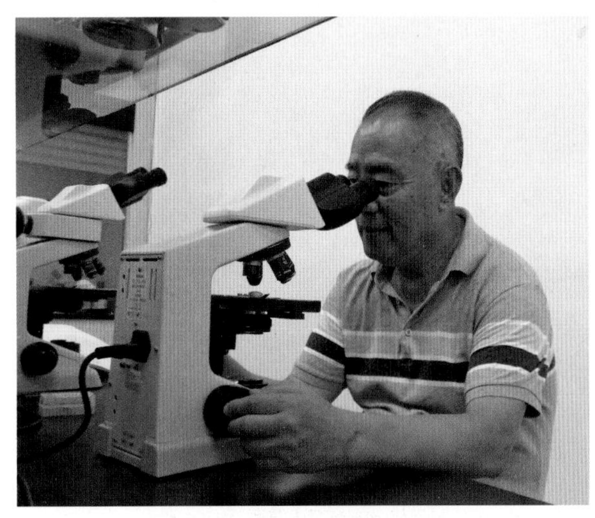

图 2–4　用显微镜检查线虫

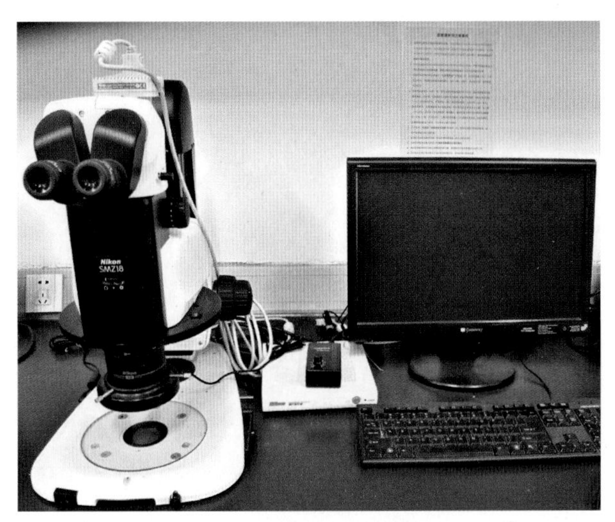

图 2–5　摄影体视显微镜

2. 改良贝曼漏斗分离法

用一小段皮管接到漏斗颈上，用止水夹或弹簧夹夹住皮管底部，将漏斗固定在适宜的漏斗架上，往漏斗内注入 3/4 的水。用于分离作物组织内的线虫时，先将含有线虫的作物组织剪碎或将少量（10~50ml）土样敲碎，再将剪碎的作物组织或敲碎的细土铺在浅筛底部的面巾纸上，然后将筛轻轻放入漏斗内的水中，并使水浸过样本表面（图 2–6A）；也可以采用贝曼漏斗分离法：将剪碎的作物组织或敲碎的细土用一块方形的薄布或尼龙纱或面巾纸包住，轻轻放入漏斗内的水中（图 2–6B）。线虫从作物组织中或土壤中游出，并沉降到漏斗颈的底部。经 12~24h，放出漏斗底部的少量水，检查线虫。

3. 浅盘分离法

把 300ml 左右的细土轻轻放入孔径 8mm 土壤筛或线虫筛中，并细心将其铺成一薄层。将筛放入收集盘内（图 2–6C），筛底部用玻棒或其他物体支撑，使筛与盘底之间保留空隙。小心地从收集盘的边缘加水，直到土层湿润为止。24h 后大多数线虫游出，并沉在收集盘底部。经过规定时间之后将筛移开，把收集盘中的线虫悬浮液倒入一个大的烧瓶（1.0~1.5L）中，沉淀 4h 或更长时间后，倾析或吸弃上部水，底部即为浓缩的线虫悬浮液。也可将收集盘中的线虫悬浮液缓慢倒入倾斜一定角度的孔径 45μm 的线虫筛中，用少量水从筛背面将线虫洗入 250ml 烧杯或培养皿中，然后检查和收集线虫。

图 2-6　作物病原线虫分离仪器

A. 改良贝曼漏斗；B. 贝曼漏斗；C. 分离浅盘；D. 线虫筛（层筛）；E. 漂浮器

4. 根孵育分离法

将洗干净的根纵向撕碎后，放入容器（带盖的广口瓶、培养皿）内的浅水中，并保持适宜的温度。每隔 24h 用水淋洗根，并将淋洗液倒入量筒内，再将量筒内含线虫的淋洗液缓慢倒入倾斜一定角度的孔径 45μm 的线虫筛中。用少量水从筛背面将线虫洗入 250ml 烧杯或培养皿中，然后检查和收集线虫。这种方法适用于分离穿孔线虫（*Radopholus*）和根腐线虫（*Pratylenchus*）等迁移型内寄生线虫，也适用于分离根结线虫（*Meloidogyne*）等定居型内寄生线虫的雄虫和幼虫。

5. 过筛分离法

过筛分离法是利用线虫与其他土壤成分之间的大小差异和各自不同的比重进行分离。分离前准备 2 个直径 25~30cm 的水盆或小水桶，1 个直径 15cm、深 5cm 的小盘和若干个 250ml 的烧杯，7 个直径 15~20cm 的线虫筛（一般用磷青铜或不锈钢纱网制成，图 2-6D）。线虫筛孔径规格如表 2-1 所示。

表 2-1　线虫筛孔径规格

网筛号	Ⅰ	Ⅱ	Ⅲ	Ⅳ	Ⅴ	Ⅵ	Ⅶ
目数	8	22	60	120	170	240	350
孔径（μm）	2000	720	250	125	90	65	45

对于一个特定的样本，通常只用这套筛子中的 3 个或 4 个。根据希望分离到的线虫大小和土壤类型，选择适宜的筛。矛线目（Dorylaimida）线虫的大多数成虫可以用孔径 250μm 筛收集。一般的线虫可用孔径 90μm 筛收集，许多线虫的幼虫和小型成虫可用孔径 65μm 筛收集，而小型线虫可用孔径 45 μm 筛收集。过筛分离法分为层筛分离法和简易过筛分离法。

（1）层筛分离法

土样（约 200ml）放在Ⅰ盆中，并用水（约 2L）淹过土面，将土块搅碎。如为干土块，要浸泡数小时。将混合物充分搅匀后，用孔径 2000μm 筛过筛到Ⅱ盆。在Ⅰ盆中加入少量水再次搅匀后，再次过筛到Ⅱ盆。将筛放在Ⅱ盆上正面淋洗，清除Ⅰ盆中的残余物，并把盆子洗净。把Ⅱ盆中的悬浮液搅匀后静置沉淀 10s，用孔径 720μm 筛将悬浮液过筛到Ⅰ盆。在Ⅱ盆中加入少量水，再过筛 1~2 次，并将筛放在Ⅰ盆上正面淋洗。用少量水将筛上的残余物从筛背面冲洗到盘子上，然后将盘子上的水溶液缓慢倒入一个烧杯内，使粗大的颗粒留在盘子底部。在烧杯上注明“720μm”。将烧杯中的线虫悬浮液依次通过孔径 250μm、125μm 和 90μm 的层筛。把各号筛上的筛出物收集在烧杯中，并贴上相应的标签。收集到烧杯中的水溶液沉淀 1~2h 后，倾析或吸去上清液，底部留下约 40ml 水溶液，即可检查水中线虫。

（2）简易过筛分离法（图 2-7、图 2-8）

将少量根际土壤（约 100ml）放入大烧杯Ⅰ中，加入 1000ml 水淹没土壤，用玻棒将土壤搅碎，制成土壤悬浮液。静置 5~10min 后，将上清液缓慢倒入孔径 250μm 筛中，再将过筛的线虫悬浮液收集于烧杯Ⅱ中。将烧杯Ⅱ的线虫悬浮液缓慢倾入孔径 90μm 筛，悬浮液中的线虫便收集于筛网上。用少量清水从筛背面将收集物冲洗到干净的培养皿中。将培养皿放于体视显微镜下直接检查收集到的线虫。

图 2-7 采用简易过筛分离法分离土壤中的线虫

6. 漂浮法

漂浮法适用于从土壤中分离孢囊。孢囊线虫（*Heterodera*）雌虫死亡后形成孢囊，孢囊内

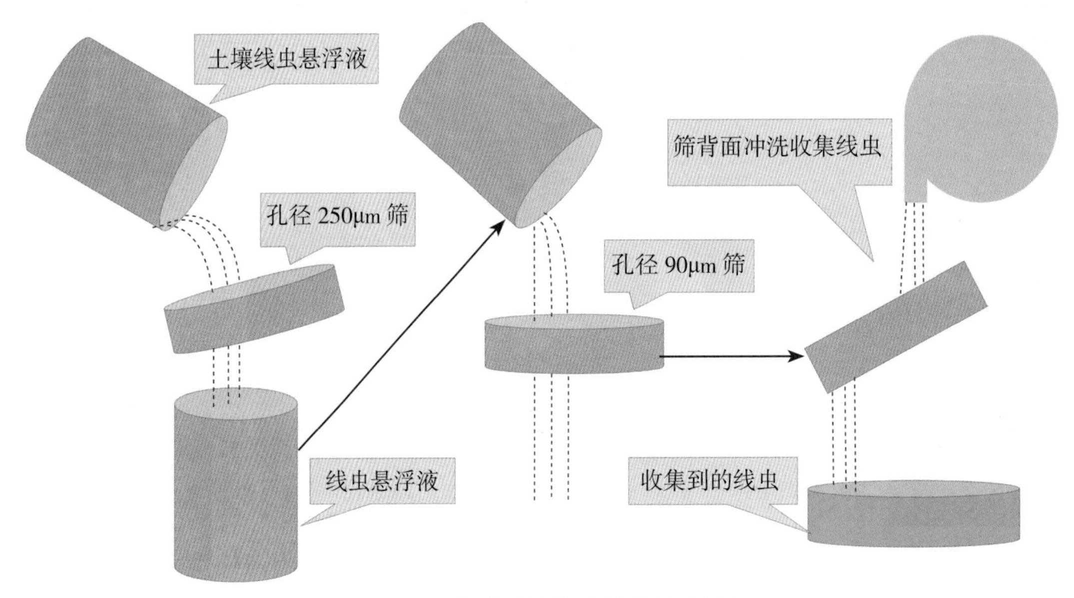

图 2-8 简易过筛分离法操作步骤

含大量胚生卵。孢囊分散在土壤中，风干土样中的孢囊比水轻，可以利用水的浮力让孢囊从土壤中漂浮到水面。常用简易漂浮法和漂浮器法。

（1）简易漂浮法

土样经过空气干燥，用孔径4mm的土壤筛过筛。取50ml过筛土样放进一个锥形烧瓶中，注入半瓶水，用力摇动，形成土壤悬浮液，然后加水至瓶口，静置10min。孢囊和土壤中的碎片会漂浮到水面，直接用吸管或细刷子收集漂浮物进行检查；也可以将漂浮物倒入漏斗内的滤纸上，用水淋洗后检查滤纸上的孢囊。

（2）漂浮器法

漂浮器用铝合金片制成，由淋洗喷头、1000μm顶筛和250~150μm底筛、漏斗和漂浮筒组成（图2-6E）。分离孢囊时预先将漂浮器和筛子淋湿，往漂浮筒内注满清水。将风干的土样放在漂浮筒上方漏斗内的1000μm顶筛中。利用淋洗喷头的强水流，使全部土壤淋洗到漂浮筒内，并从环颈水槽流到底筛中。静置2min后，用细水流冲洗底筛底部，把底筛上的收集物集中到锥形烧瓶中，然后加水至瓶口，孢囊等漂至水面后收集和检查孢囊。

（三）线虫培养技术

1. 线虫的消毒

人工培养线虫时，为了防止细菌和其他微生物的污染，线虫要经过消毒后才能用于接种。消毒线虫时，先将线虫集中于指形管中，加入0.1%硫酸链霉素溶液或氯霉素溶液，加塞后振荡1min。达到处理时间，线虫沉降到管底部后，用细吸管小心吸去上层药液，加入灭菌水洗涤2~3次。

2. 在真菌上培养

葡萄孢（*Botrytis*）、链格孢（*Alternaria*）、镰孢（*Fusarium*）、弯孢（*Curvularia*）、丝核菌（*Rhizoctonia*）等真菌常用于培养线虫（图2-9、图2-10）。先将真菌接种在玉米粉琼脂（CMA）培养基或马铃薯葡萄糖琼脂（PDA）培养基上，在24℃条件下培养；培养基表面长满菌丝后，接种经过消毒的线虫，在24℃下培养20~30d可获得大量线虫。线虫在这些培养基上每个月移殖一次，在无菌条件下取少量培养的线虫移到新鲜菌丝的培养皿中继代繁殖。

3. 胡萝卜愈伤组织培养

取新鲜大胡萝卜，用自来水洗干净，不要弄伤表皮；切取中部长约50mm的一段，放入烧杯中用0.1%氯化汞溶液将其全部浸没，表面消毒30min，或用3%次氯酸钠溶液浸泡消毒5min；倒去消毒溶液后用灭菌的蒸馏水冲洗3次；用经火焰灭菌的镊子将消毒后的胡萝卜块钳入灭菌培养皿中，再用经消毒的解剖刀将两端厚约10mm的部分切去不用；放在25℃下培养，经过15~20d即可产生愈伤组织，40d后进入生长旺盛阶段。愈伤组织形成后，将经过消毒的线虫接种到愈伤组织上（图2-11），在22~24℃下黑暗培养55~70d。接种线虫的愈伤组织早期变褐，后期变黑；未接种线虫的愈伤组织则保持白色。

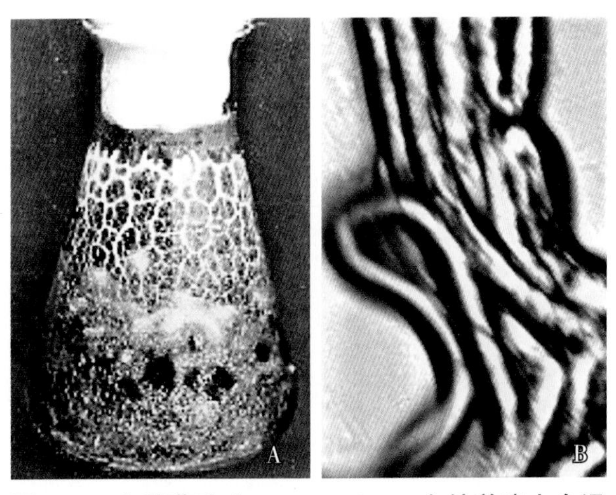

图 2-9 灰葡萄孢（*Botrytis cinerea*）培养嗜木伞滑刃线虫（*B. xylophilus*）

A. 线虫在菌落上繁殖，在瓶壁上形成线虫网；B. 线虫网格上的线虫

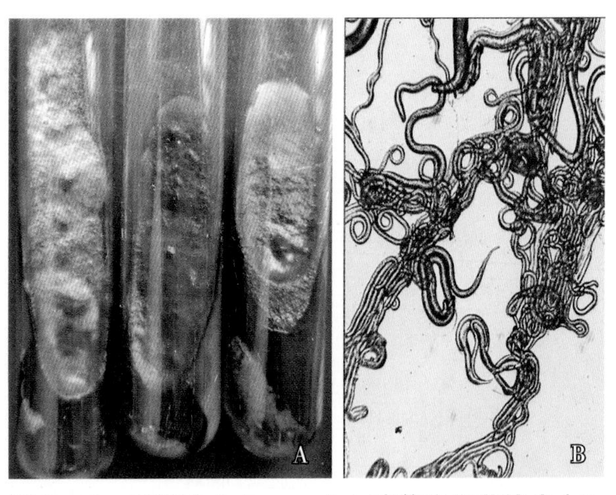

图 2-10 链格孢（*Alternaria*）培养腐烂茎线虫（*D. destructor*）

A. 接种线虫的菌落；B. 在菌丝上繁殖的线虫

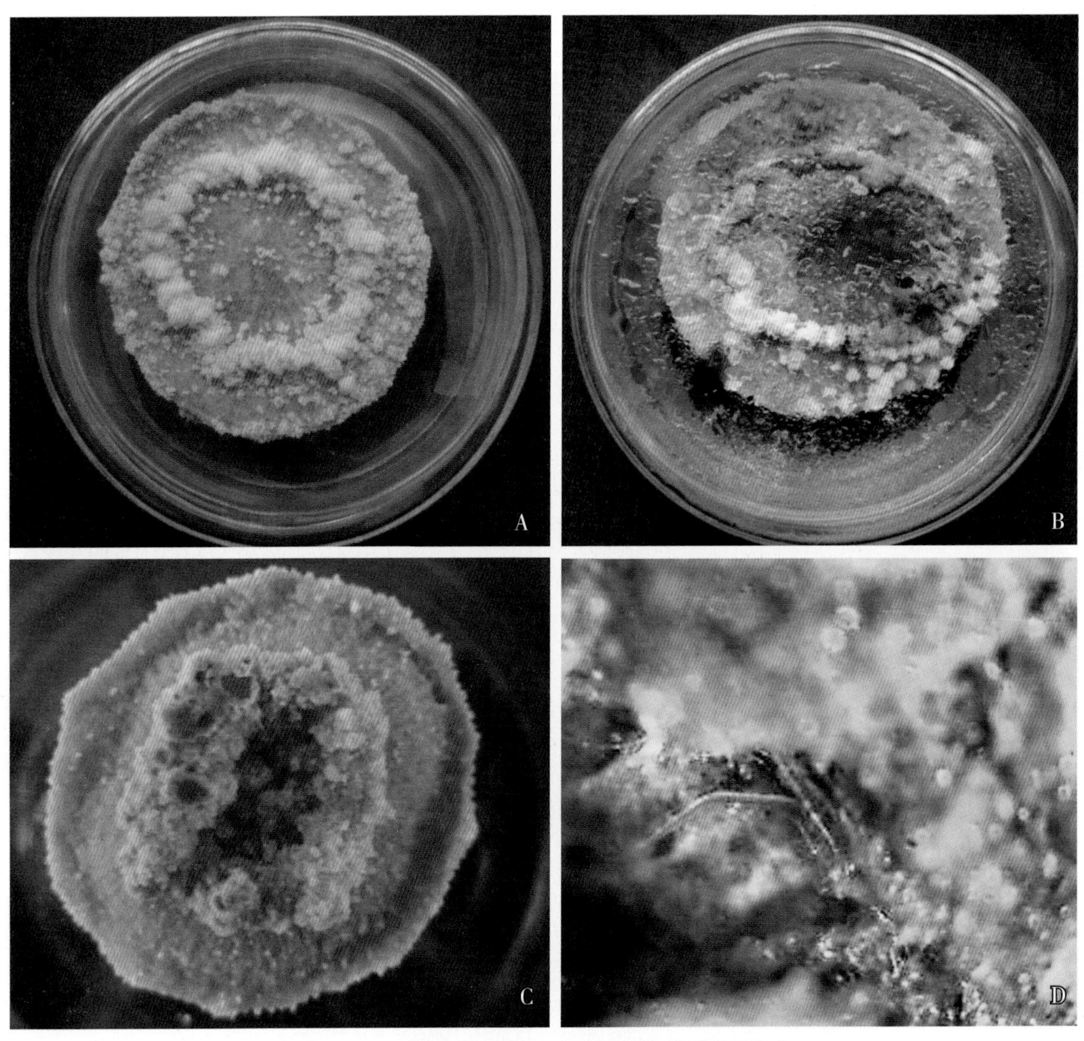

图 2-11 胡萝卜愈伤组织培养作物病原线虫

A. 愈伤组织形成；B. 接种根腐线虫（*Pratylenchus*）的愈伤组织；C. 接种花生茎线虫（*D. arachis*）的愈伤组织；D. 愈伤组织中的花生茎线虫（*D. arachis*）

（四）作物组织内线虫染色观察

侵入作物组织内线虫的染色方法有乳酚油染色法或乳酸甘油染色法。

1. 染色剂配制

①乳酚油染色剂配制：乳酸 50ml，苯酚溶液 50ml，甘油 100ml，蒸馏水 50ml，甲基蓝或酸性品红 0.05%。

②乳酸甘油染色剂配制：乳酸 50ml，甘油 50ml，蒸馏水 50ml，甲基蓝或酸性品红 0.05%。

配制时，先将染料溶解于水中，再与其他试剂混合。

2. 染色步骤

染色前轻轻用水洗去作物材料表面泥土或其他污物，肥厚的材料要切成薄片。将病根或病组织放入煮沸的染色液中。由于加入材料时染色液会起泡沫，因此用于染色的容器要用较深的烧杯。个别较小的样本可以用平纹细布包裹后，放入染色液中处理。材料煮 3min，且在染色液中冷却后取出，用水冲洗干净，放入等量的甘油蒸馏水溶液（加数滴乳酸进行酸化）中，使其透明。几小时至 2~3d 后颜色发生分化，在褪色的作物组织中可以发现被染色的线虫（图 2-12）。

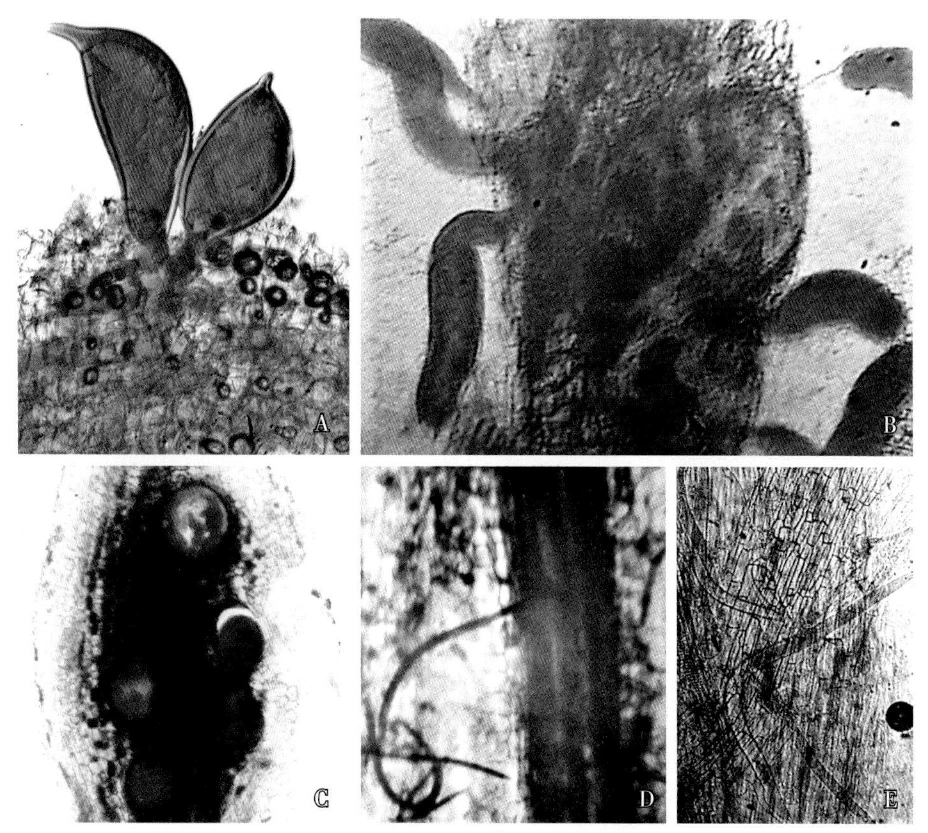

图 2-12　作物组织内线虫染色观察

A. 柑橘根组织上的柑橘半穿刺线虫（*T. semipenetrans*）雌虫；B. 侵染水稻根中柱的拟禾本科根结线虫（*M. graminicola*）雌幼虫；C. 番石榴根结组织内的象耳豆根结线虫（*M. enterolobii*）雌虫；D. 侵染稻根的水稻潜根线虫（*H. oryzae*）；E. 侵染芋球茎组织的根腐线虫（*Pratylenchus* sp.）

四、致病性测定

为了证明某一种线虫引起的新病害，必须进行线虫的致病性测定，即通过柯赫法则证明。首先明确嫌疑线虫与病害的经常性联系，其方法是：从病株上分离纯的线虫种群，并通过回接到原寄主种或品种上，证实其致病性；然后从接种发病的植株上重新分离线虫，并经鉴定确认它是与接种相同的线虫种（图 2–13）。经过上述程序确定寄主、寄生线虫的关系。

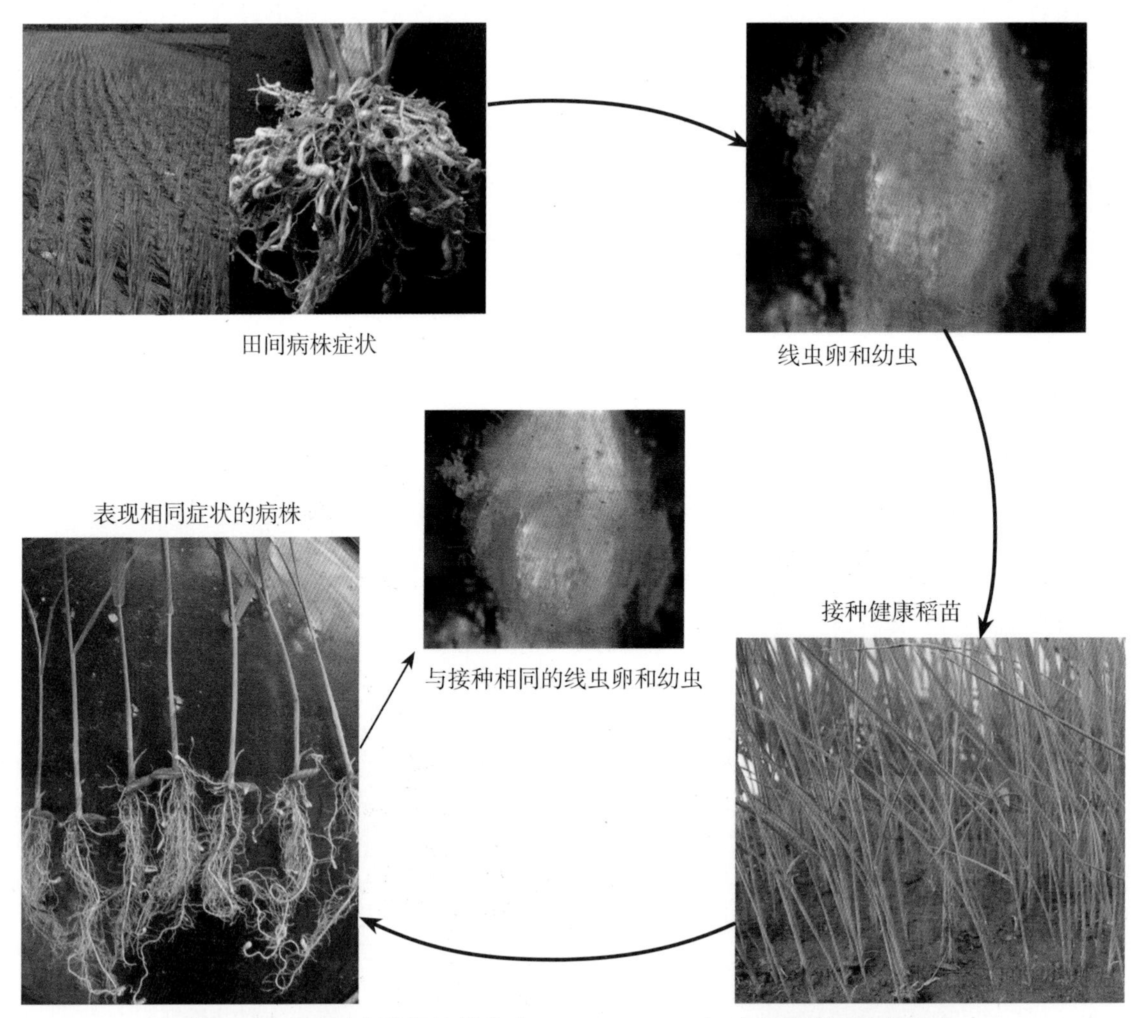

图 2–13　拟禾本科根结线虫（*M. graminicola*）对水稻的致病性测定

线虫的致病性测定要经过接种。寄主范围测定、寄主对线虫的抗性测定、作物线虫病害流行和防控等研究都需要进行接种。常用的接种方法有简易接种法和无菌接种法两种。

（一）简易接种法

1. 带线虫材料的混播混栽法

由种苗传播的线虫病，一般可以采用带线虫材料混播混栽的方法接种。如盆栽接种燕麦孢囊线虫

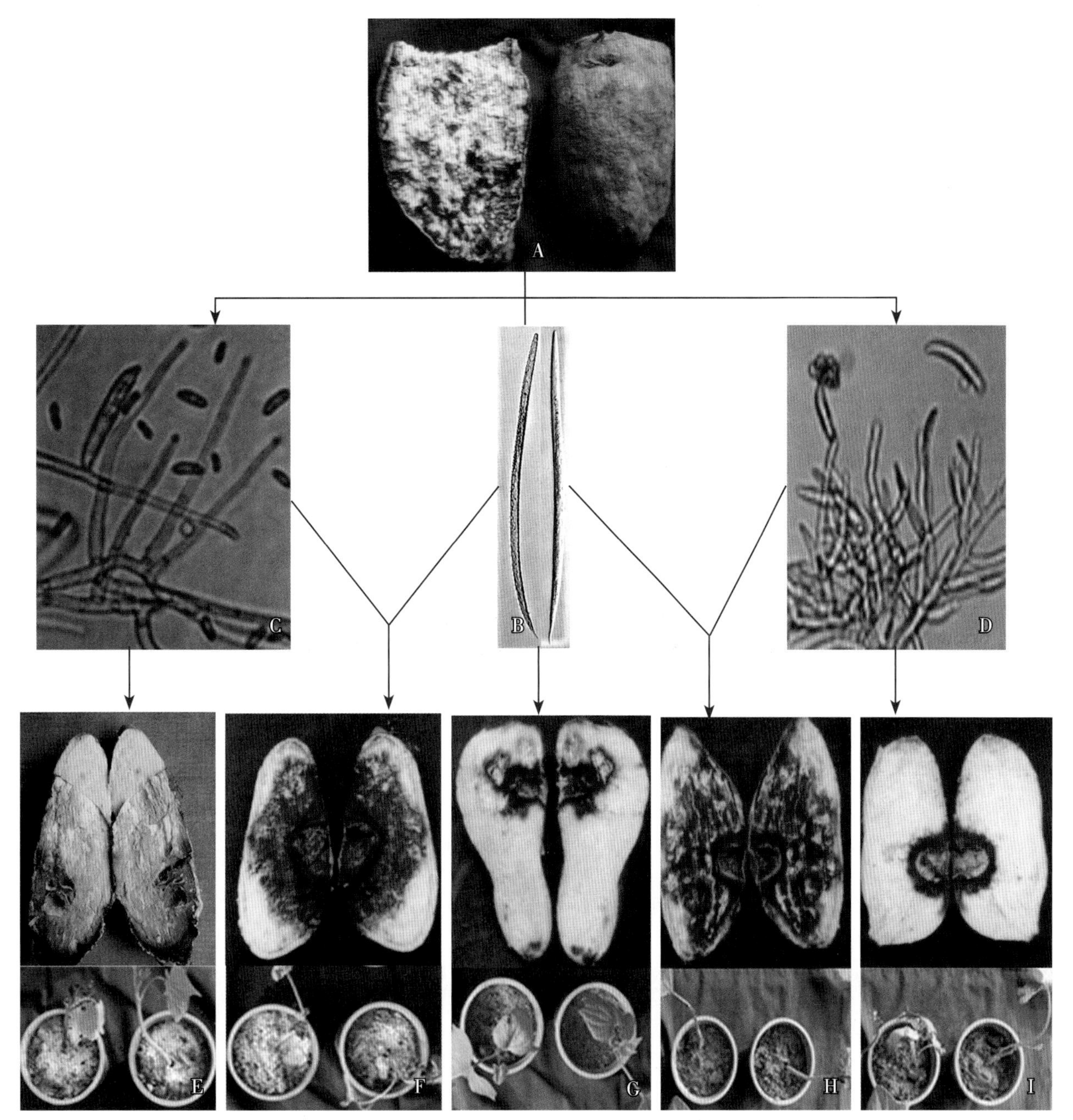

图 2-16　腐烂茎线虫（***D. destructor***）与镰孢（***Fusarium***）对甘薯块和薯苗的复合侵染

A. 病薯块；B. 腐烂茎线虫（*D. destructor*）；C. 茄病镰孢（*F. solani*）；D. 尖镰孢（*F. oxysporum*）；E. 单接种茄病镰孢（*F. solani*）；F. 腐烂茎线虫（*D. destructor*）与茄病镰孢（*F. solani*）混合接种；G. 单接种腐烂茎线虫（*D. destructor*）；H. 尖镰孢（*F. oxysporum*）与腐烂茎线虫（*D. destructor*）混合接种；I. 单接种尖镰孢（*F. oxysporum*）

病土病株和线虫带毒检测，可以用免疫双扩散反应、间接酶联免疫吸附测定（ELISA）和电子显微镜观察方法。

六、再植病诊断

再植病多数发生于果园，在果园发病果树砍伐或挖除后，再种植同种果树时会重现相同的病害。

再植病的病因有线虫、真菌或细菌侵染，线虫与微生物联合致病，土壤毒素和营养缺乏等。由线虫引起的再植病，其简易诊断方法有症状诊断法和防控诊断法。

（一）症状诊断法

观察病株地上部和根部症状，分离根部和根际土壤中的线虫。如果分离到高群体水平的某种线虫，根据资料描述该线虫引起的症状与田间症状相符，可确定该病害为线虫引起的再植病。

（二）防控诊断法

发病初期的果园于果树新根发生前期施用杀线虫剂，施药后果树病害症状减轻或消失，果树恢复健康，可确认该病害为线虫引起的再植病。

第二节　病原线虫鉴定

一、形态学鉴定

（一）线虫标本制作

1. 固定液配制

常用固定液有甲醛醋酸甘油固定液（FAG 固定液）和三乙醇胺甲醛固定液（TAF 固定液）。

FAG 固定液：40%甲醛 10ml，甘油 2ml，冰醋酸 1ml，蒸馏水 87ml。

TAF 固定液：40%甲醛 7ml，三乙醇胺 2ml，蒸馏水 91ml。

2. 线虫杀死和固定

①玻片加热法：制作少量线虫标本，可用加热法杀死线虫。先把线虫挑到单孔凹玻片或普通载玻片上的一小滴水中，然后在酒精灯的火焰上加热数秒钟，加热时用体视显微镜观察，等线虫突然伸直或形成一致的固定体态时停止加热。在可调温电热板上 65~70℃可有效杀死线虫，并且可以防止因过热而损害标本。杀死后的标本转移到固定液中，或直接在玻片上含线虫的水滴中加入等量的倍量式固定液。

②试管加热法：制作大量线虫标本时，先用离心或沉淀的方法将标本收集在试管内 3ml 水中，塞紧管口，防止线虫倒出。试管放在烧杯内 65℃的温水中 2~3min。为了解温度的变化情况，可以用温

度计测量水温，大量处理时可以用恒温水浴锅控制水温。线虫杀死后往试管内加入与线虫悬浮液等量的倍量式固定液。

（二）线虫玻片标本制作

用于鉴定的线虫标本通常封藏于载玻片上，根据需要制作成临时玻片标本、半永久玻片标本和永久玻片标本。

1. 临时玻片标本制作

在体视显微镜下从固定液中挑取线虫，放在载玻片中央的一小滴 TAF 固定液（浮载剂）中，并使它全部沉没；然后将 3 根直径与线虫体径相似的细玻璃丝或盖玻片碎片，呈三角形排列于液滴边缘，加盖玻片；四周用熔化的石蜡封固。

2. 半永久玻片标本制作

固定的线虫体内仍然含有一定水分，因此制作线虫的半永久性玻片标本时需用乳酚油作浮载剂，然后将其封藏于玻片中。

具体标本制作方法：先在单孔凹玻片的孔内加满甲基蓝乳酚油或甲基蓝乳酸甘油，然后将凹玻片放到电热板上加热至 60℃；把经过 12~24h 以上固定的线虫用挑针从固定液中转移到热甲基蓝乳酚油中染色 2~3min，染色后的标本放在体视显微镜下检查，标本呈现中等蓝色；把标本转移到载玻片上的一小滴无色乳酚油或含 0.25% 甲基蓝的乳酚油中。封固方法同永久玻片标本制作。

3. 永久玻片标本制作

（1）线虫脱水

线虫要经过完全脱水，才能长期保存。以下介绍两种脱水方法。

①乙醇甘油缓慢脱水：经固定或保存在固定液中的线虫标本，移入盛有 2ml 甘油乙醇混合液（甘油 2ml、95% 乙醇 8ml、蒸馏水 90ml）的小表面皿内，把表面皿放入干燥器内缓慢蒸发脱水，经过 20~25d，线虫则保存于纯甘油中。

②乙醇甘油快速脱水：将经过固定的线虫标本转移到含 0.5ml 脱水剂 Ⅰ（95% 乙醇 20ml、甘油 1ml、蒸馏水 79ml）的小凹玻皿内，把含线虫的小凹玻皿放入有饱和乙醇气体的密闭干燥器内搁板上（95% 乙醇的容积占干燥器 1/10）。干燥器放入恒温箱中，在 40℃下保持 12h 以上，这时线虫体内水分大部分被乙醇和少量甘油取代。经规定时间后，将小凹玻皿从干燥器中移出，加满脱水剂 Ⅱ（95% 乙醇 95ml、甘油 5ml），将小凹玻皿放入部分盖住的培养皿内，再将培养皿放置温箱中保持 40℃，经 3h 以上，乙醇完全蒸发，这时线虫体内水分完全被纯甘油取代，可以用于永久封藏。

（2）线虫标本封藏

采用蜡环封藏法，其具体做法（图 2-17）：用一根直径为 1.5cm 的小试管或不锈钢管，在酒精灯火焰上加热后轻轻插到硬石蜡中，将熔解后沾在管壁上的石蜡环印到载玻片中央。在石蜡环中央滴一小滴甘油，将经过脱水的线虫标本移到甘油滴中，取清洁的盖玻片轻轻放在石蜡环上，然后在酒精

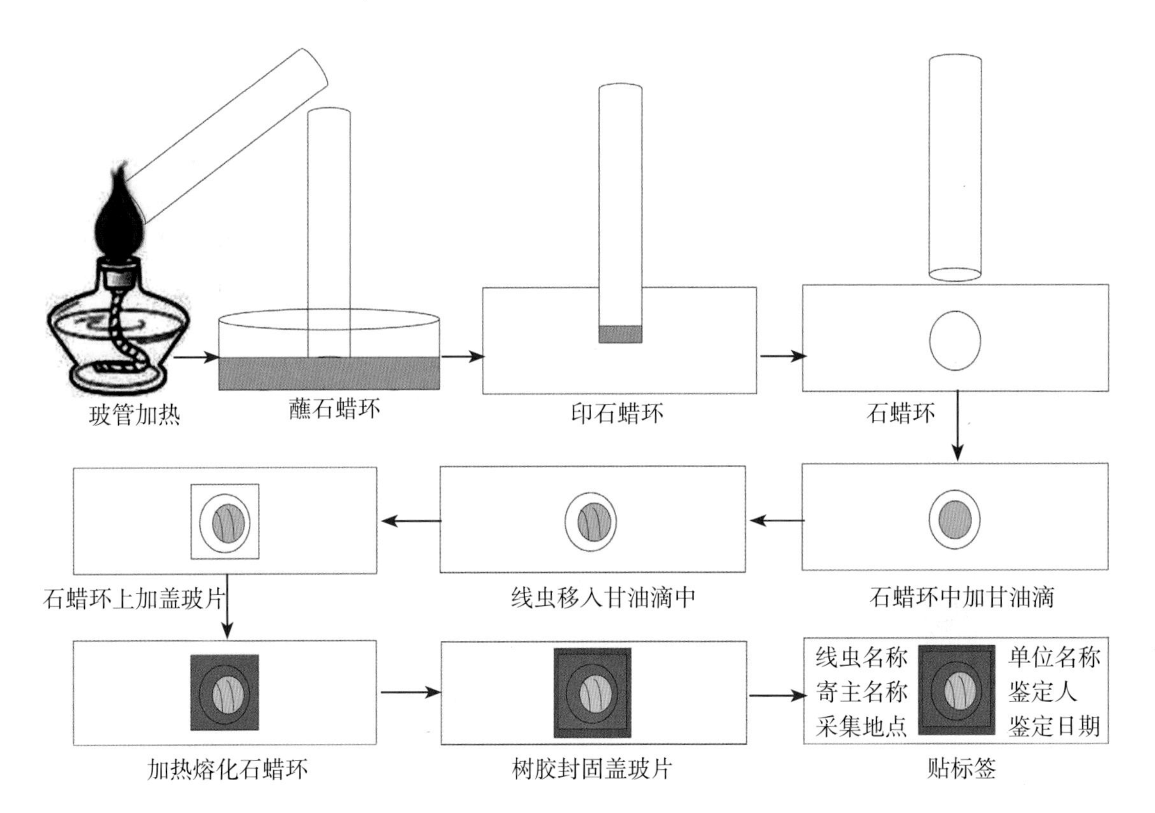

图 2–17 作物病原线虫永久玻片标本封藏步骤

灯小火焰上加热载玻片。在石蜡开始熔化后停止加热，玻片上的余热使石蜡继续熔化，最后均匀分布于盖玻片下。冷却后甘油滴封固在石蜡环中央，用刀片小心刮除溢出盖玻片外的石蜡，用封固剂（中性树胶、阿拉伯树胶、指甲油）封固。

4. 根结线虫（*Meloidogyne*）会阴花纹和头部标本制作

根结线虫（*Meloidogyne*）的会阴花纹特征和唇部形态及排泄孔位置是种的重要鉴定特征。这些特征可以通过光学显微镜和扫描电子显微镜观察（图 2–18、图 2–19）。

在制作根结线虫（*Meloidogyne*）会阴花纹和头部标本前，从新鲜的根结中挑出成熟雌虫，用小镊子或挑针把雌虫虫体转移到透明的塑料载玻片或小块有机玻璃板上的一小滴 40% 乳酸溶液或清水水滴中，在体视显微镜下用眼科手术刀或剃须刀片沿虫体中部切下，分别制成会阴花纹和头部玻片标本。

①会阴花纹标本制作：挑取虫体后半部，用柔软羽针轻轻地剔除内部组织，然后将角质膜边缘修整到略大于会阴花纹大小，再把会阴花纹移到一块干净载玻片的甘油滴中，使会阴花纹朝上，并且与玻片接触。每一块玻片安放 3~5 个会阴花纹，排成 1~2 行。最后盖上盖玻片，用中性树胶封固。

②带口针的头部标本制作：取虫体前部，沿颈基部整齐切下，注意不要搞乱颈和唇部的内含物。用羽针将头转移到一块干净载玻片上的甘油滴中。调整头的位置，使之平整，并与玻片接触。每块玻片放 5~10 个头，排成 1~2 行，然后盖上盖玻片，四周用中性树胶封固。

图 2–18 花生根结线虫（*M. arenaria*）会阴花纹显微照片

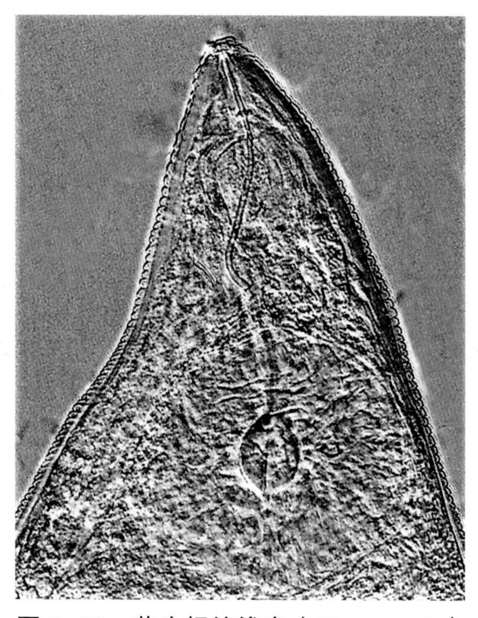

图 2–19 花生根结线虫（*M. arenaria*）雌虫头部显微照片

5. 孢囊线虫（***Heterodera***）阴门锥标本制作

孢囊线虫（*Heterodera*）的阴门、阴门窗（膜孔）和有关的内部结构的形态特征，常用于孢囊线虫（*Heterodera*）种的鉴定。干孢囊在解剖之前先在水中浸泡 24h，然后将浸湿的孢囊放在体视显微镜下的一块有机玻璃或透明的塑料片上，尽量靠近末端切下后部，并使阴门窗位于切片中央。用细镊子和一根柔韧的挑针，细心剔除附在孢囊内部的内含物。对于厚壁种或深色种，放在含 90%过氧化氢溶液中漂白几分钟，将漂白的阴门锥放在蒸馏水中洗干净，然后经过 70%、95%和 100% 的乙醇脱水，再移到丁香油中，透明后用中性树胶封固。封固时盖玻片下要用直径与阴门锥厚度相同的玻璃丝或玻璃碎片支撑，以免压坏标本。阴门锥经过 70%乙醇溶液脱水后，也可以直接封固在甘油明胶封固剂中。

（三）形态特征观察

1. 光学显微镜技术

光学显微镜用于线虫外部形态特征和内部形态结构观察，也用于形态大小测量（图 2–20、图 2–21）。

（1）形态特征

①体形：雌雄同形的线虫雌虫和雄虫都为蠕虫状（线状）。这类线虫加热杀死后通常直伸，也有些线虫呈其他体态。螺旋线虫（*Helicotylenchus*）和盘旋线虫（*Rotylenchus*）弯曲成螺旋状，针线虫（*Paratylenchus*）和矮化线虫（*Tylenchorhynchus*）呈“C”形弯曲。滑刃线虫（*Aphelenchoides*）的雄虫尾部弯曲。雌雄异形的线虫，如根结线虫（*Meloidogyne*）、孢囊线虫（*Heterodera*）、半穿刺线虫（*Tylenchulus*）、肾形线虫（*Rotylenchulus*）等，雄虫细长，而雌虫为球形、梨形、柠檬形、肾形、囊状等形状；环科（Criconematidae）线虫也为雌雄异形，其成熟雌虫、雄虫和幼虫形态完全不同。鉴

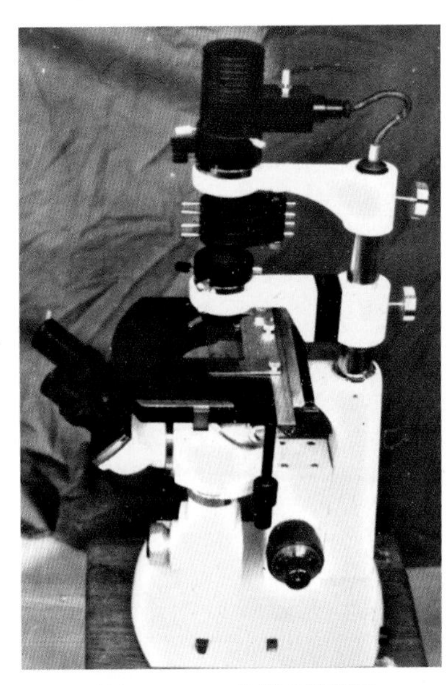

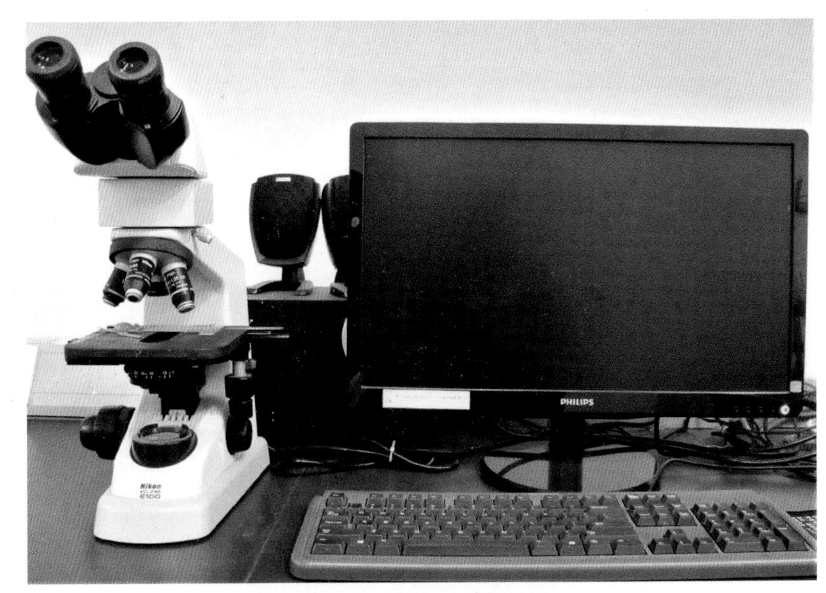

图 2-20 光学显微镜

图 2-21 摄影显微镜

定时特别注意成虫不同性别和不同龄期的体形差异，否则很容易把雄虫或幼虫遗漏。

②头部结构：观察头正面观结构、口腔、食道、神经环及排泄孔位置、侧器结构、头部附属物。

③内部形态：观察口针的形态和长短、有无基部球和基部球形态，排泄孔的开口位置（往往因种而异），单生殖管或双生殖管、前端回折或直伸。

④角质膜特征：观察角质膜体环粗细和数目，侧带中沟纹（侧线）数目，有无网纹。根结线虫（*Meloidogyne*）雌虫，观察会阴花纹；孢囊线虫（*Heterodera*）雌虫，观察阴门锥特征。

⑤尾部形态特征：有无侧尾腺及侧尾腺口大小及位置，雄虫有无交合伞和交合伞形态。

（2）形态度量

作物病原线虫种的鉴定需要各种测量值，这些数值对线虫种的分类有参考价值。常用的测量项目及符号如下：

n= 标本个数

L= 虫体全长（mm，μm）

a= 体长 / 最大体宽

b= 体长 / 头端至食道与肠接合处距离

b'= 体长 / 头端至食道腺末端的距离（用于食道与肠重叠的类型）

c= 体长 / 尾长（肛门或泄殖腔至尾端）

C'= 尾长 / 肛门或泄殖腔处体宽

V= 阴门至头顶距离 ×100 / 体长

T= 泄殖腔至精巢最前端距离 ×100 / 体长

SP= 口针长度（μm）

SPi= 交合刺长度（μm）

Gu= 引带长度（μm）

DGO= 背食道腺开口至口针基部球距离（μm）

b_1= 体长 / 中食道球基部至头顶距离

H 或 *h*= 尾末端透明区长度（μm）

L'= 头顶至肛门距离（mm，μm）

M= 针锥长度 ×100 / 口针长度（垫刃目）

MB= 头顶至中食道球距离 ×100 / 食道全长

O= 口针基部球至背食道腺开口距离 ×100 / 口针全长

P= 侧尾腺口至尾端距离 ×100 / 尾长

Pa= 头顶至前侧尾腺口距离 ×100 / 体长

Pp= 头顶至后侧尾腺口距离 ×100 / 体长

R= 虫体的体环总数

RB= 一个体环的宽度（μm）

RSt= 唇盘与口针基部球之间的环纹数目

Roes= 唇盘与食道肠瓣膜之间的环纹数目

Rhem= 唇盘与半月体后部第一环之间的环纹数目

Rex= 唇盘与排泄孔后第一环之间的环纹数目

RV= 尾端与阴门之间的环纹数目

Ran= 尾部环纹数目

Rvan= 阴门与肛门之间的环纹数目

S= 口针长度 / 口针基部体宽

V'= 头顶至阴门距离 ×100 / 头顶至肛门距离

VL/*VB*= 阴门至尾端距离 / 阴门部体宽

（3）线虫测量方法

①目镜测微尺计测法：目镜测微尺是一有刻度的圆玻璃片（图 2–22），刻度中每一小格所代表的长度因显微镜放大倍数和镜筒长短而不同。因此，必须和镜台测微尺配合使用，先在特定的放大倍数中用镜台测微尺准定目镜测微尺的每小格代表长度。准定后的目镜测微尺才可以用来测量。镜台测微尺是一玻片，玻片中部有一圆圈，圈中央刻有一把微尺。尺的总长度是 1mm（图 2–23），分为 10 大格或 100 小格，每小格长度为 0.01mm 或 10μm。准定目镜测微尺的步骤如下：

图 2–22 目镜测微尺

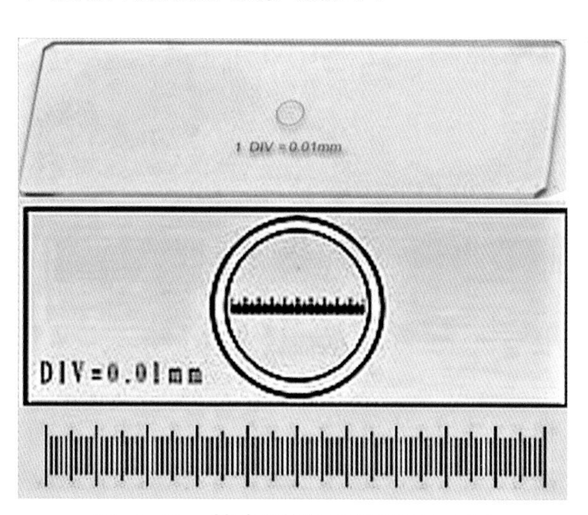

图 2–23 镜台测微尺及刻度放大图

第一，将目镜测微尺放入接目镜的镜筒内（较高级的显微镜一般都有配好的带目镜测微尺的接目镜，目镜放大倍数一般为 10），调节好镜筒长度，使测微尺的格纹看得清楚。

第二，将镜台测微尺放在镜台上。

第三，从低倍镜到高倍镜观察准定。当镜台测微尺的任何两条线与目镜测微尺的任何两条线吻合时，记下各自的格数，如此重复 3 次（表 2-2）。计算目镜测微尺每小格长度。

$$\text{目镜测微尺每小格长度} = \frac{\text{镜台测微尺观测格数}}{\text{目镜测微尺观测格数}} \times 10\mu m$$

用经过准定的目镜测微尺测量线虫。

表 2-2　目镜测微尺每小格准定长度计算

观察次数	放大倍数（目镜 × 物镜）					
	10 × 10 倍		10 × 25 倍		10 × 40 倍	
	镜台测微尺	目镜测微尺	镜台测微尺	目镜测微尺	镜台测微尺	目镜测微尺
Ⅰ	5 格	5 格	10 格	25 格	20 格	80 格
Ⅱ	12 格	12 格	24 格	60 格	5 格	20 格
Ⅲ	20 格	20 格	30 格	75 格	15 格	60 格
合计	37 格 =370μm	37 格	64 格 =640μm	160 格	40 格 =400μm	160 格
目镜测微尺每小格长度		10μm		4μm		2.5μm

②摄影显微镜显微测量法：生物显微镜将图像通过高清晰度电荷耦合元件（CCD）摄影装置，把微观图像转换为电视信号输入彩色收监两用机上进行图像显示，然后用显微镜上装配的显微测量仪直接测量，测量结果直观地显示出来（图 2-24、图 2-25）。

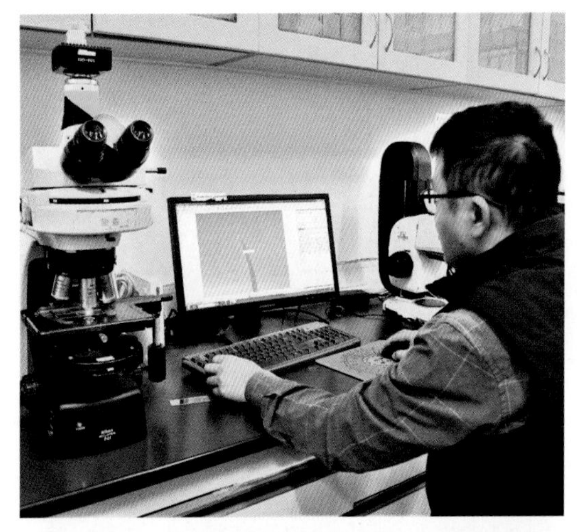

图 2-24　用摄影显微镜进行线虫显微测量

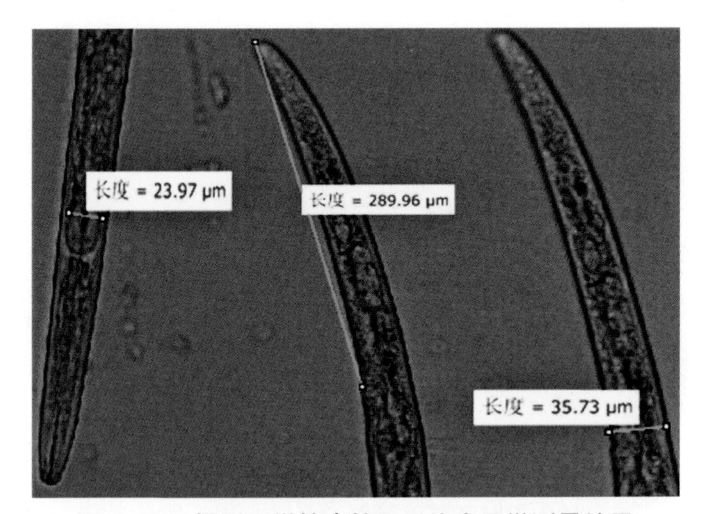

图 2-25　摄影显微镜直接显示线虫显微测量结果

2. 电子显微镜技术

扫描电子显微镜特别适宜于观察线虫唇部结构、角质膜环纹、侧带沟纹（侧线）数目、侧器孔和侧尾腺口位置、阴门结构、会阴花纹和交合伞的细微特征（图 2-26、图 2-27）。用于扫描电子显微镜观察和研究的作物病原线虫标本，需要经过特殊制备。常用的作物病原线虫扫描电子显微镜样本制备方法有常规制备技术和组织导电技术。

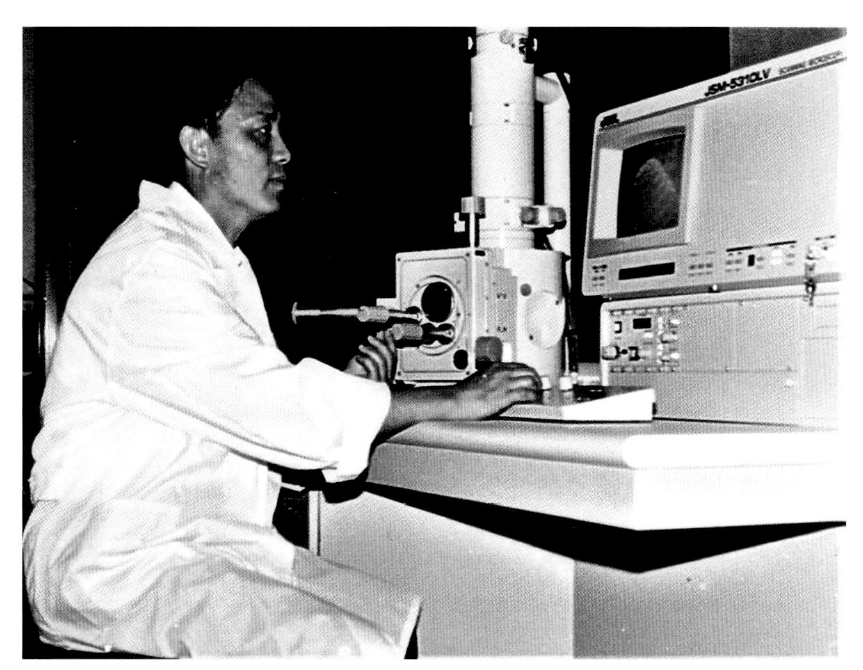

图 2-26　用扫描电子显微镜观察线虫体表形态结构

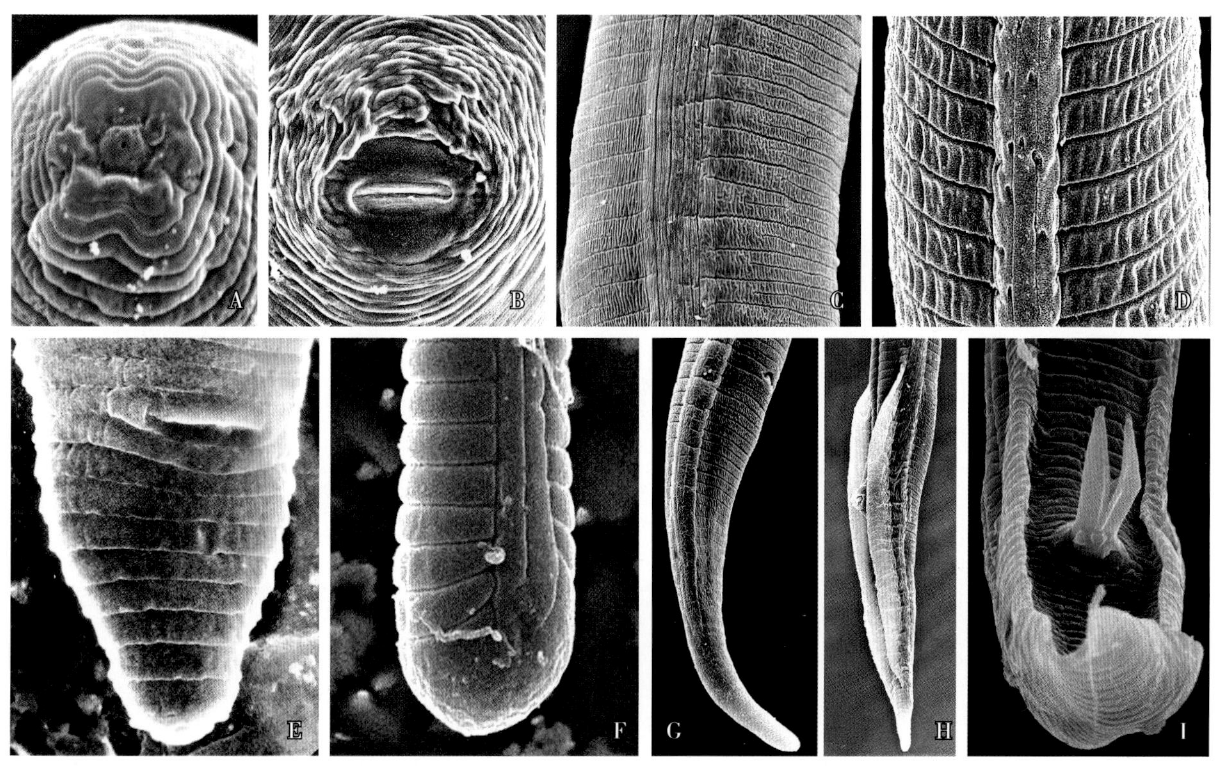

图 2-27　作物病原线虫体表结构扫描电子显微镜照片

A. 头正面（口孔、唇感器、唇盘、唇片、环纹）；B. 会阴花纹（阴门、肛门、背弓、侧线）；C、D. 环纹和侧带；E~G. 雌虫尾部（环纹、侧带、侧尾腺口、阴门、肛门）；H、I. 雄虫尾部（环纹、侧带、泄殖腔、交合伞、交合刺、引带）

（1）常规制备技术

将分离出的线虫挑入小培养皿内的蒸馏水中，清洗 3 次后移入 3% 戊二醛中，置于 4℃冰箱内固定 3h。经固定处理的线虫用蒸馏水清洗 3 次后，移入 1% 锇酸溶液中，在室温下再固定 1h。经上述双固定后的线虫样本用蒸馏水清洗 3 次，然后将线虫样本吸到双层玻璃纸中打包。打包好的线虫样本按顺序移入浓度 10%、15%、20%、25%、30%、35%、40%、45%、50%、65%、75%、85%、95% 和 100% 的乙醇溶液中脱水，每一浓度溶液中处理 5min。经乙醇梯度脱水的线虫样本再放入浓度 100% 的乙醇中处理 10min，之后置于 CO_2 临界点干燥器内进行干燥。将脱水干燥后的线虫样本置于体视显微镜下，挑取呈现线虫活体状态的线虫样本，转移到载物台上的导电胶表面。将载物台移入真空镀膜器中喷金镀膜，再将镀膜线虫的载物台装在电子显微镜的观察室内，在 15kV 加速电压下观察、拍摄（图 2-28）。

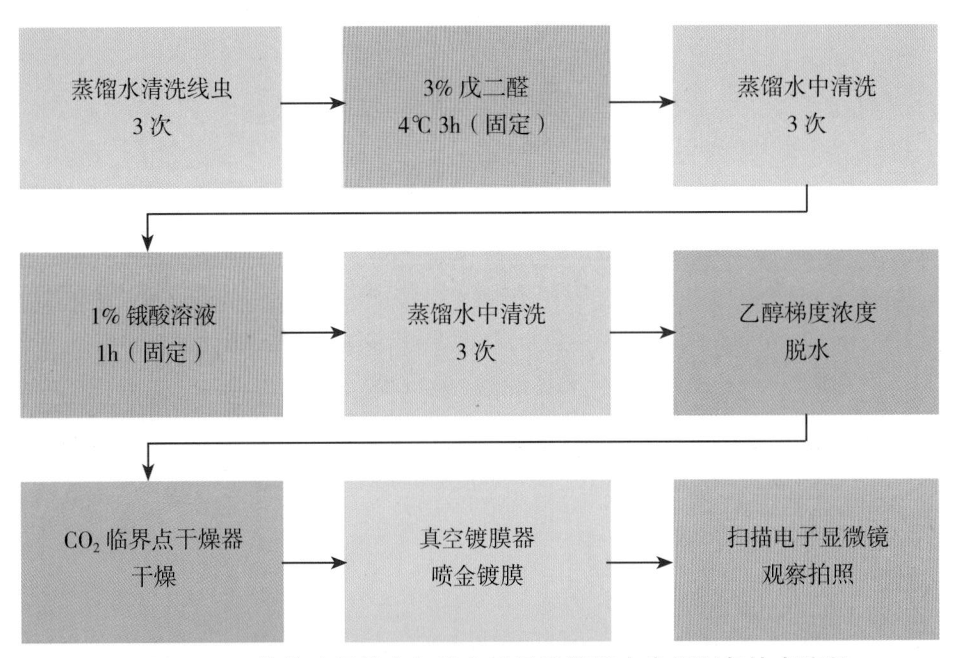

图 2-28 作物病原线虫扫描电子显微镜样本常规制备技术流程

经切片和修整好的根结线虫（*Meloidogyne*）会阴花纹和孢囊线虫（*Heterodera*）阴门锥样本，可直接安装于载物台上的导电胶表面，喷金镀膜后用于扫描电子显微镜观察。

（2）组织导电技术

组织导电技术，又称导电染色技术。这是不经表面喷镀金粉，但能够改善样本表面的导电率，提高二次电子发射率的一种化学制样方法（图 2-29）。

①甲基蓝乳酚油组织导电技术：将经固定的线虫样本移入表面皿内的少量甲基蓝乳酚油导电液中（乳酸 50ml、苯酚溶液 50ml、甘油 100ml、蒸馏水 50ml、甲基蓝 0.05%），于酒精灯火焰上加热至 60℃，染色 2~3min。经过染色的线虫样本可以直接转移到载物台的导电胶表面，在 10kV 下扫描观察。

②甲基蓝乳酚油组织导电改良技术：经甲基蓝乳酚油导电染色的线虫样本，用乙醇甘油快速脱水法脱水。经过染色和脱水的线虫标本可以直接转移到载物台的导电胶表面，在 10kV 下扫描观察。角质膜较厚、环纹较粗的线虫杀死固定后不经染色直接快速脱水，即可观察。

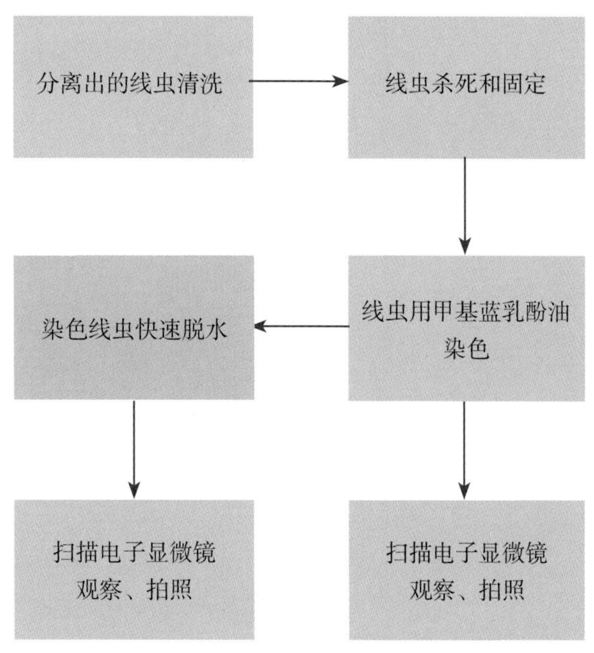

图 2-29　作物病原线虫扫描电子显微镜样本导电染色制备流程

（四）作物病原线虫主要属检索表

1. 食道分三部分，中食道球通常有瓣膜，有峡部和腺质的后食道部；口针一般有基部球……………………………（2）
   食道分两部分，前部细，后部宽，无中食道球和瓣膜；口针无基部，可能有膨大的延伸部……………………………（34）
2. 口针基部球明显，背食道腺口位于食道前体部的口针基部球后；中食道球一般为中等或小于 3/4 体宽……………………………………………………………………………………………………垫刃目（Tylenchida）（3）
   口针基部球小，背食道腺开口于中食道球内瓣膜前，中食道球大，宽度约占满该部位的虫体………滑刃目（Aphelenchida）（31）
3. 中食道球增厚，并与食道前体部愈合，后食道小（环线型食道）；雄虫的食道和口针通常退化……………………………（23）
   食道前体部与中食道球明显分开，后食道发达（垫刃型食道）；雄虫的食道和口针一般正常……………………………（4）
4. 雌虫和雄虫均为蠕虫形，活泼。雌虫将卵产于体外，不产于胶质混合物中；雄虫交合伞大……………………………（9）
   雌雄异形。雌虫膨大，定居型寄生于根内或根上，卵产于体外胶质混合物中或留在体内；雄虫交合伞小或无………（5）
5. 雌虫形成孢囊或保持柔软，梨形、囊状、球形或柠檬形；头架不骨质化。雄虫蠕虫形，食道发达，尾短，钝圆；无交合伞………（7）
   雌虫虫体柔软，囊状、长囊状或肾形；头架骨质化。雄虫蠕虫形，有时前部退化，有小而明显的交合伞………………（6）
6. 雌虫单生殖管，阴门位于虫体端部；背食道腺开口于口针基部球附近。雄虫前部不退化，口针发达，交合伞包至尾端……………………………………………………………………………………………………珍珠线虫属（*Nacobbus*）
   雌虫双生殖管，阴门位于虫体中部，背食道腺开口于口针基部球后，为口针长度的 1/2 以上。雄虫前部退化……肾形线虫属（*Rotylenchulus*）
7. 雌虫虫体形成硬而坚韧的孢囊……………………………………………………………………………………（8）
   雌虫虫体不形成孢囊而保持相对柔软，角质膜中等厚。成熟雌虫梨形或球形，有明显颈部；阴门和肛门靠近，阴门位于虫体端部，卵产于胶质卵囊中；会阴部不突起，有会阴花纹……………………………根结线虫属（*Meloidogyne*）

8. 孢囊球形，孢囊壁有各种花纹，常为“之”字形或波浪形或网状…………………………球形孢囊线虫属（*Globodera*）
孢囊呈梨形、柠檬形……………………………………………………………………………孢囊线虫属（*Heterodera*）
9. 食道腺围成后食道球，通常与肠平接…………………………………………………………………………（10）
食道腺不围成后食道球，呈耳叶状重叠于肠前端…………………………………………………………………（16）
10. 雌虫头部骨质化明显，口针长而发达，双生殖管；雄虫交合伞大，端生，呈三叶状……………………………（11）
雌虫头部骨质化无或弱，口针弱至中等，单生殖管或双生殖管；雄虫交合伞为肛侧板，不呈三叶状……………（12）
11. 侧带 3 条侧线，雌虫尾部穗状或线形………………………………………………………锥线虫属（*Dolichodorus*）
侧带 4 条侧线，雌虫尾部钝或乳头状……………………………………………………新锥线虫属（*Neodolichodorus*）
12. 雌虫阴门在虫体后部，单生殖管；雌虫尾部细，线形、棍棒形或长锥形，角质膜环纹细…………………………（13）
雌虫阴门在虫体中部，双生殖管；雌虫尾呈圆柱状，末端钝圆，角质膜环纹粗…………矮化线虫属（*Tylenchorhynchus*）
13. 卵原细胞通常绕中轴多行排列，极少为2行；雌虫虫体肥胖或粗短，卵巢常延伸至或越过后食道，1~2 次回折……（14）
卵原细胞单行排列，极少为双行，不呈轴状………………………………………………………………………（15）
14. 雌虫肥大，常在植物地上部的叶片或花的结瘿中或种子内发现……………………………………粒线虫属（*Anguina*）
雌虫中等短胖，常在禾本科植物的根瘿中发现…………………………………………………亚粒线虫属（*Subanguina*）
15. 食道腺形成明显的后食道球，梨形至棍棒状，有明显贲门，阴门位于虫体中后（*V*=60~70）；尾长，渐细，呈线形……………………………………………………………………………………………垫刃线虫属（*Tylenchus*）
食道腺形成后食道球，或延伸，或具小耳叶状伸至肠上；无贲门或退化，阴门位于虫体后部（*V*=75~85），尾长锥形……………………………………………………………………………………………………茎线虫属（*Ditylenchus*）
16. 雌虫唇部低，前端扁平或圆，基部宽；口针发达，为体宽 1/2~3/5…………………………………………………（17）
雌虫唇部高或隆起，凸锥形、半球形或半椭圆形……………………………………………………………………（19）
17. 雌虫单生殖管，食道腺明显覆盖于肠的腹面……………………………………………根腐线虫属（*Pratylenchus*）
雌虫双生殖管………………………………………………………………………………………………………（18）
18. 大型线虫，体长 1~4mm，尾端尖，常有尾尖突；食道腺长大，覆盖于肠的腹面；雄虫不退化……潜根线虫属（*Hirschmanniella*）
小型线虫，体长 0.5~1.0mm，尾端圆，无尾尖突；食道腺大，覆盖于肠的背面；雄虫前部退化………穿孔线虫属（*Radopholus*）
19. 雌虫双生殖管，尾部较短，不超过肛门部体宽 2 倍；侧尾腺口小，孔状，位于肛门部，或侧尾腺口大、位置不定…（20）
雌虫双生殖管，尾部较长，至少为肛部体宽 2 倍；侧尾腺口小，孔状，位于尾部；头部突出，缢缩，有唇盘……刺线虫属（*Belonolaimus*）
20. 侧尾腺口小，孔状，位于肛门部…………………………………………………………………………………（21）
侧尾腺口大，位于虫体不同部位……………………………………………………………………………………（22）
21. 食道腺叶通常大部分覆盖于肠的背面…………………………………………………盘旋线虫属（*Rotylenchus*）
食道腺叶通常大部分覆盖于肠的腹面………………………………………………螺旋线虫属（*Helicotylenchus*）
22. 侧尾腺口位于尾部或肛门附近，相对或近相对……………………………………………盾线虫属（*Scutellonema*）
侧尾腺口位于虫体前、后部，唇区常有纵纹。体长 1~2mm；口针极发达，口针基部球有前突，头架坚实……纽带线虫属（*Hoplolaimus*）
23. 雌虫角质膜有明显的粗体环，体环后缘有时具有刺状、鳞片状或膜状附属物，有的具角质膜鞘……………………（24）

ritzemabosi）和草莓滑刃线虫（*A. fragariae*）能引起叶片坏死和叶缘畸形。当土壤中存在病毒介体线虫时，植株地上部表现出特异性病毒病症状。根结线虫（*Meloidogyne*）、孢囊线虫（*Heterodera*）和根腐线虫（*Pratylenchus*）引起作物生长衰退，根部产生根结、孢囊或根坏死腐烂。从具有症状的病株组织上分离病原线虫。

③作物收获后或种苗出圃时产品检验：观察产品是否具有特定线虫侵染产生的特异性症状，从有症状的组织、根部和根际土壤中分离病原线虫。

（二）产品检疫

针对进出境的作物产品和种子、种苗实施关卡检疫。根据货物量进行抽样检查，观察病害症状，分离和鉴定病原线虫。

例如：松树萎蔫线虫病是松树的重大病害，病害可以通过感染嗜木伞滑刃线虫（*B. xylophilus*）及其介体松墨天牛（*Monochamus alternatus*）的松木及松木包装板材进行远距离传播。以进境松木和松木包装板的嗜木伞滑刃线虫（*B. xylophilus*）检疫为例，其检疫程序如下。

①标本采集：采集疑似感染松树萎蔫线虫病的松木标本和松木包装箱，注意观察木材和包装板材有无蓝变组织和天牛蛀道。染病的木材可能出现蓝变组织和天牛蛀道（图 3-1）。

图 3-1　松木及松木包装板的蓝变组织和天牛蛀道

A、B. 原木蓝变组织；C. 包装板蓝变组织；D. 原木天牛蛀道

②从病组织分离线虫：将显症松木劈成小条状木块，放入烧杯中加水淹没，然后置于恒温箱中，25℃ 孵育 12~24h，再将浸泡液通过孔径 45μm（350 目）线虫筛，将筛中过滤物从筛背面冲洗到培养皿中，在解剖镜下挑出线虫。

③线虫的培养：分离的线虫可以直接进行鉴定。从包装板材和病树体中分离的线虫数量较少且为持久幼虫，为了获得大量成虫提供鉴定和实验，需要进行线虫的培养繁殖。培养方法：把经过消毒的嗜木伞滑刃线虫（*B. xylophilus*）接种到马铃薯蔗糖琼脂（PSA）培养基或麦粒培养基的灰葡萄孢（*Botrytis cinerea*）菌丝上培养（图 3–2）。

④线虫种类鉴定：挑取分离或培养的线虫成虫制成玻片标本，利用显微镜观察和形态学鉴定，确定从输入松材样本上检出的线虫是否为嗜木伞滑刃线虫（*B. xylophilus*，图 3–3）。

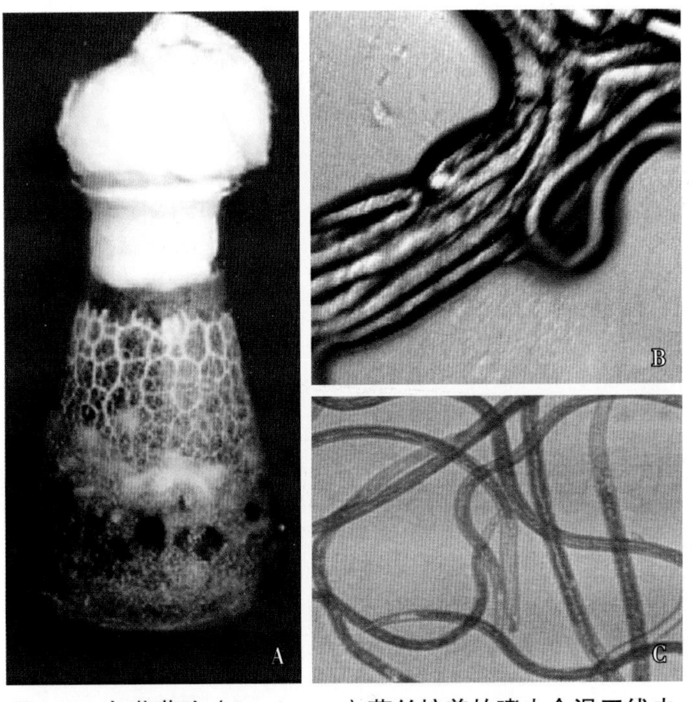

图 3–2 灰葡萄孢（*B. cinerea*）菌丝培养的嗜木伞滑刃线虫（*B. xylophilus*）

A. 三角烧瓶壁上形成的线虫网；B. 线虫网上的线虫集群；C. 嗜木伞滑刃线虫（*B. xylophilus*）

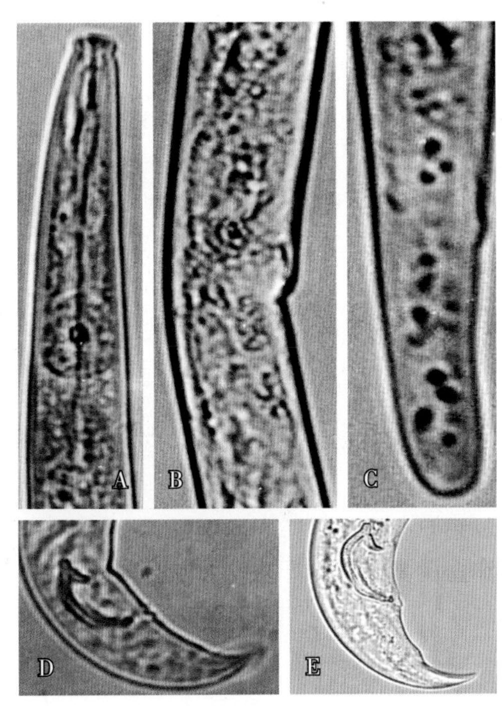

图 3–3 嗜木伞滑刃线虫（*B. xylophilus*）

A. 雌虫前部；B. 阴门及阴门盖；C. 雌虫尾部（尾端钝圆，无尾尖突）；D. 雄虫交合伞（卵圆形）；E. 雄虫交合刺及尾乳突

四、疫情处置

（一）进出境重大植物疫情应急处置

1. 一类（境外发生重大植物疫情时）紧急预防措施

①在毗邻疫区的边境地区和入境货物主要集散地区开展疫情监测。

②停止签发或废止从疫区国家或地区进口相关植物及其产品的检疫许可证。

③禁止直接或间接从疫区国家或地区输入相关植物及其产品；对已运抵口岸尚未办理报检手续的，一律作退运或销毁处理；对已办理报检手续，尚未放行的，经检验检疫合格后放行。

④禁止疫区国家或地区的相关植物及其产品过境；禁止邮寄或旅客携带来自疫区的相关植物及其产品进境。

⑤加强对来自疫区的运输工具和装载容器的检疫和防疫消毒。如发现有来自疫区的相关植物及其产品，一律作封存处理。

2. 二类（境内发生重大植物疫情时）紧急预防措施

①加强出口货物的查验，停止办理来自疫区和受疫情威胁区的相关植物及其产品的出口检验检疫手续。

②对在疫区生产，或已办理通关手续、正在运输途中的出口植物、植物产品，立即召回。

3. 三类（出入境检验检疫工作中发现重大植物疫情时）紧急预防措施

在进境植物检疫过程中发现重大植物疫情时，应采取如下紧急控制措施：

①质检总局向输出国家或地区通报发现的疫情，并要求提供疫情详细信息和采取的改进措施。

②暂停办理相关植物及其产品的入境检验检疫手续，过境植物或植物产品暂停运输。

③确定控制场所和控制区域，对控制场所采取封锁措施。

④对控制场所内相关的植物及其产品，以及可能受污染的物品，在检验检疫机构的监督指导下进行检疫除害处理；对所有可能感染的运载工具、用具、场地等予以严格消毒。

在实施出境植物检疫或在实施有害生物监测过程中发现重大植物疫情时，应采取如下紧急控制措施：

①禁止有重大植物疫情的寄主及其产品出境。

②当疫情可能扩散时，出入境检验检疫机构应向当地农林主管部门通报疫情，并配合农林部门对控制区域实施控制措施。

（二）已传入并局部发生的重大植物线虫疫情处置

对传入并已局部发生的重大植物线虫疫情，要建立阻截带，采取监测、检疫、封锁和铲除等措施将其控制和扑灭，防止疫情向其他地区扩散蔓延。

1. 疫情监测

疫情监测是发现疫情和掌握疫情动态的有效手段，是做到“早发现、早报告、早阻截、早扑灭”疫情的重要前提。通过科学设置疫情监测点，规范监测方法，构建严密的有害生物疫情监测网络，为及时采取防控行动、实施有效防除措施提供保障。

2. 疫情封锁

发生疫情的地区，应根据线虫的发生传播特点，确定疫情发生范围和封锁管制的重点植物、植物产品及应检物品，并将检疫管制要求告知相关生产、经营、运输单位（或个人）。在疫区或疫情发生区发布疫情公告、设立检查哨卡，严禁相关植物、植物产品及可携带疫情的物品外运。

3. 疫情铲除

针对新发现且尚未大面积扩散的重大植物线虫，应及时采取如下铲除方法。

①化学方法：对检疫性线虫进行药剂处理，如药剂熏蒸、喷洒。

②农业方法：对所发生疫情地块采取改种、休耕等措施。

③物理方法：对带有检疫性线虫的货物、土壤或其他载体进行机械处理、热力处理。

4. 效果评估

疫情铲除后，应继续在铲除地及其周边地带定期监测和调查，并严格按照有关程序进行监管。由省级农业主管部门组织专家根据线虫生物学、生态学特性等评估铲除效果。确认达到铲除目标后，省级农业主管部门上报农业部，农业部公布铲除信息。

5. 实例：福建省穿孔线虫（*Radopholus*）入侵及疫情处置

福建省曾经发生 3 次穿孔线虫（*Radopholus*）入侵事件。

第一次是在 1985 年 7 月和 12 月，福建省漳州市南靖、平和两县先后从菲律宾引进香蕉苗时传入相似穿孔线虫（*R. similis*）。福建省农业厅成立了福建省扑灭香蕉穿孔线虫病领导小组，组织专家对疫情进行追踪调查。在财政部和农业部高度重视和大力支持下，历时 5 年（1989~1993），耗资 202 万元，发动群众 56212 人次，组织检疫人员 43 人，采取严密而科学的综合扑灭措施，扑灭了相似穿孔线虫（*R. similis*）引发的疫情。

第二次是在 1989 年，福建农学院植物线虫研究室在福建省北部的一个柑橘园发现嗜橘穿孔线虫（*R. citrophilus*），并将调查和鉴定结果报告福建省农业厅和农业部，福建省农业厅组织专家组赴现场进行疫情确认。通过销毁病果园和休耕措施，疫情扑灭，未向外扩散。

第三次是在 1999 年，福建农业大学植物线虫研究室在福建省个别园林花卉公司发现火鹤花烂根，从根部分离到大量相似穿孔线虫（*R. similis*），并将这一结果及时报告福建省农业厅。此后，福建农业大学植物线虫研究室与福建省农业厅植保植检站联合开展全省普查，查明了入侵的相似穿孔线虫（*R. similis*）分布和寄主植物，确定了严密的疫情扑灭技术，经过 3 年多努力，于 2003 年底经农业部专家组现场检测证实疫情已被扑灭。

对于上述穿孔线虫（*Radopholus*）引发的疫情，有关部门采取了如下处置措施。

①疫情处理程序：按照疫情报告—疫区封锁—勘验取证—铲除扑灭—监控监测程序处置（图 3–4）。疫情发现后，有关人员及时向政府及业务主管部门报告，启动应急措施，对疫区实施封锁，预防疫情扩散。为了保护生产者的利益和确保疫情处理准确性和合法性，在疫情处理前，执法方先进行疫情勘验检查和对当事人询问，并将勘验检查结果告知当事人。勘验人（执法方）和当事人同时在勘验检查笔录和询问笔录上签字确认。之后，再按相关规定进行疫情处理。

②疫情铲除措施：烧、毒、隔、封、饿、阻（图 3–5、图 3–6）。

烧：将疫情发生区所有可能染疫的植物、栽培基质及容器就地集中烧毁。盆栽植物先用塑料编织袋装好堆放，浇上柴油后点燃焚烧。采用地面畦栽的植株及栽培基质含水量大，数量多，且混有砂石，

图 3-4　火鹤花穿孔线虫病疫情处置

A. 疫情调查；B. 疫区封锁；C. 疫情勘验取证；D. 疫情铲除效果监测

图 3-5　柑橘穿孔线虫病疫情处置

A. 挖除病树；B. 病树集中烧毁；C、D. 病园土壤和种植穴用杀线虫剂处理

图 3-6 火鹤花穿孔线虫病疫情处置

A. 销毁疫区的花卉和受污染的容器等；B. 烧毁染病花卉和受污染的容器等；C. 焚烧炉烧毁栽培基质；D. 用杀线虫剂处理染病土壤；E. 种植大棚地面用水泥固化；F. 大棚外围挖隔离沟

建造简易焚烧炉予以焚烧。发生柑橘穿孔线虫病的果园将挖除的柑橘根部及土壤就地集中，浇洒汽油，集中烧毁。

毒：地面和土壤施用棉隆等杀线虫剂和除草剂后，覆盖塑料薄膜。发生柑橘穿孔线虫病的果园挖除和烧毁病树后，用化学杀线虫剂与病土混拌，回填种植穴。

隔：对地面畦栽的火鹤花种植大棚，为防止线虫随土壤外渗和防止人和牲畜进入疫情区，在大棚周围挖深 1.5m、宽 1.0m 的隔离沟，沟底撒施杀线虫剂。

封：对染病温室及大棚地面用水泥覆盖，经硬化处理后在水泥地上继续生产。

饿：对今后仍需种植作物的土壤施用杀线虫剂和除草剂后休耕 2 年左右时间，在休耕期铲除全部植物（包括杂草），经检查无危险性线虫之后方可使用。发生柑橘穿孔线虫病的果园 5 年内禁种柑橘及相关寄主植物。

阻：疫情处理后对疫区进行全程监控，在监控期禁止调入或调出花卉产品。加强检疫和监测工作，发现疫情及时铲除。

第二节　农业防控

一、作物健康栽培

采用作物耕作措施，改变线虫的生存环境，可将线虫的危害降低到最小限度。通常只要抓好措施的落实，就能达到满意的防控效果，而且费用低。

（一）轮作

一个好的轮作方案可以将土壤中的病原线虫群体压到最低水平，大大减轻病害的发生和危害程度。

①与非寄主作物轮作：针对寄生专化性强的病原线虫选择非寄主作物进行轮作，线虫缺乏食物而难以生长和繁殖，从而降低其虫口密度和危害。防控马铃薯金线虫（*G. rostochiensis*）用小麦、草莓、甘蓝、花椰菜、豌豆、玉米和菜豆轮作 3 年以上，能将病原线虫群体降低到安全水平；防控燕麦孢囊线虫（*H. avenae*）用胡萝卜、绿豆等作物轮作 3 年以上，可以得到控制；大豆孢囊线虫（*H. glycines*）的主要寄主是大豆，用玉米、棉花、花生、烟草等非寄主作物轮作，就能逐年减少线虫的群体数量。

②水旱作物轮作：大多数作物病原线虫不能在长期淹水的条件下生存，因此水旱轮作对大多数旱地作物线虫病都具有防控效果。水稻与烟草轮作、水稻与蔬菜轮作，能显著控制烟草和蔬菜根结线虫病的发生，减轻水稻潜根线虫病的危害；水稻与黄麻轮作能有效防控黄麻根结线虫病，降低水稻潜根线虫病危害水平。

（二）清除侵染源

①休闲：由于作物病原线虫是专性寄生物，以活的寄主作物为食而发育成熟并进行繁殖，可经常性翻耕或耙犁土壤，或用除草剂杀死田间杂草和中间寄主植物。田间无寄主植物，土壤中的线虫便会因饥饿而死。多数植物寄生线虫种类在表层土壤中存活不超过 12~18 个月。因此，铲除土壤中的作物病原线虫可以采用休闲措施。

②选用无线虫种子和种苗：许多作物病原线虫都可以通过作物种子或种苗传播，如：茎线虫（*Ditylenchus*）可以由苜蓿、大蒜及花球传播，小麦粒线虫（*Anguina tritici*）由小麦种子传播，滑刃线虫（*Aphelenchoides*）可以由水稻种子、草莓和菊花种苗传播，柑橘半穿刺线虫（*T. semipenetrans*）可由柑橘苗传播，根结线虫（*Meloidogyne*）和肾形线虫（*Rotylenchulus*）可由香蕉苗传播。这些线虫既可以作为当地的初侵染虫源，又可以通过种子和种苗调运实现远距离传播。通过选用无线虫侵染的种子、种苗和其他无性繁殖材料，能够控制这些线虫的危害。

③做好田间卫生：该项措施包括清除田间杂草和销毁病株残体。有许多作物病原线虫能在田间杂草根部度过农田休闲期，作物收获之后残留根系中的线虫仍然可能存活或休眠，成为下茬作物的侵染源。因此，作物收成后及时清除田间杂草和销毁病株残体，是减少作物病原线虫初侵染源的重要措施。

（三）土壤调理和无土栽培

①施肥和土壤改良：肥料能改变作物根际的微生态结构、土壤物理结构和化学物质组成，抑制线虫的生长繁殖，或干扰根分泌物对线虫的吸引作用。

氰氨化钙（$CaCN_2$），俗称石灰氮，是一种碱性肥料，农业上作为氮肥使用，还具有提高地温、杀虫、除草和改善土壤酸碱度等作用，也作为杀线虫剂使用。福建省在水稻潜根线虫（*Hirschmanniella*）防控试验中，早稻插秧前 10d 施用 50% 氰氨化钙颗粒剂（150kg/hm^2）作基肥，初期线虫量下降 39%，产量增 3.05%；在种植蔬菜或果树时，先用氰氨化钙处理土壤，能有效防控根结线虫（*Meloidogyne*）。

旱地作物施用有机肥或微生物肥料，能明显减轻线虫的危害。沿海地区利用废弃的虾蟹壳等作为土壤调理剂，施用于作物根际土壤能促进根际土壤中食线虫真菌和其他有益微生物生长繁殖。秸秆回田生物发酵，能减轻线虫危害。

使用客土可以显著控制作物线虫病害。福建省防控杨梅根结线虫病时采用客土覆盖根部 10~15cm 厚，结果表明能促进果树新梢的发生和生长，明显减轻病害。

②无土栽培：无土栽培包括水培和非土基质栽培。水培是使用设施输入营养液栽培（图 3-7）；基质栽培是指不用天然土壤，而采用木屑、椰糠、甘蔗渣、花生壳、蛭石、砂子、珍珠岩等基质，依靠营养液提供作物生长发育必需元素，使作物正常完成整个生命周期的栽培技术（图 3-8）。无土栽培技术可以有效预防土壤连作障碍和作物线虫病等土传病害。

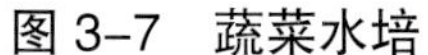

图 3–7　蔬菜水培

图 3–8　番茄椰糠基质栽培

二、作物抗病性应用

使用抗病或耐病作物品种是一项高效、经济和无公害的防控措施。利用抗病作物可以使种植者在不增加或少增加生产费用的情况下，达到防病增产的目的。

（一）应用抗线虫作物品种

通过杂交育种或田间选育获得抗线虫的作物品种。我国通过杂交育种育成抗大豆孢囊线虫（*H. glycines*）品种有抗大豆孢囊线虫病 3 号小种的抗线 1 号、抗线 2 号、庆丰 1 号、嫩丰 15，抗 1、3、5 号小种的齐黄 25 号、齐黑豆 2 号，抗 4 号小种的大豆晋豆 31 号等。抗根结线虫病的烟草品种有 NC89、NC95、G28、G80。

（二）应用抗线虫砧木

以抗线虫的作物品种为砧木，优质高产的作物品种为接穗，通过嫁接培养抗病高产优质的作物种苗。如以黑籽南瓜为砧木，与黄瓜进行嫁接，培育抗根结线虫病的黄瓜种苗；以野生番茄为砧木，与普通番茄嫁接，培育抗根结线虫病的番茄种苗（图 3–9、图 3–10）。福建省调查发现，以酸橙为砧木的柑橘较抗根结线虫（*Meloidogyne*）。

图 3-9 番茄抗线虫病嫁接苗

图 3-10 番茄抗线虫病嫁接苗田间长势

第三节 物理防控

作物病原线虫病害物理防控法有热力法、淹水法、隔离法、汰选法。

一、热力法

（一）种植材料温汤处理

这种方法广泛应用于种植前杀死作物组织内的线虫，可以用来处理感染线虫的鳞茎、球茎、块茎、种子及菊花、草莓、香蕉和柑橘之类作物的根部。大多数作物病原线虫在45~48℃时就能被杀死，这为使用加热法杀死作物根内、种子内和其他种植材料内部的线虫提供了可能性。在这样的温度下，如果合理使用热处理方法，作物中的酶就不会遭到破坏。每种作物与线虫的组合都有各自的处理温度与时间要求，必须十分精确。由于热力会伤害作物，所以在处理前应该做预备试验。对高价值作物材料的热处理更要慎重。

（二）土壤热处理

①蒸汽热处理：在温室内的苗床或其他小面积范围内对土壤进行加热消毒，能防控多种重要作物病原线虫。加热时蒸汽通过一条有孔的管道导入温室土壤中，蒸汽在土壤颗粒表面凝聚和加热。加热期间土壤表面用塑料薄膜覆盖。少量土壤也可用高压消毒锅消毒。

②阳光暴晒：适于高价作物、大棚蔬菜和花卉生产。作物种植前或收获后用塑料布覆盖于潮湿

土壤表面，让阳光暴晒，可以使上层土壤的最高温度达 60℃，可杀灭土壤中的作物病原线虫。

暴晒营养土能有效减轻作物线虫病害。目前，许多蔬菜、果树和花卉等作物都采用营养钵、营养袋或秧盘育苗，营养土尽量使用新土，可先用杀线虫剂处理或予以加热、暴晒等处理。

蔬菜线虫病害发生严重的大棚，夏季蔬菜收获后及时清除病株残体，阳光暴晒结合杀线虫剂处理土壤，实施闭棚短期休闲，能有效减少土壤中的线虫虫源。

二、淹水法

淹水能降低土壤含氧量，使作物病原线虫窒息而死。土壤较长时间淹水，能明显降低根结线虫（*Meloidogyne*）群体水平；采用水旱轮作体系，能明显减少旱作作物的根结线虫病。

三、隔离法

作物基质栽培采用盆栽、袋栽或地面覆盖薄膜，避免基质与土壤接触，可预防土壤线虫的侵染。香菇在菇棚内出菇时，脱袋后的菌棒直接与土壤接触，病原线虫从菌棒基部侵入并大量繁殖，线虫噬食菌丝，导致烂筒不能出菇。畦面覆盖薄膜，将菌棒与土壤隔离，就可预防香菇菌棒腐烂。

四、汰选法

适用于种子传播的线虫病害。小麦粒线虫病和水稻干尖滑刃线虫病是通过带病原线虫的种子传播，带虫种子或虫瘿比正常作物种子小且轻，可以用风力汰除、漂浮汰除、机械汰除等方法清除混杂于作物种子内的带虫种子和虫瘿。

第四节 化学防控

化学防控与其他防控方法相比，具有速效、广谱、不影响耕种和兼治其他作物病虫害的优点。传统的化学杀线虫剂大多数是筛选有杀线虫作用的杀虫剂、除草剂或杀菌剂，有些药剂高毒。近些年我国政府提倡绿色发展，重视环境保护、生态安全和食品安全，禁止使用或限制使用溴甲烷、二溴氯丙烷、硫线磷、丙线磷、氯唑磷、苯线磷、甲拌磷、除线磷、丰索磷、甲基异硫磷、对硫磷、克百威、杀线威、涕灭威等一批传统的高效杀线虫剂。因此，开发和使用安全环保型的化学杀线虫剂和微生物杀线虫剂是大势所趋。常用高效低毒化学杀线虫剂有以下几种。

一、熏蒸杀线虫剂

（一）棉隆

别名：必速灭、二甲噻嗪、二甲硫嗪。

化学名称：四氢 -3, 5- 二甲基 -1, 3, 5- 噻二唑 -2- 硫酮。

英文通用名：Dazomet，Mylone。

剂型：98%微粒剂。

作用特点：棉隆是一种高效、低毒、无残留的环保型广谱性综合土壤熏蒸消毒剂。它可有效地杀灭土壤中各种线虫、病原菌、地下害虫及萌发的杂草种子，从而达到清洁土壤的效果。它易于在土壤和其他基质中扩散，杀线虫作用全面而持久，能与肥料混用，不会在作物体内残留。

适用范围：可用于温室、苗床、育种室、大田等土壤，以及混合肥料、盆栽基质消毒，能有效地防控危害花生、马铃薯、蔬菜（番茄、豆类、辣椒）、烟草、茶、果树、林木等作物的根腐线虫（*Pratylenchus*）、纽带线虫（*Hoplolaimus*）、肾形线虫（*Rotylenchulus*）、矮化线虫（*Tylenchorhynchus*）、剑线虫（*Xiphinema*）、针线虫（*Paratylenchus*）、根结线虫（*Meloidogyne*）、孢囊线虫（*Heterodera*）、茎线虫（*Ditylenchus*）。

施用方法：施用棉隆最适宜土壤温度为 10~25℃，25℃以上不宜使用。施药前先将土壤耙成细碎状，并使土壤湿润（处理前土壤含水量至少为 50%）。按砂质土 30~40g/m^2、黏质土 40~50g/m^2 的用药量，将 98% 棉隆微粒剂均匀撒播于土壤表面，然后用细齿耙或其他耕耘工具将棉隆混入土壤（一般深度 20cm）。将土面压实或覆盖塑料薄膜，并保持土壤湿润状态。经 4~8d 后，在适宜的土壤温度下松土和彻底通气 3d，然后播种或种植。松土时不要超过处理的土壤深度。

处理少量土壤时可将 98% 棉隆微粒剂（250g/m^3）与土壤充分混合，覆以聚乙烯薄膜。20d 后揭去薄膜，毒气逸散后使用（图 3-11）。

图 3-11　棉隆熏蒸防控黄瓜根结线虫病（右为熏蒸区，左为对照）

处理前或处理时一般不施肥，农家肥（鸡粪等）则要在消毒前加入，以避免土壤受二次感染；由于棉隆具有灭生性，生物药肥不能同时使用。许多观赏植物对棉隆敏感，在温室处理时要将这些植物移开。棉隆对生长中的作物有毒害，使用时要离作物根 1m 以外。

（二）威百亩

别名：维巴姆、硫威钠、线克。

化学名称：N- 甲基二硫代氨基甲酸钠。

英文通用名：Metham-sodium。

剂型：35% 水剂，42% 水剂。

作用特点：威百亩是一种具有熏蒸作用的二硫代氨基甲酸酯类杀线虫剂，在土壤中降解成异硫氰酸甲酯而发挥熏蒸作用，通过抑制生物细胞分裂，DNA、RNA 和蛋白质的合成，以及造成生物呼吸受阻，能有效杀灭根结线虫（*Meloidogyne*）、杂草等有害生物，从而获得洁净的土壤。

适用范围：适用于温室、大棚、塑料拱棚土壤消毒，以及花卉、烟草、中草药、姜、薯蓣等经济作物苗床土壤、重茬种植的土壤消毒，也适用于组培种苗等培养基质、盆景土壤、食用菌菇床土等熏蒸灭菌，能预防线虫、真菌、细菌、地下害虫等引起的各类病虫害，兼防马塘、看麦娘、莎草等杂草。

施用方法：用于种植前土壤熏蒸，用药量一般为 50~100ml/m^2，加水稀释 50~100 倍，施后覆土压实。几天后翻耕通气。也可用沟施（沟深和沟距均为 20~23cm），施药后保持土壤湿度 65%~75%、土壤温度 10℃以上，施药后立即覆盖塑料薄膜，注意封闭严密，防止漏气，密闭 15d 以上。

苗床施药前，先将土壤耕松、整平，并保持潮湿。按制剂用药量稀释后均匀喷到苗床表面，并让药液润透土层 4cm 厚。施药后立即覆盖聚乙烯地膜，防止药气泄漏。施药 10d 后除去地膜，耙松土壤，使残留气体充分挥发。待 5~7d 土壤残余药气散尽后，即可播种或种植。

营养土使用时，先将有机肥、基肥与土壤混合均匀，取部分营养土铺于薄膜或水泥地面 5cm 厚。按制剂用药量加水稀释成 80 倍液左右，均匀喷洒到营养土上，润透 3cm 以上厚度，再覆 5cm 厚营养土，再喷洒配制后的药液……依此重复堆土，最后用薄膜覆盖严密，防止药气挥发。施药 10d 后除去薄膜，翻松营养土，使剩余药气充分散出，5d 后再翻松一次，即可使用。

（三）二氯异丙醚

别名：二氯异丙基醚。

化学名称：双（2- 氯异丙基）醚。

英文通用名：dichloroisopropylether，Nemamort，DCIP。

剂型：80%乳剂，30%颗粒剂，95%油剂。

作用特点：二氯异丙醚是一种具有熏蒸作用的杀线虫剂，在土壤中挥发缓慢，对作物较安全，可在作物生长期使用。

适用范围：适用于防控烟草、柑橘、茶、甘薯、花生、桑、蔬菜上的根结线虫（*Meloidogyne*）、孢囊线虫（*Heterodera*）、根腐线虫（*Pratylenchus*）、半穿刺线虫（*Tylenchulus*）、剑线虫（*Xiphinema*）

和毛刺线虫（*Trichodorus*）；对烟草立枯病和生理性斑点病有预防作用。土温低于10℃时，不宜施用。

施用方法：一般在播种前15d（夏播可在播种前5d）用30%二氯异丙醚颗粒剂处理土壤。花生地用药量20~30g/m^2，烟草地用药量15~25g/m^2，果园用药量40~47g/m^2。施药后随即翻土。也可在播种沟内撒施后覆土。

在作物生长期间施药，先在植株两侧离根部16cm处开10~15cm深的沟，每隔1m撒30%二氯异丙醚颗粒剂7~8g（两侧共15g），施药后随即覆土。

二、非熏蒸杀线虫剂

（一）噻唑膦

别名：福赛绝、福气多。

化学名称：O-乙基-S-仲丁基-2-氧代-1,3-噻唑烷-3-基硫代膦酸酯。

英文通用名：fosthiazate。

剂型：10%颗粒剂，10%乳油，20%水乳剂。

作用特点：噻唑膦在作物体内有内吸输导作用，对作物寄生线虫和害虫有广谱活性。主要作用方式是抑制靶标乙酰胆碱酯酶活性，具有很强的触杀活性。

适用范围：马铃薯、薯蓣等根茎类作物，黄瓜、茄子、番茄等蔬菜，以及药用植物、果树皆可使用。可防控的线虫包括地上茎叶外寄生线虫、地下作物根部内寄生线虫、半内寄生线虫、外寄生线虫等20种左右，对根结线虫（*Meloidogyne*）、根腐线虫（*Pratylenchus*）有特效，对昆虫、螨类效果明显。

施用方法：因不同作物而异。

蔬菜和大田作物可采用面施、穴施、沟施或灌根。

①面施：定植前将10%噻唑膦颗粒剂（22.5kg/hm^2）与细土（150~225kg/hm^2）搅拌均匀后撒施到地表面，再用旋耕机或手工工具将药剂和土壤充分混匀，土壤混合深度一般在10~25cm。混匀后可及时移栽定植。

②沟施或穴施：将10%噻唑膦颗粒剂（15~22.5kg/hm^2），均匀撒施于作物穴内，或距作物根部5cm附近开沟撒施。施药后覆盖一层细土，药剂不直接接触根系，避免产生药害。

③灌根：定植后或作物生长期，将10%噻唑膦乳油（15~22.5L/hm^2）用水稀释成1500倍液，或将20%噻唑膦水乳剂（11.25~15L/hm^2）用水稀释成1500倍液，浇灌于作物根部。

防控果树线虫病，采用树冠下全层施药或沟施。

①全层施药：在春季果树抽梢期和新根发生前期，刨松树冠滴水线以内的表层土壤，将10%噻唑膦颗粒剂（每株25~50g）与细土（每株1.0~1.5kg）混匀，然后再将药土搅拌于土壤中（图3-12），用耙子将药土和土壤混合均匀后，用水浇湿土壤。

②沟施：沿树冠滴水线内缘土壤开环形沟，沟宽30cm、深15~20cm（图3-13），按以上用药量将药土施入沟中，施药后覆土，并用水浇湿土壤。

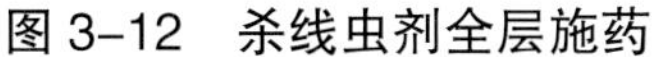

图 3–12 杀线虫剂全层施药

图 3–13 杀线虫剂沟施

（二）氟吡菌酰胺

别名：路富达。

化学名称：N–{2–［3– 氯 –5–（三氟甲基）–2– 吡啶基］乙基}–2–（三氟甲基）苯甲酰胺。

英文通用名：fluopyram。

剂型：41.7% 悬浮剂。

作用特点：氟吡菌酰胺能抑制靶标琥珀酸脱氢酶活性，从而干扰线虫呼吸作用。线虫经氟吡菌酰胺处理后，虫体僵直成针状，活动力急剧下降。氟吡菌酰胺有选择地抑制线虫线粒体中的呼吸链的复合体Ⅱ，导致线虫细胞中能量（ATP）耗尽而死亡。

适用范围：氟吡菌酰胺属于琥珀酸脱氢酶抑制剂（SDHI）类杀菌杀线虫剂，用于防控果树、蔬菜上的多种线虫，能有效防治葡萄、梨、香蕉、苹果、黄瓜、番茄等果蔬上的斑点落叶病、叶斑病、灰霉病、白粉病、菌核病、早疫病等。

施用方法：防控蔬菜线虫病采用穴施，在蔬菜定植和生长期用 41.7% 悬浮剂 10000~15000 倍液灌根，湿润根际土壤。间隔 10~15d 再施 1 次，共施 2 次。防控果树线虫病可用以上浓度的药液全层施药或沟施。

（三）氟烯线砜

别名：联氟砜、氟噻虫砜、氟砜灵。

化学名称：5– 氯 –1, 3– 噻唑 –2– 基 3, 4, 4– 三氟丁 –3– 烯 –1– 基砜。

英文通用名：fluensulfone，Nimitz。

剂型：40% 乳油，48% 乳油。

作用特点：氟烯线砜是噻唑类杀线虫剂，具有内吸作用和触杀活性，线虫接触后活动减少，进而麻痹，暴露 1h 后停止取食，侵染能力下降，产卵能力下降，卵孵化率下降，孵化的幼虫不能成活。

适用范围：用于防控番茄、辣椒、秋葵、茄子、黄瓜、西瓜、哈密瓜、南瓜等果蔬线虫病害，对根结线虫（*Meloidogyne*）、刺线虫（*Belonolaimus*）、马铃薯白线虫（*G. pallida*）、玉米根腐线虫（*P. zeae*）有明显防治效果。

施用方法：48% 氟烯线砜乳油（2.25~4.5kg/hm^2）稀释成 600~800 倍液，在种植前或移栽期滴灌或浇施。

（四）氰氨化钙

别名：石灰氮、正肥丹。

化学名称：氰氨化钙。

英文通用名：Calcium cyanamide。

剂型：50% 颗粒剂。

作用特点：氰氨化钙分解过程中的中间产物氰胺和双氰胺都具有消毒、灭虫、防病作用，能有效抑制作物根结线虫病、根肿病等土传病害和蝼蛄等地下害虫、害螺，供给作物需要的氮、钙营养，肥效持久。此外，氰氨化钙还能抑制土壤硝化作用，提高氮素肥料利用率和调节土壤酸碱度，加速作物茎、根残体及秸秆腐熟，增加土壤有机物，防止土壤退化。

适用范围：适用于温室大棚、大田、苗圃及种苗育苗基质、苗床土壤消毒，用于防治蔬菜、花卉、草莓及粮食作物线虫病、根肿病、地下害虫、杂草等。

施用方法：防控大田或温室大棚作物线虫病，在作物定植前 15~20d 按 750~900kg/hm^2 的用量将 50% 氰氨化钙颗粒剂均匀地撒施于畦面，用旋耕机或铁耙将药剂和土壤充分混匀，土壤混合深度一般在 20~30cm，浇水湿润土壤后覆膜。消毒 15~20d 后揭膜，通风 2d 后播种或移栽。

第五节　生物防控

生物防控的目标是通过改善作物的微生态环境，改进栽培措施和直接引入有益生物或天敌生物等方法，来增加土壤中作物病原线虫的天敌生物，从而减轻作物病原线虫的危害。

一、线虫天敌生物类群

病原线虫有许多天敌，包括真菌、细菌、病毒、捕食性线虫、昆虫和螨类，其中最重要的是真菌，其次为细菌和捕食性线虫。

（一）天敌真菌

1. 天敌真菌类型

天敌真菌是作物病原线虫最重要的生物防控资源，有捕食性真菌和寄生性真菌两大类。

（1）捕食性真菌

捕食线虫的真菌中最著名的是节丛孢属（*Arthrobotrys*）、小指孢属（*Dactylella*）和单顶孢属（*Monacrosporium*）的一些真菌。捕食性真菌从营养菌丝上产生黏性网、黏性球、黏性枝和收缩环等捕食器官来捕食线虫（图 3–14）。

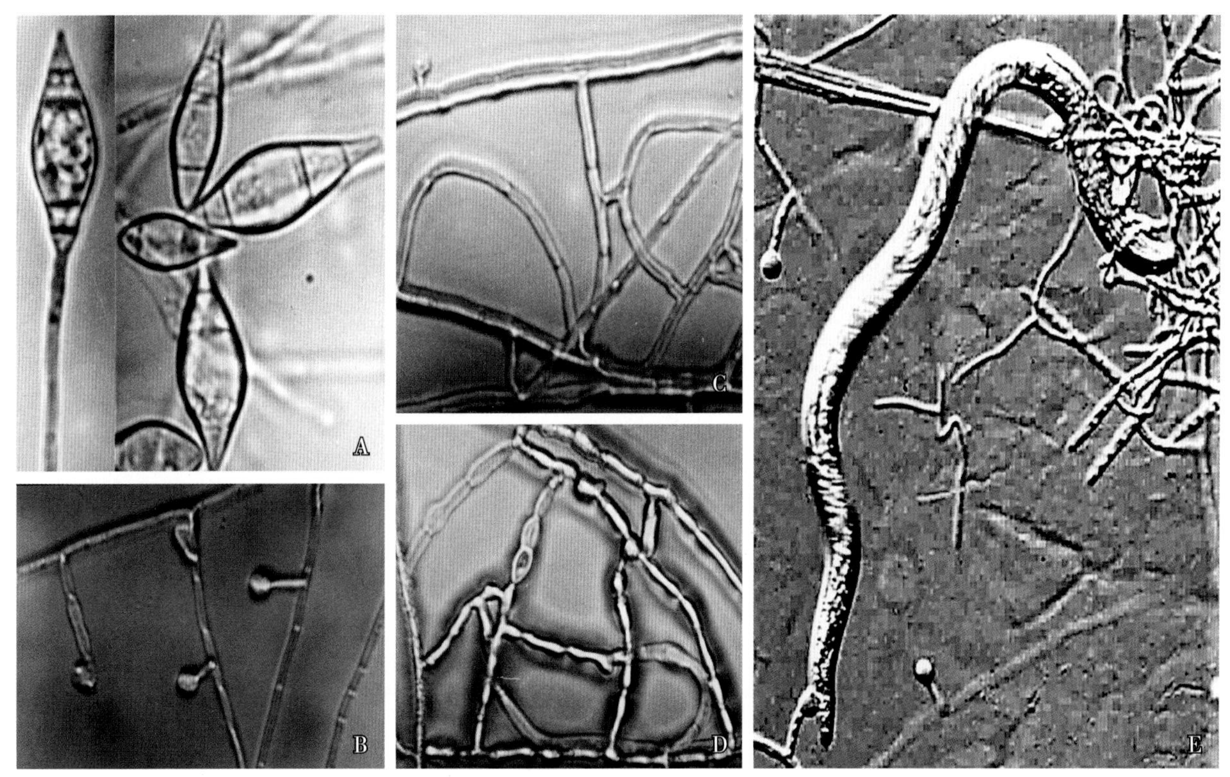

图 3–14 捕食性真菌［单顶孢（*Monacrosporium*）］

A. 分生孢子梗和分生孢子；B. 捕线虫黏性球；C、D. 捕线虫黏性网；E. 被捕食线虫

（2）寄生性真菌

寄生性真菌主要有卵寄生真菌和虫体寄生真菌。

①卵寄生真菌：这类真菌包括淡紫拟青霉（*Paecilomyces lilacinus*，图 3–15）、厚垣孢普可尼亚菌（*Pochonia chlamydosporia*，图 3–16）、矮被孢霉（*Mortierella nana*）、棒孢枝顶孢霉（*Acremonium bacihosporum*）、头孢霉（*Cephalosporium* sp.）、卵寄生指孢霉（*Dactylella oviparasitica*）、粉状卷孢霉（*Helicoon fariosam*）。这些真菌多数具有几丁质酶的活性，而几丁质是卵壳的主要成分。寄生性真菌一旦接触到卵或孢囊，就迅速生长并穿透卵壳进入到卵内（图 3–17、图 3–18）。

②虫体寄生真菌：寄生于定居型内寄生线虫雌虫的真菌，最常见的是镰孢（*Fusarium*，图 3–19、图 3–20）。厚垣孢普可尼亚菌（*P. chlamydosporia*）和淡紫拟青霉（*P. lilacinus*）也能寄生于定居型线虫的雌虫。

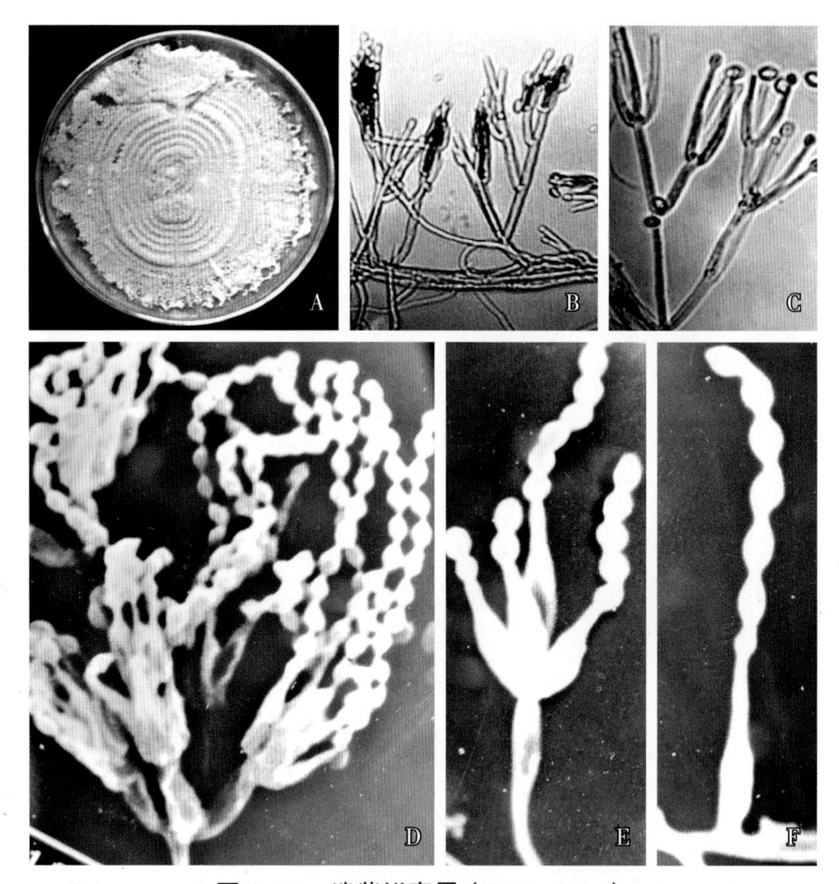

图 3-15 淡紫拟青霉（*P. lilacinus*）

A. 培养基上的菌落；B. 菌丝和分生孢子梗着生状态；C. 分生孢子梗；D. 分生孢子梗帚状分枝多回轮生；E. 分生孢子梗单生瓶梗轮生；F. 分生孢子梗单生单瓶梗

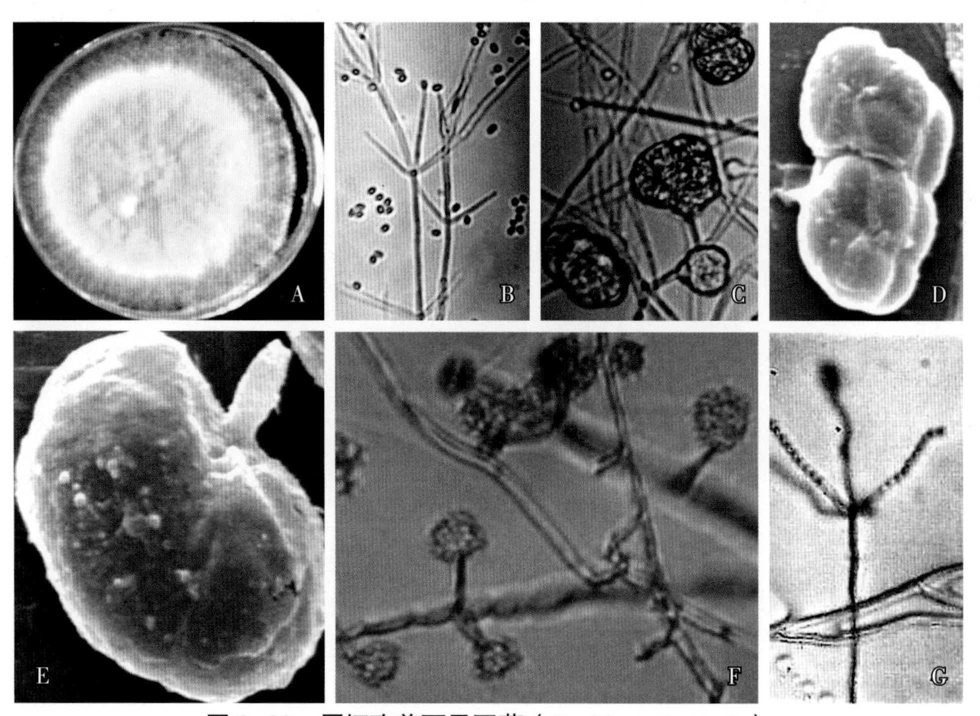

图 3-16 厚垣孢普可尼亚菌（*P. chlamydosporia*）

A. 培养基上的菌落；B. 分生孢子梗；C. 菌丝和厚垣孢子；D、E. 厚垣孢子；F. 厚孢变种分生孢子头状聚生；G. 串孢变种分生孢子串生

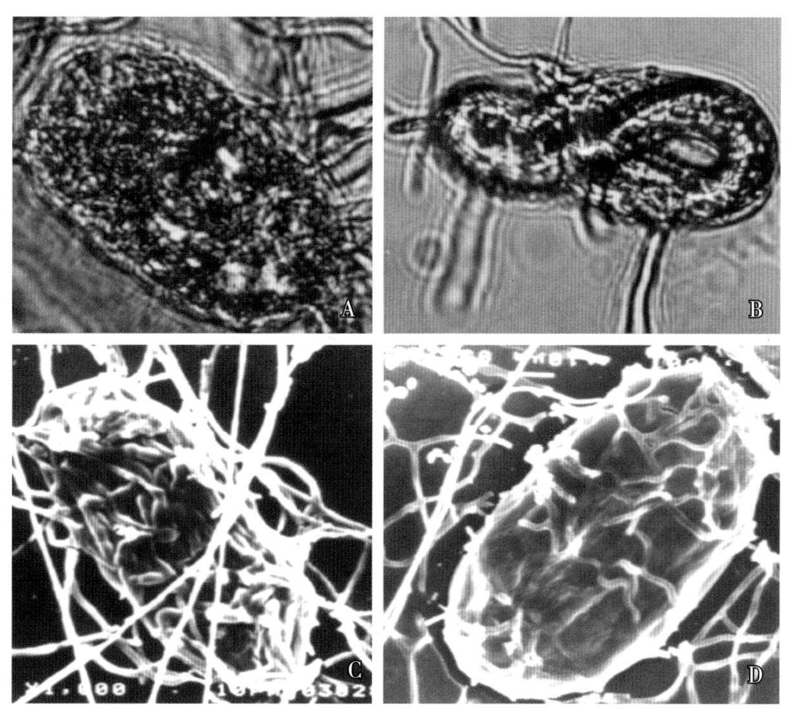

图 3-17 淡紫拟青霉（*P. lilacinus*）寄生线虫卵

A. 寄生于线虫卵；B. 寄生卵内 1 龄幼虫；C、D. 在卵上生长繁殖

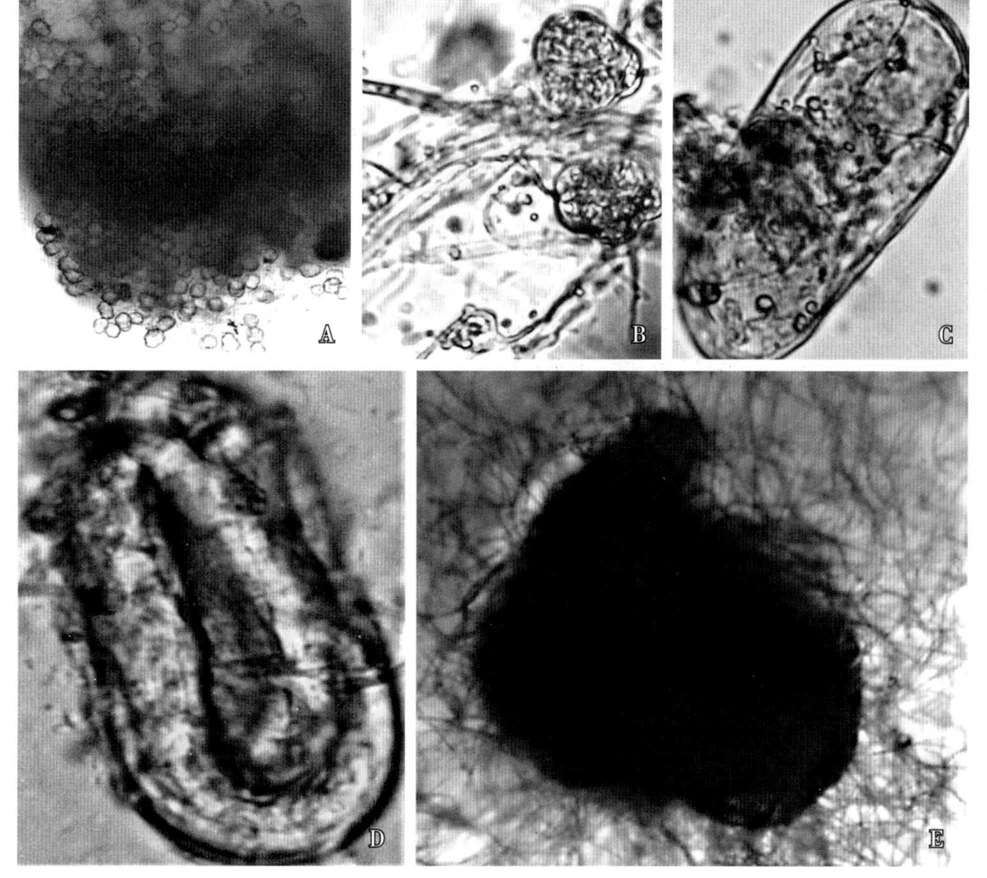

图 3-18 厚垣孢普可尼亚菌（*P. chlamydosporia*）寄生根结线虫（*Meloidogyne*）

A. 卵囊上生长的厚垣孢子；B. 卵囊表面厚垣孢子；C. 被寄生的卵；D. 寄生卵内的 1 龄幼虫；E. 被寄生的雌虫

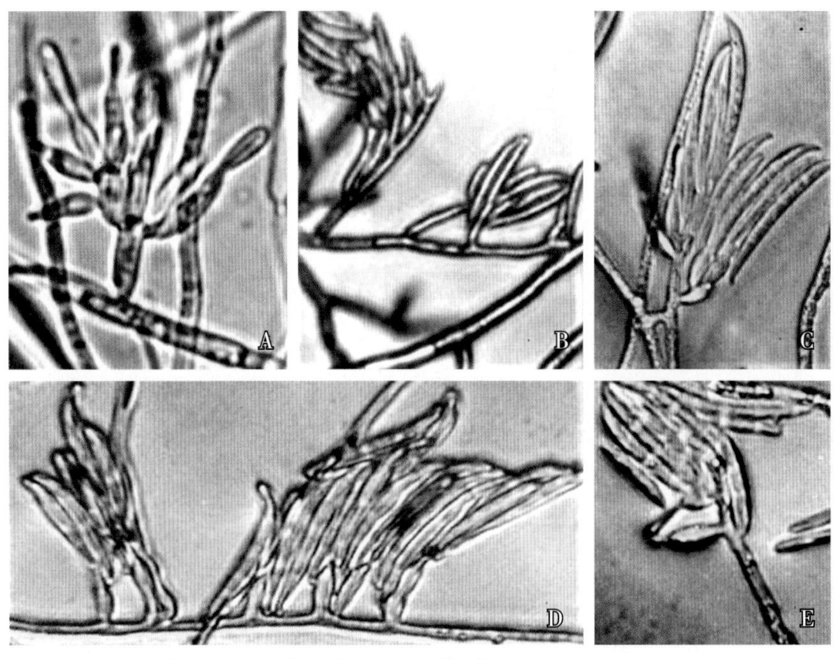

图 3-19 寄生线虫的 3 种镰孢（***Fusarium***）

A、B. 半裸镰孢（*F. semitectum*）；C. 木贼镰孢（*F. equiseti*）；D、E. 异孢镰孢（*F. heterosporium*）

图 3-20 镰孢（***Fusarium***）寄生根结线虫（***Meloidogyne***）

A、B. 生长于雌虫头部和会阴部的菌丝和孢子梗；C、D. 生长于雄虫头部和虫体上的菌丝和孢子梗

2. 天敌真菌资源

福建农林大学植物线虫研究室的调查表明，线虫天敌真菌资源丰富，极具生物多样性。从植物线虫样本上分离的天敌真菌有绮丽小克银汉霉（*Cunninghamella elegans*，图 3–21）、绿色木霉（*Trichoderma viride*，图 3–22）、粉红黏帚霉（*Gliocladium roseum*，图 3–23）、帚梗柱孢（*Cylindrocladium* sp.，图 3–24A）、柱孢（*Cylindrocarpon* sp.，图 3–24B）、枝孢（*Cladosporium* sp.，图 3–24C）、弯孢（*Curvularia* sp.，图 3–24D）、刚毛孢（*Pleiochaeta* sp.，图 3–24E）、横隔霉（*Pleurophagmium* sp.，图 3–24F）、盾壳霉（*Coniothyrium* sp.，图 3–24G）、黑曲霉（*Aspergillus niger*，图 3–25A）、米曲霉（*A. oryzae*，图 3–25B）、纠错青霉（*Penicillium implicatum*，图 3–25C）、瘿青霉（*P. fellutanum*，图 3–25D）、土生青霉（*P. terrestres*）、刺囊毛霉（*Mucor spinescens*，图 3–25E）、毛霉（*Mucor* sp.，图 3–25F）、壳二孢（*Ascochyta* sp.）、拟鞘孢（*Chalaropis* sp.）、单顶孢（*Monacrosporium* spp.）、色串孢（*Tolura* sp.）、丝葚霉（*Papulospora* sp.）、帚霉（*Scopulariopsis* sp.）、炭疽菌（*Colletotrichum* sp.）、丝核菌（*Rhizoctonia* spp.）、孔孢霉（*Gilmaniella* sp.）、轮枝孢（*Verticillium* sp.）、异孢镰孢（*Fusarium hetersporium*）、半裸镰孢（*F. semitectum*）、木贼镰孢（*F. equiseti*）、尖镰孢（*F. oxysporium*）、茄病镰孢（*F. solan*）、潮湿镰孢（*F. udum*）、淡紫拟青霉（*P. lilacinus*）、厚垣孢普可尼亚菌厚孢变种（*Pochonia chlamydosporia* var. *chlamydosporia*）和厚垣孢普可尼亚菌串孢变种（*P. chlamydosporia* var. *catenulata*）。淡紫拟青霉（*P. lilacinus*）和厚垣孢普可尼亚菌（*P. chlamydosporium*）为线虫天敌真菌的优势种群。

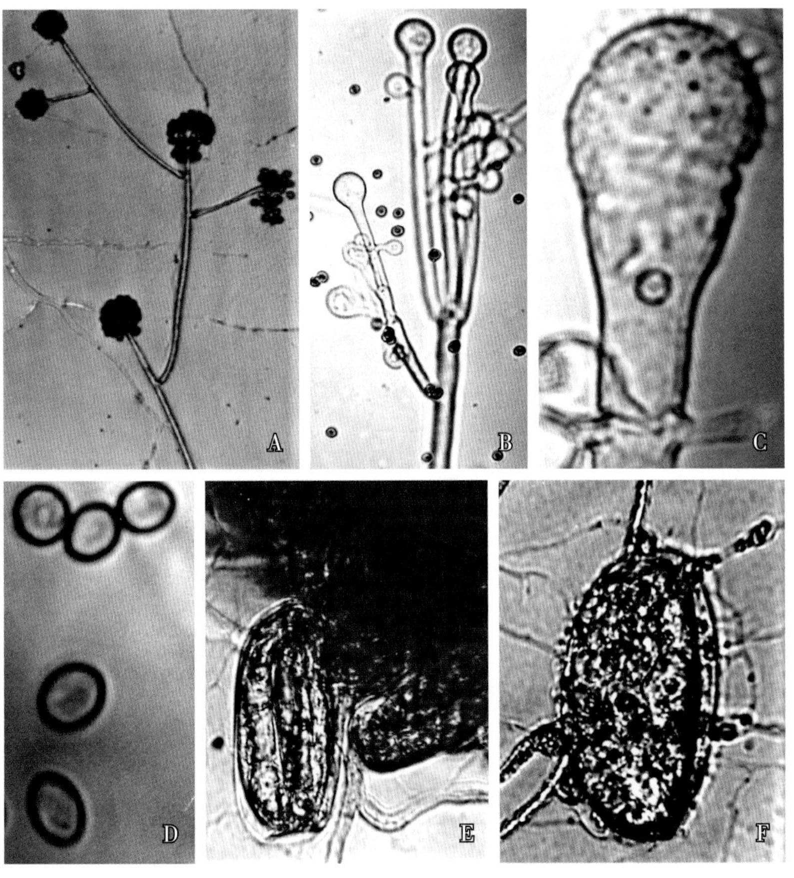

图 3–21　绮丽小克银汉霉（*C. elegans*）

A. 分生孢子着生状态；B. 分生孢子梗；C. 产孢细胞头状膨大；D. 分生孢子；E. 寄生于线虫卵囊中的卵；F. 被寄生的线虫卵

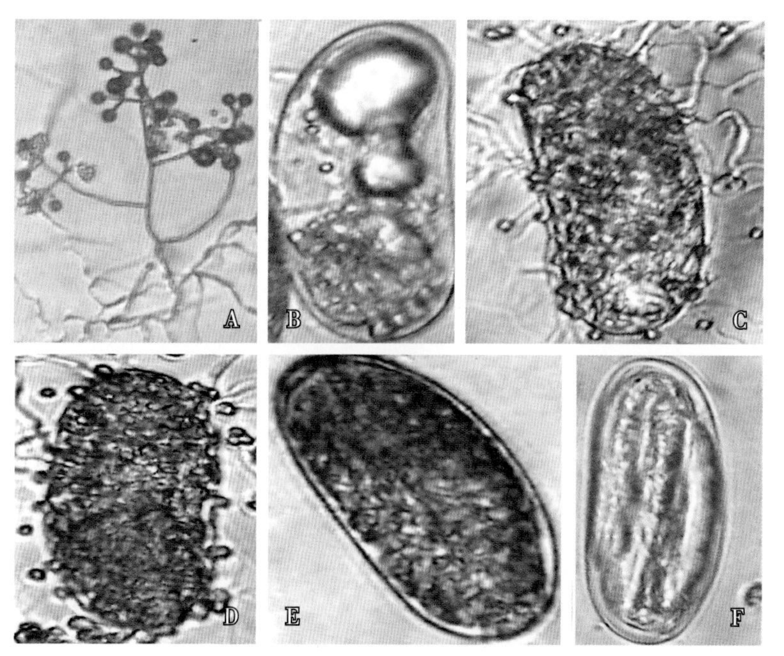

图 3-22　绿色木霉（*T. viride*）

A. 木霉分生孢子梗及孢子着生状态；B. 被寄生卵内容物消解；C. 卵内充满菌丝；D. 被寄生卵产生木霉孢子；E. 正常卵；F. 卵内孵化的 1 龄幼虫

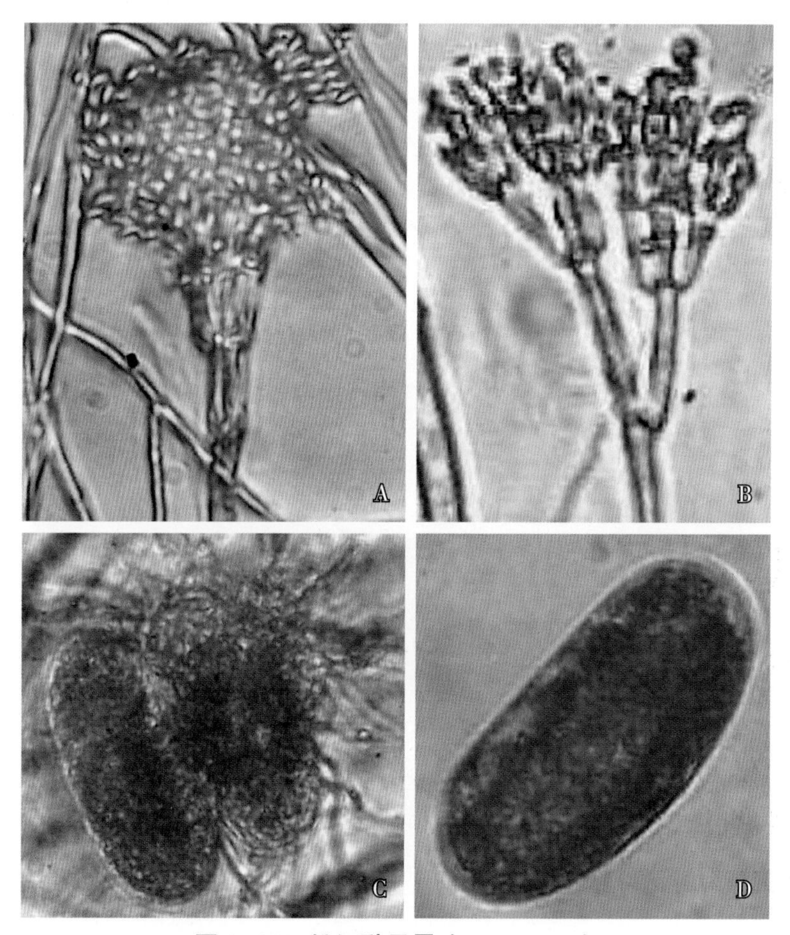

图 3-23　粉红黏帚霉（*G. roseum*）

A. 分生孢子梗和分生孢子着生状态；B. 分生孢子梗和分生孢子；C. 被寄生的线虫卵；D. 正常线虫卵

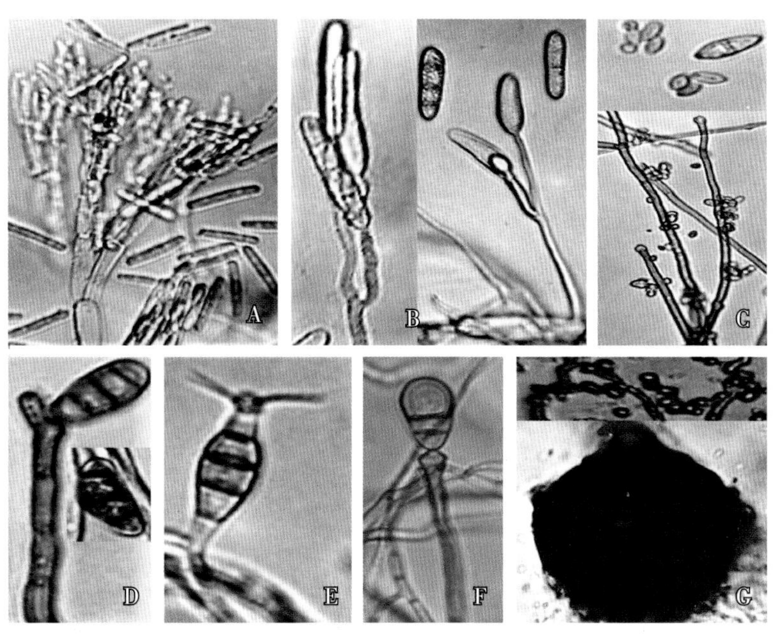

图 3-24 几种食线虫半知菌

A. 帚梗柱孢（*Cylindrocladium* sp.）分生孢子梗和分生孢子；B. 柱孢（*Cylindrocarpon* sp.）分生孢子梗和分生孢子；C. 枝孢（*Cladosporium* sp.）分生孢子梗和分生孢子；D. 弯孢（*Curvularia* sp.）分生孢子梗和分生孢子；E. 刚毛孢（*Pleiochaeta* sp.）分生孢子；F. 横隔霉（*Pleurophagmium* sp.）分生孢子梗和分生孢子；G. 盾壳霉（*Coniothyrium* sp.）分生孢子器和分生孢子

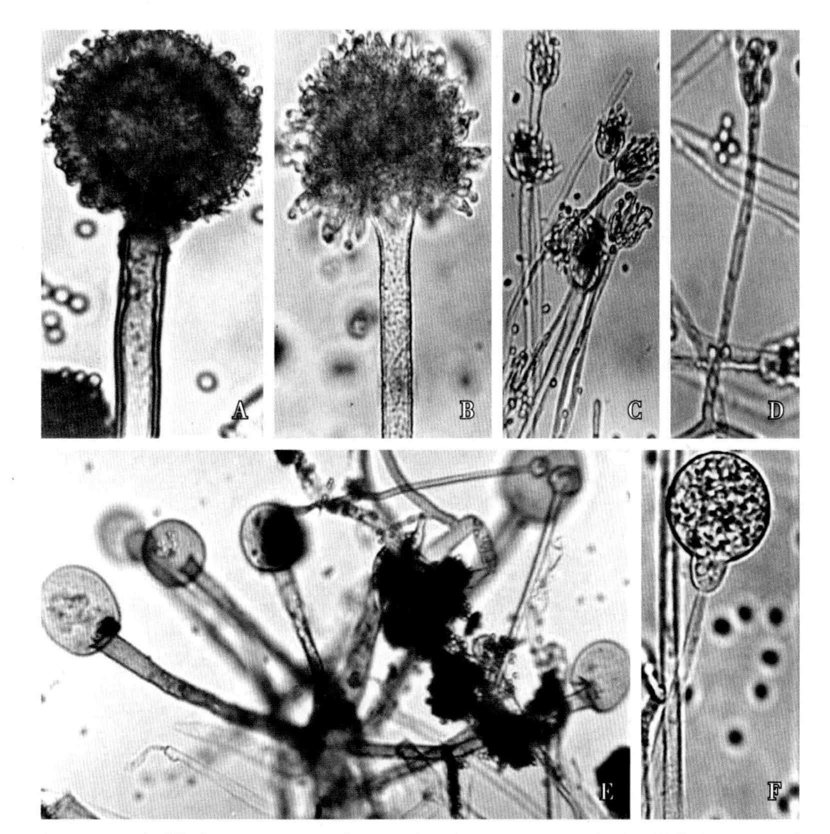

图 3-25 曲霉（*Aspergillus*）、青霉（*Penicillium*）和毛霉（*Mucor*）

A. 黑曲霉（*A. niger*）分生孢子梗和分生孢子；B. 米曲霉（*A. oryzae*）分生孢子梗和分生孢子；C. 纠错青霉（*P. implicatum*）分生孢子梗和分生孢子；D. 瘿青霉（*P. fellutanum*）分生孢子梗和分生孢子；E. 刺囊毛霉（*M. spinescens*）孢囊梗和孢子囊；F. 毛霉（*Mucor* sp.）孢囊梗和孢子囊

（二）天敌细菌

寄生于病原线虫的细菌最常见的是巴斯德杆菌（*Pasteuria*）。穿刺巴斯德杆菌（*P. penetrans*）是线虫的专性寄生菌，许多发生根结线虫病的作物根部都能发现这种细菌。在根结线虫（*Meloidogyne*）的2龄幼虫孵出，侵入寄主作物根系之前，细菌的孢子附着于2龄幼虫的体壁上（图3-26）。线虫侵入寄主根内开始取食时，细菌侵入线虫体内并大量繁殖。由于穿刺巴斯德杆菌（*P. penetrans*）是专性寄生物，还不能采用人工培养的方法进行大量繁殖，因此其商品化生产和田间大量应用受到限制。

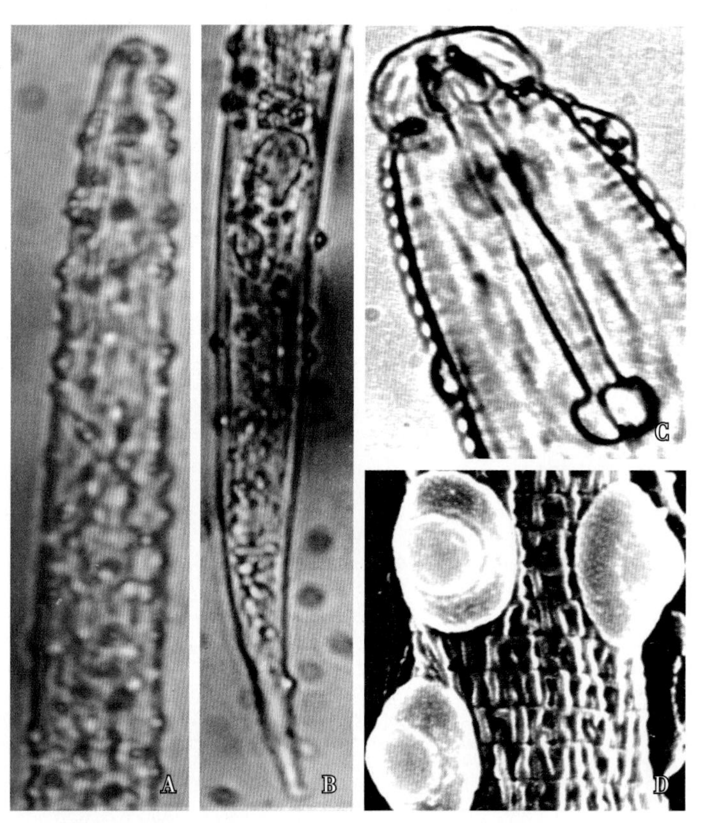

图3-26 穿刺巴斯德杆菌（*P. penetrans*）寄生根结线虫（*Meloidogyne*）

A、B. 被寄生的幼虫前部和尾部；C. 寄生于雄虫头部；D. 虫体上的细菌菌体

利用巴斯德杆菌生产的一种新型生物杀线虫剂巴斯德杆菌PN1（商品名Clariva PN），2018年获欧盟批准登记申请。其生产菌是西泽巴斯德杆菌（*P. nishizawae*）PN1菌株，该细菌寄生于孢囊线虫（*Heterodera*）体内。巴斯德杆菌PN1主要用于大豆种子处理，防控大豆孢囊线虫病。

（三）捕食性线虫

据报道，作为植物寄生线虫天敌的捕食性线虫有单齿属（*Mononchus*）、拟单齿属（*Mononchoides*）、倒齿属（*Anatonchus*）、双胃属（*Diplogaster*）、三孔属（*Tripyla*）、丝尾滑刃线虫属（*Seinura*）、矛线属（*Dorylaimus*）、盘咽属（*Discolaimus*）线虫。丝尾滑刃线虫属（*Seinura*）中许多种类能捕食作物病原线虫和食菌线虫（图3-27）。

图 3–27　细尾丝尾滑刃线虫（*S. tenuicaudata*）

A. 雌虫整体；B. 雌虫前部；C. 雌虫后部；D. 雄虫整体；E. 雄虫前部；F. 雄虫后部

二、杀线虫微生物类群

有些真菌和细菌不是线虫的寄生菌，但是能产生对线虫有毒杀活性的化合物。这类微生物活体可以制成杀线虫菌肥，或利用其代谢产物制成新型杀线虫剂。

可产生具有杀线虫活性代谢物的真菌种类很多，如侧耳属（*Pleurotus*）真菌产生癸烯二酸，镰孢（*Fusarium*）产生镰孢毒素，单端孢（*Trichothecium*）产生单端孢毒素，这些代谢物都具有杀线虫活性。福建农林大学植物线虫研究室用对植物非致病的尖镰孢（*F. oxysporum*）菌株发酵粗提液处理根结线虫（*Meloidogyne*）幼虫，能使线虫快速死亡，分解虫体内物质（图 3–28）。

许多来自土壤的细菌也能产生具有杀线虫的活性代谢物。美国马罗尼生物创新公司（Marrone Bio Innovations，Inc.）开发的新型生物杀线虫剂 Majestene，其活性成分是失活的伯克霍尔德菌属 A396 菌株（*Burkholderia* spp. strain A396）的死细胞以及发酵液，杀线虫的活性物质来自于发酵过程中产生的代谢物。伯克霍尔德菌属（*Burkholderia*）的模式种是洋葱伯克霍尔德菌（*B. cepacia*），这是引起洋葱鳞茎腐烂的病原细菌。丁基梭菌（*Clostridium butyricum*）的发酵滤液中含有蚁酸、醋酸、丙酸、丁酸的混合物，这种混合物对饰环矮化线虫（*Tylenchorynchus annulatus*）有毒害作用。苏云金芽孢杆菌（*Bacillus thuringiensis*）可产生对南方根结线虫（*M. incognita*）和滑刃线虫（*Aphelenchoides*）有毒害作用的毒素。枯草芽孢杆菌（*Bacillus subtilis*）产生磷脂类、氨基糖苷类、肽类和脂肽类等，分泌几丁质酶、蛋白酶等，具有杀线虫作用。因此，利用土壤中的拮抗性细菌或提取这些细菌中对线虫有毒的活性物质生产制剂，也具有良好的应用前景。

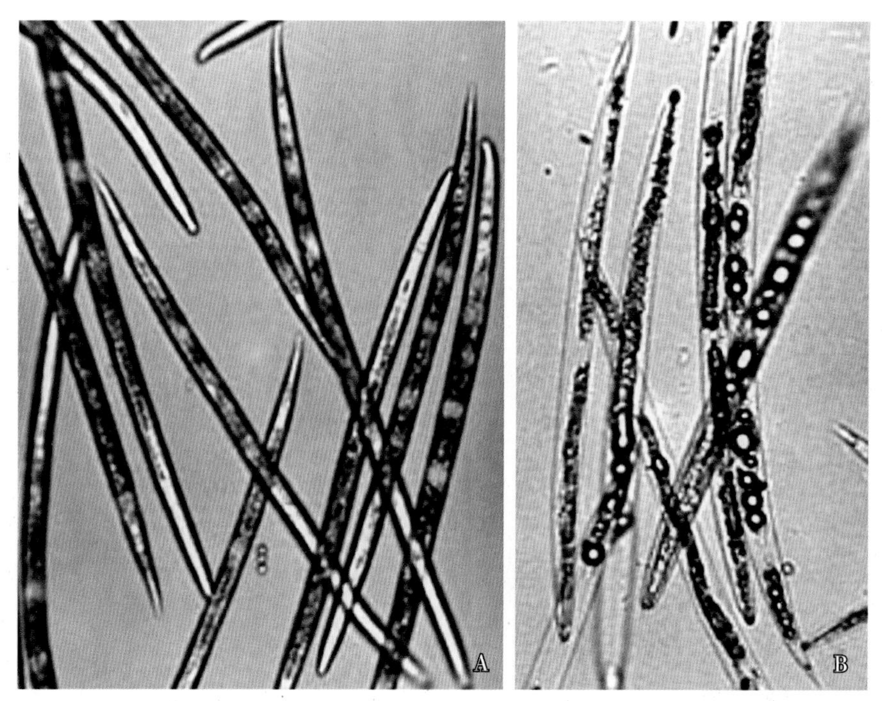

图 3-28　尖镰孢（*F. oxysporum*）发酵粗提液对根结线虫（*Meloidogyne*）幼虫的致死作用

A. 死亡的幼虫；B. 虫体分解

三、微生物源杀线虫剂

（一）阿维菌素

别名：杀虫丁、齐螨素、杀虫菌素、阿维杀虫素、害极灭。

英文通用名：Avermectin，AVM。

剂型：1.8%乳油，1.8%水乳油，3%可湿性粉剂，1% 颗粒剂。

作用特点：该药是从阿维链霉菌（*Streptomyces avermitilis*）分离的大环内酯双糖类化合物，对根结线虫（*Meloidogyne*）、根腐线虫（*Pratylenchus*）、肾形线虫（*Rotylenchulus*）等多种作物病原线虫有良好防控效果，其杀虫机制是通过影响 γ-氨基丁酸（GABA）来杀死害虫。

施用方法：防控蔬菜根结线虫病，按使用说明书的用药量和使用浓度处理土壤后播种或移栽，或在作物定植后用颗粒剂或乳油水溶液施于定植穴。

（二）淡紫拟青霉

别名：防线霉、线虫清、驱线。

英文通用名（学名）：*Paecilomyces lilacinus*。

剂型：粉剂，每克含 5 亿个活孢子、3 亿个活孢子、2 亿个活孢子。

作用特点：淡紫拟青霉（*P. lilacinus*）是根结线虫（*Meloidogyne*）卵寄生菌，通过孢子萌发菌丝侵染线虫卵囊，与卵囊内卵接触，产生几丁质酶，侵入线虫卵内，也寄生幼虫及雌成虫。淡紫拟青霉能防控根结线虫（*Meloidogyne*，图 3–29、图 3–30、图 3–31）、孢囊线虫（*Heterodera*）、球形孢囊线虫（*Globodera*）等多种线虫；产生抗菌素，对瓜类和茄科蔬菜枯萎病具有一定防控效果（图 3–32）；促进根系生长。

施用方法：防控蔬菜线虫病，可在定植或播种前按产品使用说明书用药量，将淡紫拟青霉与细土或精细有机肥料混匀，撒于定植穴内或定植沟内。

防控果树线虫病，在抽梢期和新根发生前期沿树冠滴水线内缘土壤开环形沟，沟宽 30cm、深 15~20cm，按使用说明书用药量与细土或精细有机肥料混匀后施入沟中，施药后覆土。

图 3–29 淡紫拟青霉对黄瓜根结线虫病防控效果（左为施药，右为对照）

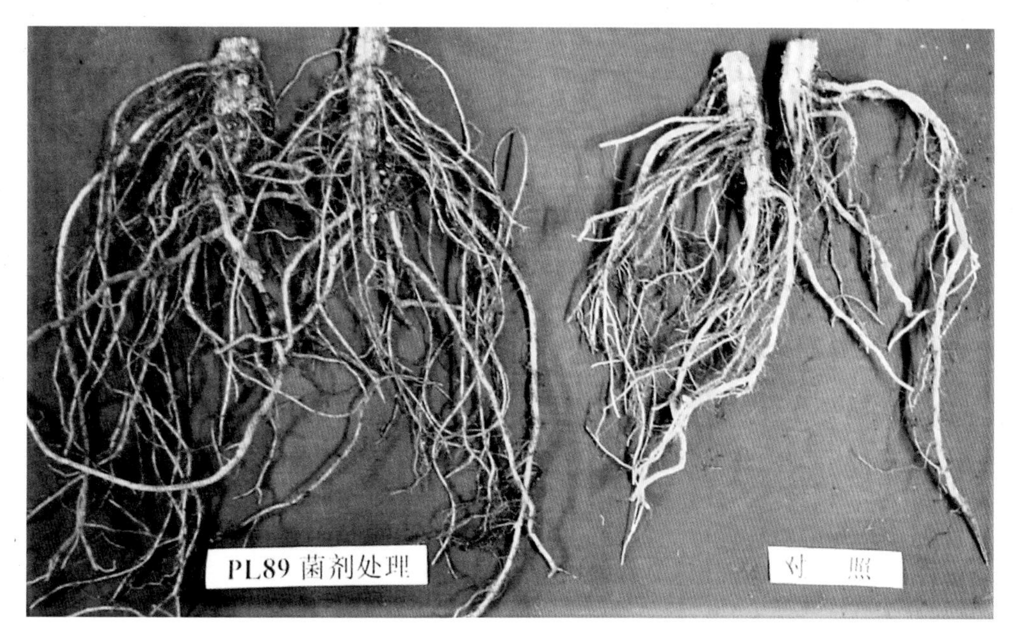

图 3–30 淡紫拟青霉对黄瓜根结线虫病防控效果及对根系的促生作用（左为施药，右为对照）

图 3-31　淡紫拟青霉对柑橘线虫病防控效果

芦柑：A. 防控前；B. 防控后　柚：C. 防控前；D. 防控后

图 3-32　淡紫拟青霉对黄瓜根结线虫病和枯萎病防控效果（左为施药区，右为对照）

（三）厚垣孢普可尼亚菌

别名：厚孢轮枝菌。

英文通用名（学名）：*Pochonia chlamydosporia*。

剂型：颗粒剂，每克含 2.5 亿个活孢子。

作用特点：厚垣孢普可尼亚菌（*P. chlamydosporia*）是根结线虫（*Meloidogyne*）卵和雌虫的寄生菌，施入土壤中的厚垣孢子萌发菌丝侵染线虫卵囊和卵，使卵不能孵化；侵染雌虫，导致其死亡。

施用方法：蔬菜、烟草移栽期将厚垣孢普可尼亚菌颗粒剂（22.5~30kg/hm^2）与细土或有机肥料（225~300kg/hm^2）混匀，撒于定植穴或定植沟内。

（四）坚强芽孢杆菌

别名：解线。

英文通用名（学名）：*Bacillus firmus*。

剂型：可湿性粉剂，每克含 100 亿活菌。

作用特点：该菌施入土壤后能利用作物根部的营养和水分快速繁殖，占领整个作物根际土壤，菌体与线虫接触后产生的多糖、蛋白酶、几丁质酶可抑制和杀灭根结线虫（*Meloidogyne*）。

施用方法：坚强芽孢杆菌（37.5kg/hm^2）兑水稀释成 300~600 倍液，作物定植后灌根。

四、生物与化学复合杀线虫剂

（一）阿维·噻唑膦

别名：线万灵、戈线、根线速克。

英文通用名：Avermectins · Fosthiazate。

剂型：15% 阿维·噻唑膦颗粒剂（2% 阿维菌素 +13% 噻唑膦），12% 阿维·噻唑膦颗粒剂（2% 阿维菌素 +10% 噻唑膦），6% 阿维·噻唑膦颗粒剂（0.5% 阿维菌素 +5.5% 噻唑膦）。

作用特点：噻唑膦和阿维菌素对线虫具有触杀作用，抑制线虫神经系统，阻碍线虫侵入作物根部。

施用方法：蔬菜、烟草移栽期将 15% 阿维·噻唑膦颗粒剂（22.5~30kg/hm^2），与细土或有机肥料（225~300kg/hm^2）混匀，撒于定植穴或定植沟内。

（二）寡糖·噻唑膦

别名：蓝利根砂。

英文通用名：Oligochitosan · Fosthiazate。

剂型：6% 水乳剂（1% 氨基寡糖素 +5% 噻唑膦）。

作用特点：寡糖能诱导作物产生防御素抑制线虫侵染；噻唑膦对线虫具有触杀作用，抑制线虫神经系统。

施用方法：作物定植期或生长期，用 6% 寡糖 · 噻唑膦水乳剂 800~1500 倍液灌根。

第六节　杀线虫微生物资源开发利用

一、微生物杀线虫剂研制程序

微生物杀线虫剂研制程序主要有杀线虫微生物样本采集，菌株分离、纯化和鉴定，生产菌株筛选，产品中间试验，产品工业化试产，产业化生产等（图 3-33）。

（1）杀线虫微生物样本采集

从常年发病果园、菜地或其他作物田间采集病株根系和根际土壤，标明采集时间和地点、作物类别、线虫病种类。

（2）杀线虫微生物菌株分离、纯化和鉴定

①杀线虫微生物分离：从病根和根际土壤中分离线虫。定居型线虫采用作物组织解剖分离法分离，迁移型线虫采用贝曼漏斗分离法和过筛分离法分离。从分离的线虫中挑选变色卵、卵囊，以及死亡虫体或行动迟缓的线虫，经 3 次灭菌水洗净虫体表皮、卵壳或卵囊表面。

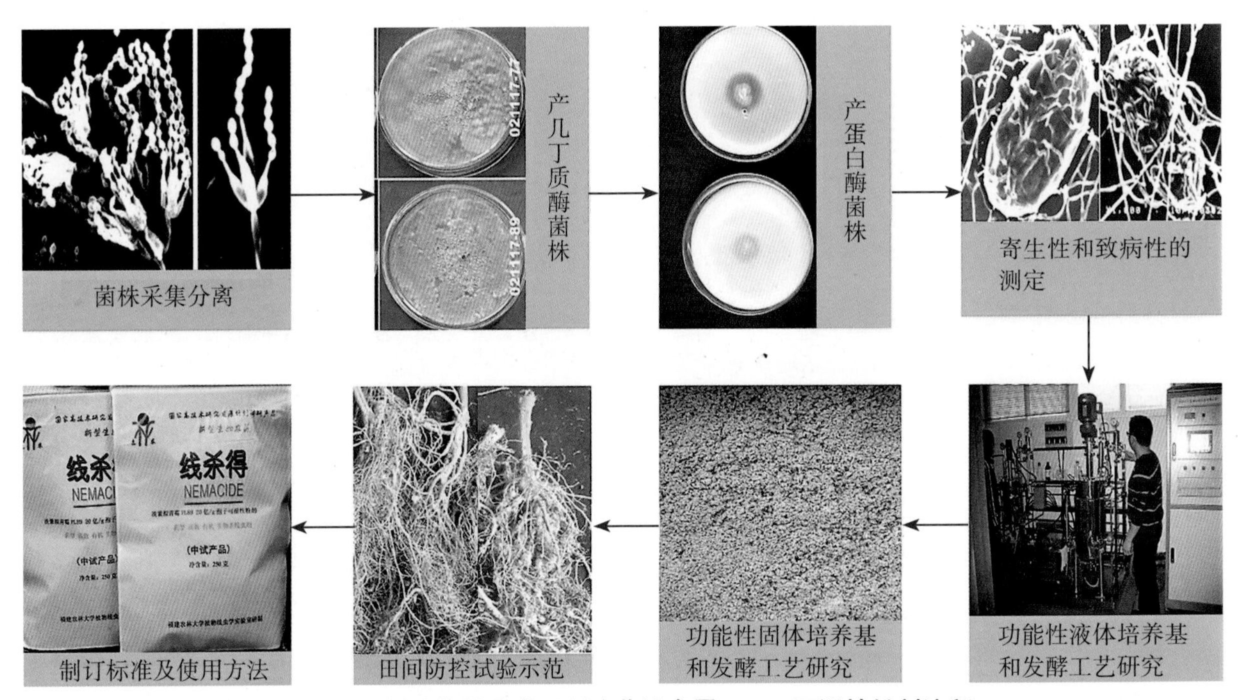

图 3-33　福建农林大学研制淡紫拟青霉 PL89 可湿性粉剂流程

将清洗后的卵、卵囊或虫体移到平板培养基上培养。分离之前要设计和配制好选择性真菌培养基、细菌培养基和放线菌培养基。

②杀线虫微生物纯化和鉴定：从平板培养基上挑选单菌落移殖于新的平板培养基上培养，再选择生长一致的菌落进行纯化。经纯化的菌株进行种类鉴定，并移入试管斜面培养基上培养和保藏。

（3）生产菌株筛选

筛选产量高、活性强、易生产、安全无污染的优良生产菌株是产品开发的基础。优良的杀线虫菌株必须具有高产几丁质酶、蛋白酶，寄生性或致病性强等生物学特性。根据产品性能的要求可先设计特殊培养基（如几丁质培养基和蛋白质培养基）进行初筛，挑选在特殊培养基上生长好、活性强的菌株进行复筛。复筛是将初筛得到的菌株的活体或代谢产物再接种到线虫活体上进行寄生性或致病性测定，选择寄生性或致病性强的菌株作为生产菌株或备选菌株。

为了保护生产菌株的知识产权，作为专利产品开发，必须向国家指定的中国微生物菌种保藏管理委员会普通微生物中心申请专利菌株保护（图 3–34）。

（4）产品中间试验

根据生产菌株的生物学特性设计功能性培养基，优化培养条件和发酵工艺，制订制剂工艺路线。中试产品要进行田间试验示范，拟订施药方法，检查防控效果，进行安全性评价。

如产品在生产技术、培养基设计、菌株特异性等方面具有创新性，必须及时向国家知识产权局申请技术发明专利（图 3–35）。

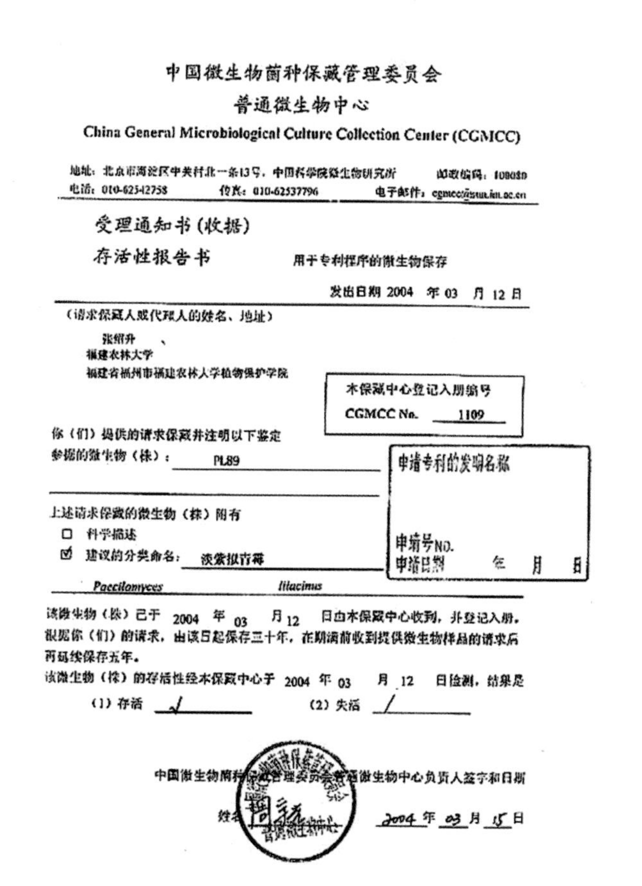

中国微生物菌种保藏管理委员会
普通微生物中心
China General Microbiological Culture Collection Center (CGMCC)

地址：北京市海淀区中关村北一条13号，中国科学院微生物研究所　邮政编码：100080
电话：010-62542758　传真：010-62537796　电子邮件：cgmcc@sun.im.ac.cn

受理通知书(收据)
存活性报告书　　用于专利程序的微生物保存

发出日期 2004 年 03 月 12 日

（请求保藏人或代理人的姓名、地址）
张绍升　、
福建农林大学
福建省福州市福建农林大学植物保护学院

本保藏中心登记入册编号
CGMCC No. 1109

你（们）提供的请求保藏并注明以下鉴定参据的微生物（株）：PL89

申请专利的发明名称
申请号NO.
申请日期　年　月　日

上述请求保藏的微生物（株）附有
□ 科学描述
☑ 建议的分类命名：淡紫拟青霉
Paecilomyces lilacinus

该微生物（株）已于 2004 年 03 月 12 日由本保藏中心收到，并登记入册。根据你（们）的请求，由该日起保存三十年，在期满前收到提供微生物样品的请求后再延续保存五年。
该微生物（株）的存活性经本保藏中心于 2004 年 03 月 12 日检测，结果是
（1）存活 √　（2）失活 /

中国微生物菌种保藏管理委员会普通微生物中心负责人签字和日期
姓名　2004 年 03 月 15 日

图 3–34　福建农林大学申请获批的淡紫拟青霉专利菌种保藏证书

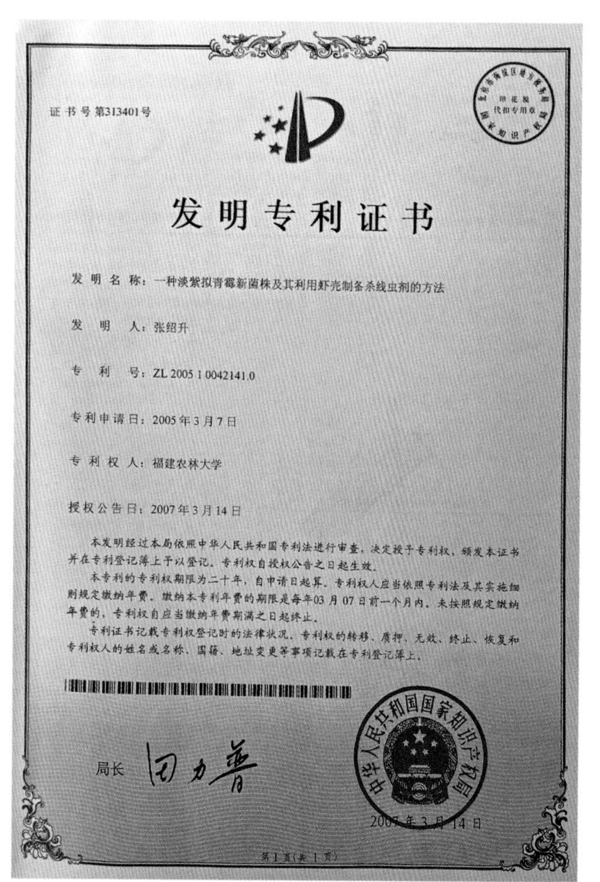

证书号第313401号

发明专利证书

发明名称：一种淡紫拟青霉新菌株及其利用虾壳制备杀线虫剂的方法

发明人：张绍升

专利号：ZL 2005 1 0042141.0

专利申请日：2005 年 3 月 7 日

专利权人：福建农林大学

授权公告日：2007 年 3 月 14 日

本发明经过本局依照中华人民共和国专利法进行审查，决定授予专利权，颁发本证书并在专利登记簿上予以登记。专利权自授权公告之日起生效。

本专利的专利权期限为二十年，自申请日起算。专利权人应当依照专利法及其实施细则规定缴纳年费。缴纳本专利年费的期限是每年03 月 07 日前一个月内。未按照规定缴纳年费的，专利权自应当缴纳年费期满之日起终止。

专利证书记载专利权登记时的法律状况。专利权的转移、质押、无效、终止、恢复和专利权人的姓名或名称、国籍、地址变更等事项记载在专利登记簿上。

局长

2007 年 3 月 14 日

第 1 页（共 1 页）

图 3–35　“一种淡紫拟青霉新菌株及其利用虾壳制备杀线虫剂的方法”发明专利证书

（5）产品工业化试产

验证中试结果，修改完善技术工艺，研究产品包装和贮藏技术条件，制订产品标准，标明产品作用特点和施用方法。

（6）产业化生产

向国家农药生产管理机构申请产品登记，实现产品产业化生产。

二、微生物杀线虫剂的评判标准

优良的微生物杀线虫剂具有以下特性。

①安全性：对人、水产和畜产动物，以及农林作物，是非致病的；大面积应用后对整体农业生态系统无不良影响。

②高效性：对病原线虫有高度寄生性和致病性，高产杀线虫毒素或其他杀线虫活性物质，施入土壤后快速遏制病原线虫繁殖危害。

③适生性：具备较强的逆境生存能力，在恶劣的土壤和气候条件下，以及缺乏寄主时能存活较长时间。有很强的繁殖能力，在营养竞争、生存空间竞争等方面都要明显超过土壤中的植物病原物或腐生物。能和其他农药、肥料混用，便于对作物线虫病害开展协调防控。

④适用性：生产成本低，工艺简捷，适合大批量工厂化生产；效价稳定，便于运输和较长的货架期；产品廉价，可以大面积推广应用，能促进作物增产和具有高回报率。

三、线虫天敌微生物的利用途径

要使线虫的天敌微生物成功地用于防控，需要满足 3 个条件：一要有足以抑制线虫群体数量增长的天敌数量；二要能延长天敌捕杀线虫的时间；三要有足够维持天敌群体生存和活动的能源。根据以上条件，线虫天敌微生物的利用有以下 3 条途径。

①施入杀线虫微生物：施用微生物杀线虫剂，同时辅施有机质或天敌微生物的营养物质，维持天敌微生物群体增长和延长天敌微生物捕杀线虫的时间。

②培殖原生杀线虫微生物：在作物根际土壤中施用天敌促生剂，促进土壤中原生天敌微生物的增殖。如在土壤中施用虾蟹壳等几丁质含量高的物质，能促进捕食或寄生线虫的真菌和放线菌繁殖，从而达到有效防控作物线虫病害的目的；也可以通过改善栽培条件，提高作物的抗病能力，促进土壤中天敌微生物的生长繁殖，抑制作物病原线虫的危害。

③利用抑病土：在作物连作条件下根结线虫（*Meloidogyne*）和孢囊线虫（*Heterodera*）具有自然衰退现象，这是由于土壤中线虫天敌生物种群增加，形成抑病土的结果。这种抑病土可以直接用来防控线虫病害。可在抑病土中添加几丁质类营养物质，以利线虫天敌生物繁殖。

第七节　作物线虫病害综合防控技术体系

一、防控技术体系结构

作物线虫病害是由作物、线虫、土壤环境及微生态构成的一种病害系统；作物线虫病害又具有土传病和种传病的特征，易实现异地传播。作物线虫病害综合防控技术体系应立足于阻截病原线虫传播，协调寄主作物、病原线虫的相互作用，从而减轻线虫的危害。防控技术体系，以检疫防控为前提，农业与生态防控和生物防控为核心，辅以物理防控和化学防控（图 3-36）。该技术体系的作用特点：第一，一切防控措施都不单纯以消灭线虫为目标，而是着重于控制线虫的危害和促进作物生长。第二，强调生物性防御，实施生态防控和生物防控措施；强化农业防控措施，创造有利作物生长而不利线虫生长繁殖的生态环境，发挥持久有效的防控效应。第三，各种防控措施应该有机协调、相互配合、合理使用，化学防控在这个系统中是一种协调性和应急性措施。

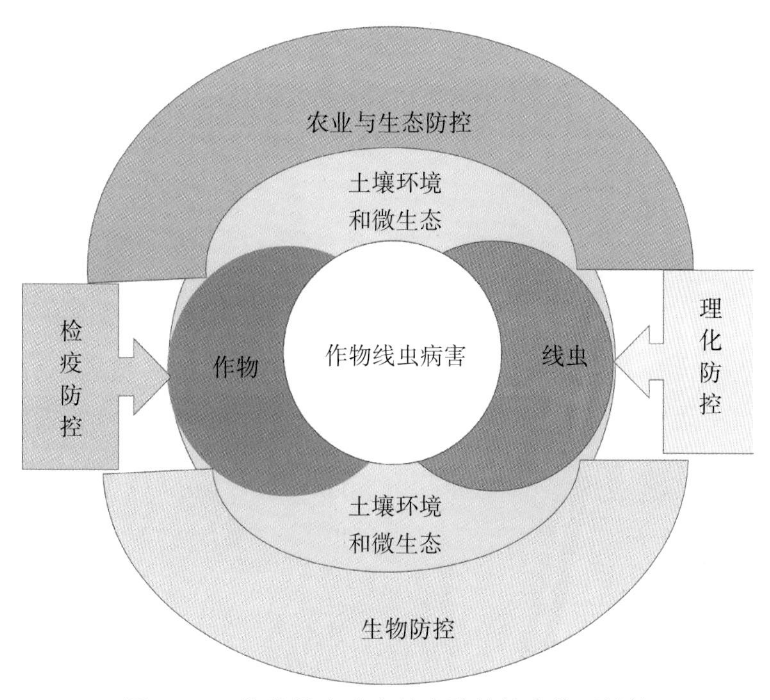

图 3-36　作物线虫病害综合防控技术体系结构

二、防控技术措施应用

在采取一种防控措施时要从作物线虫病害系统的有机整体的观点出发，考虑到这种防控措施对病害系统中各种构成因素的影响，科学合理地加以应用。

（一）植物检疫

植物检疫由政府颁布法规，阻止外来的危险性病虫害侵入本国或本地区，对于维持原有农业生态系统的安全正常运作有重要意义。作物线虫病属于种传病害或土传病害，可通过种子或种苗携带线虫传播。在根结线虫（*Meloidogyne*）、孢囊线虫（*Heterodera*）、根腐线虫（*Pratylenchus*）、穿孔线虫（*Radopholus*）、茎线虫（*Ditylenchus*）、粒线虫（*Anguina*）、滑刃线虫（*Aphelenchoides*）等重要的病原线虫未发生的地区，必须实施检疫措施。生产上要注重繁育和种植无线虫种子和种苗。

（二）生态防控

生态防控效应是农业防控措施的综合效应。通过田园卫生、抗病品种利用、轮作休闲、土壤改良、合理施肥等措施，达到提高作物健康水平和抗病能力，改善土壤微生态，促进土壤有益微生物的生活繁殖，调节作物与病原线虫的相互关系，从而达到控制病害发生的目的。

（三）生物防控

作物病原线虫绝大多数存在于土壤中或在生活史的某一阶段生活于土壤中，土壤中存在许多作物病原线虫的天敌生物，对作物病原线虫具有持久影响。由于农田生态系统极不稳定，发挥天敌生物自然控制的作用需要一个长期的过程。目前，生物防控主要通过人工施入生物防控菌剂。淡紫拟青霉、厚垣孢普可尼亚菌等菌剂是由来源于土壤和被自然寄生的线虫体上的菌种制成，这些杀线虫真菌适应性强，能在土壤和线虫虫体上迅速定殖。

（四）物理防控

作物线虫病害防控中用得最多的是热力处理，这种措施对种子和种苗传播的线虫病害和设施栽培作物的土传线虫病害有很好的效果，具有不污染环境和无公害等优点。

（五）化学防控

坚持化学防控为辅的原则，同时要重视科学使用化学农药。目前推荐使用的杀线虫剂低毒低残留，且广谱高效，价格比较昂贵。为了减少污染，降低费用，需要做到少用药和精准用药。药剂主要用于苗床土壤处理，对秧苗移栽的作物提倡移栽前苗床施药后带药移栽，对用种子直播的作物提倡药剂拌种后播种。如果需要本田用药，则要注意适期施药和适量用药。

第四章 禾谷类作物线虫病

第一节　水稻线虫病

一、水稻潜根线虫病

水稻潜根线虫病分布最广，危害性极大。潜根线虫（*Hirschmanniella*）分布于各类稻田，几乎每丛水稻的根系都遭受侵害。水稻潜根线虫病是一种极其隐蔽的病害，染病稻株地上部无特异性症状，对产量和品质构成潜在损失。

症状

水稻潜根线虫病在田间无特异性症状。线虫接种试验和药剂防控试验显示，潜根线虫（*Hirschmanniella*）从水稻根尖后的根表皮侵入，可以在通气组织中自由移动，导致水稻根表皮细胞和皮层细胞被破坏（图 4-1）。潜根线虫（*Hirschmanniella*）在根组织内繁殖，引起再侵染。受侵染

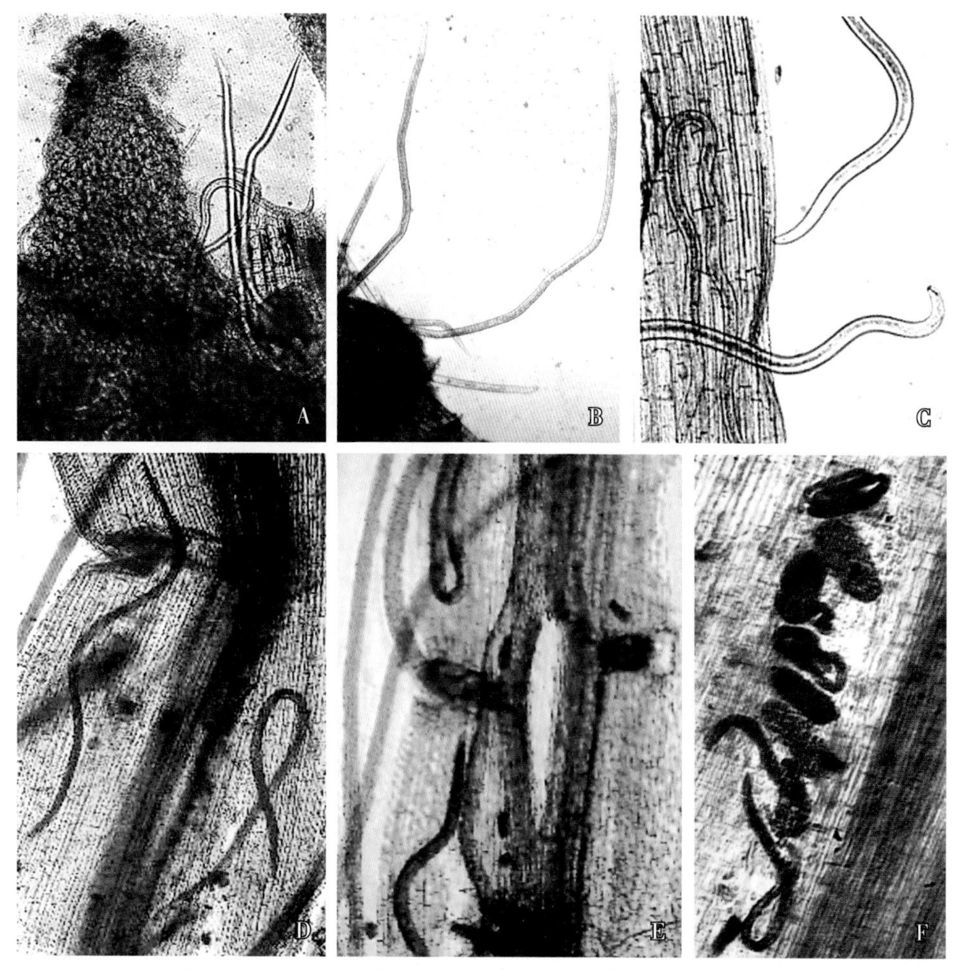

图 4-1　潜根线虫（*Hirschmanniella*）侵染水稻状态

A. 侵染芽胚；B. 侵染根尖；C. 迁移；D. 潜入根内；E. 根内的雌虫和卵；F. 卵孵化

的根系新根少（图 4–2），根上的根毛少或无，根系萎缩、变黑和腐烂。植株生长迟缓，矮小黄化，分蘖减少，抽穗期延迟、穗子变小，呈现早衰现象（图 4–3）。潜根线虫（*Hirschmanniella*）对水稻产量构成因素的影响最主要是减少有效穗和穗粒数，降低千粒重（图 4–4、图 4–5）。

图 4–2 水稻潜根线虫病防控试验（左为防控，右为对照）

图 4–3 潜根线虫（***Hirschmanniella***）侵染水稻试验（右为接种，左为对照）

图 4–4 再生稻潜根线虫病田间防控试验（后为防控区，前为对照）

图 4–5 再生稻潜根线虫病防控效果（左为防控，右为对照）

病原

水稻潜根线虫（*H. oryzae*，图 4–6）为主要种。常见种有纤细潜根线虫（*H. gracilis*，图 4–7）、细尖潜根线虫（*H. mucronata*，图 4–8）、贝尔潜根线虫（*H. belli*，图 4–9）、野生稻潜根线虫（*H. anchoryzae*，图 4–10）、小结潜根线虫（*H. microtyla*）。其他种有墨西哥潜根线虫（*H. mexicana*，图 4–11）、索恩潜根线虫（*H. thornei*，图 4–12）、刺尾潜根线虫（*H. spinicaudata*）、高韦里潜根线虫（*H. kaverii*）、大潜根线虫（*H. magna*）、义安潜根线虫（*H. nghetinhiensis*）、装饰潜根线虫（*H. ornata*）、莎米姆潜根线虫（*H. shamimi*）、海草潜根线虫（*H. marina*）、多样潜根线虫（*H. diversa*）、低墙潜根线虫（*H. imamuri*）。田间水稻潜根线虫种群一般为主要种与 1 个以上协生种构成的混合群体。

潜根线虫（*Hirschmanniella*）雌雄同形，蠕虫状，虫体细长。侧带有 4 条侧线，近尾部有网纹。头部不缢缩、半球形或前端扁平。口针发达，口针基部球圆形；中食道球圆形至卵圆形，有明显瓣膜；食道腺延伸长，覆盖于肠的腹面。排泄孔位于食道与肠连接处附近，半月体后。雌虫双生殖管对生、平伸；贮精囊圆形至卵圆形，卵巢中卵细胞大多为单行排列；尾呈长锥形，常有端生尾尖突。

雄虫尾部形态与雌虫相似，交合刺纤细，弓形。引带固定，交合伞有齿状纹，近尾生，但不包至尾末端。

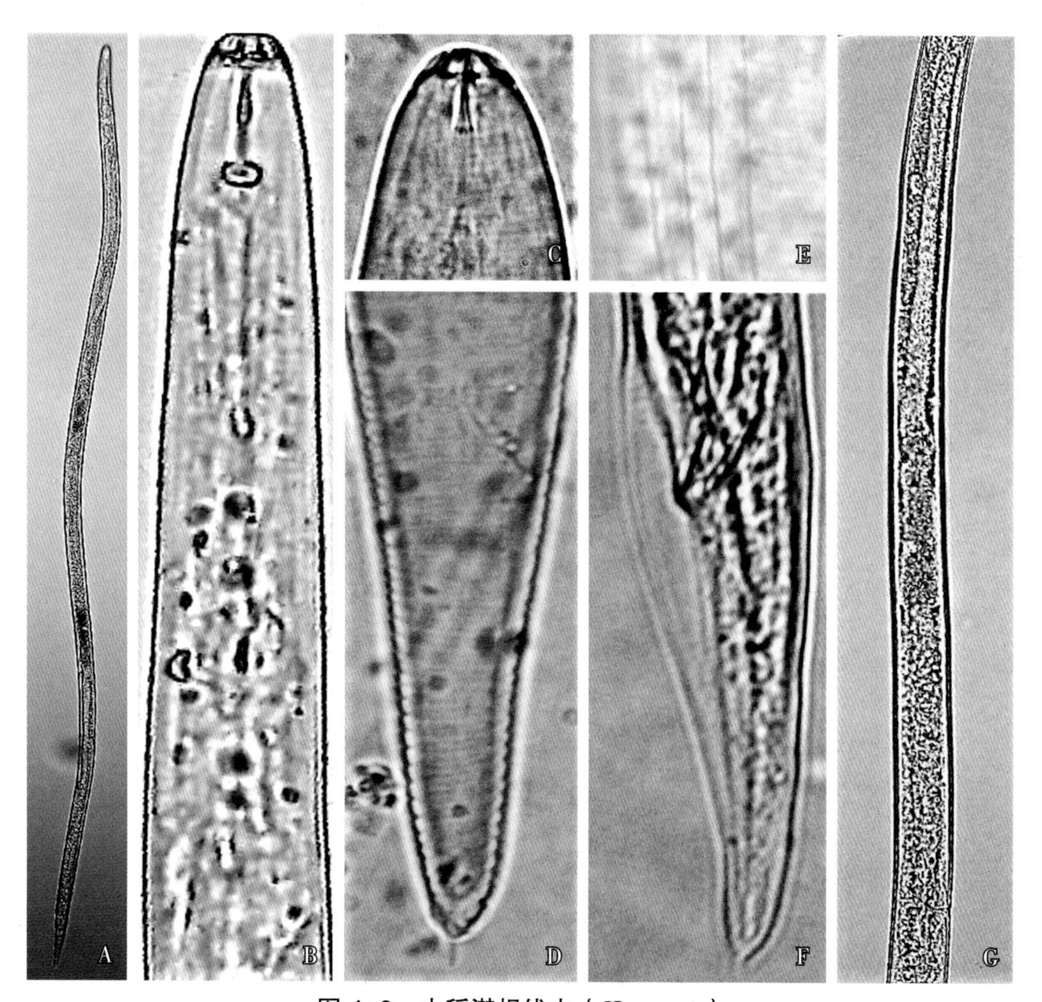

图 4–6　水稻潜根线虫（*H. oryzae*）

A. 雌虫整体；B. 雌虫前部；C. 雌虫头部；D. 雌虫尾部；E. 雌虫侧带；F. 雄虫尾部；G. 卵巢

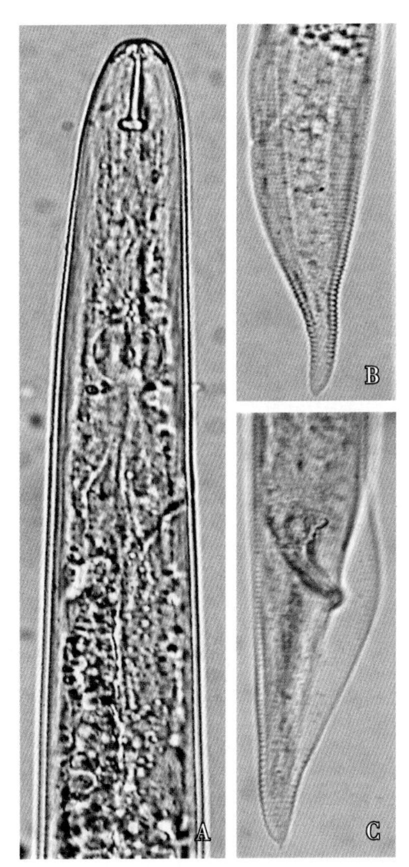

图 4-7 纤细潜根线虫（*H. gracilis*）
A. 雌虫前部；B. 雌虫尾部；C. 雄虫尾部

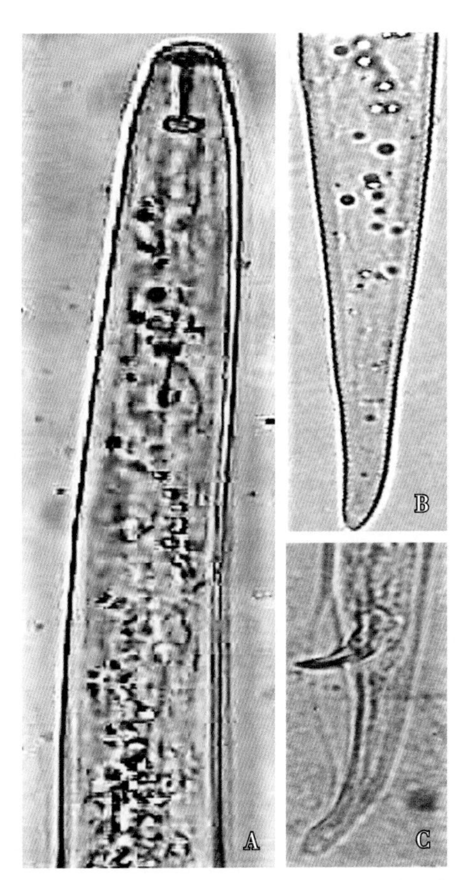

图 4-8 细尖潜根线虫（*H. mucronata*）
A. 雌虫前部；B. 雌虫尾部；C. 雄虫尾部

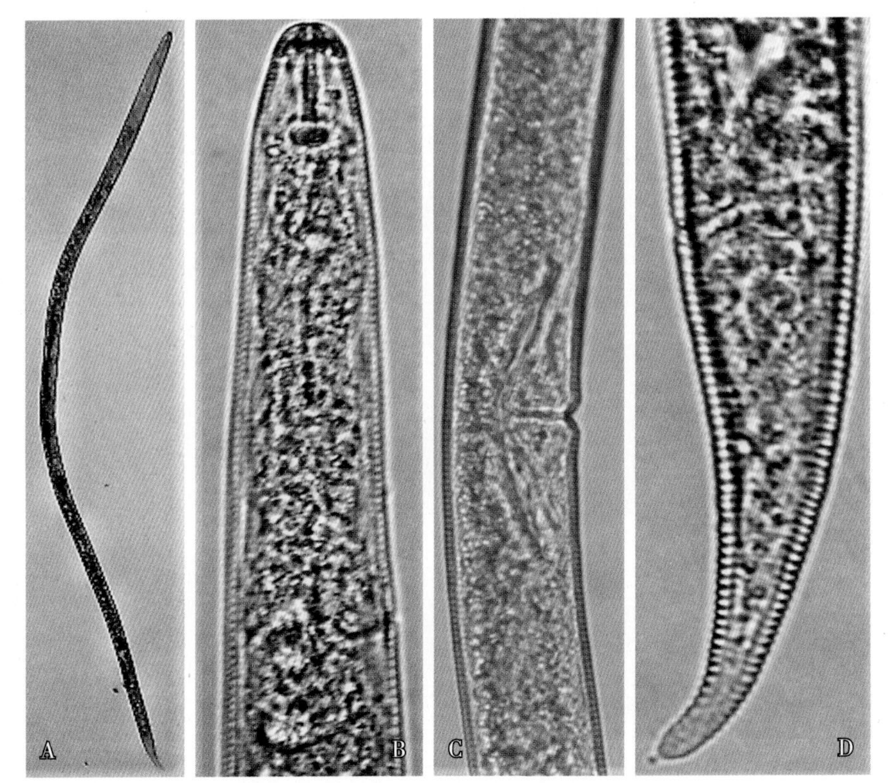

图 4-9 贝尔潜根线虫（*H. belli*）雌虫
A. 整体；B. 前部；C. 阴门部；D. 尾部

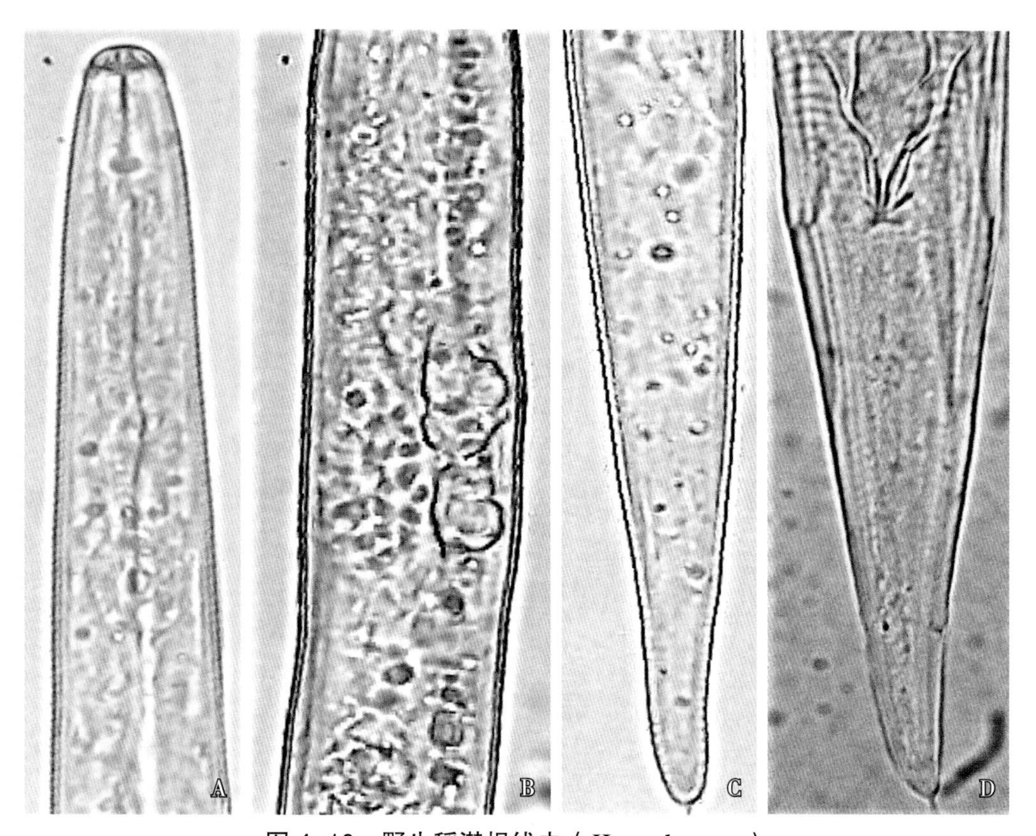

图 4–10　野生稻潜根线虫（*H. anchoryzae*）

A. 雌虫前部；B. 雌虫阴门部；C. 雌虫尾部；D. 雄虫尾部

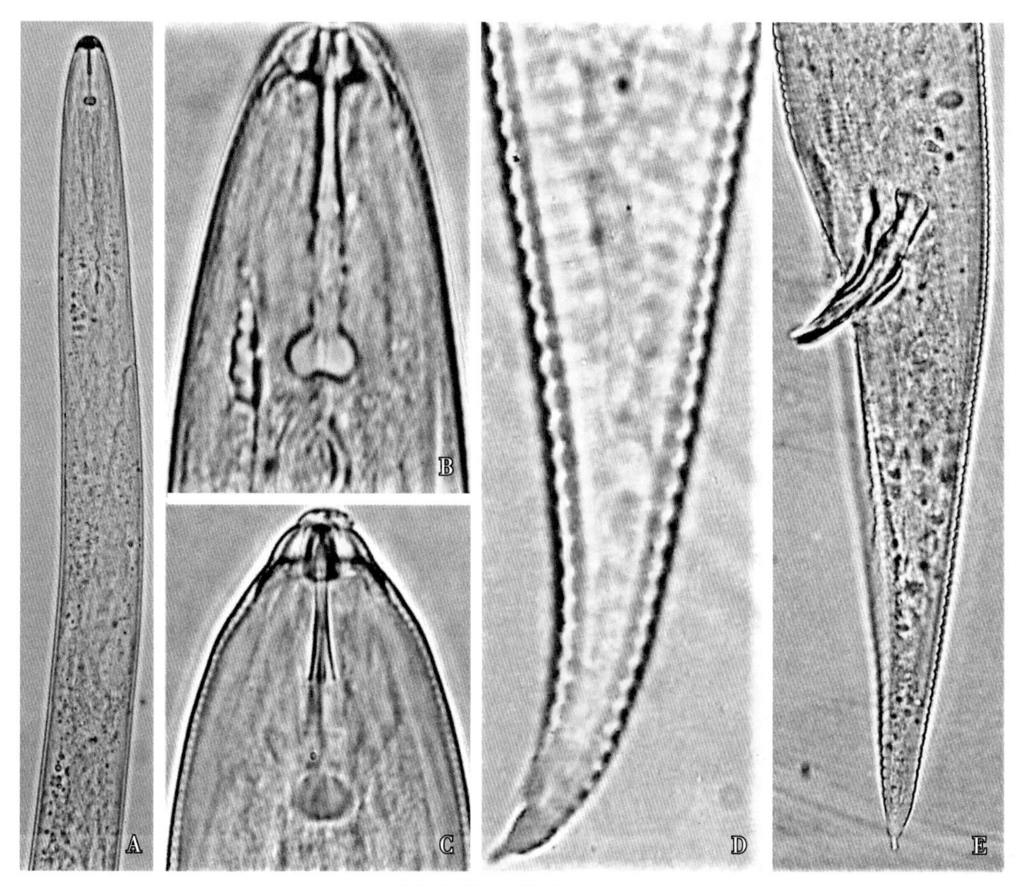

图 4–11　墨西哥潜根线虫（*H. mexicana*）

A. 雌虫前部；B、C. 雌虫头部侧面和腹面；D. 雌虫尾部；E. 雄虫尾部

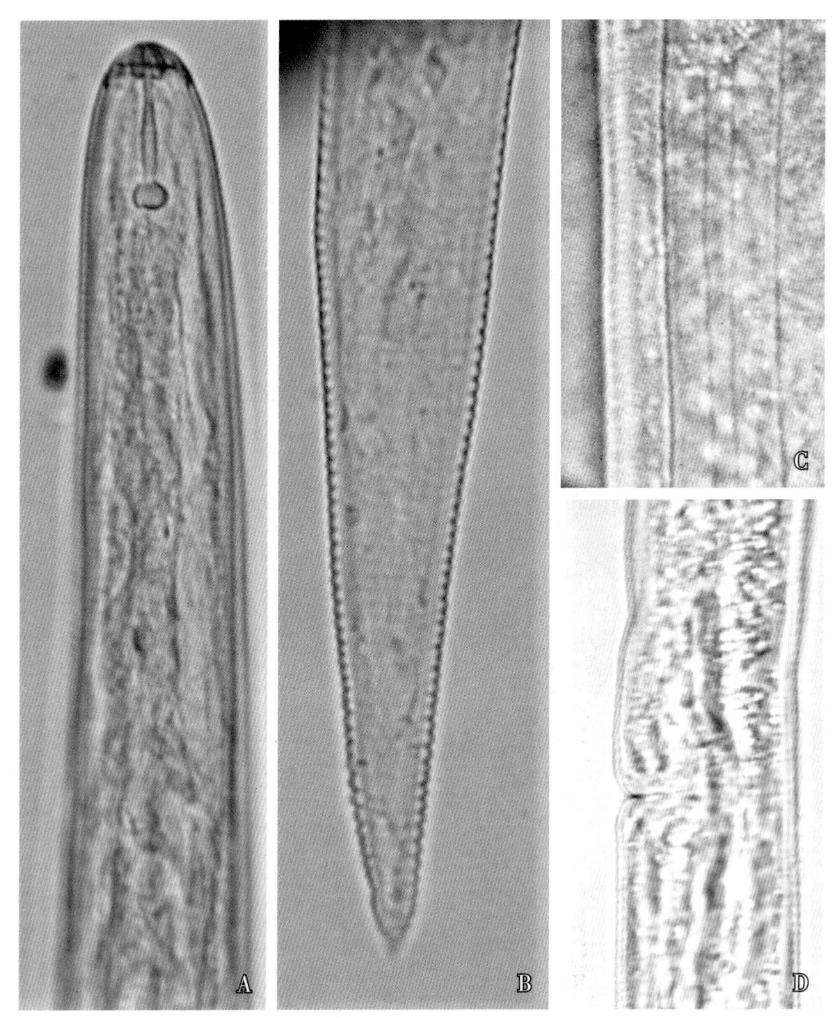

图 4-12 索恩潜根线虫（*H. thornei*）雌虫

A. 前部；B. 雌虫尾部；C. 侧带；D. 阴门部

发病规律

（1）越冬和侵染

潜根线虫（*Hirschmanniella*）能完全适应连续淹水的条件，分布于长年种植水稻的灌溉田和浸水田；水稻收获后主要存活于田间残留的稻桩、再生稻和田间禾本科杂草的根组织内，稻根组织内越冬的线虫是最重要的初侵染源。在南方双季稻区潜根线虫（*Hirschmanniella*）越冬无明显的滞育现象，成虫、幼虫和卵均可越冬。用水稻田作秧田或用稻田土育苗，潜根线虫（*Hirschmanniella*）可以侵染秧苗，通过带虫秧苗从秧田传播到本田。潜根线虫（*Hirschmanniella*）在田间通过灌溉水、淹水和土壤传播。

接种试验表明，潜根线虫（*Hirschmanniella*）在水稻根系的繁殖量呈前低后高趋势，抽穗期每克根内虫量为苗期虫量的数十倍。随着水稻生育期虫量的变化，受侵染的稻株表现出前旺后衰的病变特征。苗期至分蘖期潜根线虫(*Hirschmanniella*)低密度侵染，会刺激水稻根系产生大量不定根，促进植株的生长。接种病原线虫的稻株，其高度和分蘖数高于未接种线虫（对照）的稻株（图 4-13）。水稻拔节至抽穗成熟期随着虫口密度增加，严重削弱水稻根系活力，导致根系腐烂和衰败，引起水稻植株早衰；接种潜根线虫（*Hirschmanniella*）的稻株有效穗数、结实率及千粒重显著低于对照稻株（图 4-14）。

图 4-13　水稻潜根线虫病对水稻分蘖期（上）和拔节期（下）长势的影响（每幅照片中左为接种，右为对照）

A. 汕优 63；B. 汕优 89；C. 威优 77

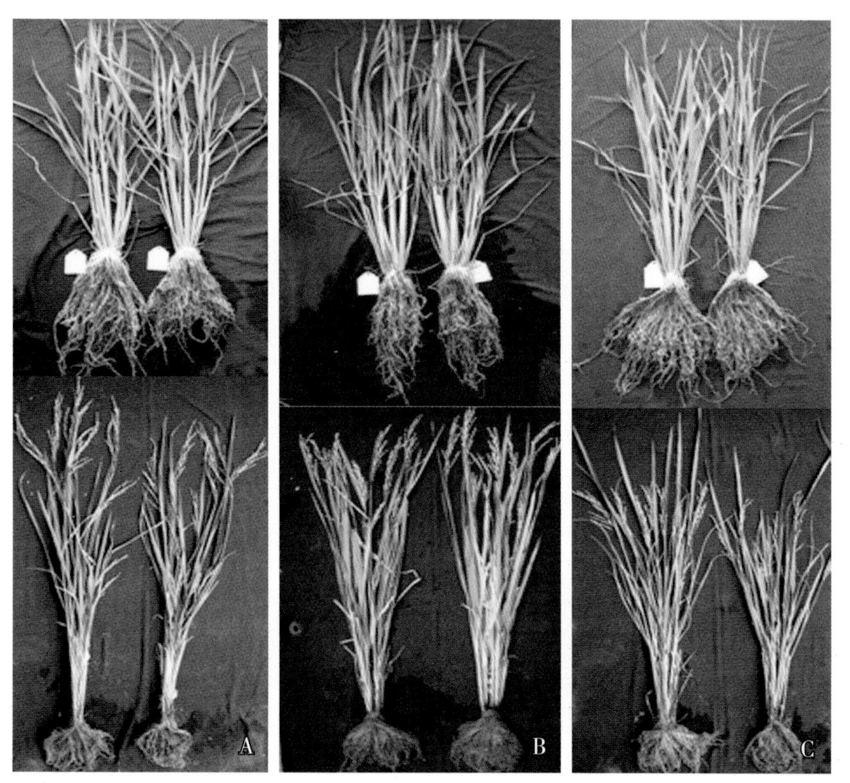

图 4-14　水稻潜根线虫病对水稻拔节期（上）和黄熟期（下）长势的影响（每幅照片中左为对照，右为接种）

A. 江西丝苗；B. 丰华占-1；C. IR26

（2）稻作类型与病害的关系

对烟后稻、连作稻和再生稻进行田间防控对比试验结果表明，采用水旱轮作种植单季稻能显著减轻水稻潜根线虫病。同一优质稻品种宜优 99 收获期烟后稻田间线虫群体水平为每克根 7 条，稻谷产量为 9225kg/hm^2；连作稻线虫群体水平为每克根 49 条，稻谷产量为 6555kg/hm^2；烟—稻轮作田稻谷增产率为 40.73%。潜根线虫（*Hirschmanniella*）对再生稻危害明显，再生稻于主季分蘖末期用杀线虫剂防控一次，主季增产率 6%~13%，再生季增产率 21%~38%。

（3）水稻品种与病害的关系

福建农林大学测试 195 份水稻样本（40 个早稻品种、132 个晚稻品种、14 个杂交稻组合、5 个野生稻种的 9 份材料）对潜根线虫（*Hirschmanniella*）的田间抗性，未发现对潜根线虫病具免疫的水稻品种，不同水稻品种的耐病性有明显差异。

对 192 份水稻样本的潜根线虫（*Hirschmanniella*）种群测定表明，水稻品种对潜根线虫（*Hirschmanniella*）种类和种群结构具有选择性。供测的所有水稻品种、组合和野生稻均可受到水稻潜根线虫（*H. oryzae*）侵染，其中 94 个水稻品种、1 个杂交稻组合、5 个野生稻品种仅有水稻潜根线虫（*H. oryzae*）；59 个水稻品种、7 个杂交稻组合、1 个野生稻品种有 2 种潜根线虫（*Hirschmanniella* spp.）的混合种群；18 个水稻品种、5 个杂交稻组合、1 个野生稻品种有 3 种潜根线虫（*Hirschmanniella* spp.）的混合种群；1 个水稻品种、2 个野生稻品种有 4 种潜根线虫（*Hirschmanniella* spp.）的混合种群；1 个杂交稻组合有 5 种潜根线虫（*Hirschmanniella* spp.）的混合种群。

采用盆栽接种方法测定江西丝苗、IR26、丰华占-1 三个水稻品种对潜根线虫（*Hirschmanniella*）的抗病性，黄熟期测定结果：江西丝苗根内虫量为每克根 10.30 条，根量减少 14.91%，减产率 8.05%；IR26 根内虫量为每克根 1.30 条，根量减少 27.80%，减产率达 25.14%；丰华占-1 根内虫量为每克根 3.93 条，根量减少 18. 00%，减产率 8.33%。IR26 对潜根线虫（*Hirschmanniella*）侵染的反应表现为高敏感性和低耐病性，根部潜根线虫（*Hirschmanniella*）侵染量和繁殖量最低，根量和稻谷产量损失最大。

检测结果显示（图 4-15），稻株体内的过氧化物酶（POD）、苯丙氨酸解氨酶（PAL）、酪氨酸

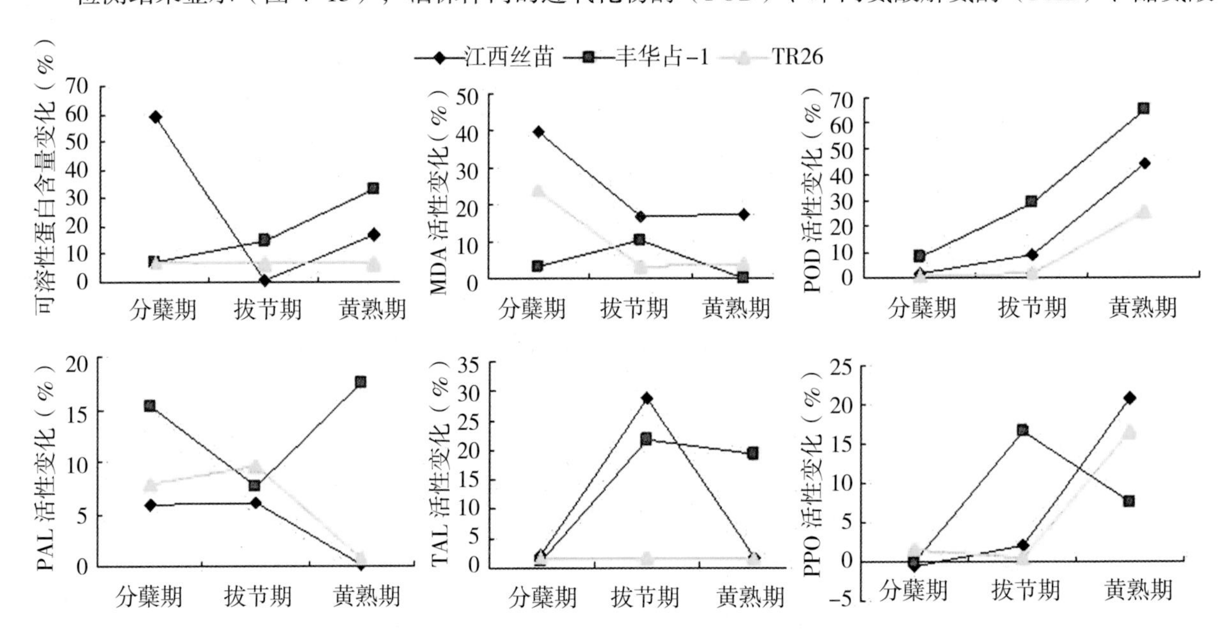

图 4-15 不同水稻品种受潜根线虫（*Hirschmanniella*）侵染后可溶性蛋白、丙二醛（MDA）及各种防御酶的活性指标变化

解氨酶（TAL）、多酚氧化酶（PPO）等防御酶的活性高低与耐病性有关。江西丝苗受到潜根线虫（*Hirschmanniella*）侵染之后防御酶活性高、增量大，产量损失少，表现较强的耐病性；IR26 防御酶活性低、增量少，产量损失大，表现较强的敏感性。防御酶的活性高低可以作为水稻耐病性的生理指标。

（4）稻田类型与潜根线虫的关系

在福建省水稻潜根线虫（*H. oryzae*）发生于各类稻田，贝尔潜根线虫（*H. belli*）发现于双季晚稻乌泥田，低墙潜根线虫（*H. imamuri*）仅发现于烂泥田。同一水稻品种在不同土壤类型稻田中的潜根线虫（*Hirschmanniella*）发生量有差别，按虫量从大到小排列顺序为：乌泥田、砂质田、烂泥田、山坡田、黄泥田，壤土比砂土更有利潜根线虫（*Hirschmanniella*）侵染。

防控措施

（1）水旱轮作减少虫源

采用烟草—水稻、蔬菜—水稻轮作，能有效降低田间线虫群体水平，提高水稻产量和单位面积的经济效益。烟草、豇豆、大豆、花生、甘薯、蔬菜等作物是潜根线虫（*Hirschmanniella*）的非寄主植物，在单季稻区或单双季稻混栽区可以作为水稻的轮作作物。

（2）健身栽培促根保穗

①科学施肥：在中等肥力的水稻田增施肥料，有助于减轻潜根线虫（*Hirschmanniella*）对水稻产量造成的影响；在中低产田利用营养调节减轻线虫危害，可以避免水稻早衰。在水稻分蘖后期烤田，能降低线虫繁殖速度，促进水稻新根生长，有利于提高水稻产量。

②稻草回田：水稻收获后将稻草切碎还田，能改善土壤理化性质，改变稻田中线虫的群落结构，减少潜根线虫（*Hirschmanniella*）的数量。据福建调查，连续 4 年稻草回田后稻田内腐生线虫增加 2.2 倍，潜根线虫（*Hirschmanniella*）减少 53.3%。

（3）科学施药杀虫保根

①巧用药肥：水稻秧田播种前和本田插秧前施用 50% 氰氨化钙颗粒剂（150kg/hm^2）作基肥，可有效降低土壤中的线虫量和侵染率。

②区别用药：水稻不同生长时期，采用不同的施药方法。

秧田期稻种经浸种催芽后，用 10% 噻唑膦颗粒剂（15kg/hm^2）撒施，或氟吡菌酰胺 41.7% 悬浮剂 5000~10000 倍液浇施土壤后播种；或在移栽前 3~5d 用 10% 噻唑膦颗粒剂（15kg/hm^2）撒施，或用氟吡菌酰胺 41.7% 悬浮剂 10000 倍液浇施。

水稻返青期、分蘖末期用 10% 噻唑膦颗粒剂（15.0~22.5kg/hm^2）与细砂土（75~120kg/hm^2）拌匀后撒施。

此外，不同稻作类型，施药时期和方法也不同。

烟后稻播种期、秧田期或移栽前施药防秧苗带虫。防控试验结果表明，烟后稻秧田播种期至移栽前防控潜根线虫（*Hirschmanniella*），稻谷增产率达 11%~28%。

连作稻在秧田播种或移栽前，或在稻苗返青期防控。从节省用药量、降低成本和减少污染的角度考虑，建议仅在移栽前施“送嫁药”，其增产率达 14%~28%。

再生稻于主季分蘖末期施药一次，可提高两季的稻谷产量。防控试验结果表明，再生稻主季增产率 6%~13%，再生季增产率 21%~38%。

二、水稻根结线虫病

水稻根结线虫病分布于许多产稻国家，能危害旱稻、灌溉地水稻、低洼地水稻、深水稻、移栽稻和直播稻，造成重大的产量和经济损失。我国海南、广西、广东、云南、浙江和福建等省（自治区）均有分布。水稻根结线虫病严重发生时可使水稻减产 70% 以上。

症状

水稻秧田期和本田期均可发生根结线虫病。水稻出苗肧根期、苗期、分蘖期、抽穗期均可受侵染。受害水稻根系上形成膨大的根结，根结表面有胶质状卵囊，发生根结的根系后期腐烂衰退。苗期受害，发根迟，植株矮小，叶片黄化，稻苗长势差，死苗多。分蘖期受害，根结数量多，植株矮小，叶片黄化，茎秆细，根系萎缩，分蘖明显减少（图 4–16）。抽穗期受害，病株矮小，大多数不抽穗，或形成半包穗和穗节包叶；若能抽穗，穗短粒少，结实率低，秕谷多（图 4–17）。发生根结线虫病的稻田常出现大面积矮化和黄化稻株（图 4–18）。

不同种类的根结线虫（*Meloidogyne*）侵染水稻后产生不同形态的根结。拟禾本科根结线虫（*Meloidogyne graminicola*）侵染后产生的根结膨大扭曲，大多呈钩状（图 4–19A~C）；南方根结线虫（*M. incognita*）侵染产生的根结呈萝卜状、槌状和球形，有些呈念珠状（图 4–19 D~F）。

图 4–16 水稻秧苗根结线虫病症状

A. 田间症状；B、C. 根部症状

图 4-17　水稻分蘖期、成熟期根结线虫病症状

分蘖期：A. 田间症状；B. 病株症状；C. 根部症状　成熟期：D. 田间症状；E. 病株症状；F. 根部症状

图 4-18　直播稻分蘖期根结线虫病症状

A. 田间症状；B. 稻苗症状；C. 根系症状

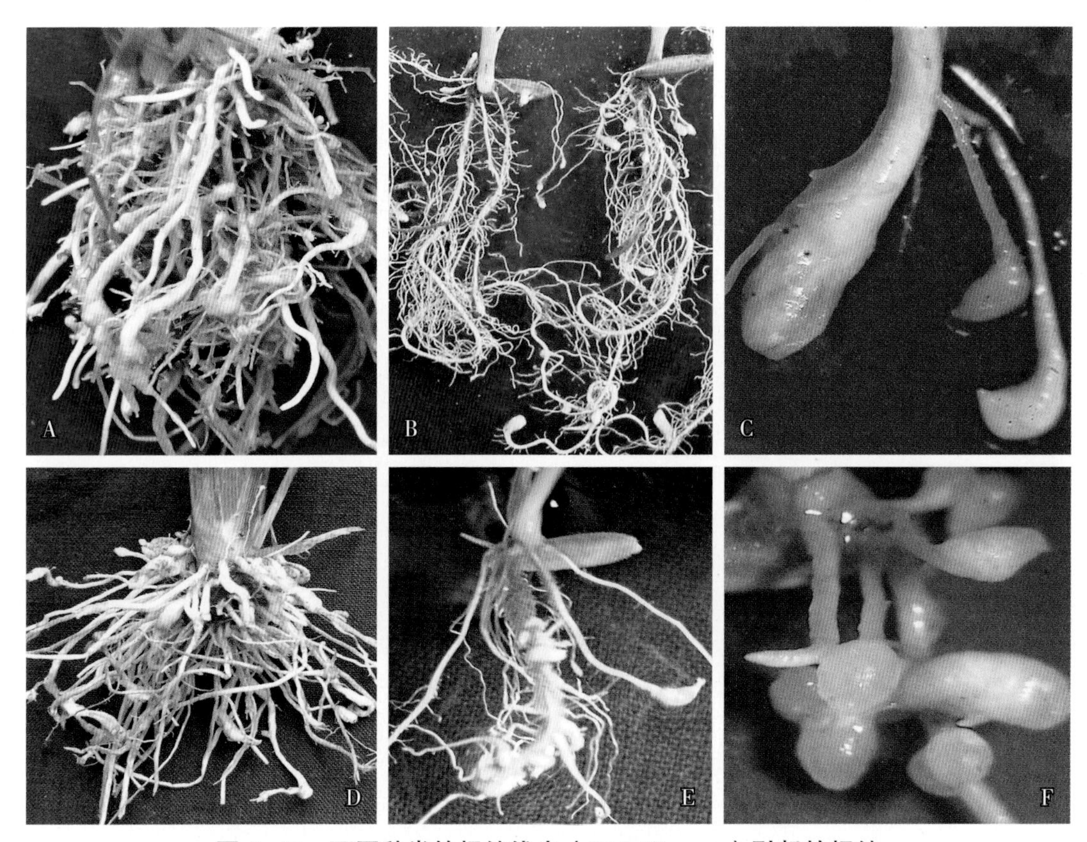

图 4–19 不同种类的根结线虫（*Meloidogyne*）引起的根结

拟禾本科根结线虫（*M. graminicola*）：A. 田间侵染引起的根结；B. 接种产生的根结；C. 根结
南方根结线虫（*M. incognita*）：D. 田间侵染引起的根结；E. 接种产生的根结；F. 根结

病原

拟禾本科根结线虫（*M. graminicola*）为主要种。其他种有水稻根结线虫（*M. oryzae*）、南方根结线虫（*M. incognita*）、爪哇根结线虫（*M. javanica*）、花生根结线虫（*M. arenaria*）、海南根结线虫（*M. hainanensis*）、林氏根结线虫（*M. lini*）。本田期发生危害的主要病原线虫是拟禾本科根结线虫（*M. graminicola*）。用菜地或菜园土湿润育秧时，秧田期南方根结线虫（*M. incognita*）、爪哇根结线虫（*M. javanica*）和花生根结线虫（*M. arenaria*）也会发生危害。

拟禾本科根结线虫（*M. graminicola*，图 4–20、图 4–21）形态特征如下：

雌虫虫体白色至淡黄色、梨形，有明显颈部，会阴部稍隆起。颈长 80~200μm，颈与虫体纵轴呈直线或呈一定角度，颈部与虫体界限明显。口针长 7.5~15μm，针锥部略向背面弯，杆部圆柱形，与锥部分界不明显；口针基部球发达，横卵圆形。中食道球大，近圆形，瓣门发达；排泄孔距头端的距离约为口针长的 2.4 倍。会阴花纹卵圆形或近圆形；线纹平滑细密，背纹与腹纹相连，形成同心圆状，偶尔有短线纹从侧面将会阴花纹切开，形成不规则的侧线。背弓高、方形，或中等、近圆形。尾端部突出，被不规则的线纹包围；背弓、尾端周围及肛门周围的线纹不规则，靠近肛门的线纹通常皱缩，阴门区一般无线纹；阴门缝较长，侧尾腺口小、位于肛门上方不远处，侧尾腺口间距小于阴门裂长度。

雄虫蠕虫状，体长 1150~1650μm，体环明显。头架中等发达，头冠低、光滑、圆，与头区分离；口针发达，长 15~20μm；针锥与杆部相连处、针杆与基球相连处均略增粗，口针基部球卵圆形。侧带有 4 条侧线。交合刺发达，长 18~33μm，无交合伞；尾端钝圆。

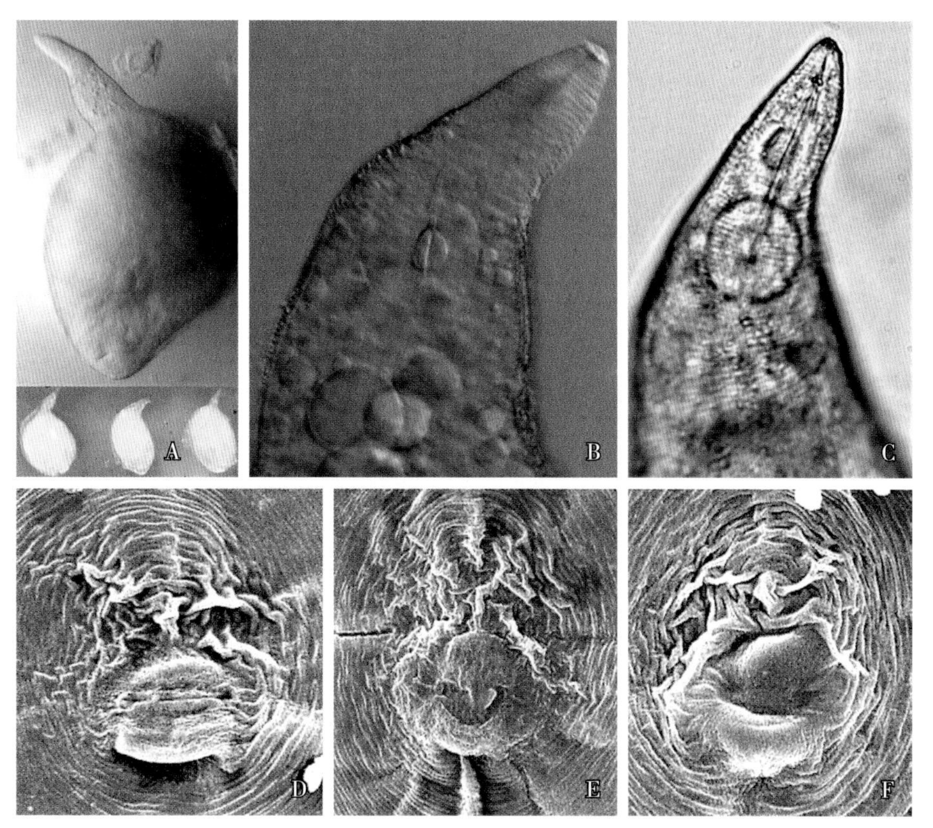

图 4-20　拟禾本科根结线虫（*M. graminicola*）雌虫

A. 整体；B、C. 头颈部；D~F. 会阴花纹

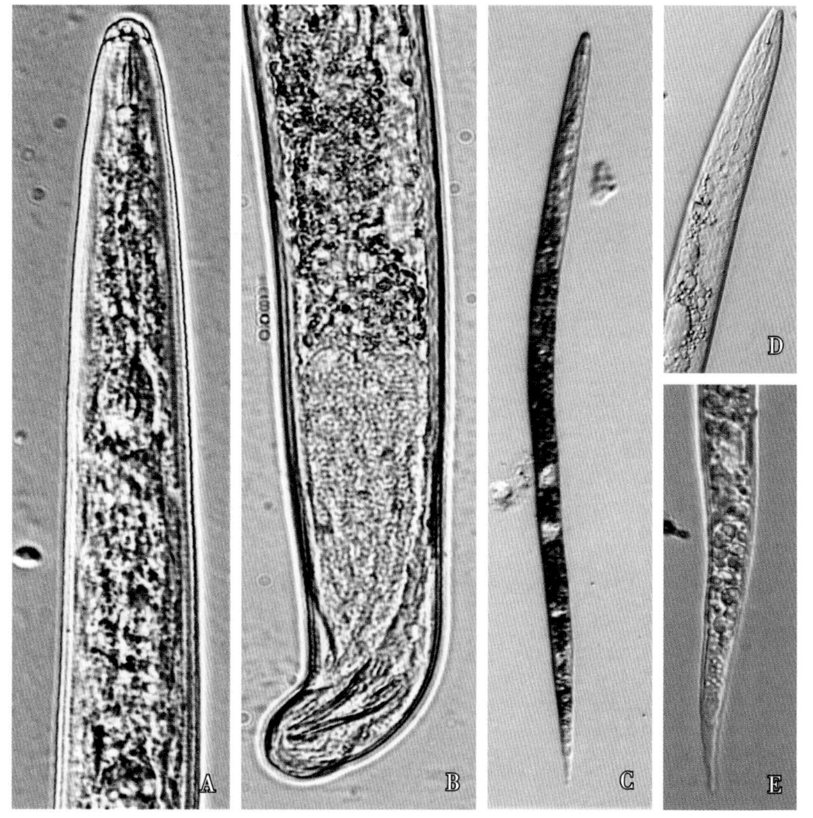

图 4-21　拟禾本科根结线虫（*M. graminicola*）雄虫和 2 龄幼虫

A. 雄虫前部；B. 雄虫尾部；C. 幼虫整体；D. 幼虫前部；E. 幼虫尾部

2 龄幼虫蠕虫状，体长 440~548μm，体环细。唇区光滑，无环纹。口针纤细、长 10~15μm，口针基部球小、圆形。直肠膨大。尾棍棒状，长 41~65μm，末端钝圆；尾端透明区长 15~25μm，尾末端有 1~2 次缢缩。

发病规律

拟禾本科根结线虫（*M. graminicola*）能在长期淹水条件下生存、繁殖和侵染。2 龄幼虫从根尖分生区或伸长区侵入根组织内，侵入后迁移于根冠最内侧的分生区，直到分生区原形成层发育成维管柱后，才侵入维管束内取食、发育，引起根结；雌虫和卵囊完全埋生于根组织内，2 龄幼虫可在根内孵化、运动和直接侵染（图 4-22）。这种特殊的生物学特性与水稻根系通气组织有关，因在淹水条件下水稻根系通气组织有利于根内卵的孵化和 2 龄幼虫的侵染。生活史在环境温度 26℃时为 22d；在 27~37℃时为 18d。

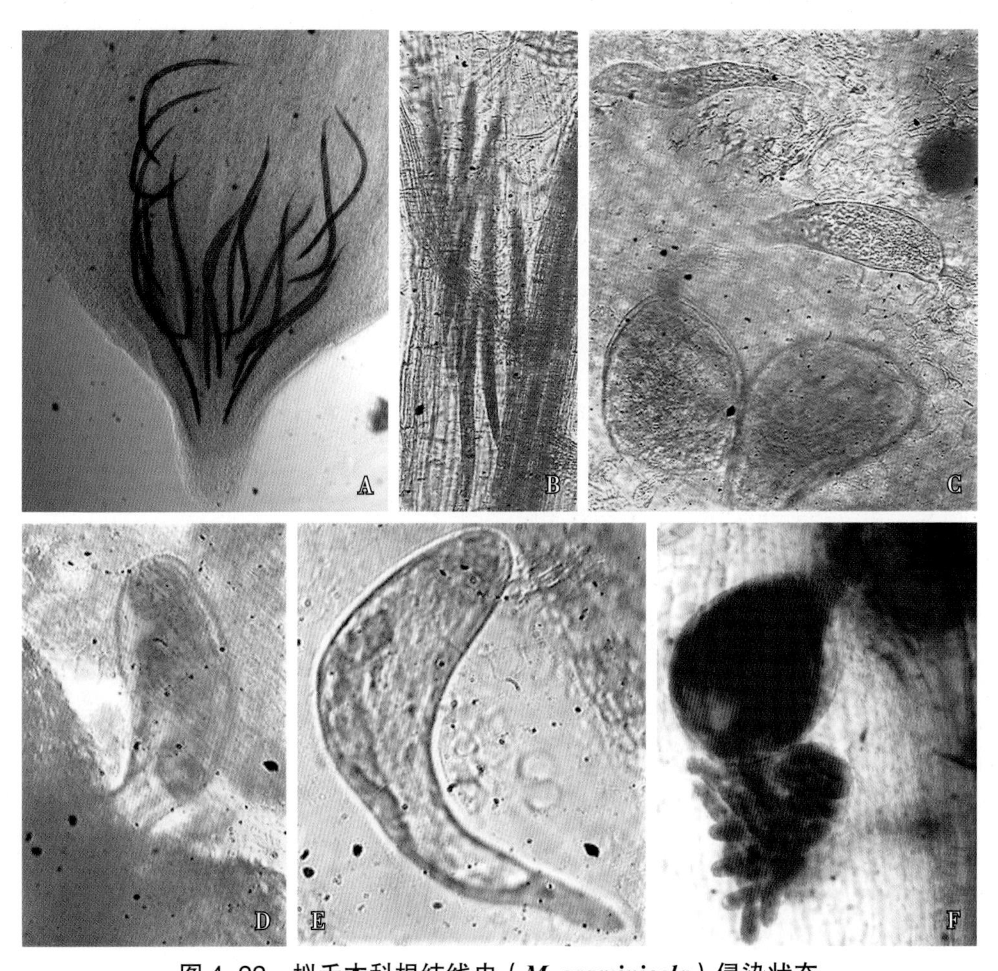

图 4-22 拟禾本科根结线虫（*M. graminicola*）侵染状态

A. 根尖组织中的幼虫；B. 根组织中的幼虫；C. 发育中的虫态；D、E. 发育中的雌虫；F. 成熟雌虫和卵囊

拟禾本科根结线虫（*M. graminicola*）能在禾本科、莎草科杂草及阔叶杂草、水生杂草上寄生。发生水稻根结线虫病的稻田周围和灌溉沟中的油芒、早熟禾、光头稗、莎草等杂草都会受侵染（图 4-23、图 4-24）。寄生于这些杂草上的病原线虫 2 龄幼虫或卵块通过灌溉水进入水稻田，成为水稻根结线虫病的初侵染源（图 4-25）。

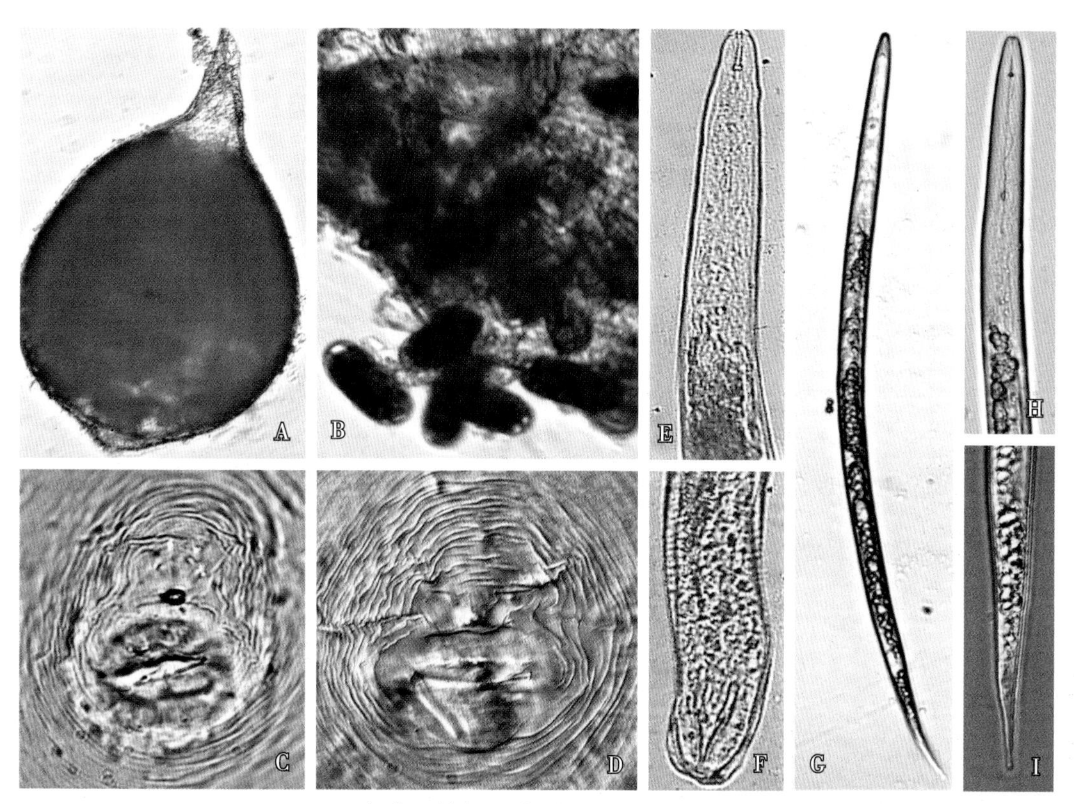

图 4–23　稻田杂草上的拟禾本科根结线虫（*M. graminicola*）

A. 雌虫整体；B. 卵囊和卵；C、D. 会阴花纹；E. 雄虫前部；F. 雄虫尾部；G. 2 龄幼虫整体；H. 2 龄幼虫头部；I. 2 龄幼虫尾部

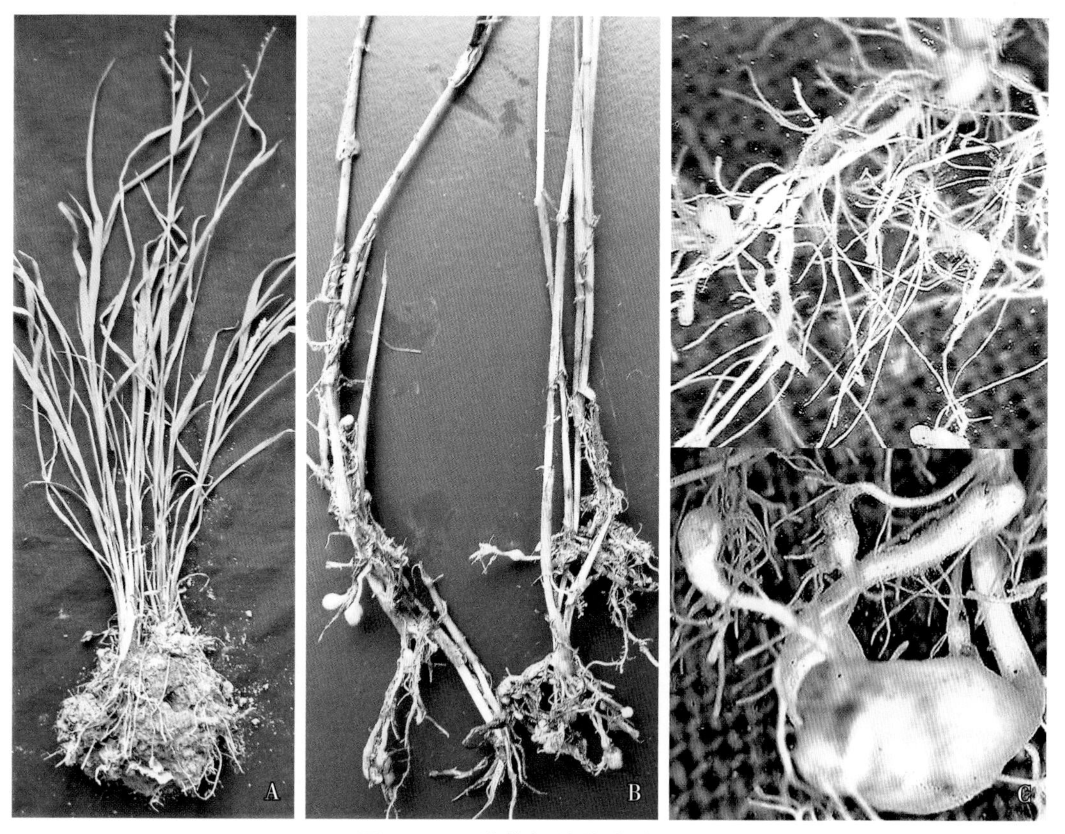

图 4–24　稗草根结线虫病症状

A. 病株；B. 根系症状；C. 根结

图 4-25 发病稻田灌溉沟和田边的杂草是拟禾本科根结线虫（*M. graminicola*）的中间寄主

南方根结线虫（*M. incognita*）、爪哇根结线虫（*M. javanica*）和花生根结线虫（*M. arenaria*）有广泛的寄主范围，可以在许多作物和杂草上寄生危害。这几种线虫仅在旱育秧和湿润育秧时侵染秧苗，引起水稻秧苗根结线虫病，导致秧苗生长衰弱，移栽后发根慢、返青迟。这几种根结线虫（*Meloidogyne*）2 龄幼虫在淹水条件下可以侵染，形成根结；带虫秧苗移栽到本田后，在长期淹水状态下其生长发育和繁殖受到影响。

防控措施

①培育无病秧苗：选用无根结线虫（*Meloidogyne*）的田块育苗，采用育秧盘育苗时要选用无根结线虫（*Meloidogyne*）的土壤或栽培基质。

②清除初侵染源：铲除田边和灌溉沟的寄主杂草，病田水稻收割后及时挖除稻根，集中烧毁或堆沤。冬季翻耕晒田，减少虫量。

③轮作防病：发生拟禾本科根结线虫（*M. graminicola*）的稻田，选用非寄主作物实行水旱轮作。

④土壤调理：水稻秧田播种前和本田插秧前，施用 50% 氰氨化钙颗粒剂（150kg/hm^2）作基肥，降低土壤中的初侵染线虫量；稻田增施有机肥，实施稻草还田，在移栽期或移栽返青后施用石灰或壳灰（1125~1500kg/hm^2）。

⑤药剂防控：秧田期苗床土壤表面先用 10% 噻唑膦颗粒剂（15kg/hm^2）与适量细砂土拌匀后撒施，或用 41.7% 氟吡菌酰胺悬浮剂 5000~10000 倍液浇施后播种；稻苗移栽前 2~3d 用 10% 噻唑膦颗粒剂（15kg/hm^2）撒施，或用 41.7% 氟吡菌酰胺悬浮剂 5000~10000 倍液浇施后移栽；秧田播种期用淡紫拟青霉拌种后播种，移栽前苗床撒施淡紫拟青霉。

三、水稻干尖线虫病

症状

受害稻株生长前期从叶鞘中抽出的新叶叶尖褪绿，逐渐干枯扭曲。被侵染的幼叶有白斑或褪色斑，叶缘扭曲和皱缩。孕穗期受侵染，在剑叶或其下一二片叶叶尖 1~8cm 内呈黄褐半透明状枯萎，在病健交界处有深褐色油渍状界线，枯死叶尖扭曲，呈灰白色干尖（图 4–26）。病穗短，谷粒少，秕谷增多。严重侵染时，剑叶短而扭曲，稻穗不能从叶鞘中完全抽出，谷粒小且被破坏（图 4–27）。

图 4–26　水稻干尖线虫病病叶

图 4–27　水稻干尖线虫病病株抽穗成熟期症状

病原

病原为贝西滑刃线虫（*Aphelenchoides besseyi*，图 4–28）。

雌虫虫体细长，蠕虫形，体长 620~880μm。唇区发达，有 6 个明显唇片，缢缩明显；体表环纹细，侧带有 4 条侧线。口针较细弱、长约 10μm，基部球中等大小。中食道球长卵圆形，峡部细，食道腺呈长叶状覆盖肠背面。排泄孔距虫体前端 58~83μm。阴门位于虫体后部，阴门唇稍突起。单生殖管前生，常延伸到虫体中部稍前方。卵母细胞 2~4 行排列。受精囊长圆形，充满圆形精子。尾部呈锥状，末端有星状尾尖突。

雄虫前部形态与雌虫相同。交合刺强大，呈玫瑰刺状。尾向腹部弯曲，尾末端有星状尾尖突。

发病规律

水稻干尖线虫病分布于我国各水稻产区，20 世纪 80 年代前危害较重。粳稻易感，重病田稻丛发病率达 50%。

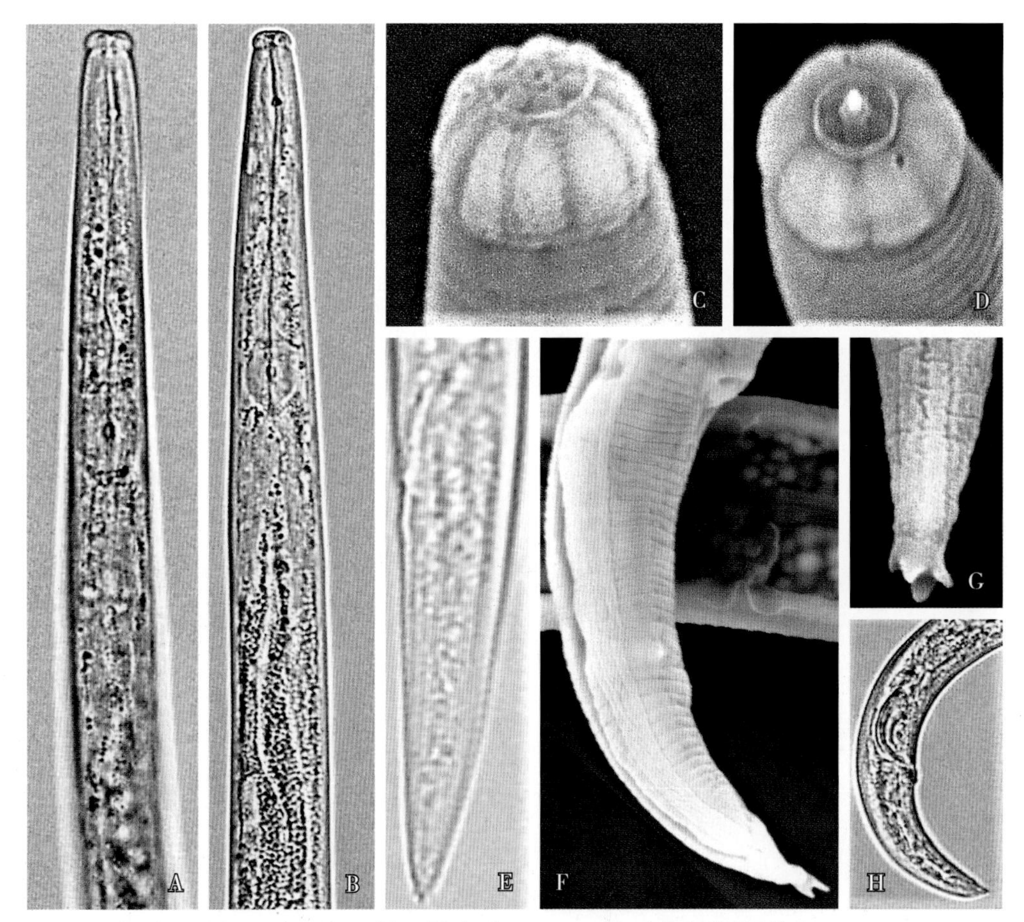

图 4-28　贝西滑刃线虫（*A. besseyi*）（杨再福提供）

A. 雌虫前部；B. 雄虫前部；C、D. 雌虫头部正面和侧面；E. 雌虫尾部；F. 雌虫阴门、肛门和侧带；G. 雌虫尾端；H. 雄虫尾部

贝西滑刃线虫（*A. besseyi*）聚集于成熟谷粒的颖壳与米粒间越冬，随谷粒的水分丧失而逐步脱水进入休眠状态，在干燥稻种内能存活 3 年之久。活动适温为 20~26℃，致死温度为 54℃（5min）。病原线虫的远距离传播主要靠稻种调运，染病的水稻种子是病害的主要初侵染源。有些种子带有大量病原线虫而不表现症状，使用这样的种子可能导致病害严重发生。感染了病原线虫的种子播种后，种子内的线虫很快恢复活动，并且被吸引到分生组织区。水稻生长前期，少量的线虫存在于内层叶鞘，并且在顶端分生组织外寄生取食，水稻分蘖后期线虫量迅速增加，在开花前线虫就可以侵入小穗和叶鞘内，在子房、雄蕊、鳞片和胚外寄生取食。开花前颖片外表面线虫最多，在扬花期颖壳裂开时线虫侵入。当谷粒处于灌浆和成熟过程时，线虫停止繁殖。在乳熟期之前，3 龄幼虫可以继续发育为成虫。休眠的线虫群体中以雌成虫为主，这些线虫聚集于颖片轴中。饱满的谷粒比瘪粒含更多线虫，稻穗中部的谷粒较容易受侵害。

防控措施

①加强检疫：贝西滑刃线虫（*A. besseyi*）主要靠种子传播，加强检疫是病害防控的关键环节。

②选用无病种子：在无病区或无病田选留无病种子。

③热力处理：先将种子在冷水中预浸 18~24h，然后在 51~53℃热水中浸 15min，处理后的种子可直接用于播种。

④药剂防控：41.7% 氟吡菌酰胺悬浮剂 5000~10000 倍液浸种 12~24h，然后播种；秧田播种前，用 10% 噻唑膦颗粒剂（$3g/m^2$）与少量干细土混匀后撒施于秧地后播种。

四、水稻其他线虫病

（一）水稻根腐线虫病

症状

水稻根腐线虫病主要发生于旱稻上。病原线虫侵染水稻根部皮层组织，造成不连续的伤痕和坏死，根系受损，分蘖减少，植株矮化。人工接种试验结果，每盆秧苗接种 500 条线虫时，生长 80d 的稻株质量（根系生长量、分蘖数）显著下降，收获期水稻减产 13%~29%。

病原

（1）玉米根腐线虫（*Pratylenchus zeae*，图 4-29）

雌虫虫体细长，体长 425~500μm。唇区稍缢缩，具 3 个明显唇环。口针粗、长度 15.5~17.5μm，口针基部球圆形、发达；食道腺覆盖于肠的腹面和腹侧。角质膜环纹细但明显，虫体中部侧带有 4 条侧线，近尾端侧线愈合为 3 条。排泄孔位于食道与肠连接处前，阴门横裂。尾部呈锥形，尾端光滑。

（2）草地根腐线虫（*P. pratensis*，图 4-30）

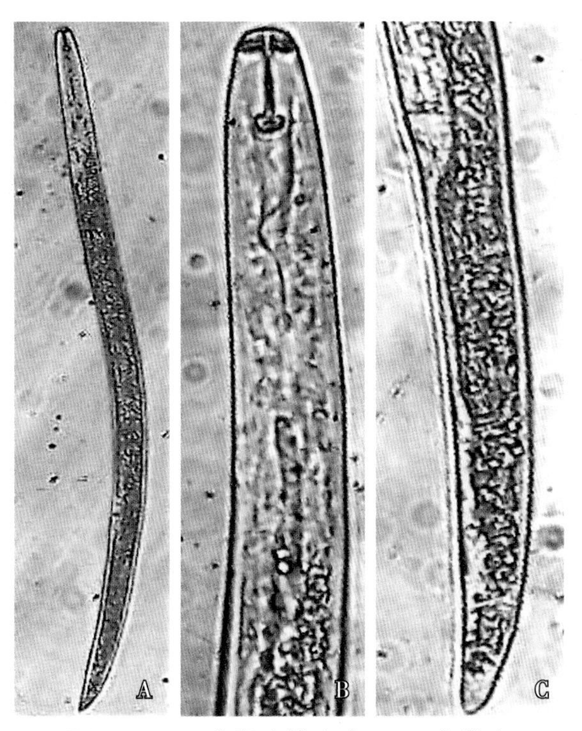

图 4-29 玉米根腐线虫（*P. zeae*）雌虫

A. 整体；B. 头部；C. 尾部

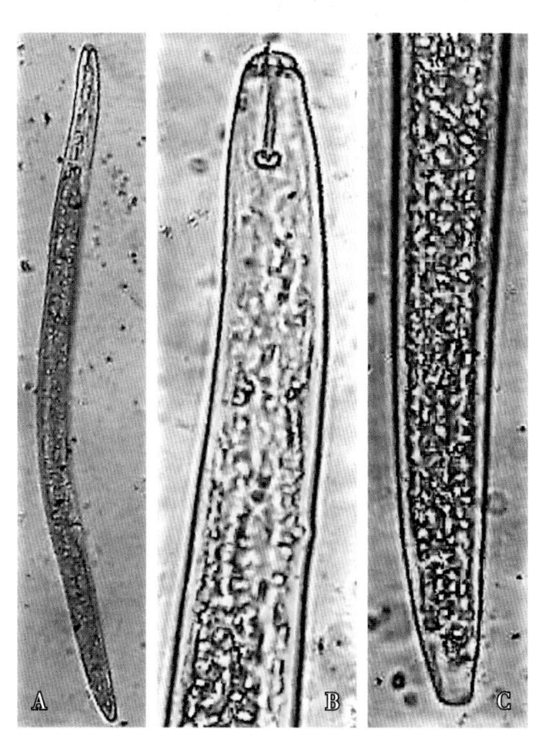

图 4-30 草地根腐线虫（*P. pratensis*）雌虫

A. 整体；B. 头部；C. 尾部

雌虫虫体细长，体长 420~485μm。唇区稍缢缩、具 3 个唇环。口针粗，长度 16~18μm，口针基部球圆形。食道腺覆盖于肠的腹面和腹侧，排泄孔位于食道腺与肠连接处稍前。角质膜环纹细而明显，侧带有 4 条侧线。阴门横裂，贮精囊大，充满精子。尾尖平截，环纹包至尾端。

（二）水稻环线虫病

症状

病原线虫侵染水稻根系，在根尖的皮层组织取食，抑制根生长发育；能和土壤中病原微生物一起复合侵染，导致烂根。

病原

病原为异盘大刺环线虫（*Macroposthonia xenoplax*，图 4-31、图 4-32）。

雌虫虫体粗壮，两端略细，体长 368~478μm。头部圆锥形，不缢缩；食道环线型，唇盘略隆起、圆形，4 个亚中唇片较发达，且明显分离。口针粗壮，长度 50~60μm，基部球锚形。侧区有些环纹分叉而形成规则的“Z”字纹，尾部钝圆、末端裂叶状。

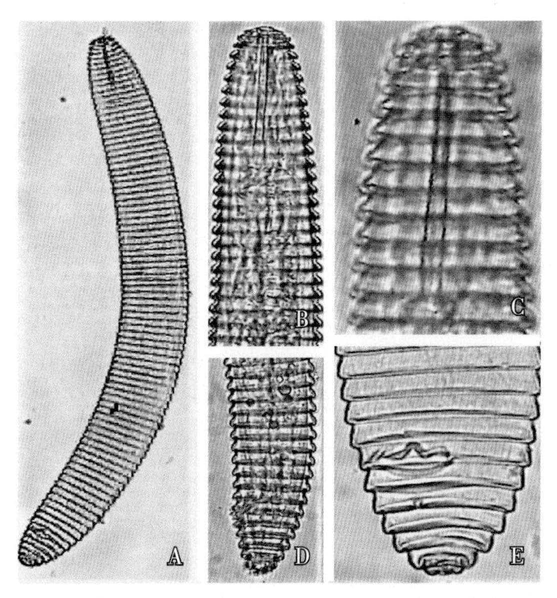

图 4-31 异盘大刺环线虫（*M. xenoplax*）福建种群雌虫

A. 整体；B、C. 头部；D. 尾部；E. 阴门和肛门

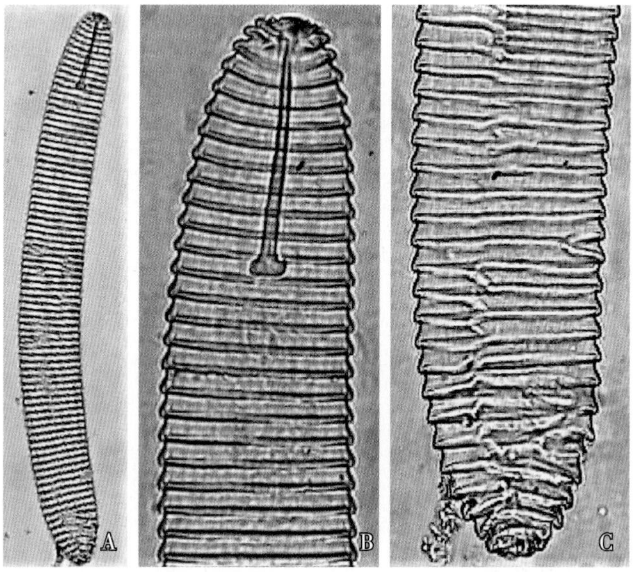

图 4-32 异盘大刺环线虫（*M. xenoplax*）海南种群雌虫

A. 整体；B. 头部；C. 尾部

（三）水稻螺旋线虫病

症状

病原线虫为半内寄生线虫，侵染水稻根皮层组织；线虫种群大时可引起根系发育不良。

病原

（1）双宫螺旋线虫（*Helicotylenchus dihystera*，图 4–33）

雌虫缓慢加热杀死后虫体呈螺旋状。头部锥圆，中等骨质化，唇区具 4~5 个环纹。口针发达，长度 25~28μm，基部球圆形。半月体位于排泄孔前，食道腺叶大部分覆盖于肠的腹面。雌虫阴门位于虫体中后部，双生殖管平伸。贮精囊内无精子。尾部锥形或半球形，尾末端有一腹向尾突。

（2）刻尾螺旋线虫（*H. crenacauda*，图 4–34）

雌虫缓慢加热杀死后虫体呈螺旋状。头部锥圆、中等骨质化，唇区具 4 个环纹。口针发达，基部球前缘平。半月体位于排泄孔前。食道腺叶大部分覆盖于肠的腹面。阴门位于体中后部，双生殖管平伸，贮精囊内无精子。尾短，尾末端缺刻，腹突大于 2 个体环长度。

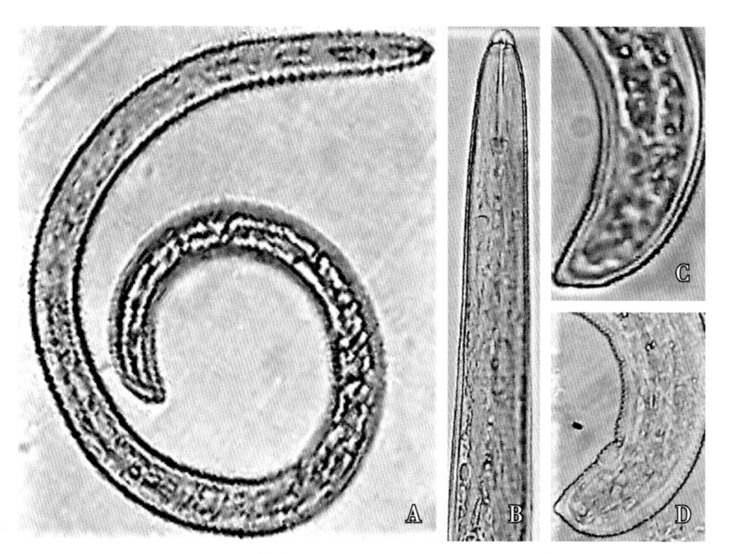

图 4–33　双宫螺旋线虫（*H. dihystera*）雌虫

A. 整体；B. 头部；C、D. 尾部

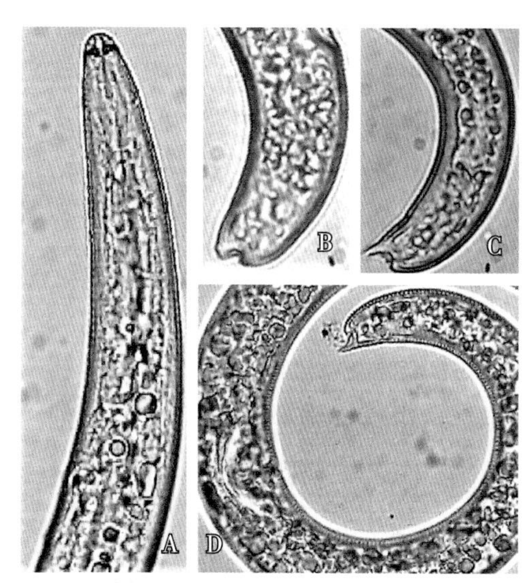

图 4–34　刻尾螺旋线虫（*H. crenacauda*）雌虫

A. 头部；B、C. 尾部；D. 阴门和尾部

（四）矮化线虫

症状

病原线虫侵害水稻根系，线虫种群大时可引起根系发育不良，稻株矮化，叶片褪绿。

病原

病原为农田矮化线虫（*Tylenchorhynchus agri*，图 4–35）。

雌虫缓慢加热杀死后虫体稍向腹面弯曲，体长 530~760μm。头部稍缢缩，头架弱，唇区具有 4 个环纹。口针纤细、长度 19~22 μm，食道腺与肠平接。排泄孔位于食道峡部后，半月体位于排泄孔前约 1 个体环处。阴门位于虫体中部，双生殖管对生。尾端光滑。

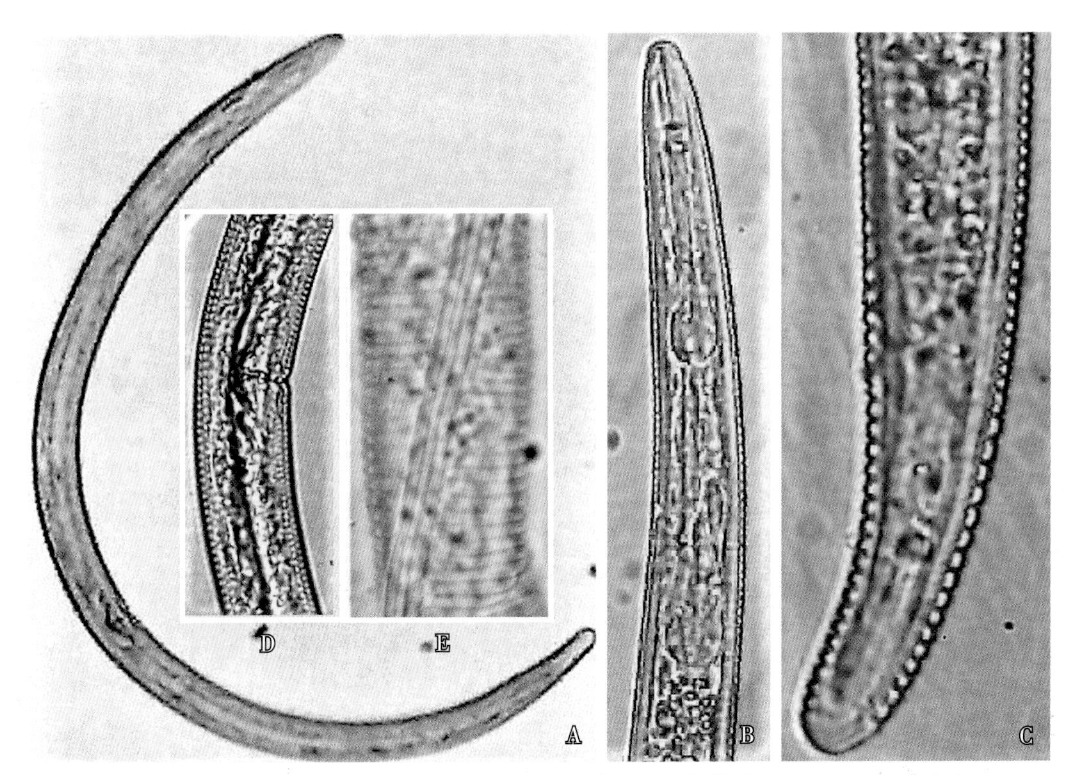

图 4-35 农田矮化线虫（*T. agri*）雌虫

A. 整体；B. 前部；C. 尾部；D. 阴门部；E. 侧带

第二节 小麦线虫病

一、小麦孢囊线虫病

症状

发生小麦孢囊线虫病的麦田植株叶片变黄，矮化，分蘖减少，生长稀疏（图 4-36）。根系主根细长，次生根因侵染刺激而增多，呈丛生状或扭结成团（图 4-37）；病根在侵染点分叉，侧根二叉形；抽穗到扬花期，根上有白色雌虫和褐色孢囊（图 4-38）；在孢囊附着处的根稍肿大，有时个别根会形成根结。田间发病植株参差不齐，呈块状分布（图 4-39）。连年单作的麦田，发病中心逐年增多和扩大，最后成片发生。发病田一般单作 3~4 年后就可导致全田发病。

病原

病原为燕麦孢囊线虫（*Heterodera avenae*，图 4-40、图 4-41）。

雌虫体长 550~750μm，体宽 300~600μm；口针长 26μm，头部有环纹，有 6 个圆形唇片。孢囊柠檬形、深褐色，阴门锥为两侧双膜孔型，无下桥，下方有许多排列不规则泡状突。

图 4-36　小麦孢囊线虫病抽穗成熟期症状

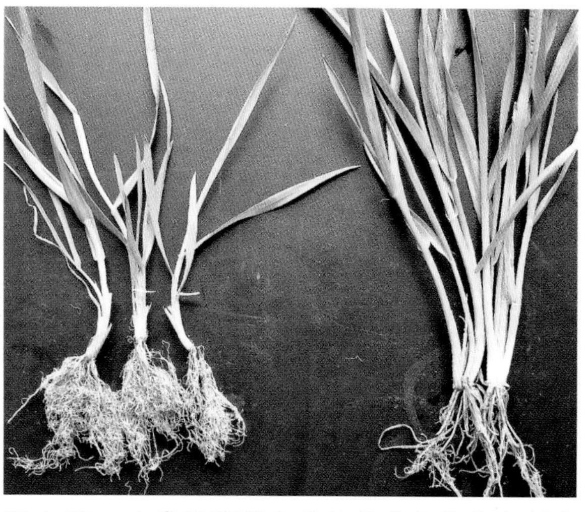

图 4-37　小麦孢囊线虫病病株（左为小麦新麦 958、右为温麦 4 号）（李洪连提供）

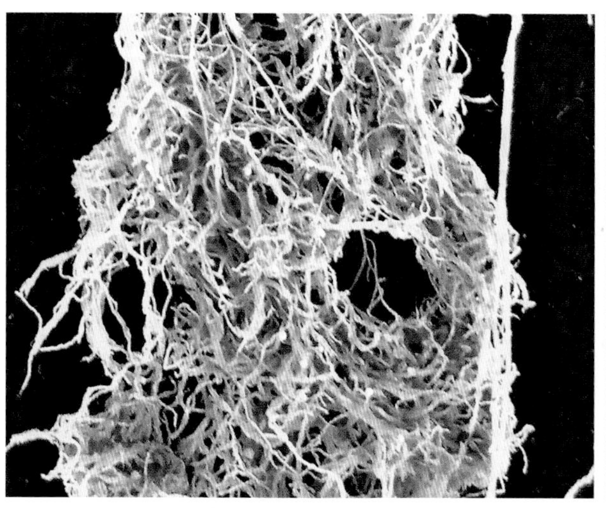

图 4-38　小麦孢囊线虫病病根上的雌虫和孢囊（李惠霞提供）

图 4-39　小麦孢囊线虫病病株田间块状分布

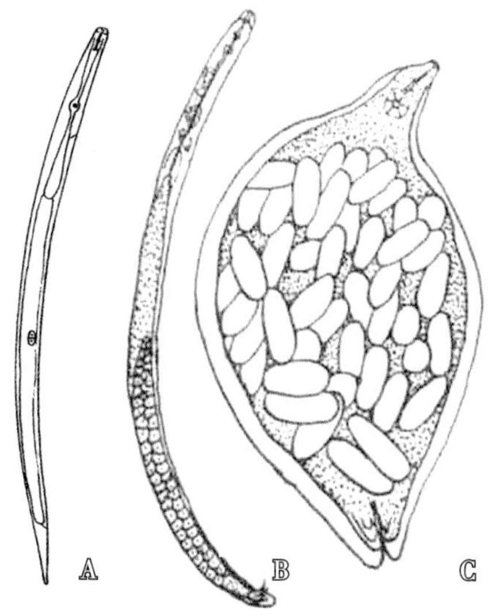

图 4-40　燕麦孢囊线虫 (*H. avenae*)

A. 幼虫；B. 雄虫；C. 雌虫

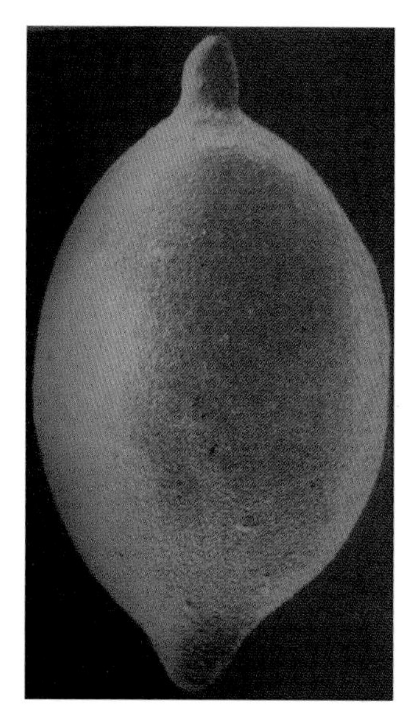

图 4-41　燕麦孢囊线虫孢囊（引自 Siddiqi）

雄虫 4 龄后为线形，两端稍钝，体长 1640μm，口针长 26~29μm，基部球圆形。

幼虫细小、针状，头钝尾尖，口针长 24μm。

发病规律

燕麦孢囊线虫（*H. avenae*）寄主范围广，危害小麦、大麦、黑麦及多种禾本科杂草。

燕麦孢囊线虫（*H. avenae*）在作物生长季节只完成一代，卵和卵内 2 龄幼虫有较长的休眠期，休眠期长短主要受温度影响。幼虫孵化的温度为 10~25℃，最适宜温度为 20~22℃。温度波动或高低交替，能刺激卵孵化。小麦播种后，孢囊内的卵受寄主根分泌物的刺激而孵化幼虫，并发生侵染。播种后 25~30d 是 2 龄幼虫侵入幼根的高峰期。春麦幼虫侵入两个月可出现孢囊；秋麦幼虫侵入后病原线虫以各发育虫态在根内越冬，翌年春季气温回升时危害，于 4~5 月出现孢囊。

燕麦孢囊线虫（*H. avenae*）危害一般春麦较秋麦重，春麦早播较晚播重，秋麦晚播较早播重，冬麦晚播较早播轻。连作麦田发病重，缺肥、干旱地较重，砂壤土较重。苗期侵染对产量影响较大。

燕麦孢囊线虫（*H. avenae*）通过水流、农具和土壤搬移等途径在田间传播，远距离主要是随植株体、带土的种子和栽培基质运输传播。

防控措施

①加强检疫检验：孢囊可以混杂于植株、种子和栽培基质中随运输远程传播，因此要实施检疫措施，防止病害扩散蔓延。

②选用抗（耐）病品种：目前小麦品种缺乏高抗品种，太空 6 号、温麦 4 号、偃 4110、豫优 1 号和新麦 11 等品种具有一定抗性。

③合理轮作防病：选用大豆、豌豆、棉花、油菜、胡萝卜等非寄主作物轮作 2~3 年。

④健身避病栽培：一是调节播种期。土壤温度对燕麦孢囊线虫（*H. avenae*）的危害性及生活史有很大的影响，低温可以刺激卵的孵化，抑制小麦根系的生长。春麦适当晚播，秋麦适当早播，冬麦适当晚播，有利小麦根系发育，增强抗侵染能力，减轻发病。二是加强水肥管理。平衡施肥，适当增施氮肥和磷肥，改善土壤肥力，促进植株生长；干旱时及时浇水，提高植株抵抗力，降低燕麦孢囊线虫（*H. avenae*）的危害程度。

⑤科学用药防控：一是施用药肥。小麦播种前施用 50% 氰氨化钙颗粒剂（300~450kg/hm^2）作基肥，均匀地撒施于畦面，用旋耕机或铁耙将药剂和土壤充分混匀，灌水或浇水湿润土壤，消毒 5~10d 后播种。氰氨化钙具有杀线虫作用，能降低土壤中的初侵染线虫量，同时又增加了土壤中氮素营养，提高作物耐病性和产量。二是合理用药。将 10% 噻唑膦颗粒剂（22.5kg/hm^2）与细土（150~225kg/hm^2）搅拌均匀后撒施到地表面，并与土壤充分混匀后播种；或在小麦出苗返青期用 41. 7% 噻唑膦悬浮剂 10000~15000 倍液浇灌根际土壤。三是生物防控。播种期用厚垣孢普可尼亚菌或淡紫拟青霉穴施或沟施。

二、小麦粒线虫病

小麦粒线虫病也称小麦穗瘿病或小麦皱穗病。20 世纪 50 年代前在江淮一带小麦粒线虫病发生普遍，之后经大力防控，病害已很少发生。

症状

被侵染小麦从苗期到成株期都能出现症状。20~25d 秧龄的麦苗近地面的茎基部肿大，新叶扭曲和皱缩，叶片尖部常常包在叶鞘内。到 30~45d 之后，这些叶片转变为正常，但表面有许多细脊，病株比健康植株矮（图 4–42）。在侵染水平较低时植株病害症状不明显，穗子上能产生少数虫瘿。严重侵染时植株不抽穗，甚至死亡。被侵染的麦苗分蘖较多，但是分蘖数的增加并不能增加有穗数。病株抽穗提早，穗头短宽（图 4–43）。有芒品种受侵染，颖片上芒小或无芒。病穗全部或部分麦粒变成虫瘿。虫瘿有时形成于芒基部和颖片上，最初为青绿色，后转为紫褐色；外壁增厚，比麦粒短而圆。

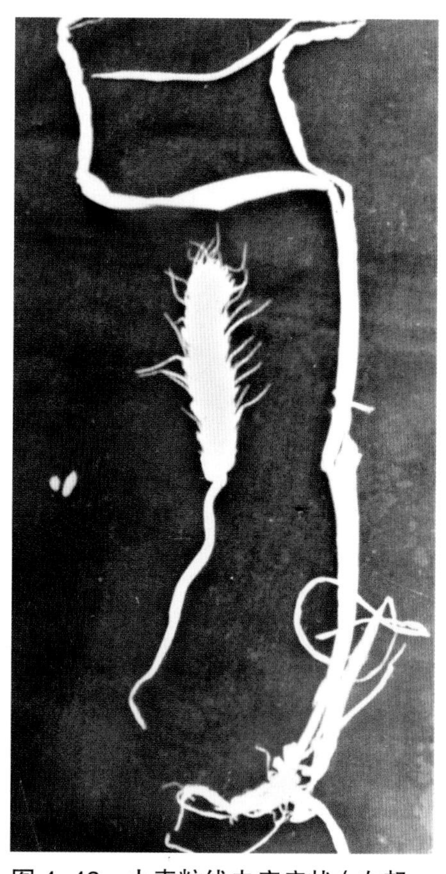

图 4–42 小麦粒线虫病症状（左起：虫瘿、健康麦粒、病穗、病株）

图 4–43 小麦粒线虫病症状（左为健穗和麦粒，右为病穗和虫瘿）（Hooper 摄，引自 Whitehead）

病原

病原为小麦粒线虫（*Anguina tritici*，图 4–44）。

雌雄异形。雌虫肥胖，体长 1500~5000μm，加热杀死后呈螺旋形。唇部低平，头骨架弱；体环不明显；中食道球有折射性增厚，后食道球膨大，不规则形。阴门位于虫体后部；单生殖管前生，有 2 次或多次回折。卵巢中有大量卵母细胞，有后阴子宫囊。尾短、圆锥形。

雄虫较小，体长 1000~1500μm，加热杀死后稍弯曲。单精巢，发达，有 1~2 次回折。交合伞为肛侧生。

图 4-44 小麦粒线虫（*A. tritici*）雌虫和雄虫尾部

发病规律

小麦粒线虫（*A. tritici*）为移居型外寄生或内寄生线虫，以虫瘿混杂在麦种中传播。虫瘿随麦种播入土中，休眠后 2 龄幼虫复苏出瘿，土壤温度 12~16℃时最适宜线虫活动和侵染。麦种刚发芽，幼虫即沿芽鞘缝侵入生长点附近，危害刺激胚芽，导致麦株后期茎叶卷曲畸形，这一时期线虫营外寄生生活，形态上不发生明显变化；幼穗分化期侵入花器，营内寄生生活，形态发生变化；抽穗开花期危害，刺激子房畸变，成为幼瘿。灌浆期幼瘿内幼虫迅速发育，蜕 3 次皮发育为成虫，每个虫瘿内有成虫 7~25 条。雌雄交配后即产卵，孵化出幼虫在未成熟的虫瘿内取食，虫瘿成熟和干燥后呈褐色近圆形，其内部的 2 龄幼虫也缓慢干燥而进入低湿休眠，并在虫瘿内越冬。混杂在种子中的虫瘿，其内的 2 龄幼虫在适宜条件下可以存活多年；收获小麦时遗留于田间的虫瘿在干燥条件下，虫瘿内的幼虫可存活 1~2 年。

防控措施

加强检疫：目前，世界上的主要产麦国，包括我国，小麦粒线虫病已基本得到控制，不再发生大面积危害。为了防止病害回升，必须严格执行检疫制度。

第五章 薯类作物线虫病

第一节　甘薯线虫病

一、甘薯茎线虫病

甘薯茎线虫病俗称糠心病、糠裂病、空梆病、黑梆子病、糠腐线虫病，是我国甘薯的重要病害。在重病区有些用种薯直栽的田因病害减产达 80% 以上，贮藏烂窖损失达 50% 以上。

症状

病原线虫主要侵染薯块，其次为蔓基部。育苗期发病表现为出苗少、矮小、叶黄；苗茎基部白色部分出现斑驳状斑点，随着次生病菌的侵入而出现黑褐色；发病后期剖视茎基部，内有褐色空腔，髓部呈褐色干腐，切口处白色乳液溢出。本田发病在近地表的主蔓基部出现褐色龟裂斑，髓部先呈现白色干腐，后转为褐色干腐，呈糠心状（图 5–1）；发病植株蔓短、叶黄、生长迟缓，甚至主蔓枯死。以春薯和直栽的大田种薯秧蔓发病较多。

薯块发病症状有两种类型。

①糠心型：由病苗侵染。线虫从苗茎内侵入块根顶部，由上至下，由内向外发病。初期薯块纵剖面有白色条点状空隙，其后因次生病菌的侵染而变成褐白相间的干腐。腐烂组织逐渐向下部和四周发展，最后薯块内部全部变成褐白相间的干腐（图 5–2）。凡带线虫的种薯为大田直栽所结薯块，其症状都呈典型的糠心型。

②裂皮型：由土壤传染。线虫直接用口针刺破外表皮侵入薯块，导致薯块外皮褪色、变青，稍凹陷，或呈小裂口。次生病菌从伤口侵入，使皮下组织变褐软化，出现块状褐斑，或形成小型龟裂（图 5–3）。

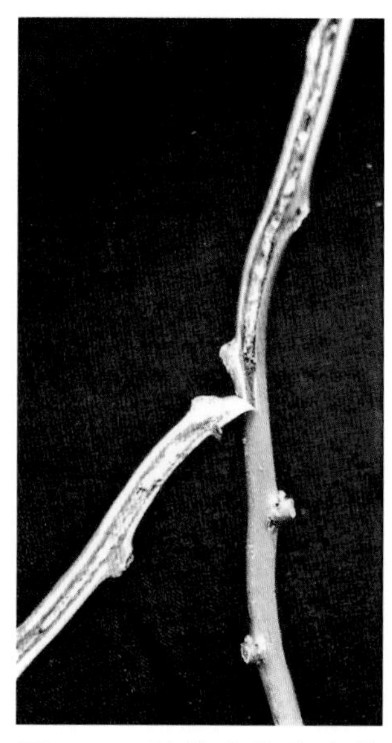

图 5–1　甘薯茎线虫病藤蔓内部症状

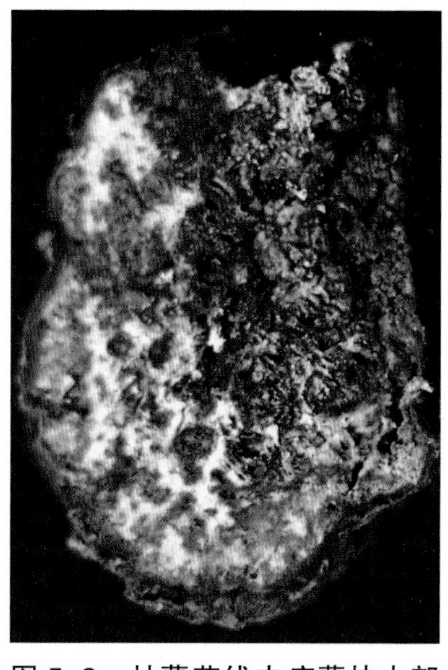

图 5–2　甘薯茎线虫病薯块内部症状

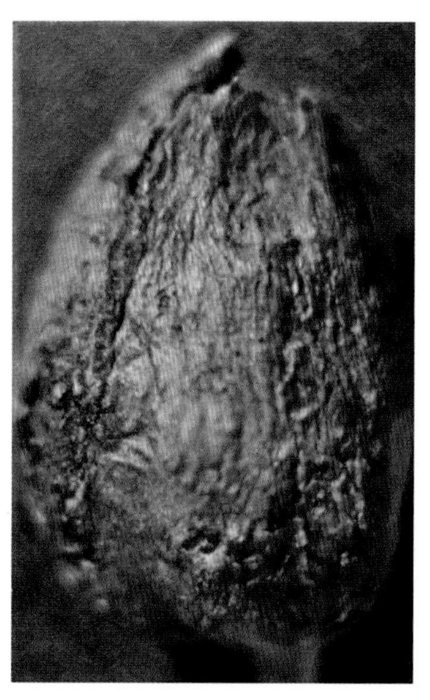

图 5–3　甘薯茎线虫病薯块表皮症状

皮层内有褐白相间的粉状空隙。病组织一般向中心发展。

糠心型和裂皮型两种症状可以混合发生。

病原

病原为腐烂茎线虫（*Ditylenchus destructor*，图 5–4、图 5–5）甘薯专化型，该线虫分化为 S 型和 L 型两种基因型。

（1）形态特征

雌虫体长 700~1410μm，虫体缓慢加热杀死后稍向腹面弯曲，有细微的环纹。唇架中度骨质化，唇区低平、稍缢缩，有 4 个唇环，唇正面有 6 个唇片，侧器孔位于侧唇片。口针长 10~13μm，口针基部球小而明显；中食道球梭形、有小瓣膜，峡部窄、围有神经环，食道腺延伸、稍覆盖于肠的背面，也有覆盖于肠侧面和腹面。排泄孔位于食道与肠连接处或稍前，半月体在排泄孔前。侧带起始于虫体前部的 16~20 体环处、终止于近尾端，中部侧带宽度变化较大、占体宽的 1/2~3/4，有 6 条侧线，侧带外侧具网格纹。阴门横裂、位于虫体后部，成熟雌虫的阴唇略隆起，阴门裂与体轴线垂直，阴门宽度占 4 个体环；卵巢发达、前生、达食道腺基部，前端卵原细胞双列；后阴子宫囊长，延伸至阴肛距 2/3~4/5 处，有的后阴子宫囊稍短。尾呈锥状，稍向腹面弯曲，末端窄圆；尾长约为肛门处体宽的 3~5 倍。

雄虫除性特征外，其他形态特征与雌虫相似，体长 720~1300μm。单精巢前生，前端可达食道腺基部。泄殖腔隆起，交合伞起始于交合刺前端水平处向后延伸达尾长 3/4 处；交合刺成对，朝腹向弯曲，前端膨大具指状突；引带短。

2 龄幼虫体长 220~243μm，口针长 10μm 左右，4 个唇环。侧带 4 条侧线。尾末端窄圆，尾长为肛门处体宽的 3~4 倍。其他形态特征与成虫相似。

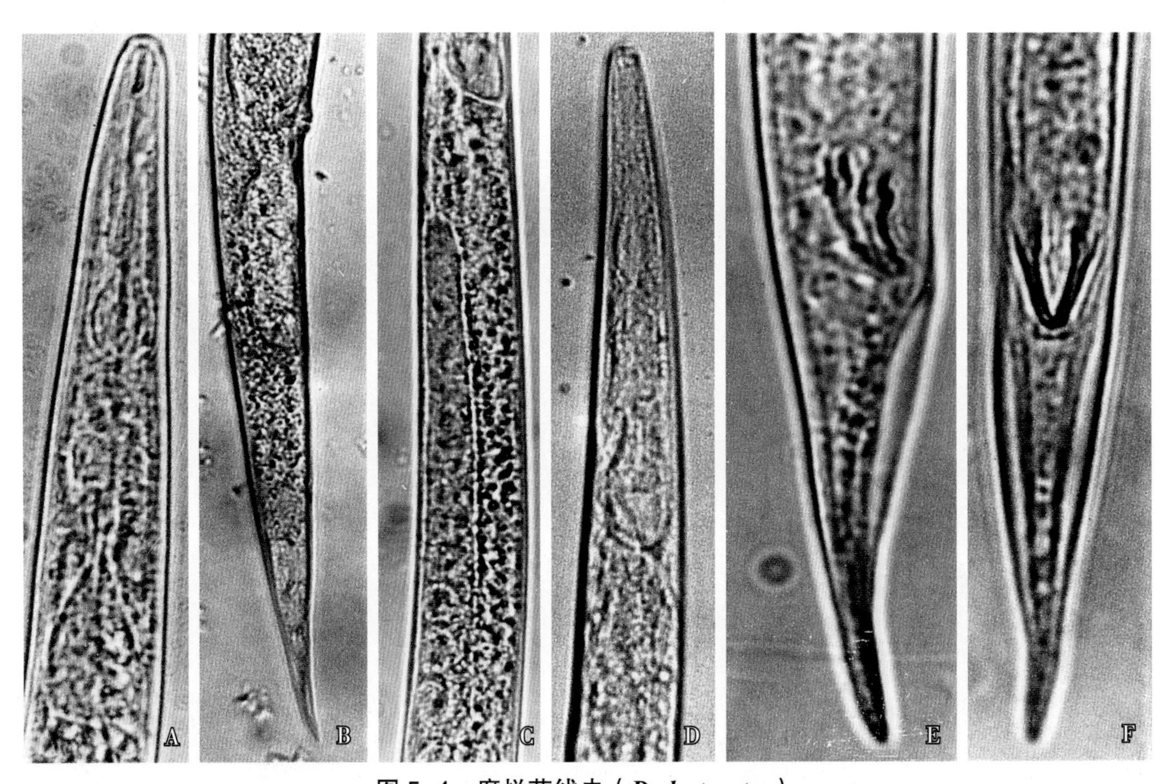

图 5–4 腐烂茎线虫（*D. destructor*）

A. 雌虫前部；B. 雌虫后部；C. 雌虫卵巢；D. 雄虫前部；E、F. 雄虫后部侧面和腹面

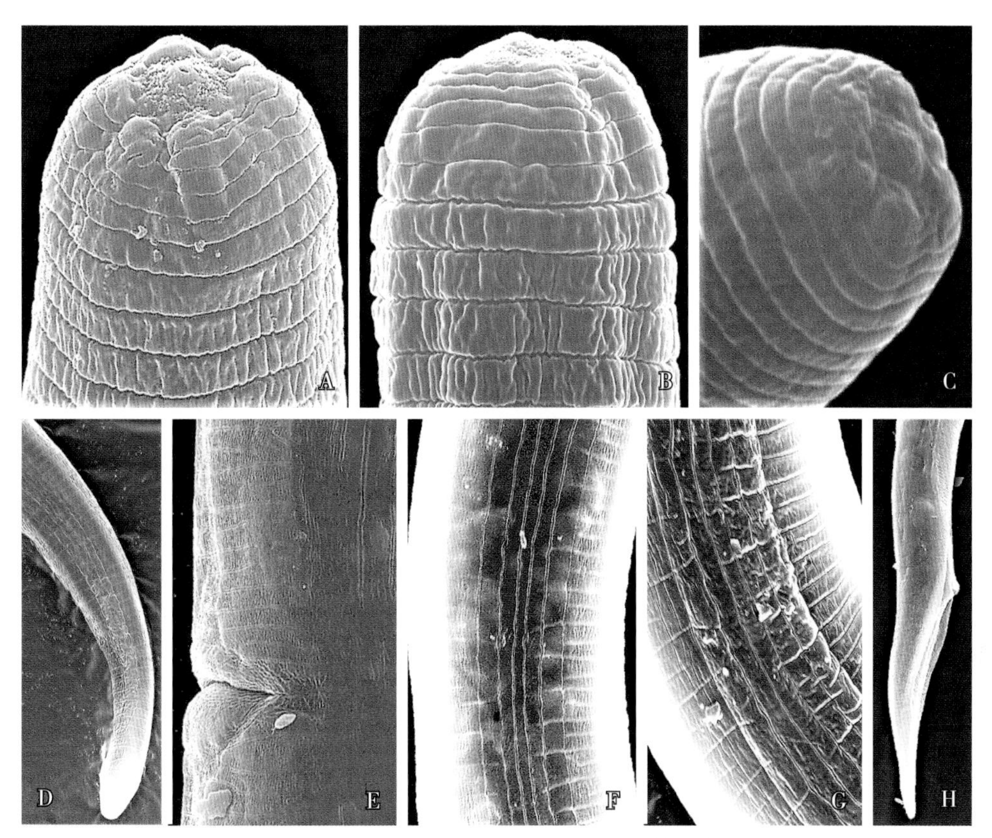

图 5-5 腐烂茎线虫（*D. destructor*）体表特征

A. 雌虫唇区；B. 雌虫头部（环纹）；C. 雄虫唇区；D. 雌虫尾部；E. 阴门；F、G. 雌虫侧带；H. 雄虫尾部

（2）分子生物学特征

利用 PCR 技术获得腐烂茎线虫（*D. destructor*）rDNA-ITS1 区序列。序列分析表明，我国河北、山东、安徽的腐烂茎线虫（*D. destructor*）16 个地理种群的 ITS1 区序列分化为短型（S 型）和长型（L 型）两种基因型（图 5-6）。山东费县芍药山乡 4 个地理种群为 L 型，ITS1 区长度为 466bp；河北、安徽和山东莱芜区、沂水县、沂南县及费县新庄镇的 12 个地理种群为 S 型，ITS1 区长度为 288bp。腐烂茎线虫（*D. destructor*）与鳞球茎茎线虫（*D. dipsaci*）的 rDNA-ITS1 序列同源性为 52.0%~52.5%，与马铃薯腐烂茎线虫（*D. destructor*）序列同源性为 82.0%~85.4%；甘薯腐烂茎线虫（*D. destructor*）不同地理种群间的序列同源性为 96.6%~100.0%（图 5-7）。

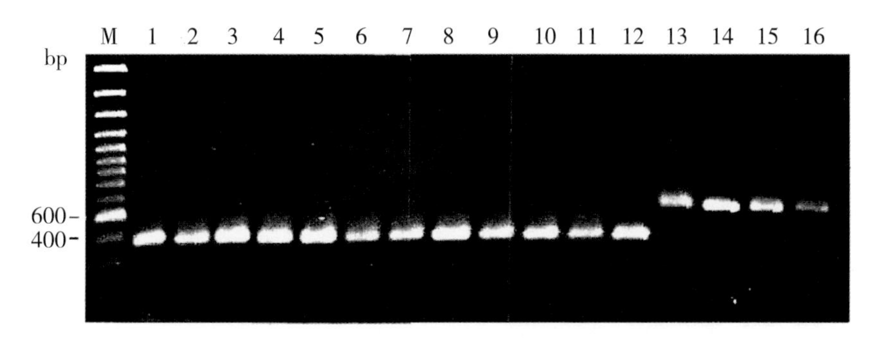

图 5-6 腐烂茎线虫（*D. destructor*）16 个地理种群 rDNA-ITS1 PCR 电泳图

M：DL1000 DNA Marker；1~16：样本分别来源于河北省卢龙县、赞皇县、涿州市、高邑县、易县、迁安市、抚宁区，山东省莱芜区、沂水县、沂南县，安徽省砀山县，山东省费县新庄镇西胱村，山东省费县芍药山乡大马村、西南村、东石村、鱼林村

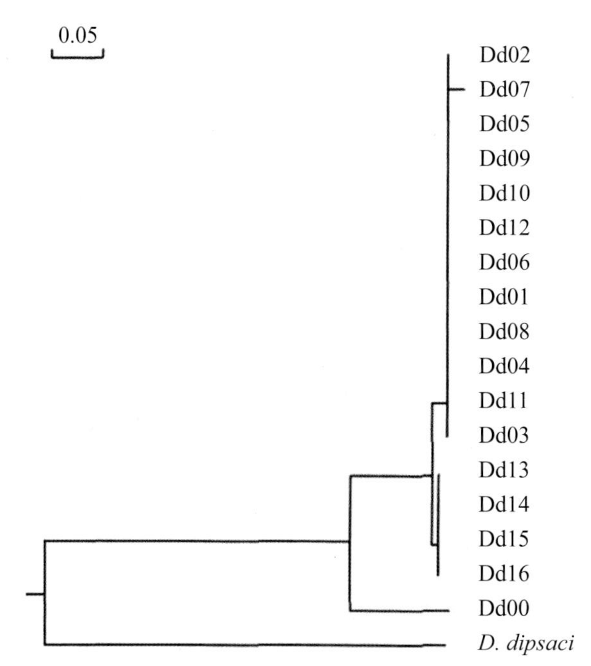

图 5-7 甘薯腐烂茎线虫（*D. destructor*）不同地理种群与马铃薯腐烂茎线虫（*D. destructor* AF363110）、鳞球茎茎线虫（*D. dipsaci* AF363111）的 ITS1 区系统发育比较

Dd01~Dd16：样本分别来源于河北省卢龙县、赞皇县、涿州市、高邑县、易县、迁安市、抚宁区，山东省莱芜区、沂水县、沂南县，安徽省砀山县，山东省费县新庄镇西脱村，山东省费县芍药山乡大马村、西南村、东石村、鱼林村；Dd00：腐烂茎线虫（*D. destructor* AF363110）；*D. dipsaci*：鳞球茎茎线虫（*D. dipsaci* AF363111）

（3）致病性

用腐烂茎线虫（*D. destructor*）伤口接种和盆栽接种测定对甘薯和马铃薯的致病性。测定结果，伤口接种腐烂茎线虫（*D. destructor*），该线虫对甘薯薯块致病性极强，引起薯块大面积腐烂（图 5-8）；

图 5-8 腐烂茎线虫（*D. destructor*）致病性测定（左为甘薯，右为马铃薯）

对马铃薯薯块致病性极弱，基本未侵染。盆栽接种，该线虫能侵染甘薯，薯块表皮和内部组织腐烂，藤蔓变褐腐烂（图 5-9）；能侵染马铃薯，受感染的马铃薯植株矮小，茎基部和根部有黄褐色纵裂，结薯量少，薯块小，病薯表面出现小面积暗棕色腐烂斑，纵剖薯块可见薯块内部不受侵染（图 5-10）。结果表明，腐烂茎线虫（*D. destructor*）对甘薯和马铃薯的致病性有明显分化。

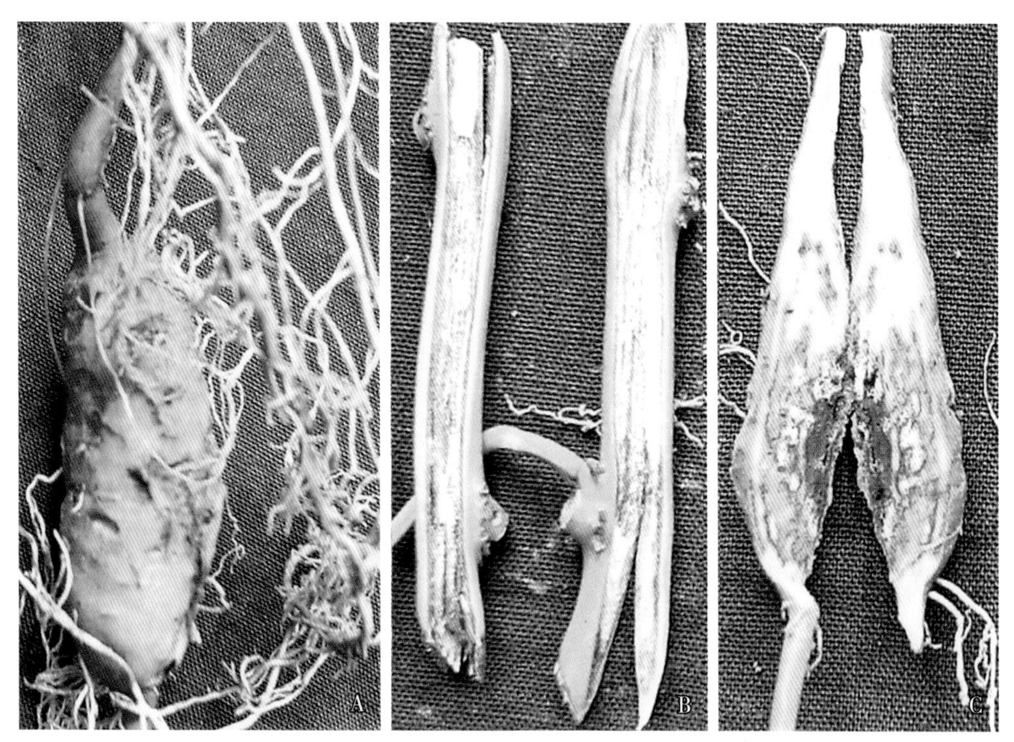

图 5-9　腐烂茎线虫（*D. destructor*）盆栽接种甘薯

A. 块根表皮和须根腐烂；B. 藤蔓内部变褐腐烂；C. 块根内部腐烂

图 5-10　腐烂茎线虫（*D. destructor*）盆栽接种马铃薯

A. 健株；B. 病株矮小；C. 根和块茎表皮腐烂；D. 块茎剖面（表皮腐烂）

发病规律

腐烂茎线虫（*D. destructor*）在我国以卵、幼虫和成虫在窖藏的薯块组织内越冬，也能以幼虫和成虫在田间土壤中的病株残体越冬，成为第二年初侵染源。该病以种薯、种苗传播为主，病薯和带病薯苗调运时将病害传播到无病区。在病区带虫的土壤、肥料、流水、农具及种薯、种苗都能传播病害。腐烂茎线虫（*D. destructor*）在 7℃以上就能产卵，并孵化和生长，最适温度 25~30℃，最高 35℃。湿润、疏松的砂质土利于其活动危害，极端潮湿、干燥的土壤不利其活动。

腐烂茎线虫（*D. destructor*）为迁移型内寄生线虫，在自然条件下可直接危害薯块，也危害薯蔓和根。线虫直接通过表皮或伤口侵入，侵入寄主后取食、繁殖和迁移危害，背食道腺分泌果胶酶、淀粉酶和蛋白酶等导致薯块腐烂，后期伴随着病菌的侵入，薯块内部组织呈现褐白相间的糠心状干腐。从病薯块上可以分离到茄病镰孢（*Fusarium solani*）、尖镰孢（*F. oxysporum*）、爪哇毛霉（*Mucor javanicus*）、土生青霉（*Penicillium terrestre*）、匍枝根霉（*Rhizopus stolonifer*）等真菌。接种试验证实，镰孢（*Fusarium*）和腐烂茎线虫（*D. destructor*）复合侵染会加剧病害（图 5-11）。

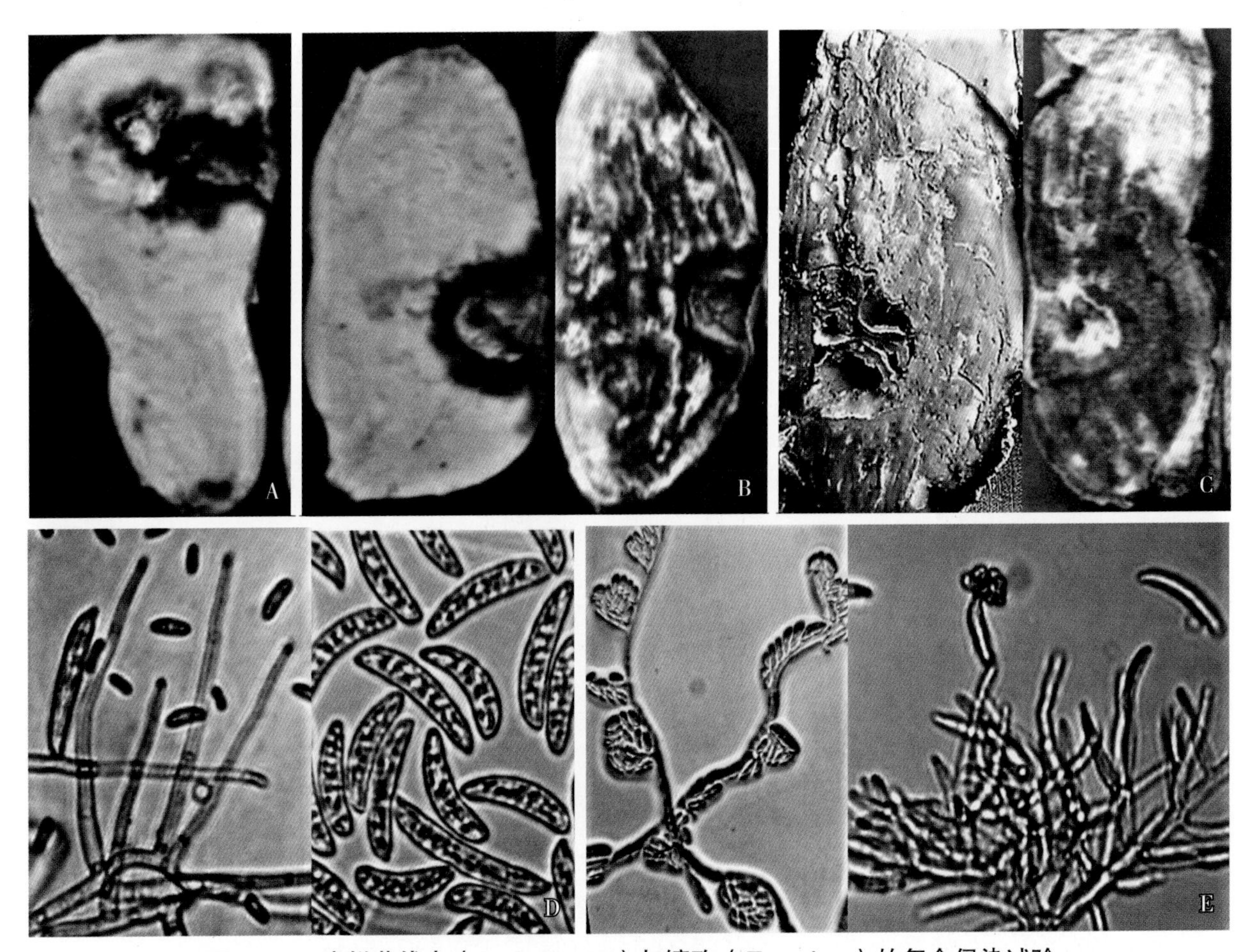

图 5-11　腐烂茎线虫（*D. destructor*）与镰孢（*Fusarium*）的复合侵染试验

A. 接种线虫；B. 接种尖镰孢（*F. oxysporum*，左），接种线虫和尖镰孢（*F. oxysporum*，右）；C. 接种茄病镰孢（*F. solani*，左），接种线虫和茄病镰孢（*F. solani*，右）；D. 茄病镰孢（*F. solani*）分生孢子梗和分生孢子；E. 尖镰孢（*F. oxysporum*）分生孢子梗和分生孢子

防控措施

①加强检疫：病原线虫随带病薯块、薯苗的调运作远距离传播，要采取严格的检疫措施。

②建立无病苗圃：选用 3 年以上未种过甘薯的地块作为无病留种田，严格选种、选苗。用精选的无病薯作种薯，种薯在 52~54℃温水中浸 10min 后再育苗；薯苗用 41.7% 氟吡菌酰胺悬浮剂 5000 倍液浸苗处理。

③作物轮作：选择玉米、小麦、高粱、谷子、棉花作为轮作作物，重病地轮作 3 年以上。

④采用抗病品种：甘薯品种青农 2 号、美国红、79-6-1、济薯 10 号、济薯 11 号、鲁薯 3 号、台农 27 号、洛 80199 等品种对甘薯茎线虫病表现一定抗性。

⑤化学防控：种植前施用 50% 氰氨化钙颗粒剂（225~300kg/hm^2）作基肥，降低土壤中的初侵染线虫量。种植时用 10% 噻唑膦颗粒剂（15kg/hm^2）撒施或穴施，或用 41.7% 氟吡菌酰胺悬浮剂 5000~10000 倍液穴施。

二、甘薯根结线虫病

症状

甘薯根和薯块均可受害，病株生长衰退，藤蔓生长缓慢，薯蔓细短、分枝稀少，叶色褪绿、枯黄，茎蔓和叶柄变紫红色（图 5-12、图 5-13）。病株根系萎缩、坏死，营养根少，呈黄褐色，须根增多，在根颈部或根部形成单个根结，严重时许多根结相互愈合形成根结块，根中柱膨大。薯块受害后生长受抑制，薯块变小，畸形；薯块表皮产生近圆形的瘤状虫瘿，虫瘿单生或成堆；虫瘿表面可见胶状卵囊；剖开虫瘿表皮，可见白色梨形或球形雌虫（图 5-14）。

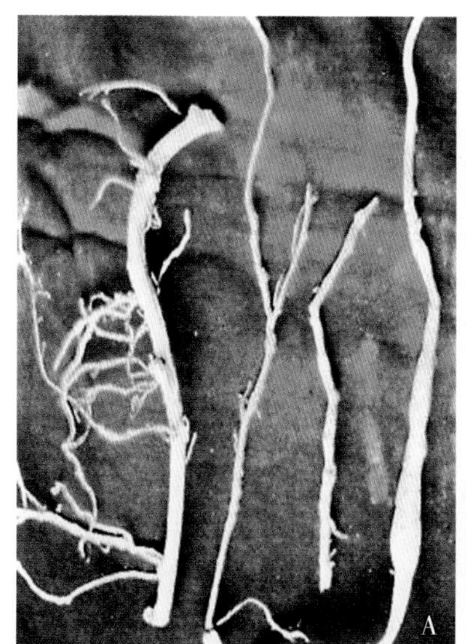

图 5-12　南方根结线虫（*Meloidogyne incognita*）引起的甘薯根结线虫病症状

A. 病根；B. 病根颈部；C. 病薯

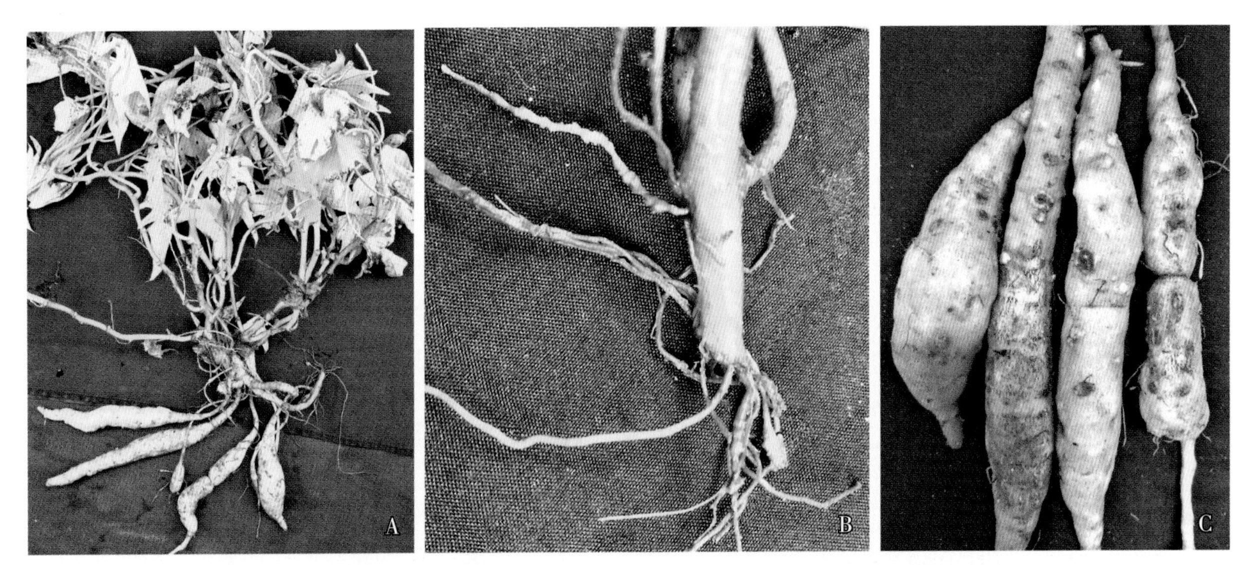

图 5-13 象耳豆根结线虫（*M. enterolobii*）引起的甘薯根结线虫病症状

A. 病株；B. 病根；C. 病薯

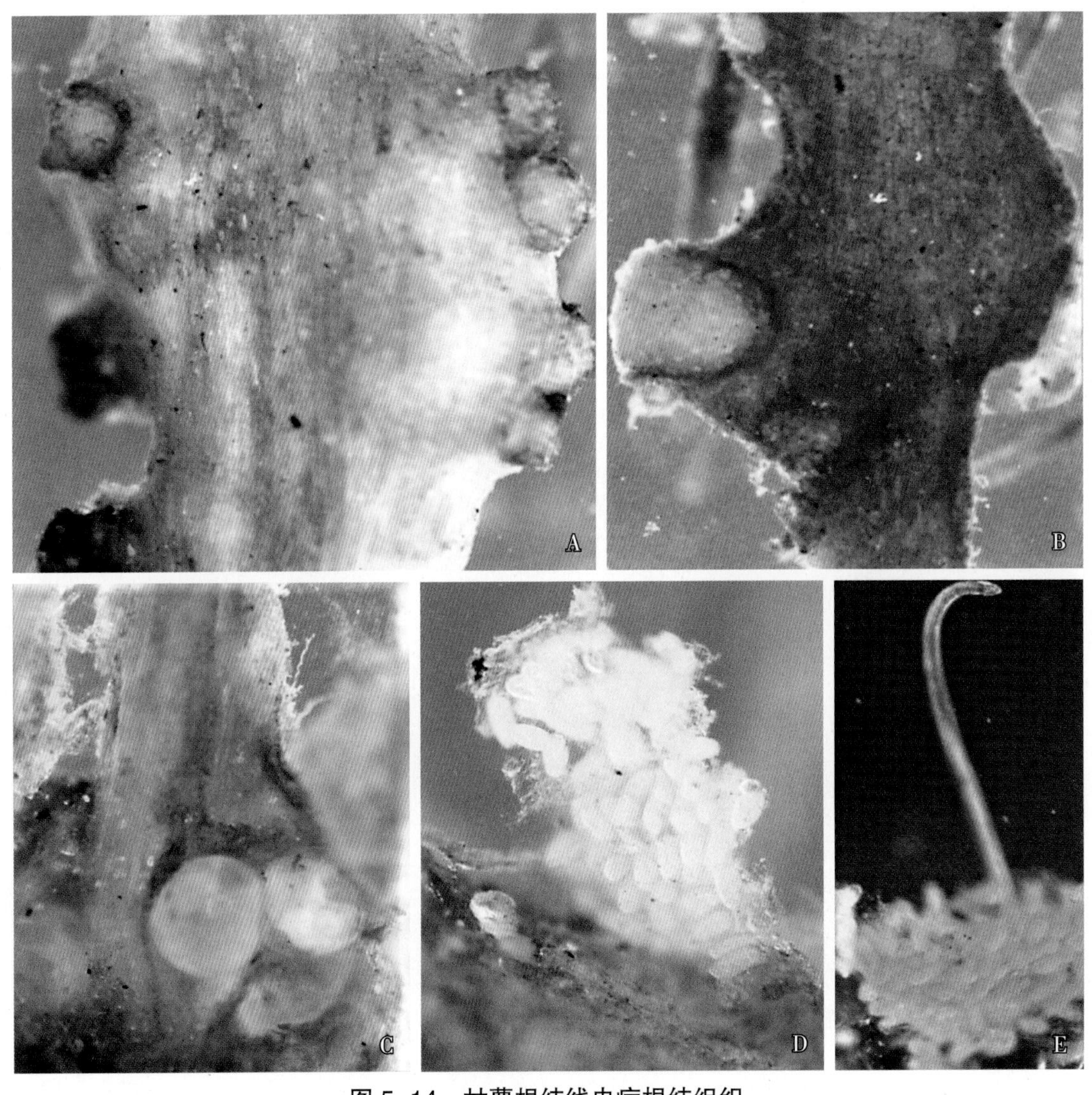

图 5-14 甘薯根结线虫病根结组织

A. 根表皮上的根结；B. 根结；C. 根结组织内的雌虫；D. 根结上的卵囊；E. 卵囊上的雄虫

病原

侵染甘薯的根结线虫（*Meloidogyne*）主要种是南方根结线虫（*M. incognita*）、象耳豆根结线虫（*M. enterolobii*），也发现北方根结线虫（*M. hapla*）、花生根结线虫（*M. arenaria*）、爪哇根结线虫（*M. javanica*）和巨大根结线虫（*M. megadora*）。

（1）南方根结线虫（*M. incognita*，图 5-15）

雌虫虫体呈球形或梨形，前端有一突出的颈部，呈珍珠白。体长 500~1000μm，体宽 300~520μm。排泄孔位于中食道球前方，通常在口针基部球附近，口针长 14~18μm、口针基部球小。会阴花纹背弓高，近方形，由平滑到波浪形的线纹组成，无明显的侧线。

雄虫蠕虫形，体长 1300~1900μm。口针长 20~25μm。背食道腺开口距离口针基部球约 2μm。尾部短，末端半球形；交合刺发达，无交合伞。

2 龄幼虫虫体纤细，蠕虫形，体长 350~450μm。口针 9~13μm，有小的口针基部球。中食道球发达，食道腺延伸，大部分重叠于肠的腹面。尾长 38~45μm，锥状，近尾端常缢缩，透明区长 3~12μm。

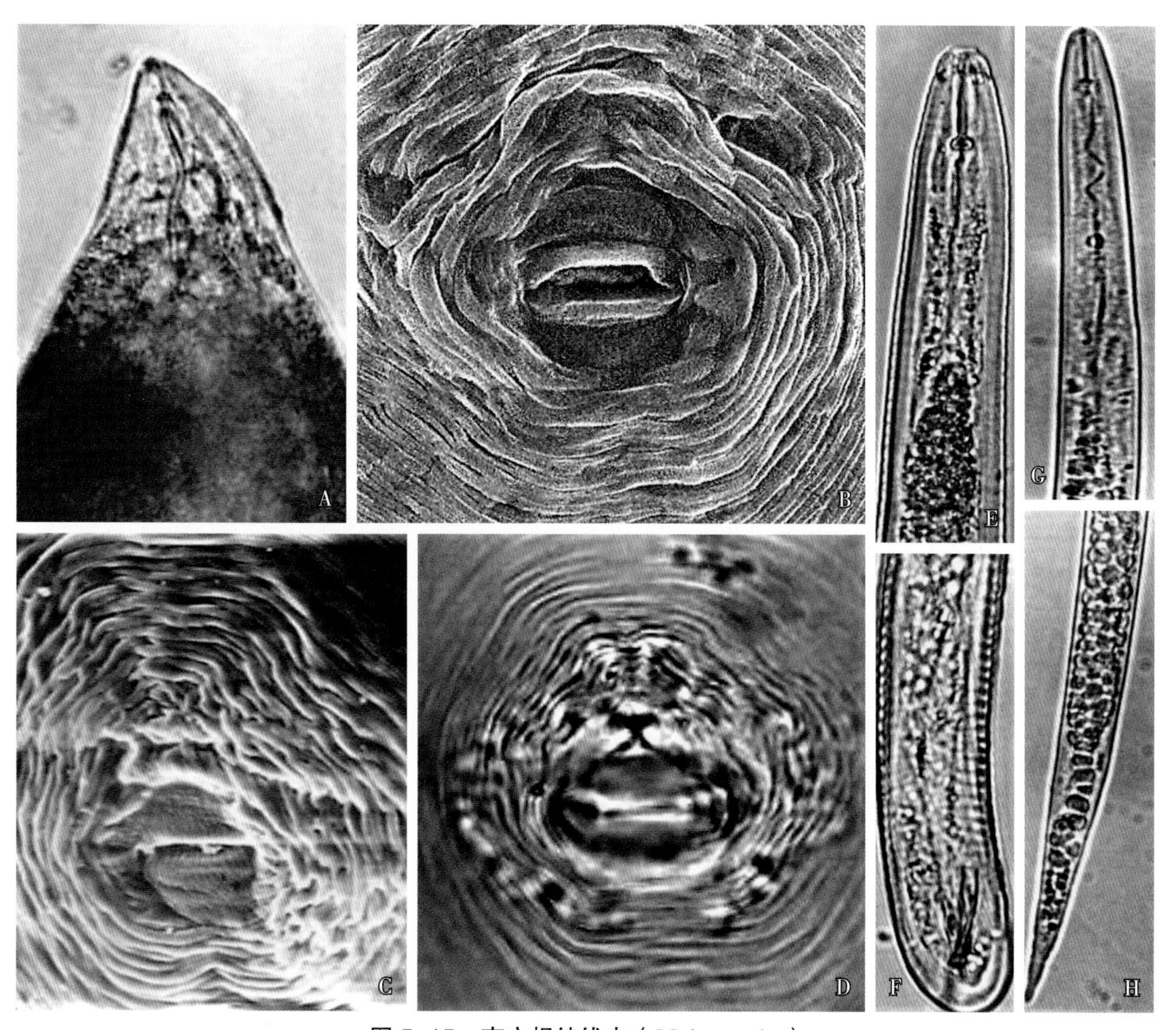

图 5-15　南方根结线虫（*M. incognita*）

A. 雌虫头部；B~D. 会阴花纹；E. 雄虫前部；F. 雄虫尾部；G. 2 龄幼虫前部；H. 2 龄幼虫尾部

（2）象耳豆根结线虫（*M. enterolobii*，图 5-16）

雌虫虫体膨大成球形或梨形，乳白色，体长 548~755μm，体宽 454~713μm。有一短颈，头部骨质化不明显。口针纤细，长 13~19μm。排泄孔位于中食道球水平处。会阴花纹圆形或椭圆形，线纹细、较平滑，背弓高，呈近圆形或方形；侧线不明显，阴肛区无线纹。

雄虫蠕虫形，体长 956~1487μm，体环明显，侧带有 4 条侧线。头区骨质化较明显，稍缢缩。口针长 17~21μm，基部球明显；食道腺从腹面覆盖于肠前端。尾短，交合刺发达，无交合伞。

2 龄幼虫蠕虫形，体长 365~462μm。头区骨质化弱。口针纤细，长 11~14μm，口针基部球小。排泄孔位于后食道腺中部位置，食道腺从腹面覆盖于肠。尾长锥状，近尾端有 1~3 次缢缩，透明区清晰，尾端钝圆。

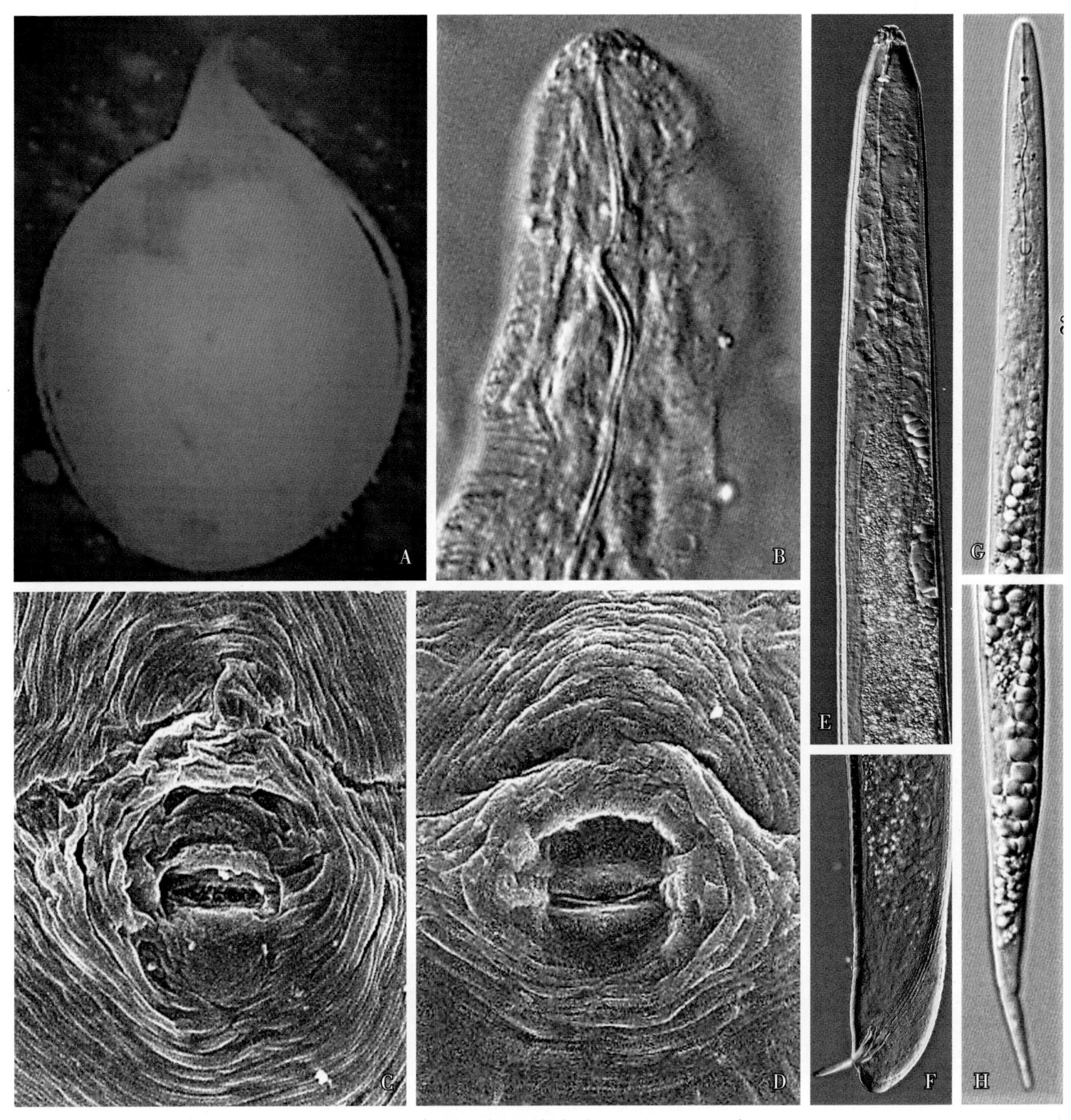

图 5-16 象耳豆根结线虫（*M. enterolobii*）

A. 雌虫整体；B. 雌虫头部；C、D. 会阴花纹；E. 雄虫前部；F. 雄虫尾部；G. 2 龄幼虫前部；H. 2 龄幼虫尾部

发病规律

根结线虫（*Meloidogyne*）为定居型内寄生线虫，主要以卵囊中的卵和卵内的幼虫越冬。在寄主作物种植季节，2 龄幼虫侵入寄主根中危害，并完成生活史。带病薯块和残留于田间的病根、带有虫卵和根结的病土是主要初侵染源。旱作地和薯瓜菜连作地甘薯根结线虫病发生较严重，薯地砂质土壤比黏土发生严重。

防控措施

①选用无病种薯：带病种薯是重要的初侵染源，种薯育苗或种植时要用无病种薯或进行种薯消毒处理。

②改变种植结构：避免用发病的瓜地和菜地种植甘薯。提倡水旱轮作，采用水稻或水生作物与甘薯轮作。

③薯地土壤调理：重病田和病害常发田在种植前施用 50% 氰氨化钙颗粒剂（225~300kg/hm^2）作基肥，减少土壤中的线虫量；沿海地区可以施用废弃的虾蟹壳作为土壤调理剂，诱发土壤中的杀线虫微生物，改善土壤微生态；增施有机肥和菌肥。

④合理用药防控：种植时用 10% 噻唑膦颗粒剂（15kg/hm^2）撒施或穴施，或定植后发根期用 41.7% 氟吡菌酰胺悬浮剂 5000~10000 倍液穴施。

三、甘薯肾形线虫病

甘薯肾形线虫病是重要的作物线虫病害，病原线虫可寄生危害 100 多种作物。据国外报道，通过防控肾形线虫病，可以提高甘薯产量 40% 以上。

症状

受害甘薯藤蔓生长缓慢，分枝稀少，叶色褪绿、枯黄，茎蔓和叶柄呈紫红色（图 5–17）。病株根系萎缩、坏死，营养根少，呈黄褐色。薯块受害表现为表面粗糙、开裂，薯小、畸形，结薯少，产量低（图 5–18）。

肾状肾形线虫（*Rotylenchulus reniformis*）的成熟雌虫头部潜入根皮层，虫体暴露于根表（图 5–19）。卵产于胶质卵囊中，卵囊将雌虫整体覆盖，呈半球形，表面黏附土壤，因此被侵染根显得肮脏粗糙。挑开卵囊，可以看见膨大为肾形的成熟雌虫。

在同一块甘薯田中根结线虫（*Meloidogyne* sp.）与肾状肾形线虫（*R. reniformis*）可并发侵染（图 5–20、图 5–21）。两种线虫病的症状区别是：根结线虫（*Meloidogyne*）侵害薯块，形成瘤状突起的虫瘿，雌虫和卵囊埋生于虫瘿内，虫瘿表面不会黏附土壤；肾状肾形线虫（*R. reniformis*）侵害薯块，引起表皮凹陷、开裂，薯块表皮不形成虫瘿，虫体和卵囊暴露于根表，表面黏附土壤。

图 5-17　甘薯肾形线虫病田间症状

图 5-18　甘薯肾形线虫病薯块症状

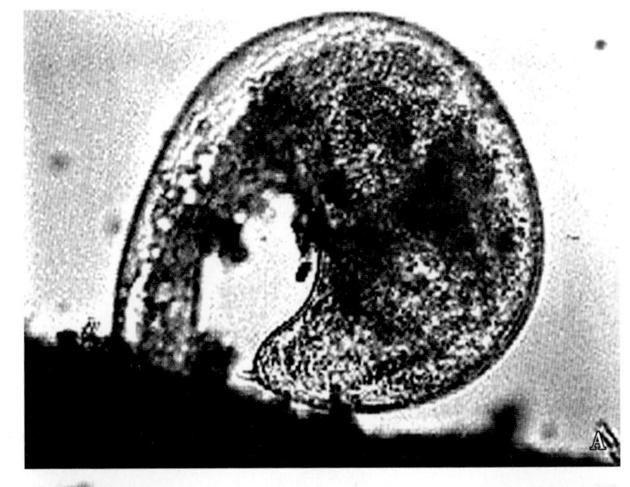

图 5-19　病根上的肾状肾形线虫（***R. reniformis***）雌虫和卵囊

A. 雌虫侵染状态；B. 病根上的卵囊

图 5-20　肾状肾形线虫（***R. reniformis***）和根结线虫（***Meloidogyne* sp.**）在薯块上并发侵染症状（有隆起的虫瘿，表皮开裂）

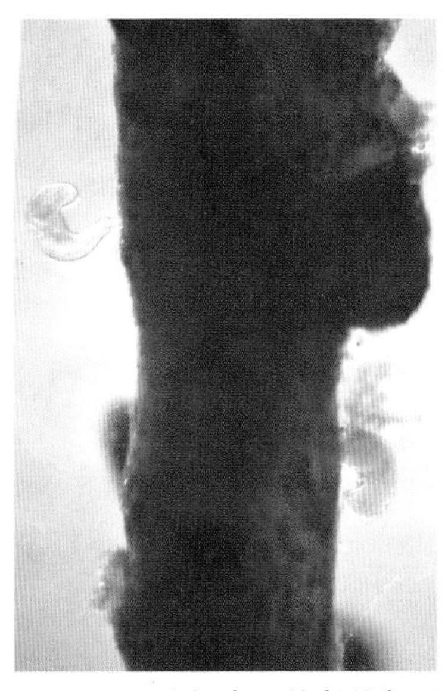

图 5-21　病根表面的肾状肾形线虫（***R. reniformis***）雌虫和根结线虫（***Meloidogyne* sp.**）卵囊

病原

病原为肾状肾形线虫（*R. reniformis*，图 5-22、图 5-23）。

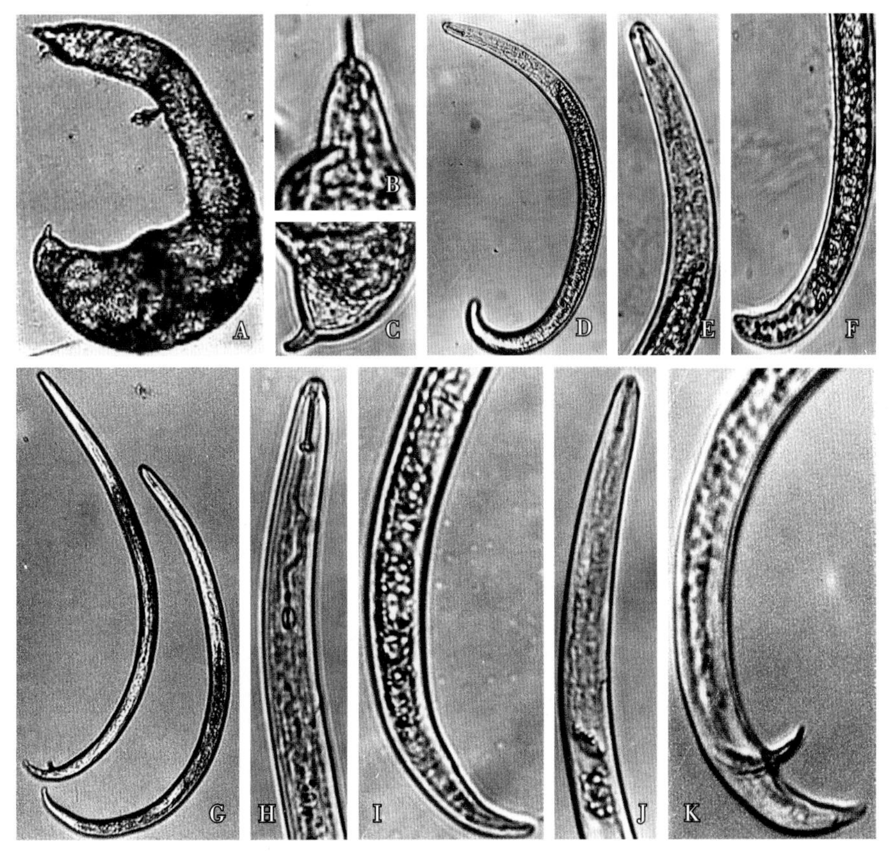

图 5-22　肾状肾形线虫（***R. reniformis***）

A. 雌虫整体；B. 雌虫头部；C. 雌虫尾部；D. 幼虫整体；E. 幼虫前部；F. 幼虫尾部；G. 雄虫（左）和未成熟雌虫（右）整体；H. 未成熟雌虫前部；I. 未成熟雌虫后部；J. 雄虫前部；K. 雄虫尾部

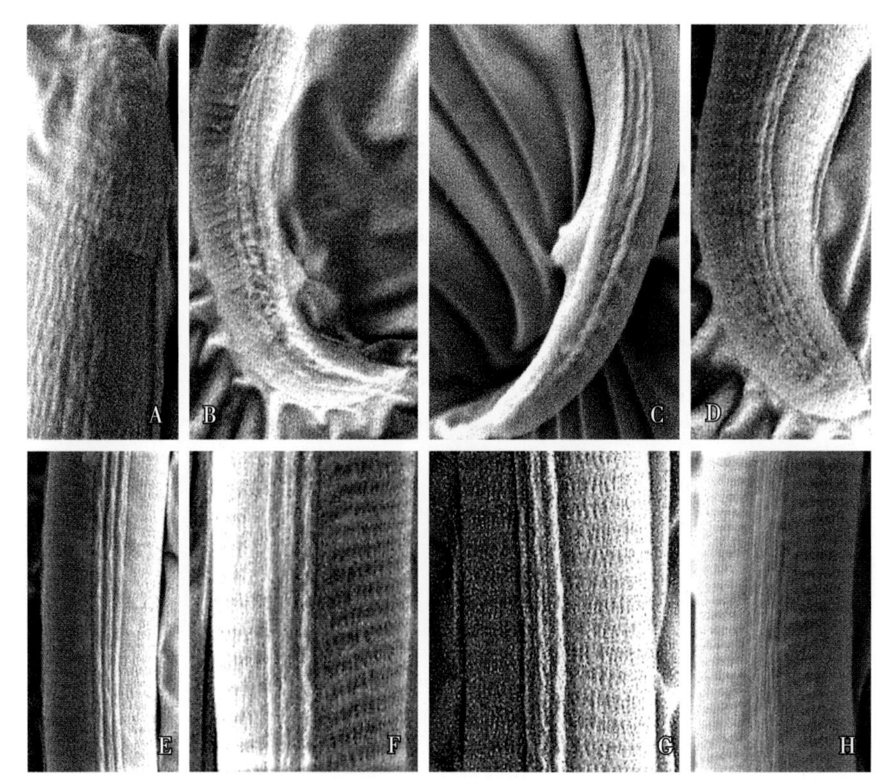

图 5-23 肾状肾形线虫（*R. reniformis*）体表环纹和侧带

A. 未成熟雌虫头部；B. 未成熟雌虫尾部；C. 雄虫尾部；D. 幼虫尾部；
E、F. 未成熟雌虫侧带；G. 雄虫侧带；H. 幼虫侧带

成熟雌虫虫体膨大，肾形，朝腹向弯曲，体长 430~670μm。颈部不规则膨大，口针长 15~18μm。阴门隆起，位于虫体中后部，肛门后虫体呈半球形、有一个明显尾尖，尾尖长 6~9μm。未成熟雌虫虫体细长，体长 300~660μm，缓慢加热杀死后呈"C"形朝腹向弯曲。唇区隆起、圆锥状，无缢缩，有 5 个唇环。口针长 18~20μm，基部球圆形、前缘向后倾斜。中食道球卵圆形，有明显瓣膜，食道腺覆盖于肠的腹面和侧面。侧带有 4 条侧线，无网格纹。阴门不隆起，位于虫体中后部体长 63%~77% 处；双生殖管对生。尾呈锥形，末端窄圆，尾端透明区长 5~7μm。

雄虫体长 350~530μm，虫体缓慢加热杀死后呈"C"形朝腹向弯曲。唇区骨质化弱，口针长 15~16μm；食道退化，中食道球模糊不清、无明显瓣膜。交合刺长 18~23μm，朝腹向弯曲、常伸出体外；引带简单，交合伞退化。

2 龄幼虫体长 340~400μm，口针长 5~16μm。体形与未成熟雌虫相似，尾部呈圆锥状，末端宽圆。

发病规律

肾状肾形线虫（*R. reniformis*）在缺乏寄主植物的土壤中能存活 6~7 个月，其幼虫和卵能以低温休眠方式存活。幼虫和侵染期雌虫在 0℃以上土壤中可保持侵染力 4~6 个月；幼虫在不适条件下可出现滞育现象。残存于田间寄主根表和根际土壤中的卵囊、2 龄幼虫和侵染期雌虫为初侵染源，病原线虫主要通过带虫苗和被侵染的土壤传播。

防控措施

①作物轮作：用花生、辣椒、甘蔗、水稻、玉米轮作，可显著降低田间肾状肾形线虫（*R . reniformis*）

密度，减轻危害。

②土壤调理：重病田和病害常发田在种植前施用50%氰氨化钙颗粒剂（225~300kg/hm^2）作基肥，减少土壤中的线虫量；增施有机肥和菌肥，可施腐熟的禽粪、鸽粪、油粕（花生、油茶、油菜籽等油粕），也可以施用废弃的虾蟹壳，作为土壤调理剂。

③药剂防控：种植时用10%噻唑膦颗粒剂（15kg/km^2）撒施或穴施，或定植后发根期用41.7%氟吡菌酰胺悬浮剂5000~10000倍液穴施。

四、甘薯其他线虫病

（一）甘薯拟根腐线虫病

甘薯拟根腐线虫病，2003年发现于河北省秦皇岛市卢龙县刘田各庄镇前双庙村甘薯地的腐烂甘薯根部或薯块。

症状

甘薯拟根腐线虫（*Pratylenchoides batatae*）侵染甘薯薯块，引起薯块腐烂。根和薯块组织染色观察表明，这种线虫能侵入根内或块根内并正常繁殖，根组织内有侵染状态的成虫、幼虫和卵等各种虫态，有稳定和较高的虫量（图5-24）。

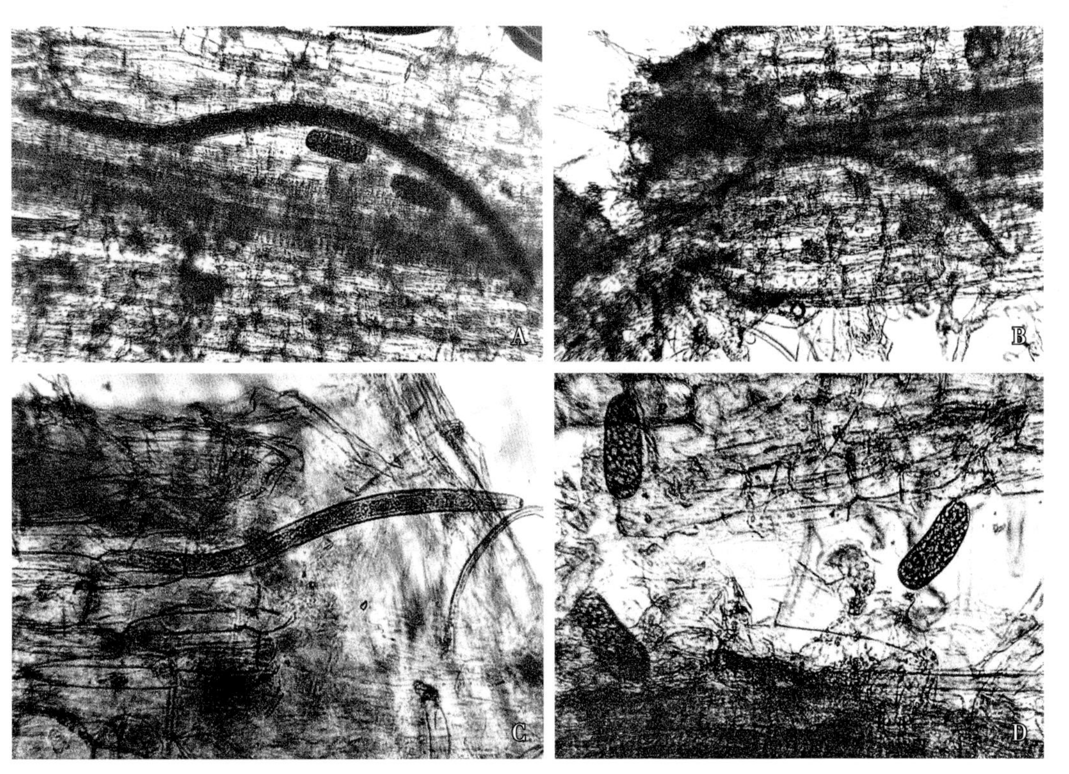

图5-24 甘薯病根组织中的甘薯拟根腐线虫（*P. batatae*）成虫、幼虫和卵

A. 雌虫、卵；B. 雌虫；C. 雌虫、幼虫；D. 卵

病原

病原为甘薯拟根腐线虫（*P. batatae*，图 5-25、图 5-26）。

雌虫体长 530~780μm，缓慢加热杀死后虫体直伸或稍向腹面弯曲。体环明显，虫体中部体环宽 1.0~1.2μm。侧带宽约占体宽 1/3，起始于前部 10~14 体环，终止于近尾端；虫体中部侧带有 4 条侧线，

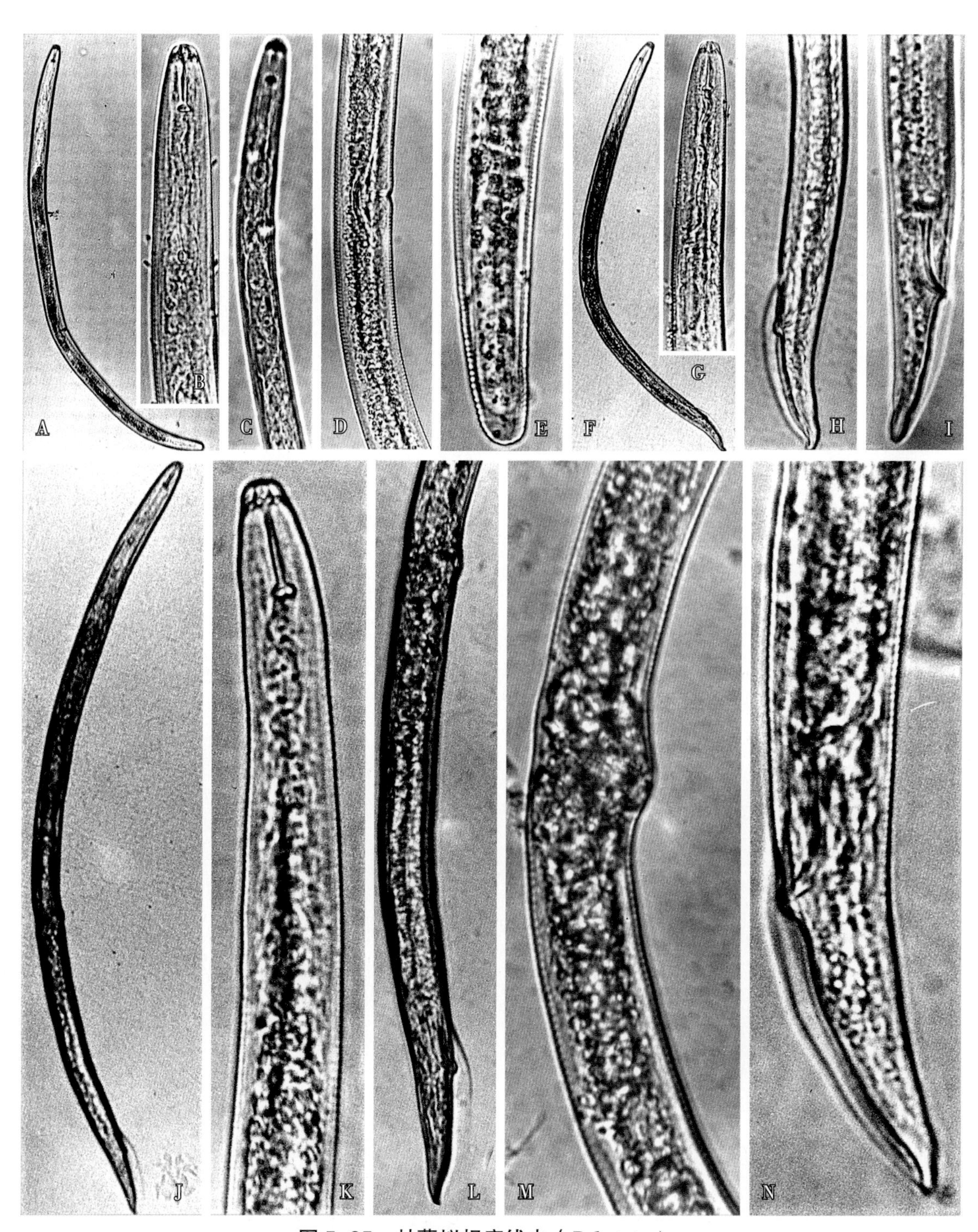

图 5-25　甘薯拟根腐线虫（*P. batatae*）

A. 雌虫整体；B. 雌虫前部；C. 雌虫食道腺核；D. 阴门部；E. 雌虫尾部；F. 雄虫整体；G. 雄虫前部；H、I. 雄虫尾部；J. 雌雄同体型整体；K. 雌雄同体型前部；L. 雌雄同体型中后部（阴门和交合伞）；M. 雌雄同体型阴门部；N. 雌雄同体型尾部（交合刺和交合伞）

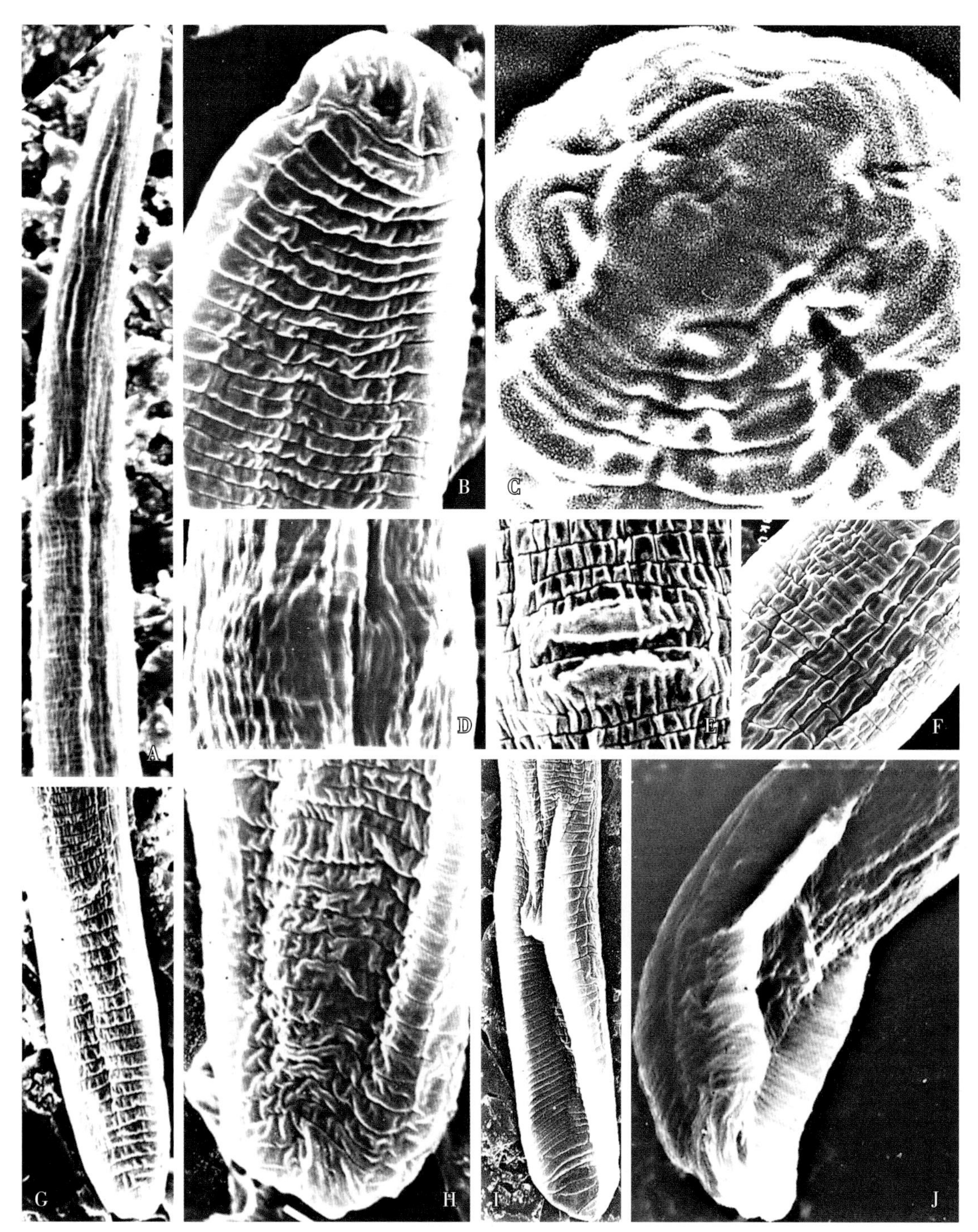

图 5-26　甘薯拟根腐线虫（*P. batatae*）体表特征

A. 雌虫前部（有颈乳突）；B. 雌虫唇区侧面；C. 雌虫唇区正面；D. 雌虫颈乳突；E. 阴门；F. 雌虫侧带；G. 雌虫尾部侧面；H. 雌虫尾部腹面；I、J. 雄虫尾部

具网格纹，侧线往侧带前后两端逐渐愈合、数目减至 3 条或 2 条。颈乳突位于与排泄孔水平处的侧带上。唇区高，骨质化明显，前端扁平，两侧圆，稍缢缩，有 5 个唇环；唇区正面观，中唇片未完全融合，有口盘。口针粗大、长度为 15~20μm，针锥略短于针杆，口针基部球椭圆形、前缘后倾。中食道球发达，卵圆形，有明显瓣膜。食道腺末端呈短叶状，覆盖于肠背面；背食道腺核位于 2 个亚腹食道腺核前，开口距口针基部球 2.5~3.0μm；亚腹食道腺核一个位于食道—肠瓣门前，另一个位于食道—肠瓣门稍后。阴门位于虫体近中部、体长 57%~62% 处；双生殖管对生、直伸，前生殖管长 132~240μm，后生殖管

长 116~192μm；阴门横裂，阴门裂长占体宽 1/3，阴门宽度占 3 个体环，阴门肌发达，阴道直、与体轴相交呈直角。尾呈圆柱形，具 24~26 个体环，末端钝圆，具粗纵纹而使尾端呈齿状。

雄虫形态与雌虫基本相似。体长 460~670μm，口针长 16~19μm。单精巢前生，精子短杆状。交合刺纤细，长 19~25μm，具头状体，弓形；引带简单，长 8~10μm；交合伞发达、肥厚并有横纹，始于交合刺头部水平处，完全包至尾尖。尾尖呈弯钩状。

甘薯拟根腐线虫（*P. batatae*）存在雌雄同体的类型，这种类型虫体前部形态与雌虫相似，阴道部突起；后部与雄虫相似，交合伞发达、包至尾尖，尾尖呈弯钩状。

（二）甘薯大针线虫病

症状

甘薯大针线虫病症状与甘薯茎线虫病相似，病薯块变轻、干腐，切开后可见呈糠心状。将病组织直接接种健康薯块，1 个月后接种口附近组织变褐腐烂，挑取少量病组织观察可见侵染状态的成虫、幼虫和卵等各种虫态（图 5-27）。

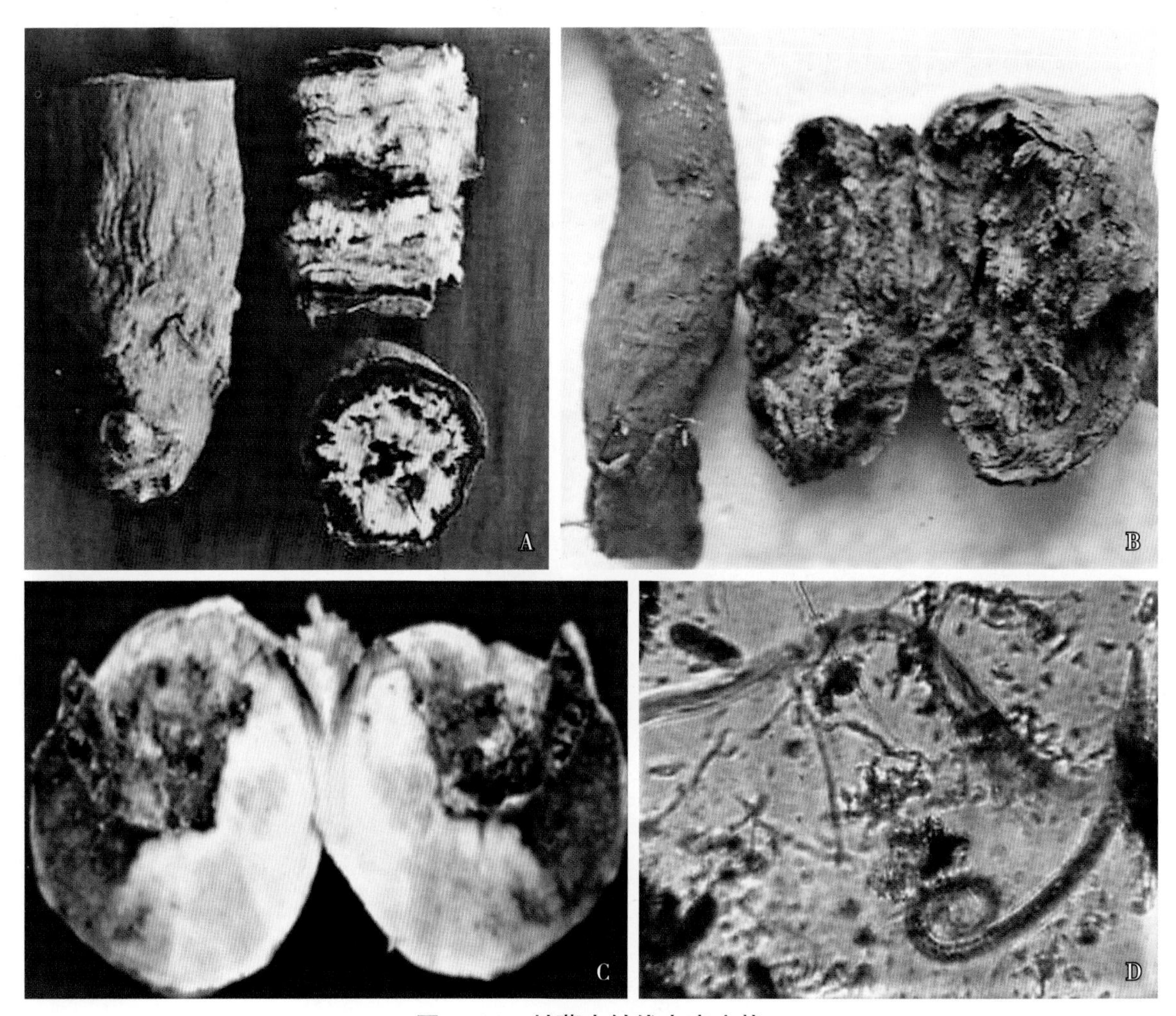

图 5-27 甘薯大针线虫病症状

A. 田间病薯（河北涿州）；B. 田间病薯（河北易县）；C. 线虫接种的病薯；D. 接种病组织中各期虫态

病原

病原为甘薯大针线虫（*Megadorus batatae*，图 5–28、图 5–29）。

雌虫体长 720~1070μm，经缓慢加热杀死后虫体直伸或稍向腹面弯曲。体表环纹细密。侧带宽约占体宽 1/3，虫体中部侧带有 4 条侧线，无网格纹，侧线往虫体前后两端逐渐愈合、数目减至 2 条。唇区高，缢缩，骨质化明显，有 4 个唇环。口针粗壮，长 13~15μm，口针基部球明显。中食道球发达，球形，直径 17μm 左右，有明显瓣膜；食道腺呈长叶状，从背面覆盖于肠的前端。排泄孔位于神经环的同一水平上或稍后处。单生殖管前生，前端回折，卵母细胞呈单行排列；有受精囊，卵圆形，内无精子。阴门位于虫体后体长的 69%~75% 处，阴道向前倾斜，后阴唇加厚突起。肛门明显，肛门后尾部逐渐变细，尾向腹面弯曲。尾末端钝圆，无尾尖突。

在甘薯大针线虫（*M. batatae*）发现之前，大针属（*Megadorus*）仅一个种——大针线虫（*M. megadorus*），发现于美国犹他州距犹他湖西边 3.2km 的密叶滨藜（*Atriplex confertifolia*）杂草的根部。大针线虫（*M. megadorus*）与甘薯大针线虫（*M. batatae*）的主要区别是虫体较短，体长约 500μm；口针更粗壮，长约 17μm，有导鞘；卵巢无回折；虫体中部的侧带有 3 条侧线。

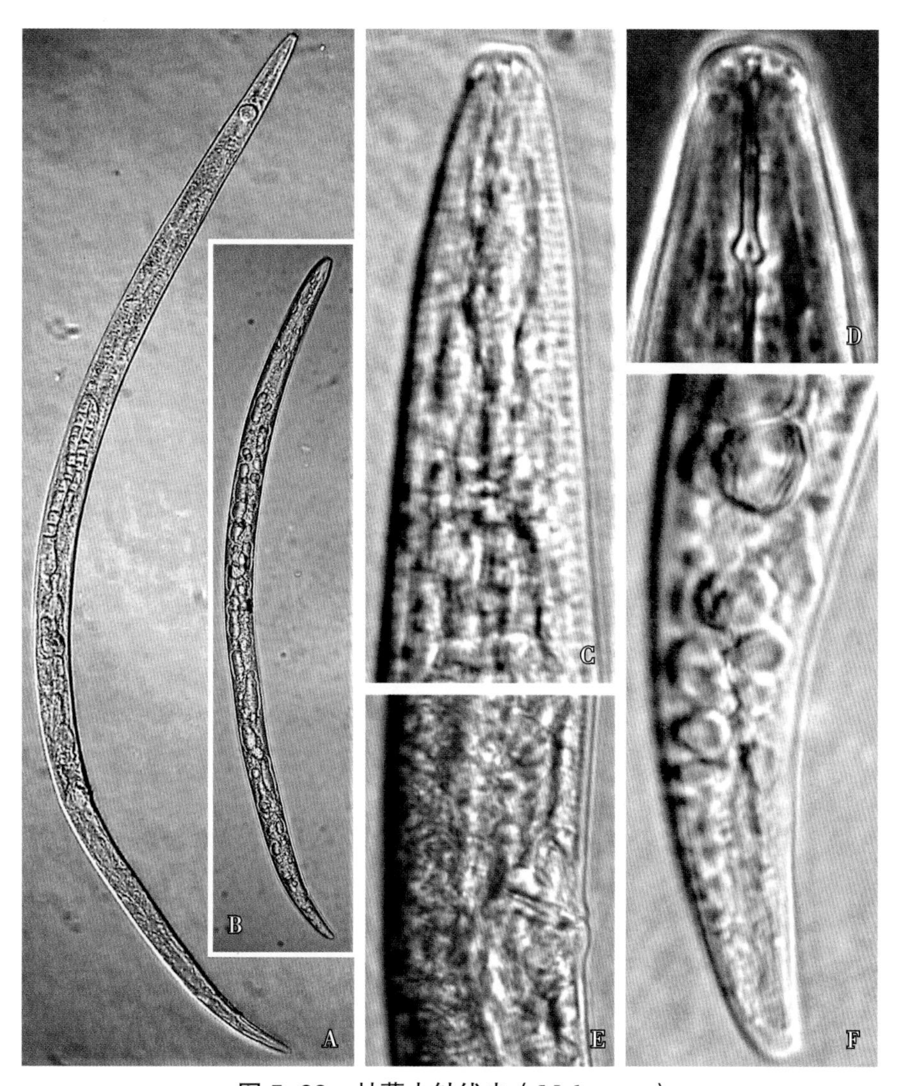

图 5–28　甘薯大针线虫（*M. batatae*）

A. 雌虫整体；B. 幼虫整体；C. 雌虫前部；D. 雌虫头部（口针）；E. 阴门；F. 雌虫尾部

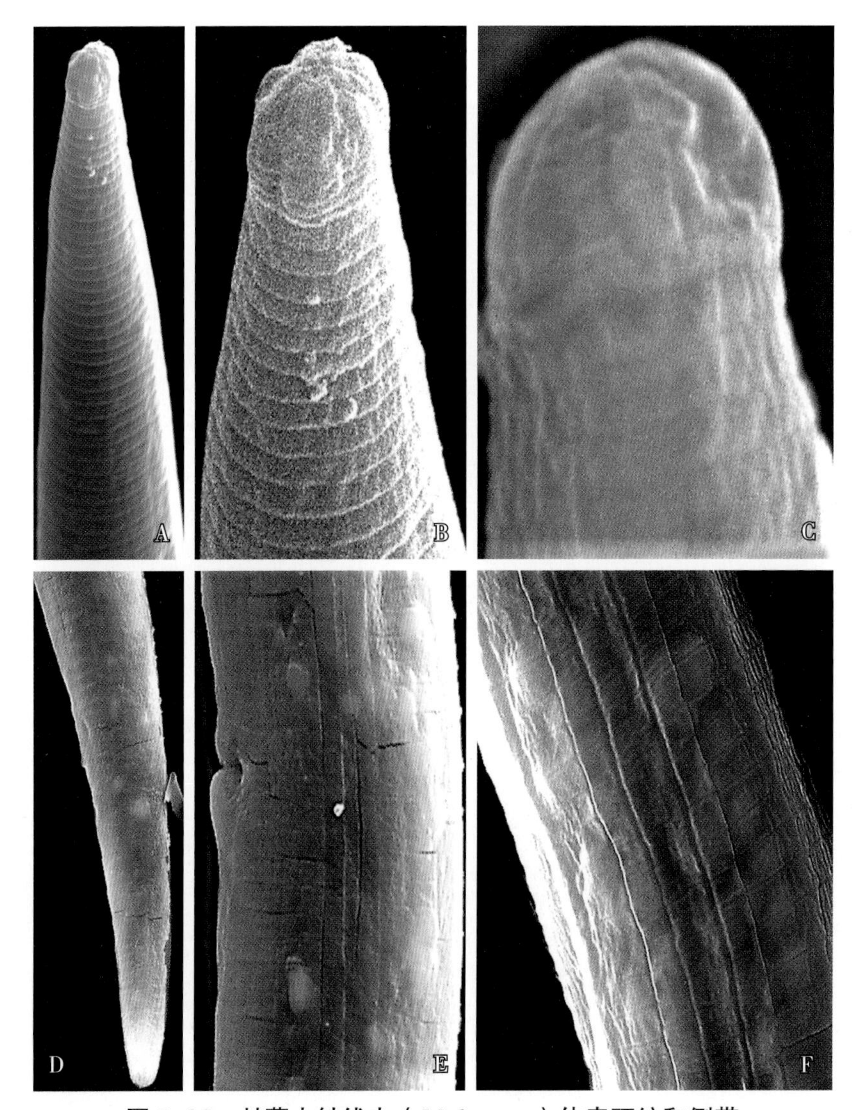

图 5-29 甘薯大针线虫（*M. batatae*）体表环纹和侧带

A. 雌虫前部；B、C. 唇部侧面；D. 幼虫尾部；E. 阴门部（侧带）；F. 虫体中部（侧带）

甘薯大针线虫（*M. batatae*）由福建农林大学植物线虫研究室发现于河北省涿州市和易县甘薯地的腐烂薯块。用病组织和消毒后的线虫分别接种于健薯，2 个月后病组织接种的薯块表现出与田间相同的症状。挑取少量组织，可见各期虫态的甘薯大针线虫（*M. batatae*）；而用经消毒的线虫进行接种，对甘薯不侵染。该线虫在田间可能与病原微生物共同侵染薯块，具有复合侵染特性。

（三）甘薯干裂腐烂病

症状

甘薯干裂腐烂病是双尾滑刃线虫（*Aphelenchoides bicaudatus*）与甘薯拟茎点霉（*Phomopsis batatae*）复合侵染引起的病害。田间自然发病的病薯块干缩，表面有细裂纹，薯块变轻。薯块内部组织腐败，初为白色，后逐渐变为褐色、黑褐色。后期病薯块表面产生连片的黑色小点（分生孢子器，图 5-30A，B）。

图 5-30 甘薯干裂腐烂病症状

A. 田间病薯块（变褐干腐）；B. 病薯表面（有裂纹和黑色小点）；C. 病原真菌接种的薯块（变褐、干腐皱缩）；D. 病原线虫接种的病薯横切面（侵染处变褐腐烂）；E、F. 病原真菌和线虫混合接种的薯块（内部变褐、干腐糠心，外表有裂纹）

病原

（1）双尾滑刃线虫（*A. bicaudatus*，图 5-31）

雌虫体长 368~620μm，虫体经缓慢加热杀死后直伸，尾部稍弯曲。头部稍有缢缩，唇区有 4 条环纹，表皮环纹细，侧带有 2 条侧线。口针长 8~11μm，口针基部球小；中食道球近球形、几乎充满整个体腔，食道腺呈叶状覆盖于肠的背面。阴门横裂，位于虫体后约体长的 70% 处；单生殖管，长度约为 125μm；后阴子宫囊长度约为肛门部体宽 2.5 倍。尾端背腹面各有一尾尖突，呈宽双叉状。

雄虫体长 344~500μm，尾部向腹面弯曲。交合刺长 13~18μm，引带长为 6μm，无交合伞；尾端尖。

（2）甘薯拟茎点霉（*P. batatae*，图 5-32）

分生孢子器瓶状、聚生，呈暗色，大小为 87.5（60.0~120.0）μm × 125.0（90.0~150.0）μm。分生孢子器内产生两种分生孢子：甲型分生孢子，梭形或椭圆形，直径为 3~4μm，长 7.5（8.0~11.0）μm，两端各有 1 个油球黏附，单细胞，能萌发；乙型分生孢子，线形，直或稍有弯曲，直径为 2.0~2.5μm，长 25.4（20.0~30.0）μm。

用双尾滑刃线虫（*A. bicaudatus*）和甘薯拟茎点霉（*P. batatae*）进行单独接种和混合接种甘薯薯块。甘薯拟茎点霉（*P. batatae*）单独侵染时，薯肉变暗褐色腐烂（图 5-30C）。双尾滑刃线虫（*A. bicaudatus*）单独侵染时，薯肉出现淡褐色的变色斑，从接种口向内扩展，挑取变色组织观察，有线虫存在（图 5-30D）；用含两种病原物的病薯组织混合接种，接种后 1 个月检查，薯块表皮干缩、有细裂纹，内部组织呈褐白相间的疏松腐败，后期薯肉组织全部变褐（图 5-30E，F）。

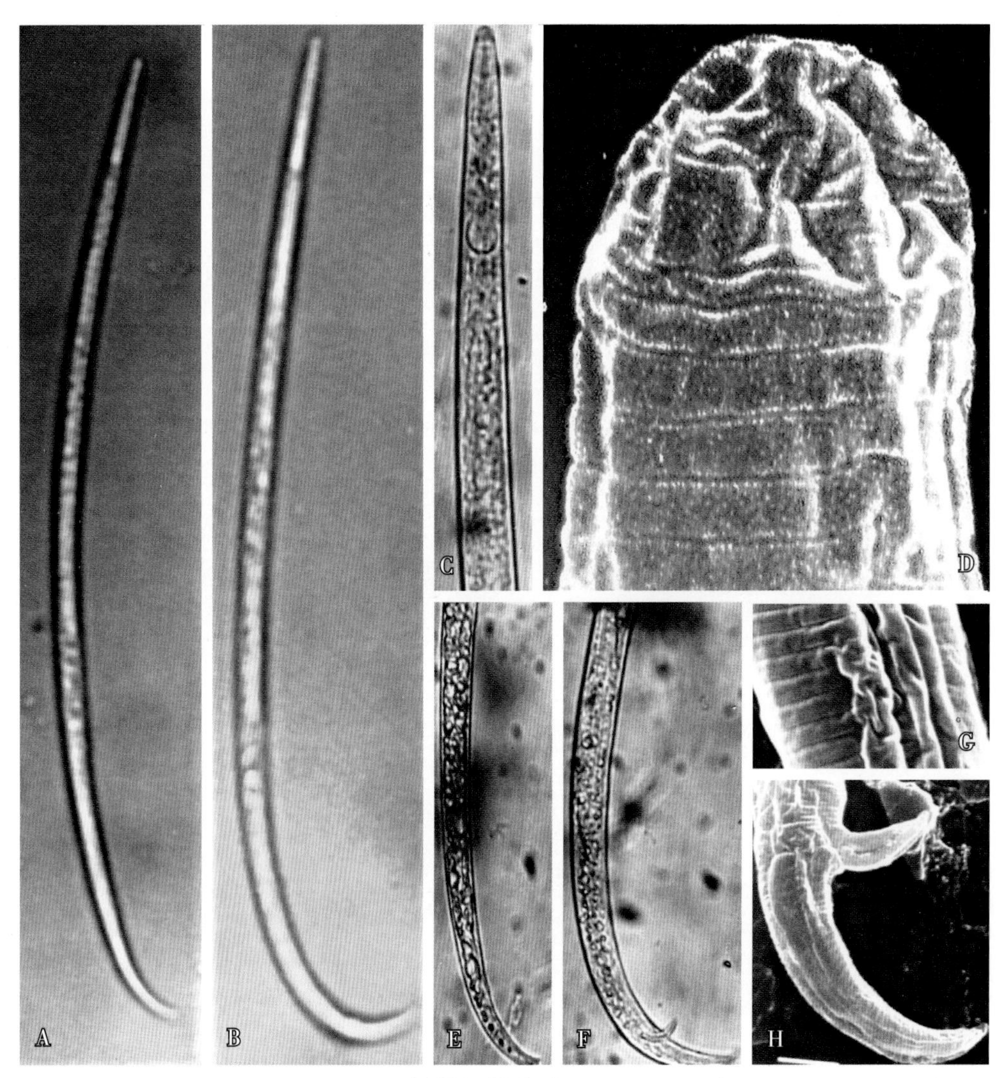

图 5-31 双尾滑刃线虫（*A. bicaudatus*）

A. 雌虫整体；B. 雄虫整体；C. 雌虫前部；D. 雌虫头部侧面；E. 雌虫后部；F. 雄虫后部；G. 雄虫侧带；H. 雄虫尾部

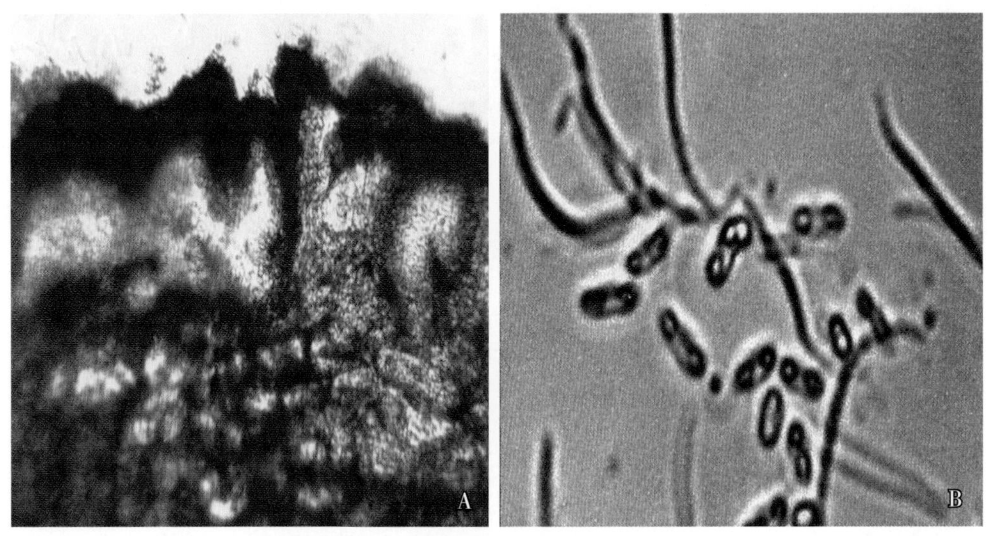

图 5-32 甘薯拟茎点霉（*P. batatae*）

A. 丛生的分生孢子器；B. 甲型、乙型分生孢子

（四）甘薯根腐线虫病

症状

根腐线虫（*Pratylenchus*）侵染甘薯根系和薯块的表皮组织，常与土壤中病原微生物复合侵染而引起根和薯块腐烂。

病原

（1）咖啡根腐线虫（*P. coffeae*，图 5-33）

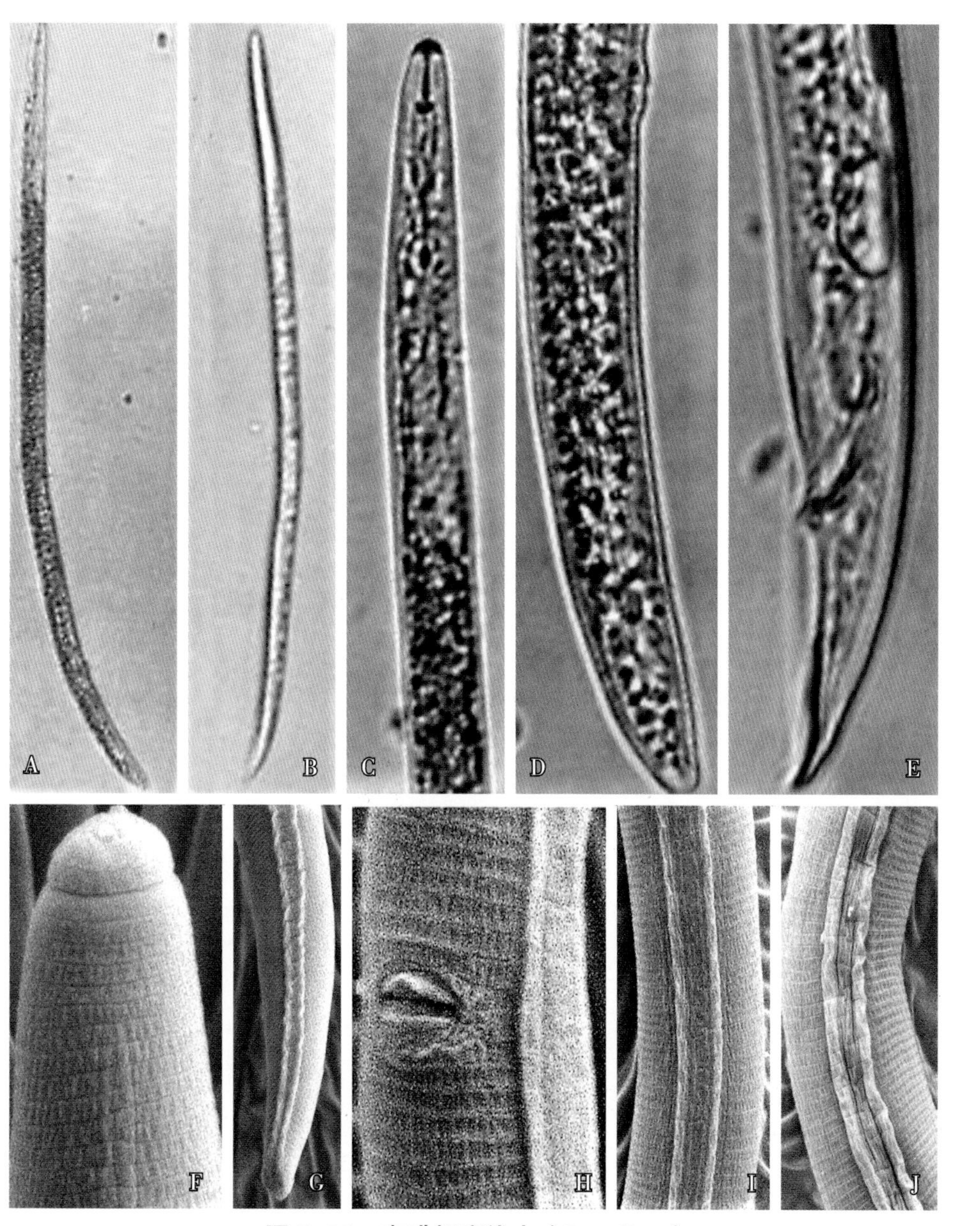

图 5-33　咖啡根腐线虫（*P. coffeae*）

A. 雌虫整体；B. 雄虫整体；C. 雌虫前部；D. 雌虫尾部；E. 雄虫尾部；F. 雌虫头部（环纹）；G. 雌虫尾部（侧带）；H. 阴门部；I、J. 雌虫侧带

雌虫虫体经缓慢加热杀死后直伸，或稍向腹面弯曲。体环明显，虫体中部侧带具 4 条侧线。唇区低、稍缢缩，前缘平，唇环 2 条。口针发达，长 15~20μm，口针基部球圆形。背食道腺开口距口针基部球约 2μm。中食道球发达、卵圆形，食道腺从腹面和侧面覆盖肠的前端。阴门横裂，位于虫体后部约体长的 80% 处；单生殖管，卵巢前端卵原细胞呈单行排列，后阴子宫囊长度与体宽相等或略长。尾近圆柱形，尾端具一明显的凹痕或平截。

雄虫形态与雌虫基本相似。交合刺纤细，成对，长约 20μm，引带长 4μm。交合伞包至尾端，尾较尖。

（2）落选根腐线虫（*P. neglectus*，图 5-34）

雌虫虫体经缓慢加热杀死后近直伸。角质膜环纹细，侧带有 4 条侧线。头部低、扁平，具 2 个头环，稍有缢缩。口针粗，有发达的口针基部球。中食道球卵圆形，食道腺盖于肠的腹面和腹侧。排泄孔位于食道与肠连接处前方。阴门横裂，位于体长的 70%~80% 处；受精囊具精子，卵巢内卵原细胞单行排列，后阴子宫囊长 20~27.5μm。尾部形态有一定的变异，呈斜锥形，对称，有的具有短小尾突；环纹包至尾端。

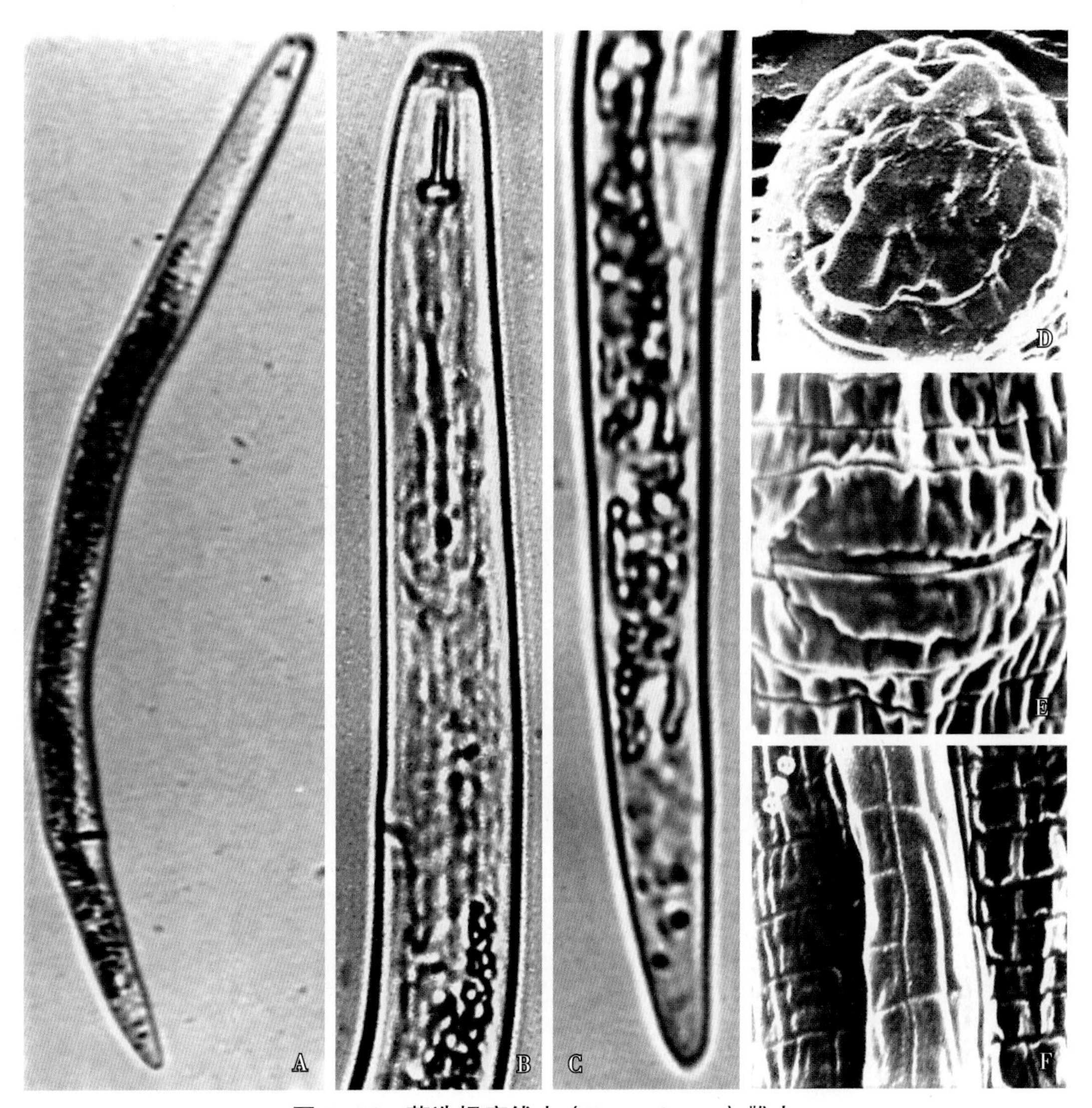

图 5-34 落选根腐线虫（*P. neglectus*）雌虫

A. 整体；B. 前部；C. 尾部；D. 头部正面；E. 阴门；F. 侧带

（五）甘薯矮化线虫病

症状

病原线虫侵害甘薯根系和薯块。线虫取食造成伤口，诱导土壤中病原微生物的次侵染，导致根系和薯块腐烂。线虫种群大时可引起根系发育不良，藤蔓短小衰弱。

病原

病原为饰环矮化线虫（*Tylenchorhynchus annulatus*，图 5-35）。

雌虫虫体经缓慢加热杀死后呈“C”形朝腹面弯曲。角质膜厚度中等。体环明显，无纵纹。虫体中部侧带有 4 条侧线，沿头尾两端渐变成 3 条或 2 条。唇区稍缢缩，具有 3 个唇环，口针发达，口针基部球椭圆形，背食道腺开口于口针基部球后 2.0~2.5μm 处。中食道球卵圆形，具有明显瓣膜；后食道腺长梨形，与肠平接。双生殖管对生、平伸，卵原细胞呈单行排列。阴门横裂，尾近圆柱形，末端钝圆。

图 5-35　饰环矮化线虫（*T. annulatus*）雌虫

A. 整体；B. 前部；C. 阴门；D. 头部（环纹）；E. 尾部；F. 尾部（侧带）；G. 侧带

（六）甘薯螺旋线虫病

症状

病原线虫侵染甘薯根和薯块皮层组织；线虫种群水平高时可引起根系发育不良，藤蔓短小。

病原

病原为双宫螺旋线虫（*Helicotylenchus dihystera*，图 5–36）。

雌虫虫体经缓慢加热杀死后呈螺旋状。体环明显，侧带有 4 条侧线。唇区半球形，有 4 个环纹；口针发达、基部球明显，背食道腺开口于口针基部球后 7.5~12.5μm 处，排泄孔位于食道腺与肠交界的前端，食道腺覆盖于肠的腹面。双生殖管对生、平伸，后生殖管退化。尾圆锥形，腹末有小的腹尾突。

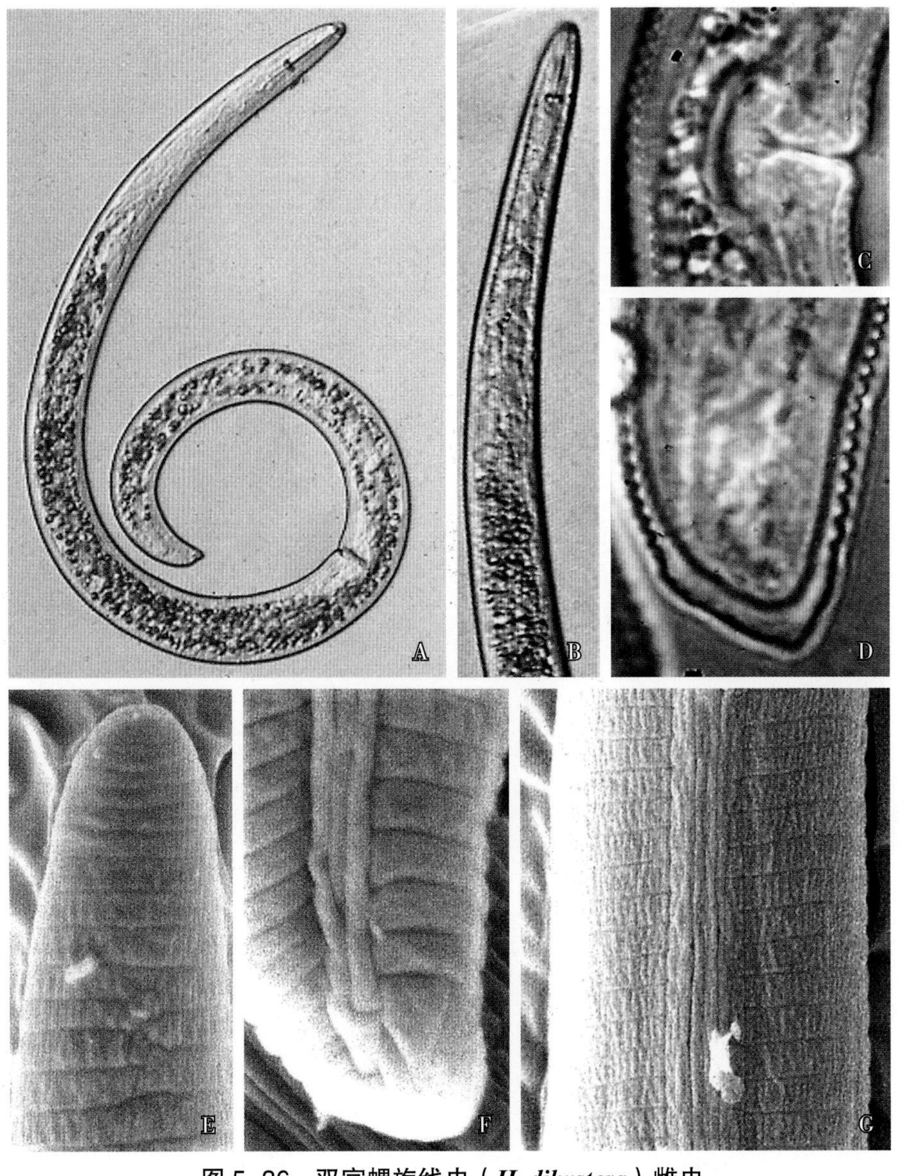

图 5–36 双宫螺旋线虫（*H. dihystera*）雌虫

A. 整体；B. 前部；C. 阴门部；D. 尾部；E. 头部（环纹）；F. 尾部（体环和侧带）；G. 侧带

第二节 马铃薯线虫病

一、马铃薯茎线虫病

症状

病原线虫能侵染马铃薯生殖根和块茎，块茎受到严重侵染时能引起植株生长衰弱，萎蔫死亡。马铃薯薯块染病后，初在表皮下薯肉产生小的白色斑点，后斑点逐渐扩大、呈浅褐色，组织软化，以致中心变空。病情严重时，表皮开裂、皱缩，内部出现点状空隙、空洞或呈糠心状，薯肉呈干粉状，初呈白色，后呈灰色、暗褐色至黑色（图 5-37）。

图 5-37 马铃薯茎线虫病症状（李惠霞提供）

A、B. 病薯表皮开裂、皱缩；C. 薯肉腐烂，形成空腔

病原

病原为腐烂茎线虫（*D. destructor*，图 5-38）马铃薯专化型。

（1）形态特征

雌虫蠕虫形，缓慢加热杀死后稍向腹面弯曲。角质膜有细微的环纹，虫体中部侧带有 6 条侧线。唇区低平、稍缢缩。口针短小，口针基部球小而明显。中食道球梭形、有小瓣膜，食道腺延伸、稍覆盖于肠的背面。阴门横裂，位于虫体后部，阴唇略隆起；单生殖管前生、前端延伸达食道腺基部，卵原细胞双行排列；后阴子宫囊长，延伸至阴肛距约 2/3 处。尾呈锥状，稍向腹面弯曲，末端钝尖。

雄虫虫体前部形态与雌虫相同。单精巢前生，前端可达食道腺基部。交合伞向后延伸达尾长 3/4 处，未包至尾端；交合刺成对，朝腹向弯曲，前端膨大具指状突。

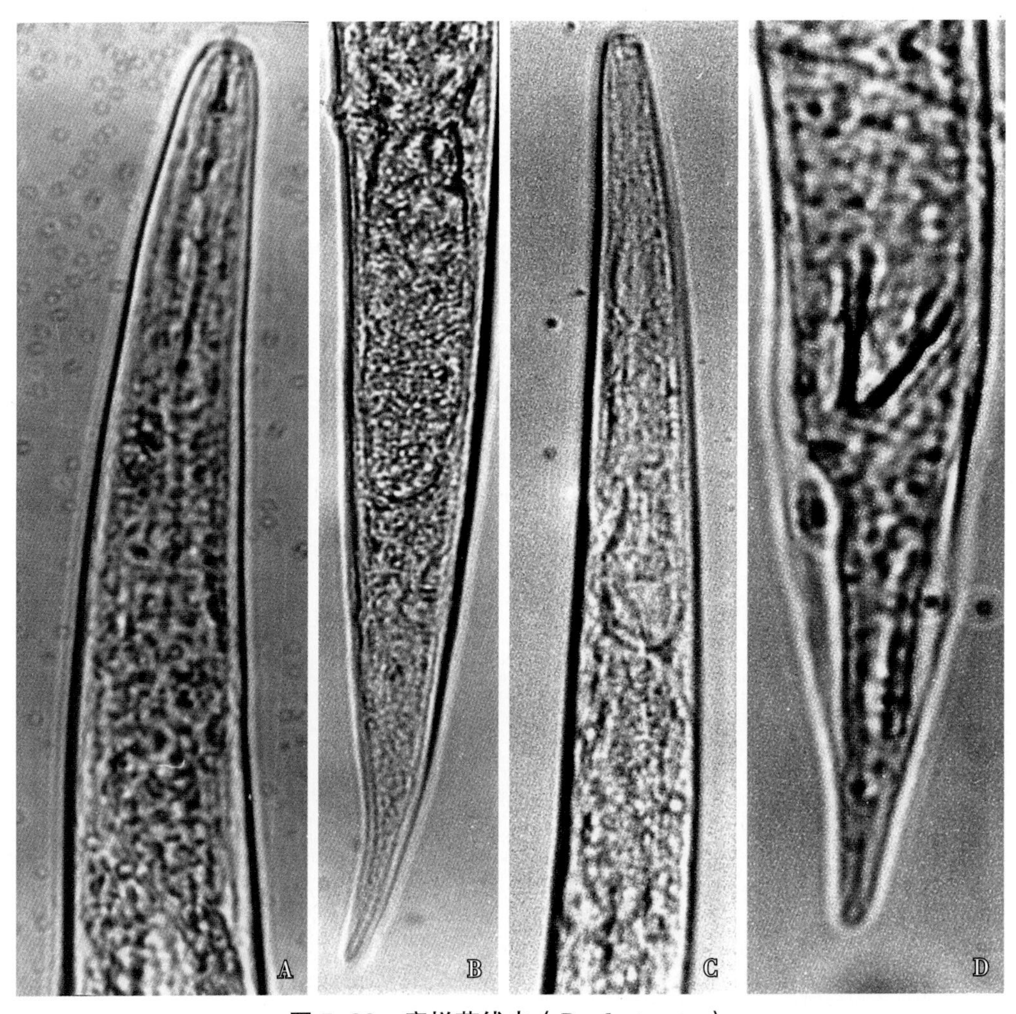

图 5-38 腐烂茎线虫（*D. destructor*）

A. 雌虫前部；B. 雌虫后部；C. 雄虫前部；D. 雄虫后部

（2）分子生物学特征

李惠霞、徐鹏刚等（2016）对甘肃省定西市寄生马铃薯的腐烂茎线虫（*D. destructor*）种群 rDNA-ITS PCR 扩增和构建系统发育树比对结果，甘肃马铃薯腐烂茎线虫（*D. destructor*）种群分为两种基因型：DX11、DX16、DX19，与甘薯腐烂茎线虫（*D. destructor*）B 型相似度高；DX27，与甘薯腐烂茎线虫（*D. destructor*）C 型相似度高（图 5-39、图 5-40）。

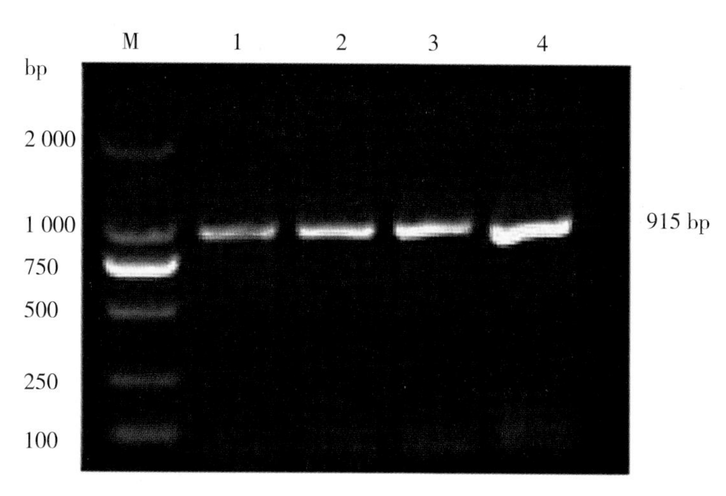

图 5-39　甘肃马铃薯腐烂茎线虫（*D. destructor*）种群 rDNA-ITS PCR 扩增电泳图（引自李惠霞、徐鹏刚等）

M：DL2000 DNA Marker；1~4：分别为 DX11，DX16，DX19，DX27

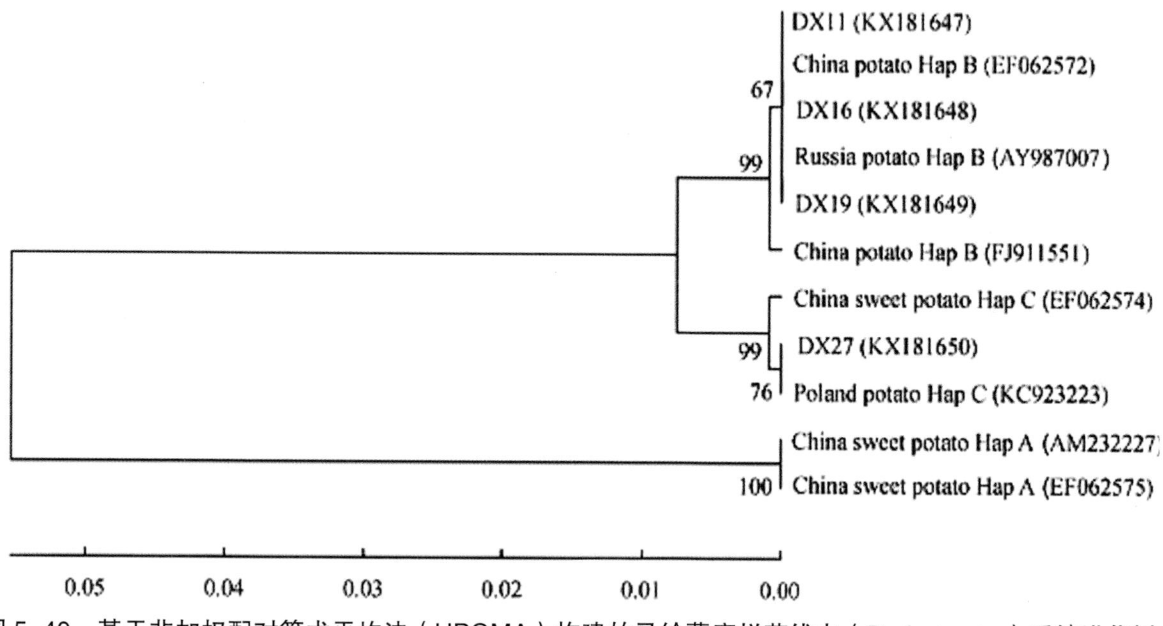

图 5-40　基于非加权配对算术平均法（UPGMA）构建的马铃薯腐烂茎线虫（*D. destructor*）系统进化树（引自李惠霞、徐鹏刚等）

郭全新、简恒（2010）用甘薯腐烂茎线虫（*D. destructor*）定西种群（De-DX）A 型特异性引物 DdS1/DdS2 和甘薯腐烂茎线虫（*D. destructor*）定西种群（De-DX）B 型特异性引物 DdL1/DdL2 对河北省张家口市察北区种群（De-Chabei）9 个寄生马铃薯的腐烂茎线虫（*D. destructor*）样本 rDNA-ITS PCR 扩增，只有 B 型特异性引物扩增出约 500bp 单一稳定条带，表明采自张家口市察北区的马铃薯腐烂茎线虫（*D. destructor*）种群与甘薯腐烂茎线虫（*D. destructor*）B 型相似度高（图 5-41）。

（3）致病性

采用伤口接种法，将甘薯腐烂茎线虫（*D. destructor*）和马铃薯腐烂茎线虫（*D. destructor*）接种于马铃薯薯块，结果表明，甘薯腐烂茎线虫（*D. destructor*）仅在伤口处引起马铃薯薯块轻微腐烂，而马铃薯腐烂茎线虫（*D. destructor*）能引起马铃薯薯块大面积腐烂（图 5-42、图 5-43），说明腐烂茎线虫（*D. destructor*）存在致病性分化或寄主专化性。

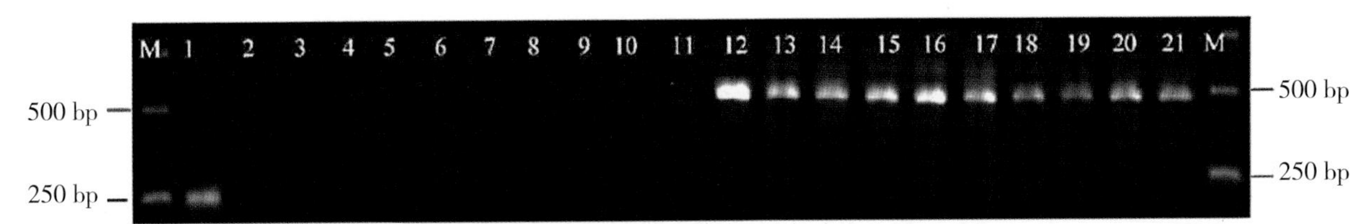

图 5-41 察北马铃薯腐烂茎线虫（*D. destructor*）种群 rDNA-ITS PCR 扩增电泳图（引自郭全新、简恒）

M：DL2000 DNA Marker；1：DdS1/DdS2 引物扩增定西种群（阳性对照）；9~10：DdS1/DdS2 引物扩增察北种群 9 个样本；11：DdL1/DdL2 引物扩增定西种群（阴性对照）；12：DdL1/DdL2 引物扩增察北种群（阳性对照）；13~21：DdL1/DdL2 引物扩增察北种群 9 个样本

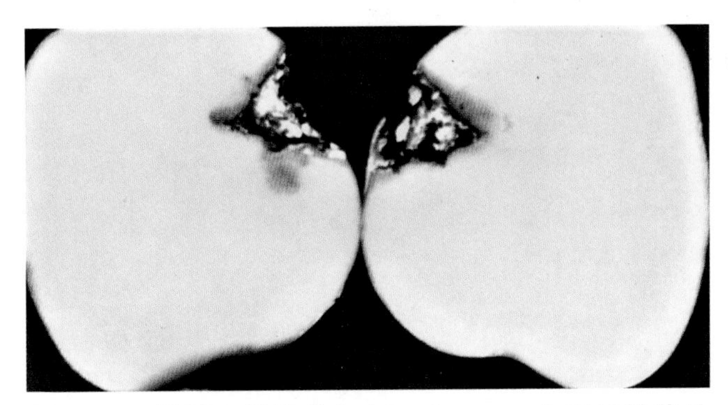

图 5-42 甘薯腐烂茎线虫（*D. destructor*）对马铃薯的致病性

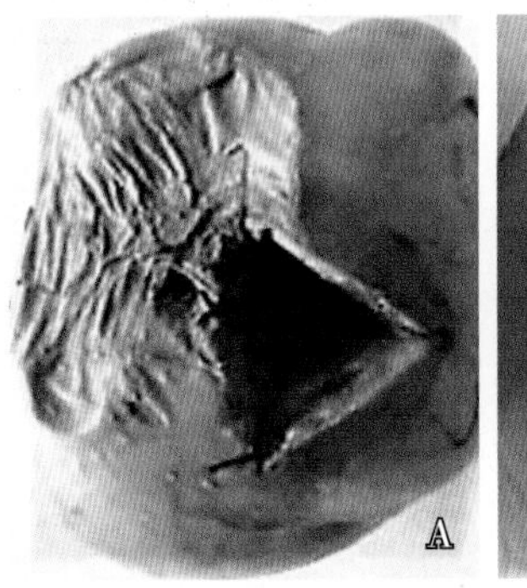

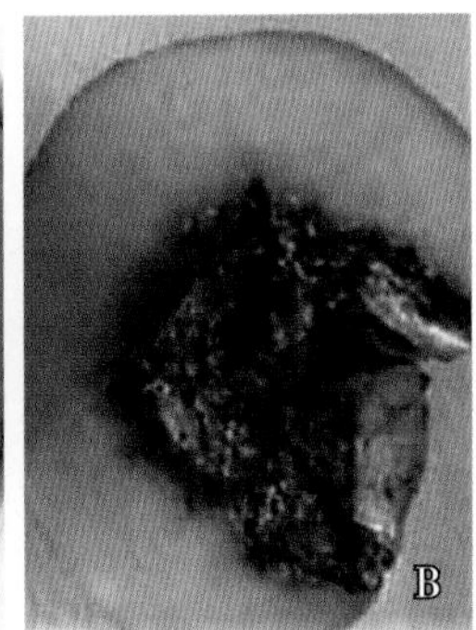

图 5-43 马铃薯腐烂茎线虫（*D. destructor*）对马铃薯的致病性（引自李惠霞、徐鹏刚等）

A. 病薯表皮症状；B. 内部症状

发病规律

腐烂茎线虫（*D. destructor*）多以成虫或幼虫在块根、块茎内越冬，通过种薯、种苗、土壤、粪肥传播。在田间可通过农事操作和灌溉水传播。病原线虫发育和繁殖最适温度为 20~27℃，空气相对湿度 90%~100%。病原线虫可终年繁殖，在马铃薯整个生长期及贮藏期不断危害。

防控措施

①加强卫生检疫：腐烂茎线虫（*D. destructor*）随带病薯块的调运作远距离传播，要采取严格的检疫措施，防止病害扩散到无病区。收获后及时清除并烧毁病残体，适时冬翻土壤，减少田间虫源。

②选用健康种薯：选用无病留种田，严格选种、选苗。种薯下种前用 41.7% 氟吡菌酰胺悬浮剂 5000 倍液浸泡 10~15min。

③作物轮作：选择玉米、小麦、高粱、谷子、棉花作为轮作作物，不与番茄、菜用大豆、甘薯等易感染病原线虫的作物连作。

④选用抗病品种：据徐鹏刚、李惠霞等（2017）报道，克星 1 号、陇薯 6 号表现抗病，青薯 9 号、大西洋、新大坪、夏波蒂、荷兰 15 号等品种表现感病。

⑤科学施肥：种植前施用 50% 氰氨化钙颗粒剂（225~300kg/hm^2）作基肥，降低土壤中的初侵染线虫量；施用腐熟的有机肥或益生菌肥，增施磷钾肥，提高植株抗病力。

⑥合理用药防控：种植时用 10% 噻唑膦颗粒剂（15kg/hm^2）撒施或穴施，或用 41.7% 氟吡菌酰胺悬浮剂 5000~10000 倍液穴施。

二、马铃薯孢囊线虫病

球形孢囊线虫（*Globodera*）是最重要的病原线虫之一。据估计，在病区马铃薯因球形孢囊线虫（*Globodera*）危害造成的年产量损失为9%。在马铃薯孢囊线虫病流行而又没有采取防控措施的地方，产量损失高达80%，甚至绝收。这种线虫有特殊的存活能力，一旦传入新区并建立起侵染群体，要彻底铲除是十分困难的。因此，许多国家对这种线虫采取了严格的检疫和法规管理。我国将球形孢囊线虫（*Globodera*）列为进境植物检疫对象。

症状

病株在田间呈块状分布。病株矮小，茎细长，开花少或不开花；叶片黄化、枯萎，严重时在成熟前死亡。根部表皮受损破裂，结薯少而小；开花期拔起根部，可看到许多白色或黄色的雌虫露于根表面，雌虫成熟后转变为褐色孢囊（图5-44）。薯块也能被侵染。作物收获后这些孢囊遗留土壤中。

图5-44 马铃薯孢囊线虫病症状及病组织中的病原线虫（引自 Whitehead）
A、B. 病株；C. 马铃薯白线虫（*G. pallida*）的白色雌虫和褐色孢囊；D. 马铃薯金线虫（*G. rostochiensis*）的黄色雌虫和褐色孢囊

病原

病原为球形孢囊线虫属（*Globodera*）的马铃薯金线虫（*G. rostochiensis*，图 5–45）和马铃薯白线虫（*G. pallida*）。

成熟雌虫和孢囊球形，有一短的突起颈部。孢囊褐色，表面有饰纹。阴门端生，阴门裂长度小于 15μm；老孢囊的阴门裂通常消失，在阴门附近有小瘤区；阴门窗为环形窗，阴门下桥和泡状体少。肛门于背面近端生，不在尾端上，与阴门短距离分开，但两者都位于末端的阴门盆；无肛门窗。

雄虫蠕虫状，细长，体长可达 1500μm。角质膜有环纹，侧带有 4 条沟纹，外带常有网纹。头部缢缩，有 3~7 个环纹。虫体扭曲 90°~180°，尾短、钝圆，尾长度小于肛部体宽。交合刺长 30μm 以上，末端尖。

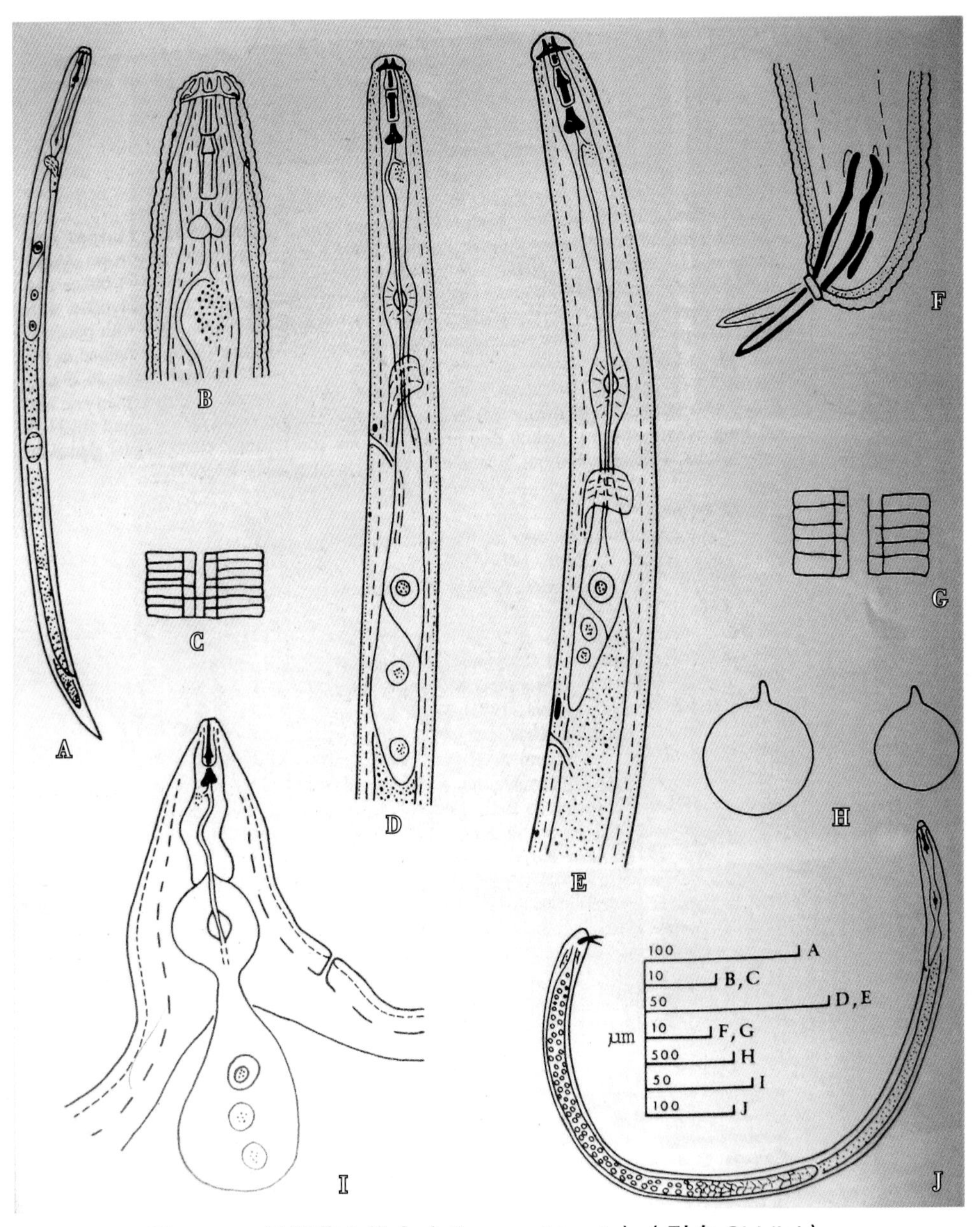

图 5–45 马铃薯金线虫（*G. rostochiensis*）（引自 Siddiqi）

A. 2 龄幼虫；B. 2 龄幼虫头部；C. 幼虫侧带；D. 2 龄幼虫前部（食道）；E. 雄虫前部（食道）；F. 雄虫尾部；G. 雄虫侧带；H. 孢囊；I. 雌虫食道；J. 雄虫整体

2 龄幼虫蠕虫形，口针长度在 30μm 以下，食道腺充满体宽。

马铃薯金线虫（*G. rostochiensis*）与马铃薯白线虫（*G. pallida*）可以根据形态特征简单地加以区分：马铃薯金线虫（*G. rostochiensis*）雌虫呈金黄色，雌虫阴门与肛门之间脊纹较多（16~20 条），孢囊表面有锯齿纹，幼虫口针基部球圆球形；马铃薯白线虫（*G. pallida*）雌虫呈白色，阴门与肛门之间脊纹较少（ 8~12 条），孢囊表面有网状纹，幼虫口针基部球有前突。

球形孢囊线虫（*Globodera*）与孢囊线虫（*Heterodera*）的区别：球形孢囊线虫（*Globodera*）的雌虫和孢囊近球形，无阴门锥（图 5-46A），阴门裂包围在一个环状的阴门窗内（图 5-47A）；孢囊线虫（*Heterodera*）雌虫和孢囊柠檬形，有阴门锥（图 5-46B），阴门裂两侧有两个阴门窗（图 5-47B）。

图 5-46　马铃薯金线虫（*G. rostochiensis*）、燕麦孢囊线虫（*H. avenia*）雌虫（引自 Siddiqi）

A. 马铃薯金线虫（*G. rostochiensis*）；B. 燕麦孢囊线虫（*H. avenia*）

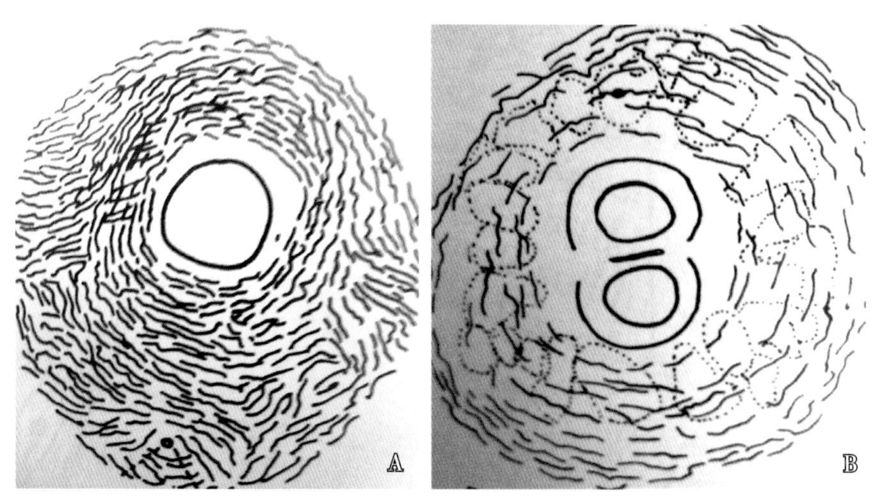

图 5-47　马铃薯金线虫（*G. rostochiensis*）、燕麦孢囊线虫（*H. avenia*）阴门窗（引自 Whitehead）

A. 马铃薯金线虫（*G. rostochiensis*）；B. 燕麦孢囊线虫（*H. avenia*）

发病规律

球形孢囊线虫（*Globodera*）的孢囊有很强的抗脱水能力，可以使卵在不良的环境中生存。田块内和田块间的局部传播主要依靠灌溉水、农事操作时带虫土壤的搬移；远距离传播主要是随被污染种薯、种苗、土壤以及用于消费和加工的马铃薯块调运传播。

球形孢囊线虫（*Globodera*）的孢囊落入土壤中，卵可以立即孵化并侵染作物，也可以保持休眠成为未来作物的侵染源。卵全部保留在孢囊内，当受到寄主作物根分泌物刺激时60%~80%卵可以孵化。田间缺少寄主时，每年大约有1/3卵能自然孵化，另一些保留在孢囊内的卵20年之后还具有活力。

球形孢囊线虫（*Globodera*）的两个种具有寄主专化性，对来自不同马铃薯品种的根分泌物刺激的反应表现出一定程度的差别。马铃薯金线虫（*G. rostochiensis*）较少依靠寄主传递的孵化刺激，并且比较容易对非特异性的孵化刺激作出反应；马铃薯白线虫（*G. pallida*）主要依靠马铃薯根分泌物传递的孵化刺激。

防控措施

①严格检疫：球形孢囊线虫（*Globodera*）是国际公认的重要作物病原线虫，必须采取最严格的检疫和法规管理。严禁从疫区调运和输入马铃薯薯块和薯种。

②疫情铲除：球形孢囊线虫（*Globodera*）一旦传入并在田间少量发生时，必须立即封锁疫区，就地销毁全部植株和产品，清除田间杂草；发病田休闲，并用熏蒸性杀线虫剂进行土壤处理。

③作物调控：经疫情铲除后的田块数年内停止种植马铃薯和茄科作物，可种植水稻、小麦、玉米或其他非寄主作物。

第三节　薯蓣线虫病

薯蓣常因根结线虫（*Meloidogyne*）和根腐线虫（*Pratylenchus*）危害而造成重大经济损失。

一、薯蓣根结线虫病

症状

病原线虫侵染营养根和块茎，在块茎表面密集形成大小不等的瘤状突起的根结（图5-48），雌虫埋生于根结组织中。根结表面开裂，受害组织分泌白色汁液，后期呈褐色痂状。受害块茎生长受阻，薯块小，表皮粗糙，分叉，畸形。根结组织能深入到薯块肉质部，形成褐点状坏死组织。后期结瘿连片形成，薯块从表皮开始变褐腐烂，腐烂组织向薯肉组织扩展。受害严重部位可以观察到大量雌虫（图5-49）。块茎和根系受害严重时，植株矮化，生长迟缓，叶片褪绿，落叶，早衰。

图 5–48　铁棍山药根结线虫病症状

A. 密集形成小瘤状根结；B. 块茎畸形；C. 组织腐烂

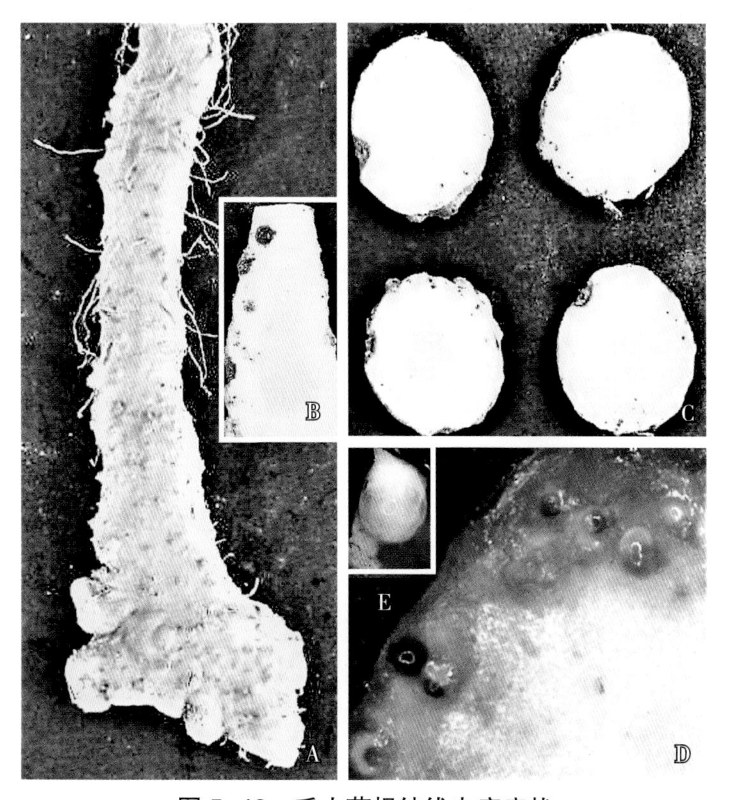

图 5–49　毛山药根结线虫病症状

A. 块茎畸形，表皮突起根结；B、C. 块茎皮下薯肉形成褐色腐烂斑点；D. 根结组织中的雌虫和卵囊；E. 根结组织内的雌虫

病原

病原为南方根结线虫（*M. incognita*）、花生根结线虫（*M. arenaria*）。

南方根结线虫（*M. incognita*）会阴花纹（图5-50）：背弓高，近方形；侧区侧线明显，平滑至波浪形，有断裂纹和叉状纹；角质膜纹粗，平滑至浪波形，有时呈“之”字形纹；尾端常有明显的轮纹。

花生根结线虫（*M. arenaria*）会阴花纹（图 5-51）：背弓低、圆，近侧线处有锯齿纹；侧区无侧线，有短而不规则的叉形纹；角质膜纹粗，平滑至略呈波浪形；尾端通常无明显轮纹。

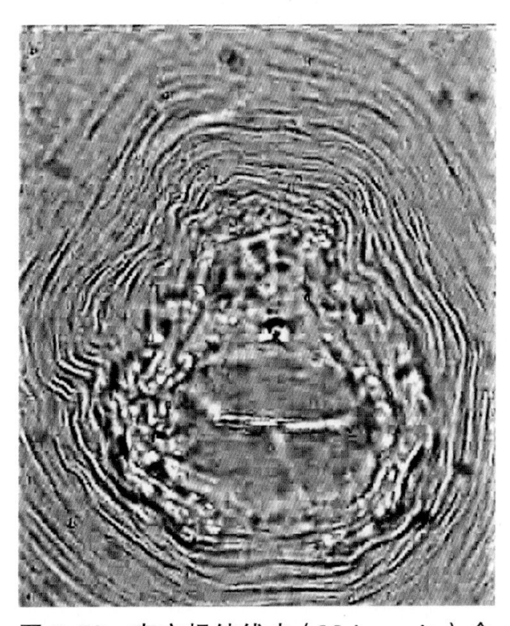

图 5-50 南方根结线虫（*M. incognita*）会阴花纹

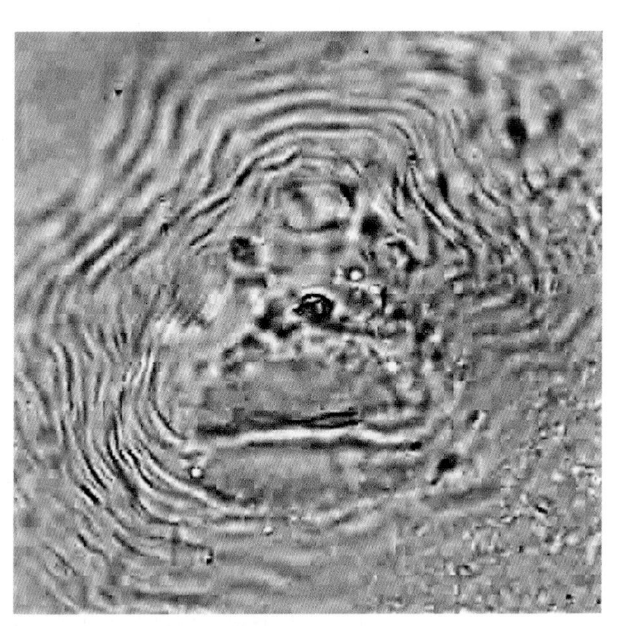

图 5-51 花生根结线虫（*M. arenaria*）会阴花纹

发病规律

根结线虫（*Meloidogyne*）以卵囊中的卵和卵内的幼虫越冬。在寄主作物种植季节，孵化的侵染期 2 龄幼虫侵入寄主根中危害，并完成生活史。残留于田间的病根、病薯是主要初侵染源。

薯蓣根结线虫病在通透性好的砂质土壤发生较重；土壤潮湿、黏重、板结，发病轻或不发病。薯蓣连作年限长的地块病害较重，老产区比新产区发病重。

防控措施

①卫生检疫：严格检疫，防止线虫随带病薯块的调运而远距离传播。

②选用健康种薯：选择健壮无病的薯蓣种作为繁殖材料。

③合理施肥：种植前施用 50% 氰氨化钙颗粒剂（225~300kg/hm^2）作基肥，降低初侵染线虫量；施用充分腐熟的有机肥作基肥，氮、磷、钾平衡施肥，适量施用钙、硫、镁等中量元素肥。

④药剂防控：种植时用 10% 噻唑膦颗粒剂（15kg/hm^2）穴施，或施用淡紫拟青霉或厚垣孢普可尼亚菌。

二、薯蓣根腐线虫病

症状

薯蓣根腐线虫病又称薯蓣红斑病、薯蓣干腐病。薯蓣受侵染初期，块茎上形成淡褐色近圆形或不规则凹陷的小斑点（图 5-52）；表皮病斑密集时相互愈合，形成大片褐色斑块，表皮龟裂。受害严重时，块茎小，并形成不规则分叉，畸形（图 5-53）。薯蓣横切面和纵切面，可以看到薯块外层 1~2cm

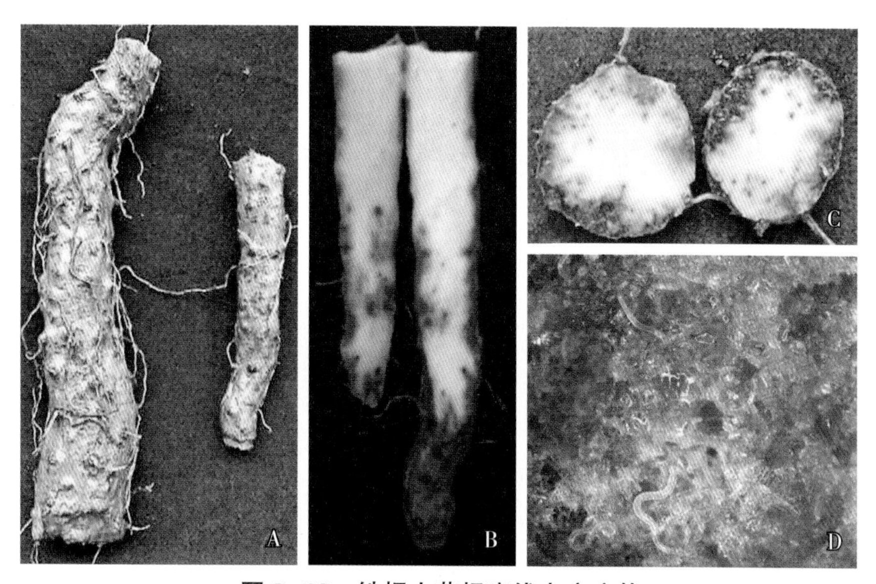

图 5-52 铁棍山药根腐线虫病症状

A. 块茎表皮褐色小斑点；B. 块茎纵剖面（褐色点状腐烂）；C. 块茎横切面（薯肉变褐腐烂）；D. 腐烂组织中的线虫

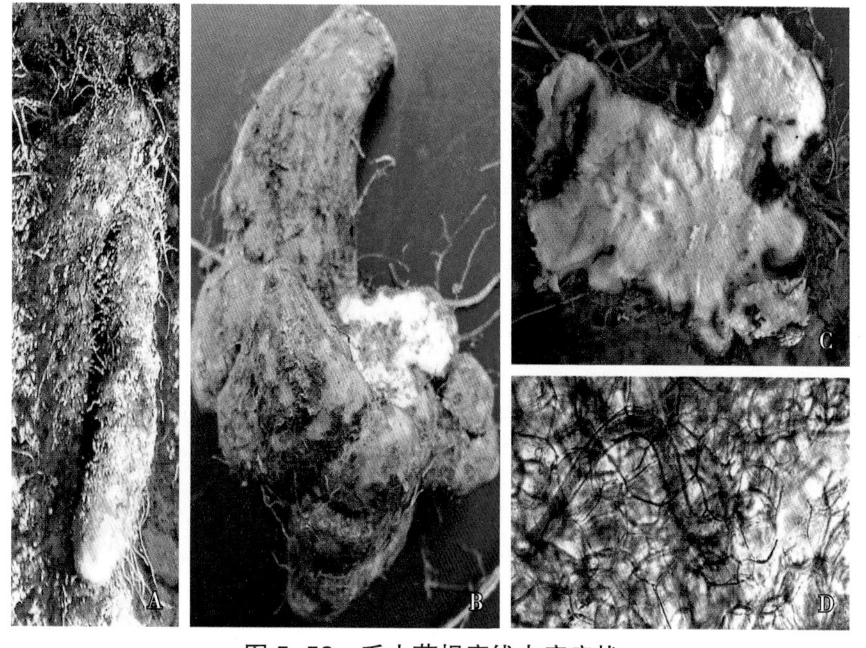

图 5-53 毛山药根腐线虫病症状

A. 块茎表皮变黑腐烂；B. 块茎畸形；C. 薯肉组织变褐腐烂；D. 腐烂组织中的线虫

厚的皮层及组织呈褐色至黑色腐烂，坏死组织由外至内蔓延，可深至薯块中心组织，导致大面积组织腐烂。病组织中有大量病原线虫寄生，发病块茎后期干缩腐烂。被害植株地上部藤蔓矮化，叶片变小。发病严重田块蔓叶变黄，甚至整株枯死。

病原

病原为咖啡根腐线虫（*P. coffeae*）（图 5-54、图 5-55）。

雌虫体长 557~798μm，虫体经缓慢加热杀死后直伸或朝腹面稍弯曲。唇区低，稍缢缩，唇环 2 个。虫体中部的侧带具有 4 条侧线。口针粗短、长 14~18μm，口针基部球圆形。中食道球卵圆形，食道腺覆盖于肠的腹面和侧面，背食道腺开口距口针基部球约 2.5μm。排泄孔位于食道—肠瓣门的前方，半月体位于排泄孔前约 2 个体环处。单生殖管前生，卵母细胞在卵巢前端呈单行排列，下端呈双行排列；受精囊圆形至长卵圆形，内部大多数充满精子；后阴子宫囊长 17~28μm。尾长 24~45μm，圆柱形，尾末端平截或钝圆，多具一明显缺刻。

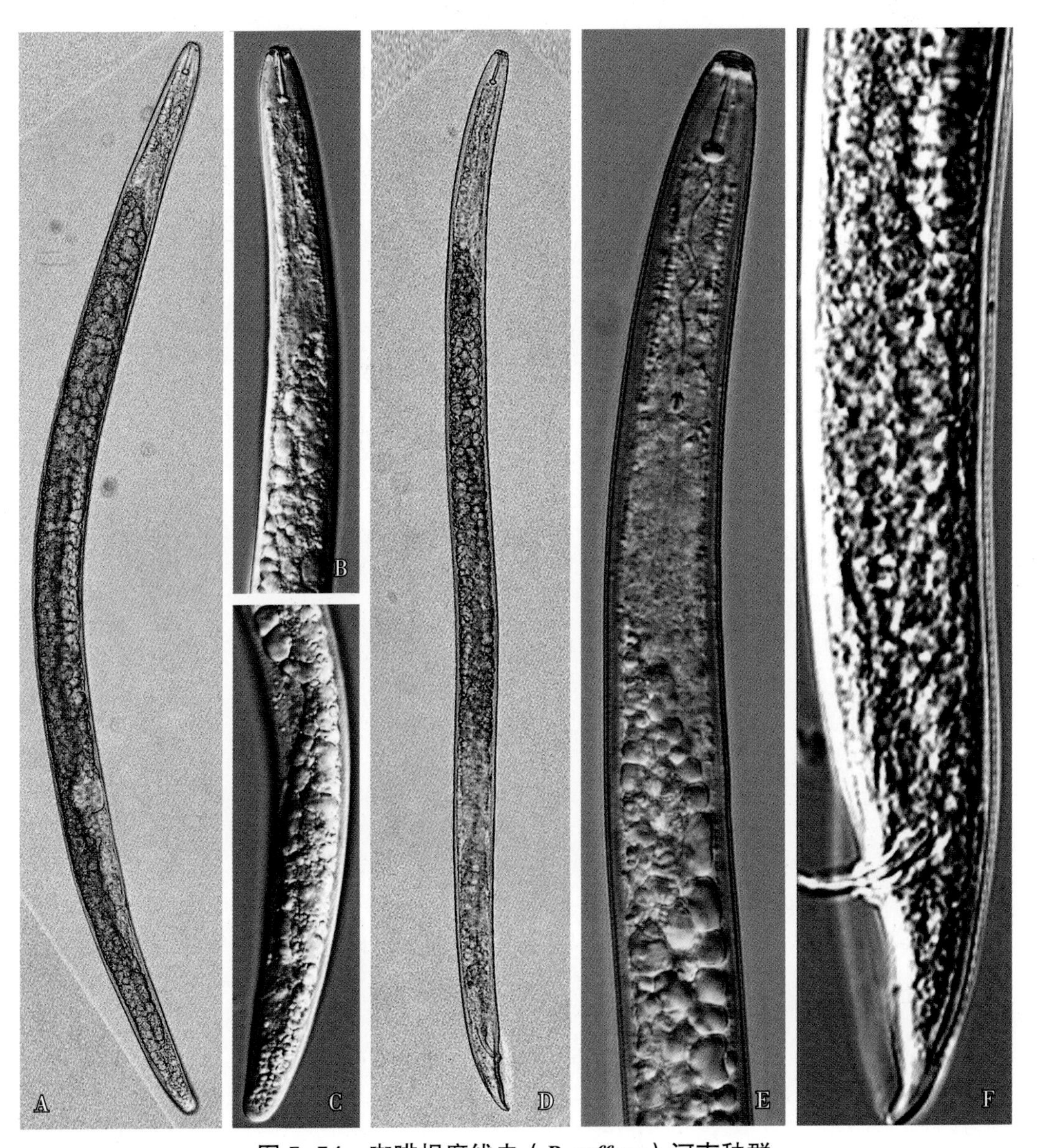

图 5-54　咖啡根腐线虫（*P. coffeae*）河南种群

A. 雌虫整体；B. 雌虫前部；C. 雌虫尾部；D. 雄虫整体；E. 雄虫前部；F. 雄虫尾部

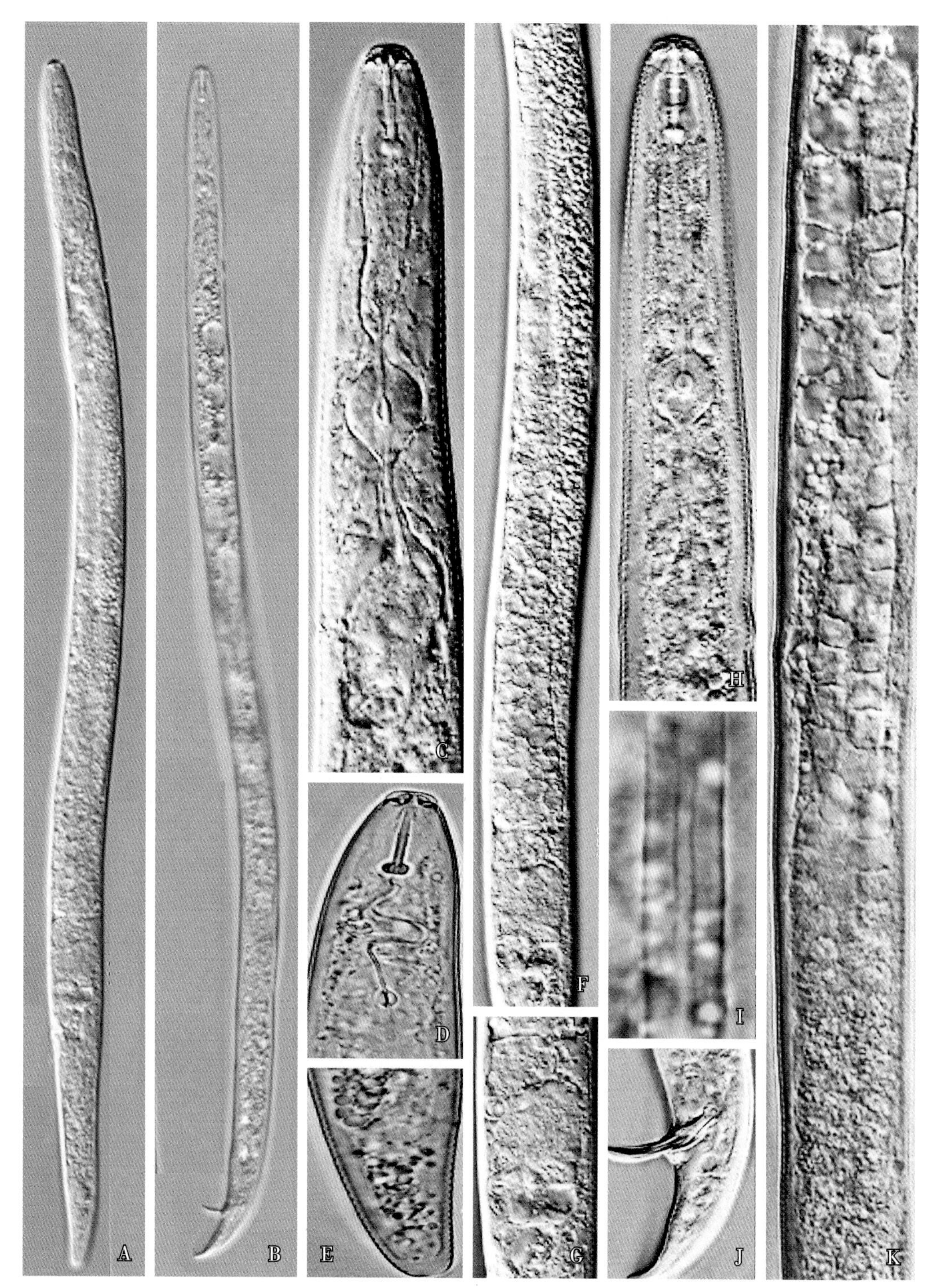

图 5–55　咖啡根腐线虫（*P. coffeae*）福建种群

A. 雌虫整体；B. 雄虫整体；C. 雌虫前部；D. 雌虫头部；E. 雌虫尾部；F. 雌虫生殖管；G. 受精囊；H. 雄虫前部；I. 侧带；J. 雄虫尾部；K. 精巢

雄虫虫体前部形态与雌虫相似，体长 508~632μm。口针长 14~16μm。单精巢前生；交合刺弓状，长 17~26μm；引带 5~8μm，交合伞发达、包至尾端。

发病规律

咖啡根腐线虫（*P. coffeae*）在寄主作物收获后，在残留于土壤中的作物根或其他地下器官组织内生存。越冬虫态以 4 龄幼虫和成虫为主。咖啡根腐线虫（*P. coffeae*）的远距离传播主要依靠被侵染的作物根和块茎，田间可以通过雨水、灌溉水和农事操作近距离传播。

防控措施

①种植健壮无病种薯：采用无病田留种，种植前可将薯蓣块茎用 45℃温水浸 45min 或 50℃温水浸 40min，也可以用 41.7% 氟吡菌酰胺悬浮剂 5000 倍液浸种 30min。

②合理施肥：种植前施用 50% 氰氨化钙颗粒剂（225~300kg/hm^2）作基肥，降低初侵染线虫量；施用充分腐熟的有机肥作基肥，也可以施用海藻肥或虾蟹壳等土壤调理剂。

③药剂防控：种植时用 10% 噻唑膦颗粒剂（15kg/hm^2）穴施；种植前 15d，用 42% 威百亩水剂（50~100ml/m^2），加水稀释 50~100 倍后进行土壤熏蒸，施后覆土压实。几天后翻耕通气。

三、薯蓣其他线虫病

（一）薯蓣拟鞘线虫病

症状

病原线虫在薯蓣块茎表皮危害，造成黑斑。

病原

病原为紧鞘拟鞘线虫（*Hemicriconemoides strictathecatus*，图 5–56）。

雌虫虫体粗壮、线形，缓慢加热杀死后虫体略向腹部弯曲。体环明显。头部缢缩，有 2 个环纹。口针粗壮，口针基部球大，前段中部稍凹。环线型食道，中食道球发达、瓣门明显，后食道腺呈梨形、与肠道交界明显。排泄孔位于后食道腺前端。阴门位于虫体后部，肛门前 2~3 个体环处；单生殖管前生，前端延伸至后食道腺基部。尾部锥圆至钝圆，尾端光滑。

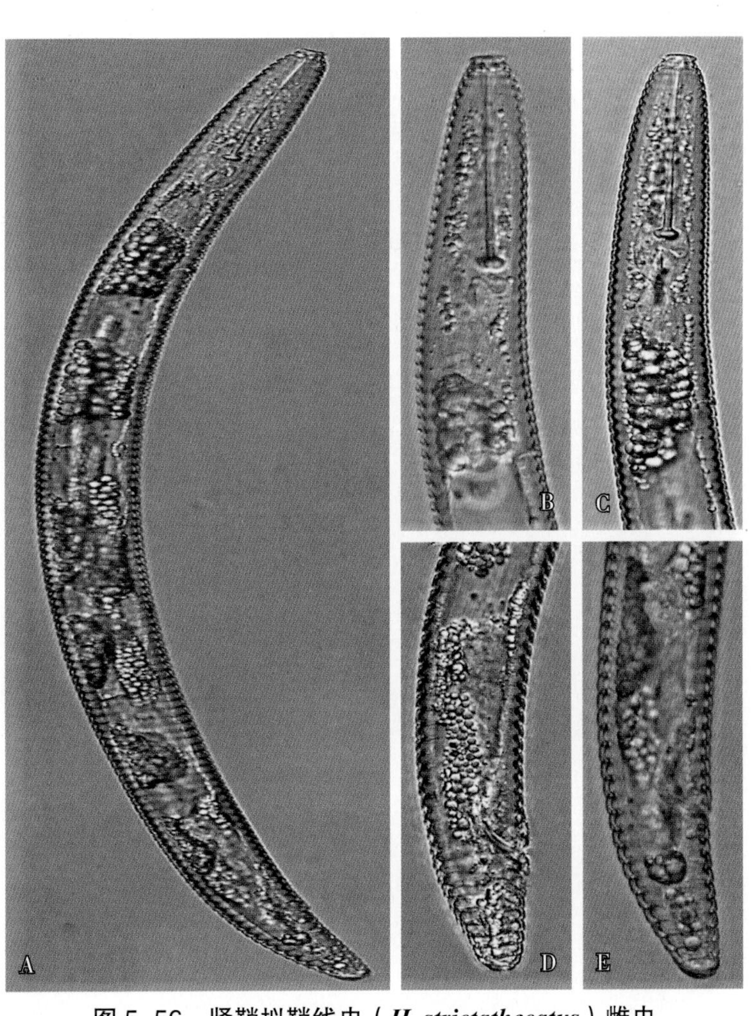

图 5–56　紧鞘拟鞘线虫（*H. strictathecatus*）雌虫

A. 整体；B、C. 头部；E、D. 尾部

（二）薯蓣螺旋线虫病

症状

病原线虫侵染薯蓣块茎皮层组织，产生黑斑。

病原

病原为双宫螺旋线虫（*H. dihystera*，图 5–57）。

雌虫缓慢加热杀死后虫体呈螺旋形，虫体前部较直。侧带有 4 条侧线。唇区半圆形，有 3~4 个唇环。口针粗，口针基部球大。排泄孔位于食道腺与肠交界处附近。阴门位于虫体中部。双生殖管对生，受精囊近圆形、内无精子。尾向腹面弯曲，尾端钝或有不明显的刺突。

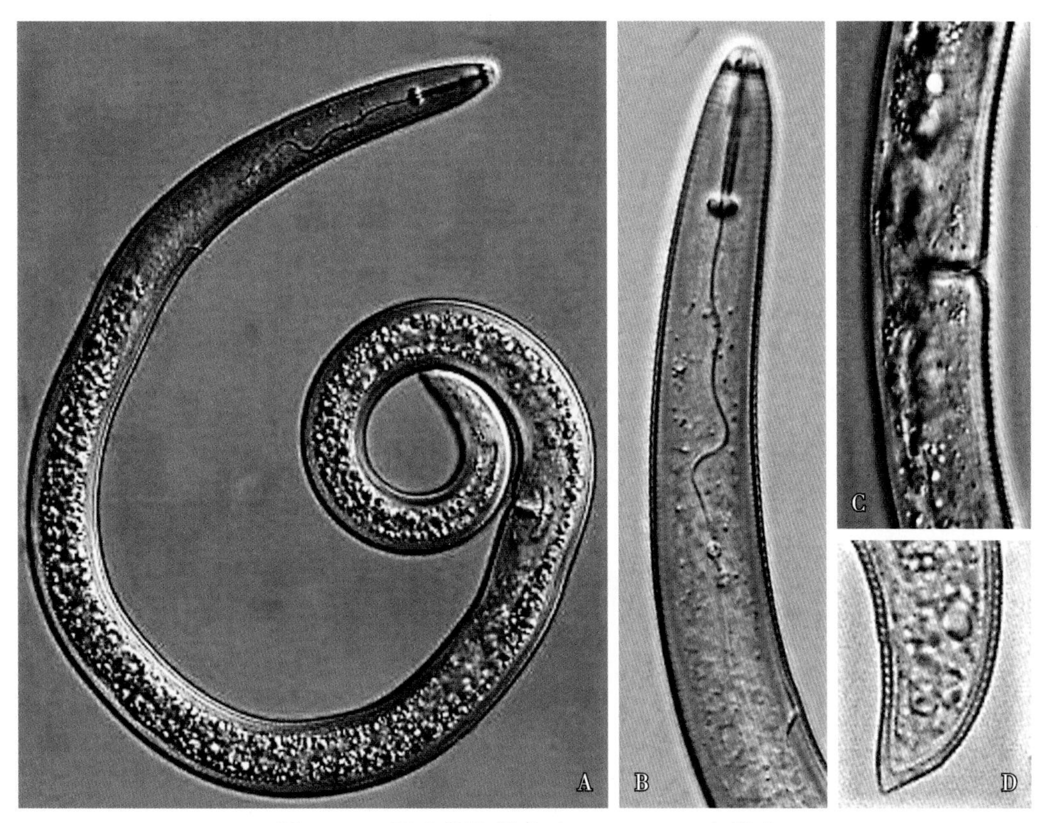

图 5–57　双宫螺旋线虫（*H. dihystera*）雌虫

A. 整体；B. 前部；C. 阴门部；D. 尾部

（三）薯蓣肾形线虫病

症状

病原线虫取食薯蓣营养根和块茎，病株根系萎缩、坏死、营养根少，块茎表面粗糙。

病原

病原为肾状肾形线虫（*R. reniformis*，图 5–58）。

成熟雌虫虫体膨大，肾形。阴门隆起，位于虫体中后部；体后部半球形，有明显尾尖突。未成熟雌虫虫体细长，朝腹面弯曲，呈“C”形。唇区隆起，无缢缩。口针发达，基部球圆形、前缘向后倾斜。中食道球卵圆形，食道腺覆盖于肠的腹面和侧面。双生殖管对生，未成熟。尾呈锥形，末端窄圆。

雄虫虫体细长，朝腹面呈“C”形弯曲。唇区骨质化弱，食道退化。泄殖腔隆起，交合刺细长、朝腹面弯曲，引带简单，交合伞退化。

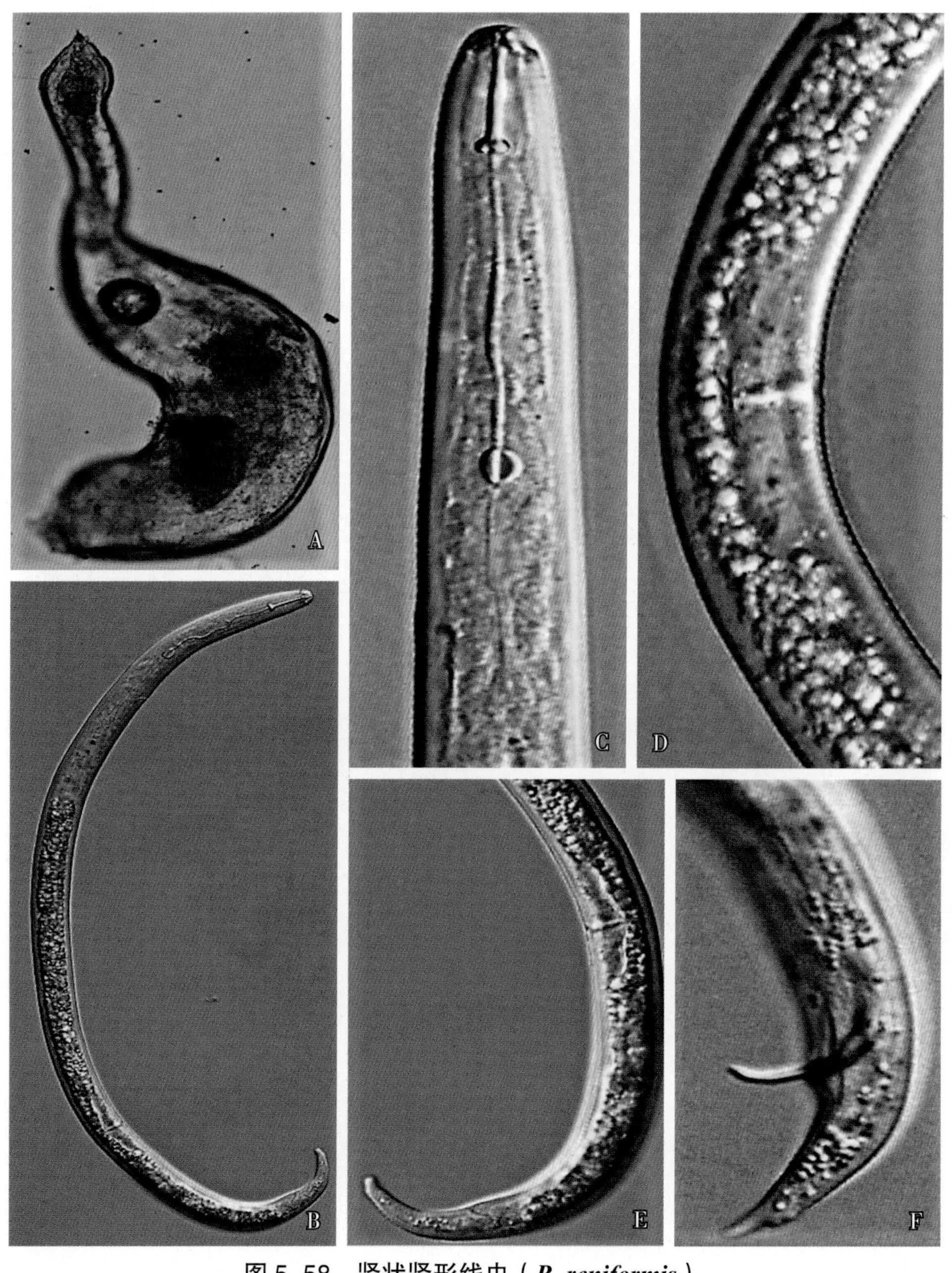

图 5–58　肾状肾形线虫（*R. reniformis*）

A. 雌虫整体；B. 未成熟雌虫整体；C. 未成熟雌虫头部；D. 未成熟雌虫阴门部；E. 未成熟雌虫尾部；F. 雄虫尾部

第四节　芋线虫病

一、芋根腐线虫病

症状

病株地上部生长衰弱，老叶沿叶缘向内均匀变黄褐色，最后整叶卷曲干枯，新叶生长缓慢。重病植株矮小（图 5-59）、叶柄软化而植株下垂，最后全株萎蔫枯死（图 5-60）。地下部球茎基部须根受侵染后，根表面可见褐色伤痕（图 5-61），后期变黑腐烂。病原线虫可从球茎基部的须根向球茎内部侵染，环绕球茎基部，引起球茎基部腐烂（图 5-62）。腐烂球茎外观色泽暗淡，用手按压受侵染部位较软；纵切病球茎，可见球茎基部呈褐黑色腐烂（图 5-63）。线虫也可环绕球茎四周的皮层组

图 5-59　芋根腐线虫病病株矮小，叶片焦枯

图 5-60　芋根腐线虫病病株萎蔫

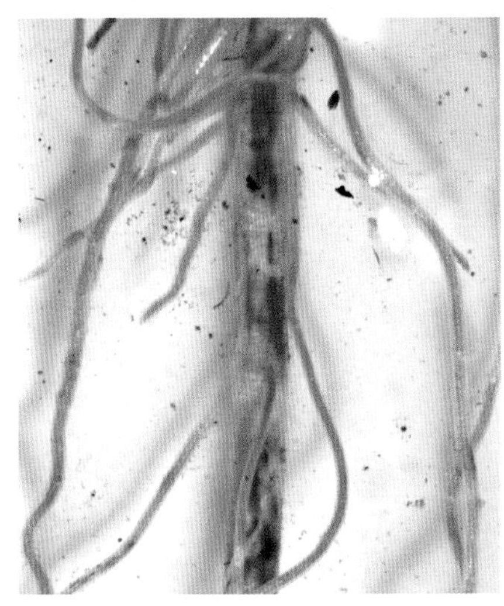
图 5-61　芋根腐线虫病病根上有褐色伤痕

图 5-62　芋根腐线虫病病球茎基部腐烂

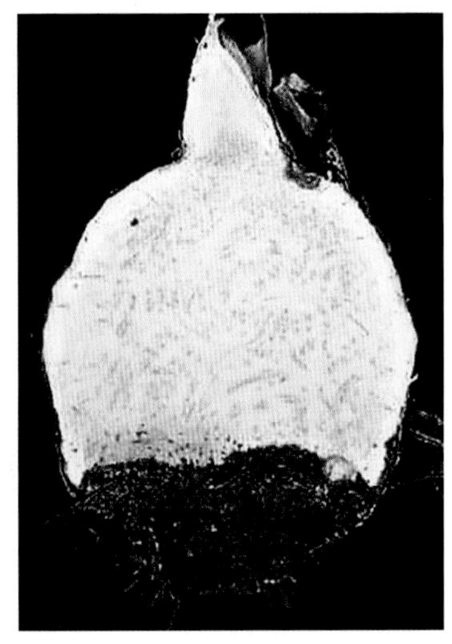
图 5-63　芋根腐线虫病病球茎纵切面（基部腐烂）

织侵染，引起外层组织变褐腐烂（图 5-64），变褐腐烂组织可以向内部扩展。重病植株根系稀少，球茎腐烂，较容易拔出地面。显微镜观察，在病组织中可见到不同龄期的病原线虫（图 5-65）。

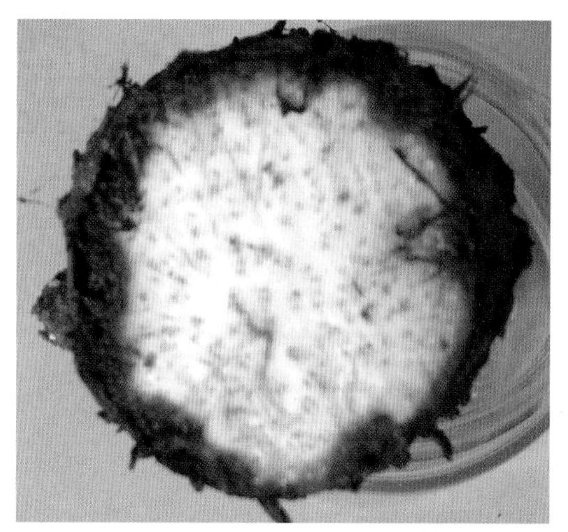

图 5-64　芋根腐线虫病病球茎表皮变黑腐烂

图 5-65　病组织内的咖啡根腐线虫（*P. coffeae*）

病原

病原为咖啡根腐线虫（*P. coffeae*，图 5-66）。

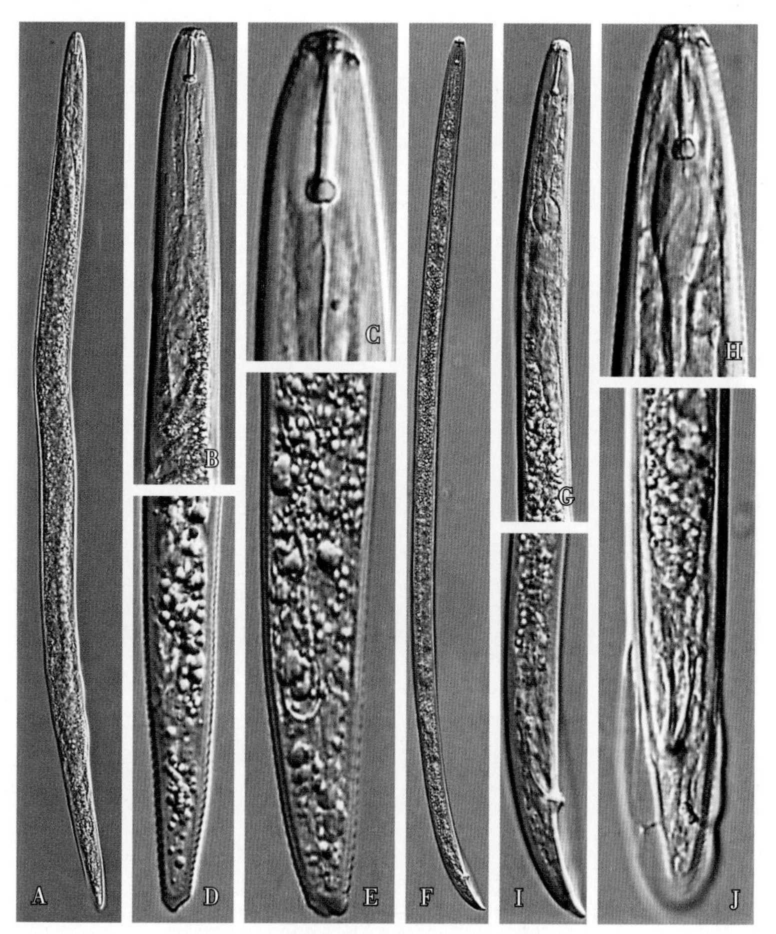

图 5-66　咖啡根腐线虫（*P. coffeae*）

A. 雌虫整体；B. 雌虫前部；C.雌虫头部；D、E. 雌虫尾部；F. 雄虫整体；G. 雄虫前部；H. 雄虫头部；I. 雄虫尾部侧面；J. 雄虫尾部腹面雌虫虫体经缓慢加热杀死后朝腹面稍弯曲。虫体中部侧带具有4条侧线。唇区低，稍缢缩，唇环2个。口针粗短、发达，口针基部球圆形。中食道球卵圆形，食道腺覆盖于肠的腹面和侧面。阴门位于体后部，单生殖管前生，受精囊圆形至长卵圆形，后阴子宫囊明显。尾圆柱形，尾末端平截或钝圆，具一明显缺刻。

雄虫虫体前端与雌虫相似。交合刺细长，弓状；交合伞发达，并包裹至尾端。

发病规律

咖啡根腐线虫（*P. coffeae*）是迁移型内寄生线虫，有广泛的寄主范围。据福建省调查，该线虫广泛分布于槟榔芋种植区。槟榔芋用球茎繁殖，带线虫球茎可能传播病害，成为初侵染源。残留于田间的病株残体也可以成为初侵染源。

防控措施

①种植健康种芋：用无病田留种，选留健康子芋作种芋，种植前用41.7%氟吡菌酰胺悬浮剂5000倍液浸种30min。

②实施避病栽培：可因地制宜地与非寄主或不适寄主复种、轮作，如实行芋—水稻、芋—绿叶蔬菜栽培模式。

③科学调理土壤：氮肥和钾肥对芋的生长和产量品质都有显著促进作用。增施氮肥和钾肥，促进植株生长，提高抗病性。此外，采用以下措施，可达到优化微生态和控制病害的目的：种植前施用50%氰氨化钙颗粒剂（225~300kg/hm^2）作基肥，降低初侵染线虫量；施用充分腐熟的有机肥作基肥，也可以施用海藻肥或虾蟹壳等土壤调理剂。

④精准用药防控：重病田或病害常发田，下种时可选用10%噻唑膦颗粒剂、41.7%氟吡菌酰胺悬浮剂、15%阿维·噻唑膦颗粒剂、6%寡糖·噻唑膦水乳剂，按使用说明书施用。

二、芋矮化线虫病

症状

病原线虫侵染芋根系后，导致根系生长不良，须根变细变短，出现褐色斑点。严重时根变黑腐烂，影响芋生长。

病原

病原为饰环矮化线虫（*Tylenchorhynchus annulatus*，图5-67）。

雌虫虫体蠕虫形，缓慢加热杀死后虫体略向腹部呈“C”形弯曲。环纹明显，侧带有4条侧线。唇区高，半圆形，不缢缩，有两三个唇环。口针粗壮，口针基部球大，扁圆形；中食道球发达，食道腺呈梨形、与肠道平接。阴门明显。尾部圆锥形，尾端半圆。

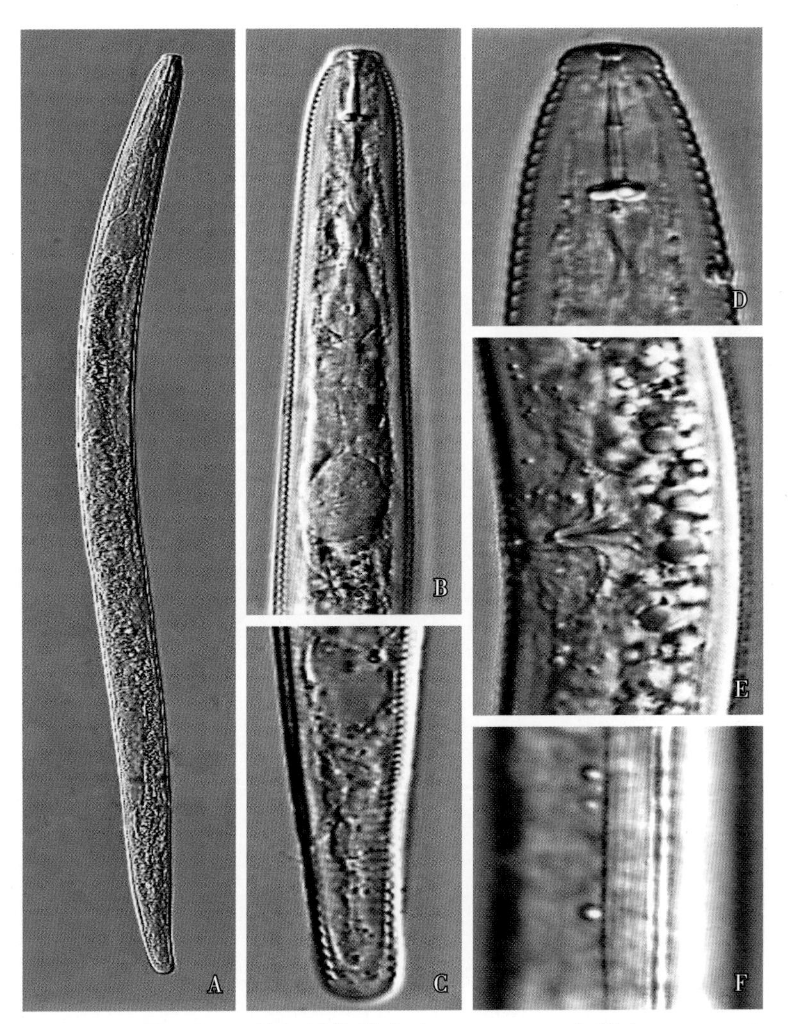

图 5-67 饰环矮化线虫（*T. annulatus*）雌虫

A. 整体；B. 前部；C. 尾部；D. 头部；E. 阴门部；F. 侧带

发病规律

饰环矮化线虫（*T. annulatus*）为外寄生线虫，存活于植物根际土壤中。贫瘠和潮湿的土壤有利该线虫发生危害。

防控措施

①改良土壤：发病轻的田块增施有机肥，或施用微生物肥，以改良土壤。

②土壤消毒：在种植前 15~20d 全畦均匀地撒施 50% 氰氨化钙颗粒剂（750~900kg/hm^2），用铁耙将药剂和土壤充分混匀，浇水湿润土壤后覆膜。消毒 15~20d 后揭膜，通风 2d 后播种或移栽。

③药剂防控：种植期或生长前期，用 41.7% 氟吡菌酰胺悬浮剂 1000~1500 倍液浇灌根部。

第六章 油料作物线虫病

第一节　花生线虫病

一、花生茎线虫病

花生茎线虫病又称花生种荚线虫病，于1987年在南非的德兰士瓦首次被发现，病原线虫为非洲茎线虫（*Ditylenchus africanus*）。非洲茎线虫（*D. africanus*）分布于南非各主要花生产区，成为南非花生最重要的病原线虫。2013年福建农林大学植物线虫研究室首次报道我国山东、河北多个花生产区发生花生茎线虫病，病原线虫为新种。

症状

发病田花生植株生长不整齐，缺株断垄（图6–1）。病株生长衰退，黄化、萎蔫，乃至全株枯死（图6–2）。根系生长不良，变黑，腐烂萎缩，结荚少，固氮根瘤明显减少（图6–3、图6–4）。病原线虫

图6–1　花生茎线虫病病株田间分布

图6–2　花生茎线虫病田间病株

图6–3　花生茎线虫病田间症状（左为病株，右为健株）

图6–4　花生茎线虫病症状（左为接种株，右为对照）

侵染花生的果针、荚果、种皮、胚根胚芽及子叶，果柄与荚果相连的部位出现褐色坏死，随后病斑从褐色渐变成黑褐色，并向纵深方向延伸，最后被侵染的花生外壳失去正常的光泽（图 6–5）。剥开病果荚可以看见种皮皱缩，外种皮表面常呈现褐色坏死斑点或维管束变色，种皮不易剥脱（图 6–6、图 6–7）；内种仁变黄色至黄褐色，感病的胚根胚芽变成橄榄绿色至棕色（图 6–8）。成熟种子的种皮受到病原线虫的破坏，降低了花生种子的质量（图 6–9）。

图 6–5 花生茎线虫病症状

A. 病株根系和果荚；B. 健株根系和果荚

图 6–6 花生茎线虫病病果荚及胚芽

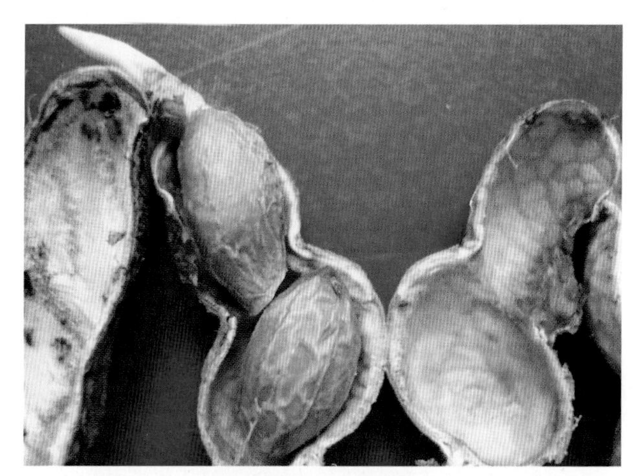

图 6–7 花生茎线虫病病果荚内壁及胚芽

图 6–8 花生茎线虫病病果荚内壁及果粒种皮

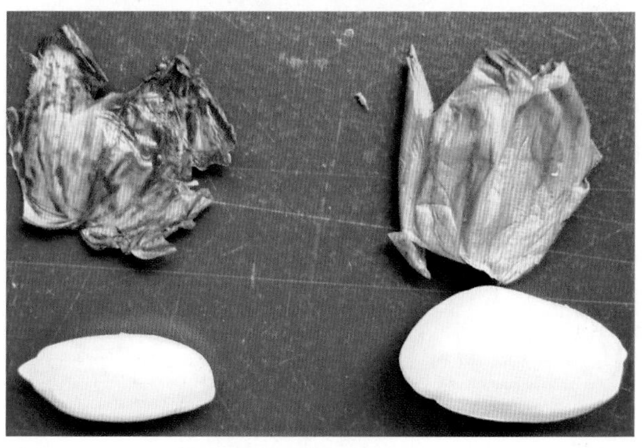

图 6–9 花生茎线虫病种皮种仁症状（左为病种皮种仁，右为正常种皮种仁）

病原

病原为花生茎线虫（*Ditylenchus arachis*）（图 6-10、图 6-11）。

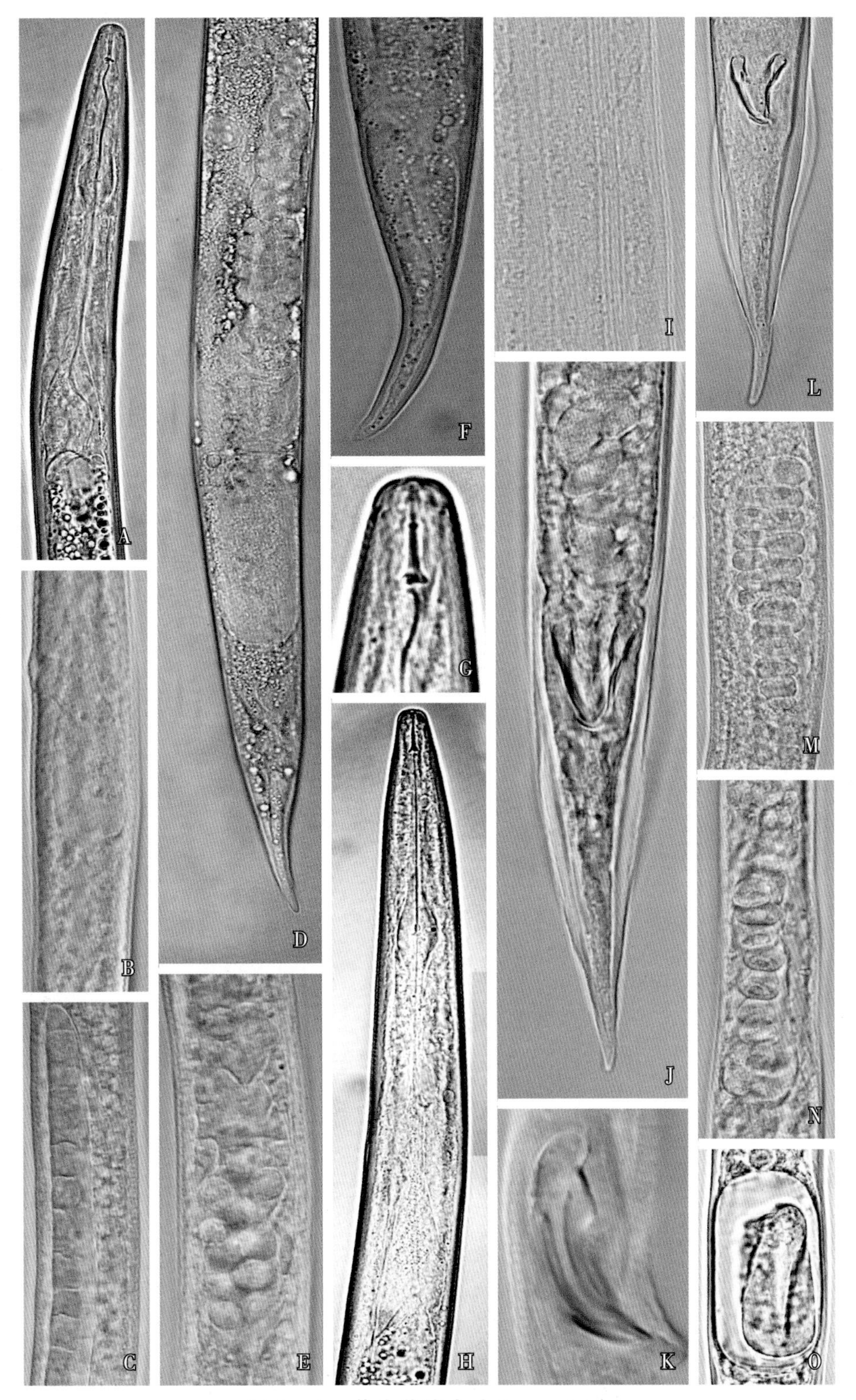

图 6-10 花生茎线虫（*D. arachis*）

A. 雌虫前部侧面；B. 雌虫峡部；C. 卵巢前端；D. 雌虫生殖系统与尾部侧面；E. 受精囊中的精子；F. 雌虫尾部；G. 雄虫的头部；H. 雄虫前部侧面；I. 侧带与侧线；J. 雄虫的生殖系统与尾部；K. 交合刺侧面；L. 雄虫尾部腹面；M、N. 受精囊中的椭圆形精子；O. 体内胚胎卵

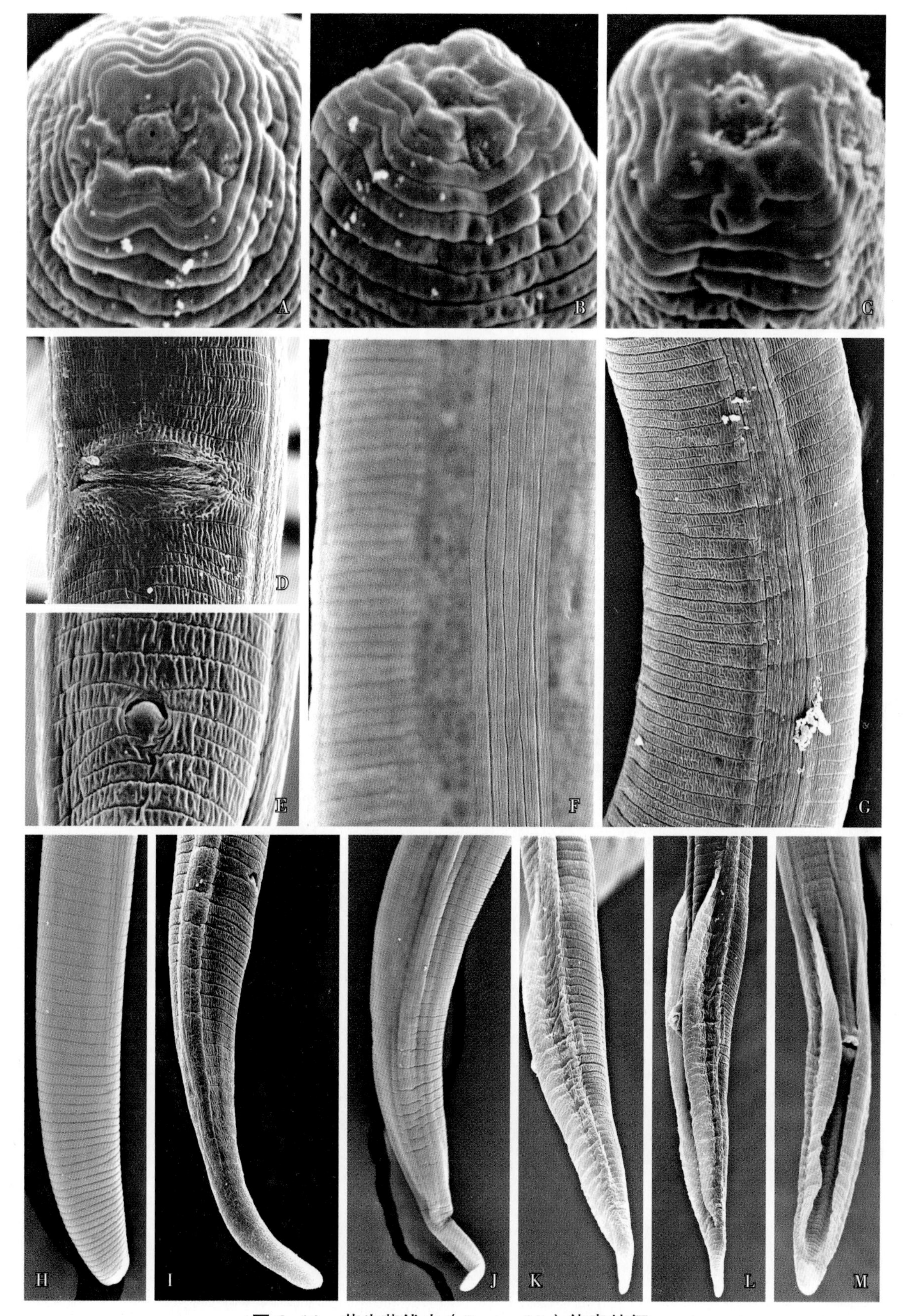

图 6-11 花生茎线虫（*D. arachis*）体表特征

A. 雌虫头部正面；B. 雌虫头部侧面；C. 雄虫头部正面；D. 阴门；E. 肛门；F、G. 雌虫体环和侧带；H~J. 雌虫尾部（侧带）；K、L. 雄虫尾部（交合伞及侧带）；M. 雄虫尾部腹面

（1）形态特征

雌虫体长 680~1007μm；虫体圆柱形，两端较细，缓慢加热杀死后虫体稍向腹面弯曲，虫体角质膜有细微环纹。头部前端低平，唇区光滑，稍有缢缩，有 4~5 个唇环；唇架骨质化中等。口孔孔状，位于稍隆起的小圆形唇盘上，唇盘四周有 6 个内唇感器和 6 瓣唇片，呈六面体排列；侧腹唇区和侧背唇区各具一对头感器。侧唇区有头感器且特征明显，即侧唇片明显突出，形成蘑菇状，延伸至第二或第三唇环，导致第一唇环或第一与第二唇环在外观上看起来不连续，唇区由 4~5 个唇环组成。侧器孔椭圆形，位于侧唇片的边缘。口针纤细，长 9~10μm，针杆相对粗大，基部球大，外缘明显向后倾斜。中食道球长梭形，其新月形的瓣膜位于食道球的中心。峡部细长，神经环位于峡部的后方。半月体清晰可见，排泄孔位于半月体后的一至数个体环处。食道腺梨形或圆柱形，稍覆盖于肠。侧带起始于虫体峡部位置，最初为 2 条侧线，逐渐增加到 4 条，至虫体中部有 6 条侧线；有些侧带外侧具网格纹，有些侧带隆起于体表，有些与体表齐平。沿虫体尾部后方的侧线渐减为 4 条，到尾的 2/3 距离处渐减为 2 条。卵巢发达，前生，延伸至食道腺的基部，卵原细胞单行排列。受精囊管状，长形，其内充满圆形或椭圆形的精子。子宫内有明显的 4 行排列的四柱体细胞，有时在子宫内也可发现有胚胎卵。阴门位于虫体后部，阴门宽约占体宽的 1/2，阴唇平或略突出。后阴子宫囊发达，较宽；肛门明显。尾长圆锥形，向末端逐渐成窄圆，常向尾腹面弯曲。

雄虫形态与雌虫相似，体长 730~1022μm。头部前端低平，头架骨质化较弱。唇区有 4~5 条环纹，有突起的唇盘，侧唇区明显突出，侧唇部具侧器孔。口针纤细，长 9 ~10μm，基部球向后倾斜。食道腺后部呈梨形，稍覆盖于肠。虫体中部侧带有 6 条侧线，并向头尾两端逐渐减少为 4 条、2 条。精巢长，前生，内有圆形精子。交合刺成对，长 16~24μm；引带长 5~9μm，交合伞起始于交合刺前端，包至近尾端。尾长锥形，长 49~63μm，末端稍向腹面弯曲。

花生茎线虫（*D. arachis*）与非洲茎线虫（*D. africanus*）都是花生的病原线虫，两者的主要区别在于：花生茎线虫（*D. arachis*）交合伞包至尾端的 68.3%~85.5% 处，排泄孔位于峡部后 1/3 位置与食道腺末端前 1/3 位置之间的水平处，侧带有 6 条侧线；非洲茎线虫（*D. africanus*）交合伞包至尾端的 48%~66% 处，排泄孔位于食道腺末端后 1/3 位置，侧带有 6~15 条侧线。

花生茎线虫（*D. arachis*）与腐烂茎线虫（*D. destructor*）两者形态相似，主要区别：前者口针长 8~10μm，交合刺长 18~24μm，交合伞包至尾端的 68.3%~85.5%，食道腺末端与肠平接或稍侧覆盖于肠；腐烂茎线虫（*D. destructor*）口针长 10~13μm，交合刺长 24~27μm，交合伞包至尾端的 50%~70%，食道腺末端覆盖于肠背面。

（2）分子生物学特征

通过对花生茎线虫（*D. arachis*）的 rDNA-ITS PCR 扩增和系统发育分析，显示所有供检测的 4 个花生茎线虫（*D. arachis*）种群以高置信度优先相聚成簇，与腐烂茎线虫（*D. destructor*）、食菌茎线虫（*D. myceliophagus*）、非洲茎线虫（*D. africanus*）有遗传亲缘关系的差异（图 6-12、图 6-13）。

（3）致病性

我国北方花生产区大部分也是甘薯产区，致病性测定结果证实花生茎线虫（*D. arachis*）与甘薯的腐烂茎线虫（*D. destructor*）的生物学特性有一定差别。花生茎线虫（*D. arachis*）既不侵染甘薯薯块，也不侵染马铃薯块茎，可侵染花生（图 6-14A，B；图 6-15A，B）；甘薯的腐烂茎线虫（*D. destructor*）不能侵染马铃薯块茎，能侵染甘薯薯块；接种花生可造成明显危害（图 6-14C，D；图 6-15C，D），

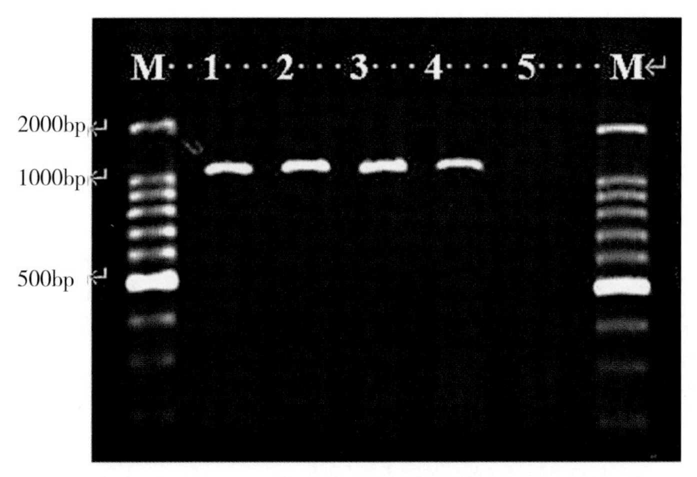

图 6–12 花生茎线虫（*D. arachis*）4 个地理种群的 rDNA–ITS PCR 扩增电泳图

M：DL2000 DNA Marker；1~4：样本分别来源于山东莱芜，河北邢台、迁安大崔、迁安上庄；5：阴性对照

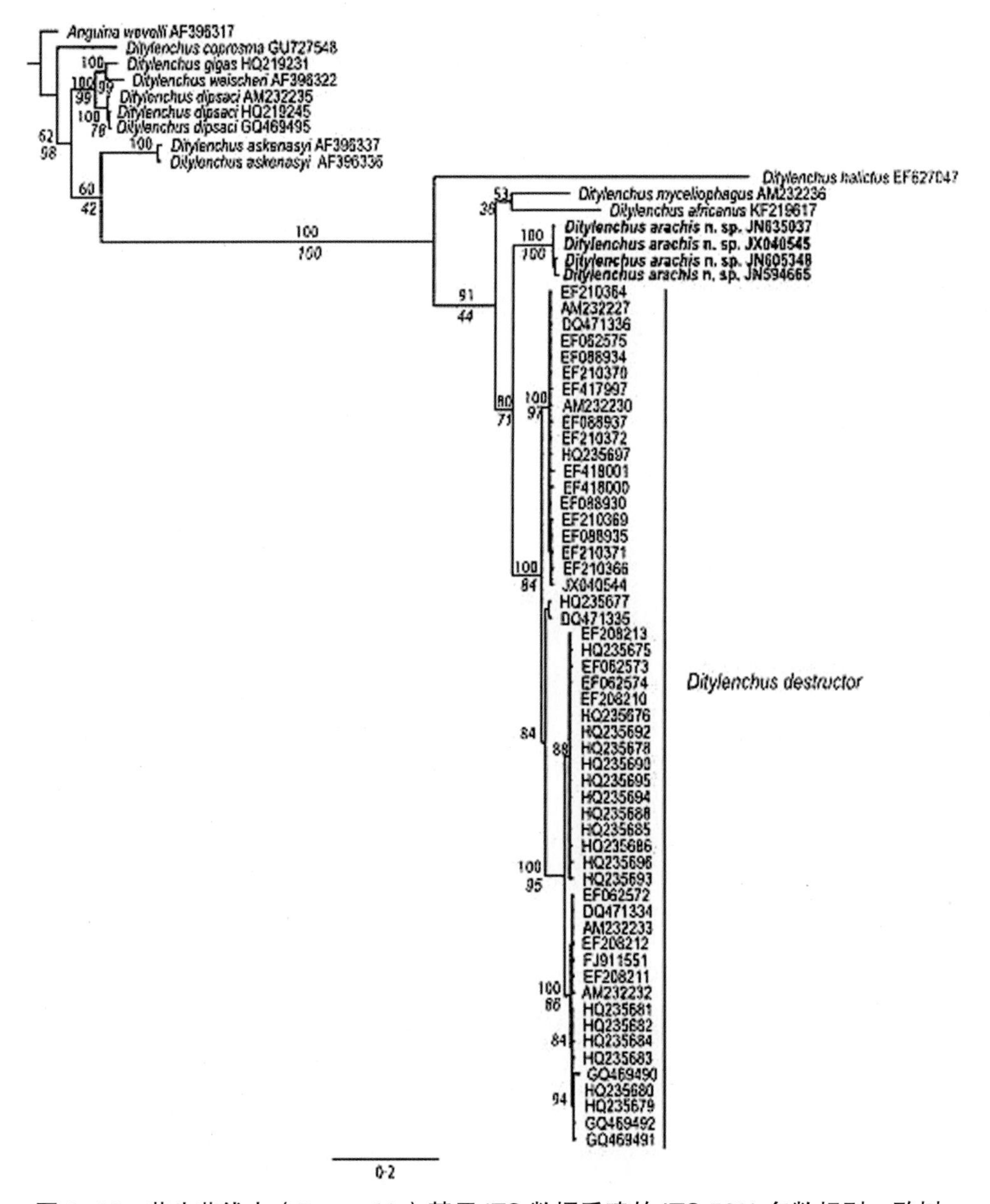

图 6–13 花生茎线虫（*D. arachis*）基于 ITS 数据重建的 ITS 50% 多数规则一致树

图 6–14　花生茎线虫（*D. arachis*）和腐烂茎线虫（*D. destructor*）致病性测定

花生茎线虫（*D. arachis*）接种：A. 接种甘薯薯块；B. 接种马铃薯块茎　腐烂茎线虫（*D. destructor*）接种：C. 接种甘薯薯块；D. 接种马铃薯块茎

图 6–15　花生茎线虫（*D. arachis*）和腐烂茎线虫 (*D. destructor*) 对花生的致病性测定

花生茎线虫（*D. arachis*）接种：A. 接种株矮化（右），对照株正常（左）；B. 接种株根腐萎缩（左），对照株正常（右）　腐烂茎线虫（*D. destructor*）接种：C. 接种株矮化（右），对照株正常（左）；D. 接种株根腐萎缩（左），对照株正常（右）

还没有发现在田间侵染花生。

发病规律

越冬花生茎线虫（*D. arachis*）寄生于花生的根系、果针、果荚及种子，其中以果荚外果皮和内果皮最多。花生茎线虫（*D. arachis*）在花生果荚和种仁的种皮内越冬，种皮的薄壁细胞组织中可见雌虫、雄虫、受精卵及幼虫（图 6–16）。花生种粒所携带的线虫数量与花生种皮的症状有一定的关系，花生种皮维管束变色和种皮皱缩的种粒含虫量较大（图 6–17、图 6–18）。

花生茎线虫（*D. arachis*）具有独特的越冬方式，即缓慢脱水休眠，这为线虫越冬提供了保证。花生茎线虫（*D. arachis*）耐寒性研究表明，新鲜线虫在 -10℃和 -20℃冷冻 14d 后全部死亡。经缓慢脱水干燥处理后，脱水休眠线虫在 10℃、4℃、-10℃和 -20℃下保存 35d，复苏率分别为 3.91%、3.91%、18.06% 和 15. 96%。经过缓慢脱水的花生茎线虫（*D. arachis*）抗寒能力增强，存活率提高；不同虫态抗寒存活能力为：3 龄、4 龄幼虫＞ 2 龄幼虫＞成虫。自然条件下的越冬线虫常呈蜷曲状态进行低湿休眠（图 6–19）。试验观察证实，花生茎线虫（*D. arachis*）经干燥处理后线虫体内脂肪的积累增加，

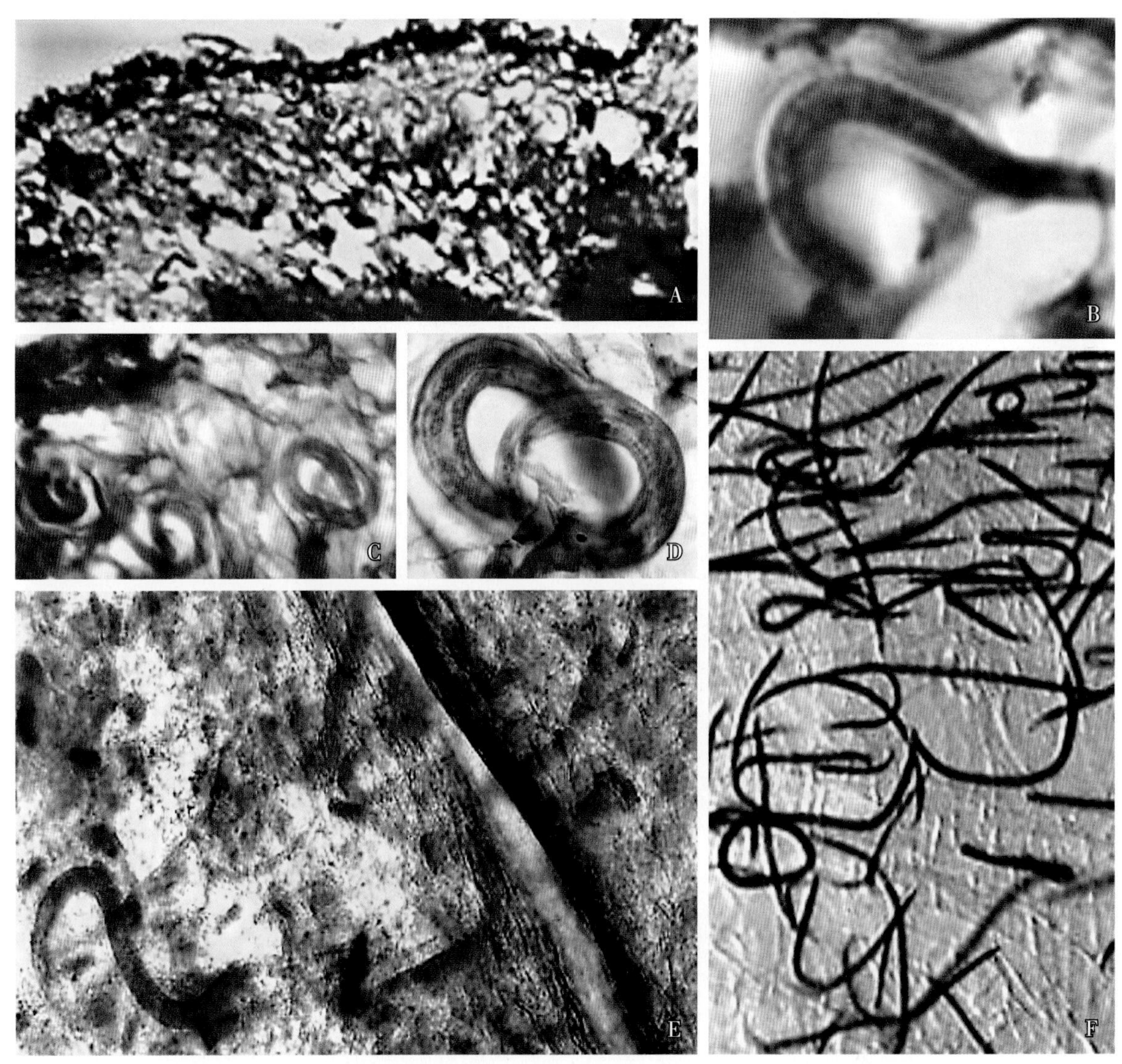

图 6–16 花生种皮薄壁细胞组织中的越冬花生茎线虫（*D. arachis*）

A. 组织中的线虫；B~D. 蜷曲线虫；E、F. 卵及各龄虫态

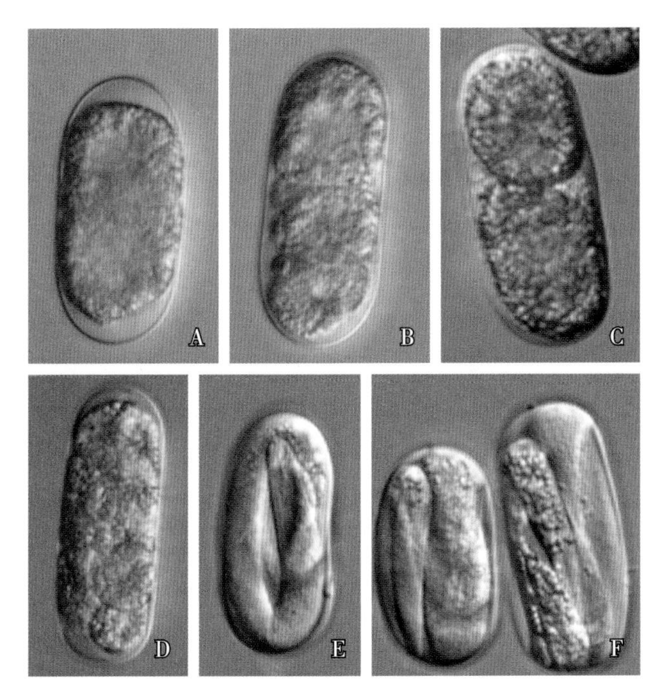

图 6–17　花生种皮内花生茎线虫（*D. arachis*）胚胎卵

A. 双胞期；B、C. 多胞期；D. 桑葚期；E、F. 卵发育的 1 龄幼虫

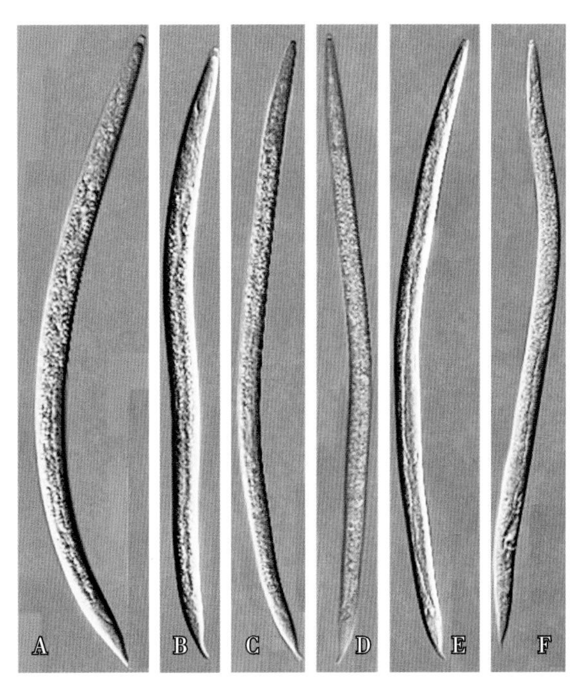

图 6–18　花生种皮内不同虫龄花生茎线虫（*D. arachis*）

A、B. 侵染期 2 龄幼虫；C. 3 龄幼虫；D、E. 具雄性特征的 4 龄幼虫；F. 具雌性特征的 4 龄幼虫

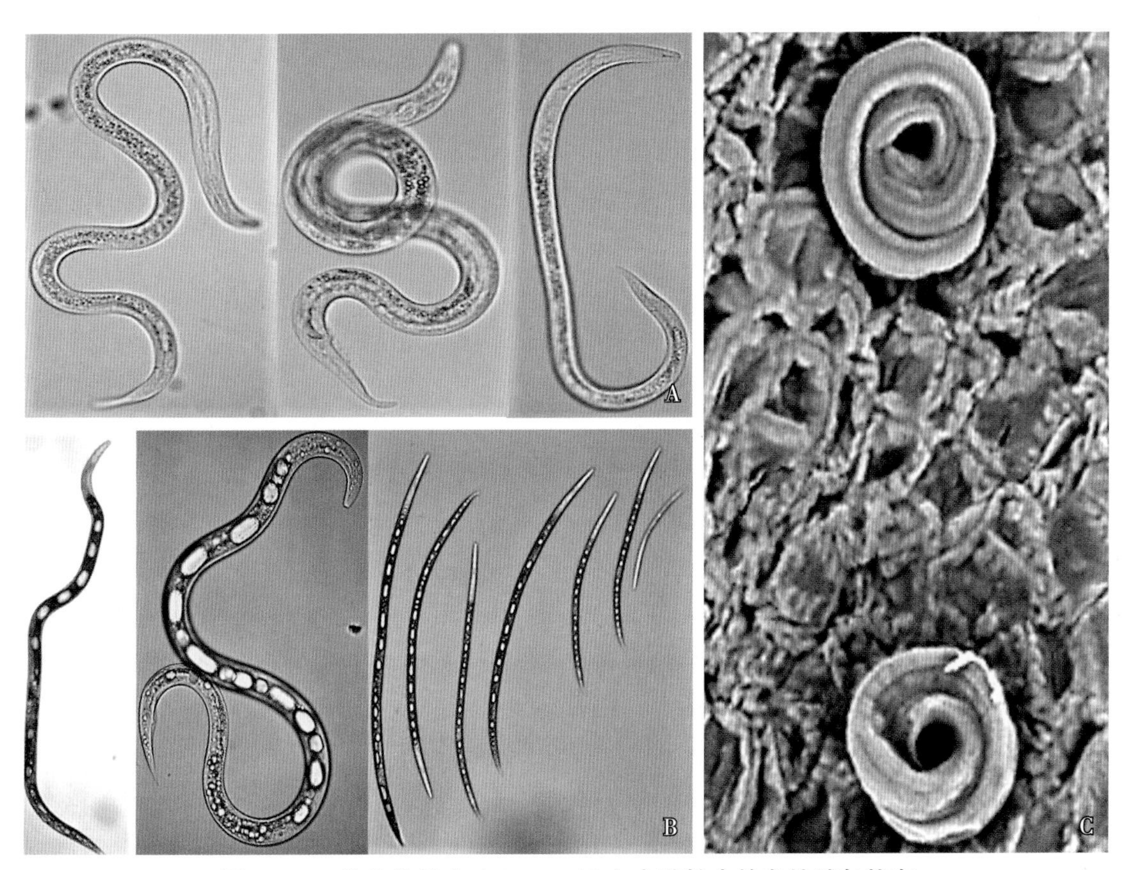

图 6–19　花生茎线虫（*D. arachis*）在种粒内的自然越冬状态

A. 刚收获的花生种皮内的雌虫、雄虫和幼虫；B. 收获 12 个月的花生种皮内雌虫、雄虫和幼虫，体内充满油脂滴；C. 种皮内线虫蜷曲，呈低湿休眠状态

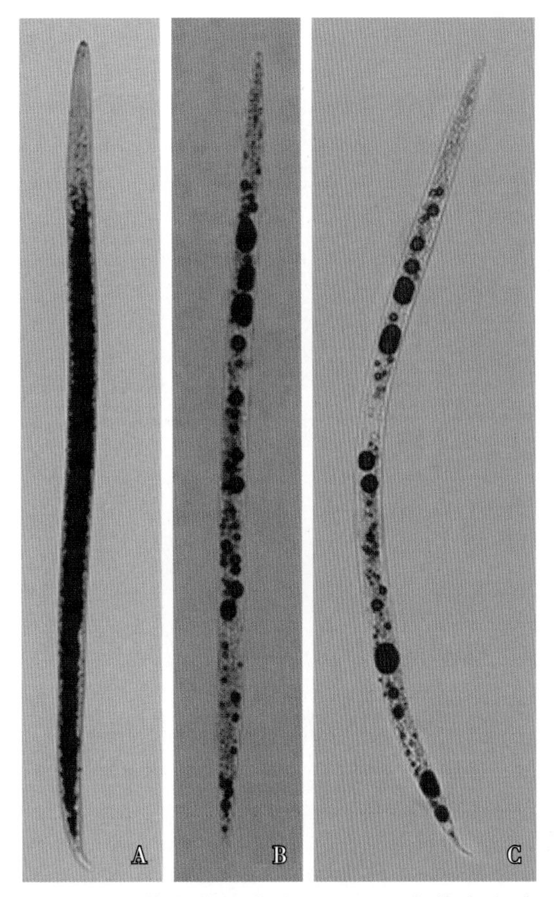

图 6-20　花生茎线虫（*D. arachis*）体内脂肪粒染色

A. 未干燥处理；B. 干燥处理 3d；C. 干燥处理 4d

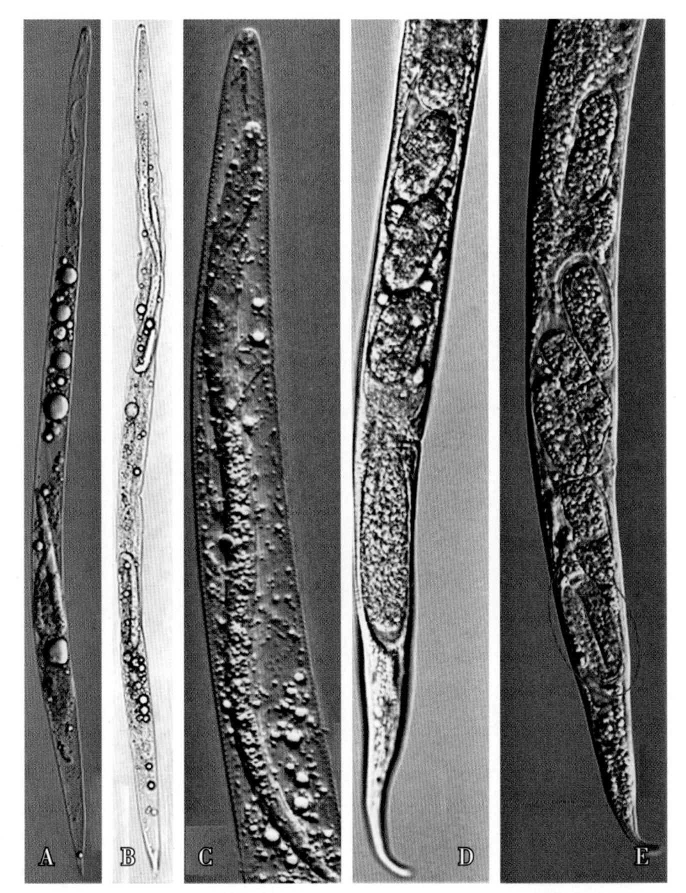

图 6-21　花生茎线虫（*D. arachis*）母体内卵的发育

A~C. 母体内孵化 2 龄幼虫；D、E. 母体内怀有不同胚胎期的卵

海藻糖 -6- 磷酸合酶基因（*tps*）的表达量也增加（图 6-20）。

花生茎线虫（*D. arachis*）卵可以在母体内发育和孵化（图 6-21），母体的体壁对卵起到重要的保护作用，可避免卵遭受土壤中微生物的侵袭；卵的孵化温度为 20~35℃，最适温度为 28℃；卵的孵化时间为 4.0~5.5d。

带线虫的花生荚果和种粒是重要的初侵染源，病害可以通过花生种荚调运做远距离传播（图 6-22）。花生茎线虫（*D. arachis*）在花生根部的侵染途径是线虫聚集花生根系的侧根基部，并从基部的自然裂缝和微伤口侵入，根表的微小伤口也可吸引花生茎线虫（*D. arachis*）聚集、侵入（图 6-23）。

田间调查发现，残存于田间的花生植株残体、田间杂草和某些土壤真菌都有可能成为花生茎线虫（*D. arachis*）的中间寄主和越冬场所。花生收获 1 个月后，可以从残留于田间的花生根茎及根际土壤中分离出花生茎线虫（*D. arachis*）；从花生田间常见杂草：鳢肠、凹头苋、反枝苋、地锦、牛筋草、马唐和狗尾草的根茎及根际土壤中检测出花生茎线虫（*D. arachis*），尤其是在牛筋草、马唐和狗尾草的样本中花生茎线虫（*D. arachis*）分离检出率均较高。培养试验证实，花生茎线虫（*D. arachis*）能以多种真菌为食进行繁殖，长柄链格孢（*Alternaria longipes*）、茄病镰孢（*Fusarium solani*）和尖镰孢（*F. oxysporum*）等真菌均适宜培养花生茎线虫（*D. arachis*）。

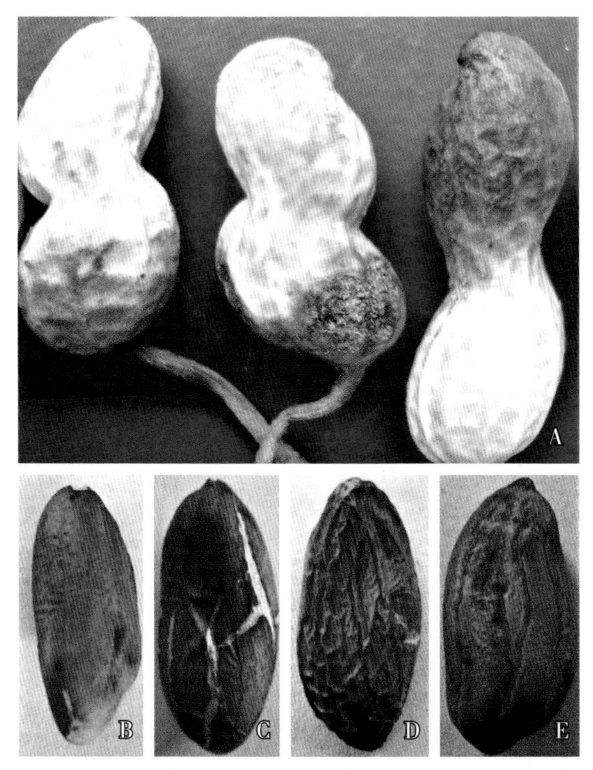

图 6-22　携带花生茎线虫（*D. arachis*）的病荚果和病种粒

A. 病荚果；B. 病种粒出现变色斑；C. 病种粒种皮开裂；D. 病种粒种皮皱缩；E. 病种粒维管束变色

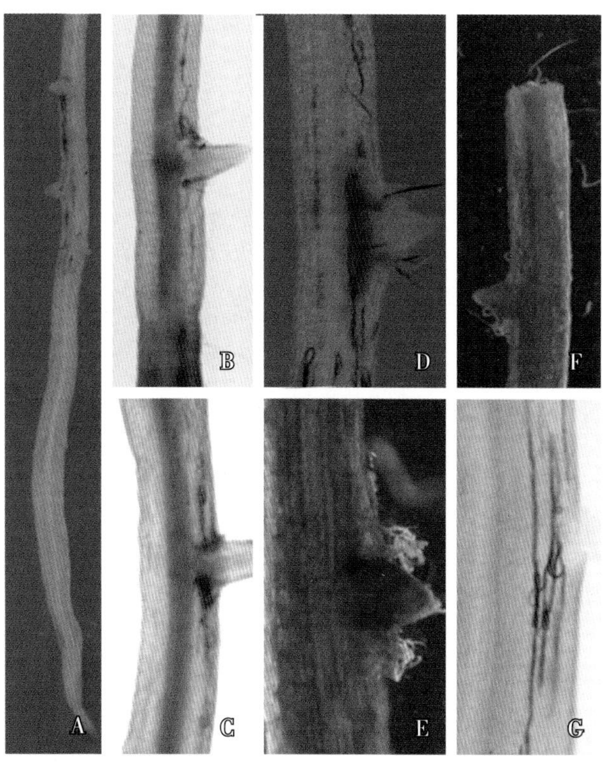

图 6-23　花生茎线虫（*D. arachis*）的侵染途径

A. 从侧根基部侵入；B. 从根伤口处侵入；C. 从侧根基部侵入；D. 线虫在病组织内迁移；E. 线虫在侧根基部聚集；F. 伤口处有线虫聚集；G. 从花生根表面微伤口侵入的线虫在根内迁移

防控措施

①加强检疫，使用无病种粒：病原线虫随带病种荚和种粒的调运作远距离传播，要采取严格的检疫措施，防止病害扩散到无病区。认真选留和种植健康的花生种子。

②土壤处理，清除侵染源：收获后及时清除烧毁病残体，铲除田间杂草，减少田间初侵染源。种植前施用 50% 氰氨化钙颗粒剂（225~300kg/hm^2）作基肥，降低土壤中的初侵染线虫量。

③合理施肥，对症用药：施用腐熟的有机肥或益生菌肥，增施磷钾肥，提高植株抗病力。重病田或病害常发田，在花生播种期和生长期可选用 10% 噻唑膦颗粒剂、15% 阿维・噻唑膦颗粒剂、6% 寡糖・噻唑膦水乳剂。

二、花生根腐线虫病

花生根腐线虫病是花生的重要病害，分布在较为温暖的花生种植地区，我国主要分布在南方花生种植区。据国外报道，花生根腐线虫病能导致花生减产 20%~30%，严重时达 70%~80%，个别严重地块甚至绝收。

症状

病原线虫侵染花生植株、根系、果针和果荚（图 6–24、图 6–25）。受害的花生植株生长不良、矮小黄化、萎蔫和枯萎，地下部表现为根部固氮菌根瘤数量、结荚数、根重和荚果重量减少。被侵染的根皮层、果针及荚果表皮产生褐色坏死，以成熟荚果受害最重；受害后的荚果表面上出现近圆形至不规则形的褐色斑块，后期病斑渐变大或愈合成块，呈紫褐色至黑色，病健交界清晰；剥开病荚果可见果壳内部白色组织变色，种皮呈现不规则黄褐色病斑或种皮略微开裂。从受害的根、果针和荚果上均可以分离出线虫，在成熟果壳上的深褐色坏死病斑处分离出更多的线虫。

图 6–24 短尾根腐线虫（*Pratylenchus brachyurus*）危害症状

A~C. 田间受害的花生根系荚果症状和病组织中的线虫；D~F. 盆栽接种线虫的花生根系和荚果症状；G~I. 盆栽不接种线虫的花生根系和荚果

图 6-25　咖啡根腐线虫（*P. coffeae*）危害症状

A. 田间健株（左）和病株（右）；B. 田间病果荚和根系；C. 田间病组织内的线虫；D. 接种试验对照健株（左）和接种病株（右）；E. 接种试验病果荚和根系；F. 接种试验病组织内的线虫

病原

我国花生上发生的根腐线虫（*Pratylenchus*）有短尾根腐线虫（*P. brachyurus*）、咖啡根腐线虫（*P. coffeae*）和斯克里布纳根腐线虫（*P. scribneri*），短尾根腐线虫（*P. brachyurus*）是优势种群。

（1）短尾根腐线虫（*P. brachyurus*，图 6-26）

①形态特征：雌虫虫体粗壮，体长 449~753μm，缓慢加热杀死后虫体直伸或稍向腹面弯曲。体环明显。头部低平，唇环 2 个，头部与虫体不连续，边缘有较明显的棱角。唇正面有 6 个唇片，2 个侧唇片位于唇盘中部两侧，4 个近圆形亚中唇片排列于亚腹侧和亚背侧，侧器孔位于侧唇片。口针粗，长 17~20μm，基部球圆球形、发达。背食道腺开口距口针基部球 2~4μm。中食道球卵圆形，发育良好，瓣门明显；食道腺覆盖在肠的侧腹面。排泄孔位于神经环后、食道腺叶与肠连接处前，距头端 80~122μm 处。半月体紧邻排泄孔前部，3 个体环长。侧带有 4 条侧线，有网格纹；侧带从体前部 5~6 个体环处开始，一直延伸到虫体末端；侧带约为体宽的 1/3。阴门横裂，宽度占 3~4 个体环，位于虫体后部 85% 左右的位置。单生殖管前生，卵母细胞单行排列，受精囊不明显，未见精子；后阴子宫囊长度不超过阴门处体宽。尾圆锥形，尾末端宽圆或斜截，光滑、无环纹；尾端部角质膜增厚；侧尾腺口位于尾部中间；尾腹环 17~20 个。

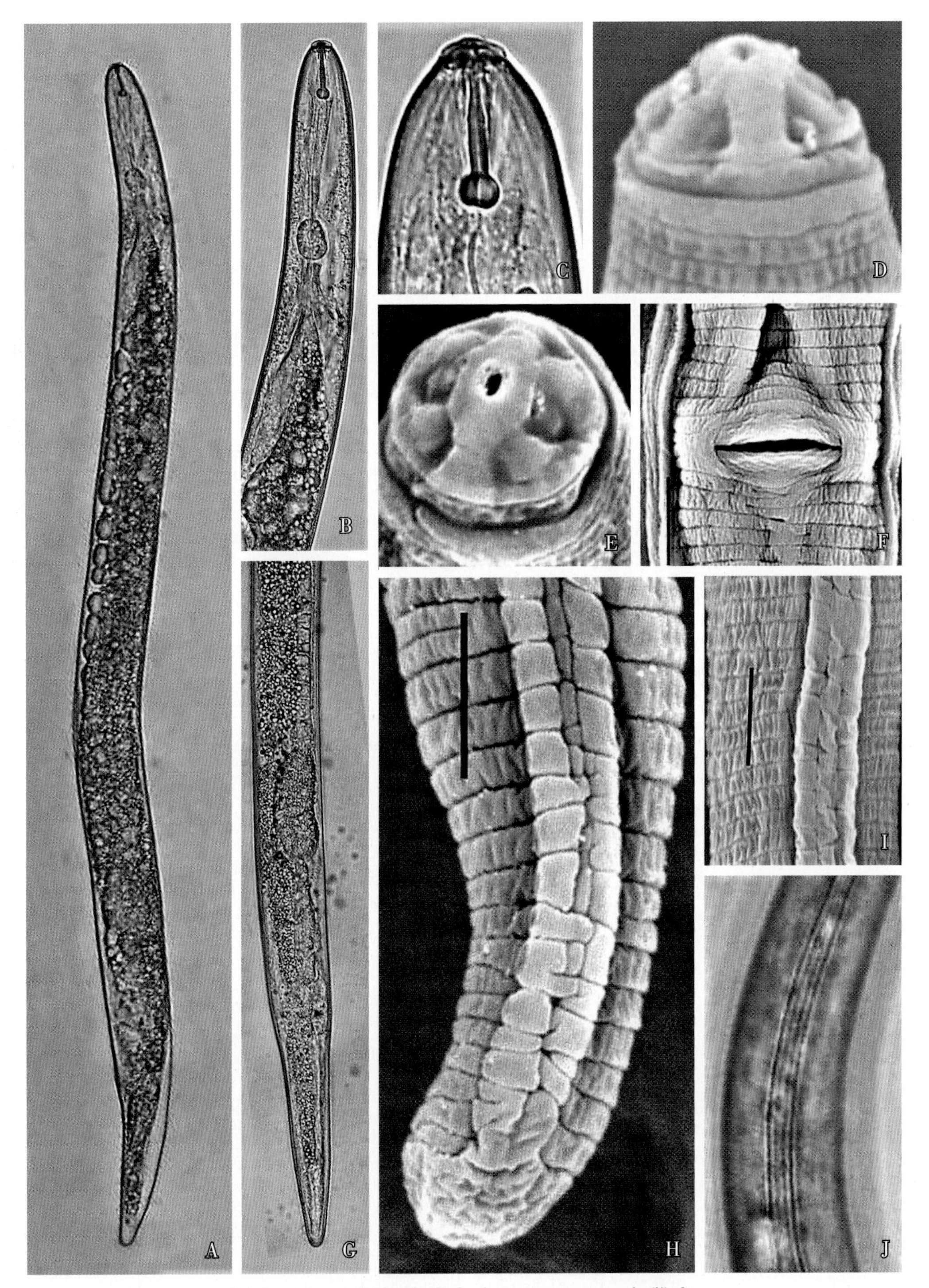

图 6-26 短尾根腐线虫（*P. brachyurus*）雌虫

A. 整体；B. 前部；C. 头部（口针）；D. 头部侧面；E. 头部正面；F. 阴门；G. 尾部（卵巢）；H. 尾部（环纹、侧带）；I、J. 虫体中部（侧带）

②分子生物学特征：福建厦门花生上的短尾根腐线虫（*P. brachyurus*）种群 rDNA-ITS 区扩增片段为 700bp，测序后获得 707bp 的序列，该序列在 DNA 序列数据库（GenBank）上的登录号为 KF537388（图 6-27）。ITS 序列的系统发育树分析表明，KF537388 与福建番石榴的短尾根腐线虫（*P. brachyurus*）KC538863 及其他短尾根腐线虫（*P. brachyurus*）归为一群，显示出最近的亲缘关系，而与对照种穿刺根腐线虫（*P. penetrans*）亲缘关系较远（图 6-28）。

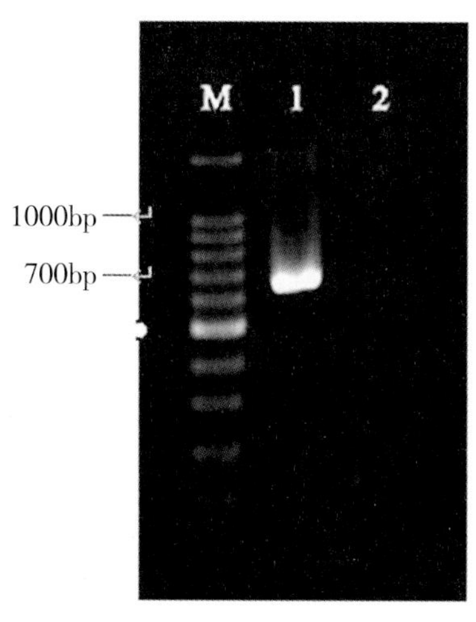

图 6-27 寄生花生的短尾根腐线虫（*P. brachyurus*）rDNA-ITS PCR 扩增电泳图

M：DL2000 DNA Marker；1：样本；2：阴性对照

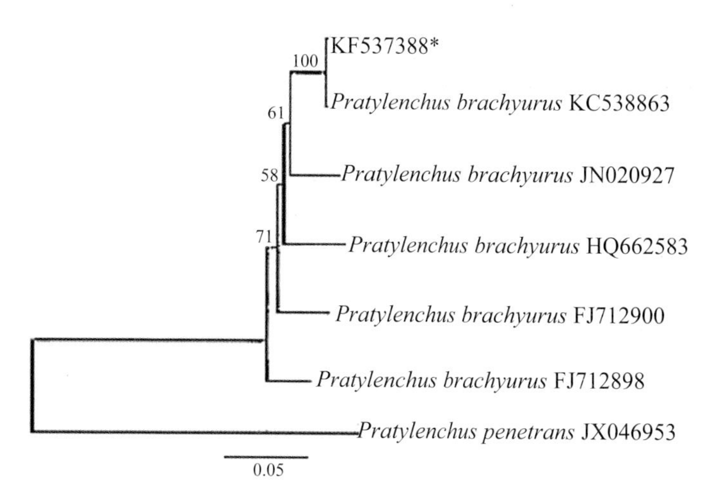

图 6-28 寄生花生的短尾根腐线虫（*P. brachyurus*）ITS 序列系统进化树

（2）咖啡根腐线虫（*P. coffeae*，图 6-29）

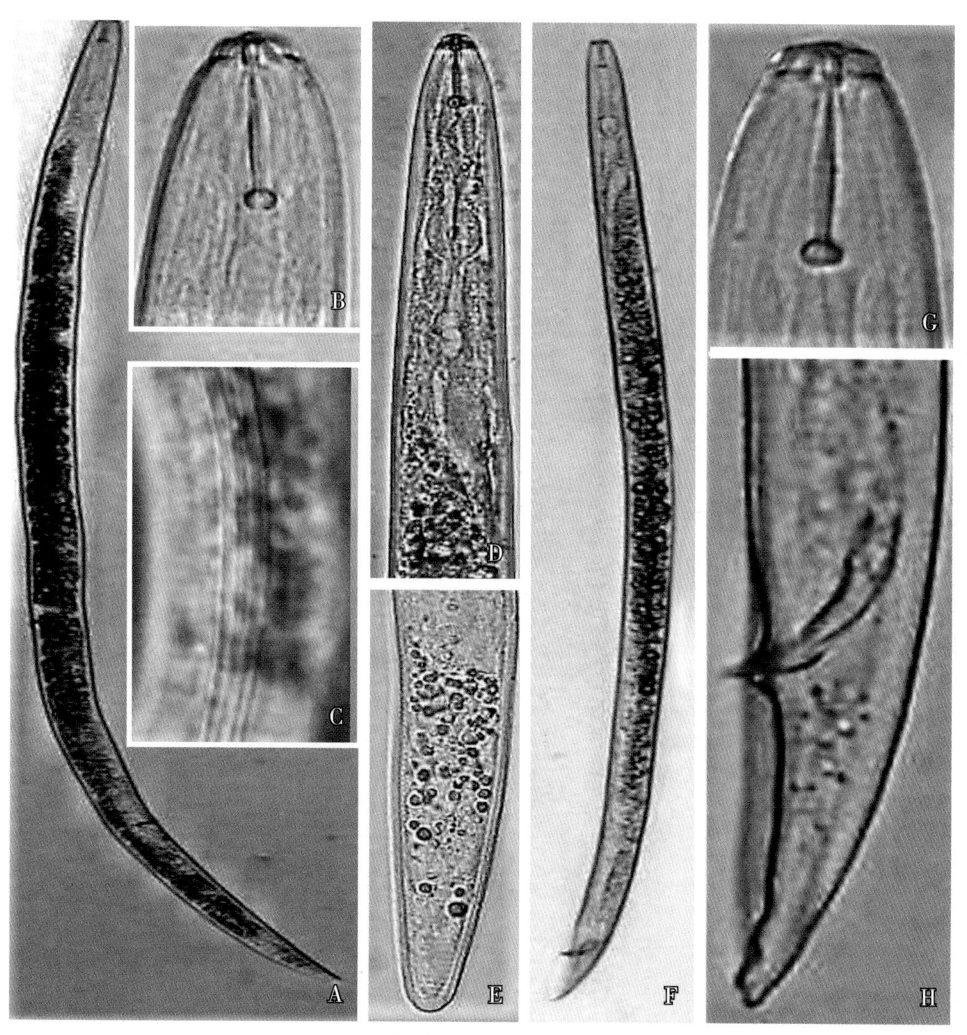

图 6-29 咖啡根腐线虫（*P. coffeae*）

A. 雌虫整体；B. 雌虫头部；C. 雌虫侧带；D. 雌虫前部；E. 雌虫尾部；F. 雄虫整体；G. 雄虫头部；H. 雄虫尾部

①形态特征：雌虫体长548~834μm，缓慢加热杀死后虫体直伸或稍向腹面弯曲。口针粗短，长15~22μm，基部球圆形。背食道腺开口距口针基部球2~3μm。体环明显，侧带具4条侧线，约占体宽的1/3。中食道球发达、卵圆形，食道腺从腹面和侧面覆盖肠的前端，覆盖长度为体宽的1.2~2.3倍。排泄孔位于食道—肠瓣门的前方，半月体紧靠排泄孔的前部，约2个体环的宽度。后阴子宫囊长度为体直径的1.0~1.5倍。阴肛距约为尾部长度的2倍。尾长33~51μm，近圆柱形，末端宽圆、平截或斜截，无环纹；侧尾腺口较小，位于尾的中后部；尾腹环17~20个。

雄虫虫体前部形态与雌虫基本相似。体长555~623μm，口针长14~16μm；交合刺纤细，成对，长约21μm；引带长5μm，交合伞包至尾端。

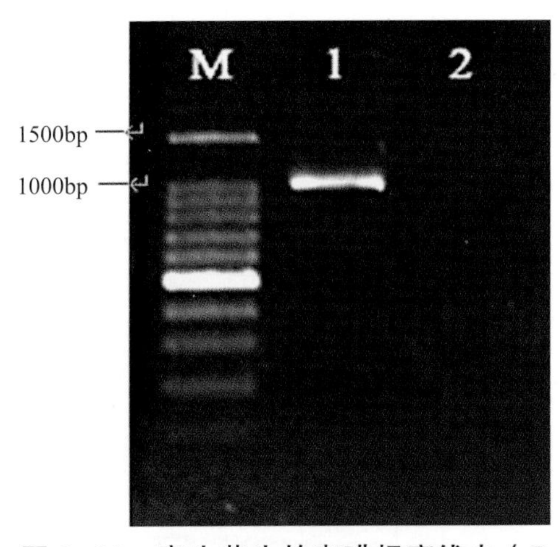

图6–30 寄生花生的咖啡根腐线虫（*P. coffeae*）rDNA–ITS PCR扩增电泳图

M：DL1500 DNA Marker；1：样本；2：阴性对照

②分子生物学特征：对福建寄生花生上的咖啡根腐线虫（*P. coffeae*）的rDNA–ITS区进行测序，获得长度为1037bp的序列（图6–30）。该序列在GenBank上登录，登录号为KF534516。构建该线虫rDNA–ITS区分子系统发育树进行分析，该线虫与其他咖啡根腐线虫（*P. coffeae*）种群同源性最高，以100%的置信度归为一大支（图6–31）。

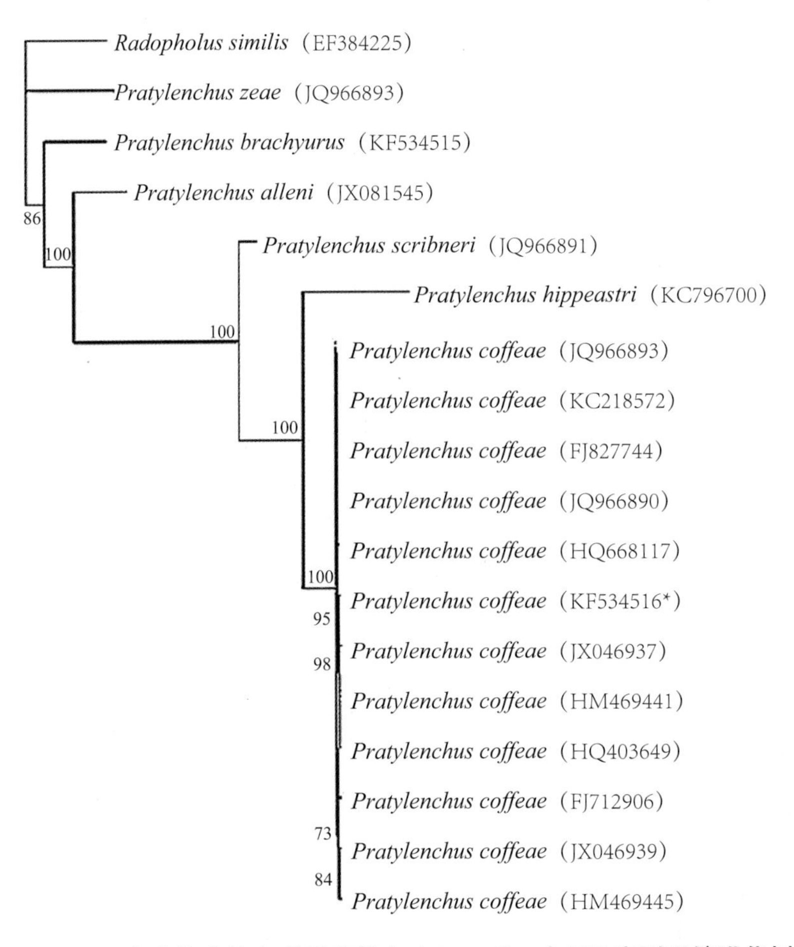

图6–31 寄生花生的咖啡根腐线虫（*P. coffeae*）ITS序列系统进化树

（3）斯克里布纳根腐线虫（*P. scribneri*，图 6–32）

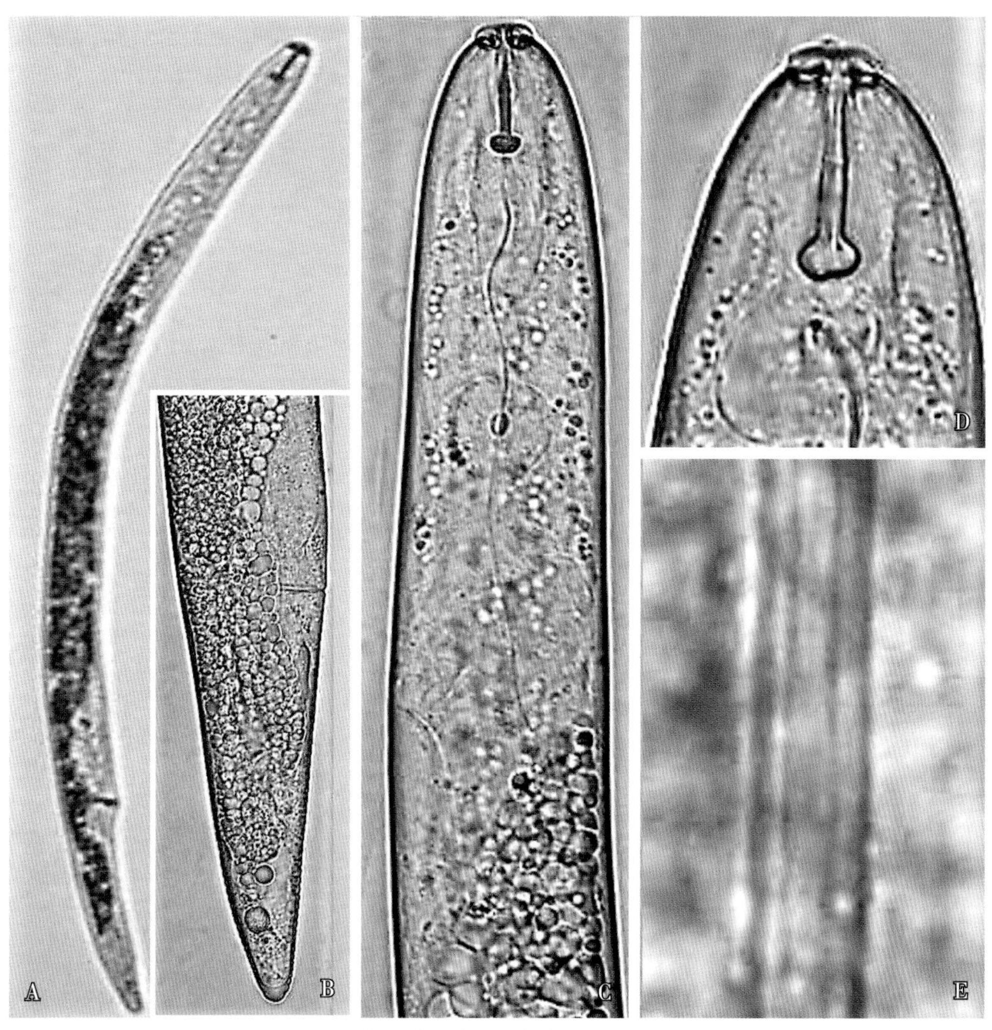

图 6–32 斯克里布纳根腐线虫（*P. scribneri*）雌虫

A. 整体；B. 尾部；C. 前部（食道和排泄孔）；D. 头部（口针）；E. 侧带

雌虫体长 417~567μm，缓慢加热杀死后虫体稍向腹面弯曲。唇区低平，有 2 个唇环。口针粗壮，长 12~15μm，针锥略长于针杆，基部球发达。背食道腺开口距口针基部球 2~3μm。中食道球发达，瓣膜明显，食道腺从腹面和侧面覆盖肠的前端。排泄孔在食道与肠交接处的前方，半月体位于排泄孔前端。侧带有 4 条侧线，侧带宽约为体宽的 1/5。单生殖管前生，后阴子宫囊长 16~24μm，约为阴肛距的 1/4。阴门横裂，位于虫体后部体长的 74%~81% 处。尾长 21~30μm，近圆柱形或圆锥形，末端斜截、宽圆或较尖。

发病规律

短尾根腐线虫（*P. brachyurus*）在田间残留的花生病株病果残体和收获后的病荚果内越冬，越冬后的线虫是下茬花生的初侵染源。短尾根腐线虫（*P. brachyurus*）在果荚外果皮和内果皮虫量大，可随受侵染的花生荚果和种子进行远距离传播。

短尾根腐线虫（*P. brachyurus*）以缓慢干燥脱水后呈半蜷曲至蜷曲状态低湿休眠，在晾干的果荚中存活并越冬。越冬虫态以 3 龄、4 龄幼虫为主，线虫体内油脂积累有助于提高其抗寒能力（图 6–33）。

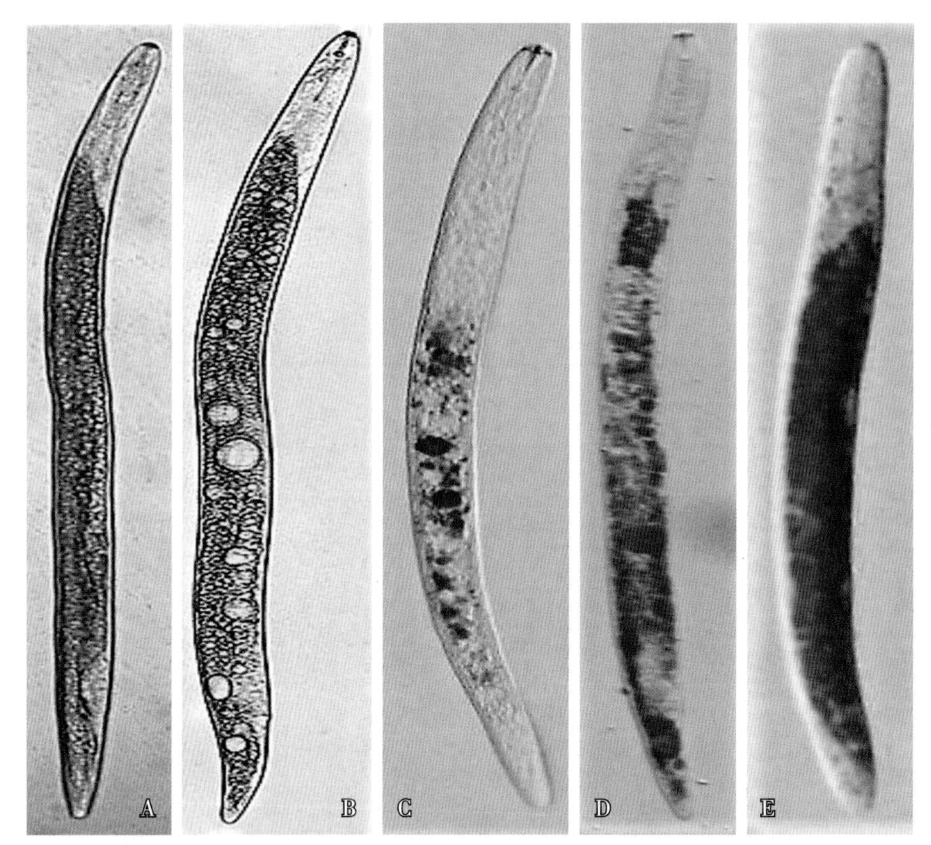

图 6-33 短尾根腐线虫（*P. brachyurus*）越冬虫体内油脂积累

A. 越冬前成虫；B. 越冬期成虫；C. 常温贮藏果荚中的线虫油脂少；D、E. 低温贮藏果荚中的线虫油脂多

适于短尾根腐线虫（*P. brachyurus*）侵染和繁殖的温度为 25~30℃，30℃下卵胚胎发育从单胞期到 2 龄幼虫孵出共需要 8~9d（图 6-34）。越冬期当土壤温度降到 5~8℃时，短尾根腐线虫（*P. brachyurus*）的种群数量锐减；当土壤温度回升到 20~27℃时种群数量上升，恢复到原来水平。

短尾根腐线虫（*P. brachyurus*）有较广泛的寄主范围。接种测定寄主试验发现，在供试的 9 种作物中黑豆和花生是短尾根腐线虫（*P. brachyurus*）的优良寄主，番茄、黄瓜和烟草是适宜寄主，受害根系变黑、腐烂、萎缩；对甘薯、胡萝卜、辣椒和香蕉没有明显危害症状（图 6-35）。

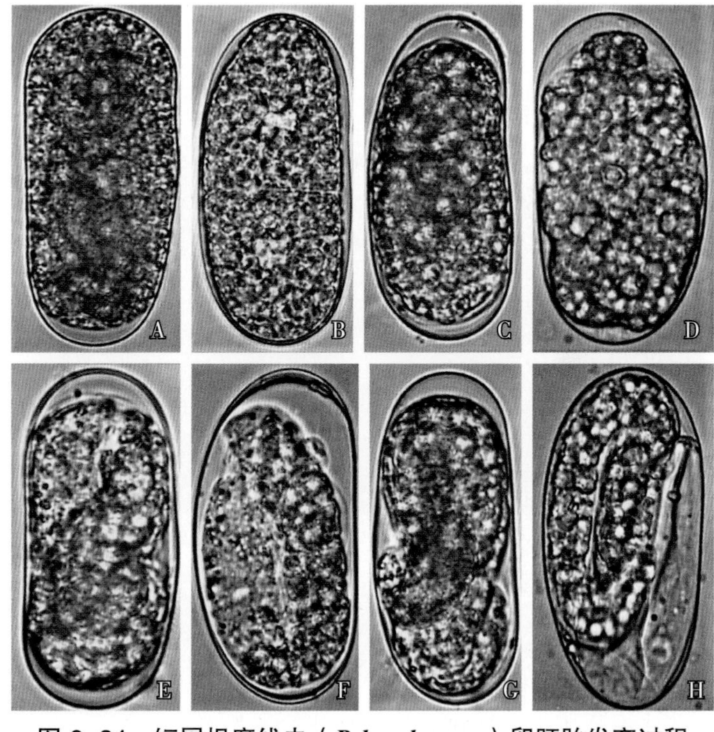

图 6-34 短尾根腐线虫（*P. brachyurus*）卵胚胎发育过程

A. 单胞期；B. 双胞期；C. 多胞期；D. 囊胚期；E. 原肠期；F. 蠕虫期；G. 1 龄幼虫；H. 2 龄幼虫

图 6-35　短尾根腐线虫（*P. brachyurus*）寄主测定（A~E 照片中左为对照，右为接种病原线虫）
A. 花生；B. 黑豆；C. 番茄；D. 黄瓜；E. 烟草；F. 根组织中的病原线虫和卵

防控措施

①使用无病种粒：病原线虫随带病种荚和种粒传播，要选留健康的花生种子。

②清除虫源，轮作防病：花生收获后及时清除、烧毁病残体，铲除田间杂草。选用非寄主作物轮作。

③药剂防控：花生播种期和生长期用 10% 噻唑膦颗粒剂（15.0~22.5kg/hm^2）拌细砂土（150~200kg/hm^2），均匀撒施于穴内，或定植后和生长期用 10% 噻唑膦乳油（15.0~22.5L/hm^2）1500 倍液灌根，或用 20% 噻唑膦水乳剂（11~15L/hm^2）1500 倍液灌根。

三、花生根结线虫病

花生根结线虫病又称花生线虫病、花生根瘤线虫病、地黄病等，主要分布于我国大部分花生主产区，其中以山东、河北、辽宁等省发病较重。发病田受害的花生一般减产 20%~30%，严重时可达 70%~80%。

症状

花生的根、果针及荚果均可受害，受害植株矮小，茎、叶发黄，萎蔫直至枯死。地下部的症状表现为侧根短而丛生，侧根、须根的幼嫩部产生根结；根结表面能发出不定根，不定根的根尖再受侵染形成根结；根结初期为乳白色，后渐变成黄褐色，并出现卵囊，最后大部分病根腐烂、坏死（图

6–36、图 6–37）。根系受损后荚果数量和固氮根瘤形成少。果针受害后不形成果实，或荚果小、畸形，果柄上也产生根结（图 6–38）。荚果表面有疮痂状瘤状突出，揭开表皮组织可见一至数个根结线虫（*Meloidogyne*）雌虫（图 6–39、图 6–40）。

图 6–36 花生根结线虫病病根

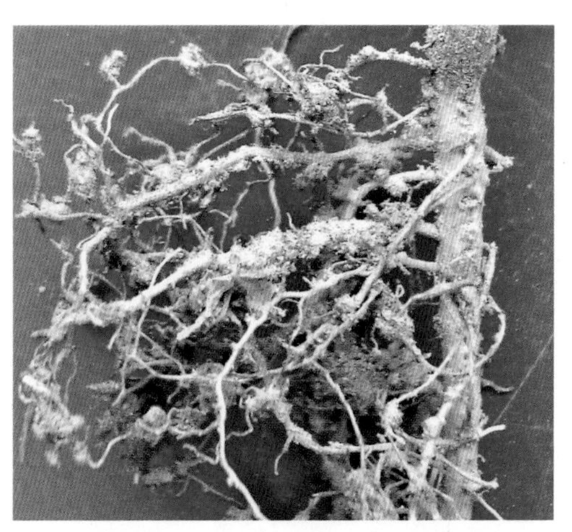

图 6–37 花生根结线虫病根结

图 6–38 花生根结线虫病病果荚、果柄和畸形小果

图 6–39 花生根结线虫病病果荚的线虫瘿瘤

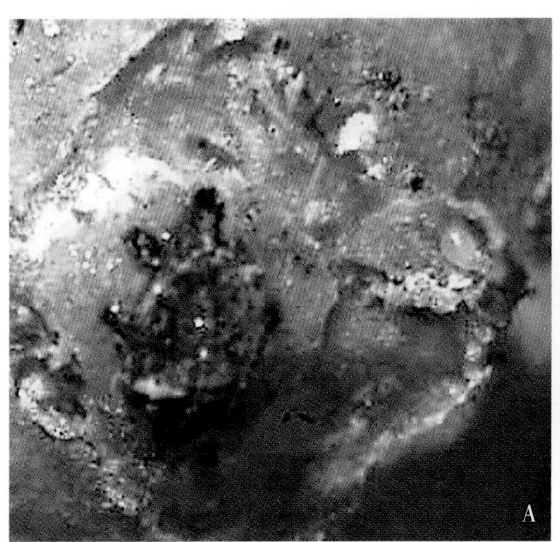

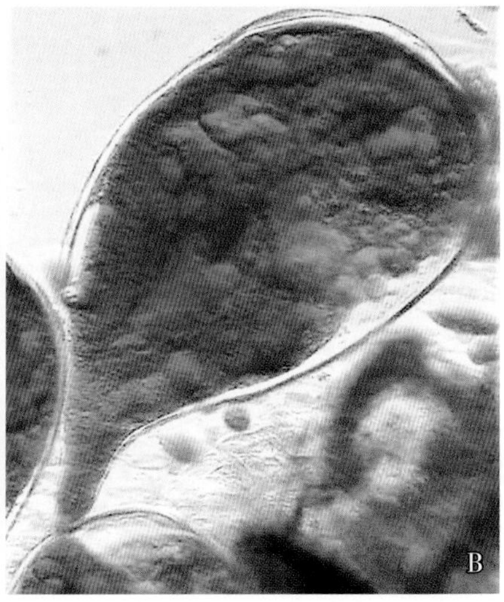

图 6–40 花生荚果病组织内的根结线虫（***Meloidogyne***）

A. 荚果根结组织内的雌虫；B. 病组织中的雌虫

病原

侵染花生的根结线虫（*Meloidogyne*）种类有：北方根结线虫（*M. hapla*），主要发生于北方花生产区；花生根结线虫（*M. arenaria*），主要发生于南方花生产区。

（1）北方根结线虫（*M. hapla*，图 6-41、图 6-42）

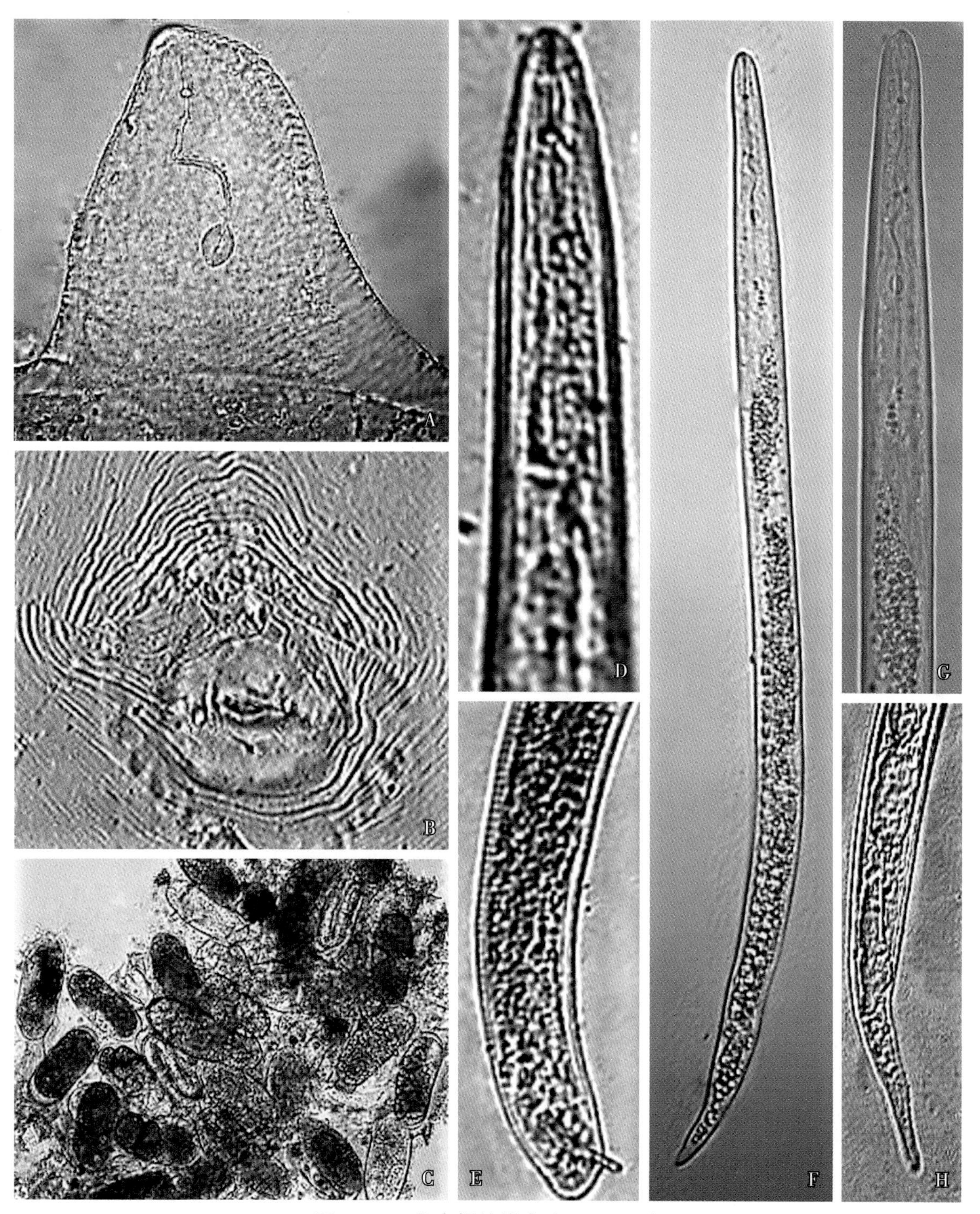

图 6-41　北方根结线虫（*M. hapla*）

A. 雌虫头部；B. 会阴花纹；C. 卵和卵囊；D. 雄虫前部；E. 雄虫后部；F. 2 龄幼虫整体；G. 2 龄幼虫前部；H. 2 龄幼虫后部

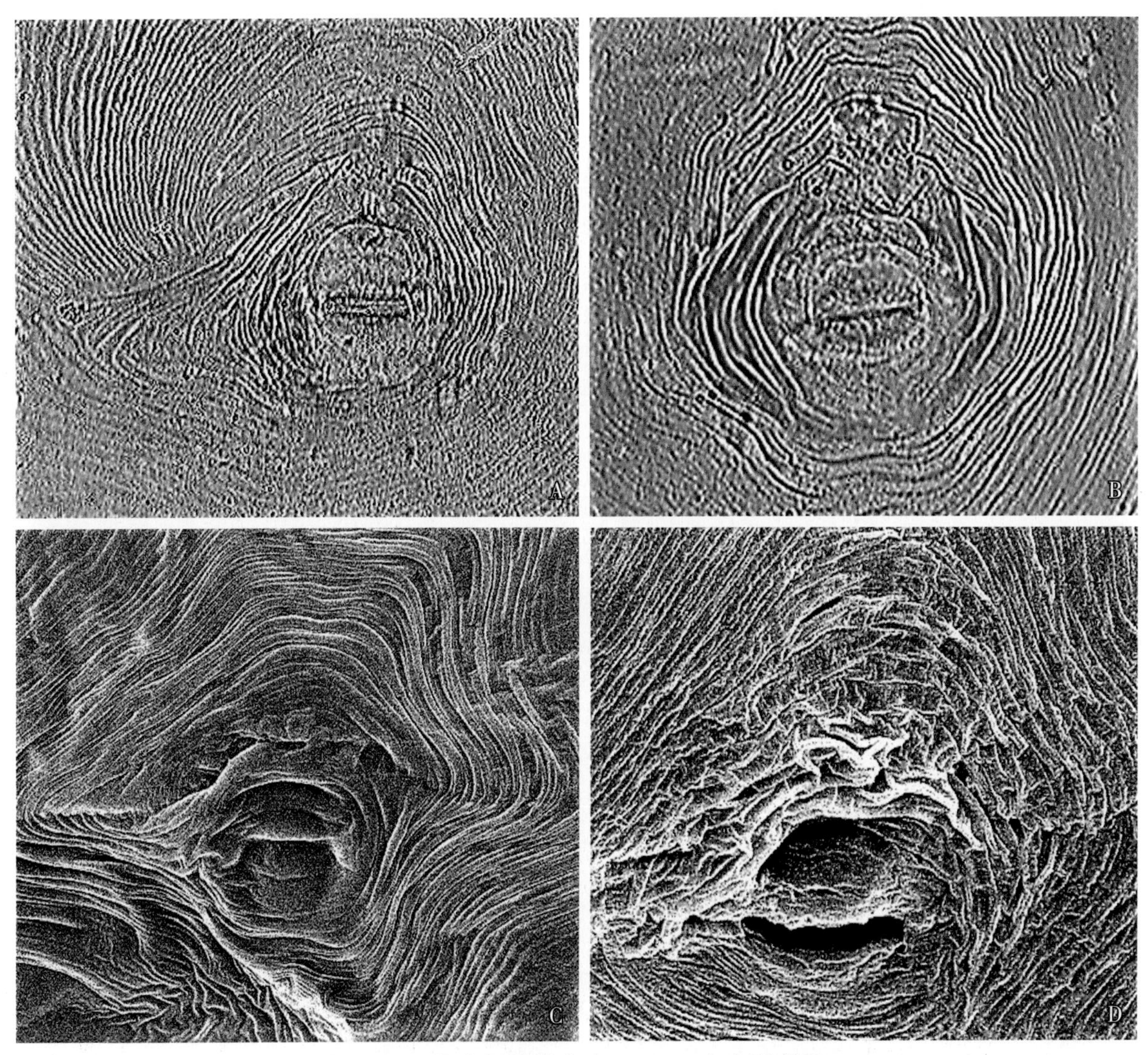

图 6-42 北方根结线虫（*M. hapla*）会阴花纹

A、B. 光学显微镜照片；C、D. 扫描电子显微镜照片

雌虫虫体膨大成囊状或球形，有明显颈部，颈长 78~170μm。口针长 10~17μm，基部球小。双卵巢，发达。会阴花纹近圆形或卵圆形，有些线纹向侧面延长，形成一个翼或两个翼。背弓低、圆，侧线不明显，线纹细、平滑。一般无轮纹，肛门上方尾端区有竖向的轻微刻痕或小螺纹；尾端无轮纹，有由角质膜增厚形成的刻点。

雄虫蠕虫形，体长 1057~1541μm。口针长 19~22μm，口针基部球圆形。交合刺长 22~28μm，引带长 13~20μm，无交合伞。

2 龄幼虫虫体纤细，体长 381~500μm。口针纤细，有小的口针基部球。中食道球发达。直肠膨大。尾端透明区明显，长 12~22μm，尾长锥状，近尾端有缢缩，尾端钝圆。

（2）花生根结线虫（*M. arenaria*，图 6-43）

雌虫会阴花纹圆形或近圆形，背弓低平到圆形。近侧线处的线纹有齿状分叉，常于背弓两侧形成肩状突起。背面和腹面的线纹通常在侧线处相遇，呈一定角度凹陷交叉。线纹平滑到波浪形，一些线纹弯向阴门。侧线明显，线纹较粗。尾端有轮纹，肛门上方的线纹连贯。

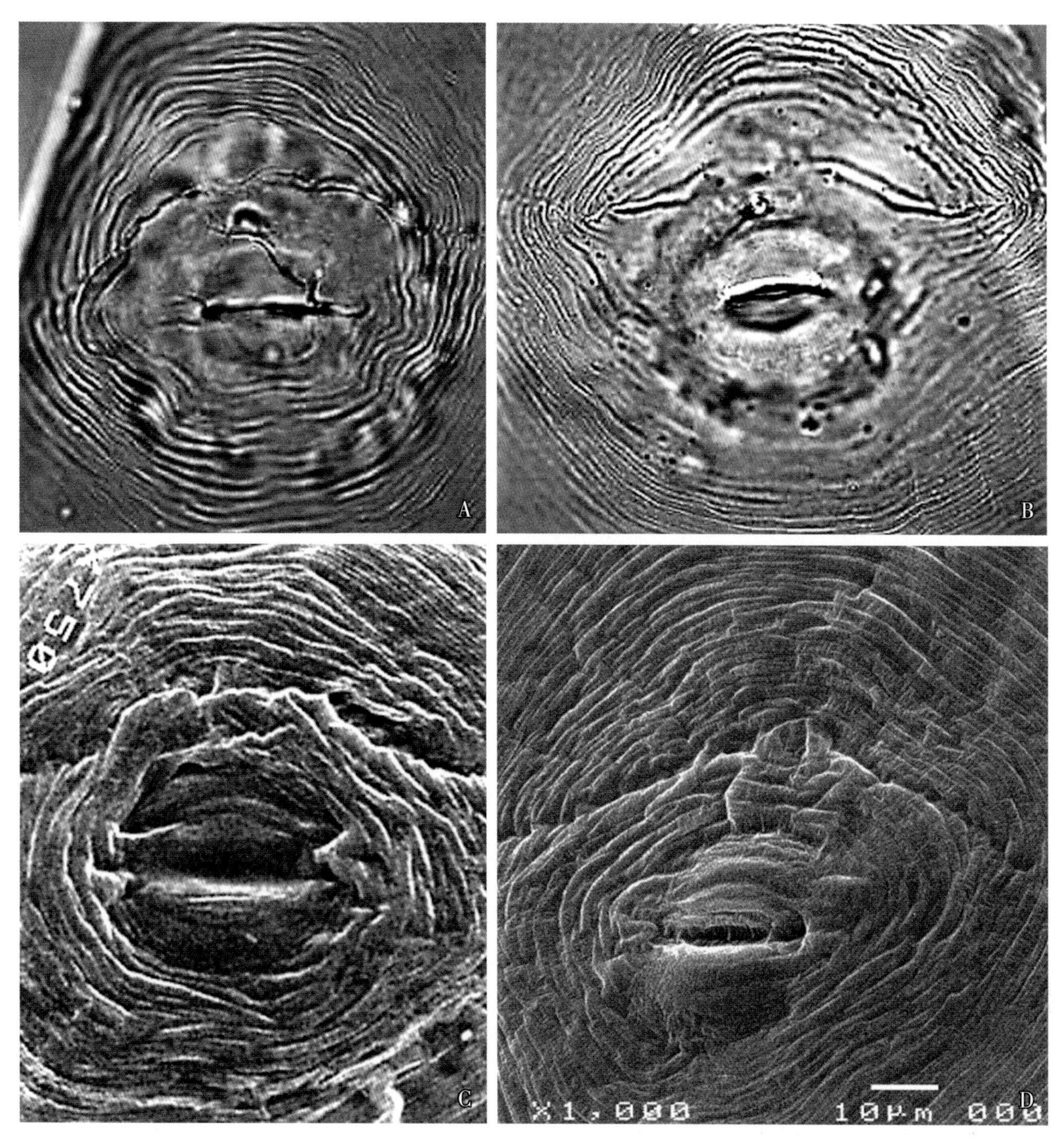

图 6–43　花生根结线虫（*M. arenaria*）会阴花纹

A、B. 光学显微镜照片；C、D. 扫描电子显微镜照片

发病规律

根结线虫（*Meloidogyne*）为定居型内寄生线虫，种间具有一定的寄生专化性。残留于花生田的病组织、病土是花生根结线虫病害主要的初侵染源。一般重茬田、肥力低的砂质地发生严重；管理粗放、杂草多的地块发病重；早播病重，晚播病轻；春播病重，夏播病轻；干旱年份病重，多雨年份病轻。

防控措施

①使用无病种粒：根结线虫（*Meloidogyne*）能以带病种荚传播，要认真做好选留工作，种植健康的花生种子。

②搞好田间卫生：收获后及时清除、烧毁病残体，铲除田间杂草，减少侵染源。

③农业防控：不重茬或连作。选用禾本科作物轮作，调节播种期，实行避病栽培。做好水肥管理，提高花生抗病力。

④药剂防控：科学使用杀线虫剂，花生播种期和生长期用10%噻唑膦颗粒剂（15kg/hm^2）穴施，也可用6%寡糖·噻唑膦水乳剂800~1500倍液灌根；每公顷用1%阿维菌素颗粒剂30kg加土600~750kg混匀后，撒施于花生种子周围。

⑤生物防控：施用淡紫拟青霉和厚垣孢普可尼亚菌。

四、花生环线虫病

花生环线虫病发现于美国佐治亚州，被称为花生黄化病。这种病害分布于美国的大部分花生种植区及非洲的一些国家。近年来，在我国的一些花生产区有零星发生。

症状

被侵染的花生植株的根、荚果、果针产生褐色坏死。少数伤痕形成于表面，而坏死的大伤痕则可以深入到组织内（图6-44）。许多侧根原基和幼根被杀死，导致侧根数量减少。植株生长衰弱，叶色褪绿黄化。

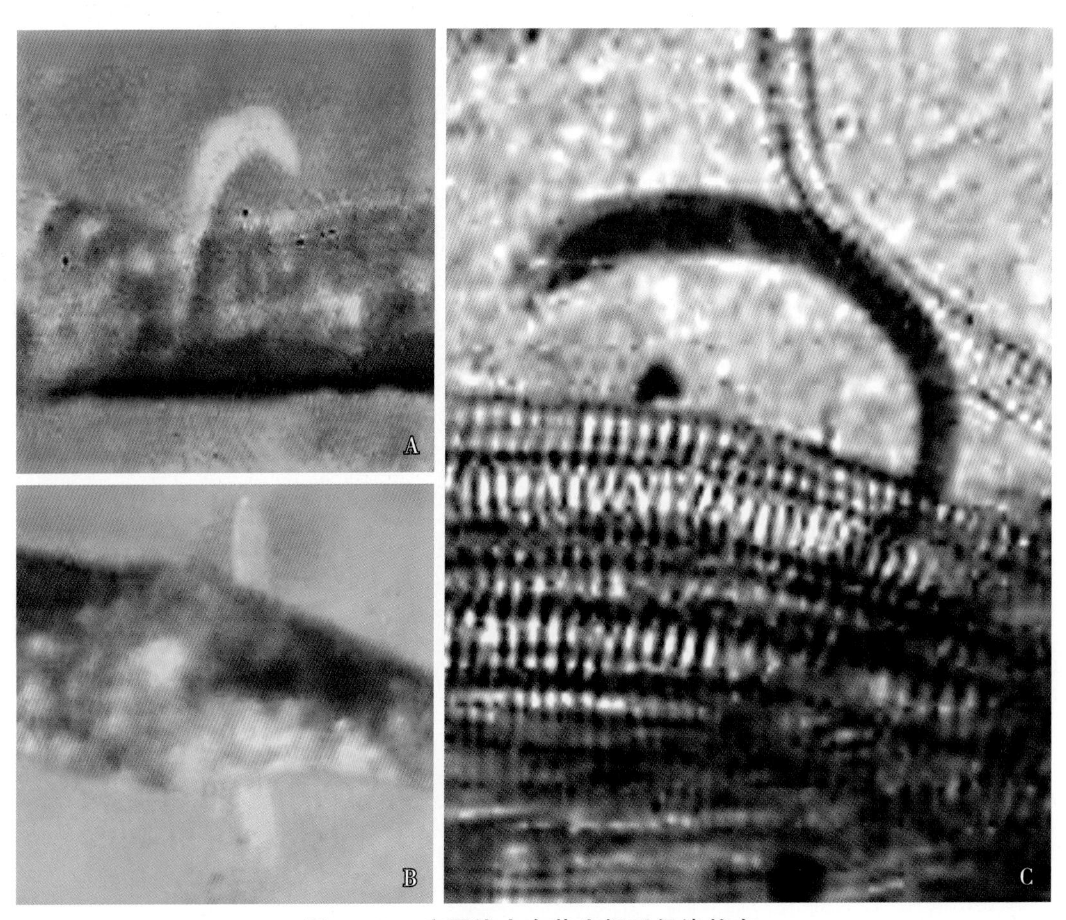

图6-44　病原线虫在花生根系侵染状态

A.病原线虫在根部外寄生状态；B.受害根组织坏死；C.受害根细胞坏死

病原

病原为装饰大刺环线虫（*Macroposthonia ornate*，图 6–45）。

雌虫体长 401~577μm，虫体粗大、圆筒形，缓慢加热杀死后虫体直伸或稍向腹面弯曲。体环后翻、光滑，体环数为 82~93 条。口针长 50~59μm，针锥长 37~43μm，针杆长 7~12μm；口针基部球前缘突起、锚状。背食道腺开口至口针基部球基部的距离为 5~6μm；环线型食道，中食道球大、卵圆形，后食道球较小、梨形，食道腺与肠平接。排泄孔位于食道—肠瓣门后方，排泄孔至头端的体环数为 23~27 条。单生殖管前生，长 93~133μm；受精囊椭圆形，充满精子。阴门张开，位于虫体约 93% 处，距尾端的体环数为 6~8 条。肛门开口小，靠近阴门，与阴门相隔 1~2 个体环。尾钝圆。

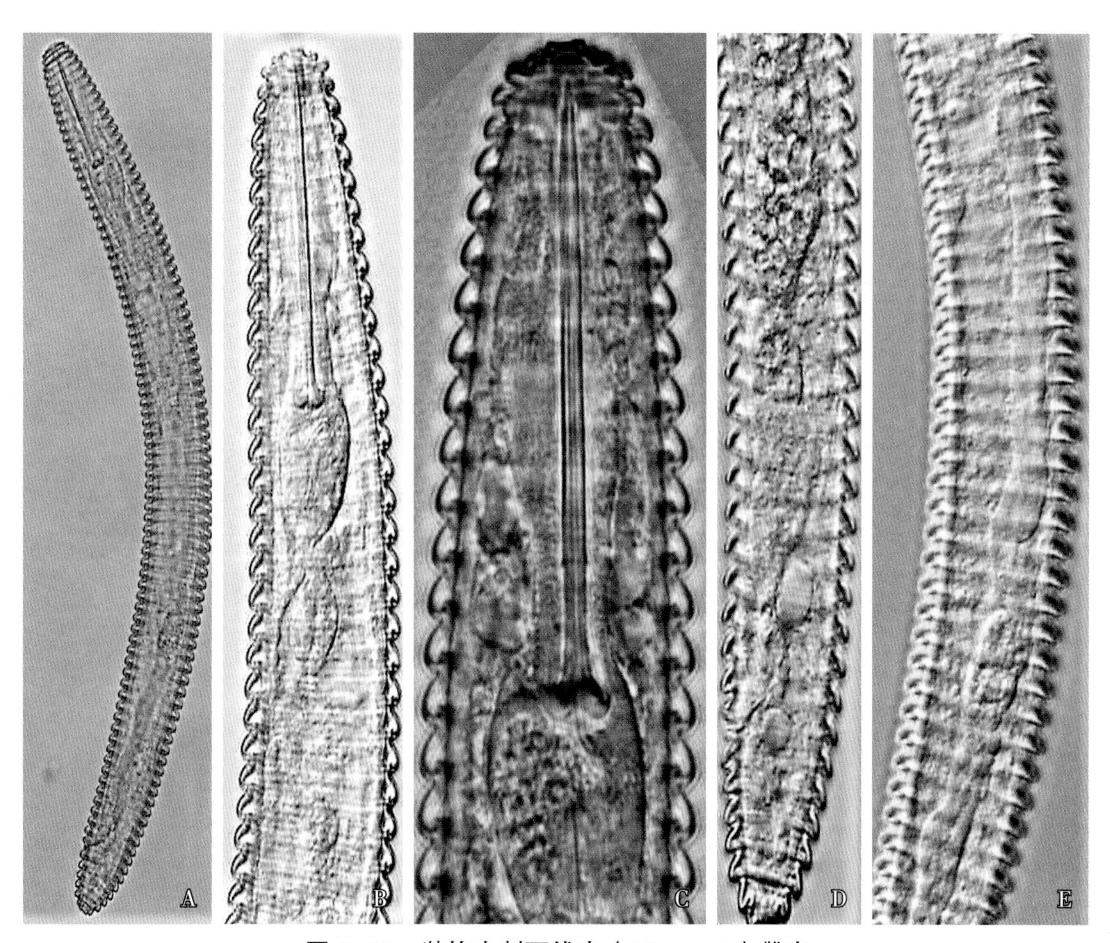

图 6–45 装饰大刺环线虫（*M. ornate*）雌虫

A. 整体；B. 前部（食道）；C. 头部（口针）；D. 后部（阴门和卵巢）；E. 中部（卵巢和受精囊）

发病规律

装饰大刺环线虫（*M. ornate*）喜温暖、砂质的土壤，在田间土壤和寄主根部存活，田间主要随土壤及水流传播。

防控措施

重病田在花生播种期用 10% 噻唑膦颗粒剂（15kg/hm^2）拌细砂土（45~70kg/hm^2），均匀撒施于种植穴内。

五、花生滑刃线虫病

症状

花生荚果、种皮、根和胚轴可受侵害。被侵染花生果荚变黑，种皮变为淡褐色、半透明，种皮内有暗色的维管束（图 6–46）。得病种子干燥后种皮常常皱缩，薄壁细胞组织层和种皮的胞管周围变黑。线虫存活于表皮下的薄壁细胞组织中（图 6–47）。得病种子比健康种子小，重量减轻。

图 6–46 花生滑刃线虫病病果荚（变黑腐烂）

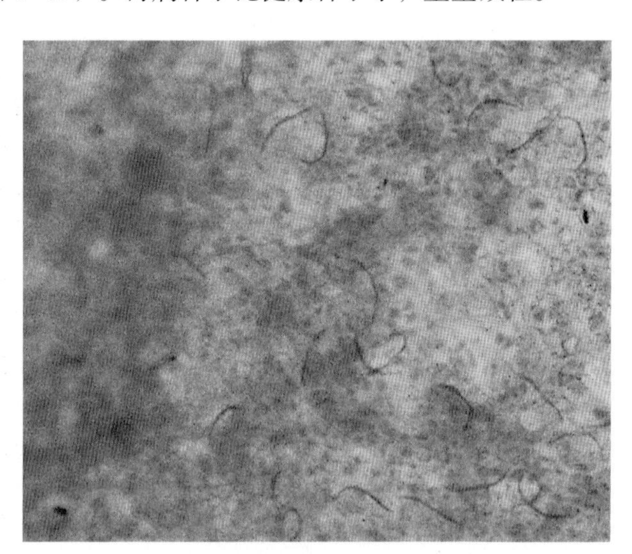

图 6–47 花生滑刃线虫病病种皮内的线虫

病原

病原为花生滑刃线虫（*Aphelenchoides arachidis*，图 6–48）。

雌虫体长 500~1000μm，缓慢加热杀死后虫体稍向腹面弯曲。角质膜有细微环纹，侧带窄，中部有 3 条侧线，前后合并为 2 条。食道体部圆柱形，中食道球大、圆至卵圆形，食道腺叶发达、覆盖于肠背面。口针有明显的口针基部球。阴门位于虫体中后部，单生殖管前生、有折叠，后阴子宫囊较长。尾短而钝，长 22~28μm，尾端腹面有一小而简单的尾尖突。

发病规律

花生滑刃线虫（*A. arachidis*）在贮藏的花生果荚中能存活 12 个月。收获后在病田的自生花生植株上可以查到较多的成虫。病害随被侵染的种子传播。带虫种子和田间残留的荚果以及自生植株是病害的初侵染源。

花生滑刃线虫（*A. arachidis*）在花生果针入土后 10d 侵染荚果，30d 后线虫数量迅速增加，大约在 60d 达到最高虫量。在种皮内可以查到线虫的各种虫态，但在生长季节结束时，被严重侵染的成熟种子种皮中的线虫以幼虫为主，只有少数成虫。

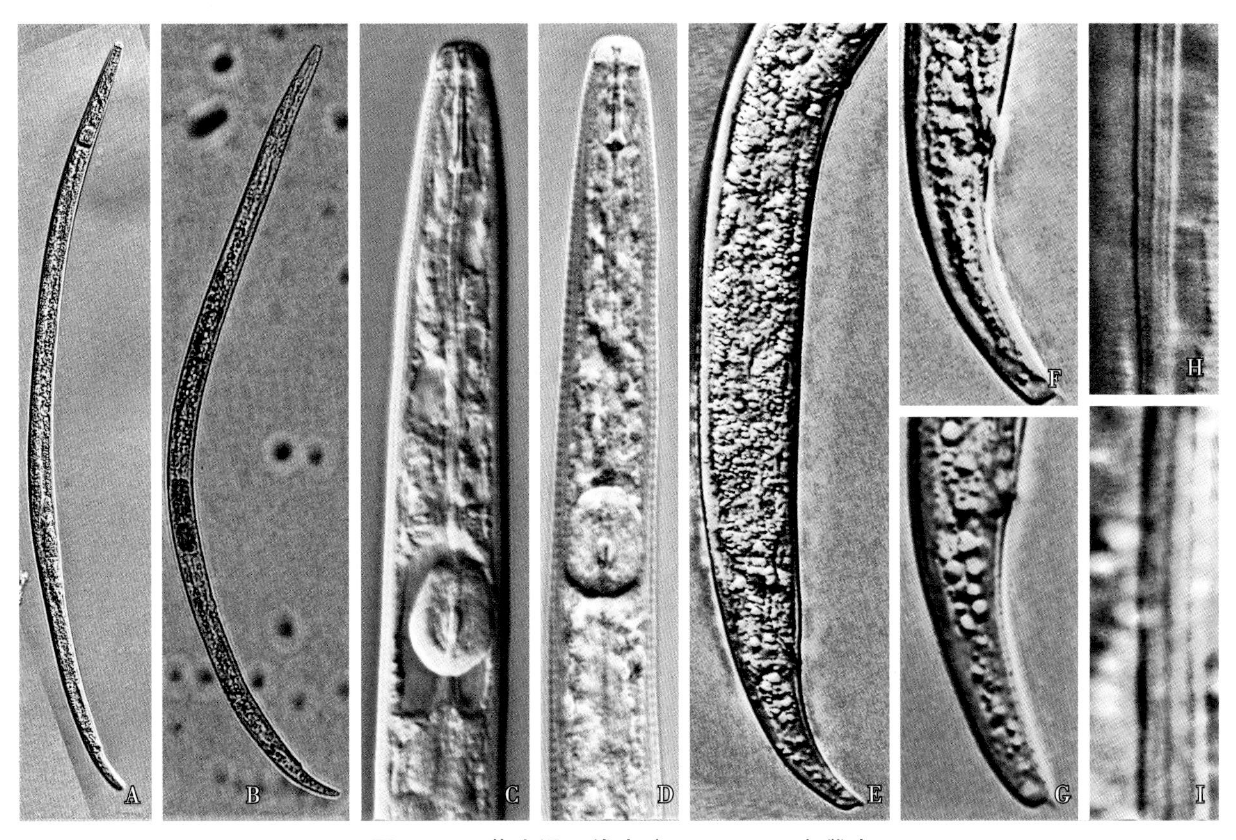

图 6-48　花生滑刃线虫（*A. arachidis*）雌虫

A、B. 整体；C、D. 前部；E. 后部；F、G. 尾部；H、I. 侧带

防控措施

①清除病果：花生收获后及时清除和销毁病果荚。

②热处理：将种子用 60℃热水浸 5min 后冷却，能有效防控病害而不影响种子萌发。晴天收获的荚果在太阳下暴晒干燥，能减少荚果中的线虫量。

六、花生其他线虫病

（一）花生针线虫病

症状

病原线虫取食花生根皮层。受害根产生短的分叉根，固氮根瘤少。与土壤中病原微生物复合侵染，引起根腐烂。

病原

病原为布科维纳针线虫（*Paratylenchus bukowiinensis*，图 6-49）。

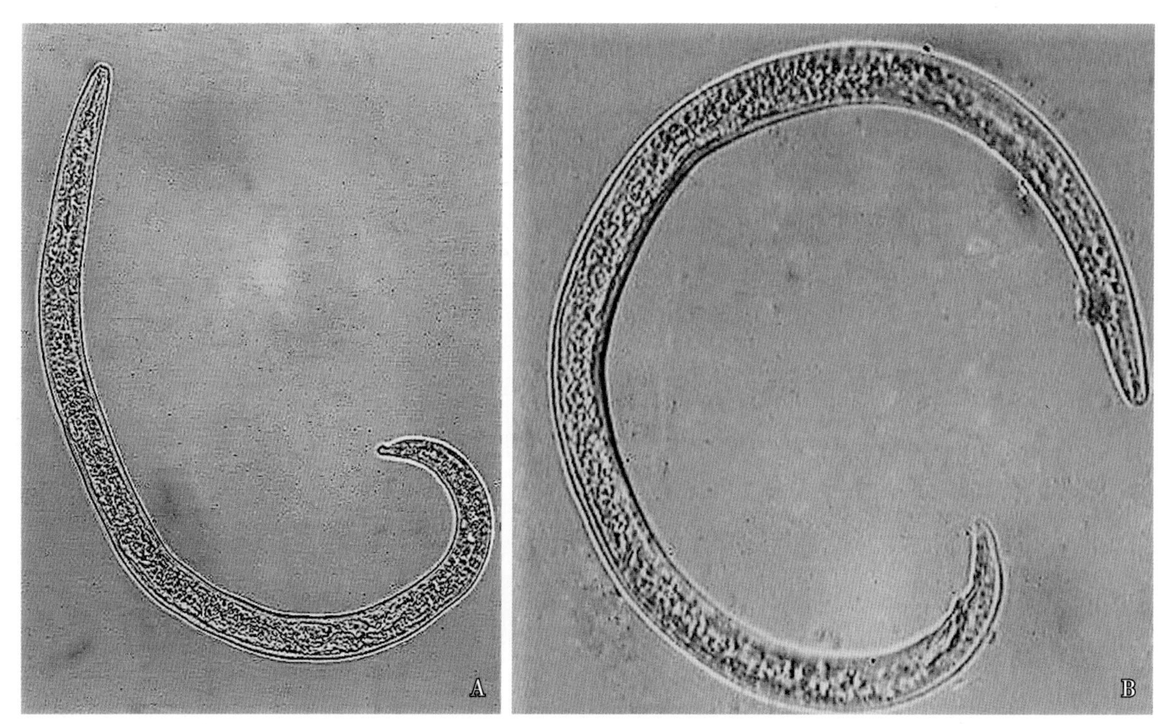

图 6–49 布科维纳针线虫（*P. bukowiinensis*）

A. 雌虫；B. 雄虫

雌虫体长 353~431μm，缓慢加热杀死后虫体向腹面呈“C”形弯曲，角质膜有细微环纹。唇区圆形，无缢缩，头部骨架弱。口针长 17~19μm。食道环线型，中食道球发达，食道球瓣门骨化明显。阴门闭合位于体后，单生殖管前生。尾部圆锥形，尾末端缢缩，有小尾突。

（二）花生肾形线虫病

症状

病原线虫侵染花生的根、果针及荚果。受害花生植株地上部表现为植株矮小，茎和叶片黄化。地下部的症状为侧根短，根系发育不良，固氮根瘤少。

病原

病原为肾状肾形线虫（*Rotylenchulus reniformis*，图 6–50）。

成熟雌虫虫体膨大，肾形，向腹面弯曲，阴门隆起，位于虫体中后部。颈部不规则膨大。肛门后的虫体呈半球形，具一明显尾突。卵产于胶质卵囊内。未成熟雌虫虫体细长，加热杀死后向腹面呈“C”形弯曲。唇区隆起，圆锥状。口针发达，口针基部球圆形。阴门不隆起，双生殖管对生、双回折，未成熟。尾呈锥形，末端窄圆。

雄虫虫体细长，向腹面呈“C”形弯曲。食道退化，中食道球模糊，无明显瓣膜，口针和唇区骨质化弱。交合刺细长，朝向腹面弯曲，常伸出体外。泄殖腔隆起，引带简单，交合伞退化。

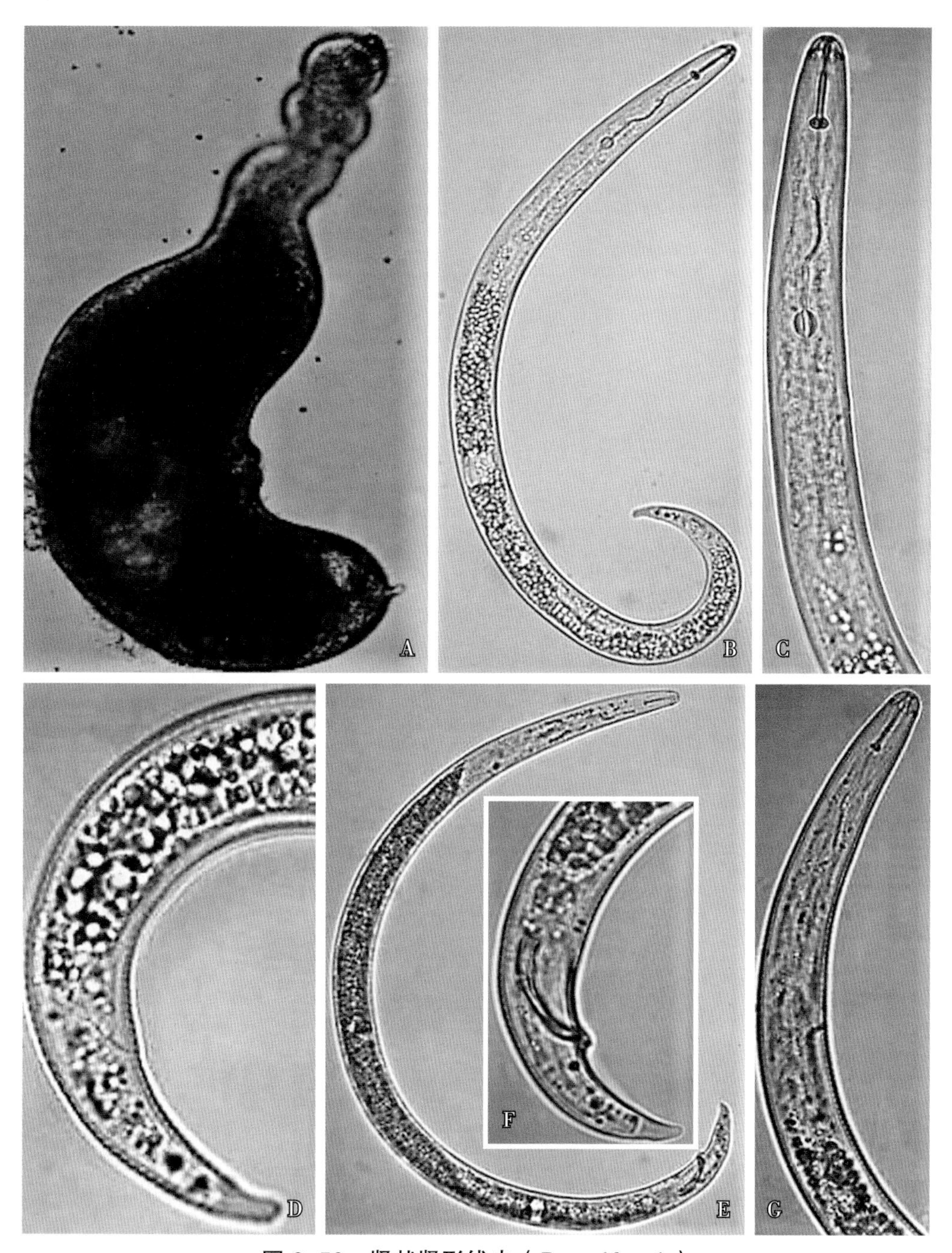

图 6–50　肾状肾形线虫（*R. reniformis*）

A. 成熟雌虫整体；B. 未成熟雌虫整体；C. 未成熟雌虫前部；D. 未成熟雌虫尾部；E. 雄虫整体；F. 雄虫尾部；G. 雄虫前部

（三）花生螺旋线虫病

症状

病原线虫侵染花生根皮层组织。受害根系发育不良，固氮根瘤少，植株生长衰弱。

病原

病原为双宫螺旋线虫（*Helicotylenchus dihystera*，图 6–51）。

雌虫体长 529~725μm，虫体杀死后呈螺旋形。头部半球形，口针长 24~28μm，双生殖管，受精囊有缢缩。尾向腹面弯曲，腹突短小或无腹突，有环纹。

雄虫形态与雌虫相似，无交合伞，交合刺弓状，引带发达。

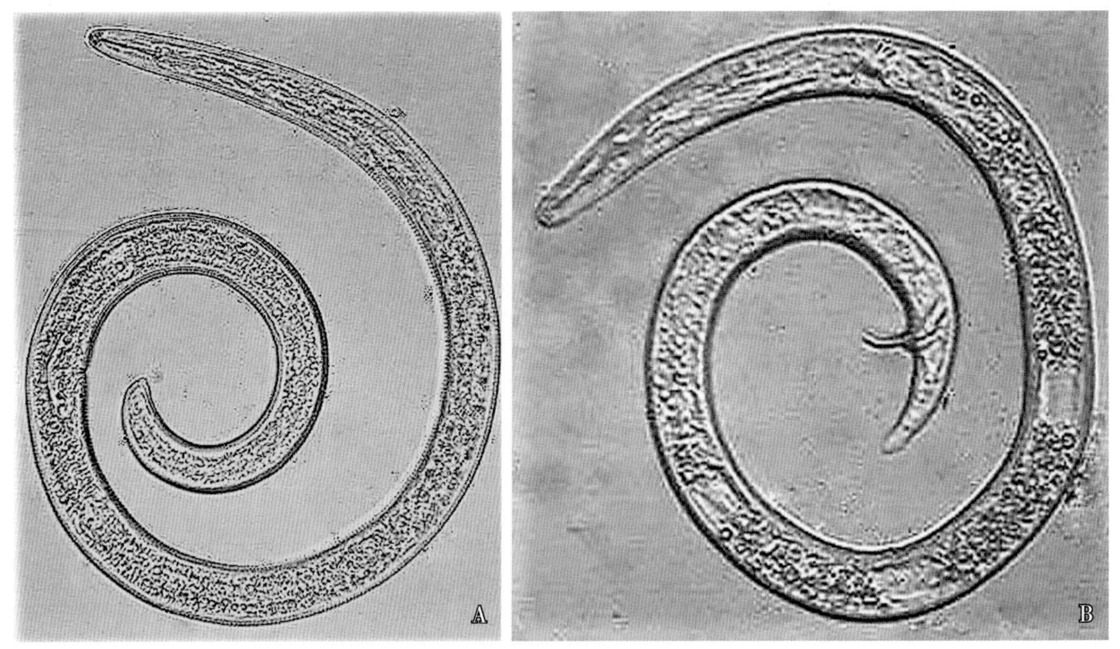

图 6–51　双宫螺旋线虫（*H. dihystera*）

A. 雌虫；B. 雄虫

（四）花生矮化线虫病

症状

病原线虫取食根表皮组织造成伤痕。受害根系发育不良，固氮根瘤少，受害植株矮化、叶片褪绿。

病原

病原为饰环矮化线虫（*Tylenchorhynchus annulatus*，图 6–52）。

雌虫体长 620~680μm，虫体经缓慢加热杀死后向腹面呈“C”形弯曲。唇区稍缢缩，体环明显。口针发达，口针长 20~21μm，口针基部球椭圆形。背食道腺开口于口针基部球后 2~2.5μm 处。中食道球卵圆形，具有明显瓣膜，后食道腺长梨形，与肠平接。阴门位于虫体近中部，双生殖管对生、平伸，卵原细胞呈单行排列，未见受精囊。尾近圆柱形，末端钝圆。

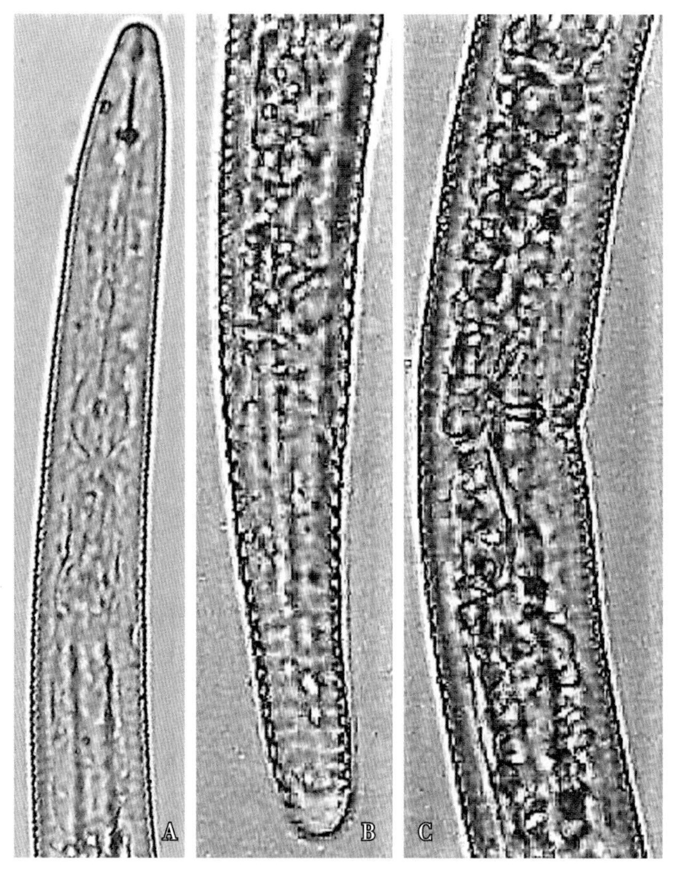

图 6-52 饰环矮化线虫（*T. annulatus*）雌虫

A. 前部；B. 尾部；C. 阴门部

第二节 大豆线虫病

一、大豆孢囊线虫病

大豆孢囊线虫病又称大豆根线虫病、萎黄线虫病、黄矮病，是大豆的主要病害之一。此病世界各主要大豆产区均有发生，我国主要分布在东北地区，以及山东、河北、北京、山西、河南、安徽。该病害可以使大豆减产 10%~20%，重病田可减产 30%~50%。

症状

感染大豆孢囊线虫病的大豆田病株呈块状分布，植株褪绿或矮化（图 6-53）。苗期染病幼苗生长迟缓，叶片自下而上变黄，植株矮小（图 6-54）；成株期枝叶减少，花芽簇生，节间短缩，花期推迟，荚果萎缩，结荚率低，豆粒不饱满、无光泽。病株根系细且乱，支根少，根侧面隆起、破裂，显露出白色孢囊，孢囊后期转为褐色（图 6-55）。

图 6–53　大豆孢囊线虫病田间症状（陈立杰提供）

图 6–54　大豆孢囊线虫病病株（陈立杰提供）

图 6–55　大豆孢囊线虫病根部症状（雌虫和孢囊）（陈立杰提供）

病原

病原为大豆孢囊线虫（*Heterodera glycines*，图 6–56）。

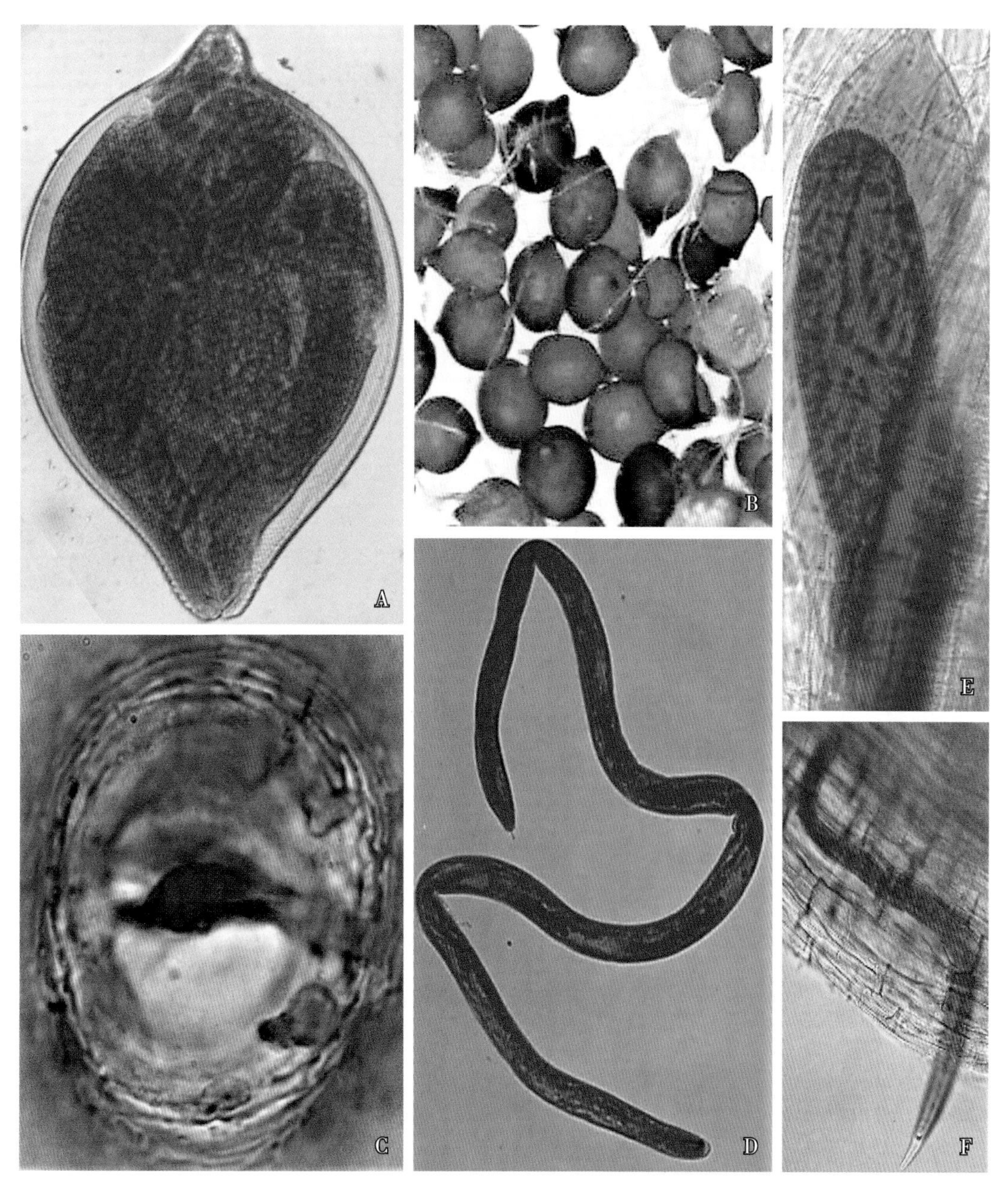

图 6–56　大豆孢囊线虫（*H. glycines*）（陈立杰提供）

A. 孢囊；B. 后期孢囊（褐色）；C 阴门锥正面（阴门和阴门窗）；D. 雄虫整体；E. 发育中的雌虫；F. 2 龄幼虫

雌雄异形。雌成虫膨大、柠檬形，有明显的颈部。阴门和肛门近端生，位于虫体后隆起的阴门锥上；阴门裂两侧有称为阴门窗的 2 个透明区。雌虫老熟后转变为孢囊，孢囊起初为白色，随后逐渐转变为黄褐色，卵保留在孢囊内。

雄虫蠕虫形，尾端略向腹侧弯曲，尾部极短、钝圆。无交合伞，交合刺突出近端生，朝腹面弯曲。

侵染期 2 龄幼虫细长，蠕虫形。1 龄幼虫在卵内发育，蜕皮成 2 龄幼虫；2 龄幼虫针形，头钝尾细长；3 龄幼虫腊肠状，生殖器开始发育；4 龄幼虫在 3 龄幼虫旧皮中发育。

发病规律

大豆孢囊线虫（*H. glycines*）是定居型内寄生线虫，2 龄幼虫为侵染期幼虫，从寄主根尖侵入。

大豆孢囊线虫（*H. glycines*）以卵、胚胎卵和少量幼虫在土壤中孢囊内越冬，成为翌年初侵染源。田间主要通过农事耕作、田间水流传播，远距离随带虫植株残体、带土种子、种苗和栽培基质的调运传播。

大豆孢囊线虫（*H. glycines*）孢囊内的卵和幼虫能以休眠或滞育方式长期存活，孢囊内的卵在无寄主条件下能存活 11 年之久；当寄主作物种植后，孢囊内的卵受寄主根分泌物的刺激而孵化幼虫，并发生侵染。

大豆孢囊线虫（*H. glycines*）的幼虫孵化和侵染的最适温度为 24℃，发育温度为 28~31℃。在我国大豆主产区一个生产季节可以发生 3~4 代，生活史为 21~28d。

土壤内初侵染线虫量是发病和流行的主要影响因素，初侵染线虫种群量大则病害发生严重。盐碱土、砂质土发病重，连作田发病重。

大豆孢囊线虫（*H. glycines*）寄主专化性强，存在生理分化现象。我国已鉴定出 8 个生理小种，即 1、2、3、4、5、6、7 和 14 号生理小种，1、3 和 4 号生理小种出现频率较高，为优势小种，东北豆区以 1、3 号为主，黄淮海流域豆区以 4 号为主。利用抗病品种是防控作物孢囊线虫病的最经济有效的方法，然而生产上常因生理小种变化而导致抗病品种的抗性丧失，因此，生产上利用抗病品种时，最重要的是要鉴别出当地的病原线虫生理小种。

防控措施

①轮作防病：选用大豆孢囊线虫（*H. glycines*）的非寄主作物或不适寄主作物轮作，能明显降低土壤中大豆孢囊线虫（*H. glycines*）的种群量，优化土壤微生态，丰富土壤中有益生物数量。病田用水稻—大豆或玉米—大豆的轮作方式能明显减少孢囊线虫积累，降低病害水平。

②利用抗病和耐病品种：这是防控大豆孢囊线虫（*H. glycines*）最经济、高效的措施。高抗 3 号小种的大豆品种有抗线 1 号、抗线 2 号、庆丰 1 号、嫩丰 15；高抗 1、3 号生理小种的大豆品种有齐黄 25 号、齐黑豆 2 号、齐茶豆 1 号；山西灰皮黑豆、五寨黑豆兼抗 1、3、4 号生理小种。近年选育的抗病品种还有泗豆 11 号、豫豆 2 号、晋豆 11 号、8118、7803 等。

③药剂防控：在大豆上使用化学杀线虫剂受到严格限制，过去使用的杀线虫剂基本被禁用，需要筛选安全高效的杀线虫剂。出苗期用 10% 噻唑膦乳油（15~22L/hm^2）1500 倍液灌根，或用 20% 噻唑膦水乳剂（11~15L/hm^2）1500 倍液灌根，也可用 6% 寡糖・噻唑膦水乳剂 800~1500 倍液灌根；每公顷用 1% 阿维菌素颗粒剂 30kg 加土 600~750kg 混匀后，覆盖种子；重病田在播种前用 50% 氰氨化钙颗粒剂进行土壤处理。

④生物防控：施用淡紫拟青霉和厚垣孢普可尼亚菌。

二、大豆根腐线虫病

大豆根腐线虫病在我国大豆主产区都有发生，由于田间常与大豆孢囊线虫病混合发生，故不易受到关注。

症状

病株生长不良，褪绿、矮化、荚果少而小（图 6–57）。病根萎缩，须根少，固氮根瘤形成少，根表有黑色坏死伤痕或成段变褐腐烂（图 6–58）。

图 6–57　大豆根腐线虫病病株（根腐、矮化、萎蔫）

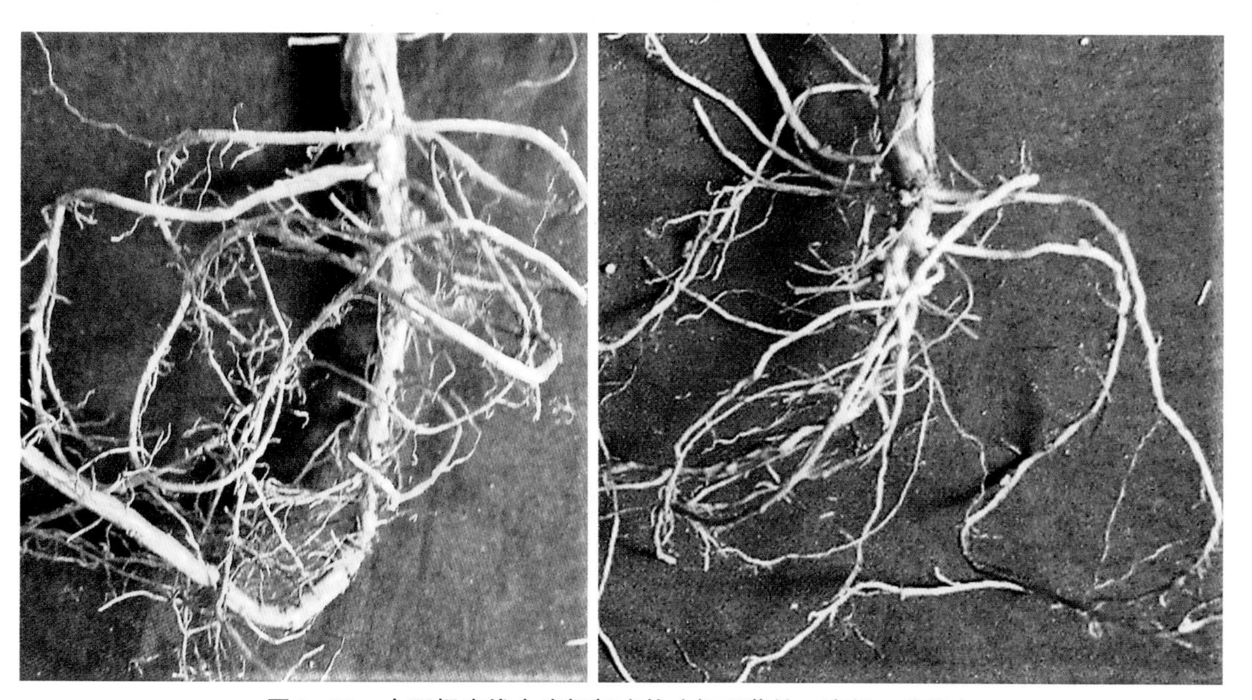

图 6–58　大豆根腐线虫病根部症状（根系萎缩、变褐、腐烂）

病原

病原主要种为穿刺根腐线虫（*Pratylenchus penetrans*，图 6-59、图 6-60），其他种为短尾根腐线虫（*P. brachyurus*）和咖啡根腐线虫（*P. coffeae*）。

穿刺根腐线虫（*P. penetrans*）雌虫虫体蠕虫状，体长 343~811μm，缓慢加热杀死后虫体直伸或稍向腹面弯曲。唇区稍高，有 3 条唇环，唇区前部平。头架发达，向体后延伸至第二条体环的中部。口针发达，长 15~17μm，口针基部球为椭圆形。背食道腺开口距口针基部球 2.5μm，中食道球近圆形，宽度约为该处虫体直径的 1/2。食道腺从腹面覆盖肠的前端，长度为 30~40μm。排泄孔位于食道与肠交界处的同一水平线上，半月体紧挨在排泄孔的前方。单生殖管前生，卵母细胞单行排列，受精囊中等大小，宽度约占该处虫体宽度的 2/3、圆形，内部有精子。阴道直而短，长约为阴门处体宽的 1/4。后阴子宫囊未分化，较短。尾锥形，尾端圆，表皮稍加厚，尾腹面有 15~27 条体环。

雄虫形态与雌虫相似，体长 305~574μm。侧带 4 条侧线一直延伸至交合伞处。口针长 13~16μm。交合刺纤细，长 14~17μm。引带长约 4μm。交合伞较大，包至尾端。

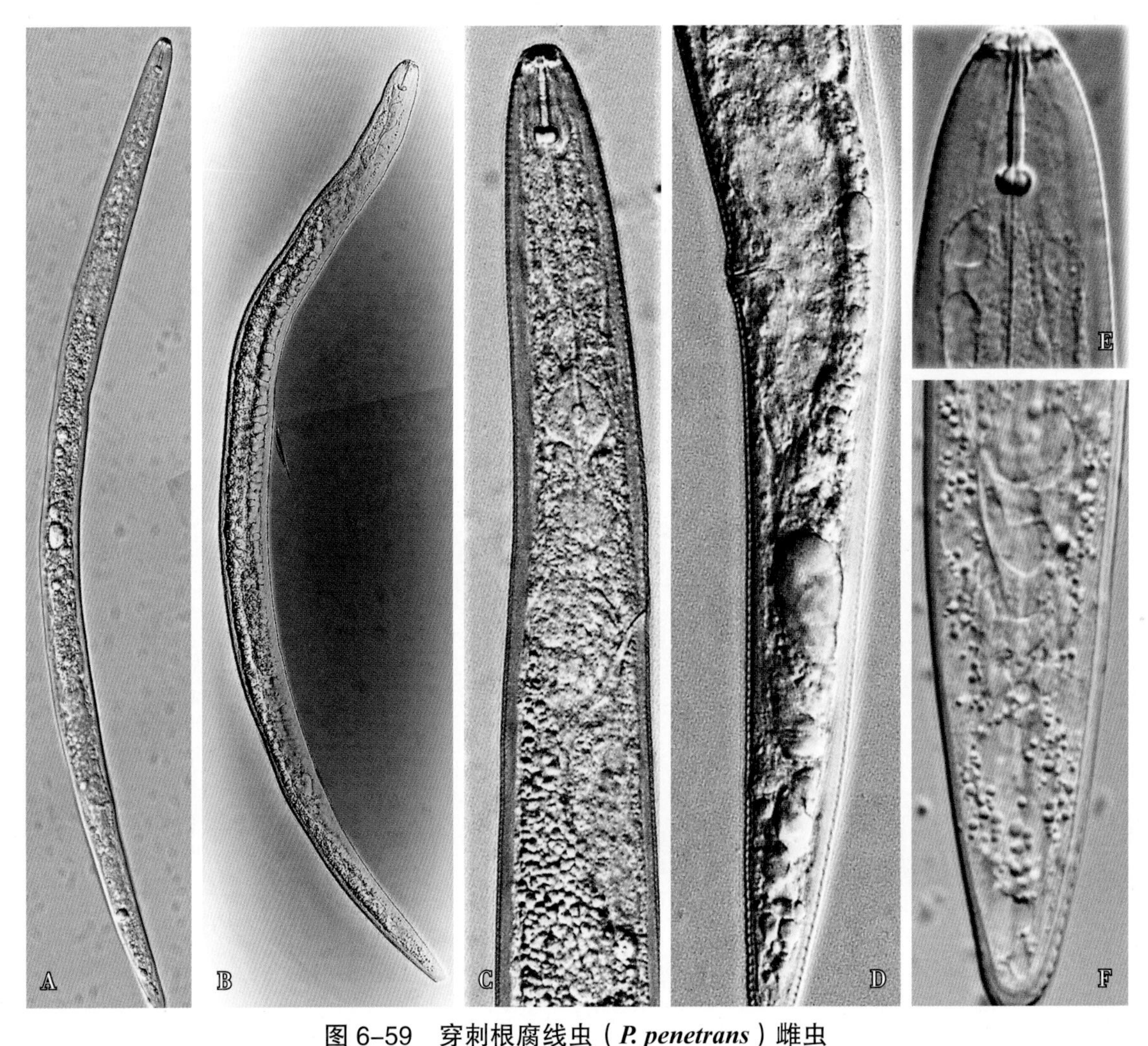

图 6-59 穿刺根腐线虫（*P. penetrans*）雌虫

A、B. 整体；C. 前部（食道）；D. 后部（阴门）；E. 头部（口针）；F. 尾部

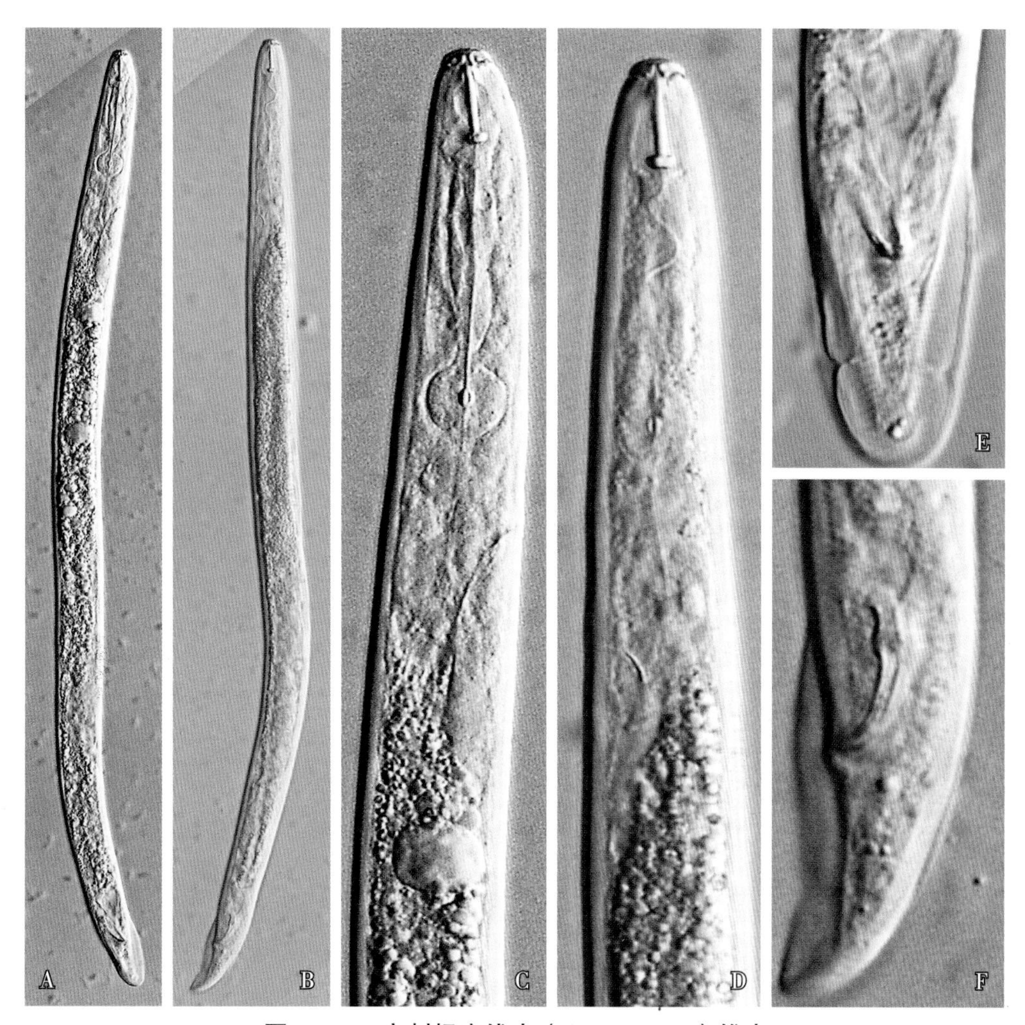

图 6-60 穿刺根腐线虫（*P. penetrans*）雄虫

A、B. 整体；C、D. 前部；E. 尾部腹面；F. 尾部侧面

发病规律

根腐线虫（*Pratylenchus* spp.）为迁移型内寄生线虫，寄主作物收获后，在残留于土壤中的作物根组织内生存，并成为下季作物的主要初侵染源。田间可以随雨水、灌溉水和农事操作中病根、病土的黏带和搬移近距离传播。温度、湿度和土壤类型对线虫的存活和繁殖有一定影响。

防控措施

①清除虫源：作物收获后及时清除、烧毁病残体，铲除田间杂草。

②药剂防控：参考大豆孢囊线虫病的药剂防控方法。

三、大豆根结线虫病

大豆根结线虫病在我国北方和南方的大豆产区均有发生。

症状

发生大豆根结线虫病的大豆田，田间植株黄绿不匀，长势参差不齐。病株地上部表现为矮小、分枝稀少、茎秆细弱、叶枯黄且易脱落、结荚少而不饱满，受害严重时不结荚。根系萎缩变形，支根少，形成大小不等的根结（图 6–61）。

根结线虫（*Meloidogyne*）危害导致大豆产量损失程度与大豆生育期有关。大豆苗期受侵染，植株明显黄萎、矮小和不结豆荚，病株鲜重减少，冠根比值下降，固氮根瘤数减少，根瘤小，重病株不形成固氮根瘤。病株一般减产 50% 左右。

根结与固氮根瘤的区别（图 6–62）：根结线虫病根结是由肿大的根中柱与膨大的雌虫组成，根结形状不规则，表面有次生侧根，常附有胶质卵囊，卵囊表面粘有细砂土，剖开根结，可见白色球形雌虫。固氮根瘤的大豆根瘤菌（*Bradyrhizobium japonicum*）是从根毛和部分侧根侵入，根层细胞增生而形成的。根瘤主要生于侧根，呈球形，表面光滑，挤压根瘤有紫色汁液从组织中逸出。

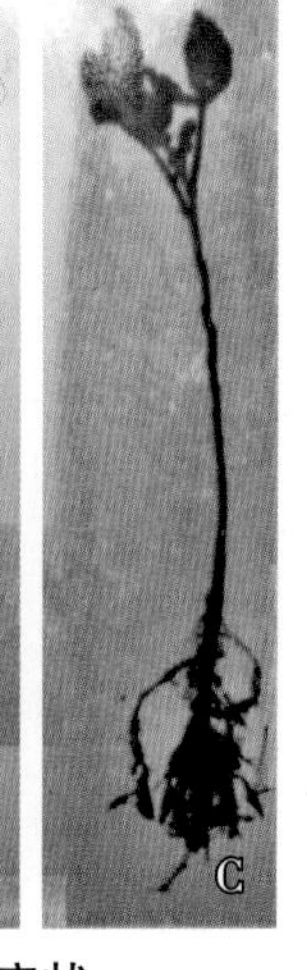

图 6–61　大豆根结线虫病症状

A. 健株；B. 轻病株；C. 重病株

图 6–62　大豆根结线虫病根结与固氮根瘤

病原

病原主要有花生根结线虫（*M. arenaria*）、南方根结线虫（*M. incognita*）、爪哇根结线虫（*M. javanica*）、保鲁根结线虫（*M. bauruensis*）和北方根结线虫（*M. hapla*）。南方大豆产区前 3 种根结线虫（*Meloidogyne*）普遍，以花生根结线虫（*M. arenaria*）为优势种；黄淮海流域大豆产区以南方根结线虫（*M. incognita*）和花生根结线虫（*M. arenaria*）为主；北方大豆产区以花生根结线虫（*M. arenaria*）为优势种。在田间多数是由花生根结线虫（*M. arenaria*）与其他种构成的混合种群。

几种病原线虫具有如下形态特征（图 6–63A）：

雌雄异形。雌虫埋生于寄主根组织内，虫体膨大成梨形或球形；阴门和肛门端生，周围的角质膜形成特定形状特征的会阴花纹。

雄虫蠕虫形，口针和头骨架强大；尾部短，末端半球形；交合刺发达，无交合伞。

2 龄幼虫虫体细长，蠕虫形；口针纤细，中食道球发达，食道腺覆盖于肠的腹面；尾呈锥状，近尾端常缢缩，尾末端有一段清晰的透明区。

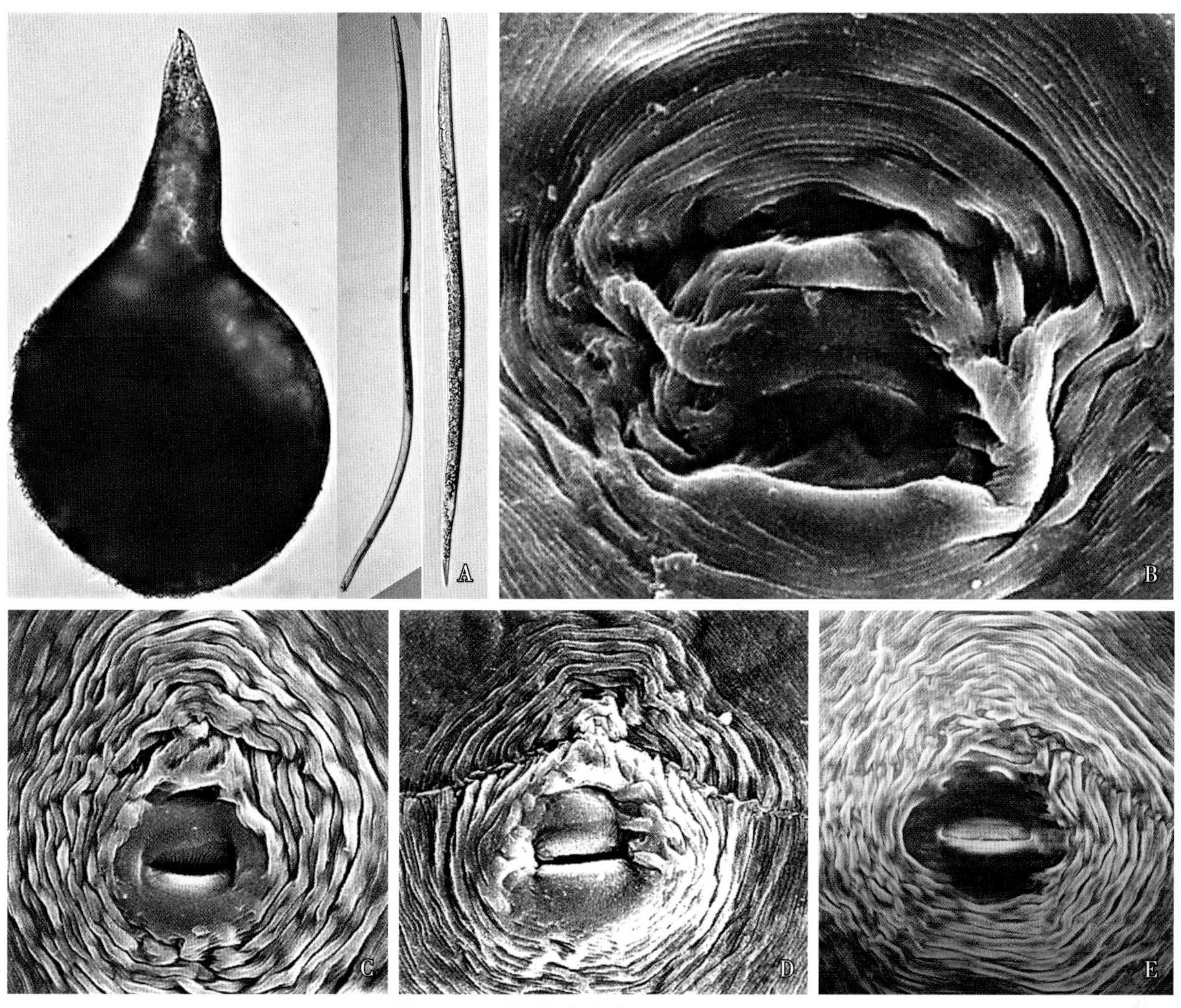

图 6-63　根结线虫（*Meloidogyne*）

A. 雌虫（左）、雄虫（中）、幼虫（右）；B. 花生根结线虫（*M. arenaria*）会阴花纹；C. 南方根结线虫（*M. incognita*）会阴花纹；D. 爪哇根结线虫（*M. javanica*）会阴花纹；E. 保鲁根结线虫（*M. bauruensis*）会阴花纹

病原线虫种的鉴定，主要依据会阴花纹不同的特征。

①花生根结线虫（*M. arenaria*，图 6-63B）：会阴花纹背弓中等，常在背弓上形成肩状突起；弓纹在侧线处稍有分叉；背面和腹面的线纹常在侧线处交叉成一定角度，有朝侧面延伸的翼状线纹。

②南方根结线虫（*M. incognita*，图 6-63C）：会阴花纹背弓高，弓纹平滑，波浪形或锯齿形，一些线纹可在侧面分叉，但不形成明显侧线。

③爪哇根结线虫（*M. javanica*，图 6-63D）：会阴花纹圆，背弓高度中等，具有明显的双侧线从肛门上方朝两侧延伸，将腹区和背区分成“八”字形。

④保鲁根结线虫（*M. bauruensis*，图 6-63E）：与爪哇根结线虫（*M. javanica*）有些相似，主要区别是保鲁根结线虫（*M. bauruensis*）会阴花纹有侧线但不明显。

发病规律

根结线虫（*Meloidogyne*）以卵在土壤中越冬，残留于田间的大豆病组织、病土是主要的初侵染源。田间可随农具、人畜、地面流水近距离传播。连作大豆田发病重。偏酸或中性土壤适于线虫生育。

砂质土壤、瘠薄地块有利于病害发生，尤以江河沿岸和沿海砂质土地的大豆受害严重，病株率一般为20%~50%，重的达100%。

防控措施

①农业防控：收获后及时清除、烧毁病残体，铲除田间杂草，减少侵染源；不重茬或连作。选用禾本科作物轮作，调节播种期，实行避病栽培。

②药剂防控：播种期和生长期用10%噻唑膦颗粒剂穴施，也可用6%寡糖·噻唑膦水乳剂800~1500倍液灌根；每公顷用1%阿维菌素颗粒剂30kg加土600~750kg混匀后，覆盖大豆种子；在大豆出苗期和生长期用10%噻唑膦乳油（15~22L/hm^2）1500倍液或20%噻唑膦水乳剂（11~15L/hm^2）1500倍液灌根。

③生物防控：播种期和苗期施用淡紫拟青霉和厚垣孢普可尼亚菌。

第七章 果树线虫病

第一节 香蕉线虫病

一、香蕉根结线虫病

香蕉根结线虫病是香蕉的重要线虫病害，在香蕉产区普遍发生，且逐年加重。田间香蕉株发病率一般为20%~30%，严重时可达60%以上，香蕉减产40%~60%。营养袋假植香蕉组培苗（袋栽苗）根结线虫病极其严重，有些香蕉育苗场的袋栽苗株发病率达94%。引种带病香蕉苗成为香蕉根结线虫病传播的重要途径。

症状

香蕉苗期和成株期都会感染根结线虫（*Meloidogyne*），袋栽苗、吸芽苗和田间蕉株均可发生根结线虫病。

田间生长的香蕉植株和吸芽苗感染根结线虫（*Meloidogyne*）后，植株矮小、生长衰退，叶片小，叶缘及下部叶片黄化（图7–1）。受害根部新根少，根系萎缩；主根和较粗大根受侵染时，根结不明显或根表皮稍隆起，雌虫和卵囊埋生于根表皮下。发病根系后期呈黄褐色或黑褐色，表皮腐烂。初生根和次生根受侵染，能形成明显根结，根结呈棒槌状、锥状或纵长弯曲状，根系畸形（图7–2）。解剖病根表皮组织，可见白色或淡黄色雌虫；受害严重的一个根结组织中可以同时有多条成熟雌虫。根组织染色后可见不同龄期的线虫（图7–3）。

图7–1 香蕉根结线虫病田间症状（植株矮小、黄化）

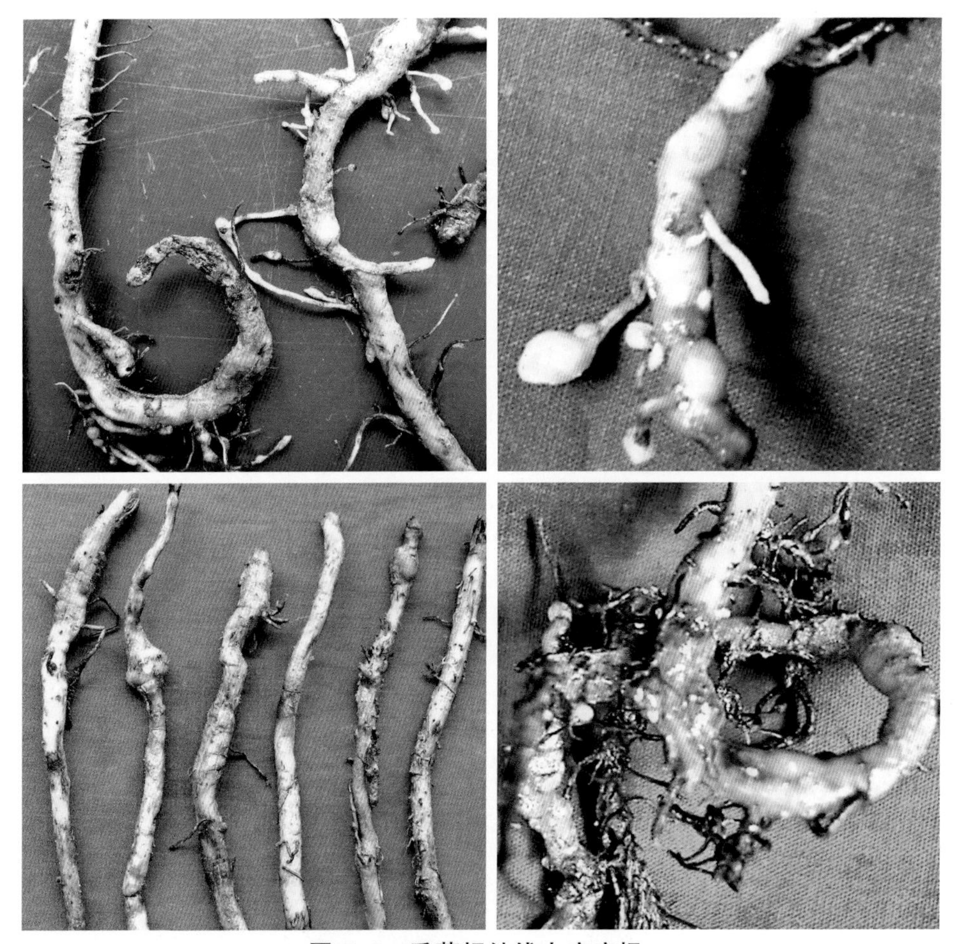

图 7-2 香蕉根结线虫病病根

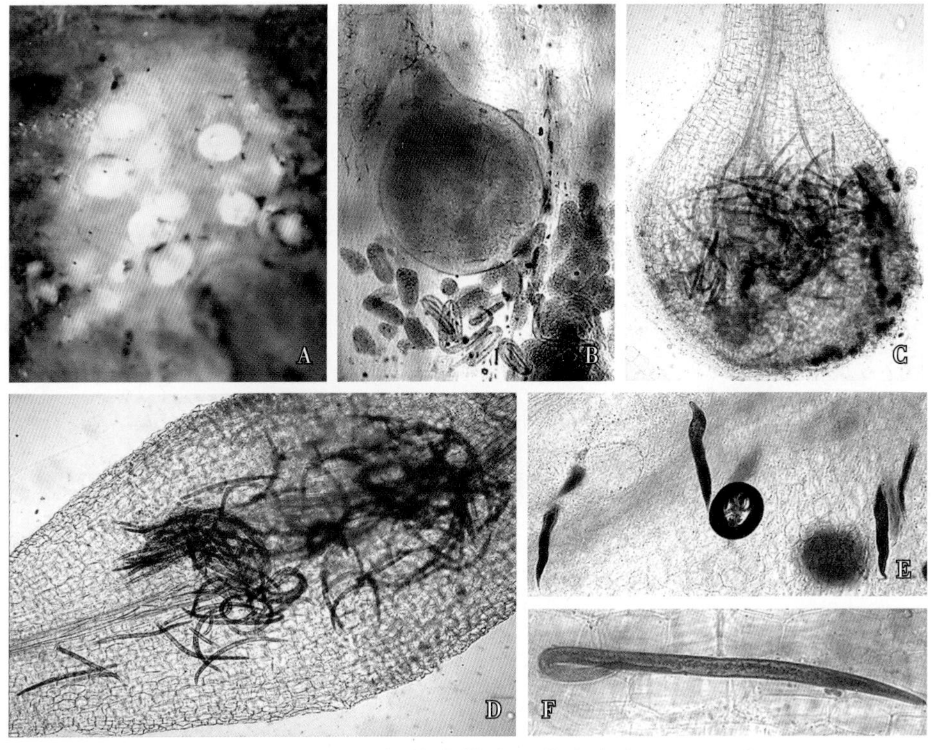

图 7-3 根结内的病原线虫虫态

A. 雌成虫；B. 雌虫和卵囊；C、D. 2 龄幼虫；E. 3 龄幼虫；F. 雄成虫

香蕉育苗大棚内营养袋假植的香蕉组培苗染病后，植株矮小，叶片褪绿，叶尖、叶缘焦枯；根系畸形，产生明显根结，根结呈念珠状、棒槌状、锥状或纵长弯曲状（图 7-4 至图 7-6）。解剖根结，可发现一个根结中有 1 条或多条雌虫；将病根染色观察发现，2 龄幼虫侵入根尖分生区或伸长区，引起根尖组织扭曲膨大。

图 7-4　香蕉袋栽苗根结线虫病症状（植株矮小、黄化、萎蔫、死苗）

图 7-5　香蕉根结线虫病苗期田间症状

图 7-6　香蕉袋栽苗根结线虫病病株

侵染香蕉的有多种根结线虫（*Meloidogyne* spp.），不同种类引起的根结形状不一（图 7–7）。

南方根结线虫（*M. incognita*）引起的根结球形、葫芦状、棒槌状、块状；根结上长出次生根，次生根亦可形成根结；一个根结内可以存在多条雌虫虫体，卵囊产于根组织内，不外露。

花生根结线虫（*M. arenaria*）引起的根结呈球形、葫芦状、棒槌状、块状；一个根结内可以存在多条雌虫，卵囊产于根组织内，不外露；根结上通常无次生根。

爪哇根结线虫（*M. javanica*）引起的根结多为葫芦状、棒槌状、块状，有时根结在根一侧，圆形隆起；根结上长出次生根，次生根亦可形成球状根结；一个根结内可以存在多条雌虫，卵囊产于根组织内，不外露。

拟禾本科根结线虫（*M. graminicola*）引起的根结呈球形、念珠状、棒槌状；一个根结内可以存在多个雌虫，卵囊产于根组织内，不外露；根结表皮龟裂；根结上无次生根。

象耳豆根结线虫（*M. enterolobii*）引起的根结有时在根的一侧，呈圆形隆起；有时根系贯穿根结，根结呈球形；一个根结内可以存在很多雌虫，卵囊产于根组织内，不外露；根结表面龟裂，裂缝深；根结上通常无次生根。

图 7–7 不同种根结线虫（*Meloidogyne*）引起的根结

A. 南方根结线虫（*M. incognita*）；B. 花生根结线虫（*M. arenaria*）；C. 爪哇根结线虫（*M. javanica*）；D. 拟禾本科根结线虫（*M. graminicola*）；E. 象耳豆根结线虫（*M. enterolobii*）

根结线虫（*Meloidogyne* sp.）还与香蕉枯萎病病原菌（*Fusarium oxysporum* f. sp. *cubense*）复合侵染香蕉。受害香蕉植株矮小、黄化，萎蔫；病株茎基部开裂，根盘外皮呈褐色水渍状坏死；假茎维管束变褐色坏死，纵剖球茎内部组织呈褐色；根部产生根结，根组织变黑腐烂（图 7-8 至图 7-12）。

图 7–8 根结线虫（***Meloidogyne* sp.**）和香蕉枯萎病病原菌（***F. oxysporum* f. sp. *cubense***）复合侵染症状（植株黄化，假茎基部开裂，根部有根结）

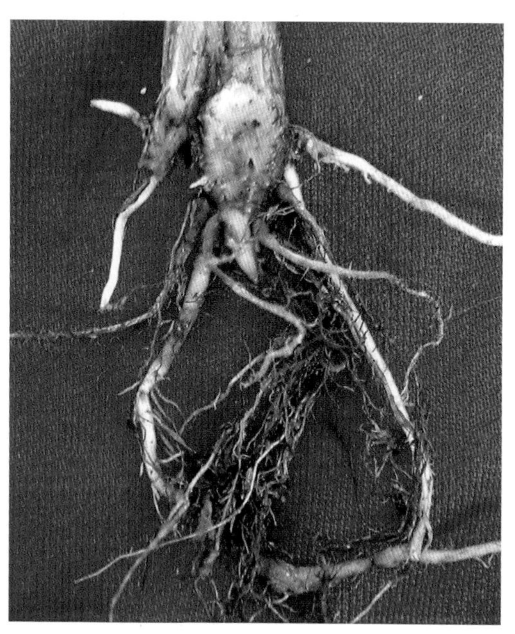

图 7–9 根结线虫（***Meloidogyne* sp.**）和香蕉枯萎病病原菌（***F. oxysporum* f. sp. *cubense***）复合侵染的香蕉病根（根部有根结、根腐，球茎和假茎维管组织变褐坏死）

图 7–10 根结线虫（***Meloidogyne* sp.**）和香蕉枯萎病病原菌（***F. oxysporum* f. sp. *cubense***）复合侵染试验［从左至右为：对照、单接枯萎病病原菌（***F. oxysporum* f. sp. *cubense***）、香蕉枯萎病病原菌（***F. oxysporum* f. sp. *cubense***）和根结线虫（***Meloidogyne* sp.**）混合接种、单接根结线虫（***Meloidogyne* sp.**）］

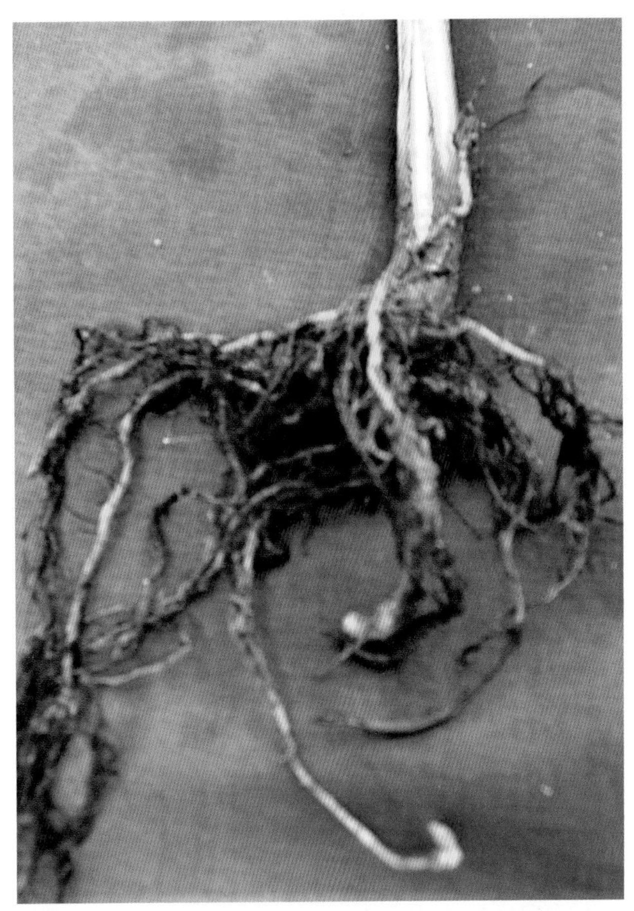

图 7–11 根结线虫（*Meloidogyne* sp.）与香蕉枯萎病病原菌（*F. oxysporum* f. sp. *cubense*）混合接种出现的症状（根腐、根结、茎基部开裂）

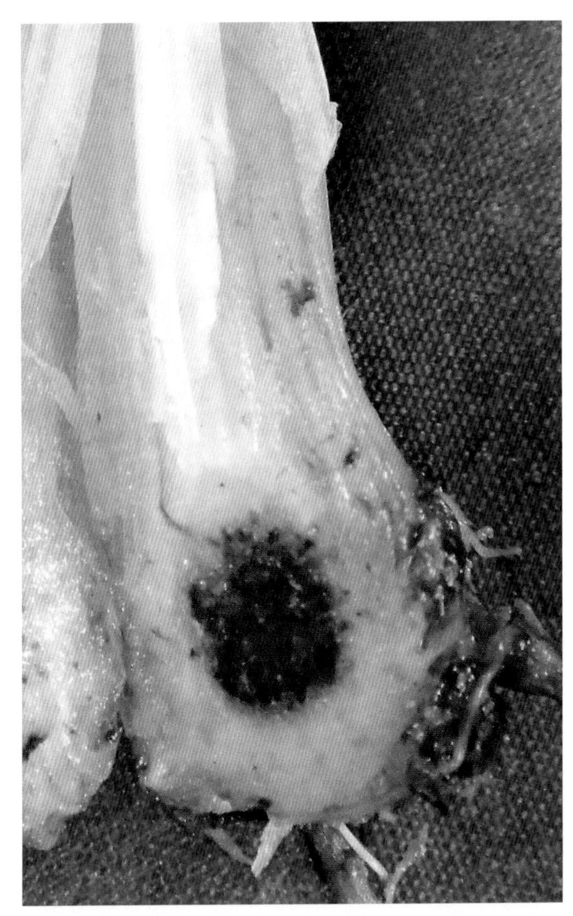

图 7–12 根结线虫（*Meloidogyne* sp.）与香蕉枯萎病病原菌（*F. oxysporum* f. sp. *cubense*）混合接种出现的症状（球茎内部变褐坏死）

病原

侵染香蕉的根结线虫（*Meloidogyne*）有：花生根结线虫（*M. arenaria*）、南方根结线虫（*M. incognita*）、爪哇根结线虫（*M. javanica*）、拟禾本科根结线虫（*M. graminicola*）、象耳豆根结线虫（*M. enterolobii*）、巨大根结线虫（*M. megadora*），前 3 种为主要种。分离频率：花生根结线虫（*M. arenaria*）为 46.2%，爪哇根结线虫（*M. javanica*）为 33.6%，南方根结线虫（*M. incognita*）为 26.3%，拟禾本科根结线虫（*M. graminicola*）为 3.8%，象耳豆根结线虫（*M. enterolobii*）为 1.2%。

（1）花生根结线虫（*M. arenaria*，图 7–13、图 7–14）

雌虫虫体膨大成囊状或球形。口针粗壮，长 13~16μm。排泄孔位于距头顶 1.5~2.0 倍口针长度处。会阴花纹圆形、卵圆形或近六边形；背弓低，扁平或圆形；线纹粗，平滑到波浪形，稍向侧线延伸，近侧线有短而分叉的线纹，背区与腹区的线纹在侧线处相交成帽状，向侧面延伸成两个翼状纹；无明显的轮纹。

雄虫体长 878~2177μm，唇区无缢缩，口针长 19~26μm。侧带有 4 条侧线，边缘两条侧线有网格纹。交合刺长 27~37μm，引带长 7~10μm。尾很短，窄圆形。

2 龄幼虫体长 411~460μm。头部为圆形，口针长 10~12μm。侧带有 4 条侧线。直肠膨大；尾呈长锥形，长 45~60μm，尾透明区长 12~18μm；尾部近尾端处有 2~3 次缢缩。

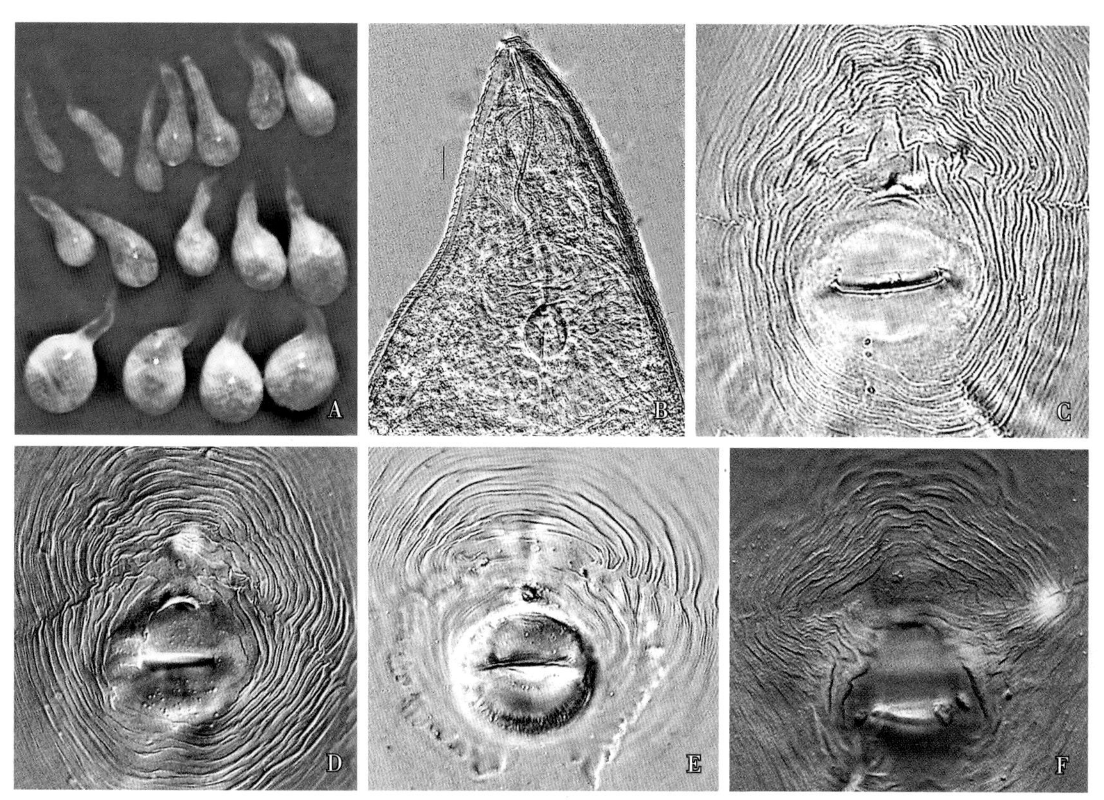

图 7-13　花生根结线虫（*M. arenaria*）雌虫

A. 整体；B 头部；C~F. 会阴花纹

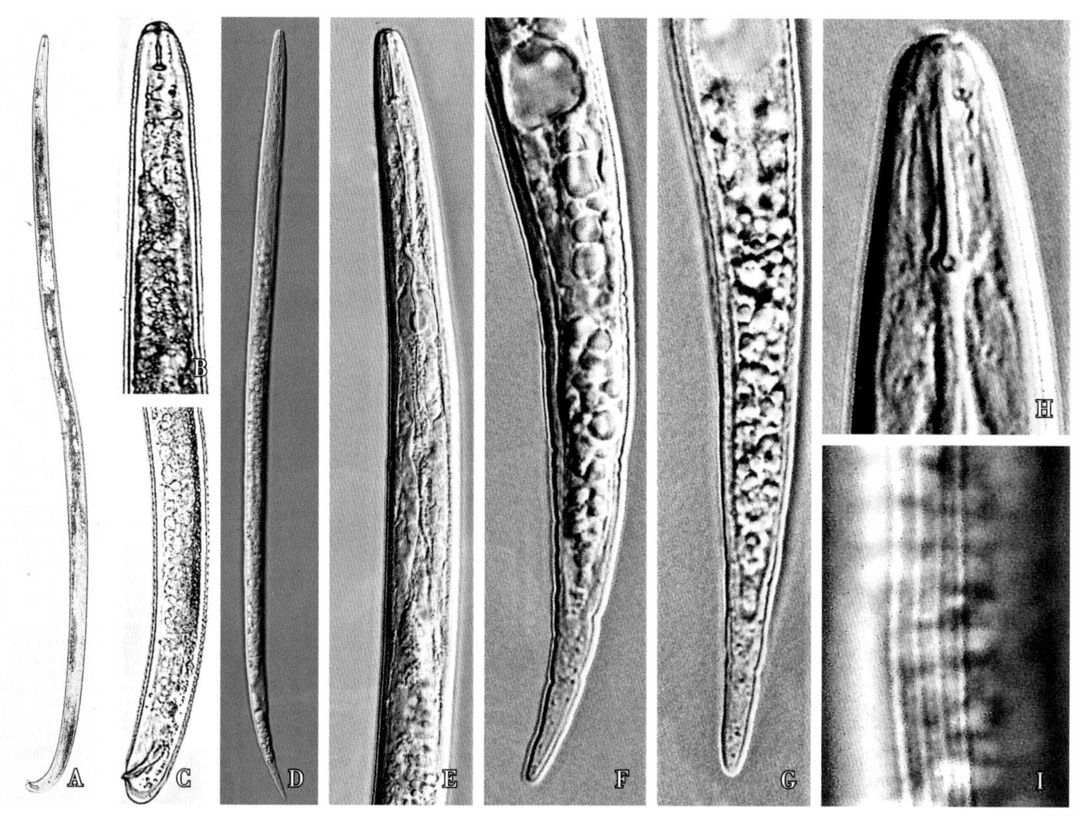

图 7-14　花生根结线虫（*M. arenaria*）雄虫和 2 龄幼虫

A. 雄虫整体；B. 雄虫前部；C. 雄虫后部；D. 幼虫整体；E. 幼虫前部；F、G. 幼虫后部；H. 幼虫头部；I. 幼虫侧带

（2）爪哇根结线虫（*M. javanica*，图 7-15、图 7-16）

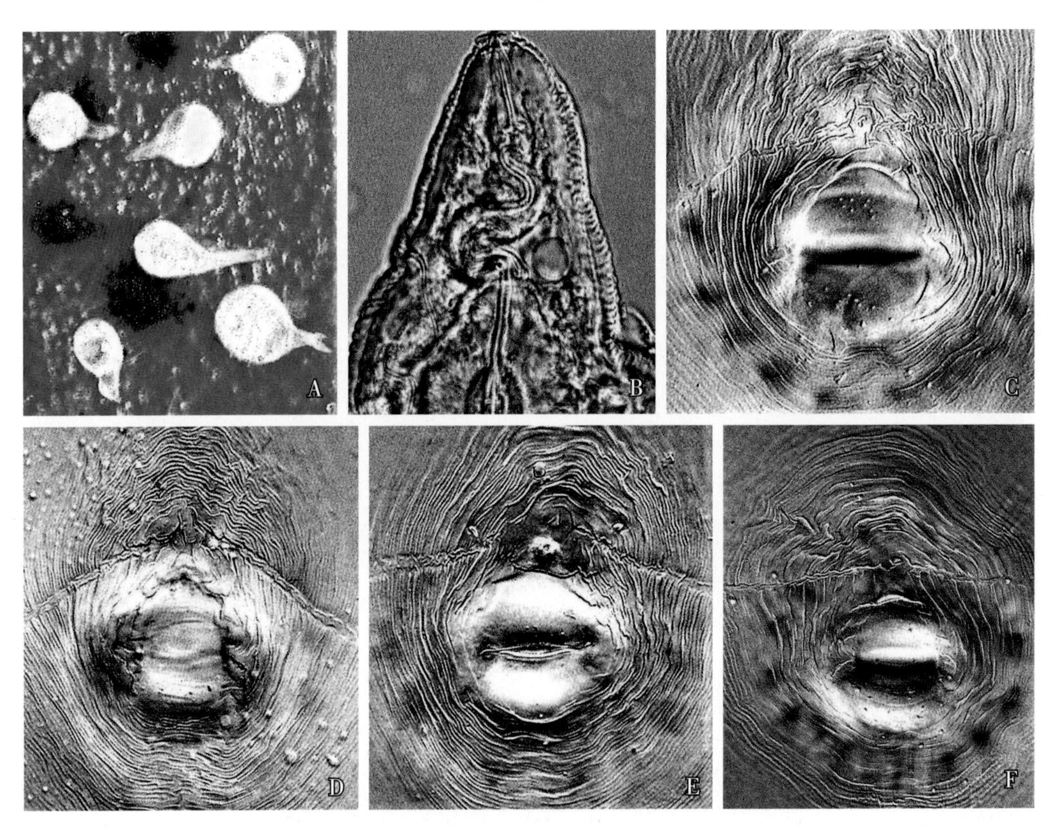

图 7-15　爪哇根结线虫（***M. javanica***）雌虫

A. 整体；B. 头部；C~F. 会阴花纹

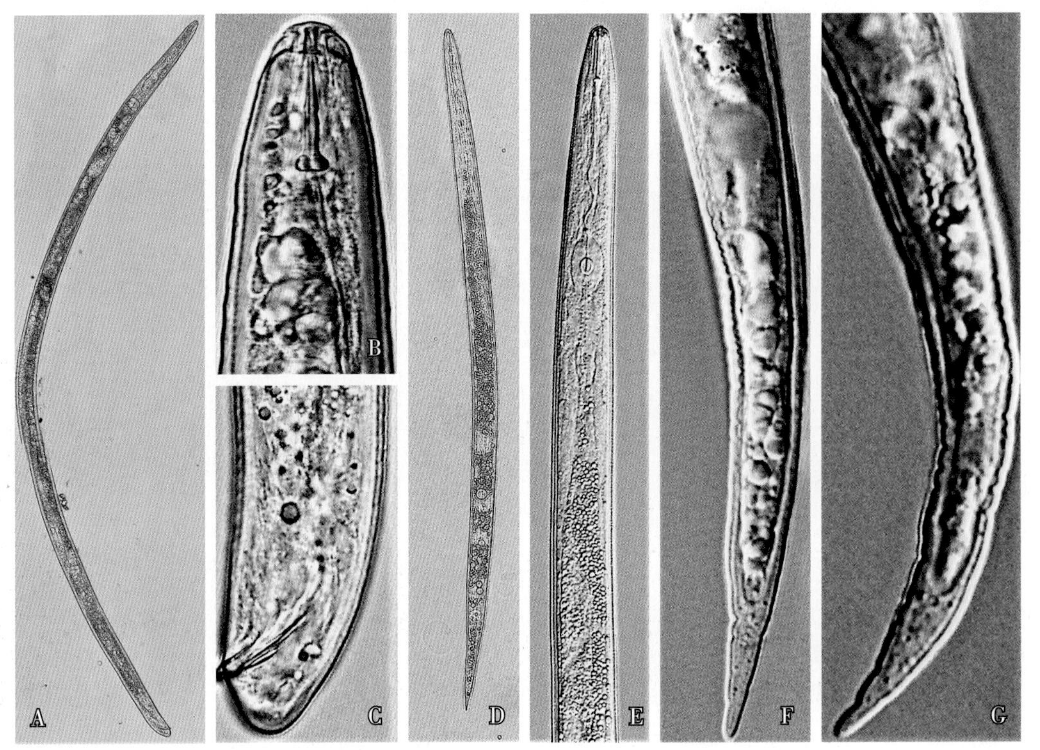

图 7-16　爪哇根结线虫（*M. javanica*）雄虫和 2 龄幼虫

A. 雄虫整体；B. 雄虫头部；C. 雄虫尾部；D. 幼虫整体；E. 幼虫前部；F、G. 幼虫后部

雌虫虫体膨大成梨形、囊状或近球形，颈较长；虫体前端较细，后端圆，会阴部稍突出。口针长12~16μm。排泄孔位于距头顶2.5倍口针长度处。会阴花纹背弓高度中等、圆，线纹粗，平滑到波浪形，背区与腹区有双侧线，尾端轮纹明显。侧尾腺口间距略大于阴门裂长度。

雄虫体长944~1474μm。口针发达，口针基部球卵圆形。背食道腺开口距口针基部球短。侧带有4条侧线。交合刺长26~30μm，引带长9~10μm。尾端宽圆。

2龄幼虫体长377~524μm，口针长10~12μm，直肠膨大明显，尾长43~58μm，尾透明区长10~18μm，尾末端有1~2次缢缩。

（3）南方根结线虫（*M. incognita*，图7-17、图7-18）

雌虫虫体膨大成囊状或球形，体壁柔软，颜色呈珍珠白。排泄孔位于距离头端约为口针长度的1.5倍处。口针长13~17μm，口针的锥部明显向背面弯曲，口针基部球扁圆形。会阴花纹呈卵圆形或近方形；背弓中等或高，线纹粗，平滑到波浪形；侧线处线纹有分叉，但不形成明显的侧线。侧尾腺口大，间距等于或长于阴门裂的长度。

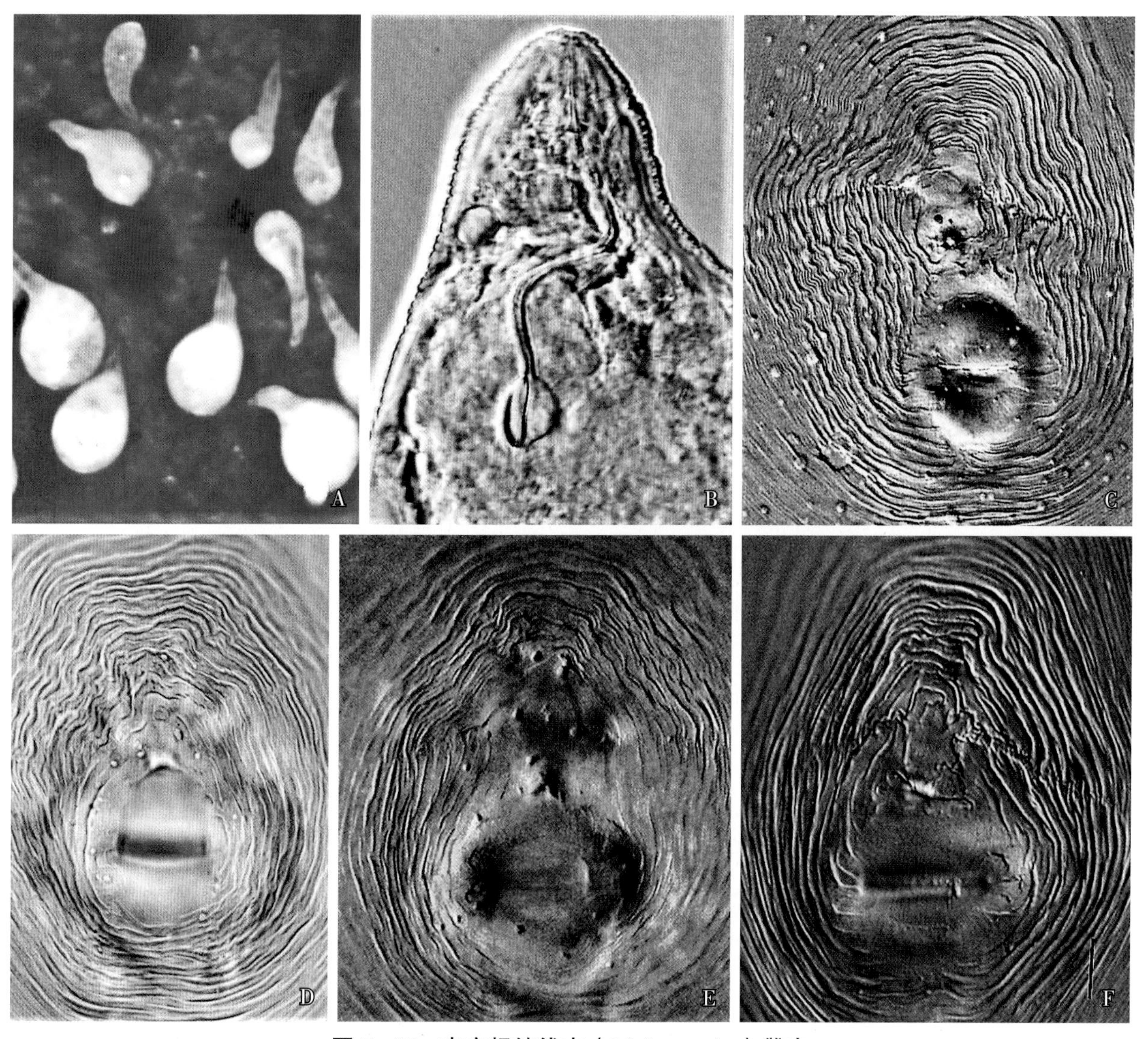

图7-17　南方根结线虫（*M. incognita*）雌虫

A. 整体；B. 头部；C~F. 会阴花纹

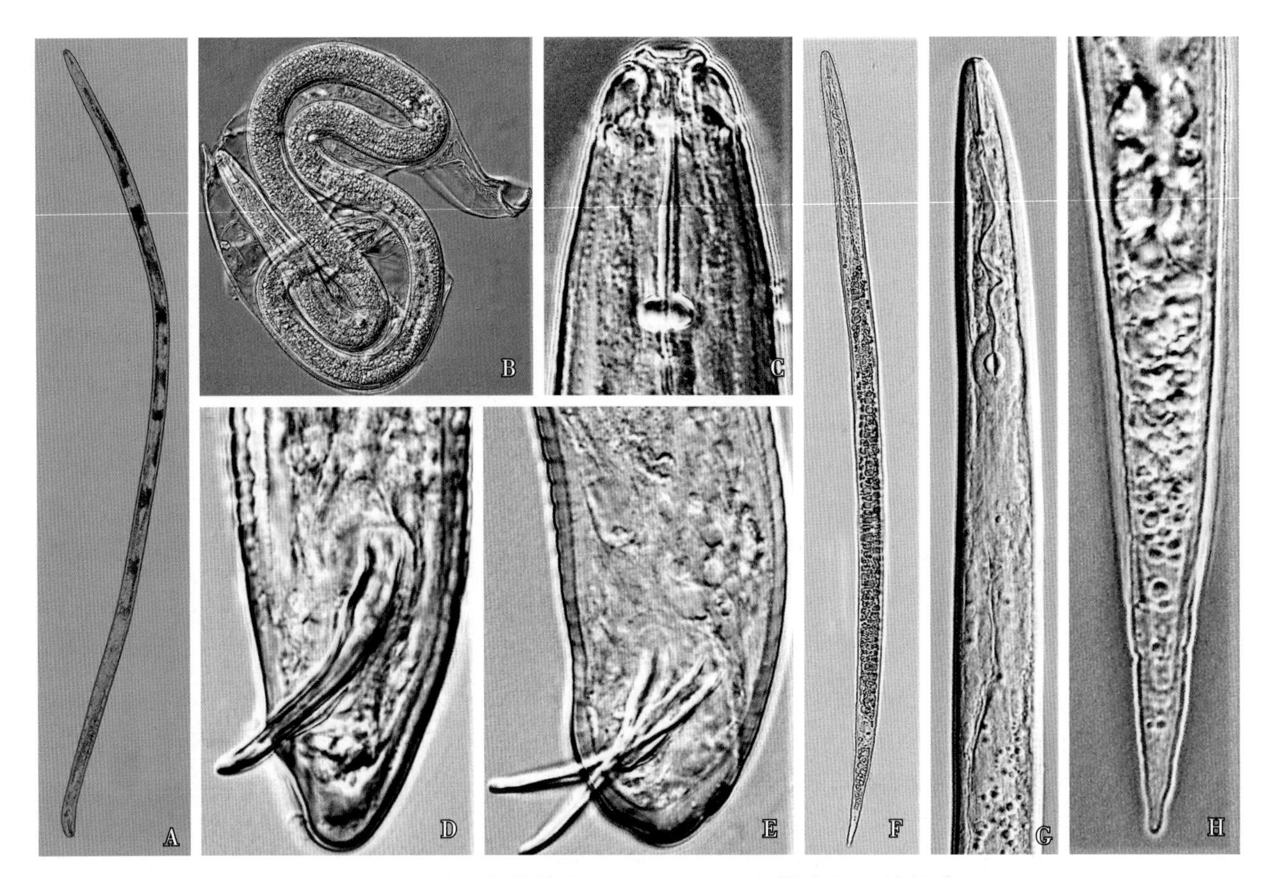

图 7-18 南方根结线虫（*M. incognita*）雄虫和 2 龄幼虫

A. 雄虫整体；B. 蜕皮中的雄虫；C. 雄虫头部；D、E. 雄虫尾部；F. 幼虫整体；G. 幼虫前部；H. 幼虫后部

雄虫体长 1113~2066μm，头部不缢缩，有 2~3 条不完全的环纹。口针长 19~22μm；侧带有 4 条侧线。尾短，窄圆或宽圆。

2 龄幼虫蠕虫形，虫体纤细，体长 367~435μm；口针长 10~12μm；尾呈锥状，近尾端常有 1~2 次缢缩，尾末端有一段清晰的透明区；直肠膨大明显。

（4）拟禾本科根结线虫（*M. graminicola*，图 7-19 至图 7-21）

雌虫虫体球形、长梨形，大小为（501~768）μm×（245~380）μm。颈细长，与体分界明显。会阴部明显突起。口针长 16~18μm，针锥朝背面略微弯曲，针杆圆柱形，口针基部球椭圆形、前缘向后倾斜。排泄孔位于距头端约为口针长度的 2.5 倍处。会阴花纹近圆形、卵圆形；背弓高度中等或低，圆形；线纹细弱，平滑连续；侧区不明显；会阴花纹大部分线纹平滑连续，在背弓上方及尾端和阴门的两侧通常有成对短线纹构成不规则的沟纹。阴门裂长 17~29μm，阴门部有纹或无纹。侧尾腺口小，位于肛门上方，侧尾腺口间距为 13~20μm。

雄虫体长 1152~1515μm，头部低平，不缢缩，有 2 条不明显的环纹。口针长 16~18μm。中食道球呈橄榄球形，食道腺从腹面覆盖于肠。侧带有 4 条侧线。交合刺长 28~35μm，引带长 6~8μm。尾短，尾端窄圆。

2 龄幼虫体长 390~454μm。口针纤细，长 10~11μm。侧带有 4 条侧线，直肠膨大不明显。尾长 63~76μm，近末端有 2~3 次轻微缢缩，末端呈细棍棒状或水滴状，尾透明区的界限明显。

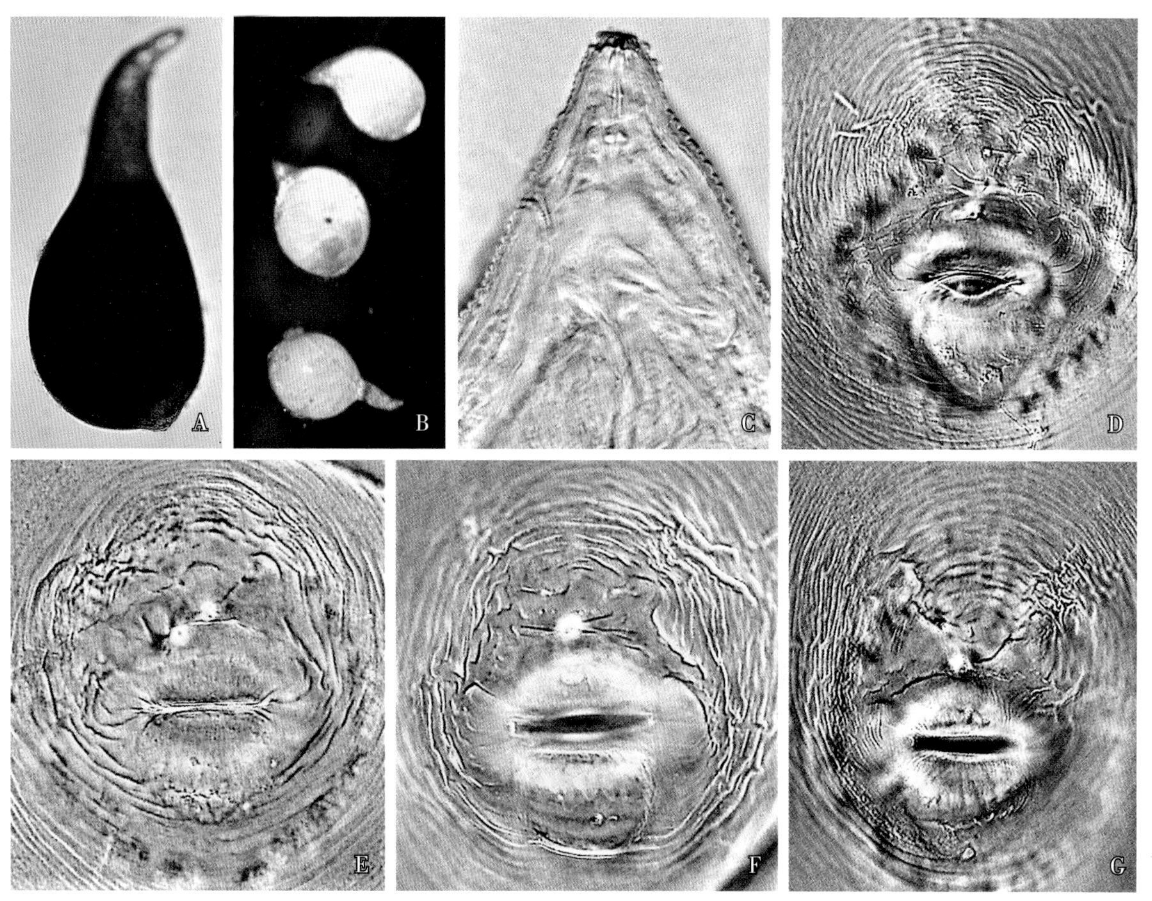

图 7-19　拟禾本科根结线虫（*M. graminicola*）雌虫

A、B. 整体；C. 头部；D~G. 会阴花纹

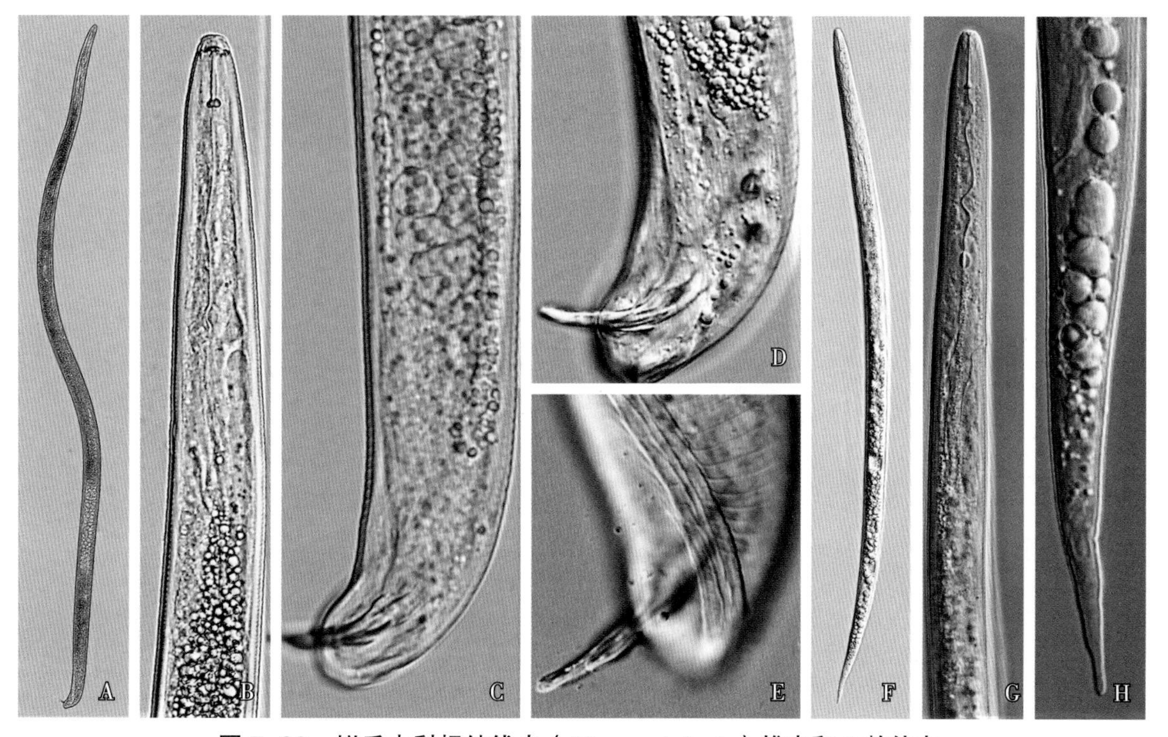

图 7-20　拟禾本科根结线虫（*M. graminicola*）雄虫和 2 龄幼虫

A. 雄虫整体；B. 雄虫前部；C. 雄虫后部；D、E. 雄虫尾部；F. 幼虫整体；G. 幼虫前部；H. 幼虫后部

卵长椭圆形，在同一个卵囊内存在不同胚胎发育阶段的卵，包括胚胎期、单胞期、双胞期、三胞期、四胞期、多胞期、原肠期、蠕虫期、1 龄幼虫。

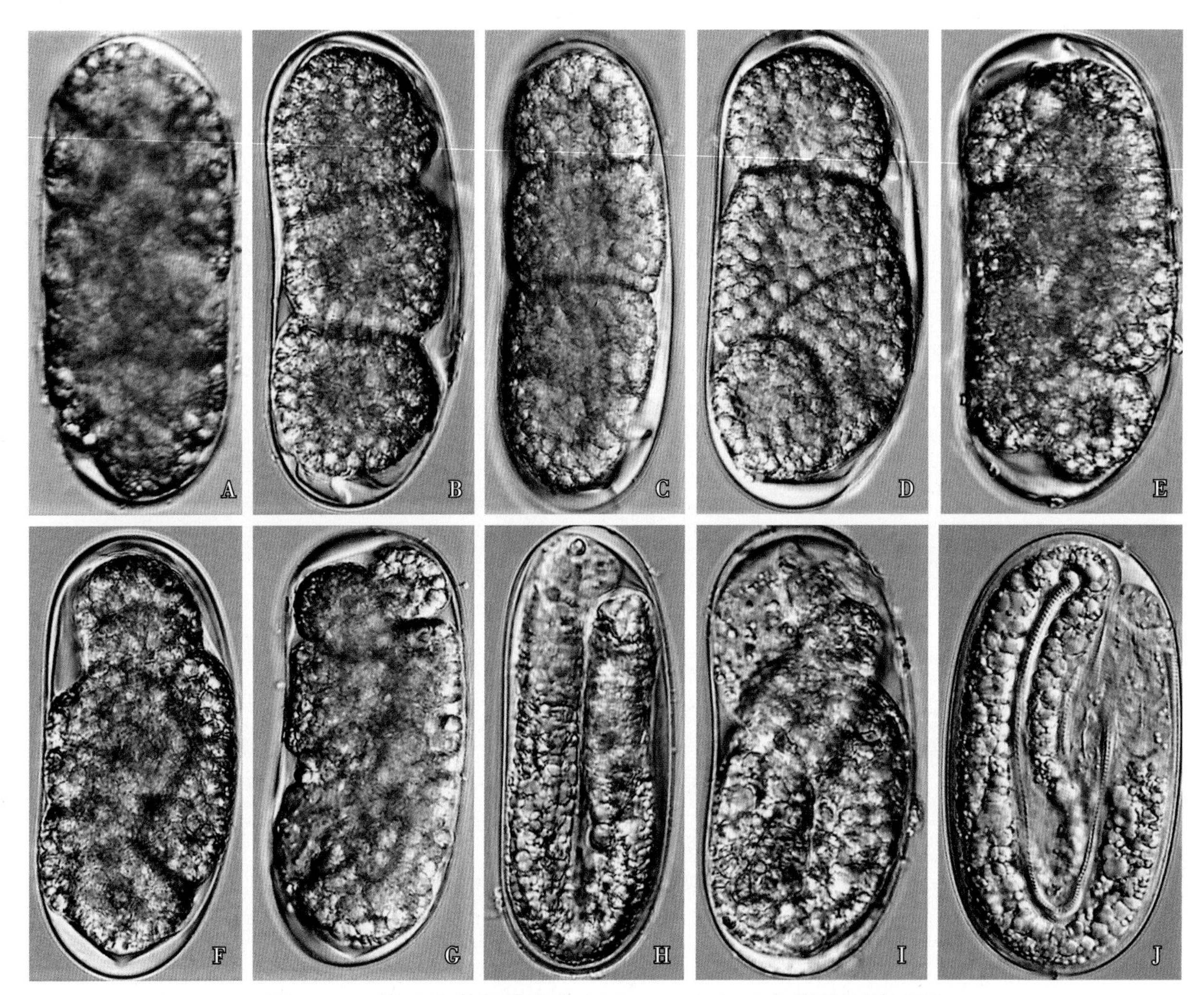

图 7–21　拟禾本科根结线虫（*M. graminicola*）卵的胚胎时期

A. 单胞期；B. 三胞期；C、D. 四胞期；E~G. 多胞期；H. 原肠期；I. 蠕虫期；J. 1 龄幼虫

（5）象耳豆根结线虫（*M. enterolobii*，图 7–22、图 7–23）

雌虫梨形或球形。口针细，长 12~16μm；略向背面弯曲，口针基部球与基杆分离，基部球粗大。排泄孔位置通常接近中食道球，距头端约为口针长度的 2.5 倍。会阴花纹卵圆形至椭圆形，线纹较细，平滑至波浪形；背弓高，近方形或圆形。侧线不明显。阴肛区无线纹，阴肛距为 12~23μm。侧尾腺口大，侧尾腺口间距 15~28μm。

雄虫体长 827~1424μm。头冠高而圆，稍缢缩，无环纹。口针长 17~20μm。侧带有 4 条侧线。交合刺长 32~35μm，引带长 7~9μm。尾短而圆。侧尾腺口小，与泄殖腔位置平行。

2 龄幼虫体长 373~453μm。头部稍缢缩，无环纹。口针长 9~11μm，基部球圆形。侧带有 4 条侧线。尾长锥形，长 47~59μm，近末端有 2~3 次明显缢缩，尾端钝圆；直肠膨大，尾透明区长 8~15μm。

3 龄幼虫虫体膨大，呈长囊状，头颈部长锥形，尾部细长。

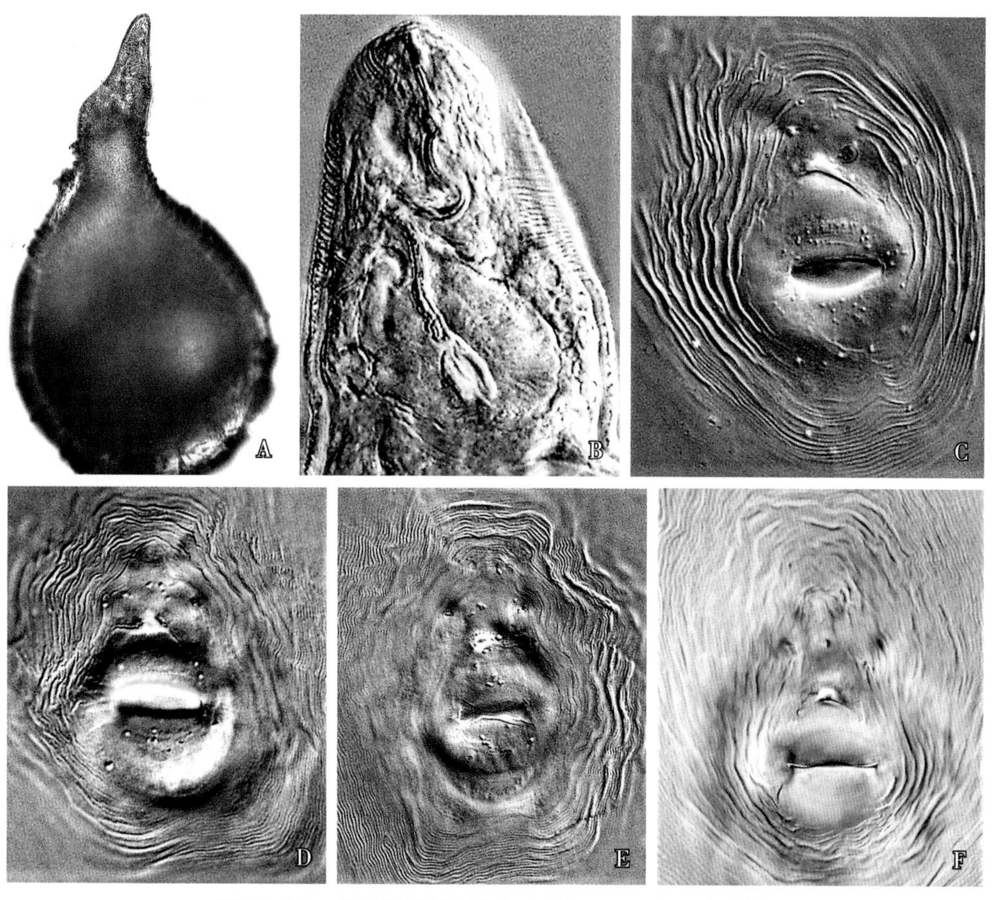

图 7–22　象耳豆根结线虫（*M. enterolobii*）雌虫

A. 整体；B. 头部；C~F. 会阴花纹

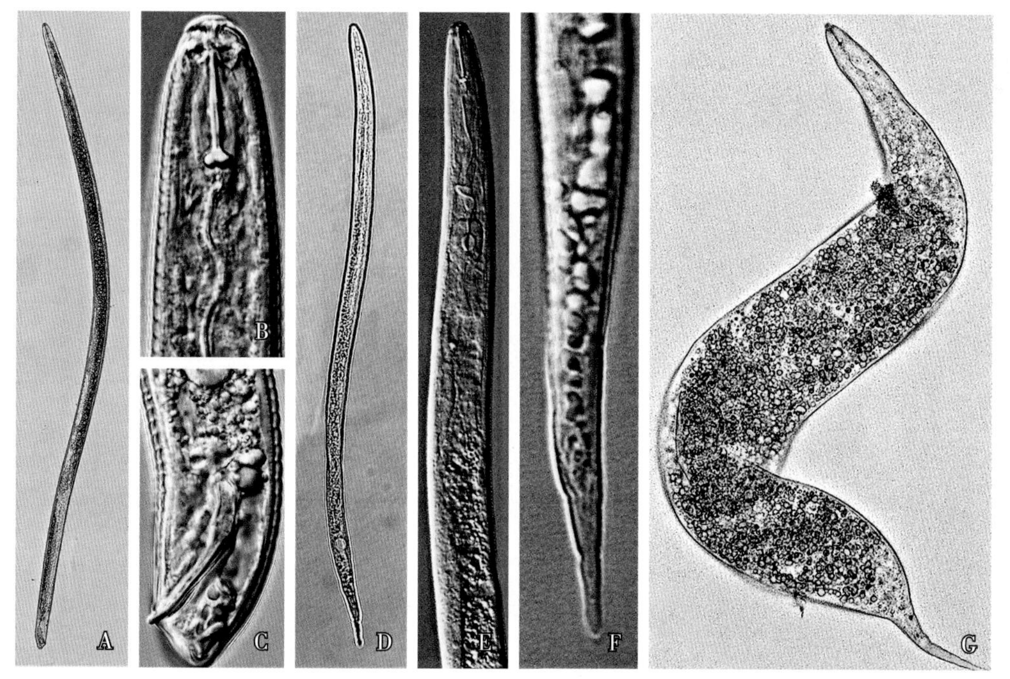

图 7–23　象耳豆根结线虫（*M. enterolobii*）雄虫和幼虫

A. 雄虫整体；B. 雄虫头部；C. 雄虫尾部；D. 2 龄幼虫整体；E. 2 龄幼虫前部；F. 2 龄幼虫后部；G. 3 龄幼虫

（6）巨大根结线虫（*M. megadora*）

在田间种群小，常与南方根结线虫（*M. incognita*）、爪哇根结线虫（*M. javanica*）混合发生，会阴花纹卵圆形，侧区有不明显的侧线；阴门与肛门之间有许多线纹，尾端由细碎纹和旋卷纹组成尾轮（图 7–24）。

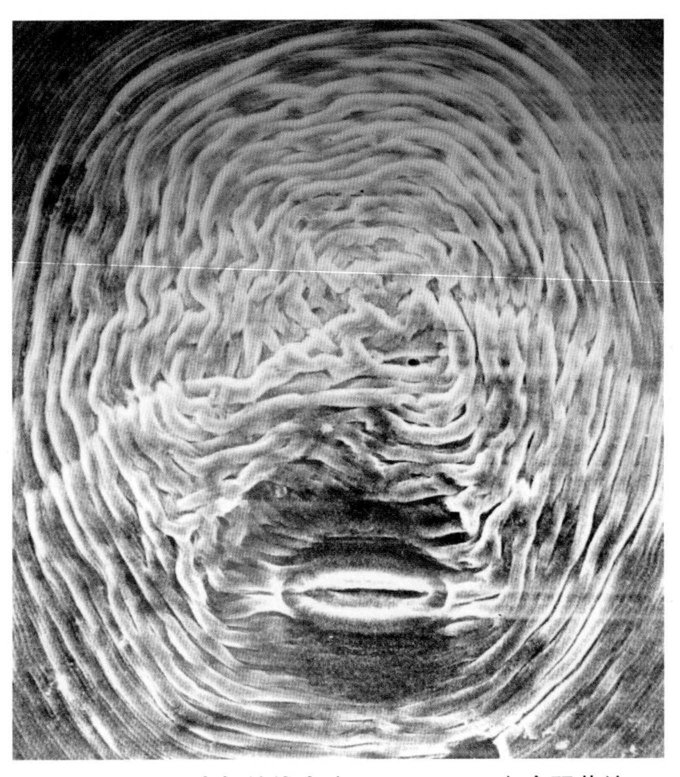

图 7–24　巨大根结线虫（*M. megadora*）会阴花纹

发病规律

根结线虫（*Meloidogyne*）在土壤中的病株残根组织内和土壤中越冬，随带病土壤和苗木调运作远距离传播。用带线虫的土壤育苗是导致香蕉袋栽苗发病的重要原因，种植带病组培苗和吸芽苗会导致田间香蕉根结线虫病大面积发生。根结线虫（*Meloidogyne*）在田间通过农事操作、土壤移动、水流和根系接触传播。根结线虫（*Meloidogyne*）与香蕉枯萎病病原菌（*Fusarium oxysporum* f. sp. *cubense*）能共同侵染香蕉，引起复合病害。根结线虫（*Meloidogyne*）侵染会加剧香蕉枯萎病发生。

防控措施

①农业防控：采用新鲜的无病土或基质假植组培苗，不用菜园土或种植过其他作物的土壤育苗，不种植带病的吸芽苗。外地调运香蕉苗要加强检疫工作。

②生态防控：要注重土壤微生态，改土防病。在香蕉种植期或生长期增施腐熟有机肥和磷钾肥；沿海地区可施用虾蟹壳等海产品的废弃物，促进土壤中的有益微生物生长繁殖，增强植株抗性。

③生物防控：在香蕉定植期或生长期，施用淡紫拟青霉或厚垣孢普可尼亚菌。

④化学防控：种植香蕉苗时每株用适量细砂土拌 10% 噻唑膦颗粒剂 10~15g 施入种植穴中，施药后覆土，并浇水湿润土壤；成株期再施 1 次，刨开根系表层土壤，每株用适量细砂土拌 10% 噻唑膦颗粒剂 20~30g 撒施后覆土。

⑤根结线虫（*Meloidogyne*）与香蕉枯萎病病原菌（*F. oxysporum* f. sp. *cubense*）引起的复合病防控：在香蕉定植和生长期用 41.7% 氟吡菌酰胺悬浮剂 10000~15000 倍液灌根。间隔 10~15d 再施 1 次，共施 2 次。

二、香蕉肾形线虫病

香蕉肾形线虫病在香蕉产区发生普遍，尤其是香蕉袋栽苗受害更严重。

症状

受侵害香蕉植株叶片黄化、边缘焦枯，果指僵硬、不能正常膨大和成熟，受害严重的植株萎蔫（图7–25）。病株根系萎缩坏死，根粗短、表皮开裂；营养根产生褐色伤痕，后期皮层腐烂和剥落，导致根腐。病原线虫雌虫头部潜入根皮层，卵产于根表的胶质卵囊中，卵囊半球形、表面黏附土壤，剥开卵囊可以看见雌虫（图7–26）。香蕉袋栽苗发病，表现为植株矮小，叶褪绿、枯黄；根系稀疏，营养根初呈褐色或紫色，后变黑腐烂（图7–27、图7–28）。田间香蕉植株同时受到肾状肾形线虫（*Rotylenchulus reniformis*）和根结线虫（*Meloidogyne* sp.）侵染，在同一条根组织内可以同时发现两种线虫（图7–29、图7–30）。

图7–25　香蕉肾形线虫病田间症状

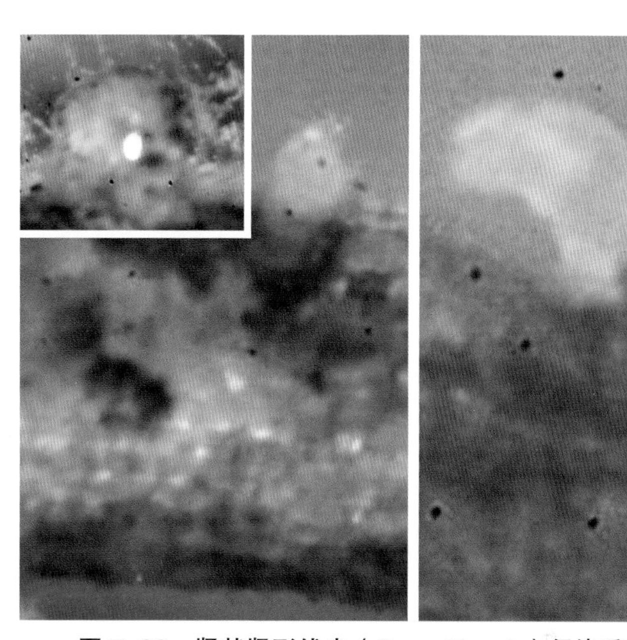

图7–26　肾状肾形线虫（***R. reniformis***）侵染香蕉根部

图7–27　香蕉肾形线虫病苗期症状（左为病苗，右为健苗）

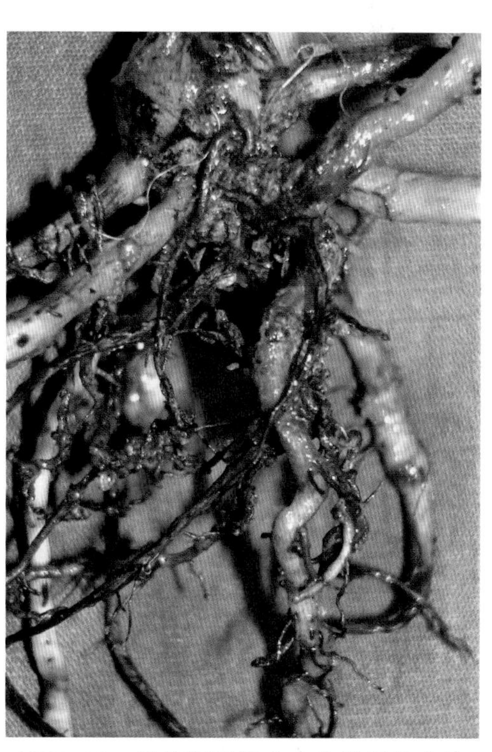

图7–28　香蕉肾形线虫病苗期根部症状

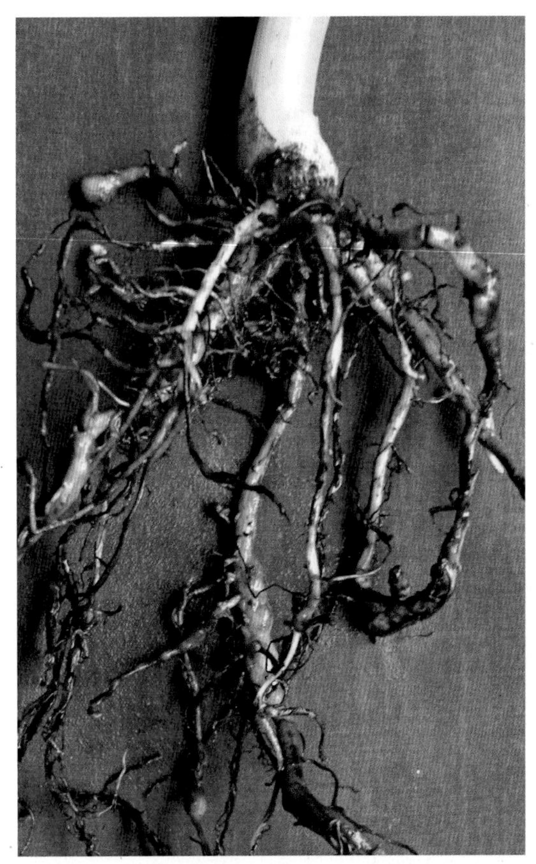

图 7–29 香蕉肾形线虫病、根结线虫病并发侵染症状

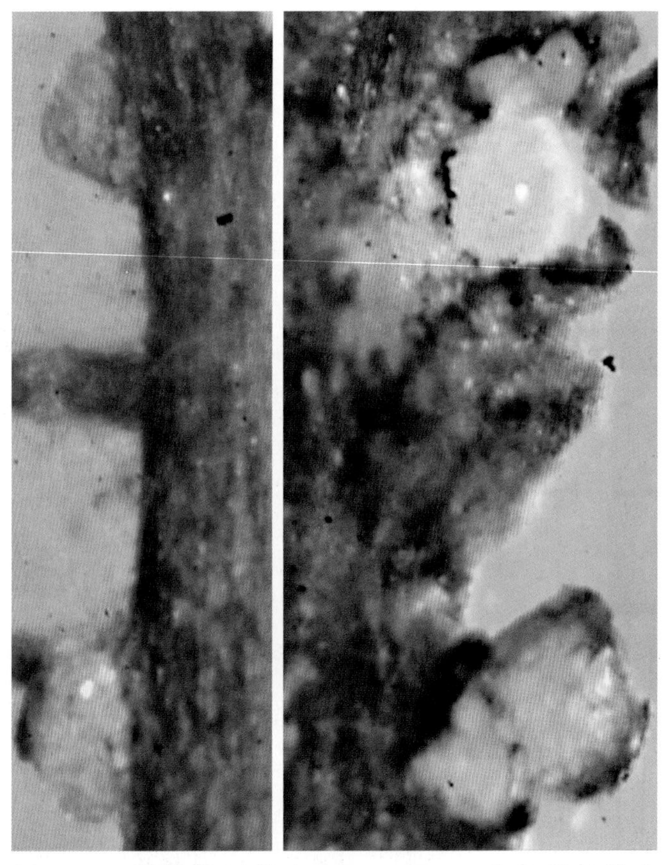

图 7–30 肾状肾形线虫（*R. reniformis*）和根结线虫（*Meloidogyne* sp.）并发侵染状态

病原

病原为肾状肾形线虫（*R. reniformis*，图 7–31、图 7–32）。

成熟雌虫体长 415~772μm。虫体膨大成肾形，颈部不规则膨大，虫体末端具明显的尾突；颈部和体部有细微环纹。口针粗壮，长 11~17μm，通常伸出。阴门突起，位于虫体中后部体长 61%~75%处。双生殖管，受精囊圆形至不规则形，通常有精子。卵产于胶质的卵囊内。未成熟雌虫蠕虫形，体长 314~425μm，缓慢加热杀死后虫体呈“C”形弯曲。体环细，侧带有 4 条侧线，无网格。唇区隆起、圆锥形，与体壁连续，无缢缩。口针长 17~20μm。背食道腺开口于口针基部球后约 1 个口针的长度；食道腺长，从侧面覆盖于肠。阴门位于虫体中后部体长的 65%~73%处，双生殖管对生、回折。尾圆锥形，尾长 19~30μm，尾端有明显的透明区。

雄虫蠕虫形，体长 301~450μm，缓慢加热杀死后虫体呈“C”形弯曲。食道、口针和食道腺退化。尾长圆锥形，尾长 23~31μm。交合刺细，长 15~22μm，向腹面呈弓形弯曲。

2 龄幼虫体形与未成熟雌虫相似，体长 330~450μm，口针长 11~17μm。尾呈圆锥状。

发病规律

肾状肾形线虫（*R. reniformis*）为定居型半内寄生线虫。该线虫有独特的生活史，幼虫无需取食可发育到预成虫阶段。未成熟雌虫侵染香蕉根，虫体前部插入皮层取食，直至发育成熟；成熟雌虫在接近内皮层处定居取食，导致内皮层细胞壁增厚，根易断裂。

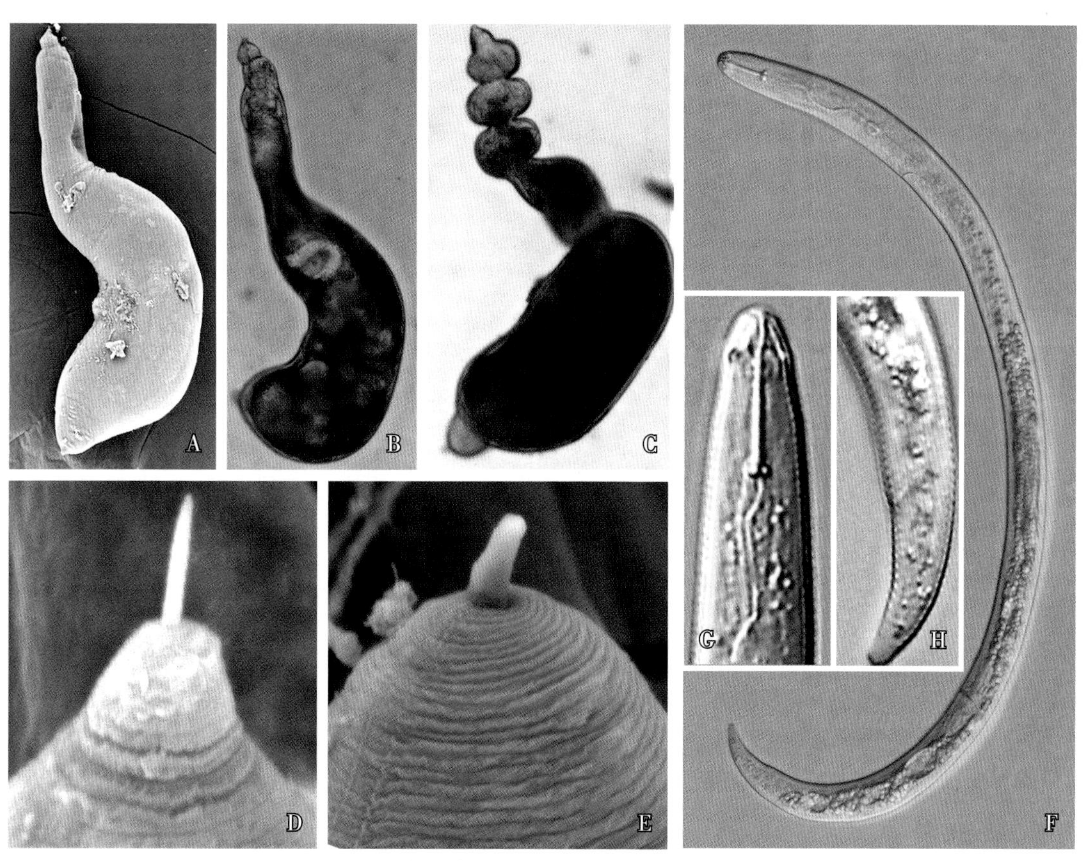

图 7-31　肾状肾形线虫（*R. reniformis*）雌虫

A~C. 成熟雌虫整体；D. 成熟雌虫头部；E. 成熟雌虫尾部；F. 未成熟雌虫整体；G. 未成熟雌虫头部；H. 未成熟雌虫尾部

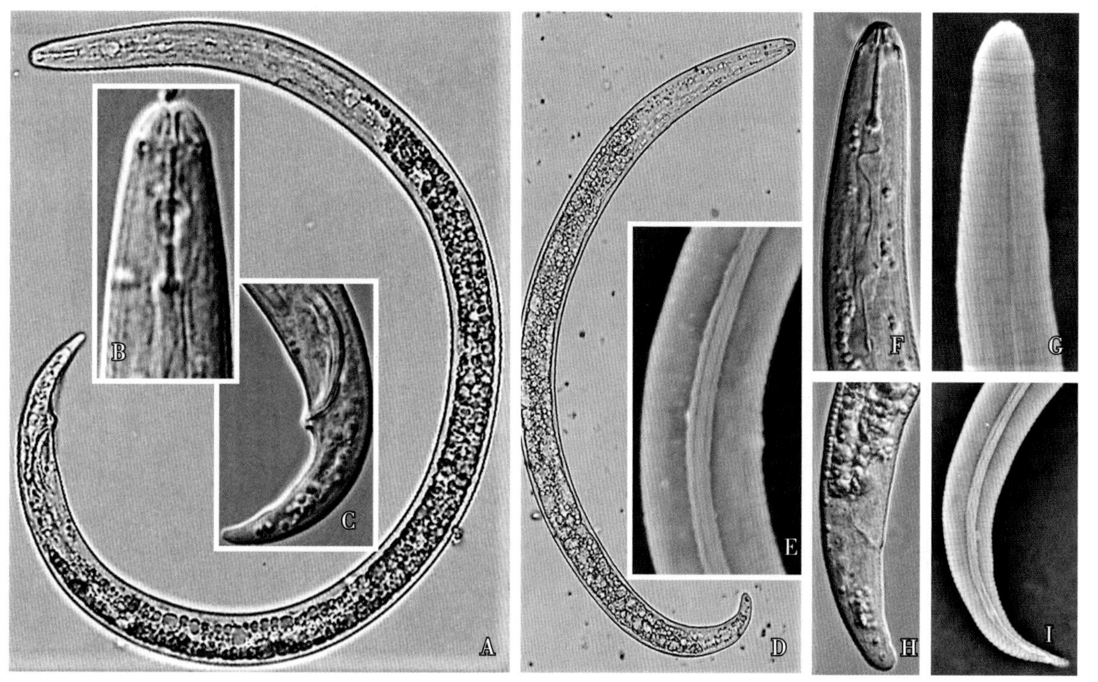

图 7-32　肾状肾形线虫（*R. reniformis*）雄虫和 2 龄幼虫

A. 雄虫整体；B. 雄虫头部；C. 雄虫尾部；D. 幼虫整体；E. 幼虫侧带；F、G. 幼虫头部；H、I. 幼虫尾部

肾状肾形线虫（*R. reniformis*）寄主范围广泛，用菜地种香蕉或其他果园改种香蕉，病害发生严重。使用带线虫的菜园土壤培育香蕉袋栽苗，是造成香蕉袋栽苗肾形线虫病普遍发生的重要原因。

防控措施

参考香蕉根结线虫病防控措施。

三、香蕉根腐线虫病

症状

发病香蕉植株矮小，叶片自下而上黄化，病叶从叶缘和叶尖开始枯黄；叶片少，发育缓慢，生长周期延长（图 7–33、图 7–34）。侵染初期，根表皮和皮层组织会出现条状的红色、紫色或黑色伤痕；伤痕可深入根的韧皮部组织；随着病害的不断发展，条状伤痕逐渐扩大和相互连接，大面积皮层薄壁细胞组织被破坏，导致皮层腐烂（图 7–35 至图 7–37）。受侵染的香蕉球茎组织变色坏死，后期球茎由外至内腐烂导致植株死亡（图 7–38）。解剖病根组织，在体视显微镜下可以观察到不同龄期的线虫；病根组织染色后可见不同龄期的线虫（图 7–39）。

图 7–33 香蕉根腐线虫病田间症状

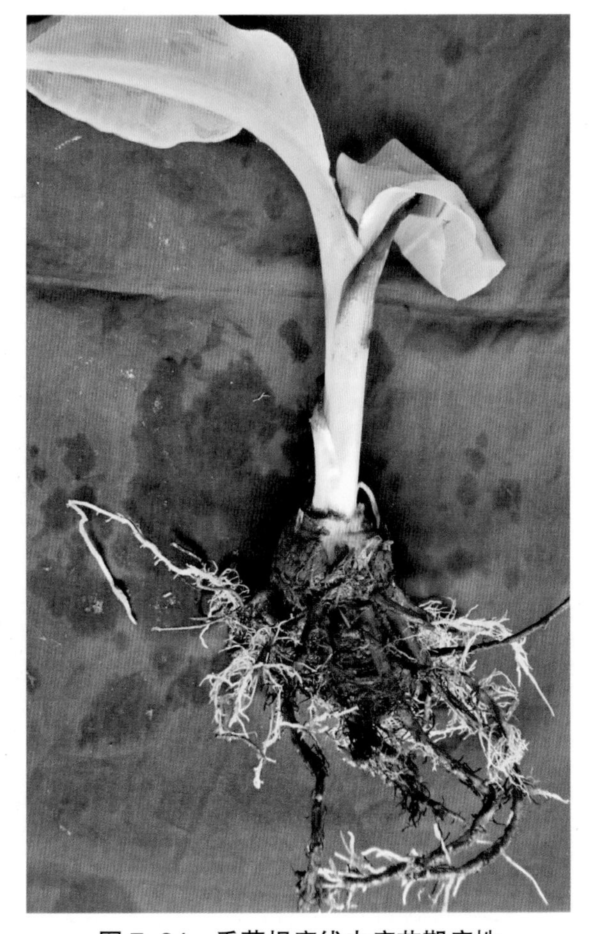

图 7–34 香蕉根腐线虫病苗期病株

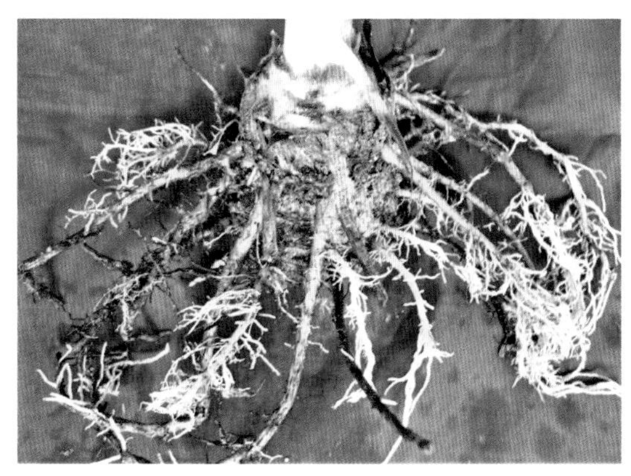

图 7-35　香蕉根腐线虫病病根变黑腐烂

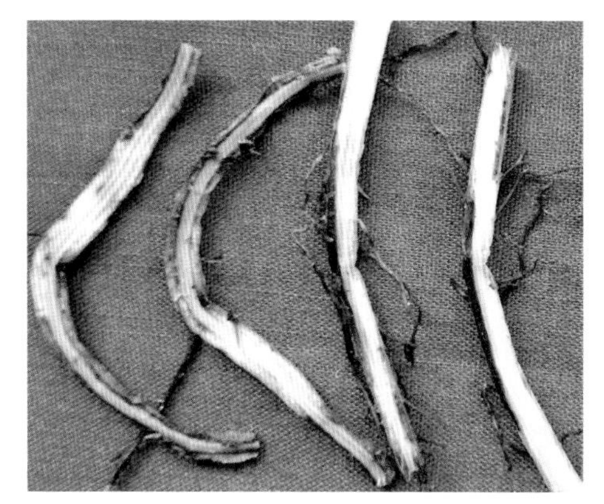

图 7-36　香蕉根腐线虫病病根表皮伤痕深入根内部组织

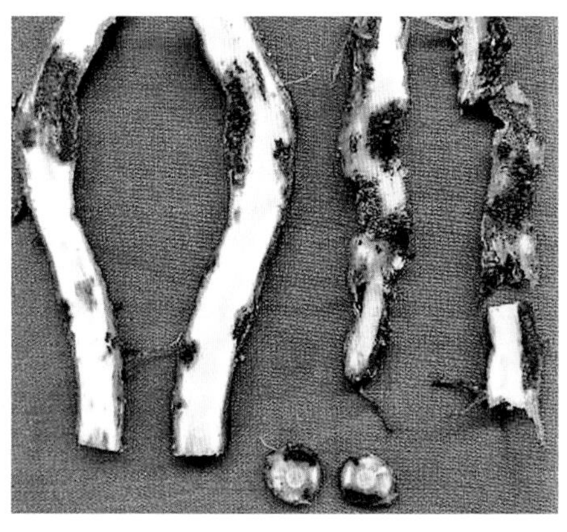

图 7-37　香蕉根腐线虫病病根内部变黑腐烂

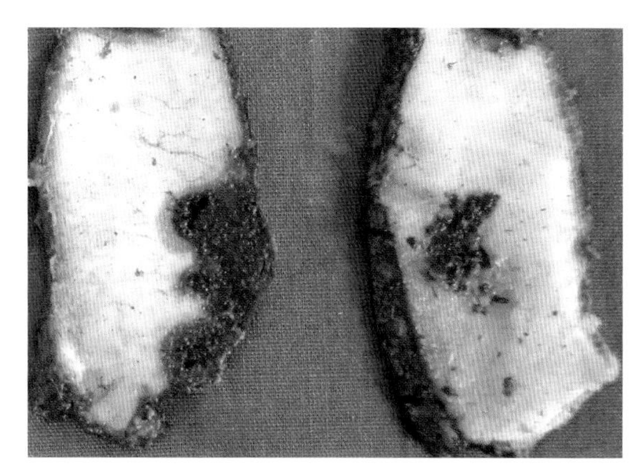

图 7-38　香蕉根腐线虫病球茎腐烂症状

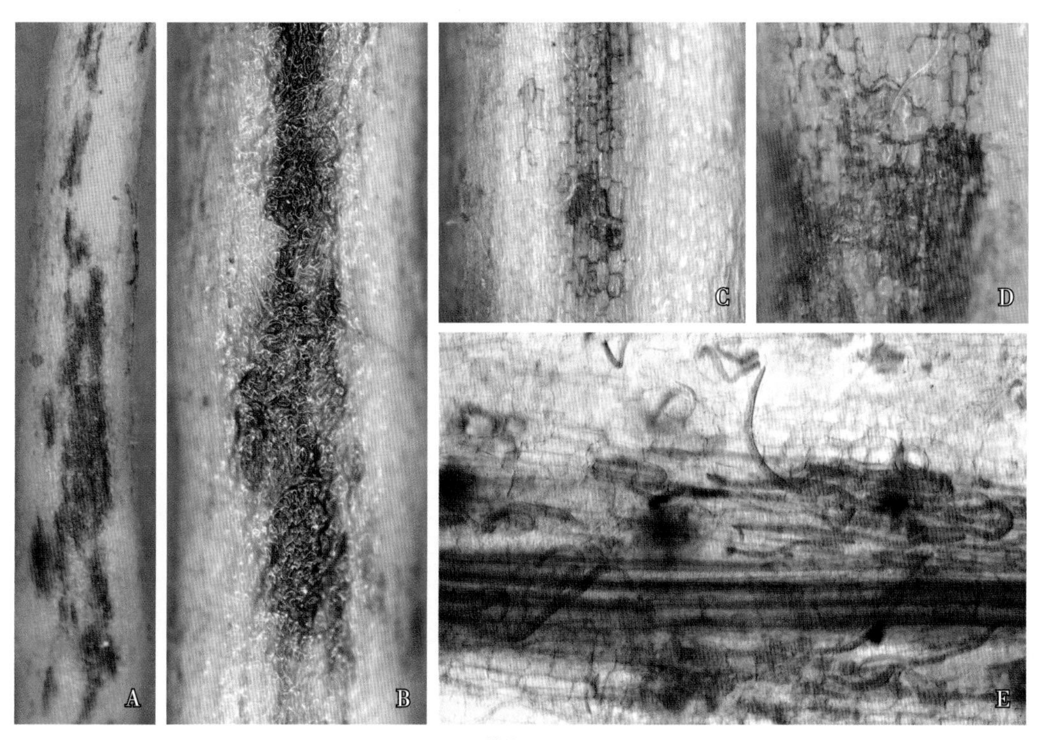

图 7-39　香蕉根腐线虫病病根

A. 根表皮伤痕；B. 大面积伤痕；C~E. 病组织中的线虫

病原

（1）斯佩杰根腐线虫（*Pratylenchus speijeri*，图 7-40、图 7-41）

雌虫体长 458~893μm，虫体经缓慢加热杀死后直伸或朝腹面稍弯曲。头部低平、缢缩，头环通常

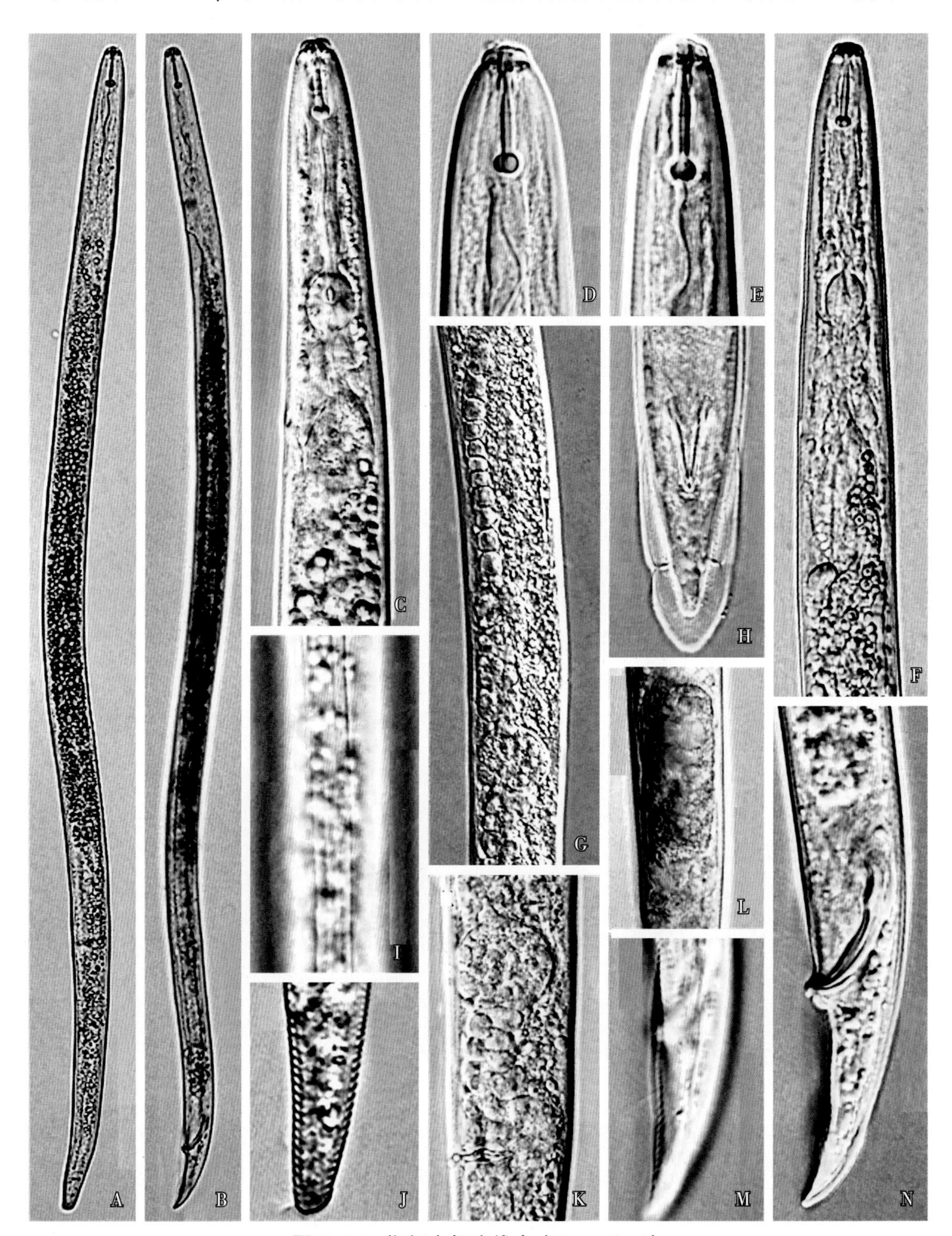

图 7-40 斯佩杰根腐线虫（*P. speijeri*）

A. 雌虫整体；B. 雄虫整体；C. 雌虫前部；D. 雌虫头部；E. 雄虫头部；F. 雄虫前部；G. 受精囊和卵巢；H. 雄虫尾部和交合刺腹面；I. 雌虫侧带；J. 雌虫尾部；K. 阴门；L. 子宫中的卵；M. 交合伞；N. 雄虫尾部

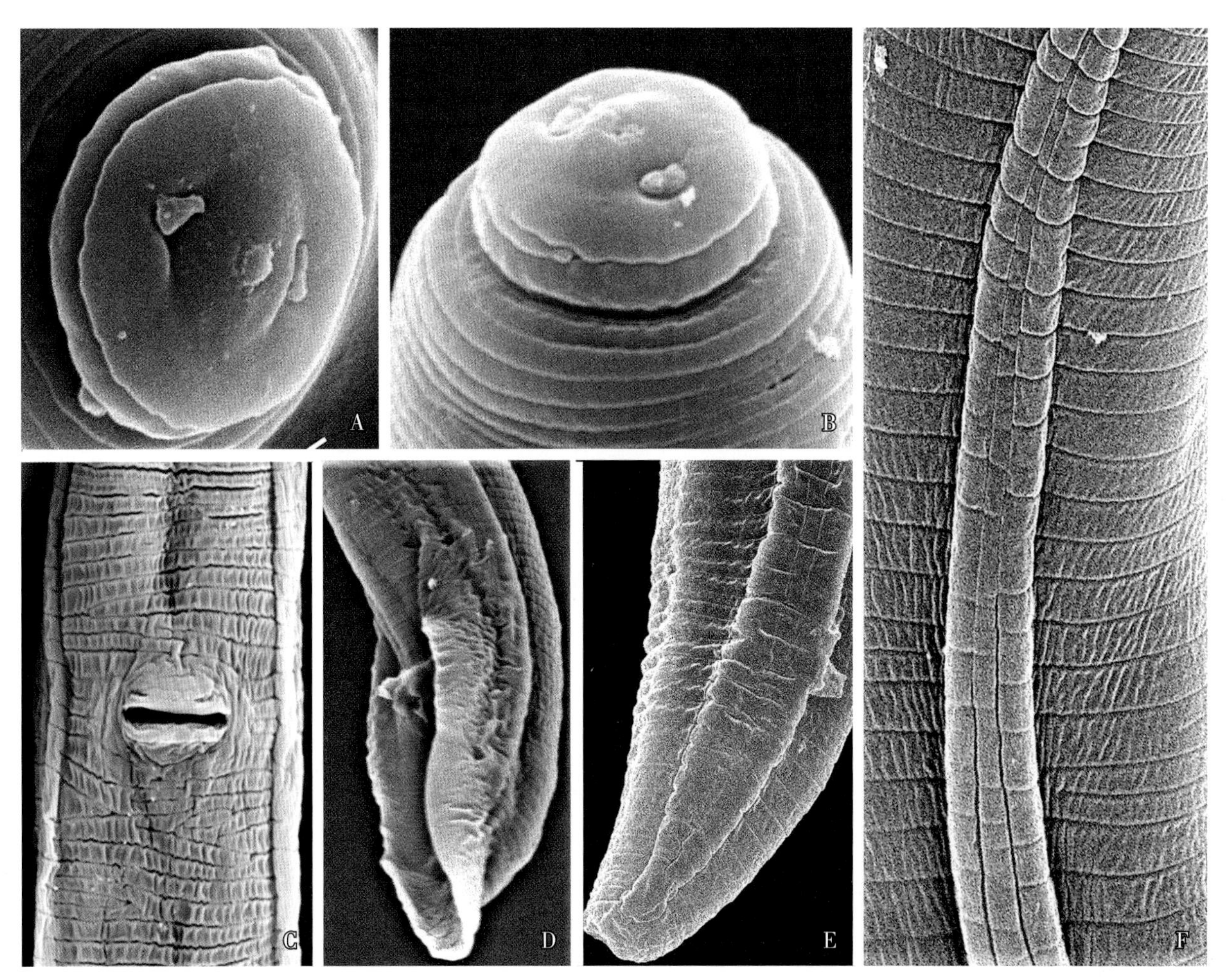

图 7-41　斯佩杰根腐线虫（*P. speijeri*）体表特征

A、B. 雌虫头部正面（口孔、唇盘、侧器孔、唇环）； C. 阴门； D. 雄虫尾部（交合伞和交合刺）； E. 雌虫尾部及侧带； F. 雌虫前部侧带

为 2 个，有的一边 2 个头环，另一边分叉为 3 个头环；第一环轮廓呈三角状，略窄于第二环。侧带起始于虫体前第 6~8 个体环，侧线由 2 条增加到体中部的 4 条，延伸至尾末端减少为 2 条；体中部侧线光滑，距离相等，具有网格纹。唇区平滑，唇盘上唇片融合。口针粗壮，长 17~19μm；基部球圆形，前缘稍倾斜。背食道腺开口于口针基部球后 2.0~4.5μm 处；中食道球卵圆形，峡部明显且细长，食道腺从腹面覆盖于肠。半月体通常占 2 个体环，在食道腺与肠连接处之前，半月小体常位于半月体后 7~11 个体环。阴门位于中后部为体长的 73%~80% 处，阴门宽为 2~3 个体环。单生殖管，卵母细胞单行排列；受精囊较大，圆形、椭圆形或长方形，常充满精子；后阴子宫囊长约为阴门处体宽。侧尾腺口位于尾部侧带中央。尾部近圆锥形，尾长 26~34μm；尾末端尖细、平截、缺刻或不规则锯齿状。

雄虫虫体前部形态与雌虫相似。体长 421~513μm，口针长 15~16μm，交合刺稍弯曲，呈弓形，长 16~22μm。引带略弯，长 4~6μm。尾呈圆锥形，长 22~32μm，腹面弯曲。交合伞发达，包至尾端。

（2）咖啡根腐线虫（*P. coffeae*，图 7-42、图 7-43）

雌虫体长 457~725μm，缓慢加热杀死后虫体直伸或朝腹面稍弯曲。头部低，稍缢缩，头环 2 个。口针粗，长 13~18μm，口针基部球圆形。唇区平滑，唇片融合。背食道腺开口于口针基部球后 2.1~3.2μm 处。中食道球卵圆形，食道腺从腹面和侧面覆盖于肠。排泄孔位于食道腺与肠交界处附近，紧邻半月体，

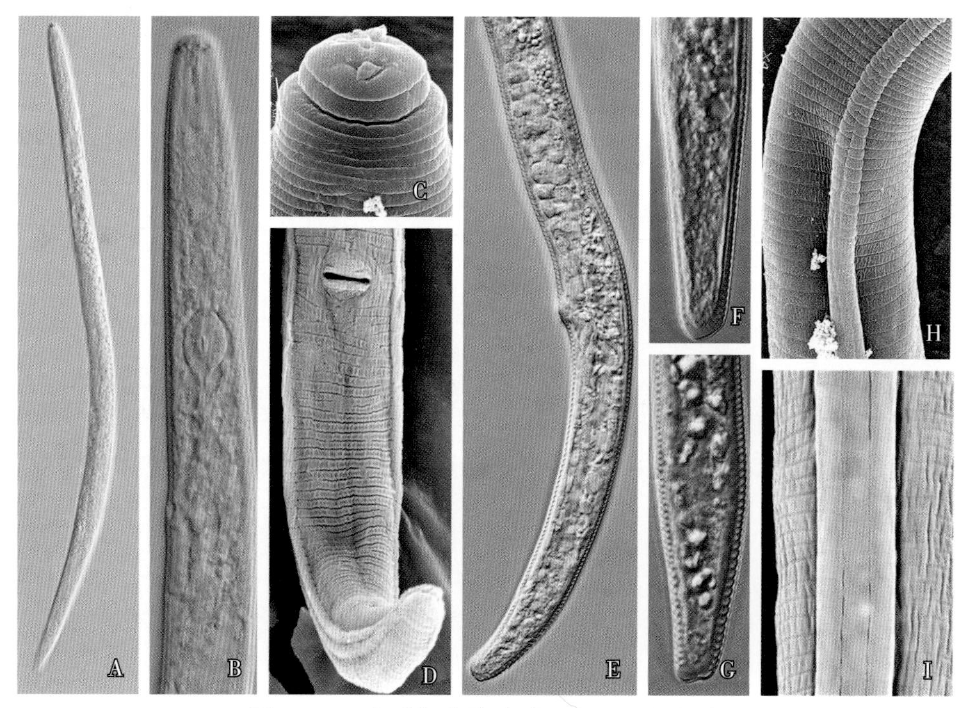

图 7-42 咖啡根腐线虫（*P. coffeae*）雌虫

A. 整体；B. 前部；C. 头部正面；D. 后部腹面（阴门、肛门）；E. 后部侧面；F、G. 尾部；H、I. 前部和中部侧带

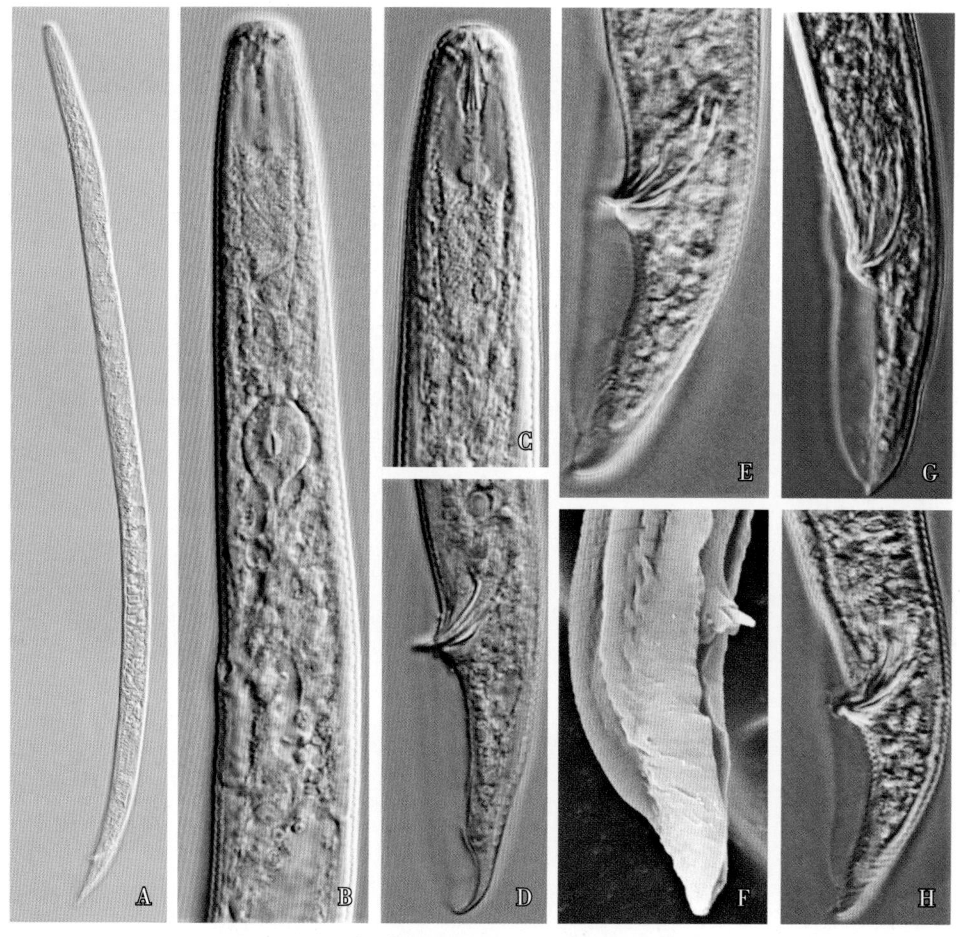

图 7-43 咖啡根腐线虫（*P. coffeae*）雄虫

A. 整体；B. 前部；C. 头部；D~H. 尾部

半月体占 2 个体环，半月小体位于半月体后 7~10 个体环处。阴门位于体后部体长的 74%~83% 处，阴门宽占 2~3 个体环。单生殖管前生，生殖管前部卵母细胞单行排列，后部双行排列，受精囊圆至长卵圆形、充满精子，后阴子宫囊长度与阴门处体宽相等或略长。侧带始于体前 7~8 个体环处 2 条侧线，虫体中部侧带有 4 条侧线，具有网格纹。尾圆锥形，长 27~39μm，末端平截或钝圆。

雄虫前部形态与雌虫相似，体长 458~618μm。口针长 13~16μm。交合刺长 13~24μm、弓状，引带长 4.2~6.6μm，交合伞发达且包至尾端。

发病规律

根腐线虫（*Pratylenchus*）为迁移型内寄生线虫，在土壤中的病根残体上越冬，可以随带病种苗远距离传播。

防控措施

参考香蕉根结线虫病防控措施。

四、香蕉穿孔线虫病

症状

香蕉穿孔线虫病，国外称黑头倒塌病、黑头病、倒塌病。香蕉成株期受害，根系严重坏死腐烂，植株倒塌或翻蔸，挂果植株受害更严重（图 7–44）。根部受侵染，根表皮产生暗红色伤痕，严重时遍布整个皮层（图 7–45），但不深入到中柱。相邻伤痕相互愈合，根皮层组织萎缩，转为黑色，严重时伤痕可环绕根皮层。受害植株根系固着能力差，吸收水分和营养的功能减弱，甚至完全丧失；病株营养生长期延长，果穗重量减轻。

图 7–44　香蕉穿孔线虫病田间症状（病株倒塌）

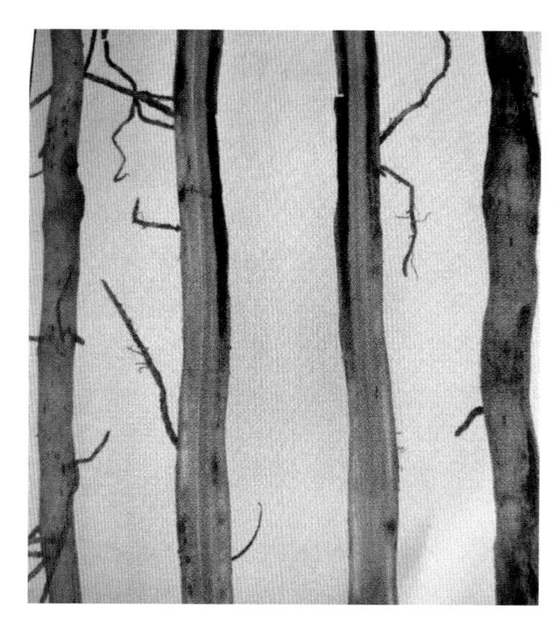

图 7–45　香蕉穿孔线虫病病根表皮产生伤痕，皮层和须根腐烂（引自 **Whitehead**）

接种试验显示：病苗矮小，黄化（图 7-46）。病根表皮产生褐色伤痕；随着线虫在根组织内迁移，导致根表皮大面积腐烂，腐烂根呈褐色至黑色（图 7-47、图 7-48）；根组织内有大量线虫（图 7-49）。

图 7-46　香蕉穿孔线虫病苗期症状

图 7-47　香蕉穿孔线虫病病根腐烂

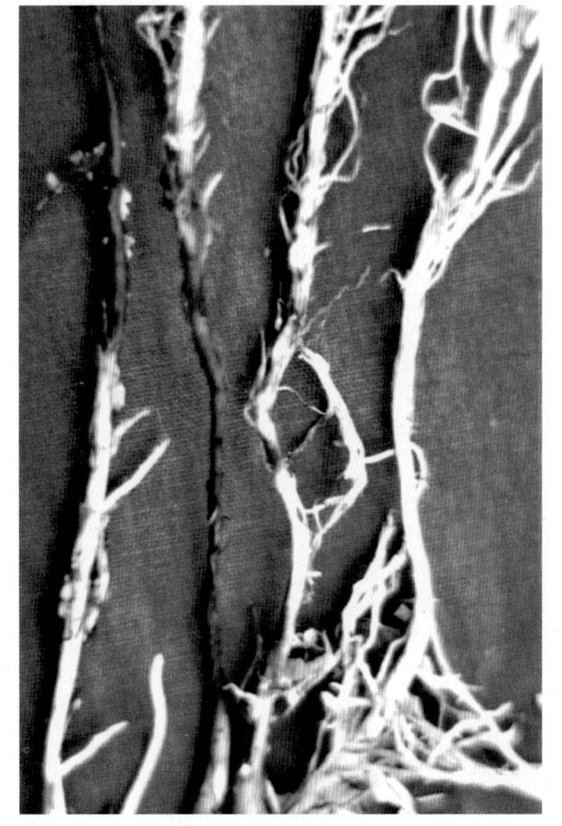

图 7-48　香蕉穿孔线虫病病根形成黑褐色伤痕、腐烂

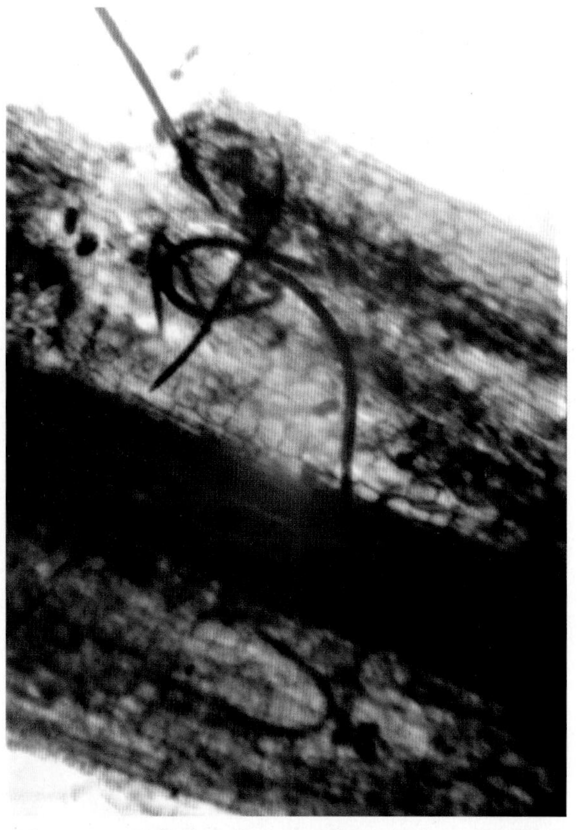

图 7-49　香蕉穿孔线虫病病根组织内的病原线虫

病原

病原为相似穿孔线虫（*Radopholus similis*，图 7–50）。

雌雄异形。雌虫蠕虫形，缓慢加热杀死后虫体直伸或稍朝腹面弯曲。头部低、圆形，连续或稍缢缩，骨质化明显。口针和食道发达，中食道球发育良好，食道腺大部分重叠于肠的背面。阴门位于虫体中部，双生殖管，贮精囊球形。尾细长、锥形。

雄虫头部高、球形，明显缢缩，骨质化。口针和食道退化。尾细长、锥形，朝腹面弯曲。交合伞不包至尾端，交合刺细、弯曲。

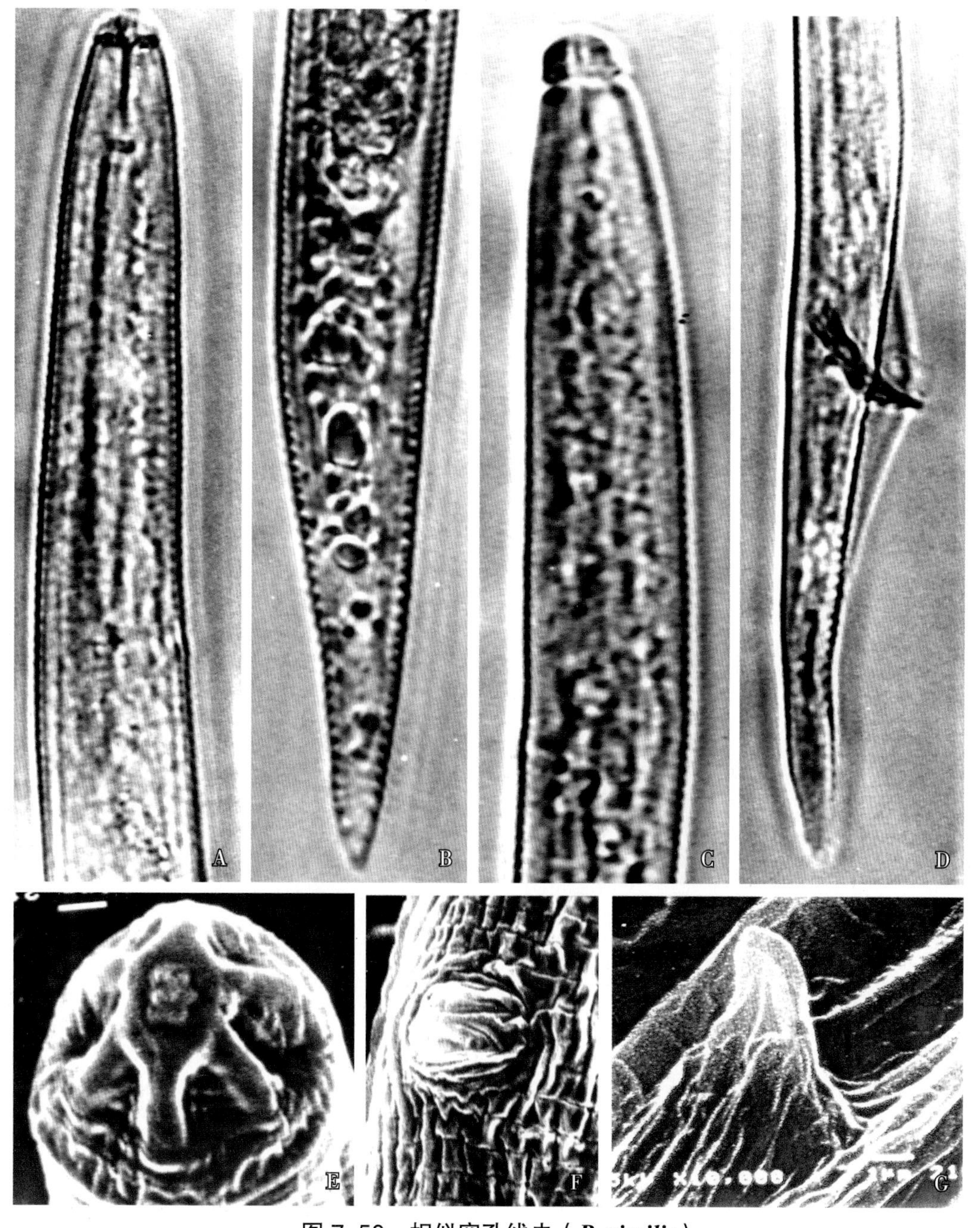

图 7–50　相似穿孔线虫（***R. similis***）

A. 雌虫前部；B. 雌虫尾部；C. 雄虫前部；D. 雄虫尾部；E. 雌虫头部正面；F. 阴门；G. 泄殖腔及交合刺

发病规律

相似穿孔线虫（*R. similis*）可以在被侵染的香蕉根、球茎中长期存活。果园内近距离传播主要通过作物根系伸长接触传染、灌溉水和田间农事操作传播，远距离传播主要随带虫种植材料的调运。

防控措施

①检疫措施：相似穿孔线虫（*R. similis*）是重要的进境检疫对象。1985 年福建省漳州市南靖、平和两县先后从菲律宾引进香蕉苗各 500 株，隔离试种期间发生香蕉根部腐烂和植株倒塌现象，经鉴定确认为香蕉穿孔线虫病，及时实施了疫情铲除措施。禁止从疫区国家进口带根的芭蕉科、天南星科、竹芋科、鳄梨科和旅人蕉科等植物，进口时应进行严格细致的进境前和进境后检验检疫。

②疫情控制：一旦发现相似穿孔线虫（*R. similis*）传入，要及时向政府和检疫机关报告，并果断采取铲除措施。

五、香蕉螺旋线虫病

症状

受害香蕉植株表现生长缓慢，叶片黄化、叶缘焦枯，严重时叶片萎垂（图 7–51）。香蕉根皮层形成大量红褐色点状或条状斑痕，随后土壤中微生物的次侵染导致大量烂根。有些受害香蕉成株期或挂果期根系完全腐烂，仅存根盘（图 7–52），导致植株翻蔸倒塌。接种病原线虫的香蕉苗植株矮小，叶片枯黄（图 7–53）；根系稀疏，形成黑根和烂根（图 7–54、图 7–55）；在病根组织内有大量病原

图 7–51　香蕉螺旋线虫病田间症状

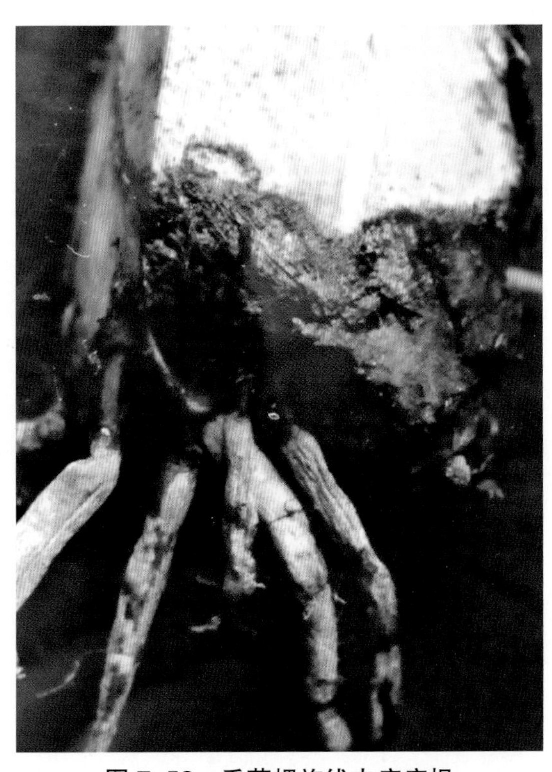

图 7–52　香蕉螺旋线虫病病根

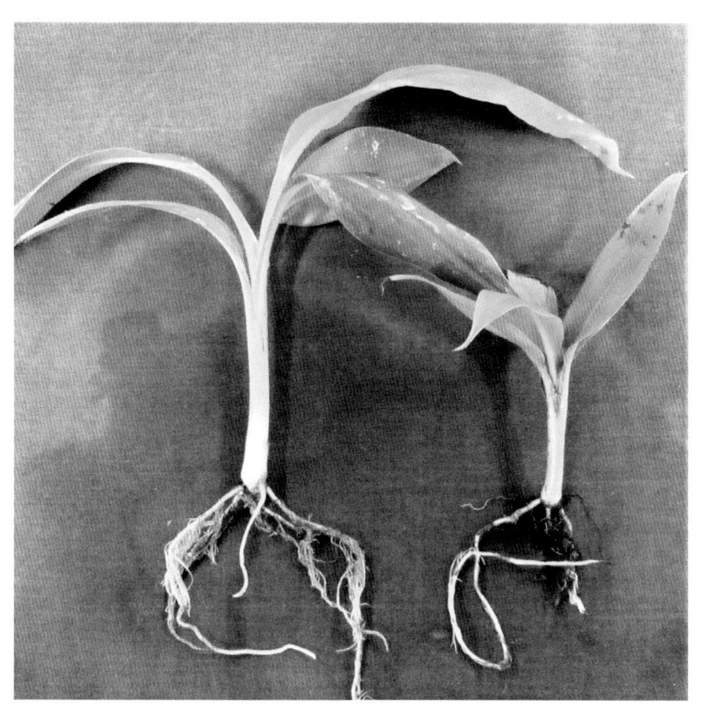

图 7-53　香蕉螺旋线虫病致病性试验（左为健株，右为病株）

图 7-54　香蕉螺旋线虫病根部症状

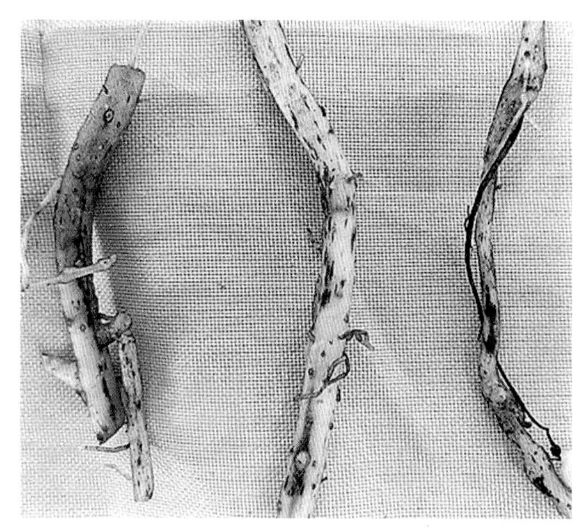

图 7-55　香蕉螺旋线虫病病根表皮上的伤痕

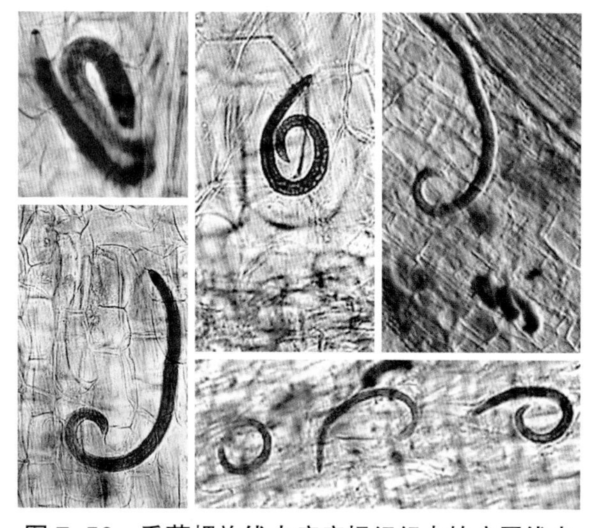

图 7-56　香蕉螺旋线虫病病根组织内的病原线虫

线虫（图 7-56）。

病原

病原为双宫螺旋线虫（*Helicotylenchus dihystera*）（图 7-57）。

雌虫体长 563~762μm，虫体经缓慢加热杀死后呈螺旋形。唇部半球状，前端稍平，头环 4~5 个。口针发达，长 24~27μm，口针基部球前缘稍平或略微凸起呈齿状。背食道腺开口位于口针基部球后 12~15μm 处，半月体位于排泄孔前 1~3 个体环处。阴门位于虫体近中部体长的 57%~67% 处，双生殖管对生；受精囊近圆形；侧带 4 条侧线，具网格纹。侧尾腺口位于肛门前 5~10 个体环处。尾向腹面弯曲，尾长 15~17μm，末端钝或有尾尖突，尾腹环 6~9 个。

雄虫虫体前端与雌虫基本相似。尾端有指状凸起，交合伞包至尾尖。

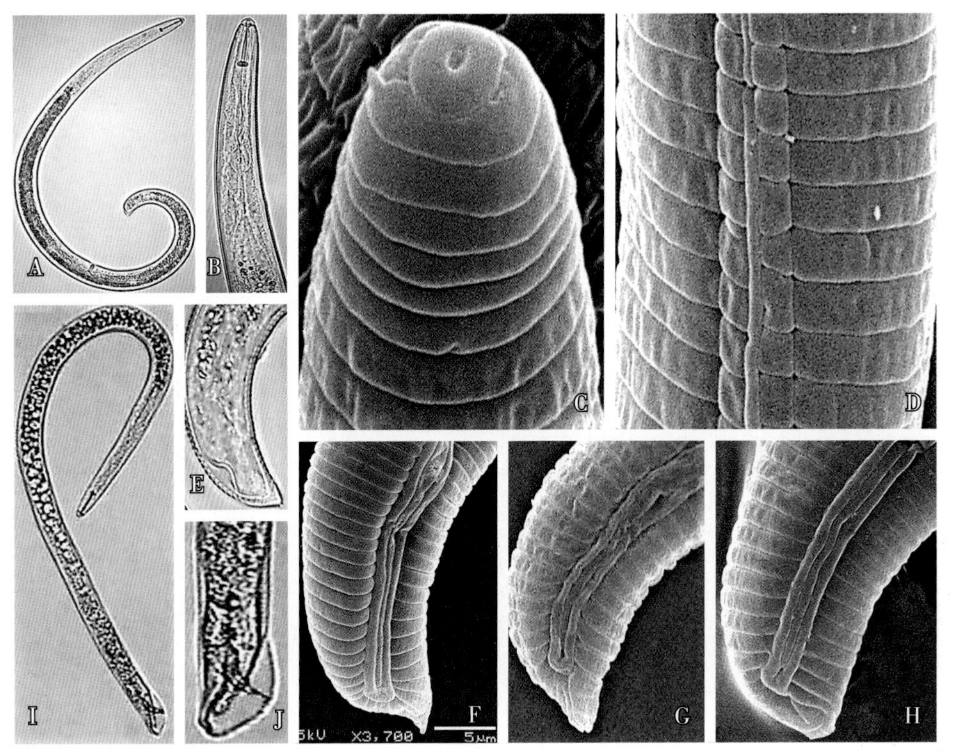

图 7–57　双宫螺旋线虫（*H. dihystera*）

A. 雌虫整体；B. 雌虫前部；C. 雌虫头部；D. 雌虫侧带；E~H. 雌虫尾部（侧尾腺口）；I. 雄虫整体；J. 雄虫尾部

发病规律

双宫螺旋线虫（*H. dihystera*）是作物根部的外寄生和半内寄生线虫。各个虫态都能在根皮层内发现，但不能在组织内迁移。雄虫少见，能孤雌生殖，在土壤以及土壤中的植物残根上存活。被侵染的根、球茎、种苗和土壤为主要传播途径。该线虫能与其他线虫或真菌、细菌一起复合侵染。

防控措施

参考香蕉根结线虫病防控方法。

六、香蕉其他线虫病

（一）香蕉盘旋线虫病

症状

病原线虫侵染香蕉根的皮层组织，被侵染部位产生褐色坏死伤痕。由于土壤中病原微生物的次侵染而导致根变色腐烂。受害植株生长衰退、黄化。

病原

病原为强壮盘旋线虫（*Rotylenchus robustus*，图 7–58）。

雌虫体长 461~636μm，虫体缓慢加热杀死后向腹面呈“C”形弯曲。唇部高，缢缩。口针长 23~25μm，基部球圆形或扁圆形。食道腺叶覆盖于肠前端的背面和背侧面。侧带有 4 条侧线；阴门横裂内陷，位于虫体中后部体长的 64%~74% 处；双生殖管对生，平伸。尾长 10~16μm，尾部末端宽圆。

雄虫前部形态与雌虫相似。交合刺长 20~25μm，引带长 6~7μm，交合伞包至尾端。

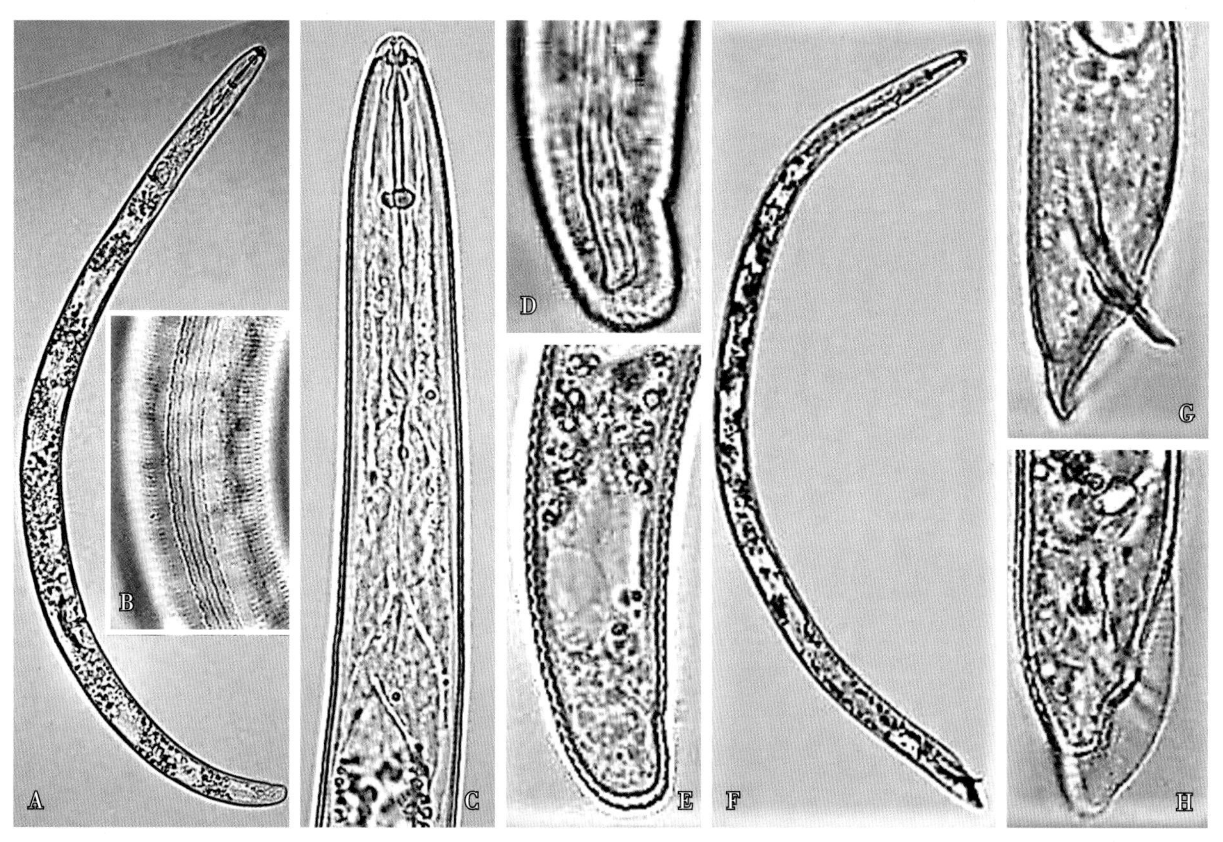

图 7–58 强壮盘旋线虫（*R. robustus*）

A. 雌虫整体；B. 雌虫侧带；C. 雌虫前部；D. 雌虫尾部（侧带和侧尾腺口）；E. 雌虫尾部；F. 雄虫整体；G、H. 雄虫尾部（交合刺、交合伞）

（二）香蕉矮化线虫病

症状

病原线虫侵害香蕉根表皮层组织。取食造成伤口会诱导土壤中病原微生物的次侵染，导致根变色腐烂。受害植株矮小、黄化。

病原

（1）光端矮化线虫（*Tylenchorhynchus leviterminalis*，图 7–59）

雌虫体长 667~701μm，虫体缓慢加热杀死后向腹面呈“C”形弯曲，体环明显。头部前缘半圆形，无缢缩。口针发达，长 18~21μm，针锥约为口针长度的 1/2。中食道球卵圆形，后食道腺与肠平接。阴门位于虫体中部体长的 50%~55% 处，双生殖管，受精囊圆形、充满精子。尾长 45~50μm，棍棒形，尾端膨大、无环纹。侧带 4 条侧线。侧尾腺口圆盘状，位于肛门后 4~7 个体环处。

雄虫前部形态与雌虫相似。交合刺长 22~26μm，引带长 13~15μm，交合伞包至尾端。

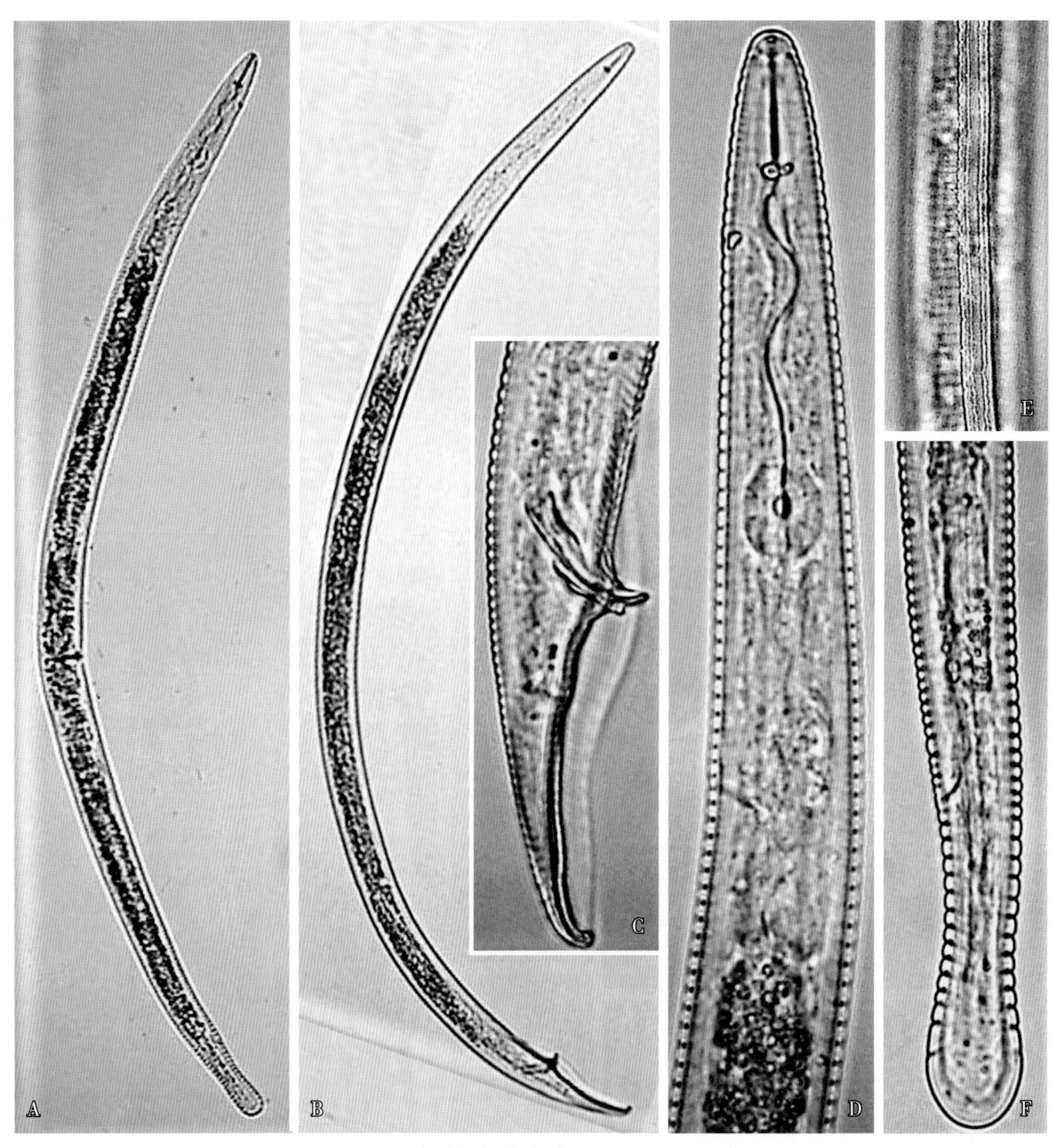

图 7–59　光端矮化线虫（*T. leviterminalis*）

A. 雌虫整体；B. 雄虫整体；C. 雄虫尾部；D. 雌虫前部；E. 雌虫侧带；F. 雌虫尾部

（2）厚尾矮化线虫（*T. crassicaudatus*，图 7–60）

雌虫体长 660~820μm，虫体缓慢加热杀死后向腹面弯曲。头部前缘为半圆形，无缢缩，头环 3 个。口针长 18~20μm。侧带有 4 条侧线。尾部环纹 16~18 个，尾端光滑、无条纹，角质膜明显增厚。

雄虫前部形态与雌虫相似。体长 570μm，交合刺长 23μm，引带长 10μm，交合伞包至尾端。

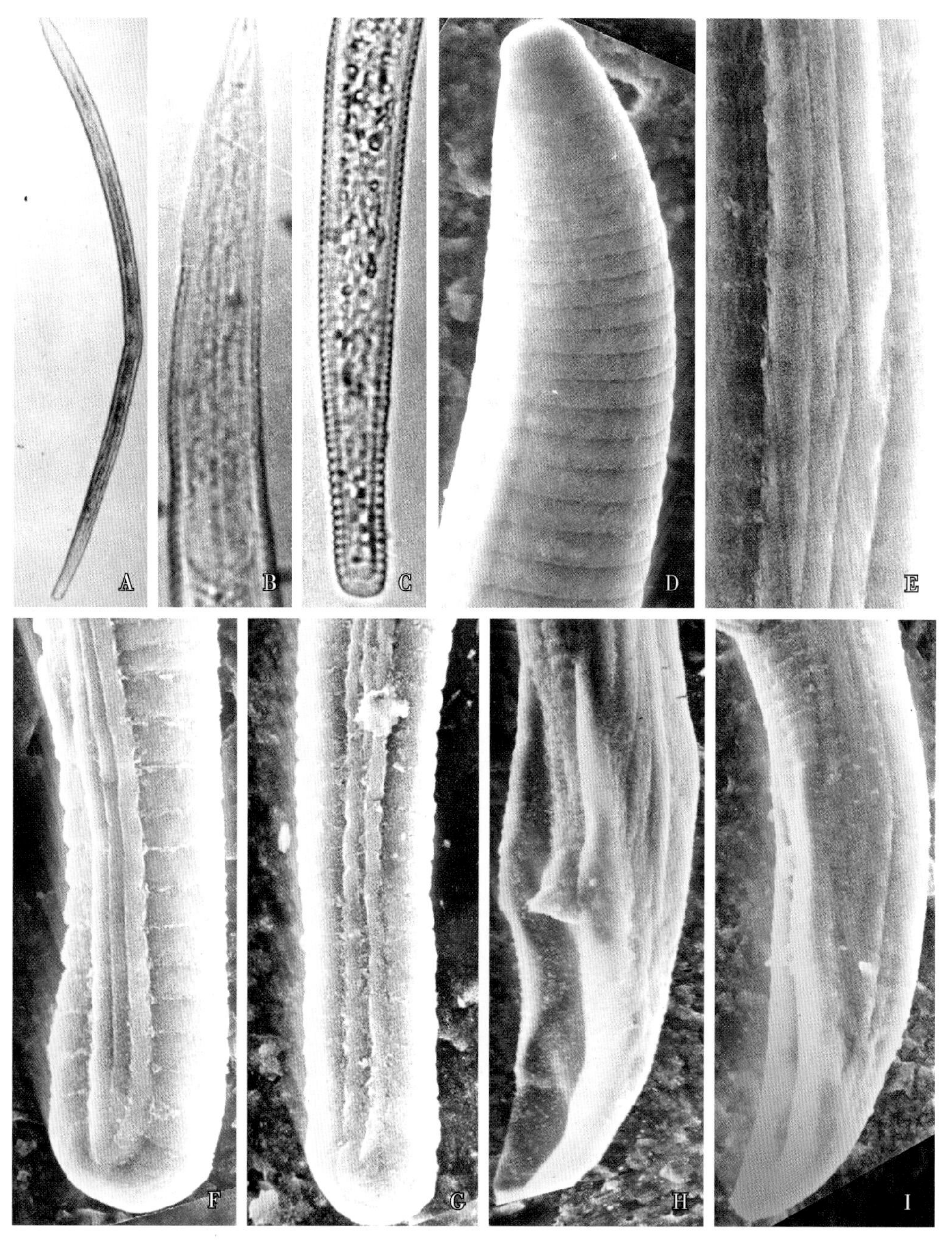

图 7–60　厚尾矮化线虫（*T. crassicaudatus*）

A. 雌虫整体；B. 雌虫头部（食道）；C. 雌虫尾部；D. 雌虫前部（侧带、环纹）；E. 雌虫侧带；F、G. 雌虫尾部；H、I. 雄虫尾部

（三）香蕉组带线虫病

症状

病原线虫在香蕉根的皮层组织取食危害，受害部位产生褐色坏死伤痕。线虫还可侵入香蕉根皮层内较深的组织中，引起较大的细长形溃疡斑。

病原

病原为塞氏基窄纽带线虫（*Basirolaimus seinhorsti*，图 7-61）。

雌虫体长 1246~1495μm，虫体缓慢加热杀死后向腹面呈“C”形弯曲。头部高、半球形，明显缢缩，具环纹。唇盘底部有数条纵纹将环丝分割成网格状。口针长 38~46μm，口针基部球发达、呈郁金香形。中食道球椭圆形，背食道腺开口于口针基部球后 5~6μm 处，食道腺背侧覆盖于肠，有 6 个食道腺核。阴门位于虫体近中部体长的 53%~57% 处；双生殖管对生。侧带只有一条侧线。侧尾腺口大。尾长 24~30μm，尾末端半圆球形，环纹包至尾端。

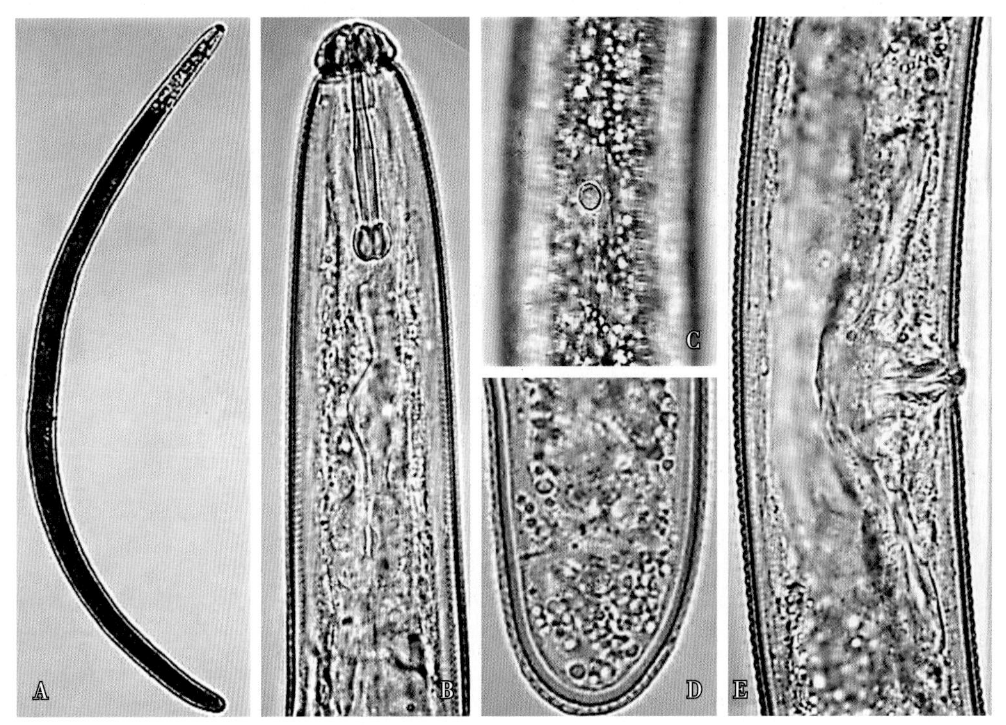

图 7-61 塞氏基窄纽带线虫（*B. seinhorsti*）雌虫

A. 整体；B. 前部；C. 侧尾腺口；D. 尾部；E. 阴门部

（四）香蕉环线虫病

症状

病原线虫侵染香蕉根系，在根皮层组织取食，抑制根生长发育；也能与土壤中病原微生物一起复合侵染，导致烂根。

病原

病原为弯曲大刺环线虫（*Macroposthonia curvata*，图 7-62）。

雌虫体长 360~460μm，虫体粗、稍朝腹面弯曲。体环有 85~89 个，环纹后缘光滑。口针长 53~60μm。头部正面观有 4 个发达的亚中唇片，亚中唇片顶部圆滑，侧唇片退化、破裂为小突起；唇盘无明显突起。阴门开口大，单生殖管前生。尾呈锥形。

图 7-62　弯曲大刺环线虫（*M. curvata*）雌虫

A. 整体；B. 头部正面；C. 头部侧面；D. 尾部腹面（阴门）；E. 尾部

（五）香蕉拟鞘线虫病

症状

病原线虫在香蕉根皮层组织取食，导致根皮层组织腐烂。

病原

病原为加德拟鞘线虫（*Hemicriconemoides gaddi*，图 7-63）。

雌虫体长 434~475μm，虫体圆柱形、两端较细，缓慢加热杀死后虫体向腹面弯曲。体环 112~124 个。唇区骨质化明显，有唇盘，2 个唇环；唇环后倾，头部明显缢缩。口针发达，长 76~81μm，口针基部球前缘稍突起。环线型食道，后食道腺基部与肠交界明显。排泄孔位于后食道腺基部腹面。阴门位于虫体后部体长的 90%~92% 处；阴门裂宽为 1 个体环，阴道斜裂，单生殖管前生。尾部呈圆锥形，尾端钝圆。

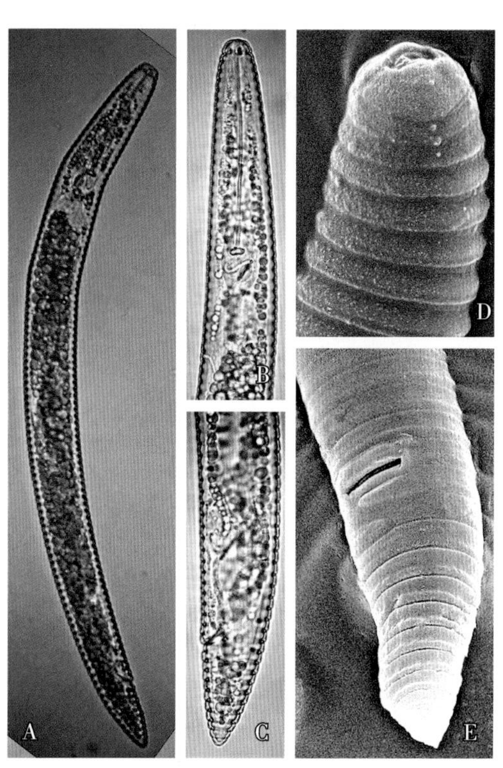

图 7-63　加德拟鞘线虫（*H. gaddi*）雌虫

A. 整体；B. 前部；C. 尾部；D. 头部；E. 尾部（阴门、肛门）

（六）香蕉针线虫病

症状

病原线虫为香蕉根部外寄生线虫，香蕉根部存在病原线虫较高种群水平时，能引起根系坏死和植株矮化。

病原

病原为艾氏针线虫（*Paratylenchus alleni*，图 7–64）。

雌虫体长 234~291μm，虫体缓慢加热杀死后向腹面呈“C”形弯曲。头端平钝，有 3 个头环。口针长 22~24μm，口针基部球圆形。食道环线型，峡部细长。排泄孔位于峡部基部。侧带有 4 条侧线。阴门位于虫体后部体长的 76%~87% 处，阴道斜裂，阴唇圆。尾部圆锥柱形，长 15~20μm，近尾端背面略微向内凹陷，尾端钝圆。

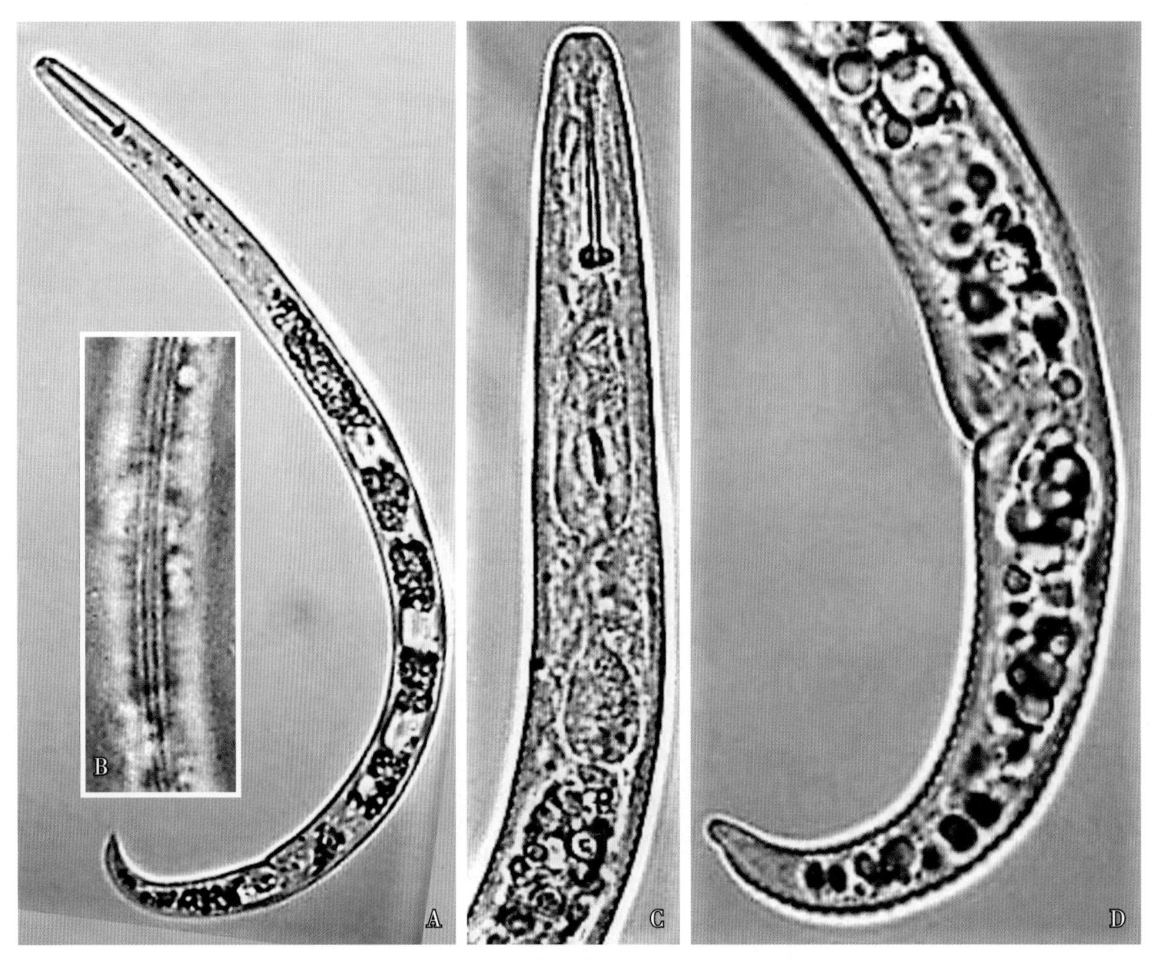

图 7–64　艾氏针线虫（*P. alleni*）雌虫

A. 整体；B. 侧带；C. 前部；D. 后部

第二节　柑橘线虫病

一、柑橘半穿刺线虫病

柑橘半穿刺线虫病又称柑橘慢衰病。该病在柑橘上普遍发生，造成柑橘大面积黄化衰退，大大缩短了果树生长年限，严重影响果树产量和品质。

症状

柑橘苗圃期、幼树期和成株期均可受侵染。雌虫虫体前部钻入根组织内。营养根受害后植株的抗逆能力低下，不耐干旱，吸收营养的能力减退，致使树势衰退，叶片变小、褪绿黄化，落叶和秃枝。柑橘成株期发病表现为叶片黄化、干枯脱落，结果量少、果实小，树势衰退等症状（图 7–65 至图 7–67）。有些柚还可能出现叶片急性萎蔫，表现为叶片卷缩、全株黄化、落叶落果、枝干枯萎、全株性枯死（图 7–68 至图 7–70）。夏秋干旱严重时，柑橘衰退症状更加明显，果树大面积黄化衰退，叶片脱落，枝叶稀疏，果小量少、经济价值低。

图 7–65　柑橘半穿刺线虫病病树（树势衰退）

图 7–66　柑橘半穿刺线虫病病树（树势衰退、枯枝）

图 7-67 金橘半穿刺线虫病病树（树势衰退、结果少）

图 7-68 柚半穿刺线虫病病树（树势衰退、结果少）

图 7-69 柚半穿刺线虫病病树（萎蔫）

图 7-70 柚半穿刺线虫病病树（枯死）

柑橘根系受侵染表现为根系肿胀，营养根少，受害严重的营养根变粗短（图 7-71、图 7-72）。雌虫将卵产于由排泄孔分泌的胶质混合物中，土壤颗粒附在胶质混合物上，使根表面显得很肮脏。受侵染的营养根由于有大量伤口，容易受土壤中一些病原菌的次侵染，导致根表皮腐烂、皮层剥落和根死亡。病果园病树挖除后重新栽种的树苗仍然会发生相同的病害（重植病）。

柑橘半穿刺线虫病很容易与缺素症或其他病原引起的柑橘黄化衰退症相混淆。主要诊断依据是：柑橘半穿刺线虫病的病树根系粗短、肿胀和皮层腐烂。进一步确诊可在体视显微镜下检查寄生于根上的病原线虫（图 7-73）。

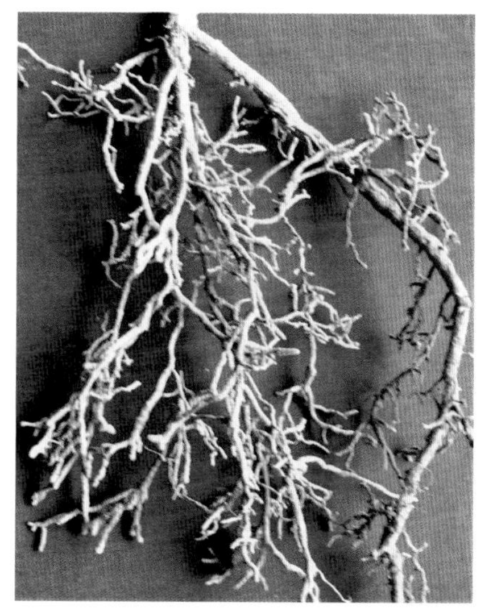

图7-71　柑橘半穿刺线虫病病根(粗短、肿胀)

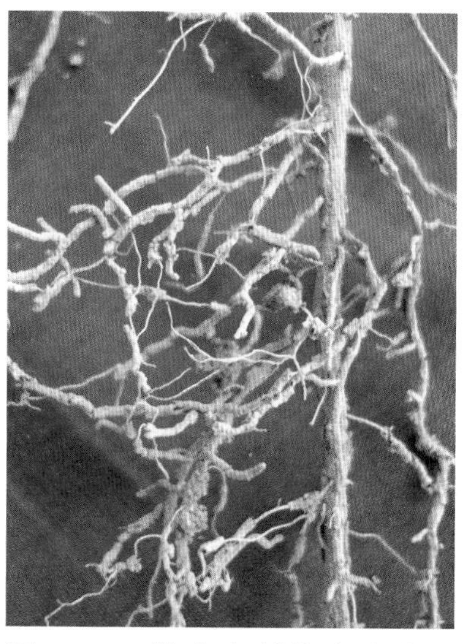

图7-72　柚半穿刺线虫病病根(肿胀、腐烂)

图7-73　柑橘半穿刺线虫病病原线虫寄生状态

A. 受害的根(表皮密布虫体);B~D. 半内寄生的成熟雌虫;E. 3龄幼虫;F. 2龄幼虫

病原

病原为柑橘半穿刺线虫(*Tylenchulus semipenetrans*,图7-74至图7-76),俗称柑橘线虫、柑橘根线虫。

成熟雌虫体长340~390μm。虫体颈部细长,中部不规则膨大、角质膜薄;虫体后部膨大为长囊状,角质膜厚,有细微环纹,有不明显的侧带痕迹。排泄孔和阴门位于虫体极后部,排泄孔距头端距离为体长的 77%~84%；阴门距排泄孔 15~18μm，排泄细胞发达，产生胶状混合物。阴门之后虫体变细尖，并朝腹面弯曲。无肛门和直肠。3 龄雌幼虫和 4 龄雌幼虫的虫体逐渐膨大，呈长囊状。

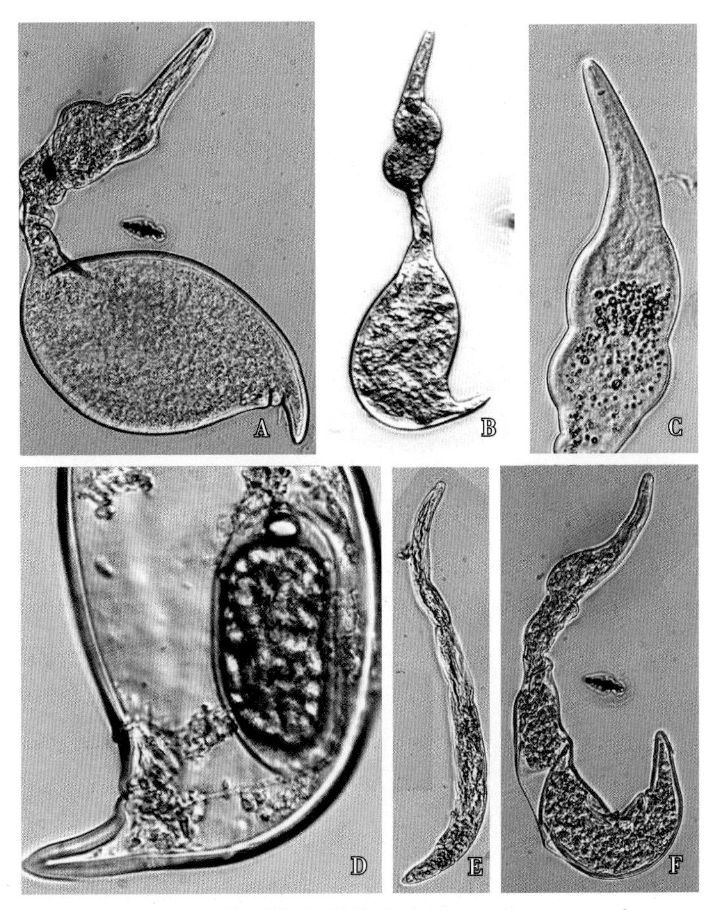

图 7–74 柑橘半穿刺线虫（*T. semipenetrans*）

A、B. 成熟雌虫整体；C. 雌虫头颈部；D. 雌虫后部（卵、排泄孔、阴门、尾部）；E. 3 龄雌幼虫整体；F. 4 龄雌幼虫整体

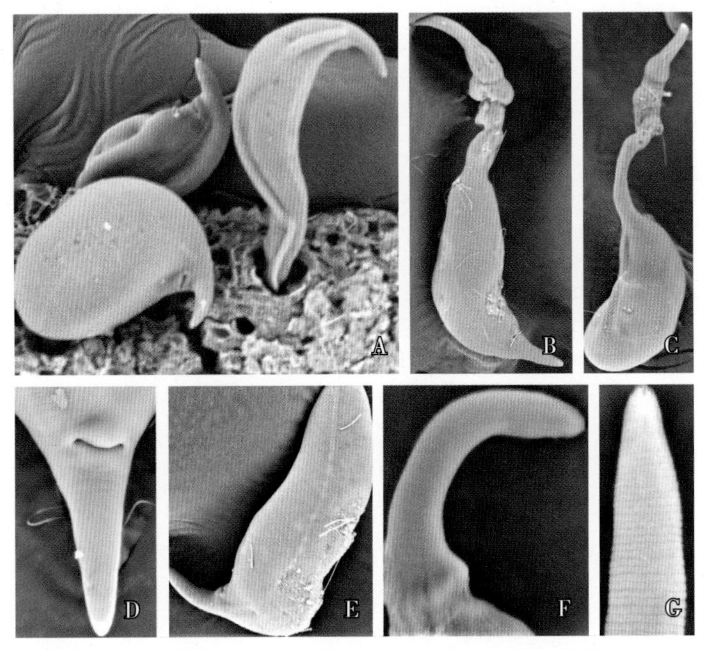

图 7–75 柑橘半穿刺线虫（*T. semipenetrans*）体表特征

A~C. 成熟雌虫整体；D. 雌虫阴门及尾部；E. 雌虫体部（环纹和侧带痕迹）；F. 雌虫头部；G. 雄虫头部

雄虫体长 360~490μm，虫体呈蠕虫形，细小。头部骨质化，口针和食道退化。交合刺稍弯曲，长 15~23μm；无交合伞。尾部圆锥形，末端稍钝。

2 龄幼虫蠕虫形，体长 330~390μm。口针长 13~15μm，有基部球。食道环线型，中食道球大、与食道体部无明显分界，食道腺形成后食道球。尾渐细，末端尖。

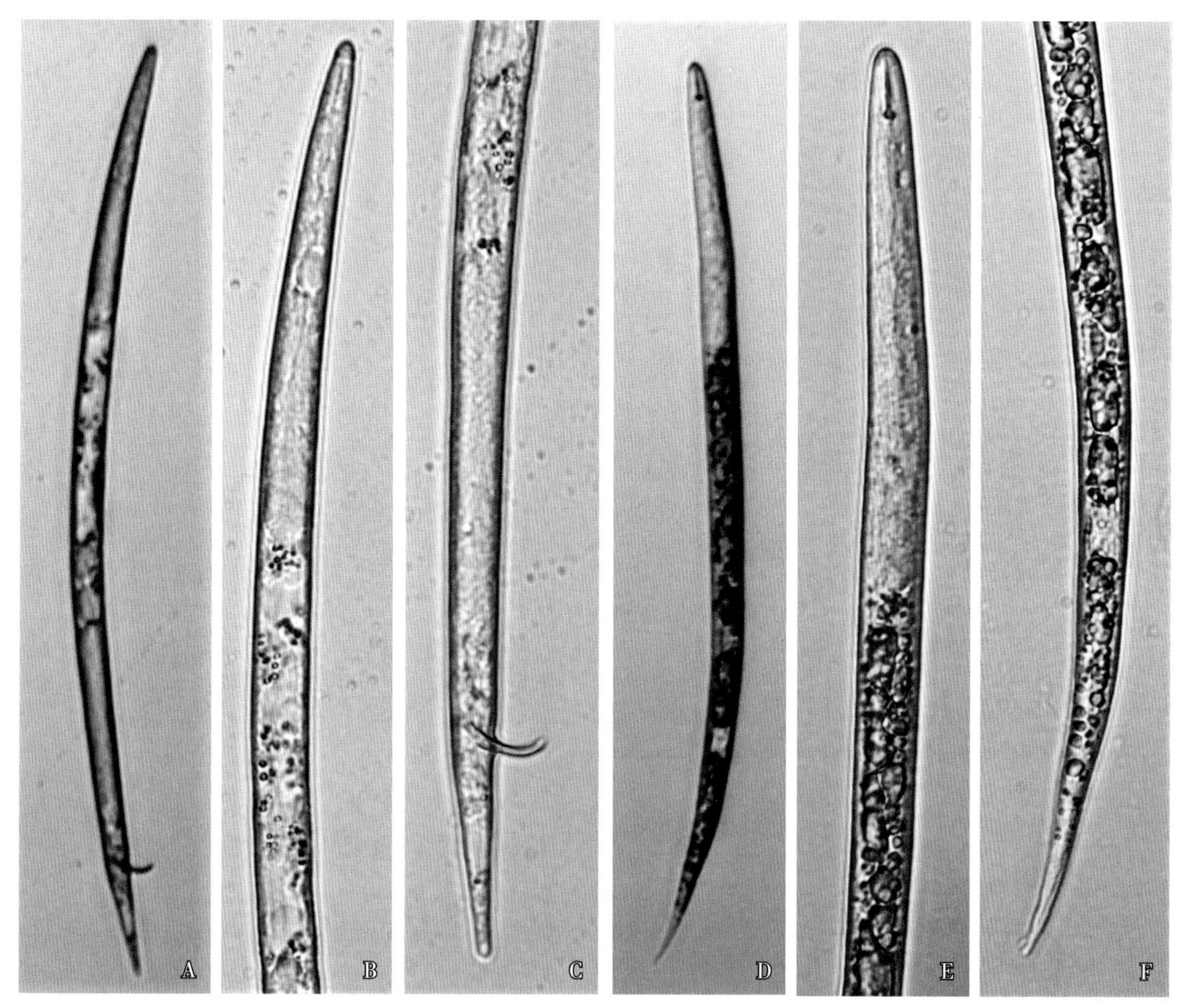

图 7–76　柑橘半穿刺线虫（*T. semipenetrans*）雄虫和 2 龄幼虫

A. 雄虫整体；B. 雄虫前部；C. 雄虫后部；D. 幼虫整体；E. 幼虫前部；F. 幼虫后部

发病规律

柑橘半穿刺线虫（*T. semipenetrans*）为定居型半内寄生。该线虫在植物根部和根际土壤中存活，2 龄雌幼虫可以在无寄主植物的土壤中生存 9 个月之久。田间越冬的柑橘半穿刺线虫（*T. semipenetrans*）是主要初侵染源，田间传播主要随种植材料和土壤的搬移。据福建省调查，柑橘种苗普遍遭受柑橘半穿刺线虫（*T. semipenetrans*）侵染，染病种苗的调运是这种线虫远距离传播和广泛传播的主要原因。柑橘半穿刺线虫（*T. semipenetrans*）在 24~26℃条件下完成一次生活史需 42~56d（图 7–77）。适宜该线虫繁殖的土壤温度为 28~31℃，土壤 pH 5.6~7.6。柑橘半穿刺线虫（*T. semipenetrans*）可侵染杉树，在杉木林地种植柑橘或育苗柑橘半穿刺线虫病发生更为严重（图 7–78、图 7–79）。柑橘根受到该线虫侵染后，一方面阻碍了柑橘菌根真菌幼套球囊霉（*Glomus etunicatum*）

的形成，另一方面诱发了尖镰孢（*Fusarium oxysporum*）和茄病镰孢（*F. solani*）及其他土壤微生物的次侵染，导致营养根被破坏，根系腐烂（图 7-80 至图 7-82）。

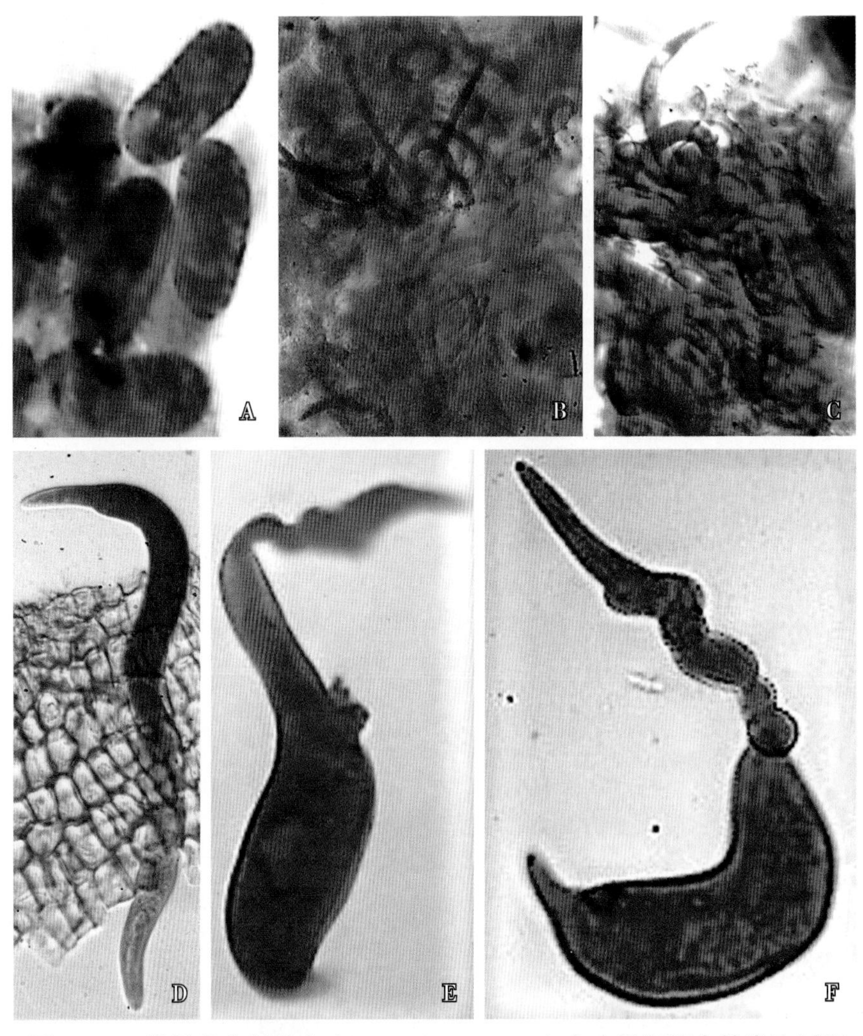

图 7-77　柑橘半穿刺线虫（*T. semipenetrans*）在病根组织内的发育过程

A. 卵；B、C. 2 龄幼虫；D. 3 龄幼雌虫；E. 4 龄幼雌虫；F. 雌成虫

图 7-78　杉木林地种植金柑，金柑半穿刺线虫病发生严重

图 7-79　杉木林地种植金柑的果园，金柑半穿刺线虫病症状

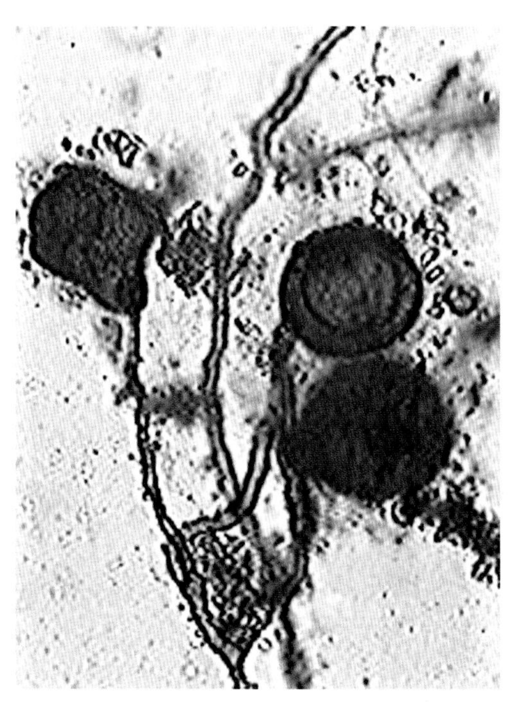

图 7-80　幼套球囊霉（*G. etunicatum*）菌丝和孢子囊

图 7-81　柑橘半穿刺线虫（*T. semipenetrans*）侵染，导致幼套球囊霉（*G. etunicatum*）减少

A、B. 侵染根段中菌丝和泡囊少；C、D. 健康根段中菌丝和泡囊多

防控措施

①培育和种植无病种苗：严禁从病区购买柑橘种苗；在远离发病果园的土壤中培育无病柑橘苗，不用杉木林地的土壤育苗。苗圃土壤在育苗前每平方米用 30%二氯异丙醚颗粒剂 40~50g 撒施于畦面，施药后随即翻土并浇水，再覆盖地膜。处理 5~6d 后进行育苗。

②施用有机肥，改善土壤微生态：病树在春梢萌发前进行恢复性治疗，扩穴和挖除烂根，填入干净客土，增施有机肥；沿海地区可施用虾蟹壳等。

③药剂防控：春季柑橘发根初期，于树冠滴水线处开浅环沟，每株用 10%噻唑膦颗粒剂 25~50g 与细土 1.0~1.5kg 搅拌均匀后施入沟内，施药后覆土浇水。

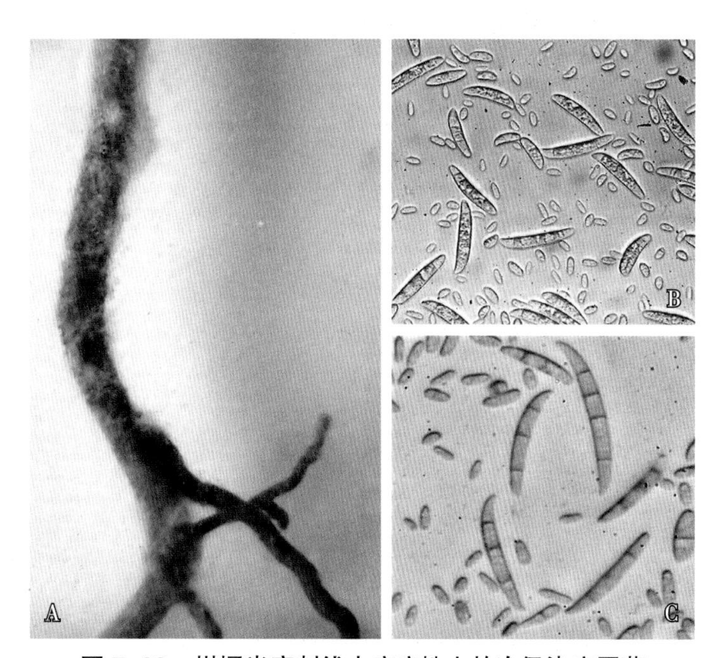

图 7-82　柑橘半穿刺线虫病病株上的次侵染病原菌

A. 腐烂根部的镰孢（*Fusarium*）；B. 腐皮镰孢（*F. solani*）大小型分生孢子；C. 尖镰孢（*F. oxysporum*）大小型分生孢子

④生物防控：柑橘移栽期用厚垣孢普可尼亚菌或淡紫拟青霉按使用量穴施于根际。发病果园在春季果树春梢期和发根初期用厚垣孢普可尼亚菌或淡紫拟青霉层施或沟施。

二、柑橘根腐线虫病

柑橘根腐线虫病又称为柑橘暴衰病，各柑橘产区都有发生，危害柑橘和柚。

症状

根腐线虫（*Pratylenchus*）侵染柑橘新根的皮层薄壁细胞组织，在根系组织内部不断迁移取食和繁殖导致大量浅层根系被破坏，果树染病后会迅速衰退和死亡。病树叶片稀少，叶片小、僵硬和黄化，果少而小，产量低（图 7-83 至图 7-86）。重病树的树冠出现较多枯枝，最后整株树枯死。病树根系萎缩，根表皮腐烂，无营养根或极少；细根表皮产生褐色伤痕，根部皮层软化腐烂，容易从中柱上剥落，最终导致整个根系坏死（图 7-87 至图 7-89）。在柑橘根的腐烂组织和根表皮伤痕组织内可以观察到根腐线

图 7-83　发生根腐线虫病的福橘果园症状（树体衰弱，叶片稀疏黄化）

图 7-84　柑橘根腐线虫病病树（枯枝）

图 7-85　柚根腐线虫病病树（衰退）

图 7-86　柚根腐线虫病病树（矮小、黄化）

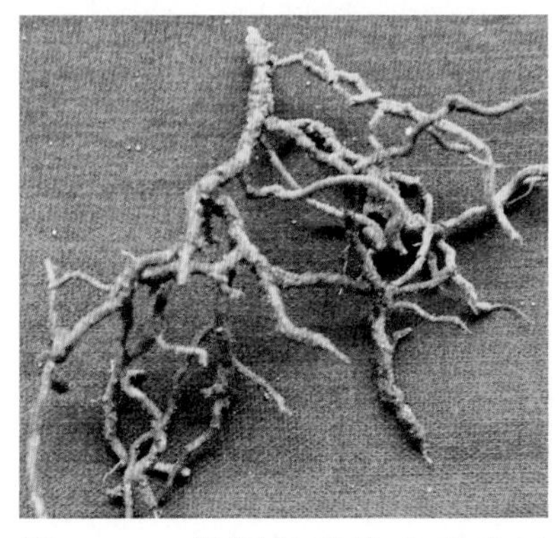

图 7-87　柑橘根腐线虫病病树（根系腐烂）

虫（*Pratylenchus*）（图 7–90、图 7–91）。病树抗寒和抗旱能力差，11~12 月大量落叶，春季花期提早、多花；花容易早落，坐果率低、落果多、果实小，产量与品质严重下降。

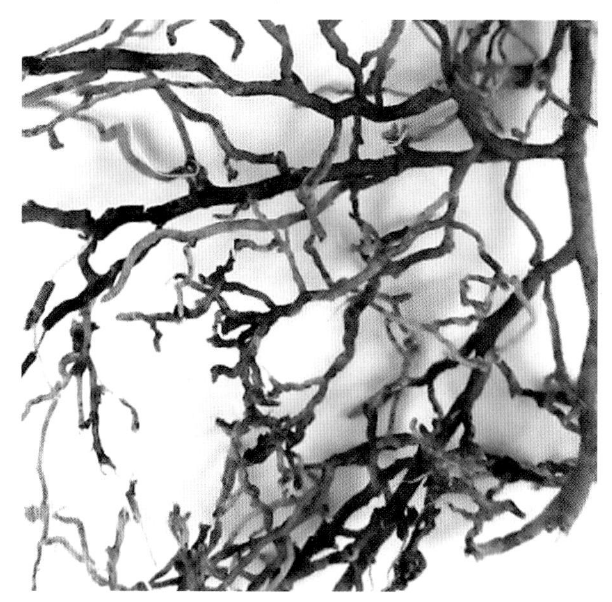

图 7–88 柑橘根腐线虫病病根脱皮、腐烂坏死

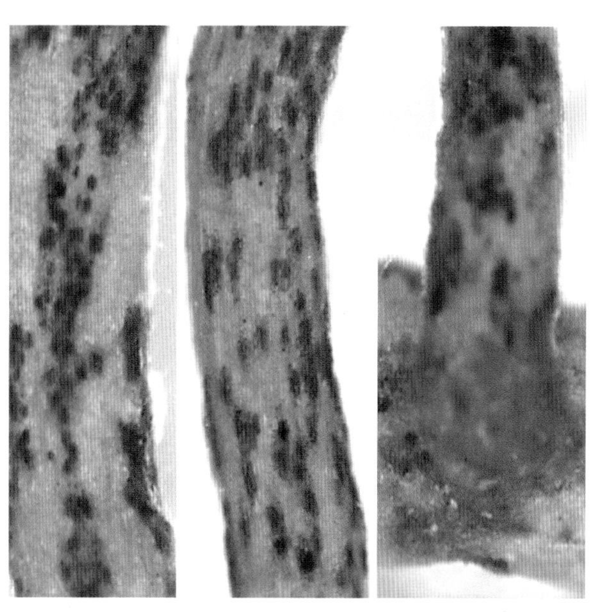

图 7–89 柑橘根腐线虫病根表皮产生褐色伤痕

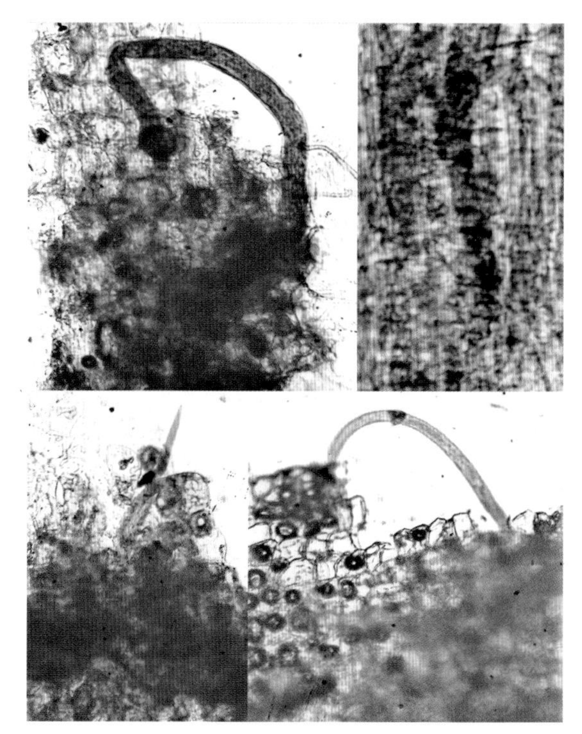

图 7–90 柑橘根腐线虫病病根组织中的病原线虫

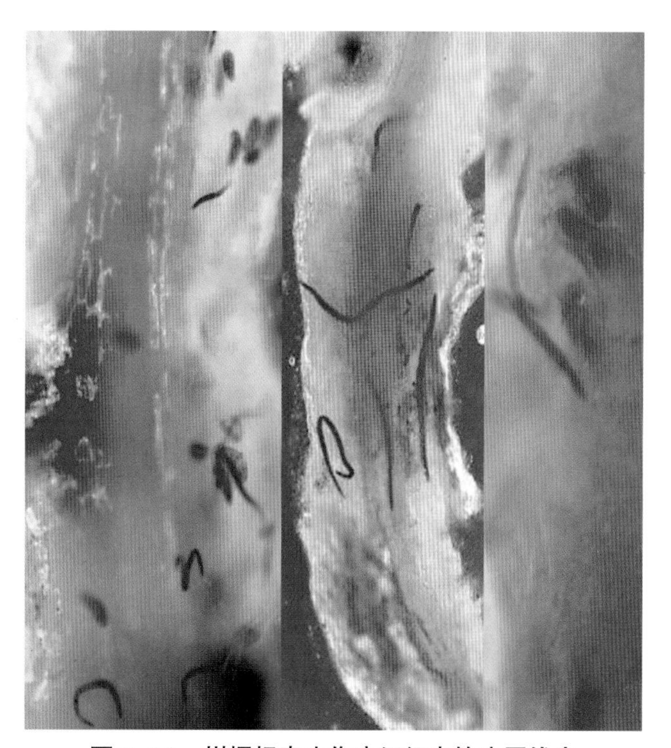

图 7–91 柑橘根表皮伤痕组织内的病原线虫

病原

病原为咖啡根腐线虫（*P. coffeae*）、玉米根腐线虫（*P. zeae*）和卢斯根腐线虫（*P. loosi*）。咖啡根腐线虫（*P. coffeae*）为优势种，广泛分布。

（1）咖啡根腐线虫（*P. coffeae*，图 7–92）

雌虫体长 543~748μm，虫体缓慢加热杀死后直伸或稍向腹面弯曲。虫体环纹清晰，侧带具 4 条侧线。唇区稍缢缩，2个唇环；头架中等发达，外缘向后延伸至第一条体环处。口针粗、长17~18μm，口针基部球圆形。背食道腺开口距口针基部球后约3μm。中食道球卵圆形，有明显的瓣膜；食道腺覆盖于肠前端的腹面和侧面。排泄孔位于食道—肠瓣门的前方，半月体紧靠排泄孔前约占2个体环的宽度。阴门位于虫体后部体长的78%~82%处。单生殖管前生，卵母细胞单行排列；受精囊卵圆形，其内充满精子；后阴子宫囊长约为体宽的2倍。尾近圆柱形，尾长30~36μm，末端钝圆或平截、偶有缺刻，尾部环纹明显、末端光滑。侧尾腺口较小，位于尾中后部。

雄虫形态与雌虫相似。交合刺长14~20μm，引带长4~5μm。

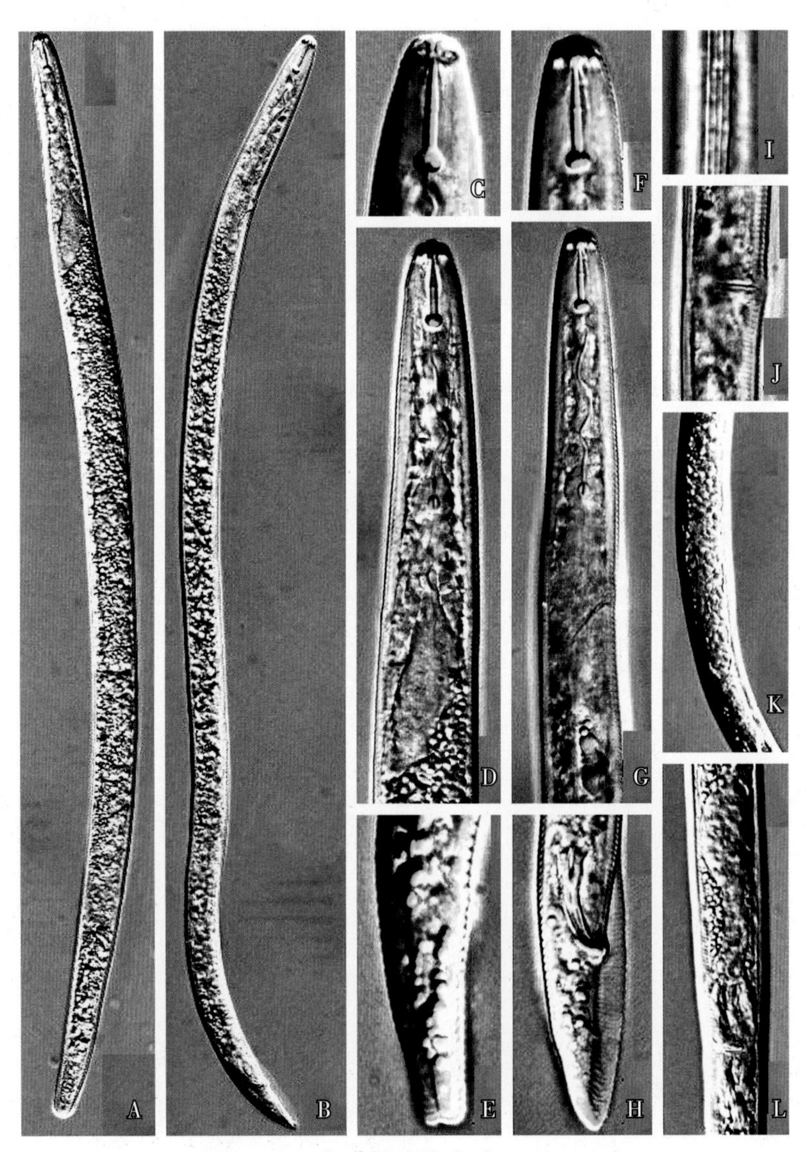

图7-92　咖啡根腐线虫（*P. coffeae*）

A. 雌虫整体；B. 雄虫整体；C. 雌虫头部；D. 雌虫前部；E. 雌虫尾部；F. 雄虫头部；G. 雄虫前部；H. 雄虫尾部；I. 雌虫侧带；J. 阴门；K. 雄虫精巢；L. 受精囊与卵巢

（2）玉米根腐线虫（*P. zeae*，图7-93）

雌虫体长389~457μm，虫体粗，环纹较细，侧带具4条侧线。唇区较高，无明显缢缩，有3条唇环，第一条唇环比后两条唇环窄。头架中等骨化，口针发达，长15~17μm；口针基部球锚状。中食道球卵圆形、有明显的瓣膜，食道腺从腹面及侧面覆盖于肠的前端。排泄孔位于食道—肠瓣门的前方，半月体紧靠排泄孔的前部。阴门位于虫体后体长的69%~74%处，单生殖管前生，卵母细胞单行排列，后阴子宫囊无细胞分化。尾长25~37μm，尾端窄、锥形，末端钝尖。

雄虫形态与雌虫相似。体长352μm，交合刺长15.5μm，引带长4.55μm。

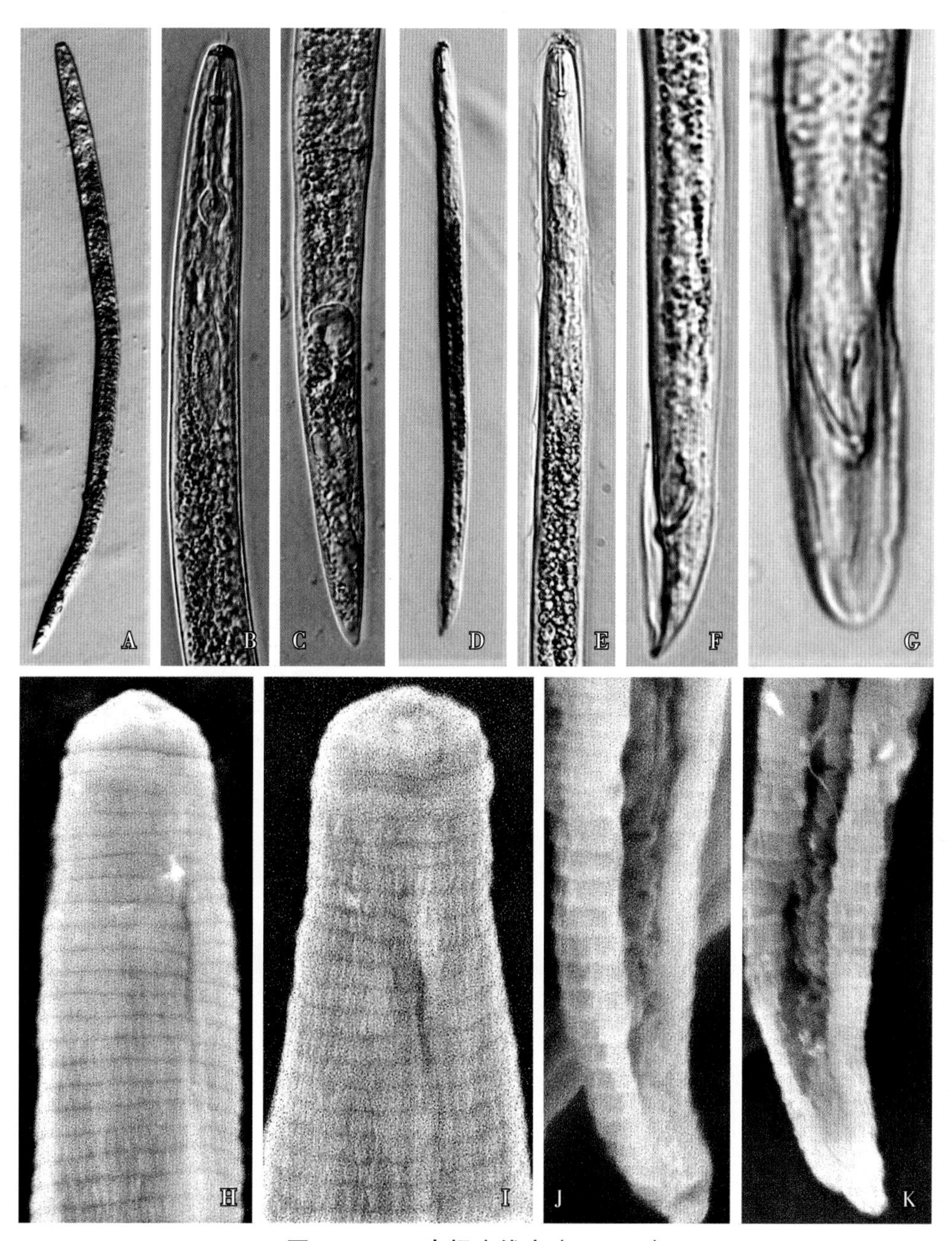

图7–93 玉米根腐线虫（*P. zeae*）

A. 雌虫整体；B. 雌虫前部；C. 雌虫后部；D. 雄虫整体；E. 雄虫前部；F. 雄虫尾部侧面；G. 雄虫尾部腹面；H、I. 雌虫头部（环纹）；J、K. 雌虫尾部侧面

（3）卢斯根腐线虫（*P. loosi*，图7–94）

雌虫体长564~719μm，虫体环纹细，侧带具4条侧线。头架骨化中等，唇区低、圆，具2个唇环。口针发达，长17~18μm，口针基部球椭圆形。中食道球卵圆形，有明显的瓣膜；食道腺覆盖于肠的腹面和侧面。阴门位于虫体后部体长的78%~81%处；单生殖管前生，卵母细胞单行排列；受精囊卵圆形，内部充满精子；后阴子宫囊短，未见明显的细胞分化。尾锥形，长24~27μm，末端窄圆或近尖，尾部

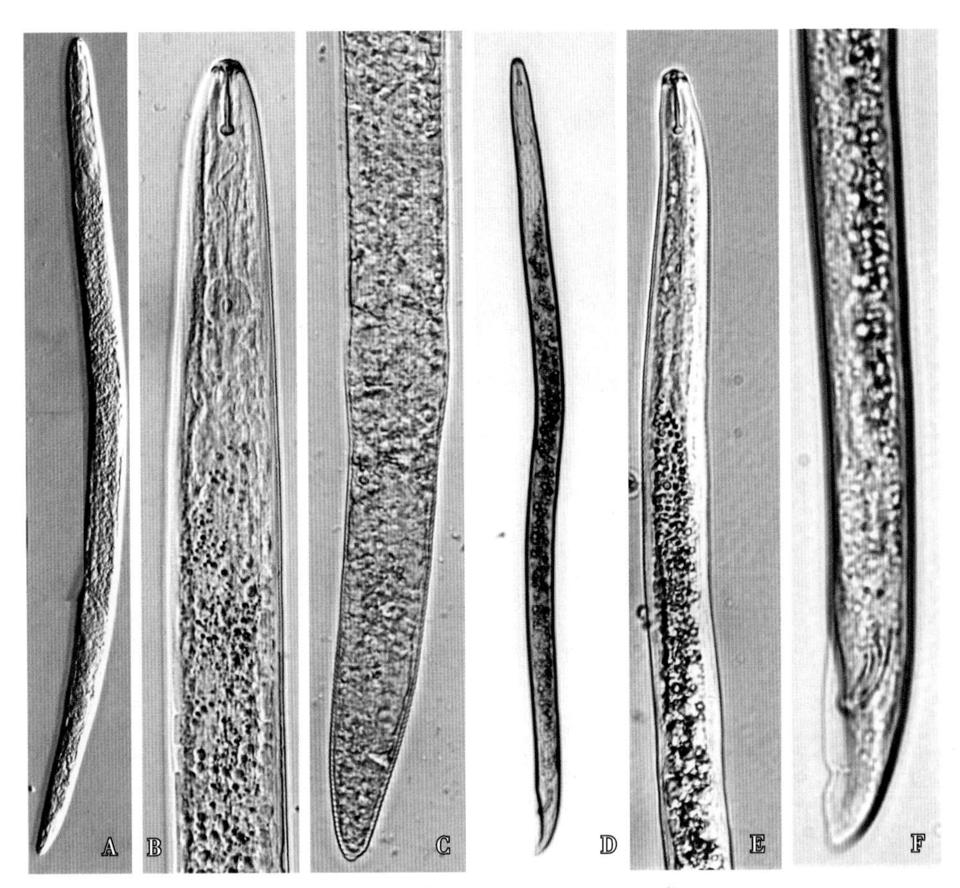

图 7-94　卢斯根腐线虫（*P. loosi*）

A. 雌虫整体；B. 雌虫前部；C. 雌虫后部；D. 雄虫整体；E. 雄虫前部；F. 雄虫尾部侧面

环纹较明显。

雄虫形态与雌虫相似。体长 479~504μm，口针长 15~16μm。交合刺朝腹面弯曲，长 15~16μm，引带长 4μm，交合伞包至尾端。

发病规律

根腐线虫（*Pratylenchus*）存活于发病果树的根组织内，越冬虫态以 4 龄幼虫和成虫为多。果园内随雨水、灌溉水和农事操作中病根、病土的搬移近距离传播。

防控措施

药剂防控：柑橘移栽期每株用 10% 噻唑膦颗粒剂 15~20g 与少量细土搅拌均匀后穴施于根周围，然后覆土。发病果园于春季柑橘发根初期沿树冠滴水线处开浅环沟，每株用 10% 噻唑膦颗粒剂 25~50g 与细土 1.0~1.5kg 搅拌均匀后施入沟内，施药后覆土浇水。

其他参考柑橘半穿刺线虫病防控措施。

三、柑橘根结线虫病

柑橘根结线虫病在我国各柑橘产区都有发生，病树一般减产 50% 左右，重病树绝收。有些柑橘园因根结线虫病发生严重而抛荒或改种其他作物。

症状

病树叶片褪绿和全株性黄化，梢少、短小，叶片变小，花多、果少，重病果树落叶、落花、落果，树势衰退直至绝收（图 7–95 至图 7–97）。受害根中柱膨大，细嫩根组织形成巨型细胞，侵染部位肿大而形成根结（图 7–98）。根结可以连续大量形成，使根系交错缠绕成团，根系畸形，新根和营养根少，后期根结崩解腐烂形成烂根，根系萎缩（图 7–99）。根结组织染色后可以看到病原线虫的各龄期虫态（图 7–100）。

图 7–95　柑橘根结线虫病病株（黄化衰退）

图 7–96　柑橘根结线虫病病株（衰退、果少且小）

图 7–97　柑橘根结线虫病病株（严重衰退）

图 7–98　柑橘根结线虫病根结

图 7-99 柑橘根结线虫病病根

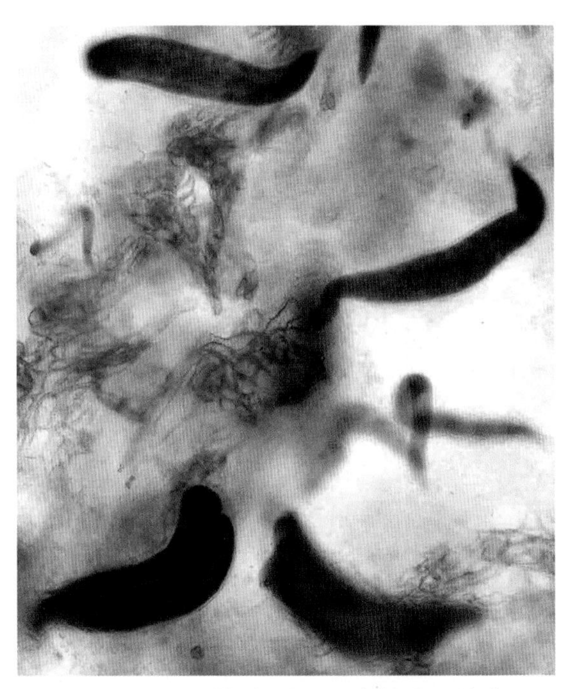
图 7-100 柑橘根结组织内的病原线虫

病原

我国报道侵染柑橘的根结线虫（*Meloidogyne*）达 13 种。其中有 7 个新种：福建根结线虫（*M. fujianensis*）、孔氏根结线虫（*M. kongi*）、简阳根结线虫（*M. jianyangensis*）、顺昌根结线虫（*M. shunchangensis*）、柑橘根结线虫（*M. citri*）、闽南根结线虫（*M. minnanica*）、东海根结线虫（*M. donghaiensis*）。其他 6 个种为南方根结线虫（*M. incognita*）、爪哇根结线虫（*M. javanica*）、花生根结线虫（*M. arenaria*）、苹果根结线虫（*M. mali*）、欧氏根结线虫（*M. oteifae*）、短小根结线虫（*M. exigua*）。

（1）顺昌根结线虫（*M. shunchangensis*，图 7-101、图 7-102）

雌虫虫体膨大呈梨形，大小为（755~1098）μm ×（343~735）μm，乳白色。具有一短颈，颈长 118~275μm；与虫体纵轴在同一直线上，颈部头端稍向虫体腹部弯曲，环纹较明显。头骨架发达，口针纤细，长 10~13μm，针锥稍弯曲，针杆柱状，口针基部球圆形，前缘向后倾斜。背食道腺开口于口针基部球后 4.3μm 左右。排泄孔位于口针基部球后约为口针长度 2.7 倍处，排泄管长。中食道球椭圆形或近方形，瓣门发达。头部正面观为口孔椭圆形，围有 6 个唇乳突；唇盘隆起，近圆形，周围有 6 个唇片。会阴花纹圆形或卵圆形，背弓中等或偏高，线纹细密，波纹多、有短碎纹。侧尾腺口大，圆形，侧尾腺口间距 22~28μm，以尾端为中心形成卷曲的螺纹或不规则的短线纹，线纹包至阴肛两侧。肛门两边腹侧线纹形成颊状，紧靠肛门下方角质膜加厚隆起呈脊状；阴肛间大多无线纹或有细微线纹，侧区形成细微的单侧线或双侧线。阴门裂明显；阴肛距 12~24μm。由于 2 个侧尾腺口大似眼状，肛门角质膜隆起增厚似鼻状，阴门裂明显呈嘴状，整个会阴花纹呈猴脸状。

雄虫蠕虫形，体长 1151~1746μm，长度变化很大。虫体前部逐渐变细，头部扁平，无环纹。唇盘椭圆形，稍比中唇高，与中唇融合成哑铃状结构。口针长 16~20μm，口针基部球圆形，前缘平或稍向后倾斜。侧带始于虫体前部约第 9 个体环，向后延伸至尾部，初始为 2 条侧线，虫体中部具有 4 条侧线，中脊形成 1 条浅侧线；侧带两侧有网纹。交合刺长 28~43μm，引带长 8~11μm。尾部长 12~19μm，尾端圆或平。

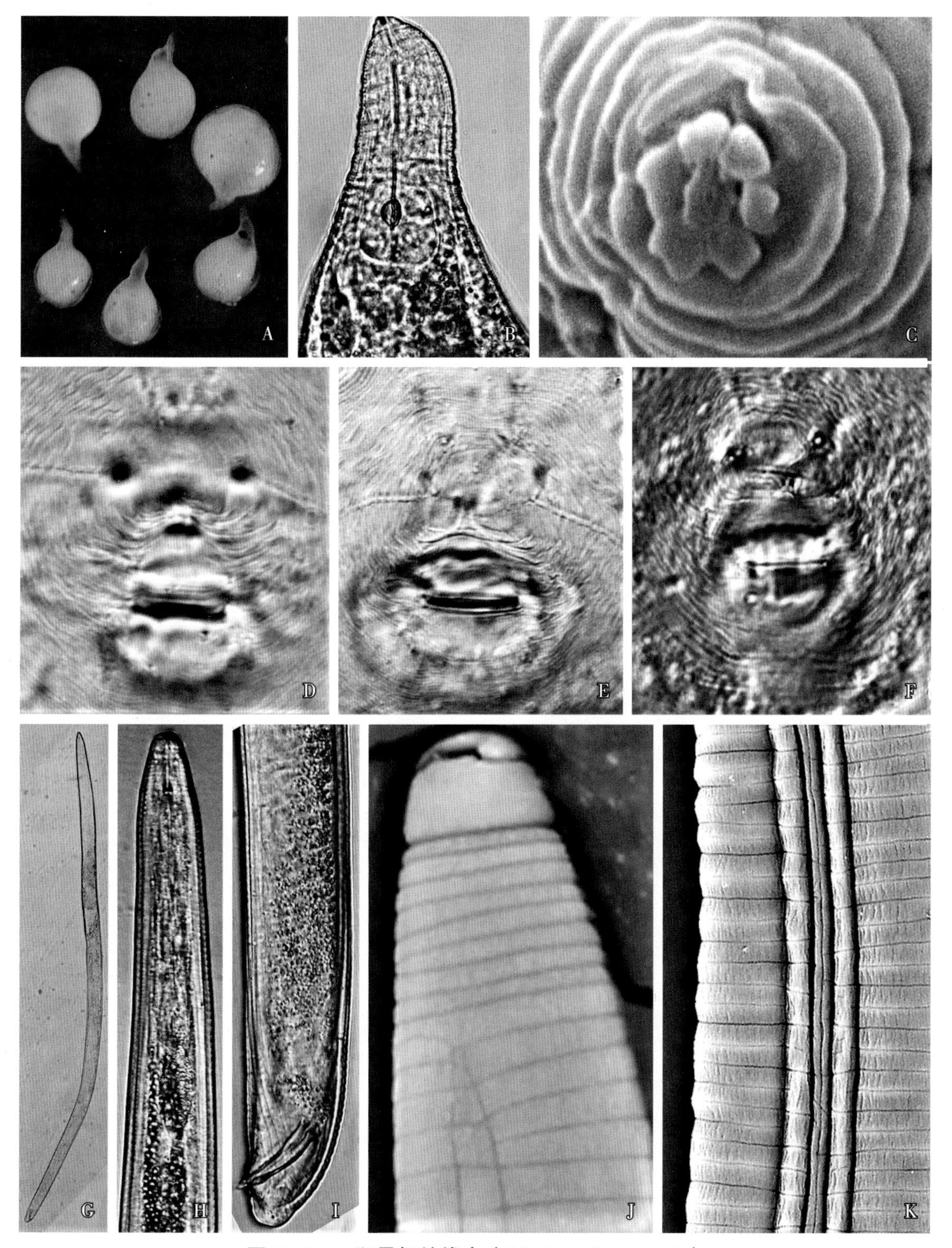

图 7–101 顺昌根结线虫（***M. shunchangensis***）

A. 雌虫整体；B. 雌虫头部侧面；C. 雌虫头部正面；D~F. 会阴花纹；G. 雄虫整体；H. 雄虫前部；I. 雄虫尾部；J. 雄虫头部；K. 雄虫侧带

2 龄幼虫蠕虫形，体长 302~385μm。头部平截，无缢缩。口针长 12~15μm，口针基部球圆形，前缘平或稍向后倾斜。背食道腺开口于口针基部球后 3.1μm 处。中食道球卵圆形，直肠膨大。尾部粗短，尾长 20~27μm，末端呈指状、钝圆；大多数尾部无缢缩，少数有 1~2 个缢缩，尾透明区长 3.4~4.2μm。

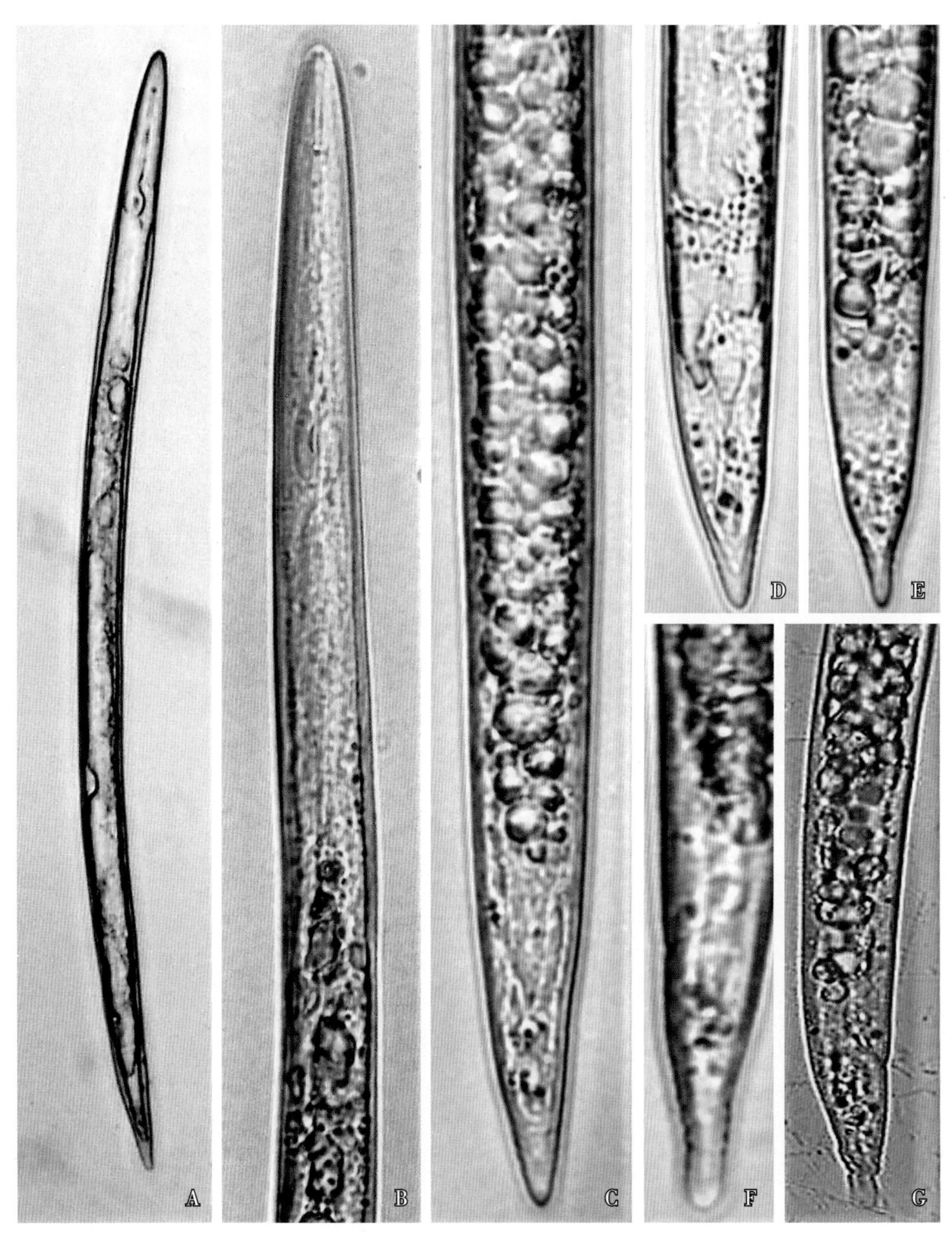

图 7-102 顺昌根结线虫（*M. shunchangensis*）2 龄幼虫

A. 整体；B. 前部；C~G. 尾部

（2）柑橘根结线虫（*M. citri*，图 7-103）

雌虫会阴花纹近圆形或略呈方形，背弓低平，无侧线。肛门上方有横纹或短纵纹，无阴门纹。阴唇上有细密横纹。会阴花纹内层角质膜加厚、隆起、有稀疏的粗纹，在粗纹之间有由细纹交织而成的索状纹。阴门外缘一侧或两侧形成颊状纹。腹面条纹平滑，连续。

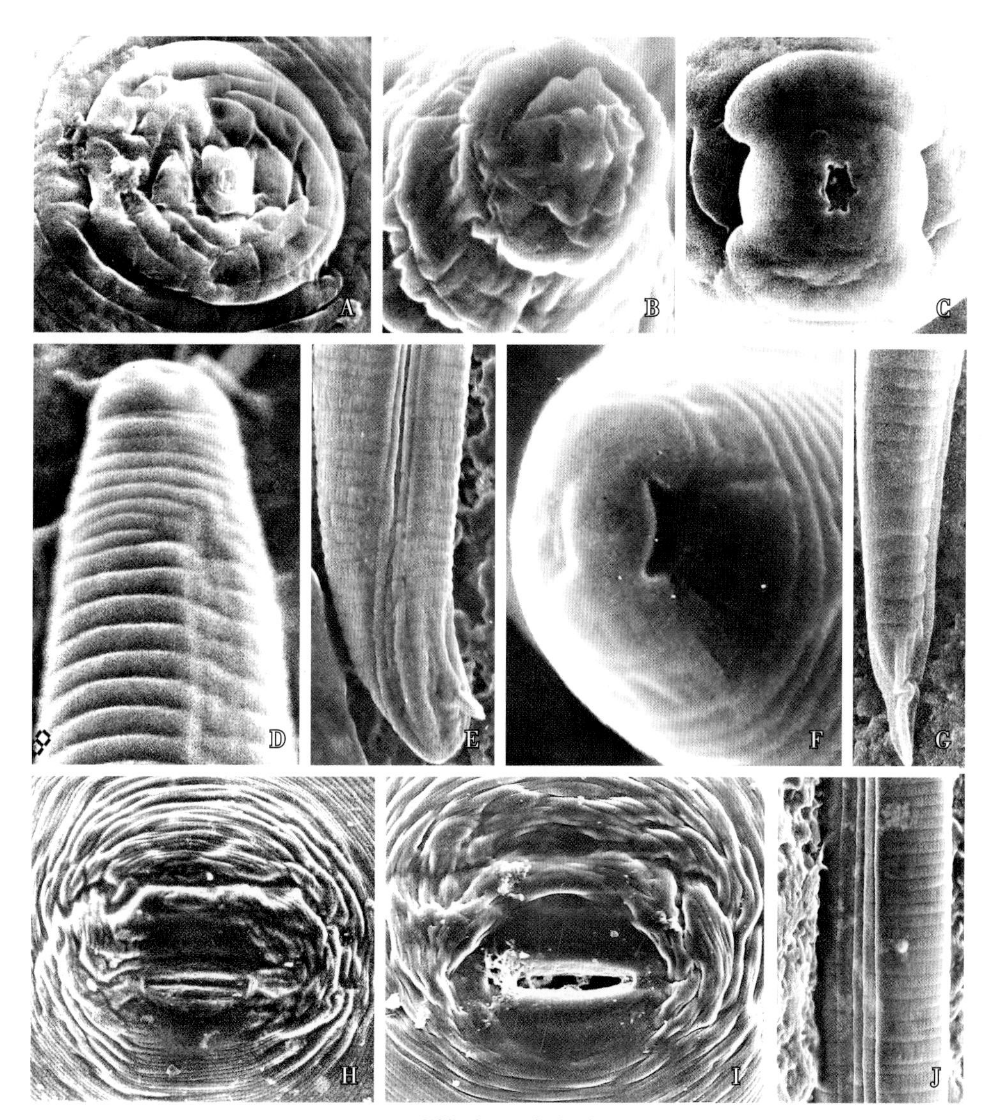

图 7–103 柑橘根结线虫（*M. citri*）

A、B. 雌虫头部正面；C. 雄虫头部正面；D. 雄虫前部侧面；E. 雄虫尾部；F. 2 龄幼虫头部正面；G. 2 龄幼虫尾部；H、I. 会阴花纹；J. 雄虫侧带

（3）闽南根结线虫（*M. minnanica*，图 7–104）

雌虫会阴花纹内层呈“8”字形，在肛门上方有 1~2 条横纹将会阴区和尾区分开，阴门与肛门之间没有线纹。尾区线纹卷曲，尾端形成结状尾突，不规则增厚或网状皱纹。会阴区一侧或两侧形成角质膜脊；尾觉器孔小，不易观察；背弓中等，弓呈方形或半圆形 。

（4）花生根结线虫（*M. arenaria*）

雌虫会阴花纹背弓扁平，弓上的线纹在侧线处稍有分叉，并通常在弓上形成肩状突起；背面和腹面的线纹通常在侧线处相遇，呈一定角度。近侧线处的一些线纹分叉，短而不规则。线纹平滑至波浪形，一些可能弯向阴门（图 7–105）。

（5）苹果根结线虫（*M. mali*）

雌虫会阴花纹圆，背弓扁平，角质膜纹紧密，在背面和腹面的侧线位置上有角状纹，侧带内侧部有双角质膜纹脊（图 7–106）。

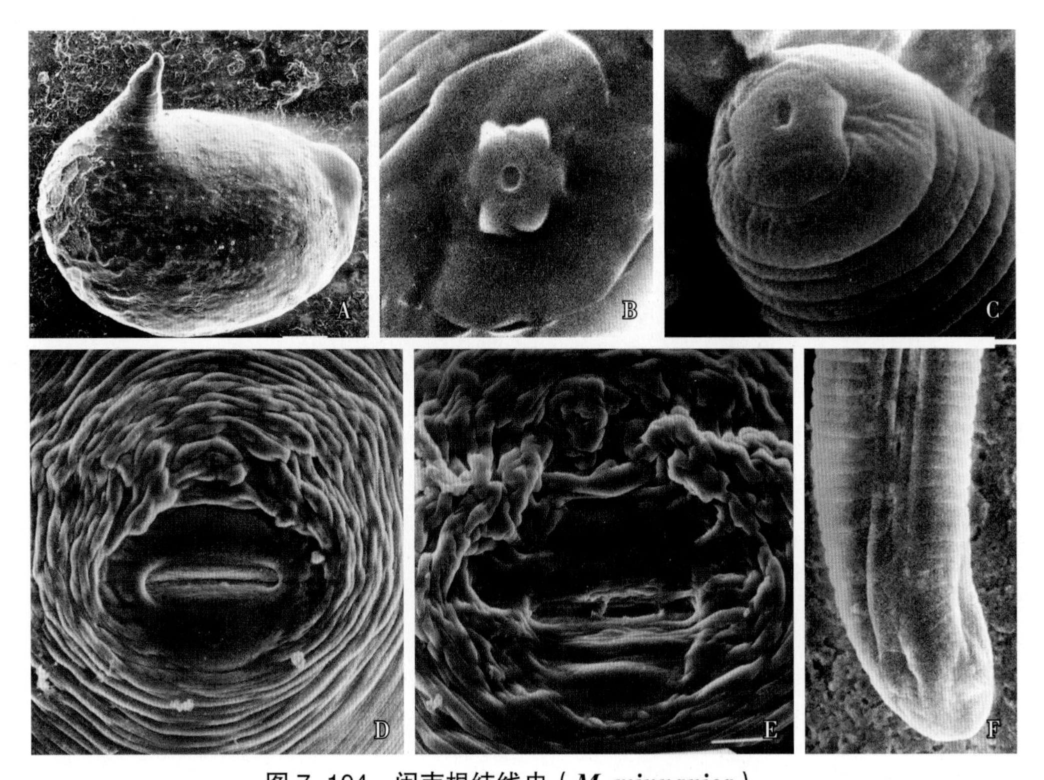

图 7-104 闽南根结线虫（***M. minnanica***）

A. 雌虫整体；B. 雌虫头部正面；C. 雄虫头部正面；D、E. 会阴花纹；F. 雄虫尾部

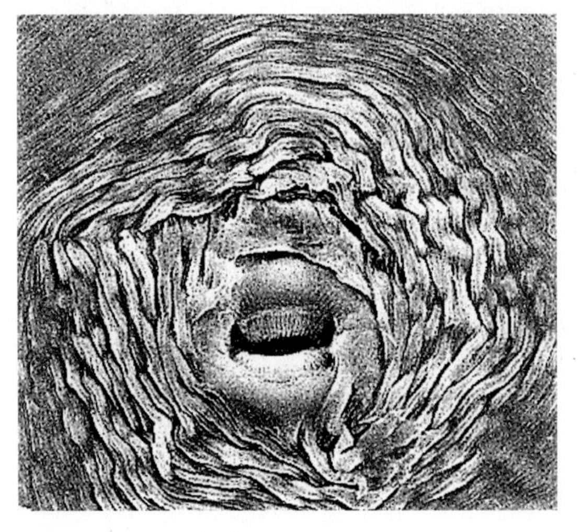

图 7-105 花生根结线虫（***M. arenaria***）会阴花纹

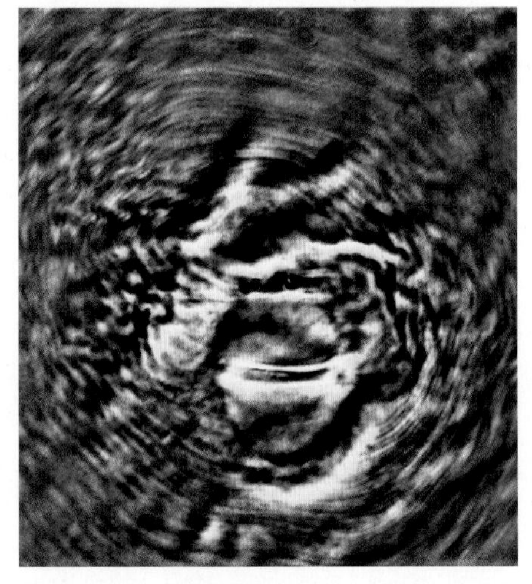

图 7-106 苹果根结线虫（***M. mali***）会阴花纹

发病规律

根结线虫（*Meloidogyne*）主要以卵囊中的卵和卵内的幼虫越冬。果园中的病树、残留于果园内的病根、带有虫卵和根结的病土是主要初侵染源。果园随灌溉水、雨水径流、附于农具上的带虫土壤传播，远距离主要随带病种苗和附着于苗木根部的带虫土壤传播。

防控措施

①土壤调理：病树在春梢萌发前进行恢复性治疗，扩穴、挖除烂根，填入干净客土，增施有机肥。

沿海地区可施用虾蟹壳或壳灰。

②化学防控：柑橘移栽期每株用 10% 噻唑膦颗粒剂 15~20g 与少量细土搅拌均匀后穴施于根周围，然后覆土。发病果园在春季果树发根初期，于树冠滴水线处开浅环沟，每株用 10% 噻唑膦颗粒剂 25~50g 与适量细 v　土搅拌均匀后施入沟内，施药后覆土浇水。

③生物防控：柑橘移栽期用厚垣孢普可尼亚菌或淡紫拟青霉穴施于根际。发病果园在春季果树春梢期和发根初期用厚垣孢普可尼亚菌或淡紫拟青霉层施或沟施。

四、柑橘穿孔线虫病

柑橘穿孔线虫病又称柑橘扩散性衰退病。这种病害传染性强，扩散速度快，数年之内可以导致毁园绝收，一旦发现应及时铲除扑灭。

症状

病树叶片稀疏、小、僵硬、黄化，枯枝多，树冠上部枯枝更明显（图 7-107）。病树果实很少成熟、果小，重病树完全失去产果能力。深层土壤中营养根大量减少，25~50cm 土层中根损失 25%左右，更下层土中的根系完全被破坏（图 7-108、图 7-109）。病原线虫侵入营养根，在根组织中迁移取食，能完全破坏韧皮部和大量皮层；中柱周围表皮剥落，根腐烂。病树在土壤缺水和干旱季节迅速萎蔫；抗寒力差，易受冻死亡。

图 7-107　柑橘穿孔线虫病果园症状

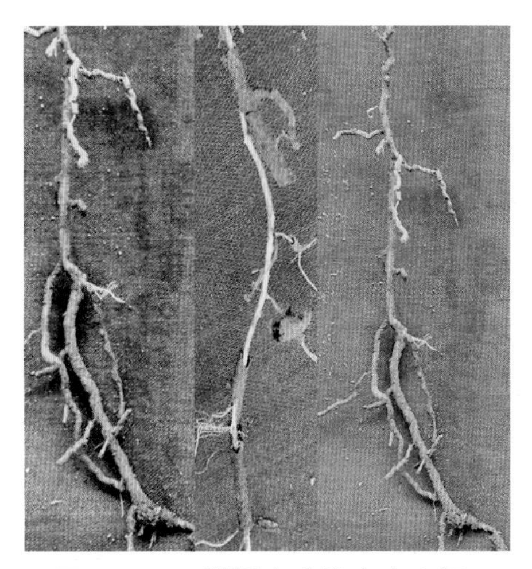

图 7-108 柑橘穿孔线虫病病根

图 7-109 柑橘穿孔线虫病病根完全腐烂

病原

病原为嗜橘穿孔线虫（*Radopholus citrophilus*，图 7-110、图 7-111）。

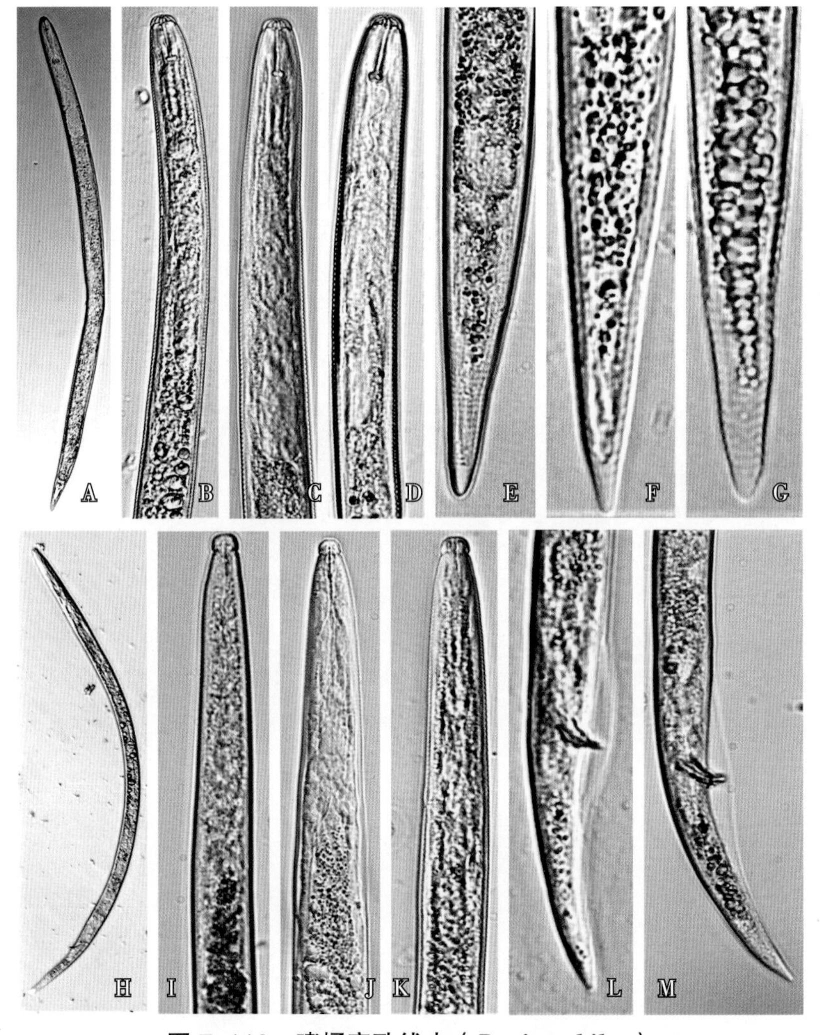

图 7-110 嗜橘穿孔线虫（***R. citrophilus***）

A. 雌虫整体；B~D. 雌虫前部；E~G. 雌虫尾部；H. 雄虫整体；I~K. 雄虫前部；L、M. 雄虫尾部

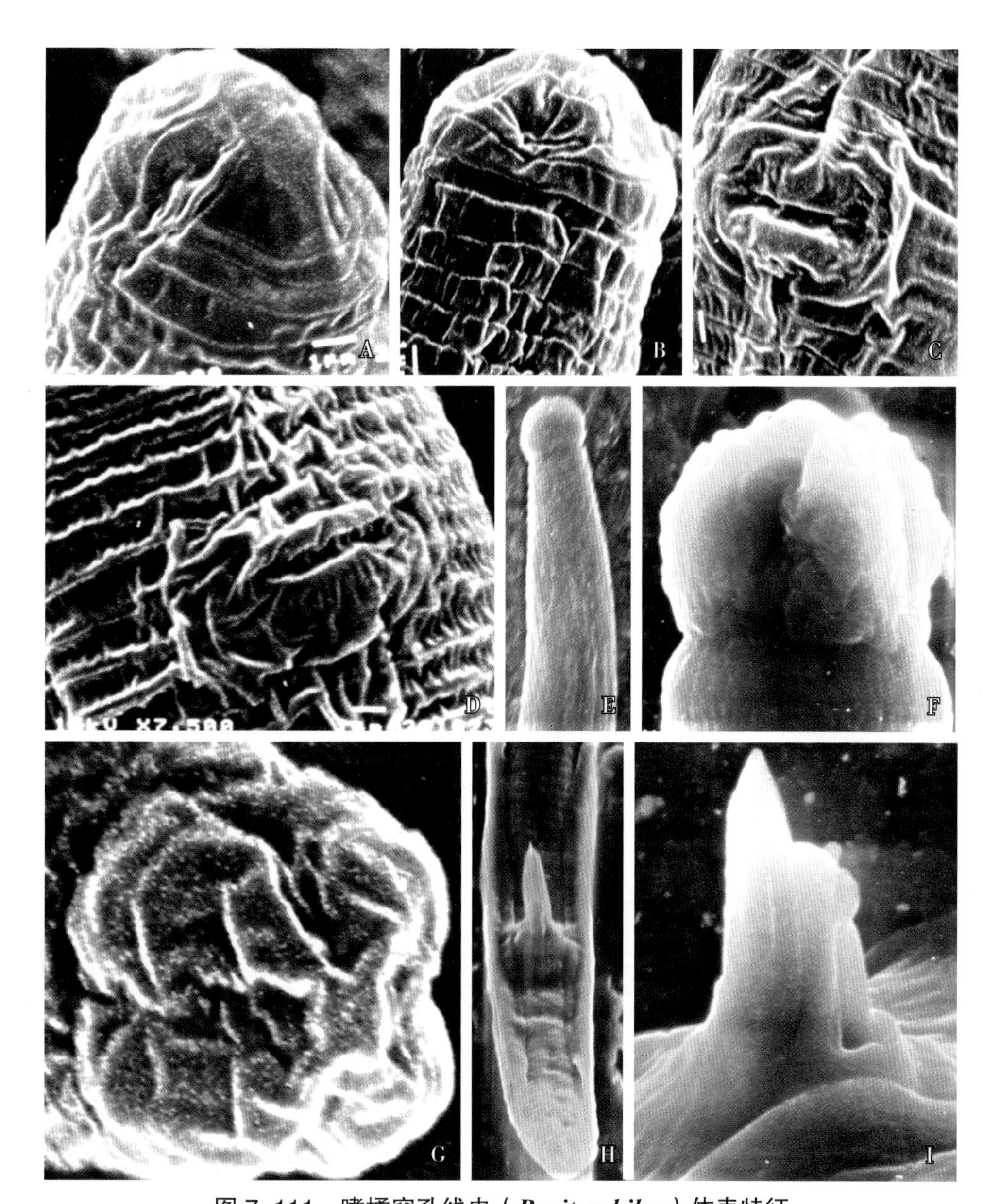

图 7-111　嗜橘穿孔线虫（*R. citrophilus*）体表特征

A. 雌虫头部正面；B. 雌虫头部侧面；C、D. 阴门正面；E. 雄虫前部；F. 雄虫头部侧面；G. 雄虫头部正面；H. 雄虫尾部腹面；I. 泄殖腔和交合刺

雌雄异形。雌虫体长 554~702μm，虫体缓慢加热杀死后直伸或稍朝腹面弯曲。头部低、圆，连续或稍缢缩，骨质化明显。唇盘近六边形，侧器孔延伸超过第三唇环。口针长 18~20μm，中食道球发育良好，食道腺大部分重叠于肠的背面。阴门位于虫体中部体长 56%~60% 处，阴门宽度占 3 个体环。双生殖管，贮精囊球形、有精子。尾长 65~75μm，锥形，尾透明区长 9~13μm。

雄虫体长 630~660μm。头部高、球形，明显缢缩。口针和食道退化。尾长 60~75μm，锥形，朝腹面弯曲，尾透明区长 7.0~12μm。交合刺细、弯曲，长 18~20μm；引带长 10~12μm，交合伞不包至尾端。

发病规律

嗜橘穿孔线虫（*R. citrophilus*）有广泛的寄主范围。侵染单子叶植物的芭蕉科（芭蕉属、鹤望兰属）、天南星科（喜林芋属、花烛属）和竹芋科（肖竹芋属），也危害一些双子叶植物，如胡椒。用胡萝卜愈伤组织培养的嗜橘穿孔线虫（*R. citrophilus*）进行接种试验，可侵染柚、甜橙、芦柑、枳、火鹤花、白鹤芋、绿巨人、袖珍椰子、香蕉等（图 7-112）。

带病的苗木等种植材料调运是嗜橘穿孔线虫（*R. citrophilus*）远距离传播的主要途径，线虫随香蕉、柑橘和观赏植物的根以及黏附其上的土壤传播；近距离传播主要依靠水流，及黏附在人、畜和耕作工具上的土壤；在田间可以通过植株间的根系互相接触和线虫本身蠕动迁移进行传播。

嗜橘穿孔线虫（*R. citrophilus*）在田间寄主残体被完全清除的试验条件下，6 个月后查不到。在较自然的无草休闲试验中，14 个月仍然能查到线虫，甚至有报道线虫可存活 2 年之久。

图 7-112　嗜橘穿孔线虫（*R. citrophilus*）对几种植物的致病性（烂根、萎蔫）

A. 火鹤花病株和病根；B. 袖珍椰子病株和病根；C. 绿巨人病株和病根；D. 柚、橙、芦柑病株（从左到右）；E. 香蕉病株

防控措施

①加强检疫：严禁引进疫区的种用砧木植物（金橘属与枳属）。对进境带根及附有栽培基质的天南星科、竹芋科、芭蕉科、鹤望兰科、樟科鳄梨属植物及柑橘、金橘、枳，须经检查并证实产地无此线虫。

②疫情控制：一旦发现这些检疫性线虫传入，要及时向政府和检疫机关报告，并及时采取铲除措施。主要措施有：砍除发病果园的柑橘及周边柑橘，集中清除病树周边杂草；将挖除的柑橘整株根部及土壤就地集中烧毁；用杀线虫剂处理病穴病土；要求种植户 5 年内禁种柑橘及相关寄主植物；对疫情铲除后的果园要连续 2 年定期取样监测，确定疫情铲除效果。

五、柑橘其他线虫病

（一）柑橘矮化线虫病

症状

病原线虫在柑橘根表皮取食而造成伤痕。受害植株根系生长量减少，植株矮化，叶片褪绿。

病原

病原为农田矮化线虫（*Tylenchorhynchus agri*，图 7-113）。

雌虫虫体圆筒形，两端较细，体长 717~791μm。头部半圆形，略缢缩，中等骨质化，头环 4 个。

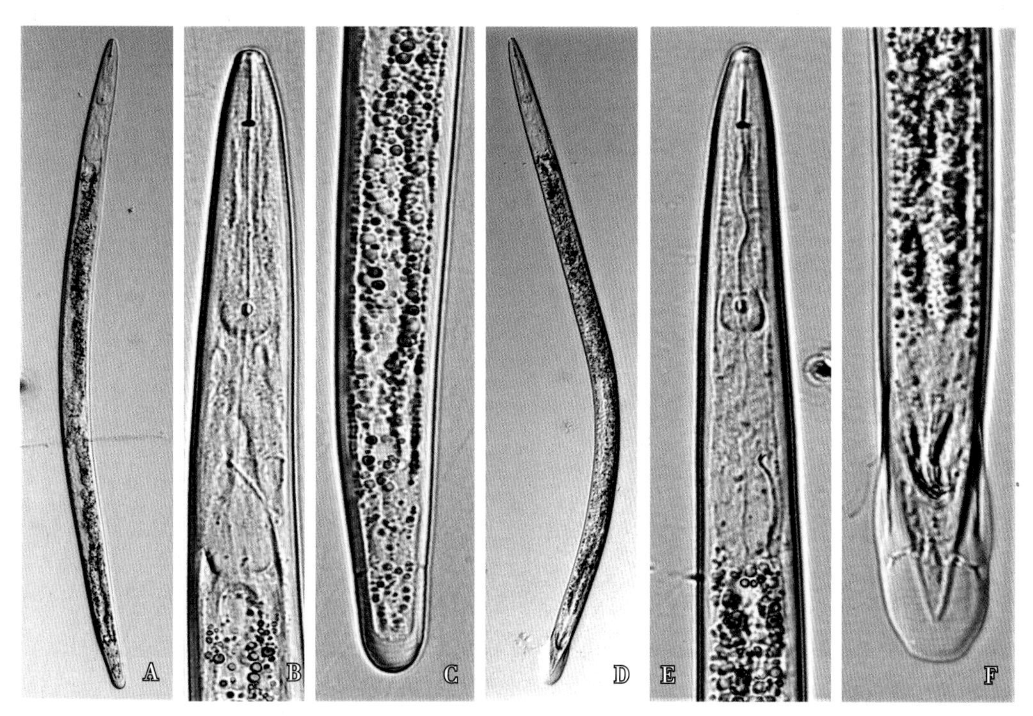

图 7-113　农田矮化线虫（*T. agri*）

A. 雌虫整体；B. 雌虫前部；C. 雌虫尾部；D. 雄虫整体；E. 雄虫前部；F. 雄虫尾部

口针长 20μm，基部球扁圆形，前缘较平。背食道腺开口距口针基部球后 3.26μm。中食道球卵圆形，瓣膜明显。排泄孔与食道腺前缘水平，后食道腺与肠平接。阴门位于虫体中部稍后约体长的 59% 处，双生殖管对生。尾近圆柱形，尾长 47~48μm；尾端半球形，光滑。侧尾腺口位于尾中部。

雄虫体形与雌虫相似。交合刺长 22.0μm，引带长 12.5μm，交合伞包至尾端。

（二）柑橘盘旋线虫病

症状

病原线虫在柑橘根皮层组织内取食，造成褐色坏死伤痕。线虫群体水平较高时会抑制柑橘根的生长，导致植株生长衰弱、叶片黄化。

病原

病原为巨尾拟盘旋线虫（*Pararotylenchus colocaudatus*，图 7–114）。

雌虫虫体圆筒形，体长 1094~1256μm，缓慢加热杀死后虫体向腹面呈“C”形弯曲。体环较粗，清晰。头部半球形、缢缩，具 5 个头环，高度骨质化。口针粗壮，长 31~32μm，口针基部球圆形、前缘平。背食道腺开口于口针基部球后约 6.7μm 处，中食道球卵圆形，后食道腺与肠平接。阴门位于虫体中部，双生殖管。侧尾腺口位于肛门前。尾圆柱形，尾端钝圆。

雄虫形态与雌虫相似。体长 900~1140μm，口针长 27~31μm，交合刺长 25~28μm，引带长 11~15μm。

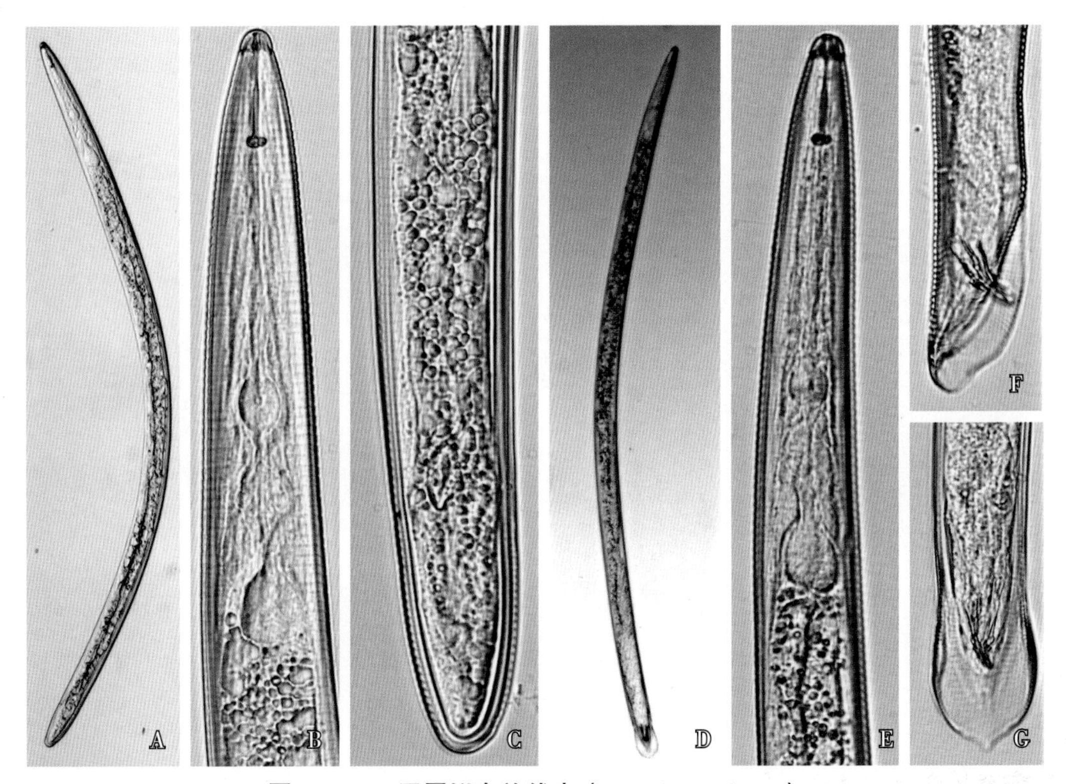

图 7–114 巨尾拟盘旋线虫（*P. colocaudatus*）

A. 雌虫整体；B. 雌虫前部；C. 雌虫后部；D. 雄虫整体；E. 雄虫前部；F、G. 雄虫尾部（侧面、腹面）

（三）柑橘螺旋线虫病

症状

病原线虫在柑橘根皮层组织取食，被侵染部位产生褐色坏死伤痕，根系生长不良，植株生长衰弱。

病原

（1）双宫螺旋线虫（*Helicotylenchus dihystera*，图 7−115）

雌虫缓慢加热杀死后呈螺旋形，体长 624~847μm。体环粗、清晰。头部半球形、连续，高度骨质化，唇环 4 个。口针发达，长 26~29μm，口针基部球大、圆形。背食道腺开口距口针基部球约 12μm。中食道球椭圆形，食道腺从腹面及侧面覆盖肠的前端。排泄孔距头端约为 117μm，半月体位于排泄孔后约 2 个体环处。阴门位于虫体中后部体长的 61%~65% 处，双生殖管对生，受精囊内无精子。

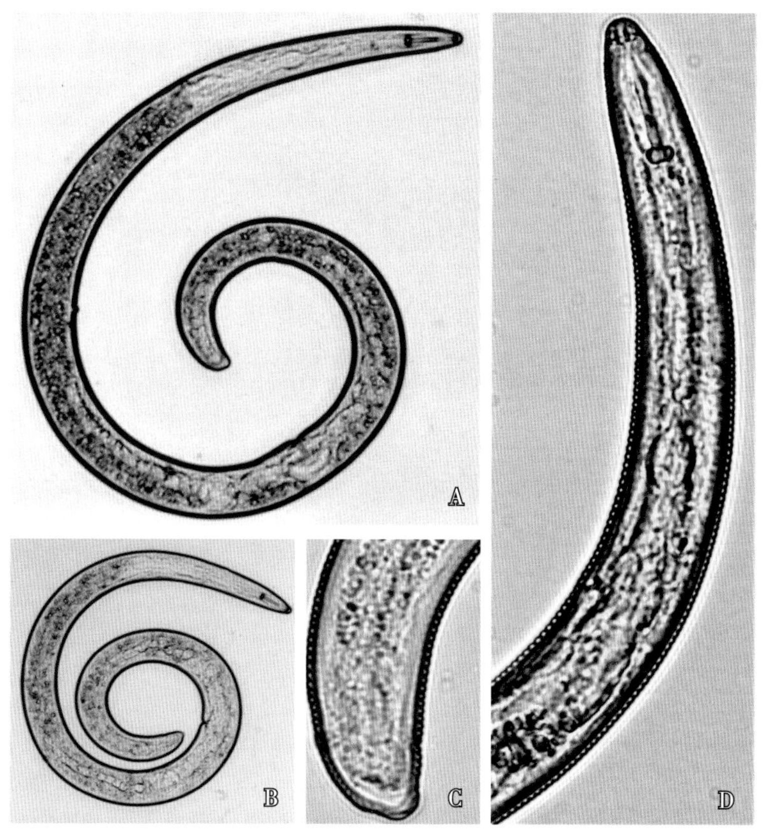

图 7−115　双宫螺旋线虫（*H. dihystera*）雌虫

A、B. 整体；C. 尾部；D. 前部

（2）假强壮螺旋线虫（*H. pseudorobustus*，图 7−116）

雌虫缓慢加热杀死后虫体呈螺旋状。头端圆锥状。口针长 22~26μm，口针基部球锚状。背食道腺开口位于口针基部球后 10~14μm 处。中食道球卵圆形，瓣门明显，食道腺覆盖肠腹面。排泄孔距头端 106~119μm。阴门位于虫体中后部体长的 62%~64% 处，阴唇凹陷。双生殖管，对生、平伸。侧尾腺

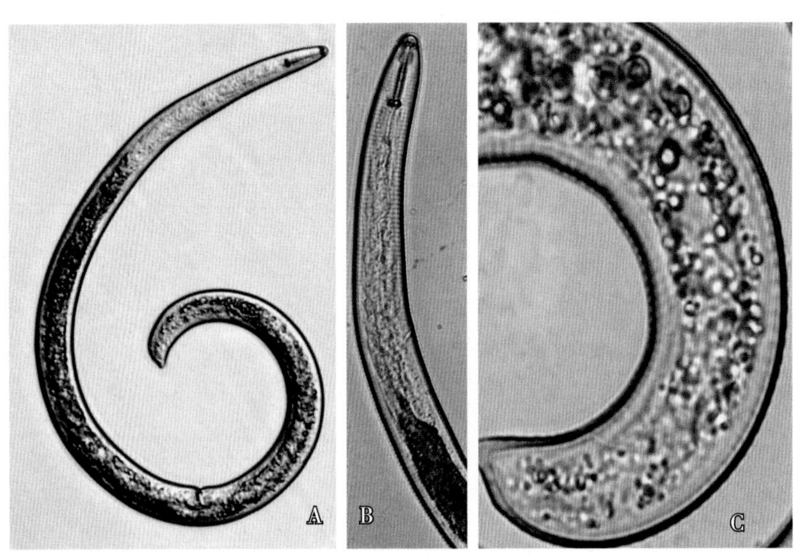

图 7-116 假强壮螺旋线虫（***H. pseudorobustus***）雌虫

A. 整体；B. 前部；C. 后部

位于肛门前 7~9 个环纹处。尾部长度为 16~24μm，有 7~9 个环纹，尾背弯曲弧度较大，腹面较直，尾端形成腹突，腹突长超过 2 个环纹。

（3）异螺旋线虫（*H. exallus*，图 7-117 至图 7-119）

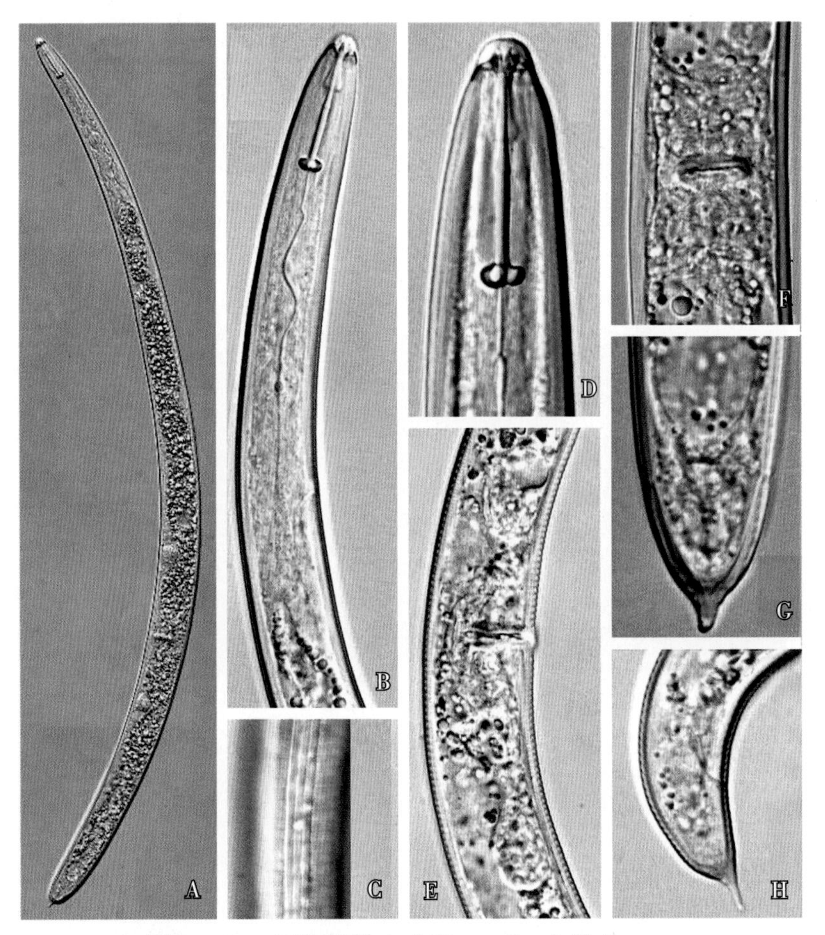

图 7-117 异螺旋线虫（***H. exallus***）雌虫

A. 整体；B. 前部；C. 侧带；D. 头部；E. 双生殖管；F. 阴门；G. 尾部腹面；H. 尾部侧面

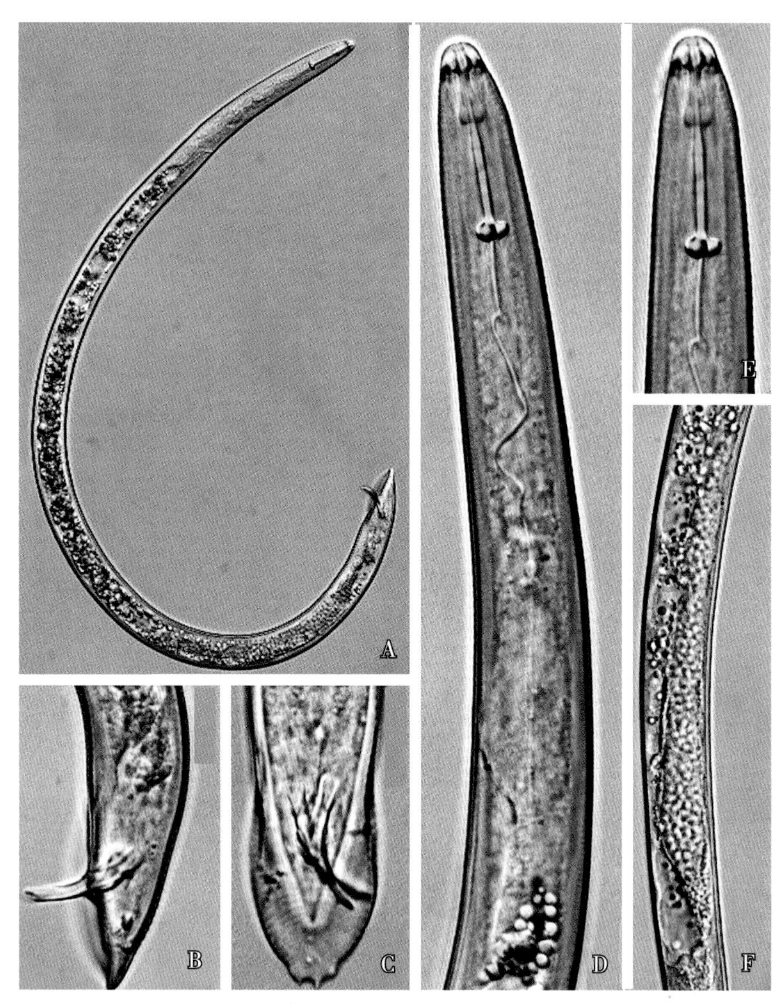

图 7–118　异螺旋线虫（*H. exallus*）雄虫

A. 整体；B. 交合刺侧面；C. 交合刺腹面；D. 前部；E. 头部；F. 精巢

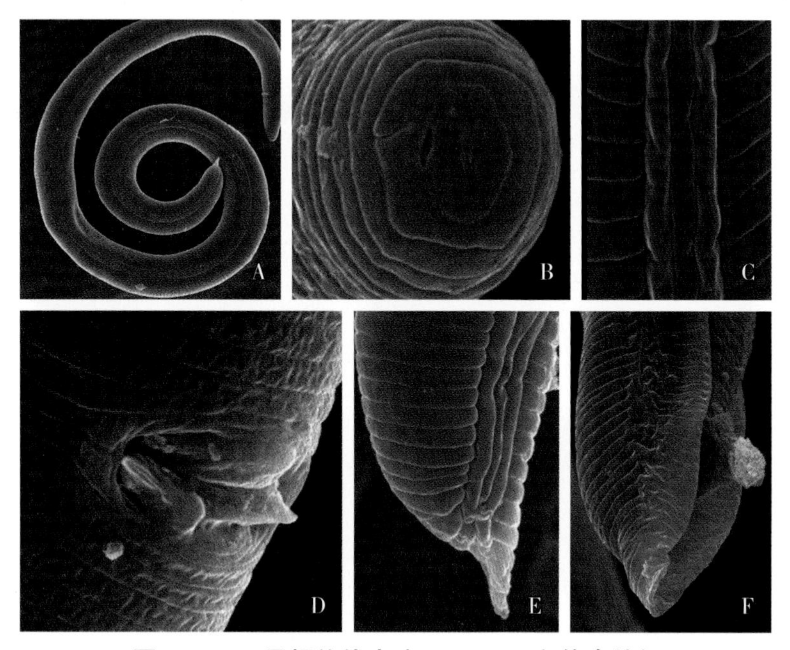

图 7–119　异螺旋线虫（*H. exallus*）体表特征

A. 雌虫整体；B. 雌虫头部正面；C. 雌虫体环和侧带；D. 阴门；E. 雌虫尾部；F. 雄虫尾部

雌虫缓慢加热杀死后虫体呈宽"C"形至螺旋形。体表环纹明显，头部环纹紧密。头顶平截，不缢缩，头骨架发达。口针粗壮，长 26~30μm，口针基部球圆形、前缘平或略凹。排泄孔位于食道与肠道交界处的前部。侧带有 4 条侧线。阴门唇稍突出，阴道与体环平行，双生殖管对生。尾部向腹面弯曲，末端有明显的腹尾突。

雄虫前部形态与雌虫相似。精巢长，内含大量精子。交合刺粗壮、弓状，交合伞包至尾端。

（四）柑橘盾线虫病

症状

病原线虫侵染根皮层组织，导致根系生长不良，植株衰退。

病原

病原为短尾盾线虫（*Scutellonema brachyurus*，图 7–120）。

雌虫体长 650~688μm，缓慢加热杀死后虫体呈宽"C"形或松散的螺旋形。体环清晰。头部半球形、缢缩、高度骨质化，头环 3 个。口针粗壮，长 29~30μm，口针基部球大、圆形，前缘较平。背食道腺开口于口针基部球后 7μm 处。排泄孔距头端约 125μm。食道腺从背面和侧面覆盖肠的前端。阴门位于虫体中后部约体长的 60% 处，双阴唇，阴门盖向外突起。双生殖管对生、平伸。尾圆柱形，向腹面弯曲，长约 11μm。侧尾腺口盾片状，位于肛后 1~3 个体环处。尾端宽圆，8~10 个环纹。

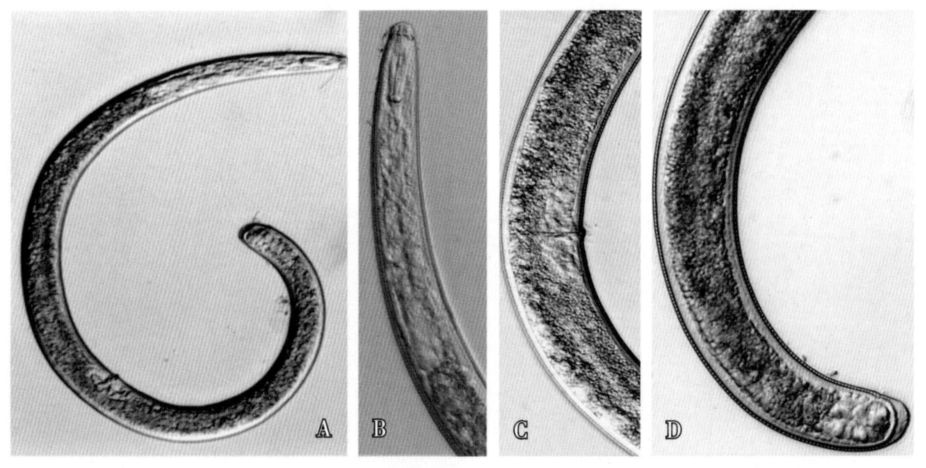

图 7–120　短尾盾线虫（*S. brachyurus*）雌虫

A. 整体；B. 前部；C. 阴门部；D. 后部

（五）柑橘肾形线虫病

症状

病原线虫为定居型半内寄生线虫，以年轻雌虫侵染柑橘根系。受害根粗短，营养根稀少，树势衰弱，叶片黄化。

病原

病原为肾状肾形线虫（*Rotylenchulus reniformis*，图 7–121）。

成熟雌虫虫体膨大，呈肾形。阴门隆起，位于虫体中后部。颈部不规则膨大，肛门后的虫体呈半球形，有一个明显尾尖突。未成熟雌虫虫体纤细，缓慢加热杀死后呈宽“C”形弯曲，体环较细，清晰。头部圆锥形，不缢缩，中等骨质化，头环 4 个。口针中等粗壮，基部球圆形，向后倾斜。背食道腺开口于口针基部球后 16~17μm 处，中食道球卵圆形、瓣膜大，峡部较长，食道腺从腹面及侧面覆盖肠的前端。排泄孔位于半月体后 1~2 个体环处，与峡部末端齐平。阴门横裂，位于虫体中后部。尾渐细，

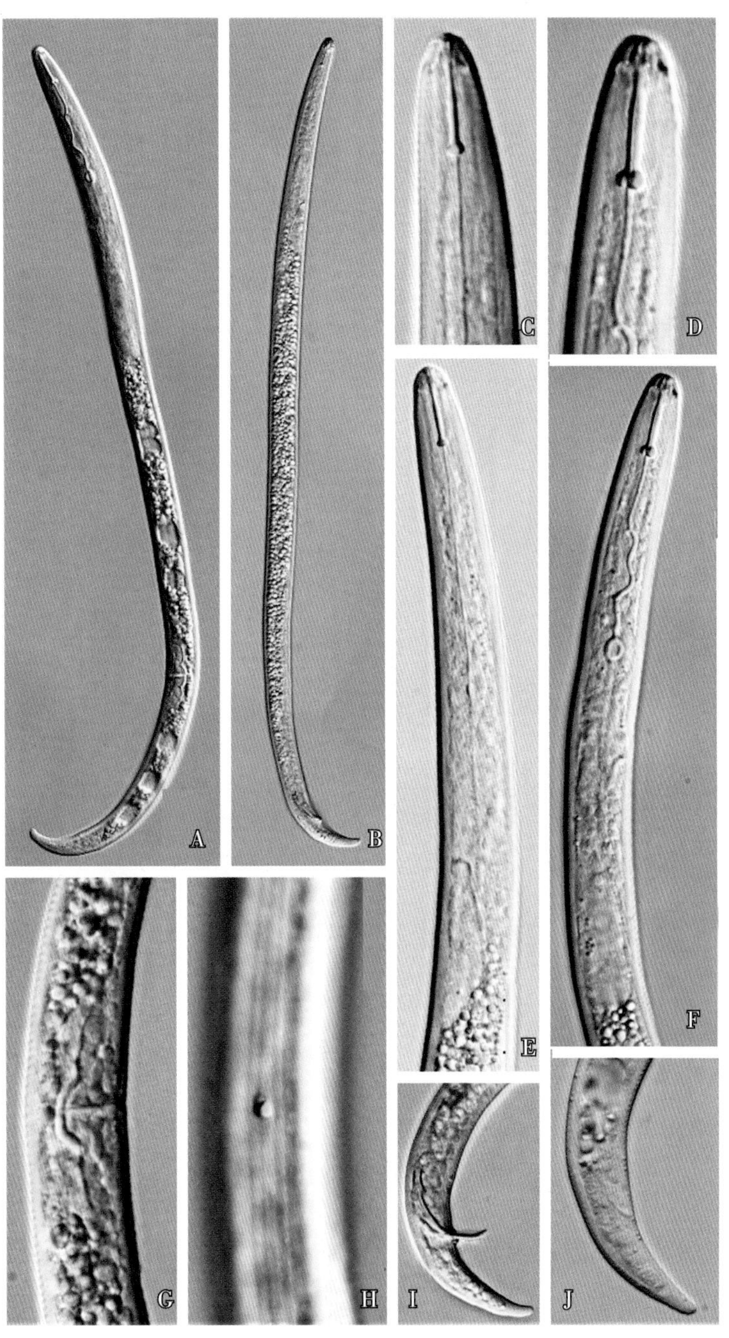

图 7–121　肾状肾形线虫（***R. reniformis***）

A. 未成熟雌虫整体；B. 雄虫整体；C. 雄虫头部；D. 雌虫头部；E. 雄虫前部；F. 雌虫前部；G. 阴门；H. 雄虫侧带；I. 雄虫尾部；J. 雌虫尾部

呈圆锥形，末端窄圆。

雄虫虫体纤细，缓慢热杀死后呈宽“C”形或略向腹面弯曲。头骨质化弱，口针纤细，食道退化。尾部尖，交合刺 18~20μm，交合伞不包至尾端。

（六）柑橘针线虫病

症状

病原线虫在寄主根部外寄生危害。柑橘根际线虫高群体水平时，会导致柑橘根系坏死，植株生长衰弱。

病原

（1）突出针线虫（*Paratylenchus projectus*，图 7-122）

雌虫体长 260~347μm，缓慢加热杀死后虫体后部向腹面呈“C”形或“J”形弯曲。体环纹细。头部平圆或截锥形，略缢缩，骨质化弱。口针粗壮，长 25~28μm，口针基部球大、圆形。背食道腺开口位于口针基部球后 4~5μm 处，食道环线型，后食道球梨形，与肠平接。阴门处虫体略有膨胀，具阴门侧膜，阴门后虫体渐细。尾锥形，末端钝圆。

雄虫虫体纤细，体长 237~282μm。头部圆锥形，食道退化。交合刺长 14~15μm，无交合伞。尾部呈圆锥形，末端钝尖。

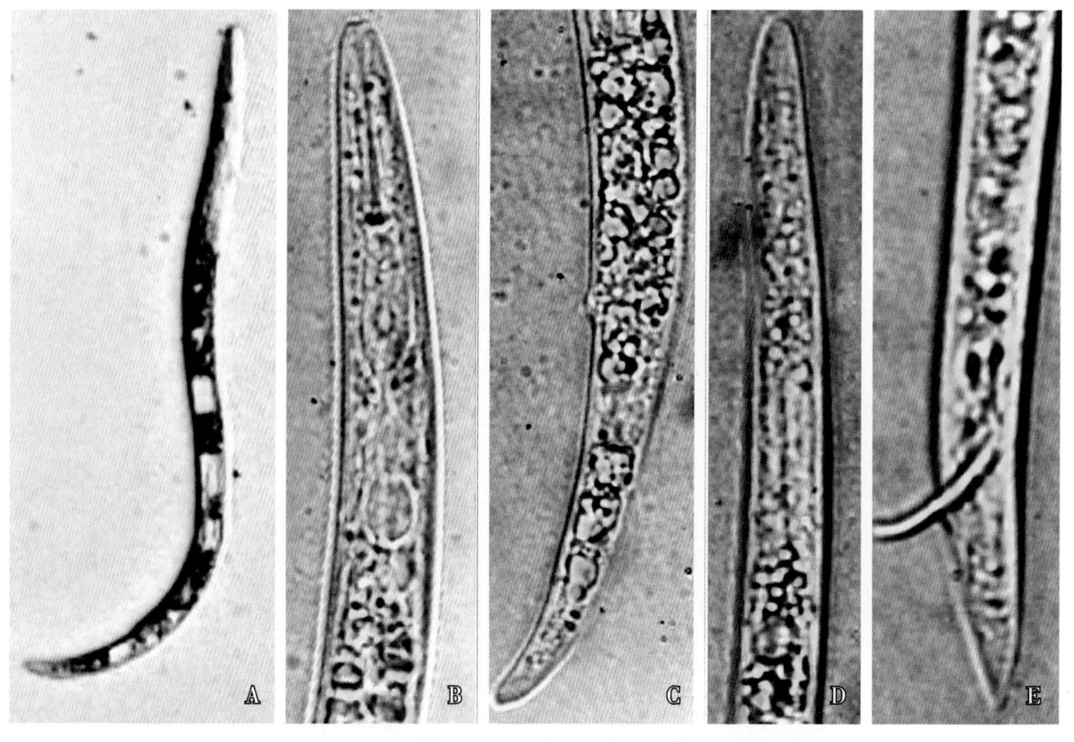

图 7-122 突出针线虫（*P. projectus*）

A. 雌虫整体；B. 雌虫前部；C. 雌虫后部；D. 雄虫前部；E. 雄虫后部

（2）布科维纳针线虫（*P. bukowinensis*，图 7-123）

雌虫加热杀死后呈“C”形，虫体丰满，环纹明显，前端钝圆无附属物。头骨质化弱。口针细且直，

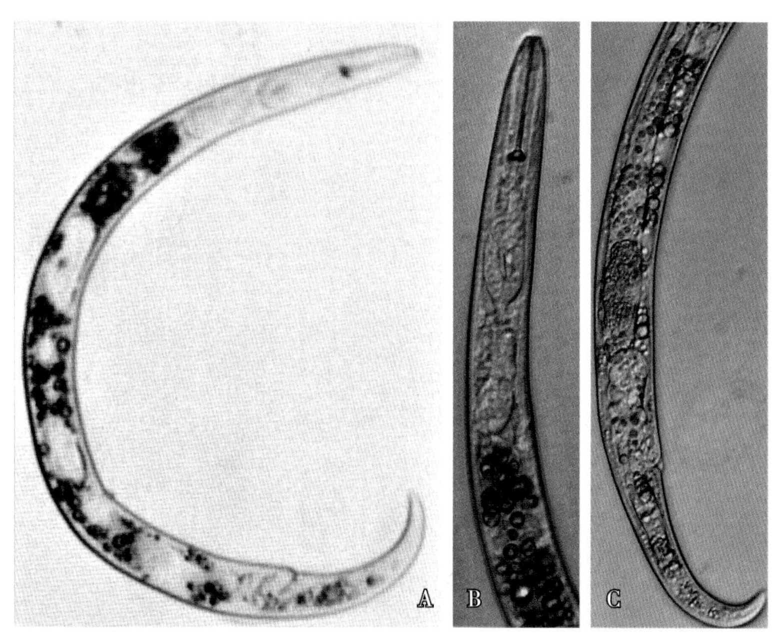

图 7–123　布科维纳针线虫（*P. bukowinensis*）雌虫

A. 整体；B. 前部；C. 后部

长 22~29μm。环线型食道，食道体部细，中食道球大，后食道球较小。排泄孔位于后食道球前部水平处。双生殖管对生，后生殖管短。受精囊明显，卵圆形，含有精子。阴门有阴门膜。

（3）纤针线虫（*Gracilacus* sp.，图 7–124）

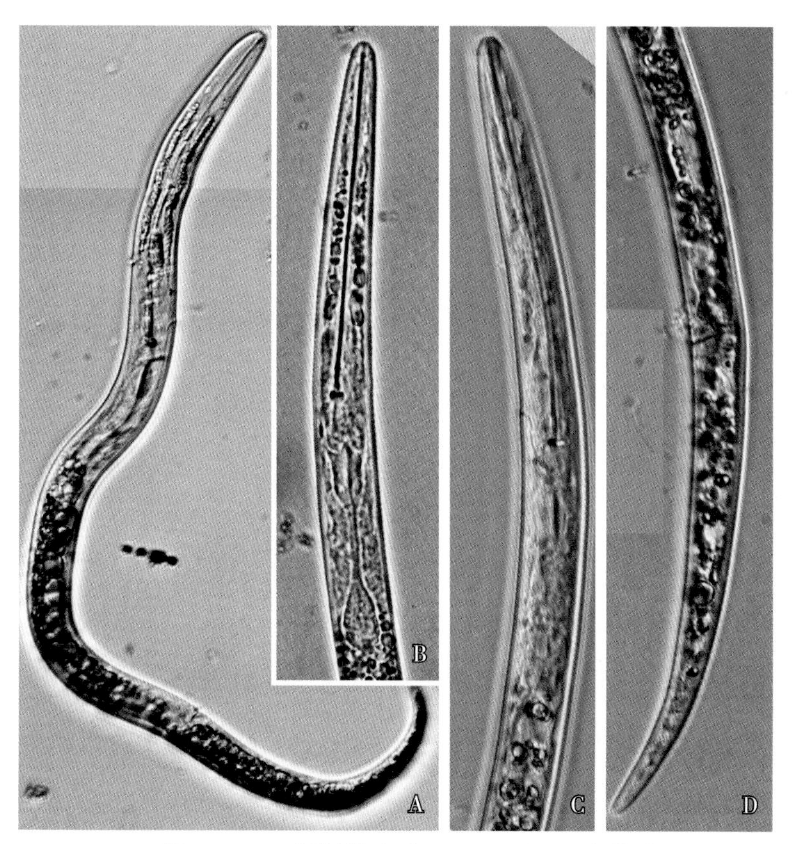

图 7–124　纤针线虫（*Gracilacus* sp.）雌虫

A. 整体；B、C. 前部；D. 后部

雌虫细小，蠕虫形，缓慢加热杀死后呈“C”形弯曲。头骨质化弱。口针细长，延伸至中食道球附近。食道环线型，形成明显的中食道球和后食道球。排泄孔位于中食道球和口针基部球前。阴门稍突起，位于体后体长的80%~90%处。单生殖管前生，尾部圆锥形。

（七）柑橘环线虫病

症状

病原线虫在营养根的细嫩部和根尖皮层组织取食，造成伤痕，抑制根系生长。病树生长衰弱，叶片褪绿、黄化。

病原

（1）饰边盘小环线虫（*Discocriconemella limitanea*，图7–125）

雌虫体长219~261μm，虫体肥胖，缓慢加热杀死后虫体呈“C”形弯曲。唇区突出，唇盘两侧有侧器孔。口针粗壮发达，长56~62μm，口针基部球锚状。食道环线型。排泄孔位于食道末端附近。体环数110~123个，颈部腹面体环从第5个至第16~17个边缘朝前，其余体环边缘后倾，体环边缘饰有细密的齿状纹，许多腹背环纹在虫体侧面融合成大量网结。阴门位于虫体后部，阴道斜裂，前阴唇稍高于后阴唇。单生殖管，贮精囊椭圆形。肛门不明显。尾部圆锥形，略向腹面弯曲。尾端钝圆或呈裂片状。

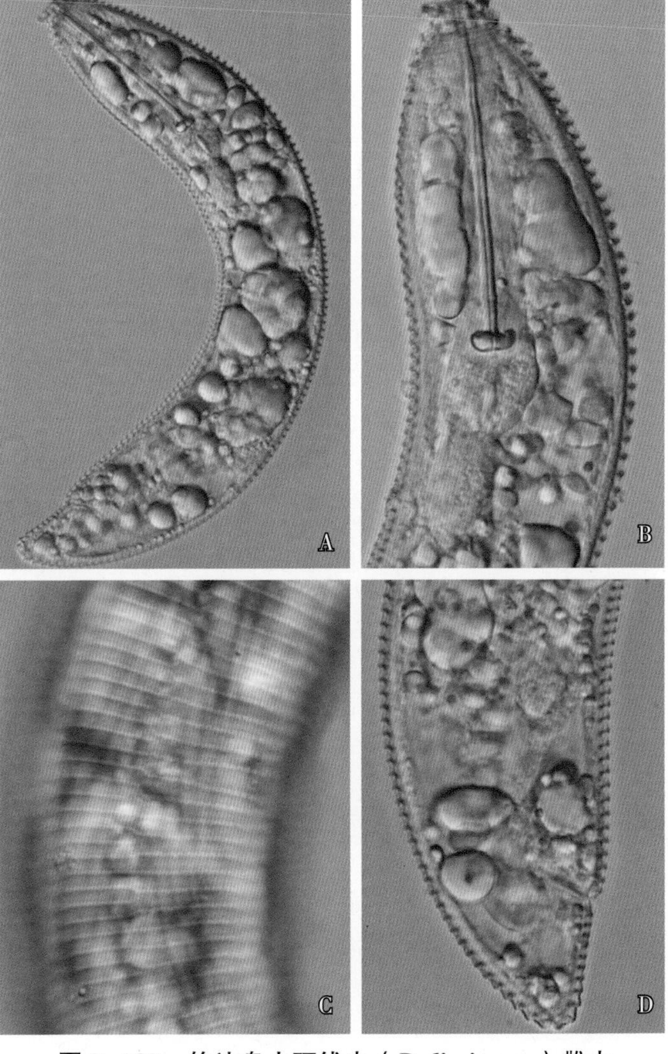

图7–125 饰边盘小环线虫（*D. limitanea*）雌虫
A. 整体；B. 前部；C. 中部体环；D. 尾部

（2）异盘大刺环线虫（*Macroposthonia xenoplax*，图7–126）

雌虫虫体朝腹面弯曲，体长408~520μm。体环粗，后翻，光滑，后缘圆。唇盘厚实、隆起，口孔圆形。侧器孔位于唇盘后两侧，半圆形。唇盘后有4块稍分开的唇片。口针粗壮，长52~62μm。食道环线型。排泄孔位于食道末端附近。体环数82~90个。阴门位于虫体后部，前阴唇有2个突起。肛门开口小，尾圆锥形，尾端为一完整尾环。

（3）装饰大刺环线虫（*M. ornate*，图 7–127）

雌虫虫体朝腹面弯曲，体长 360~460μm。体环粗，后翻，光滑，后缘圆，体环数 85~91 个。唇盘隆起，口孔椭圆形。亚中唇片 4 个、大，侧唇片退化成突出的小叶状。口针长 50~55μm。

图 7–126　异盘大刺环线虫（*M. xenoplax*）雌虫

A、B. 整体；C、D. 前部；E. 尾部；F. 头部正面；G. 头部侧面；H. 尾端

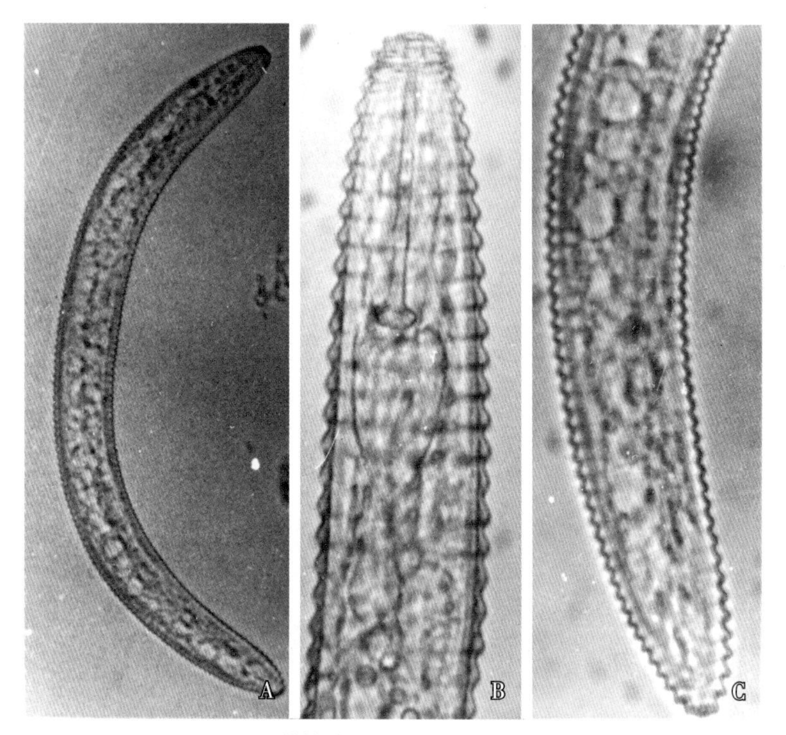

图 7–127　装饰中环线虫（*M. ornate*）雌虫

A. 整体；B. 前部；C. 尾部

（八）柑橘拟鞘线虫病

症状

病原线虫在柑橘根皮层组织取食，使根皮层形成褐色伤痕，并产生不定短根，植株衰弱。

病原

病原为微小拟鞘线虫（*Hemicriconemoides minor*，图 7–128）。

图 7–128 微小拟鞘线虫（***H. minor***）雌虫

A、B. 整体；C. 前部；D. 后部；E、F. 头部；G. 尾部

雌虫体长 336~498μm，虫体丰满，缓慢加热杀死后虫体伸直或向腹面稍弯曲。体环数 107~125 个。角质膜分两层、紧贴，体环粗，稍向后倾斜，无侧带。头架骨质化，头部有 2 个环纹。口针长 65~73μm，针杆细直，偶尔向腹面弯曲。阴门位于虫体后部，无阴门膜。阴门后体环数约为 12 个。尾部呈锥形，近末端背侧弯曲。

（九）柑橘剑线虫病

症状

病原线虫在根的皮层组织上取食，导致根肿胀形成粗短根，根系生长衰退。有些病原线虫还能传播果树病毒病。

病原

（1）标准剑线虫（*X. insigne*，图 7−129）

雌虫体长 2412~2697μm，缓慢加热杀死后尾弯向腹面，虫体呈宽“C”或“J”形。头部半圆形，略缢缩。齿针全长 153~167μm，齿针尖长 93~101μm，齿托长 60~72μm、基部膨大。导环位于齿针上部，距头端 91~97μm。食道后部膨大，与肠分界明显。双生殖管对生，阴门位于虫体前部约体长的 32% 处。尾部圆锥形，长 131~146μm。

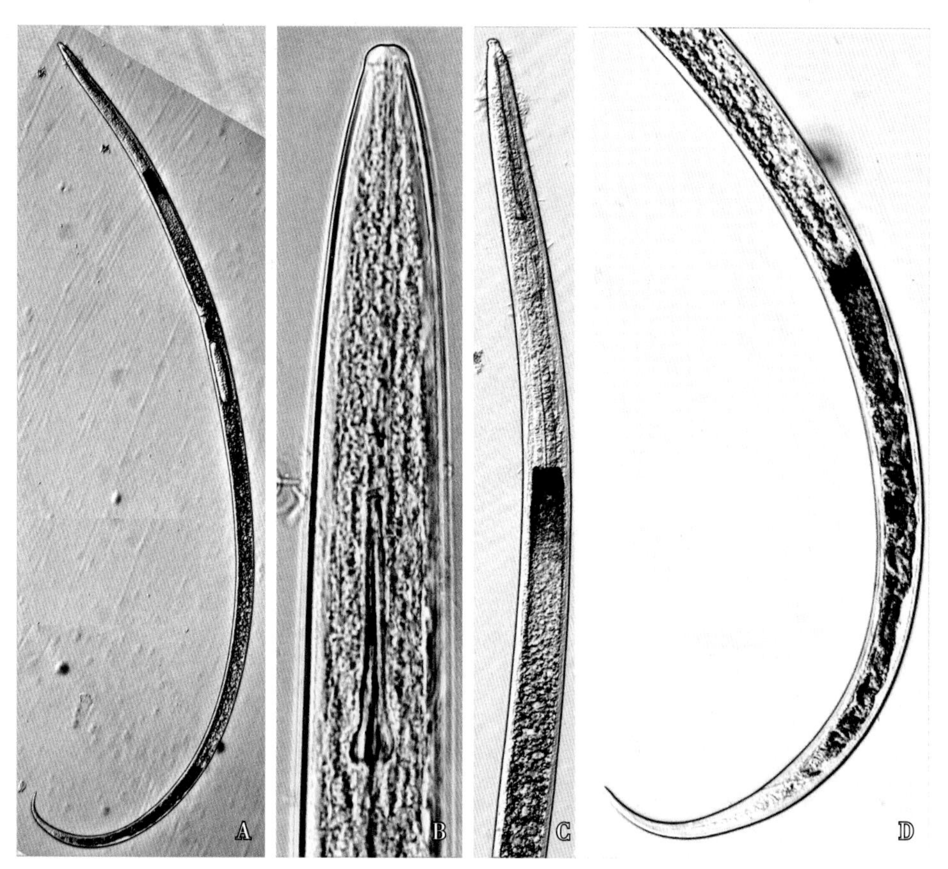

图 7−129 标准剑线虫（*X. insigne*）雌虫

A. 整体；B. 头部；C. 前部；D. 后部

（2）短颈剑线虫（*X. brevicollum*，图 7-130）

雌虫体长 1825~2065μm，虫体圆柱形，缓慢加热杀死后虫体向腹面呈宽“C”形或“J”形弯曲。头部前缘平，中间稍凹陷，缢缩。齿针全长 154~171μm，齿针尖长 95~114μm，齿托长 56~64μm，齿托基部膨大；导环位于齿针上部，距头端 81~100μm。后食道球圆柱状，与肠分界明显。双生殖管对生，阴门位于虫体中部约体长的 52% 处。尾圆锥形，长 20~26μm，尾端钝圆。

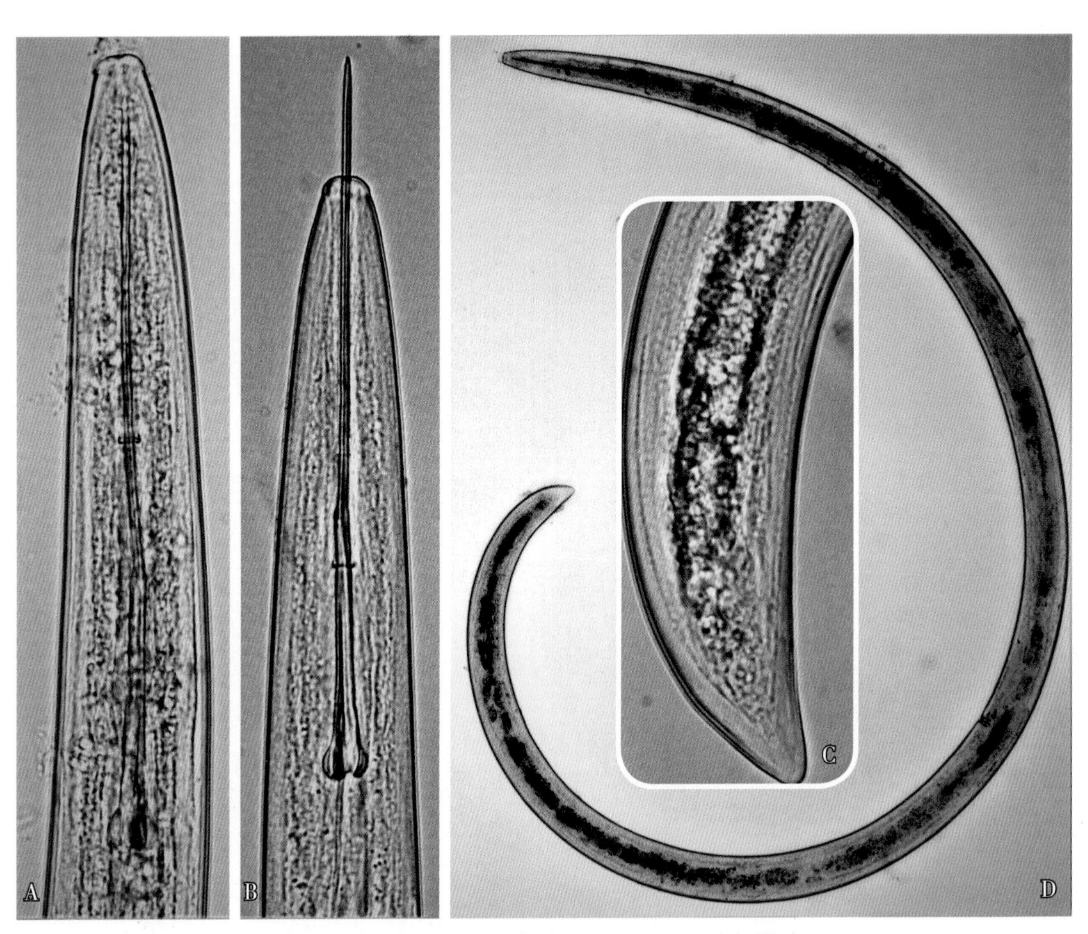

图 7-130 短颈剑线虫（*X. brevicollum*）雌虫

A、B. 前部；C. 尾部；D. 整体

（3）美洲剑线虫（*X. americanum*，图 7-131）

雌虫平均体长 1734μm，加热杀死后虫体呈钩状、“C”形或“J”形弯曲。唇区稍缢缩。齿针全长平均为 138μm，针尖平均长度 86μm，齿托平均长 51μm；导环位于齿针上部，距头端约 73μm。双生殖管对生，阴门位于虫体中部约体长的 51% 处。尾圆锥形，长约 26μm，尾端钝圆。

（4）湖南剑线虫（*X. hunaniense*，图 7-132）

雌虫体长 1500~1800μm，缓慢加热杀死后虫体后部弯曲，呈“J”形。唇区稍缢缩，侧器大，位于头部两侧，侧器孔裂缝状。齿针细长，基部膨大成球；导环在齿针中部。阴门位于虫体前部，食道末端附近。前生殖管完全退化，只有一个发达的后生殖枝，并从旁边分支，形成 2 个卵巢。子宫长且宽，无特殊分化的角质结构。尾部短圆锥形，尾末端有一指状突，长 20~22μm，约为尾长 1 /3。

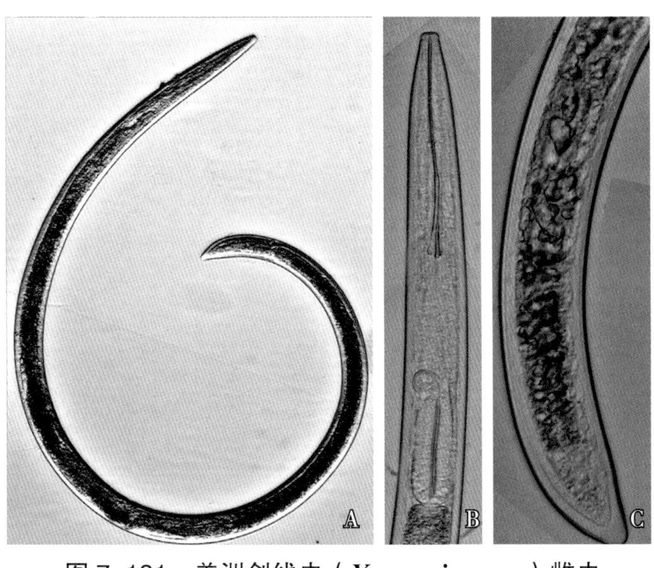

图 7-131　美洲剑线虫（*X. americanum*）雌虫

A. 整体；B. 头部；C. 尾部

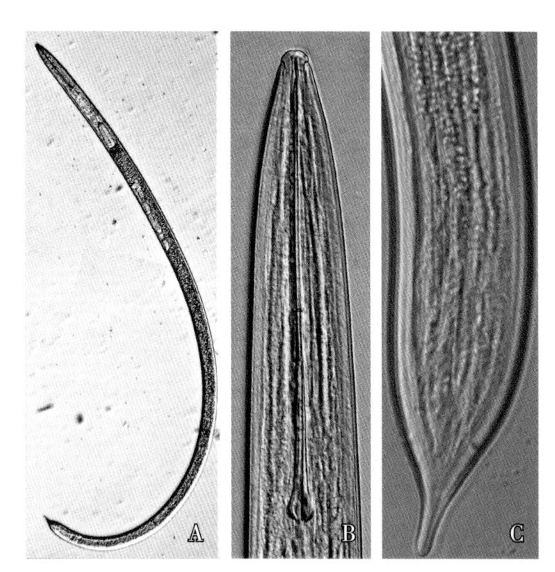

图 7-132　湖南剑线虫（*X. hunaniense*）雌虫

A. 整体；B. 头部；C. 尾部

（十）柑橘毛刺线虫病

症状

病原线虫在根的皮层组织上取食，阻碍根系生长发育，形成粗短根。有些病原线虫还能传播植物病毒病。

病原

病原为多孔拟毛刺线虫（*Paratrichodorus porosus*，图 7-133）。

雌虫体长 651~970μm，角质膜明显膨胀。头部稍微缢缩，圆形。齿针长 47~54μm，向腹面弯曲，弓形。齿针前部有导环。食道前部窄，后部膨大，后食道稍覆盖于肠腹面。排泄孔位于食道球前部。阴门位于虫体中部，骨质化，卵圆形；阴道短，呈梯形或宽圆；阴门前后各有 2 个腹中体孔。双生殖管对生，无受精囊。肛门近端生，尾端钝圆。

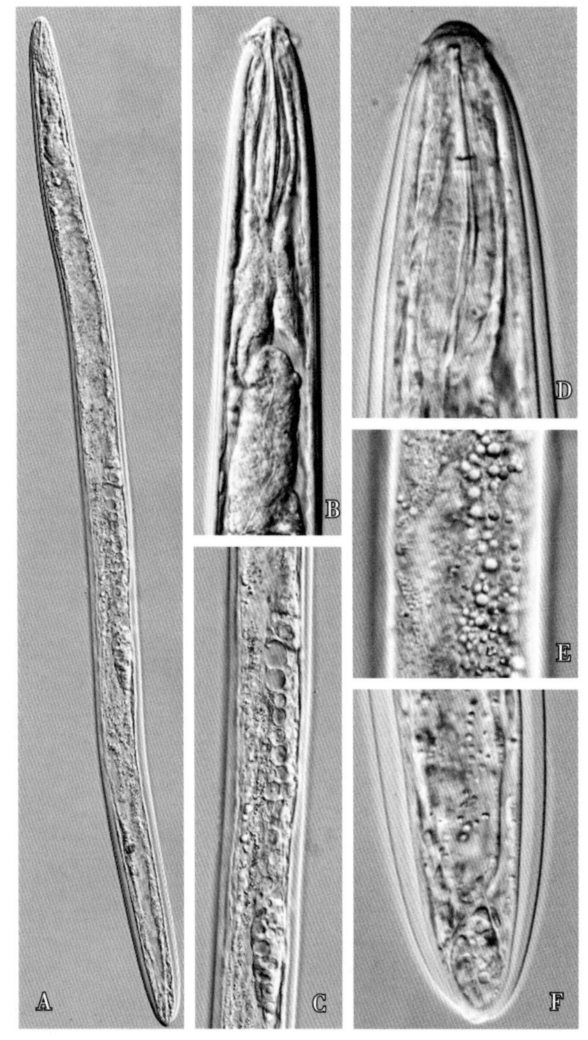

图 7-133　多孔拟毛刺线虫（*P. porosus*）雌虫

A. 整体；B. 前部；C. 生殖管；D. 头部；E. 阴门；F. 尾部

第三节　龙眼线虫病

一、龙眼根结线虫病

症状

病树长势弱，树冠新叶小、叶缘卷曲、叶片黄化、落叶，新梢少而纤弱，枯梢多（图 7-134）。根结单生或串生，椭圆形、近球形，有些根结在根的一侧隆起呈近半圆形（图 7-135、图 7-136）。多个根结聚集一起形成不规则形的大瘤，使根显得臃肿。根结表面可长须根，须根受侵染后产生次生根结。根结组织染色后可观察到病原线虫和卵（图 7-137）。受害根粗短、扭曲，根结前期为黄色或红色，后期坏死呈黑色，细根腐烂、容易断裂。雌虫寄生在根皮层与中柱之间，刺激表皮组织增生；

图 7-134　龙眼根结线虫病病树（落叶、枝枯、衰退）

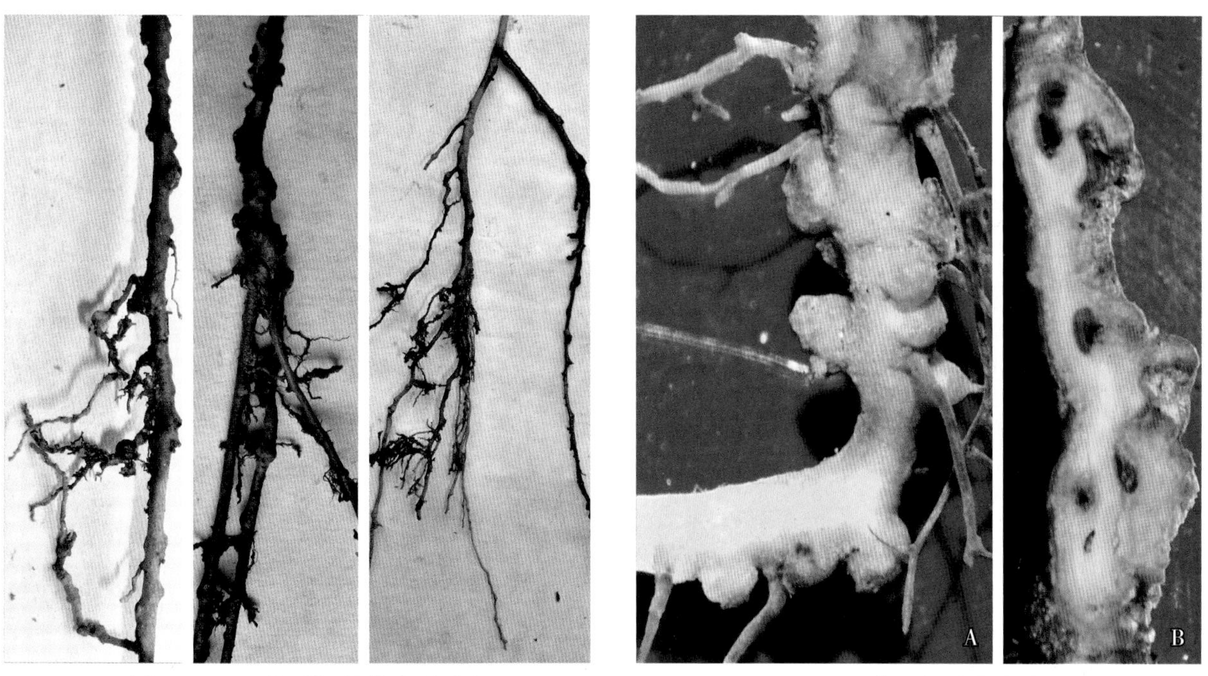

图 7-135　龙眼根结线虫病病根

图 7-136　龙眼根结线虫病根结

A. 根结；B. 根结剖面

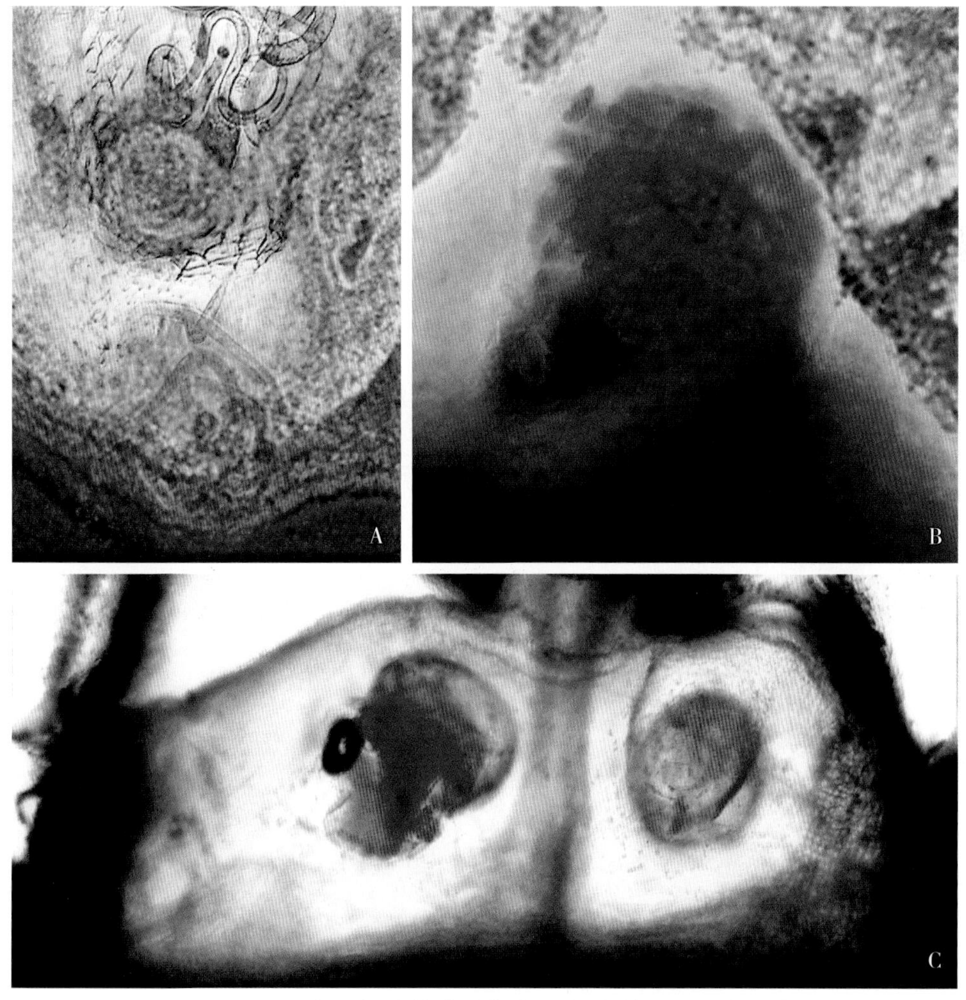

图 7-137　龙眼根结线虫病根结组织中的病原线虫和卵

A. 病组织中的幼虫；B. 卵囊和卵；C. 雌虫和卵囊

雌虫死亡后虫体腐烂消失，其寄生部位坏死，形成黑色小腔；小腔周围褐色坏死组织逐渐扩大，导致根结表皮组织逐渐变褐腐烂。

病原

（1）龙眼根结线虫（*M. dimocarpus*，图 7–138、图 7–139）

雌虫体长 830~1210μm，虫体白色至淡黄色、梨形。有明显的颈部，头架不发达，尾端稍隆起。口针粗短、长 14~18μm，基部球发达、横卵圆形。中食道球大、近圆形，瓣门明显；食道腺发达。唇盘稍突出，与中唇、侧唇愈合，侧唇圆而大。侧器孔大、缝状，位于唇盘与侧唇之间。唇后环纹完整，头颈部环纹明显。排泄孔位于唇后 12~14 个环纹处。侧线起始于唇后，颈部之后的体环和侧线消失。会阴花纹近圆形，线纹细密，背弓中等高，尾端为线纹的起源中心，具有由不规则短线纹组成的尾轮，由连续或断续短线纹组成的近环形同心圆包围，线纹包至阴门两侧。阴门与肛门之间有多条连续线纹，阴唇常有横线纹。侧区两侧为双侧线，或有一侧为单侧线，部分线纹可通过侧线。侧尾腺口小，侧尾腺口间距与阴门裂长度相当。

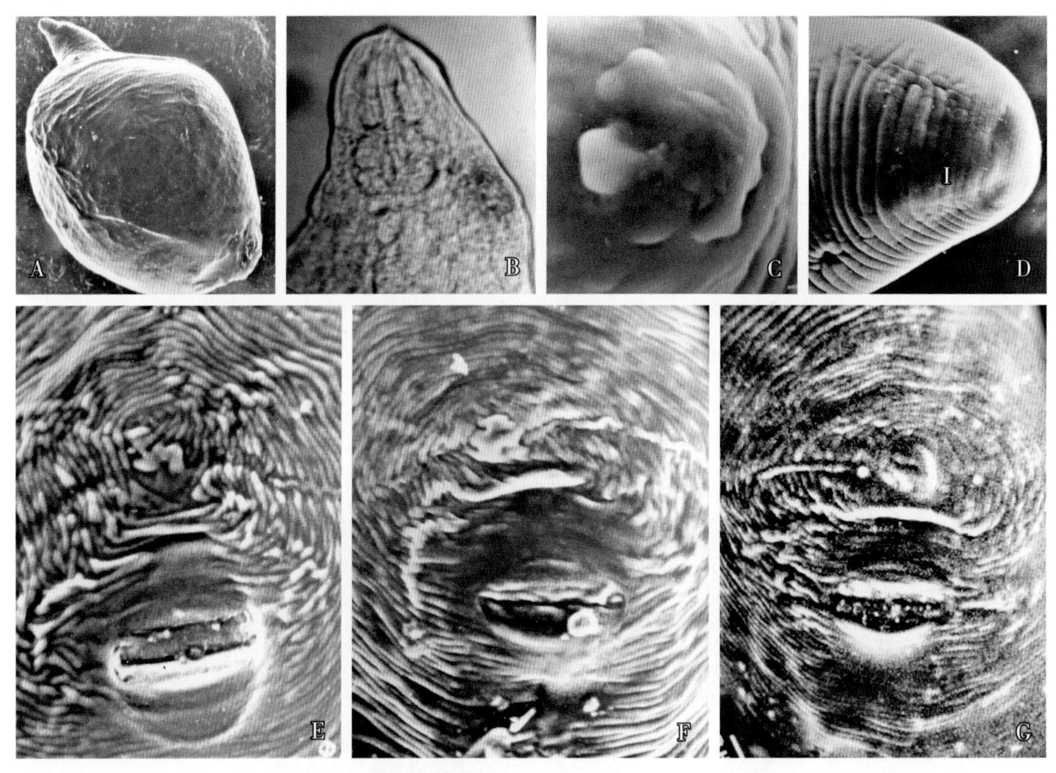

图 7–138　龙眼根结线虫（*M. dimocarpus*）雌虫

A. 整体；B. 头部；C. 头部正面；D. 头部侧面（排泄孔和侧线）；E~G. 会阴花纹

雄虫蠕虫状，体长 825~1730μm，体环明显。头架中等发达，头冠低，头部比第一体环处窄。唇部唇盘圆，稍隆起，与中唇融合；前口圆形，围有 6 个内唇乳突；中唇比唇盘宽，外缘弧形。侧器孔缝状，位于侧唇和唇盘之间。侧唇长耳状、大，两端内侧与中唇融合，唇后有一不完整的环纹。口针直，长 15~23μm，口针基部球圆形，与杆部界限明显。排泄孔位于半月体前 4~5 个体环，孔宽约占 2 个体环。侧带始于口针基部水平处，并延伸包至尾部，侧线初为 2 条，至虫体中部增为 4 条，具网纹。尾长 10~18μm，尾端钝圆，缺 2~3 个环。交合刺发达，长 25~40μm；引带新月形，长 8~13μm；侧尾腺

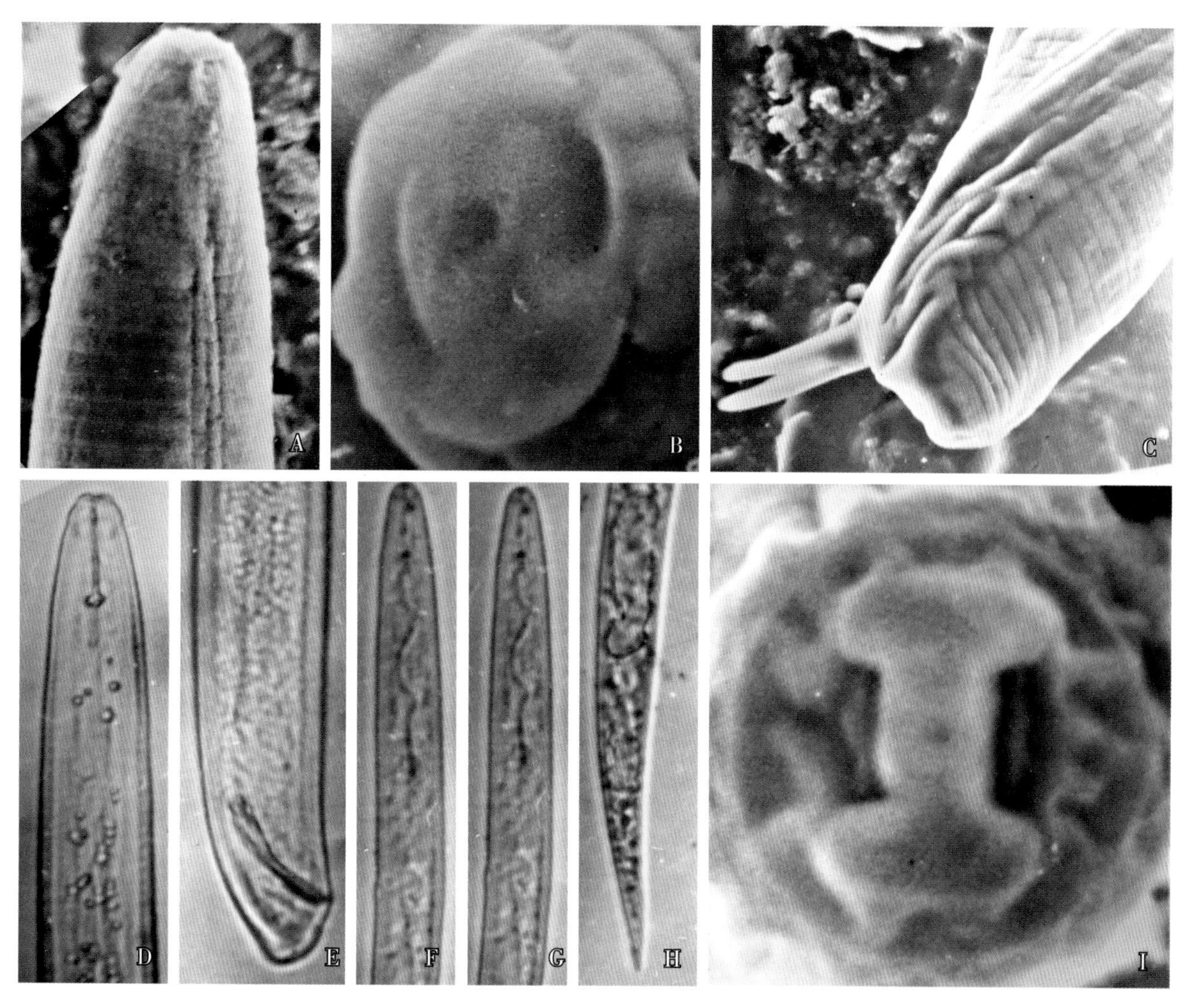

图 7-139　龙眼根结线虫（*M. dimocarpus*）雄虫和 2 龄幼虫

A. 雄虫前部侧面；B. 雄虫头部正面；C. 雄虫尾部；D. 雄虫前部（口针）；E. 雄虫尾部；F、G. 幼虫前部；H. 幼虫尾部；I. 幼虫头部正面

口明显，位于泄殖腔水平线处。

2 龄幼虫蠕虫状，体长 390~455μm，体环细。头架中等发达，前庭和前庭延伸物明显。唇部前口圆，外围有 6 个内唇感器。唇盘椭圆形，中唇比唇盘宽，外缘平、两侧圆，与中唇融合形成哑铃状。侧器孔缝状，位于唇盘和侧唇之间，侧唇退化、窄条状。口针纤细、直，长 11~15μm，口针基部球圆形。中食道球椭圆形，瓣门大。半月体明显，位于食道腺与肠相接处水平线或稍前，排泄孔紧靠其后。食道腺延伸较长，覆盖于肠腹面。侧带具有 4 条侧线。尾部常向腹面弯曲，直肠膨大，尾较长、渐细，末端钝圆，尾端透明区明显，尾末端有 1~2 次缢缩。

（2）南方根结线虫（*M. incognita*，图 7-140、图 7-141）

雌虫虫体呈球形、梨形。口针长 13~16μm，针锥部轻微或明显向背面弯曲，基部球圆形至扁圆形。排泄孔位于口针基部水平处附近。唇环不完整，口孔圆孔状，唇盘稍隆起，中唇近半圆形、宽于唇盘，与唇盘融合成哑铃状。侧器孔窄椭圆形，紧靠在唇盘两侧。会阴花纹圆形、卵圆形至近方形，多数花纹的线纹不连续、粗糙，少数线纹较平滑。背弓高至中等高，具轻微至显著的波浪纹；侧区由背、腹线相连处出现少量分叉或背、腹线夹成一定角度侧线。尾端无或有少量线纹，轮纹不明显；多数花纹的腹线平滑、连续；阴肛间大多无线纹，少数有细微线纹；侧尾腺口间距

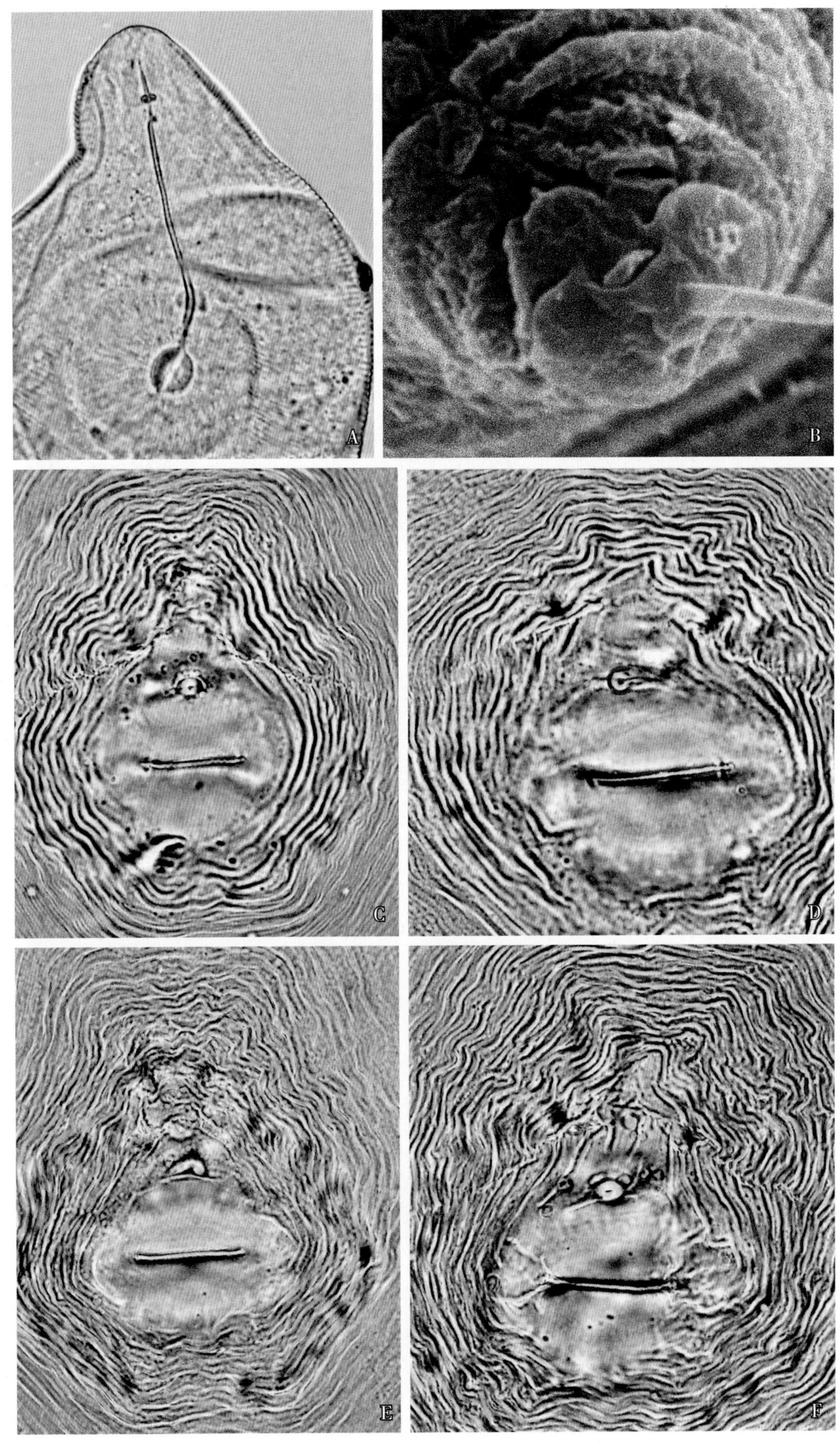

图 7-140 南方根结线虫（*M. incognita*）雌虫

A. 头部侧面；B. 头部正面；C~F. 会阴花纹

等于或略宽于阴门宽度。

雄虫蠕虫形，虫体粗长。体环显著，体中部侧带具网格纹，4 条侧线。唇区高，唇盘大而圆、凸出于中唇上方，无侧唇。侧器孔长裂缝状，位于唇盘两侧，唇环无或微弱。口针粗，长度为 19~24μm。交合刺长 22~35μm，稍向腹面弯曲，无交合伞，末端宽圆。

2 龄幼虫蠕虫形，环纹细密，体中部侧带具 4 条侧线。头部锥圆，顶端平截。唇盘圆、稍隆起，中唇近椭圆形，与唇盘融合成哑铃状。侧器孔窄裂缝状，紧靠唇盘两侧。口针长 9~11μm。直肠膨

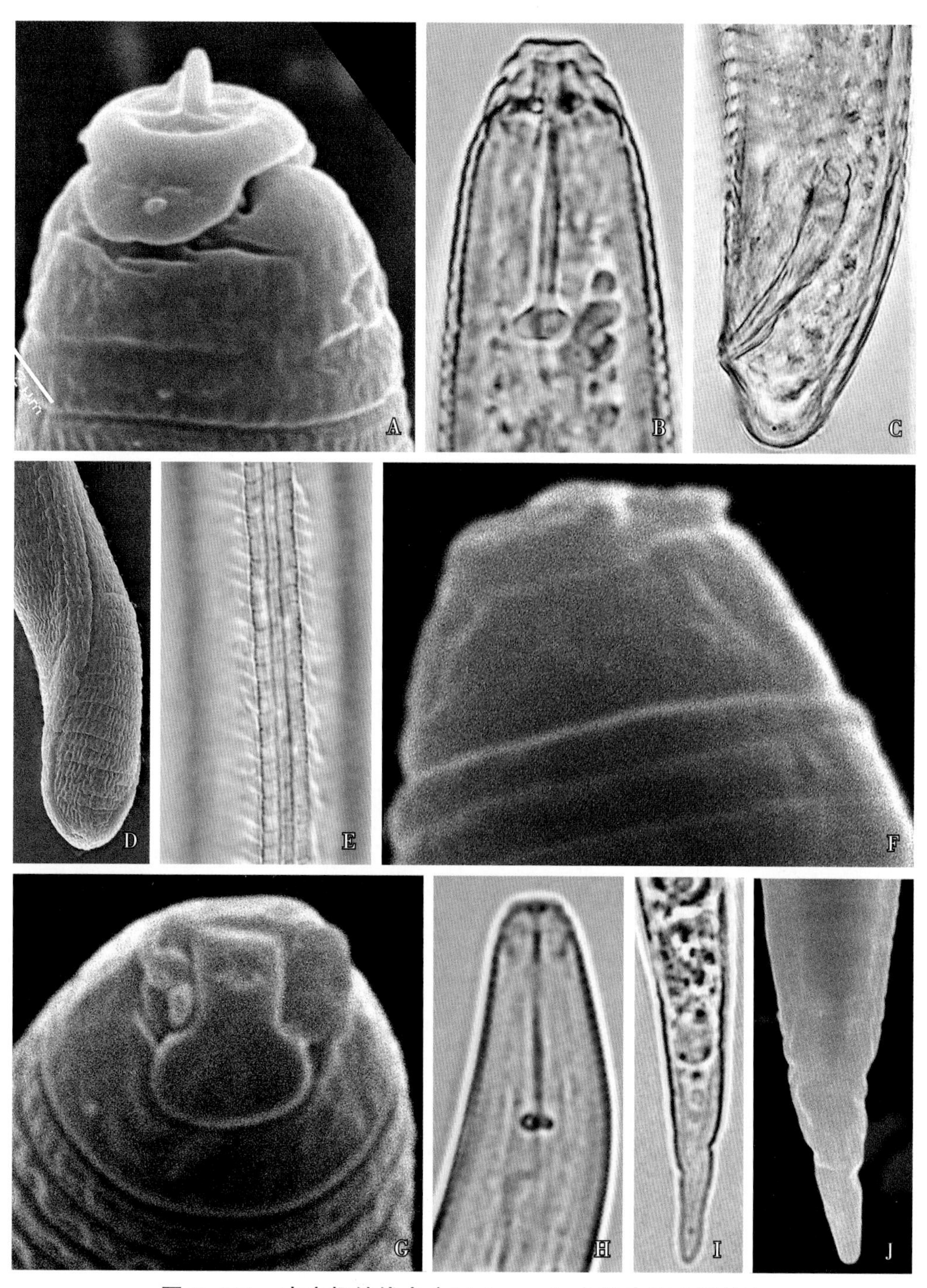

图 7-141　南方根结线虫（*M. incognita*）雄虫和 2 龄幼虫

A. 雄虫头部正面；B. 雄虫头部（口针）；C、D. 雄虫尾部；E. 雄虫侧带；F. 幼虫头部侧面；G. 幼虫头部正面；H. 幼虫头部（口针）；I、J. 幼虫尾部 .

大。尾部长圆锥形，尾端透明区长 8.4~14.5μm，尾末端有 2~3 次轻微缢缩。

（3）爪哇根结线虫（*M. javanica*，图 7-142、图 7-143）

雌虫虫体膨大，呈球形或梨形。颈部与体纵轴几乎在同一直线上。口针长 13~17μm，针锥部轻微或明显向背面弯曲，基部球圆形。排泄孔位于口针基部球前。唇盘稍隆起，中唇宽于唇盘、两侧圆形，与唇盘融合形成哑铃状。侧器孔窄椭圆形或裂缝状，紧靠在唇盘两侧。会阴花纹圆形、卵圆形，线纹平滑连续、紧密；背弓中等高，线纹圆滑，呈半圆形至梯形；双侧线将会阴花纹分成腹、背两部分，无线纹或有少量线纹通过侧线；背、腹区线纹向尾端延伸，但不通过尾端，形成明显轮纹，腹区线纹

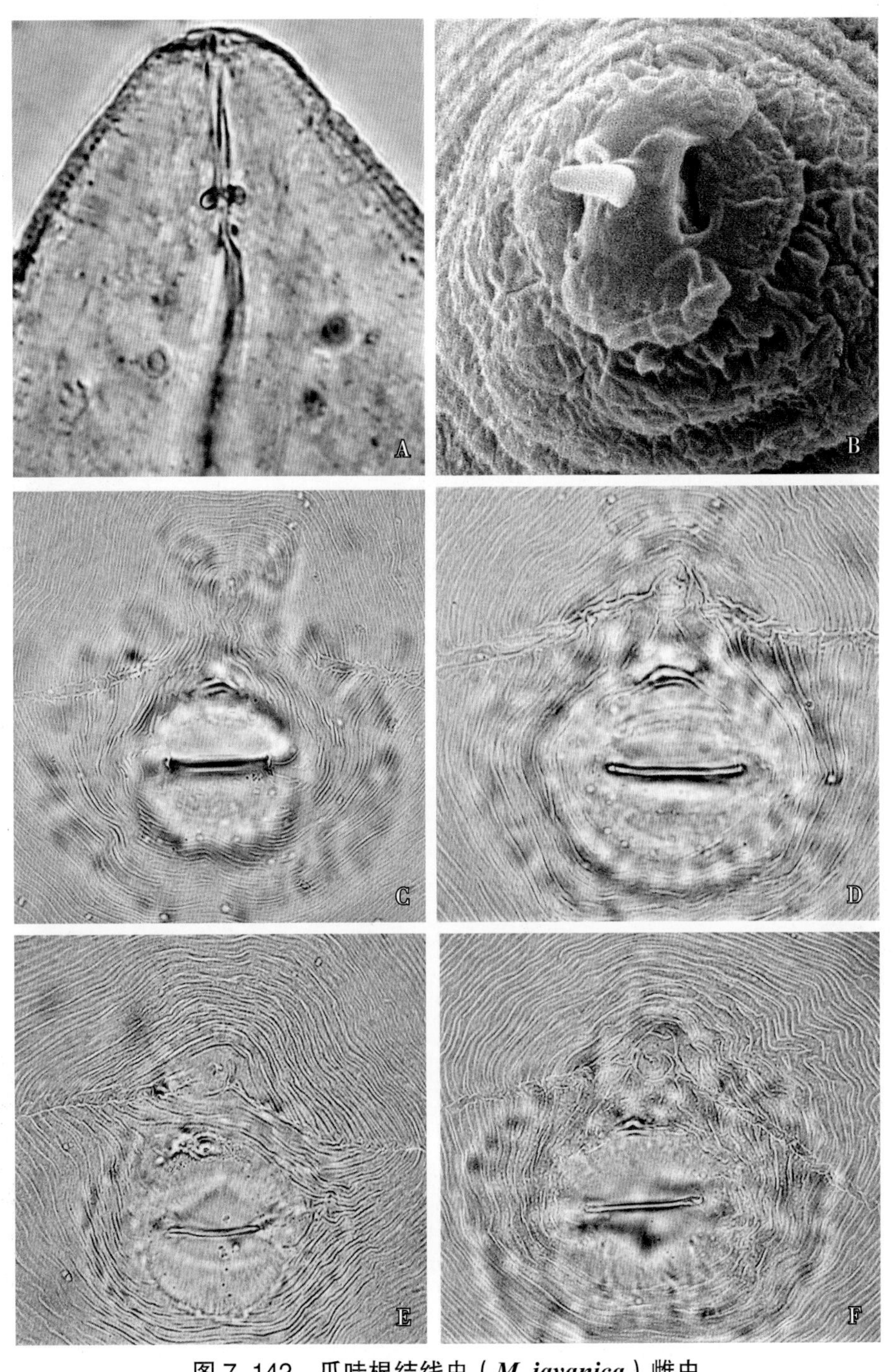

图 7-142 爪哇根结线虫（*M. javanica*）雌虫

A. 头部侧面；B. 头部正面；C~F. 会阴花纹

平滑连续，与背线在侧线处相交稍成角度，少数花纹背、腹区线纹向两侧延伸；阴门与肛门之间光滑无线纹，阴门两侧无或有少量线纹；侧尾腺口间距与阴门宽度相当。

雄虫蠕虫形。唇区高，唇环微弱；唇盘小，近圆形，稍隆起；中唇外缘圆滑，稍宽于唇盘，与唇盘融合；无侧唇。侧器孔小、椭圆形，紧靠于唇盘两侧。虫体中部侧带具4条侧线。口针长

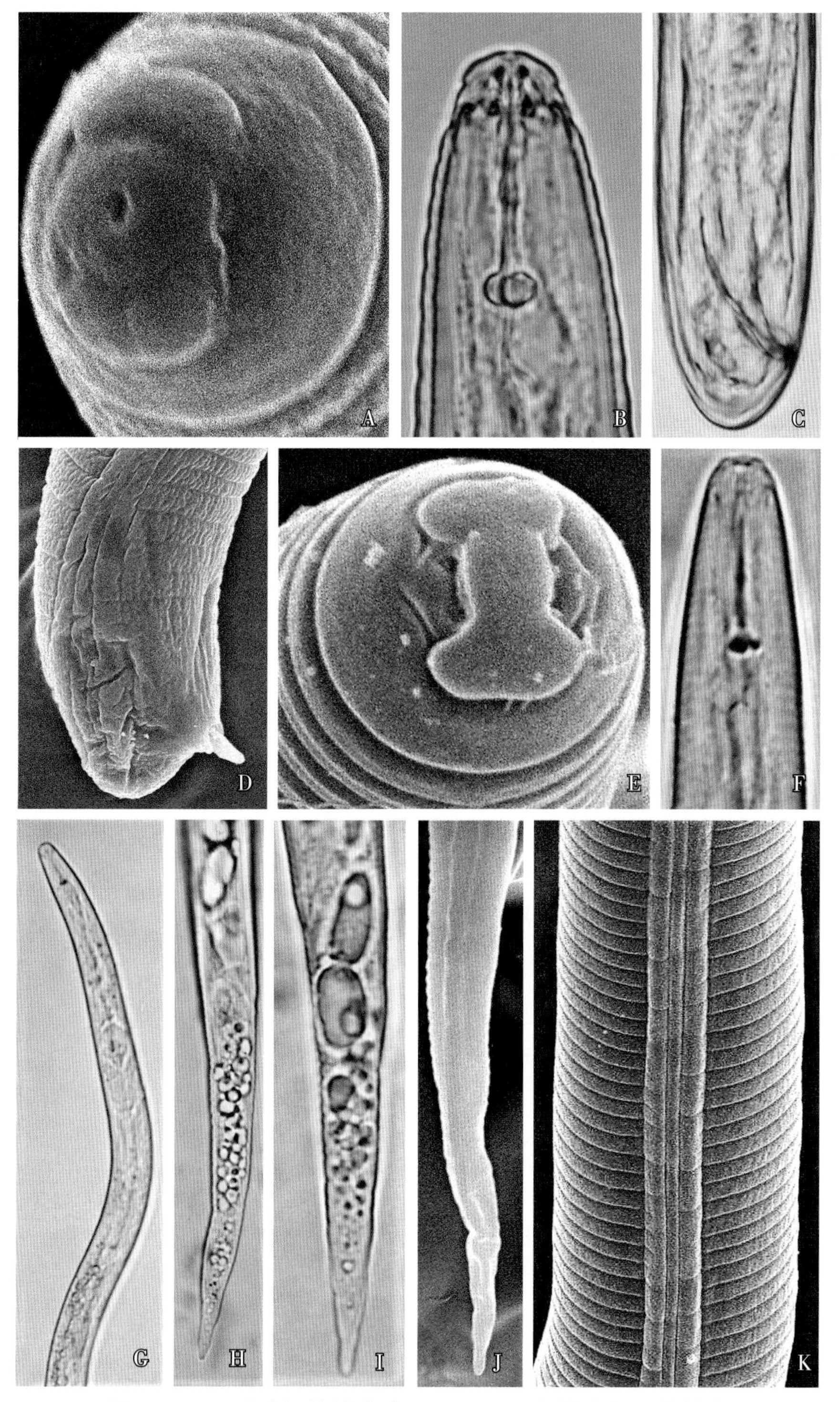

图7-143　爪哇根结线虫（*M. javanica*）雄虫和2龄幼虫

A. 雄虫头部正面；B. 雄虫头部（口针）；C、D. 雄虫尾部；E. 幼虫头部正面；F. 幼虫头部（口针）；G. 幼虫前部；H~J. 幼虫尾部；K. 幼虫侧带

17~23μm，基部球圆形或扁圆形。交合刺长 22~29μm。尾末端宽圆。

2 龄幼虫蠕虫形。头部锥圆，顶端平截。唇环不完整，唇盘近方形、稍隆起，中唇宽于唇盘，与唇盘融合形成哑铃状。侧器孔细小、哑铃状、紧靠唇盘两侧。体环细，虫体中部侧带有 4 条侧线，有网格纹。口针长 9~11μm，基部球圆形。直肠膨大。尾均匀变细，细长锥形，近尾端有 1~2 次轻微缢缩，透明区长 8.3~14.7μm，尾端钝尖至钝圆。

发病规律

病原线虫主要以卵囊中的卵和卵内的幼虫越冬。果园中的病树、残留于果园内的病根、带有虫卵和根结的病土是主要初侵染源。在果园内此线虫随灌溉水、雨水径流、附于农具上的带虫土壤传播。远距离主要随带病种苗和附着于苗木根部的带虫土壤传播。

防控措施

①种植健康树苗：苗圃育苗前用杀线虫剂处理，培育无病苗。移栽时在根际施用杀线虫剂后覆土定植。

②药剂防控：发病果园于春季果树发根初期，在树冠滴水线处开浅环沟，每株用 10% 噻唑膦颗粒剂 25~50g 与细土 1.0~1.5kg 搅拌均匀后施入沟内，施药后覆土浇水。也可以用厚垣孢普可尼亚菌或淡紫拟青霉层施或沟施。

二、龙眼其他线虫病

（一）龙眼根腐线虫病

症状

病原线虫在龙眼根部取食和在薄壁细胞组织的细胞间迁移而引起大量伤痕。伤痕初为红褐色，后转为黑色。土壤中次生病原物从伤痕中侵入，导致烂根。受害根系衰退，无或极少营养根。

病原

病原为玉米根腐线虫（*P. zeae*，图 7-144）。

雌虫蠕虫形，体长 345~475μm。侧带有 4 条侧线。唇区顶端平，不缢缩，具 3 个唇环。口针长 14~16μm，口针基部球圆形。食道腺从腹侧面覆盖肠达体宽的 80%~170%。单生殖管前生，受精囊小，后阴子宫囊长度与阴部体宽度相等或略长；阴门横裂，位于虫体后部约体长 70% 处，阴唇不隆起。尾部渐变细，圆锥形，侧尾腺口位于尾中部；尾端钝圆、光滑，有些虫体近尾端的背面或腹面稍隆起。

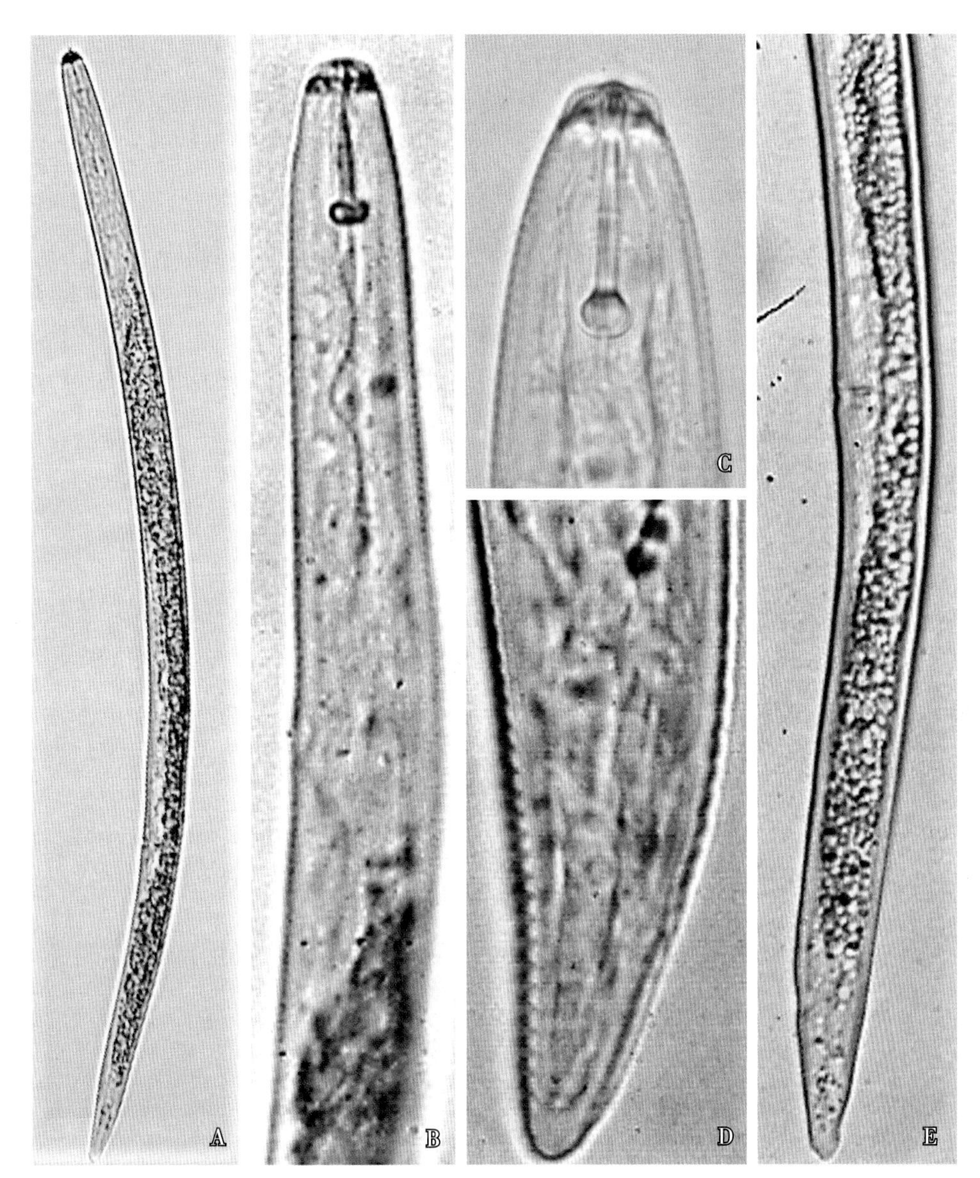

图 7-144　玉米根腐线虫（*P. zeae*）雌虫

A. 整体；B. 前部；C. 头部；D. 尾部；E. 后部（阴门、生殖管）

（二）龙眼肾形线虫病

症状

病原线虫在根部侵染，导致根皮层和根系坏死，植株矮小，叶片褪绿。

病原

病原为肾状肾形线虫（*R. reniformis*，图 7-145）。

成熟雌虫虫体膨大、肾形，朝腹面弯曲。阴门隆起，位于虫体中后部。颈部不规则膨大。肛门后虫体呈半球形，有一个明显尾尖突。未成熟雌虫蠕虫形，缓慢加热杀死后稍朝腹面弯曲或呈“C”形

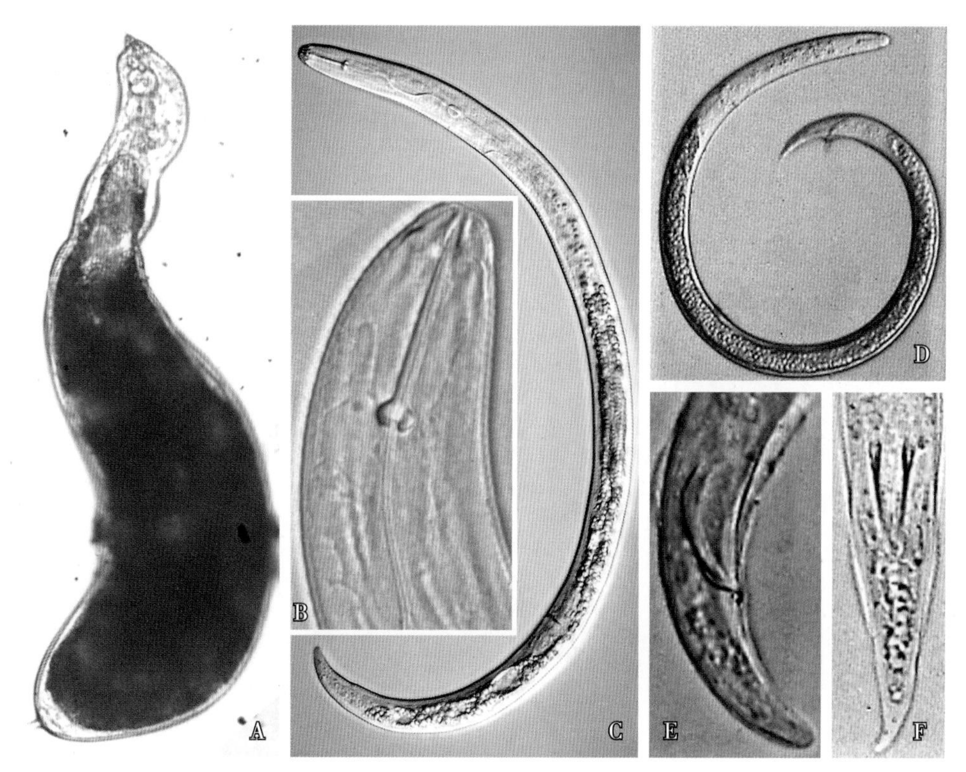

图 7–145 肾状肾形线虫（*R. reniformis*）

A. 成熟雌虫；B. 未成熟雌虫头部；C. 未成熟雌虫整体；D. 雄虫整体；E、F. 雄虫尾部（交合刺）

或螺旋形弯曲，有些虫体包裹在一层蜕掉的角质膜中。侧带具 4 条侧线。头部锥圆、不缢缩，具 4~5 个环纹。口针较发达，基部球圆形，前缘向后倾斜。背食道腺开口于口针基部后约为口针长处。中食道球卵圆形，瓣膜明显；食道腺从腹侧面覆盖肠前端。排泄孔位于食道腺前端水平处，半月体紧靠排泄孔前。阴门不隆起，位于虫体中后部。尾渐变细，腹面具 19~26 个环纹，末端钝圆或圆。

雄虫体形与未成熟雌虫相似。交合刺朝腹面弯曲，引带线形。交合伞不明显，不延伸至尾端。

2 龄幼虫虫体与未成熟雌虫相似，尾部呈圆锥状，末端宽圆。

（三）龙眼螺旋线虫病

症状

病原线虫侵入龙眼根皮层组织内取食并破坏细胞，被侵染部位出现褐色坏死伤痕。由于细菌或真菌的次生侵染导致根系普遍变色。

病原

病原为双宫螺旋线虫（*H. dihystera*，图 7–146）。

雌虫缓慢加热杀死后虫体呈螺旋形，角质膜环纹清晰，侧带有 4 条侧线。唇区半圆形，不缢缩，唇环 4~5 个。口针发达，基部球圆形。中食道球圆形，瓣膜明显。食道腺从腹侧面覆盖于肠前端。双生殖管对生，阴门横裂。尾部背面弯曲，腹面较直，有 8~14 个体环，环纹包至末端；尾端钝圆，具 1 个腹向尾突。

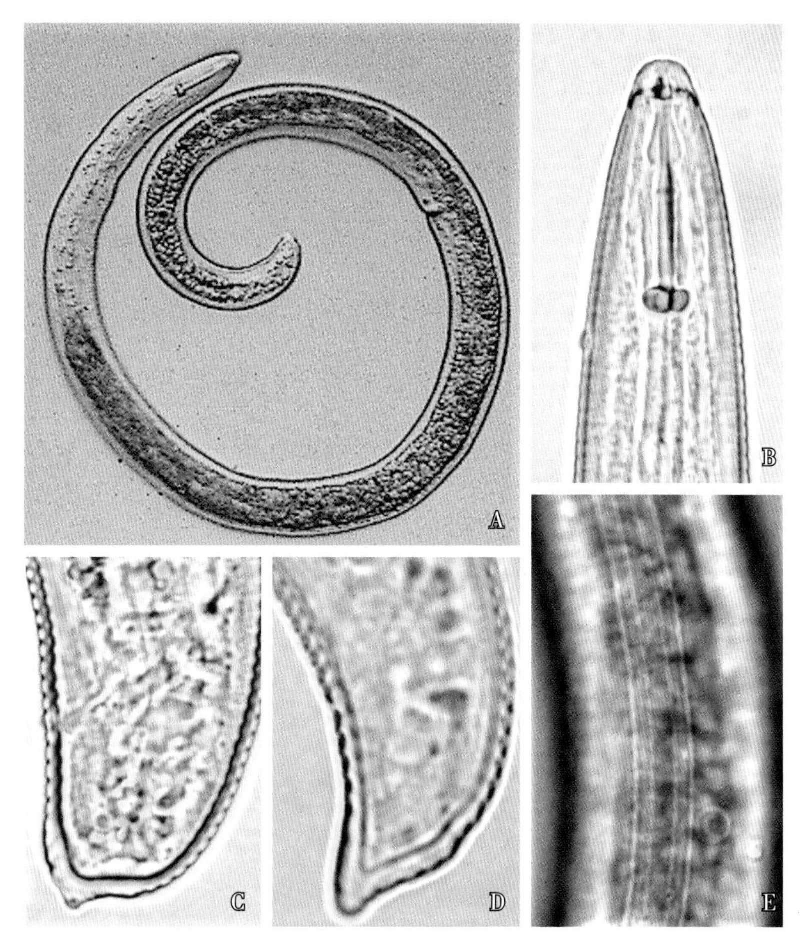

图 7-146 双宫螺旋线虫（*H. dihystera*）雌虫

A. 整体；B. 头部；C、D. 尾部；E. 侧带

（四）龙眼矮化线虫病

症状

病原线虫在龙眼根表皮取食而造成伤痕，导致根系生长发育迟缓、稀少。受害植株矮化，叶色褪绿。

病原

病原为光端矮化线虫（*T. leviterminalis*，图 7-147）。

雌虫缓慢加热杀死后虫体略朝腹面弯曲。体环明显，侧带有 4 条侧线。唇区光滑，半圆形，不缢缩。口针基部球圆形，背食道腺开口于口针基部后 3~4μm 处。食道腺梨形、与肠平接，排泄孔位于食道腺前端。双生殖管对生，阴门位于虫体中部。尾部呈棍棒形，中部稍缢缩，后部稍膨大；尾部体环变粗，腹面环纹 13~23 个，末端光滑，半球形或宽圆。

雄虫体形和雌虫相似。交合刺朝腹面弯曲，交合伞发达，包至尾端。

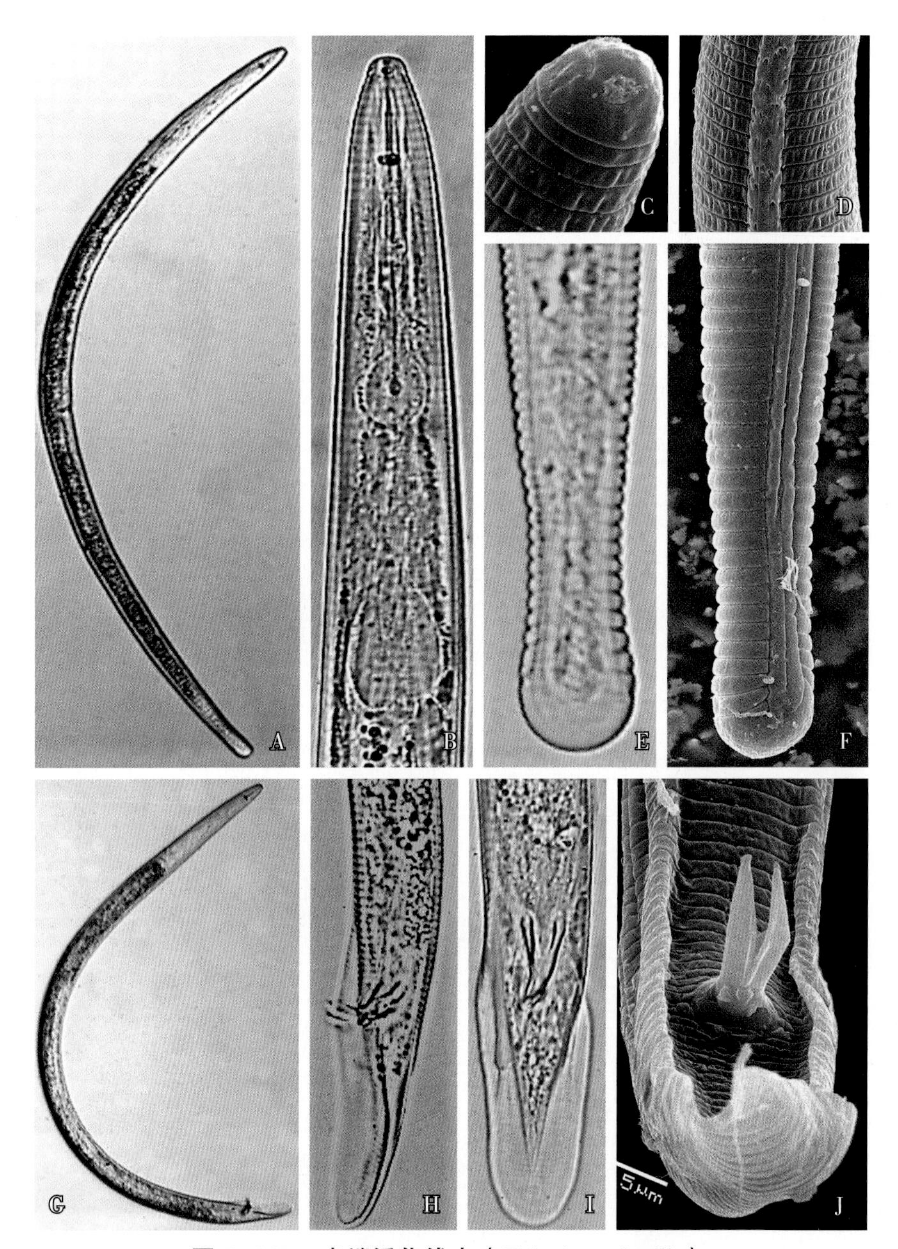

图 7–147 光端矮化线虫（*T. leviterminalis*）

A. 雌虫整体；B. 雌虫前部；C. 雌虫头部正面；D. 雌虫侧带；E、F. 雌虫尾部；G. 雄虫整体；H~J. 雄虫尾部（交合刺、交合伞）

（五）龙眼纽带线虫病

症状

病原线虫侵染龙眼根皮层组织，根表产生褐色伤痕，根系衰退。

病原

病原为塞氏基窄纽带线虫（*B. seinhorsti*，图 7–148）。

雌虫体长1197~1635μm，缓慢加热杀死后虫体朝腹面呈“C”形弯曲。体环明显。唇区半球形，缢缩；唇环4~5个。口针粗壮，长39~43μm，口针基部球前缘突起。背食道腺开口于基部球后5~7μm处。食道腺从背侧面覆盖于肠。排泄孔位于食道腺与肠连接处前端。侧尾腺口大，前、后侧尾腺口不对称；双生殖管对生；阴门横裂，前阴唇有1个阴门盖。尾部半圆形，长度略短于肛部体宽，腹面体环10~18个，环纹包至末端。

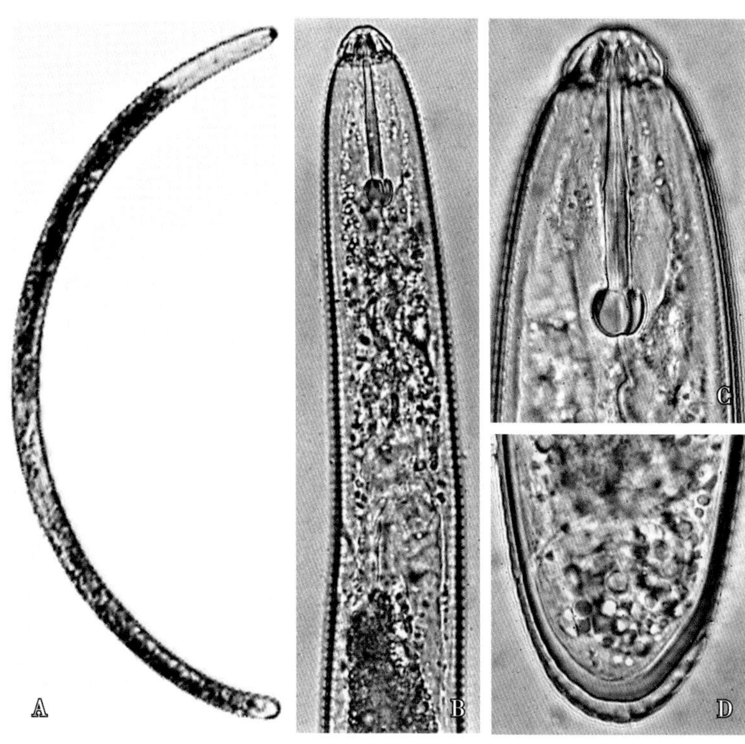

图7-148　塞氏基窄纽带线虫（*B. seinhorsti*）雌虫
A. 整体；B. 前部；C. 头部；D. 尾部

（六）龙眼盾线虫病

症状

病原线虫侵染龙眼根皮层组织导致根系生长不良，线虫种群数量大时可以导致植株衰退。

病原

病原为短尾盾线虫（*S. brachyurus*，图7-149）。

雌虫体长532~760μm，缓慢加热杀死后虫体朝腹面弯曲。体环清晰，侧带具4条侧线。唇区半球形，缢缩，具4个明显的唇环。口针发达，长23~28μm，基部球圆形。中食道球卵圆形，瓣膜明显。半月体略微突出于体表。排泄孔位于半月体后，食道腺从背侧面覆盖于肠前端。双生殖管对生；阴门横裂，具2个阴门盖，阴门盖不隆起。尾部半圆形，长度小于肛部体宽，腹面具10~12个体环，环纹包至末端。侧尾腺口大，呈圆盾形，位于肛门后1~2个体环水平处。

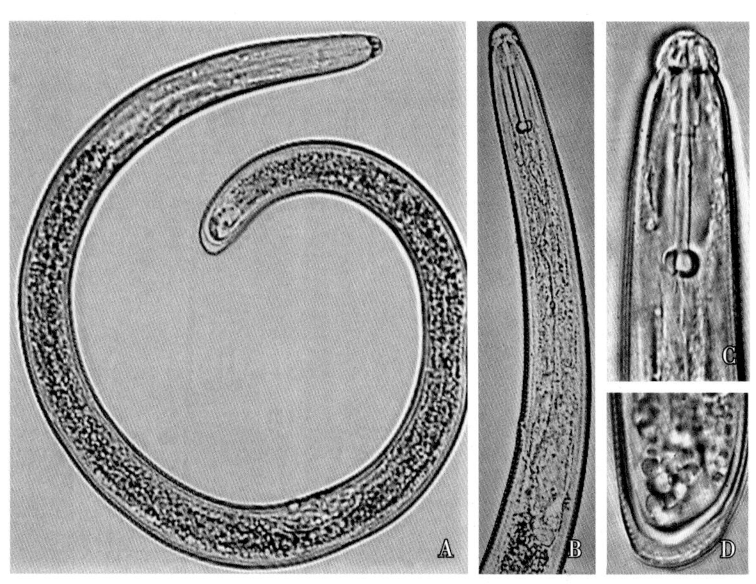

图7-149　短尾盾线虫（*S. brachyurus*）雌虫
A. 整体；B. 前部；C. 头部；D. 尾部

（七）龙眼盘旋线虫病

症状

病原线虫在龙眼根皮层组织取食造成褐色坏死伤痕，受害根系生长不良，植株生长衰弱，叶片黄化。

病原

病原为松拟盘旋线虫（*Pararotylenchus pini*，图 7–150）。

雌虫体长 784~1102μm，缓慢加热杀死后虫体呈宽“C”形弯曲。角质膜环纹明显，侧带有 4 条侧线。唇区半圆形，顶端圆形，无缢缩或稍缢缩，具 6~7 个唇环。口针长 26~30μm，基部球圆形，前缘后倾。背食道腺开口于口针基部后 4~5μm 处。中食道球卵圆形，瓣膜明显，后食道腺梨形，与肠平接或稍覆盖于肠前端。排泄孔位于后食道腺前端水平处，半月体紧靠于排泄孔前。双生殖管对生，前端不回折；受精囊大、圆形，内有圆形精子；阴门横裂，阴门盖不明显；侧尾腺口位于肛门前 14~23 个体环处。尾部半圆形，腹面体环 10~14 个，环纹包至尾端。

雄虫体形与雌虫相似。尾部圆锥形，交合刺朝腹面弯曲，交合伞大、包至尾端。

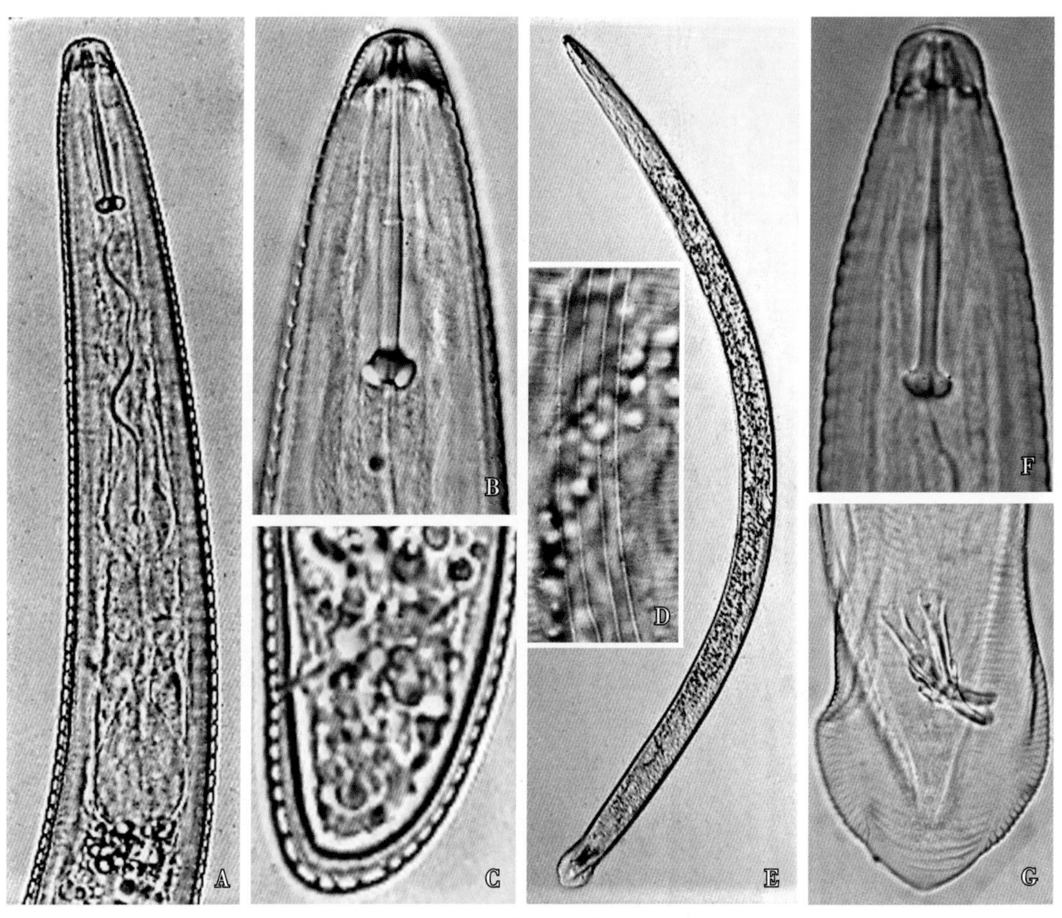

图 7–150 松拟盘旋线虫（*P. pini*）

A. 雌虫前部；B. 雌虫头部；C. 雌虫尾部；D. 雌虫侧带；E. 雄虫整体；F. 雄虫头部；G. 雄虫尾部（交合刺、交合伞）

（八）龙眼环线虫病

症状

病原线虫在龙眼营养根的细嫩部和根尖皮层组织取食，造成伤痕，抑制根系生长。病树生长衰弱，叶片褪绿。

病原

（1）叶氏轮线虫（*Criconemoides eroshenkoi*，图 7–151）

雌虫体长 362~522μm，缓慢加热杀死后虫体朝腹面呈“C”形弯曲。体环 102~112 个，向后翻，边缘光滑，有些体环的后缘在虫体侧面断裂，体中部环宽 4~5μm。唇区缢缩，具 2 个不后翻的唇环，第二环宽于第一环，且窄于与唇区相邻的体环，唇区顶部具 6 个显著隆起的半圆形唇片。口针长 50~52μm，口针基部球锚形。食道环线型，排泄孔位于食道基部球后 4~5 个体环处。阴门位于体后部体长的 90%~92% 处，阴门稍张开，阴道较直。尾部渐细、宽锥形，尾端钝。

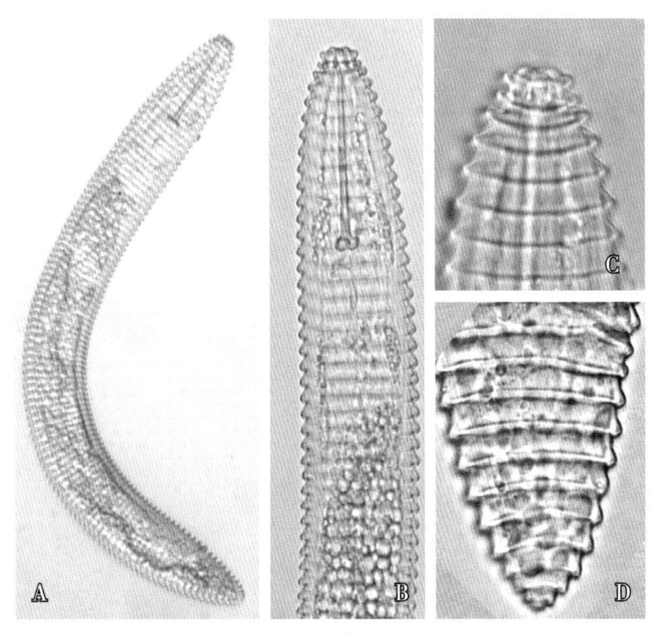

图 7–151　叶氏轮线虫（*C. eroshenkoi*）雌虫

A. 整体；B. 前部；C. 头部；D. 尾部

（2）异盘大刺环线虫（*M. xenoplax*，图 7–152）

雌虫虫体圆筒状，体长 430~579μm，缓慢加热杀死后虫体稍朝腹面弯曲或呈宽“C”形弯曲。体环 81~117 个，后翻，边缘光滑；少数环纹在体侧愈合，体中部环宽 4~6μm。唇区不缢缩，唇环 2 个，第二环宽于第一环；唇盘显著隆起，亚中唇片 4 个、分离，外缘圆滑。口针粗壮，长度 51~58μm，口针基部球前缘凹陷、前端钝尖，呈锚状。食道环线型。单生殖管前生、直伸，受精囊不明显；阴门张开，前阴唇具 2 个突起。尾部宽圆锥形，尾端环纹裂叶状。

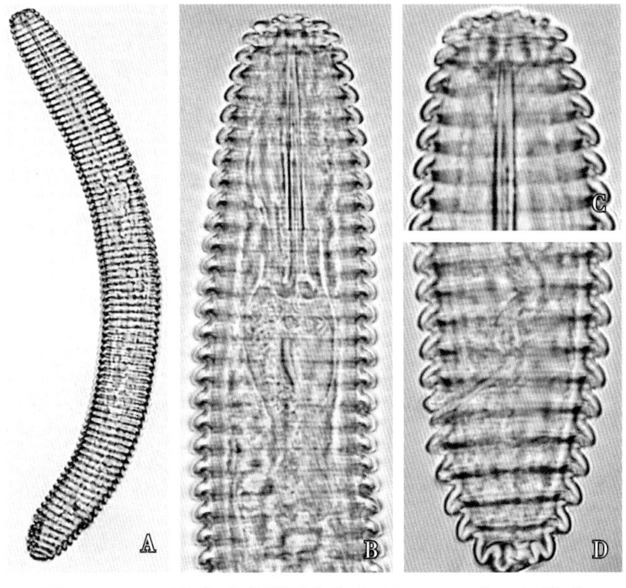

图 7–152　异盘大刺环线虫（*M. xenoplax*）雌虫

A. 整体；B. 前部；C. 头部；D. 尾部

（3）短针大刺环线虫（*M. brevistylus*，图 7-153）

雌虫体长 440~614μm，虫体肥胖，缓慢加热杀死后朝腹面呈“C”形弯曲。体环 126~135 个，后翻，后缘光滑；有些环纹在虫体侧面愈合，形成“Z”形结构。唇区不缢缩，顶端平；唇环 3 个，边缘无凹陷或在背面稍微凹陷；第一、第二唇环不后翻，第三唇环后翻，第一唇环有时分裂为瓣状。唇盘稍隆起，椭圆形。具 4 个发达的亚中唇片，边缘圆滑，基部在唇区背、腹面稍相连，在唇区两侧明显分离。侧器孔大，椭圆形，紧靠唇盘两侧。口针粗壮，长 54~61μm，口针基部球前缘凹陷呈锚状。食道环线型，排泄孔位于后食道球前部至基部水平处。单生殖管前生，阴道前倾，阴门轻微张开。肛门靠近阴门。尾渐细、宽圆锥形，末端钝圆或呈裂叶状。

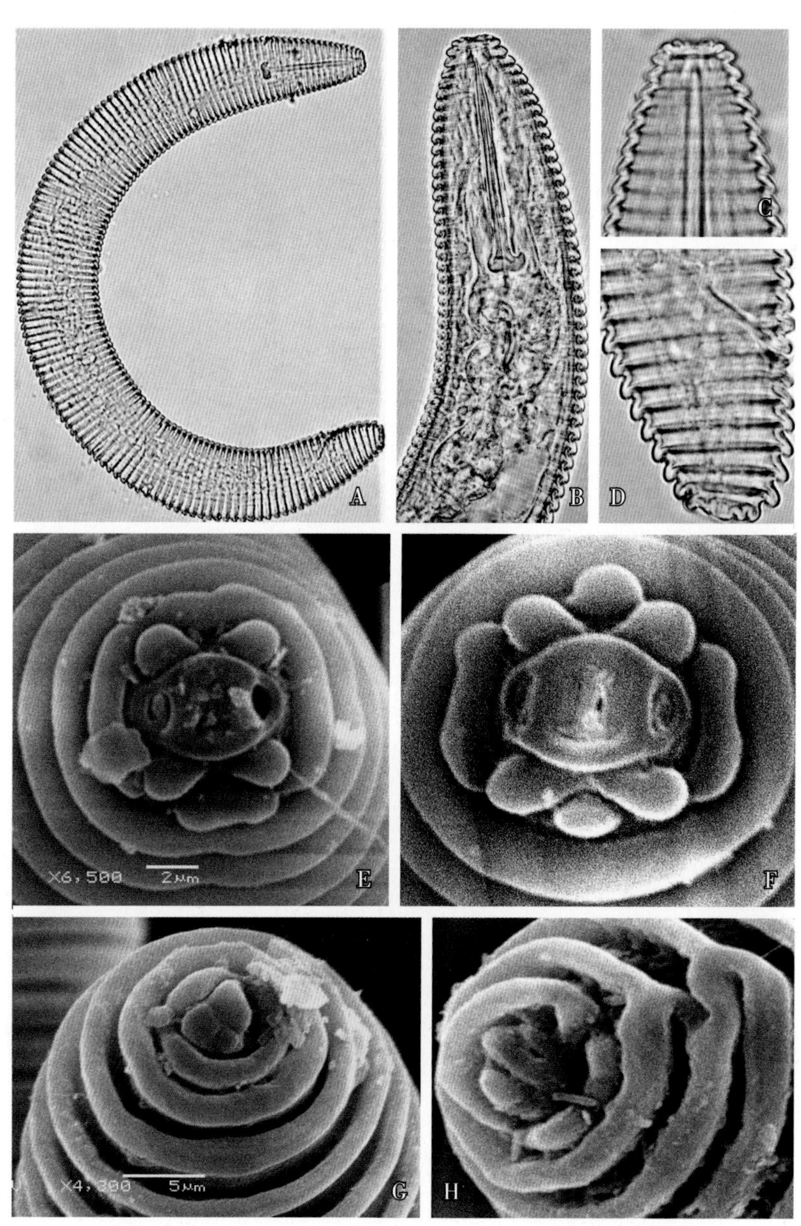

图 7-153 短针大刺环线虫（*M. brevistylus*）雌虫

A. 整体；B. 前部；C. 头部；D. 尾部；E、F. 头部正面；G、H. 尾部端面

（4）饰边盘小环线虫（*D. limitanea*，图 7-154）

雌虫体长 191~260μm，虫体肥胖，缓慢加热杀死后呈“C”形弯曲。体环稍后翻，后缘饰有细密

的齿状纹，腹面环纹从第 5 至第 15~17 环的边缘朝前。唇区高，具 2 个唇环，第一环宽于第二环，向前伸呈盘状，边缘在背腹面凹陷；第二环不缢缩；唇盘位于第一唇环上、稍微凹陷，侧器孔位于唇盘两侧。口针粗，长 46~51μm，口针基部球扁圆形、前缘凹陷、前端钝圆。阴门横裂、稍张开，前阴唇略高于后阴唇，阴道前倾；单生殖管前生、平伸。尾部宽圆锥形，稍向腹面弯曲，尾端钝圆或呈二裂、三裂状。

雄虫虫体细，长约 280μm，缓慢加热杀死后呈“C”形弯曲。体环模糊，侧带具 2 条侧线。唇区变细，呈圆锥形。口针和食道退化。交合刺细，稍向腹面弯曲，泄殖腔突起，无交合伞。尾部圆柱形，末端宽圆，环纹包至尾端。

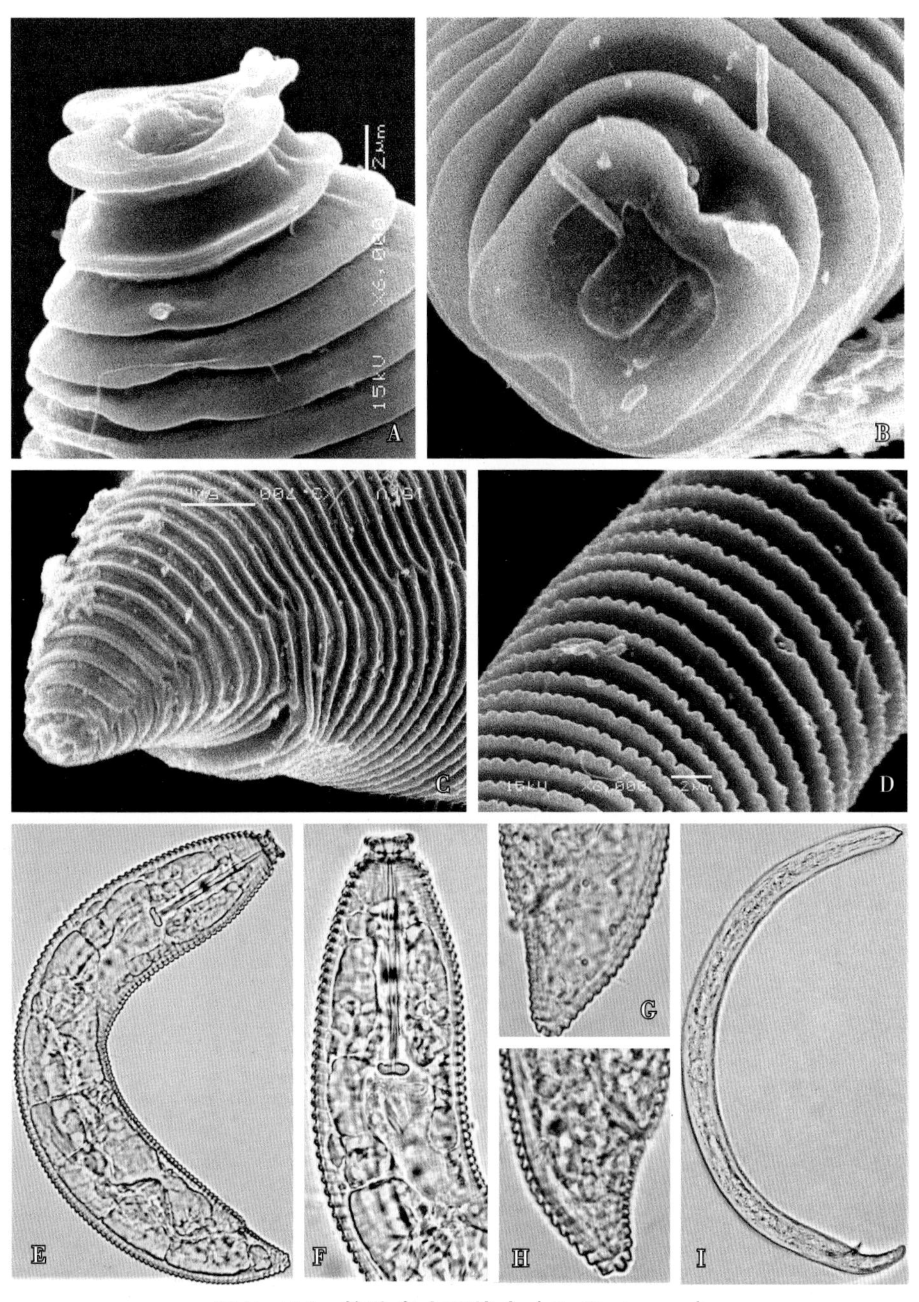

图 7–154　饰边盘小环线虫（*D. limitanea*）

A. 雌虫头部侧面；B. 雌虫头部正面；C. 雌虫尾部；D. 雌虫体环；E. 雌虫整体；F. 雌虫前部；G、H. 雌虫尾部；I. 雄虫整体

（九）龙眼拟鞘线虫病

症状

病原线虫在龙眼根皮层组织取食危害，导致根系衰退，植株叶片褪绿、落叶，出现秃枝。

病原

（1）加德拟鞘线虫（*H. gaddi*，图 7-155）。

雌虫体长 437~514μm，体态丰满，缓慢加热杀死后稍向腹面弯曲。体环 96~109 个，光滑，不后翻。头部顶端平圆，有些虫体头部包裹在体鞘内。唇环 2 个，第一环窄于第二环；唇盘稍隆起，椭圆形；口孔沟状，将唇盘分为 2 个对称的肾形；侧器孔裂缝状，位于唇盘两侧。口针长 61~76μm，口针基部球大、前缘稍凹陷。食道环线型。阴门横裂，有退化的阴门鞘；阴道前倾。单生殖管前生，无后阴子宫囊。

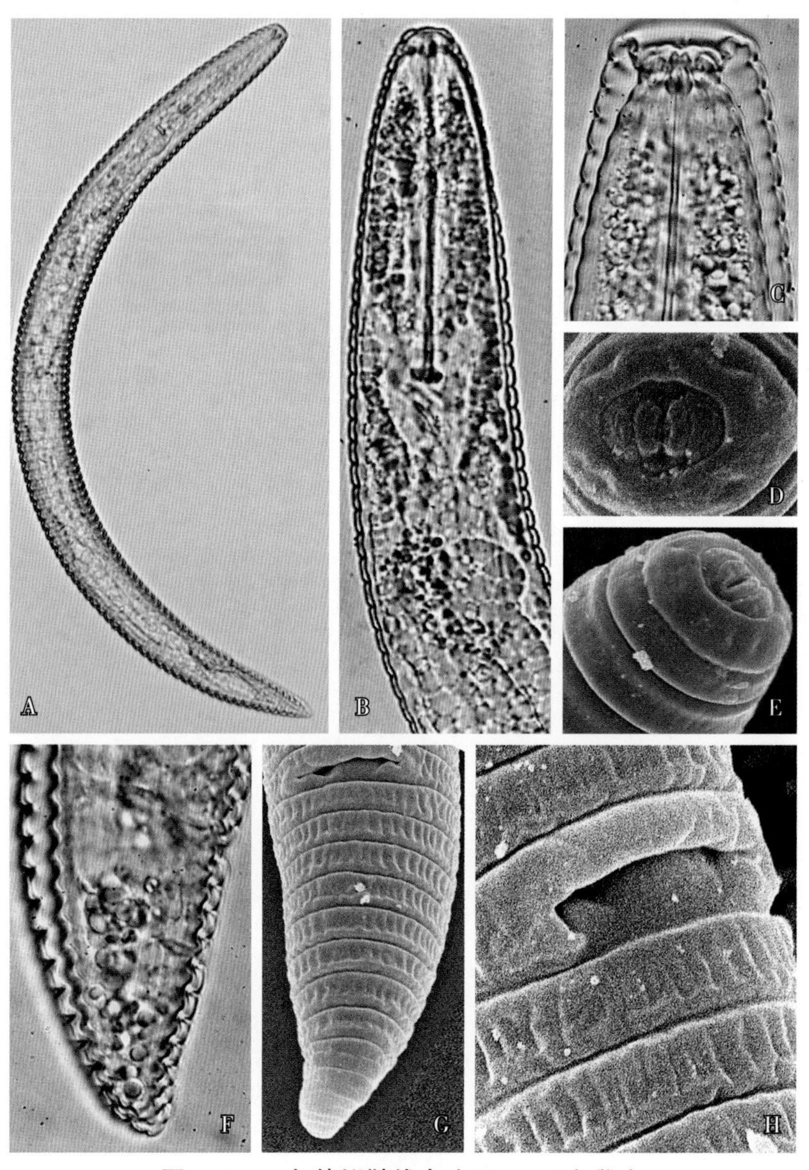

图 7-155 加德拟鞘线虫（*H. gaddi*）雌虫

A. 整体；B. 前部（食道）；C. 头部（具鞘）；D. 头部正面；E. 头部侧面；F、G. 尾部；H. 阴门

尾部呈宽圆锥形，尾部角质膜与虫体结合紧密或分离，末端锥圆至钝圆。

（2）杧果拟鞘线虫（*H. mangiferum*，图 7–156）

雌虫体长 425~588μm，缓慢加热杀死后虫体朝腹面呈宽“C”形弯曲。体环 108~134 个，体环外缘光滑。唇区顶端平，唇盘隆起；唇环 2 个，第一环边缘角状，略向前翘起，稍宽于第二环，第二环窄于与其相连的体环。口针发达，长 58~70μm，针锥长占全长的 85%~91%；基部球扁圆形，前缘凹陷。食道环线型，排泄孔位于食道腺后 2~5 环。单生殖管前生、平伸，卵母细胞单行排列；受精囊圆形，内有圆形精子；无后阴子宫囊；阴门张开，阴道前倾。尾体呈宽圆锥形，尾末端钝圆至宽圆，具环纹。

雄虫虫体细，体长 348~432μm。无体鞘，体环细密，侧带有 4 条侧线。唇部锥圆，无缢缩，具 3~4 个唇环。口针和食道退化。交合刺细，长 21~28μm；交合伞细薄，紧贴于尾部两侧。尾部圆锥形，末端圆，环纹包至尾端。

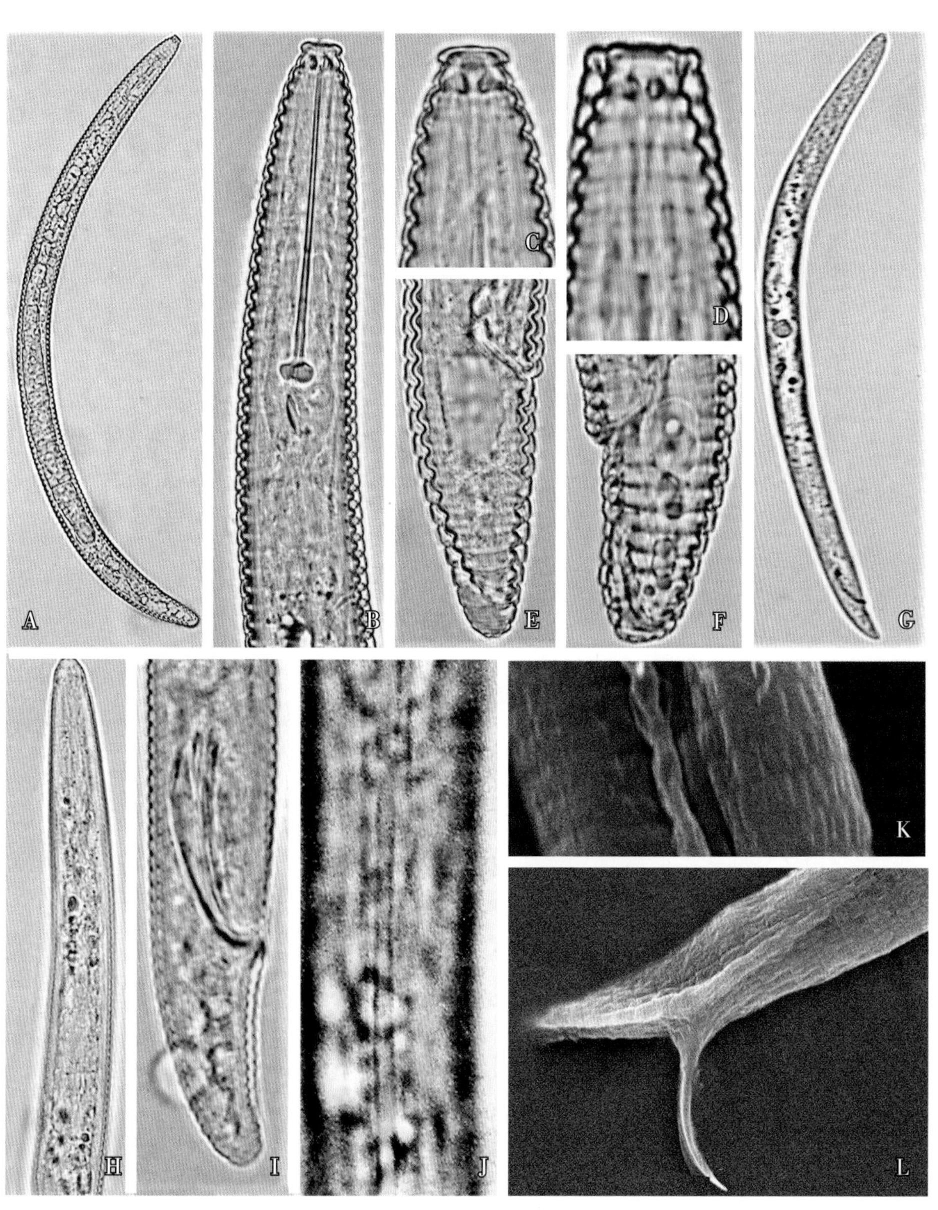

图 7–156　杧果拟鞘线虫（*H. mangiferum*）

A. 雌虫整体；B. 雌虫前部（食道）；C、D. 雌虫头部；E、F. 雌虫尾部；G. 雄虫整体；H. 雄虫前部；I. 雄虫尾部（交合刺）；J、K. 雄虫侧带；L. 雄虫尾部（交合刺和交合伞）

（十）龙眼针线虫病

症状

病原线虫在龙眼根皮层组织取食，形成褐色伤痕，严重危害时根系坏死，植株生长衰弱。

病原

（1）可变细针线虫（*Gracilacus mutabilis*，图 7–157）

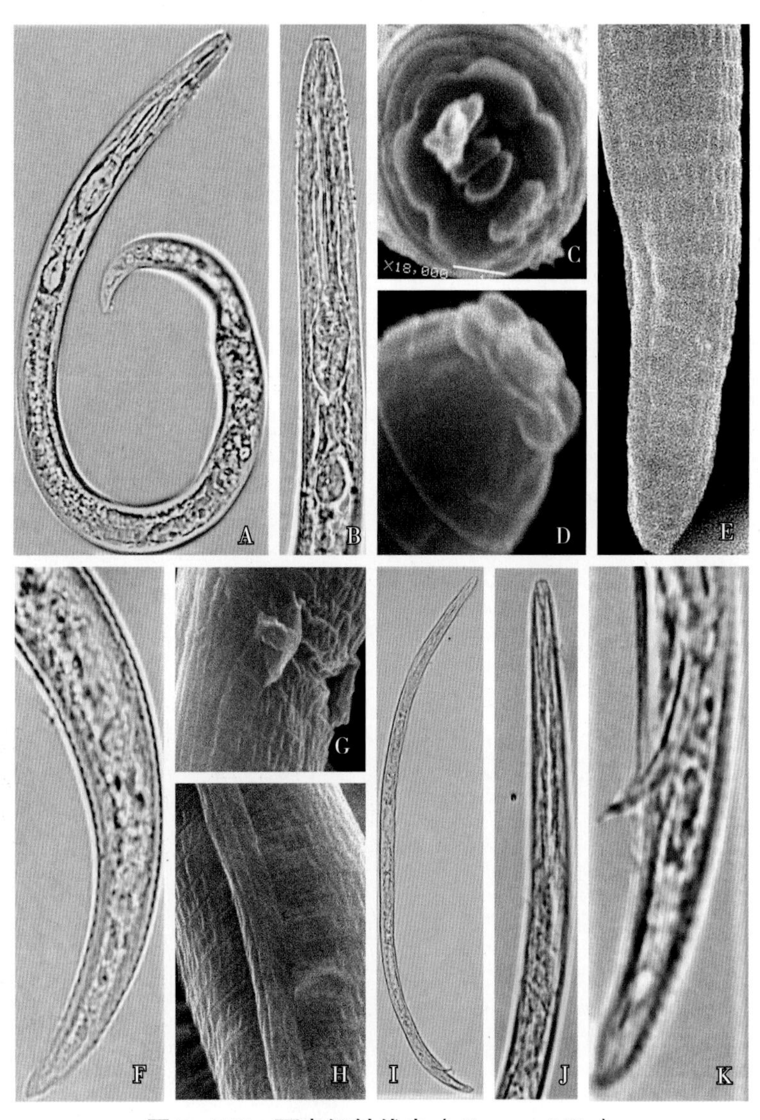

图 7–157 可变细针线虫（*G. mutabilis*）

A. 雌虫整体；B. 雌虫前部；C. 雌虫头部正面；D. 雌虫头部侧面；E、F. 雌虫尾部；G. 阴门（侧阴膜）；H. 雌虫侧带；I. 雄虫整体；J. 雄虫前部；K. 雄虫尾部

雌虫体长 287~400μm，缓慢加热杀死后虫体朝腹面呈“C”形或“6”字形弯曲。阴门部虫体膨大，在阴门后明显变窄。体环细、清晰，侧带细窄、具 4 条侧线。唇区不缢缩，具 2~3 个唇环；唇盘稍隆起，

口孔裂缝状，将唇盘分隔为2个对称的肾形结构；侧器孔位于唇盘两侧；亚中唇片4个，稍向外突出；侧唇退化。口针细，长46~55μm，微弯，基部球圆形。食道体部与中食道球融合，峡部细管状，后食道球卵圆形，与肠平接。单生殖管前生，受精囊卵圆形，内有精子；阴道前倾，阴门横裂，具侧阴膜；阴唇隆起，前阴唇高于后阴唇。尾部细、圆锥形，近尾端的背面平滑或稍缢缩，尾端尖至钝圆。

雄虫虫体细，长337~352μm，缓慢加热杀死后朝腹面弯曲。体环细，模糊。无口针，食道退化。头部锥圆，顶端平截。唇区不缢缩，具2个不明显的唇环。单精巢前生、直伸；交合刺细，长19~20μm，交合伞细薄。

（2）微小针线虫（*Paratylenchus minutus*，图7-158）

雌虫虫体微胖，体长203~380μm，缓慢加热杀死后呈“C”形或“J”形弯曲。阴门后的虫体渐窄，朝腹面弯曲。体环细密、清晰，虫体中部侧带具4条侧线。唇部不缢缩，锥圆，前端平，具3~4个微弱环纹；唇盘圆，稍隆起，亚中唇片4个。侧器孔小，窄圆形，紧靠唇盘两侧。口针直或微弯，长17~21μm，口针基部球球形或扁圆形。食道环线型，中食道球瓣膜明显，长圆形；峡部细长管状；后食道球卵圆形。排泄孔位于峡部中间至后食道球前水平处。单生殖管前生；受精囊大、圆形，内有卵圆形精子。阴道前倾，阴门横裂，具侧阴膜；前阴唇稍高于后阴唇。尾部细、圆锥形，近尾端背面平滑，尾端钝圆或钝尖，环纹包至尾端。

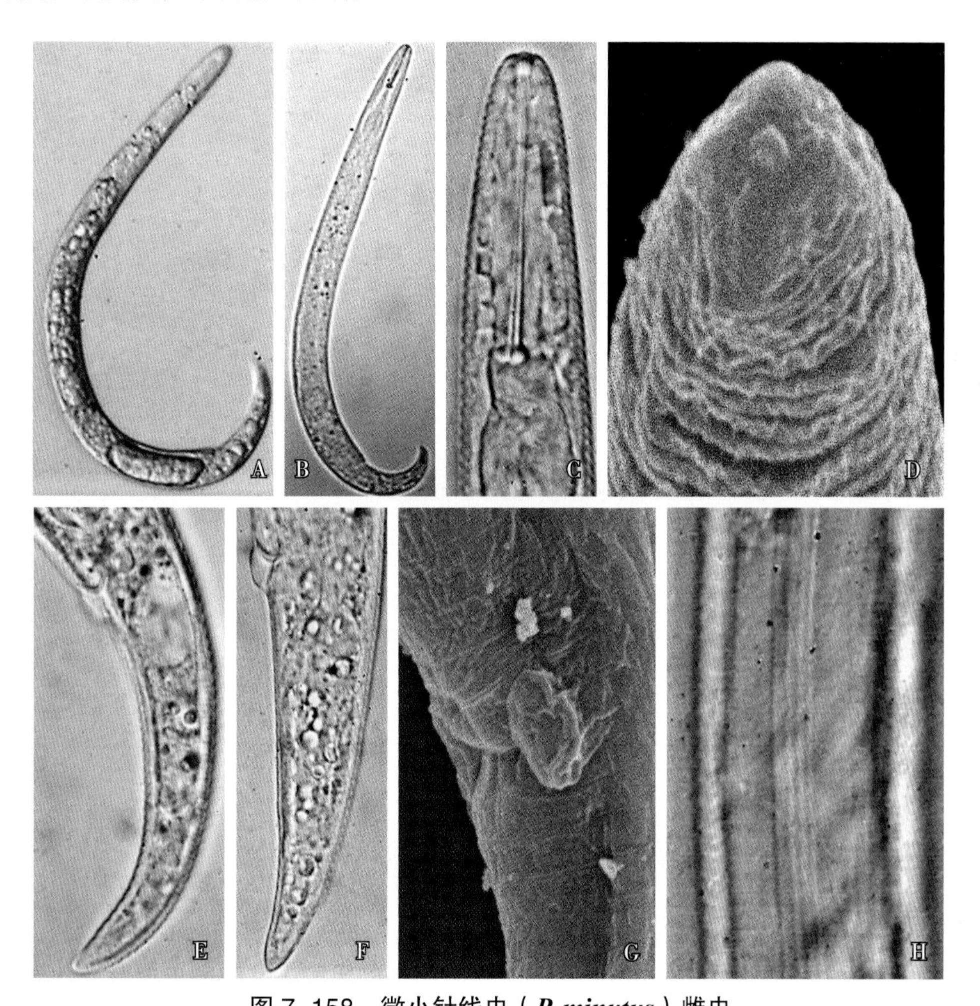

图7-158 微小针线虫（*P. minutus*）雌虫

A、B. 整体；C. 头部；D. 头部正面；E. 尾部；F、G. 阴门及侧阴膜；H. 侧带

（十一）龙眼剑线虫病

症状

病原线虫在龙眼根部取食，严重破坏根皮层组织，造成变色和凹陷伤痕；还会由于土壤中真菌和细菌的复合侵染引起烂根。

病原

（1）短颈剑线虫（*X. brevicollum*，图 7–159）

雌虫体长 1656~2235μm，缓慢加热杀死后朝腹面呈“C”形弯曲。虫体表面光滑，前部逐渐变细。唇区稍缢缩，顶端平，口孔处稍凹陷。齿针 128~174μm，直或稍弯曲，齿针尖基部呈叉状；导环位于齿尖针后部，靠近齿尖针与齿托连接处；齿托基部明显膨大。食道长瓶状，与肠平接。双生殖管对生，前后生殖管长度接近，卵巢回折；子宫内无特殊分化结构；阴门横裂，位于虫体中部；阴道肌肉组织圆形，阴道长度约占阴部体宽的 1/3。尾部短，宽圆锥形，背面弯曲，尾端圆。

（2）湖南剑线虫（*X. hunaniense*，图 7–160）

雌虫体长 1524~2240μm，缓慢加热杀死后虫体后部朝腹面弯曲。除头部和尾部稍细外，虫体其他部分几乎等宽。唇部稍缢缩，顶端平圆。齿针发达，长 170~220μm，导环位于齿针尖中部，齿托基部具凸缘。阴门位于虫体前部体长的 1/4 处，接近食道基部；阴道略后斜；前生殖管退化，后生殖管发

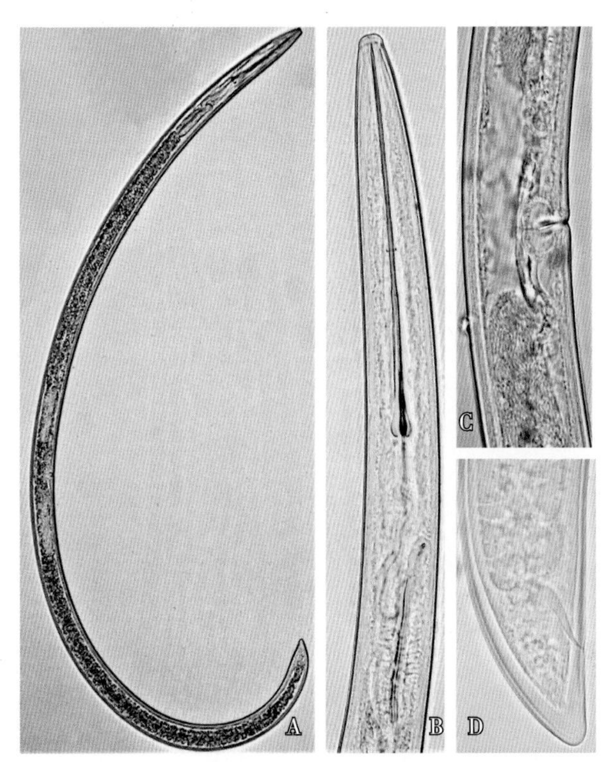

图 7–159 短颈剑线虫（*X. brevicollum*）雌虫

A. 整体；B. 前部；C. 阴门部；D. 尾部

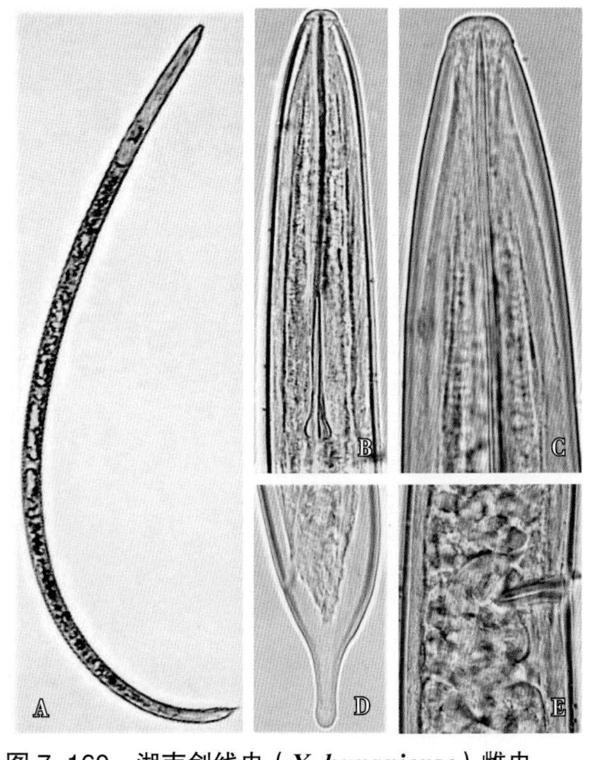

图 7–160 湖南剑线虫（*X. hunaniense*）雌虫

A. 整体；B. 头部（齿针）；C. 头部；D. 尾部；E. 阴门部

育完全，卵巢回折，子宫内无特殊分化结构。尾部呈短圆锥形，尾末端呈长指状、顶端钝圆。

（3）标准剑线虫（*Xiphinema insigne*，图 7−161）。

雌虫体长 1807~2415μm，缓慢加热杀死后虫体后半部向腹面弯曲，呈“J”形。唇区半圆形，稍缢缩，前端平圆。齿针长 152~168 μm，齿尖针基部分叉，齿托基部有凸缘；导环位于齿针尖基部。食道矛线型，食道腺长圆柱形，与肠平接。双生殖管对生，前生殖管较短，后生殖管发育完全、回折；子宫细长，内部无特殊分化结构；阴门位于虫体前的 1/3 处，阴道垂直于虫体中轴。尾部呈长圆锥形，腹弯，末端钝圆。

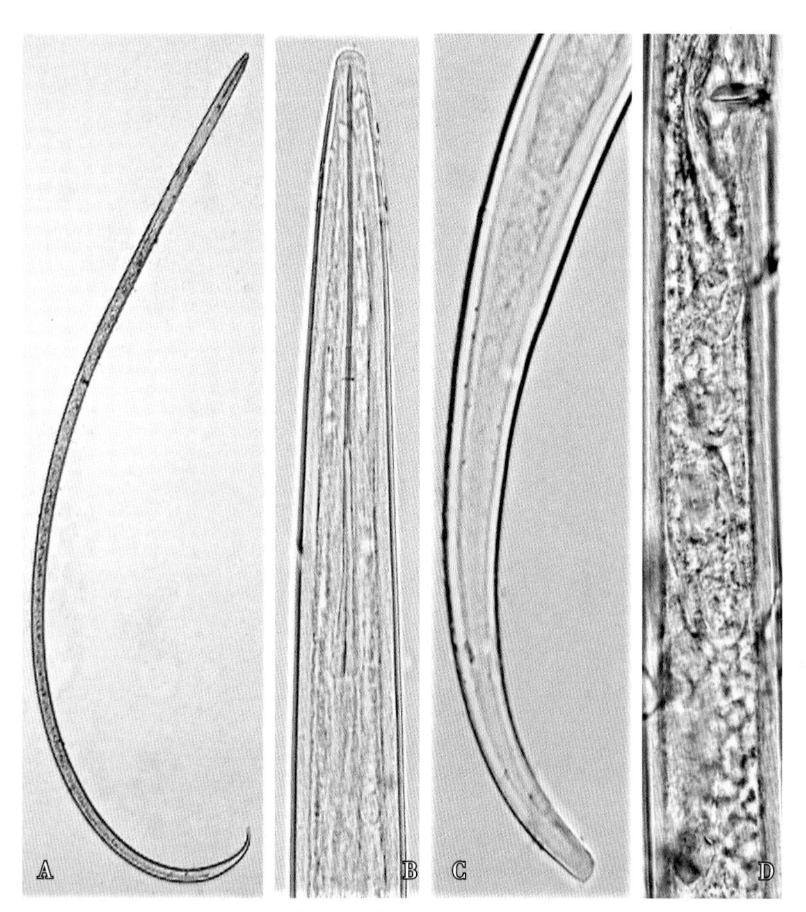

图 7−161　标准剑线虫（*X. insigne*）雌虫

A. 整体；B. 头部（齿针）；C. 尾部；D. 阴门和卵巢

（十二）龙眼毛刺线虫病

症状

病原线虫在龙眼根皮层组织取食，大量侵染时严重抑制根系生长，产生粗短根。

病原

（1）巴基斯坦毛刺线虫（*Trichodorus pakistanensis*，图 7−162）

雌虫体长 790~1069μm，缓慢加热杀死后虫体直伸或稍向腹面弯曲。唇区圆，头乳突稍隆起。口

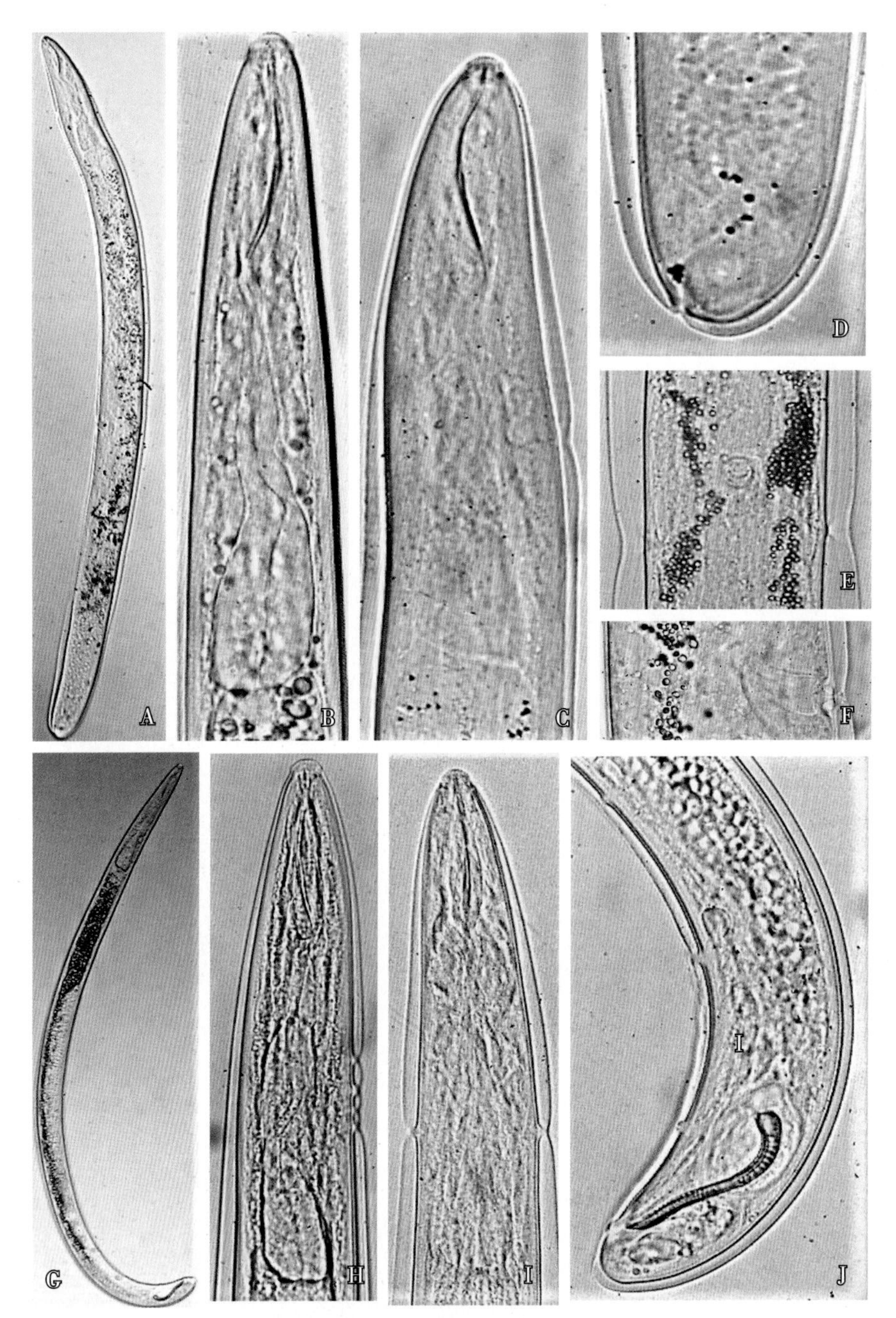

图 7-162　巴基斯坦毛刺线虫（*T. pakistanensis*）

A. 雌虫整体；B、C. 雌虫前部；D. 雌虫尾部；E. 雌虫侧体孔；F. 雌虫骨质化阴门；G. 雄虫整体；H、I. 雄虫前部；J. 雄虫尾部

针腹向弯曲，长 46~52μm。排泄孔位于食道腺前端水平处。食道腺长颈瓶形、基部平接于肠。侧体孔 1 对，位于阴门后 1/4~1/3 体宽水平处。双生殖管对生，回折；受精囊卵圆形，内有椭圆形精子。阴门位于虫体近中部体长的 51%~58% 处；阴道骨质化结构，卵圆形。肛门近端生。尾半圆形。

雄虫体长 722~993μm，缓慢加热杀死后虫体后部朝腹面弯曲，呈“J”形。唇部圆，稍缢缩，头乳突稍隆起。侧器孔横裂，具侧器孔盖。口针弓形，长 44~56μm，食道长颈瓶形，基部平接于肠或从腹侧面稍微覆盖于肠。侧颈孔 1 对，位于食道腺前部水平处。虫体前部腹面有 3 个颈乳突，位于食道中部水平处。排泄孔位于第二个与第三个颈乳突之间。单精巢前生，泄殖腔位于近尾端，泄殖腔口前有3个腹中乳突；交合刺粗，长51~61μm，前部较直，后部向腹面弯曲，并逐渐膨大成柄状。

（2）微小拟毛刺线虫（*Paratrichodorus minor*，图7−163）

雌虫体长553~632μm，缓慢加热杀死后虫体稍朝腹面弯曲。虫体呈雪茄形，头、尾部较细，中部最宽，角质膜疏松。唇区无缢缩、顶端圆，头乳突稍隆起。口针朝腹面弯曲，长28~36μm。食道腺长颈瓶状，从腹侧面覆盖于肠。双生殖管对生，回折；阴门位于虫体近中部体长的53%~57%处，阴道直，阴肌近圆形，骨质化。尾末端钝圆。

（3）多孔拟毛刺线虫（*P. porosus*，图7−164）。

雌虫体长528~833μm，缓慢加热杀死后虫体稍向腹面弯曲；角质膜膨胀，虫体长筒状，有些虫体的头、尾部缩进膨胀的外角质膜内。唇部圆，稍缢缩；侧器孔横裂，具侧器孔盖。口针弯，长43~59μm。食道长瓶形，侧面稍重叠于肠。双生殖管对生，前端回折；阴门腹面呈圆孔状，阴肌不发达、呈碗形，骨质化结构呈小圆点状。阴门前后各有1对体孔。近尾部的内皮层呈缢缩的圆锥形。

雄虫缓慢加热杀死后虫体较直。唇部高、圆，轻微缢缩。口针弓形，长约47μm，食道长颈瓶形，稍覆盖于肠。腹中颈乳突1个，位于口针基部水平处。排泄孔位于颈乳突后，在食道腺前端水平处。单精巢前生。虫体末端半圆形，交合刺直，长37μm。性乳突2个，位于泄殖腔前。

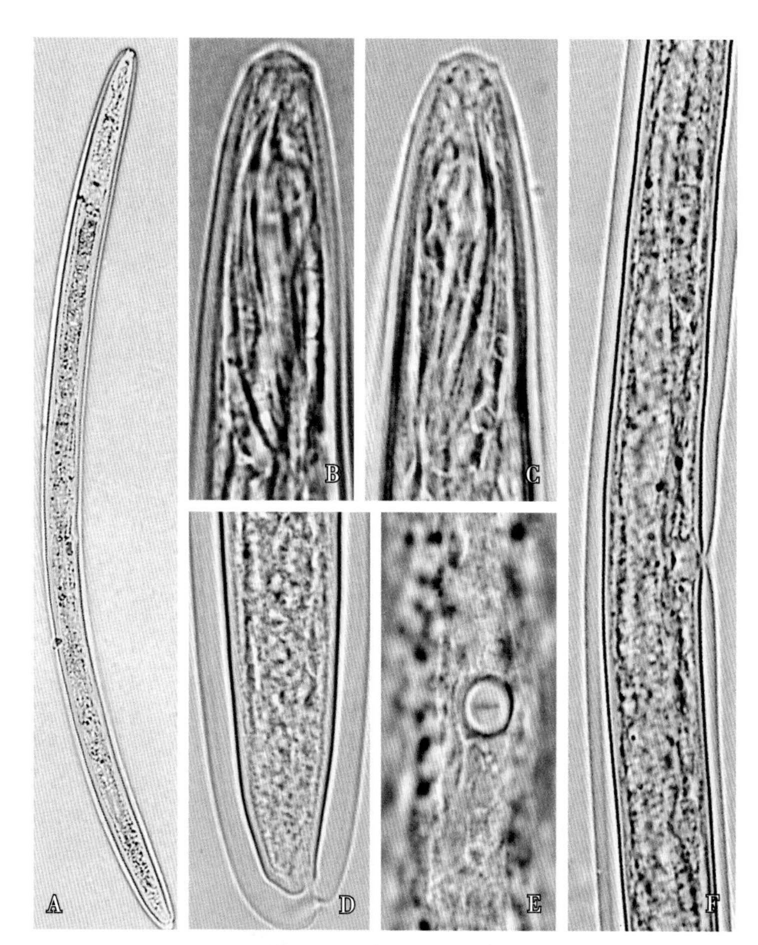

图7−163　微小拟毛刺线虫（*P. minor*）雌虫

A. 整体；B、C. 头部；D. 尾部；E. 侧体孔；F. 阴门和卵巢

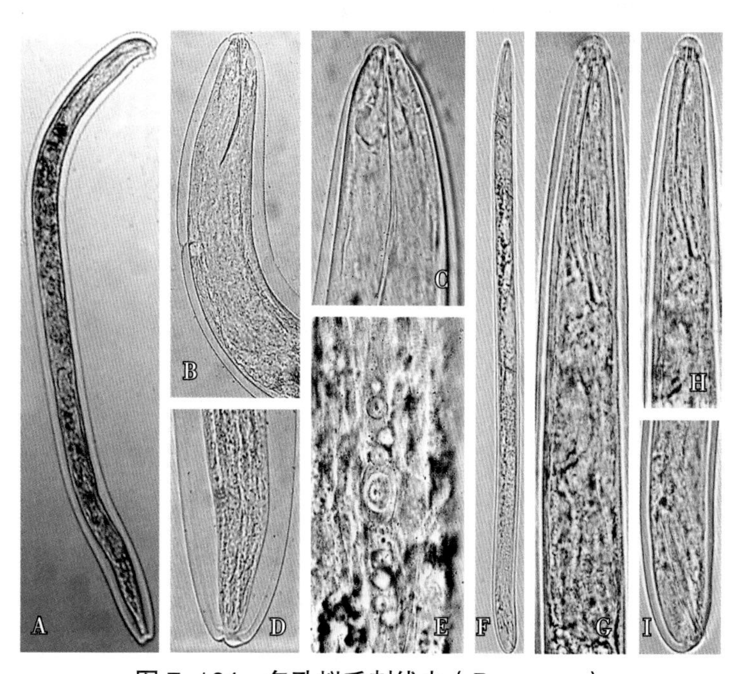

图7−164　多孔拟毛刺线虫（*P. porosus*）

A. 雌虫整体；B. 雌虫前部；C. 雌虫头部；D. 雌虫尾部；E. 雌虫多侧体孔；F. 雄虫整体；G、H. 雄虫前部；I. 雄虫尾部

第四节　荔枝线虫病

一、荔枝根结线虫病

症状

荔枝苗期和成株期均受病原线虫侵染，病苗矮小，叶小褪绿。成年树长势弱，新梢较少，并产生枯枝，果实产量较低。根部密生根结，根结呈红褐色至黑色，瘤状，表面粗糙；数个根结聚生，形成粗糙的条形肿块；后期根结表皮呈黑褐色腐烂（图 7–165）。病根组织染色可见不同发育阶段的线虫（图 7–166）。

图 7–165　荔枝根结线虫病根部症状

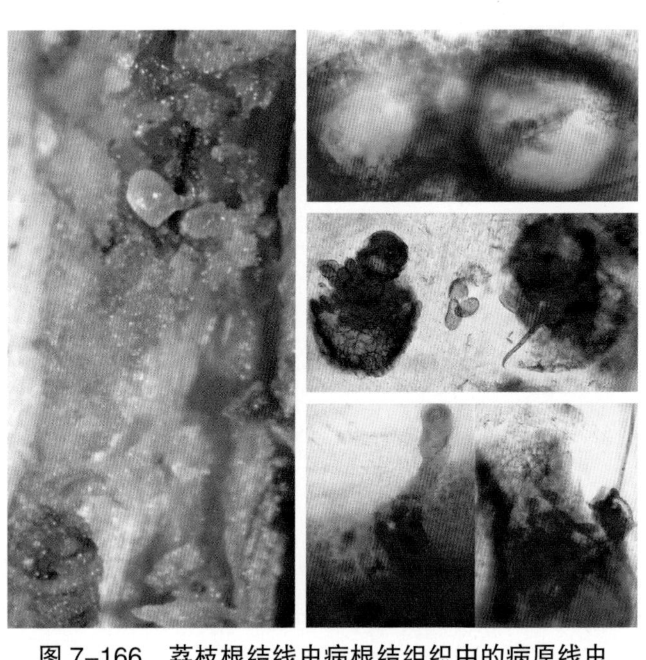

图 7–166　荔枝根结线虫病根结组织中的病原线虫

病原

病原为象耳豆根结线虫（*Meloidogyne enterolobii*，图 7–167 至图 7–168）。

雌虫虫体梨形或球形，大小为（542~849）μm×（288~447）μm。有明显颈部，会阴部不突出。唇盘圆盘状，中唇与唇盘融合成哑铃状；侧唇大，外缘圆，延伸至中唇背腹面。口针细，长 13~16μm，口针基部球大。背食道腺开口于口针基部球后 4~6μm 处。排泄孔位于中食道球前。会阴花纹卵圆形至椭圆形，线纹较细，平滑至波浪形；背弓高，近方形、拱形或锥形；侧线不明显；阴肛区通常无线纹；侧尾腺口明显，侧尾腺口间距 27~37μm；阴门裂长 24~33μm。

雄虫体长 921~2040μm，缓慢加热杀死后朝腹面略弯曲。头冠高而圆，头部稍缢缩，无环纹。口针粗壮，长 20~24μm。侧带有 4 条侧线。交合刺 24~31μm。尾短而圆。

2 龄幼虫体长 374~483μm，缓慢加热杀死后朝腹面稍弯曲。头部缢缩，无环纹。口针纤细，长

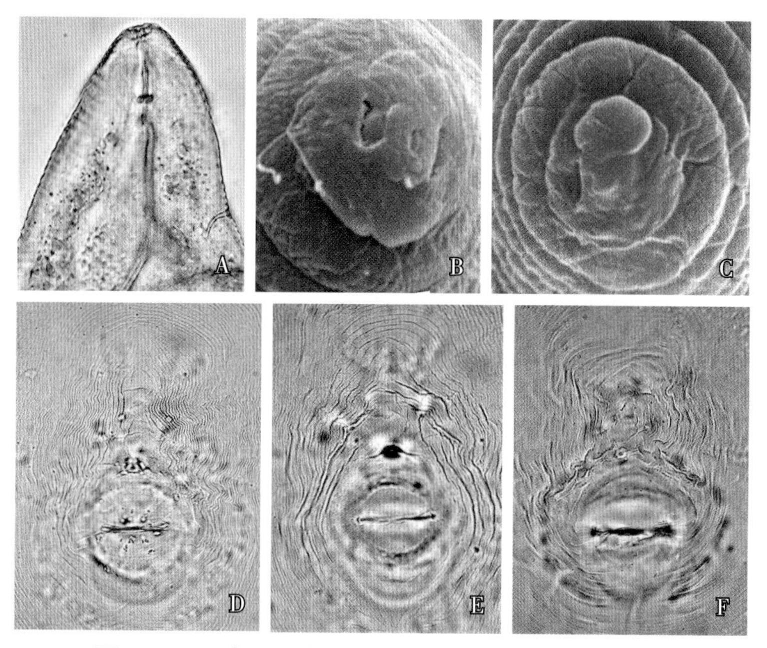

图 7-167　象耳豆根结线虫（*M. enterolobii*）雌虫

A. 头部（口针和排泄孔）；B、C. 头部正面（唇部）；D~F. 会阴花纹

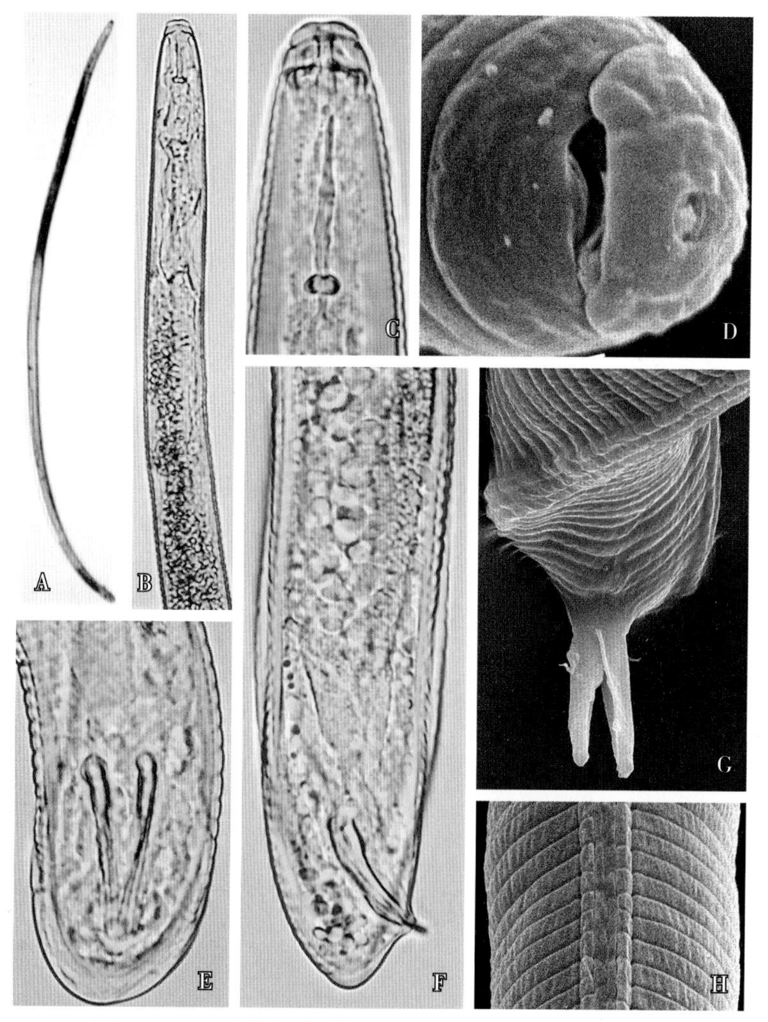

图 7-168　象耳豆根结线虫（*M. enterolobii*）雄虫

A. 整体；B. 前部；C. 头部（口针）；D. 头部正面；E~G. 尾部；H. 侧带

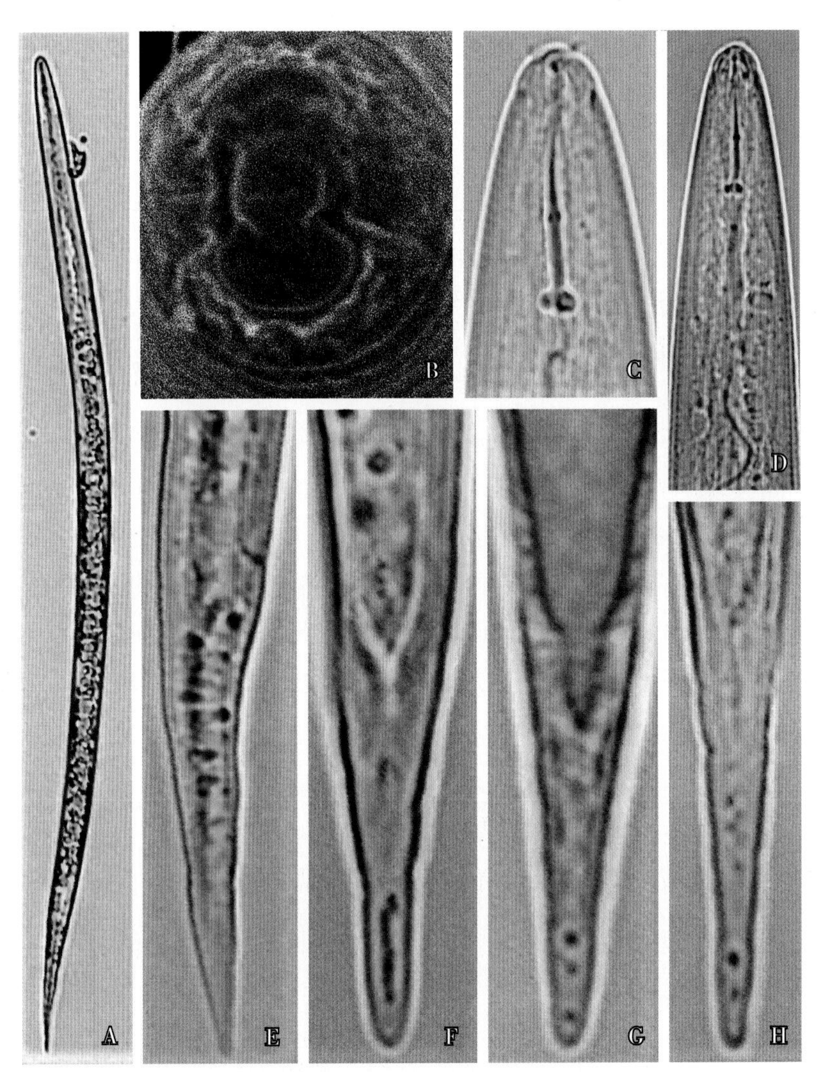

图 7-169 象耳豆根结线虫（*M. enterolobii*）2 龄幼虫

A. 整体；B. 头部正面；C、D. 头部（口针及食道）；E~H. 尾部

10~12μm，口针基部球圆形。尾部细长，近末端有 2~3 次缢缩；透明区明显，尾尖钝圆。

发病规律

象耳豆根结线虫（*M. enterolobii*）是果树的重要病原线虫，以卵囊中的卵和卵内的幼虫越冬。果园中的病树、残留于果园的病根、带有虫卵和根结的病土是其主要初侵染源。线虫随灌溉水、雨水径流，以及附于农具上的带虫土壤进行传播。远距离主要随带病种苗和附着于苗木根部的带虫土壤传播。

防控措施

①培育和种植无病树苗：苗圃育苗前用杀线虫剂处理，培育无病苗。移栽时在根际施用杀线虫剂后覆土定植。

②药剂防控：发病果园在春季果树发根初期，于树冠滴水线处开浅环沟，每株用 10% 噻唑膦颗粒剂 25~50g 与细土 1.0~1.5kg 搅拌均匀后施入沟内，施药后覆土浇水。也可以用厚垣孢普可尼亚菌或淡紫拟青霉层施或沟施。

二、荔枝拟鞘线虫病

症状

病原线虫在根皮层组织取食，导致皮层崩溃，薄壁细胞组织瓦解，水分和营养吸收受阻。病树出现秃枝，叶片褪绿，叶尖焦枯，开花少，过度落果，引起果树衰退。根系产生短小的不定根、茬状根和黑根，营养根少。有些病重果树死亡。

病原

病原为福建拟鞘线虫（*H. fujianensis*，图 7-170、图 7-171）。

雌虫体长 380~510μm，虫体圆柱状，前部渐细，缓慢加热杀死后稍朝腹面弯曲。体环 118~130 个。有些线虫头部、排泄孔、阴门、肛门和尾部附有角质膜鞘，无侧带，唇部前端平，有 2 个唇环；第一唇环比第二唇环小，边缘向前翘；第二唇环圆，边缘后倾。唇圆形，稍隆起。口针细、软、直或略弯，长 63~70μm；口针锥部约占口针全长 83%；口针基部球前缘突起呈锚状。食道环线型，排泄孔位于食道基部，距前端 102~125μm，距头顶有体环 30~33 个。阴门距尾端 9~12 个体环，横裂或有时斜裂；阴唇平滑，不突起或凹陷，无阴门鞘，阴道向内前倾；单生殖管前生，长 180~280μm；贮精囊椭圆形，充满小的圆形精子。肛门位于阴门后 2~4 个体环处，距尾端有 6~8 个体环。有些雌虫阴门至尾部的体环产生皱缩、扭曲或重叠。尾部呈锥形，末端钝圆。

图 7-170　福建拟鞘线虫（*H. fujianensis*）

A~C. 雌虫前部（头部具鞘）；D~F. 雌虫尾部；G、H. 雄虫前部；I、J. 雄虫尾部；K、L. 幼虫

图 7–171 福建拟鞘线虫（*H. fujianensis*）体表特征

A. 雌虫头部侧面；B. 雌虫头部正面（口针）；C. 雌虫头部（环纹）；D. 雌虫头部（鞘）；E. 雌虫体环；F~H. 雌虫后部（阴门、肛门和尾部环纹）；I. 雄虫头部正面；J. 雄虫侧带；K. 幼虫头部（环纹）；L. 幼虫体环（鳞片状）；M. 幼虫尾部

雄虫虫体圆柱形，两端渐细，体长 370~440μm。体环细微，头部有角质膜鞘，头部截锥形，略缢缩，有 5~6 个头环。侧带有 4 条侧线。无口针，食道退化。单精巢前生，长 100~138μm；交合刺长 21~28μm，稍弯向腹面，引带长 3~4μm，无交合伞。尾锥形，尾端钝圆。

2 龄幼虫虫体肥厚，体长 180~200μm，朝腹面弯曲，有细环纹。唇部圆滑，不缢缩。口针长约 30μm。3 龄幼虫体长 235~335μm，口针长 40~45μm。4 龄幼虫体长 290~380μm，口针长 50~53μm。3 龄幼虫和 4 龄幼虫都有后倾体环。除头部的环纹后缘连续，其他的体环为刺状或鳞片状，并沿虫体纵向排为 12~14 列；虫体中部和尾部刺或鳞片排列方式呈交互状、连续状或覆瓦状。

寄生于荔枝的拟鞘线虫（*Hemicriconemoides*）种类还有杧果拟鞘线虫（*H. mangiferae*）和荔枝拟鞘线虫（*H. litchi*）。杧果拟鞘线虫（*H. mangiferae*）与福建拟鞘线虫（*H. fujianensis*）的区别特征是口针较长（70~81μm），体环数目较多（体环 133~148 个），雄虫有交合伞。荔枝拟鞘线虫（*H. litchi*）与福建拟鞘线虫（*H. fujianensis*）的区别特征是口针较短（60~65μm），雄虫有交合伞，雄虫侧带有 2 条侧线。

发病规律

福建拟鞘线虫（*H. fujianensis*）在荔枝根部外寄生，在根部和根际土壤中存活，依靠苗木传播。

防控措施

药剂防控：发病果园在春季果树发根初期，于树冠滴水线处开浅环沟，每株用 10% 噻唑膦颗粒剂 25~50g 与细土 1.0~1.5kg 搅拌均匀后施入沟内，施药后覆土浇水。

三、荔枝其他线虫病

（一）荔枝矮化线虫病

症状

病原线虫在荔枝根皮层组织取食，大量侵染时严重抑制根系生长，受害植株产生粗短根。

病原

病原为光端矮化线虫（*T. leviterminalis*）。

（二）荔枝螺旋线虫病

症状

该线虫侵入荔枝根皮层组织，产生褐色坏死伤痕。

病原

病原为双宫螺旋线虫（*H. dihystera*）。

（三）荔枝肾形线虫病

症状

病原线虫侵染荔枝根皮层引起根系坏死；受害植株矮小，叶片褪绿。

病原

病原为肾状肾形线虫（*R. reniformis*）。

（四）荔枝环线虫病

症状

病原线虫在荔枝根皮层组织取食，造成伤痕，抑制根系生长，病树生长衰弱。

病原

病原为饰边盘小环线虫（*D. limitanea*）。

（五）荔枝针线虫病

症状

病原线虫在荔枝根皮层组织取食形成褐色伤痕，抑制根系生长，受害植株生长衰弱。

病原

病原为微小针线虫（*P. minutus*）。

（六）荔枝剑线虫病

症状

病原线虫在荔枝根部取食，破坏根皮层组织，造成变色和凹陷伤痕。

病原

病原为短颈剑线虫（*X. brevicollum*）、湖南剑线虫（*X. hunaniense*）、标准剑线虫（*X. insigne*）。

（七）荔枝毛刺线虫病

症状

病原线虫在荔枝根皮层组织取食，大量侵染时严重抑制根系生长，受害植株产生粗短根。

病原

病原为多孔拟毛刺线虫（*P. porosus*）。

第五节　番石榴线虫病

一、番石榴根结线虫病

症状

幼树和成年树均可受侵染发生病害。幼树发病初期先从叶片的叶尖至叶缘产生红色斑点，病斑扩大并相互愈合，使整片叶变红后凋萎卷曲。成年树受害后叶片褪绿、红化，叶脉间的叶肉组织转为红褐色，红化组织从叶缘扩展至中脉，后期除了叶脉保持黄绿色外，整片叶呈紫红色。病树中下部叶片先褪绿红化，逐渐向上部扩展，最后整棵树叶片变成紫红色（图 7-172、图 7-173）。幼树和成年树发病初期仍能正常抽生新叶，随着病情加剧，老叶逐渐脱落，变成枯枝。病树生长衰退、矮小，失去产果能力，重病树枯死。

2 龄幼虫从根幼嫩部位侵入，刺激根组织过度生长，引起根尖膨大，新根上产生单个和串生的球形根结，根一侧呈半球形隆起；根结表皮可生长不定根，不定根也能受侵染形成次生根结。新鲜根结呈白色或黄色，多个根结相互愈合形成大的根结团，根系肿胀变形（图 7-174）。线虫侵入后寄生于

图 7-172　番石榴根结线虫病田间症状（植株矮小，叶片变紫红色）

图 7-173　番石榴根结线虫病病株

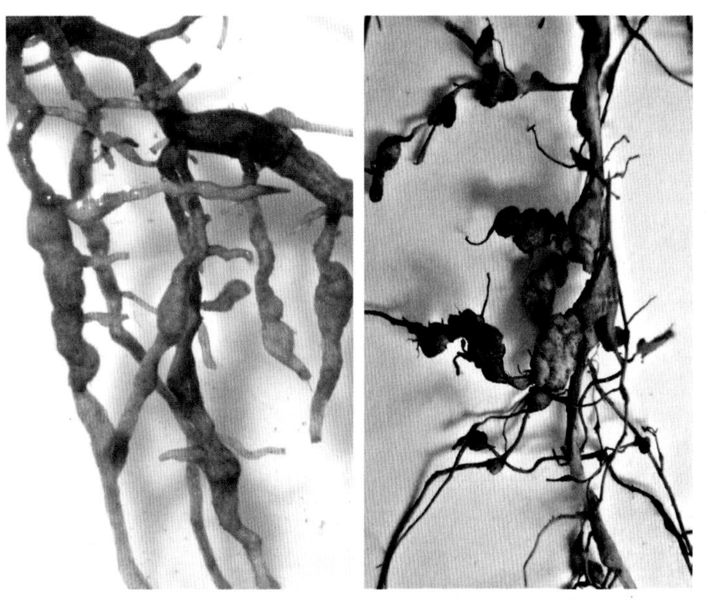

图 7-174　番石榴根结线虫病根结（左为幼嫩根结，右为老化根结）

根皮层与中柱之间并发育成熟，剖开根结，可见球形的病原线虫雌虫，1 个根结内有 1 条至多条雌虫。根结组织染色观察，可以看见根结线虫不同发育时期的虫态（图 7–175）。大侧根及主根受侵染后，其表皮产生多个根结，聚集一起形成大根结块，或连接成不规则长条状根结组织（图 7–176）。根结后期表皮干裂腐烂、皮层脱落，引起烂根（图 7–177）。严重衰退树的根系大部分死亡，不能产生新根和侧根，主根木质部腐烂、易折断。

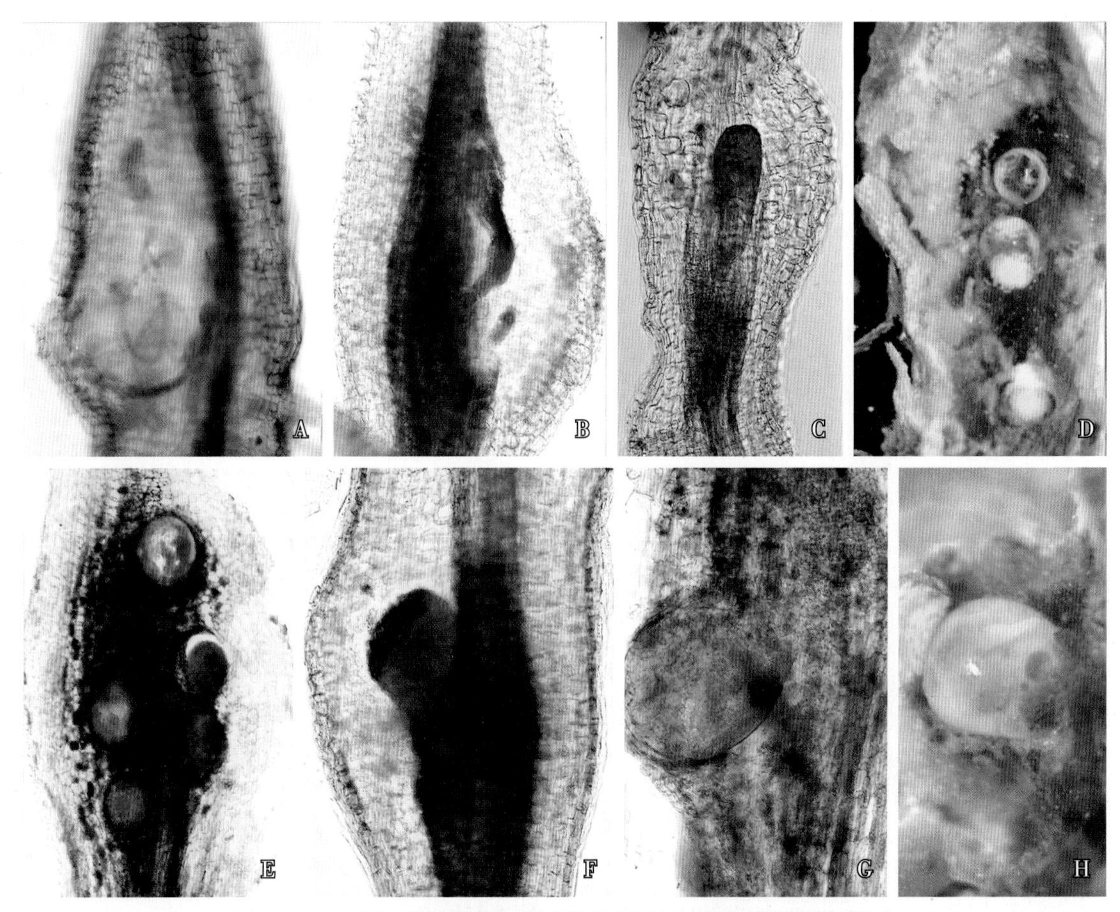

图 7–175 番石榴根结线虫病根结组织中的病原幼虫和雌虫

A. 多条幼雌虫；B、C. 单条幼雌虫；D、E. 多条成熟雌虫；F~H. 单条成熟雌虫

图 7–176 番石榴根结线虫病根结块和根结的不定根

图 7–177 番石榴根结线虫病根结腐烂，引起烂根

病原

病原为象耳豆根结线虫（*M. enterolobii*，图 7–178 至图 7–180）。

雌虫虫体椭圆形、梨形至球形，阴门无突起，颈部与体纵轴在同一直线上或略形成角度。虫体大小为（423~1061）μm×（175~776）μm。口针长 11~17μm，口针锥部稍向背面弯曲，基部球圆形，不后倾或稍后倾。排泄孔常位于中食道球与口针基部球中间水平处。唇盘微隆起，中唇顶端圆滑，与唇盘融合成哑铃状；侧唇大、与唇盘分开，外缘圆、延伸至中唇背腹面、与 1~2 个中唇融合。侧器孔裂缝状，位于唇盘与侧唇之间。会阴花纹呈椭圆形、卵形至近圆形，线纹平滑或具不同程度的波浪纹，连续或间断、粗糙或细密；背弓高至中等高，近半圆形，背、腹区的线纹在相交处相连或稍有分叉，侧线无或模糊；尾端可见或模糊，有或无线纹，有些线纹在尾尖形成轮纹状；腹区线纹平滑至圆滑，阴肛区无线纹，线纹伸向阴门两侧。侧尾腺口间距与阴门长度相当。

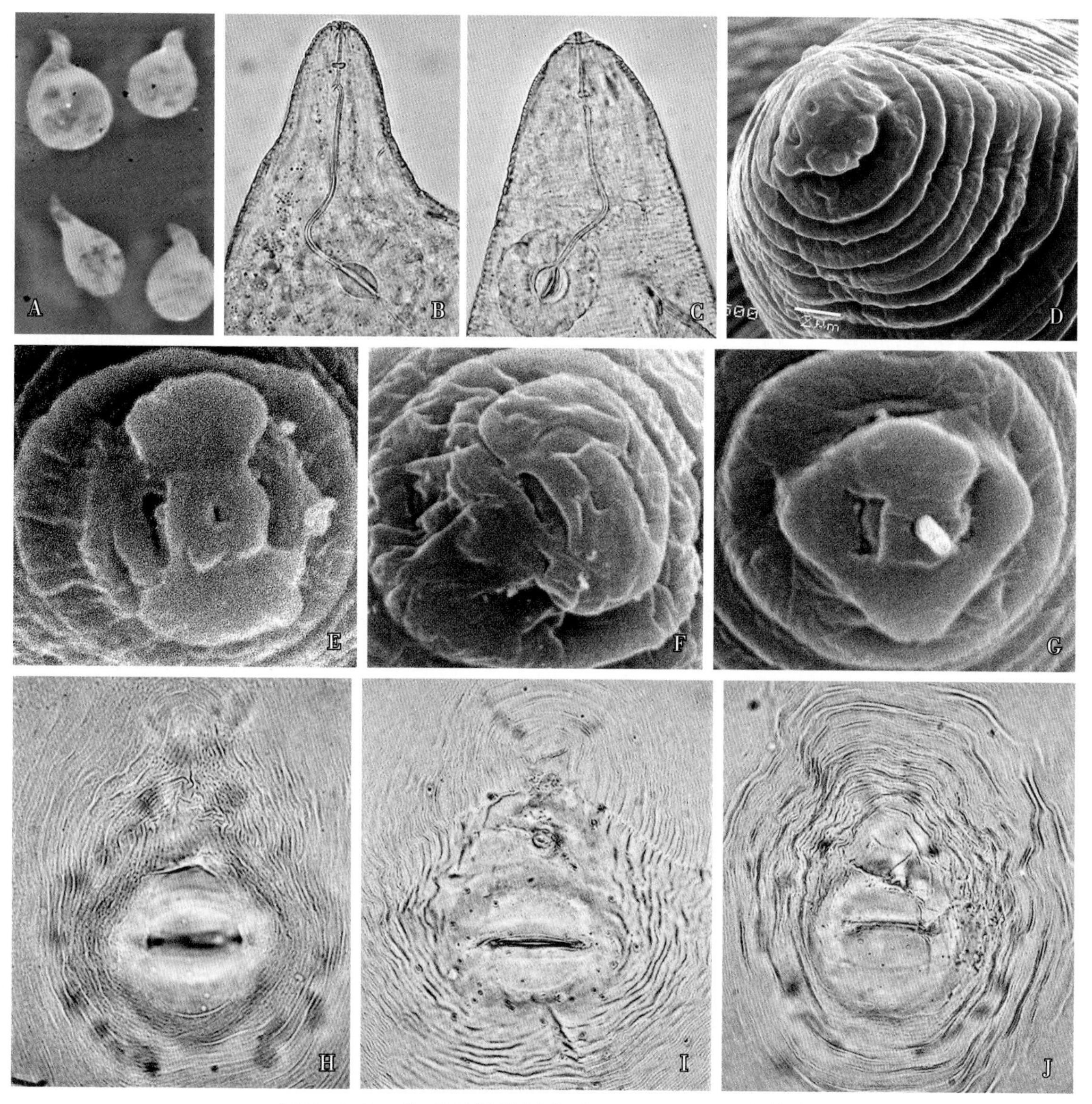

图 7–178　象耳豆根结线虫（*M. enterolobii*）雌虫

A. 整体；B、C. 头部（口针、食道、排泄孔）；D. 头部（唇部、环纹）；E~G. 头部正面；H~J. 会阴花纹雄虫蠕虫形，虫体长 638~1883μm，缓慢加热杀死后稍朝腹面弯曲。口针长 17~25μm，直或微弯，基部球大。食道腺覆盖于肠的腹面，排泄孔位于食道腺中部水平处，半月体在排泄孔前 0~6 个体环处。唇区无唇环或有 1 条短线纹，唇盘圆、略高于中唇，中唇外缘圆滑、与唇盘融合。侧器孔大，位于唇盘两侧下方。虫体中部侧带有 4 条侧线，具网格纹。单精巢前生，长度占体长的 22%~55%，前端弯折；交合刺稍朝腹面弯曲，尾端宽圆。

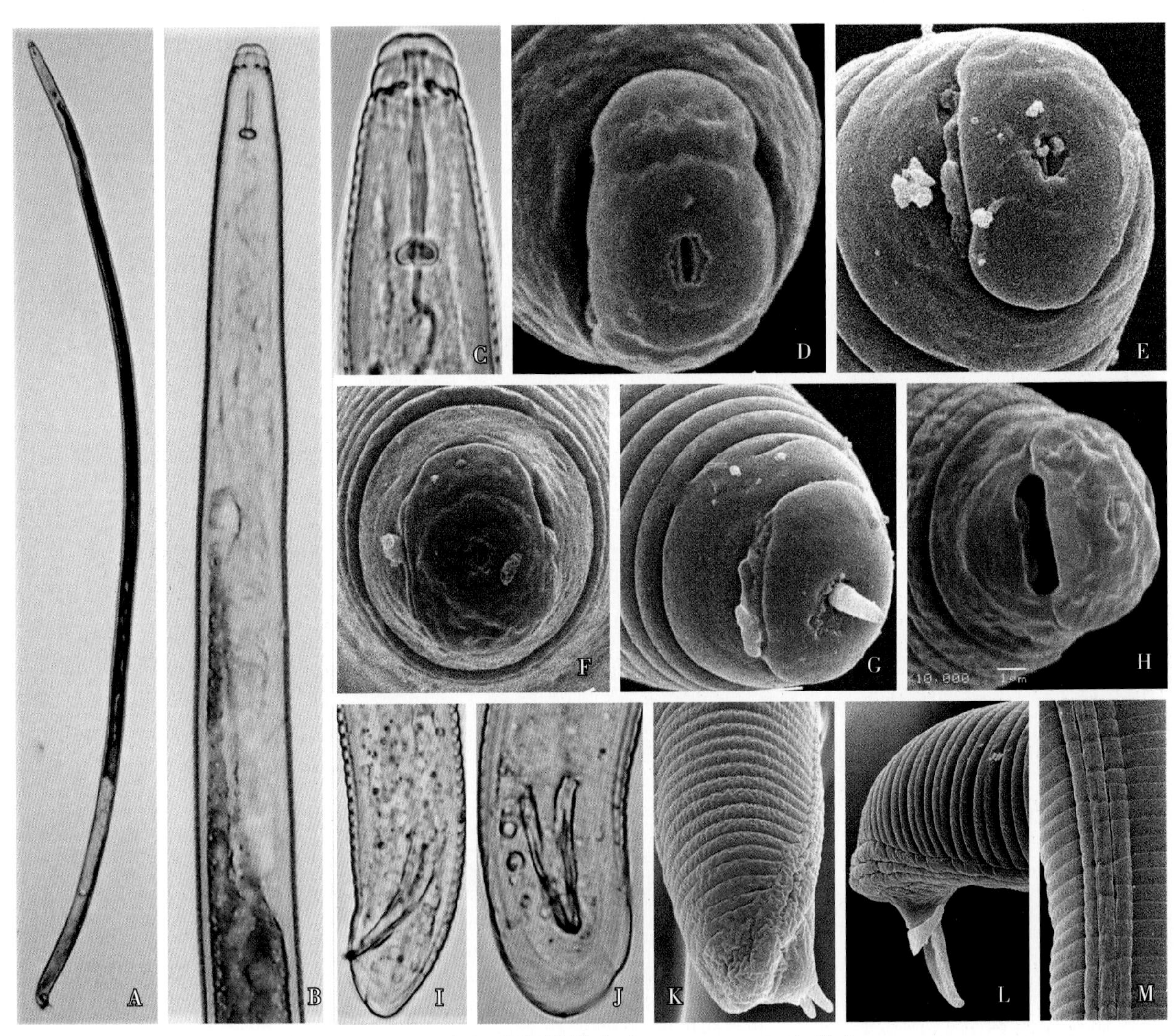

图 7–179　象耳豆根结线虫（*M. enterolobii*）雄虫

A. 整体；B. 前部；C. 头部；D~H. 头正面（唇、口孔、口针、侧器）；I、J. 尾部；K、L. 尾部（交合刺）；M. 侧带

2 龄幼虫蠕虫形，体长 342~537μm，缓慢加热杀死后虫体稍朝腹面弯曲。头部锥圆，顶端平截，唇区无唇环、光滑，唇盘稍隆起，中唇外缘圆滑、与唇盘融合成哑铃状。侧器孔裂缝状，紧靠唇盘两侧。侧唇近半圆形，唇盘与中唇融合呈哑铃状。口针长 10~13μm，尖细、直或微弯，口针基部球小。排泄孔位于中食道球后部至食道腺前端，半月体紧靠排泄孔前，食道腺从腹面覆盖肠达 2.7~6.8 倍体宽。体中部侧带有 4 条侧线，有网格纹。直肠膨大，尾部渐细，长圆锥形，近尾端有 2~4 次缢缩，尾端钝圆。

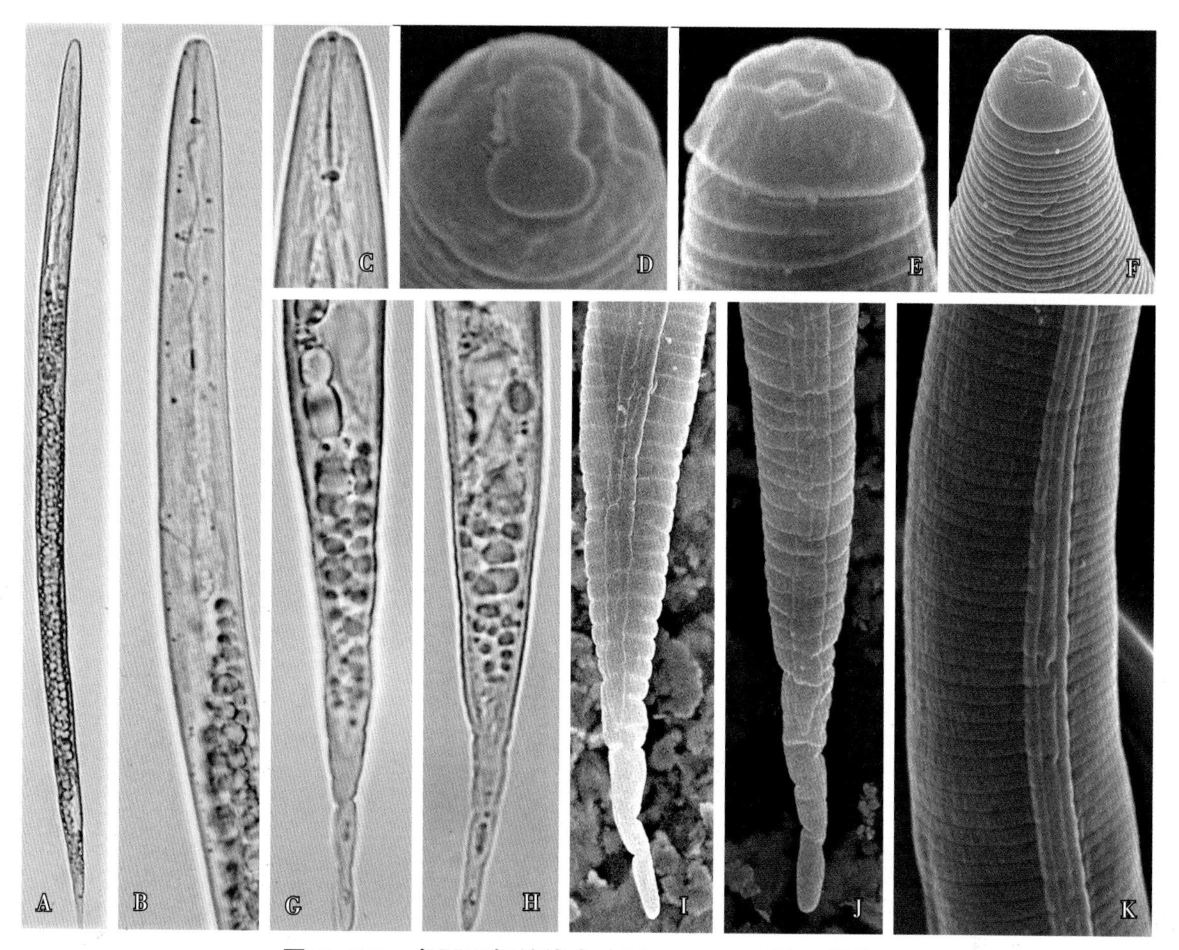

图 7-180　象耳豆根结线虫（*M. enterolobii*）2 龄幼虫

A. 整体；B. 前部；C. 头部；D. 头正面；E. 侧器孔；F. 唇环；G、H. 尾部（直肠膨大）；I、J. 尾部（侧带）；K. 侧带

发病规律

番石榴根结线虫病是树体衰退枯死的重要原因。引进和种植带病苗是病原线虫传播扩散的主要途径。据调查，番石榴苗普遍带根结线虫病，移栽时如果未采取防控措施，定植后病害严重。

采取精细栽培措施，可以减轻根结线虫病的危害，增强植株根系再生能力，促进地上部生长健壮，延长番石榴树龄。

防控措施

①加强检疫：番石榴根结线虫病主要通过带病种苗传播。因此，购买或引进番石榴树苗时要加强检疫检测。

②培育无病苗：选用新鲜土壤并经阳光暴晒后作为育苗土，育苗地或育苗土最好用杀线虫剂处理。

③栽培防病：移栽定植时用有机肥作基肥，沿海地区可施用虾壳、蟹壳、牡蛎壳，改善土壤微生态，增加有益微生物和线虫天敌微生物的种群。

④药剂防控：移栽定植时每株用 10% 噻唑膦颗粒剂 10~15g 或用淡紫拟青霉施于根际土壤后覆土；发病果园在春季果树发根初期，于树冠滴水线处开浅环沟，每株用 10% 噻唑膦颗粒剂 25~50g 与细土 1.0~1.5kg 搅拌均匀后施入沟内，施药后覆土浇水。

二、番石榴根腐线虫病

症状

番石榴苗期和成株期均会受病原线虫侵染。病树长势衰弱，叶片沿叶尖和叶缘变为紫红色，变色组织向叶片中部扩展，导致叶变紫红色（中脉和叶脉保持绿色）；后期叶片焦枯，脱落，形成枯枝（图 7-181、图 7-182）。病原线虫由幼根尖端或表皮组织侵入，并在根组织内迁移取食，造成根皮层组织大面积受伤死亡。被侵染的根表皮初期呈浅褐色，后期变为深褐色至黑褐色，整条根萎缩腐烂（图 7-183）。病根组织染色，可以观察到取食根皮层组织的病原线虫（图 7-184、图 7-185）。

图 7-181 番石榴根腐线虫病病树（衰退、叶片红化）

图 7-182 番石榴根腐线虫病病树（落叶、枝枯）

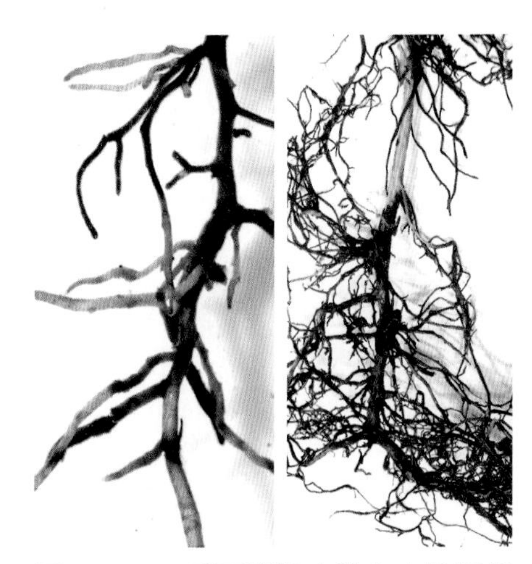

图 7-183 番石榴根腐线虫病的根部症状

图 7-184 番石榴根腐线虫病根皮组织（左为病组织中的线虫，右为受害组织）

图 7-185 番石榴根腐线虫病根皮组织中的病原线虫

病原

病原为短尾根腐线虫（*P. brachyurus*，图 7–186）。

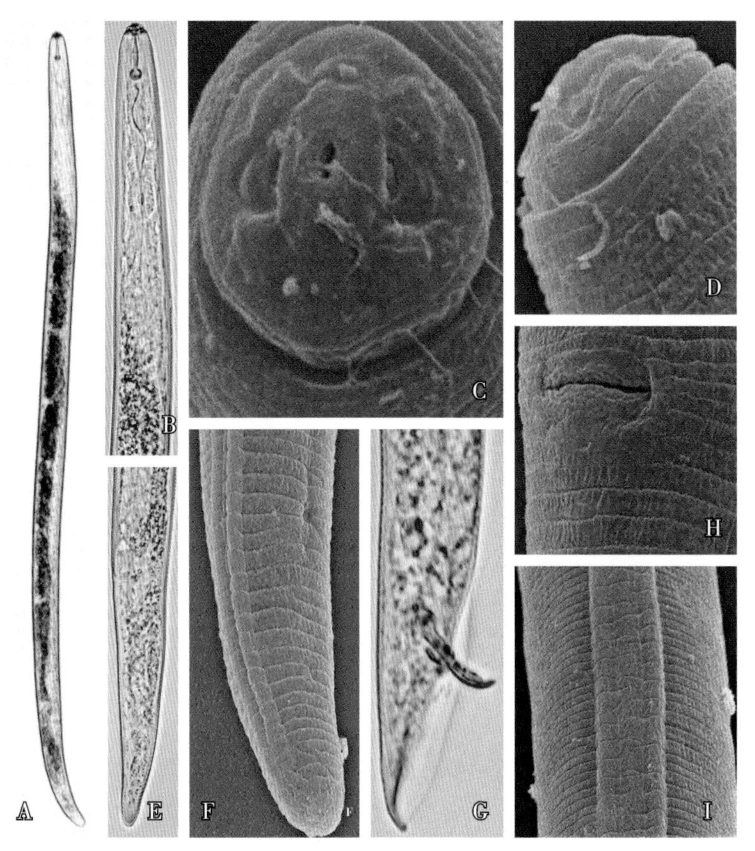

图 7–186　短尾根腐线虫（*P. brachyurus*）

A. 雌虫整体；B. 雌虫前部；C. 雌虫头部正面；D. 雌虫头部侧面（头环）；E. 雌虫尾部；F. 雌虫尾部（侧带和肛门）；G. 雄虫尾部；H. 阴门；I. 雄虫侧带

雌虫蠕虫状，体长 404~530μm。唇区缢缩，顶端平圆，头骨架边缘棱角状。唇环 2 个，唇盘正面观呈椭圆形，稍隆起；唇片 6 个，2 个侧唇片位于唇盘中部两侧，4 个近圆形亚中唇片排列于亚腹侧和亚背侧。侧器孔窄圆形，位于唇盘两侧的侧唇片上。口针较粗，长 15~20μm，基部球圆形。食道腺叶状，从腹侧面覆盖肠达 1.3~2.5 倍体宽。排泄孔位于后食道前部水平处。虫体中部侧带具 4 条侧线，有网格。单生殖管前生，后阴子宫囊较短；阴门横裂，位于虫体后部的 83%~86% 处，阴唇不隆起；侧尾腺口位于尾中部，在肛门后 6~9 体环处。尾渐细，宽圆锥形；体环包至近尾端，尾腹部环纹 16~21 个；末端宽圆。

雄虫体形与雌虫相似，体长 470~493μm。交合刺 18~22μm，交合伞明显。尾末端稍微弯曲、钝尖。

发病规律

短尾根腐线虫（*P. brachyurus*）是迁移型内寄生线虫，作物收获后存活于病根组织内，越冬虫态以 4 龄幼虫和成虫为多。病原线虫的远距离传播主要依靠带病苗木或根部带虫土壤，田间随雨水、灌溉水和农事操作中病根、病土的粘带和搬移近距离传播。

防控措施

参考番石榴根结线虫病防控措施。

三、番石榴其他线虫病

（一）番石榴螺旋线虫病

症状

病原线虫在根皮层组织取食后产生褐色坏死伤痕，根系生长不良，植株生长衰弱。

病原

病原为双角螺旋线虫（*H. digonicus*，图 7–187）。

雌虫缓慢加热杀死后虫体朝腹面弯曲，体中部环宽 1.2~1.5μm。唇区不缢缩，梯形，前端平，唇环模糊。口针基部球圆形，前端稍凹陷，前缘钝尖。背食道腺开口距口针基部球后 11μm。中食道球卵圆形，排泄孔位于食道腺前端水平处，食道腺从腹面覆盖于肠。双生殖管对生，无回折。阴门横裂，有小的侧阴膜；侧尾腺口位于肛门前 6 个体环处。尾部半圆形，背面弯弧程度较大，腹面具 10 个体环；末端有环纹，具 1 个不明显的突起。

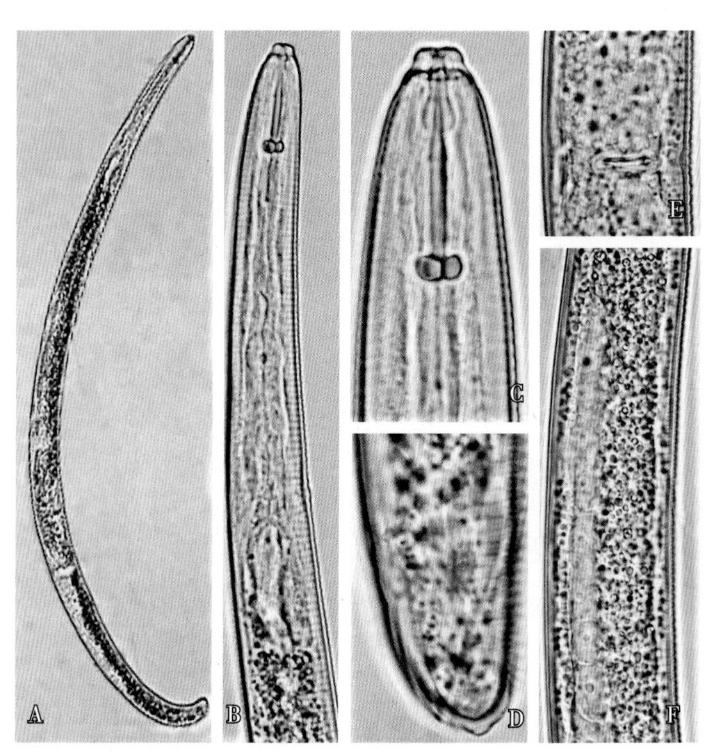

图 7–187 双角螺旋线虫（*H. digonicus*）雌虫

A. 整体；B. 前部；C. 头部；D. 尾部；E. 阴门；F. 卵巢

（二）番石榴矮化线虫病

症状

病原线虫在根皮层组织取食而造成伤痕，抑制根系生长，受害严重的植株矮化，叶片褪绿。

病原

（1）饰环矮化线虫（*T. annulatus*，图 7−188）

雌虫缓慢加热杀死后虫体朝腹面弯曲。角质膜环纹明显，侧带有 4 条等距侧线。唇区半圆形，不缢缩，具 3 个明显的唇环。口针基部球扁圆形，略微后斜，背食道腺开口位于基部球后约 3μm。后食道球梨形，与肠平接。排泄孔位于后食道球前端。双生殖管对生，阴门位于虫体中部。尾部近圆柱形，

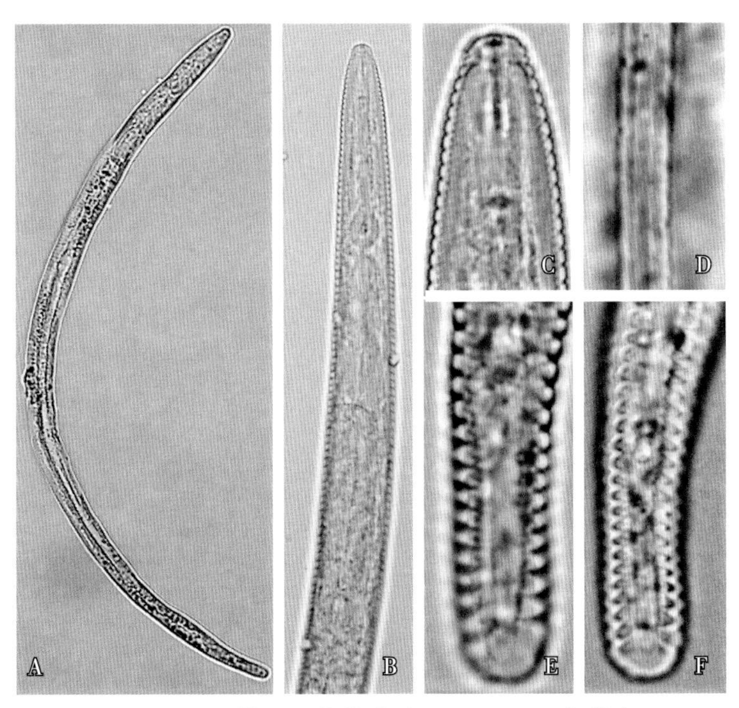

图 7-188　饰环矮化线虫（*T. annulatus*）雌虫

A. 整体；B. 前部；C. 头部；D. 侧带；E、F. 尾部

体环较粗，腹面具 19 个环纹，近尾端不膨大，末端光滑、宽圆。

（2）苹果矮化线虫（*Tylenchorynchus malinus*，图 7-189）

雌虫缓慢加热杀死后虫体朝腹面呈"C"形弯曲。体环明显，侧带有 4 条侧线。唇区不缢缩，半圆形，有 5~6 个细的唇环。口针基部球椭圆形，向后倾斜，背食道腺开口于口针基部后 2.8μm。后食道球梨形，与肠交界明显。排泄孔位于后食道球前端水平处。双生殖管对生。尾部稍呈棍棒形，腹面环纹 24~26 个；尾端半球形，有环纹。侧尾腺口位于肛门后 10 个体环处。

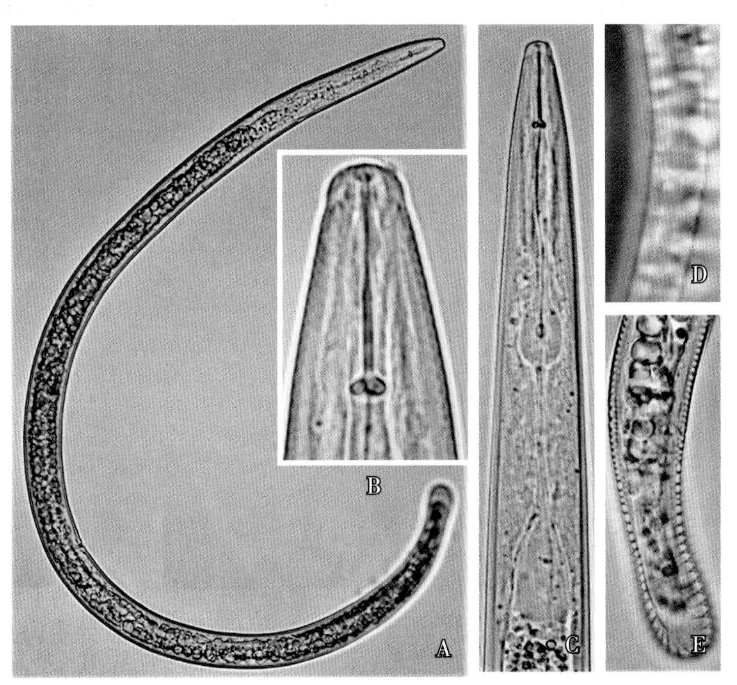

图 7-189　苹果矮化线虫（*T. malinus*）雌虫

A. 整体；B. 头部；C. 前部；D. 侧带；E. 尾部

第六节　草莓线虫病

一、草莓茎线虫病

症状

草莓茎、叶、花、果等器官均可受害。病株茎、叶片和叶柄扭曲、肥厚，花萼短、厚、卷，花茎和匍匐茎短粗（图 7–190），花和果实畸形（图 7–191），形成虫瘿，植株矮化。剖开畸形组织，在皮层或薄壁细胞组织中可以见到大量病原线虫。

图 7–190　草莓茎线虫病病株

图 7–191　草莓茎线虫病花朵症状

病原

病原为起绒草茎线虫（*Ditylenchus dipsasi*，图 7–192）。

雌雄同形。虫体较纤细，缓慢加热杀死后直伸或稍弯曲。头骨质化弱，口针中等，基部球小。食道有肌肉质中食道球。峡部逐渐膨大，与后食道球相连。侧带有 4 条侧线。雌虫阴门位于虫体后部，单生殖管前生、直伸，后阴子宫囊长度为阴门至肛门距离 1/2；尾部长，尖指形。

雄虫交合伞翼状，不包至尾尖；交合刺弱；尾部长，尖锥形。

发病规律

起绒草茎线虫（*D. dipsasi*）是迁移型内寄生线虫，能侵染各类芽组织，也侵染根、茎、叶、花、种子、鳞茎、球茎和贮藏根等器官。该线虫的成虫和各个龄期幼虫均能侵染植物。4 龄幼虫有很强的抗干燥和低湿休眠的能力。该线虫产卵起始温度为 1~5℃，最适温度为 13~18℃，10~20℃时具有最强的活动和侵染能力。草莓茎线虫病在春天和秋天症状明显，在潮湿阴冷的天气病害严重，产量损失可

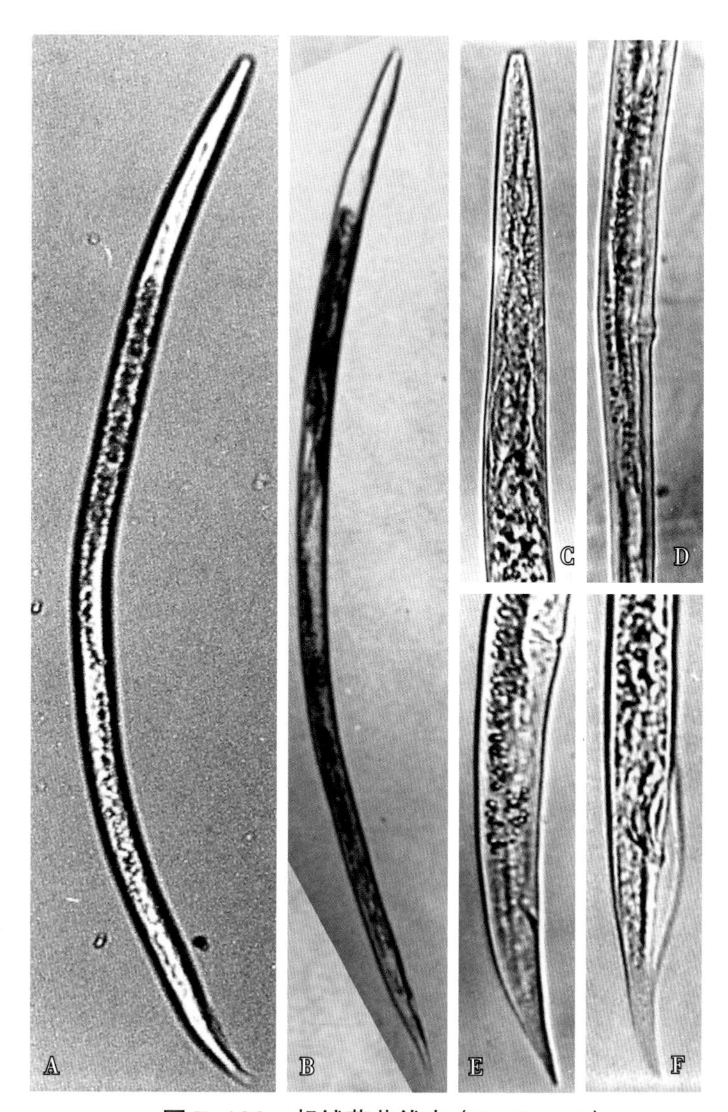

图 7-192 起绒草茎线虫（*D. dipsasi*）

A. 雌虫整体；B. 雄虫整体；C. 雌虫前部；D. 卵巢；E. 雌虫尾部（阴门和后阴子宫囊）；F. 雄虫尾部

达 85%。这种线虫可随寄主植物的种子、鳞茎、球茎、块茎、根以及任何被线虫侵染的植物材料、组织碎片传播，田间可借灌溉水、土壤和农器具等传播。

防控措施

①检疫防疫：起绒草茎线虫（*D. dipsasi*）能随病种子和种植材料的调运作远距离传播，故购买种子种苗时要采取严格的检疫措施。同时搞好田园卫生，草莓采收后要彻底清除病株残体。

②土壤处理：一是种植前 15~20d 用 50% 氰氨化钙颗粒剂按 750~900kg/hm^2 的用量全面均匀撒施于畦面，用铁耙将药剂和土壤充分混匀（土壤混合深度一般在 20~30cm），浇水湿润土壤后覆膜。消毒 15~20d 后揭膜，通风 2d 后种植。二是种植前 8~11d 用 98% 棉隆微粒剂按每平方米土壤 30~40g 的用药量，将棉隆均匀撒播于土壤表面，然后用细齿耙将棉隆混入 15~20cm 深度的土壤中。将土面压实或覆盖塑料薄膜，保持土壤湿润状态。处理 4~8d，松土和彻底通气 3d 后种植。

③化学防控：草莓定植后和生长期用 41.7% 氟吡菌酰胺悬浮剂 10000~15000 倍液灌根，间隔 10~15d 再施 1 次，共施 2 次。该药剂可兼治草莓白粉病和草莓灰霉病。

二、草莓滑刃线虫病

症状

草莓滑刃线虫病又称草莓春矮病。病原线虫在芽和叶片表面取食危害，导致叶片皱缩畸形；叶片深绿色，具光泽，主脉附近产生粗糙的灰色斑块，严重时萎缩芽和叶片变成红色，故俗称草莓红芽病（图 7–193 至图 7–195）。受害花序的花冠败育，形成次生花冠，并延迟开花，严重时花芽不能生长发育，病株果实产量严重下降。病原线虫常与缠绕红球菌（*Rhodococcus fascians*）复合侵染，导致病株矮缩成花椰菜状，故又称为草莓花椰菜病。

图 7–193 草莓滑刃线虫病病株（腋芽丛生、萎缩）

图 7–194 草莓滑刃线虫病症状（叶片产生灰斑）

图 7–195 草莓滑刃线虫病红芽叶症状

A. 叶芽受害状；B、C. 叶片受害状

病原

病原为草莓滑刃线虫（*Aphelenchoides fragariae*，图 7–196）。

雌虫虫体纤细，体长 620~980μm，缓慢加热杀死后直伸或稍向腹面弯曲。侧带较窄，具两条侧线，唇区光滑，前端较平，边缘渐圆，头骨架较弱。口针长 11~15μm，口针基部球小但明显。排泄孔位于神经环水平处或稍后。食道腺覆盖于肠背面。单生殖管前生，无回折。后阴子宫囊长度超过阴门至肛门距离的 1/2。尾圆锥形，有一个明显的尾尖突。

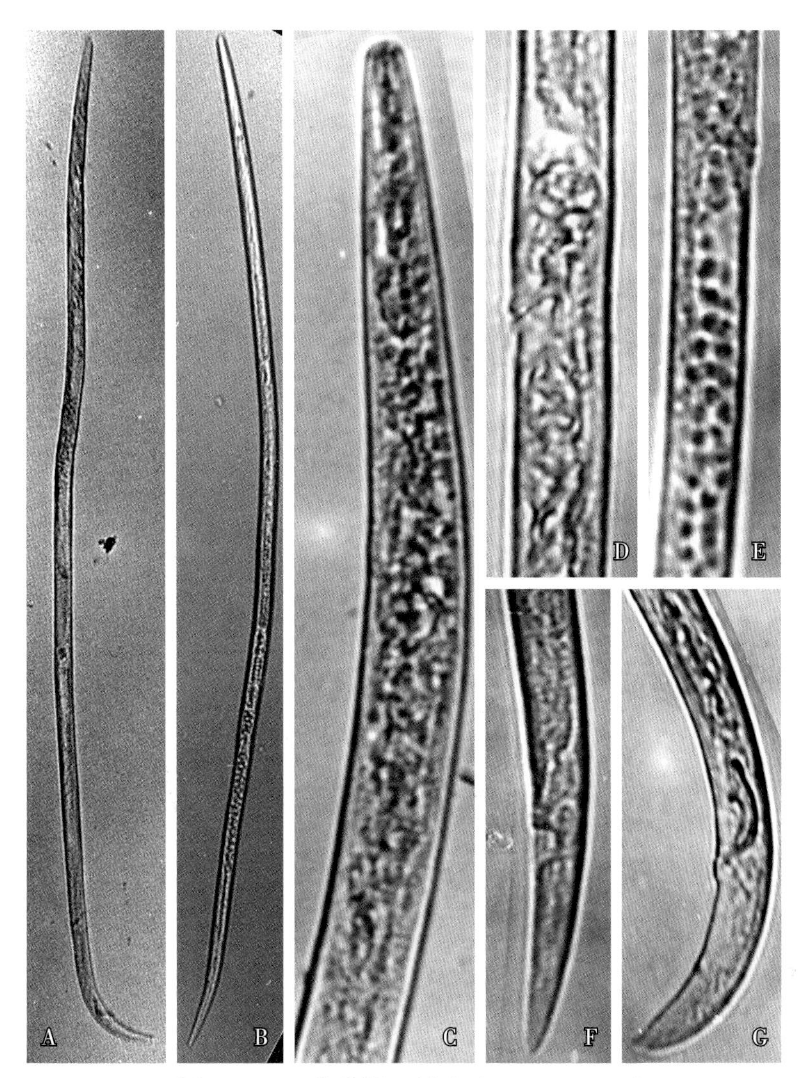

图 7–196 草莓滑刃线虫（*A. fragariae*）

A. 雄虫整体；B. 雌虫整体；C. 雌虫前部；D. 阴门部；E. 贮精囊；F. 雌虫尾部；G. 雄虫尾部

雄虫形态与雌虫相似。体长 550~845μm，缓慢加热杀死后尾部呈钩状弯曲。口针长 12~14μm。单生殖管前生，无回折，精原细胞单行排列。尾部具有 3 对尾乳突，一对位于泄殖腔后，一对位于尾中部，一对位于近尾尖处。交合刺长 12~20μm。

发病规律

草莓滑刃线虫（*A. fragariae*）在田间主要在草莓的叶腋、生长点、花器上寄生，随雨水和灌溉水传播。在凉冷和潮湿的条件下此线虫能沿植株表面运动、取食和繁殖。其生长温度范围为 16~32℃，28~32℃时最适其繁殖，因此夏秋季常造成严重危害。此线虫抗干燥能力强，在干燥条件下能存活 2 年之久，生活史通常为 15~20d。

草莓滑刃线虫（*A. fragariae*）能在病株残体上存活，随带虫果实、叶片、幼苗、苗木、带芽枝条、球茎、块茎、鳞茎和附于植物体上的土壤传播。连作地土壤中残留的线虫是主要初侵染源。

防控措施

参考草莓茎线虫病防控措施。

三、草莓其他线虫病

（一）草莓螺旋线虫病

症状

病原线虫侵入草莓根皮层组织内取食造成褐色坏死伤痕，植株生长衰退。

病原

病原为圆尾螺旋线虫（*H. rotundicauda*，图 7–197）。

雌虫体长 650~856μm，虫体缓慢加热杀死后呈螺旋形。唇区半球形，有环纹。口针长 28~30μm，口针基部球圆形。排泄孔位于食道腺与肠交界的前端，半月体紧邻于排泄孔前。受精囊内无精子。尾向腹面弯曲，尾端呈不规则的半球形。

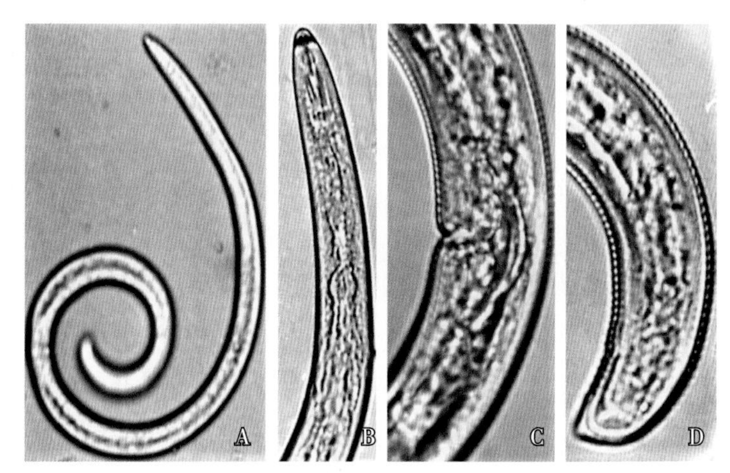

图 7–197 圆尾螺旋线虫（*H. rotundicauda*）雌虫

A. 整体；B. 前部；C. 阴门部；D. 尾部

（二）草莓矮化线虫病

症状

病原线虫在草莓根皮层组织取食而造成伤痕，根系生长不良，植株长势衰弱。

病原

病原为农田矮化线虫（*T. agri*，图 7–198）。

雌虫体长 600~733μm，虫体缓慢加热杀死后稍弯曲。唇部有 3 个唇环，头部骨架弱。口针长 21~22μm，口针基部球发达、圆形。后食道棒状，稍与肠重叠。半月体位于排泄孔前。侧带 4 条侧线。卵巢内卵原细胞单行排列。尾长 43~56μm，占 18 个体环，尾端圆、光滑。

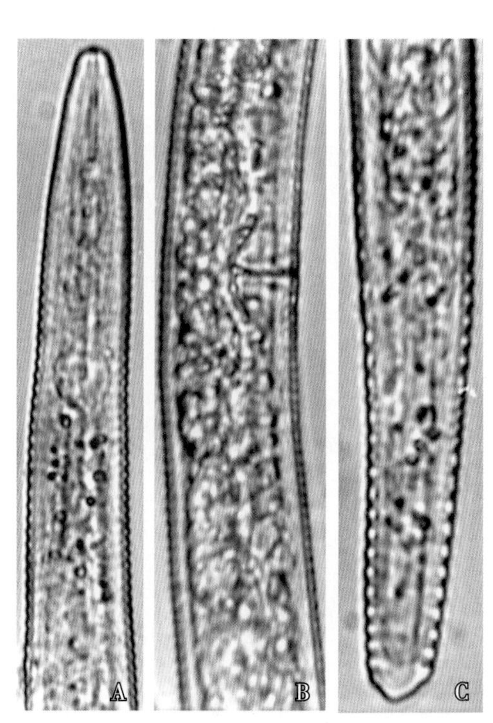

图 7–198 农田矮化线虫（*T. agri*）雌虫

A. 前部；B. 阴门部；C. 尾部

第七节　杨梅线虫病

一、杨梅根结线虫病

杨梅根结线虫病是导致杨梅生长衰退的重要病害，严重影响杨梅的产量。

症状

病树生长衰弱，叶片变小、褪绿黄化、质脆僵硬，新梢少而纤弱，落叶，形成枯梢（图 7–199、图 7–200）。重病树多枯梢，或全株枯死（图 7–201、图 7–202）。病树产量低，果径小、味酸、质差，成熟期推迟。病树果实呈僵果悬挂于枯枝上。

病树侧根和须根产生大小不一的根结。根结单独形成时呈球形或椭圆形，多个根结相互连接成念珠状，或形成根结块（图 7–203）。病树根系后期变黑腐烂（图 7–204），共生固氮放线菌（*Frankia* sp.）根瘤发生量很少或不形成。

图 7–199　杨梅根结线虫病症状（叶片黄化）

图 7–200　杨梅根结线虫病症状（枯枝、无新梢）

图 7–201　杨梅根结线虫病症状（叶片焦枯）

图 7–202　杨梅根结线虫病症状（病树枯死）

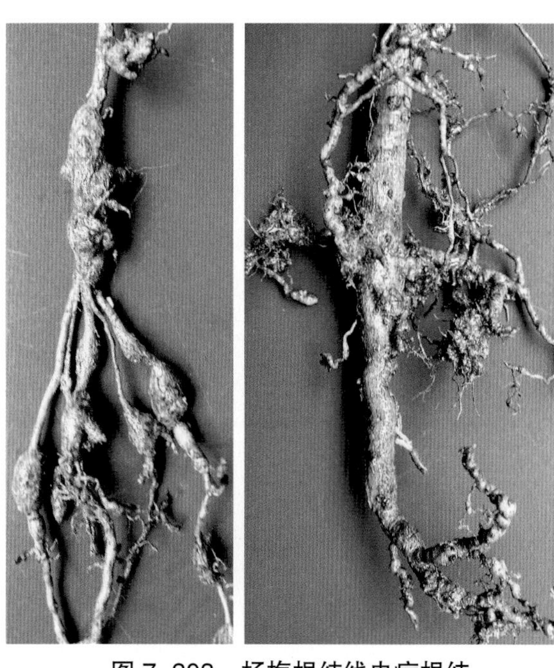

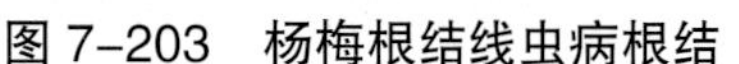

图 7-203　杨梅根结线虫病根结

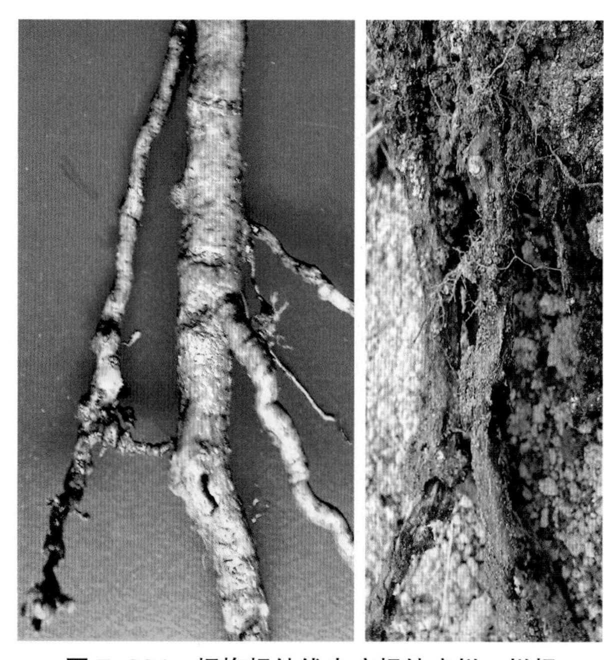

图 7-204　杨梅根结线虫病根结腐烂、烂根

发生根结线虫病的杨梅，其树冠衰退症状与根部根结严重度有极显著相关。根结严重度高，树冠部衰退严重（表 7-1）。

表 7-1　杨梅根结线虫病树冠衰退症状与根结严重度的关系

病级	树冠衰退症状	根结严重度
0	正常	根系正常
1	个别枝叶黄化，落叶少	1%~25% 根系有根结
2	部分枝叶黄化，落叶多	26%~50% 根系有根结
3	大部分枝叶黄化，落叶多，有枯梢	51%~75% 根系有根结
4	落叶严重，大量枯梢或全株枯死	76%~100% 根系有根结

病原

病原为爪哇根结线虫（*M. javanica*）、南方根结线虫（*M. incognita*）、北方根结线虫（*M. hapla*）。爪哇根结线虫（*M. javanica*）为优势种，分离频率达 90% 以上。

3 种根结线虫（*Meloidogyne*）可以从其会阴花纹的形态特征加以区别（图 7-205）。

爪哇根结线虫（*M. javanica*）：会阴花纹具有一个圆或扁平的背弓，最主要的特征是有明显的双侧线将会阴花纹的背区和腹区分开，无或仅有极少数横纹通过侧线，一些线纹弯向阴门。

北方根结线虫（*M. hapla*）：会阴花纹从近圆形的六边形到稍扁平的卵圆形，背弓通常扁平，线纹有稍不规则的变化或背、腹线相交有一定角度，但侧线不明显，有些线纹可能向侧面延长形成一或两个翼状纹；线纹平滑到波浪形；尾端区通常有刻点。

南方根结线虫（*M. incognita*）：会阴花纹有一明显高的背弓，背弓由平滑至波浪形的线纹组成，一些线纹在侧面分叉，但无明显的侧线，常有弯向阴门的线纹。

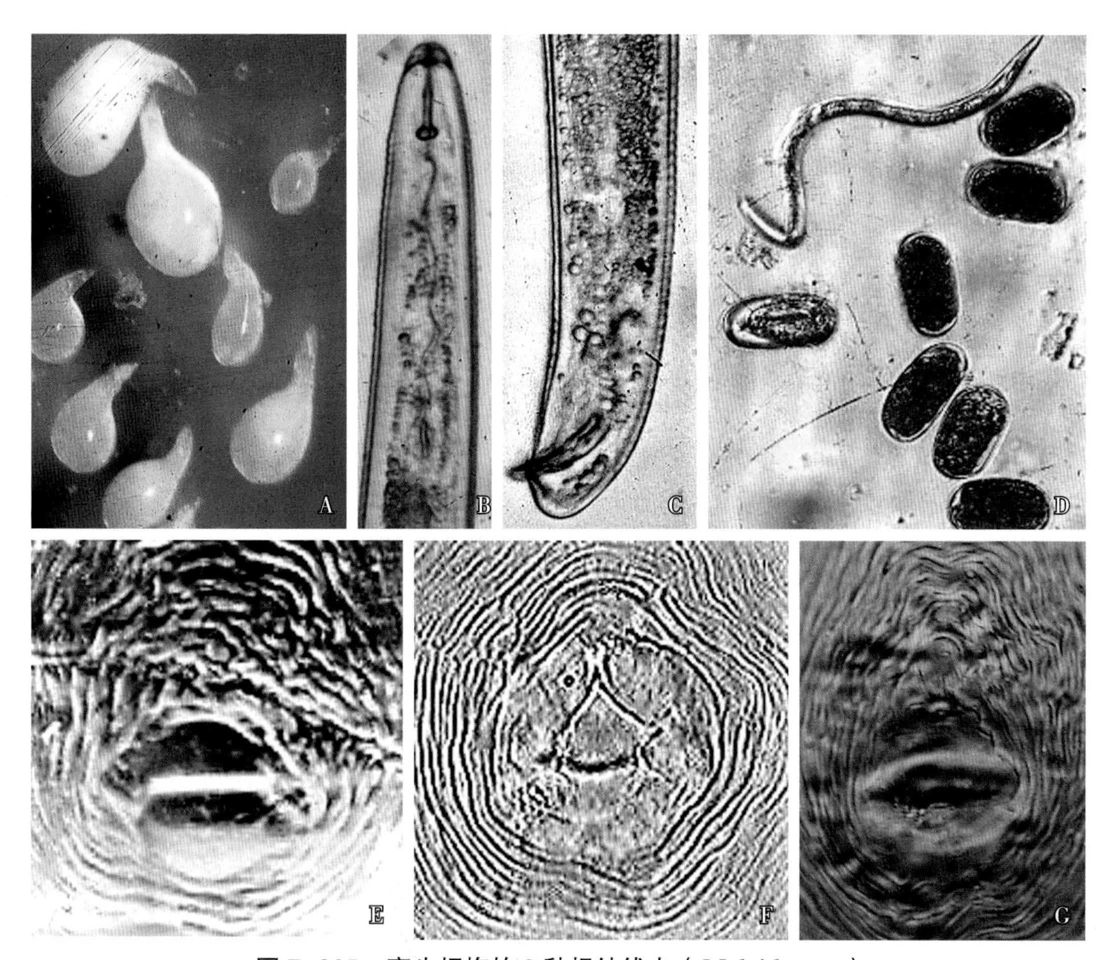

图 7–205　寄生杨梅的 3 种根结线虫（*Meloidogyne*）

爪哇根结线虫（*M. javanica*）：A. 雌虫整体；B. 雄虫头部；C. 雄虫尾部；D. 幼虫和卵；E. 会阴花纹　北方根结线虫（*M .hapla*）：F. 会阴花纹　南方根结线虫（*M. incognita*）：G. 会阴花纹

发病规律

杨梅根结线虫（*Meloidogyne*）主要以卵囊中的卵及雌成虫在根结中越冬。翌年初春，新根大量生长时开始侵染。发病果园中病情的扩展呈辐射状，由发病中心向四周扩散，2~3 年内可使整个果园受到侵染，中心病株相继死亡。坡地果园线虫传播以水流传播为主，病情朝低洼积水的方向扩展最快。

杨梅品种存在抗病性差异，表现为不同的发病率。炭梅、水梅株发病率高达 56.1%，病情指数为 27.8。而长蒂乌梅、柴头乌梅株发病率仅 23.9%，病情指数为 6.8。

植地坡向与发病率亦有一定关系，阳坡发病比阴坡严重。据对不同坡向果园的调查，阳坡的发病率为 47.8%~51.8%，病情指数为 21.9~27.0，而在同一植区中阴坡的发病率则为 43.4%~45.5%，病情指数为 15.8~16.4。

树龄大的果园发病率较高，1~5 龄果园株发病率为 31.2%，病情指数为 11.9，而 6~10 龄果园株发病率达 63.2%，病情指数为 31.9。

防控措施

①改土防病：用客土改良杨梅根际土壤；施用石灰或壳灰调节土壤 pH 值；施用虾壳、蟹壳、牡

蛎壳粉改善土壤微生态，促进线虫寄生菌的生长。

②生物防控：移栽定植时或果树生长期施用淡紫拟青霉。

③药剂防控：春季果树发根初期，于树冠滴水线处开浅环沟，每株用 10% 噻唑膦颗粒剂 25~50g 与细土 1.0~1.5kg 搅拌均匀后施入沟内，施药后覆土浇水。

二、杨梅其他线虫病

（一）杨梅根腐线虫病

症状

杨梅根腐线虫病表现为生长衰退、叶片褪绿，根皮层组织产生伤痕，根部营养根和放线菌根瘤少。

病原

病原为伤残根腐线虫（*Pratylenchus vulnus*，图 7-206）。

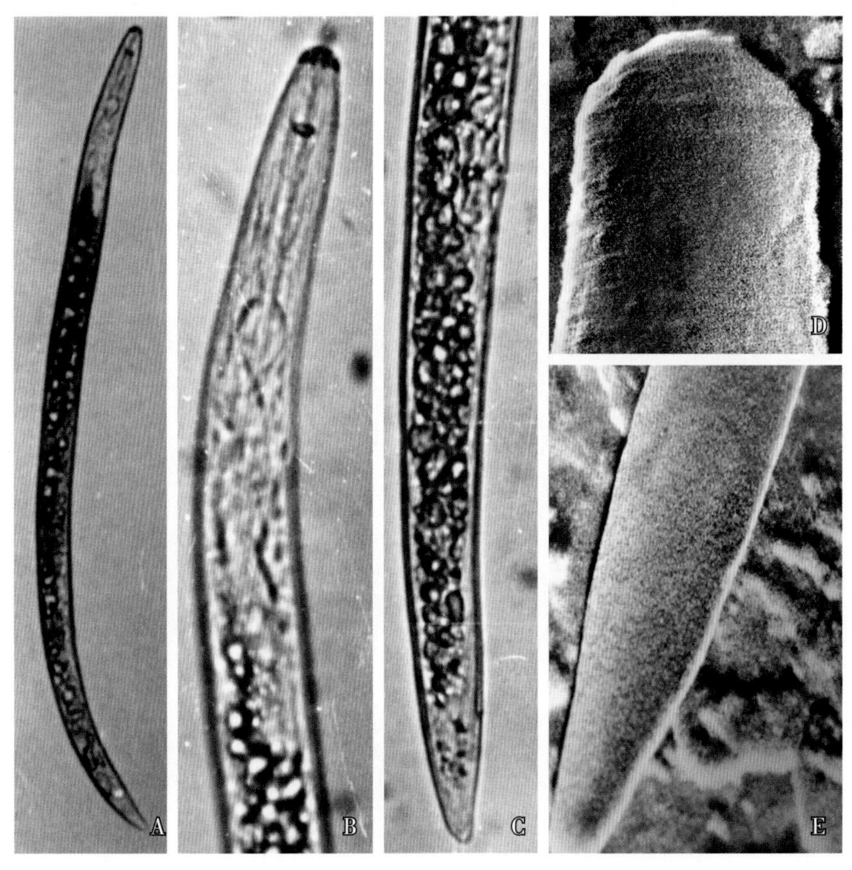

图 7-206 伤残根腐线虫（*P. vulnus*）雌虫

A. 整体；B. 前部；C. 尾部；D. 头部（环纹）；E. 尾部

雌虫体长 460~516μm，缓慢加热杀死后虫体近直伸。唇区骨质化，有 3~4 个环纹。口针长 15~19μm，口针基部球扁圆形。中食道球卵圆形。排泄孔位于食道与肠交界的水平处。食道腺呈叶状覆盖于肠腹面。单生殖管前生、平伸，后阴子宫囊明显。侧带有 4 个侧线。尾渐细，末端近尖。

（二）杨梅螺旋线虫病

症状

病原线虫侵染根系，在根皮层组织内取食，造成褐色坏死伤痕，根系生长弱，树体长势衰退。

病原

病原为阿布拿马螺旋线虫（*Helicotylenchus abunaamai*，图 7–207）。

雌虫虫体缓慢加热杀死后呈螺旋状。唇区半球形，无缢缩，具 4 个环纹。口针基部球前缘略凹陷。食道腺覆盖于肠的腹面。尾背面弯曲，末端略突起。

（三）杨梅盾线虫病

症状

病原线虫侵染杨梅根皮层组织产生伤痕，导致根系生长不良，树体长势衰退。

病原

病原为短尾盾线虫（*Scutellonema brachyurum*，图 7–208）

雌虫体长 580~640μm，虫体缓慢加热杀死后呈“C”形或螺旋状。唇区半球形，缢缩，3~4 个环纹，中度骨质化。食道腺覆盖于肠的背面和背侧。口针长 25~28μm，口针基部球圆形。双生殖管对生、直伸。尾宽圆，角质膜加厚。侧尾腺口盾片状，位于肛前。

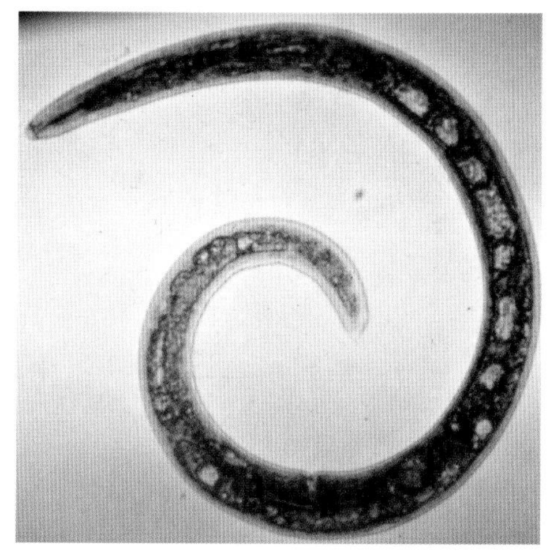

图 7–207　阿布拿马螺旋线虫（***H. abunaamai***）雌虫

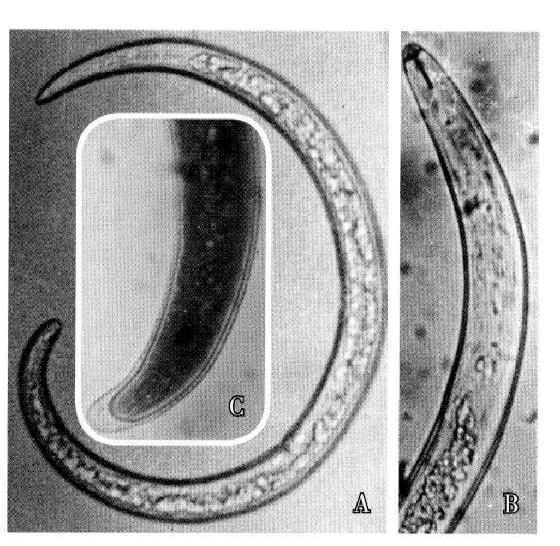

图 7–208　短尾盾线虫（***S. brachyurum***）雌虫
A. 整体；B. 前部；C. 尾部

（四）杨梅环线虫病

症状

病原线虫在杨梅根细嫩部和根尖皮层细胞组织取食，造成伤痕并抑制根系生长。病树生长衰弱，叶片褪绿。

病原

（1）弯曲大刺环线虫（*Macroposthonia curvata*，图 7-209）

雌虫体长 396~468μm，肥胖，稍向腹面弯曲，两端渐细，口针长 52~58μm。虫体有体环 89~95 个，体环后缘光滑，唇区不缢缩。唇盘圆，略隆起，两侧为缝状侧器孔。唇盘附近有 4 个亚中唇片，第一环通常裂为 4 块唇板，第二环横切，从第三环开始的体环后倾。阴门张开，前阴唇边缘有 2 个小突起。尾部较细，末端钝圆。

图 7-209 弯曲大刺环线虫（*M. curvata*）雌虫

A. 整体 :B. 前部（食道）；C. 前部（体环）；D. 头部正面；E~G. 尾部（环纹和肛门）

（2）异盘大刺环线虫（*M. xenoplax*，图 7-210）

雌虫体长 410~520μm，体环数 82~90 个，体环粗，后翻，光滑，后缘圆。虫体朝腹面弯曲。唇盘厚实，隆起，口孔圆形。侧器孔位于唇盘后两侧，半圆形。亚中唇片发达，唇盘后有 4 块明显的稍分开的唇板。阴门位于体后部，开口明显。肛门开口小。尾圆锥形，尾端为一完整尾环。

（3）装饰大刺环线虫（*M. ornate*，图 7-211）

雌虫体长 430~460μm，虫体朝腹面弯曲。唇盘隆起，口孔椭圆形。4 个亚中唇片、大，中唇片退化成突起的小叶状。口针长 50~55μm。体环数 85~91 个，体环粗，后翻，后缘圆，有饰纹。

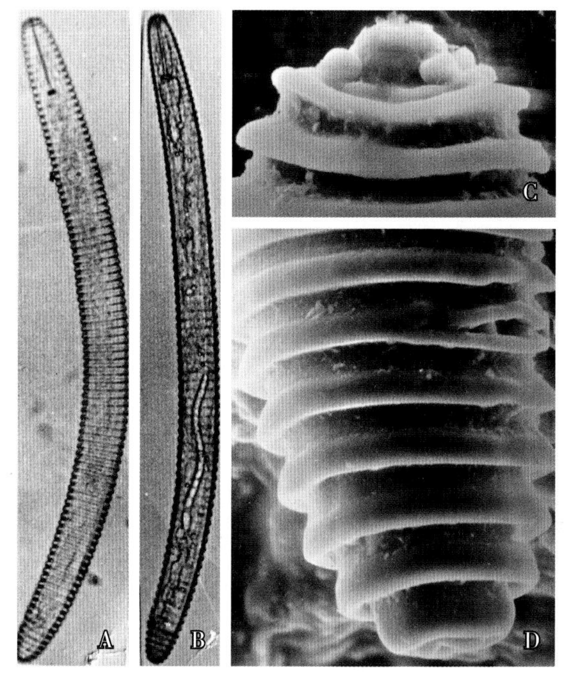

图 7-210　异盘大刺环线虫（*M. xenoplax*）雌虫

A、B. 整体；C. 头部（唇部和头环）；D. 尾部（环纹和阴门）

图 7-211　装饰大刺环线虫（*M. ornate*）雌虫

A. 整体；B. 前部；C. 尾部；D. 头部（唇头环和口针）；E. 尾部

（五）杨梅长针线虫病

症状

受害根扭曲或根尖卷曲，并有褐色伤痕，根系生长衰退。

病原

病原为波尼长针线虫（*Longidorus pawneens*，图 7-212）。

雌虫体长 500μm 左右，虫体缓慢加热杀死后呈“C”形弯曲。前部渐细，尾部钝圆。齿针长 140μm，针尖部长 90μm，延伸部长 48μm。阴门横裂，前阴唇有一明显的阴门盖。

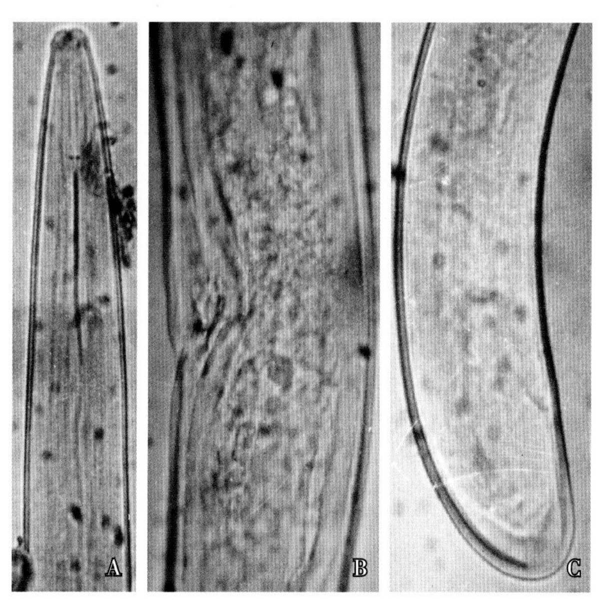

图 7-212　波尼长针线虫（*L. pawneens*）雌虫

A. 头部；B. 阴门部；C. 尾部

（六）杨梅毛刺线虫病

症状

病原线虫在根皮层细胞组织取食并抑制根系生长，产生粗短根。

病原

（1）克里斯蒂拟毛刺线虫（*Paratrichodorus christiei*，图 7–213A~C）

雌虫虫体长 368~444μm。唇部圆，唇乳突略突出。齿针长 34~40μm，朝腹面弯曲。食道后部延伸，覆盖于肠腹面。双生殖管，全长 113~138μm，前生殖管长 63~75μm，后生殖管长 50~63μm。阴门横裂，骨质化弱。

（2）微小拟毛刺线虫（*P. minor*，图 7–213D，E）

雌虫形态与克里斯蒂拟毛刺线虫（*P. christiei*）基本相同。体长 388~544μm，齿针长 28~35μm。

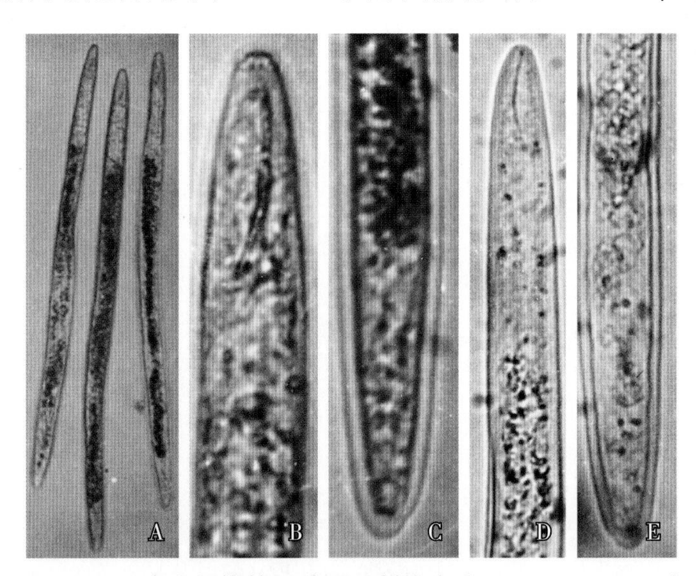

图 7–213　寄生杨梅的 2 种拟毛刺线虫（*Paratrichodorus*）

克里斯蒂拟毛刺线虫（*P. christiei*）：A. 雌虫整体；B. 雌虫前部；C. 雌虫尾部

微小拟毛刺线虫（*P. minor*）：D. 雌虫前部；E. 雌虫尾部

第八节　西番莲线虫病

一、西番莲根结线虫病

症状

病株根系的侧根和营养根形成根结（图 7–214）。根结表面可以产生细小须根，须根产生次生根，次生根遭受再侵染而形成新的根结。不断重复侵染后，导致根系产生大小不等的根结，根系萎缩并形成根结团。受害严重的植株生长衰退，叶片稀少黄化。

病原

病原为南方根结线虫（*M. incognita*，图 7–215A）、花生根结线虫（*M. arenaria*，图 7–215B）。

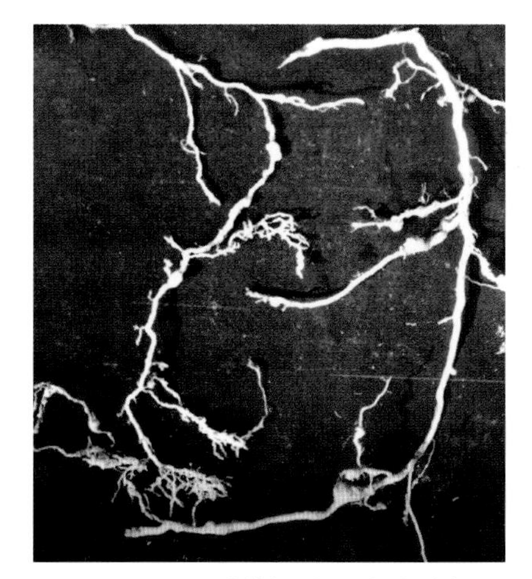

图 7–214　西番莲根结线虫病的根结

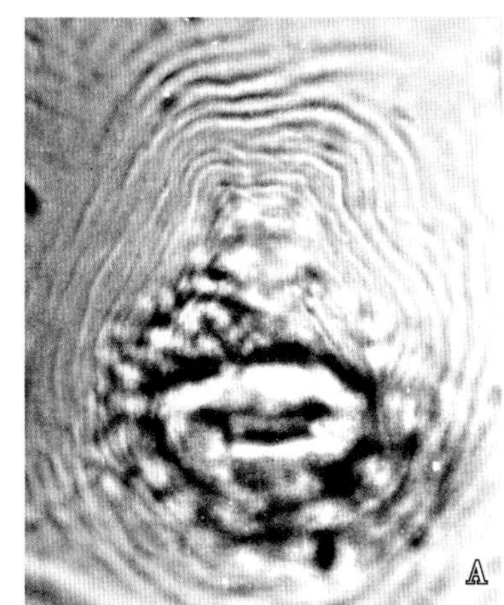

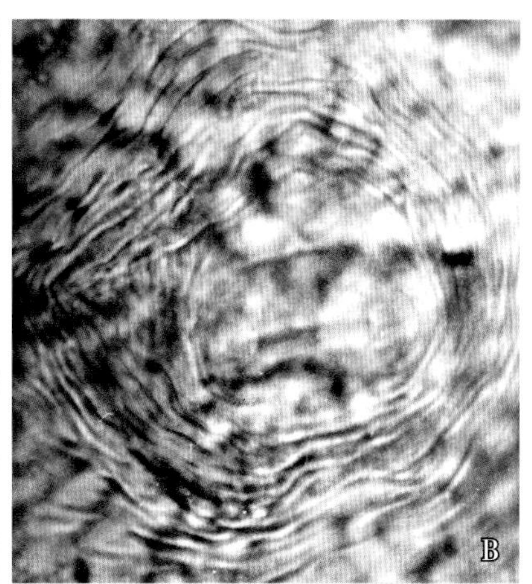

图 7–215　寄生西番莲的 2 种根结线虫（*Meloidogyne*）会阴花纹

A. 南方根结线虫（*M. incognita*）；B. 花生根结线虫（*M. arenaria*）

发病规律

带病苗和带病原线虫的土壤是西番莲根结线虫病的主要初侵染源。

防控措施

①种植无病苗：选用新鲜的土壤，并经阳光暴晒后用于育苗。育苗地或育苗土最好用杀线虫剂处理。购买或引进西番莲种苗时要加强对病原线虫的检测。

②栽培防病：选用前作没有发生根结线虫病的地块种植西番莲。移栽定植时用有机肥作基肥，沿海地区可施用虾壳、蟹壳、牡蛎壳，改善土壤微生态，增加有益微生物和线虫天敌微生物的种群。

③药剂防控：移栽定植时每株用 10% 噻唑膦颗粒剂 10~15g，或用淡紫拟青霉施于根际土壤后覆土。

二、西番莲肾形线虫病

症状

受害植株营养根形成褐色伤痕，后期皮层腐烂剥落、根表开裂，导致根腐，营养根生长受阻。病株不产生新根，根系萎缩坏死（图 7–216）。受害严重的植株叶片黄化，生长衰退。西番莲肾形线虫病常与根结线虫病混合发生，防控根结线虫病可兼控肾形线虫病。

病原

病原为肾形肾状线虫（*R. reniformis*，图 7–217）。

图 7-216 西番莲肾形线虫病根部症状

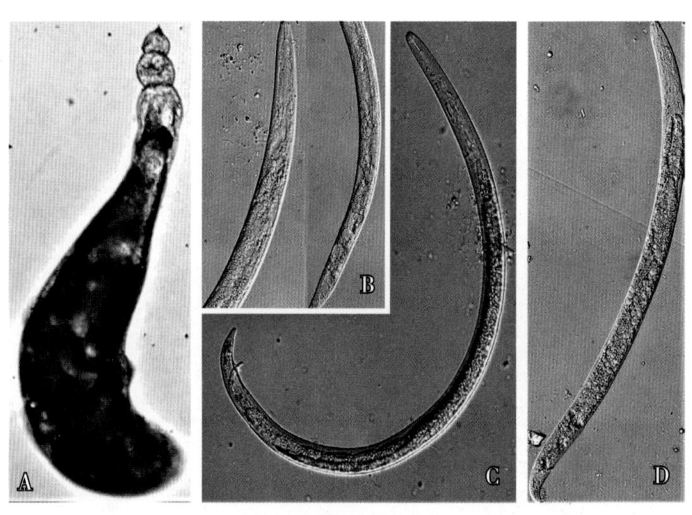

图 7-217 肾状肾形线虫（*R. reniformis*）

A. 成熟雌虫；B. 未成熟雌虫前部和尾部；C. 雄虫整体；D. 幼虫整体

发病规律

肾状肾形线虫（*R. reniformis*）为定居型半内寄生线虫，寄主范围较广泛，许多蔬菜和果树都是其重要寄主。残存于田间寄主根表和根际土壤中的卵囊、2 龄幼虫和侵染期雌虫为初侵染源，病原线虫主要通过带虫苗和被侵染的土壤传播。

防控措施

①土壤处理：果园选用新地或前作为水稻、玉米的田地。种植前土壤施用 50% 氰氨化钙颗粒剂（250~300kg/hm^2）作基肥，减少土壤中的线虫量。

②药剂防控：种植时用 10% 噻唑膦颗粒型（15kg/hm^2）穴施；或定植后发根期用 41.7% 氟吡菌酰胺悬浮剂 5000~10000 倍液浇灌穴施。

第九节 火龙果线虫病

一、火龙果根结线虫病

症状

病株黄化、衰退，无新芽，枝条生长缓慢，茎肉失水变扁，茎肉上的刺条逐渐脱落，枝茎凋萎（图 7-218）。主根和侧根均可受害，根上形成很多近球状根结，根结可以连续形成而呈念珠状，根结密集形成时引起根系变形，最后根系腐烂（图 7-219）；根结腐烂后，根系呈纤维化状。分别用南方根结线虫（*M. incognita*）、象耳豆根结线虫（*M. enterolobii*）接种火龙果健株，接种株地上部黄化、衰退，地下部产生大量根结（图 7–220、图 7–221）。

图 7–218　火龙果根结线虫病病株失水萎蔫

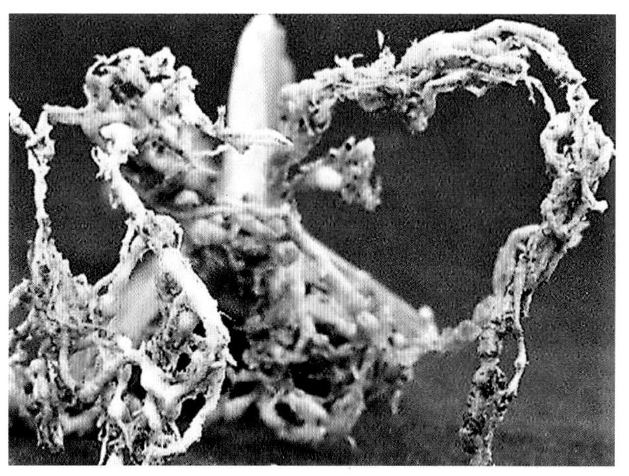

图 7–219　火龙果根结线虫病根结

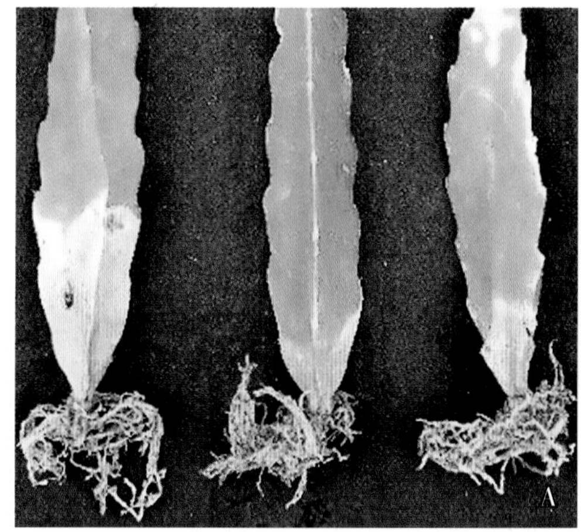

图 7–220　南方根结线虫（***M. incognita***）接种火龙果引起的症状

A. 病株；B. 形成根结的病根

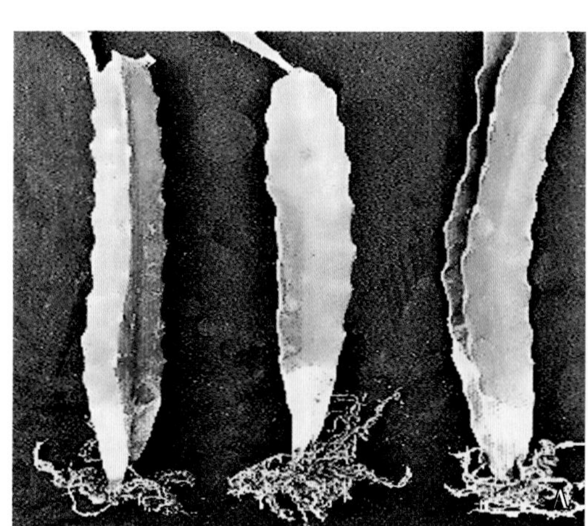

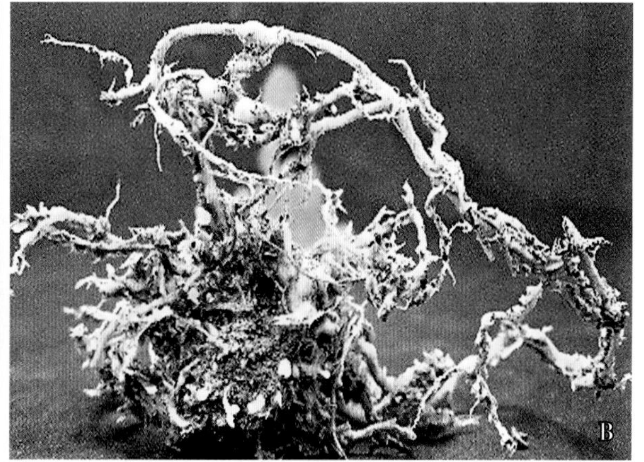

图 7–221　象耳豆根结线虫（***M. enterolobii***）接种火龙果引起的症状

A. 病株；B. 形成根结的病根

病原

（1）南方根结线虫（*M. incognita*，图 7-222）

雌虫虫体乳白色，梨形。会阴花纹近圆形或椭圆形，角质膜纹较粗、平滑至波浪形；背弓较高、近方形，尾端有明显轮纹；侧区角质膜纹平滑至波浪形，有断裂纹或由交叉纹构成的侧线。

2 龄幼虫蠕虫形，尾部呈圆锥状，近尾端有 1~2 次缢缩。

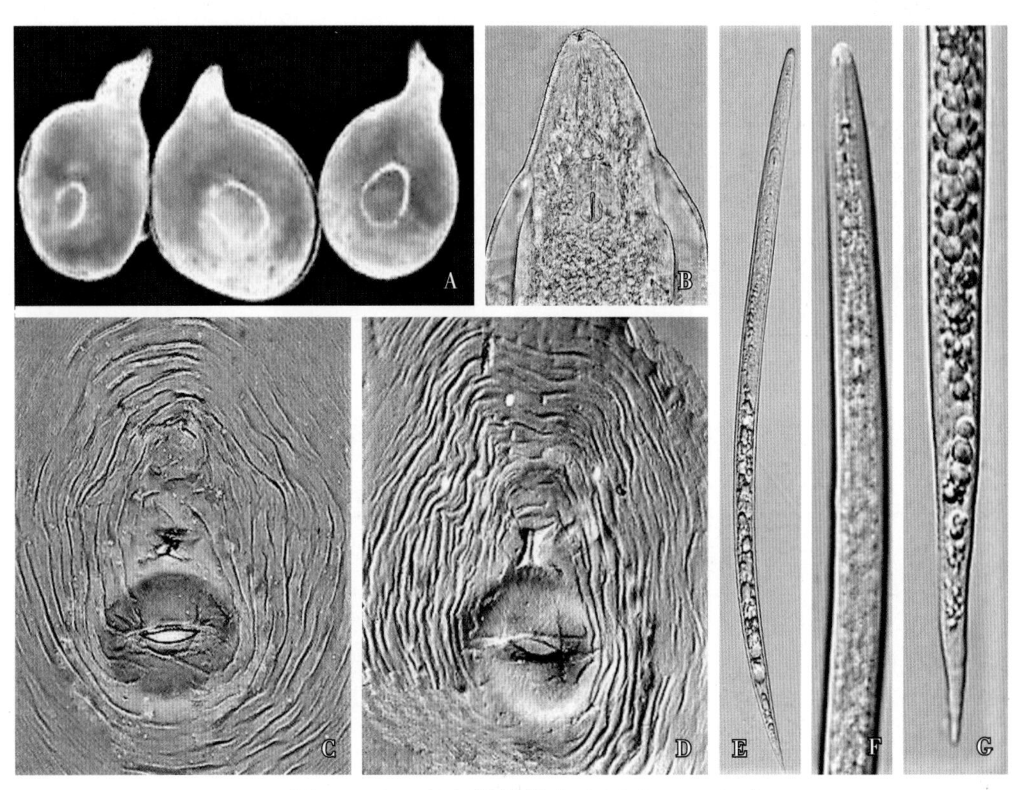

图 7-222 南方根结线虫（***M. incognita***）

A. 雌虫整体；B. 雌虫头部；C、D. 会阴花纹；E. 2 龄幼虫整体；F. 2 龄幼虫前部；G. 2 龄幼虫尾部

（2）象耳豆根结线虫（*M. enterolobii*，图 7-223）。

雌虫虫体椭圆形、梨形至球形，颈部朝虫体稍弯。排泄孔位于中食道球与口针基部球之间的腹面。会阴花纹椭圆形、卵形至近圆形，线纹平滑或波浪形、连续或间断、粗糙或细密；背弓高、半圆形，侧线无或模糊，阴肛区无线纹，两侧线纹伸向阴门；侧尾腺口间距与阴门长度相当。

2 龄幼虫虫体呈线形。头部缢缩，无唇环；尾部呈圆锥状，近尾端有缢缩。

发病规律

用带病原线虫的土壤扦插育苗，或用前作发生根结线虫病的地块种植，是火龙果根结线虫病发生的主要原因。

防控措施

①培育无病苗：选用新鲜的土壤，并经阳光暴晒后用于育苗，育苗地或育苗土最好用杀线虫剂处理。

②栽培防病：选用前作没有发生根结线虫病的地块种植火龙果。移栽定植时用有机肥作基肥，沿海地区可施用虾壳、蟹壳、牡蛎壳，改善土壤微生态，增加有益微生物和线虫天敌微生物的种群。

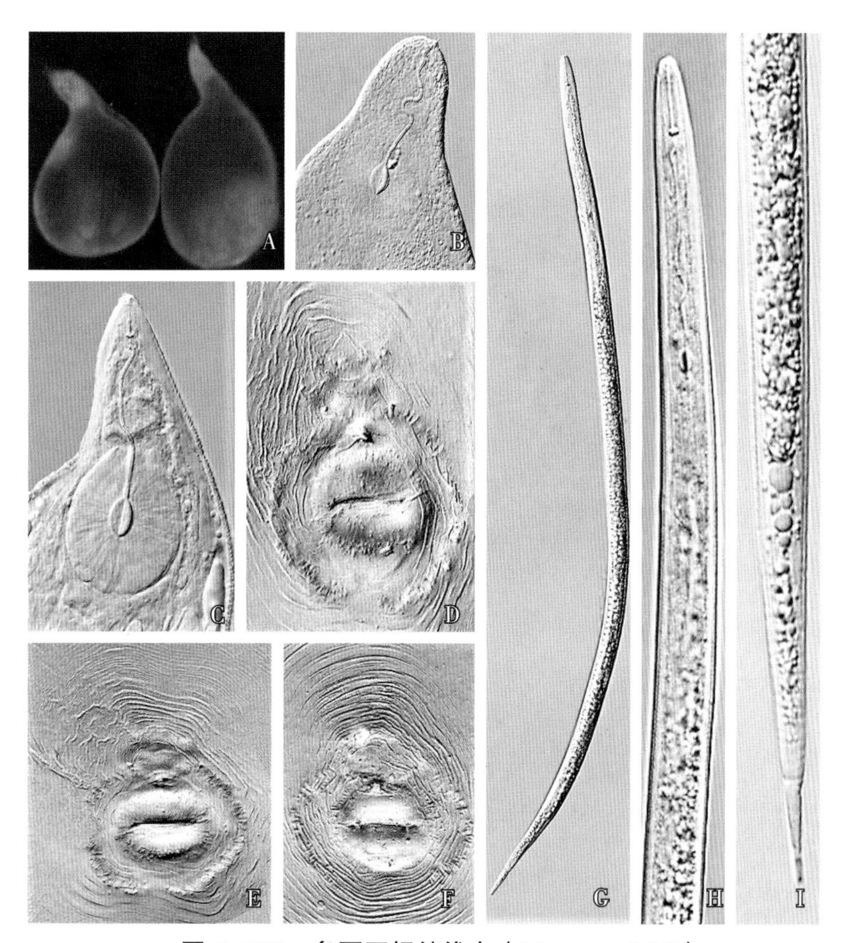

图 7–223　象耳豆根结线虫（*M. enterolobii*）

A. 雌虫整体；B、C. 雌虫头部；D~F. 会阴花纹；G. 2 龄幼虫整体；H. 2 龄幼虫前部；I. 2 龄幼虫尾部

③药剂防控：移栽时每株用 10% 噻唑膦颗粒剂 10~15g，或淡紫拟青霉施于根际土壤，然后覆土。

二、火龙果其他线虫病

（一）火龙果矮化线虫病

症状

病原线虫在根皮层组织取食而造成伤痕，根系生长不良，植株长势衰弱、矮化。

病原

（1）饰环矮化线虫（*T. annulatus*，图 7–224）

雌虫蠕虫形，经缓慢加热杀死后虫体朝腹部呈“C”形弯曲。虫体环纹明显，侧带有 4 条侧线。唇区高，半圆形，稍缢缩。口针粗，口针基部球发达、扁圆形。食道腺梨形与肠平接。排泄孔靠近后食道前部。阴门位于虫体的 1/2 处，双生殖管对生。尾端圆，角质膜增厚，尾环明显。

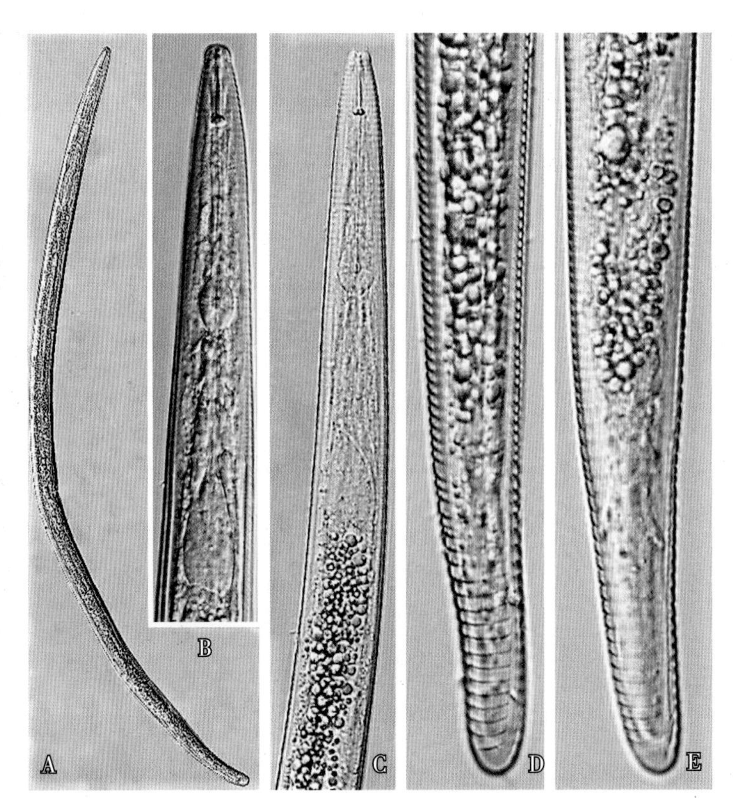

图 7–224 饰环矮化线虫（*T. annulatus*）雌虫

A. 整体；B、C. 前部；D、E. 后部

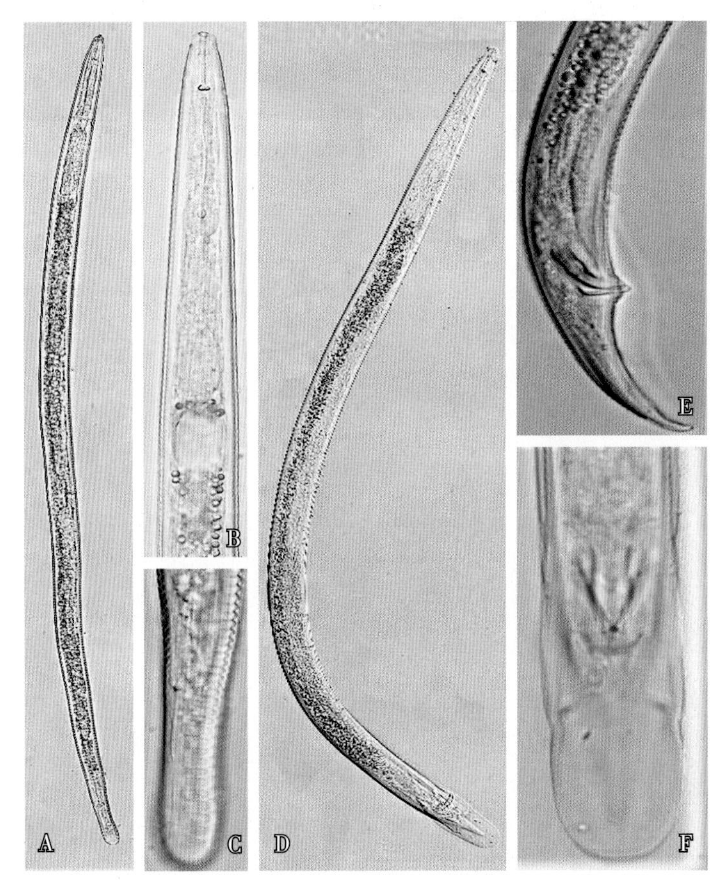

图 7–225 光端矮化线虫（*T. leviterminalis*）

A. 雌虫整体；B. 雌虫前部；C. 雌虫尾部；D. 雄虫整体；E、F. 雄虫尾部

（2）光端矮化线虫（*T. leviterminalis*，图 7–225）

雌虫虫体经缓慢加热杀死后稍向腹面弯曲。体环明显，侧带 4 条侧线。唇区前缘呈半圆形，稍缢缩。口针发达，口针基部球明显。中食道球卵圆形，后食道长梨形、与肠平接。阴门位于虫体近中部，双生殖管。尾部棍棒状，尾端平滑。

雄虫前部形态与雌虫相似。交合刺弓状，引带发达，交合伞包至尾端。

（二）火龙果肾形线虫病

症状

病原线虫侵染根皮层组织，引起根系坏死。受害植株矮小，叶片褪绿。

病原

病原为肾状肾形线虫（*R. reniformis*，图 7–226）。

成熟雌虫虫体膨大为肾形，颈部不规则，阴门突起。未成熟雌虫蠕虫形，缓慢加热杀死后虫体朝腹面呈“C”形弯曲。唇区高，圆锥状，无明显缢缩。口针较发达，口针基部球扁圆形。食道环线型，中食道球卵圆形、瓣膜明显，食道腺从腹面覆盖于肠。排泄孔位于食道腺前端。阴门位于虫体中后部，双生殖管对生。尾部渐细，末端钝圆。

雄虫蠕虫形，口针和食道退化。交合刺细长，交合伞未完全包至尾端。

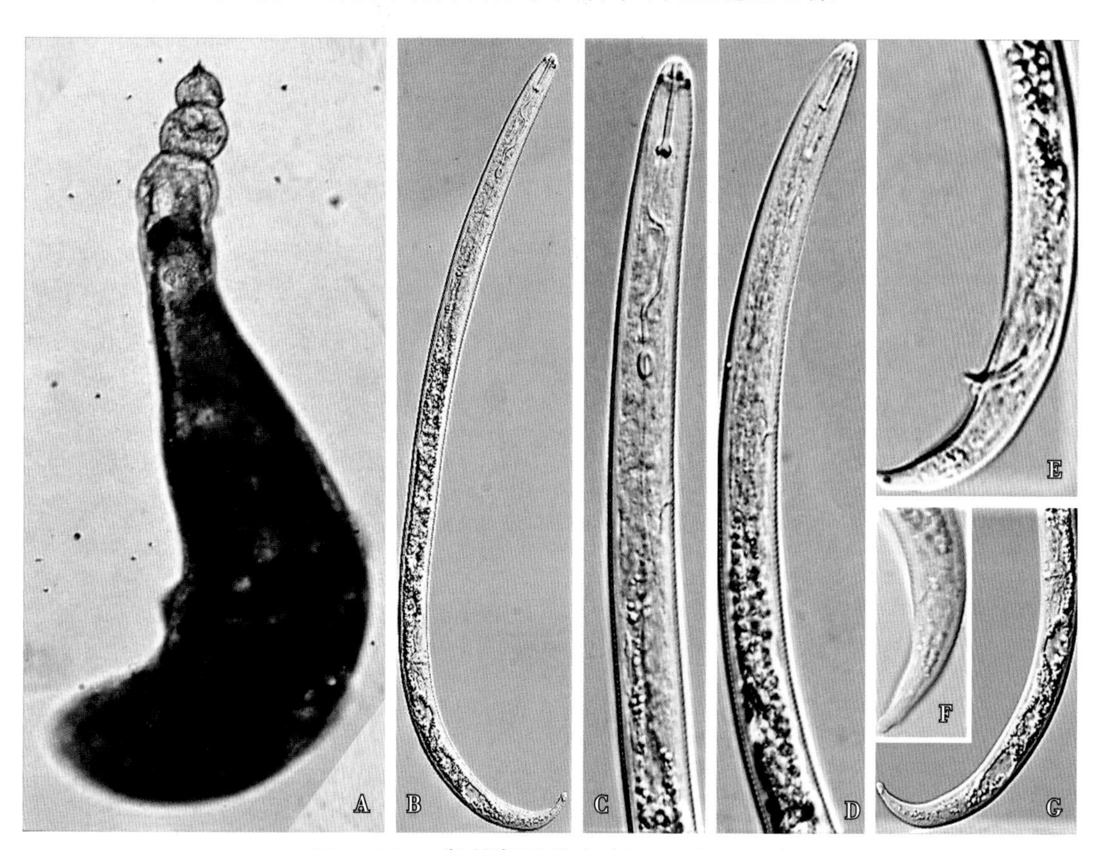

图 7–226　肾状肾形线虫（*R. reniformis*）

A. 成熟雌虫整体；B. 未成熟雌虫整体；C. 未成熟雌虫前部；D. 雄虫前部；E. 雄虫尾部；F、G. 未成熟雌虫尾部

（三）火龙果螺旋线虫病

症状

病原线虫侵入根皮层组织，造成褐色坏死伤痕。

病原

病原为双宫螺旋线虫（*H. dihystera*，图 7-227）。

雌虫缓慢加热杀死后虫体呈螺旋形，前部相对较直，后部弯曲明显。唇区半圆状，缢缩，有 3~4 个唇环。口针粗，口针基部球大。排泄孔开口于食道腺前端。阴门位于虫体中后部，双生殖管，后生殖管比前生殖管小；受精囊近圆形。尾短，背面弯曲，尾末端有不明显的尾突。

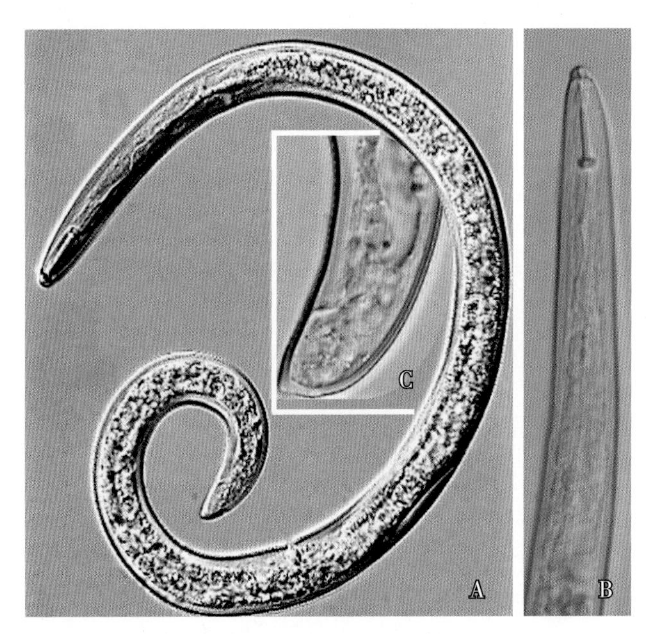

图 7-227 双宫螺旋线虫（*H. dihystera*）雌虫

A. 整体；B. 前部；C. 尾部

（四）火龙果剑线虫病

症状

病原线虫在根部取食，破坏根皮层组织，造成凹陷伤痕。

病原

（1）标准剑线虫（*X. insigne*，图 7-228）

雌虫缓慢加热杀死后虫体呈“C”形弯曲，两端渐细。唇部半圆形，微缢缩。齿针明显，导环位于齿针尖与齿托的交界处。阴门靠近虫体前部的 1/3 处，双生殖管。尾部长锥状，向腹面弯曲，末端钝圆。

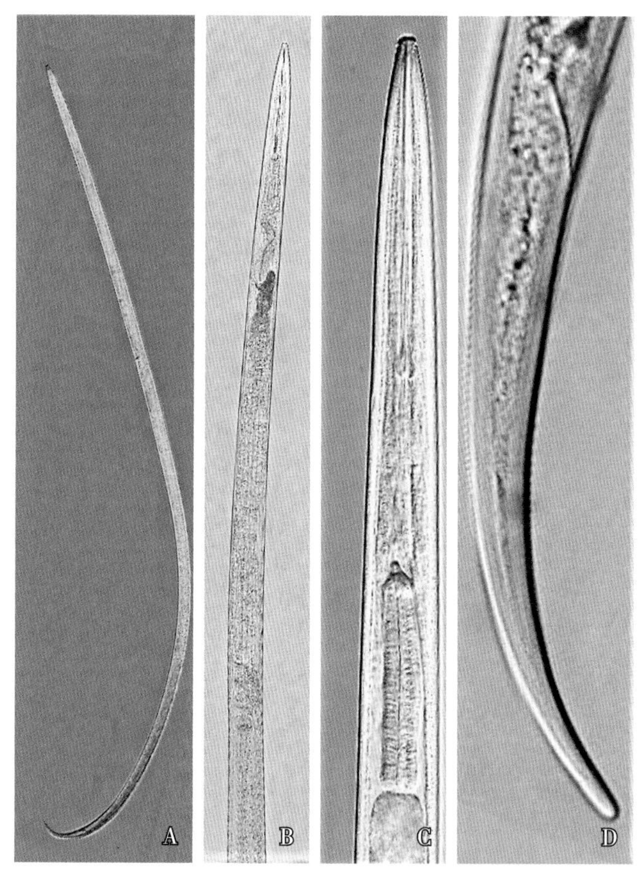

图 7-228　标准剑线虫（*X. insigne*）雌虫

A. 整体；B. 前部；C. 食道部；D. 尾部

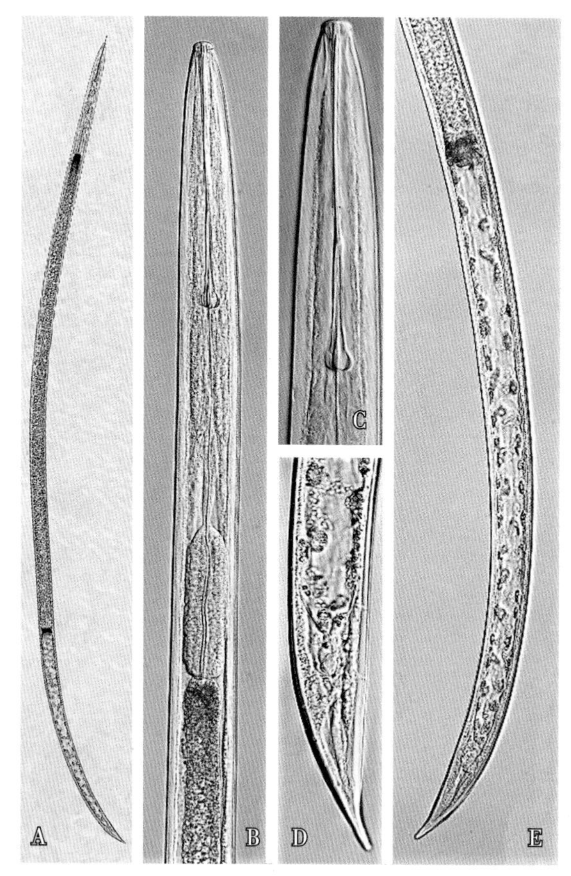

图 7-229　细长剑线虫（*X. elongatum*）雌虫

A. 整体；B. 前部；C. 头部（齿针）；D. 尾部；E. 后部

（2）细长剑线虫（*X. elongatum*，图 7-229）

雌虫虫体经缓慢加热杀死后稍向腹面弯曲，两端渐细。唇部突出，缢缩。齿针细长，齿针尖基部为双叉状，导环位于齿针尖与齿托的交界处稍前。食道长圆柱形，与肠道分界明显。阴门靠近虫体前部的 2/5 处，双生殖管。尾部较短，圆锥状，向腹部弯曲。

第十节　其他果树线虫病

一、桃根结线虫病

症状

病株矮化，叶片褪绿变红，树势衰退（图 7-230）。根部形成根结，根系萎缩（图 7-231）。

病原

病原为南方根结线虫（*M. incognita*，图 7-232）。

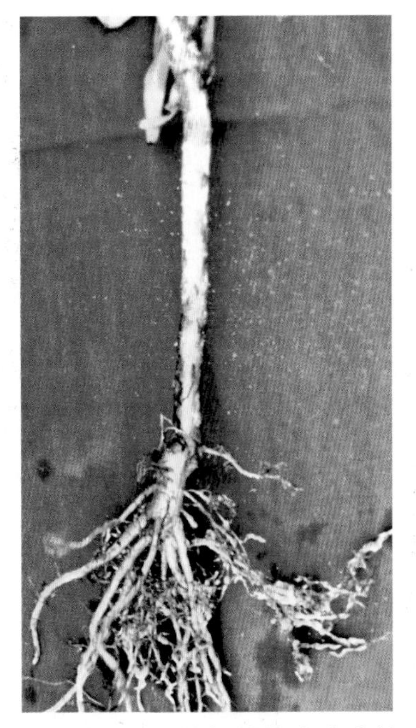

图 7-230　桃根结线虫病病株

图 7-231　桃根结线虫病病根

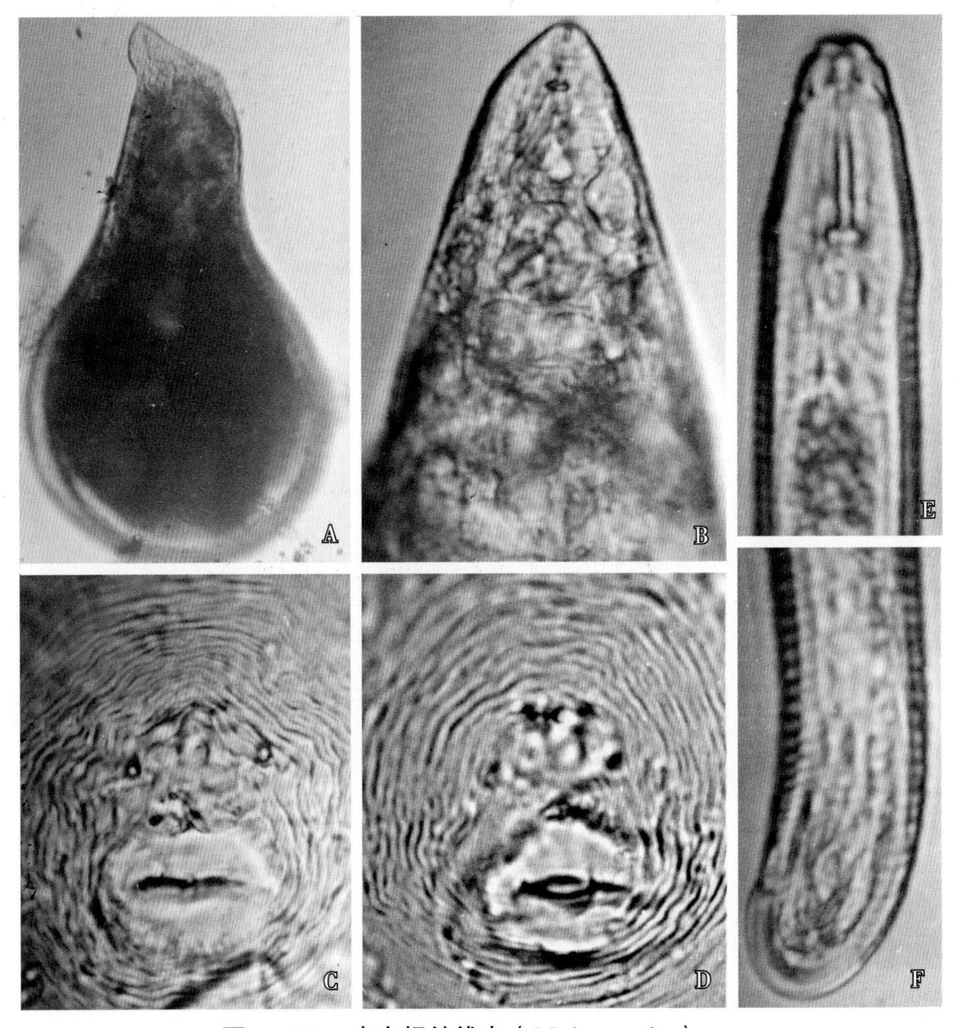

图 7-232　南方根结线虫（*M. incognita*）

A. 雌虫整体；B. 雌虫头部；C、D. 会阴花纹；E. 雄虫头部；F. 雄虫尾部

发病规律

南方根结线虫（*M. incognita*）主要以卵和卵内的幼虫越冬。残留于果园的果树病根、带有虫卵和根结的病土是主要的初侵染源。病原线虫在果园内随灌溉水、雨水径流及黏附于农具的病土传播，远距离主要通过带病果树苗及黏附于种苗根部的带线虫土壤传播。

防控措施

①种植无病苗：病害主要通过带病种苗传播，购买或引进桃苗时要加强对病原线虫的检疫检测。培育桃苗时要选用新鲜的土壤并经阳光暴晒后作为育苗土，育苗地或育苗土也可以用杀线虫剂处理。

②微生态防控：移栽定植时用有机肥、微生物菌肥或甲壳素肥料作基肥，沿海地区可施用虾壳、蟹壳、牡蛎壳等土壤调理剂，改善土壤微生态，增加有益微生物和线虫天敌微生物的种群。

③药剂防控：移栽定植时每株用10% 噻唑膦颗粒剂 10~15g，或用淡紫拟青霉施于根际土壤后覆土；发病果园于春季果树发根初期，在树冠滴水线处开浅环沟，每株用10% 噻唑膦颗粒剂 25~50g 与细土 1.0~1.5kg 搅拌均匀后施入沟内，施药后覆土浇水。

二、猕猴桃根结线虫病

根结线虫病是猕猴桃的重要病害，病害严重的果园病株率达 50%~100%，根结严重度达 2~4 级。

症状

病株根系萎缩，根结大小不等，单个或呈念珠状，也可数个相互愈合成根结团。根结初呈白色、后变为深褐色，后期呈黑褐色腐烂（图 7-233）。受害植株根系发育不良，新根少；植株矮小，新梢纤弱，叶片枯黄、坐果少，果小畸形，严重降低了果实产量和品质。

图 7-233　猕猴桃根结线虫病根部症状

病原

病原为爪哇根结线虫（*M. javanica*，图 7-234）和南方根结线虫（*M. incognita*，图 7-235）组成的混合种群，爪哇根结线虫（*M. javanica*）为优势种群。

发病规律

猕猴桃根结线虫病主要通过带病种苗传播，采用菜地和果园的土壤进行育苗或种植时病害发生严重。

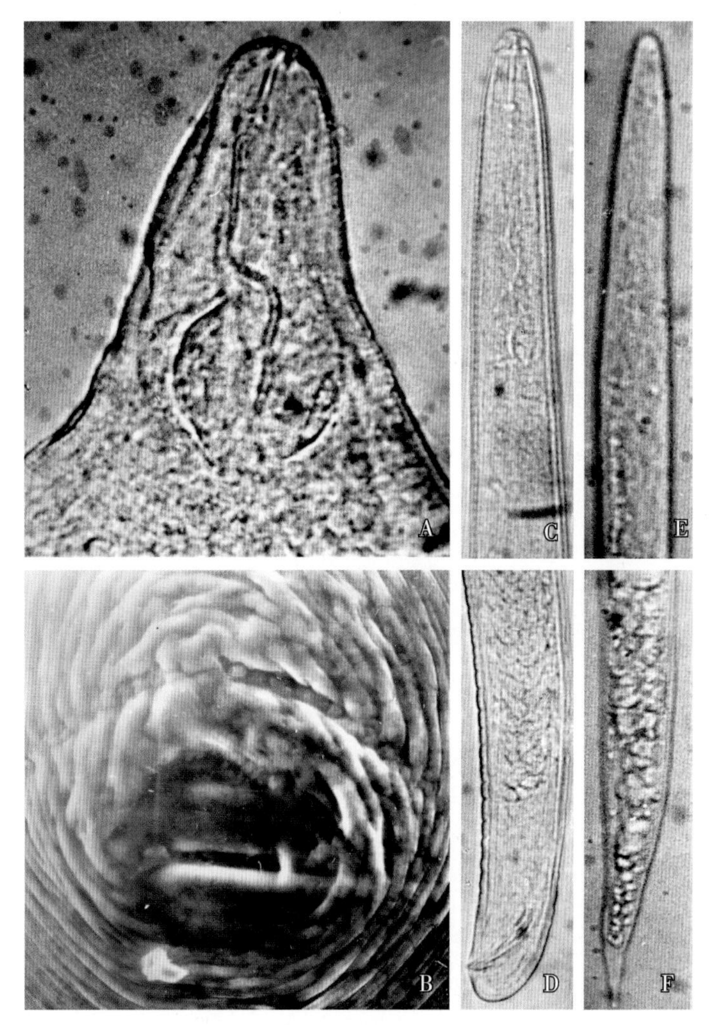

图 7-234 爪哇根结线虫（*M. javanica*）

A. 雌虫头部；B. 会阴花纹；C. 雄虫前部；D. 雄虫尾部；E. 幼虫前部；F. 幼虫尾部

防控措施

①培育和种植无病果苗：购买无根结线虫病的猕猴桃苗，也可以选用无病的新土培育无病苗。猕猴桃定植地不要用原来种果树或蔬菜的田地，宜用水旱轮作地作定植地。

②改善土壤微生态：定植时用有机肥、微生物菌肥或甲壳素肥料作基肥，改善土壤微生态。可采用果树畦面覆盖稻草或秸秆、种植绿肥等措施，增加土壤腐殖质和腐食性线虫的数量。

③药剂防控：猕猴桃苗圃在果苗生长期用 41.7% 氟吡菌酰胺悬浮剂 10000~15000 倍液浇灌，要湿润根际土壤。间隔 10~15d 再施 1 次，共施 2 次。发病果园于发病初期，用 10% 噻唑膦乳油 1500 倍液或 20% 噻唑膦水乳剂 1500 倍液浇灌果树根部，要将根系周围的土壤浇湿。

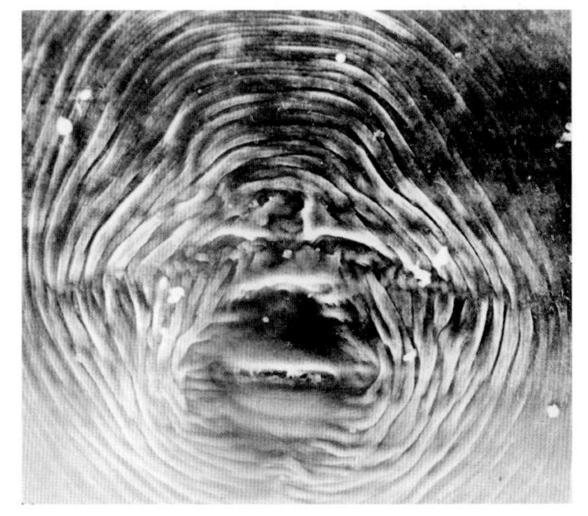

图 7-235 南方根结线虫（*M. incognita*）会阴花纹

三、番木瓜根结线虫病

症状

病原线虫由根尖或根尖后部幼嫩处侵入，刺激寄主细胞膨大，形成巨型细胞，导致寄主根系形成根结。形成根结的根不能再伸展而发生次生根，次生根再次被侵染。由于不断重复侵染，导致根系萎缩变形，形成根结团（图 7–236）。根结的形状和大小因线虫的侵染部位和侵染状态而异（图 7–237）。1 条幼虫单独侵染时形成 1 个单独细小根结，解剖根结通常也只能发现 1 条雌虫。有时数条至数十条幼虫从根的同一个部位不同侵染点侵入，这样形成的根结相互愈合，使根结呈念珠状或块状，解剖块状根结可发现多条雌虫。根系被线虫严重侵染之后，植株生长不良，叶片褪绿或黄化。

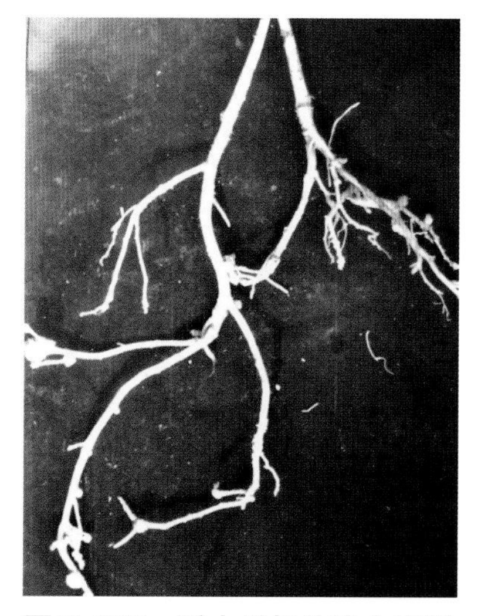

图 7–236　番木瓜根结线虫病根部症状

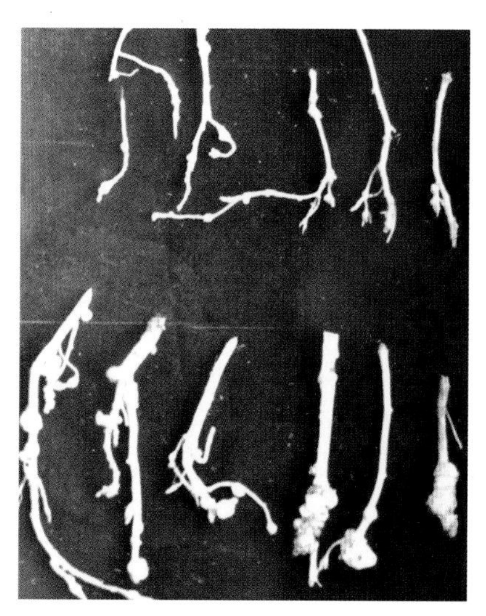

图 7–237　番木瓜根结线虫病根结

病原

病原为南方根结线虫（*M. incognita*，图 7–238）。

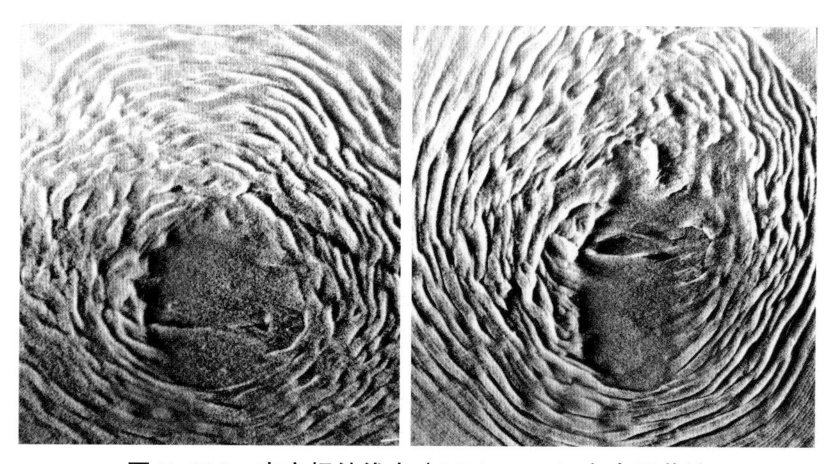

图 7–238　南方根结线虫（***M. incognita***）会阴花纹

发病规律

番木瓜根结线虫病通过带病种苗传播。采用菜地和果园的土壤进行育苗或种植，以及番木瓜果园连作，病害发生严重。

防控措施

①农业防控：一是培育和种植无病果苗，提倡用营养基质育苗；二是改良土壤，定植时用有机肥、微生物菌肥或甲壳素肥料作基肥；三是加强水分管理，做好防旱排涝，维持番木瓜正常生长需要的充足而均衡的土壤水分。

②药剂防控：番木瓜苗圃在果苗生长期用41.7%氟吡菌酰胺悬浮剂10000~15000倍液浇灌，要湿润根际土壤。间隔10~15d再施1次，共施2次。发病果园在春季果树抽梢期和新根发生前期实行全层施药，先刨松树冠滴水线以内的表层土壤，每株按10%噻唑膦颗粒剂20~30g与细土0.5~1.0kg搅拌后撒施于土壤中，再用耙子将药剂和土壤混合均匀，用水浇湿土壤。

四、葡萄根结线虫病

症状

病原线虫侵染葡萄主根和侧根形成根结（图7–239）。单条幼虫侵染时形成1个单独细小根结；有时数条至数十条幼虫从根的同一个部位的不同侵染点侵入，这样形成的根结相互愈合，使根结呈念珠状或块状；根结表面可以发现胶质状卵囊（图7–240）。根结初期为黄白色、后变成浅褐色，根结可产生不定根而显得表面粗糙，最后根结和病根腐烂（图7–241）。由于葡萄根系受到破坏，导致水分和营养供应失调，植株生长衰弱，叶片发黄，花穗稀少，开花延迟，结果少，果实发育不全，造成产量和品质降低。葡萄园中套种瓜类蔬菜，葡萄根结线虫病发生更严重（图7–242）。

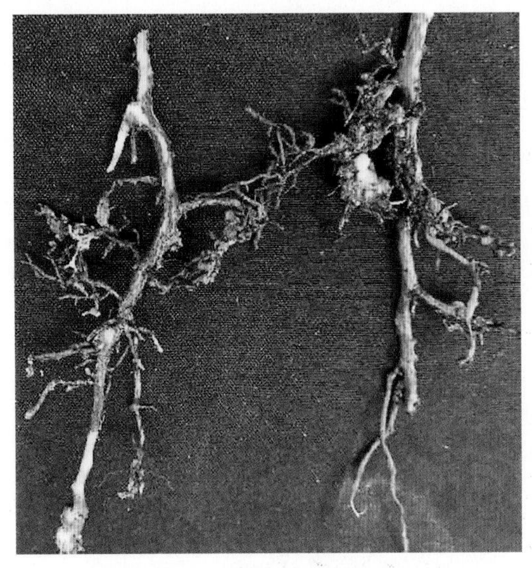

图7–239　葡萄根结线虫病根结

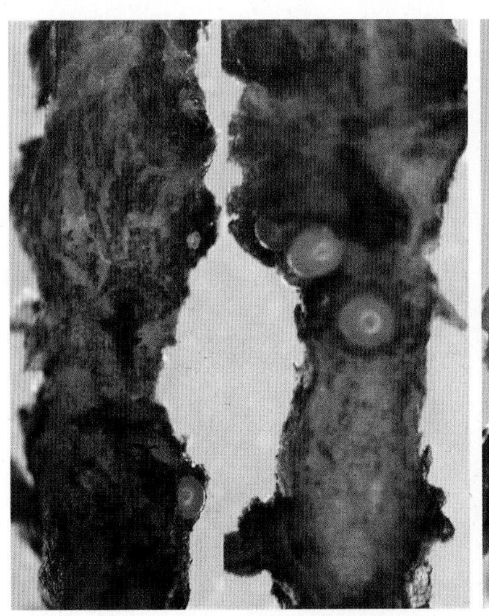

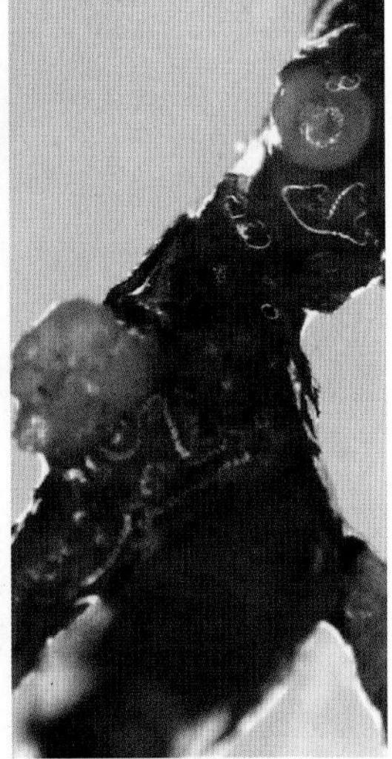

图7–240　葡萄根结线虫病根结上的病原线虫雌虫和卵囊

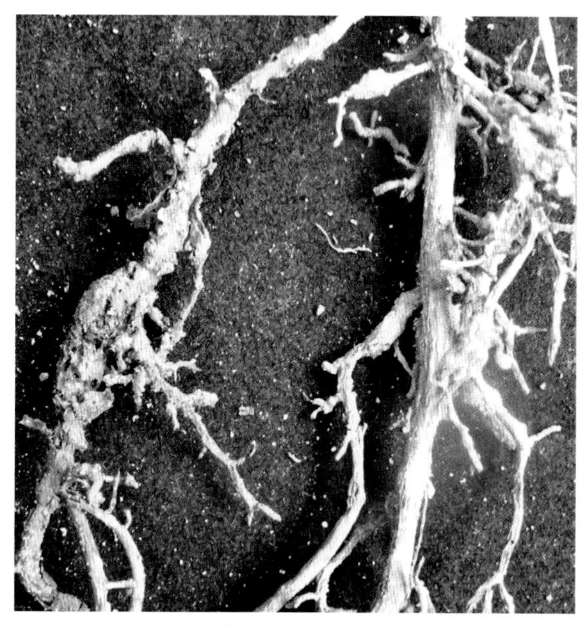

图 7-241 葡萄根结线虫病根结和根腐烂

图 7-242 套种苦瓜的葡萄园，根结线虫病发生严重

病原

病原为南方根结线虫（*M. incognita*）、花生根结线虫（*M. arenaria*）、萨拉斯根结线虫（*M. salasi*）。3 种病原线虫可根据会阴花纹特征辨识。

南方根结线虫（*M. incognita*）：会阴花纹背弓高，线纹紧密，波浪形或锯齿形，弓纹不整齐（图 7-243）。

花生根结线虫（*M. arenaria*）：会阴花纹背弓上形成肩状突起，背面和腹面的线纹在侧线处相交成一定角度（图 7-244）。

萨拉斯根结线虫（*M. salasi*）：会阴花纹为卵形，背弓低、圆形，线纹光滑、连续（图 7-245）。

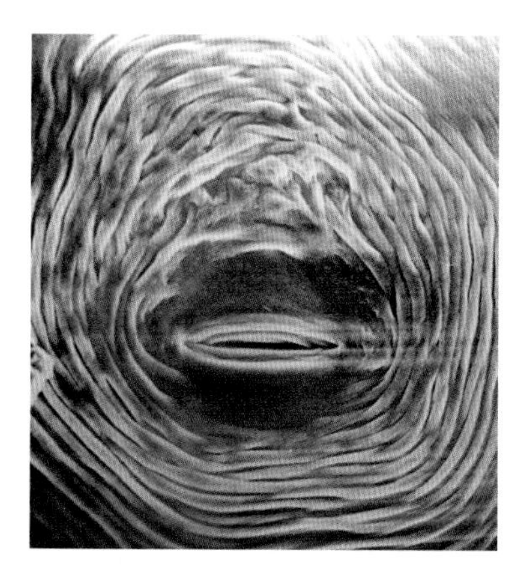

图 7-243 南方根结线虫（***M. incognita***）会阴花纹

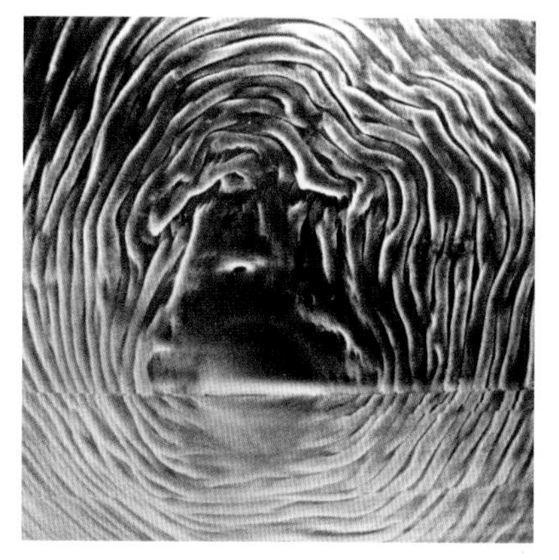

图 7-244 花生根结线虫（***M. arenaria***）会阴花纹

图 7-245 萨拉斯根结线虫（***M. salasi***）会阴花纹

发病规律

葡萄根结线虫病通过带病种苗传播。采用菜地和果园的土壤进行育苗或种植，以及果园套种瓜类作物，病害发生严重。

防控措施

参考猕猴桃根结线虫病防控措施。

五、无花果根结线虫病

症状

病树生长矮小，叶片黄化、干枯和落叶，不结果或少结果，果小，或产生次残果（图 7-246）。主根、侧根和须根均可受害，产生根结（图 7-247）。较细的根上形成单生或串生的根结，根结椭圆形（图 7-248）；在较粗的根部形成团块状根结组织，根结团块由大量根结聚集而成，表面凹凸不平（图 7-249）。受害根系由白色渐变为褐色至黑色，最后根系腐烂。

图 7-246　无花果根结线虫病病树

图 7-247　无花果根结线虫病根结

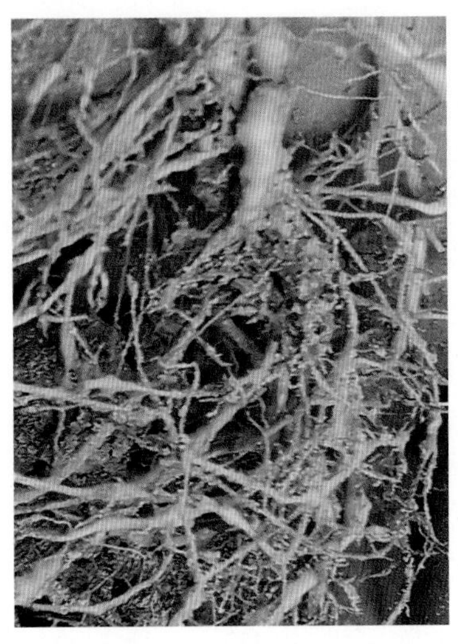

图 7-248　无花果根结线虫病串生根结

图 7-249　无花果根结线虫病根结团块

病原

病原为根结线虫（*Meloidogyne* sp.）。

发病规律

与猕猴桃根结线虫病发病规律相似。

防控措施

参考猕猴桃根结线虫病防控措施。

六、甜瓜根结线虫病

症状

病株矮小、叶片褪绿黄化、长势衰退，严重时病株死亡。主根、侧根或须根都可形成根结。根结绕根表面密生，形成葡萄穗状根；也可以在侧根或须根连接成念珠状（图 7-250）。根结初期呈白色至黄白色，表面粗糙并能产生不定根，不定根也可受侵染。根结和病根后期变黑褐色腐烂。

病原

病原为南方根结线虫（*M. incognita*，图 7-251）。

发病规律

瓜类作物易发生根结线虫病。残留于田间的病根、带有虫卵和根结的病土是主要初侵染源。用菜地、瓜地育苗或种植时，根结线虫病发生严重。

图 7-250　甜瓜根结线虫病根结

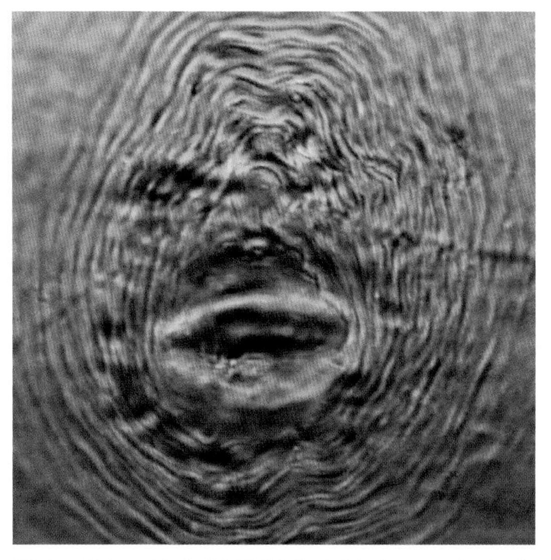

图 7-251　南方根结线虫（***M. incognita***）会阴花纹

防控措施

①培育和种植无病种苗：育苗时应选择无病土培育无病壮苗，也可用无土基质营养袋育苗。移栽前对瓜苗要注意检查，严防种植带病苗。利用水旱轮作地或水稻田种植甜瓜。

②土壤处理：发病瓜田在种植前先用98%棉隆微粒剂进行土壤熏蒸。施药前先将土壤耙成细碎结构，并使土壤湿润（处理前土壤含水量至少为50%）。按每平方米土壤施药30~40g，将棉隆均匀撒播于土壤表面，然后用细齿耙将棉隆混入所需土壤深度（一般为20cm），将土面压实或覆盖塑料薄膜，并保持土壤湿润。处理5~7d之后，对处理层进行松土和彻底通气3d，再播种或种植。

七、橄榄线虫病

（一）橄榄根腐线虫病

症状

病原线虫侵入根皮层组织内迁移取食，产生褐色伤痕。病树根系常腐烂。

病原

病原为咖啡根腐线虫（*P. coffeae*，图7–252）。

雌虫虫体细，体长480~690μm。唇区稍缢缩，具2个唇环。口针粗，长16~20μm，口针基部球圆形至椭圆形。食道体部呈纺锤形，中食道球圆形，食道腺呈叶状覆盖于肠的腹面。侧带有4条侧线。排泄孔明显，半月体紧靠于排泄孔前。阴门横裂；单生殖管前生，生殖管前端的卵原细胞为双行排列，其余大部分为单行排列。后阴子宫囊长度与阴门部体宽相当或略长。尾端锥圆、平截或有缺刻，环纹包至尾端。

雄虫形态与雌虫相似。体长400~600μm，口针长14~19μm。交合刺细、弯曲，引带稍弓形，交合伞包至尾尖。

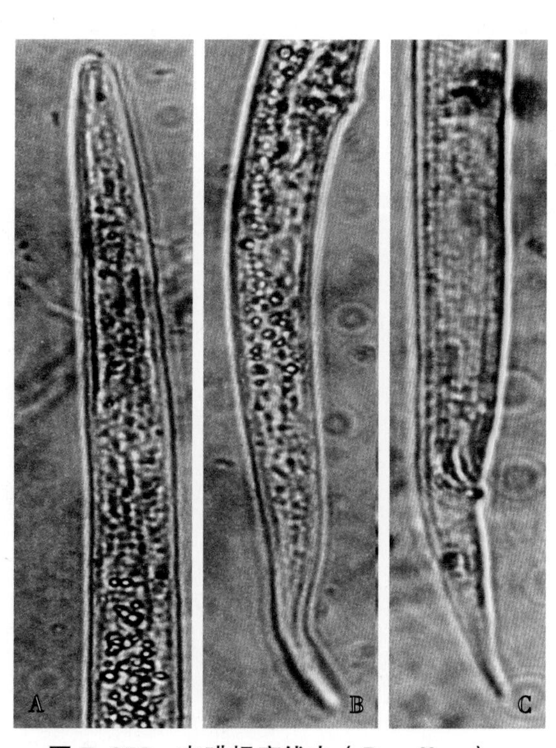

图7–252 咖啡根腐线虫（*P. coffeae*）
A. 雌虫前部；B. 雌虫尾部；C. 雄虫尾部

发病规律

咖啡根腐线虫（*P. coffeae*）以内寄生方式侵害橄榄根部，造成伤口，并诱发土壤中的病原真菌、细菌次侵染，导致烂根。

防控措施

①土壤改良：橄榄春季新梢萌发前进行扩穴和挖除烂根、填入干净客土、增施腐熟有机肥和磷钾肥，沿海地区可施用虾蟹壳等海产品的废弃物，促进土壤中有益微生物繁殖，增强植株抗性。

②化学防控：橄榄春季新梢萌发和新根发生前通过扩穴和挖除烂根后，每株用细砂土拌 10% 噻唑膦颗粒剂 25~50g 撒施于穴内，施药后覆土，并浇水湿润土壤。

（二）橄榄纽带线虫病

症状

病原线虫侵染根皮层组织，根表产生褐色伤痕，根系衰退。

病原

病原为塞氏基窄纽带线虫（*B. seinhorsti*，图 7–253）。

雌虫虫体圆柱状，体长 1220~1570μm。唇部半球形，缢缩，具 4 个唇环；唇盘后由数条纵纹将 4 个唇环分割为网格状。头架发达，骨质化明显。口针粗，长 39~48μm，基部球大、前缘突起。食道有明显的中食道球，食道腺发达、呈叶状，覆盖于肠的背面和侧面。侧尾腺口大，前侧尾腺口位于虫体前 30% 左右处，后侧尾腺口位于虫体后体长 80% 左右处。阴门位于虫体近中部或稍后，阴门盖梯形；

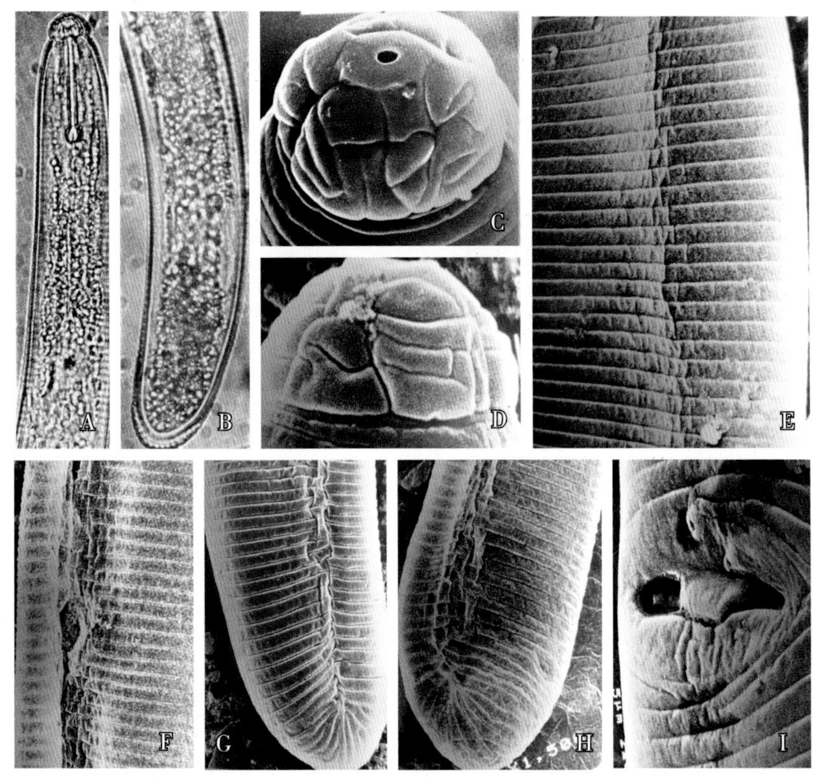

图 7–253　塞氏基窄纽带线虫（*B. seinhorsti*）雌虫

A. 前部；B. 尾部；C. 头部正面；D. 头部侧面；E. 侧带；F. 侧带、侧尾腺口；G. 尾部（环纹）；H. 尾部（环纹、肛门）；I. 阴门和阴门盖

双生殖管对生，平伸。尾部短，末端钝圆，环纹包至尾端。

发病规律

病原线虫存活于土壤和寄主根的残体中。带虫种苗和土壤的搬移是主要传播途径。

防控措施

参考橄榄根腐线虫病防控措施。

（三）橄榄矮化线虫病

症状

病原线虫取食橄榄根皮层组织，造成伤痕。病树根系发良不良，植株长势衰弱。

病原

病原为光端矮化线虫（*T. leviterminalis*，图 7–254）。

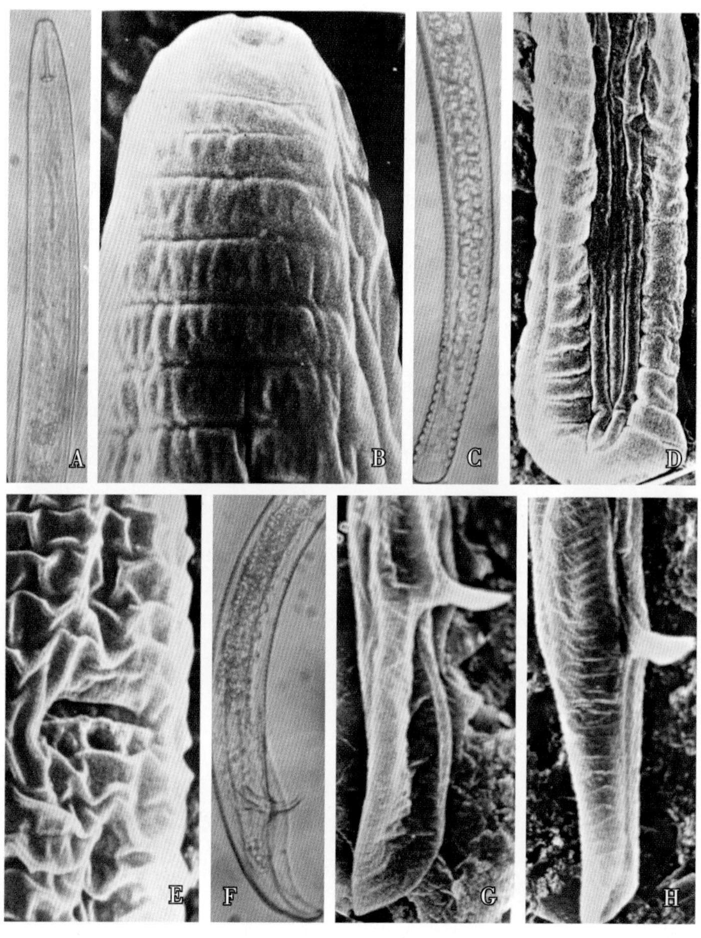

图 7–254 光端矮化线虫（*T. leviterminalis*）

A. 雌虫前部；B 雌虫头部（环纹）；C. 雌虫尾部；D. 雌虫尾部（侧带）；E. 阴门部；F~H. 雄虫尾部（交合刺和交合伞）

雌虫体长590~830μm。唇区半圆形，无缢缩，无环纹。口针纤细，长18~24μm，口针基部球明显。食道发育良好，中食道球明显，后食道呈长梨形与肠平接。背食道腺开口距口针基部球3~4μm。排泄孔位于峡部后。角质膜环纹明显。侧带有4条侧线，无网纹。尾部呈棍棒状，末端光滑钝圆。

雄虫前部形态与雌虫相同。单精巢直伸。交合刺弓状、长24~26μm，交合伞包至尾端、肥厚、具刻纹。

发病规律

与橄榄纽带线虫病发病规律相似。

防控措施

参考橄榄根腐线虫病防控措施。

（四）橄榄螺旋线虫病

症状

病原线虫侵染根系，在根皮层组织内取食，造成褐色坏死伤痕，根系衰退。

病原

病原为双宫螺旋线虫（*H. dihystera*，图7-255）。

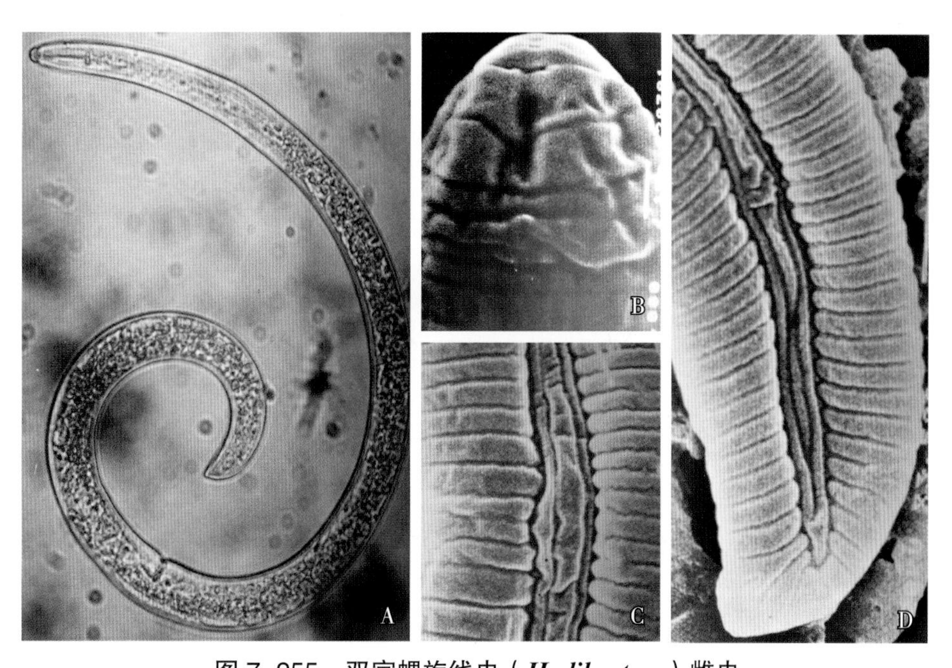

图7-255 双宫螺旋线虫（*H. dihystera*）雌虫

A. 整体；B. 头部（环纹）；C. 虫体中部（侧带）；D. 尾部（环纹和侧带）

雌虫缓慢加热杀死后呈螺旋形，虫体后部弯曲更明显。唇区半球形，外缘较突出，具4~5个唇环。体环明显，侧带有4条侧线，无网格纹。口针长23~28μm，口针基部球椭圆形，前缘向前突出。背食道腺开口距口针基部球约为口针长度的1/2。中食道球椭圆形，有明显瓣膜，食道腺覆盖肠腹面。阴门位于虫体中部稍后；双生殖管对生，平伸，发育完全；卵母细胞区明显，受精囊偏生、缢缩、无精子。尾部背面弯曲，锥形，环纹包至末端，尾端具一短的腹尾突。

发病规律

与橄榄纽带线虫病发病规律相似。

防控措施

参考橄榄根腐线虫病防控措施。

（五）橄榄针线虫病

症状

病原线虫在根皮层组织取食，形成褐色伤痕，根系发育不良，植株生长衰弱。

病原

（1）突出针线虫（*P. projectus*，图 7-256）

雌虫体长 300~380μm，缓慢加热杀死后虫体朝腹面弯曲。角质膜具细环纹，侧带有 4 条侧线。唇区稍缢缩，锥形到平截，具 4 个不明显的唇环。口针长 28~31μm，基部球近圆形。中食道球与食道体部愈合，椭圆瓣膜巨大，峡部细长，围有神经环。后食道球发达，卵形。阴道前倾，阴门横裂，具侧阴膜，

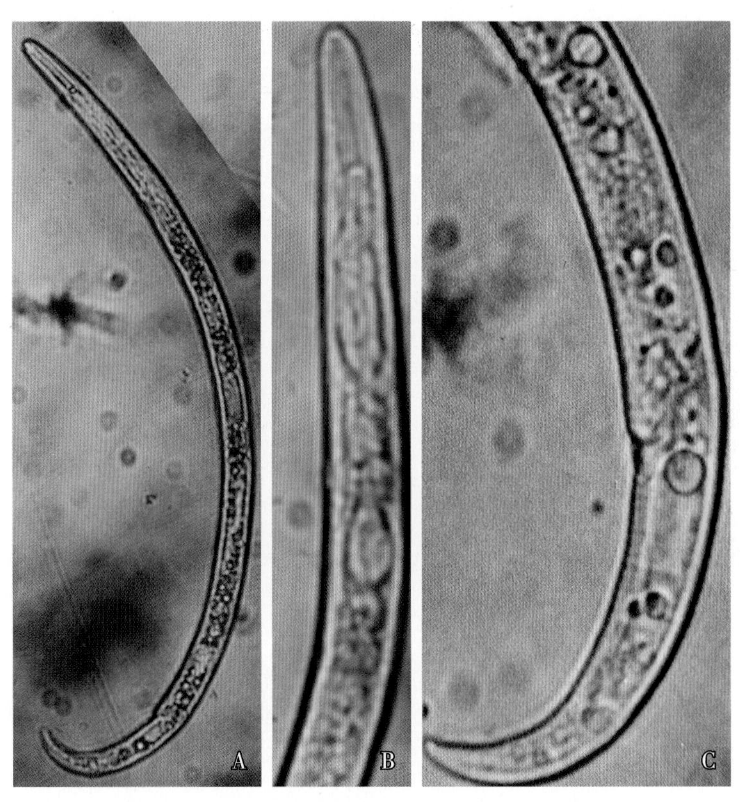

图 7-256　突出针线虫（*P. projectus*）雌虫

A. 整体；B. 前部；C. 后部

阴门之后的虫体腹面收缩；单生殖管前生，子宫大。贮精囊明显，无精子。尾部朝腹面弯曲，末尾光滑。

（2）弯曲针线虫（*P. curvitatus*，图 7–257）

雌虫体长 370~460μm，缓慢加热杀死后虫体呈“C”形弯曲。唇区圆锥形，稍缢缩，有 4 个唇环。口针长 19~23μm，食道环线型。侧带有 4 条侧线，有网纹。阴门突起，位于体后；单生殖管前生，尾短，圆锥形，末端钝。

雄虫体形与雌虫相似，食道和口针退化，交合刺长 19~25μm，引带长 4~5μm。

发病规律

与橄榄组带线虫病发病规律相似。

防控措施

参考橄榄根腐线虫病防控措施。

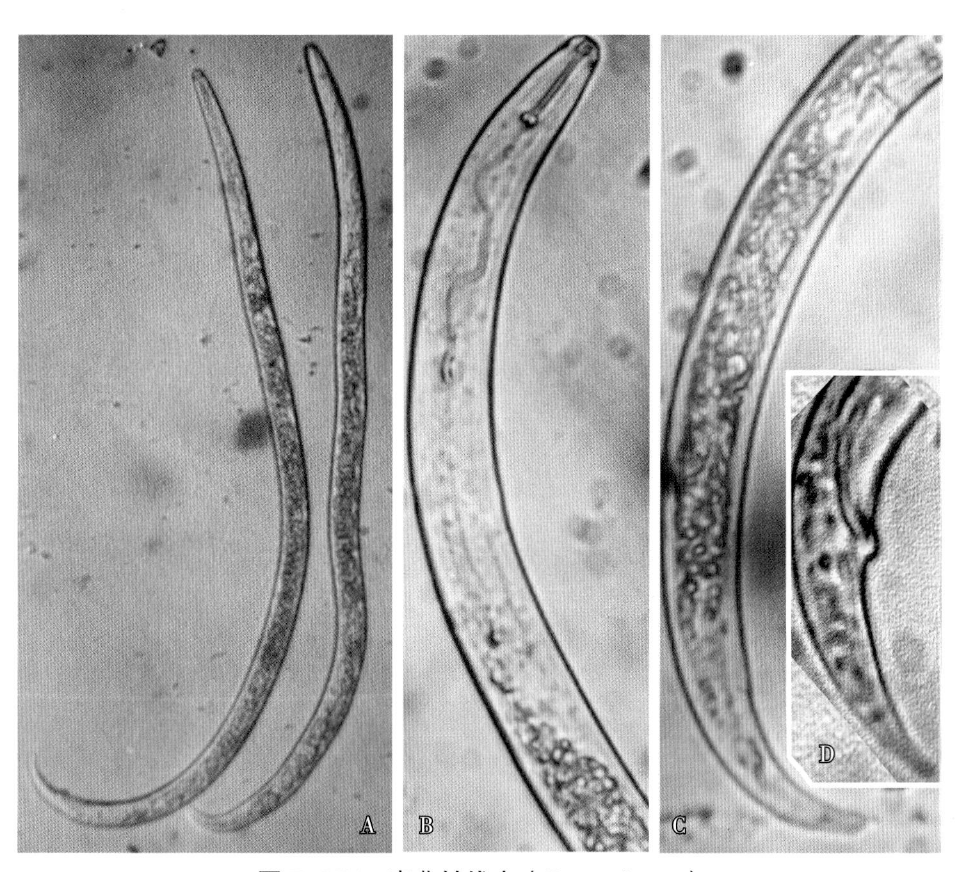

图 7–257　弯曲针线虫（*P. curvitatus*）

A. 雄虫（左）和雌虫（右）；B. 雌虫前部；C. 雌虫后部；D. 雄虫尾部

（六）橄榄拟鞘线虫病

症状

病原线虫在根皮层组织取食，破坏皮层薄壁细胞组织，导致根系生长衰退，植株叶片褪绿。

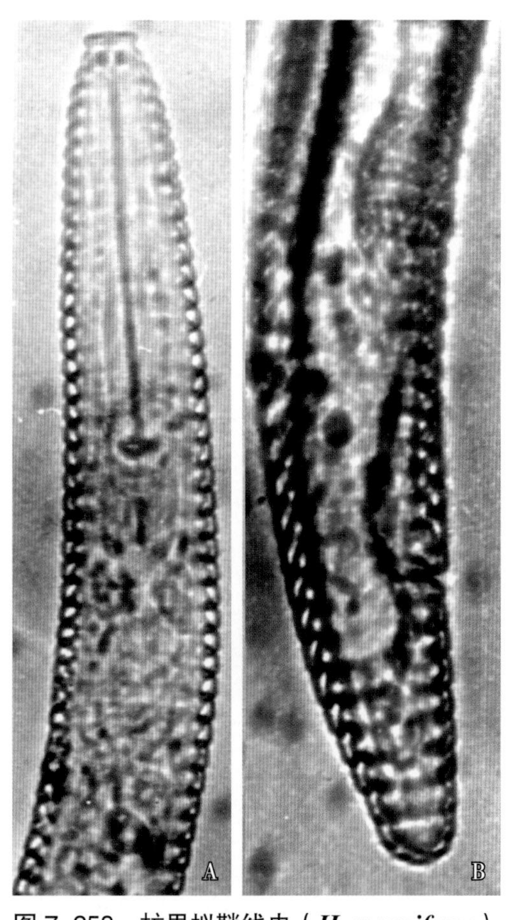

图 7-258 杧果拟鞘线虫（***H. mangiferae***）雌虫

A. 头部；B. 尾部

病原

病原为杧果拟鞘线虫（*H. mangiferae*，图 7-258）。

雌虫虫体柱形，前端渐细，体长 460~590μm，缓慢加热杀死后稍呈弓状。体环 119~141 个，较粗，边缘平滑，具细纵纹，无侧带。有些虫体头端、排泄孔、阴门、肛门和尾端具有角质膜鞘。唇部骨质化明显，前端低平，具 2 个唇环；唇盘圆，稍突出。口针长 63~73μm，基部球前缘突起、呈锚状。单生殖管前生，阴道前倾。尾部锥状，末端钝圆。

雄虫体长 350~450μm，环纹细，无鞘。无口针，食道退化。单精巢前生，交合刺长 23~25μm，引带长 3~4μm，交合伞细窄，包至近尾端。

发病规律

与橄榄纽带线虫病发病规律相似。

防控措施

参考橄榄根腐线虫病防控措施。

（七）橄榄毛刺线虫病

症状

病原线虫在根皮层组织取食，抑制根系生长，产生粗短根。

病原

病原为巴基斯坦毛刺线虫（*T. pakistanensis*，图 7-259）。

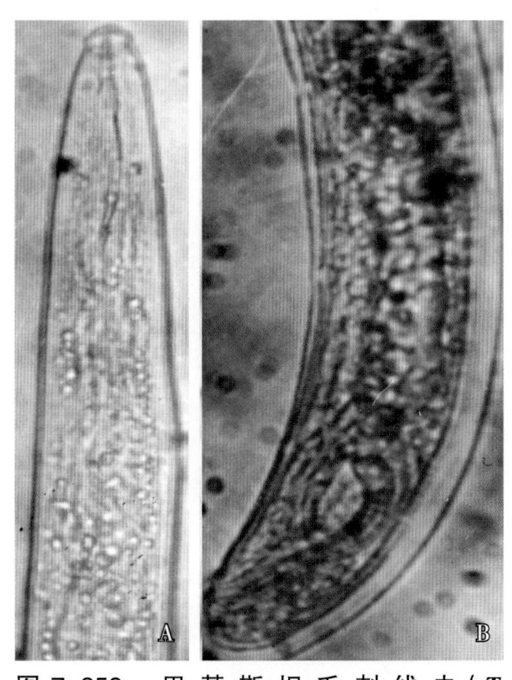

图 7-259 巴基斯坦毛刺线虫（***T. pakistanensis***）雄虫

A. 前部；B. 尾部

雌虫虫体粗短，雪茄形。角质膜薄，疏松，无明显环纹和侧带。头部突出，稍缢缩。食道前部细杆状，后部长锥瓶状、稍重叠于肠腹面的前端。阴门位于虫体中部，有骨质化点状结构物，阴道稍后斜，延伸至体内约达体宽的 2/3 处，阴道肌发达；双生殖管对生；受精囊椭圆形，充满杆状精子；肛门近端生。尾末端宽圆。

雄虫虫体后部朝腹面弯曲。唇区突出，稍缢缩。食道与肠平接，口针后的腹面具 3 个颈乳突。排泄孔位于第二个与第三个颈乳突之间。泄殖腔近端生，泄殖腔前的腹面有 2~4 个辅助乳突。交合刺成对，发达，朝腹面弯曲，有明显的细横纹，无交合伞。尾末端宽圆。

发病规律

与橄榄纽带线虫病发病规律相似。

防控措施

参考橄榄根腐线虫病防控措施。

八、梨剑线虫病

症状

病树根坏死或形成粗短截根，树势衰弱（图 7-260）。

图 7-260　梨剑线虫病果园症状

病原

病原为湖南剑线虫（*X. hunaniense*，图 7-261、图 7-262）。

雌虫缓慢加热杀死后虫体后部朝腹面弯曲。唇部稍缢缩，顶端平圆。齿针发达、细长，导环在齿针尖中部，齿托基部具凸缘。阴门接近食道基部，前生殖管完全退化，后生殖管发育完全。尾呈锥形，尾端有 1 个突起物。

幼虫体形与雌虫相似，主要区别是无性别特征。食道内有发育中的齿针。尾部形态依龄期而变化，呈锥形、长指形和短指形。

发病规律

病原线虫在土壤中存活，通过土壤和种苗传播。

防控措施

全层施药：在春季梨抽梢期和新根发生前期，先刨松树冠滴水线以内的表层土壤，每株按 10% 噻唑膦颗粒剂 25~50g 与细土 1.0~1.5kg 搅拌后撒于土壤中，用耙子将药剂和土壤混合均匀，然后用水浇湿土壤。

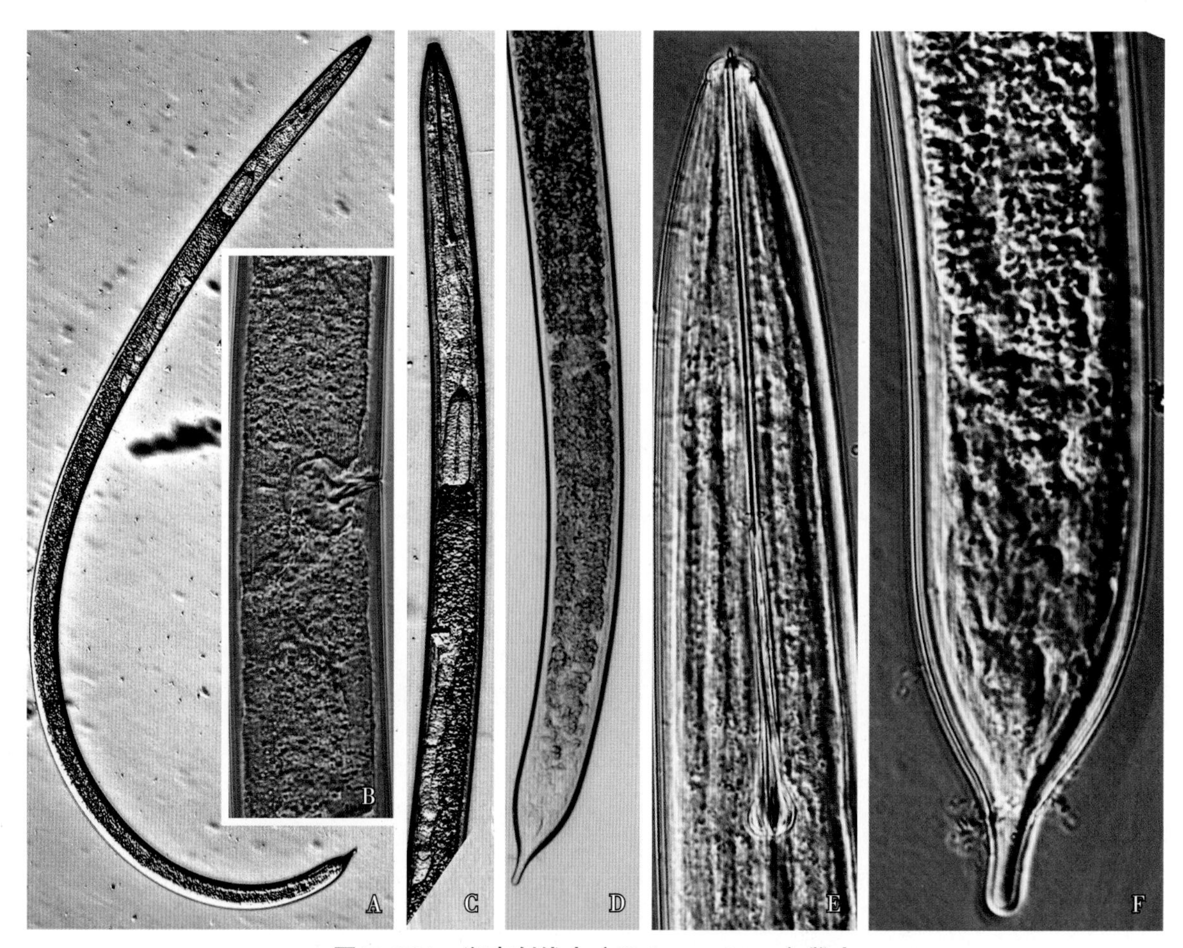

图 7-261 湖南剑线虫（*X. hunaniense*）雌虫

A. 整体；B. 阴门；C. 前部（阴门和生殖管）；D. 后部；E. 头部；F. 尾部

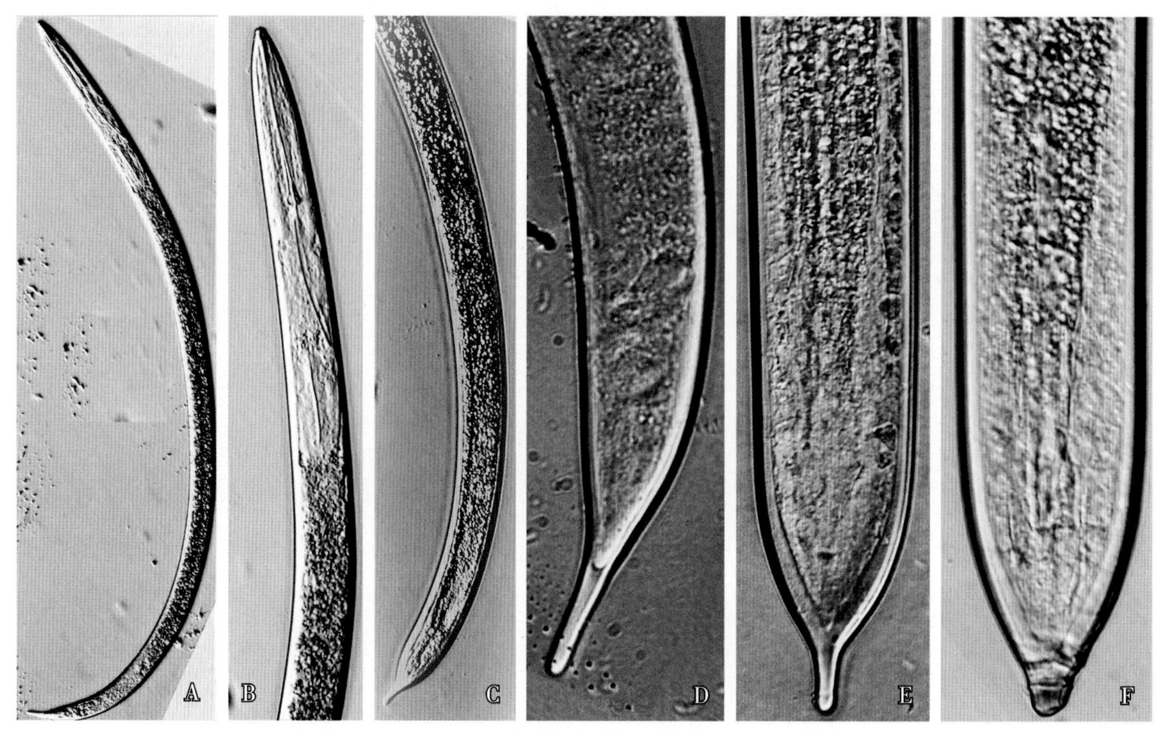

图 7-262 湖南剑线虫（*X. hunaniense*）幼虫

A. 整体；B. 前部；C. 后部；D~F. 尾部

九、板栗环线虫病

症状

病原线虫侵染板栗根系，在营养根上刺食危害，造成伤痕，并抑制根系生长。

病原

病原为大针小环线虫（*Criconemella macrodorus*，图 7-263）。

虫体中等大小，体环 110 个左右，体环细、边缘钝圆，头部 3 个环纹、比体环小。唇盘扁平，有 6 个拟唇片，无亚中唇片。口针细，较柔软。阴唇闭合，无饰纹；阴门后虫体呈不规则梯形，通常在阴门后突然变细窄。

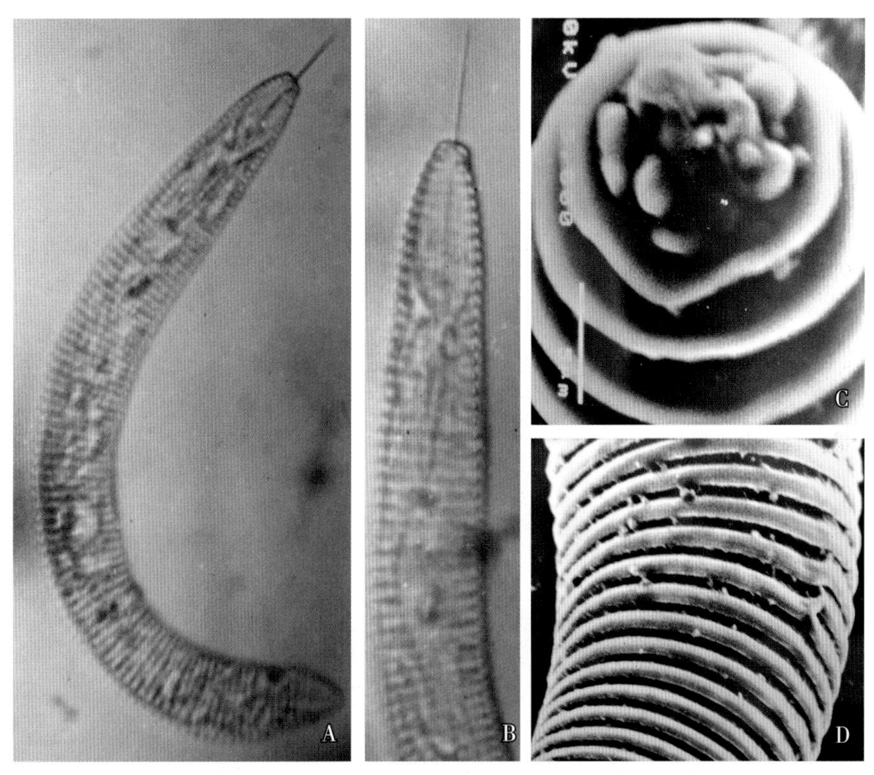

图 7-263　大针小环线虫（*C. macrodorus*）雌虫

A. 整体；B. 前部；C. 头部正面；D. 体环

发病规律

大针小环线虫（*C. macrodorus*）是果树根部的外寄生线虫，存活于寄主根部及根际土壤，随农具黏附的土壤及田间水流传播。

防控措施

全层施药：先刨松病树树冠滴水线以内的表层土壤，每株按 10% 噻唑膦颗粒剂 25~50g 与细土 1.0~1.5kg 搅拌后撒于土壤中，用耙子将药剂和土壤混合均匀，然后用水浇湿土壤。

十、菠萝蜜环线虫病

症状

病原线虫侵染果树根系，在营养根的皮层组织上刺食危害，造成伤痕；也可以和土壤中的病原微生物一起引起复合侵染，引起烂根。

病原

病原为饰边盘小环线虫（*Discocriconemella limitanea*，图 7–264）。

雌虫虫体肥胖，体长 200~260μm，缓慢加热杀死后虫体呈“C”形。侧器孔位于唇盘两侧。口针粗壮发达，口针基部球呈锚状。食道环线型。排泄孔位于食道末端附近。体环数 110~120 个，体环边缘饰有细密的齿状纹。阴门位于体后部，斜裂，前阴唇稍高于后阴唇；肛门不明显；尾圆锥形，略向腹面弯曲。尾端钝圆或呈裂状。

图 7–264 饰边盘小环线虫（*D. limitanea*）雌虫

A. 整体；B. 前部（环纹）；C. 头部正面；D. 头部（口针）；E. 尾部（阴门）；F. 尾端正面

发病规律

与板栗环线虫病发病规律相似。

防控措施

参考板栗环线虫病防控措施。

第八章 蔬菜线虫病

第一节　根茎类蔬菜根结线虫病

一、胡萝卜根结线虫病

症状

发生根结线虫病的田块胡萝卜植株生长不整齐，成片或整块地植株发病时导致缺株断垄（图8-1）。地上部植株生长不良、矮小、黄化、萎蔫（图8-2）。幼嫩肉质根受侵染，在根表皮形成隆起的半球形根结，根结可单个或数个成丛发生；幼嫩肉质根受刺激后产生大量不定根，不定根受多次再侵染而形成串生的球形或椭圆形根结（图8-3），肉质根生长受抑制。肉质根膨大期根尖生长点受侵染，根停止伸长而发生侧生肉质根，肉质根变小，形成分叉状畸形肉质根（图8-4、图8-5）。侧生肉质根受侵染后形成根结；在侧生肉质根表面和根结表面产生大量不定根，肉质根畸形、停止生长（图8-6、图8-7）。肉质根生长后期受侵染，根表皮产生小瘤状突起，或在根尖部形成串生根结（图8-8）。

图8-1　胡萝卜根结线虫病症状（病田缺株断垄）

图8-2　胡萝卜根结线虫病症状（植株矮小、黄化）

图 8-3 胡萝卜根结线虫病早期侵染症状

图 8-4 胡萝卜根结线虫病中后期侵染症状

图 8-5 胡萝卜根结线虫病肉质根畸形

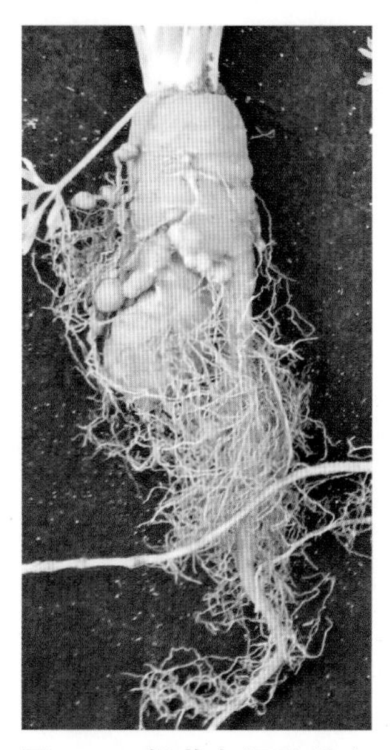

图 8-6 胡萝卜根结线虫病肉质根形成串生根结和丛生不定根

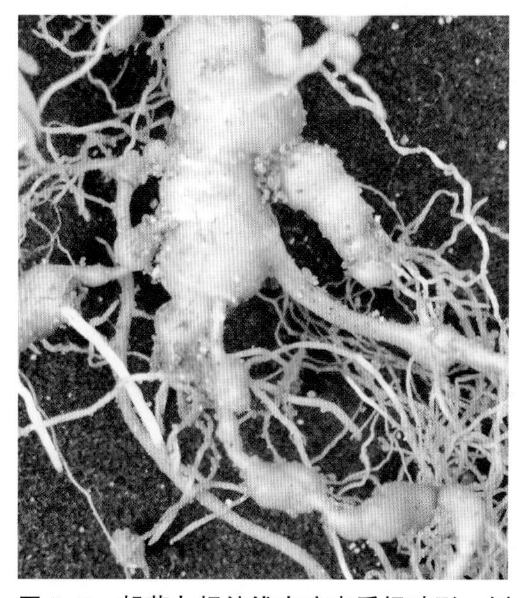

图 8-7 胡萝卜根结线虫病肉质根畸形，侧生根形成根结

图 8-8 胡萝卜根结线虫病肉质根表面和根尖形成根结

病原

（1）象耳豆根结线虫（*Meloidogyne enterolobii*，图 8-9）

雌虫虫体乳白，球形至梨形，颈部向腹部弯曲，阴门无突起。口针针锥略向背面弯曲，基部球粗大。排泄孔位于中食道球和口针基部球之间，接近中食道球。中食道球圆形，瓣门明显。会阴花纹呈卵形或近似圆形，线纹紧密粗糙、连续或间断、平滑或波浪形，背弓高、近半圆形或方形；阴门和肛门之间有少量纹路通过；侧尾腺口大、明显，侧尾腺口间距与阴门裂长度相当。

雄虫蠕虫形。头冠高，唇区稍有缢缩。口针粗大，口针基部球卵圆形。中食道球明显，食道腺覆盖肠腹面，排泄孔位于食道腺前部。交合刺发达，无交合伞。尾端钝圆。

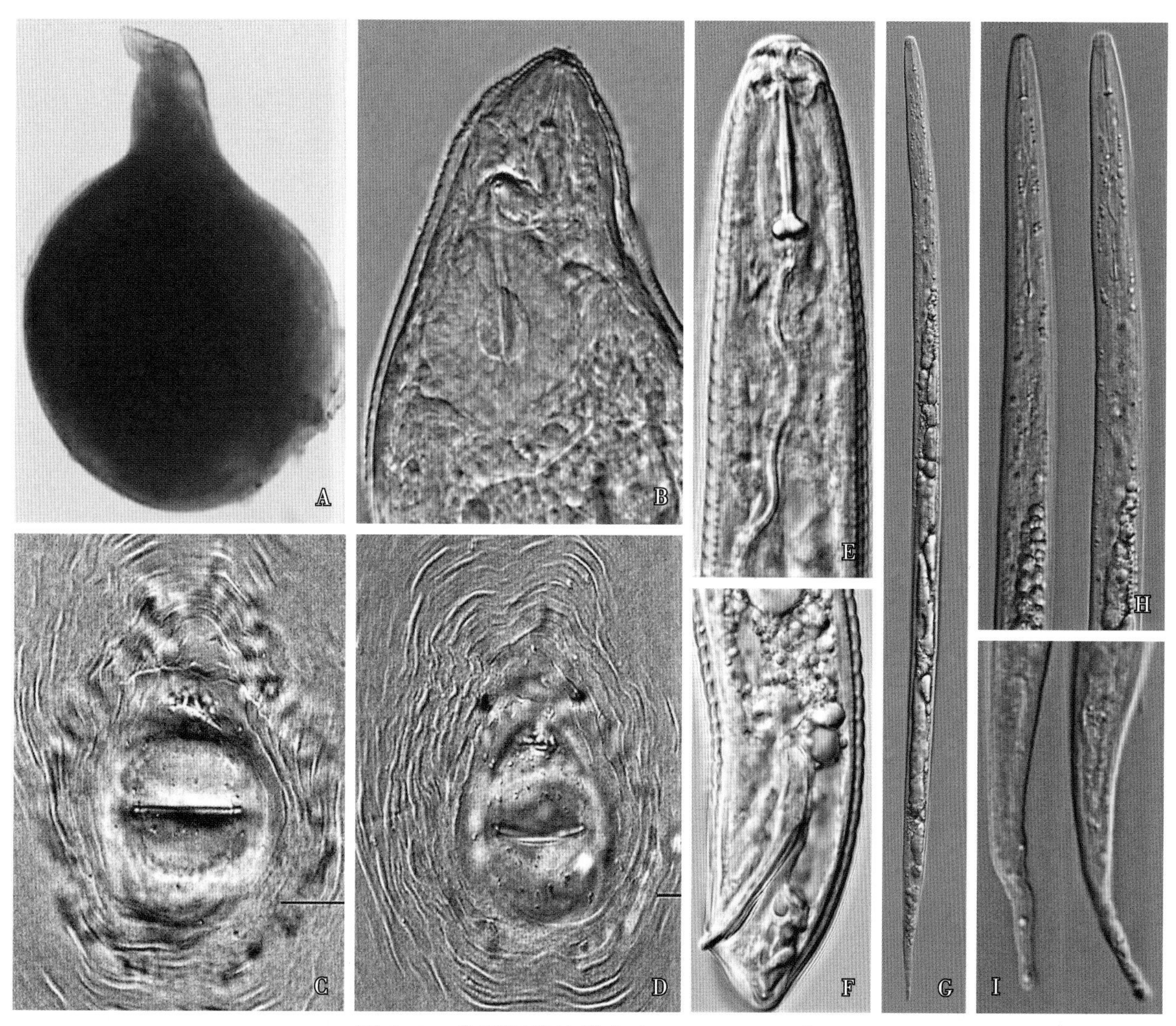

图 8–9　象耳豆根结线虫（*M. enterolobii*）

A. 雌虫整体；B. 雌虫头部；C、D. 会阴花纹；E. 雄虫前部；F. 雄虫尾部；G. 2 龄幼虫整体；H. 2 龄幼虫前部；I. 2 龄幼虫尾部

2 龄幼虫蠕虫形，虫体纤细。头部钝圆，口针细尖、针锥微弯，基部球小、椭圆形。中食道球椭圆形，食道腺覆盖于肠道腹面。排泄孔位于食道腺前部，紧靠半月体后。尾末端细长，棍棒状，有 2~4 次缢缩，尾端钝圆。

（2）南方根结线虫（*M. incognita*，图 8–10）

雌虫虫体球形或梨形，颈部与虫体在同一纵轴线或有一定角度。排泄孔位于中食道球上方，接近口针处。会阴花纹卵圆形或近似方形，角质膜纹紧密粗糙、不连续，少数较为平滑；背弓较高、呈矩形至梯形，背弓处线纹略粗、平滑并朝体侧面延展；侧线不明显，个别会阴花纹具有一条或两条由背、腹连接处的线纹断裂或分叉形成的侧线痕迹。

雄虫蠕虫形。口针粗壮，交合刺发达，无交合伞。

2 龄幼虫纤细，直肠膨大，尾部末端钝圆。

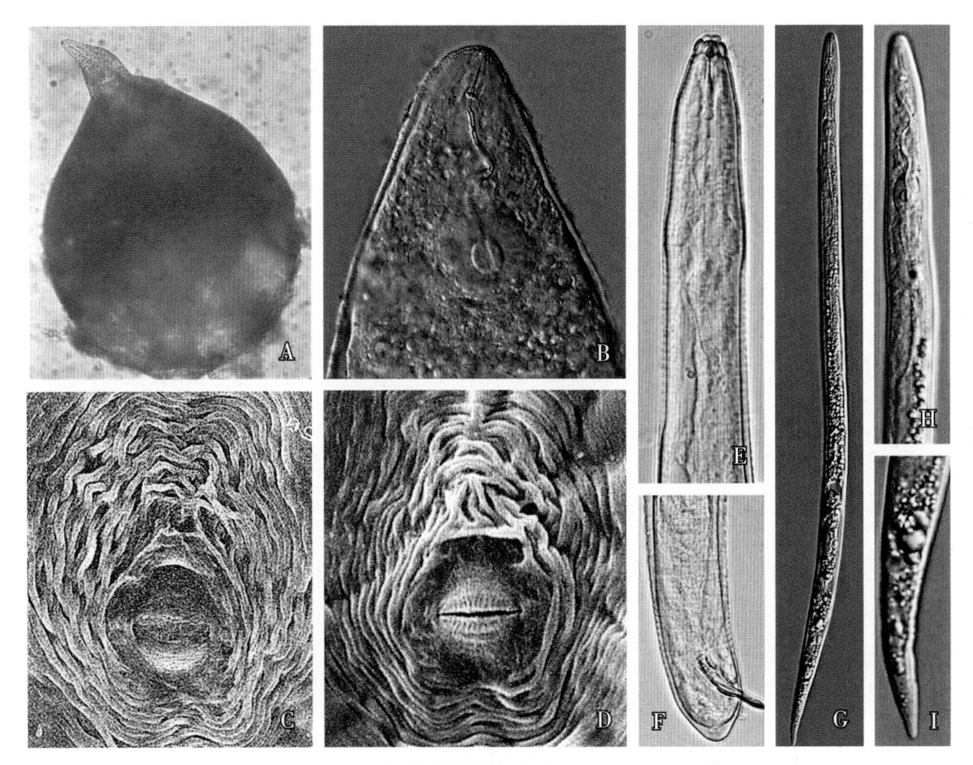

图 8–10　南方根结线虫（*M. incognita*）

A. 雌虫整体；B. 雌虫头部；C、D. 会阴花纹；E. 雄虫前部；F. 雄虫尾部；G. 2龄幼虫整体；H. 2龄幼虫前部；I. 2龄幼虫尾部

（3）花生根结线虫（*M. arenaria*，图 8–11）

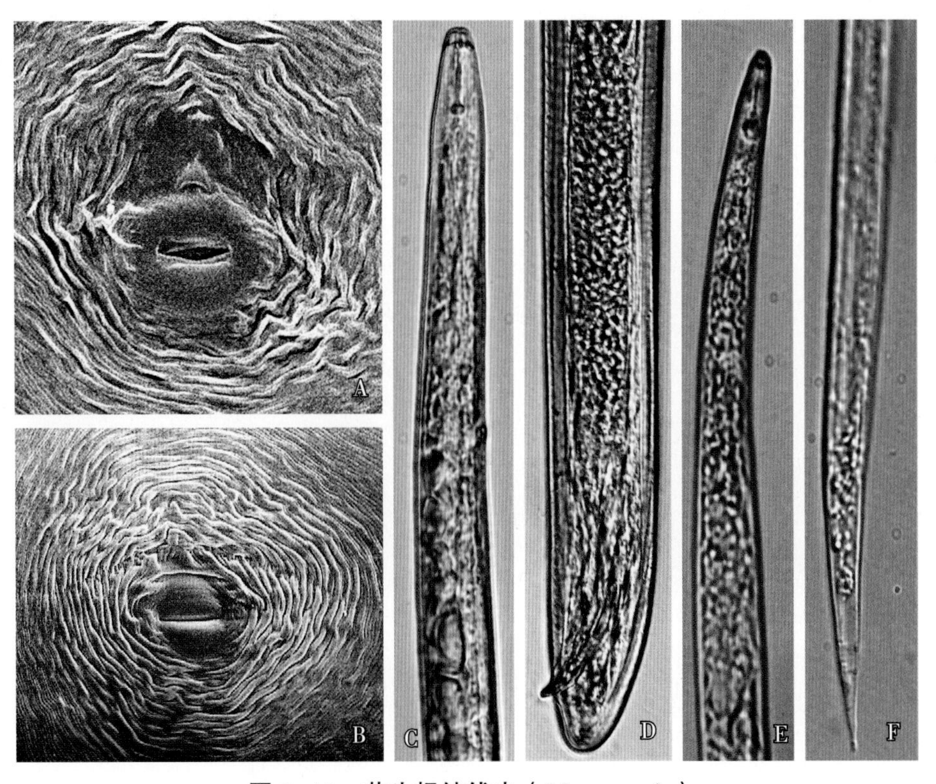

图 8–11　花生根结线虫（*M. arenaria*）

A、B. 会阴花纹；C. 雄虫前部；D. 雄虫尾部；E. 2龄幼虫前部；F. 2龄幼虫尾部

雌虫虫体呈囊状或球形。排泄孔位于距头顶 1.5~2.0 倍口针长。会阴花纹圆形、卵圆形或近六边形；背弓低、扁平或圆形；线纹粗、平滑至波浪形；会阴花纹背面与腹面的线纹在侧线处相遇成帽状，向侧面延伸成两个翼状纹；侧尾腺口大，侧尾腺口间距略大于阴门裂长度。

雄虫蠕虫形，唇区低、无缢缩。口针粗壮，交合刺发达，无交合伞。

2 龄幼虫蠕虫形。尾细长，尾末端透明区明显，直肠膨大。

发病规律

病原线虫以卵或幼虫随病根组织在土中存活，残存于土壤中的线虫是主要初侵染源。土质疏松的砂土和砂壤土，胡萝卜根结线虫病发生较严重。

防控措施

①实行水旱轮作：有条件的菜地可以用水稻与胡萝卜轮作。

②清除土壤初侵染源：一是发病田收获后及时拔除病死植株，清理病残肉质根。二是种植前深翻晒土，通过阳光和风的干化作用减少病原线虫的群体数量；或深翻土壤后用塑料薄膜覆盖畦面，积累太阳辐射能以杀死土壤中的线虫。三是在播种前 15~20d 全畦均匀地撒施 50% 氰氨化钙颗粒剂（750~900kg/hm^2），用旋耕机或铁耙将药剂和土壤充分混匀，土壤混合深度一般在 20~30cm，浇水湿润土壤后覆膜，消毒 15~20d 后揭膜，通风 2d 后播种或移栽。

③实行生态防控：一是改善土壤微生态，施用腐熟有机肥，增施磷钾肥；在沿海地区可施用虾蟹壳等海产品的废弃物，改善土壤中有益微生物环境和增强植株抗性。二是应用生物防控技术，播种后畦面撒施淡紫拟青霉或厚垣孢普可尼亚菌。

二、姜根结线虫病

症状

姜根结线虫病俗称姜癞皮病、姜蚧。自苗期至成株期均能发病。姜根茎受侵染后产生小瘤状突起，瘤状根结后期破裂腐烂而呈癞皮状。侵染侧根、须根和根茎产生大小不等的瘤状根结，根结有时连接成串，初为黄白色突起，后逐渐变为褐色，呈疱疹状破裂腐烂；严重侵染时会导致根部变形、扭曲，根茎变小。根部受害后植株吸收功能受到影响，生长缓慢，叶小、叶色暗绿、分枝小，植株矮化，生长衰退（图 8-12）。将根结剖开或根结组织染色，可以看见根结组织有病原线虫膨大的雌虫及卵囊（图 8-13）。

病原

病原为象耳豆根结线虫（*M. enterolobii*）、南方根结线虫（*M. incognita*）。

图 8-12 姜根结线虫病症状

A. 田间症状；B、C. 根茎上的根结；D、E. 根结破裂而形成癞皮；F~I. 侧根和须根上的根结

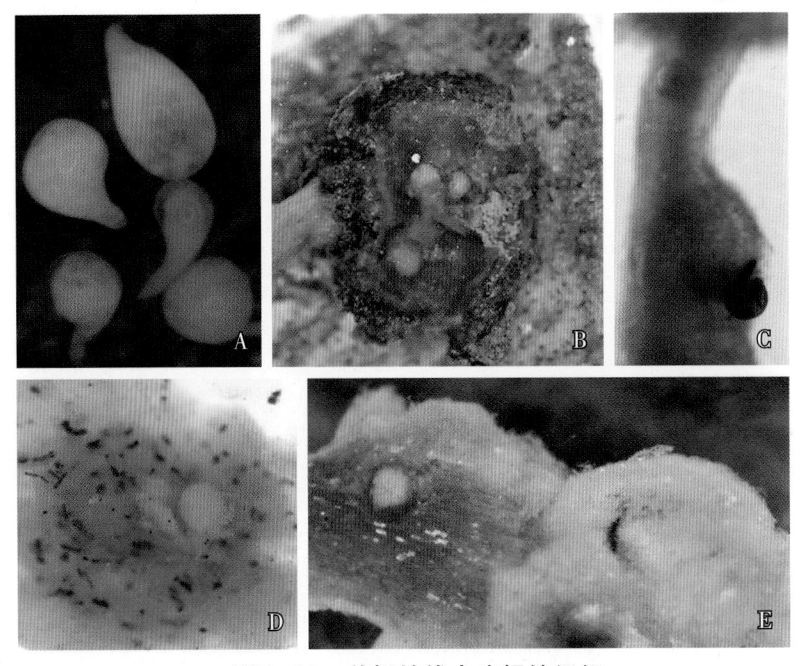

图 8-13 姜根结线虫病根结组织

A. 象耳豆根结线虫（*M. enterolobii*）雌虫；B. 组织内雌虫；C. 根结上雌虫；D. 根结组织中的雌虫；E. 根结表面的卵囊

发病规律

病原线虫以卵或幼虫随病根组织在土中存活，并成为主要初侵染源。带病的种姜或母姜是侵染源之一。病原线虫随带线虫根茎或根际土壤远距离传播。

防控措施

①种植无病种苗：种植姜应选用无病种姜或母姜，选用无病田留种。

②实行水旱轮作：选用土质疏松的水稻田种植，用水稻与姜轮作。

③清除土壤初侵染源：发病田收获后及时拔除病死植株，清理病残根；种植前深翻晒土，以减少病原线虫的群体数量。

④生物防控：姜定植后在种植穴施用淡紫拟青霉或厚垣孢普可尼亚菌。

第二节　瓜类蔬菜根结线虫病

一、黄瓜根结线虫病

症状

苗期和成株期均可发病。苗期受害后植株矮小、黄化（图 8-14），根部产生成串或成丛根结，营养根和须根少（图 8-15）；种植后小苗生长停滞、叶片黄化（图 8-16），藤蔓短小、老化（图 8-17）。

图 8-14　黄瓜根结线虫病苗期症状（病株矮小、褪绿）

图 8-15　黄瓜根结线虫病苗期病根

生长期受侵染，植株黄化，矮小，结果少、果实畸形，病株产果期短、提早枯死（图 8-18、图 8-19）。根结可发生于主根、侧根或须根上，单个根结呈球形或长椭圆形，根结表面产生短小的不定根；根结可成串产生而呈念珠状（图 8-20），或数个根结或数十个根结相互愈合，形成瘤状根结块（图 8-21）。解剖根结可见乳白色雌虫。

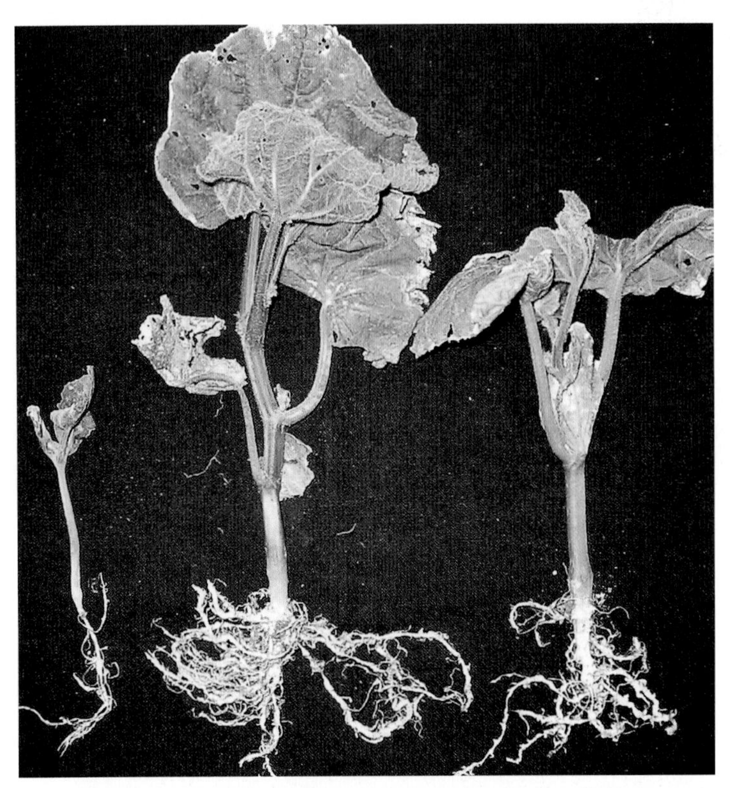

图 8-16 黄瓜根结线虫病症状（病株矮小、黄化）

图 8-17 黄瓜根结线虫病症状（藤蔓短小、老化）

图 8-18 黄瓜根结线虫病田间症状（病株黄化衰退）

图 8-19 黄瓜根结线虫病田间症状（病株萎蔫枯死）

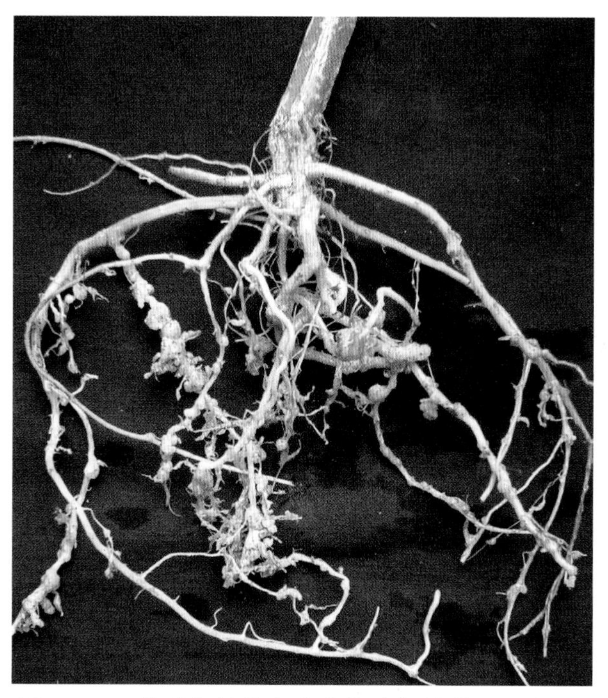

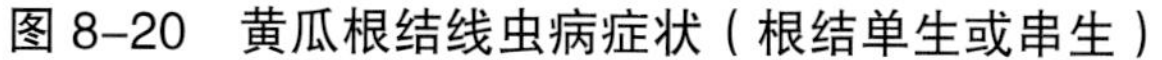

图 8-20　黄瓜根结线虫病症状（根结单生或串生）

图 8-21　黄瓜根结线虫病症状（根结块）

病原

病原为南方根结线虫（*M. incognita*）、花生根结线虫（*M. arenaria*）。

发病规律

瓜类蔬菜易感根结线虫病。残留于田间的病根、带有虫卵和根结的病土是主要初侵染源。病原线虫在田间靠灌溉水、雨水径流，附于动物、鞋和农具上的带虫土壤进行传播。远距离主要随带线虫种苗和附着于种苗根部的带虫土壤传播。

防控措施

①培育和种植无病种苗：育苗时应选择无病土培育无病壮苗。利用营养袋育苗时，应选择未发生根结线虫病的土壤，且土壤经阳光暴晒后使用，也可用无土基质育苗。购买菜苗时要注意检查，严防带病苗传入。

②清除初侵染源：发生过根结线虫病的瓜田，在种植前先用98%棉隆微粒剂进行土壤熏蒸处理（图8-22）。施药前先将土壤耙细，使土壤湿润（处理前土壤含水量至少为50%）。按每平方米土壤施药30~40g的用量，将棉隆均匀撒于土壤表面，然后用细齿耙将棉隆混入适宜深度（一般为20cm）土壤中。将土面压实或覆盖塑料薄膜，保持土壤湿润状态，5~7d后对处理层进行松土和彻底通气3d后播种或种植。

③生物防控：种植前先在种植穴或种植沟施用淡紫拟青霉和厚垣孢普可尼亚菌，然后种植。

④药剂防控：在苗期和生长期用41.7%氟吡菌酰胺悬浮剂10000~15000倍液灌根，要湿润根际土壤。间隔10~15d再施1次，共施2次。该药剂可兼控镰孢（*Fusarium*）引起的瓜类枯萎病。

图 8-22 棉隆熏蒸防控黄瓜根结线虫病（右为防控区，左为对照）

二、西葫芦根结线虫病

症状

主根和不定根均可受病原线虫侵染而形成根结（图 8-23、图 8-24）。根结单生或串生，单个根结呈球形或长椭圆形，根结表面产生短小的不定根，数个根结串生而呈念珠状。病株黄化、矮小，结果少、果实小，病株产果期短、提早枯死。

图 8-23 西葫芦根结线虫病症状（主根根结）

图 8-24 西葫芦根结线虫病症状（不定根根结）

病原

病原为南方根结线虫（*M. incognita*）。

发病规律

残留于田间的病根中的线虫和带病瓜苗是主要初侵染源。

防控措施

①培育和种植无病种苗：育苗时应选择无病土培育无病壮苗。种植的土壤经阳光暴晒后使用。

②药剂防控：一是穴施处理。瓜苗定植后每株用10%噻唑膦颗粒剂1.0~1.5g，均匀撒施于穴内作物根部外围，避免药剂直接接触根系；施药后覆盖一层细土，并浇水湿润土壤。二是灌根处理。在苗期和生长期用41.7%氟吡菌酰胺悬浮剂10000~15000倍液灌根，要湿润根际土壤。间隔10~15d再施1次，共施2次。

三、苦瓜根结线虫病

症状

发病植株叶片黄化，藤蔓失水萎缩，结果少（图8-25）。根结可发生于主根、侧根或须根上，单个根结呈球形或长椭圆形，根结表面产生短小的不定根；根结可成串产生而呈念珠状，或数个根结或数十个根结相互愈合，形成瘤状根结块；发病严重时上层根系全部形成根结并且暴露于地面（图8-26、图8-27）。解剖根结可见乳白色雌虫（图8-28）。

图8-25　苦瓜根结线虫病田间症状

图8-26　苦瓜根结线虫病根部症状

图8-27　苦瓜根结线虫病暴露于地表的根结

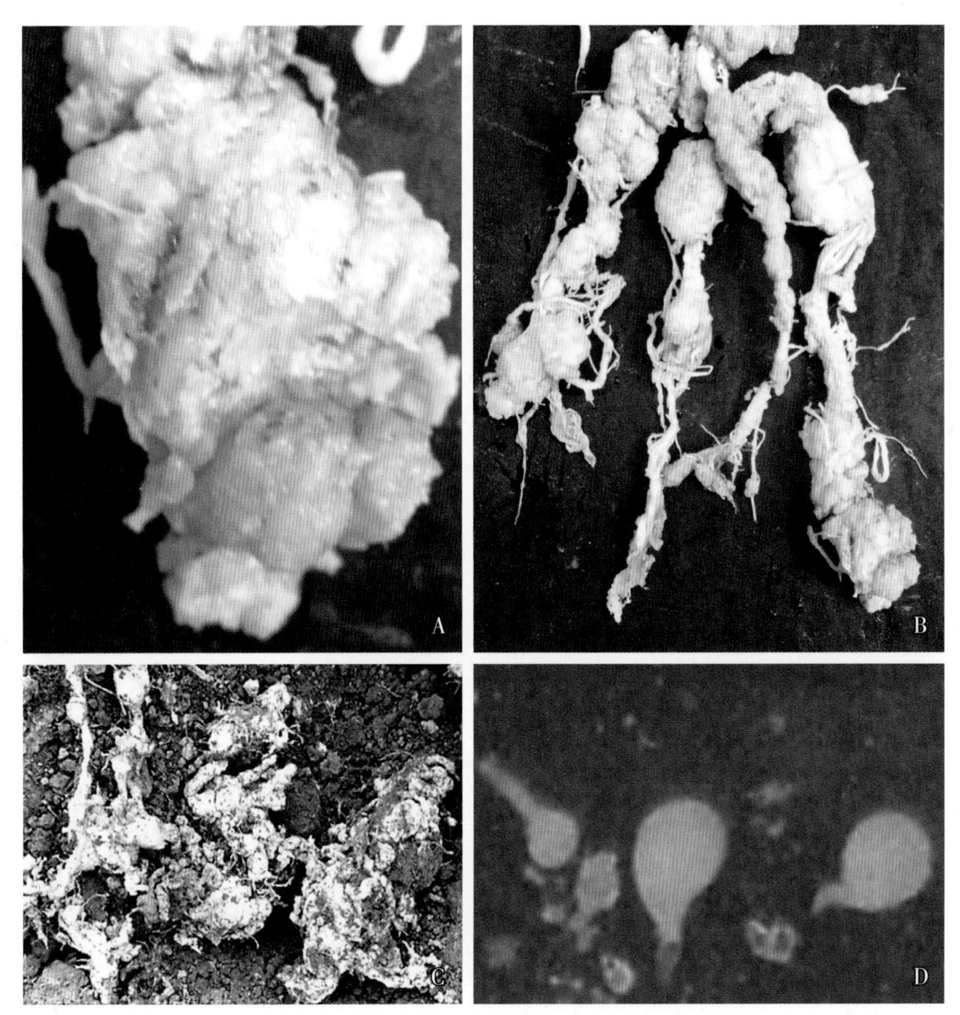

图 8-28 苦瓜根结线虫病根结症状

A. 根结块；B. 根结聚生或串生；C. 根结腐烂；D. 根结组织中的雌虫

病原

病原为南方根结线虫（*M. incognita*）。

发病规律

与黄瓜根结线虫病发病规律相似。

防控措施

参考黄瓜根结线虫病防控措施。

四、丝瓜根结线虫病

症状

发病植株叶片黄化，藤蔓失水萎缩，植株萎蔫枯死。病原线虫侵染主根、侧根或须根，根结多个群生形成根结块（图 8-29）。发病严重时整条根布满根结，呈块根状（图 8-30）。解剖根结可见很小的乳白色雌虫埋于其内。

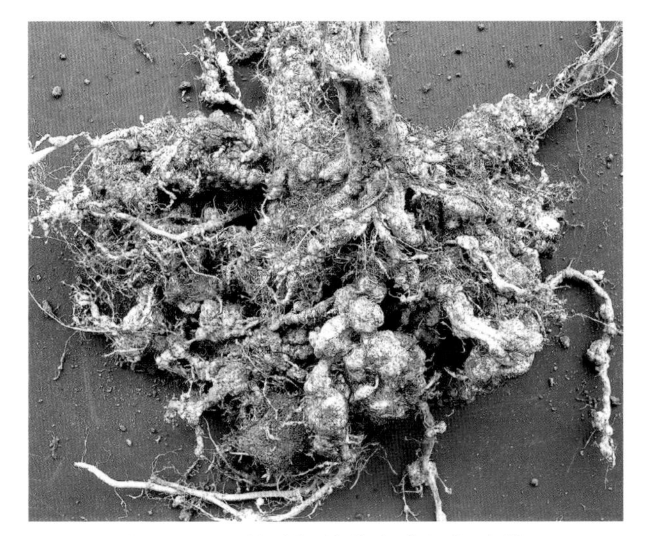
图 8-29　丝瓜根结线虫病根部症状

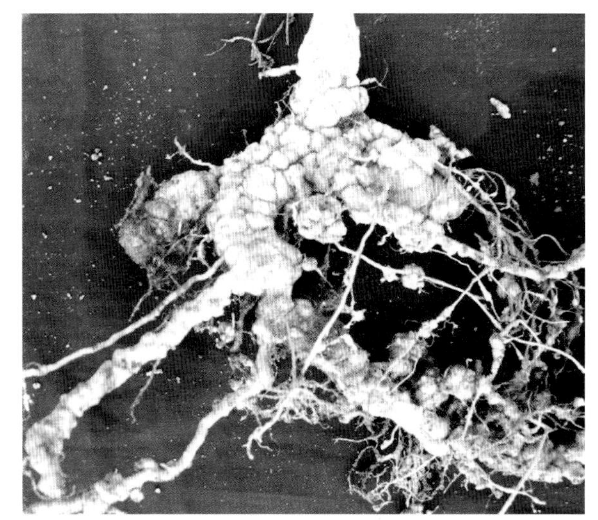
图 8-30　八角丝瓜根结线虫病根部症状

病原

病原为南方根结线虫（*M. incognita*）。

发病规律

与黄瓜根结线虫病发病规律相似。

防控措施

参考黄瓜根结线虫病防控措施。

五、南瓜根结线虫病

症状

病株叶片黄化，藤蔓失水萎缩，植株萎蔫枯死。受侵染主根、侧根或须根根结群生，形成根结块（图 8-31）。发病严重时整条根布满根结。

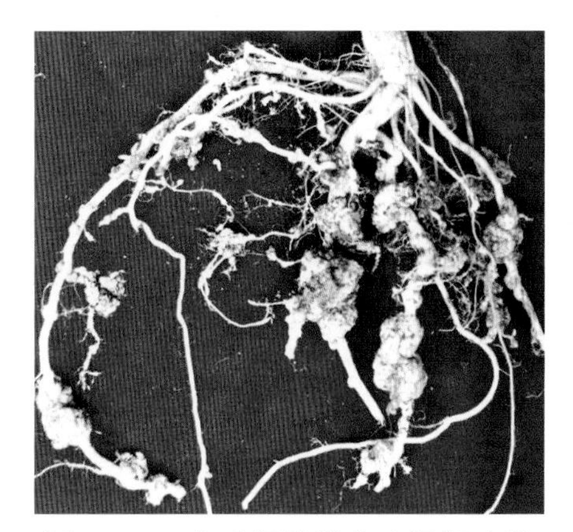
图 8-31　南瓜根结线虫病根部症状

病原

病原为南方根结线虫（*M. incognita*）。

发病规律

与西葫芦根结线虫病发病规律相似。

防控措施

参考西葫芦根结线虫病防控措施。

第三节 茄果类蔬菜根结线虫病

一、番茄根结线虫病

症状

病株矮小，黄化，生长衰退。受害植株根部形成根结，根系生长不良（图 8-32，图 8-33）。有些根结较小，在根上能连续产生；也有些根结相互愈合，形成瘤状根结块，根结表面有胶质状卵囊（图 8-34）。有些危害根生长点，导致根停止伸长，并刺激产生细小的须根团。不同种的根结线虫（*Meloidogyne*）引起的根结形状有些差异。南方根结线虫（*M. incognita*）引起的根结多数为近球形（图 8-35）；爪哇根结线虫（*M. javanica*）引起的根结较大，多个根结聚合成团（图 8-36）；拟禾本科根

图 8-32 番茄根结线虫病病株根结

图 8-33 番茄根结线虫病病株（根系弱）

结线虫（*M. graminicola*）引起的根结呈长条形或萝卜状（图 8-37）。解剖根结组织可以观察到根结线虫（*Meloidogyne*）的各龄期虫态（图 8-38）。根结线虫（*Meloidogyne*）侵染后易诱发青枯病（图 8-39）和细菌性斑点病（图 8-40）。

图 8-34　番茄根结表面的黄色卵囊

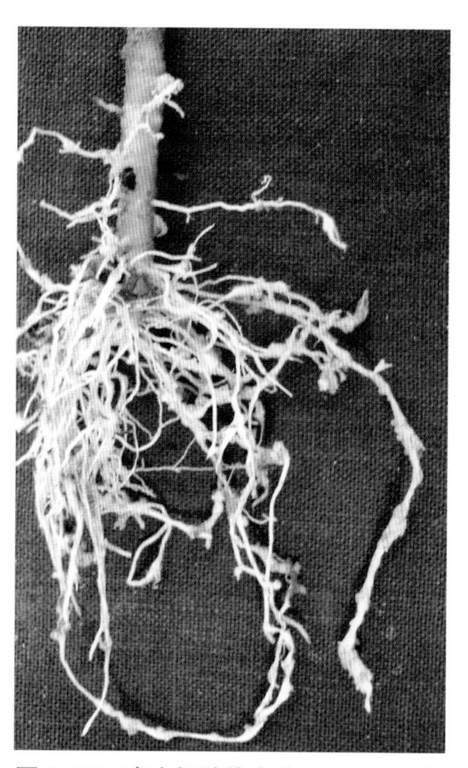

图 8-35　南方根结线虫（*M. incognita*）引起的番茄根结

图 8-36　爪哇根结线虫（*M. javanica*）引起的番茄根结

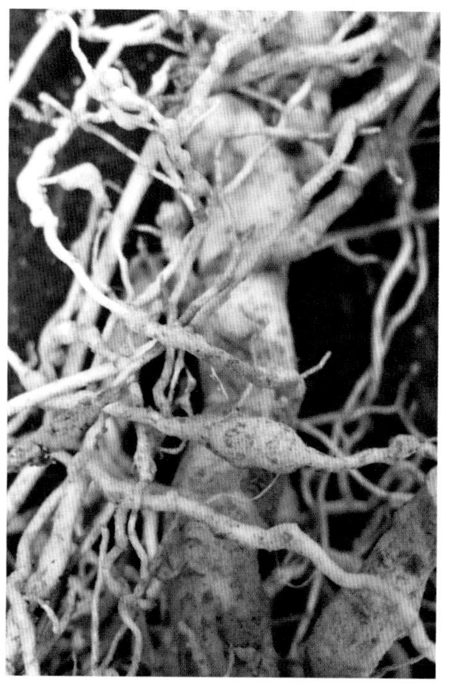

图 8-37　拟禾本科根结线虫（*M. graminicola*）引起的番茄根结

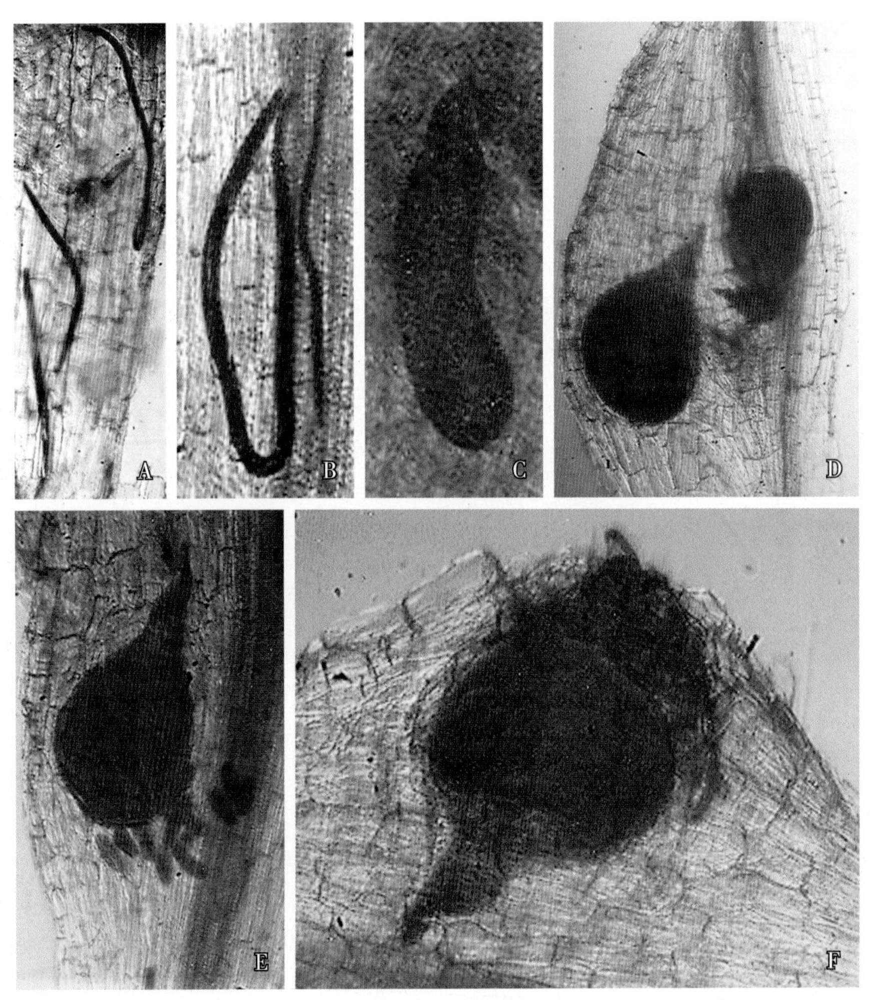

图 8-38 番茄根结组织内根结线虫（*Meloidogyne*）不同龄期的虫态

A. 2 龄幼虫；B. 雄虫及 2 龄幼虫；C. 3 龄幼虫；D. 成熟雌虫；E. 产卵雌虫；F. 雌虫及卵囊

图 8-39 番茄根结线虫病与番茄青枯病复合症状

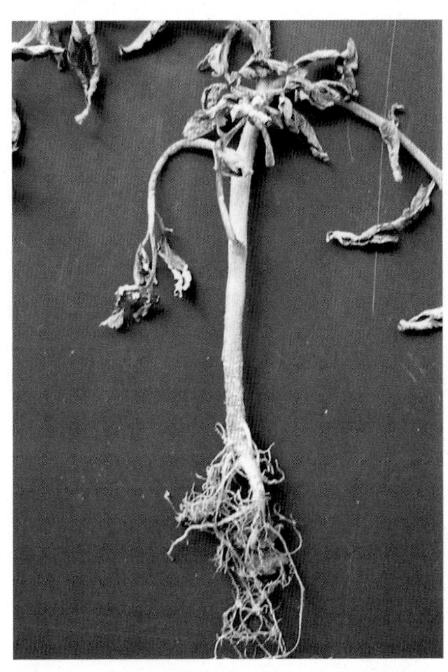

图 8-40 番茄根结线虫病与番茄细菌性斑点病复合症状

病原

病原为南方根结线虫（*M. incognita*）、花生根结线虫（*M. arenaria*）、爪哇根结线虫（*M. javanica*）、拟禾本科根结线虫（*M. graminicola*）。

爪哇根结线虫（*M. javanica*，图 8–41）形态特征如下：

雌虫虫体膨大呈球形、梨形，颈部与体纵轴几乎在同一直线。排泄孔位于距头顶 2.5 倍口针长处。会阴花纹圆形、卵圆形，线纹平滑连续、紧密；背弓中等高，线纹圆滑，呈半圆形至梯形，双侧线将会阴花纹分成腹、背两部分，无线纹或有少量线纹通过侧线。

雄虫蠕虫形，虫体长。口针粗大，交合刺长且发达，无交合伞，尾末端宽圆。

2 龄幼虫蠕虫形。直肠膨大，尾长圆锥形，近尾端有 1~2 次缢缩，尾端钝尖至钝圆。

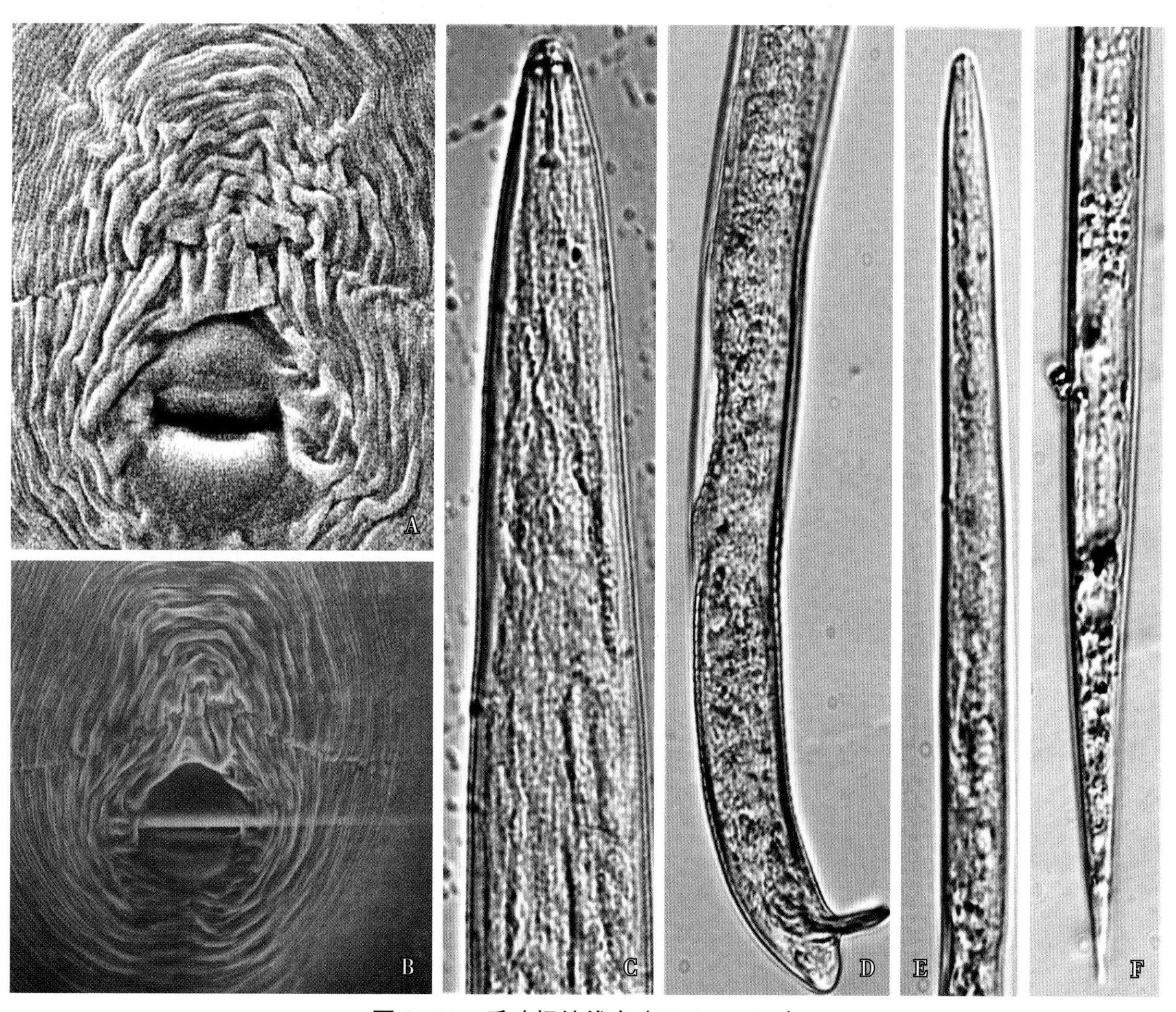

图 8–41 爪哇根结线虫（*M. javanica*）

A、B. 会阴花纹；C. 雄虫前部；D. 雄虫后部；E. 2 龄幼虫前部；F. 2 龄幼虫尾部

拟禾本科根结线虫（*M. graminicola*，图 8–42、图 8–43）形态特征如下：

雌虫球形、长梨形。颈细长，与体分界明显。会阴部明显突起；排泄孔位与头端距离约 1.5 倍口针长。会阴花纹通常为近圆形、卵圆形；背弓中等或低，圆形；线纹细弱，通常平滑连续；侧区不明显；在背弓上及尾端和阴门的两侧通常有成对短线纹构成不规则的条沟；侧尾腺口小而明显，侧尾

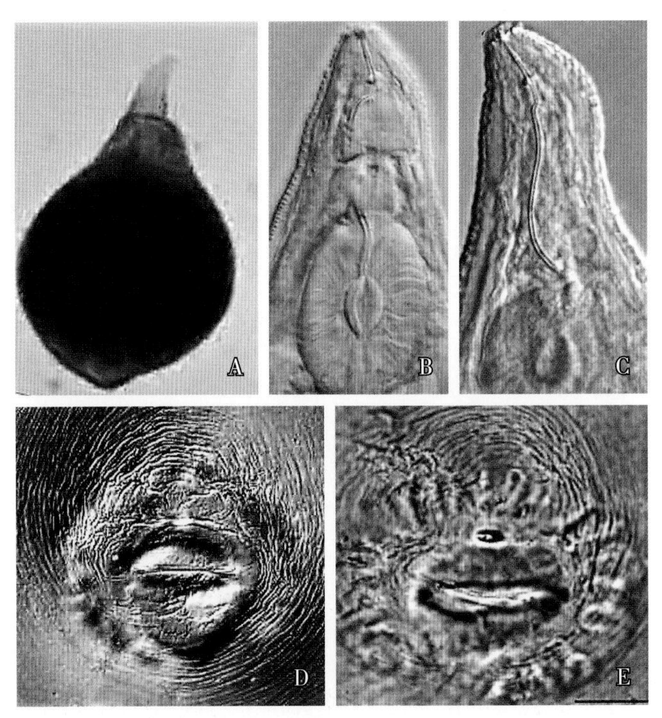

图 8-42 拟禾本科根结线虫（*M. graminicola*）雌虫

A. 整体；B、C. 头部；D、E. 会阴花纹

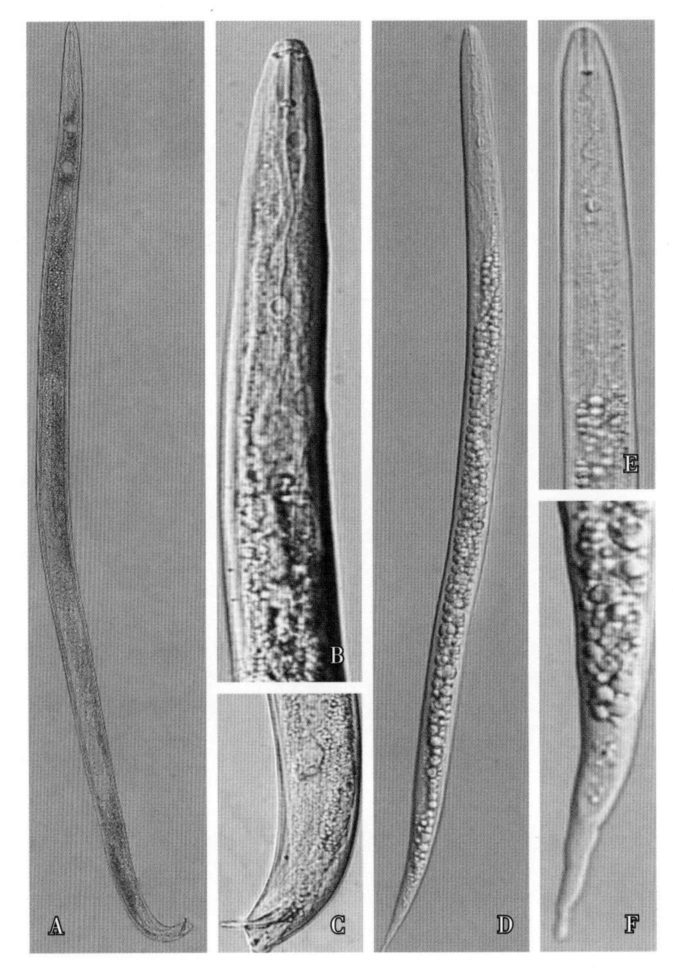

图 8-43 拟禾本科根结线虫（*M. graminicola*）

A. 雄虫整体；B. 雄虫前部；C. 雄虫尾部；D. 2 龄幼虫整体；E. 2 龄幼虫前部；F. 2 龄幼虫尾部

腺口间距小于阴门裂的长度。

雄虫蠕虫形，尾部朝腹面弯曲。口针短粗，交合刺稍弯曲，引带短，无交合伞。尾很短，窄圆形。

2 龄幼虫蠕虫形，口针纤细，直肠膨大。尾细长，呈细棍棒状，近末端有 1~2 次缢缩。

发病规律

茄果类蔬菜易感根结线虫病。残留于田间的病根，带有虫卵和根结的病土是主要初侵染源。病原线虫在田间靠灌溉水、雨水径流，附于动物、鞋和农具上的带虫土壤进行传播。远距离主要随带线虫种苗和附着于种苗根部的带虫土壤传播。

防控措施

①培育和种植无病种苗：育苗时应选择无病土培育无病壮苗。利用营养袋育苗时，应选择未发生根结线虫病的土壤，土壤经阳光暴晒后使用，也可用无土基质育苗。

②清除初侵染源：重病田在种植前先用 98% 棉隆微粒剂进行土壤熏蒸处理（具体做法参考黄瓜根结线虫病防控措施）。

③作物抗性利用：一是选用抗病品种。有些蔬菜品种对根结线虫（*Meloidogyne*）具有拒避作用或抗侵染作用，因此生产上可以通过筛选抗病品种进行种植。如福建农林大学植物线虫研究室将拟禾本科根结线虫（*M. graminicola*）的 2 龄幼虫接种于 5 种番茄品种（农科 180、仙客 1 号、仙客 6 号、红美人、硬粉 8 号）根系进行趋性实验，结果表明大量线虫趋向农科 180 根尖，显示该品种属于拟禾科根结线虫（*M. graminicola*）易感品种（图 8-44）。二是利用抗病砧木。以抗病品种为砧木进行嫁接育苗。如野生番茄抗根结线虫（*Meloidogyne*），可以用野生番茄为砧木与普通番茄嫁接培育抗根结线虫（*Meloidogyne*）的番茄种苗。

④生物防控：生物防控，有利于保护生态环境。种植前先在种植穴或种植沟施用淡紫拟青霉和厚垣孢普可尼亚菌，然后种植。

⑤药剂防控：在苗期和生长期用 41.7% 氟吡菌酰胺悬浮剂 10000~15000 倍液灌根，要湿润根际土壤。间隔 10~15d 再施 1 次，共施 2 次。

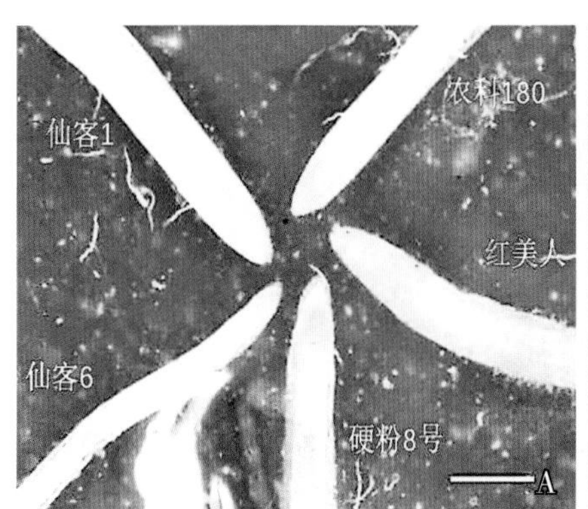

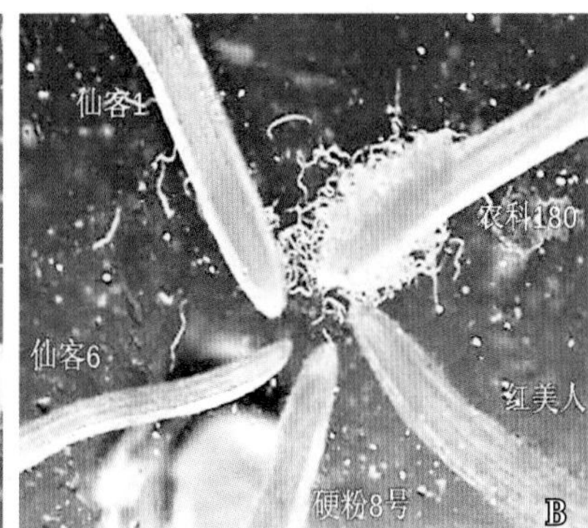

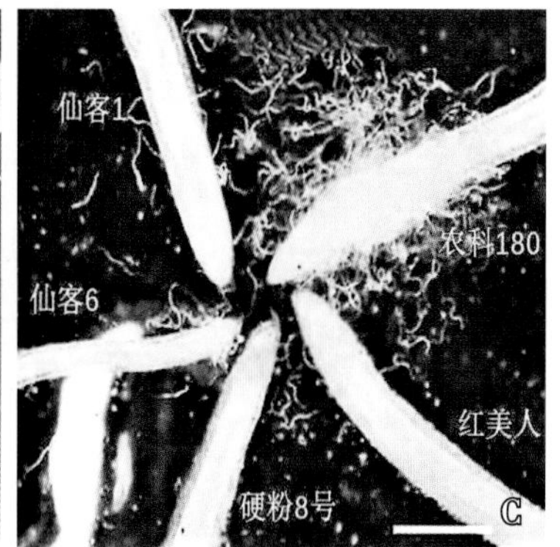

图 8-44　拟禾本科根结线虫（*M. graminicola*）2 龄幼虫对不同番茄品种根的趋性测定

A. 处理 0h；B. 处理 7h；C. 处理 18h

二、茄根结线虫病

症状

病株生长衰弱、矮小、黄化，天气干燥时易萎蔫或枯萎（图 8-45、图 8-46）。侧根和须根上形成许多根结，互相连接成念珠状（图 8-47）。根结严重时多个根结相互连接，形成大的根结块（图 8-48）。根结表面产生黄色的胶质卵囊，剖开根结可见到白色梨形雌虫（图 8-49）。

图 8-45 茄根结线虫病苗期症状

图 8-46 茄根结线虫病成株期症状

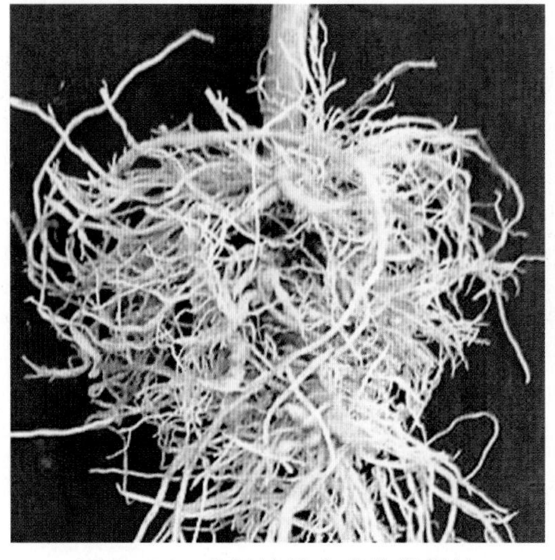

图 8-47 茄根结线虫病苗期根结

图 8-48 茄根结线虫病成株期根结

图 8-49　茄根结线虫病根结组织

A. 根结内的雌虫；B. 雌虫和卵囊；C. 根结剖面；D. 根结和卵囊

病原

病原为南方根结线虫（*M. incognita*）、花生根结线虫（*M. arenaria*）。

发病规律

与番茄根结线虫病发病规律相似。

防控措施

①培育和种植无病种苗：育苗时应选择无病土培育无病壮苗。利用营养袋育苗时，应选择未发生根结线虫病的土壤，土壤经阳光暴晒后使用，也可用无土基质育苗。

②生物防控：种植前先在种植穴或种植沟施用淡紫拟青霉和厚垣孢普可尼亚菌，然后种植。

③药剂防控：在苗期和生长期用 41.7% 氟吡菌酰胺悬浮剂 10000~15000 倍液灌根，要湿润根际土壤。间隔 10~15d 再施 1 次，共施 2 次。

三、辣椒根结线虫病

症状

辣椒苗期和成株期均可受害。病株生长衰弱、矮小、黄化、落叶，天气干燥时易萎蔫或枯萎（图8-50、图8-51）。侧根和须根上形成许多根结（图8-52、图8-53），根结能连续产生或在根前端形成大根结，根结串生、丛生或形成根结团（图8-54、图8-55），病原线虫侵染后会诱发青枯病病原细菌侵染，产生复合性病害（图8-56、图8-57）。

图8-50 辣椒根结线虫病田间症状（萎蔫落叶）

图8-51 辣椒根结线虫病田间症状（枯死）

图8-52 辣椒根结线虫病病株

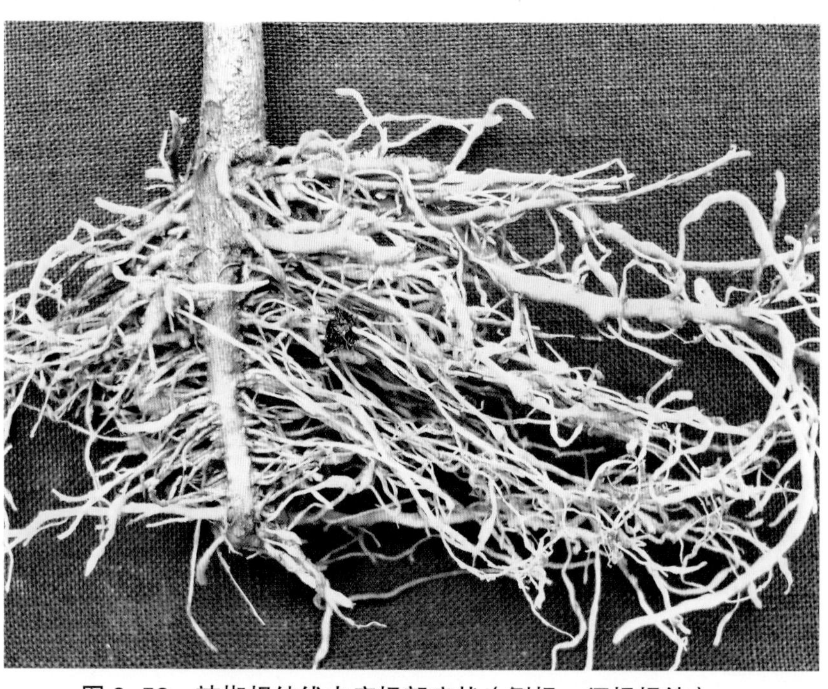

图8-53 辣椒根结线虫病根部症状（侧根、须根根结）

图 8-54　辣椒根结线虫病根部症状（侧根根结，无新根）

图 8-55　辣椒根结线虫病根部症状（根结块）

图 8-56　辣椒根结线虫病与青枯病复合症状

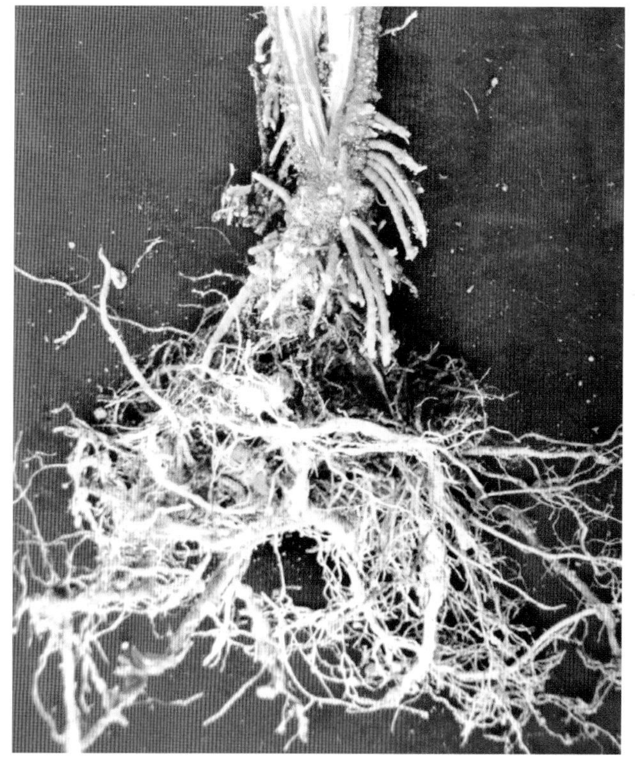

图 8-57　辣椒根结线虫病与青枯病复合症状（根结和维管束变色症）

病原

病原为象耳豆根结线虫（*M. enterolobii*）、南方根结线虫（*M. incognita*）、花生根结线虫（*M. arenaria*）。

发病规律

与番茄根结线虫病发病规律相似。

防控措施

参考番茄根结线虫病防控措施。

四、黄秋葵根结线虫病

症状

病株生长衰弱，黄化，矮小，产量低（图 8–58）。病株在侧根和须根上形成许多根结（图 8–59），多条线虫在一处侵染时会产生大根结（图 8–60、图 8–61），根结能连续产生并相互连接成大根结块（图 8–62）。根结表面产生黄色的胶质卵囊，剖开根结可见到白色梨形雌虫（图 8–63）。

病原

病原为象耳豆根结线虫（*M. enterolobii*）、南方根结线虫（*M. incognita*）。

图 8–58　黄秋葵根结线虫病病株

图 8–59　黄秋葵根结线虫病侧根、须根上的根结

图 8-60　黄秋葵根结线虫病病根布满根结

图 8-61　黄秋葵根结线虫病病根上的大小根结

图 8-62　黄秋葵根结线虫病病根上的大根结块

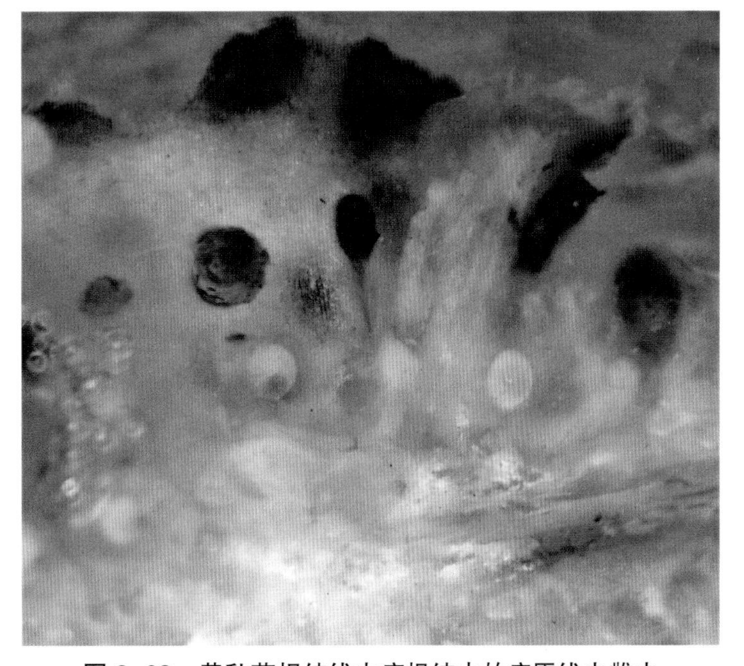

图 8-63　黄秋葵根结线虫病根结内的病原线虫雌虫

发病规律

残留于田间的病根，带有虫卵和根结的病土是主要初侵染源。

防控措施

①选用无病田：选用未发生根结线虫病的田块，播种前深翻土壤，土壤经阳光暴晒后进行整地作

畦，然后将经催芽的种子播种于种植穴。

②药剂防控：在苗期和生长期用 41.7% 氟吡菌酰胺悬浮剂 10000~15000 倍液灌根，要湿润根际土壤。间隔 10~15d 再施 1 次，共施 2 次。

第四节　豆科蔬菜根结线虫病

一、豇豆根结线虫病

症状

受害植株矮小，生长衰退（图 8-64）。须根或侧根上产生近圆形和椭圆形根结（图 8-65），根结连续产生形成根结串或根结块（图 8-66、图 8-67），受害植株固氮根瘤少。

诊断豆科蔬菜根结线虫病时要注意区别线虫根结和固氮根瘤。

线虫根结：2 龄幼虫从根尖后的细嫩表皮侵入，引起根中柱肿大，根表皮形成的巨细胞和膨大的雌虫组成根结；根结形状不规则，表面有次生侧根，常附有胶质卵囊，卵囊表面粘有细砂土。剖开根结有白色球形雌虫。

固氮根瘤：根瘤菌主要从根毛和部分侧根侵入，根层细胞增生，形成根瘤。根瘤主要生于根侧面，表面光滑，挤压根瘤有紫色汁液。

图 8-64　豇豆根结线虫病苗期症状

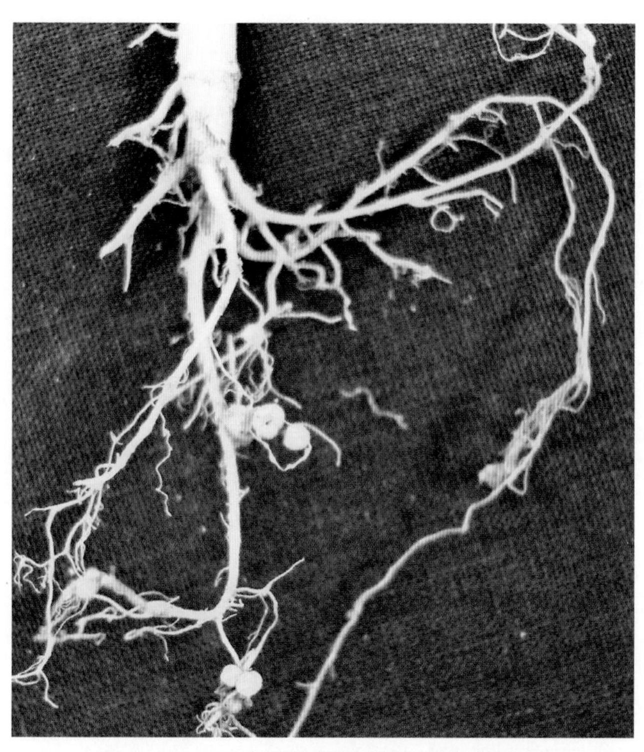

图 8-65　豇豆根结线虫病苗期根部症状

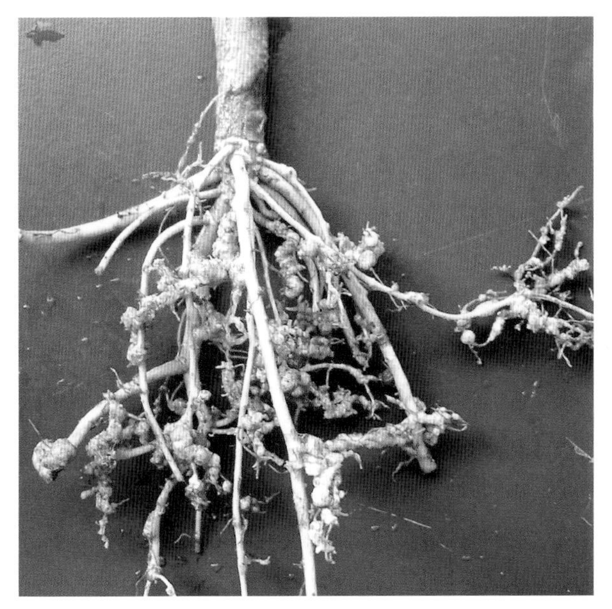

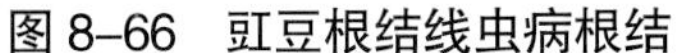
图 8-66　豇豆根结线虫病根结

图 8-67　豇豆根结线虫病根部形成根结块

病原

病原为南方根结线虫（*M. incognita*）、爪哇根结线虫（*M. javanica*）。

发病规律

残留于土壤中的病根和带虫的病土是主要初侵染源。旱地蔬菜连作田和旱地大棚蔬菜连作田病害发生严重。

防控措施

①选用无病田：选用未发生根结线虫病的田块，播种前深翻土壤，土壤经阳光暴晒后进行整地作畦，然后将经催芽的种子播种于种植穴。

②清除侵染虫源：一是淹水。灌溉条件好的菜地，在收获后或种植前灌水淹没畦面，土壤较长时间淹水能明显降低根结线虫（*Meloidogyne*）群体数量；采用水旱轮作能明显减少根结线虫病发生。二是暴晒大棚蔬菜。收获后进行休棚，清除土壤中的残根，深翻土壤后用塑料布覆盖于畦面。在阳光充足的田块，可以使上层土壤温度达 60℃左右，可杀灭或减少土壤中的线虫。

③生物防控：播种时先在种植穴施用淡紫拟青霉和厚垣孢普可尼亚菌后播种。

④药剂防控：在苗期和生长期用 41.7% 氟吡菌酰胺悬浮剂 10000~15000 倍液灌根，要湿润根际土壤。间隔 10~15d 再施 1 次，共施 2 次。

二、藤本豆根结线虫病

症状

受害植株矮小，生长衰退（图 8-68）。主根和须根上产生根结，单个根结近圆形或椭圆形，根结聚集产生时形成大型根结团（图 8-69），根结表面可以观察到胶质状卵囊（图 8-70、图 8-71），剖开根结组织可以看到入侵的虫体（图 8-72）。

图 8-68 藤本豆根结线虫病病株

图 8-69 藤本豆根结线虫病根结团

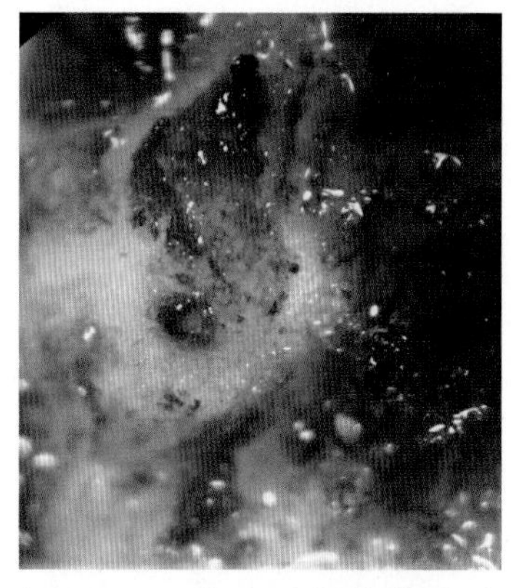

图 8-70 藤本豆根结线虫病根结组织

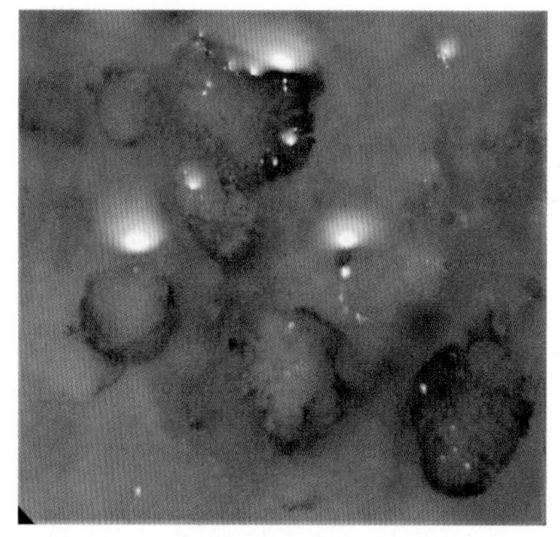

图 8-71 藤本豆根结组织中的病原线虫雌虫和卵囊

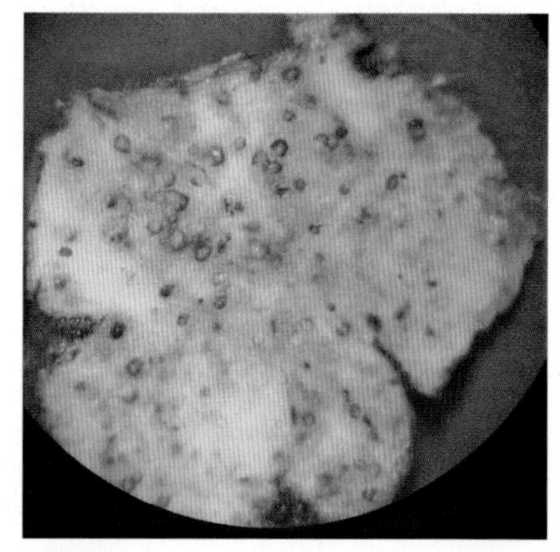

图 8-72 藤本豆根结组织内的病原线虫

病原

病原为南方根结线虫（*M. incognita*）、爪哇根结线虫（*M. javanica*）。

发病规律

与豇豆根结线虫病发病规律相似。

防控措施

参考豇豆根结线虫病防控措施。

第五节　香辛类蔬菜根结线虫病

一、芹菜根结线虫病

症状

田间病株呈块状分布（图 8-73），病株矮小、叶片枯黄（图 8-74）。根结产生于侧根和须根的前部，多个根结互相愈合形成长棒状弯曲的肿块，有些根不断产生根结而形成念珠状串生根结（图 8-75）。

图 8-73　芹菜根结线虫病田间症状

图 8-74　芹菜根结线虫病症状（左为健株，右为病株）

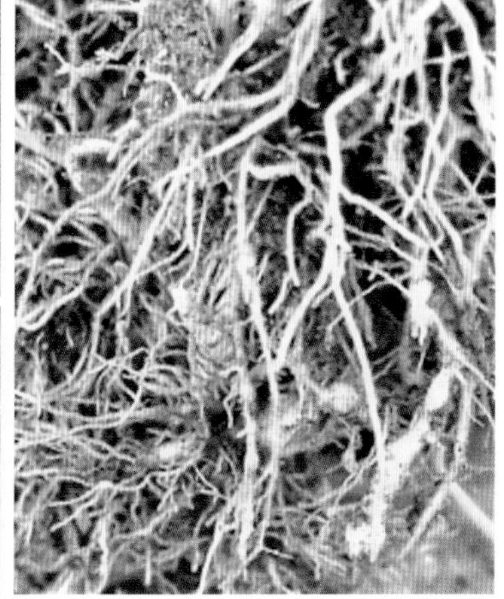

图 8-75　芹菜根结线虫病根部症状

病原

病原为南方根结线虫（*M. incognita*）、爪哇根结线虫（*M. javanica*）、吉库尤根结线虫（*M. kikuyensis*）、甘蓝根结线虫（*M. artiellia*）。

吉库尤根结线虫（*M. kikuyensis*）雌虫会阴花纹有侧线，阴门与肛门之间无或极少线纹，阴门外缘两侧有特征性颊纹，近尾端侧线为双沟纹或皱褶，尾轮不明显（图 8–76）。

甘蓝根结线虫（*M. artiellia*）雌虫会阴花纹无侧线，背弓高，方形。尾端环纹和会阴部环纹组成“8”形会阴花纹，上部环纹有明显的同心纹，肛门位于上下环纹之间（图 8–77）。

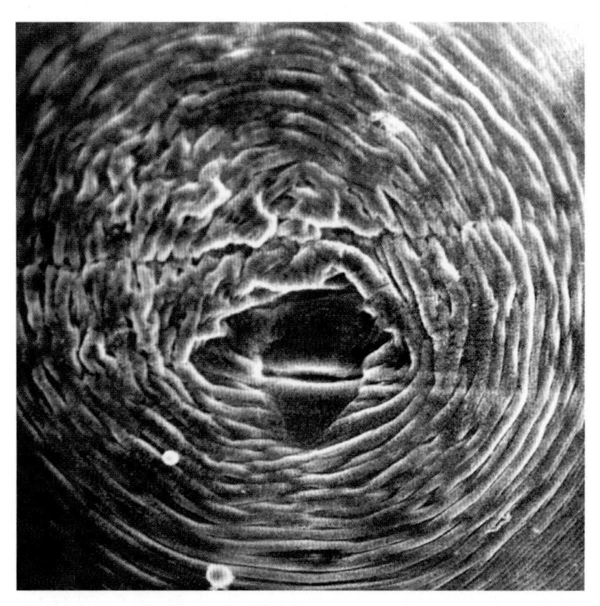

图 8–76　吉库尤根结线虫（*M. kikuyensis*）会阴花纹

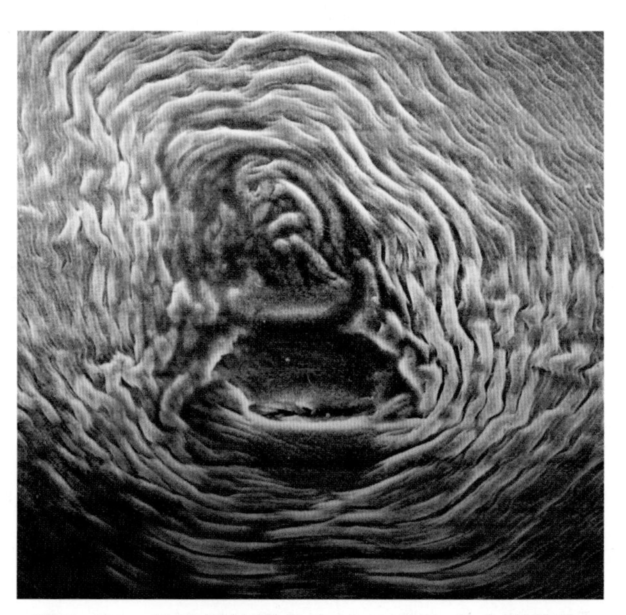

图 8–77　甘蓝根结线虫（*M. artiellia*）会阴花纹

发病规律

病原线虫以卵或幼虫随病根组织在土中存活，砂壤土菜地、连作菜地发病重。

防控措施

①晒土：露地可利用阳光暴晒土壤杀灭病原线虫。先深翻土壤，然后用塑料薄膜覆盖于湿润的土壤上；温室和大棚在收获后彻底清除土壤中的作物残体，翻松土壤后关闭温室和大棚，经半个月至一个月休闲暴晒，能杀灭土壤中多种病原线虫。

②熏蒸消毒：清除土壤初侵染源。在播种前 15~20d 全畦均匀地撒施 50% 氰氨化钙颗粒剂（750~900kg/hm^2），用铁耙将药剂和土壤充分混匀，土壤混合深度一般在 20~30cm，浇水湿润土壤后覆膜。消毒 15d 左右揭膜，通风 2d 后播种。

③生物防控：播种前在畦面撒施淡紫拟青霉或厚垣孢普可尼亚菌，用铁耙将药剂和土壤充分混匀后播种。

二、葱根结线虫病

症状

葱叶从叶尖开始向下逐渐黄化焦枯，植株矮小、衰弱（图 8-78）；根结形成于根尖部，肿大呈棍棒状，根系生长停滞（图 8-79）。

图 8-78　葱根结线虫病田间症状

图 8-79　葱根结线虫病根部症状

病原

病原为南方根结线虫（*M. incognita*）、花生根结线虫（*M. arenaria*）、藕草根结线虫（*M. ottersoni*）。

藕草根结线虫（*M. ottersoni*）雌虫会阴花纹侧线不明显，横卵形或圆形，背弓低平；会阴花纹为简单的圆形纹，条纹细，背纹与会阴花纹中的其他线纹相同（图 8-80）。

图 8-80　藕草根结线虫（*M. ottersoni*）会阴花纹

发病规律

与芹菜根结线虫病发病规律相似。

防控措施

参考芹菜根结线虫病防控措施。

三、韭菜根结线虫病

症状

受侵染的韭菜矮小，叶片黄化（图 8–81）。病株根系的根结大多形成于根尖处，呈勾状、靴状，根部扭曲畸形，脆弱，易折断（图 8–82）。卵和雌虫完全包埋于根结组织内，2 龄幼虫寄生于幼嫩的中柱及根皮层之间，侵染点周围组织细胞增生膨大。剖开根结组织，可看到雌虫在根内单条间隔寄生，或多条聚集寄生于一处，造成根组织肿大（图 8–83）。根结组织经染色，可观察到处于寄生状态的不同发育阶段线虫（图 8–84）。

图 8–81　韭菜根结线虫病田间症状（叶片黄化）

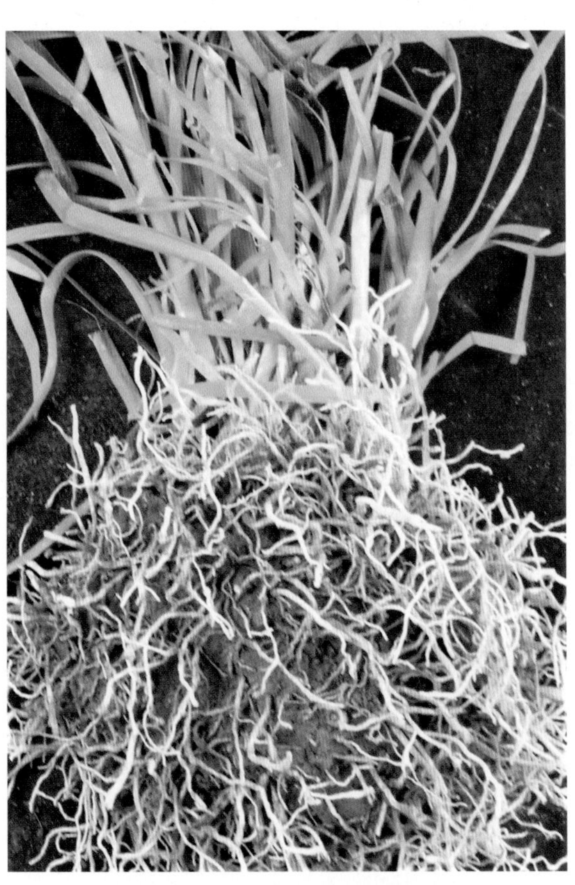

图 8–82　韭菜根结线虫病病株

病原

病原为拟禾本科根结线虫（*M. graminicola*）。

发病规律

与芹菜根结线虫病发病规律相似。

防控措施

参考芹菜根结线虫病防控措施。

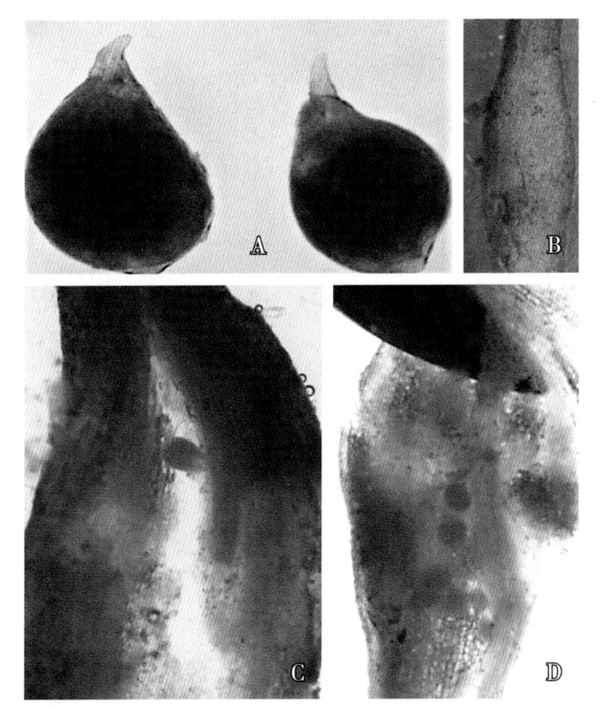

图 8-83　韭菜根结线虫病根结组织

A. 从根结内剖离的雌虫；B. 根结；C、D. 根结组织中的雌虫

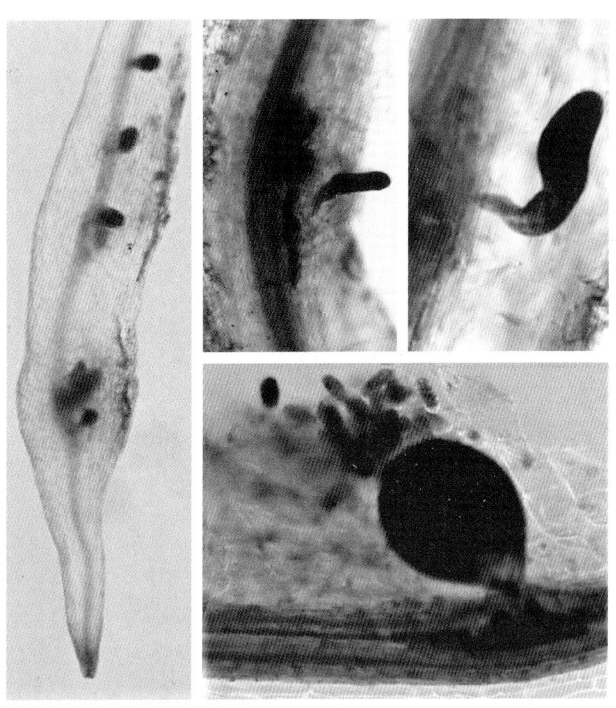

图 8-84　韭菜根结组织内的拟禾本科根结线虫（*M. graminicola*）寄生状态

第六节　十字花科蔬菜根结线虫病

一、乌塌菜根结线虫病

症状

主根、须根、侧根均可受侵染而形成根结，根结近球形、串生、呈珍珠状，有些根结呈弯曲长棒状。病株矮小，叶片枯黄，生长停滞，重病株枯死（图 8-85、图 8-86）。

病原

病原为南方根结线虫（*M. incognita*）、花生根结线虫（*M. arenaria*）。

发病规律

病原线虫卵或幼虫随病根组织在土中存活，砂壤土菜地、露天连作地或大棚蔬菜连作地发病重。

图 8-85 乌塌菜根结线虫病田间症状

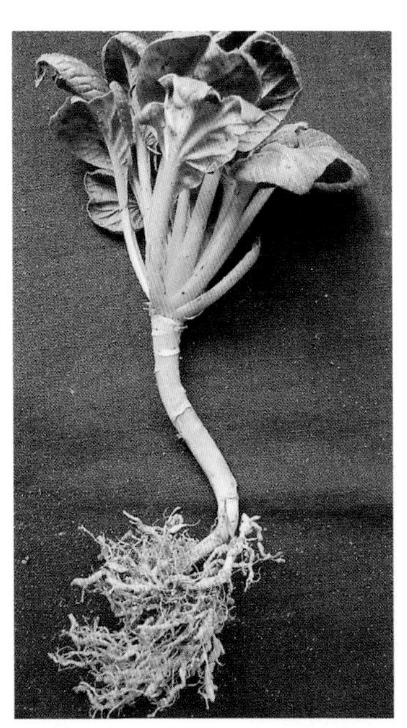

图 8-86 乌塌菜根结线虫病病株

防控措施

①培育和种植无病种苗：育苗时选择无病土培育无病壮苗。利用营养袋育苗时，应选择未发生根结线虫病的土壤。土壤经阳光暴晒后使用，也可用无土基质育苗。

②清除初侵染源：一是淹水。灌溉条件好的菜地，在收获后或种植前灌水淹没畦面，土壤较长时间淹水能明显降低根结线虫（*Meloidogyne*）群体数量；采用水旱轮作能明显减轻根结线虫病发生。二是晒土。露地利用阳光暴晒土壤。先深翻土壤，然后用塑料薄膜覆盖于湿润的土壤上；温室和大棚在收获后彻底清除土壤中的作物残体，翻松土壤后关闭温室和大棚，经半个月至一个月暴晒，能杀灭土壤中许多寄生线虫。三是熏蒸消毒。在播种前 15~20d 全畦均匀地撒施 50% 氰氨化钙颗粒剂（750~900kg/hm^2），用铁耙将药剂和土壤充分混匀，土壤混合深度一般在 20~30cm，浇水湿润土壤后覆膜。消毒 15d 左右揭膜，通风 2d 后播种。

③生物防控：播种前在畦面撒施淡紫拟青霉或厚垣孢普可尼亚菌，用铁耙将药剂和土壤充分混匀后播种或移栽。

二、白菜根结线虫病

症状

病株矮小，产量下降（图 8-87、图 8-88）。受侵染的主根根尖形成根结后，主根不再伸长并产生较多的侧根和须根，侧根和须根不断被侵染而形成椭圆形根结和串生根结（图 8-89）。产生根结的根系不能吸收水分和养分，导致病株萎蔫。

图 8-87　白菜根结线虫病病株

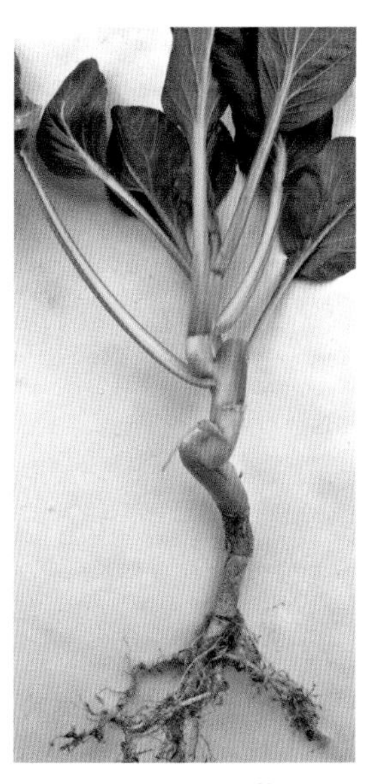
图 8-88　小白菜根结线虫病病株

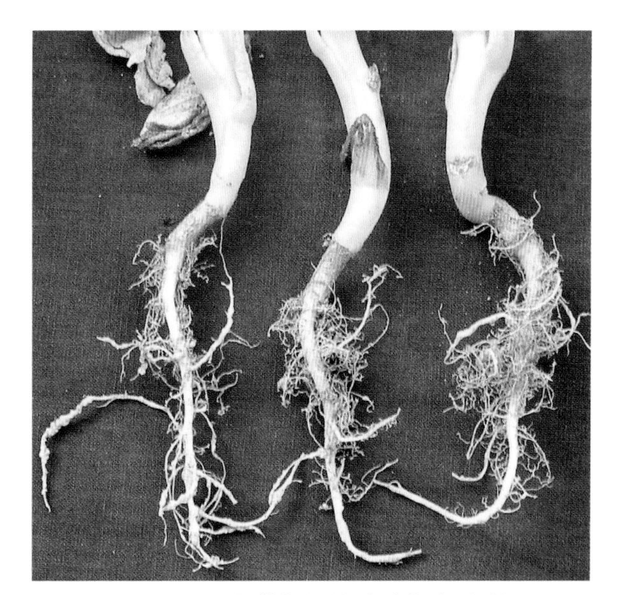
图 8-89　白菜根结线虫病根部症状

病原

病原为花生根结线虫（*M. arenaria*）。

发病规律

与乌塌菜根结线虫病发病规律相似。

防控措施

参考乌塌菜根结线虫病防控措施。

三、甘蓝根结线虫病

症状

病株矮小、黄化，结球甘蓝后期不能形成叶球（图 8-90、图 8-91）。主根、侧根和须根均可被侵染而形成椭圆形根结和串生根结，发生根结的根系衰退和腐烂（图 8-92）。

病原

病原为南方根结线虫（*M. incognita*）、花生根结线虫（*M. arenaria*）、吉库尤根结线虫（*M. kikuyensis*）。

发病规律

与乌塌菜根结线虫病发病规律相似。

图 8-90 甘蓝根结线虫病病株

图 8-91 结球甘蓝根结线虫病病株

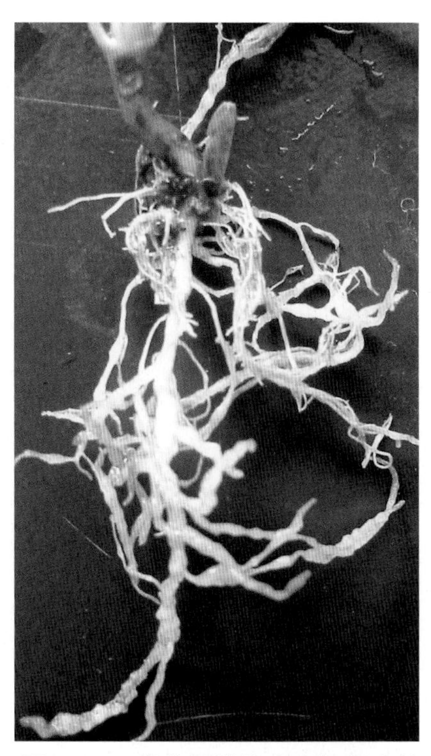

图 8-92 甘蓝根结线虫病根部症状

防控措施

参考乌塌菜根结线虫病防控措施。

四、芥菜根结线虫病

症状

病株矮小、黄化（图 8-93）。病原线虫侵染营养根，新生的侧根和须根形成大量根结（图 8-94），发生根结的根系逐渐腐烂。

十字花科蔬菜易受芸薹根肿菌（*Plasmodiophora brassicae*）侵染而发生根肿病。蔬菜根肿病与蔬菜根结线虫病症状相似，都发生于根部，引起根部肿大。两类病害的主要区别如下。

根肿病的肿块表皮光滑，肿块多数呈萝卜形、梭形、棒形、球形或椭圆形（图 8-95，图 8-96）；根肿组织切片显微观察，在根细胞内有鱼卵状排列的根肿病病原菌休眠孢子囊（图 8-97）。

根结线虫病引起的根结形状不规则，一般为球形、念珠状或多个根结愈合为粗糙的根结块，根结表面粗糙不平，表面有次生侧根，附有胶质卵囊。解剖根结组织可以看到白色球形雌虫。

病原

病原为花生根结线虫（*M. arenaria*）。

图 8-93 芥菜根结线虫病病株

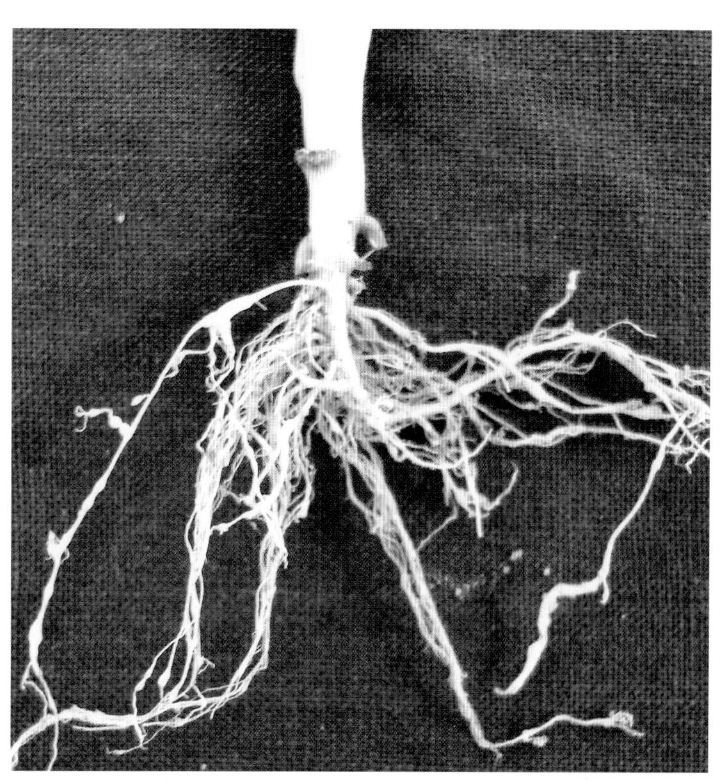
图 8-94 芥菜根结线虫病根部症状

图 8-95 花椰菜根肿病症状

图 8-96 芥菜根肿病症状

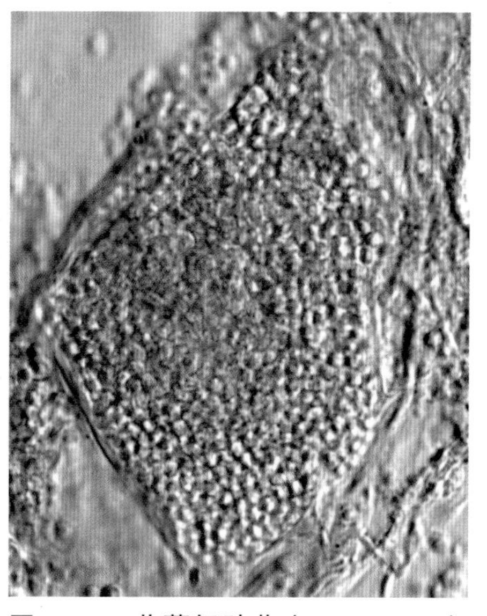
图 8-97 芸薹根肿菌（*P. brassicae*）休眠孢子囊

发病规律

与乌塌菜根结线虫病发病规律相似。

防控措施

参考乌塌菜根结线虫病防控措施。

第七节 绿叶类蔬菜根结线虫病

一、蕹菜根结线虫病

症状

病株矮小、细弱、黄化（图 8-98）。侧根和须根上的根结圆形至椭圆形，单生或呈念珠状串生（图 8-99、图 8-100）；后期病根变色腐烂。

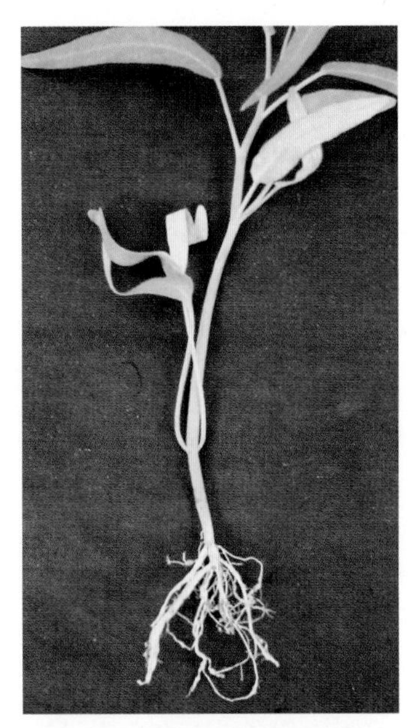

图 8-98 蕹菜根结线虫病病株

图 8-99 蕹菜根结线虫病根部症状

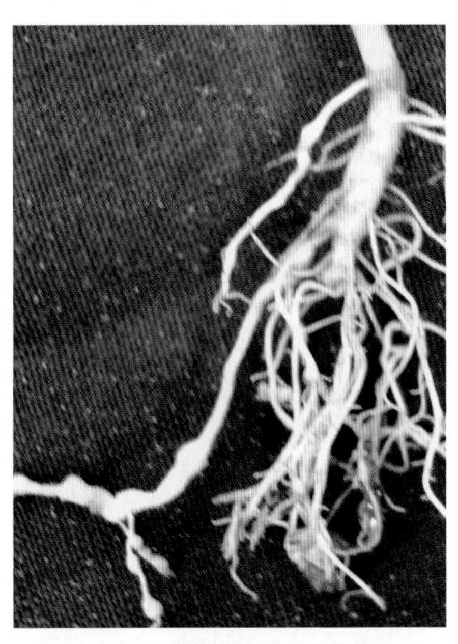

图 8-100 蕹菜根结线虫病根结

病原

病原为南方根结线虫（*M. incognita*）、花生根结线虫（*M. arenaria*）、拟禾本科根结线虫（*M. graminicola*）、吉库尤根结线虫（*M. kikuyensis*）、卵形根结线虫（*M. ovalis*）、杉并根结线虫（*M. suginamiensis*）。

卵形根结线虫（*M. ovalis*）雌虫会阴花纹无侧线，横卵形，背弓低或中等，阴门与肛门之间线纹极少，线纹粗或有带状纹（图 8-101）。

杉并根结线虫（*M. suginamiensis*）雌虫会阴花纹近圆形，侧线不明显，背弓低、扁平。角质膜不加厚，无带状纹；有时会阴花纹一侧或两侧形成翼；近尾端处无刻点，条纹细密、连续（图 8-102）。

图 8–101　卵形根结线虫（*M. ovalis*）会阴花纹

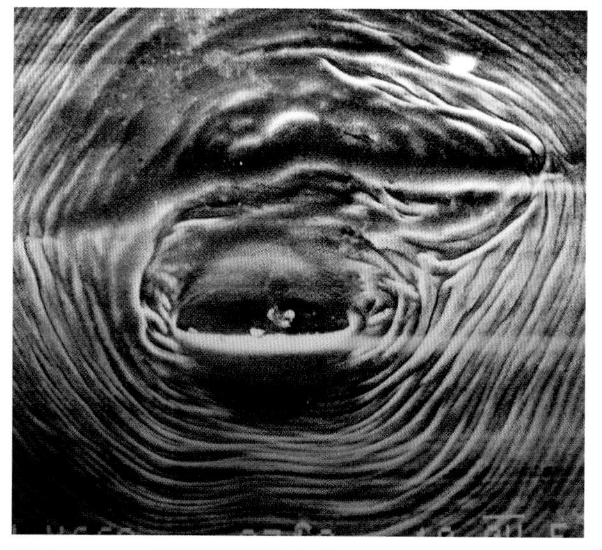

图 8–102　杉并根结线虫（*M. suginamiensis*）会阴花纹

发病规律

与乌塌菜根结线虫病发病规律相似。

防控措施

参考乌塌菜根结线虫病防控措施。

二、菠菜根结线虫病

症状

病株矮小、黄化（图 8–103）。病原线虫侵染根部细嫩组织，侧根和须根形成大量根结。根结圆形至椭圆形，多数呈念珠状串生，根结密集产生时整条根形成肿块状（图 8–104）。

病原

病原为南方根结线虫（*M. incognita*）、花生根结线虫（*M. arenaria*）、吉库尤根结线虫（*M. kikuyensis*）。

发病规律

与乌塌菜根结线虫病发病规律相似。

防控措施

参考乌塌菜根结线虫病防控措施。

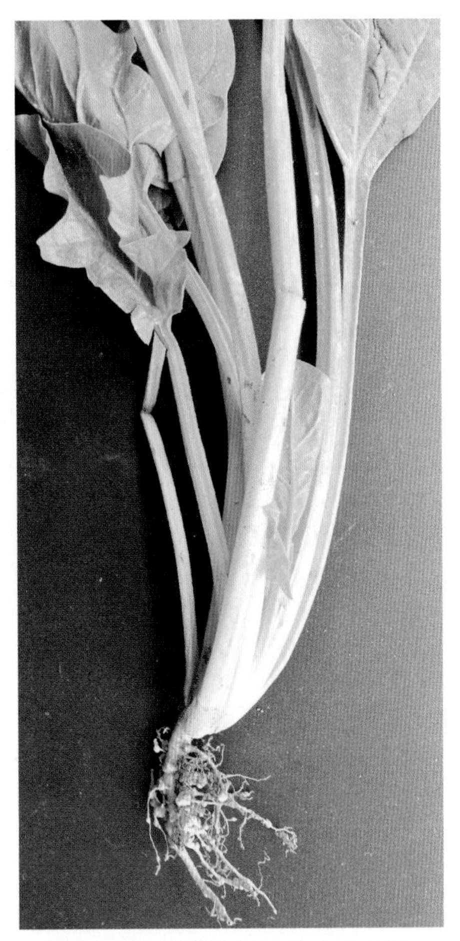
图 8–103　菠菜根结线虫病病株

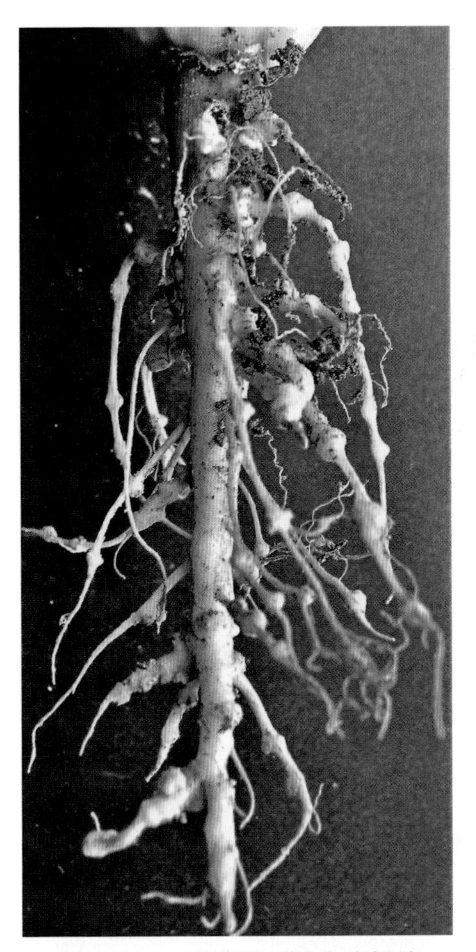
图 8–104　菠菜根结线虫病根结

三、莴苣根结线虫病

症状

苗期和成株期都会受害。苗期主根受侵害，根结连续产生，根尖肿大成萝卜状。受害根停止生长，菜苗矮小、黄化和枯死（图 8–105）。成株期发病植株矮小、黄化（图 8–106）。在根尖形成椭圆形根结，或多个根结连接成根结块（图 8–107），根系坏死、萎缩（图 8–108）。

病原

病原为南方根结线虫（*M. incognita*）、花生根结线虫（*M. arenaria*）、吉库尤根结线虫（*M. kikuyensis*）。

发病规律

与乌塌菜根结线虫病发病规律相似。

图 8-105　莴苣根结线虫病苗期症状

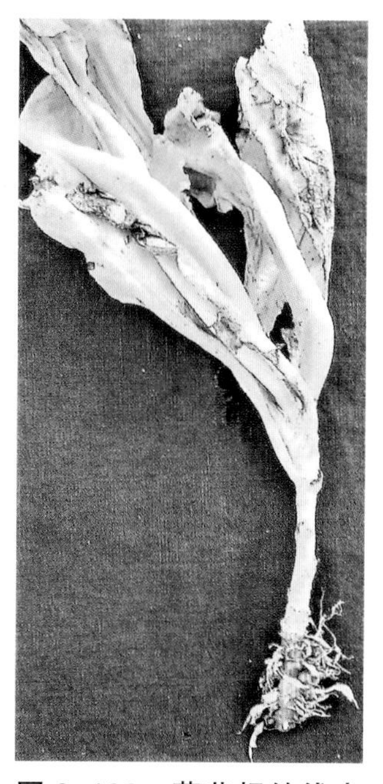

图 8-106　莴苣根结线虫病病株

图 8-107　莴苣根结线虫病根结块

图 8-108　莴苣根结线虫病根系坏死、萎缩

防控措施

参考乌塌菜根结线虫病防控措施。

四、葵菜根结线虫病

症状

病株矮小、黄化（图 8-109）。根结较小，多数单生（图 8-110），形成根结的根段变褐腐烂。

图 8-109 葵菜根结线虫病病株

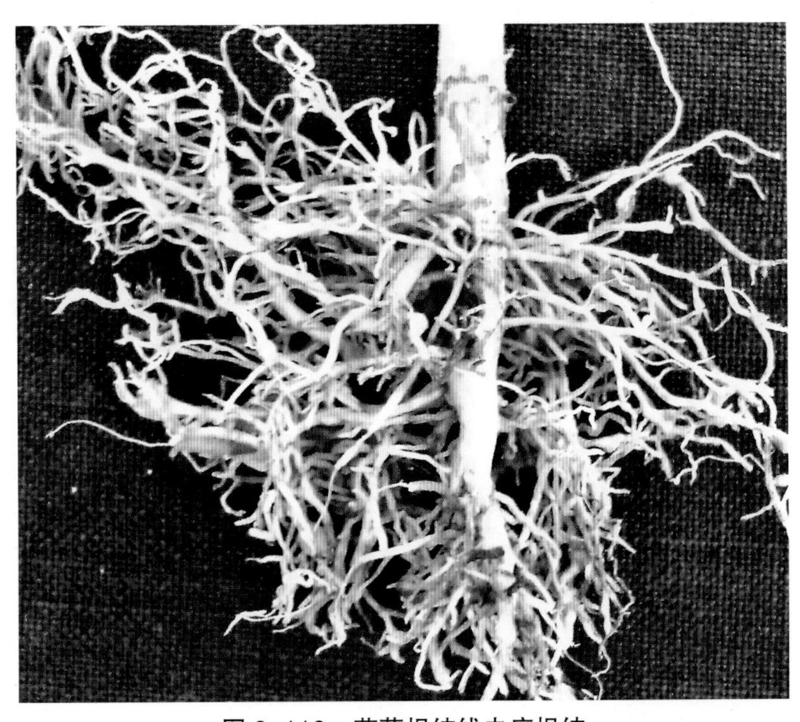

图 8-110 葵菜根结线虫病根结

病原

病原为南方根结线虫（*M. incognita*）、光纹根结线虫（*M. decalineata*）。

光纹根结线虫（*M. decalineata*）雌虫会阴花纹无侧线，背弓低或中等，扁平或圆；会阴花纹“8”形，背面有由同心环组成的明显尾轮；阴门与肛门之间有许多线纹（图 8-111）。

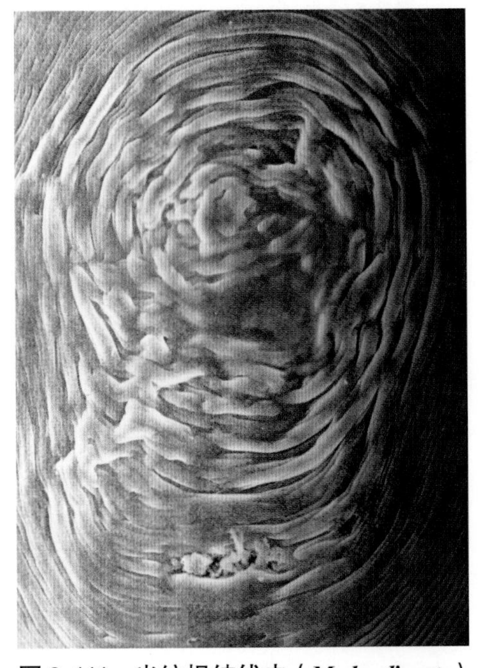

图 8-111 光纹根结线虫（*M. decalineata*）会阴花纹

发病规律

与蕹菜根结线虫病发病规律相似。

防控措施

参考蕹菜根结线虫病防控措施。

五、苋菜根结线虫病

症状

病株矮小，叶片小，黄化和老化（图 8–112）。侧根受侵染，根结串生，不产生须根（图 8–113）。

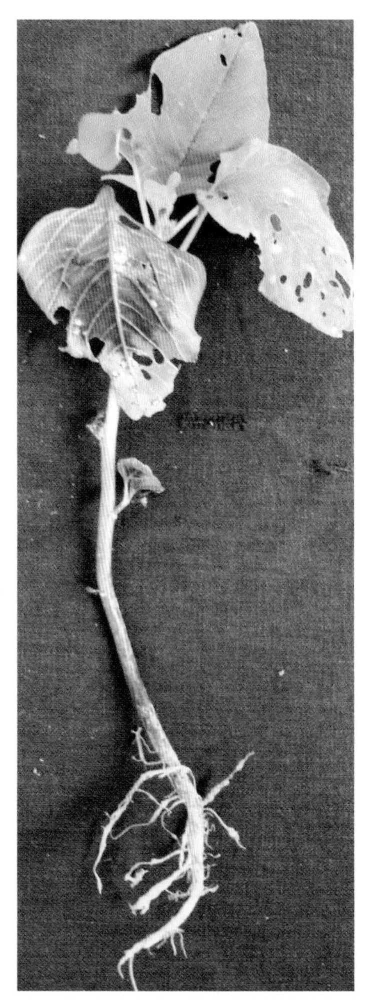

图 8–112　苋菜根结线虫病病株

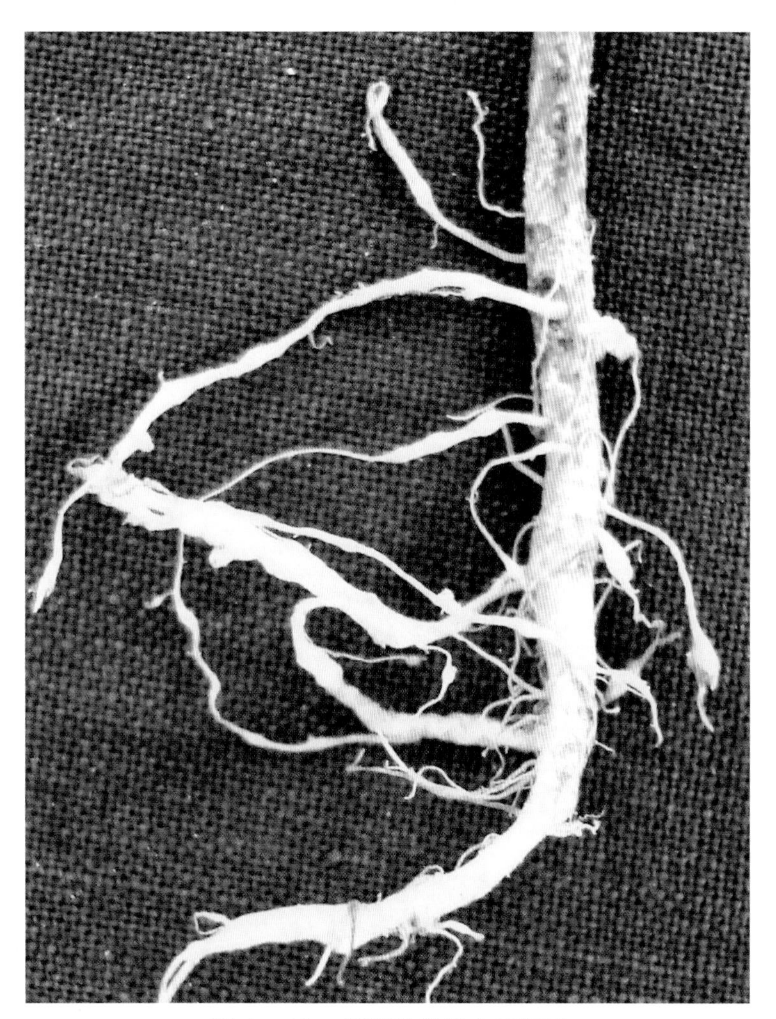

图 8–113　苋菜根结线虫病根结

病原

病原为南方根结线虫（*M. incognita*）、爪哇根结线虫（*M. javanica*）。

发病规律

与乌塌菜根结线虫病发病规律相似。

防控措施

参考乌塌菜根结线虫病防控措施。

六、木耳菜根结线虫病

症状

病株矮小，黄化（图 8–114）。受害病株形成的根结较大（图 8–115），呈球状、弯曲棒状，后期根结腐烂。

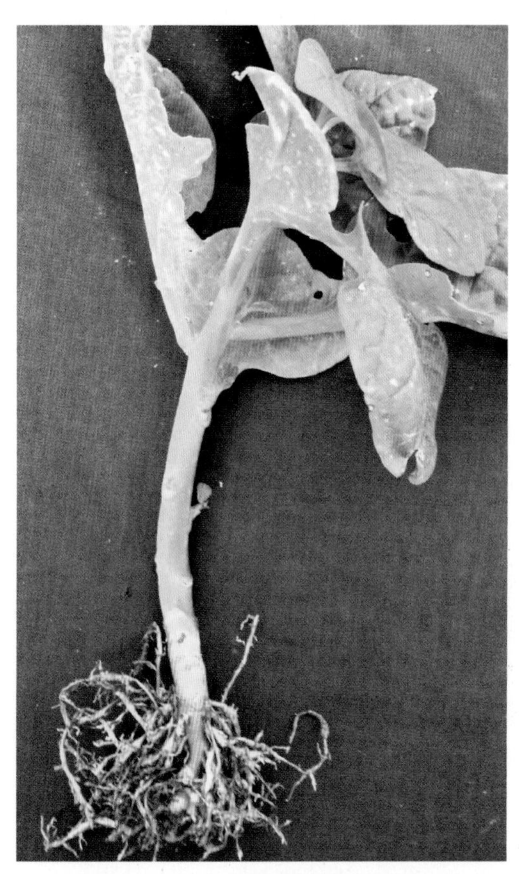

图 8–114 木耳菜根结线虫病病株

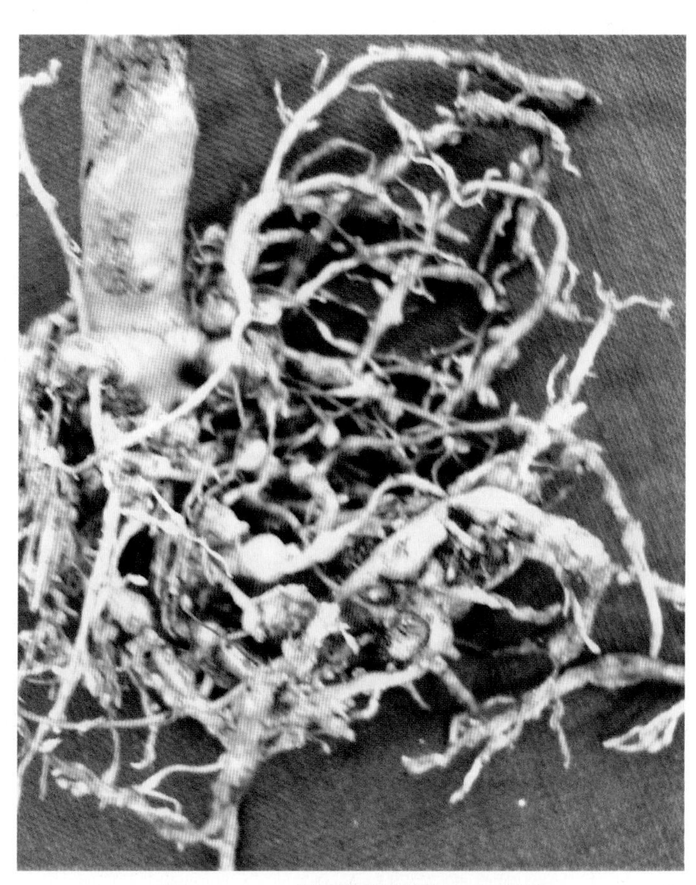

图 8–115 木耳菜根结线虫病根结

病原

病原为南方根结线虫（*M. incognita*）、爪哇根结线虫（*M. javanica*）。

发病规律

与乌塌菜根结线虫病发病规律相似。

防控措施

参考乌塌菜根结线虫病防控措施。

第八节　蔬菜肾形线虫病

肾状肾形线虫（*Rotylenchulus reniformis*）在蔬菜上是仅次于根结线虫（*Meloidogyne*）的一种重要病原线虫，据报道能寄生 11 个科 29 种蔬菜，受害较重的有黄瓜、苦瓜、节瓜、白菜、莴苣、菠菜、豆瓣菜、茄、胡萝卜、鹰嘴豆、豇豆、菜豆、黄秋葵、葱、蒜、姜等蔬菜。

症状

病原线虫侵染侧根、须根和根茎，造成伤口并导致根表皮开裂和根系坏死；诱发病原细菌和真菌的侵染，导致根及地下茎腐烂，植株枯萎。病原线虫为定居型半内寄生线虫，成熟雌虫虫体前部侵入根组织内，后部裸露于根表皮且膨大。卵产于由特化的阴道细胞分泌的胶质状卵囊中，卵囊上由于黏附泥土使根显得臃肿。

病原

病原为肾状肾形线虫（*R. reniformis*，图 8–116）。

雌雄异形。成熟雌虫虫体膨大为肾形、前部不规则，阴门突起，生殖管盘旋状。未成熟雌虫虫体小（230~640μm）、蠕虫形，缓慢加热杀死后虫体朝腹面弯曲。头部圆至锥形，头骨质化中等。口针中等发达，口针基部球圆形。食道发达，中食道球有瓣门，背食道腺开口远离口针基部球后；食道腺长，覆盖于肠的侧面。阴门位于体后部，阴唇不突起，双生殖管。尾部呈圆锥形，末端圆。

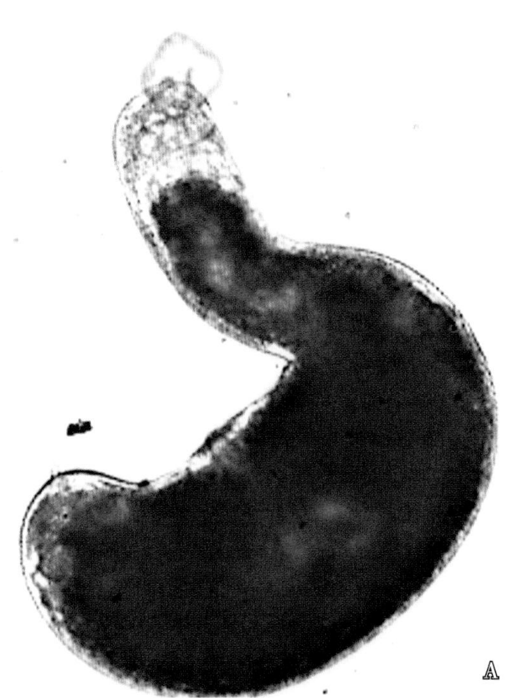

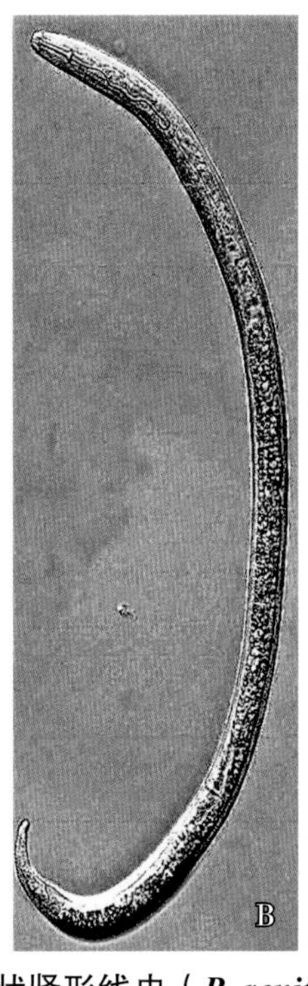

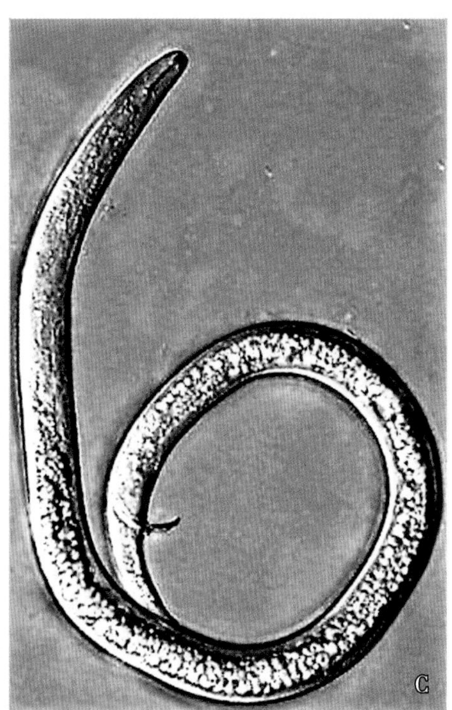

图 8–116　肾状肾形线虫（***R. reniformis***）

A. 成熟雌虫；B. 未成熟雌虫；C. 雄虫

雄虫蠕虫形，头部骨质化。口针和食道退化（中食道球弱，无瓣门）。尾部尖，交合刺弯曲，交合伞不包至尾端。

幼虫与未成熟雌虫相似，但虫体较短小，无阴门和生殖管。

发病规律

肾状肾形线虫（*R. reniformis*）幼虫和卵能够以低湿休眠方式存活，残存于田间寄主根部和根际土壤中的卵囊、2龄幼虫和侵染期雌虫为初侵染源。连作菜地病害发生严重。蔬菜肾形线虫病可以通过带病菜苗及病土传播，田间常与根结线虫病混合发生。

防控措施

①土壤消毒：在种前15~20d全畦均匀地撒施50%氰氨化钙颗粒剂（750~900kg/hm^2），用旋耕机或铁耙将药剂和土壤充分混匀，土壤混合深度一般在20~30cm，浇水湿润土壤后覆膜。消毒15~20d后揭膜，通风2d后播种或移栽。

②土壤改良：施用腐熟有机肥，增施磷钾肥；在沿海地区可施用虾蟹壳等海产品的废弃物，改善土壤中有益微生物环境，增强植株抗性。土壤中施入腐熟的禽粪、鸽粪（0.5~2.0kg/m^3），或施入油粕，能有效防控肾状肾形线虫（*R. reniformis*）的危害。

第九章

食用菌、药用植物线虫病

第一节　食用菌线虫病

一、蘑菇茎线虫病

症状

蘑菇茎线虫病是蘑菇生产中具毁灭性威胁的病害。病原线虫以口针穿刺蘑菇菌丝的细胞壁，吸取细胞内的物质，受侵染的菌丝发生“伤流”。病原线虫在蘑菇菌丝上不断繁殖（图 9–1），侵染数量不断增加，以致蘑菇菌丝遭受严重破坏。受侵染的蘑菇床食用菌菌丝体稀疏、潮湿黏滞，培养料成片下陷形成塌圈（图 9–2）、不形成蘑菇子实体，蘑菇的产量下降。发病部位常诱发真菌和细菌侵害，且散发恶臭。

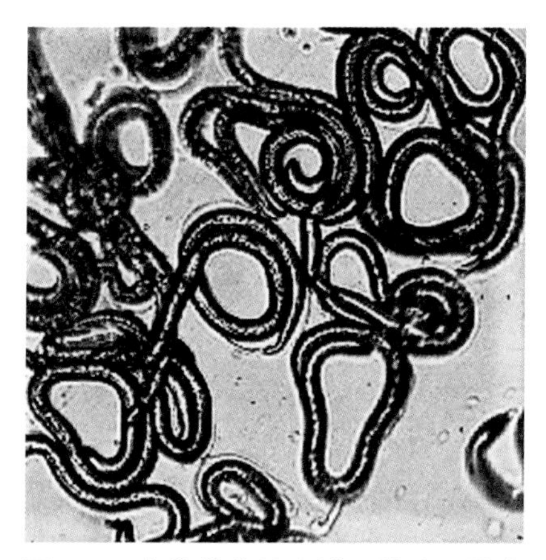

图 9–1　在蘑菇菌丝上繁殖的病原线虫

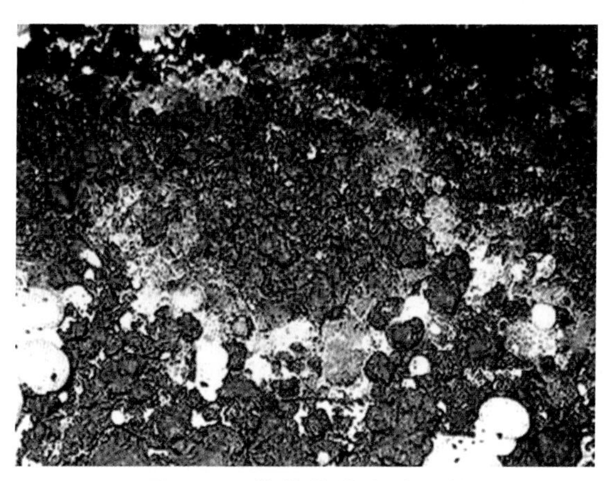

图 9–2　蘑菇茎线虫病症状

病原

病原为食菌茎线虫（蘑菇茎线虫，*Ditylenchus myceliophagus*，图 9–3）。

雌虫蠕虫形。唇区低平，口针纤细，口针基部球小。中食道球梭形，后食道宽大、稍向后延伸并覆盖于肠背面。侧带有 6 条侧线。阴门位于虫体后部；单生殖管前生、直伸，卵原细胞单行排列。尾部呈圆锥形，末端钝圆。

雄虫有翼状交合伞；交合刺成对，稍向腹面弯曲。

发病规律

食菌茎线虫（*D. myceliophagus*）存活于基质和真菌上，各龄幼虫都能进行低湿休眠，抗干燥能力较强。在基质上群集时，沿水膜运动和迁移。在菇场或菇房内可以随被病原线虫污染的浇灌水和器具传播，菇蝇和菇蚊也是传播媒介。蘑菇的生长适温为 18~20℃，也是该线虫生活繁殖的适温，食菌茎线虫（*D. myceliophagus*）在 18℃时完成生活史需 10d。

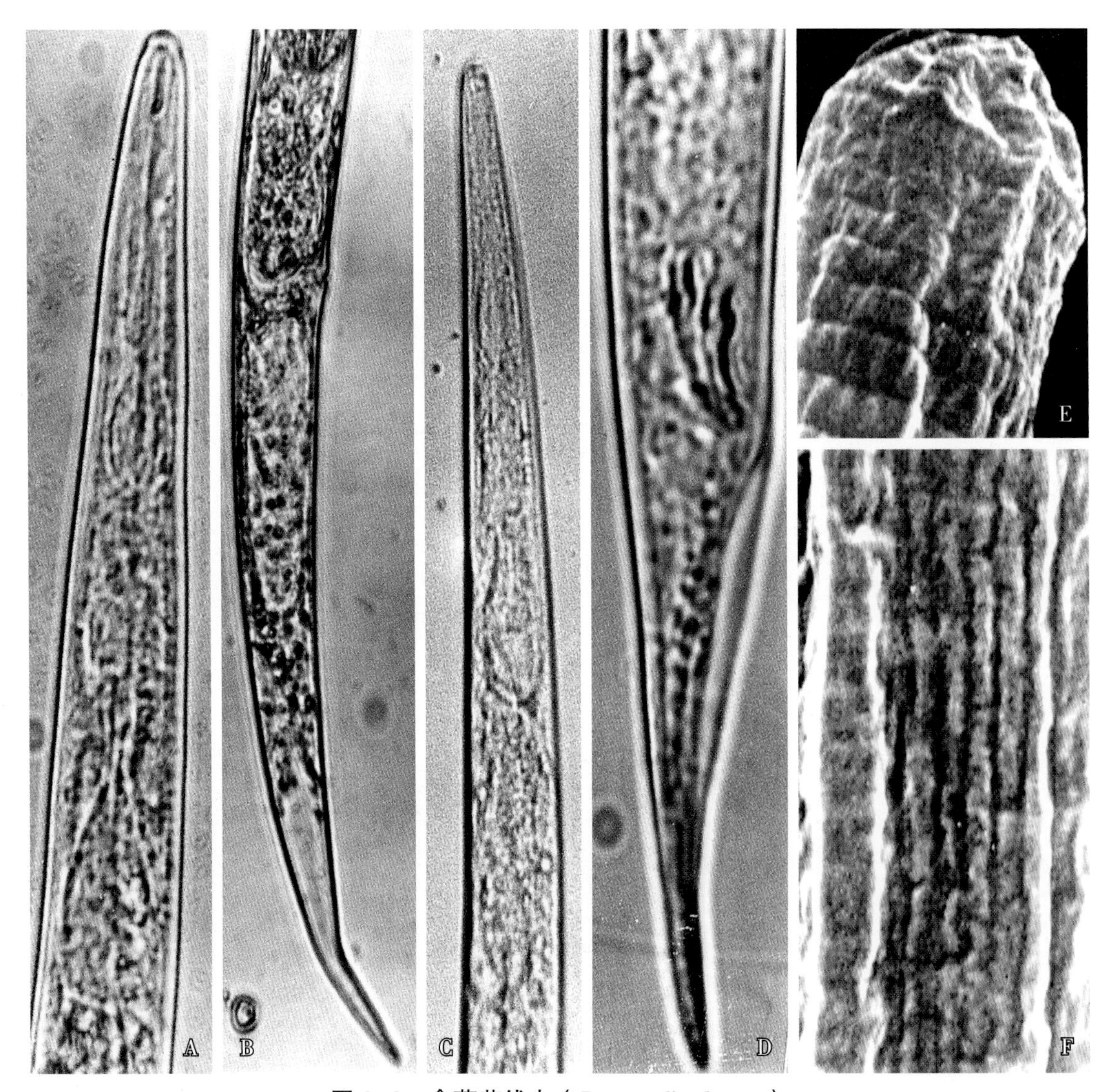

图 9-3 食菌茎线虫（*D. myceliophagus*）

A. 雌虫前部；B. 雌虫后部；C. 雄虫前部；D. 雄虫尾部；E. 雌虫头部（环纹）；F. 雌虫侧带

防控措施

①卫生防御：严格保持菇房内外和栽培器具、培养料、覆土的清洁卫生。栽培前后要认真做好菇房内外的环境卫生。出菇结束后要及时把废料彻底清出菇场，废料、菇床、菇架和用过的工具要经高温处理（55~60℃，12h 以上）。

②物理防控：一是热处理。制作菌种的培养料要彻底灭菌，栽培时培养料要经过高温堆制和充分发酵。在巴氏灭菌期间，堆肥温度保持 55~60℃达 9h 才能杀死大多数线虫。二是阳光暴晒。种植蘑菇时，可将覆土或其他覆盖材料放在水泥地面或塑料薄膜上铺成薄层，让阳光暴晒，从而杀灭线虫。三是阻隔介体。蝇类是传播食菌线虫的介体昆虫。门窗用纱网遮盖以防止蝇类侵入蘑菇房。

③生物防控：在蘑菇床上施用蓖麻的叶片和种子的混合物，能杀死线虫和提高蘑菇产量。粗壮节丛孢（*Arthrobotrys robusta*）是食真菌线虫的寄生菌，将这种真菌加工成制剂加入蘑菇堆肥中，可抑制线虫和刺激蘑菇菌丝的生长，提高蘑菇产量。苏云金芽孢杆菌（*Bacillus thuringiensis*）对食真菌线虫有潜在的防控作用。

二、食用菌滑刃线虫病

症状

（1）香菇滑刃线虫病

香菇滑刃线虫病又称香菇菌筒线虫病，发生于反季节栽培的稻田靠架畦栽香菇和旱地覆土袋栽香菇。

稻田靠架畦栽香菇在香菇菌筒脱袋至菇蕾形成期发病。病原线虫从与畦面土壤接触的菌筒基部侵入，迁移到菌筒内部的菌丝上取食和大量繁殖。转色后的菌筒受害后表现为外部菌皮脆，内部菌丝完全消退，培养料腐烂松软，呈巧克力状，出菇少或不出菇（图 9-4A~C）。覆土袋栽香菇菌筒受线虫侵染后菌皮腐烂，内部菌丝消失、变黑腐烂（图 9-4D，E）。

图 9-4　香菇滑刃线虫病症状

靠架畦栽香菇：A、B. 菌皮完好，内部退菌变色；C. 退菌培养料　覆土袋栽香菇：D. 菌筒腐烂；E. 废弃的病菌筒

反季节栽培的香菇发病后，造成重大损失。发病菇棚菌筒发病率达 40% 以上，病筒损失率为 70%~80%，有些发病菌筒完全丧失出菇能力。

（2）毛木耳滑刃线虫病

受害毛木耳子实体萎缩，生长停滞，呈胶质状潮湿腐烂（图 9–5）。腐烂的子实体诱发镰孢（*Fusarium*）和木霉（*Trichoderma*）的次侵染。

（3）灵芝滑刃线虫病

灵芝菌筒受侵染后菌丝衰退，培养料潮湿腐烂，病菌筒易感染木霉（*Trichoderma*，图 9–6）。

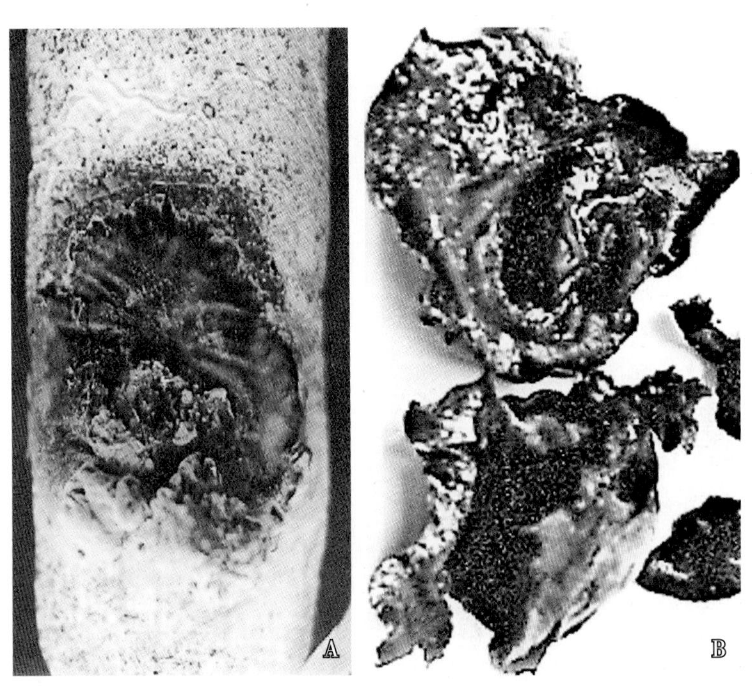

图 9–5 毛木耳滑刃线虫病症状

A. 病菌筒；B. 病子实体

图 9–6 灵芝滑刃线虫病症状（菌筒腐烂）

病原

（1）蘑菇滑刃线虫（*Aphelenchoides composticola*，图 9–7）

寄主：香菇。

雌虫虫体细长，侧带有 3 条侧线，表皮具细微环纹。口针纤细，口针基部球小。中食道球大、椭圆形，食道腺叶覆盖于肠的背面。雌虫单生殖管前生，受精囊中充满盘状精子。尾圆锥形，腹面具一个尾尖突。

雄虫交合刺成对，尾部具 3 对尾乳突。

接种试验表明，该线虫能取食杏鲍菇、香菇、平菇、茶薪菇、猴头菇、鸡腿菇、鲍鱼菇、竹荪、蘑菇、金针菇、草菇、灵芝、木耳、黄平菇等食用菌的菌丝，导致退菌（图 9–8）。

（2）双尾滑刃线虫（*A. bicaudatus*，图 9–9）

寄主：毛木耳。

雌虫虫体细小，头尾两端略较细。头部稍有缢缩，口针基部球小。中食道球近球形，大。阴门横裂，位于虫体后部；单生殖管，后阴子宫囊短。尾端有一宽双叉状尖突。

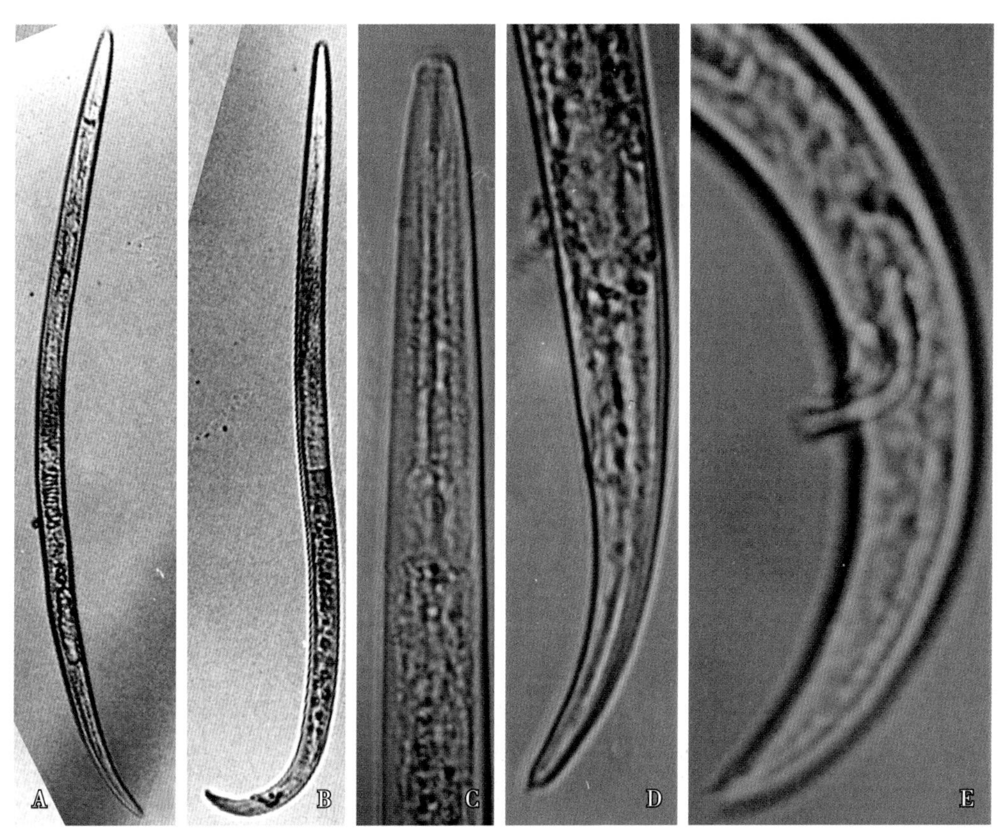

图 9-7　蘑菇滑刃线虫（*A. composticola*）

A. 雌虫整体；B. 雄虫整体；C. 雌虫前部；D. 雌虫尾部；E. 雄虫尾部

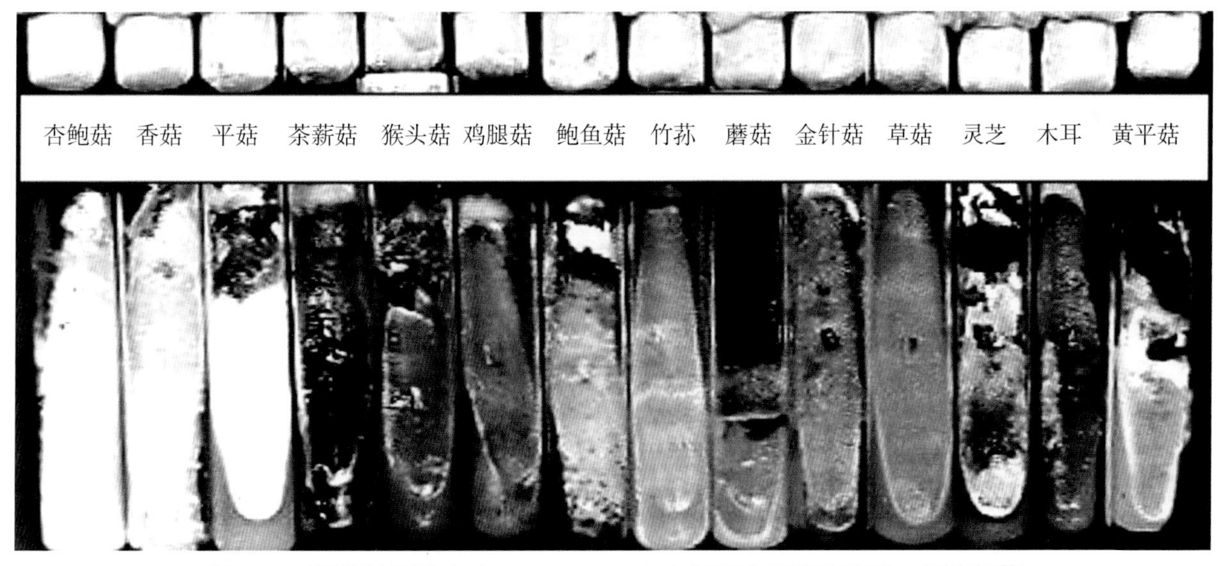

图 9-8　蘑菇滑刃线虫（*A. composticola*）危害食用菌的菌丝，导致退菌

（3）燕麦真滑刃线虫（*Aphelenchus avenae*，图 9-10）

寄主：灵芝。

该病原为食真菌线虫。雌虫蠕虫形，较肥大。口针基部球小，中食道球大。单生殖管前生。尾稍向腹面弯曲，末端钝圆。

雄虫尾端尖，交合刺纤细，交合伞包至尾端。

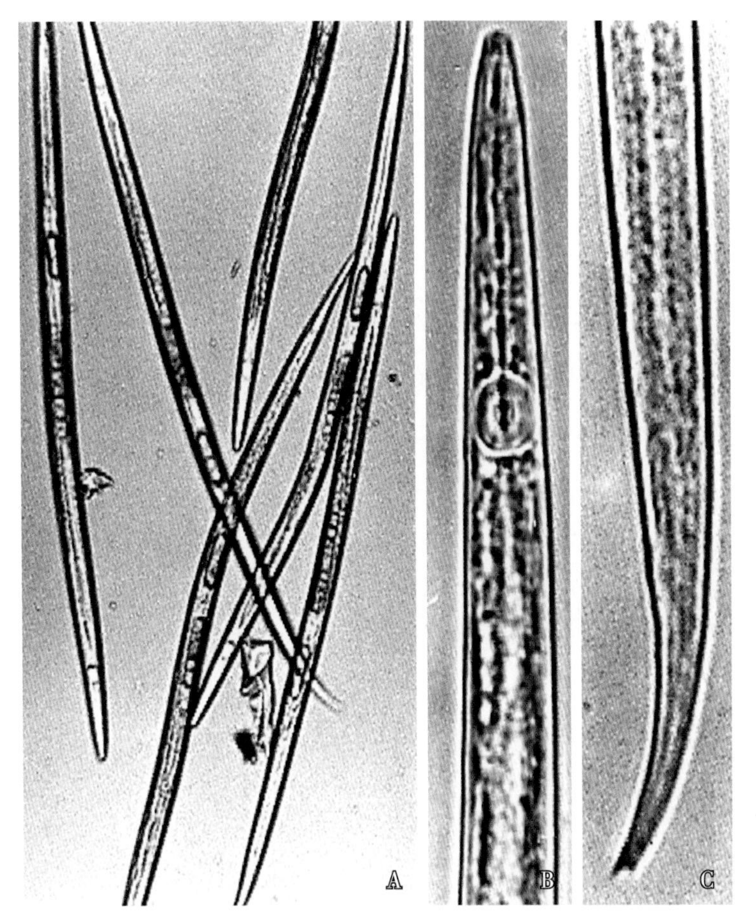

图 9–9 双尾滑刃线虫（*A. bicaudatus*）雌虫
A. 整体；B. 前部；C. 尾部

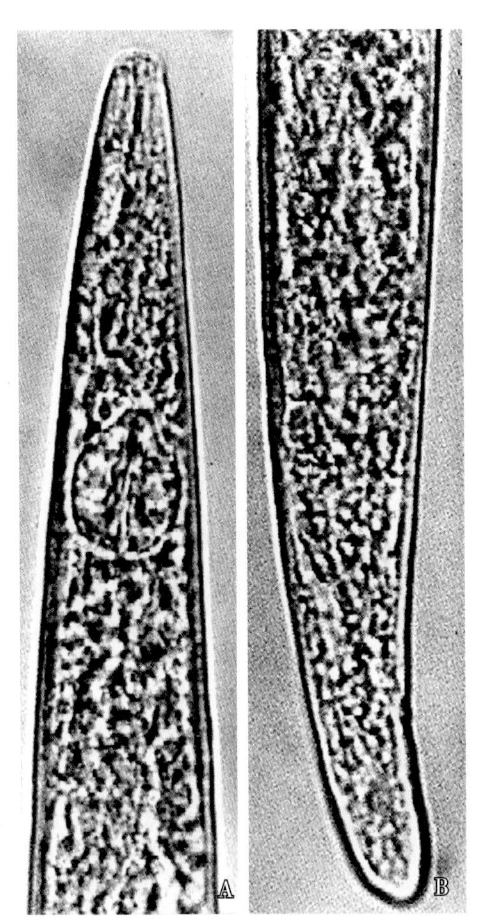

图 9–10 燕麦真滑刃线虫（*A. avenae*）雌虫
A. 前部；B. 尾部

发病规律

滑刃线虫（*Aphelenchoides*）和真滑刃线虫（*Aphelenchus*）是食真菌线虫，这两种线虫危害食用菌导致显著减产。蘑菇滑刃线虫（*A. composticola*）是食用菌的重要病原线虫。

蘑菇滑刃线虫（*A. composticola*）可以在饥饿、冰冻和缓慢失水的条件下存活，残存于食用菌栽培场所的培养容器、培养料残余物、土壤和排水道中。该线虫能以土壤中的其他真菌为食，并繁殖其群体。带虫培养料、土壤、老菇房培养器具和灌溉水是主要初侵染源。在栽培过程中，排灌水、人工操作和昆虫（蝇类）都能传播病原线虫。对熟料栽培的食用菌，如木耳、银耳、香菇、金针菇等，在菇棚内出菇前由于菌棒与土壤接触，病原线虫可在菌棒基部侵入和繁殖而导致烂筒。喷洒被病原线虫污染的水，也能使子实体发病。

防控措施

①卫生防控：严格保持菇房内外和栽培器具、培养料、覆土清洁卫生。栽培前后要认真做好菇房内外的环境卫生。出菇结束后要及时把废料彻底清出菇场，废料、菇床、菇架和用过的工具要经高温处理（55~60℃，12h 以上）。

②物理防控：一是土壤热处理。采用覆土栽培香菇、木耳、灵芝等食用菌或药用菌，要选择干

净土壤，并将覆土或其他覆盖材料放在水泥地面或塑料薄膜上铺成薄层，让阳光暴晒，以杀灭线虫。二是地膜隔离。田间畦面栽培香菇、木耳等，在排筒前用地膜覆盖畦面，然后将菌筒排立于地膜上，可阻断线虫侵染途径。三是阻隔介体。蝇类是传播食菌线虫的介体昆虫。门窗用纱网遮盖，以防止蝇类侵入菇房。

三、食用菌小杆线虫病

症状

（1）蘑菇小杆线虫病

子实体受侵染后表皮和菌肉变黑，潮湿腐烂（图 9–11）。腐烂的菌组织可以分离到大量病原线虫。

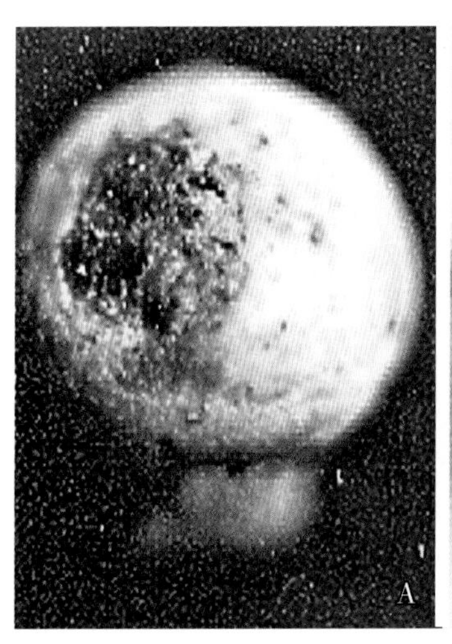

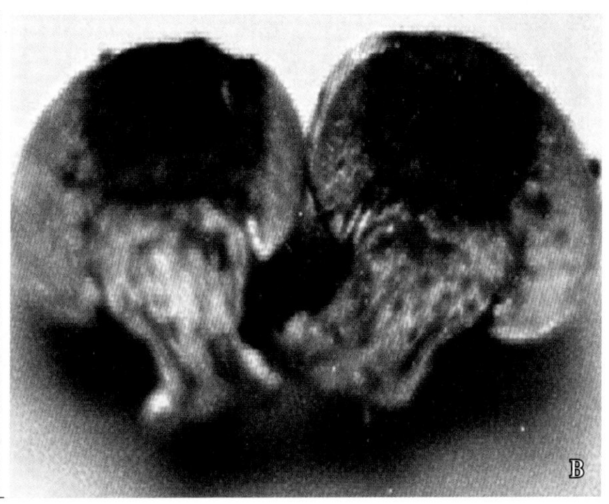

图 9–11　蘑菇小杆线虫病症状

A. 子实体外部症状；B. 子实体内部症状

（2）毛木耳小杆线虫病

受害子实体生长停滞，潮湿腐烂。腐烂的子实体易感染镰孢（*Fusarium*）和木霉（*Trichoderma*）（图 9–12）。

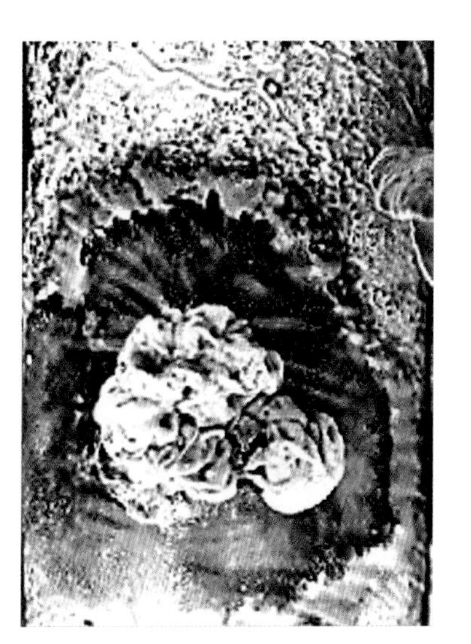

图 9–12　小杆线虫（*Rhabditida* sp.）与镰孢（*Fusarium* sp.）复合侵染毛木耳子实体

病原

病原为小杆线虫（*Rhabditida* sp.，图 9–13、图 9–14）。

雌虫和雄虫线形，细小。口腔无口针；食道为两部分，食道前部呈柱形，食道后部球形具骨化瓣。雌虫尾部细长。雄虫有交合伞，交合刺长。

发病规律

小杆线虫（*Rhabditida* sp.）为腐食性线虫，能侵害多种食用菌的菌丝和子实体。生存于土壤和腐烂的植物或食用菌的残体中，随

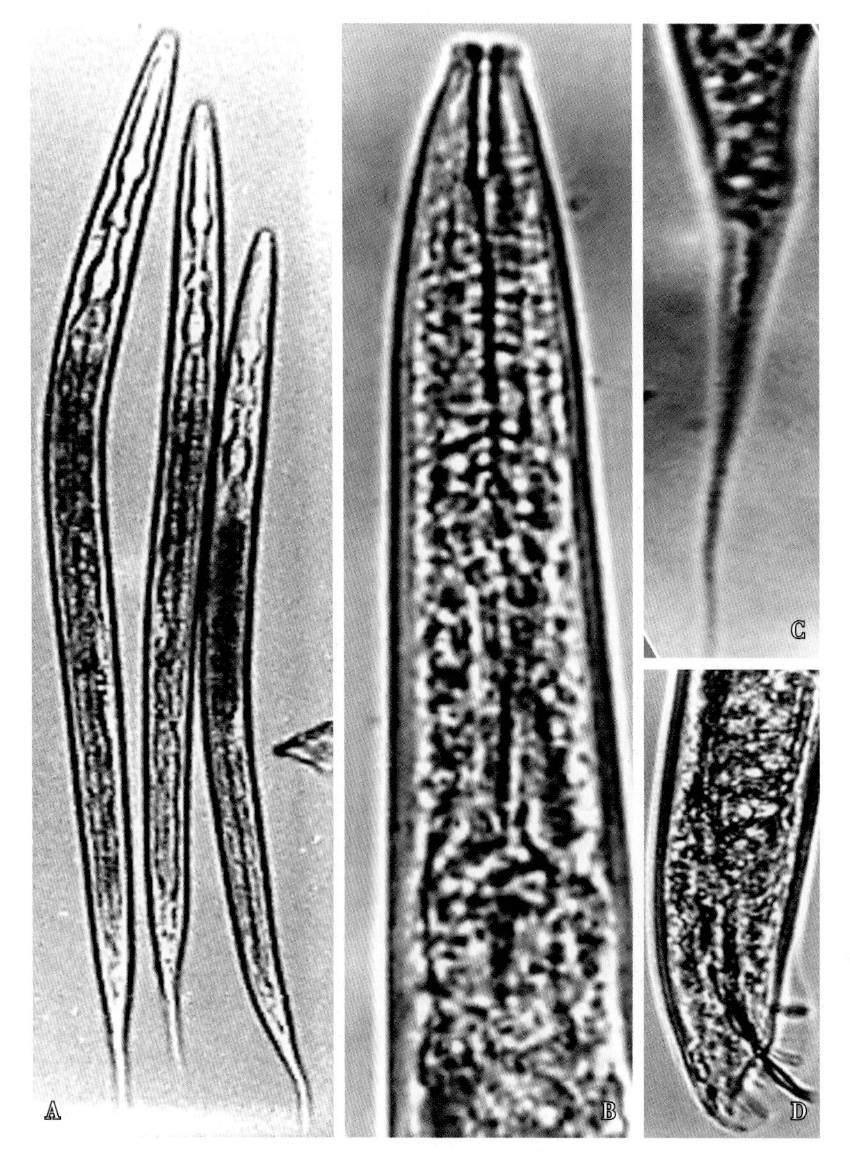

图 9–13　小杆线虫（*Rhabditida* sp.）

A. 雌虫整体；B. 雌虫前部；C 雌虫尾部；D. 雄虫尾部

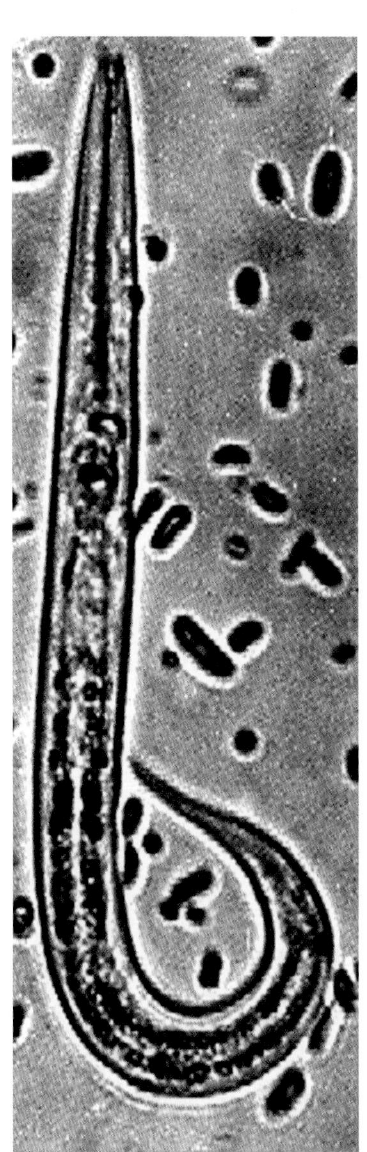

图 9–14　小杆线虫（*Rhabditida* sp.）与镰孢（*Fusarium* sp.）小型孢子

覆土、培养料、水、昆虫和人工操作传播。小杆线虫（*Rhabditida* sp.）能传播食用菌的多种病原真菌和病原细菌，引起食用菌组织坏死腐烂。

防控措施

①卫生防控：严格保持菇房内外和栽培器具、培养料、覆土清洁卫生。栽培前后要认真做好菇房内外的环境卫生。出菇结束后要及时把废料彻底清出菇场，废料、菇床、菇架和用过的工具要经高温处理（55~60℃，12h 以上）。

②阻隔介体：蝇类是传播小杆线虫的介体昆虫，因此必须阻止蝇类传播。门窗可用纱网遮盖，以防止蝇类侵入蘑房。

③健康栽培：栽培工具要保持干净，出菇期喷灌水要使用洁净水源。防止菌丝体和子实体受创伤或虫伤，伤口易引起腐烂和诱发线虫侵染。

第二节　药用植物线虫病

一、栝楼根结线虫病

症状

栝楼又称瓜蒌、蒌瓜，是葫芦科栝楼属多年生攀缘草本植物，其果实、果皮、果仁（籽）、块根均为上好的中药材。栝楼根结线虫病是栝楼的重要病害，病株生长衰弱，叶片稀少、枯黄，瓜果小、数量少（图 9-15）。病原线虫侵染栝楼块根、侧根及营养根，在根侧面形成根结。刨开根部土壤可以发现根部畸形，产生根结，无营养根和须根（图 9-16）。根结可以单独形成，也可以多个根结相互融合形成巨大根结块。当根表皮的根结密集形成和合并时，整条根肿大成根结团（图 9-17）。剖视病根，可见在线虫的取食位点韧皮部细胞肿大形成根结，根结密集侧生于根表，雌虫埋生于根结组织内（图 9-18）。

图 9-15　栝楼根结线虫病田间症状（病株枝叶稀疏，瓜少而小）

病原

病原为爪哇根结线虫（*Meloidogyne javanica*）、南方根结线虫（*M. incognita*）。福建省栝楼根结线虫病的病原鉴定为爪哇根结线虫（*M. javanica*，图 9–19），其形态特征如下。

雌虫虫体近球形或梨形，体长 536~798μm，最大体宽 331~578μm。颈部突出，并朝头前端渐细，唇后有 1 个唇环。口针长 13~16μm，纤细、稍向背部弯曲，口针基部球明显。排泄孔位于口针后距头顶约 2.5 倍口针长处。会阴花纹圆形或卵圆形，背弓圆、中等高或扁平，线纹光滑或呈波浪形，尾端常有一个不规则的轮纹；会阴花纹侧区有双侧线，将会阴花纹分成明显的背面和腹面；侧尾腺口明显。

雄虫体长 945~1473μm。头冠圆形，头部不缢缩，有 2 条不完全环纹。背食道腺开口距口针基部球约 3μm。口针长 17~20μm。交合刺长 26~30μm，尾端宽圆。

图 9–16 栝楼根结线虫病病株和根部症状

2 龄幼虫体长 436~524μm。头端平，无明显缢缩。口针长 11~13μm，口针基部球小、近圆形。尾部直肠膨大，透明区明显，近尾端部通常有 1 次缢缩，尾端尖或尖圆。

发病规律

栝楼是多年生药材作物，根结线虫（*Meloidogyne*）寄生于栝楼根和块根，病株根部和根际土壤

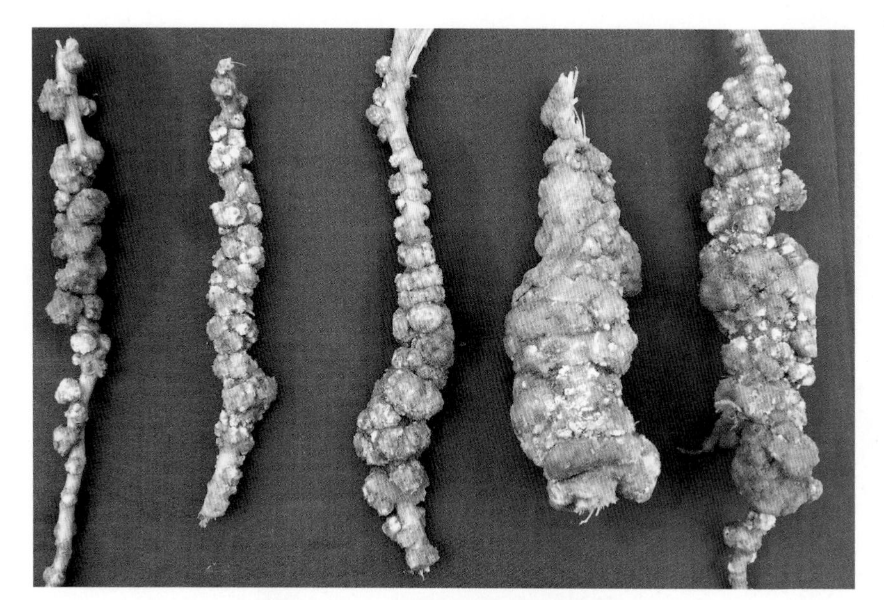

图 9–17 栝楼根结线虫病根结团

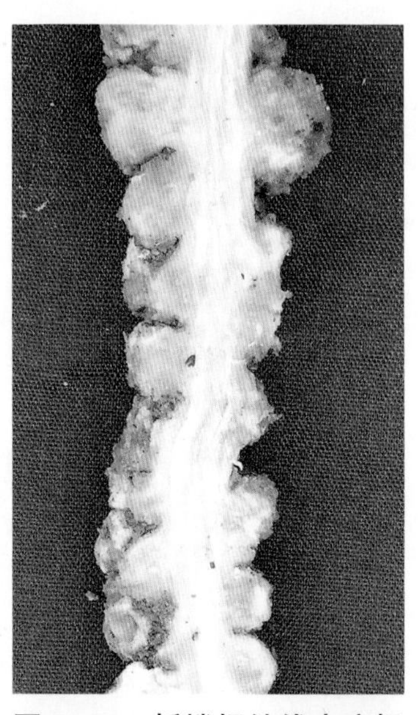

图 9–18 栝楼根结线虫病根结剖面

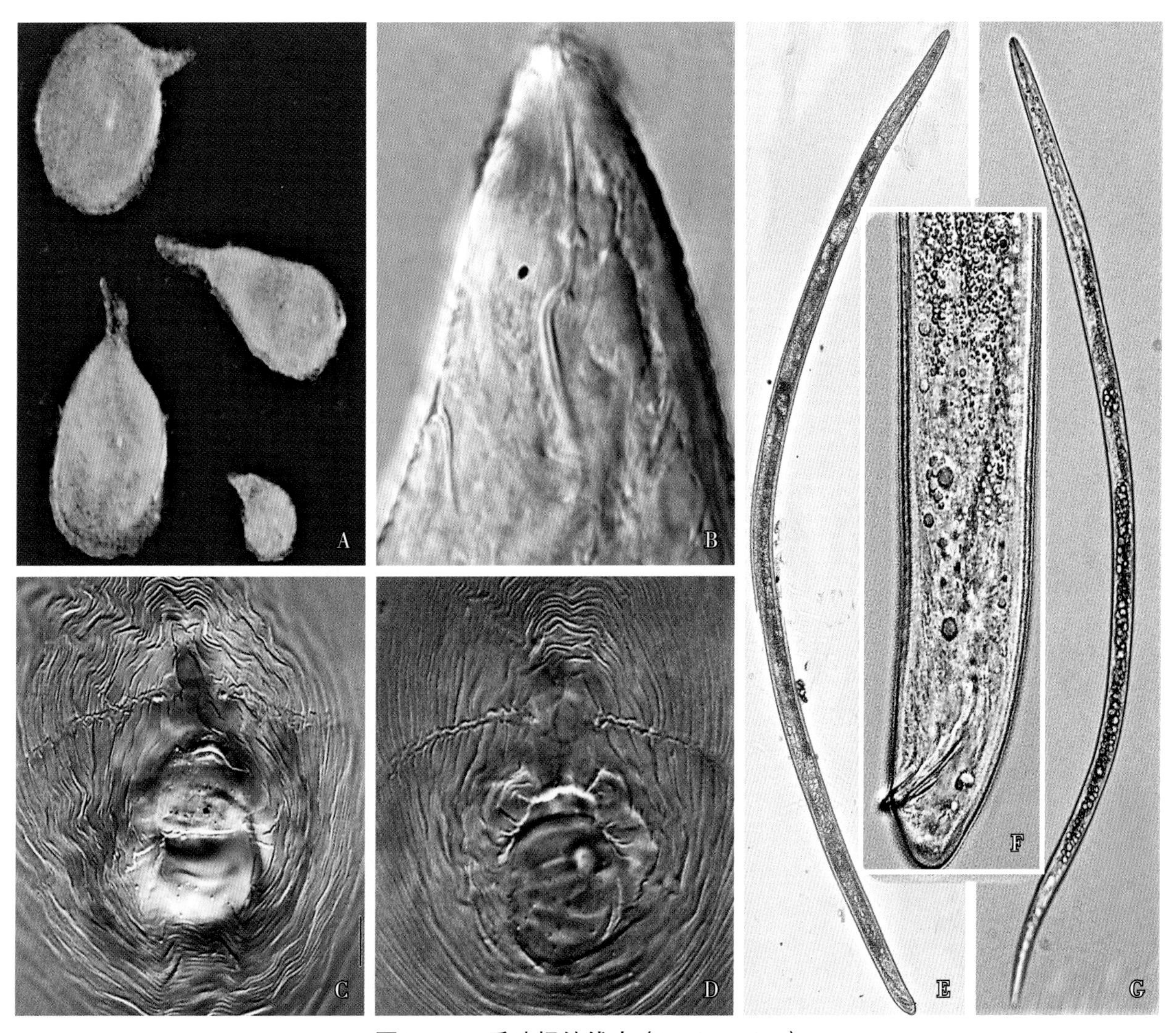

图 9–19　爪哇根结线虫（*M. javanica*）

A. 雌虫整体；B. 雌虫头部；C、D. 会阴花纹；E. 雄虫整体；F. 雄虫尾部；G. 2 龄幼虫整体

是根结线虫（*Meloidogyne*）的主要越冬场所。带病块根和种苗调运是病害远距离传播途径；田间水流和农事操作可导致病害传播扩散。

防控措施

①培育无病种苗：改变育苗方式，采用种子繁殖和组培快繁育苗；如需用块根繁殖，应认真选用无病种根。

②科学使用农药：选用 41.7% 氟吡菌酰胺悬浮剂，该产品是一种杀菌剂和杀线虫剂，能兼治根结线虫病和病原真菌引起的枯萎病和蔓枯病；适于栝楼种植期、生长期使用，也可用于种用块根消毒。

③提倡生物防控：栝楼作为药用作物，特别是块根（天花粉）可以入药。因此，栝楼根结线虫病采用生物防控能取得较好的经济效益和生态效益。采用浅层全层施药方法在栝楼根部施用淡紫拟青霉或淡紫拟青霉枯草芽孢杆菌复合菌剂能有效抑制根结线虫（*Meloidogyne*）卵孵化，降低土壤中 2 龄幼虫数量，促进新根生长，增加植株结果率，提高产品产量和品质。

二、仙草根结线虫病

症状

仙草又名仙人草、凉粉草，属唇形科凉粉草属一年生草本宿根植物，具有清暑、解热利尿的功能。病株根部或匍匐茎上生长的不定根产生根结，根结多数于根尖部形成长条状弯曲的根结（图 9-20、图 9-21）。病株叶片小，生长衰弱。

图 9-20 仙草根结线虫病根部症状

图 9-21 仙草根结线虫病不定根产生根结

病原

病原为爪哇根结线虫（*M. javanica*，图 9-22）。

雌虫虫体近球形，颈部突出、头前端渐细。会阴花纹圆形或卵圆形，背弓圆、中等高或扁平，有些在两侧形成翼；线纹光滑或呈波浪形，尾端常有一个不规则的轮纹；会阴花纹侧区有双侧线将会阴花纹分成明显的背面和腹面；侧尾腺口明显。

雄虫蠕虫形，头冠圆、不缢缩。口针较发达。交合刺弓形，尾端宽圆。

2 龄幼虫蠕虫形。口针明显，口针基部球小、近圆形。直肠膨大，尾部透明区明显，近尾端处通常有 1 次缢缩，尾端尖圆。

发病规律

发病植株根部和根际土壤是病原线虫的主要越冬场所，田间随水流和农事操作传播。用菜园土壤、果园土壤、林地土壤育苗或种植易发生仙草根结线虫病。

防控措施

①培育和种植无病种苗：育苗时应选择无病土培育无病壮苗，购买苗时要注意检查，严防带病苗

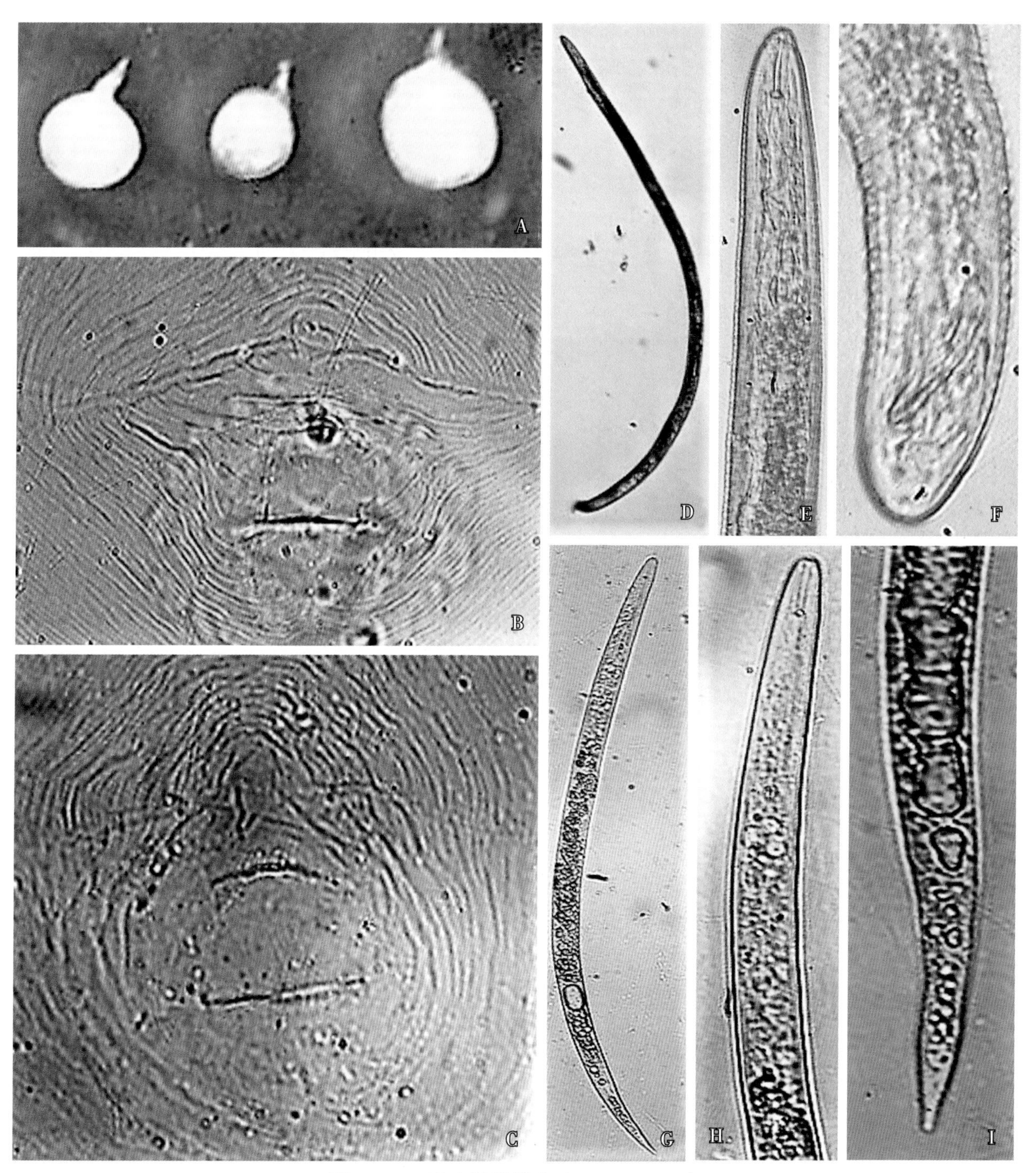

图 9-22 爪哇根结线虫（*M. javanica*）

A. 雌虫整体；B、C. 会阴花纹；D. 雄虫整体；E. 雄虫头部；F. 雄虫尾部；G. 2龄幼虫整体；H. 2龄幼虫前部；I. 2龄幼虫尾部

传入新地。

②土壤消毒：在种植前15~20d全畦均匀地撒施50%氰氨化钙颗粒剂（750~900kg/hm^2），用铁耙将药剂和土壤充分混匀，浇水湿润土壤后覆膜。消毒15~20d后揭膜，通风2d后播种或移栽。

③科学用药：播栽期或生长期可以选用41.7%氟吡菌酰胺悬浮剂、10%噻唑膦颗粒剂，按产品说明书使用。也可以选用淡紫拟青霉、阿维菌素等微生物制剂。

三、细梗香草根结线虫病

症状

细梗香草属报春花科珍珠菜属，是一种药用和香料植物。细梗香草受病原线虫侵染后根部形成根结或肥厚的根结块，无或极少新根和营养根（图 9–23）。病株萎蔫，后期叶片干枯、植株枯死（图 9–24、图 9–25）。

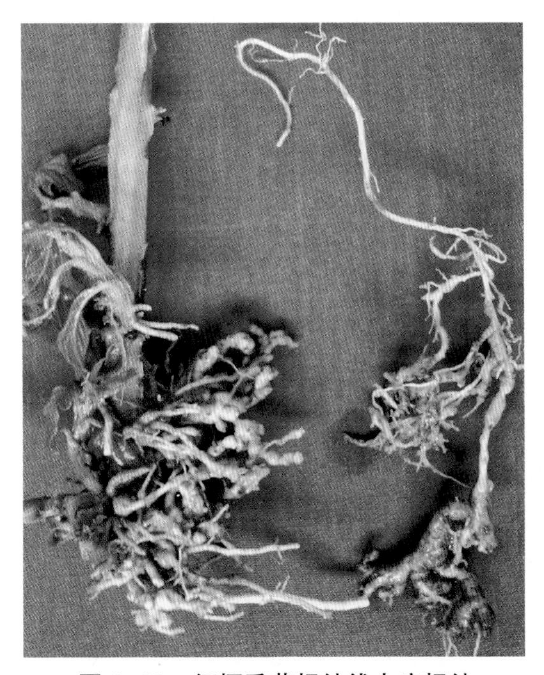

图 9–23　细梗香草根结线虫病根结

图 9–24　细梗香草根结线虫病症状（萎蔫）

图 9–25　细梗香草根结线虫病病株（根结和枯萎）

病原

病原为爪哇根结线虫（*M. javanica*，图 9–26）。

雌虫虫体近球形，颈部突出。会阴花纹卵圆形，背弓中等高，线纹呈波浪形，尾端有不规则的轮纹，侧区有双侧线；侧尾腺口明显。

雄虫蠕虫形，头冠圆，不缢缩。口针较发达。交合刺弓形，尾端宽圆。

2 龄幼虫蠕虫形，口针明显，口针基部球小。直肠膨大，尾部透明区明显，近尾端部有 1~2 次缢缩，尾端细。

发病规律

与仙草根结线虫病发病规律相似。

防控措施

参考仙草根结线虫病防控措施。

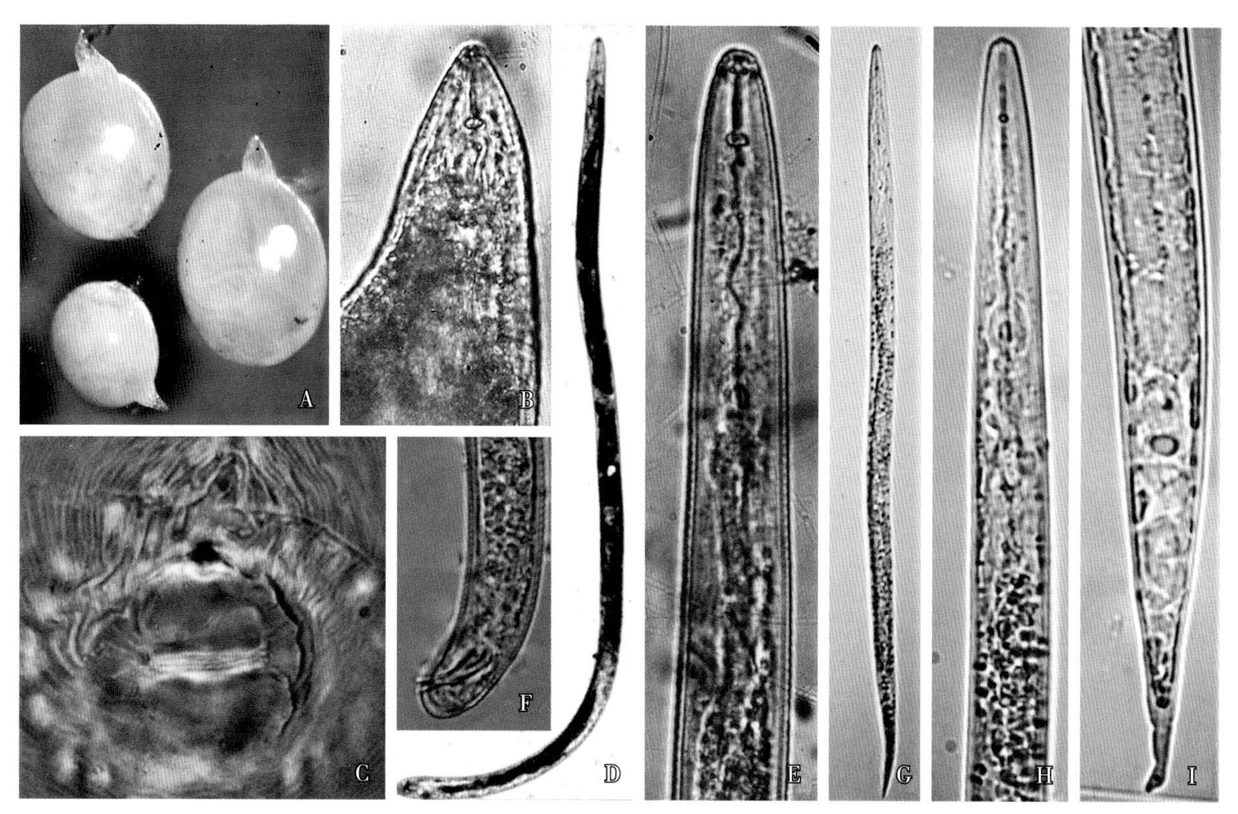

图 9-26　爪哇根结线虫（*M. javanica*）

A. 雌虫整体；B. 雌虫头部；C. 会阴花纹；D. 雄虫整体；E. 雄虫头部；F. 雄虫尾部；G. 2 龄幼虫整体；H. 2 龄幼虫前部；I. 2 龄幼虫尾部

四、龙葵根结线虫病

症状

龙葵是茄科茄属一年生草本药用植物，有清热、解毒、活血等功效。龙葵遭受病原线虫侵染后，根部形成球形或近球形的大根结。根结表面粗糙，能产生不定根；不定根遭受侵染后又形成根结。根结单生、串生或聚生，根结表面有胶质状卵囊。后期根结变黄褐色腐烂，病株萎蔫，黄化或枯死（图 9-27）。

病原

病原为象耳豆根结线虫（*M. enterolobii*，图 9-28）。

雌虫虫体颜色乳白，球形至梨形，颈部向腹部弯曲。排泄孔位于中食道球和口针基部球之间的腹面。会阴花纹卵形或近似圆形，线纹紧密粗糙、连续或间断，背弓中等高、近半圆形或方形。尾端阴门和肛门之间有少量线纹，侧尾腺口明显，侧尾腺口间距与阴门裂长度相当。

雄虫蠕虫形，虫体长、粗壮。口针粗大，口针基部球卵圆形。交合刺发达，稍向腹面弯曲，尾端钝圆，无交合伞。

2 龄幼虫蠕虫形，尾部细长、棍棒状，近末端有 2~4 次缢缩，末端钝圆。

图 9-27 龙葵根结线虫病症状

A. 病株；B. 根结；C. 根结上的卵囊

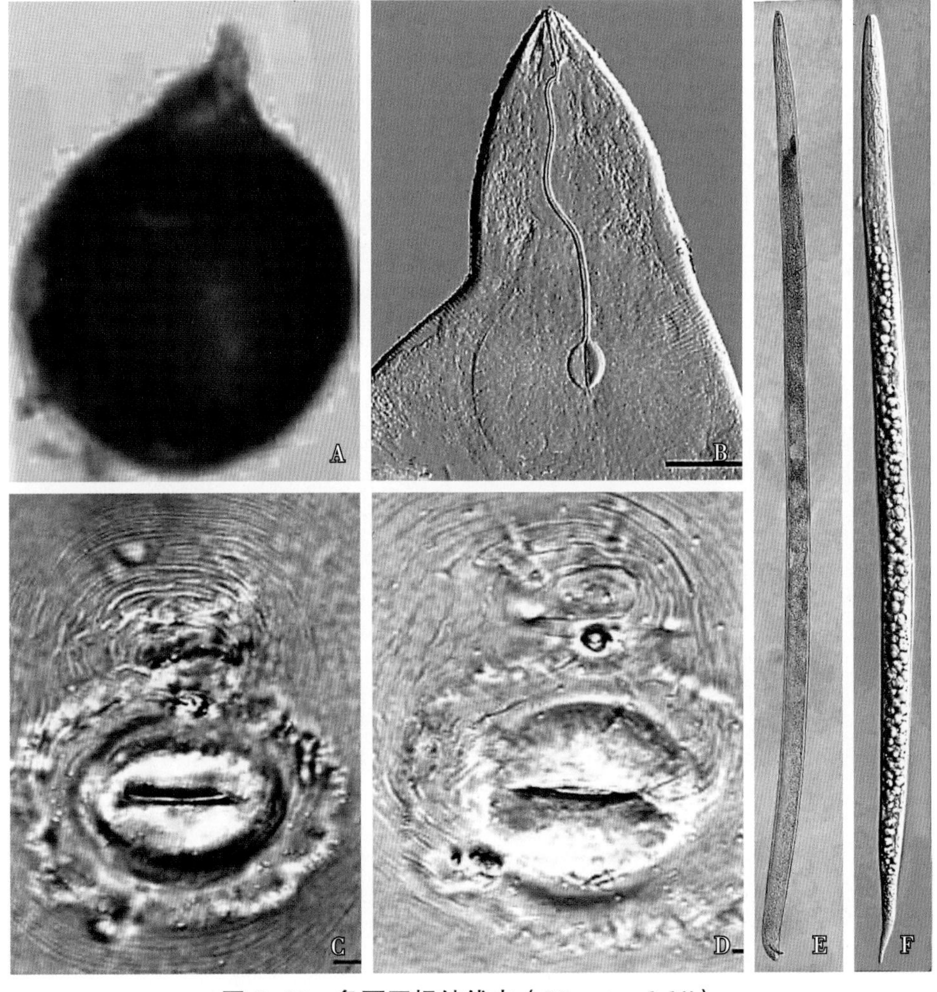

图 9-28 象耳豆根结线虫（***M. enterolobii***）

A. 雌虫整体；B. 雌虫头部；C、D. 会阴花纹；E. 雄虫整体；F. 2 龄幼虫整体

发病规律

与仙草根结线虫病发病规律相似。

防控措施

参考仙草根结线虫病防控措施。

五、藿香蓟根结线虫病

症状

藿香蓟是菊科霍香蓟属一年生草本植物，具有观赏和药用价值。病原线虫 2 龄幼虫从根部细嫩组织侵染。病株矮小黄化，生长衰弱（图 9–29）。根结近球形，单生或数个串生（图 9–30）。根结表面有胶质状卵囊（图 9–31），根结后期变褐腐烂。

图 9–29　藿香蓟根结线虫病病株

图 9–30　藿香蓟根结线虫病病根

图 9–31　藿香蓟根结线虫病根结

病原

病原为南方根结线虫（*M. incognita*，图 9–32）。

雌虫虫体球形或梨形，排泄孔位于中食道球上方、口针基部球附近。会阴花纹呈卵圆形或近方形，背弓较高，方形、梯形、半圆形，会阴花纹一侧或两侧由背、腹连接处的线纹断裂或分叉而形成痕迹不清晰的侧线。

雄虫蠕虫形，粗长；口针和交合刺发达，无交合伞，尾端钝圆。

2 龄幼虫蠕虫形，虫体纤细，尾部末端钝圆，直肠膨大。

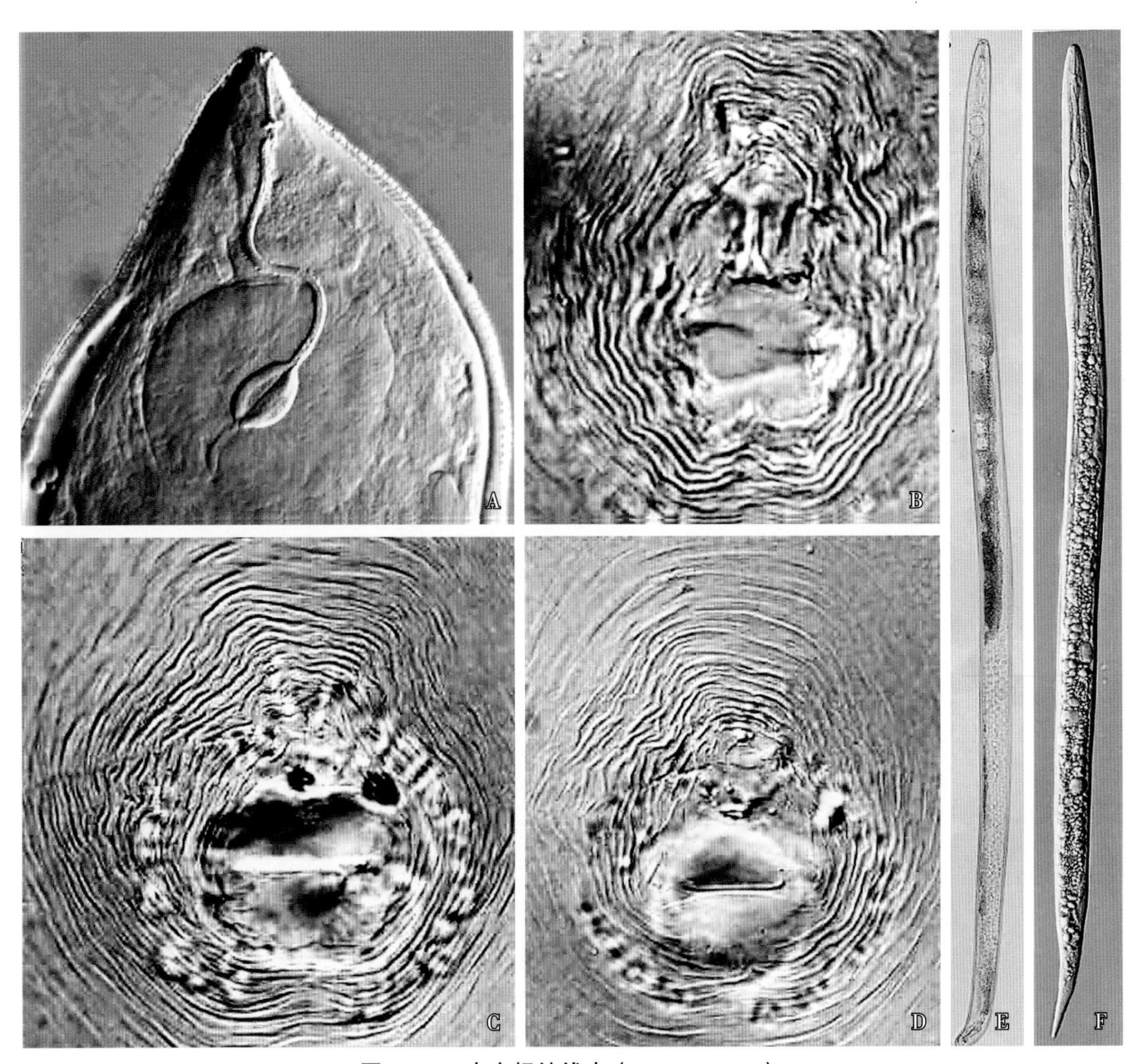

图 9-32 南方根结线虫（*M. incognita*）

A. 雌虫头部；B~D. 会阴花纹；E. 雄虫整体；F. 2 龄幼虫整体

发病规律

与仙草根结线虫病发病规律相似。

防控措施

参考仙草根结线虫病防控措施。

六、姜黄根结线虫病

症状

姜黄为姜科姜黄属多年生草本药用植物。病原线虫 2 龄幼虫从侧根和须根的根尖后部侵染，导致根尖部形成球形、椭圆形或棍棒形根结，多个根结连接，导致根肿大扭曲（图 9–33、图 9–34）。受害根系停止生长、变褐腐烂，块根小、产量低，植株生长衰弱。

病原

病原为南方根结线虫（*M. incognita*）。

发病规律

与仙草根结线虫病发病规律相似。

防控措施

参考仙草根结线虫病防控措施。

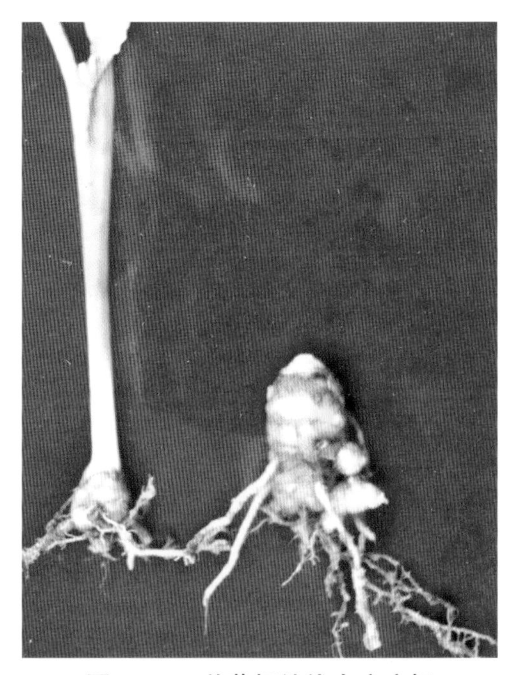

图 9–33 姜黄根结线虫病病根

图 9–34 姜黄根结线虫病病根肿大

七、金银花根结线虫病

症状

金银花，又称忍冬，属忍冬科忍冬属，是一种历史悠久的常用中药。病原线虫 2 龄幼虫侵染侧根和须根，形成根结，根系扭曲。后期病根表皮变褐腐烂，皮层开裂、脱落（图 9–35）。植株生长衰弱，叶片黄化，重病植株枯死。

病原

病原为南方根结线虫（*M. incognita*）。

图 9-35 金银花根结线虫病根部症状

发病规律

与仙草根结线虫病发病规律相似。

防控措施

参考仙草根结线虫病防控措施。

八、巴戟天根结线虫病

症状

巴戟天为茜草科巴戟天属药用植物。根结线虫病是巴戟天的重要病害，发病田的田间株发病率有时高达 90%~100%。病原线虫 2 龄幼虫侵染根部细嫩组织，受害根部产生许多大小不等的瘤状根结。根结初期为白色，后期变褐腐烂，表皮破裂。病株生长缓慢，叶片褪绿，重病植株萎蔫和枯死。

病原

病原为南方根结线虫（*M. incognita*）和印度根结线虫（*M. indica* ）。这两个病原线虫的会阴花纹特征鉴别如下。

南方根结线虫（*M. incognita*）：会阴花纹卵圆形，背弓高、由平滑至波浪形的线纹组成；一些线纹在侧面分叉，但不形成侧线（图 9–36）。

印度根结线虫（*M. indica*）：会阴花纹近圆形或扁圆形，背弓低平；阴门与肛门之间有许多线纹，尾端由细密条纹形成同心环纹；从尾端向两侧形成不完全的侧线（图 9–37）。

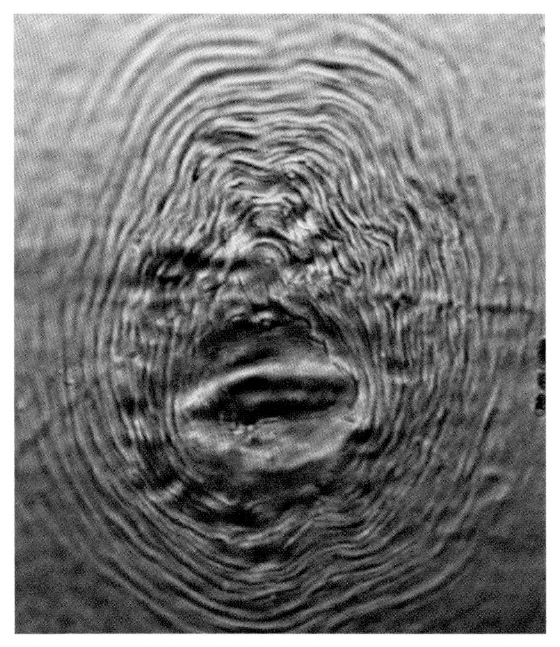

图 9–36　南方根结线虫（*M. incognita*）会阴花纹

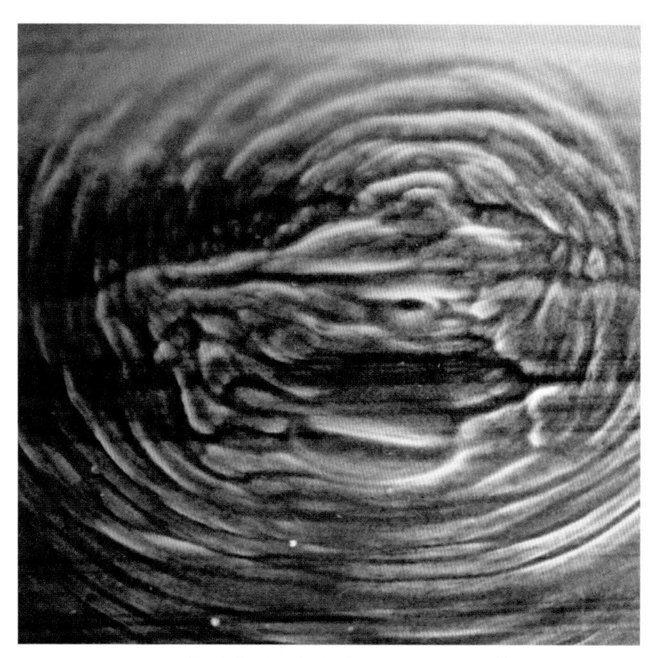

图 9–37　印度根结线虫（*M. indica*）会阴花纹

发病规律

病株根部和根际土壤是根结线虫（*Meloidogyne*）的主要越冬场所。病害主要是借助种苗调运远距离传播，田间通过水流和农事操作传播。用菜园土壤、果园土壤、林地土壤育苗或种植易发生根结线虫病。

防控措施

①健康栽培：选用生荒地种植，切忌用菜园土壤或果园土壤育苗和种植。

②土壤消毒：在种植前 15~20d 全畦均匀地撒施 50% 氰氨化钙颗粒剂（750~900kg/hm^2），用铁耙将药剂和土壤充分混匀，浇水湿润土壤后覆膜。消毒 15~20d 后揭膜，通风 2d 后播种或移栽。

③生物防控：播栽期或生长期施用淡紫拟青霉、阿维菌素等微生物制剂进行防控。

九、罗汉果根结线虫病

症状

罗汉果是葫芦科罗汉果属药用植物。罗汉果根结线虫病害发生严重，田间发病率一般为 30%，重病田可高达 80%。罗汉果根系受病原线虫 2 龄幼虫侵染，在根尖部形成根结，根结呈球状或棒状膨大，受害块根表面呈瘤状突起。受害植株分枝少，叶片褪绿黄化，花期推迟，结果少而小。受害严重的根系腐烂，导致整株枯死。

病原

病原为爪哇根结线虫（*M. javanica*）。

雌虫会阴花纹近圆形，背弓圆而低平；有明显的双侧线从尾端向两侧延伸，将会阴花纹的背面和腹面完全分开；无或极少线纹通过侧线（图 9–38）。

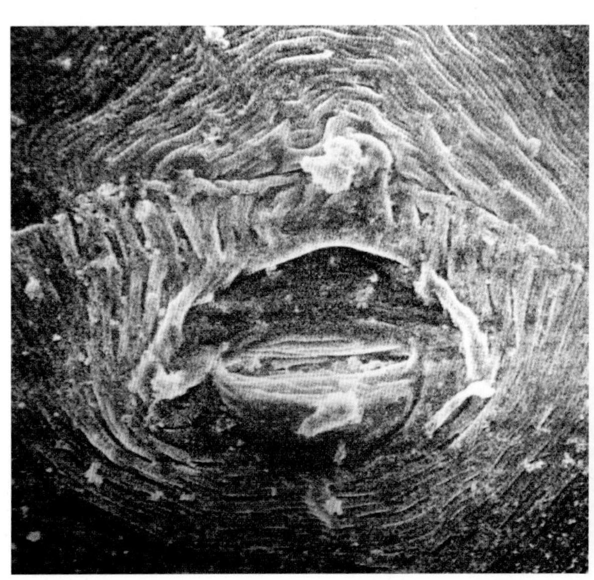
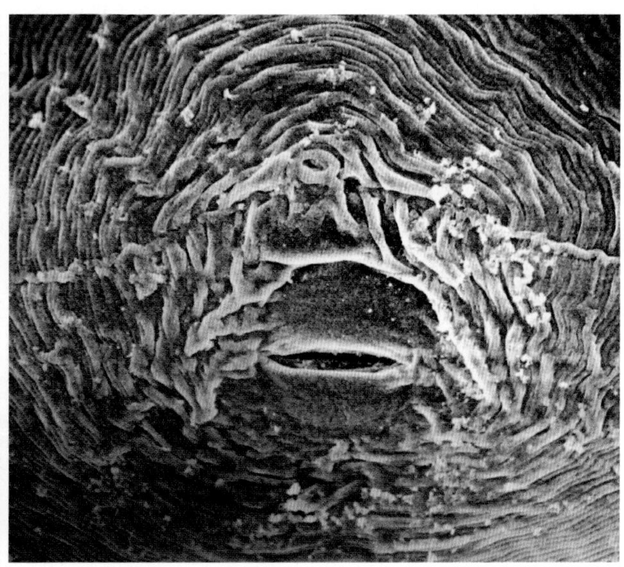

图 9–38　爪哇根结线虫（*M. javanica*）会阴花纹

发病规律

病株根部和根际土壤是病原线虫的主要越冬场所。病害主要是借助种苗调运远距离传播，田间通过水流和农事操作传播。坡地种植罗汉果时，病原线虫可随雨水或水流从高处往低洼地传播。

防控措施

①培育无病种苗：育苗时应选择无病土培育无病壮苗，选用无病、健壮的优良种株育苗。购苗时要注意检查，严防带病苗传入新地。

②土壤消毒：在种植前 15~20d 全畦均匀地撒施 50% 氰氨化钙颗粒剂（750~900kg/hm^2），用铁耙将药剂和土壤充分混匀，浇水湿润土壤后覆膜。消毒 15~20d 后揭膜，通风 2d 后播种或移栽。

③科学用药：种植期或生长期可以选用 41.7% 氟吡菌酰胺悬浮剂、10% 噻唑膦颗粒剂，按产品说明书使用。

第十章

烟茶蔗麻线虫病

第一节　烟草线虫病

一、烟草根结线虫病

症状

烟草根结线虫病在烟草苗期和大田期均可发生。目前采用漂浮育苗和湿润育苗的烟草苗期根结线虫病已经得到控制，现在根结线虫病主要危害大田期烟草。病株矮化，生长迟缓，叶片褪绿（图 10–1）。根部产生的根结呈球形、纺锤形或不规则形，单生或呈念珠状串生（图 10–2），有时许多根结相互愈合形成根结块（图 10–3 至图 10–6）。根结形成初期呈白色，后转为褐色或黑褐色，最后腐烂。一般

图 10–1　烟草根结线虫病田间症状（病株矮小黄化）

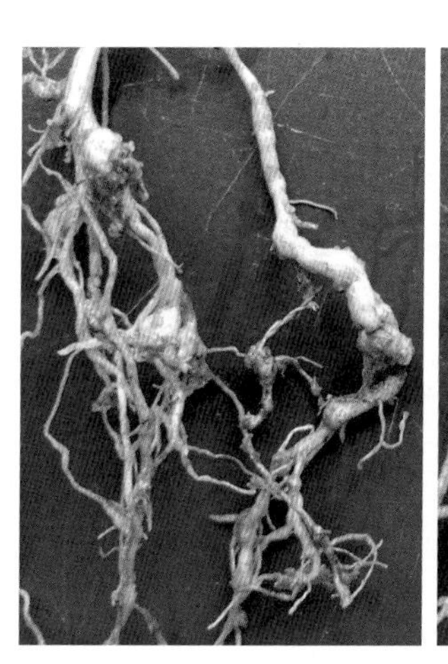

图 10–2　烟草根结线虫病根结

图 10–3　南方根结线虫（*M. incognita*）侵染烟草引起的症状

图 10–4　南方根结线虫（*M. incognita*）侵染引起的根结

图 10–5　爪哇根结线虫（*M. javanica*）侵染烟草引起的症状

图 10–6　爪哇根结线虫（*M. javanica*）侵染引起的根结

情况下 1 个根结中只有 1 条雌虫，有时 1 个根结中可以发现数条，甚至几十条雌虫（图 10–7）。

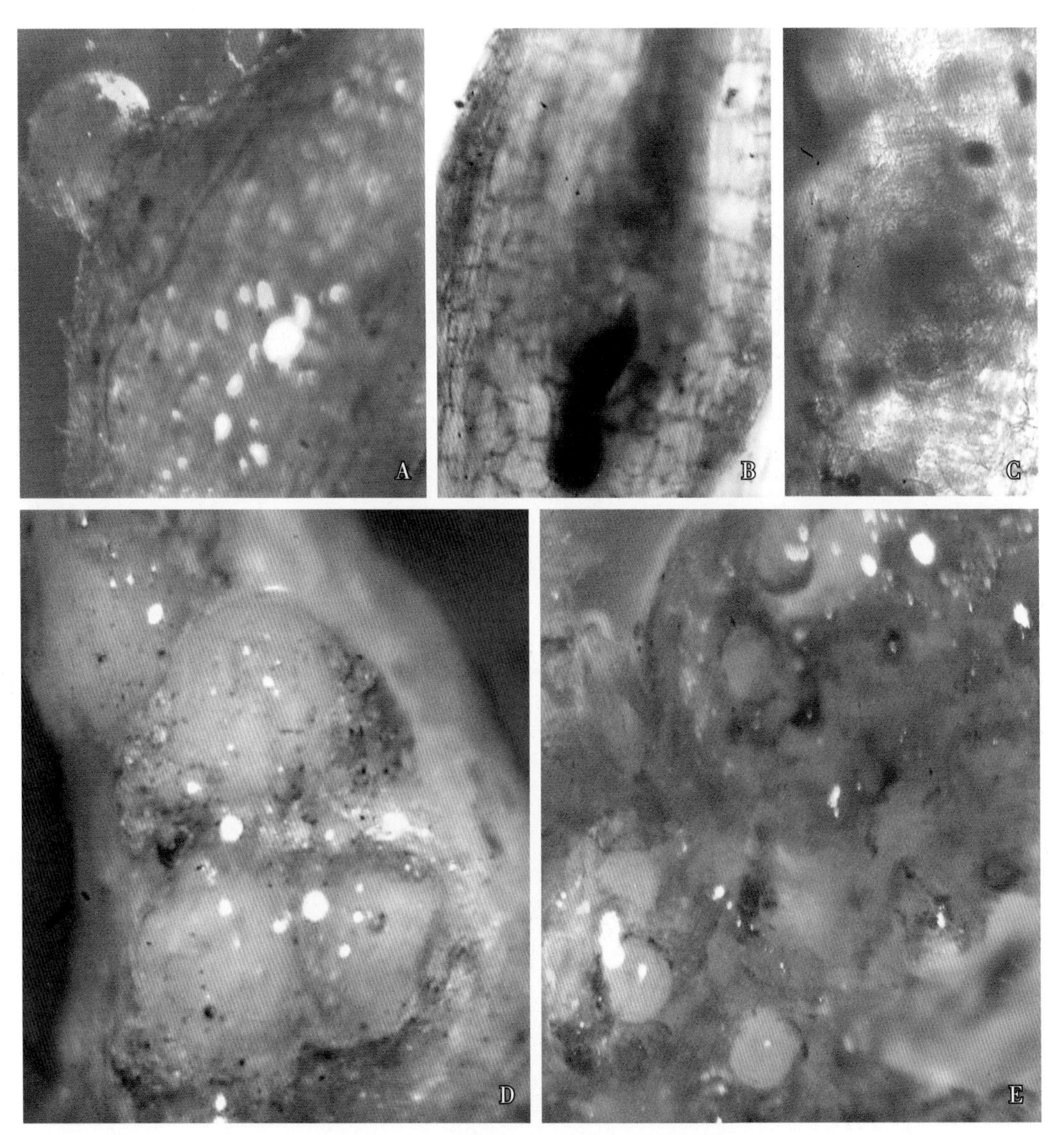

图 10–7 烟草根结线虫病根结组织

A. 单根结和卵囊；B. 根结内的 3 龄幼虫；C. 根结组织内成熟雌虫；D. 根结上的卵囊；E. 根结块中多个雌虫

病原

病原为南方根结线虫（*M. incognita*）、爪哇根结线虫（*M. javanica*）、花生根结线虫（*M. arenaria*）、北方根结线虫（*M. hapla*），南方根结线虫（*M. incognita*）和爪哇根结线虫（*M. javanica*）为优势种。

南方根结线虫（*M. incognita*，图 10–8），其形态特征如下：

雌虫虫体膨大、梨形或球形，颈部突出，虫体颜色呈珍珠白。唇区正面有由中唇和唇盘组成哑铃状，侧器孔位于唇盘两侧。会阴花纹卵圆形或近圆形，背弓高、由平滑至波浪形的线纹组成；无侧线。

雄虫蠕虫形，口针和头骨架强大。唇区有 2~3 个完整环纹。尾末端半球形，交合刺发达，无交合伞。

2 龄幼虫为侵染期幼虫，虫体纤细，蠕虫形。卵椭圆形，卵发育形成 1 龄幼虫。

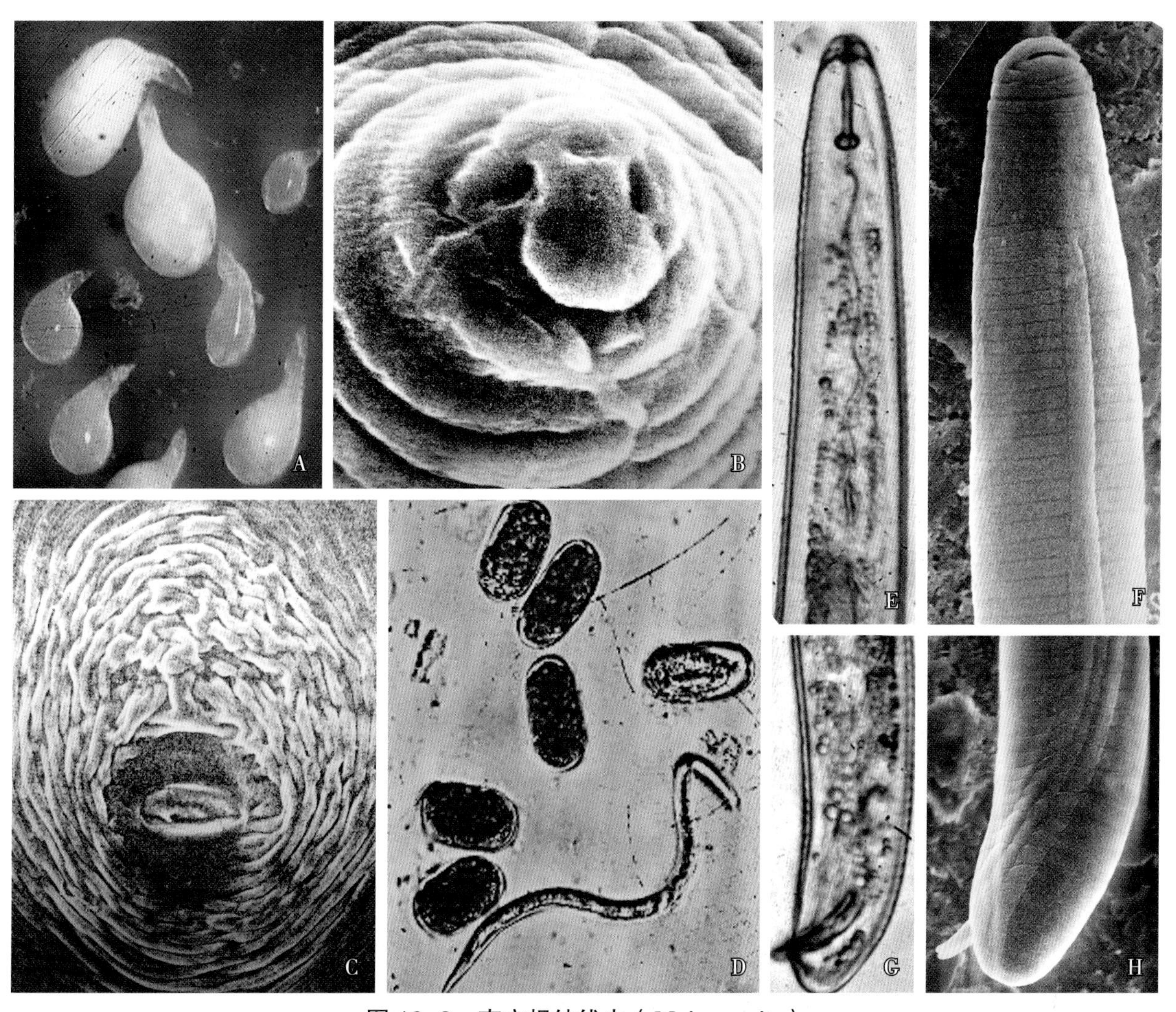

图 10–8 南方根结线虫（*M. incognita*）

A. 雌虫整体；B. 雌虫头部正面；C. 会阴花纹；D. 2 龄幼虫和卵；E、F. 雄虫前部；G、H. 雄虫尾部

侵染烟草的 4 种根结线虫（*Meloidogyne*）的辨识，主要依据会阴花纹特征（表 10–1，图 10–9）。

表 10–1 4 种常见根结线虫会阴花纹特征

种名	鉴别特征			
	背弓	侧区	角质膜纹	尾端
南方根结线虫（*M. incognita*）	高，近方	侧线明显，平滑至波浪形，有断裂纹和叉状纹	粗，平滑至波浪形，有时呈“之”字形纹	常有明显轮纹
爪哇根结线虫（*M. javanica*）	低，近圆	有明显的侧线	粗，平滑至略有波纹	常有明显轮纹
花生根结线虫（*M. arenaria*）	低，圆，近侧线处有锯齿纹	无侧线，有短而不规则的叉形纹	粗，平滑至略有波纹	通常无明显轮纹
北方根结线虫（*M. hapla*）	低，近圆	侧线不明显	细，平滑至略有波纹	皱褶，有刻点

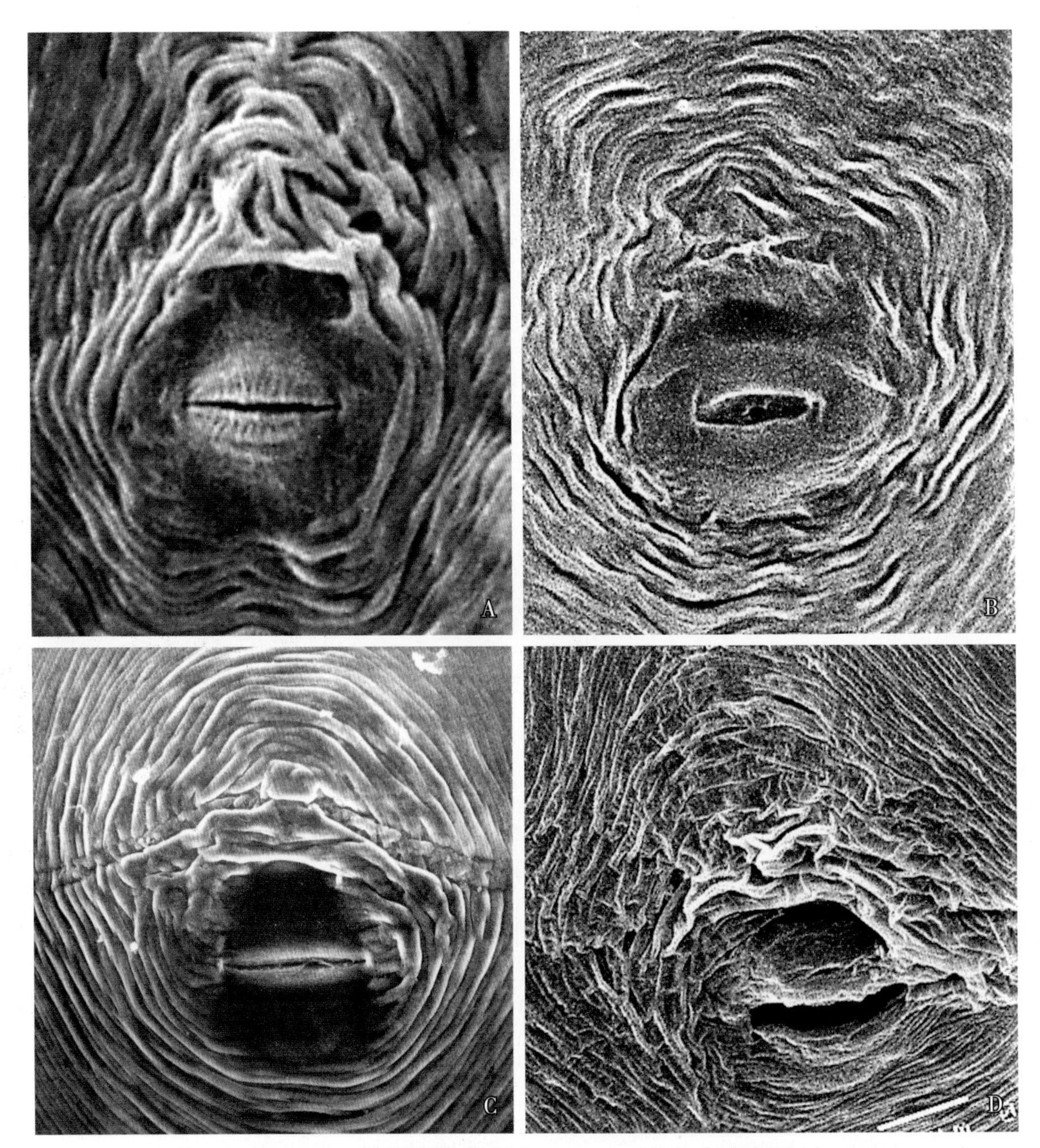

图 10-9 4 种根结线虫（*Meloidogyne*）会阴花纹

A. 南方根结线虫（*M. incognita*）；B. 花生根结线虫（*M. arenaria*）；C. 爪哇根结线虫（*M. javanica*）；D. 北方根结线虫（*M. hapla*）

发病规律

根结线虫（*Meloidogyne*）主要以卵囊中的卵和卵内的幼虫越冬，田间的病根、带有虫卵和根结的病土是主要初侵染源。田间随灌溉水、雨水径流，附于动物、鞋和农具上的带虫土壤传播。

烟田连作或与其他蔬菜轮作，病害发生重；壤土、砂壤土有利线虫活动，病害重；旱地烟草比水田烟草病害重。

防控措施

①培育无病烟苗：坚持漂浮育苗和湿润育苗。湿润育苗时要选新鲜土壤或基质。

②烟—稻轮作防病：避免烟草连作或与蔬菜等旱地作物轮作，提倡烟—稻轮作。

③推广生物防控：施用淡紫拟青霉和厚垣孢普可尼亚菌。将这两种生物制剂拌有机肥，在田间移栽期作基肥，或旺长前期作追肥穴施，对烟草根结线虫病有较好的防控效果。

二、烟草肾形线虫病

症状

病株生长缓慢、矮小，叶色褪绿、枯黄，呈萎蔫状（图 10–10）。受害根系稀疏，营养根呈褐色，严重侵染时根系变黑腐烂。雌虫在烟草根上半内寄生；卵产于胶质卵囊中，卵囊将虫体覆盖，呈半球形；卵囊表面黏附土壤，剔除卵囊可以看到白色、肾形的雌虫虫体（图 10–11）。田间肾形线虫病常常与根结线虫病混合发生，二者主要区别：肾形线虫病不形成根结，根皮层肿胀，表面粘有泥土；根结线虫病在根部形成根结。

图 10–10　烟草肾形线虫病病株

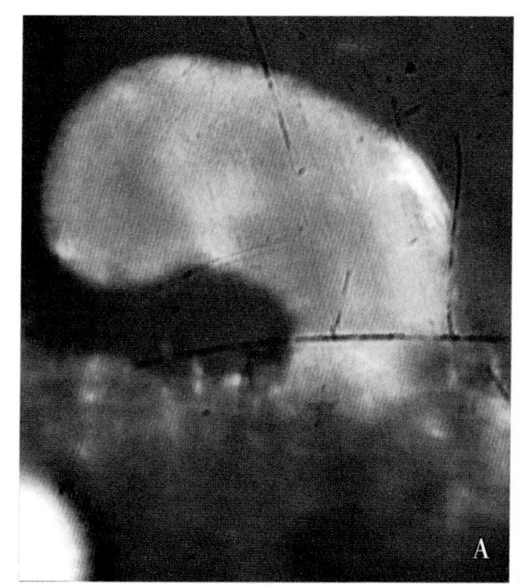

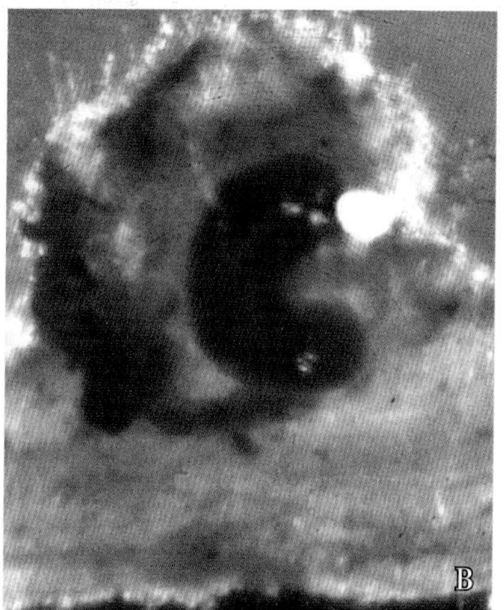

图 10–11　烟草根表上的病原线虫

A. 雌虫；B. 卵囊

病原

病原为肾状肾形线虫（*Rotylenchulus reniformis*，图 10–12）。

雌雄异形。成熟雌虫虫体肾形、颈部不规则，虫体末端圆、有 1 短尾突。阴门位于虫体中后部、突起；双生殖管，盘旋状。未成熟雌虫蠕虫形，头部圆至锥形，头骨质化中等。口针中等发达，口针基部球圆形。食道发达，中食道球有瓣门，食道腺覆盖于肠的侧面。阴门位于体后部，双生殖管。尾部圆锥形，末端圆。

雄虫蠕虫形，头部骨质化。口针和食道退化，尾部尖，交合刺弯曲、交合伞不包至尾端。

2 龄幼虫与未成熟雌虫相似，但虫体较短小，无阴门和生殖管。

发病规律

肾状肾形线虫（*R. reniformis*）以卵囊和 2 龄幼虫残留于土壤中的病根和根际土壤中越冬，抗

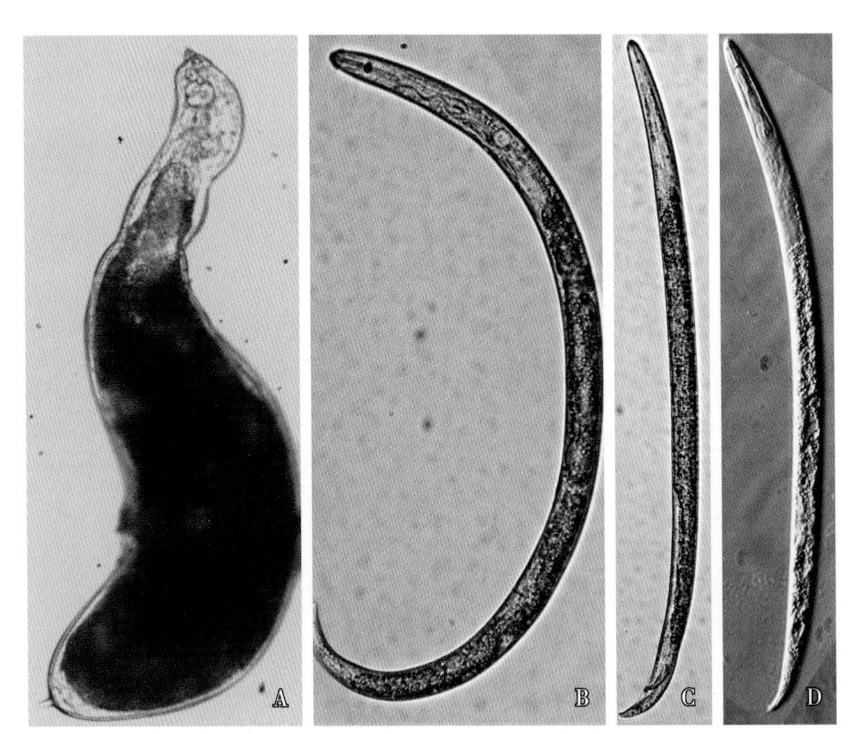

图 10-12 肾状肾形线虫（*R. reniformis*）

A. 成熟雌虫；B. 未成熟雌虫；C. 雄虫；D. 2 龄幼虫

逆性强，幼虫和侵染期雌虫在 0℃以上土壤中可保持侵染力 4~6 个月。幼虫在不适条件下可出现滞育现象。肾状肾形线虫（*R. reniformis*）主要通过侵染的土壤传播，能危害许多蔬菜，烟草与蔬菜轮作病害发生较重。

防控措施

参考烟草根结线虫病防控措施。

三、烟草其他线虫病

（一）烟草根腐线虫病

症状

病原线虫为迁移型内寄生线虫，穿刺侵染而在根表皮留下褐色至淡红色伤痕；侵入后在根组织内取食和迁移，造成根组织大面积损伤。次生病原物的侵染导致根组织腐烂。根系受损严重时植株生长不良，叶片黄化。

病原

病原为穿刺根腐线虫（*Pratylenchus penetrans*，图 10-13）。

虫体蠕虫形，缓慢加热杀死后虫体稍朝腹面弯曲。头部低、扁平，头架骨质化明显、无缢缩，有3个头环。口针长15~17μm，有明显的口针基部球。中食道球发达，后食道腺叶覆盖于肠腹面。雌虫阴门位于体后约体长80%处，单生殖管前生、直，有后子宫囊。尾呈圆柱形，尾端钝。

（二）烟草矮化线虫病

症状

病原线虫在烟草根表皮取食而造成伤痕。病株根系稀少，生长发育迟缓，植株矮化，叶色褪绿。烟草矮化线虫病对烟草危害性大。

病原

病原为克莱顿矮化线虫（烟草矮化线虫，*Tylenchorhynchus claytoni*，图10–14）。

雌虫蠕虫状，缓慢加热杀死后虫体稍朝腹面弯曲。头部不缢缩或稍缢缩，头架弱至中等。口针纤细、长度为20μm左右，口针基部球前缘后倾。食道发育良好，中食道球梭形，食道腺与肠平接。角质膜有细微环纹，侧带有4条侧线。阴门位于虫体中部，双生殖管对生，尾圆锥形或近圆柱形，尾端钝圆，末端光滑无环纹。

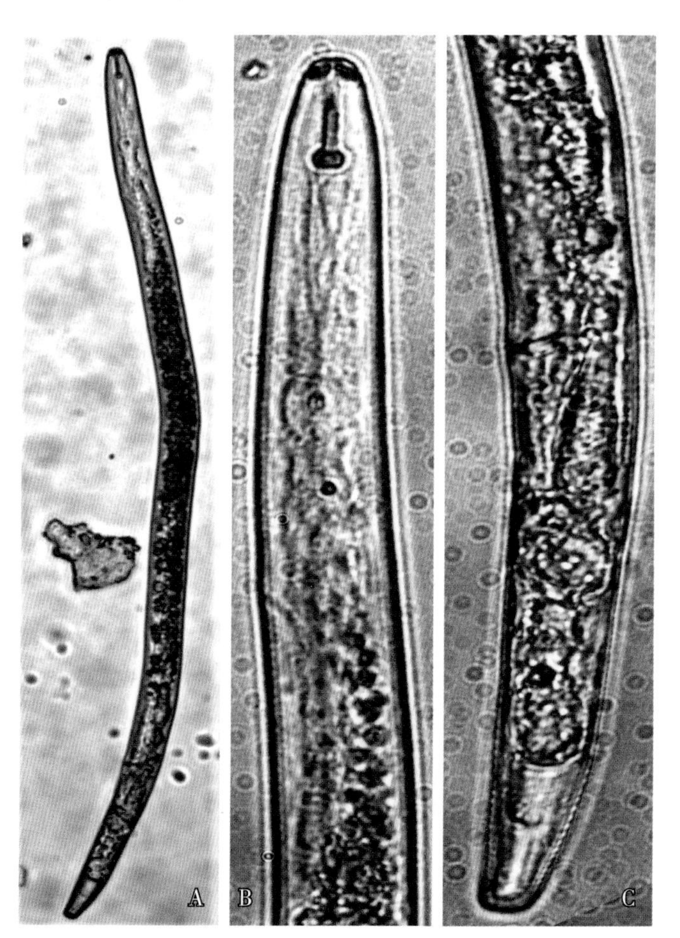

图10–13 穿刺根腐线虫（*P. penetrans*）雌虫

A. 整体；B. 前部；C. 尾部

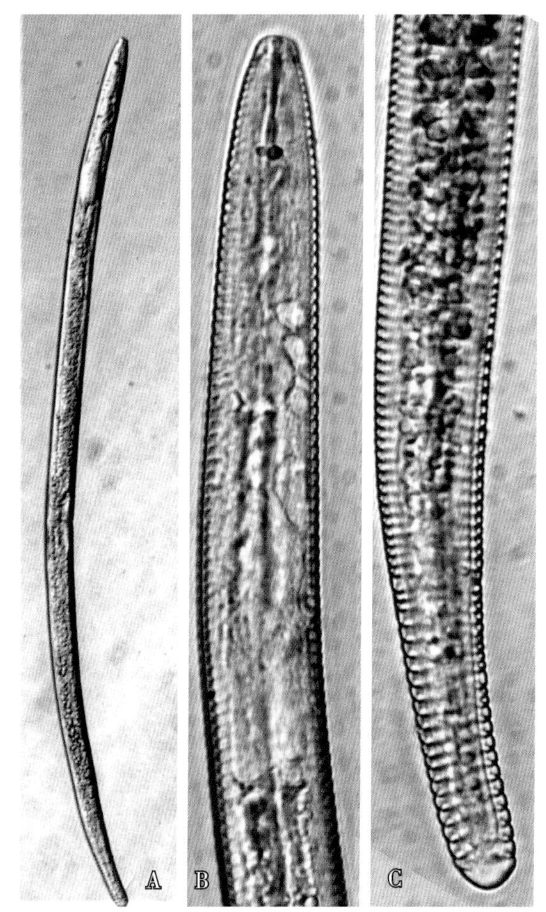

图10–14 克莱顿矮化线虫（*T. claytoni*）雌虫

A. 整体；B. 前部；C. 尾部

（三）烟草螺旋线虫病

症状

病原线虫侵入寄主根皮层组织内取食并破坏细胞，被侵染部位出现褐色坏死伤痕。细菌或真菌经伤口侵入，导致根系变色和腐烂。

病原

病原为双宫螺旋线虫（*Helicotylenchus dihystera*，图 10–15）。

雌虫缓慢加热杀死后虫体呈螺旋形。头部锥圆，中等骨质化；口针发达，长度 26~26μm，口针基部球圆形；背食道腺开口于口针基部球后 8~10μm 处。食道腺叶大部分覆盖于肠的腹面。阴门位于体后部，双生殖管对生、直伸。尾背面弯曲，尾端呈锥形，末端有一尾突。

（四）烟草针线虫病

症状

受害植株叶片减少、变小，鲜重和干重都减少。根上存在病原线虫高群体水平时，导致根系坏死和植株矮化。

病原

病原为突出针线虫（*P. projectus*，图 10–16）。

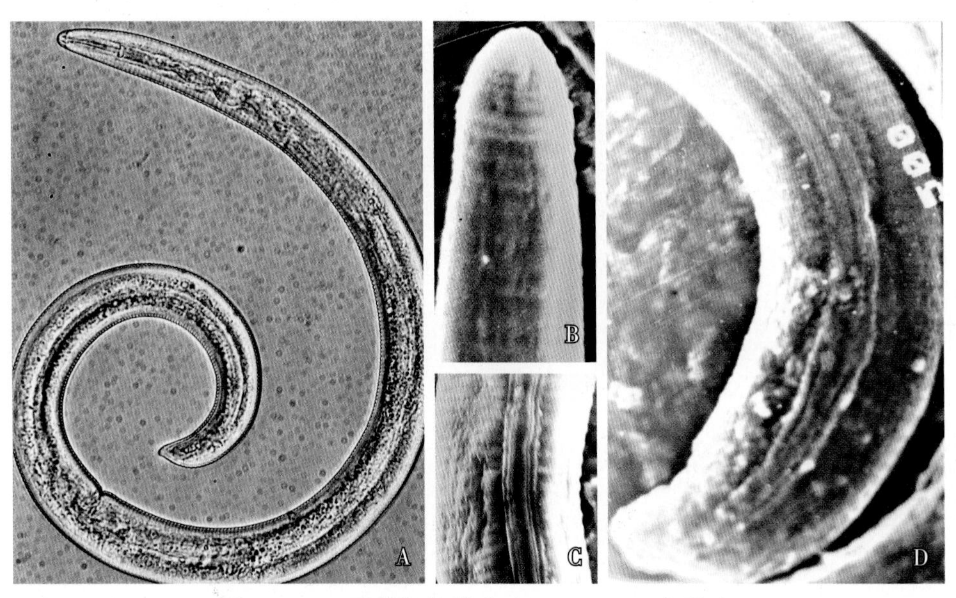

图 10–15　双宫螺旋线虫（*H. dihystera*）雌虫

A. 整体；B. 头部（环纹）；C. 侧带；D. 尾部（侧带）

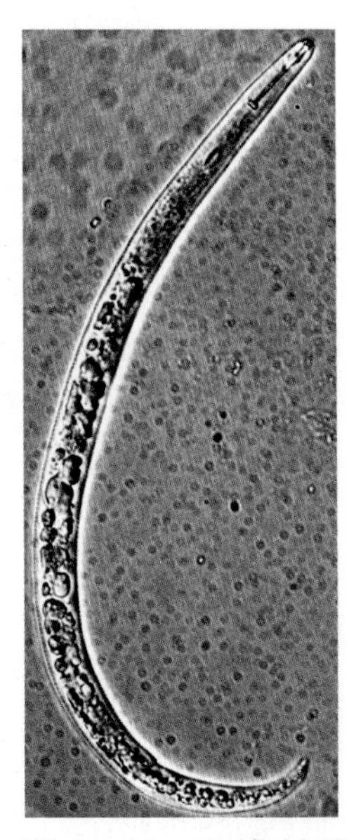

图 10–16　突出针线虫（*P. projectus*）雌虫

雌虫细小，加热杀死后呈“C”形。头骨质化弱；口针细长。阴门突起，位于体后；单生殖管前生。尾部短、圆锥形。

第二节　茶树线虫病

一、茶树根结线虫病

症状

主要发生在茶苗期。受害茶树苗植株矮小，叶片黄化，长势衰退（图 10–17）。受害根系生长萎缩，无新根。受害根系侧根和须根形成根结，根结球形或串生，根结表面产生不定根；根结后期变黑腐烂，引起烂根（图 10–18）。

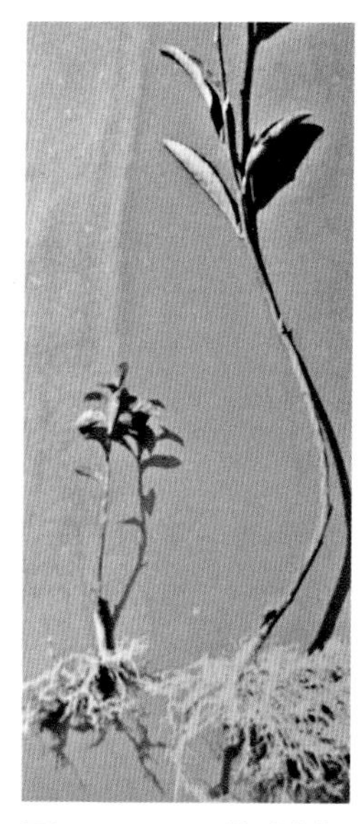

图 10–17　茶树根结线虫病症状（左为病树，右为健树）

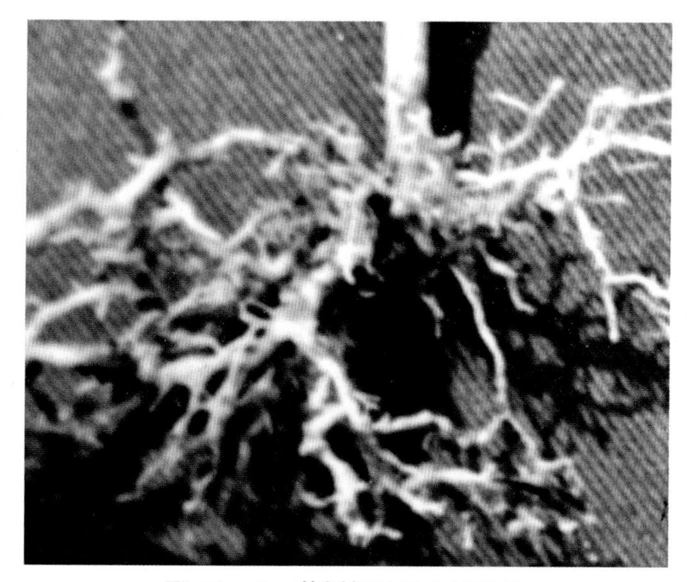

图 10–18　茶树根结线虫病根结

病原

（1）南方根结线虫（*M. incognita*，图 10−19A~C）

雌虫会阴花纹圆形或近圆形，背弓高、近方；侧线明显，角质膜纹平滑至波浪形，有断裂纹和叉状纹；尾端常有明显的轮纹。

（2）短尾根结线虫（*M. brevicauda*，图 10−19D）

雌虫会阴花纹矩形，无侧线；背弓低或中等，呈直角，扁平；阴门与肛门之间有许多线纹。

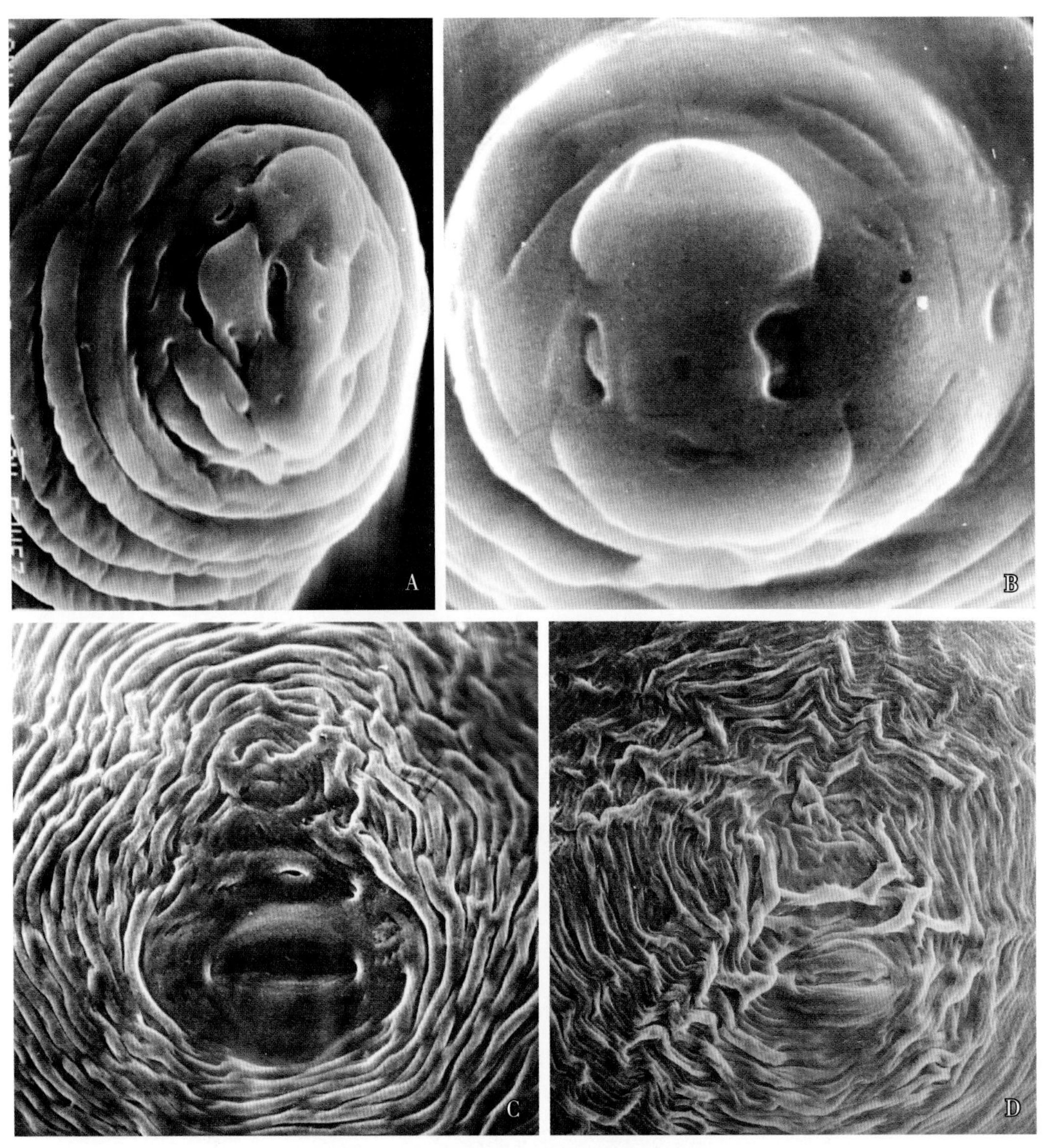

图 10-19 根结线虫（*Meloidogyne*）

A、B. 南方根结线虫（*M. incognita*）头部侧面和正面；C. 南方根结线虫（*M. incognita*）会阴花纹；D. 短尾根结线虫（*M. brevicauda*）会阴花纹

发病规律

用菜地或旱作地育茶树苗，易发生根结线虫病。

防控措施

①培育无病苗：选择水稻田或干净土壤培育无病苗。

②增施有机肥：茶园适当施用以虾蟹壳、海藻等为原料生产的有机肥，这类肥料含磷、钾、钙等元素及壳聚糖、海藻酸等营养物质，还能促进土壤中杀线虫微生物生长。

③茶园套种绿肥植物：茶园套种大豆、蚕豆、猪屎豆、三叶草、紫云英、万寿菊等，能增加土壤营养，调节土壤微生态，产生杀线虫物质。

二、茶树针线虫病

症状

受害茶树根系生长不良，导致减产。接种试验结果表明，病原线虫侵染导致茶树苗根减少，侧根萌发数量少、细短、无分枝，营养根稀少、卷曲（图 10-20）。地上部新叶鲜重、芽和新叶数减少，抽梢期推迟，叶片小，老叶较早黄化、凋落，植株长势弱（图 10-21）。

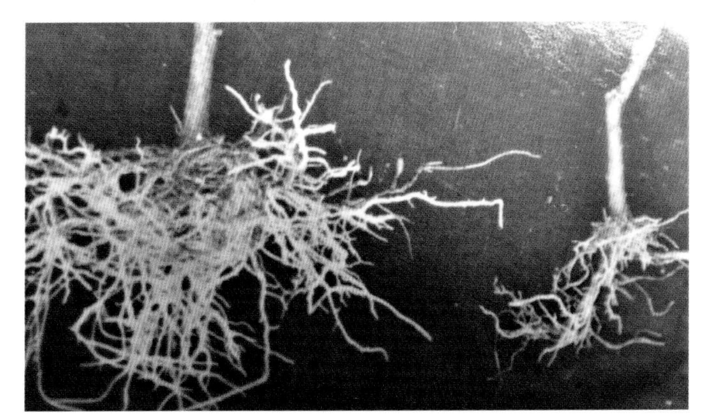

图 10-20　茶树针线虫病症状（左为健根，右为病根）

图 10-21　茶树针线虫病盆栽接种症状（左为线虫悬浮液接种，中为带线虫土壤接种，右为对照）

病原

病原为弯曲针线虫（*Paratylenchus curvitatus*，图 10-22）。

图 10-22　弯曲针线虫（***P. curvitatus***）

A. 雄虫整体；B. 雌虫整体；C. 雌虫前部；D. 雌虫尾部

雌虫细小，缓慢加热杀死后虫体呈“C”形弯曲。头骨质化弱；口针中等，食道环线型。阴门突起，位于体后；单生殖管前生。尾部短，圆锥形。

雄虫细小，食道和口针退化；交合刺窄，无交合伞。

发病规律

茶树针线虫病在茶园普遍发生。据调查，一些茶园的茶树根部线虫区系中弯曲针线虫（*P. curvitatus*）占 92% 以上，100g 根际土壤中其虫口密度达 1500~2000 条。

土壤类型与弯曲针线虫（*P. curvitatus*）的发生量有关，黄壤土比砂壤土更适宜弯曲针线虫（*P. curvitatus*）的生存和繁殖。弯曲针线虫（*P. curvitatus*）在根际土壤中的垂直分布与茶树根系的分布一致：在 0~30cm 深的土层中弯曲针线虫（*P. curvitatus*）的分布量及茶树营养根的分布量分别占其总量的 80% 以上。土壤含水量的变化影响弯曲针线虫（*P. curvitatus*）的垂直分布，旱季弯曲针线虫（*P. curvitatus*）多数集中于 11~30cm 深的茶树根际土壤中，多雨潮湿季节主要分布于 0~20cm 深的土壤中。适宜弯曲针线虫（*P. curvitatus*）的土壤含水量为 12%~15%。在福州郊区的茶园中弯曲针线虫（*P. curvitatus*）一年会出现两次群体增长高峰，第一次高峰在 4~5 月，第二次在 9~10 月，弯曲针线虫（*P. curvitatus*）的群体增长期与茶树新根发生期相吻合。

防控措施

参考茶树根结线虫病防控措施。

第三节　甘蔗线虫病

一、甘蔗根结线虫病

症状

发病甘蔗植株叶片褪绿、黄化，矮小，根部产生大小不一的瘤状根结，根尖或根尖附近产生纵长而弯曲的肿大组织。剖开根结，可以看到白色球形的雌虫虫体。

病原

（1）花生根结线虫（*M. arenaria*）

雌虫梨形，有明显颈部（图 10–23A）。会阴花纹背弓低、圆，近侧线处有锯齿纹；侧区无侧线，有短而不规则的叉形纹；角质膜纹粗、平滑至略有波纹；尾端通常无明显轮纹（图 10–23B）。

（2）南方根结线虫（*M. incognita*）

雌虫梨形，有明显颈部。会阴花纹背弓高、近方形；侧区侧线明显，平滑至波浪形，有断裂纹和叉状纹；角质膜纹粗，平滑至波浪形，有时呈“之”字形纹；尾端常有明显的轮纹（图 10–23C，D）。

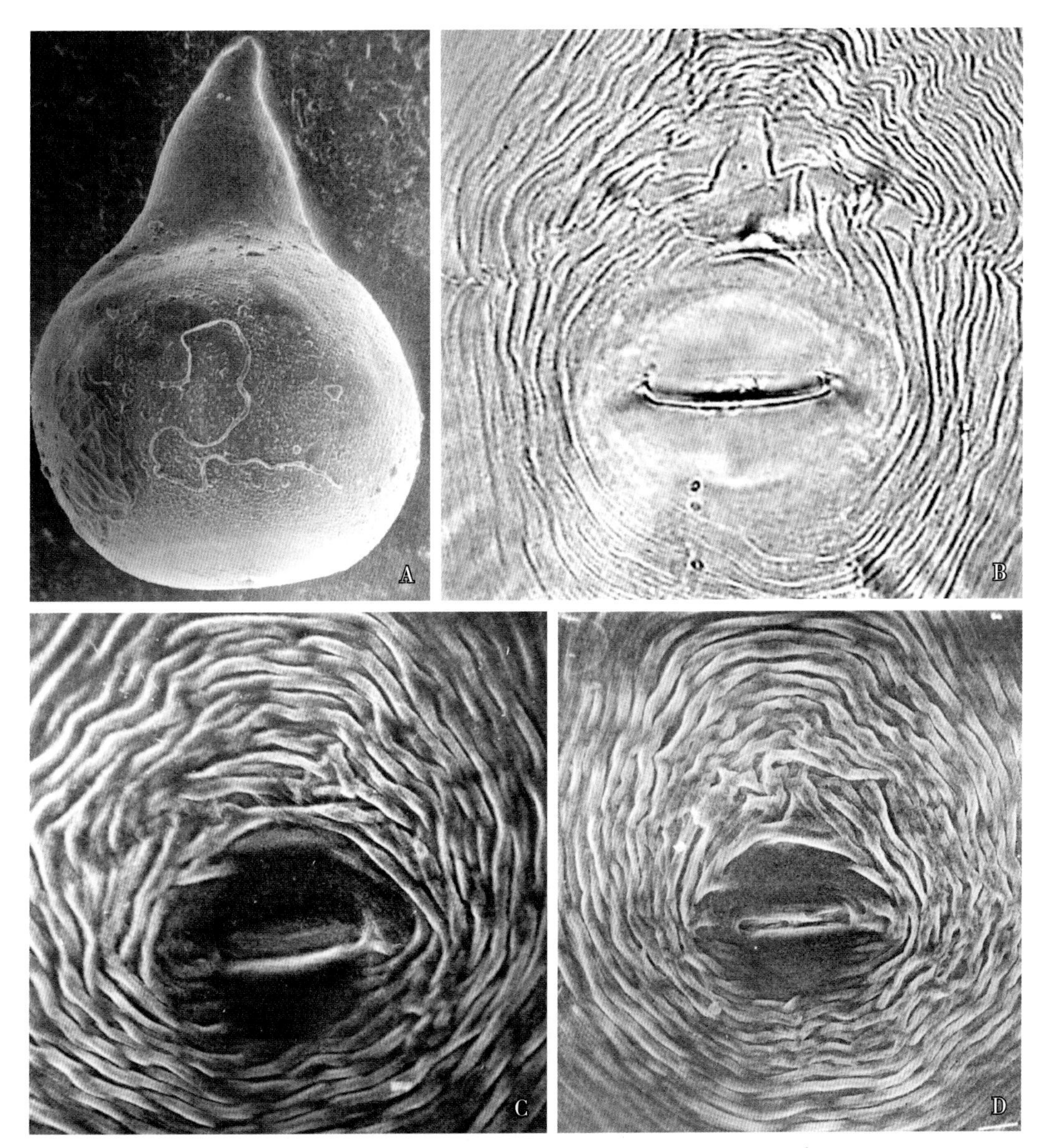

图 10–23　寄生甘蔗的 2 种根结线虫（*Meloidogyne*）

A. 花生根结线虫（*M. arenaria*）雌虫；B. 花生根结线虫（*M. arenaria*）会阴花纹；C、D. 南方根结线虫（*M. incognita*）会阴花纹

发病规律

根结线虫（*Meloidogyne*）主要以卵囊中的卵和卵内的幼虫越冬，残留于田间的病根、带有虫卵和根结的病土是主要初侵染源。土质疏松的砂土和砂壤土适于根结线虫病发生。宿根蔗根结线虫病明显重于新植蔗，旱地甘蔗根结线虫病要重于水田甘蔗。

防控措施

①农业防控：实行水旱轮作，避免甘蔗连作；种植新植蔗，少种或不种宿根蔗。

②药剂防控：发生过根结线虫病的蔗田，在种植前先用 98% 棉隆微粒剂进行土壤熏蒸处理。施药前先将土壤耙碎，按每平方米土壤施药 30~40g 的用量，将棉隆均匀撒播于土壤表面，然后用细齿耙将棉隆混入深 20cm 左右土层，将土面压实或覆盖塑料薄膜，保持土壤湿润状态；5~7d 后，对处理

层进行松土和彻底通气 3d，然后种植。

③生态防控：基肥和追肥要增加有机肥、磷钾肥和微生物肥。在沿海地区可施用虾蟹壳等海产品的废弃物，以改善土壤中有益微生物环境和增强植株抗性。有根结线虫（*Meloidogyne*）侵染的甘蔗地，甘蔗下种后可在种植穴或种植沟施用淡紫拟青霉或厚垣孢普可尼亚菌。

二、甘蔗其他线虫病

（一）甘蔗矮化线虫病

症状

病原线虫取食甘蔗根表皮细胞和根毛，导致根系稀少，侧根变短和坏死、根毛少，定植根提早死亡。蔗茎长度缩短，质量下降。

病原

病原为饰环矮化线虫（*T. annulatus*）。

（二）甘蔗螺旋线虫病

症状

病原线虫取食甘蔗根的皮层组织，形成褐色病斑，大量病斑时能相互愈合，引起广泛的根坏死。植株生长衰退。

病原

病原为多带螺旋线虫（*H. multicinctus*）。

（三）甘蔗根腐线虫病

症状

甘蔗根皮层组织产生红色伤痕和广泛组织坏死。叶片黄化，出芽数和蔗茎变短，产量降低。

病原

病原为短尾根腐线虫（*P. brachyurus*）。

第四节　麻根结线虫病

症状

麻自幼苗期至成株期均可受害。在被害麻株的主根和侧根上，形成大小不均匀的瘤状根结，一般有绿豆大小至黄豆大小，有时连接成串珠状，初呈黄白色，表面较坚实，后逐渐变褐腐烂（图 10–24、图 10–25）。由于根部受害，吸收功能下降，使麻株生长缓慢而矮小，下部叶黄化易脱落。发病早的麻株可提早枯死，发病迟的则生长衰退，产量和品质下降。

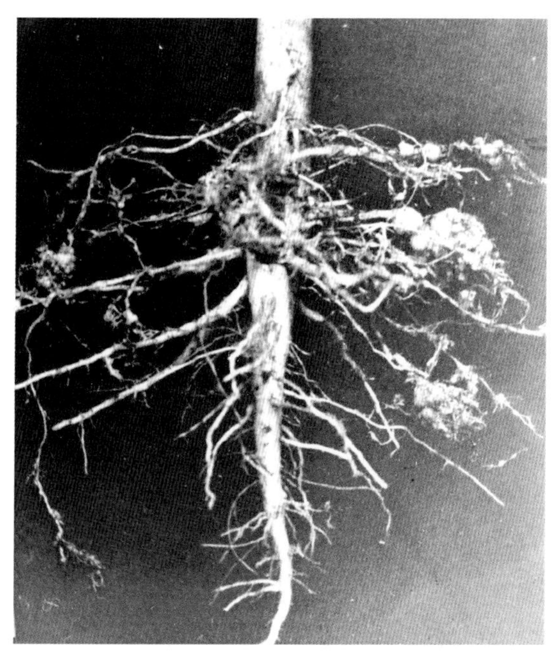

图 10–24　黄麻根结线虫病根部症状

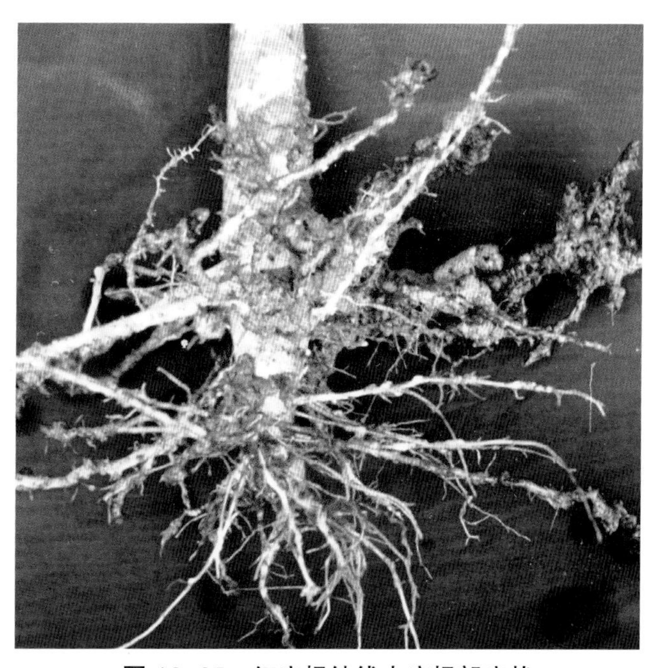

图 10–25　红麻根结线虫病根部症状

病原

病原为南方根结线虫（*M. incognita*，图 10–26）。

雌虫虫体膨大成球形。口针长 10~13μm。会阴花纹背弓高、方形，侧区侧线清晰、光滑至波浪形，有些线纹断裂或分叉，端部常有轮纹。

雄虫蠕虫形，体长 1320~2340μm。口针长 23~25μm。头部不缢缩，通常有 2~3 个不完整的环纹。交合刺发达，长 35~38μm；无交合伞。

2 龄幼虫蠕虫形。口针纤细，长 10~12μm；尾呈锥状，近尾端常缢缩。

发病规律

南方根结线虫（*M. incognita*）以卵或 2 龄幼虫随病残体遗留在土壤中越冬，在田间随附着在病苗上的病土及灌溉水流传播。麻类连作地或前作为菜地的麻田发病重，砂壤土麻田病害发生较重。

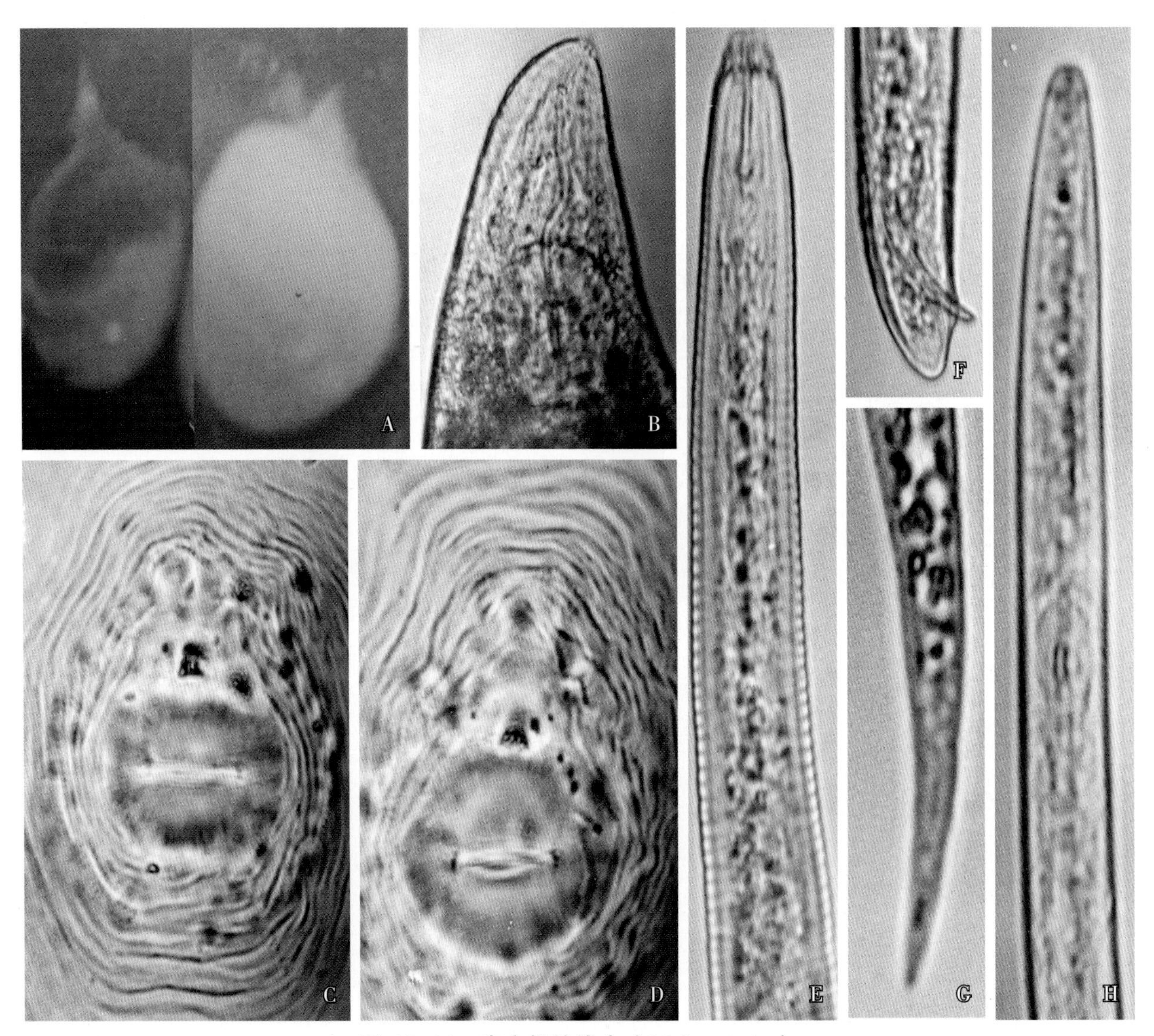

图 10–26 南方根结线虫（*M. incognita*）

A. 雌虫整体；B. 雌虫头部；C、D. 会阴花纹；E. 雄虫前部；F. 雄虫尾部；G. 2 龄幼虫尾部；H. 2 龄幼虫前部

防控措施

①水旱轮作：病害发生严重的田块，实行水旱轮作。麻与水稻轮作，能显著减轻病原线虫危害。

②清洁晒土：用于植麻的田地在作物收获后和植麻前要及时清除残株残根，清除田间杂草，深翻晒土。

③合理施肥：种植时以有机肥、甲壳素肥作基肥，可以改善土壤微生态，促进土壤中益生菌和食线虫微生物的生长。麻株生长期要加强清沟和中耕除草工作，施用氯化钾及锰、硼、铜、锌、钼等微量元素肥料，以增强植株抗病性。

第十一章

林木、花卉线虫病

第一节　林木线虫病

一、松树萎蔫线虫病

症状

松树萎蔫线虫病，俗称松材线虫病。病原线虫通过天牛危害造成的伤口侵入松树木质部，寄生于松脂道中。线虫在树体内繁殖，迅速扩散全树，破坏松脂道，造成植株失水，蒸腾作用降低，树脂分泌急剧减少和停止；病树针叶褪绿变黄褐色，随即很快枯死。病树枯死后针叶呈红褐色，但不落叶（图11–1）。枯死树树干可见到天牛及其他甲虫危害的蛀孔和蛀屑（图11–2）。病死树的木质部往往有蓝变菌的存在，因此被侵染的木材剖面呈现蓝色（图11–3）。

病原

病原为嗜木伞滑刃线虫（松材线虫，*Bursaphelenchus xylophilus*，图11–4）。

雌雄同形。成虫虫体细长。唇部高、缢缩明显。口针细长，基部球小。中食道球卵圆形，占体宽约2/3；食道腺长叶状，覆盖于肠的背面。排泄孔位于食道与肠的交界水平处，半月体在排泄孔后2/3体宽处。

图 11–1　松树萎蔫线虫病症状

A. 发病前期；B. 发病后期

图 11-2　枯死松树上的天牛蛀孔、蛀屑

图 11-3　松树萎蔫线虫病病组织蓝变

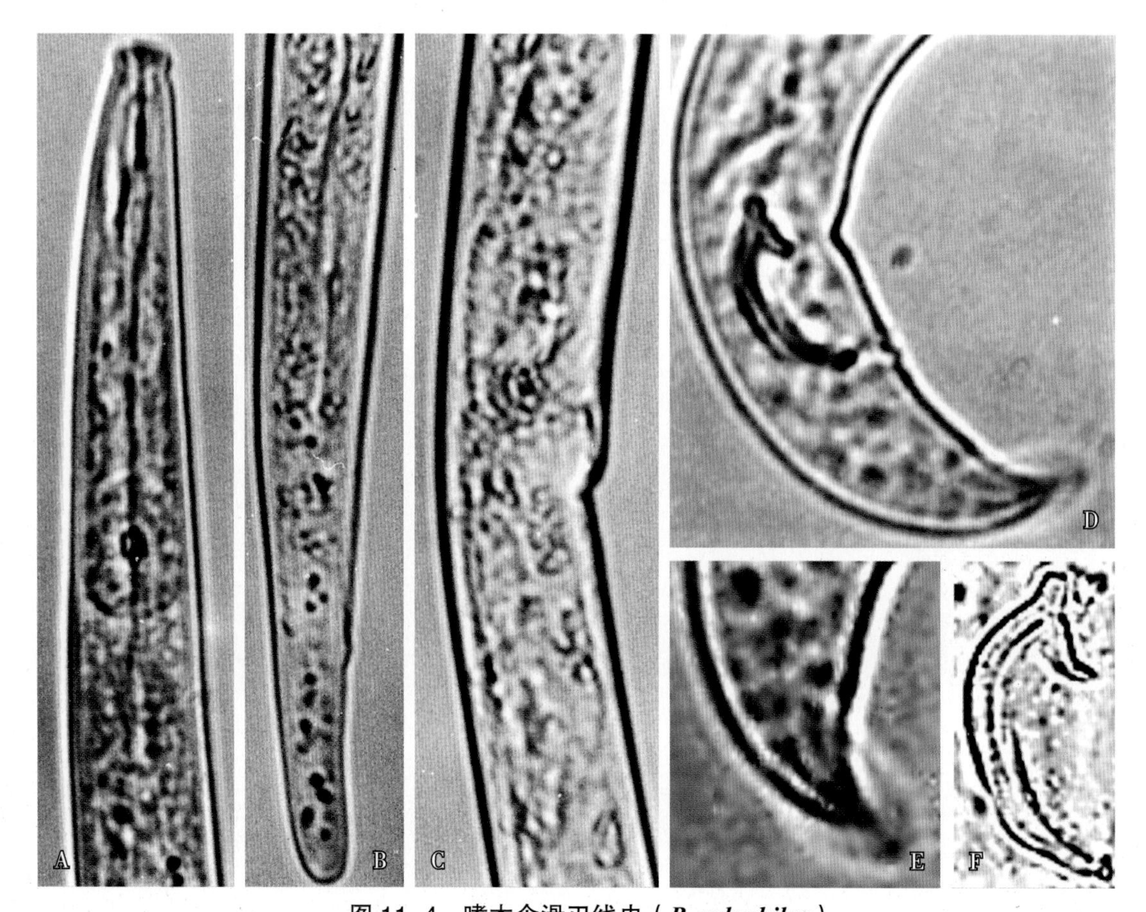

图 11-4　嗜木伞滑刃线虫（***B. xylophilus***）

A. 雌虫头部；B. 雌虫尾部；C. 阴门盖；D. 雄虫尾部（交合刺）；E. 交合伞；F. 交合刺

雌虫体长670~980μm，口针长13~20μm。阴门位于虫体后部体长的74%左右处；前阴唇向后延伸形成阴门盖。单生殖管前生、直；后阴子宫囊发达，长度约为阴肛距的3/4。尾近圆锥形，尾端部宽圆，通常无尾尖突，少数群体具一短小的尾尖突。

雄虫交合刺大，长22~33μm，弓形、喙突明显，末端呈盘状膨大。尾部呈弓形，尾端尖细，侧面观呈爪状；尾末端有一小的卵圆形离肛型交合伞；尾部有7个尾乳突，包括1对肛乳突、1个肛前腹乳突、2对肛后乳突。

从松树萎蔫线虫病病树、原木、包装板材中发现多种伞滑刃线虫（*Bursaphelenchus* spp.）。迄今为止，仅有嗜木伞滑刃线虫（*B. xylophilus*）被证实是松树萎蔫线虫病的病原，其他对松树的致病性尚不明确。然而，有些种类形态特征与嗜木伞滑刃线虫（*B. xylophilus*）极其相似，因此诊断松树萎蔫线虫病时，对伞滑刃线虫（*Bursaphelenchus*）种的鉴别极其重要。嗜木伞滑刃线虫（*B. xylophilus*）与伞滑刃线虫属（*Bursaphelenchus*）其他种相比，具有以下特征：一是雄虫离肛型交合伞卵圆形；交合刺末端形成盘状膨大。二是雌虫前阴唇形成阴门盖，明显覆盖阴门。三是雌虫尾端宽圆，无尾尖突或尾尖突短小（长度不超过2μm）。

以下介绍 10 种常见伞滑刃线虫（*Bursaphelenchus*）。

（1）拟松材线虫（*B. mucronatus*，图 11-5）

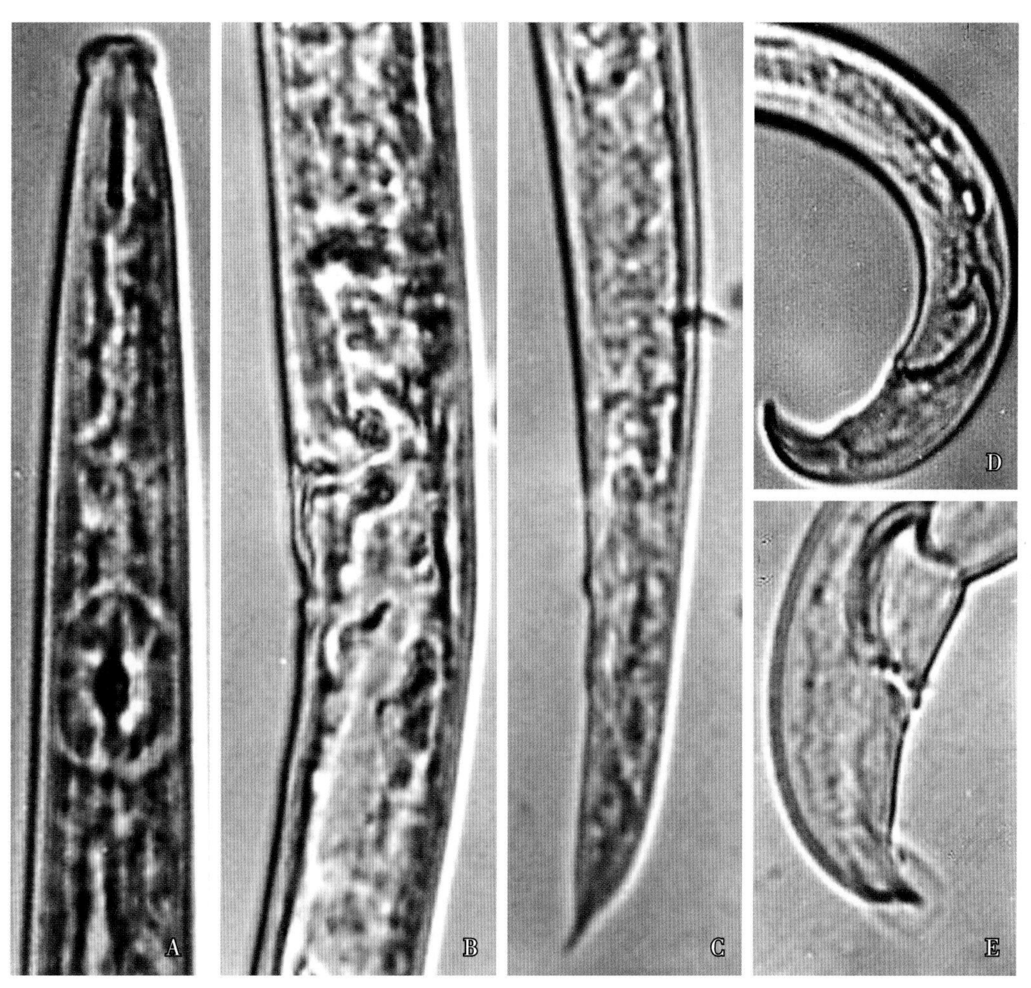

图 11-5　拟松材线虫（*B. mucronatus*）

A. 雌虫前部；B. 阴门和阴门盖；C. 雌虫尾部；D. 雄虫尾部（交合刺）；E. 雄虫尾部（交合伞）

雌虫体长 850~1160μm，缓慢加热杀死后虫体向腹面呈“C”形稍弯曲。体环细但明显，侧带有 4 条侧线。头部缢缩，唇区高，唇瓣 6 个。口针长 13~20μm，基部膨大。食道腺叶覆盖于肠的背面；中食道球卵圆形，几乎充满体腔，瓣膜清晰。阴门位于虫体后部体长的 76% 左右处，前阴唇向后延伸形成较大的阴门盖。单生殖管前生，卵母细胞单行排列；后阴子宫囊长，为阴门处体宽的 5~7 倍。尾部锥形，尾尖突长 3~5μm。

雄虫体长 720~1000μm，缓慢加热杀死后虫体向腹面呈“J”形弯曲。虫体前部形态与雌虫相似。口针长 13~18μm。交合刺长 25~35μm，弓状，末端有帽状结构，喙突长、尖，髁突钝圆。尾部有 7 个尾乳突，包括 1 对肛乳突、1 个肛前腹乳突、2 对肛后乳突。尾端交合伞大，前缘平截、铲状。

（2）拟小松伞滑刃线虫（*B. parapinasteri*，图 11-6 至图 11-8）

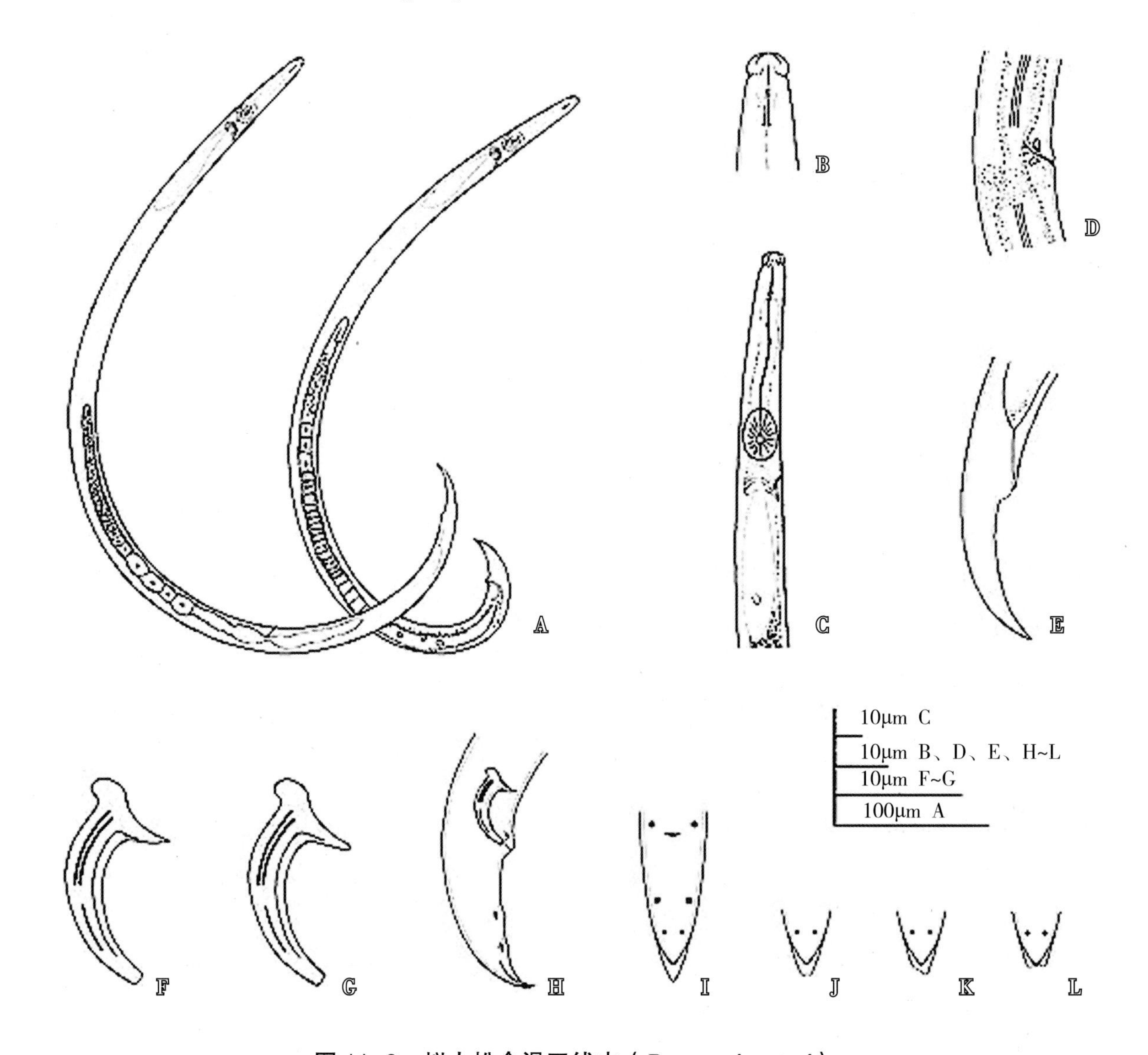

图 11-6 拟小松伞滑刃线虫（*B. parapinasteri*）

A. 雌虫（左）和雄虫（右）整体；B. 雌虫头部；C. 雌虫前部；D. 雌虫侧带和阴门；E. 雌虫尾部侧面；F、G. 交合刺侧面；H. 雄虫尾部；I~L. 尾末端交合伞

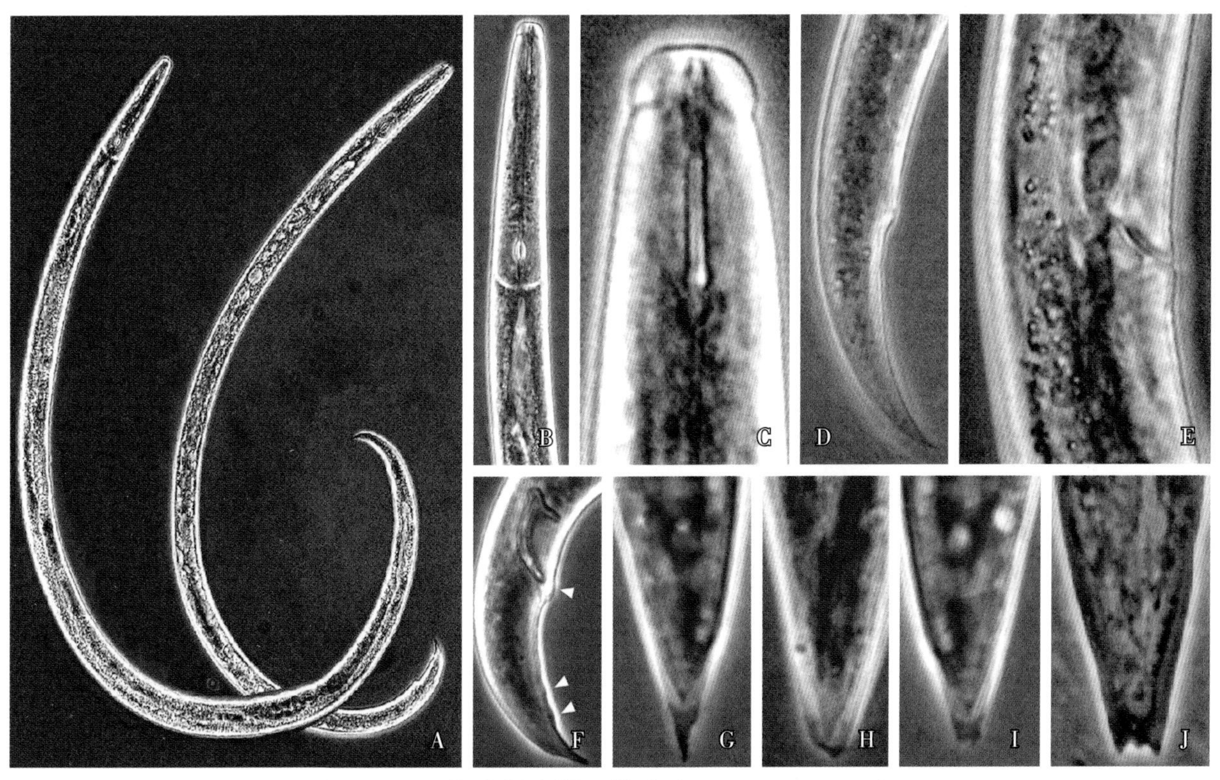

图 11-7 拟小松伞滑刃线虫（*B. parapinasteri*）

A. 雌虫（左）和雄虫（右）整体；B. 雌虫前部；C. 雌虫头部；D. 雌虫尾部；E. 阴门；F. 雄虫尾部（△所指为乳突位置）；G~J. 雄虫尾部（交合伞）

雌虫虫体纤细，体长 610~780μm，缓慢加热杀死后向腹面呈“C”形弯曲。体环细但明显，侧带约占体宽的 1/5，虫体中部侧带有 3 条侧线。头部稍缢缩，唇区高、圆，无环纹，唇瓣 6 片。口针长 14~15μm，针锥细尖，长度为口针长的 2/5，基杆较粗，基部稍膨大。食道体部圆筒形，中食道球卵圆形、瓣膜清晰，食道腺长叶状覆盖于肠背面。单生殖管直、前生；阴门横裂，位于虫体中后部，阴唇微突，无阴门盖；后阴子宫囊长为阴肛距的 1/3~1/2。直肠长，肛门后部明显骨化；尾部因肛门后部骨化陡然收缩变窄。尾部圆锥形，长 30~42μm，向腹面弯曲，末端尖。

雄虫体长 530~726μm，口针长 13~15μm，虫体前部形态与雌虫相似。单精巢直、前生，前端有回折。交合刺长 13~15μm，成对，髁突突起、钝圆，喙突细长、末端尖、个别钝，髁突和喙突的夹角呈近似平角，瘦长的杆状体垂直于髁突，喙突伸出，向腹面弯曲，末端平截，

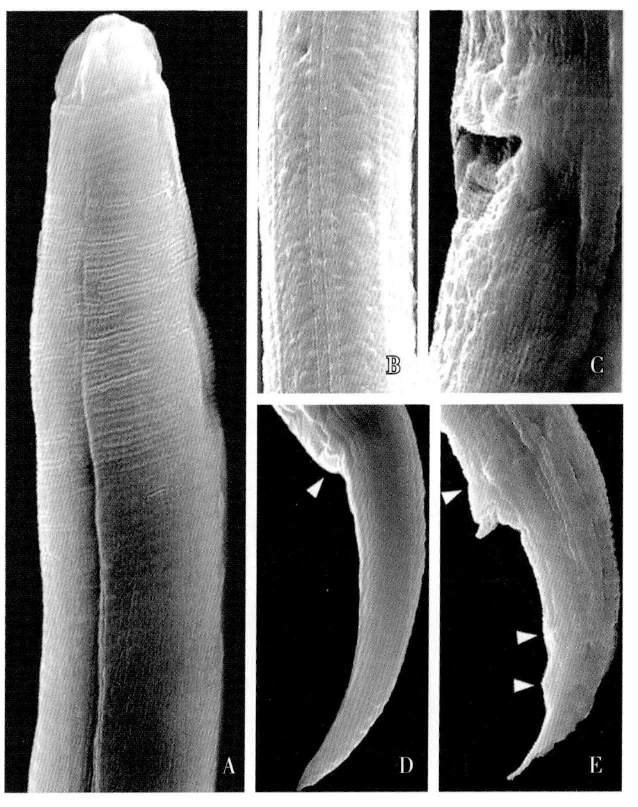

图 11-8 拟小松伞滑刃线虫（*B. parapinasteri*）雌虫

A. 前部（头部）；B. 中部（侧带）；C. 阴门；D、E. 尾部（△指示乳突位置）

无盘状突。无引带。泄殖腔后唇明显增厚。交合伞小，着生于尾末端，多种形状，多数后缘尖、呈锐三角形，有的平截、刻齿状、不规则形；个别交合伞仅残留于尾部末端两侧。尾长 25~31μm，尾部有 3 对乳突：1 对肛侧乳突，位于泄殖腔前方两侧；2 对肛后乳突，其中 1 对位于中后部，另 1 对位于交合伞起始处。

（3）湖南伞滑刃线虫（*B. hunanensis*，图 11-9）

雌虫虫体纤细，体长 610~750μm。体环明显，侧带有 4 条侧线。头部缢缩，唇区平，唇瓣 6 个。口针长 25~35μm，基部无膨大。食道体部圆筒形，中食道球长椭圆形、大，食道腺长叶状覆盖于肠的背面；单生殖管前生；阴门位于体后体长的 77% 左右处，无阴门盖，阴道向前斜伸；后阴子宫囊短于阴门处体宽。尾部呈圆锥状，向腹面轻微弯曲，末端细圆。

雄虫体长 520~690μm，虫体前部形态与雌虫相似。单精巢前生，大约为体长的 1/4；精巢前端约 1/8 处有回折；精母细胞单行排列。交合刺长 17.5~22.5μm，弯曲成弓状，末端钝圆无帽状结构，髁突半球形，喙突钝圆。尾乳突 2 对：1 对肛侧乳突，1 对位于距尾末端约 1/3 尾长处。尾向腹面弯曲，末端细圆；尾尖交合伞短，平截。

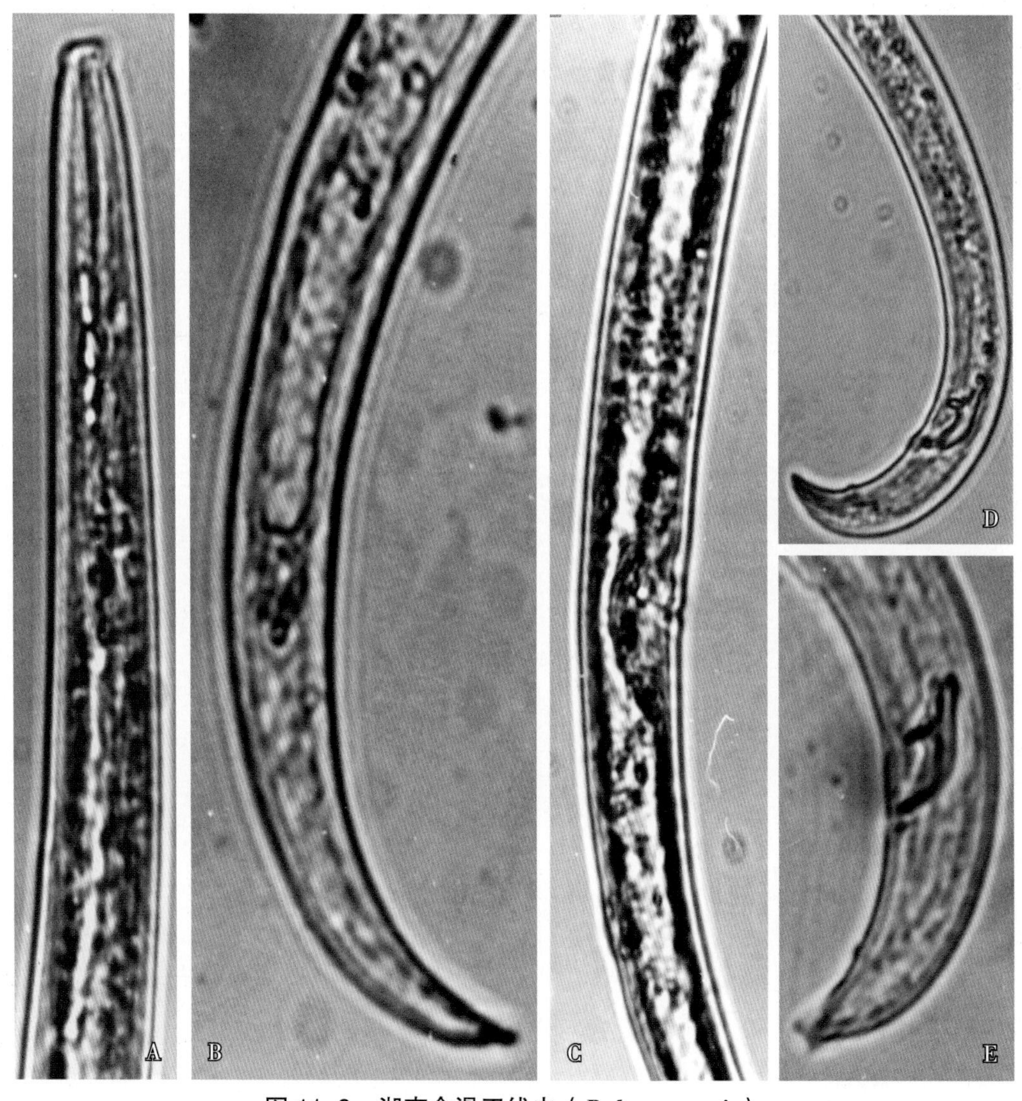

图 11-9 湖南伞滑刃线虫（*B. hunanensis*）

A. 雌虫前部；B. 雌虫尾部；C. 阴门；D. 雄虫尾部（交合刺）；E. 雄虫尾部（交合伞）

（4）莱奴尔夫伞滑刃线虫（*B. rainulfi*，图 11-10）

雌虫虫体纤细，体长 580~710μm。体环细，侧带有 2 条侧线。头部缢缩，唇区高，唇瓣 6 片。口针长 13~17μm。食道体部圆筒形，中食道球卵圆形，食道腺长叶状覆盖于肠背面；单生殖管前生，长度约为体长的 50%；阴门位于虫体中后部，前阴唇向后延伸形成小阴门盖；后阴子宫囊长为阴肛距的 1/2~3/4。尾部圆锥形，弯向腹面，末端钝圆，尾长为肛门处体宽的 4~5 倍。

雄虫体长 520~620μm，尾部弯成钩状。虫体前部形态与雌虫相似。单精巢前生；交合刺长 12~14μm，末端较钝，无盘状突，髁突向前部延伸、突出，喙突位于交合刺的中间。尾部有 1 对肛侧乳突和 1 对肛后乳突，末端有 1 对小乳突；尾部末端有小的离肛型交合伞，卵圆形。

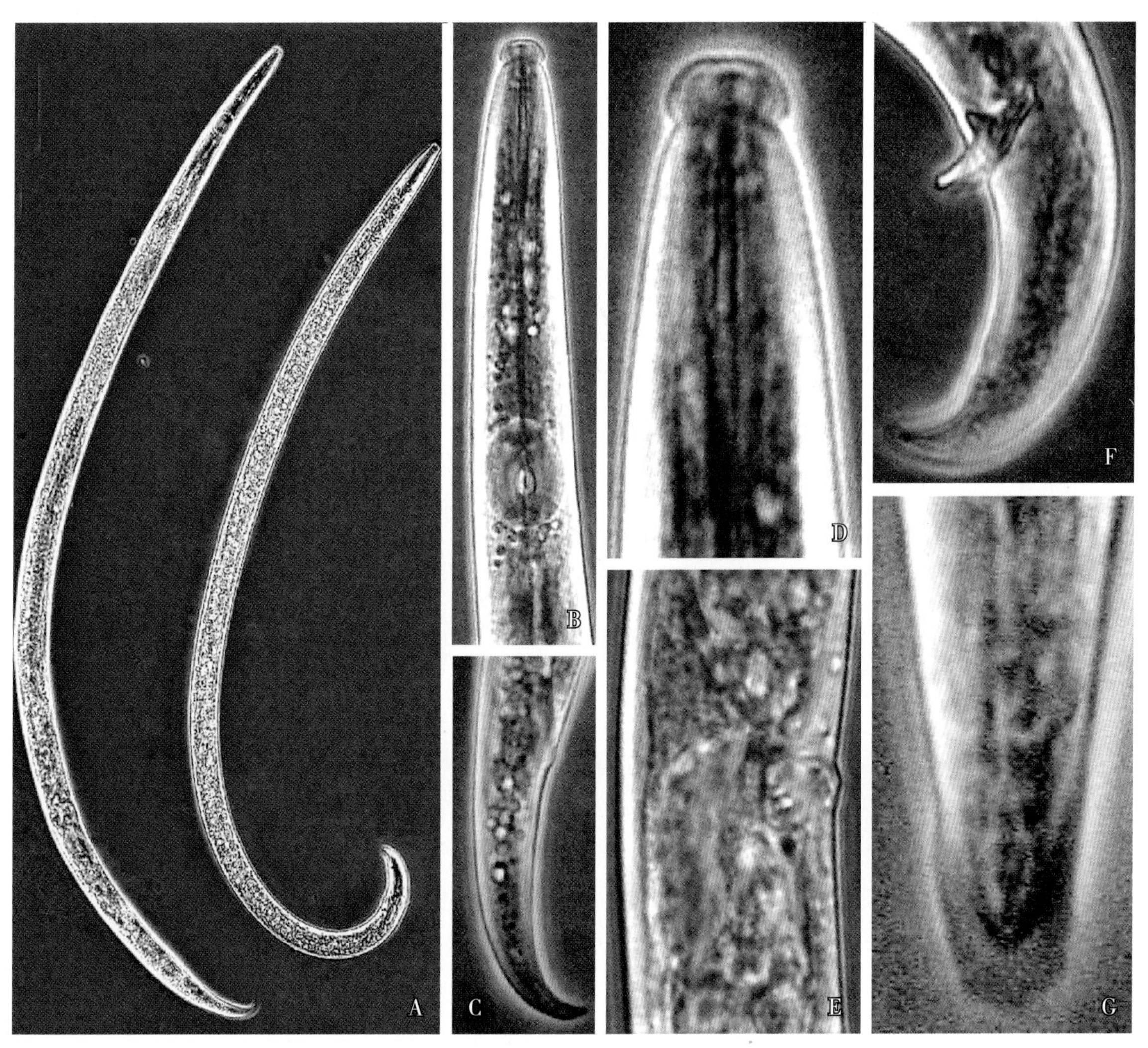

图 11-10　莱奴尔夫伞滑刃线虫（*B. rainulfi*）

A. 雌虫（左）和雄虫（右）整体；B. 雌虫前部；C. 雌虫尾部；D. 雌虫头部；E. 阴门；F. 雄虫尾部（交合刺）；G. 雄虫尾部（交合伞）

（5）奇异伞滑刃线虫（*B. aberrans*，图 11-11）

雌虫虫体纤细，体长 530~790μm。侧带有 4 条侧线；唇区前端平，稍缢缩；口针长 13~15μm，食道体部圆筒形，中食道球卵圆形、大，食道腺长叶状，长度为体宽的 5~7 倍。单生殖管前生，约占体长的 50%；阴门有小的阴门盖，后阴子宫囊长为阴肛距的 50%~60%。尾部圆锥状，末端钝圆。

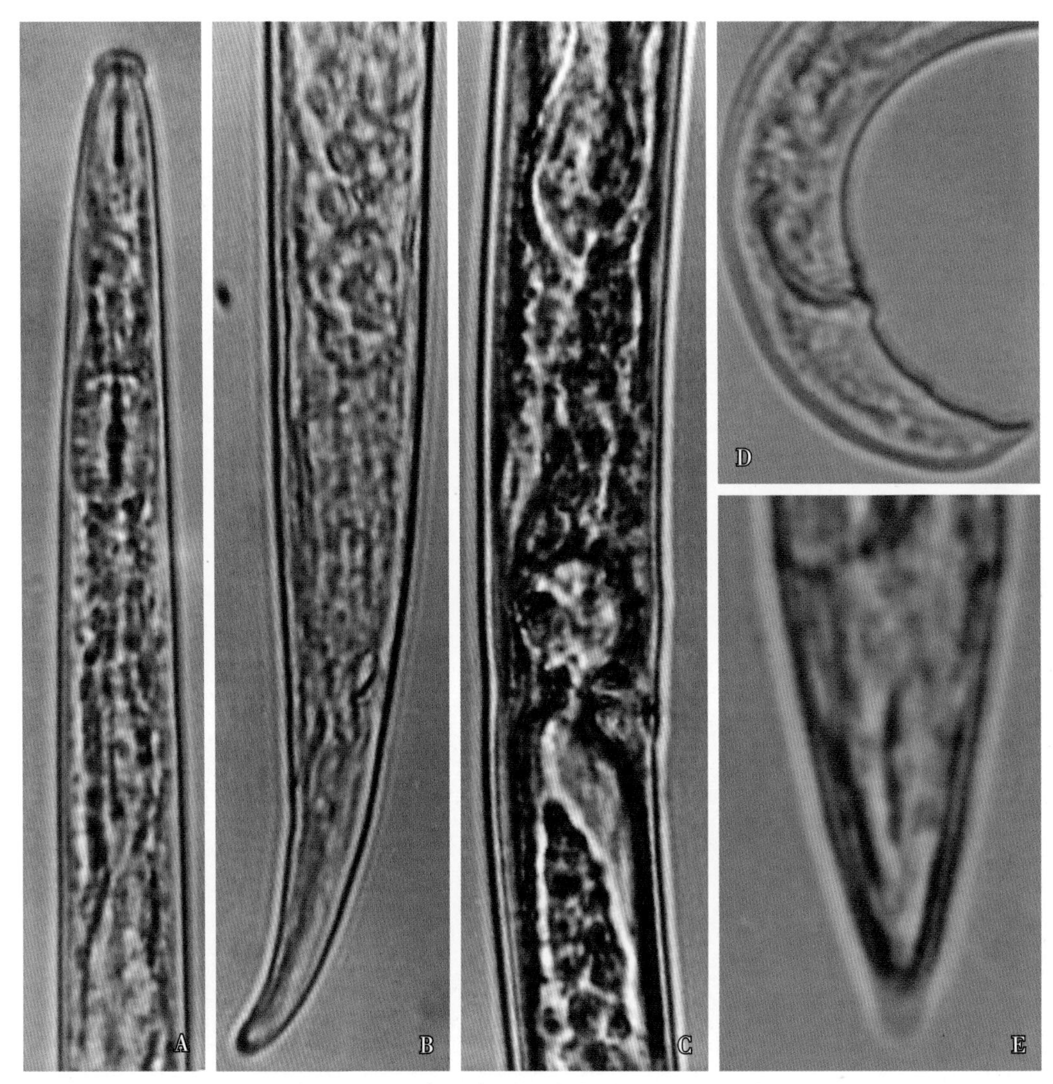

图 11–11 奇异伞滑刃线虫（*B. aberrans*）

A. 雌虫前部；B. 雌虫尾部；C. 阴门；D. 雄虫尾部（交合刺）；E. 雄虫尾部（交合伞）

雄虫体长 520~710μm，虫体前部形态和雌虫相似。交合刺长 17.5~22.5μm、钩状，末端无帽状突起，髁突与喙突融合成帽状。尾部弯成钩状，尾末端有一短交合伞。尾部有 3 对乳突，包括 1 对肛侧乳突，2 对肛后乳突。肛后乳突有 1 对位于泄殖腔后约为泄殖腔处体宽 1/2 处，1 对位于交合伞起始处。

（6）泰国伞滑刃线虫（*B. thailandae*，图 11–12）

雌虫虫体纤细，体长 780~1010μm。侧带有 4 条侧线。头部缢缩、唇区隆起，唇瓣 6 片；口针长 15~20μm，口针基部膨大。食道腺叶状，覆盖于肠背面。单生殖管前生，长度为体长的 25%~50%，卵母细胞呈 2~3 行排列；阴门位于虫体中后部，阴唇突起，无阴门盖；后阴子宫囊长为阴肛距的 33%~50%。尾细长，锥形，弯向腹面；有些具有尾尖突，尾末端尖。

雄虫体长 720~920μm。虫体前部形态与雌虫相似。口针长 15~23μm。交合刺长 15~25μm，呈弓形，末端无盘状突；喙突前端短钝，髁突高 5μm，稍向背面弯曲。尾部有 3 对尾乳突，1 对在肛前、1 对位于尾中间、1 对小的乳突在尾中后部。离肛型交合伞小，包住尾端部。尾部向腹面弯曲、爪状，末端尖细。

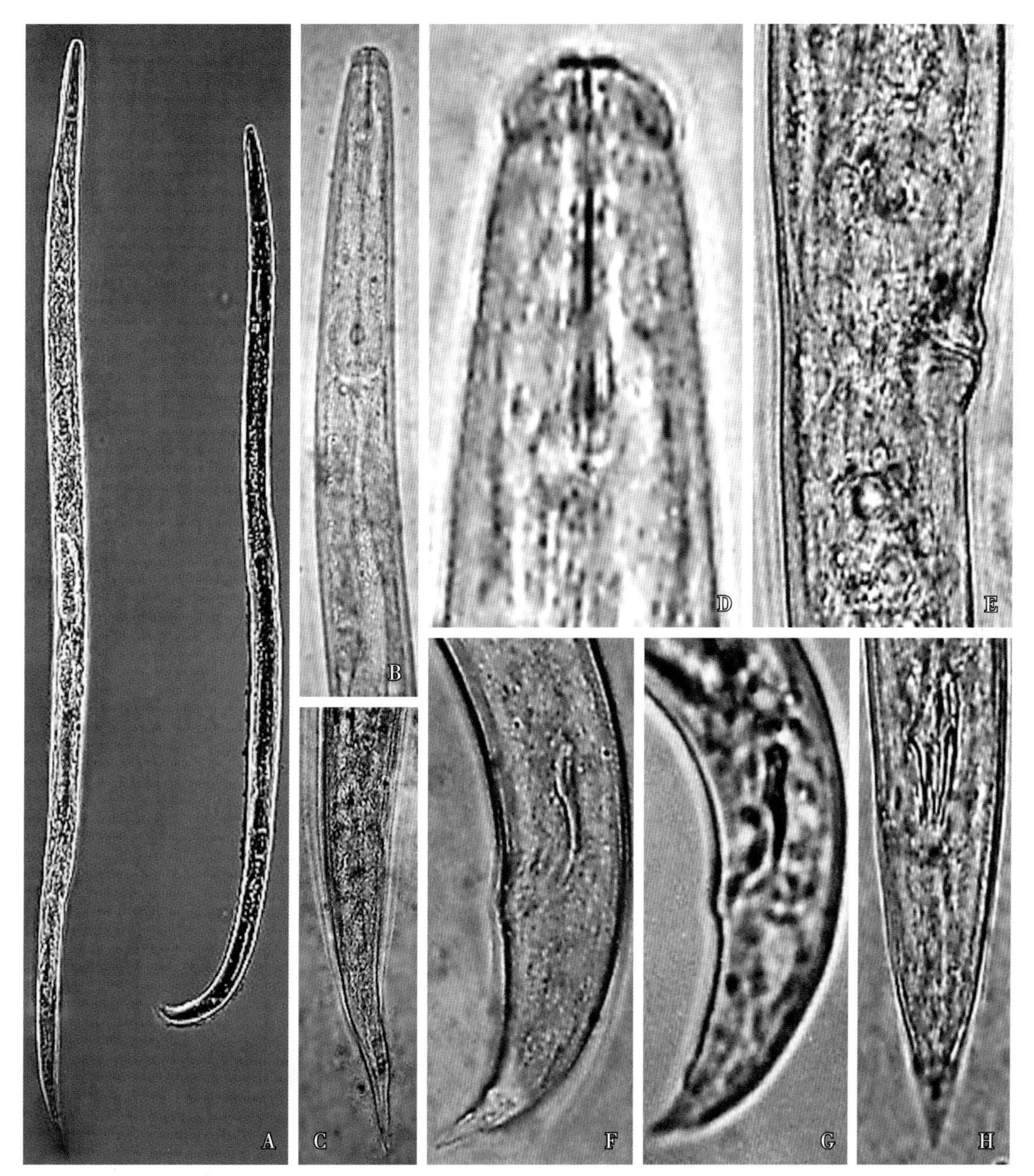

图 11-12　泰国伞滑刃线虫（*B. thailandae*）

A. 雌虫（左）和雄虫（右）整体；B. 雌虫前部；C. 雌虫尾部；D. 雌虫头部；E. 阴门；F~H. 雄虫尾部

（7）伪伞滑刃线虫（*B. fraudulentus*，图 11-13）

雌虫虫体纤细，体长 562~698μm。体环细，侧带有 4 条侧线。头部缢缩，唇瓣 6 片。口针长 12~13μm。食道体部圆筒形，中食道球卵圆形，食道腺长叶状覆盖于肠背面。单生殖管前生，长度约为体长的 50%；阴门位于虫体中后部，前阴唇向后延伸形成较大的阴门盖；后阴子宫囊长为阴肛距的 1/2~3/4；尾部近圆锥形，尾长为肛门处体宽的 3 倍；末端指状，在近腹面有一尾尖突，长 2.0~2.5μm。

雄虫体长 486~623μm，虫体前部形态与雌虫相似。交合刺大，长 21~24μm，弓状，交合刺远端缢缩后稍膨大；尾部呈钩状，尾末端有离肛型交合伞，交合伞呈圆铲状，包住尾部 1/3~1/2；尾部有 1 个肛前乳突、1 对肛侧乳突和 1 对位于交合伞起始处的肛后乳突。

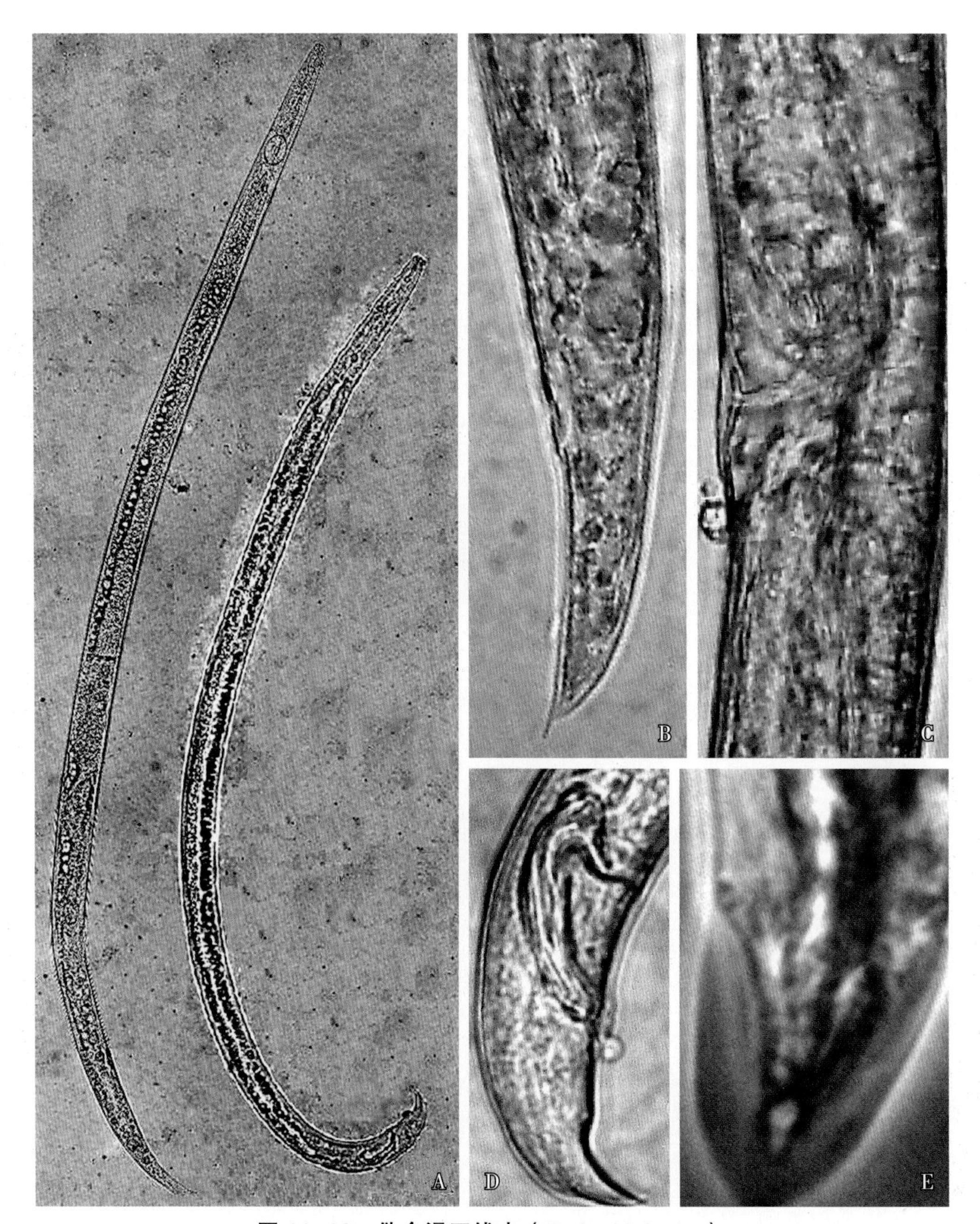

图 11–13　伪伞滑刃线虫（*B. fraudulentus*）

A. 雌虫（左）和雄虫（右）整体；B. 雌虫尾部；C. 阴门；D. 雄虫尾部（交合刺）；E. 雄虫尾部（交合伞）

（8）里昂伞滑刃线虫（*B. leoni*，图 11–14）

雌虫体长 790~990μm，缓慢加热杀死后虫体向腹面稍弯曲。体环细，侧带有 4 条侧线。头部缢缩明显，唇区高，半球形，唇瓣 6 个。口针长 15.0~17.5μm，基部膨大。食道腺叶状覆盖于肠的背面。阴门位于虫体的后部约体长的 72% 处，阴道斜伸，前阴唇向后延伸形成较小的阴门盖；单生殖管前生，卵母细胞单行排列；后阴子宫囊长为阴肛距的 2/5~3/5。尾部细锥形。

雄虫体长 740~860μm，缓慢加热杀死后虫体向腹面呈“J”形弯曲。口针长 15~18μm。虫体前部形态与雌虫相似。单精巢前生。交合刺长 16~20μm，末端无帽状结构，喙突末端尖，髁突向后弯折。尾乳突 3 对：1 对位于泄殖腔稍前方，1 对位于尾部中间，1 对靠近尾部末端。尾向腹面弯曲成弓形，尾端交合伞大，起始于尾中部的乳突处，末端中央内陷呈弧形。

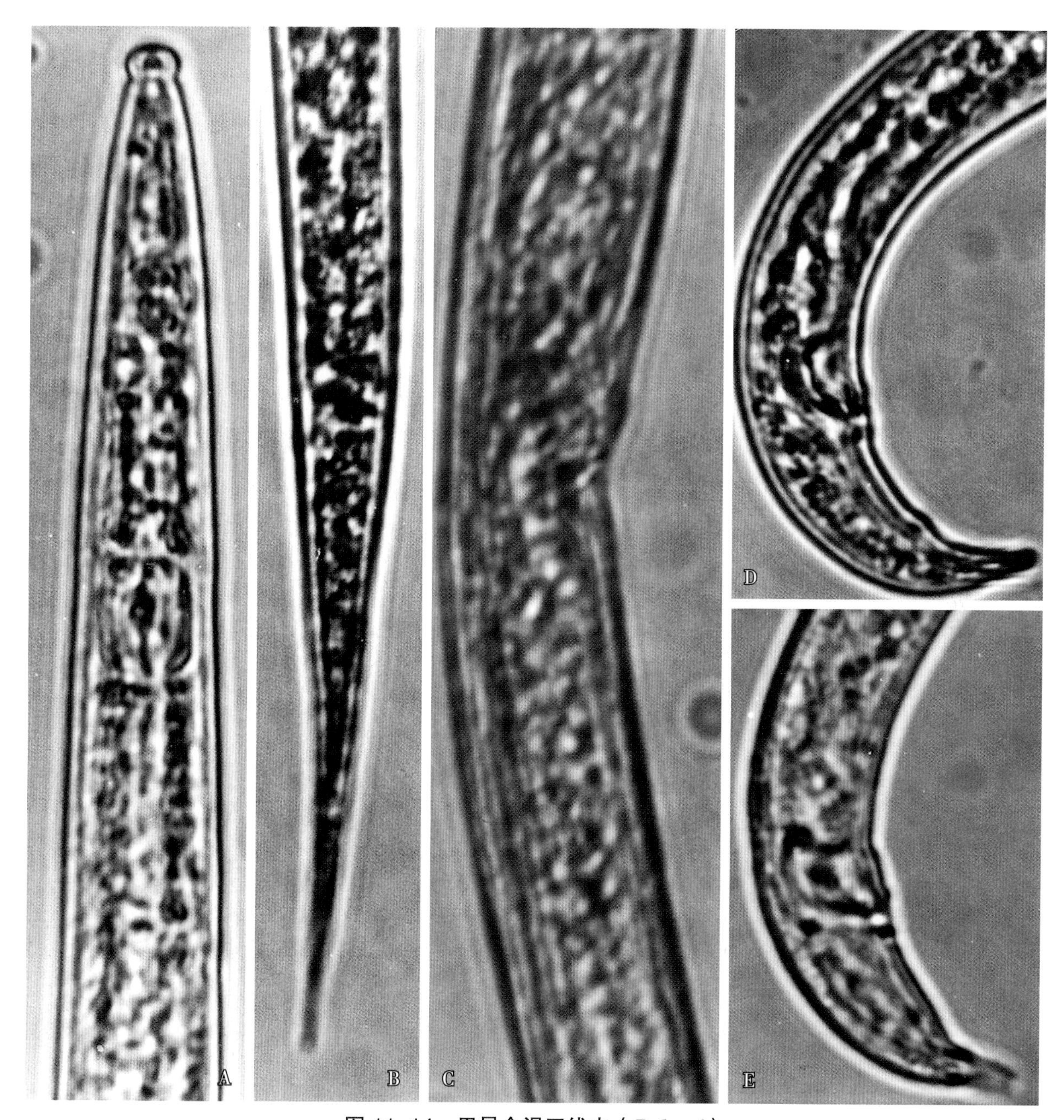

图 11–14　里昂伞滑刃线虫（*B. leoni*）

A. 雌虫前部；B. 雌虫尾部；C. 阴门；D. 雄虫尾部（交合刺）；E. 雄虫尾部（交合伞）

（9）食菌伞滑刃线虫（*B. fungivorus*，图 11–15）

雌虫虫体纤细，体长 613~850μm。体环细，侧带 4 条侧线。头部稍有缢缩，唇区隆起，两侧圆，唇瓣 6 片；口针长 15~20μm，食道体部圆筒形，中食道球卵圆形，食道腺长叶状覆盖于肠背面。单生殖管前生，长度约为体长的 50%；阴门位于虫体中后部，无阴门盖，阴唇微突，后阴唇加厚，阴道向前斜；后阴子宫囊长为阴肛距的 1/3~1/2。尾部圆锥形，末端尖圆。

雄虫体长 548~710μm，虫体前部形态与雌虫相似，单精巢前生。交合刺长 15~20μm，弯曲不明显，末端较钝，无帽状结构，髁突向前延伸、骨化，喙突小而尖、位于交合刺的中间。尾部有 1 对肛侧乳突和 2 对肛后乳突，肛后乳突位于尾部的末端。离肛型交合伞，呈铲形，末端边缘有刻齿。

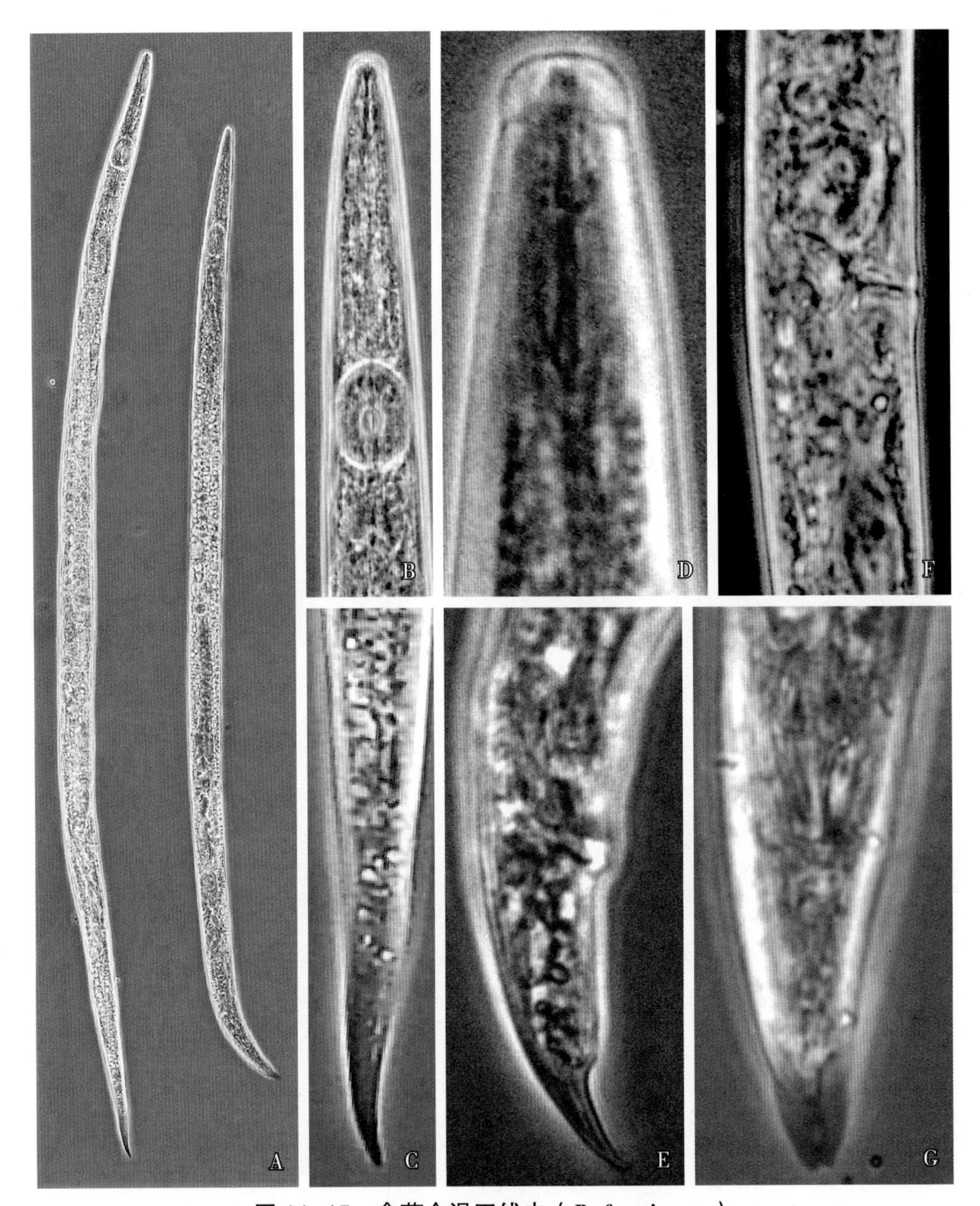

图 11-15 食菌伞滑刃线虫（*B. fungivorus*）

A. 雌虫（左）和雄虫（右）整体；B. 雌虫前部；C. 雌虫后部；D. 雌虫头部；E. 雌虫尾部；F. 阴门；G. 雄虫尾部（交合伞）

（10）树皮象伞滑刃线虫（*B. hylobianum*，图 11-16）

雌虫虫体纤细，体长 600~830μm，缓慢加热杀死后向腹面稍弯曲，尾部末端弯曲。体环细，侧带有两条侧线。头部缢缩，唇瓣 6 个。口针长 15~18μm，针锥略膨大，基部膨大成球状。阴门有小阴门盖，单生殖管前生，长度约为体长的 50%；后阴子宫囊长为阴肛距的 1/2~3/4。尾长为肛门处体宽的 3~4 倍；尾部圆锥状，末端钝，有些个体尾末端有微突。

雄虫体长 620~710μm，虫体前部形态和雌虫相似。交合刺长 17.5~22.5μm、弯曲、末端有帽状突起，髁突明显，喙突钝圆。尾部弯成钩状，尾端圆锥状。离肛型交合伞较长，交合伞末端边缘、平截或边缘不平滑、有 2~4 个端突。尾部有 7 个乳突：1 个肛前乳突位于泄殖腔正前方，1 对肛侧乳突，2 对成对分别位于交合伞起始处和尾部末端的肛后乳突。

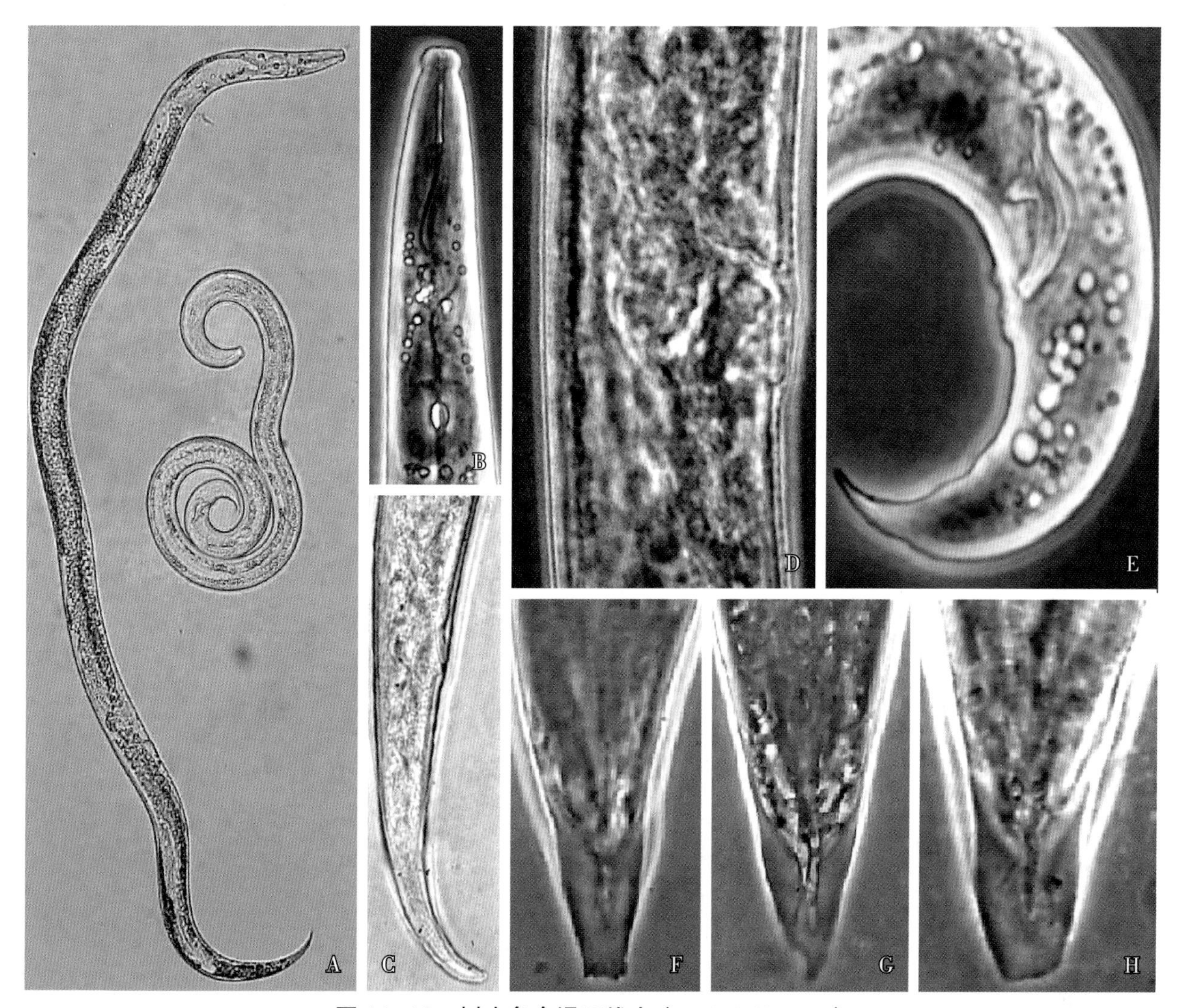

图 11-16 树皮象伞滑刃线虫（*B. hylobianum*）

A. 雌虫（左）和雄虫（右）整体；B. 雌虫前部；C. 雌虫尾部；D. 阴门；E. 雄虫尾部；F~H. 交合伞

发病规律

嗜木伞滑刃线虫（*B. xylophilus*）由天牛传播，媒介天牛为墨天牛属（*Monochamus*）6 个种：松墨天牛（*M. alternatus*）、云杉花墨天牛（*M. saltuarius*）、卡罗来纳墨天牛（*M. carolinensis*）、白点墨天牛（*M. scutellatus*）、增变墨天牛（*M. mutator*）、南美松墨天牛（*M. titillator*）。能有效传播嗜木伞滑刃线虫（*B. xylophilus*）及在进境木材中易携带此线虫的仅有卡罗来纳墨天牛（*M. carolinensis*）和松墨天牛（*M. alternatus*）。卡罗来纳墨天牛（*M. carolinensis*）分布于美国和加拿大；松墨天牛（*M. alternatus*）主要分布于日本、韩国、老挝，以及我国香港、台湾和吉林省以南的部分地区。

松墨天牛（*M. alternatus*），又称松褐天牛、松天牛，其成虫体长 10~30mm，橙黄色至赤褐色（图 11-17）。头前部横向或近方形；前胸背板稍凸，背面有 2 条橙黄色纵纹与 3 条黑色绒纹相间，两侧中部有一大的圆锥突。触角栗色、纤细，触角第三节至少 2 倍于触角基节；雄虫触角大约有 2 个虫体长度，雌虫触角也明显超出体长。鞘翅基部宽于前胸背板，肩角明显突起，顶端稍呈截形；每个鞘翅上有 5 条纵纹，由方形或长方形黑色及灰白色绒毛斑点相间组成。腿细长，雄虫前胫节不发达、跗节被细毛。幼虫乳白色，头黑褐色；虫体较长，老熟时长约 43mm；有 10 个腹节，无足（图 11-

18A，B）。蛹（图 11–18C，D）乳白色，圆筒形，长 20~26mm。

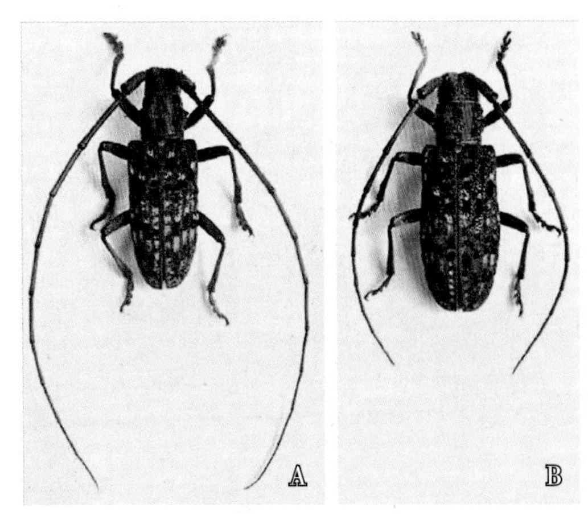

图 11–17 松墨天牛（*M. alternatus*）（引自遵义市林业科学研究所）

A. 雄虫；B. 雌虫

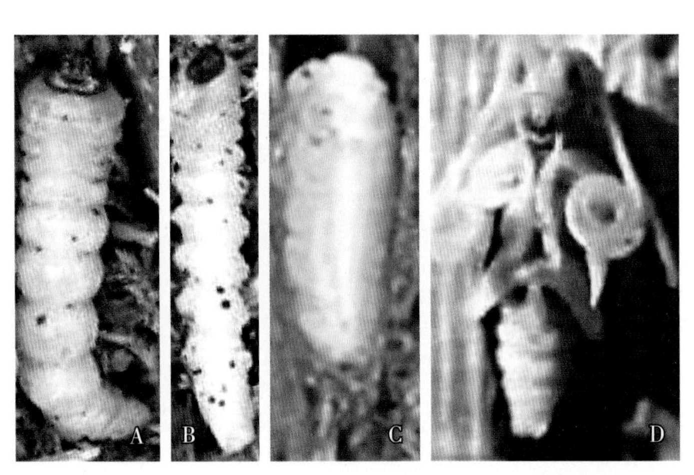

图 11–18 松墨天牛（*M. alternatus*）幼虫和蛹

A. 幼虫背面；B. 幼虫腹面；C. 蛹背面；D. 蛹腹面

嗜木伞滑刃线虫（*B. xylophilus*）有食真菌型和植食型两种寄生类型。

食真菌型嗜木伞滑刃线虫（*B. xylophilus*）随松墨天牛（*M. alternatus*）产卵传播。天牛可以被吸引到死亡的或垂死的树上产卵，线虫 4 龄幼虫随天牛产卵造成的伤口而侵入树体，在木材内取食真菌菌丝。这些真菌中最重要的是长喙壳属（*Ceratocystis*）中俗称为“蓝染真菌”的一些种。嗜木伞滑刃线虫（*B. xylophilus*）侵入后繁殖到一定阶段出现扩散性 3 龄幼虫。扩散型 3 龄幼虫可以不取食，并能抵抗不良环境而长期存活，分布于天牛的蛀道周围，并逐渐向蛹室集中。当天牛即将羽化时，线虫蜕变为特殊的 4 龄幼虫，即持久幼虫。这种持久幼虫能在干燥条件下存活，也可进入天牛的气管中，直到天牛羽化。长喙壳菌（*Ceratocystis* spp.）在天牛蛹室中生长，并形成长颈子囊壳，子囊壳顶部也聚集大量线虫。当天牛羽化后，幼成虫擦过子囊壳颈部而采得线虫。羽化后的天牛在其鞘翅下和呼吸道内携带大量线虫飞达新的侵染点。

植食型嗜木伞滑刃线虫（*B. xylophilus*）随松墨天牛（*M. alternatus*）取食传播。在线虫遇到非当地的或感病的松属寄主时，植食型嗜木伞滑刃线虫（*B. xylophilus*）占优势。天牛幼成虫从其蛹室出现后，飞到幼嫩的松树上取食时，线虫由天牛取食造成的伤口侵入。线虫侵入后在寄主的射线薄壁细胞上和形成层组织上取食和繁殖。天牛携带的线虫，多分布于气管中，在后胸气管中线虫量最大。线虫也会附于天牛体表和前翅内侧。

嗜木伞滑刃线虫（*B. xylophilus*）存在毒性型和非毒性型。毒性型能引起管胞形成大量空腔，木薄壁细胞组织中细胞质变性，导致失水和树木萎蔫；非毒性型仅引起少量空腔，不侵染形成层和木薄壁细胞组织，不引起树木失水萎蔫。

调运受感染的木材是嗜木伞滑刃线虫（*B. xylophilus*）远距离传播的主要途径，当染病木材同时存在嗜木伞滑刃线虫（*B. xylophilus*）和媒介天牛时就能实现最有效传播。媒介天牛比线虫需要更大湿度，只有在木材含有足够水分的情况下方能成活。木材的材积越大，天牛存活时间越长。因此，原木、锯木材比木板有更大危险。

防控措施

鉴于嗜木伞滑刃线虫（*B. xylophilus*）可以通过松树及其板材、木材制品的异地调运实现远距离传播，中国把嗜木伞滑刃线虫（*B. xylophilus*）列为检疫对象。嗜木伞滑刃线虫（*B. xylophilus*）防控主要抓三方面工作，即加强检疫、疫木处理、林地防控。具体防控措施见以下标准：GB/T 23476—2009《松材线虫病检疫技术规程》、GB/T 23477—2009《松材线虫病疫木处理技术规范》、LY/T 1866—2009《松褐天牛防治技术规范》、DB35/T 1451—2014《松材线虫病防控技术规程》。

二、杉树半穿刺线虫病

症状

病原线虫危害杉树根部，在须根、侧根、主根上形成小瘤或肿块。小瘤呈乳白色，产生于当年生须根的根尖上。杉树发病后根系发育受阻，须根短而少；幼嫩根肿大，扭曲如鸡爪状（图 11-19）。此线虫以口针直接穿刺根表皮造成伤口，诱使次生病原物侵入，导致根系皮层腐烂（图 11-20），加速杉树衰退；严重时造成苗木针叶发黄、枯死。

病原

病原为柑橘半穿刺线虫（*Tylenchulus semipenetrans*）。

雌雄异形。成熟雌虫虫体前部埋入根组织内，后部突出于根表面、膨大，角质膜厚（图 11-21）。阴门后虫体变尖。排泄细胞发达，产生胶状混合物。生殖管旋卷，含数个卵，无肛门和直肠。未成熟雌虫虫体蠕虫形，口针中等发达，中食道球大，食道腺形成后食道球。阴门位于虫体极后部，单生殖管前生。排泄孔位于虫体后部、阴门稍前方。尾部圆锥形，无肛门和直肠。

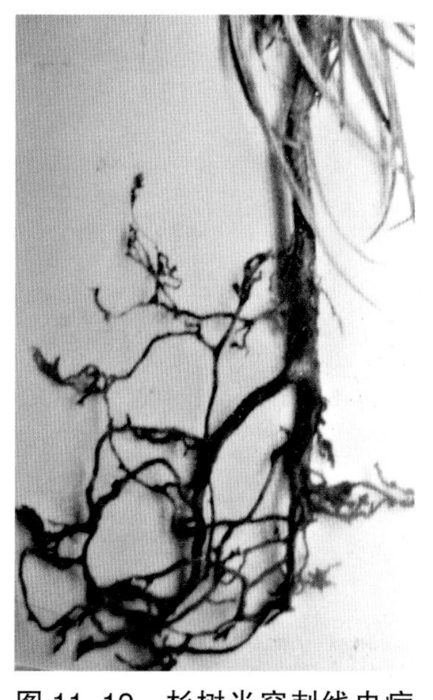

图 11-19　杉树半穿刺线虫病苗期根部症状

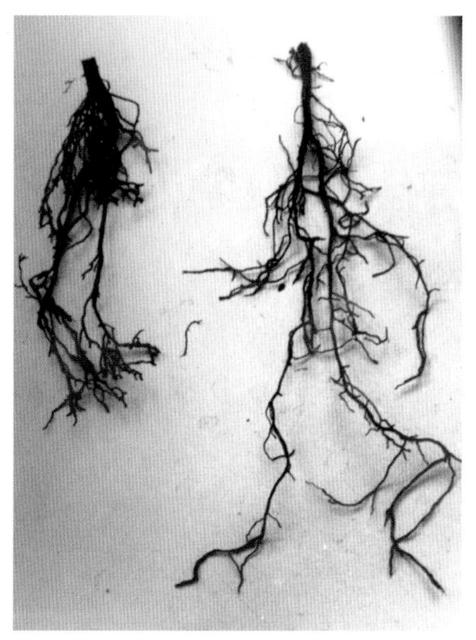

图 11-20　杉树半穿刺线虫病苗期根部症状（左为病根，右为健根）

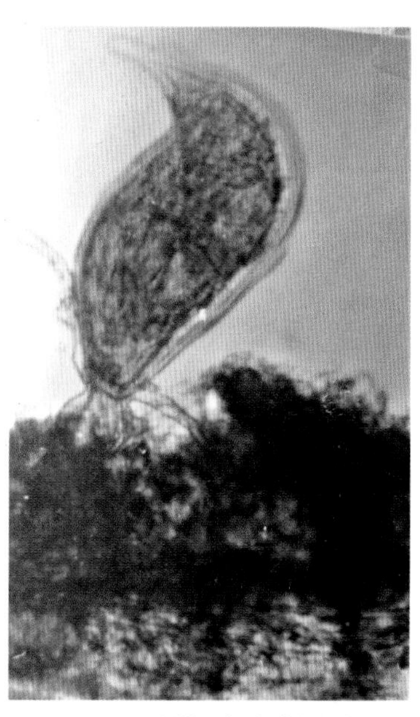

图 11-21　柑橘半穿刺线虫（*T. semipenetrans*）雌虫寄生状态

雄虫蠕虫形，短小、纤细。头部骨质化，口针和食道退化。交合刺稍弯曲，无交合伞。尾部圆锥形、尖。

发病规律

柑橘半穿刺线虫（*T. semipenetrans*）的传播，主要随种植材料和土壤的搬移。染病种苗的调运是这种线虫远距离和广泛传播的主要途径。

防控措施

建立无病苗圃，选用健康土壤培育无病苗。

三、杉树矮化线虫病

症状

病原线虫侵染引起杉树苗衰退病，在发病苗圃病株成片状分布，有发病中心。病株根系发育不良，萎缩变形，侧根极少，根尖肿大而形成短矬根和丛生状根系（图 11–22）。病株矮小，叶片褪绿、黄化，分枝极少或停止分枝，呈垂死状，严重时枯死（图 11–23）。

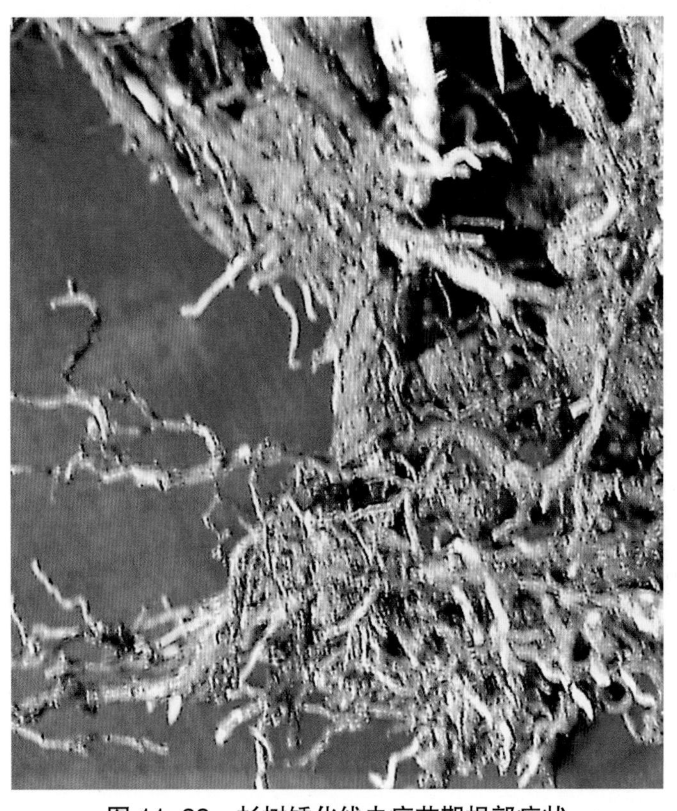

图 11–22　杉树矮化线虫病苗期根部症状

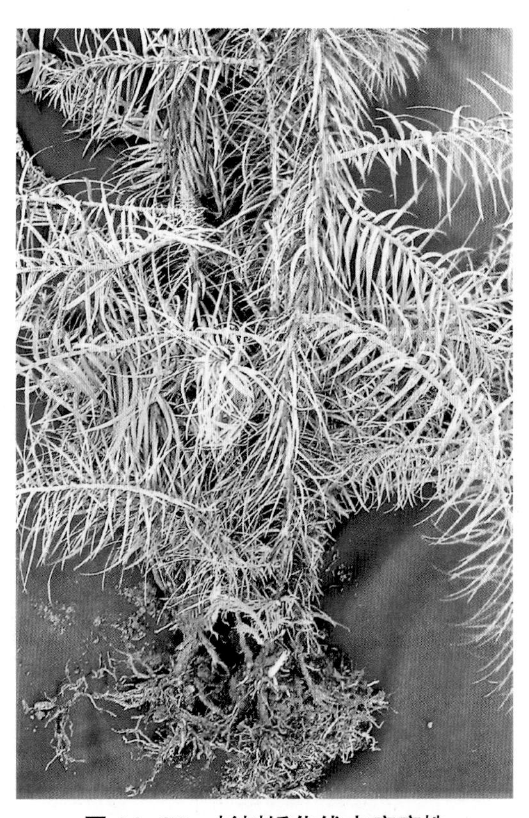

图 11–23　杉树矮化线虫病病株

病原

病原为矮化线虫（*Tylenchorhynchus* sp.，图 11-24）

雌虫蠕虫形，体长 680~800μm，缓慢加热杀死后虫体向腹面呈宽“C”形弯曲。唇区圆，无缢缩，有细密环纹。口针纤细，长 19~21μm，口针基部球稍向后倾斜。食道发达，食道腺与肠前端连接，不重叠。双生殖管对生、平伸，阴门位于虫体中部体长 53%~64% 处。尾近圆柱形，末端光滑、钝圆。

发病规律

矮化线虫（*Tylenchorhynchus*）是植物根部的外寄生线虫，在植物根部和根际土壤中存活。用林地土壤或菜地土壤育苗易发生侵染。

防控措施

①建立无病苗圃：选用健康土壤培育无病苗，也可选用水稻稻田土壤育苗。

②药剂防控：发生病害的杉木苗地，在春夏两季选用 10% 噻唑膦乳油 1500 倍液浇灌于树苗根部。

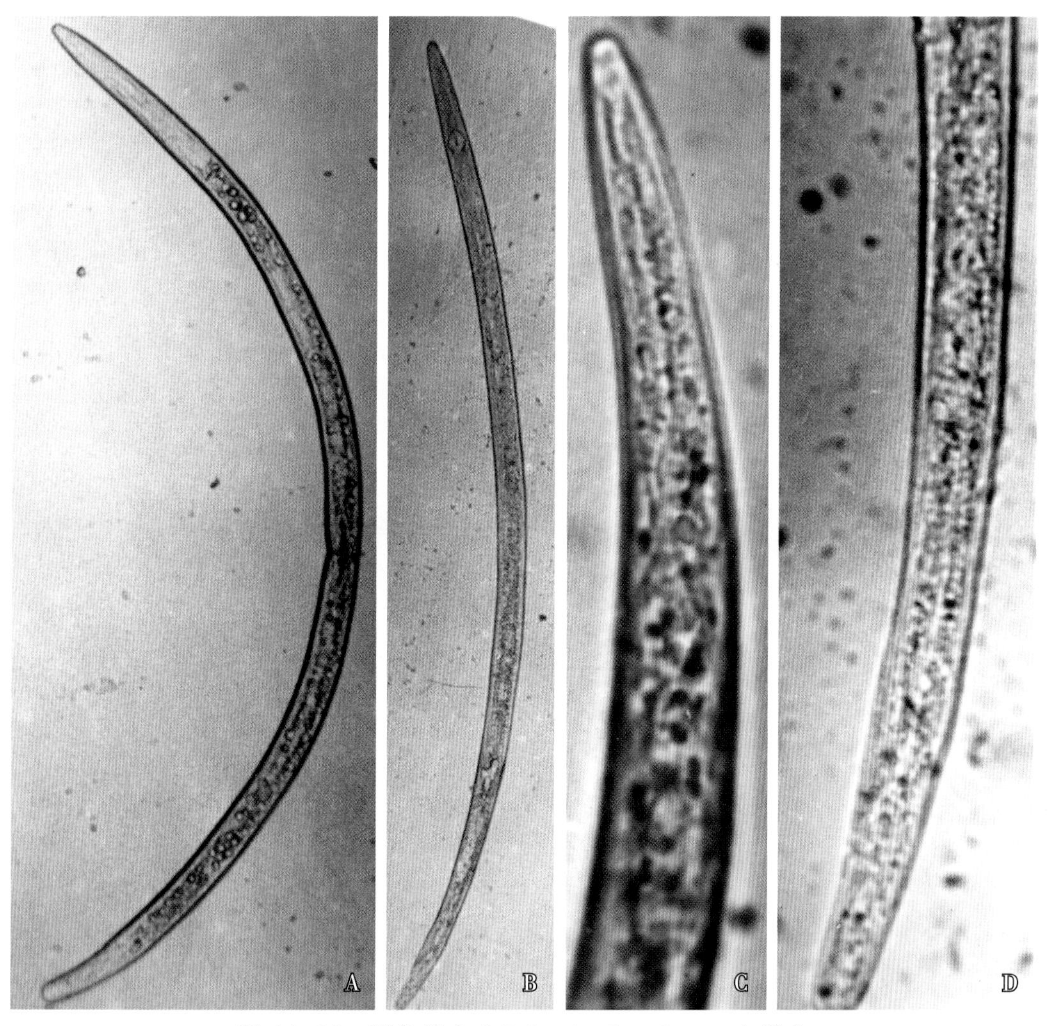

图 11-24　矮化线虫（*Tylenchorhynchus* sp.）雌虫

A、B. 整体；C. 前部；D. 尾部

第二节　花卉线虫病

一、花卉根结线虫病

花卉根结线虫病是花卉重要的病害，发生较普遍，各种地栽或盆栽花卉均可受害，受害花卉观赏价值下降。

症状

（1）榕树根结线虫病

病株较矮小，叶片黄化（图 11–25）。根系产生大小不等的根结，数个根结相连，形成块状（图 11–26）。受害根后期根结和根系变黑腐烂。

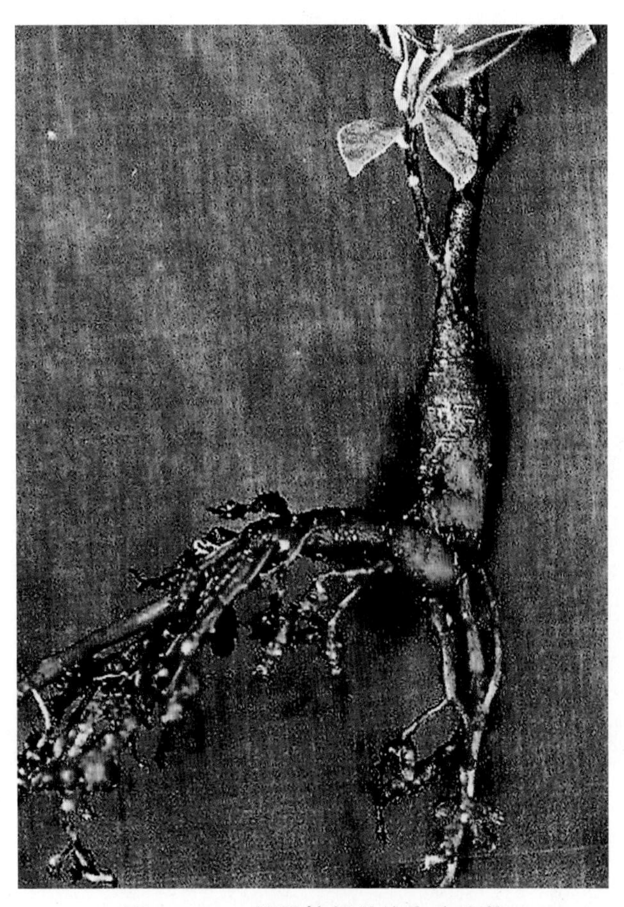

图 11–25　佛肚榕根结线虫病症状

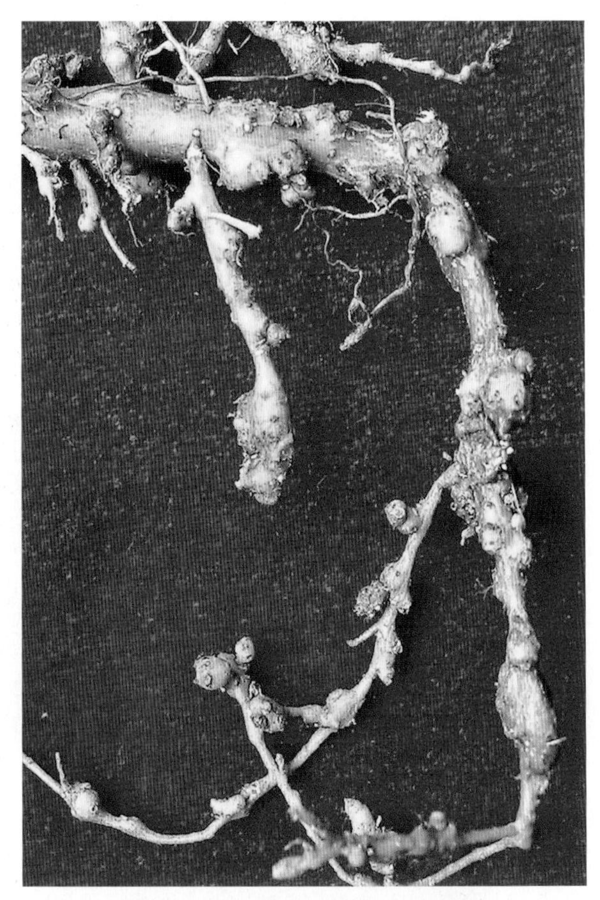

图 11–26　榕树根结线虫病病根

（2）菊花类根结线虫病

菊花和非洲菊容易发生根结线虫病。病株较矮小，叶片黄化枯萎（图 11–27）。根系产生大小不等的根结（图 11–28）。

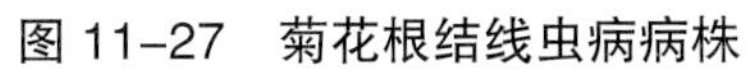

图 11-27　菊花根结线虫病病株

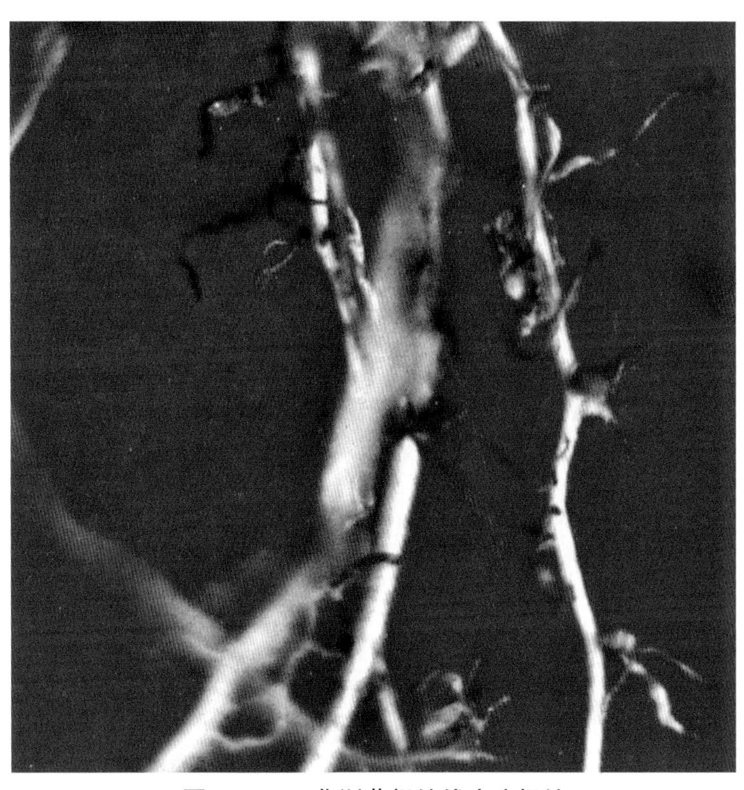

图 11-28　非洲菊根结线虫病根结

（3）鸡冠花根结线虫病

病株矮小，叶片黄化；发病严重的植株枯死（图 11-29 至图 11-31）。根系产生大小不等的根结，后期腐烂萎缩（图 11-32、图 11-33）。

图 11-29　鸡冠花根结线虫病症状（植株矮化）

图 11-30 鸡冠花根结线虫病症状（病株枯死）

图 11-31 鸡冠花根结线虫病病株（叶片黄化，花朵小）

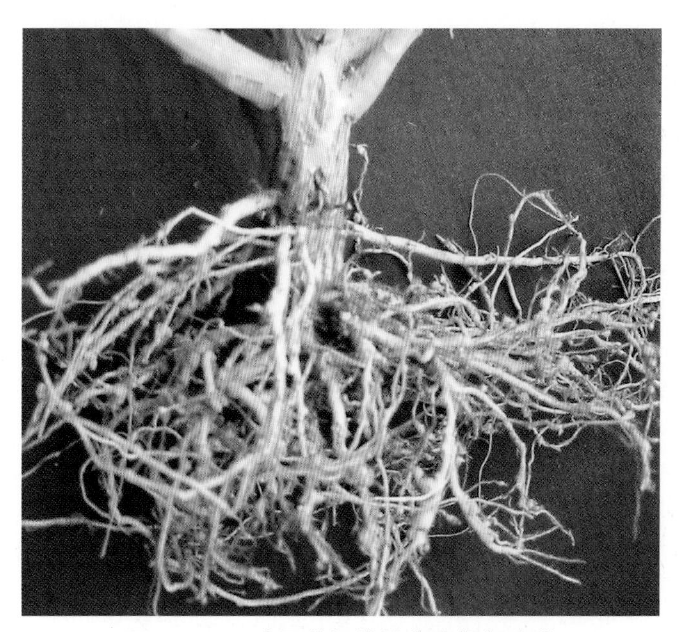

图 11-32 鸡冠花根结线虫病根部症状

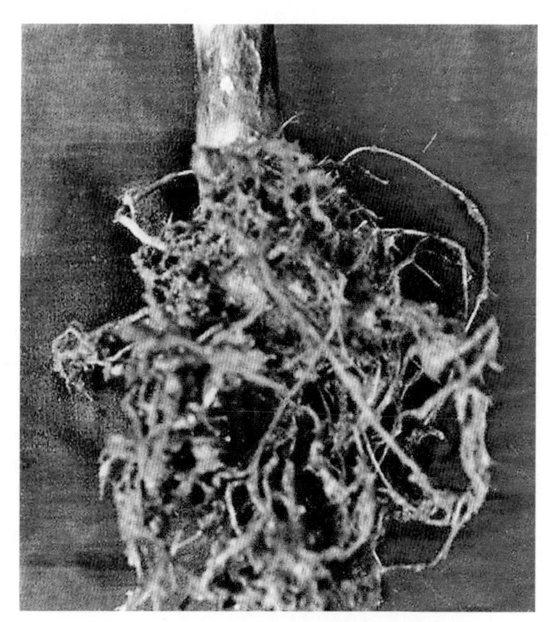

图 11-33 鸡冠花根结线虫病根结

（4）秋海棠根结线虫病

病株较矮小，叶片黄化。根系产生大小不等的根结，有些根结串生（图 11-34）。

（5）凤仙花根结线虫病

病株较矮小，叶片黄化脱落。根结球形，大小不等（图 11-35）。

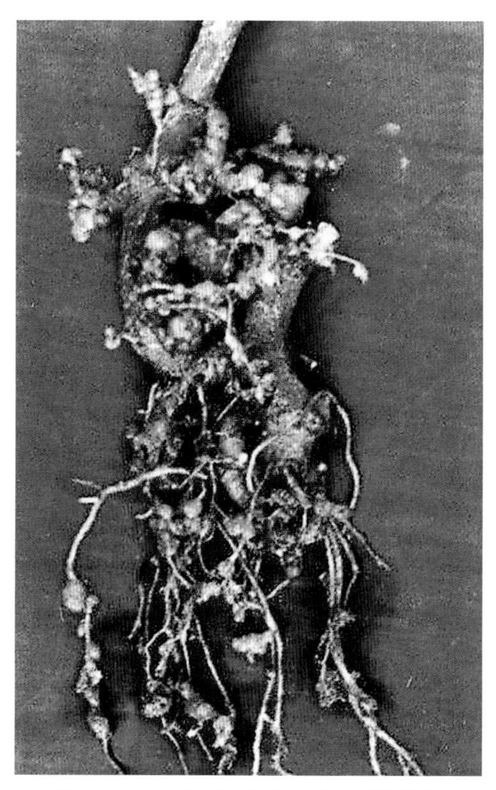
图 11-34　秋海棠根结线虫病根结

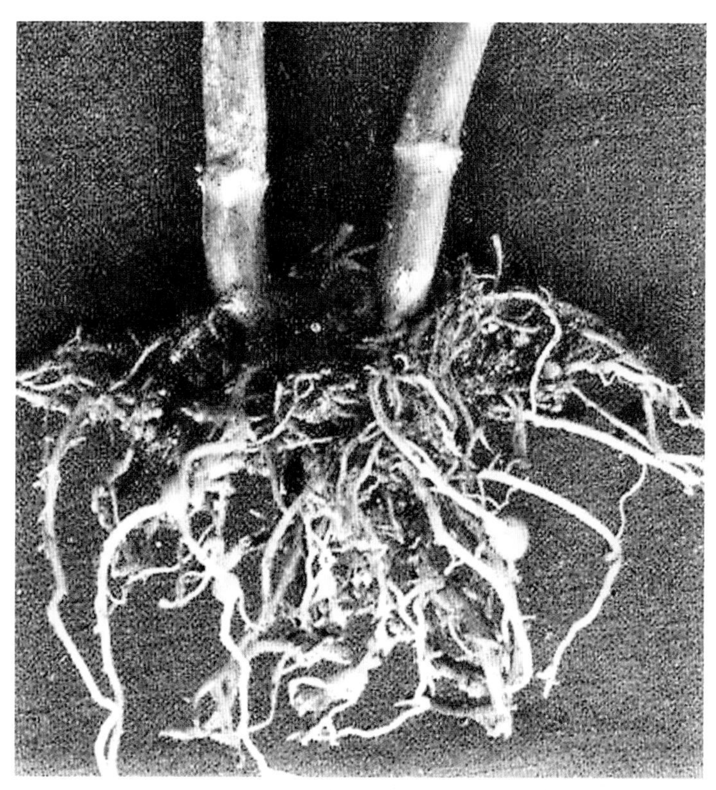
图 11-35　凤仙花根结线虫病根结

（6）富贵子根结线虫病

病株较矮小，叶片变红（图 11-36）。根系产生大小不等的根结，有些根结串生。

（7）莲花掌根结线虫病

主根和须根均可受侵染，根结较小、呈念珠状，后期变黑腐烂。叶色暗淡，基部叶片萎蔫（图 11-37）。

图 11-36　富贵子根结线虫病病株

图 11-37　莲花掌根结线虫病症状

（8）玉树根结线虫病

玉树根系及与土壤接触的气生根都会受侵染。根结较大，棒状或椭圆形，数个根结连接成根结块。病根腐烂，树体生长衰退（图 11-38）。

（9）仙人掌类根结线虫病

病株较矮小，茎、球颜色暗淡，表面皱缩、呈失水状。根系产生大小不等的根结，根结单生、串生或呈块状，病根后期腐烂（图 11-39 至图 11-44）。

图 11-38 玉树根结线虫病症状

图 11-39 金琥根结线虫病症状

图 11-40 仙人球根结线虫病症状

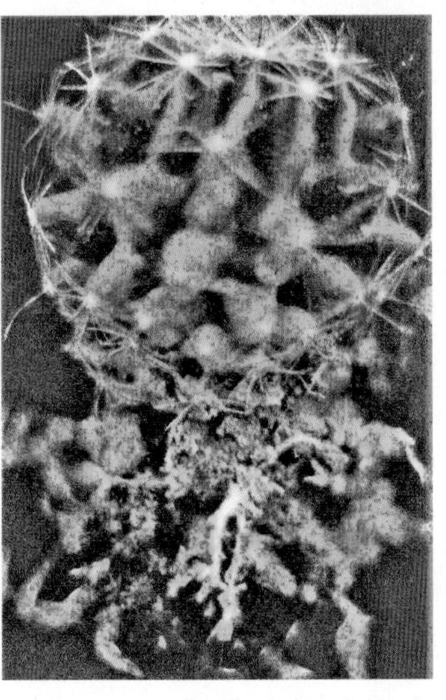

图 11-41 狮子头根结线虫病症状

图 11-42 巨鹫玉根结线虫病症状

图 11-43 仙人柱根结线虫病症状

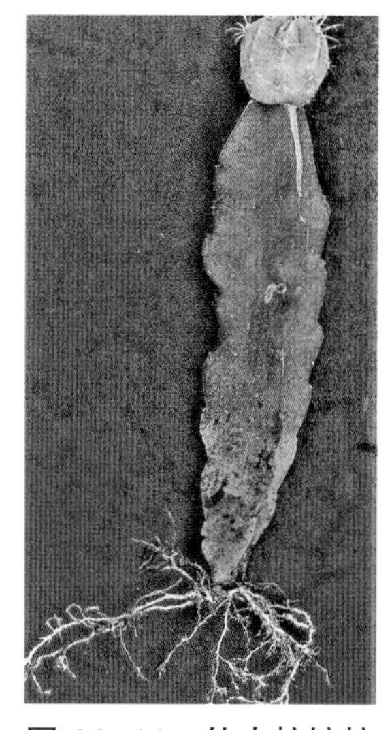

图 11-44 仙人柱嫁接苗根结线虫病症状

病原

（1）南方根结线虫（*Meloidogyne incognita*，图 11-45A~G）

寄主：榕树、菊花类、鸡冠花、秋海棠、富贵子、莲花掌、玉树、仙人掌类。

（2）花生根结线虫（*M. arenaria*，图 11-45H）

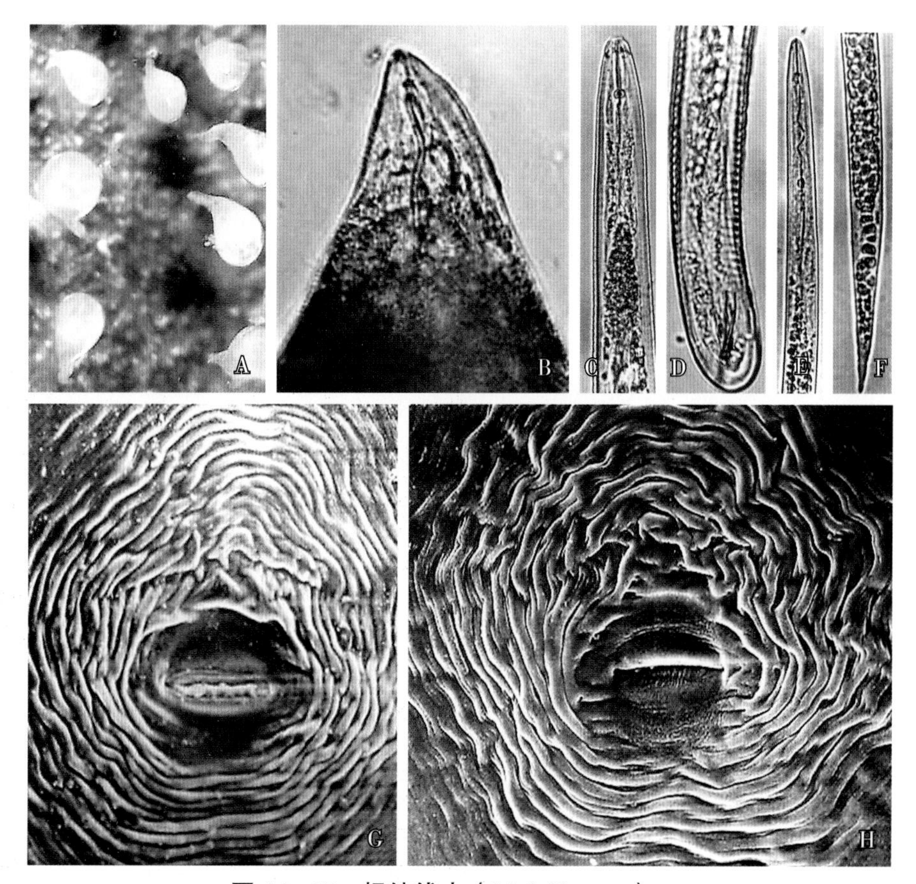

图 11-45 根结线虫（***Meloidogyne***）

南方根结线虫（*M. incognita*）：A. 雌虫整体；B. 雌虫头部；C、D. 雄虫头部和尾部；E、F. 2 龄幼虫头部和尾部；G. 会阴花纹 花生根结线虫（*M. arenaria*）：H. 会阴花纹

寄主：凤仙花。

雌虫虫体膨大成球形或梨形，体壁柔软，颜色呈珍珠白，卵产于虫体后的胶质卵囊内。有明显的颈部和口针。阴门和肛门端生。会阴花纹背弓较扁平，侧区线纹朝两侧或一侧延伸形成翼状纹。

雄虫和 2 龄幼虫蠕虫形。

南方根结线虫（*M. incognita*）与花生根结线虫（*M. arenaria*）不同之处在于，其会阴花纹背弓高，两侧线纹分叉形成不明显的侧线。

发病规律

病原线虫以卵或幼虫随病根组织在土中存活，病土和病残体是主要侵染源。线虫随病土、染病种苗进行远距离传播，田间可以通过浇灌水和农事操作传播。

防控措施

①严格检疫：购买或引进种苗时要认真检查根系有无发病。

②净土栽培：花卉育苗或种植时，使用干净土壤或经消毒的无病土。

③药剂防控：种植之前田间土壤消毒可用 98% 棉隆微粒剂，施用方法和用量按使用说明书。花卉种植期或生长期可选用 41.7% 氟吡菌酰胺悬浮剂 10000~15000 倍液，或 10% 噻唑膦乳油 1500 倍液浇灌整个根系。

二、花卉穿孔线虫病

症状

（1）火鹤花穿孔线虫病

火鹤花又称红掌，在苗期和成株期、盆栽苗和地栽苗均可发病（图 11–46、图 11–47）。病原线虫侵害新根和幼嫩根，在根表面出现淡黄色至褐色条状斑痕，病根皮层逐渐肿胀、腐烂；随着线虫在根内不断繁殖，群体数量增加，整个根系被侵染，根系萎缩，变褐色，最后呈黑色腐烂（图 11–48）。发病较轻的植株无明显症状，部分根系受害变色腐烂。发病严重植株根系大量坏死腐烂，叶片黄化且有锈色斑，植株衰退，矮小、分株少。

图 11–46 火鹤花穿孔线虫病田间症状

图 11-47　火鹤花穿孔线虫病症状（左为健株，右为病株）

图 11-48　火鹤花穿孔线虫病根部症状

（2）绿帝王穿孔线虫病

受害根表面出现褐色至黑色条状斑痕，有些根整段变黑萎缩，后期整个根系呈黑色腐烂，植株矮小、黄化、枯死（图 11-49、图 11-50）。

（3）绿巨人穿孔线虫病

侵染初期根表面出现褐色至黑色条状斑痕，后期整条根变黑萎缩，整个根系呈黑色腐烂，植株矮小、黄化、萎蔫（图 11-51）。

图 11-49　绿帝王穿孔线虫病病株

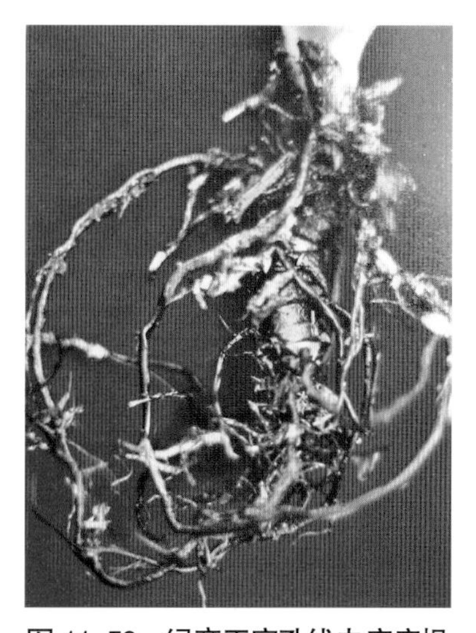
图 11-50　绿帝王穿孔线虫病病根

图 11-51　绿巨人穿孔线虫病症状

（4）竹芋穿孔线虫病

侵染初期根皮层有褐色至黑色条斑，后期根变黑腐烂，植株矮小、黄化衰退（图 11-52、图 11-53）。

（5）袖珍椰子穿孔线虫病

侵染初期根出现淡黄色至褐色条状斑痕，后逐渐变黑腐烂，根系萎缩；根系腐烂后植株黄化衰退（图 11-54）。

（6）富贵椰子穿孔线虫病

受侵染的根盘和根系变黑腐烂，根系萎缩，叶色暗淡、黄化，叶片萎蔫（图 11-55、图 11-56）。

图 11-52　孔雀竹芋穿孔线虫病症状

图 11-53　凤凰竹芋穿孔线虫病症状

图 11-54　袖珍椰子穿孔线虫病病株

图 11-55　富贵椰子穿孔线虫病病株

图 11-56　富贵椰子穿孔线虫病根部症状

病原

病原为相似穿孔线虫（*Radopholus similis*，图 11–57）

虫体前部呈雌雄异形。雌虫头部低圆，连续或稍缢缩，骨质化明显。口针和食道发达，食道腺大部分重叠于肠的背面。阴门位于体中部，双生殖管、贮精囊球形，尾细长、锥形。

雄虫头部高、球形，明显缢缩。口针和食道退化；尾细长、锥形；交合伞不包至尾端，交合刺细、弯曲。

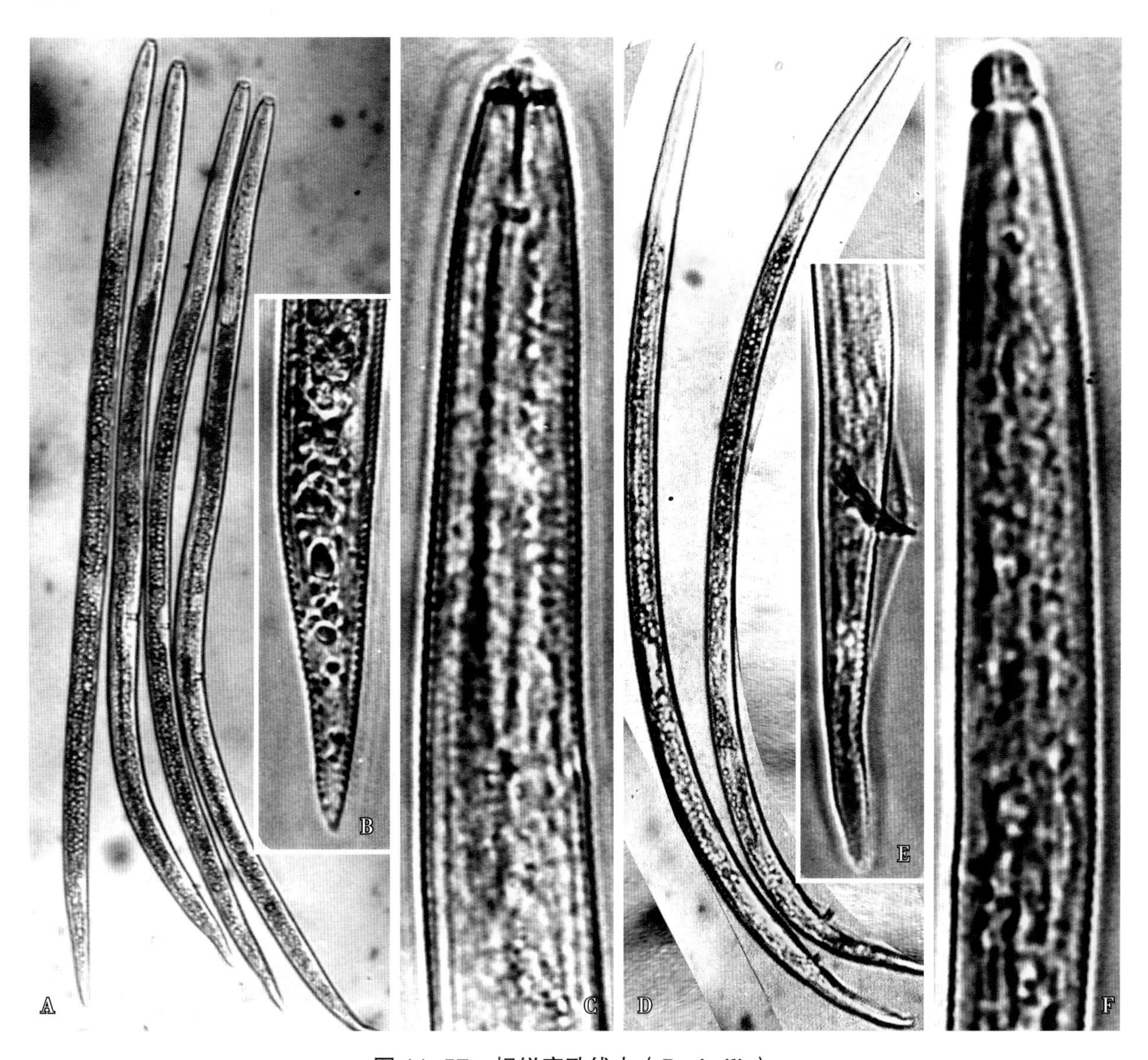

图 11–57　相似穿孔线虫（*R. similis*）

A. 雌虫整体；B. 雌虫尾部；C. 雌虫前部；D. 雄虫整体；E. 雄虫尾部；F. 雄虫前部

发病规律

相似穿孔线虫（*R. similis*）是重要的检疫性病原线虫，有广泛的寄主范围，单子叶植物的芭蕉科的芭蕉属、鹤望兰属植物，天南星科的喜林芋属、花烛属植物，竹芋科的肖竹芋属植物，是这种线虫的重要寄主植物。带病苗木调运是这种线虫远距离传播的主要途径。

防控措施

①加强检疫：对进境种苗应结合症状观察进行取样。取样时要选择长势较差的种苗，取根部呈现水渍状褐色条斑，皮层肿胀或腐烂等症状的根样本分离线虫。

②疫情铲除：一旦发现疫情输入，果断实施“烧、毒、隔、封、饿、堵”的疫情扑灭技术措施。

三、花卉滑刃线虫病

症状

（1）菊花滑刃线虫病

病原线虫在叶肉组织取食，由于叶脉的限制，被侵染的叶片上呈现特征性的角斑或扇形斑，产生脉间坏死（图 11–58）。病斑由亮黄色转变为褐绿色，最后变为深褐色。病叶自下而上枯死，枯死叶片下垂而不脱落。此线虫还在菊花芽上取食，有时能杀死生长点，导致菊花不能开花，或产生畸形叶。叶表面产生不规则的粗糙的褐色斑痕。花器被侵染后变小、畸形或不开花，表面出现褐色伤痕。芽下的茎及叶梗上也出现同样伤痕。

图 11–58　菊花滑刃线虫病病叶症状

（2）石斛滑刃线虫病

病原线虫取食根和菌根菌，导致根系发育不良，变黑腐烂（图 11–59），植株矮小、黄化衰退（图 11–60）。

（3）水仙花滑刃线虫病

被侵染的水仙花鳞茎产生淡褐色水渍状斑块，叶片沿中部自下而上呈条纹状黄化；植株生长衰弱，花少、花瓣产生褐色斑块，或不能开花（图 11–61）。

病原

（1）菊花滑刃线虫（*Aphelenchoides ritzemabosi*，图 11–62）

寄主：菊花。

雌虫虫体细，体长 770~1200μm，缓慢加热杀死后虫体直或向腹面弯曲。头部半球形，缢缩明显，头架骨化弱。口针细弱，长约 12μm，针锥部急剧变尖，基部球小而明显。体环明显，体环宽 0.9~1.0μm，侧带有 4 条侧线。食道体部较细，中食道球发达、卵形，中食道球瓣明显；食道腺长叶状，覆盖于肠

图 11-59　石斛滑刃线虫病根部症状

图 11-60　石斛滑刃线虫病病株

图 11-61　水仙花滑刃线虫病症状

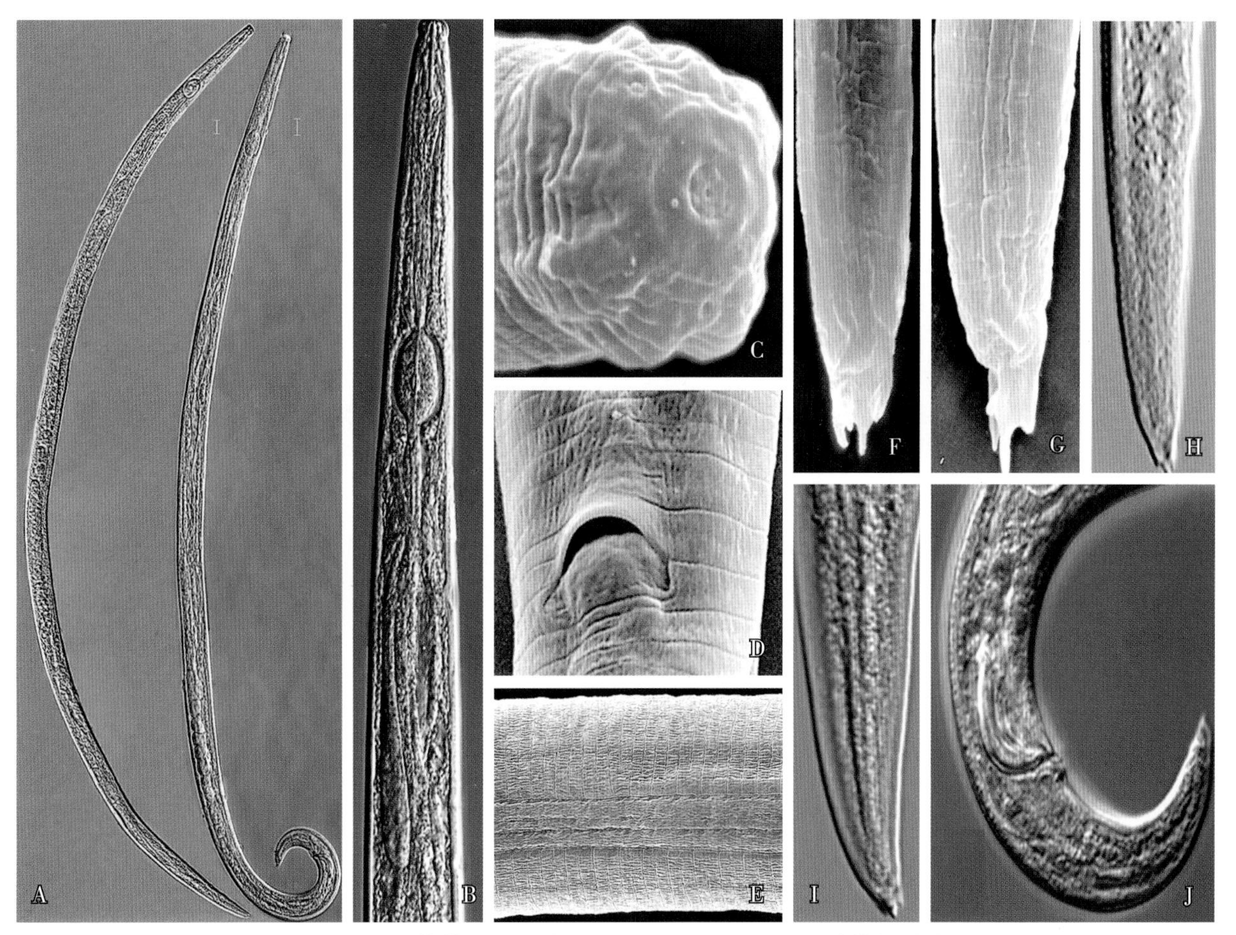

图 11-62　菊花滑刃线虫（*A. ritzemabosi*）（顾建锋提供）

A. 雌虫（左）和雄虫（右）整体；B. 雌虫前部；C. 雌虫头部正面；D. 阴门；E. 雌虫侧带；F ~ I. 雌虫尾部；J. 雄虫尾部

背面，覆盖长度约 4 倍体宽；食道与肠交界处位于中食道球后约 8 μm 处。神经环位于中食道球后约 1.5 倍体宽处，排泄孔位于神经环后 20~30μm 处。阴门稍突起、横裂，单生殖管前生，卵母细胞多行排列；后阴子宫囊发达，长度超过阴肛距的 1/2，通常含有精子。尾长圆锥形，末端有 2~4 个尾尖突。

雄虫较常见，体长 700~930μm，虫体尾部向腹面呈 180° 弯曲。单精巢前生，交合刺玫瑰刺形，平滑弯曲；基顶和喙不显著，背边长 20~27μm；无交合伞。有 3 对尾乳突，第一对位于泄殖腔附近，第二对位于尾中部，第三对位于近尾端。尾端有 2~4 个尾尖突，形态多变。

（2）食菌滑刃线虫（*A. myceliophagus*，图 11-63）

寄主：石斛。

雌虫虫体细长，头部圆、有缢缩。口针细，口针基部球小。食道体部圆柱形，中食道球大、有明显瓣门，食道腺叶发达、重叠于肠的背面。阴门位于体中后部，单生殖管直生。尾部呈圆柱形，尾末端有 1 个尾尖突。

雄虫尾部明显弯向腹面，交合刺呈棘状，无交合伞。

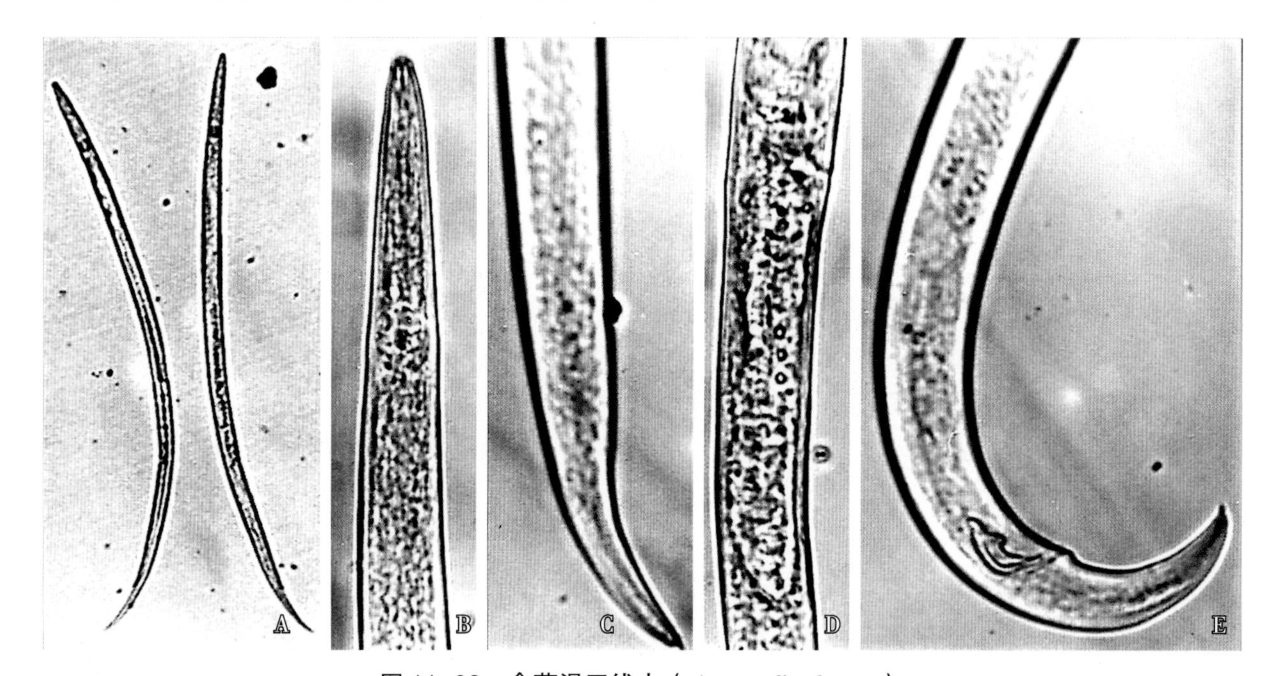

图 11-63　食菌滑刃线虫（*A. myceliophagus*）

A. 雌虫整体；B. 雌虫头部；C. 雌虫尾部；D. 阴门；E. 雄虫尾部

（3）滑刃线虫（*Aphelenchoides* sp.，图 11-64）

寄主：水仙花。

雌虫虫体细长，口针纤细，基部球小。中食道球大、椭圆形，食道腺叶覆盖于肠的背面。单生殖管前生，受精囊中充满盘状精子。尾圆锥形，腹向具 1 个尾尖突。

雄虫交合刺成对，尾部腹端具 1 个尾尖突。

发病规律

滑刃线虫（*Aphelenchoides*）可以在植物的叶片、芽、茎和鳞茎上营外寄生或内寄生生活。有许多种类也能在真菌上生活和繁殖。菊花滑刃线虫（*A. ritzemabosi*）以成虫在被害植株的病叶、残体或其他菊科植物上越冬，极少单独存活于土壤中。春季新叶初发期，雌成虫沿寄主植物表面水膜从根系

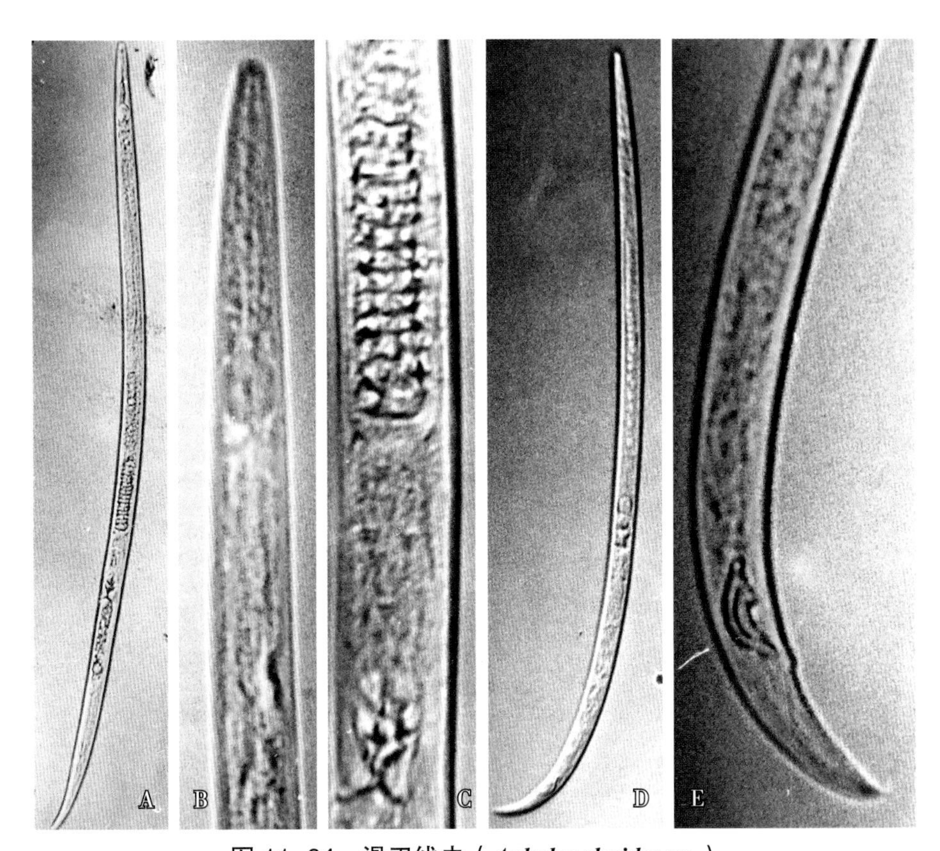

图 11-64 滑刃线虫（*Aphelenchoides* sp.）

A. 雌虫整体；B. 雌虫前部；C. 雌虫卵巢；D. 雄虫整体；E. 雄虫尾部

转移到叶片上，由气孔和伤口侵入叶片组织，并在叶表和叶肉组织内产卵。这种线虫以寄主植物的繁殖材料（如带虫菊苗、插穗）及鲜切花等远距离传播，田间靠雨水、灌溉水、土壤搬移和农事操作等途径传播。

防控措施

①检疫措施：菊花滑刃线虫（*A. ritzemabosi*）随种株、苗和插条等种植材料传播，因此加强检疫是病害防控的关键环节。

②物理措施：防控菊花滑刃线虫病，可以将休眠母株用 46℃温水处理 5min。经检疫，对有带病嫌疑的菊苗插条，可以用 50℃温水处理 10min，或用 55℃温水处理 5min。

③药剂防控：参考花卉根结线虫病的药剂防控方法。

四、花卉根腐线虫病

症状

（1）火鹤花根腐线虫病

病原线虫侵害根系，在根表面形成褐色伤痕，后期根皮层腐烂，导致根腐烂。受害植株矮小、黄化，生长衰退。

（2）袖珍椰子根腐线虫病

受害植株褪绿、黄化，根表面形成褐色伤痕，后期根皮层变黑腐烂。

（3）海芋根腐线虫病

受害植株褪绿、黄化，根和球茎形成褐色伤痕，受害球茎皮层变黑腐烂。

病原

（1）咖啡根腐线虫（*Pratylenchus coffeae*，图 11-65）

寄主：火鹤花。

雌虫体长 515~705μm，缓慢加热杀死后虫体近直伸。唇区稍缢缩，具 2 个明显唇环。头部骨质化明显；口针粗，长 17~20μm，口针基部球圆形。食道腺覆盖于肠的腹面和腹侧。角质膜环纹细、明显，

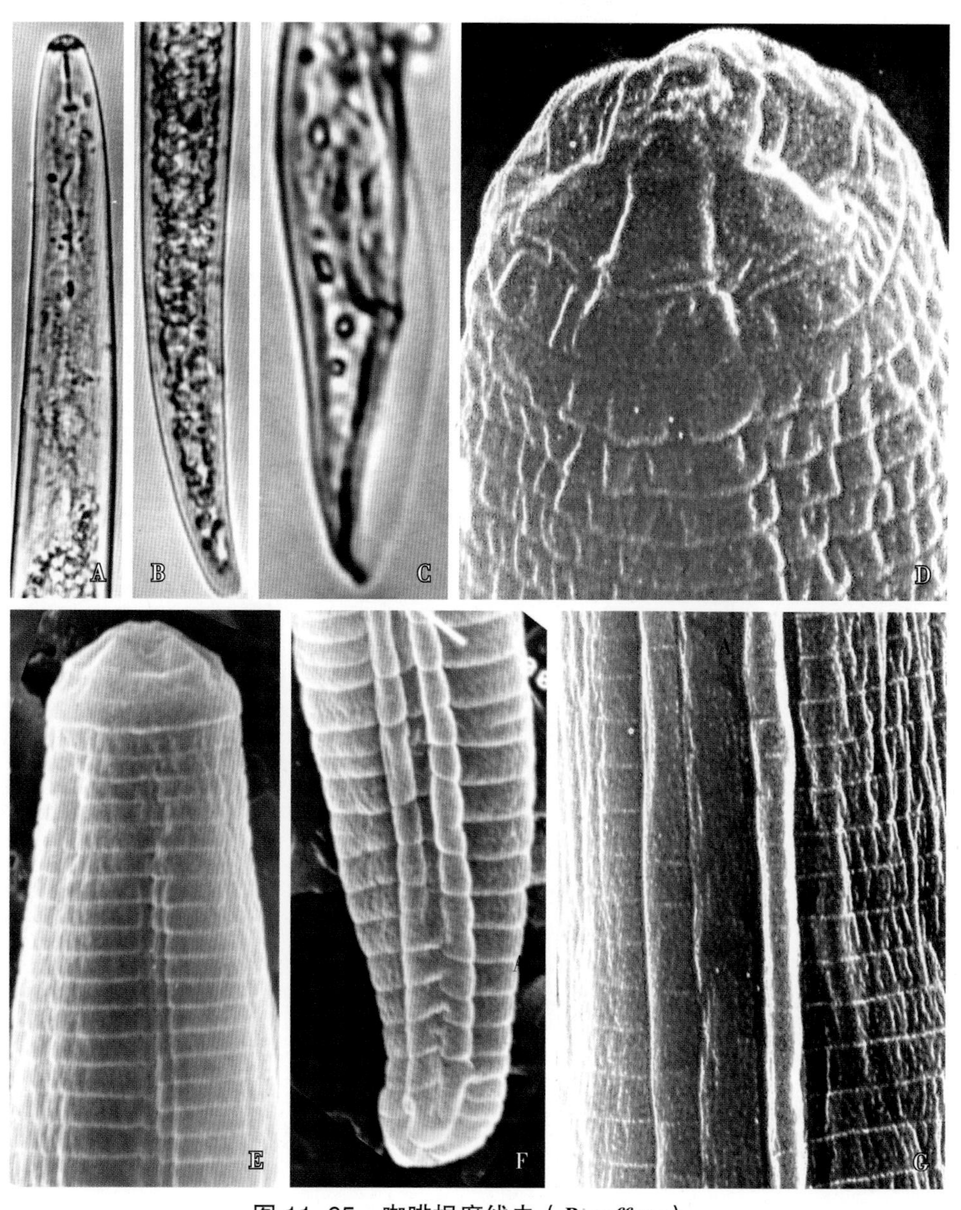

图 11-65 咖啡根腐线虫（*P. coffeae*）

A. 雌虫前部；B. 雌虫尾部；C. 雄虫尾部；D. 雌虫头部正面；E. 雌虫前部侧面；F. 雌虫尾部侧面；G. 雌虫侧带

虫体中部侧带有 4 条侧线，近尾端侧线愈合为 3 条，外侧线形成网格纹。排泄孔位于食道与肠交界处前方，阴门横裂，后阴子宫囊长 20~30μm。尾部呈锥形，环纹包至尾尖，尾端平截或呈齿状。

雄虫虫体比雌虫略小，前端与雌虫极为相似。单精巢，交合伞包至尾尖。

（2）穿刺根腐线虫（*P. penetrans*，图 11-66）

寄主：袖珍椰子。

雌虫体长 340~810μm，缓慢加热杀死后虫体近直伸。唇区较高、稍缢缩，具 3 个唇环。口针发达，长 15~17μm，口针基部球椭圆形。中食道球近圆形，食道腺覆盖于肠的腹面和腹侧，覆盖长度 30~40μm。角质膜环纹细，虫体中部侧带有 4 条侧线，侧线不延伸至尾端。排泄孔位于食道与肠交界处稍后或同一水平处。单生殖管前生，卵母细胞单行排列，受精囊圆形、内有精子；阴道直而短，后阴子宫囊短，长 15~25μm。尾部呈锥形，尾端圆，角质膜稍加厚，无环纹；侧尾腺口位于尾中部。

雄虫虫体比雌虫略小，前端与雌虫相似。交合伞较大，边缘呈不规则锯齿状，包至尾尖。

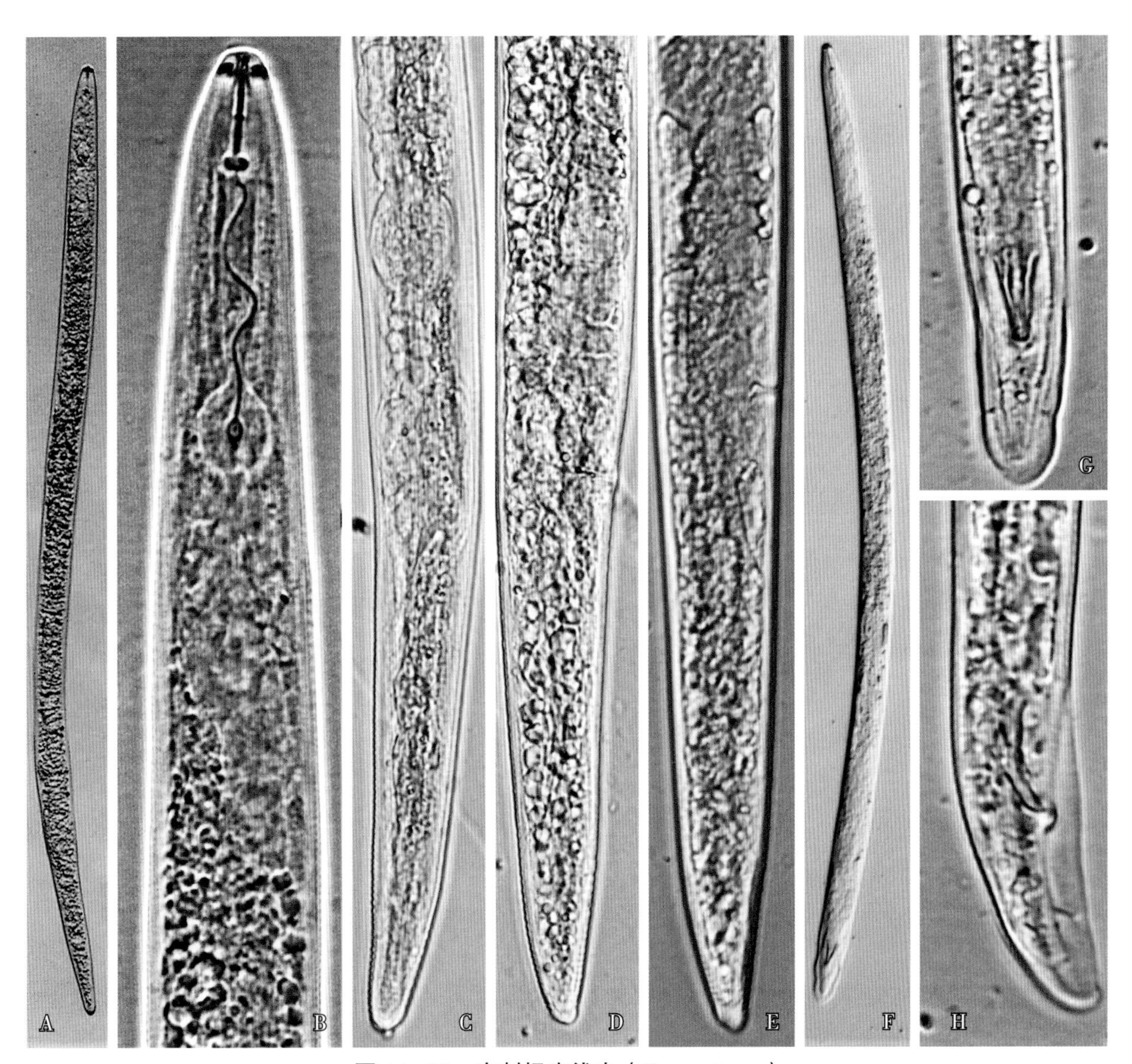

图 11-66　穿刺根腐线虫（*P. penetrans*）

A. 雌虫整体；B. 雌虫前部（食道）；C. 雌虫后部（卵巢和受精囊）；D、E. 雌虫后部（阴门和后阴子宫囊）；F. 雄虫整体；G. 雄虫尾部腹面；H. 雄虫尾部侧面

（3）短尾根腐线虫（*P. brachyurus*，图 11-67）

寄主：海芋。

雌虫细长，体长 505~636μm，缓慢加热杀死后虫体直伸或略向腹部弯曲。体环明显，侧带有 4 条侧线，唇区缢缩、顶端钝圆。口针发达，长 17~22μm，口针基部球扁圆形。中食道球椭圆形，瓣门明显。排泄孔位于食道腺前部，食道腺叶状、覆盖于肠的侧腹面。阴门微凸，位于体后部。尾部短、棍棒状，尾端钝。

发病规律

根腐线虫（*Pratylenchus*）在残留于土壤中的根或其他地下器官组织内存活，越冬虫态以 4 龄幼虫为多。根腐线虫（*Pratylenchus*）主要依靠被侵染的植物根和器官，以及带虫土壤的调运远距离传播。在田间随雨水、灌溉水和农事操作传播。根腐线虫（*Pratylenchus*）与多种病原真菌和细菌复合侵染，加剧对植物的危害。

防控措施

参考花卉根结线虫病防控措施。

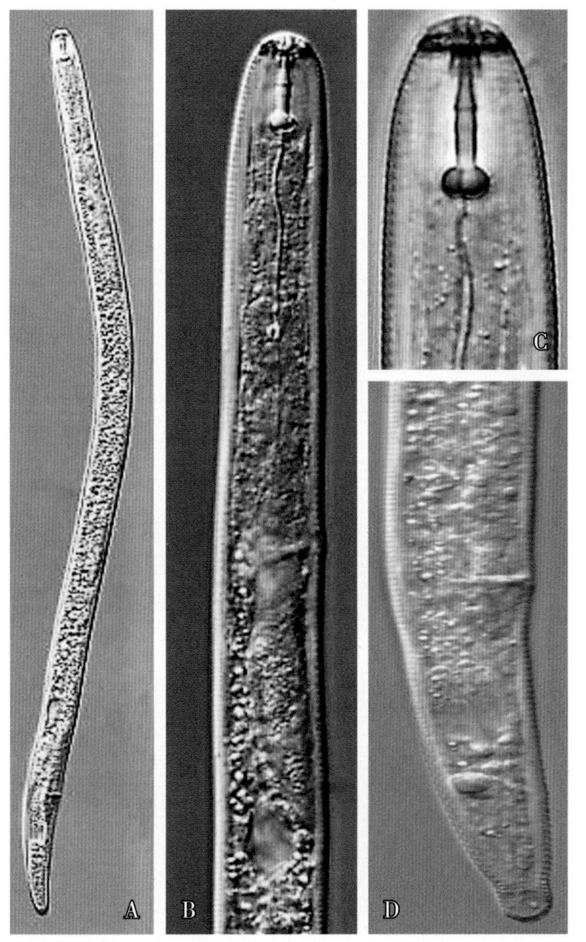

图 11-67 短尾根腐线虫（*P. brachyurus*）雌虫

A. 整体；B. 前部；C. 头部；D. 尾部

五、花卉其他线虫病

（一）花卉盾线虫病

症状

（1）火鹤花盾线虫病

病原线虫在根皮层组织迁移取食造成大量伤口，根表皮产生褐色伤痕。受伤组织诱发土壤中的病原真菌或细菌侵染，导致烂根。植株矮小，黄化衰退。

（2）袖珍椰子盾线虫病

病根表皮有褐色伤痕，最后变黑腐烂。病株矮小，黄化衰退。

（3）朱顶红盾线虫病

病根表皮有褐色伤痕，最后变黑腐烂。病株生长不良，叶片褪绿、黄化。

病原

病原为短尾盾线虫（*Scutellonema brachyurus*，图 11-68、图 11-69）。

雌虫缓慢加热杀死后虫体向腹面呈“C”形或螺旋状弯曲。体环明显，侧带有 4 条侧线，始于排泄孔前并延伸至尾端，排泄孔前和侧尾腺口部位的侧带有网格纹。唇区半球形，稍缢缩，具 3 个唇环；基部唇环较宽、约 2μm，第二三唇环较窄、宽度为 1.4~1.5μm；基部唇环的背面形成 2 个次唇环，并终止于环中部；从唇区背面可观察到 4 个环纹。顶部唇盘扁平，唇环可形成纵纹，使唇区具网格纹。头架骨质化、发达，外缘向内延伸至第一个体环处。口针发达，长 24~28μm，口针基部球椭圆形。中食道球卵圆形，有明显的瓣膜；食道腺叶覆盖于肠前端的背面和背侧面。双生殖管对生、平伸，无贮精囊或子宫内无精子；阴门位于虫体中部稍后，前阴唇向后延伸形成阴门盖，阴门宽占 4 个体环。尾短，长度为 12~16μm，尾腹面具 10~12 个体环；尾端宽圆，有横纹；侧尾腺口大，近圆形、盾片状，位于肛后 1~2 个体环。

雄虫少见，虫体形态与雌虫相似。交合刺发达，弓状；引带长，可突出；交合伞大，弓形，包至尾部。尾末端较尖。

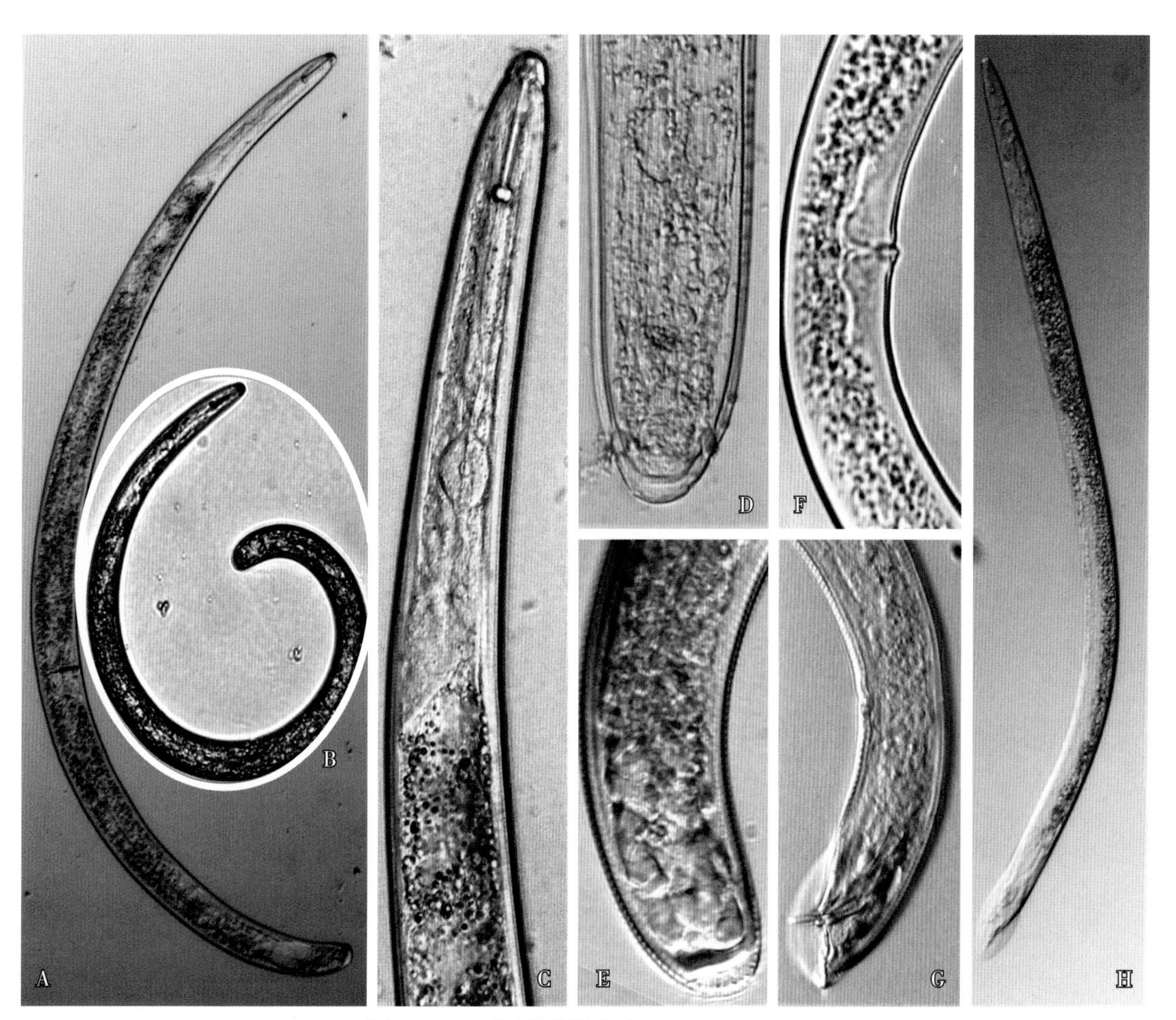

图 11-68　短尾盾线虫（***S. brachyurus***）

A、B. 雌虫整体；C. 雌虫前部；D. 雌虫尾部腹面（侧尾腺口）；E. 雌虫尾部侧面；F. 阴门；G. 雄虫尾部；H. 雄虫整体

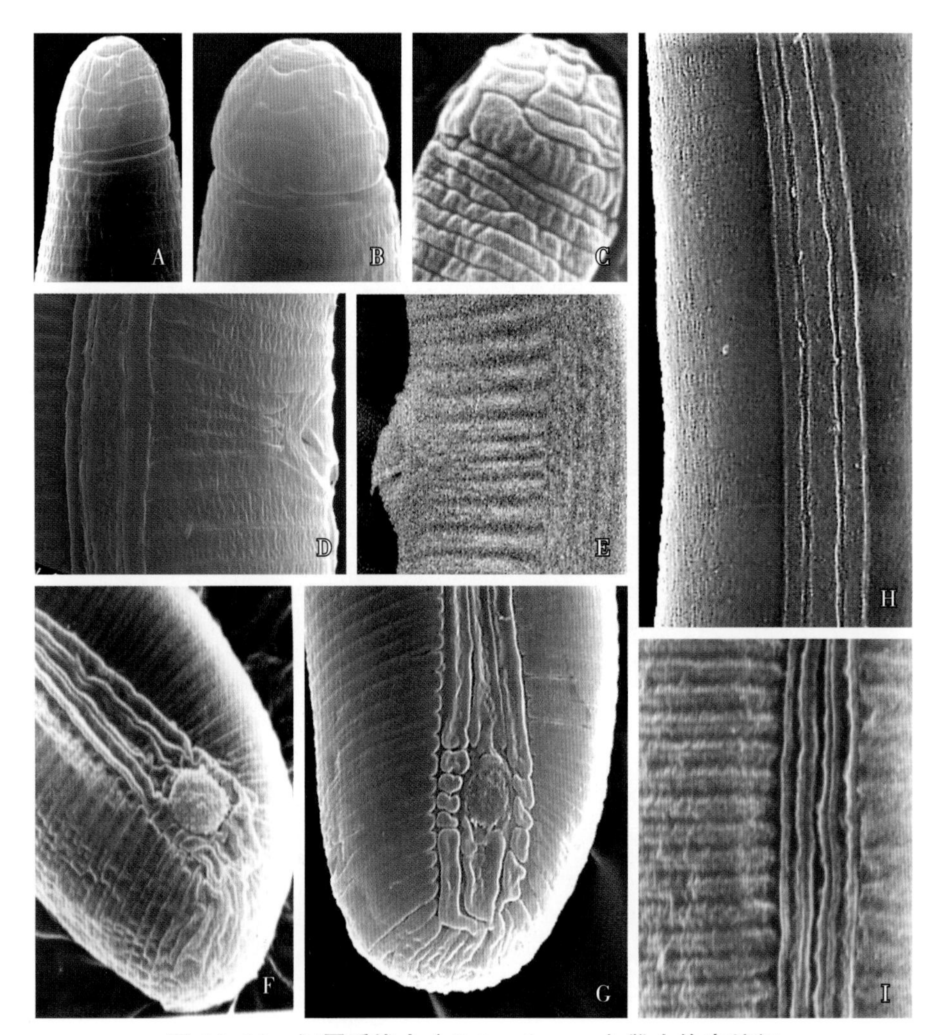

图 11-69 短尾盾线虫（*S. brachyurus*）雌虫体表特征

A~C. 头部形状及环纹；D、E. 阴门（阴门盖）；F、G. 尾部（侧带和侧尾腺口）；H、I. 体环和侧带

（二）火鹤花矮化线虫病

症状

病原线虫侵害根表皮组织形成褐色伤痕，栽培基质中病原微生物的次侵染致使根变黑腐烂。受害植株黄化衰退。

病原

病原为克莱顿矮化线虫（*T. claytoni*，图 11-70）。

雌虫虫体圆柱形，体长 795μm，缓慢加热杀死后虫体稍朝腹面弯曲。角质膜环纹明显，无纵纹。唇部圆、略缢缩，骨质化弱，3 个唇环。口针纤细，长 22.5μm，口针基部球圆形。中食道球卵圆形，具有明显瓣膜；后食道长梨形，与肠平接。阴门位于体中部，双生殖管对生、平伸，发达。尾渐细，尾端钝圆，光滑。

雄虫虫体细长，单精巢，引带大，交合伞包至尾端。

图 11-70 克莱顿矮化线虫（*T. claytoni*）

A. 雌虫前部；B. 雌虫尾部；C. 雄虫尾部

（三）花卉针线虫病

症状

（1）火鹤花针线虫病

病原线虫在根皮层组织取食造成伤口，该线虫较高种群水平能引起根系坏死和植株矮化。

（2）山茶花针线虫病

病原线虫在根皮层组织取食造成伤口，危害严重时能引起根系坏死和植株生长衰退。

病原

病原为突出针线虫（*Paratylenchus projectus*，图 11-71、图 11-72）。

雌虫蠕虫形，体长 208~310μm，缓慢加热杀死后虫体朝腹面呈“C”形弯曲。唇部稍缢缩，圆，具 3 个唇环。体环清晰，侧带有 4 条侧线。口针长 18~23μm，口针基部球发达。中食道球长椭圆形，与食道体部无明显分界；食道腺形成后食道球。阴门具阴门侧膜；阴道前倾，阴门后虫体逐渐变细。尾锥形，尾端细圆或指状。

雄虫唇部无缢缩，前端平截或圆，无明显环纹。口针细、短，口针基部球发达。中食道球梭形，后食道较弱。虫体中部体环清晰。尾端指状。

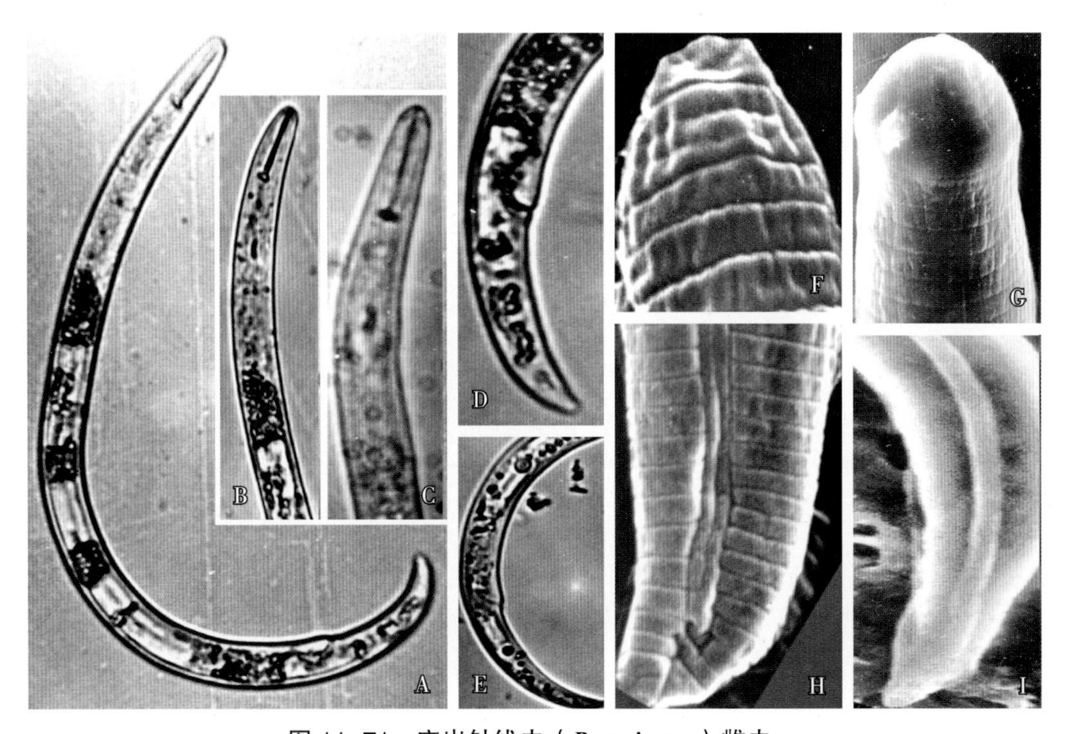

图 11-71 突出针线虫（*P. projectus*）雌虫

A. 整体；B、C. 前部；D、E. 尾部；F、G. 头部（环纹）；H、I. 尾部（环纹和侧带）

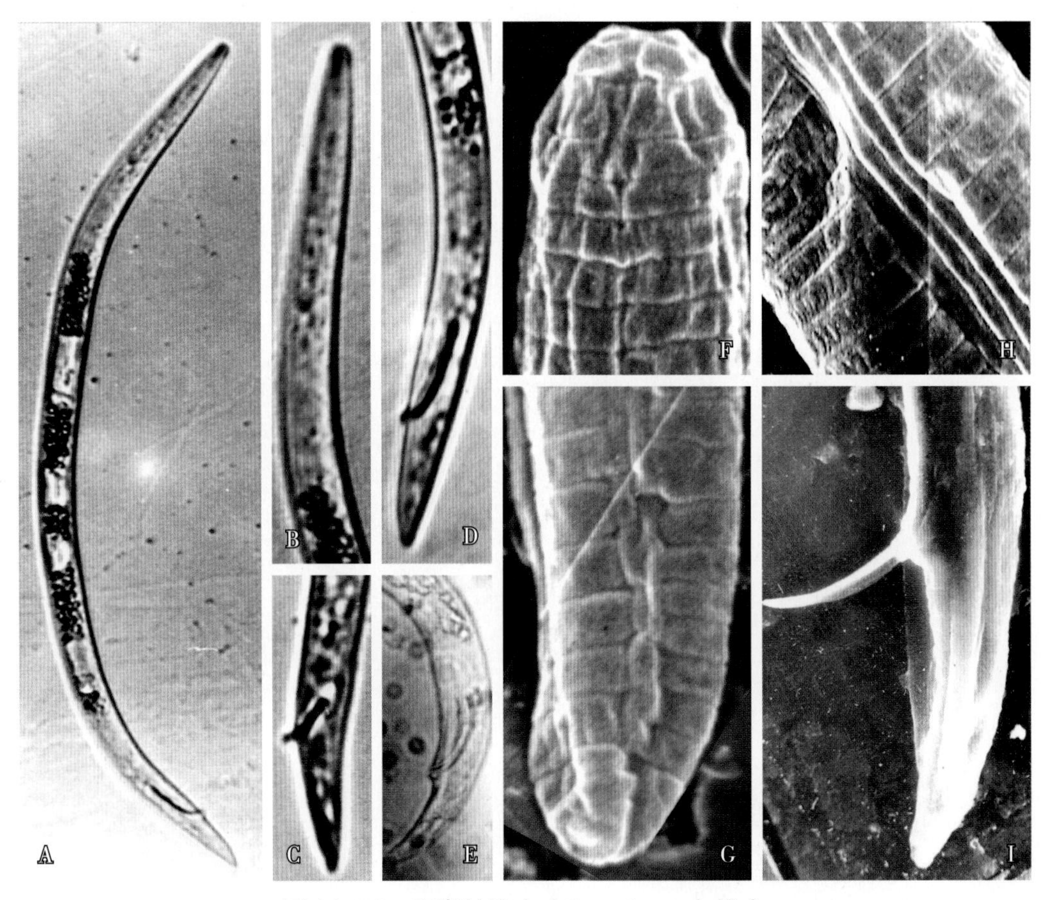

图 11-72 突出针线虫（*P. projectus*）雄虫

A. 整体；B. 前部；C~E. 尾部；F. 头部（环纹）；G. 尾部（环纹和侧带）；H. 中部（体环和侧带）；I. 尾部（交合刺）

（四）茶花拟鞘线虫病

症状

病原线虫在根表皮取食，受害根系营养少，植株生长衰退、矮化。

病原

病原为茶花拟鞘线虫（*Hemicriconemoides camellia*，图 11–73）。

雌虫体长 460~600μm，虫体缓慢加热杀死后稍朝腹面弯曲，有些虫体前部包裹在一层角质膜鞘中。体环数目 107~118 个，体环宽大、光滑，无侧带。头部缢缩，具 2 个唇环；第一个唇环比第二个唇环大，较薄，边缘平展或略向前翘。唇盘圆，唇片愈合，隆起呈半球形。口针长 85~92μm，口针基部球大，前缘突起呈锚状。背食道腺开口距口针基部球 4~5μm，排泄孔距头顶 113~153μm。阴门大、下陷、横裂、有小的阴门鞘；前阴唇平滑，后阴唇形态变化较大、中部向前凸起或向后凹陷，阴道向内前倾。单生殖管发达前生，长 312~320μm，占体长的 56%~58%；肛门小，不明显。尾呈锥形，尾端尖。

雄虫虫体细长，290~330μm，无角质膜鞘，体环细。侧带有 4 条侧线。食道退化，无口针。单精巢前生。交合刺长 24~28μm；引带长 3.8~5.5μm，无交合伞。尾部呈锥形，末端尖细。

图 11–73 茶花拟鞘线虫（***H. camellia***）

A、B. 雌虫整体；C. 雌虫前部（角质膜鞘、口针、食道）；D. 雌虫头部（环纹）；E. 雌虫尾部；F. 雌虫体环；G. 雄虫整体；H. 雄虫前部；I、J. 雄虫尾部

（五）茶花螺旋线虫病

症状

病原线虫在根皮层组织取食，产生褐色坏死伤痕，根系生长不良；植株生长衰退。

病原

病原为螺旋线虫（*Helicotylenchus* sp.，图 11–74）。

雌虫虫体蠕虫状，缓慢加热杀死后呈螺旋形。唇区锥圆，中等骨质化。口针发达，口针基部球圆形。食道腺叶大部分覆盖于肠的腹面。阴门位于虫体中后部，双生殖管对生、平伸。尾部短，背面弯曲，尾端呈锥状。

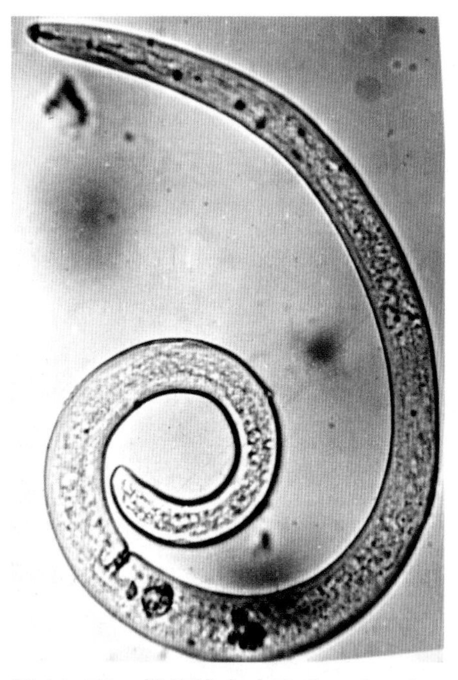

图 11–74 螺旋线虫（***Helicotylenchus* sp.**）雌虫

（六）茶花剑线虫病

症状

病原线虫在根皮层组织上刺吸取食，引起根肿胀，形成粗短根。

病原

病原为剑线虫（*Xiphinema* sp.，图 11–75）。

雌虫体型较大，缓慢加热杀死后虫体朝腹面呈“C”形或宽螺旋形弯曲。唇区缢缩，侧器发达、囊状。齿针前部为矛状，延伸部膨大。食道瓶状，食道前部为弯曲状窄管，后部膨大为长柱状。导环位于齿针后半部。

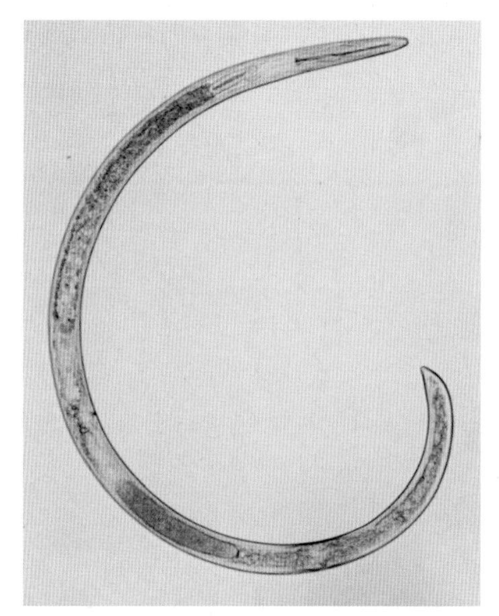

图 11–75 剑线虫（***Xiphinema* sp.**）雌虫

附录

作物根际土壤线虫

一、土壤线虫的类群和功能

作物根际土壤生态系统中土壤线虫是功能最丰富、数目最多的生物类群。土壤线虫具有不同的生活习性，根据其食物类型可以将其划分为 4 种营养类群：食细菌线虫、食真菌线虫、植物寄生线虫、捕食杂食线虫。

食细菌线虫、食真菌线虫和捕食杂食线虫这 3 大类直接参与土壤生态系统中的能量流动和物质循环，在有机质分解、养分矿化和能量传递过程中起着重要作用，可以调节有机复合物转化为无机物的比例，维持土壤碳氮的动态平衡，线虫排泄物对增加土壤中可溶性氮有一定贡献。此外，这些线虫能携带和传播土壤微生物，取食和传播病原细菌和真菌，影响植物共生体分布和功能。

二、土壤线虫取食机制与食料

土壤线虫对食料的选择与其食道类型有关。食道常见有以下 3 种类型（附图 1）。

①整部圆柱体：食道没有明显分部，整个食道显圆筒形，锉齿线虫（*Mylonchulus*）、克拉克线虫（*Clarkus*）、棱咽线虫（*Prismatolaimus*）的食道为圆柱型食道。

②两部分圆筒体：一个细长非肌质的前部和一个膨大的肌腺质的后部。具口针的类型有矛线型食道，剑线虫（*Xiphinema*）、长针线虫（*Longidorus*）、毛刺线虫（*Trichodorus*）、前矛线虫（*Prodorylaimus*）和拟矛线虫（*Dorylaimoides*）都属于这类食道；无口针的类型有头叶型食道，拟丽突线虫（*Acrobeloides*）、头叶线虫（*Cephalobus*）、真头叶线虫（*Eucephalobus*）、绕线虫（*Plectus*）都属于这类食道。

③三部分圆筒体：食道分为体部、峡部和后食道球三部分。具口针的类型有垫刃型食道和滑刃型食道，垫刃目（Tylenchida）线虫和滑刃目（Aphelenchida）线虫分别属于这两种食道；无口针的类型

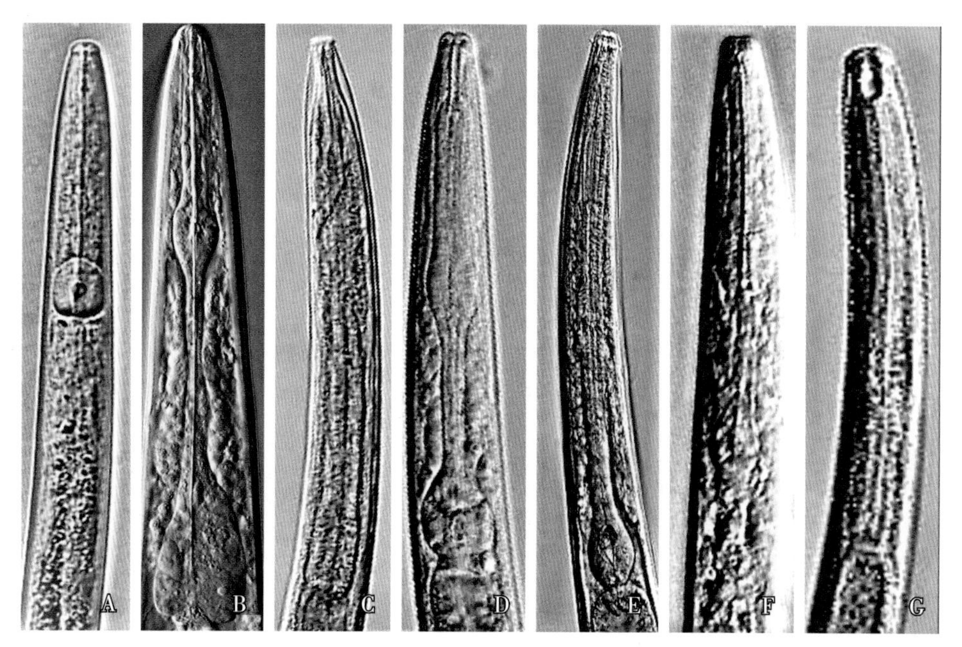

附图 1　土壤线虫食道类型

A. 滑刃型；B. 垫刃型；C. 矛线型；D. 小杆型；E. 头叶型；F. 双胃型；G. 圆柱型

有小杆型食道和双胃型食道，小杆目（Rhabditida）线虫和双胃目（Diplogasterida）线虫分别属于这两种食道。

食细菌线虫是指主要以细菌为食的一类线虫。食细菌线虫的食道多数无口针，以口腔直接吞食细菌。这类食道有小杆型食道、头叶型食道、双胃型食道和圆柱型食道。被吞食的细菌经线虫肠道消化后，大部分被杀死，但有一部分细菌排出体外仍存活，随着线虫的运动而被转移到其他地方。

食真菌线虫是指以真菌为食的一类线虫。食真菌线虫的食道有口针，以口针刺穿真菌的细胞壁，吸食细胞内容物。食真菌线虫主要以植物根部的各类真菌，如菌根真菌、病原真菌和根际腐生真菌为食。有些食真菌线虫是食用菌和药用菌的重要病原线虫，如蘑菇滑刃线虫（*Aphelenchoides compostícola*）、食菌茎线虫（*Ditylenchus myceliophagus*）。食真菌线虫的食道主要有垫刃型食道和滑刃型食道。

捕食杂食线虫是指以捕食原生动物、线虫、线虫卵、小型昆虫为食的线虫。捕食杂食线虫口腔具有齿牙或齿针，以咬食或刺食方式捕获取食对象。食道类型有滑刃型食道、矛线型食道、小杆型食道、头叶型食道、圆柱型食道。

三、作物常见根际土壤线虫

（一）滑刃目（Aphelenchida）线虫

1. 蘑菇滑刃线虫（*A. composticola*，附图 2）

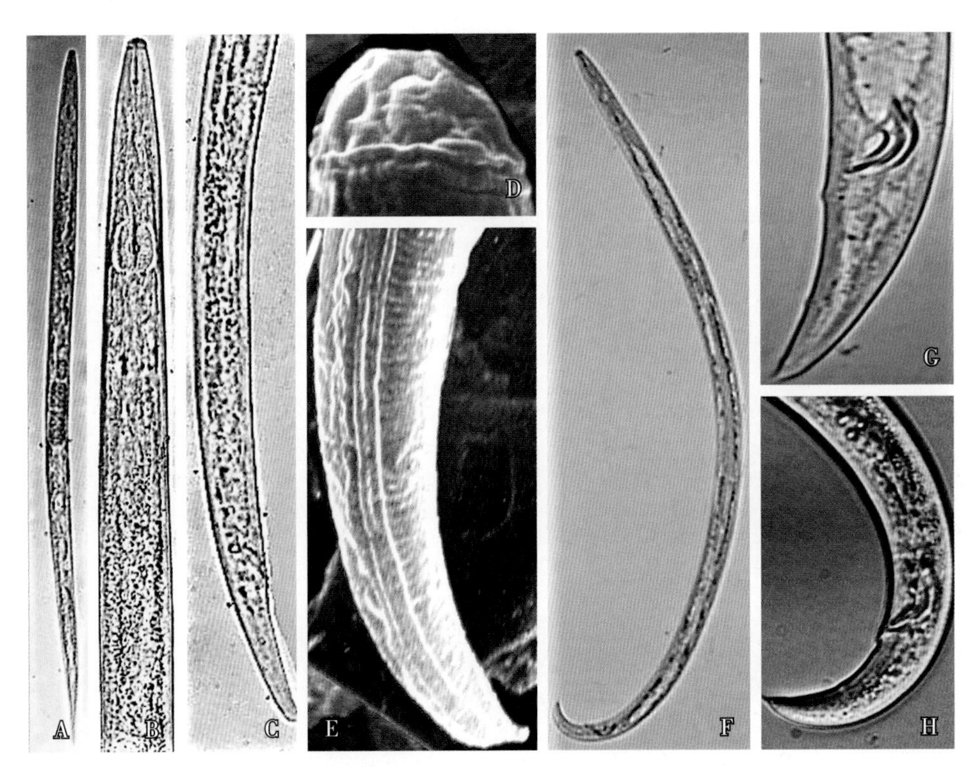

附图 2　蘑菇滑刃线虫（*A. composticola*）

A. 雌虫整体；B. 雌虫前部；C. 雌虫尾部；D. 头部（环纹）；E. 尾部（侧带）；F. 雄虫整体；G、H. 雄虫尾部雌虫体长 560~1050μm，缓慢加热杀死后虫体稍向腹面弯曲。唇区圆，稍缢缩，头部骨架较弱。口针长 15~21μm，纤细，口针基部球小。食道体部圆柱形，中食道球大、椭圆形，食道腺长叶状、从背面覆盖肠的前端。单生殖管前生、直，前端达到背食道腺的后缘；受精囊中充满盘状精子，后阴子宫囊较长。尾圆锥形，长 32~38μm；尾端腹面有针状尾尖突。

雄虫体形与雌虫相似，体长 470~812μm，尾部朝腹面弯曲。口针长 10~16μm。单精巢，前端可达食道腺，精母细胞呈单行排列。交合刺成对，稍向腹面弯曲，长 21~22μm，尾部具有 3 对尾乳突。

该线虫为食真菌线虫，是食用菌的重要病原线虫，常见于香蕉、龙眼、荔枝、草莓、杨梅、甘薯、花生、蝴蝶兰、火鹤花等作物根际土壤。

2. 伞菌滑刃线虫（*A. agarici*，附图 3）

雌虫体长480~670μm。体表环纹细，侧带窄、有3条侧线。唇区缢缩明显。口针长10~15μm，口针基部加厚。中食道球卵圆形，食道腺长叶状覆盖于肠的背面，其长度约为虫体宽度的3倍。阴门横裂，位于虫体中后部体长的64%~73%处，阴唇稍突起；单生殖管前生、延伸至食道腺后约3个虫体宽度处；受精囊内充满盘状的精子，卵母细胞单行排列；后阴子宫囊发达，宽囊状。尾渐细，末端钝圆，有一简单的腹向尾尖突。

雄虫前部形态与雌虫相似。缓慢加热杀死后，虫体尾部向腹面呈钩状弯曲。单精巢前生。交合刺成对，长 13~20μm。尾部有 3 对尾乳突，分别位于肛门附近、尾中部及近尾端；尾端呈锥状，在腹面有一简单的尾尖突。

该线虫为食真菌线虫，是食用菌的病原线虫，常发现于松树、火鹤花等林木花卉根际土壤。

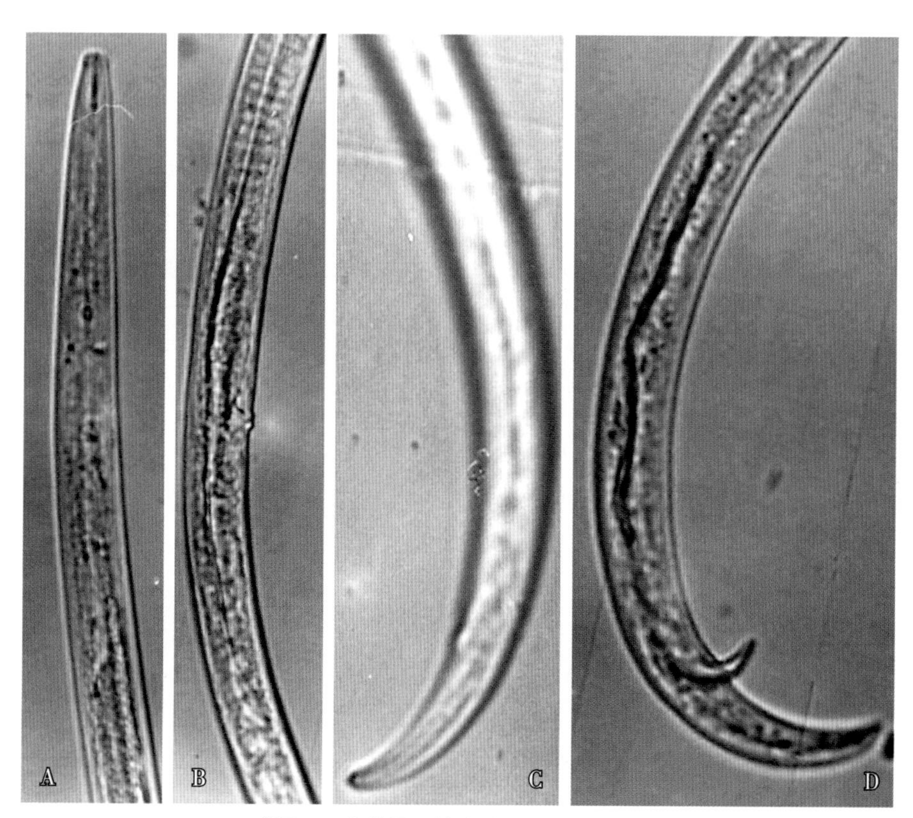

附图 3　伞菌滑刃线虫（*A. agarici*）雌虫

A. 前部；B. 阴门部；C. 雌虫尾部；D. 雄虫尾部（交合刺）

3. 双尾滑刃线虫（*A. bicaudatus*，附图 4）

雌虫体长 450~610μm，缓慢加热杀死后虫体略向腹面弯曲。体环细，头部稍缢缩；口针长 10.0~12.5μm，基部球小。中食道球近球形，几乎充满整个体腔；食道腺长叶状，从背面覆盖肠的前端。阴门横裂，位于体中后部体长的 68%~70% 处；单生殖管前生，前端可延伸至食道腺末端。卵母细胞单行排列。后阴子宫囊短，长度为 20~30μm。尾呈圆锥形，末端平截，尾端背腹面各有一尖突，呈宽双叉状，腹尾突较明显。

雄虫体长 350~520μm，缓慢加热杀死后尾部明显向腹面弯曲，虫体呈“J”字形。交合刺明显，长 15μm，引带长 6μm，无交合伞；尾端尖。

该线虫为食真菌线虫，能危害食用菌，发现于龙眼、荔枝、蝴蝶兰等果树和花卉根际土壤。

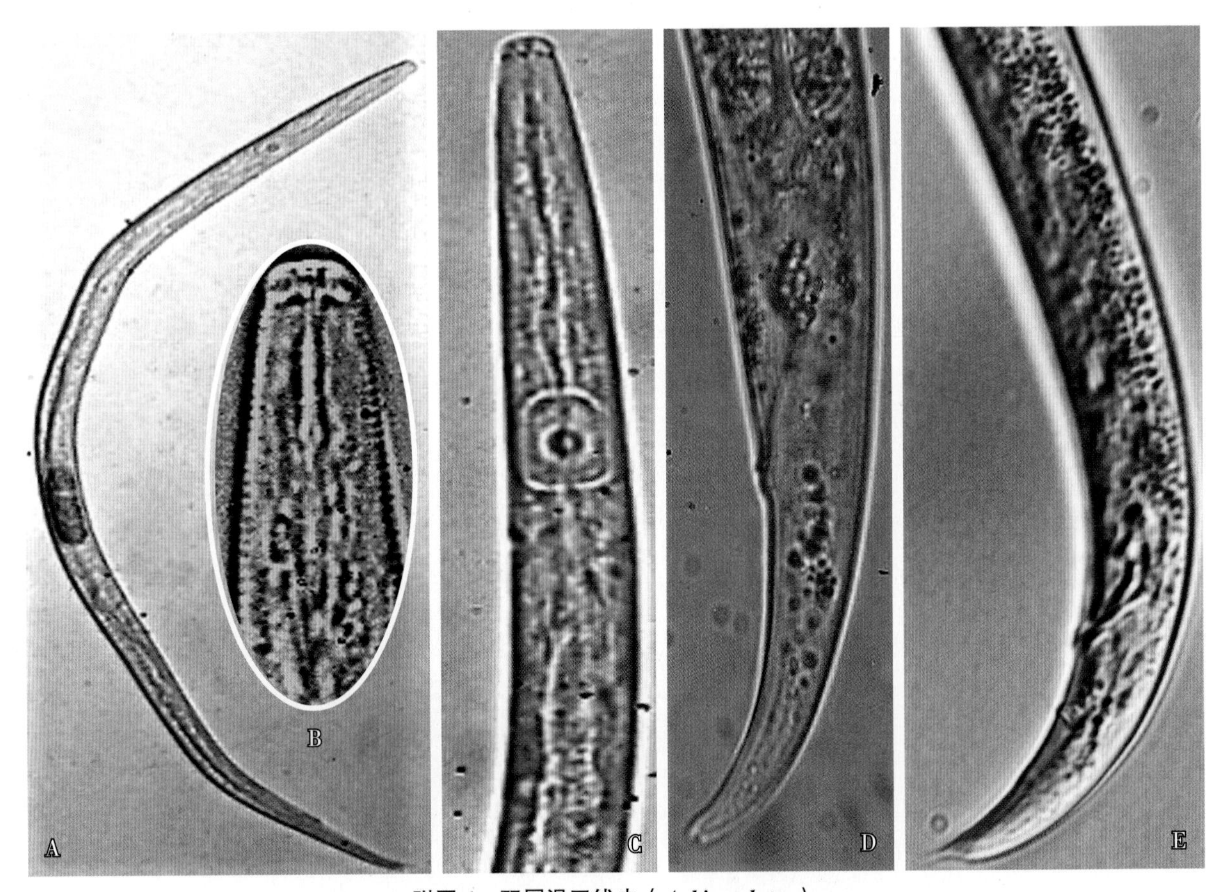

附图 4　双尾滑刃线虫（*A. bicaudatus*）

A. 雌虫整体；B 雌虫头部；C. 雌虫前部；D. 雌虫尾部；E. 雄虫尾部

4. 锡博尔滑刃线虫（*A. cibolensis*，附图 5）

雌虫虫体圆柱形，体长 343~498μm。体环细，侧带有 3 条侧线，唇区稍缢缩、半球形、具有 7 个唇环；唇区稍角质化。口针长 9~10μm，基部球明显。中食道球较大、占虫体直径的 3/4，食道腺覆盖于肠背面，长度为 50~60μm。单生殖管前生，前端靠近食道腺区；卵母细胞单行排列，后阴子宫囊短；阴道宽，阴门唇稍突起、明显角质化。尾向腹面弯，尾端倾斜，具一腹尾尖突。

该线虫发现于火鹤花等花卉根际土壤及栽培基质。

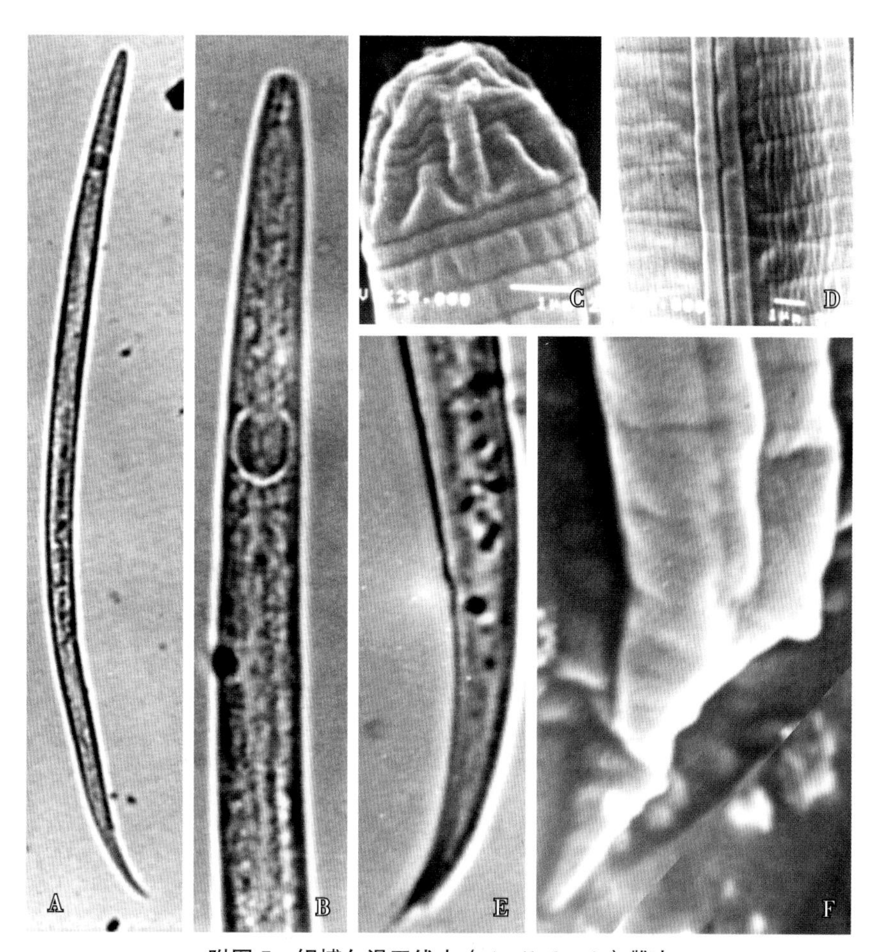

附图5　锡博尔滑刃线虫（*A. cibolensis*）雌虫

A. 整体；B. 前部；C. 头部（环纹）；D. 侧带；E、F. 尾部

5. 燕麦真滑刃线虫（*Aphelenchus avenae*，附图6）

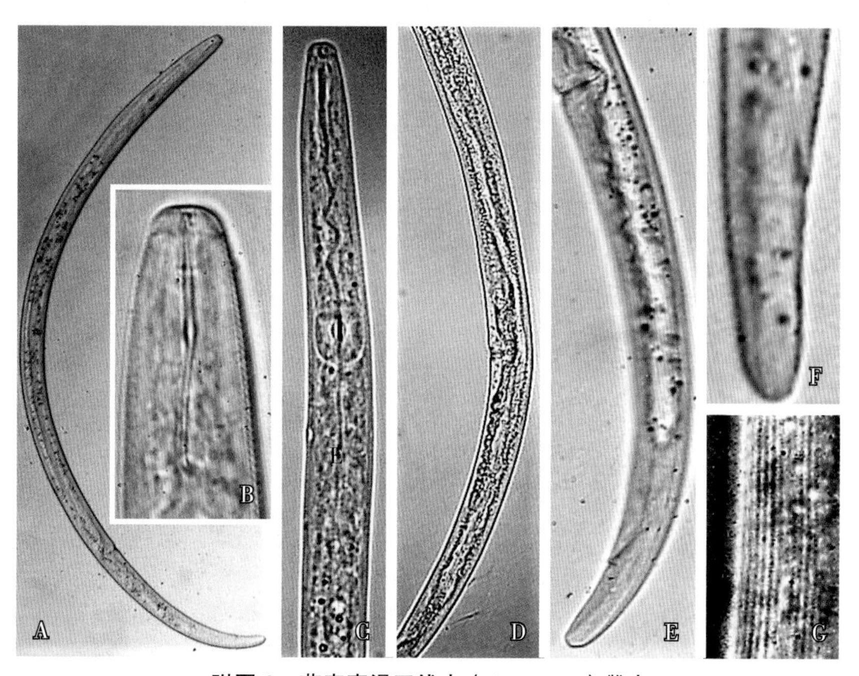

附图6　燕麦真滑刃线虫（*A. avenae*）雌虫

A. 整体；B. 头部；C. 前部；D. 阴门及卵巢；E. 后部；F. 尾部；G. 侧带

雌虫体长 705~777μm，长圆柱形，两端渐细，缓慢加热杀死后虫体稍向腹面弯曲。体环细微，体中部的侧带有 9~14 条侧线。唇区不缢缩，具 3 个细微唇环，顶端平截或平圆。口针长 12~19μm，无口针基部球。中食道球大，约占整个体宽；后食道腺叶覆盖肠背面，覆盖长度达 40~50μm。阴门横裂，位于虫体后部体长的 76%~80% 处；单生殖管，前生、前端延伸至体中部之前；后阴子宫囊长度约为阴肛距的 1/2；受精囊卵圆形，充满精子。尾长 25~30μm，圆筒形，末端半圆或宽圆。

该线虫为食真菌线虫，是食用菌的重要病原线虫，发现于香蕉、龙眼、荔枝、火鹤花等果树及花卉根部。

6. 松外滑刃线虫（*Ektaphelenchoides pini*，附图 7）

雌虫体长760~1090μm。体表环纹细密。唇区前端平，头部无缢缩。口针长21~28μm，无口针基部球。中食道球长卵圆形；食道腺覆盖肠的前端背面，长度为100~120μm。排泄孔位于中食道球后约一个虫体宽度处。单生殖管前生。卵母细胞多行排列，后阴子宫囊的长度约1个虫体宽；阴门横裂，位于虫体中后部体长的70%处；无肛门，尾部丝状。

雄虫体长 780~950μm，缓慢加热杀死后尾部向腹面弯曲，尾尖几乎与腹面接触。口针长 20~30μm。单精巢，精母细胞呈多行排列。交合刺长 25~30μm、对生，喙突钝圆。肛前和肛后各有一对乳突，尾部弓形，末端丝状，在丝状末端基部有一缺刻；无交合伞和引带。

该线虫为昆虫寄生线虫。福建省从松树萎蔫线虫病的病组织发现松外滑刃线虫（*E. pini*）。据报道，松外滑刃线虫（*E. pini*）也发现于危害火炬松的黑脂大小蠹（*Dendroctonus terebrans*）虫体上。

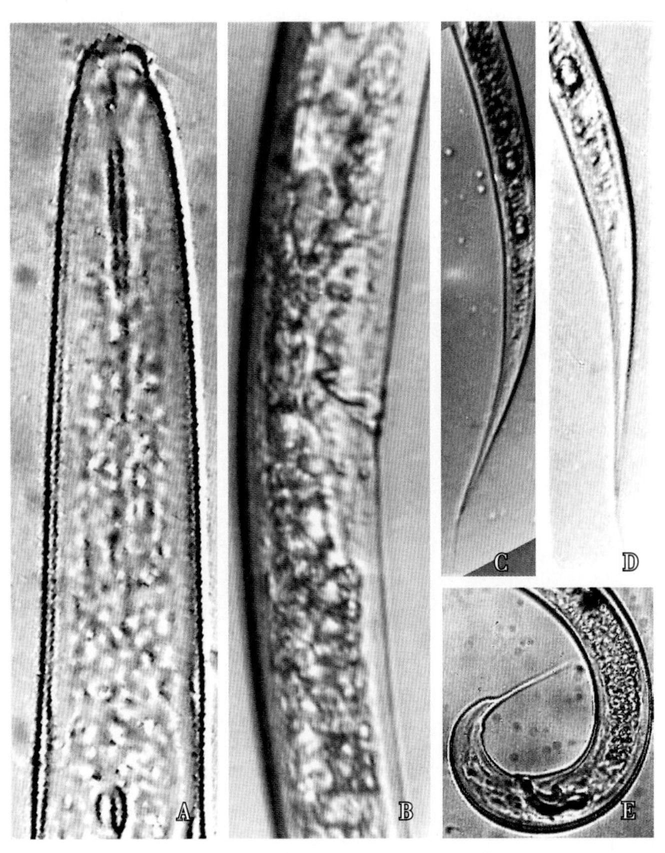

附图 7 松外滑刃线虫（*E. pini*）

A. 雌虫前部；B. 阴门部；C、D. 雌虫尾部；E. 雄虫尾部

7. 斯坦纳丝尾滑刃线虫（*Seinura steineri*，附图 8）

雌虫体长 580 ~720μm，缓慢加热杀死后虫体稍向腹面弯曲。体环细，唇区缢缩，前端平圆。口针长 20~25μm，无基部球。中食道球方圆形，食道腺长叶状、从背面覆盖于肠的前端。阴门横裂，位于体中后部体长的 67%~74% 处，阴道稍前倾；单生殖管前生，卵母细胞单行排列；后阴子宫囊长约为阴肛距的 50%。尾部从肛门后渐尖成长丝状。

雄虫体长 500~620μm。单精巢前生。交合刺镰刀状，长 15~20μm，无交合伞。尾向腹面弯曲，在泄殖腔前后有一个腹乳突和亚腹乳突，近尾端处有 2 对乳突。

该线虫为捕食性线虫，以土壤中其他线虫为食，发现于松树木质部和蝴蝶兰根际栽培基质。

8. 奥阿胡丝尾滑刃线虫（*S. oahueensis*，附图 9）

雌虫体长 570~720μm，缓慢加热杀死后虫体稍向腹面弯曲。体环细，唇区稍缢缩、前端平圆。口针长 15μm，具口针基部球。中食道球近卵圆形，食道腺长叶状、从背面覆盖于肠的前端。阴门横裂，位于体中后部体长的 75% 左右处，阴道稍前倾；单生殖管前生，延伸到食道腺的中部，卵母细胞单行排列；后阴子宫囊明显。尾部呈丝状。

该线虫发现于松树木质部和蝴蝶兰根际栽培基质。

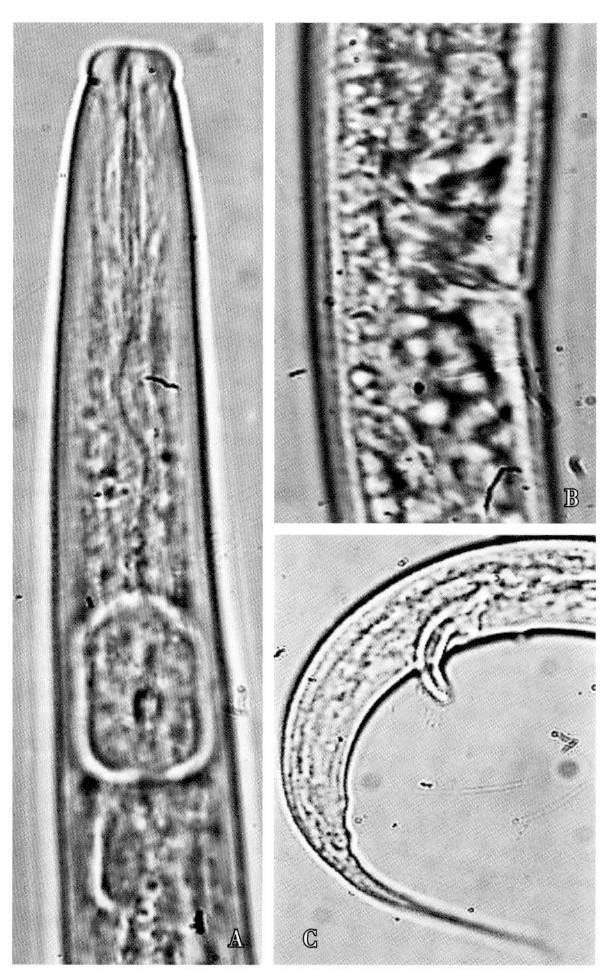

附图 8　斯坦纳丝尾滑刃线虫（*S. steineri*）

A. 雌虫前部；B. 阴门；C. 雄虫尾部

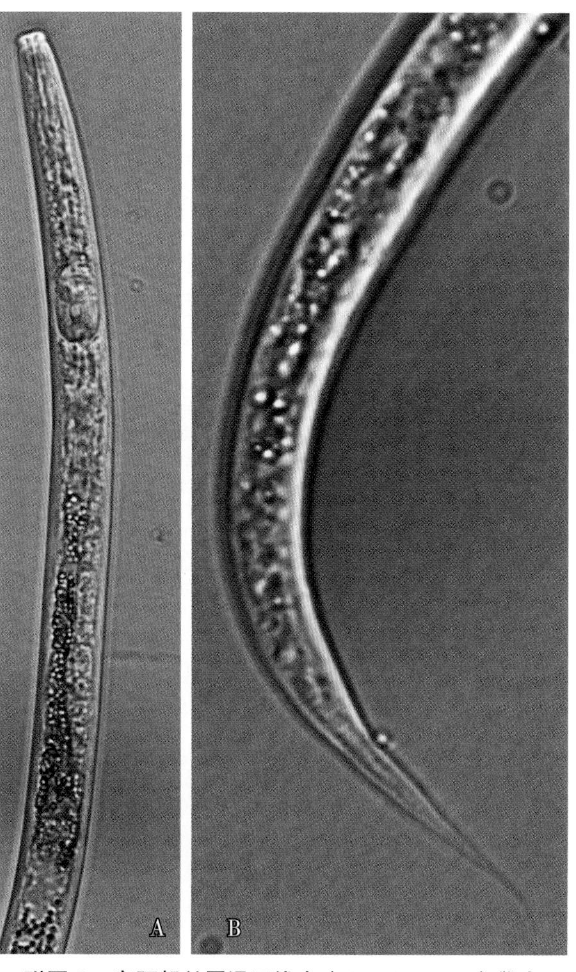

附图 9　奥阿胡丝尾滑刃线虫（*S. oahueensis*）雌虫

A. 前部；B. 尾部

9. 细尾丝尾滑刃线虫（*S. tenuicaudata*，附图 10）

雌虫体长 476~710μm，虫体线形、匀称，两端渐细。唇区缢缩，呈半球形，有 6 个唇瓣；唇区有 11~12 个唇环，环纹极细、不易观察。角质膜环纹明显，侧带有 3 条侧线，并延伸至尾部，具网格纹。中食道球大、椭圆形，有明显瓣膜。食道腺长叶状，覆盖于肠背面。单生殖管前生，阴门位于虫体中后部，阴道前倾；肛门明显，尾细长。

雄虫虫体前部形态与雌虫相似。单精巢，精巢前端有转折。尾部朝腹向弯曲，尾后部细长，尾尖细部分占尾全长 1/3 或更长些；尾部有 4 对乳突，1 对在交合刺前方，1 对紧邻于泄殖腔，2 对位于近尾端。

该线虫为捕食性线虫，以土壤中其他线虫为食，发现于火鹤花根际土壤和栽培基质。

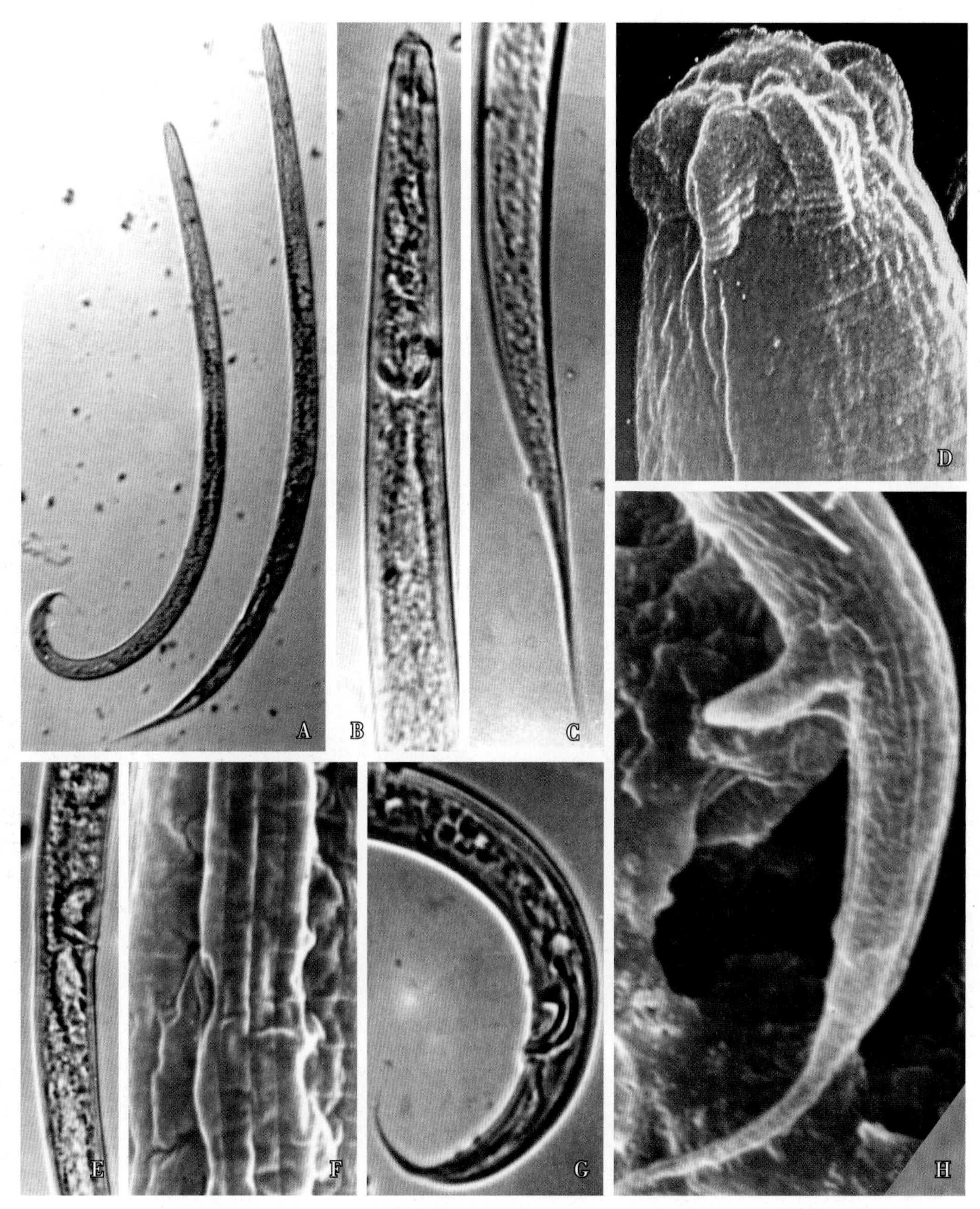

附图 10 细尾丝尾滑刃线虫（*S. tenuicaudata*）

A. 雄虫（左）和雌虫（右）整体；B. 雌虫前部；C. 雌虫尾部；D. 头部（环纹）；E. 阴门；F. 侧带；G、H. 雄虫尾部（侧带和交合刺）

（二）垫刃目（Tylenchida）线虫

1. 食菌茎线虫（*D. myceliophagus*，附图 11）

雌虫虫体纤细，体长 512~1070μm，缓慢加热杀死后虫体直或稍弯曲，角质膜环纹细密。唇部低，不缢缩，质化弱。口针细，长度 8~15μm，口针基部球小、圆形。中食道球纺锤形，瓣膜小；峡部细长，并膨大形成后食道球；食道腺洋梨形，从背面或腹面稍覆盖于肠的前端或与肠平接。排泄孔位于后食道球前端，紧靠半月体后。单生殖管前生，卵母细胞单行排列；后阴子宫囊长度为阴部体宽的 1.2~1.9 倍，可达阴肛距的 40% 左右。尾长 45~67μm，细圆锥形。

雄虫虫体与雌虫相似，体长 413~564μm。口针长 6~7μm。交合刺长 15~18μm，向腹面稍弯；交合伞从交合刺基部前延伸至尾中部；尾端圆至钝尖。

该线虫为食真菌线虫，是食用菌的重要病原线虫，发现于柑橘、龙眼、荔枝、草莓、橄榄、甘薯、花生、蝴蝶兰、松树、火鹤花等根际土壤。

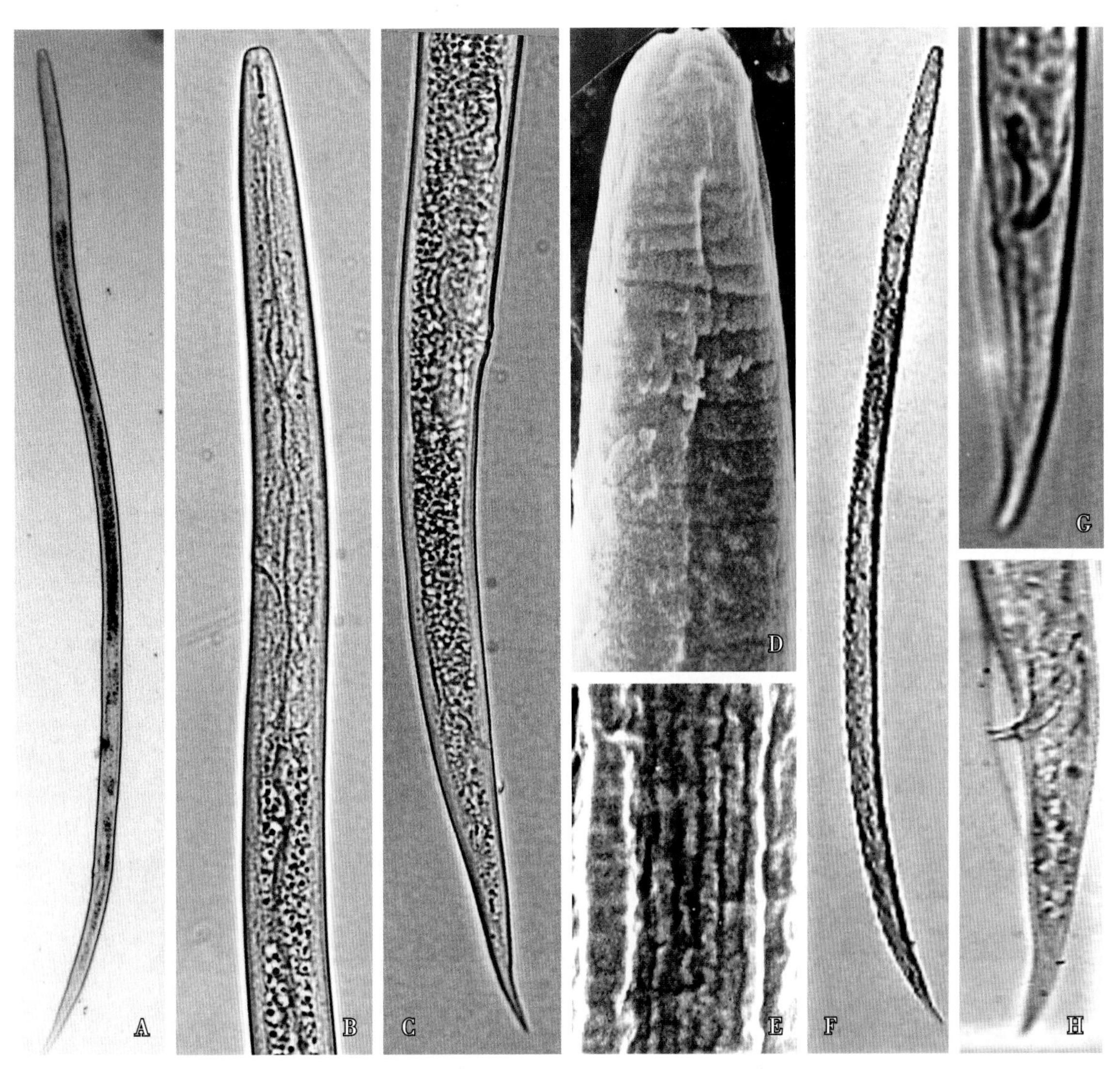

附图 11　食菌茎线虫（***D. myceliophagus***）

A. 雌虫整体；B. 雌虫前部；C. 雌虫后部；D. 雌虫前部（体环）；E. 雌虫体部（侧带）；F. 雄虫整体；G、H. 雄虫尾部

2. 优雅垫刃线虫（*Tylenchus elegansde*，附图 12）

雌虫体长 684~840μm，缓慢加热杀死后虫体部较直，尾部朝腹面弯曲。体环明显。唇区圆、不缢缩，顶端平截，具 6 个唇环。口针长 15~16μm，针锥呈针状、与杆部等长，针杆部圆柱形，基部球圆形。中食道球卵圆形，瓣膜明显；后食道囊状，与肠平接。排泄孔位于后食道腺前部。单生殖管前生；阴门横裂。尾长 105~136μm，呈细长圆锥形，末端尖，环纹包至尾端。

该线虫发现于龙眼、火鹤花根际土壤。

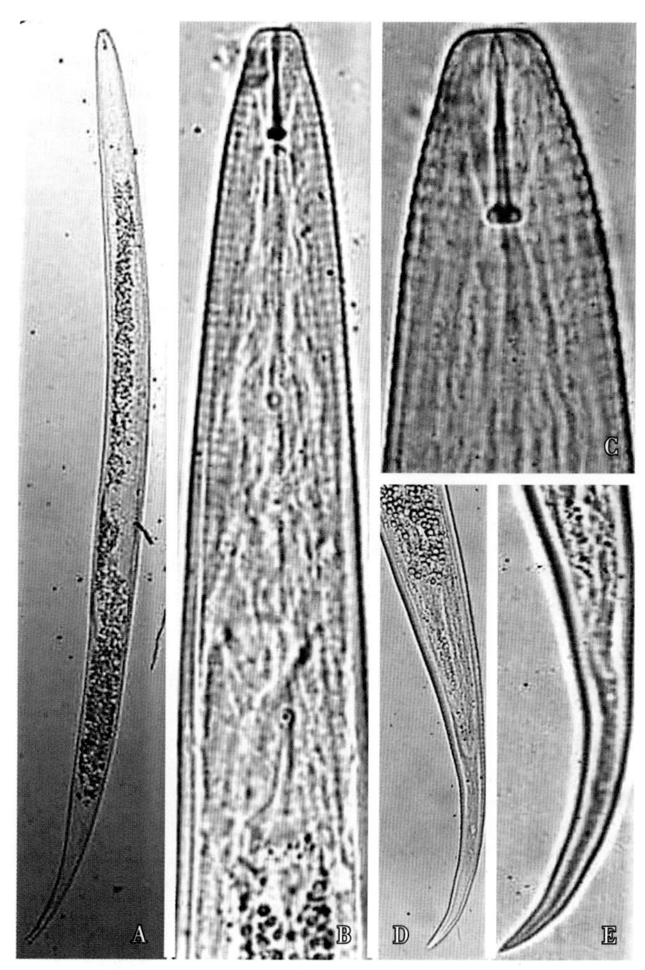

附图 12 优雅垫刃线虫（*T. elegansde*）雌虫

A. 整体；B. 前部；C. 头部；D、E. 尾部

3. 戴维恩垫刃线虫（*T. davanei*，附图 13）

雌虫体长 588~673μm，虫体缓慢加热杀死后呈“C”形向腹面弯曲。环纹明显，侧带有 4 条侧线。唇区略缢缩，前端平。口针长 15~18μm，口针基部球圆形。排泄孔位于食道末端近前。阴门位于虫体后部体长的 2/3 左右处；单生殖管前生，后阴子宫囊宽圆。尾细长，末端尖；尾部朝腹面弯曲或呈弯钩状。

该线虫发现于杨梅根际土壤。

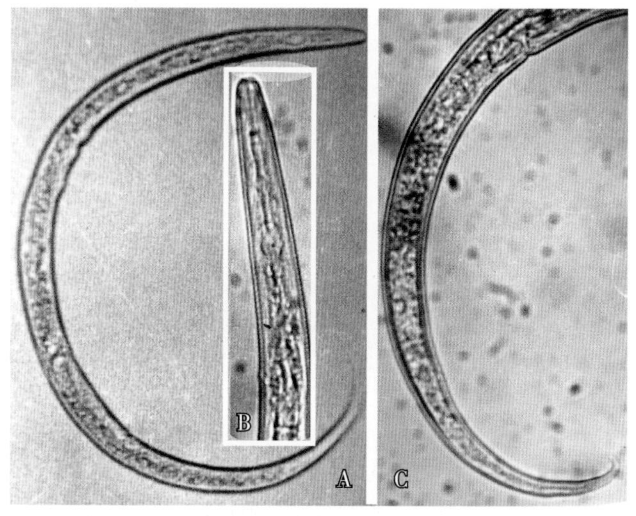

附图 13 戴维恩垫刃线虫（*T. davanei*）雌虫

A. 整体；B. 前部；C. 尾部

4. 弓形垫刃线虫（*T. arcuatus*，附图 14）

雌虫体长727~780μm，缓慢加热杀死后虫体向腹部弯曲成“C”形。体环明显，侧带有2条侧线。口针长14~15μm，口针基部球发达。中食道球近圆形，后食道球长囊状、与肠平接。阴门位于虫体后部体长的3/4左右处；单生殖管发达，受精囊内充满精子，后阴子宫囊明显。尾部长94~127μm，向腹部弯曲，尾末端呈钩状。

雄虫体形与雌虫相似。交合刺弓形，长约 21μm；交合伞长约 23μm。

该线虫发现于槐树根际土壤。

附图 14　弓形垫刃线虫（*T. arcuatus*）

A. 雌虫整体；B. 雌虫头部；C. 雌虫前部；D. 阴门和后阴子宫囊；E. 雄虫整体；F. 泄殖腔部

5. 居农野垫刃线虫（*Aglenchus agricola*，附图 15）

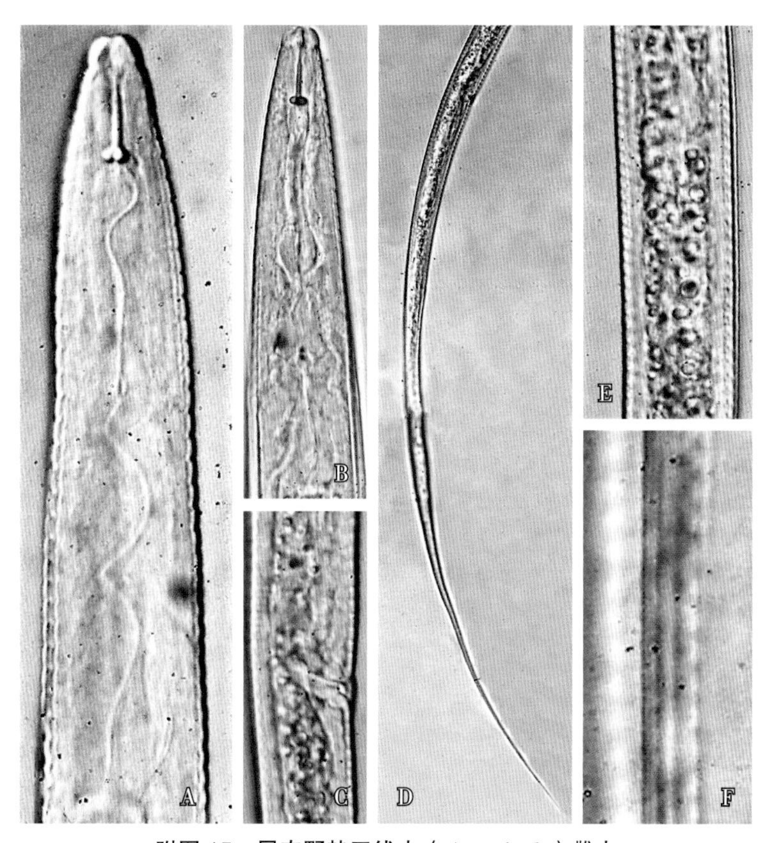

附图 15　居农野垫刃线虫（*A. agricola*）雌虫

A、B. 前部；C. 阴门部；D. 尾部；E. 体部（环纹）；F. 侧带

雌虫体长514~651μm，环纹明显。侧带宽度占体宽1/4，具4条侧线。唇区光滑，略缢缩，半圆形。口针11~12μm，基部球发达、圆形、前缘轻微后倾斜。中食道球卵圆形、瓣膜小，后食道梨形。排泄孔位于后食道前部水平处。单生殖管前生，卵母细胞单行排列，无后阴子宫囊。阴门凹陷，侧阴膜长5~6μm，阴道前倾。尾部渐细，尾长166~229μm，近尾端呈丝状或细针状。

该线虫发现于龙眼根际土壤。

6. 杰拉尔特野垫刃线虫（*A. geraerti*，附图16）

雌虫体长546~723μm，缓慢加热杀死后虫体向腹部弯曲。体环明显，侧带有3条侧线。头端平，骨质化明显，与体连续。口针长10~12μm，口针基部球明显。背食道腺开口于口针基部球附近；中食道球卵圆形，瓣膜明显；后食道球梨形，与肠部不覆盖或略微覆盖。阴门横裂，位于虫体中部，有阴门盖，无后阴子宫囊；阴肛距93~98μm，尾长179~211μm，渐细。

雄虫形态与雌虫相似。交合刺长14~17μm，镰刀状；交合伞平滑，长24~31μm。

该线虫发现于竹根际土壤。

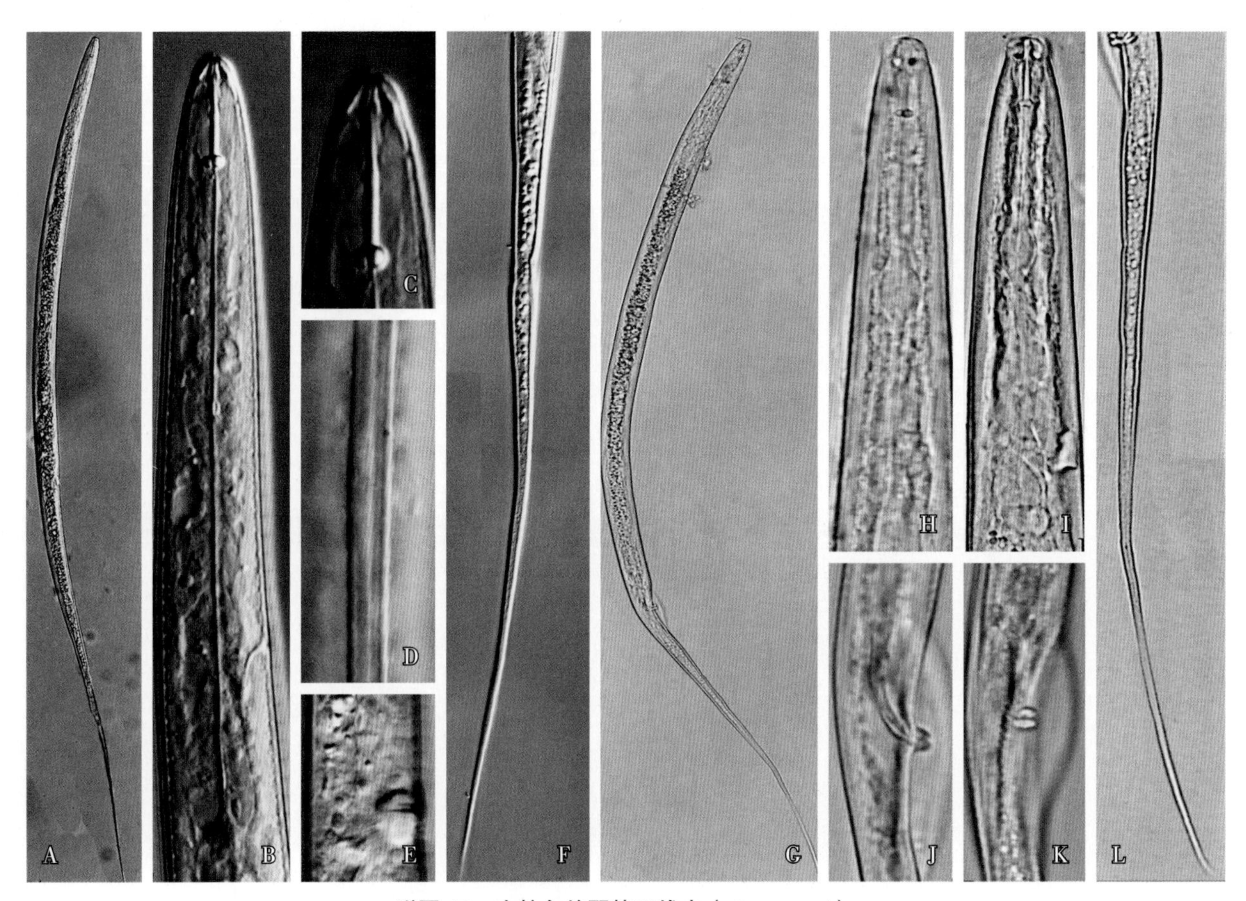

附图16 杰拉尔特野垫刃线虫（*A. geraerti*）

A. 雌虫整体；B. 雌虫前部；C. 雌虫头部；D. 雌虫侧带；E. 侧阴膜；F. 雌虫尾部；G. 雄虫整体；H、I. 雄虫前部；J、K. 泄殖腔、交合刺、交合伞；L. 雄虫尾部

7. 莫氏野垫刃线虫（*A. muktii*，附图 17）

雌虫体长 562~676μm，缓慢加热杀死后虫体向腹部稍弯曲。体环明显，侧带有 3 条侧线。口针长 9~12μm，口针基部球明显。中食道球椭圆形，后食道球梨形，排泄孔位于后食道球前，距离头端 51~73μm。阴门横裂位于虫体近中部，受精囊内充满精子，有明显的阴门盖。尾长 173~199μm，从肛门开始渐细。

该线虫发现于竹根际土壤。

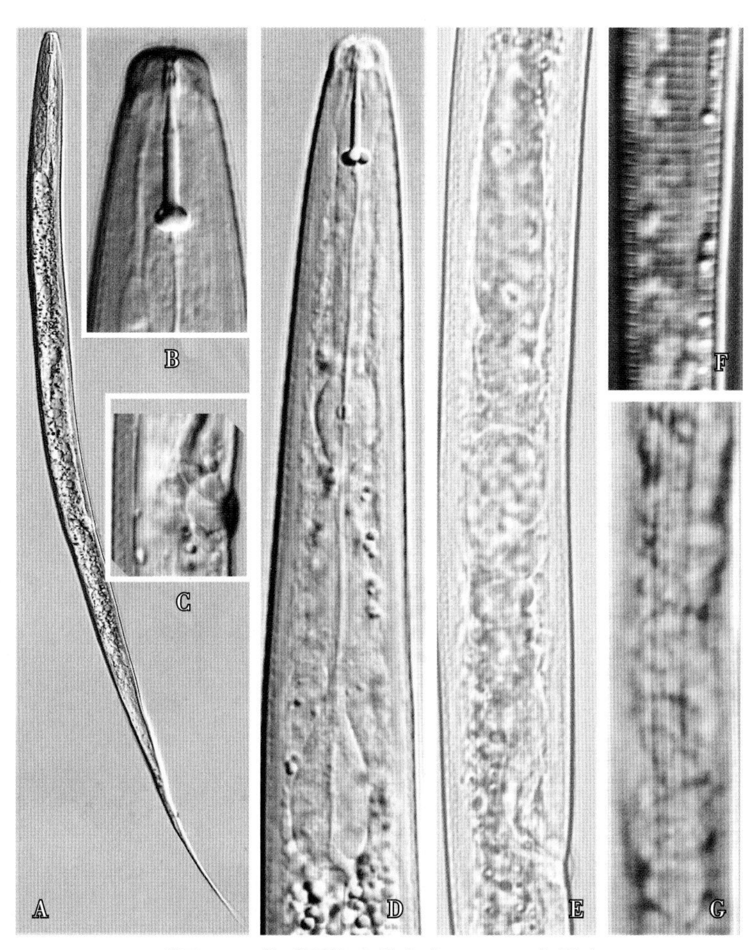

附图 17　莫氏野垫刃线虫（*A. muktii*）雌虫

A. 整体；B. 头部；C. 阴门和阴门盖；D. 前部；E. 阴门和卵巢；F. 体环；G. 侧带

8. 六线头垫刃线虫（*Cephalenchus hexalineatus*，附图 18）

雌虫体长 426~614μm，缓慢加热杀死后虫体稍向腹面弯曲。体环明显，侧带有 6 条侧线；唇区突出、平滑、明显缢缩，有 2~3 条唇环。口针长 15~19μm，针锥和针杆几乎等长，口针基部球圆形至椭圆形。中食道球位于食道前半部，后食道腺呈长梨形，与肠平接。阴门横裂，位于虫体中后部体长的 65%~75% 处，单生殖管，后阴子宫囊长 38~43μm。尾部细长，丝状、念珠状或膨大，有缺刻或平滑。

雄虫虫体前部形态与雌虫相似，体长 496~594μm。尾长 136~154μm；交合刺长 18~22μm，镰刀状；交合伞呈半圆状，长 30~46μm。

该线虫发现于香蕉、荔枝根际土壤。

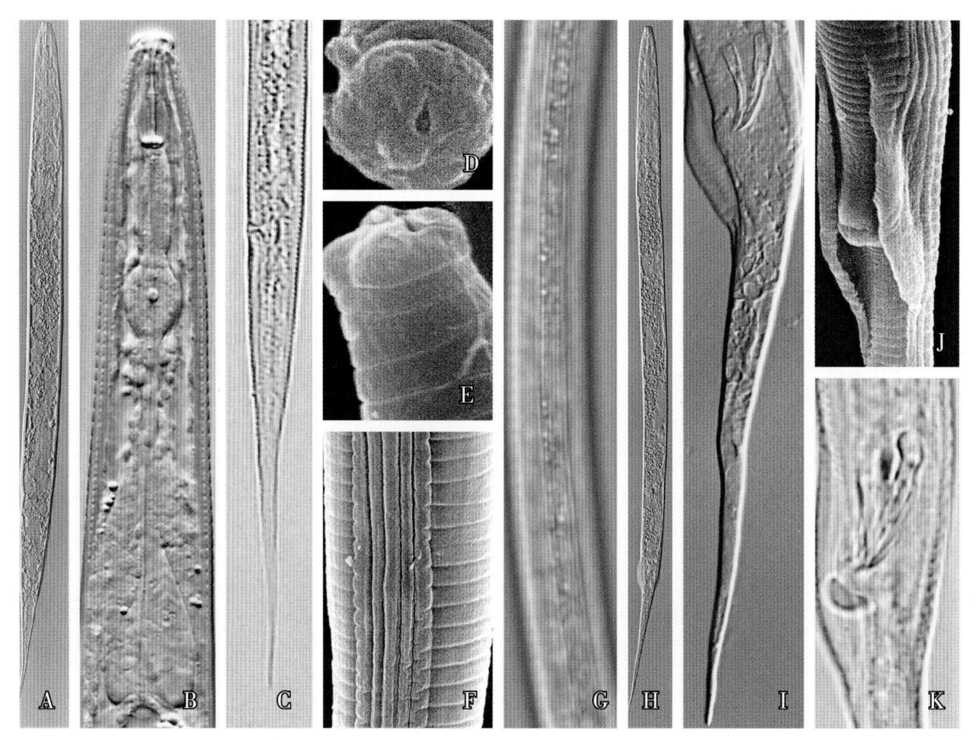

附图 18 六线头垫刃线虫（*C. hexalineatus*）

A. 雌虫整体；B. 雌虫前部；C. 雌虫尾部；D. 雌虫头部正面；E. 雌虫头部侧面；F、G. 雌虫侧带；H. 雄虫整体；I. 雄虫尾部；J、K. 交合刺和交合伞

9. 细小头垫刃线虫（*C. leptus*，附图 19）

雌虫体长 491~580μm，缓慢加热杀死后虫体稍向腹面弯曲。体环清晰，侧带具 6 条侧线。唇区半圆形，稍缢缩，顶端平，有 2~3 条模糊唇环；唇盘圆，略微隆起；侧器孔小，位于唇盘两侧。口针细长，基部球扁圆形。中食道球卵圆形，后食道球长梨形，与肠平接。单生殖管前生，有后阴子宫囊；阴门横裂，具小的侧阴膜，阴道垂直于体中线。尾部细，长 155~199μm，尾端呈丝状。

该线虫发现于荔枝根际土壤。

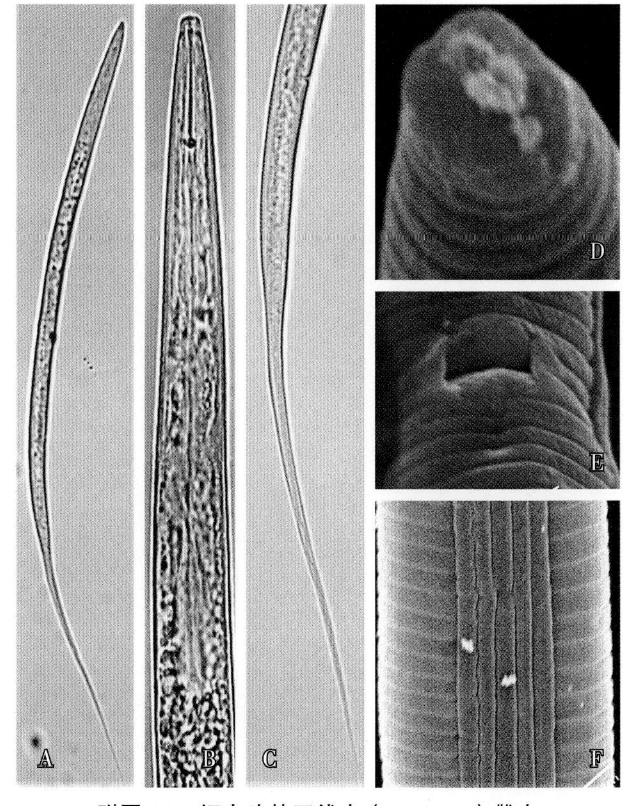

附图 19 细小头垫刃线虫（*C. leptus*）雌虫

A. 整体；B. 前部；C. 尾部；D. 头部正面；E. 阴门；F. 侧带

10. 拉菲基具脊垫刃线虫（*Coslenchus rafiqus*，附图 20）

雌虫体长 478~518μm，缓慢加热杀死后虫体向腹部弯曲。体环纹粗，距头部 9~10 个体环数开始形成纵脊，纵脊数为 16 条；侧带有两条明显分开的脊而形成 4 条侧线，或 2 条脊愈合而形成 3 条侧线。头部稍缢缩，亚背唇与亚腹

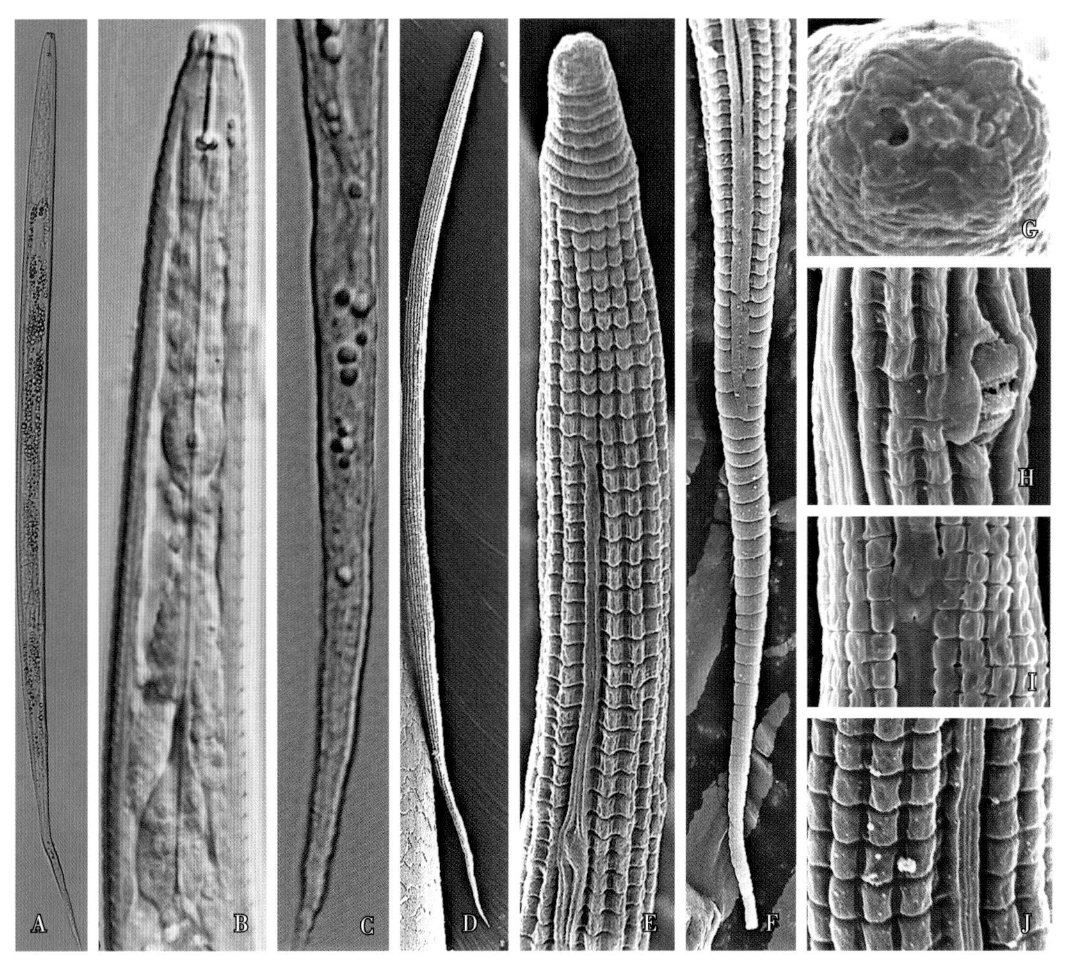

附图 20　拉菲基具脊垫刃线虫（*C. rafiqus*）雌虫

A. 整体；B. 前部（食道）；C. 尾部；D. 雌虫体表；E. 前部（头环、脊和侧带）；F. 尾部（环纹和侧带）；G. 头部正面；H. 阴门和侧阴膜；I. 排泄孔；J. 中部（侧带）

唇从中间收缩，两侧分别有一个明显的椭圆形侧器孔。口针长 9~10μm，口针基部球明显。背食道腺开口接近口针基部球末端；中食道球椭圆状，瓣膜发达。排泄孔距后食道球较近，排泄管明显。阴门侧膜明显，长度约 3 个体环；阴门横裂，阴唇稍隆起；单生殖管，受精囊无精子；后阴子宫囊不发达。尾长 100~119μm，尾末端平或钝圆。

该线虫发现于湖边和花园植物根际土壤。

11. 体肋具脊垫刃线虫（*C. costatus*，附图 21）

雌虫体长 418~566μm，缓慢加热杀死后虫体直或朝腹面弯曲。角质膜环纹深、具纵沟将体环切割成方格状，侧带 4 条侧线。唇区呈半球形，顶端平圆，稍缢缩，具 3~4 个唇环。口针长 10~12μm，基部球圆形，前缘稍向后倾斜。背食道腺开口接近口针基部球；中食道球圆形，瓣膜小而清晰；食道腺梨形或卵圆形，与肠平接。单生殖管前生，受精囊小、不明显，无后阴子宫囊；阴门横裂，侧阴膜明显。尾长 82~126μm，渐细，尾末端钝尖或尖锐。

雄虫体形与雌虫相似，体长 554~578μm。口针长 10μm。交合刺长 15~18μm；交合伞位于泄殖腔区，泄殖腔唇微凸起。

该线虫发现于龙眼、竹根际土壤中。

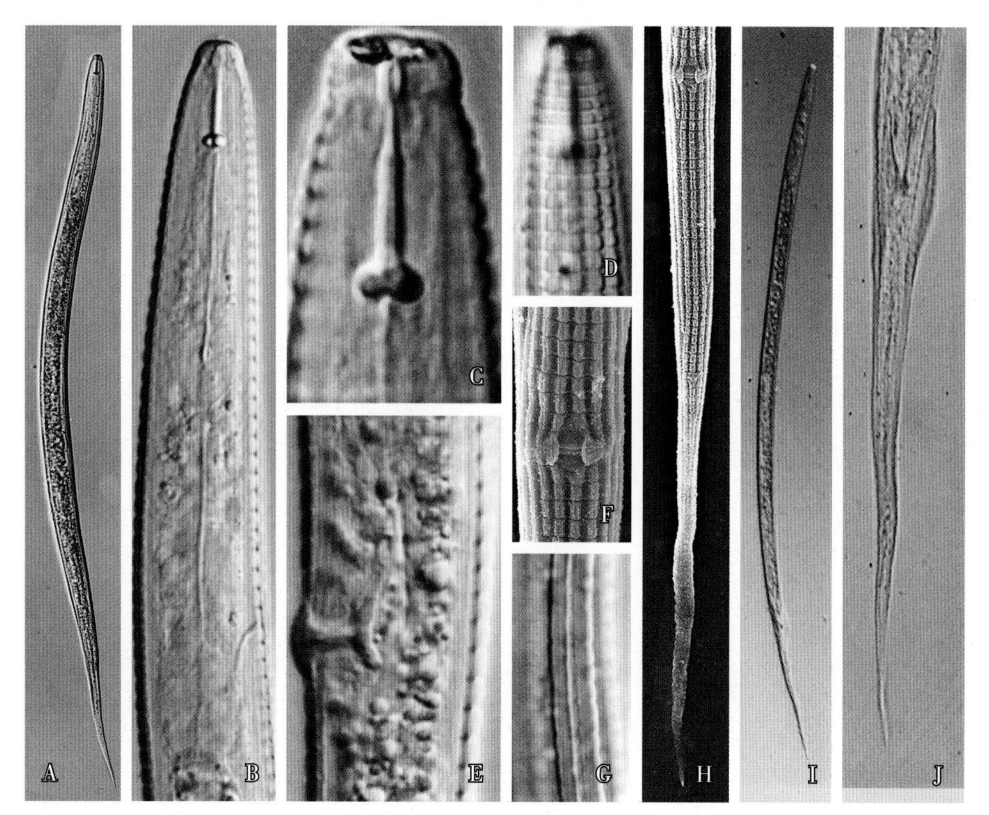

附图 21 体肋具脊垫刃线虫（*C. costatus*）

A. 雌虫整体；B. 雌虫头部；C、D. 雌虫头部（口针、体环）；E、F. 阴门部（阴门、侧阴膜）；G. 雌虫侧带；H. 雌虫尾部（阴门和方格形环纹）；I. 雄虫整体；J. 雄虫尾部

12. 南方丝尾垫刃线虫（*Filenchus australis*，附图 22）

雌虫体长360~460μm。从食道腺末端向前虫体微渐变细，从食道腺末端至阴门的虫体近乎等宽，阴门后虫体均匀变细。角质膜环纹细密，侧带宽度占体宽的1/5，具3条侧线。唇部窄，微缢缩，前端圆，唇环模糊。口针细，长7~10μm，基部稍微膨大。中食道球卵圆形，瓣膜较清楚；后食道腺梨形，与肠平接；半月体长度占2个体环，位于后食道腺前端。排泄孔位于半月体后1~2个体环处。单生殖管前生，有后阴子宫囊。尾部细长，长度为阴肛距的1.3倍，末端圆锥形。

该线虫发现于龙眼根际土壤。

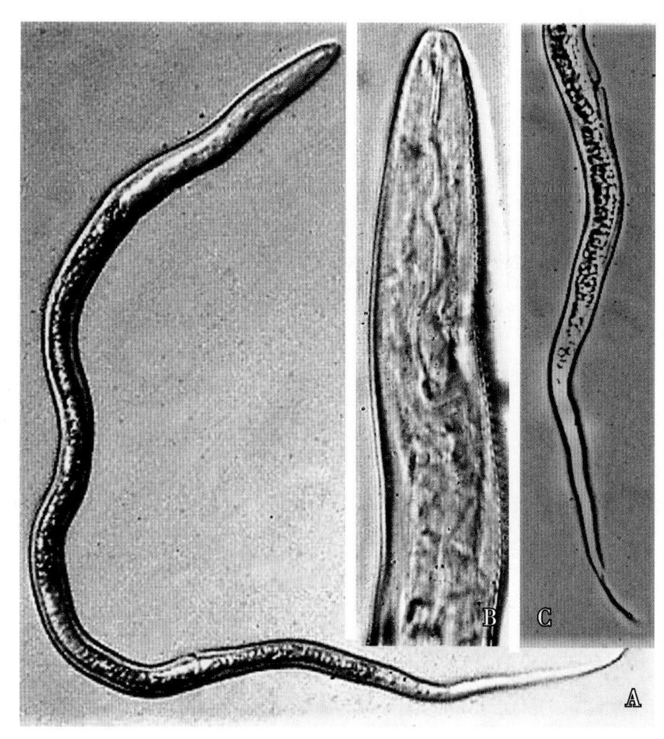

附图 22 南方丝尾垫刃线虫（*F. australis*）雌虫

A. 整体；B. 前部；C. 尾部

13. 丝状丝尾垫刃线虫（*F. filiformis*，附图 23）

雌虫体长 503~862μm，虫体整体纤细，缓慢加热杀死后向腹部弯曲。体环明显，侧带有 4 条侧线。头端平、边缘圆，与虫体连续。口针长 11~14μm，口针基部球明显，圆形。中食道球卵圆形，后食道球呈梨形。排泄孔靠近后食道球前端。阴门横裂，位于虫体后部体长的 65%~70% 处；单生殖管前生，有后阴子宫囊。尾部长 152~167μm，逐渐变细呈丝状。

雄虫形态与雌虫相似。交合伞长 40~45μm，交合刺长 19~24μm。

该线虫发现于龙眼根际土壤。

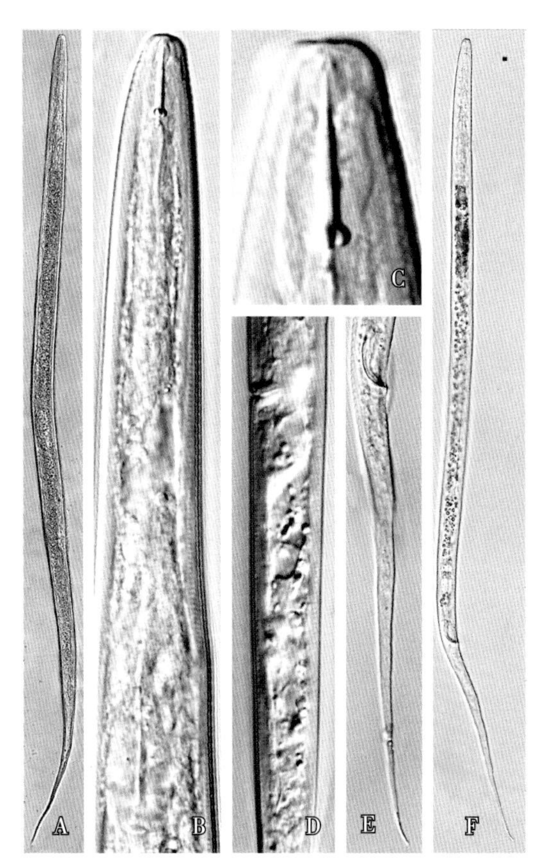

附图 23 丝状丝尾垫刃线虫（*F. filiformis*）

A. 雌虫整体；B. 雌虫前部（食道）；C. 雌虫头部；D. 阴门及卵巢；E. 雄虫尾部；F. 雄虫整体

14. 微瑕丝尾垫刃线虫（*F. misellus*，附图 24）

雌虫体长 261~395μm。角质膜环纹细密；侧带宽度占体宽 1/4~1/3，具 4 条侧线。唇部连续，顶端平；唇环 4 个，微弱；侧器孔紧靠唇盘两侧。口针细，长 6~7μm，基部球圆形。中食道球卵圆形，瓣片模糊；峡部细长；后食道腺梨形或长囊状，与肠平接。排泄孔位于峡部中间至后食道腺前端水平处。单生殖管前生，后阴子宫囊短；阴门后虫体均匀变细。尾长为 48~75μm，尾端细、钝尖或尖。

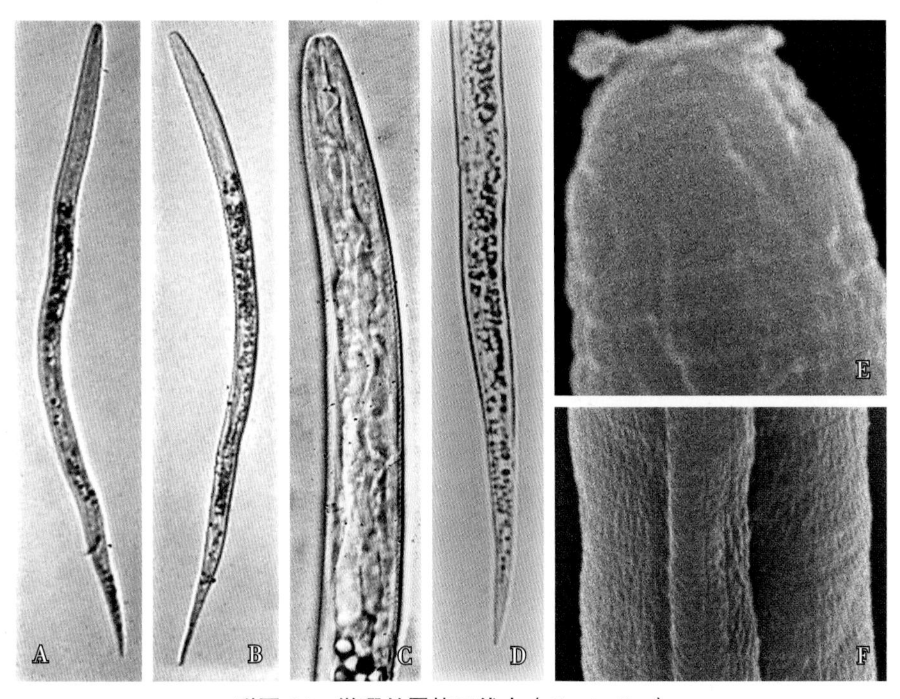

附图 24 微瑕丝尾垫刃线虫（*F. misellus*）

A. 雄虫整体；B. 雌虫整体；C. 雌虫前部；D. 雌虫尾部；E. 雌虫头部侧面；F. 雌虫侧带

雄虫体形与雌虫相似，体长 255~314μm。口针长 5.3~6.3μm；交合刺略弯，长 10~13μm。

该线虫发现于龙眼、荔枝、番石榴等果树根际土壤。

15. 普通丝尾垫刃线虫（*F. vulgaris*，附图 25）

雌虫体长 460~550μm，缓慢杀死后虫体稍向腹面弯曲。体环细，头部连续，前端平圆。口针纤细，长约 10μm，口针基部球小。食道腺梨形，与肠平接。排泄孔位于食道腺前端水平处。阴门位于虫体中后部体长的 60% 处；单生殖管前生，卵母细胞单行排列，后阴子宫囊退化。尾渐细、末端呈丝状，尾长为阴肛距的 1.0~1.5 倍。

雄虫体长 390~530μm，形态与雌虫相似。单精巢前生。交合刺具一稍突起的圆形基部，泄殖腔唇部稍突起。交合伞小，近半圆形。

该线虫发现于柑橘、花生、山茶、蝴蝶兰、竹等根际土壤。

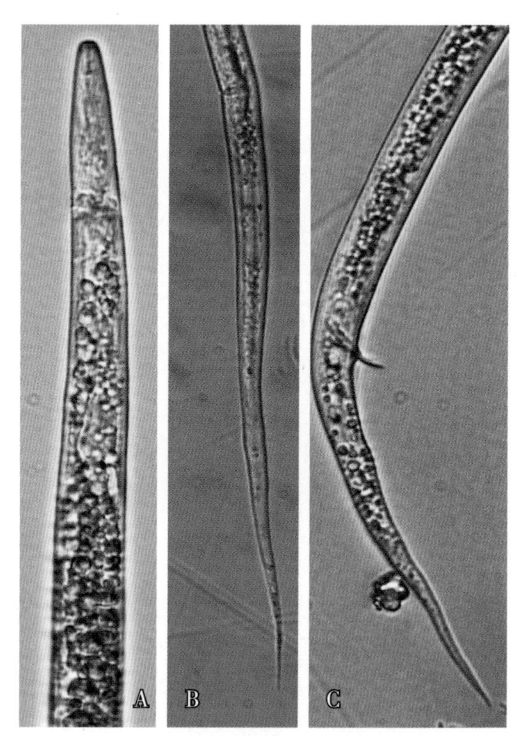

附图 25 普通丝尾垫刃线虫（*F. vulgaris*）

A. 雌虫前部；B. 雌虫尾部；C. 雄虫尾部

16. 活泼平滑垫刃线虫（*Psilenchus hilarus*，附图 26）

雌虫体长 925~1141μm，缓慢加热杀死后虫体稍向腹部弯曲。体环明显，侧带有 4 条侧线。口针弱，无口针基部球。背食道腺开口与口针在同一直线上，距口针基部 5.2~6.9μm；中食道球发达，卵圆形，瓣膜明显；后食

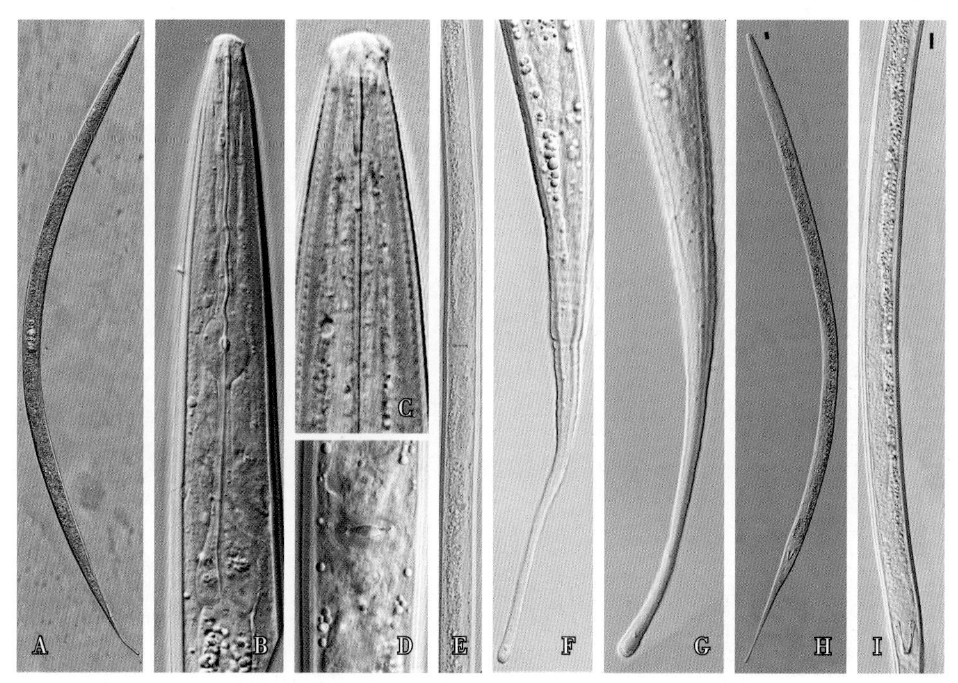

附图 26 活泼平滑垫刃线虫（*P. hilarus*）

A. 雌虫整体；B. 雌虫前部（食道）；C. 雌虫头部（口针）；D. 阴门部；E. 卵巢；F、G. 雌虫尾部；H. 雄虫整体；I. 交合刺及精巢

道球梨形，不覆盖或略微覆盖肠。双生殖管对生、平伸；阴门位于虫体中部。尾长约为虫体总长的1/9，近末端膨大为棒状或棒槌状。

雄虫体长 731~948μm。泄殖腔发达，交合刺镰刀状，长 25~47μm；交合伞平滑，弧形。

该线虫发现于园林植物根际土壤。

17. 较小新平滑垫刃线虫（*Neopsilenchus minor*，附图 27）

雌虫体长472~632μm，缓慢加热杀死后虫体稍向腹部弯曲。侧带有4条侧线。口针长6~8μm，口针基部球退化或无。背食道腺开口距口针基部末端4~5μm，与口针近乎在同一条直线；中食道球椭圆形，瓣膜明显；后食道球梨形，略覆盖肠道。排泄孔位于中食道球与后食道球中间腹面，单生殖管，阴门横裂。尾长83~104μm，渐细，尾部末端钝尖。

该线虫发现于园林植物根际土壤。

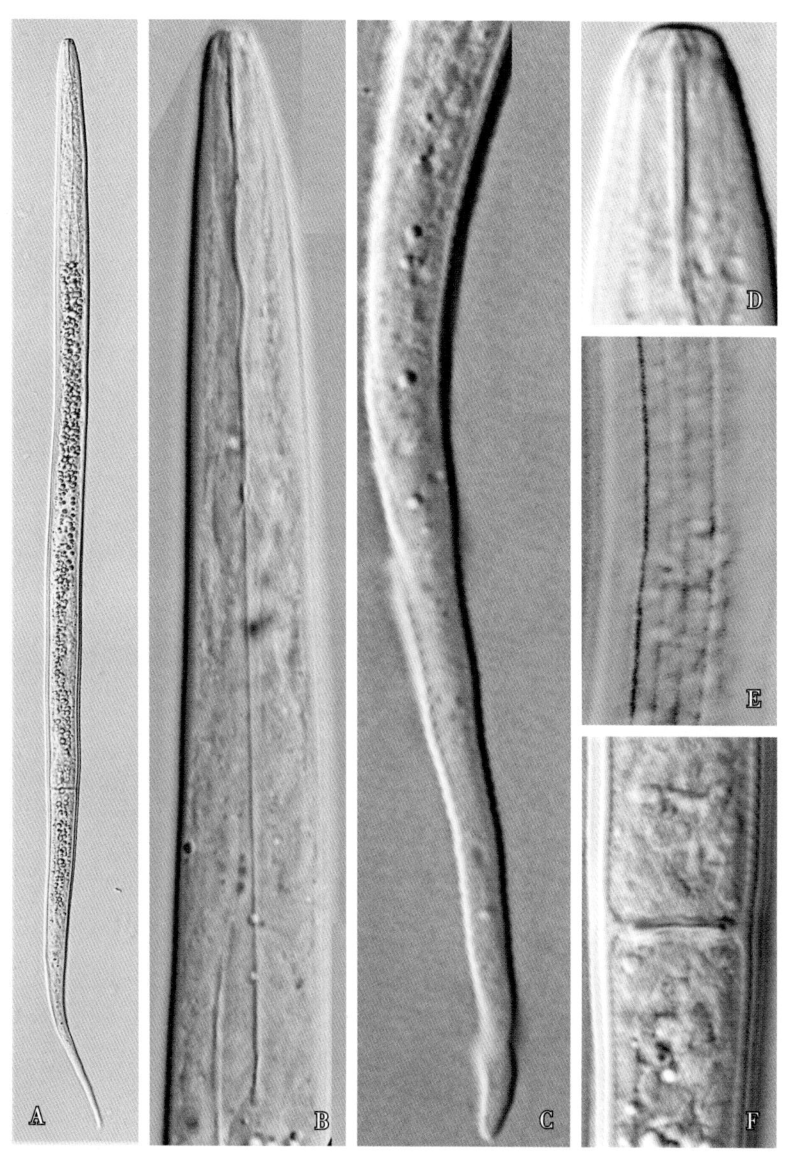

附图 27　较小新平滑垫刃线虫（*N. minor*）雌虫

A. 整体；B. 前部（食道）；C. 尾部；D. 头部；E. 侧带；F. 阴门

18. 兼性奥托垫刃线虫（*Ottolenchus facultativus*，附图 28）

雌虫体长 370~437μm，缓慢加热杀死后虫体向腹面弯曲。角质膜环纹清晰，侧带宽度占体宽 1/6~1/5，具 2 条侧线。唇区圆，不缢缩，具 4 个唇环；唇盘圆形，微隆起；侧器孔大，纵裂，侧面观略呈“S”形，长度约占 4 个唇环。口针细、长 7~8μm，口针基部球小、圆形。中食道球纺锤形，瓣膜不明显；食道腺梨形，平接于肠。排泄孔位于峡部前端，紧靠半月体后。单生殖管前生，卵母细胞单行排列，受精囊长圆形，有后阴子宫囊；阴门横裂，阴道垂直于体纵轴。尾长 106~129μm，长圆锥形，末端尖至钝尖。

雄虫体形与雌虫相似，体长 351~402μm。口针长 6~8μm。交合刺长 11~16μm；交合伞外缘略呈圆齿形。

该线虫发现于龙眼根际土壤。

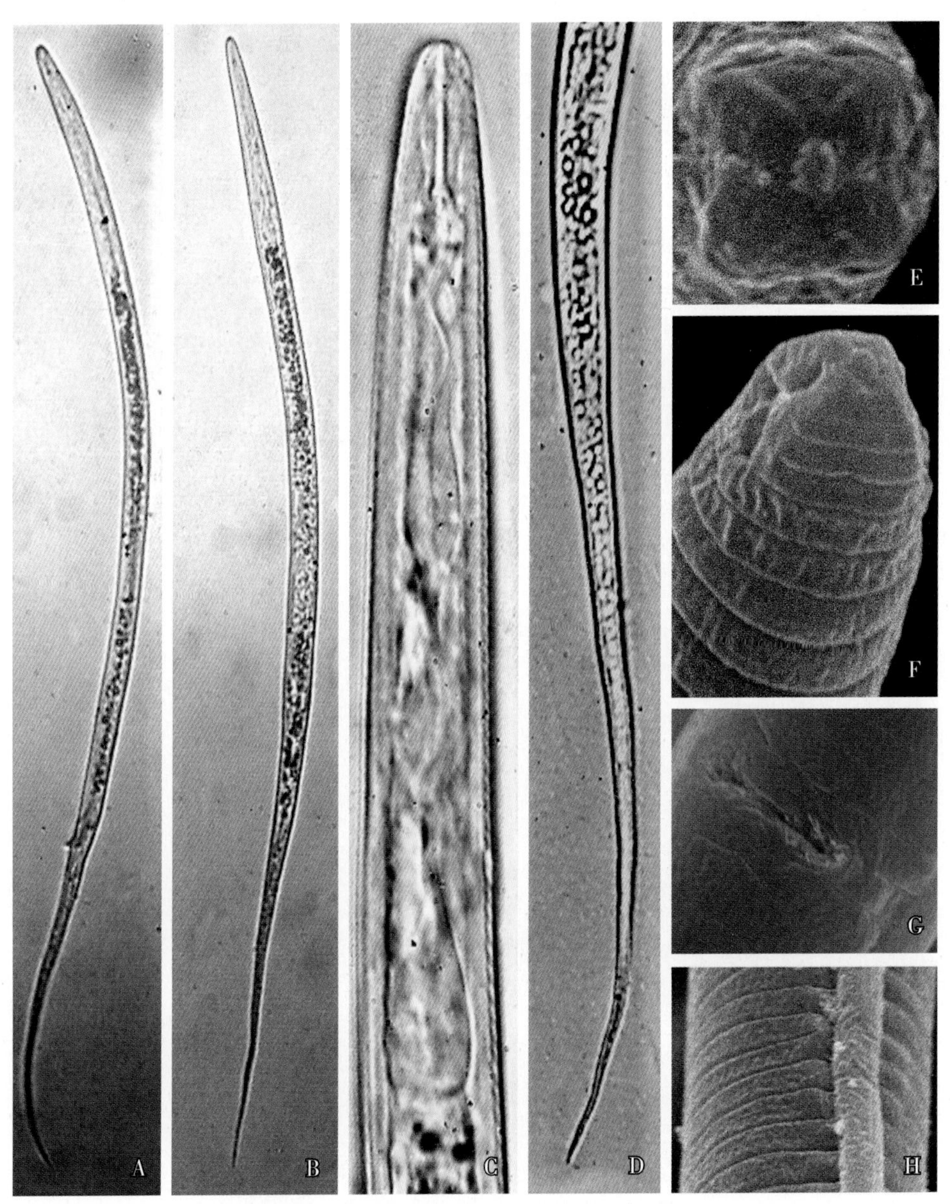

附图 28 兼性奥托垫刃线虫（*O. facultativus*）

A. 雄虫整体；B. 雌虫整体；C. 雌虫前部；D. 雌虫尾部；E. 雌虫头部正面；F. 雌虫头部（环纹）；G. 阴门；H. 雌虫侧带

19. 差异奥托垫刃线虫（*O. discrepans*，附图 29）

雌虫虫体细，体长 435~530μm。角质膜环纹细密，侧带宽度占体宽的 1/5~1/4，有 2 条侧线。唇区不缢缩，锥圆，唇环模糊；侧器孔位于唇部侧面，呈纵向细裂缝状。口针细，长 6~8μm；口针基部球小，圆形。中食道球长纺锤形，瓣膜不清晰；后食道梨形，与肠平接。排泄孔位于后食道前端，紧靠半月体后。单生殖管前生，卵母细胞单行排列，受精囊圆形，有后阴子宫囊；阴门横裂，位于虫体中后部，阴道垂直于体纵轴；阴门后虫体均匀变细。尾长 102~157μm，尾端呈丝状。

雄虫体形与雌虫相似，体长 363~444μm。交合刺微弯，长 9~13μm。尾长 121~165μm，尾端呈丝状。

该线虫发现于龙眼、荔枝、番石榴等果树根际土壤。

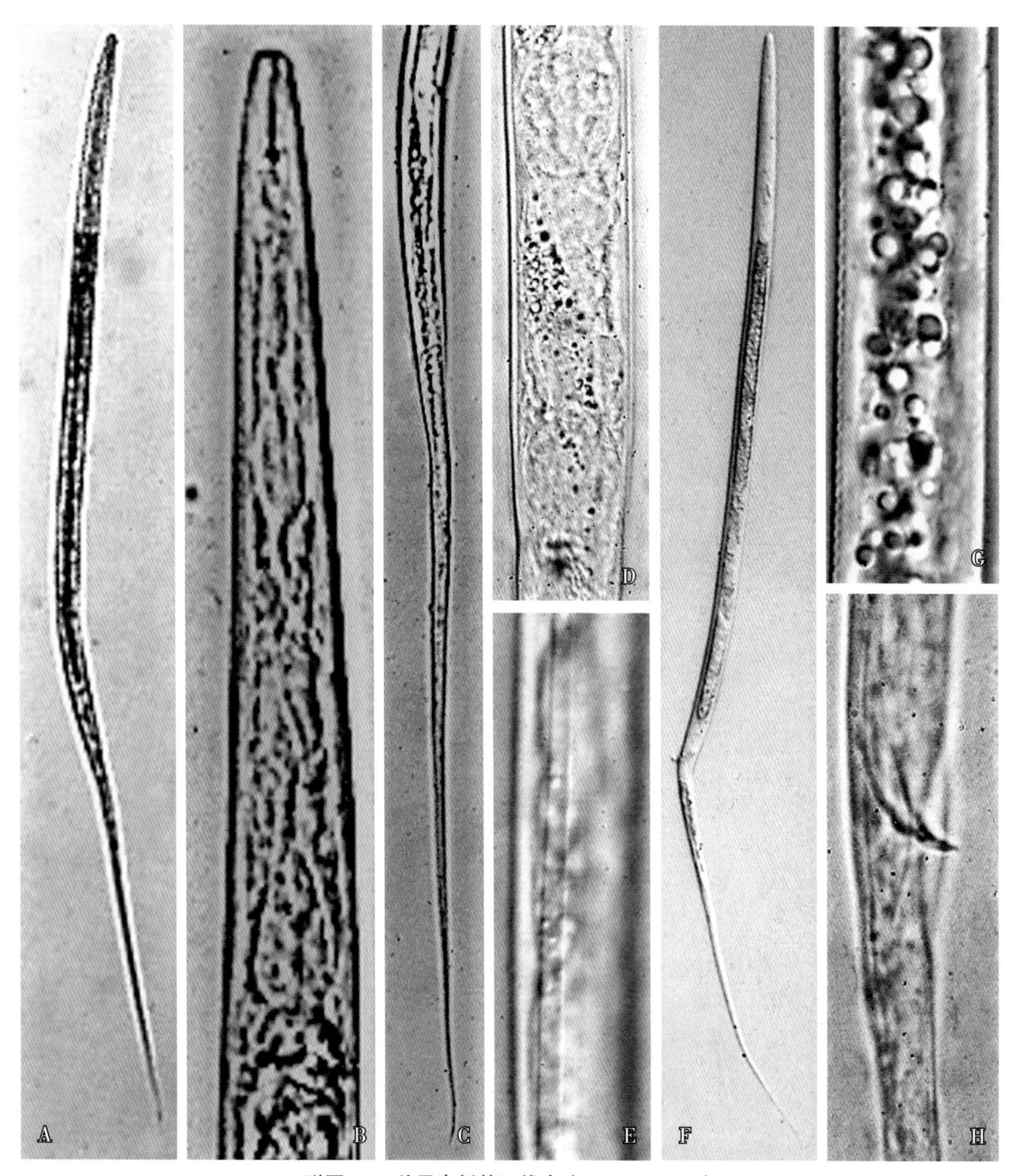

附图 29　差异奥托垫刃线虫（***O. discrepans***）

A. 雌虫整体；B. 雌虫前部；C. 雌虫尾部；D. 受精囊；E. 雌虫侧带；F. 雄虫整体；G. 雄虫体环纹；H. 交合刺和交合伞

20. 粗尾巴兹尔线虫（*Basiria tumida*，附图 30）

雌虫体长 586~668μm。角质膜环纹细；侧带具 4 条侧线，中间 2 条侧线细弱。唇区半球形，不缢缩；6 个小圆点状唇片环绕在唇盘周围；唇环 3 个，微弱；侧器孔不规则形，斜向横裂于唇区侧面。口针细、直，长 11~12μm；针锥窄于针杆，占口针长度约 40%；基部球小，前缘向后斜。中食道球模糊，纺锤形；食道腺长圆柱形，与肠平接。排泄孔位于后食道前部，半月体位于排泄孔前。单生殖管前生，卵母细胞单行排列；后阴子宫囊短，长度为阴部体宽的 70%~80%。尾部细、长圆锥形，尾长 62~79μm，近尾端处缢缩，尾端稍膨大、呈棒槌状或水滴状；少数线虫的近尾端平截。

该线虫发现于龙眼根际土壤。

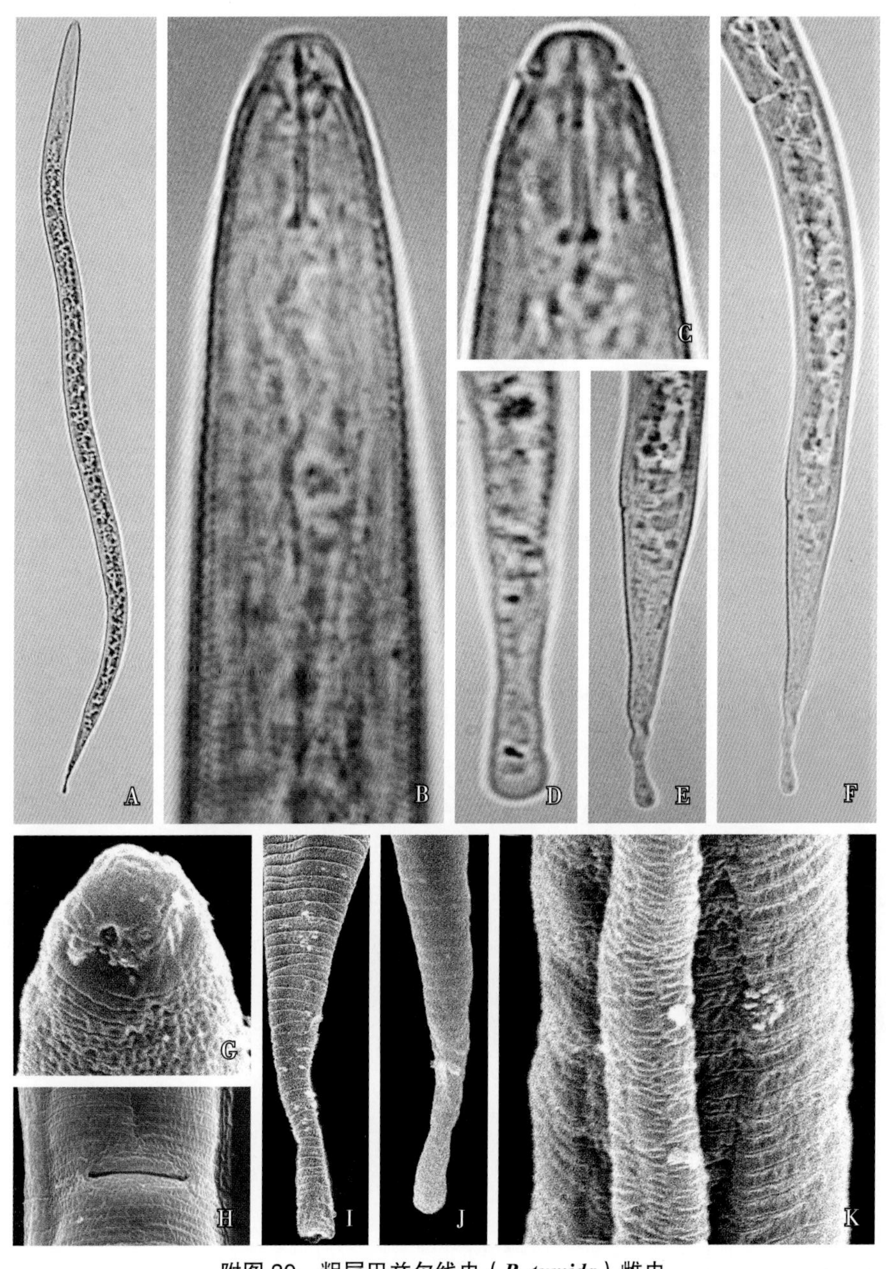

附图 30 粗尾巴兹尔线虫（*B. tumida*）雌虫

A. 整体；B、C. 头部（食道）；D~F. 尾部；G. 头部正面（唇区与头部环纹）；H. 阴门部（阴门、体环）；I、J. 尾部（环纹）；K. 侧带

21. 禾草巴兹尔线虫（*B. graminophila*，附图 31）

雌虫体长 400~660μm，缓慢加热杀死后虫体朝腹面弯曲。体环细，体中部侧带有 4 条等距侧线。唇部圆，略微缢缩，具 3 条微弱唇环。口针长 8~11μm；针锥长度约占口针长的 1/3，口针基部球圆形。中食道球卵圆形，瓣膜小；食道腺梨形，与肠平接；背食道腺开口距基部球约 8μm。排泄孔位于食道腺前部水平处，半月体位于排泄孔前 1~2 环处。单生殖管前生，卵母细胞单行排列；后阴子宫囊短。尾长 58~150μm，近尾端细。

雄虫体形和雌虫相似，体长 476~679μm。口针长 9~10μm。交合刺长 16~23μm；交合伞短，位于泄殖腔区。尾部细长，末端尖。

该线虫发现于龙眼、番石榴等果树根际土壤。

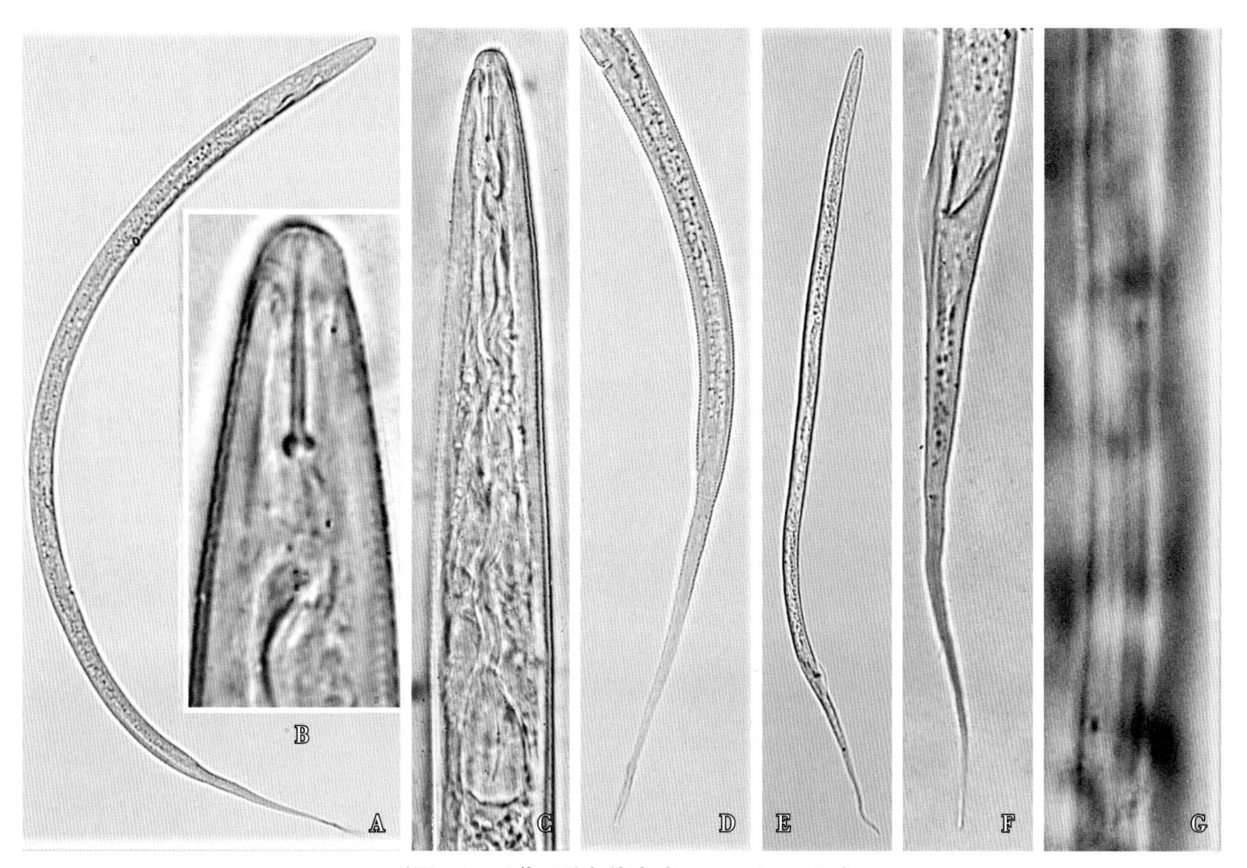

附图 31　禾草巴兹尔线虫（*B. graminophila*）

A. 雌虫整体；B. 雌虫头部；C. 雌虫前部；D. 雌虫尾部；E. 雄虫整体；F. 雄虫尾部；G. 雄虫侧带

22. 畸形巴兹尔线虫（*B. aberrans*，附图 32）

雌虫体长665~845μm，缓慢加热杀死后虫体略微向腹部弯曲。体环细，侧带4条侧线。唇区稍缢缩，口针长10~12μm，基部球较小。背食道腺开口距口针基部球6.2~8.6μm；中食道球椭圆形，瓣膜不明显。排泄孔位于后食道球前端。阴门横裂，受精囊中充满精子；阴肛距135~149μm。尾部长101~103μm，渐细，末端钝圆。

该线虫发现于花生根际土壤。

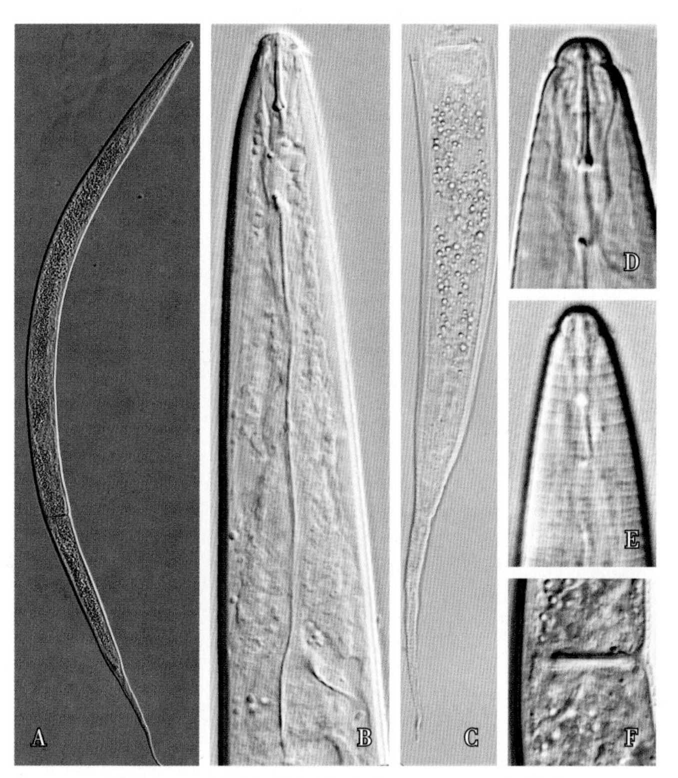

附图 32 畸形巴兹尔线虫（*B. aberrans*）雌虫

A. 整体；B. 前部（食道）；C. 尾部；D、E 头部；F. 阴门部

23. 纤细巴兹尔线虫（*B. gracilis*，附图 33）

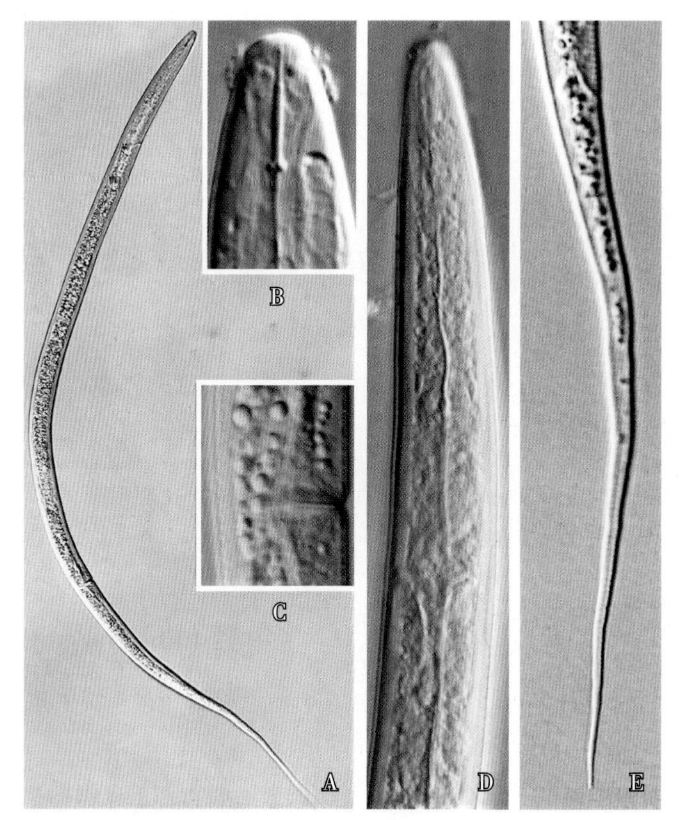

附图 33 纤细巴兹尔线虫（*B. gracilis*）雌虫

A. 整体；B. 头部；C. 阴门；D. 前部（食道）；E. 尾部

雌虫体长 564~675μm，缓慢加热杀死后虫体向腹部弯曲。环纹明显，侧带有两条侧线；头端钝圆，稍缢缩。口针纤细，长 8~10μm，口针基部球小。中食道球椭圆形，瓣膜模糊。排泄孔位于食道球前，后食道球鸭梨状。单生殖管，阴门位于虫体中后部体长的 60%~64% 处，距肛门 88~110μm，有后阴子宫囊。尾长 116~137μm，尾端钝尖。

该线虫发现于柑橘根际土壤。

24. 双工巴兹尔线虫（*B. duplexa*，附图 34）

雌虫虫体较大，体长 704~829μm，缓慢加热杀死后腹部略微弯曲。侧带有 4 条侧线，体环明显。头部扁圆，隆起。口针长 9~10μm，口针基部球小，有凸缘。中食道球卵圆形，瓣膜明显；食道腺不覆盖或略覆盖于肠。尾长 115~139μm，渐细，末端尖。

雄虫整体形态与雌虫相似。体长 580~817μm，交合刺发达，长 20~22μm；交合伞平滑，长 23~27μm。

该线虫发现于竹和蕨类植物生长的灌木丛根际土壤。

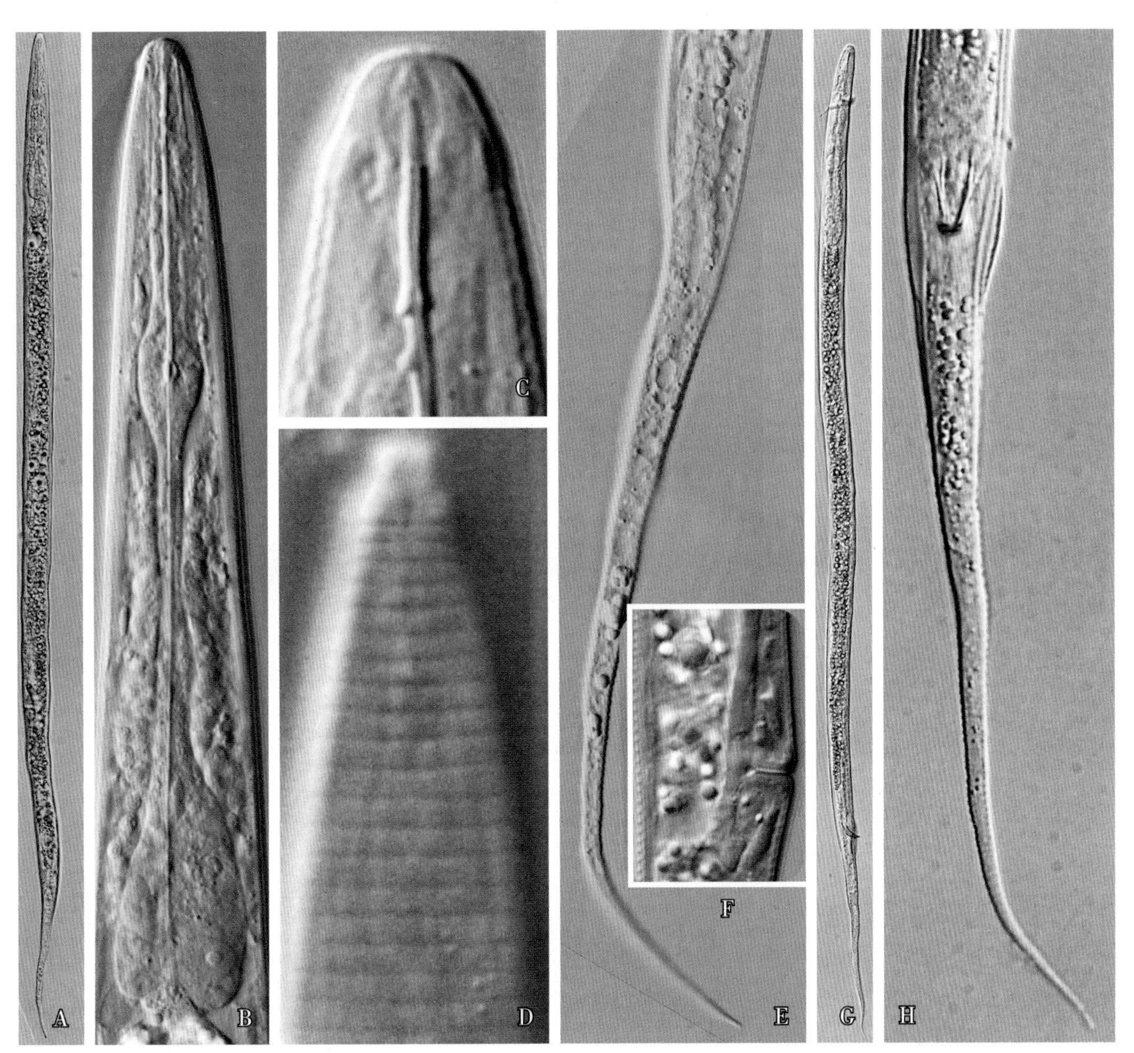

附图 34　双工巴兹尔线虫（*B. duplexa*）

A. 雌虫整体；B. 雌虫前部；C. 雌虫头部；D. 雌虫前部体环；E 雌虫尾部；F. 阴门；G. 雄虫整体；H. 雄虫尾部

25. 福建双刃斧垫刃线虫（*Labrys fujianensis*，附图 35）

雌虫虫体纤细，体长 524~599μm，缓慢加热杀死后虫体直伸或稍朝腹面弯曲。侧带不明显，体环细浅。唇区缢缩，两个侧唇退化消失，亚背唇与亚腹唇的两个唇片均向两边逐渐变窄，两侧有明显连续狭长的侧器孔。口针长 7~10μm，口针基部球小。背食道腺开口靠近口针基部球；中食道球不发达，梭形，瓣膜不明显。排泄孔位于后食道球前；食道腺与肠不覆盖。阴门位于虫体近中部，阴门宽约为 1 个环纹间距；后阴子宫囊发达，长 8~13μm；受精囊卵圆形，充满精子；阴肛距 69~86μm。尾部长 184~225μm，逐渐变细，末端棍棒状。

雄虫形态与雌虫相似。交合刺镰刀状，长 11~14μm；交合伞平滑，长 19~23μm。

该线虫是新种，发现于福建农林大学南区茶园周围的蕨类植物、竹、灌木丛土壤。

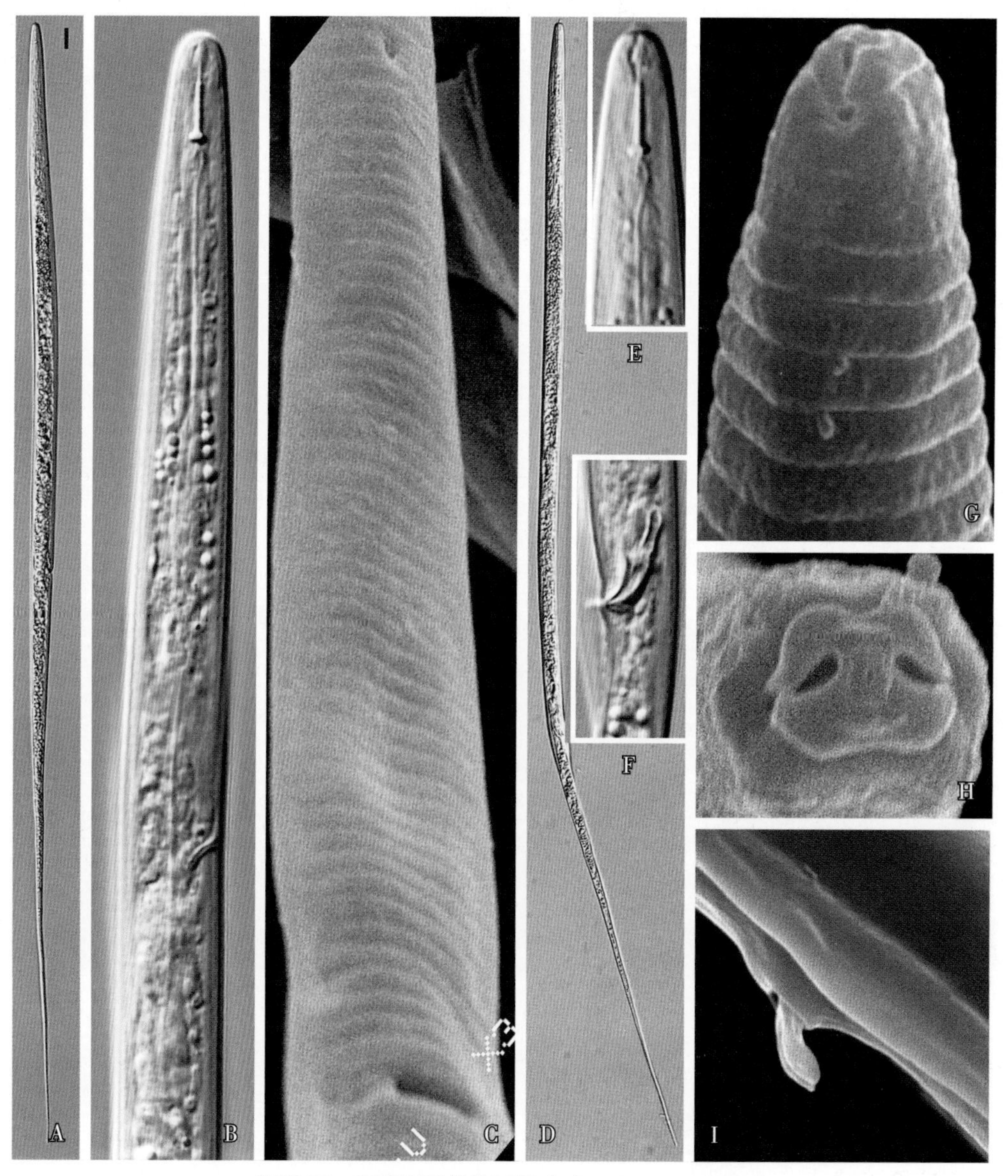

附图 35 福建双刃斧垫刃线虫（*L. fujianensis*）

A. 雌虫整体；B. 雌虫前部；C. 雌虫腹面（排泄孔和阴门）；D. 雄虫整体；E. 雄虫头部；F. 交合刺和交合伞；G. 雌虫头部侧面；H. 雌虫头部正面；I. 泄殖腔和交合刺

26. 福州双刃斧垫刃线虫（*L. fuzhouensis*，附图 36）

雌虫虫体纤细，体长 495~564μm，缓慢加热杀死后尾部向腹部弯曲。侧带隆起，呈脊状。唇区缢缩，侧唇退化，亚腹唇和亚背唇均有向两边逐渐延伸变窄的两个唇片，且两唇片间略微收缩，侧器孔裂缝状；唇盘呈六边形。口针长 6~8μm。背食道腺开口于口针基部球附近；中食道球梭形，瓣膜不明显。排泄孔位于后食道球附近。阴门裂宽度约为 1 个环纹间距，后阴子宫囊发达，阴肛距 66~74μm。尾部长 172~182μm，渐细，末端钝圆。

雄虫除生殖系统外，形态与雌虫相似。交合刺弓形，长 10~12μm；交合伞平滑，长 15~19μm。

该线虫是新种，发现于福州国家森林公园艳山姜根际土壤。

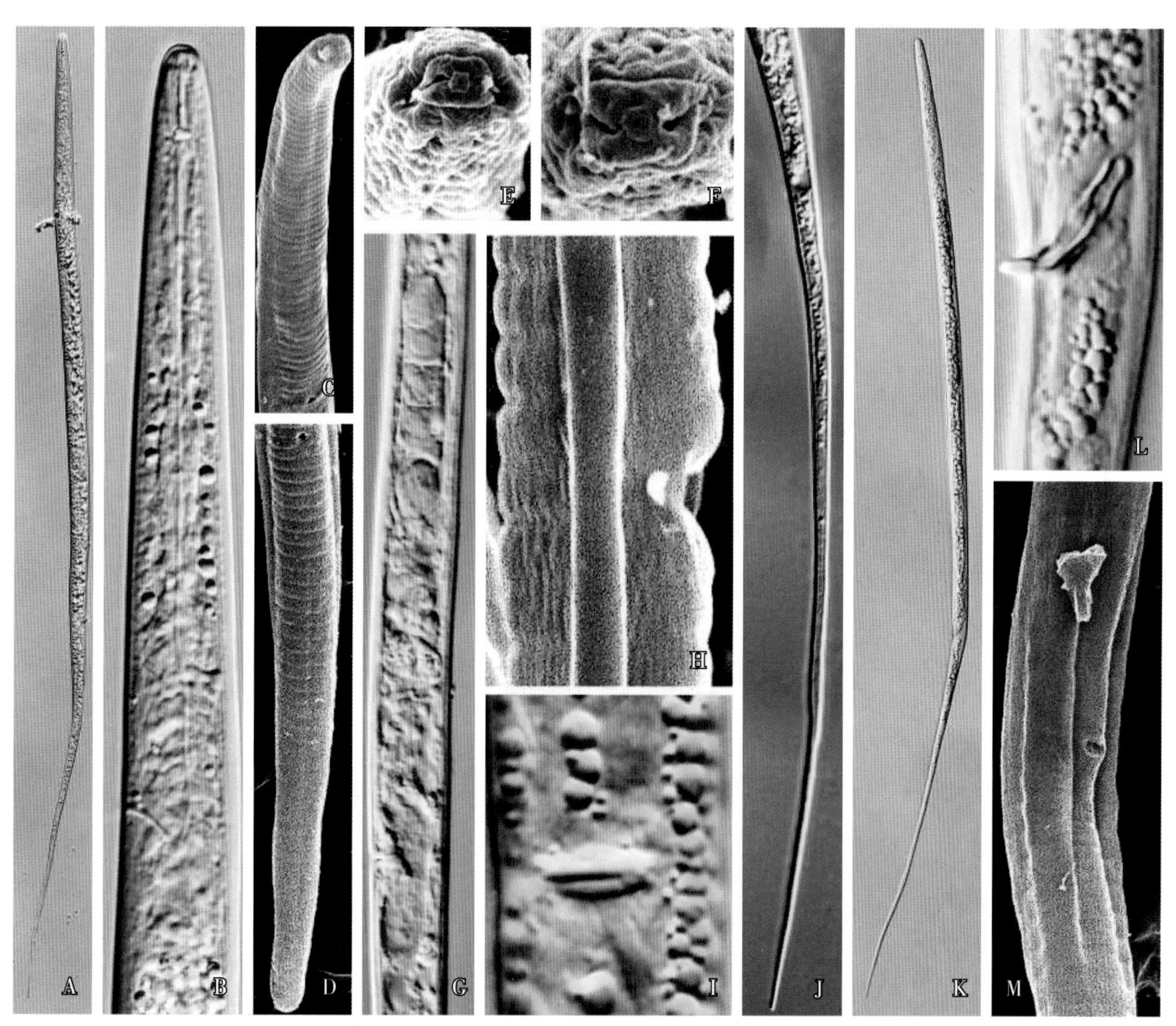

附图 36　福州双刃斧垫刃线虫（*L. fuzhouensis*）

A. 雌虫整体；B. 雌虫前部；C. 雌虫前部（头部、体环、排泄孔）；D. 雌虫尾部（体环）；E、F. 雌虫头部正面；G. 卵巢；H. 阴门部（侧带）；I. 阴门；J. 雌虫尾部；K. 雄虫整体；L. 交合刺和交合伞；M. 泄殖腔

27. 囊叉针垫刃线虫（*Boleodorus thylactus*，附图 37）

雌虫体长 460~582μm，缓慢加热杀死后虫体向腹部弯曲。体环细，侧带隆起，有 4 条侧线。头部呈锥形，与虫体连续，骨质化明显，由环纹和纵纹构成网格状。唇区凹陷，唇区两侧有连续弯曲的长

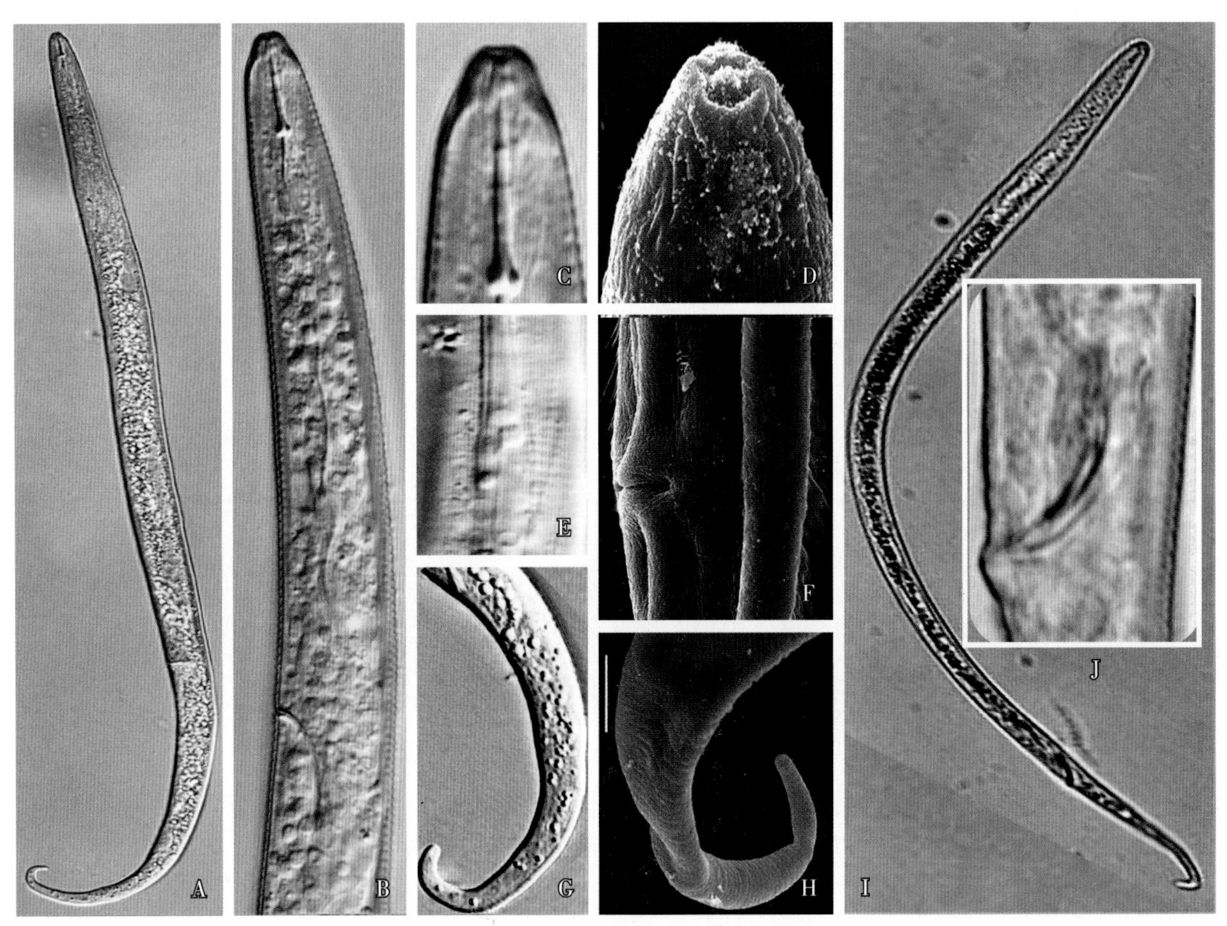

附图 37　囊叉针垫刃线虫（*B. thylactus*）

A. 雌虫整体；B. 雌虫前部（食道）；C. 雌虫头部（口针）；D. 雌虫头部（唇区和环纹）；E. 雌虫侧带；F. 阴门和侧带；G、H. 雌虫尾部；I. 雄虫整体；J. 交合刺

裂缝状侧器孔。口针弱，长 8~10μm，基部球发达、凸缘状。背食道腺开口于口针基部球后 2~3μm 处。中食道球梭形，无瓣膜；后食道球鸭梨形，与肠道平接。排泄孔位于神经环后的腹面。阴门位于虫体后部体长的 70%~75% 处，阴唇壁厚；单生殖管，后阴子宫囊短，长 5.5~9.9μm。尾长 64~80μm，尾端弯钩状，末端钝圆。

雄虫形态与雌虫相似。交合伞不明显，交合刺长 14~16μm。

该线虫发现于艳山姜根际土壤。

28. 布莱恩特剑尾垫刃线虫（*Malenchus bryanti*，附图 38）

雌虫体长 296~374μm，缓慢加热杀死后虫体略微向腹部弯曲。角质膜厚，体环明显，虫体中部环纹宽 1.4~1.8μm。侧带两侧有隆起带状脊，侧带起始于虫体前部，距离头部顶端 25.6~26.4μm，终于尾部距尾端 56~60μm。侧器孔位于唇盘两侧，呈裂缝状。口针长 6~8μm，口针基部球扁圆形。中食道球梭形，瓣膜不明显；后食道球梨形，与肠平接。排泄孔位于中食道球与后食道球中间。阴门内凹，单生殖管，受精囊无精子。尾部长 42~61μm，渐细，尾部末端钝尖。

该线虫发现于杨树根际土壤。

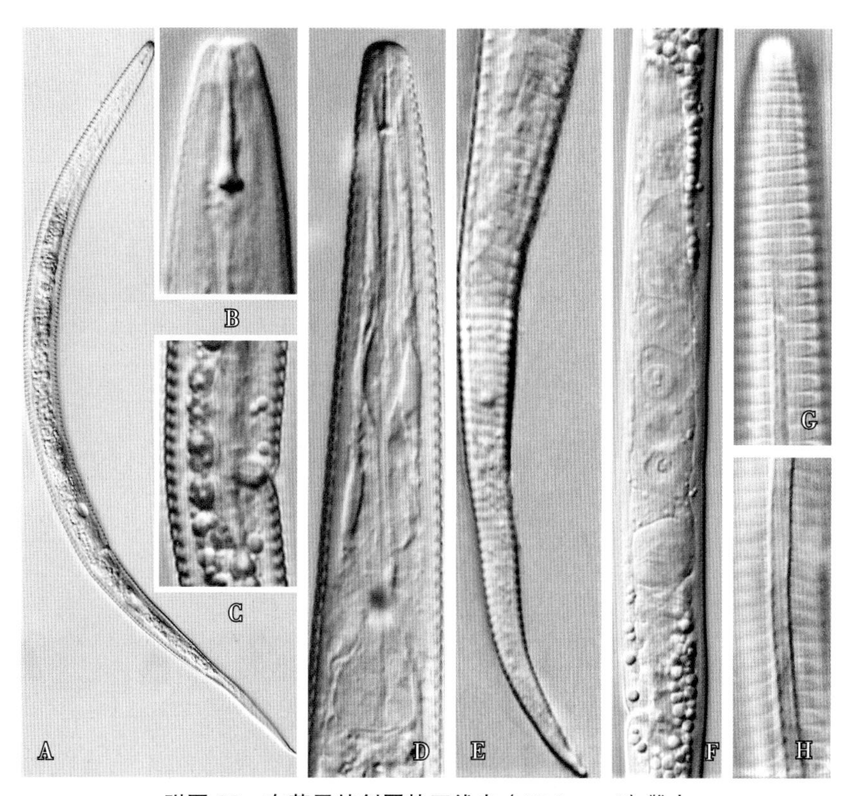

附图 38　布莱恩特剑尾垫刃线虫（*M. bryanti*）雌虫

A. 整体；B. 头部；C. 阴门部；D. 前部；E. 尾部；F. 卵巢；G. 前部（体环和侧带）；H. 侧带

29. 细长细纹垫刃线虫（*Lelenchus leptosome*，附图 39）

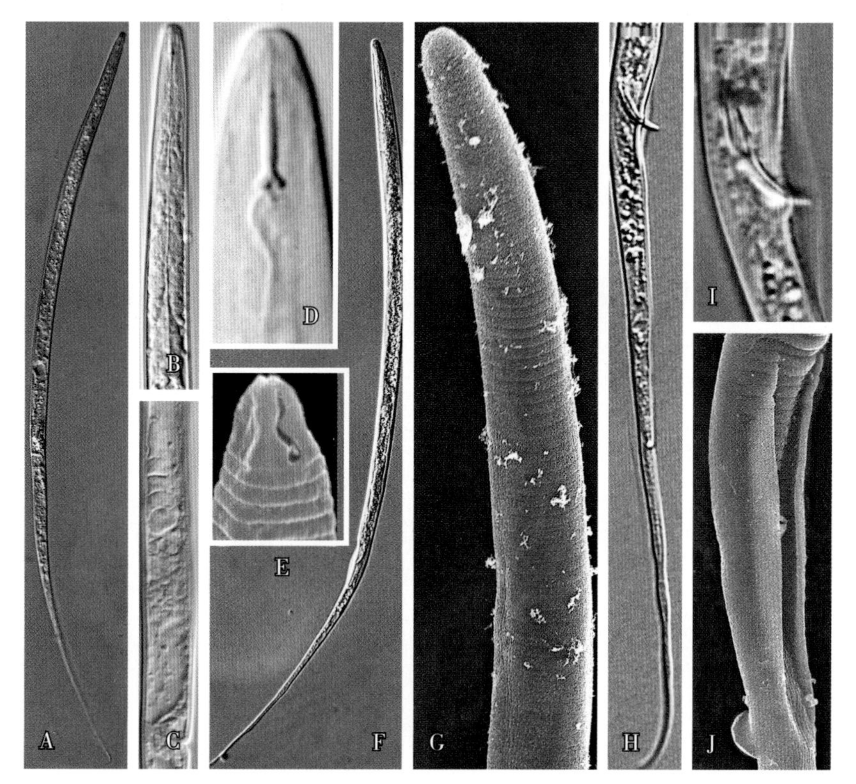

附图 39　细长细纹垫刃线虫（*L. leptosome*）

A. 雌虫整体；B. 雌虫前部（食道）；C. 阴门及卵巢；D. 雌虫头部；E. 雌虫侧器孔；F. 雄虫整体；G. 雄虫前部（体环和侧带）；H. 雄虫尾部；I. 交合刺和交合伞；J. 交合伞

雌虫体长423~520μm，缓慢加热杀死后虫体稍朝腹面弯曲。体环细，侧带有4条侧线。头部与虫体连续，骨质化弱。侧器孔位于唇盘两侧向下延伸，呈曲线形裂缝。口针长6~8μm，口针基部球小，圆形。背食道腺开口紧邻口针基部球末端；中食道球梭形，瓣膜不发达；后食道球梨形，覆盖于肠前端。单生殖管前生，后阴子宫囊弱，受精囊中有精子。尾部长108~166μm，平滑渐细，尾端钝圆。

雄虫形态与雌虫相似。交合伞长 14~21μm，交合刺长 11~15μm。

该线虫发现于竹、荔枝根际土壤。

30. 异垫刃线虫（*Heterotylenchus*，附图 40）

异垫刃线虫生活方式有两种类型：昆虫寄生型和自由生活型。

昆虫寄生型：2 龄幼虫侵入寄主卵巢，集中在输卵管生长发育。生殖方式有两性生殖和孤雌生殖。两性生殖雌虫寄生在昆虫体内，从雌虫受精卵发育而来；体形胖，卵圆形或延长成圆柱形，直到弓形；口针具有基部球；阴门靠近肛门；卵巢小，无回折或回折一次至多次；卵生或卵胎生。孤雌生殖雌虫蠕虫形，有口针基部球；卵巢发达，直肠和肛门发育不全，尾锥形或钝，具有矛状尾突。

自由生活型：雌虫头部无缢缩或轻微缢缩。口针发达，具有口针基部球。食道腺圆筒形，无肌肉状。食道腺延长到体中部。阴门靠近肛门；子宫很长，受精囊有少量的精子；卵巢发育不完全，几乎无卵母细胞。

雄虫纤细，口针具有基部球。尾圆锥形。无交合伞；交合刺有头状体、弓形。

异常异垫刃线虫（*H. aberrans*）是葱蝇体腔寄生虫。该线虫发现于松树萎蔫线虫病病树组织。

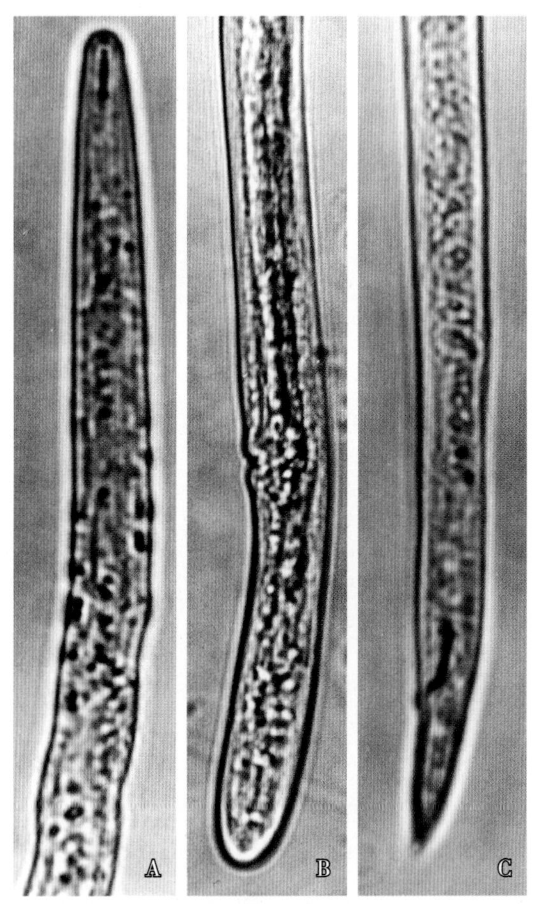

附图 40 异垫刃线虫（***Heterotylenchus***）
A. 雌虫前部；B. 雌虫尾部；C. 雄虫尾部

31. 四边突腔线虫（*Ecphyadophora quadralata*，附图 41）

雌虫虫体纤细，缓慢加热杀死后向腹面弯曲成“C”形，虫体自阴门后变细。唇区低平，头部不缢缩。口针细小，基部球明显。背食道腺开口于口针基部球附近；食道圆筒形，无中食道球，食道腺与肠交界不明显，在腹面重叠短。排泄孔位于神经环后，食道腺中后部。单生殖管前生，卵母细胞单行排列，受精囊椭圆形；阴门向前斜裂，前阴唇向后延伸长、覆盖阴门，有后阴子宫囊、长度约为阴门处体宽。尾细长，末端圆。

该线虫发现于罗汉松根际土壤。

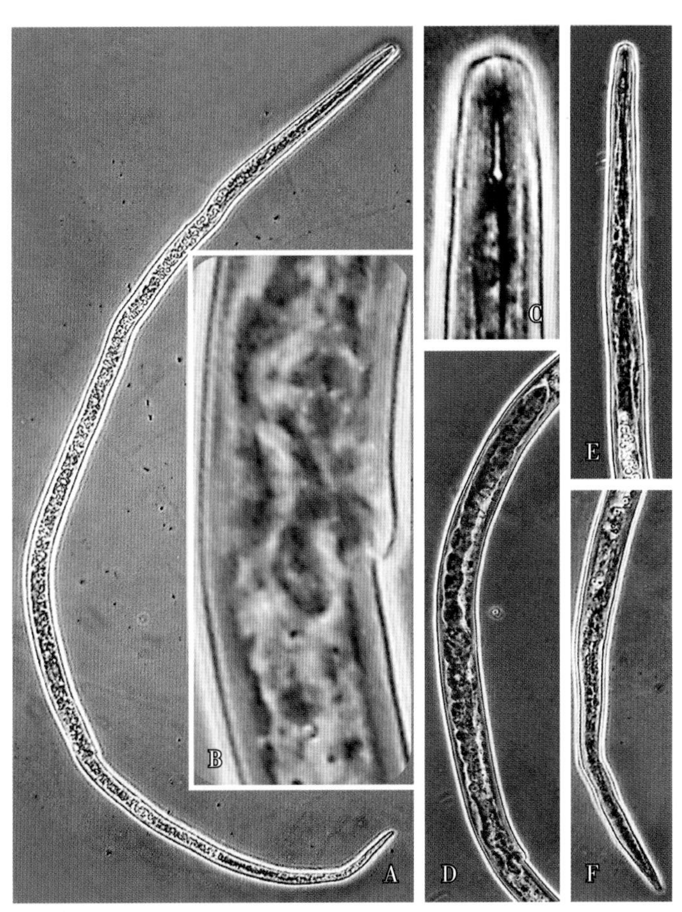

附图 41　四边突腔线虫（*E. quadralata*）雌虫

A. 整体；B. 阴门部；C. 头部；D. 卵巢；E. 前部；F. 尾部

32. 小粒线虫（*Anguillonema*，附图 42）

雌虫体长 750~1100μm，蠕虫状。头部低，扁平。口针长 10~13μm，有基部球。排泄孔位于神经环与口针基部球之间的腹面。食道腺圆筒形，无中食道球。卵巢发达，前端在食道腺区域，卵母细胞绕轴多行排列。受精囊椭圆形，有少量的精子。子宫延长，有几个发育的卵。阴门位于虫体后体长的 94%~96% 处，阴唇隆起。尾长 23~45μm，尾圆锥状，尾端尖。

雄虫虫体前部形态与雌虫相似，体长 490~590μm。交合刺长 38~43μm；有引带，无交合伞。尾锥形。

该线虫发现于松树萎蔫线虫病的病组织内。据报道，蠹小粒线虫（*A. poligraphi*）和刻痕小粒线虫（*A. crenatus*），分别发现于四眼小蠹（*Poligraphus poligraphus*）和刻痕小蠹（*Hylesinus crenatus*）隧道内腐烂蛀屑中。

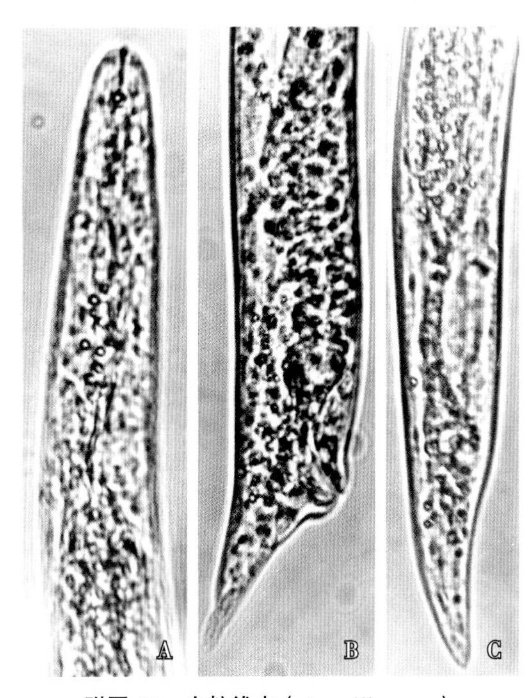

附图 42　小粒线虫（*Anguillonema*）

A. 雌虫前部；B. 阴门和尾部；C. 雄虫尾部

33. 广东杆垫刃线虫（*Rhabdotylenchus guanggongensis*，附图 43）

雌虫体长 650~880μm，虫体经缓慢加热杀死后稍向腹面弯曲。头架中等骨质化，头部低平，略缢缩。阴门至肛门虫体渐细，肛门后明显变细，尾中后部近乎等宽。口针长 10~13μm，有小的口针基部球。中食道球肌肉质，具瓣膜；食道长瓶形，与肠交界清晰。排泄孔位于食道腺中前部水平处。阴门横裂，位于虫体中后部体长的 70%~76% 处；单生殖管前生，有后阴子宫囊。尾长 67~83μm，尾部呈杆状，尾端平截并有一个凹痕，直或稍向腹面弯曲。

雄虫虫体前部与雌虫相似。单精巢，交合刺弓状，长 16~17μm；引带简单，交合伞小，包在泄殖腔附近。尾形与雌虫相似。

该线虫发现于香蕉、甘薯、花生等作物根际土壤。

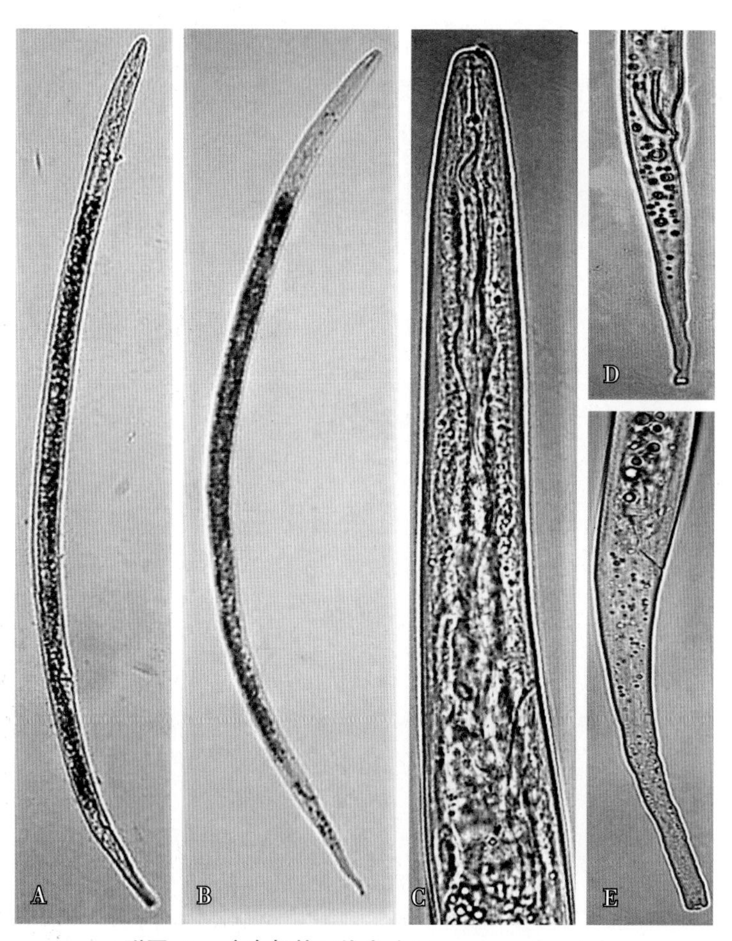

附图 43 广东杆垫刃线虫（***R. guanggongensis***）

A. 雌虫整体；B. 雄虫整体；C. 雌虫前部；D. 雄虫尾部；E. 雌虫尾部

（三）矛线目（Dorylaimida）线虫

1. 前矛线虫（*Prodorylaimus*，附图 44A~C）

雌虫虫体细长，缓慢加热杀死后直伸。矛线型食道，齿针针状，基部延伸物（齿舌）明显。导环为双环形。尾部丝状，极长。

捕食杂食性线虫，发现于柑橘根际土壤。

2. 拟矛线虫（*Dorylaimoides*，附图 44D~F）

雌虫蠕虫形，缓慢加热杀死后虫体朝腹面弯曲。矛线型食道，齿针针状，延伸部有棱角，导环明显。阴门横裂，位于虫体近中部。尾部渐细。

捕食杂食性线虫，发现于柑橘根际土壤。

3. 索努斯线虫（*Thonus*，附图 44G~I）

雌虫蠕虫形，缓慢加热杀死后虫体朝腹面弯曲。矛线型食道，齿针与齿舌等长。尾部半圆形，尾长约为肛门处体宽。

捕食杂食性线虫，发现于柑橘根际土壤。

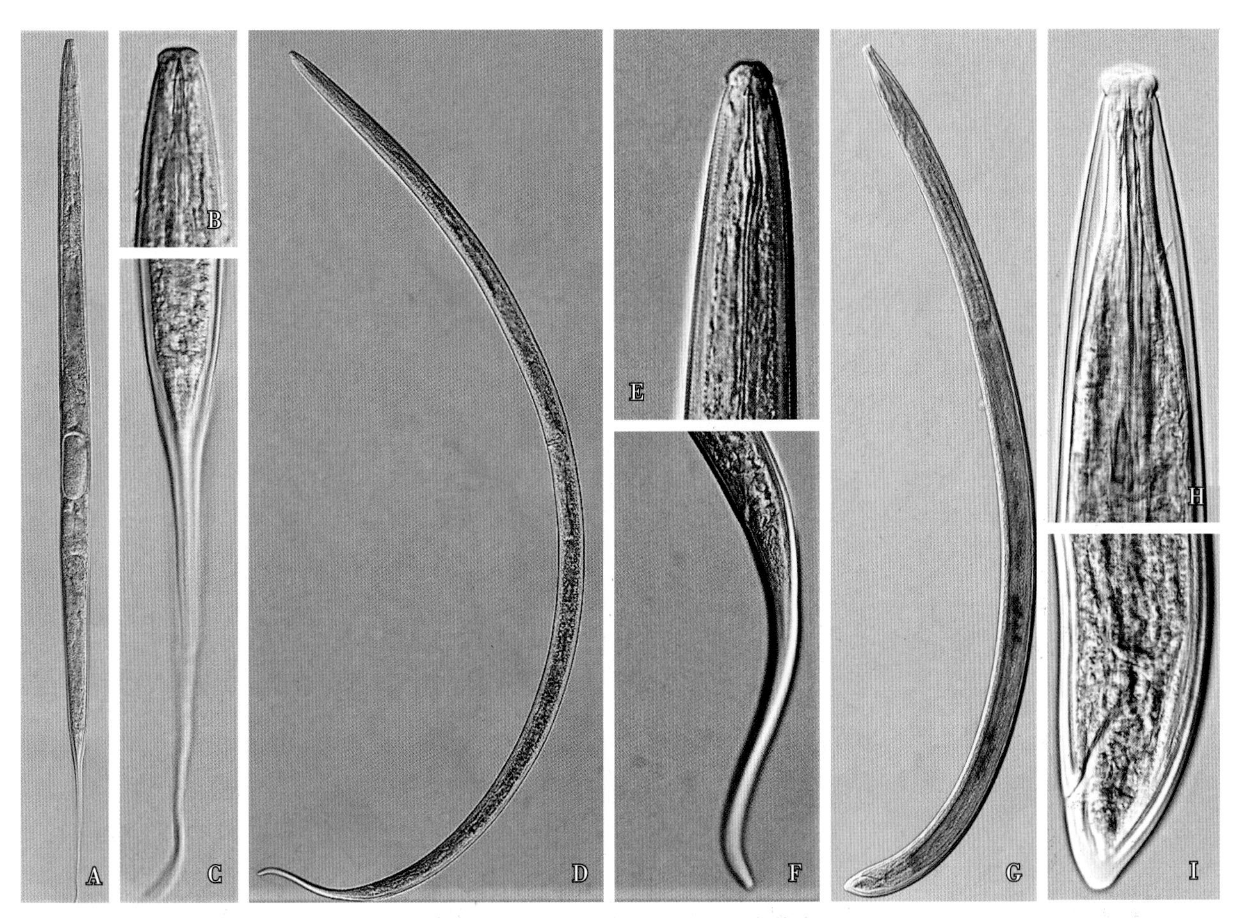

附图 44　矛线目（Dorylaimida）线虫

前矛线虫（*Prodorylaimus*）雌虫：A. 整体；B. 头部；C. 尾部　拟矛线虫（*Dorylaimoides*）：D. 整体；E. 头部；F. 尾部
索努斯线虫（*Thonus*）：G. 整体；H. 头部；I. 尾部

四、无口针线虫

1. 小杆线虫（*Rhabditis*，附图 45A~C）

雌虫蠕虫形，细小。小杆型食道，无口针。尾部细长。

雄虫虫体前部与雌虫相似。有交合伞，交合刺长。

食细菌线虫，发现于腐烂的食用菌子实体。

2. 中杆线虫（*Mesorhabditis*，附图 45D）

雌虫蠕虫形。小杆型食道，无口针。唇片顶端具刺，唇片叶状，口腔管状，后口腔壁有 2 个齿。尾部短剑形。

食细菌线虫，发现于柑橘根际土壤。

3. 旋唇线虫（*Distolabrellus*，附图 45E）

雌虫蠕虫形。小杆型食道，无口针。口腔管状，唇片紧靠融合，阴门位于后部。

捕食杂食性线虫，发现于柑橘根际土壤。

4. 钩唇线虫（*Diploscapter*，附图 45F）

雌虫蠕虫形。小杆型食道，口腔呈管状，长而窄。背腹唇片向外弯曲成钩状。

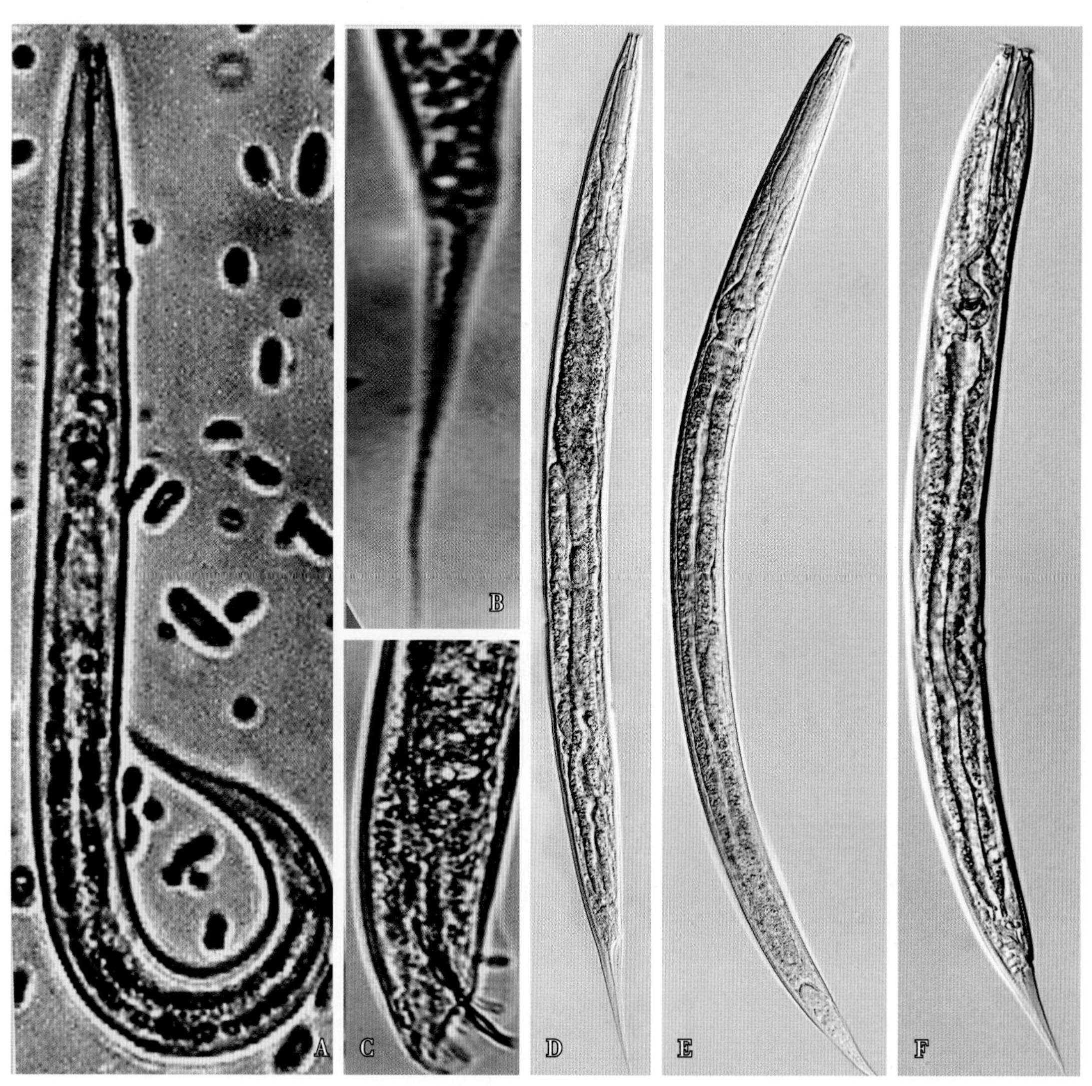

附图 45　小杆科（Rhabditidae）线虫

A. 小杆线虫（*Rhabditis*）雌虫整体；B. 小杆线虫（*Rhabditis*）雌虫尾部；C. 小杆线虫（*Rhabditis*）雄虫尾部；D. 中杆线虫（*Mesorhabditis*）雌虫整体；E. 旋唇线虫（*Distolabrellus*）雌虫整体；F. 钩唇线虫（*Diploscapter*）雌虫整体

食细菌线虫，发现于柑橘根际土壤。

5. 拟丽突线虫（*Acrobeloides*，附图 46A）

雌虫蠕虫形。头叶型食道，唇具低而圆突起物、无分叉，食道体部膨大成纺锤形，尾部圆锥形。

食细菌线虫，发现于柑橘根际土壤。

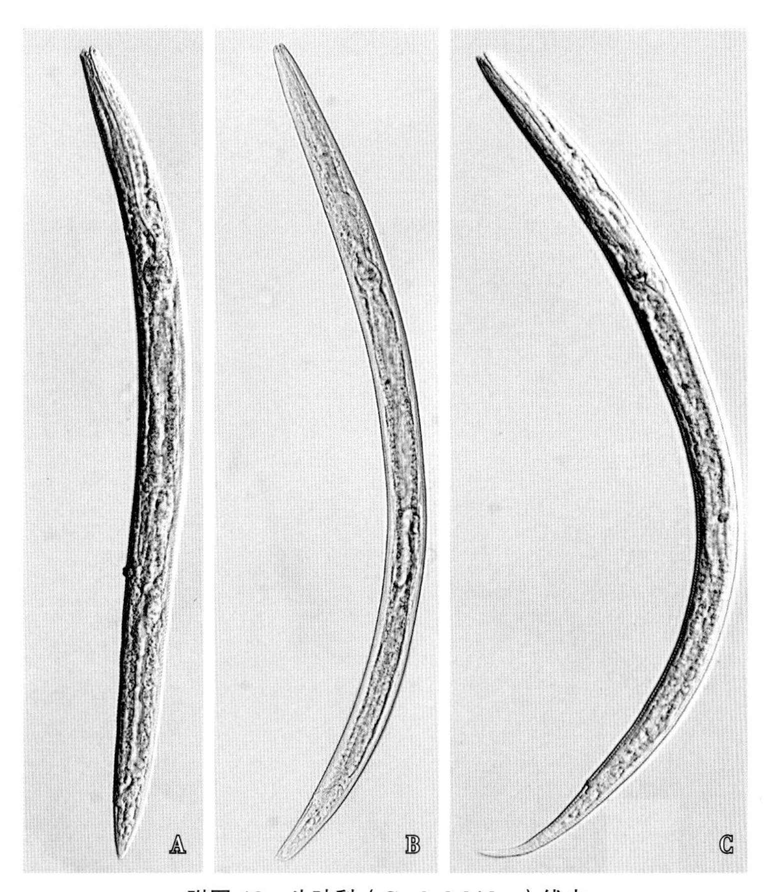

附图 46　头叶科（Cephalobidae）线虫

A. 拟丽突线虫（*Acrobeloides*）雌虫；B. 头叶线虫（*Cephalobus*）雌虫；C. 真头叶线虫（*Eucephalobus*）雌虫

6. 头叶线虫（*Cephalobus*，附图 46B）

雌虫蠕虫形。头叶型食道，无口针，口腔壁完全分离，前部口腔宽大，后部狭长。食道前部呈长圆筒形，后食道球具瓣膜。尾部钝圆形，末端钝或具尖突。

食细菌线虫，发现于柑橘根际土壤。

7. 真头叶线虫（*Eucephalobus*，附图 46C）

虫体蠕虫形。头叶型食道，尾部渐细，末端尖。

食细菌线虫，发现于柑橘根际土壤。

8. 双胃线虫（*Diplogaster*，附图 47A）

雌虫蠕虫形。双胃型食道，无口针，中食道球有瓣膜，后食道球无瓣膜。

食细菌线虫，发现于柑橘根际土壤。

9. 棱咽线虫（*Prismatolaimus*，附图 47B，C）

雌虫蠕虫形。头部具2圈刚毛，圆柱型食道，无口针。口腔宽大、桶状，口腔壁角质化。尾部丝状。食细菌线虫，发现于柑橘根际土壤。

10. 绕线虫（*Plectus*，附图 47D~F）

虫体蠕虫形。头部有刚毛，头叶型食道，无口针。口腔管状。食道末端膨大成肌质球，有小齿排列的瓣膜。尾部慢慢变细、弯曲，末端有尖突。

食细菌线虫，发现于柑橘根际土壤。

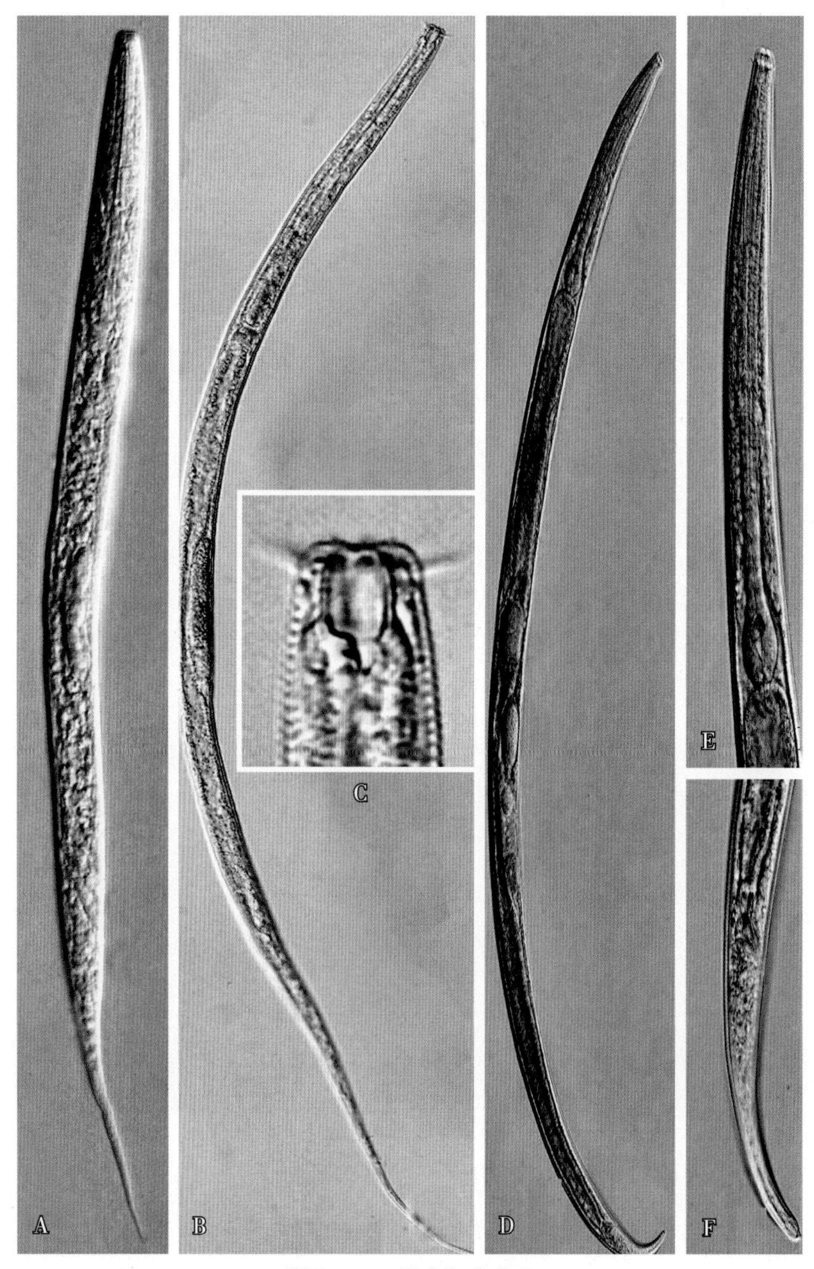

附图 47　3 种食细菌线虫

A. 双胃线虫（*Diplogaster*）雌虫　棱咽线虫（*Prismatolaimus*）雌虫：B. 整体；C. 头部　绕线虫（*Plectus*）雌虫：D. 整体；E. 前部；F. 尾部

11. 克拉克线虫（*Clarkus*，附图 48A~C）

雌虫蠕虫形。圆柱型食道，口腔桶状，基部平。背齿位于口腔前，齿对面有光滑脊。

捕食杂食性线虫，发现于柑橘根际土壤。

12. 锉齿线虫（*Mylonchulus*，附图 48D~F）

雌虫蠕虫形。圆柱型食道，口腔漏斗状，背齿位于口腔中部，向前伸，相对位置有小齿排列组成锉区，口腔基部漏斗状。

捕食杂食性线虫，发现于柑橘根际土壤。

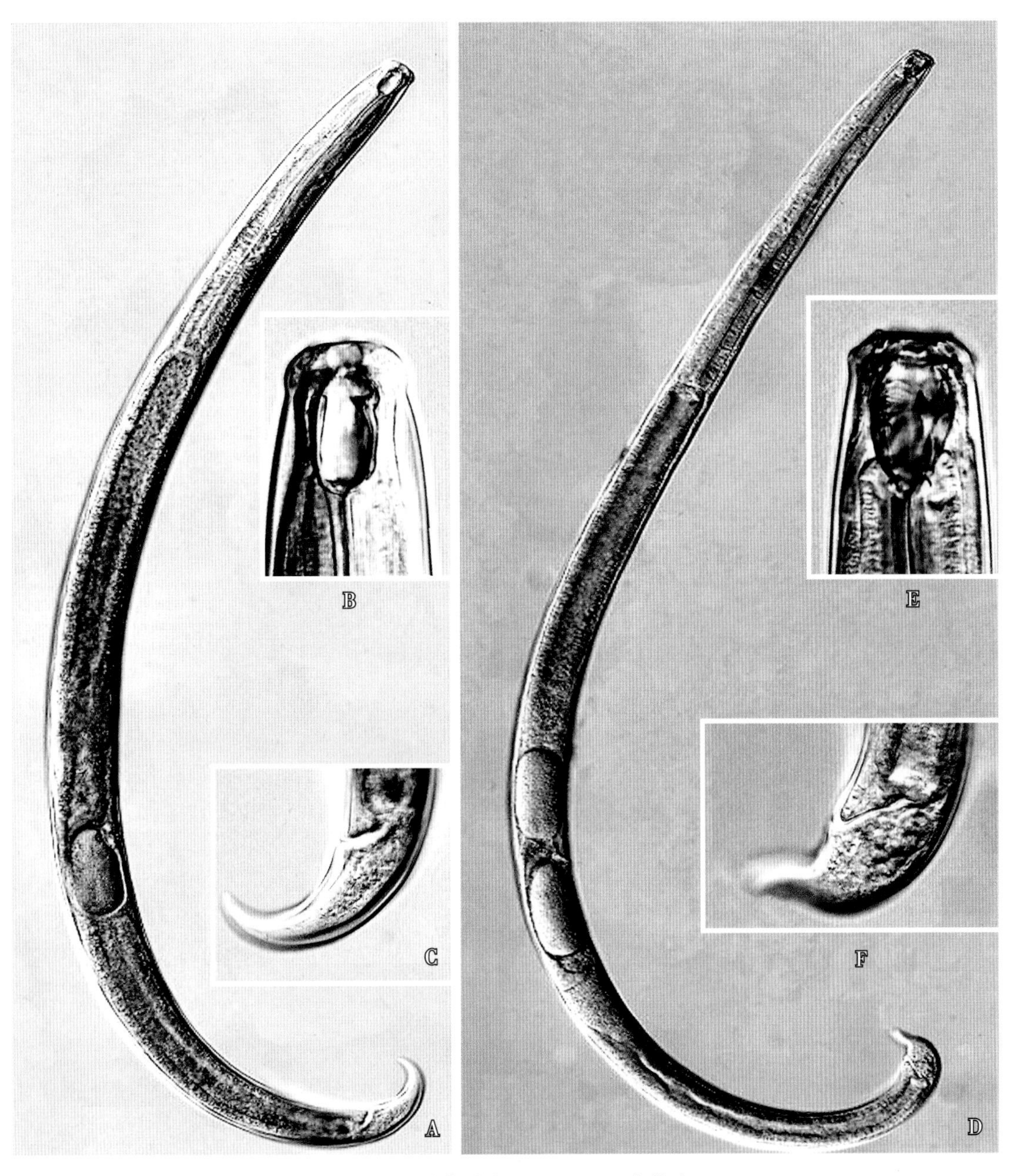

附图 48　单齿科（Mononchidae）线虫

克拉克线虫（*Clarkus*）：A. 雌虫整体；B. 头部；C. 尾部　锉齿线虫（*Mylonchulus*）：D. 雌虫整体；E. 头部；F. 尾部

参考文献

[1] 王宏毅，杨再福，张绍升. 日本针叶木伪伞滑刃线虫鉴定及其与近似种的比较 [J]. 福建农林大学学报（自然科学版），2004，33（1）：34–37.

[2] 王宏毅，杨再福，张绍升. 韩国松木上食菌伞滑刃线虫新记录及其鉴定 [J]. 莱阳农学院学报，2004，21（2）：167–170.

[3] 王宏毅，杨再福，张绍升. 福建枯死松材中莱奴尔夫伞滑刃线虫鉴定 [J]. 福建林学院学报，2005，25（3）：221–224.

[4] 王宏毅，杨再福，张绍升. 日本松木上莱奴尔夫伞滑刃线虫新记录及其鉴定 [J]. 福建农林大学学报（自然科学版），2005，34（2）：158–161.

[5] 王宏毅. 伞滑刃属（*Bursaphelenchus*）线虫生物多样性与生物地理学 [D]. 福州：福建农林大学，2006.

[6] 王宏毅，张绍升. 罗汉松四边突腔线虫（垫刃目：突腔科）鉴定 [C] //廖金铃，彭德良，郑经武，等. 中国线虫学研究：第一卷. 北京：中国农业科学技术出版社，2006.

[7] 王宏毅，张绍升. 伞滑刃线虫生物多样性和生物地理学 [C] //彭友良，王振中. 中国植物病理学会 2008 年学术年会论文集. 北京：中国农业科学技术出版社，2008.

[8] 王玉. 水稻根结线虫病病因与生物防治研究 [D]. 福州：福建农林大学，2010.

[9] 王玉芬. 广西桂林柑橘根结线虫种的形态学及分子生物学特性 [D]. 福州：福建农林大学，2015.

[10] 王文玉. 花生茎线虫（*Ditylenchus arachis*）的生物学特性及种群遗传多样性 [D]. 福州：福建农林大学，2017.

[11] 邓明雪. 花生茎线虫（*Ditylenchus arachis*）生活史、侵染特性及抗逆机制研究 [D]. 福州：福建农林大学，2018.

[12] 白孟鑫. 基于形态学与线粒体 COI 基因系统学对垫刃科（Tylenchidae）线虫种的分类鉴定 [D]. 福州：福建农林大学，2020.

[13] 石妍. 厚垣孢普可尼亚菌 PC152 菌株生物学及制剂工艺研究 [D]. 福州：福建农林大学，2011.

[14] 刘国坤. 福建龙眼根部寄生线虫种类鉴定 [D]. 福州：福建农林大学，1998.

[15] 刘国坤，张绍升. 福建龙眼根部寄生线虫种类鉴定 [J]. 福建农业大学学报，1999，28（1）：59–65.

[16] 刘国坤，张绍升. 根结线虫属新种——龙眼根结线虫的描述 [J]. 沈阳农业大学学报，2001，32（3）：167–172.

[17] 刘国坤，杨再福，叶明珍，等．柑橘慢衰病诊断及其病原鉴定 [J]．福建农林大学学报（自然科学版），2004，33（4）：431–433.

[18] 刘国坤，肖顺，张雯，等．绮丽小壳银汉霉对南方根结线虫卵的寄生性 [J]．福建农林大学学报（自然科学版），2005，34（3）：286–289.

[19] 刘国坤，肖顺，洪彩凤，等．镰刀菌对南方根结线虫卵的寄生特性 [J]．福建农林大学学报（自然科学版），2006，35（5）：459–462.

[20] 刘国坤，肖顺，张雯，等．淡紫拟青霉 FZ–0289 菌株对南方根结线虫卵寄生性的离体观察 [J]．植物病理学报，2006，36（2）：169–170.

[21] 刘国坤，谢志成，张绍升．寄生朱顶红的短尾盾线虫 [C] // 廖金铃，彭德良，郑经武．中国线虫学研究：第一卷．北京：中国农业科学技术出版社，2006.

[22] 刘国坤，谢志成，张绍升．潜根线虫致病性和水稻品种抗病性 [C] // 彭友良，王振中．中国植物病理学会 2008 年学术年会论文集．北京：中国农业科学技术出版社，2008.

[23] 刘国坤，张绍升，潘东明，等．福建省柑橘半穿刺线虫的分布与危害 [C] // 廖金铃，彭德良，段玉玺．中国线虫学研究：第二卷．北京：中国农业科学技术出版社，2008.

[24] 刘国坤，张绍升，潘东明，等．淡紫拟青霉 PL050705 菌株的根际定殖及对根际真菌群落结构影响 [J]．中国农学通报，2009，18（24）：324–328.

[25] 刘国坤，肖顺，张绍升．火鹤花（*Anthurium andraeanum*）根部寄生线虫种类 [C] // 廖金铃，彭德良，段玉玺．中国线虫学研究：第三卷．北京：中国农业科学技术出版社，2010.

[26] 刘国坤，陈娟，肖顺，等．寄生柑橘和杉木的柑橘半穿刺线虫种内群体变异 [J]．中国农业科学，2011，44（9）：1830–1836.

[27] 刘国坤，肖顺，张绍升，等．拟禾本科根结线虫对水稻根系的侵染特性及其生活史 [J]．热带作物学报，2011，32（4）：743–748.

[28] 刘国坤，王玉，肖顺，等．水稻根结线虫病的病原鉴定及其侵染源的研究 [J]．中国水稻科学，2011，25（4）：420–426.

[29] 刘国坤，肖顺，张绍升，等．藤本豆根结线虫病的病原鉴定及其侵染特性的研究 [J]．热带作物学报，2012，233（2）：346–352.

[30] 刘国坤，肖顺，张绍升，等．2 种介质中番茄根结线虫混合种群结构及发生特点 [C] // 廖金铃，彭德良，段玉玺．中国线虫学研究：第四卷．北京：中国农业科学技术出版社，2012.

[31] 刘国坤，肖顺，张绍升，等．淡紫拟青霉生防菌肥对黄瓜根结线虫的防治作用 [C] // 廖金铃，彭德良，简恒，等．中国线虫学研究：第五卷．北京：中国农业科学技术出版社，2014.

[32] 乔凯凯，肖顺，刘国坤，等．铁棍山药茎腐病的病原鉴定 [C] // 彭德良，简恒，廖金铃，等．中国线虫学研究：第六卷．北京：中国农业科学技术出版社，2016.

[33] 乔凯凯．福建省垫刃科（Tylenchidae）线虫的形态与分子鉴定 [D]．福州：福建农林大学，2019.

[34] 陈娟，张绍升，刘国坤，等．柑橘半穿刺线虫生态治理研究进展 [C] // 廖金铃，彭德良，段玉玺．中国线虫学研究：第二卷．北京：中国农业科学技术出版社，2008.

[35] 陈代倩．烟草线虫病害及病原线虫种类的鉴定 [D]．福州：福建农林大学，2013.

[36] 陈淑君，肖顺，程敏，等. 福建省象耳豆根结线虫的鉴定及分子检测 [J]. 福建农林大学学报（自然科学版），2017，46（2）：141–146.

[37] 陈思怡，邓明雪，刘国坤，等. 花生茎线虫海藻糖 –6– 磷酸合成酶基因的获得及其表达量研究 [C] //彭德良，陈书龙，简恒，等. 中国线虫学研究：第七卷. 北京：中国农业科学技术出版社，2018.

[38] 陈思怡. 影响花生茎线虫（*Ditylenchus arachis*）脱水休眠的环境因素及响应脱水休眠的转录组分析 [D]. 福州：福建农林大学，2020.

[39] 陈晶伟. 福建省 3 种重要根结线虫的种类鉴定、寄主及其发生危害 [D]. 福州：福建农林大学，2020.

[40] 李世通. 花生病原线虫种类调查与鉴定 [D]. 福州：福建农林大学，2013.

[41] 李世通，肖顺，章淑玲，等. 腐烂茎线虫的培养 [J]. 福建农林大学学报（自然科学版），2014，43（1）：11–13.

[42] 李惠霞，徐鹏刚，李健荣，等. 甘肃定西地区马铃薯病原线虫的分离鉴定 [J]. 植物保护学报，2016，43（4）：580–587.

[43] 吴尧. 福建省柑橘根部 1 种根结线虫新种的鉴定 [D]. 福州：福建农林大学，2011.

[44] 肖顺. 福建省根结线虫食线虫菌物多样性 [D]. 福州：福建农林大学，2003.

[45] 肖顺. 食线虫菌物资源开发与利用 [D]. 福州：福建农林大学，2006.

[46] 肖顺，张绍升. 榕树根结线虫及其食线虫菌物鉴定 [J]. 福建林学院学报，2004，24（4）：303–307.

[47] 肖顺，张绍升. 根结线虫的寄生菌物生物多样性 [J]. 福建农林大学学报（自然科学版），2004，33（4）：434–437.

[48] 肖顺，刘国坤，张绍升. 定殖于植物线虫上的镰刀菌种类鉴定 [C] //杨怀文. 迈入二十一世纪的中国生物防治. 北京：中国农业科学技术出版社，2005.

[49] 肖顺，刘国坤，张绍升. 厚垣孢普可尼亚菌 2 个变种的鉴定 [C] //廖金铃，彭德良，郑经武，等. 中国线虫学研究：第一卷. 北京：中国农业科学技术出版社，2006.

[50] 肖顺，刘国坤，张绍升. 淡紫拟青霉对根结线虫的防治作用 [J]. 福建农林大学学报（自然科学版），2006，35（5）：463–465.

[51] 肖顺，刘国坤，张绍升. 寄生于根结线虫卵囊的绮丽小克银汉霉 [J]. 亚热带农业研究，2008，4（2）：125–127.

[52] 肖顺，程云，张绍升. 寄生于花生的根结线虫种类 [C] //彭友良，王振中. 中国植物病理学会 2008 年学术年会论文集. 北京：中国农业科学技术出版社，2008.

[53] 肖顺，刘国坤，张绍升. 用菌草培养食线虫真菌淡紫拟青霉 [J]. 福建农林大学学报（自然科学版），2008，37（5）：460–462.

[54] 肖顺，王玉芬，黄美婷，等. 福建省柑橘重要病原线虫种类、为害及分布 [C] //廖金玲，彭德良，简恒，等. 中国线虫学研究：第五卷. 北京：中国农业科学技术出版社，2014.

[55] 肖顺，张绍升，刘国坤，等. 南方果树病虫害速诊快治 [M]. 福州：福建科学技术出版社，2021.

[56] 肖雅敏．香蕉病原线虫种类调查与鉴定 [D]．福州：福建农林大学，2014.

[57] 肖雅敏，周峡，张绍升．香蕉上的螺旋线虫和纽带线虫种类鉴定 [J]．福建农林大学学报（自然科学版），2014，43（6）：573–577.

[58] 杨再福．枯萎松树及松木包装板材的线虫鉴定与风险分析 [D]．福州：福建农林大学，2004.

[59] 杨再福，王宏毅，张绍升．松木包装板材的伞滑刃线虫种类鉴定 [J]．福建农林大学学报（自然科学版），2004，33（1）：38–41.

[60] 杨意伯．福建龙眼、荔枝、番石榴线虫病害调查及寄生线虫种类鉴定 [D]．福州：福建农林大学，2013.

[61] 杨意伯，张绍升．龙眼根际加德拟鞘线虫的鉴定 [J]．热带作物学报，2013，34（5）：935–941.

[62] 杨意伯，张绍升．番石榴根部短尾短体线虫的鉴定 [J]．热带作物学报，2013，34（8）：1557–1563.

[63] 杨意伯，张绍升．龙眼番石榴根际的短针中环线虫鉴定 [J]．热带作物学报，2016，37（7）:1370–1376.

[64] 张绍升．一种危险的水稻病害——稻干尖线虫病 [J]．福建农业，1984（12）：26.

[65] 张绍升．福建省大豆根结线虫病的发现和诊断研究初报 [J]．福建农业科技，1985（1）：34–35.

[66] 张绍升．福建稻田潜根线虫七个种的鉴定初报 [J]．福建农学院学报，1987，16（2）：155–159.

[67] 张绍升．福建甘蔗寄生线虫类群及其生态学初步调查 [J]．甘蔗糖业，1987（4）：57–60.

[68] 张绍升，高日霞，翁自明．柑橘根结线虫新种，*Meliodogyne citri* n.sp. 描述 [J]．福建农学院学报，1990，19（3）：305–311.

[69] 张绍升，翁自明．福建省根结线虫种类鉴定 [J]．福建农学院学报，1991，20（2）：158–164.

[70] 张绍升．烟草根结线虫病的病原鉴定初报 [J]．中国烟草，1991（3）：20–21.

[71] 张绍升．福建省香蕉寄生线虫种类调查 [J]．福建果树，1991（2）：32–34.

[72] 张绍升，翁自明，吴燕珠．香蕉根结线虫病及其病原鉴定 [J]．植物保护，1991，17（2）：28.

[73] 张绍升，翁自明，陈裕绍，等．弯曲针线虫对茶树的致病性和发生规律 [J]．植物病理学报，1992，22（2）：156.

[74] 张绍升．甘蔗根结线虫病及其病原鉴定 [J]．甘蔗糖业，1992（4）：20–21.

[75] 张绍升，许猛义．柑橘线虫病防治试验 [J]．福建果树，1992（2）：59–61.

[76] 张绍升．植物线虫的电镜扫描简易制样技术（简报）[J]．植物病理学报，1993，23（2）：100.

[77] 张绍升．闽南根结线虫新种，*Meloidogyne minnanica* n.sp. 描述 [J]．福建农学院学报，1993，22（增刊）：69–77.

[78] 张绍升．福建猕猴桃根结线虫病病原鉴定 [J]．福建农学院学报，1993，22（4）：433–435.

[79] 张绍升．番木瓜和西番莲根结线虫病记述 [J]．亚热带植物通讯，1993，22（2）：12–16.

[80] 张绍升．福建大豆根结线虫病发生及其病原鉴定 [J]．植物保护，1993，19（4）：14–15.

[81] 张绍升．柑橘寄生线虫在福建的发生概况 [J]．福建果树，1993（3）：55–57.

[82] 张绍升，许猛义．福建柑橘根结线虫种类及其防治研究 [J]．中国柑橘，1994，23（1）：9–11.

[83] 张绍升，陈永宝．杨梅线虫研究 [J]．福建农业大学学报，1994，23（2）：172–177.

[84] 张绍升，胡方平．棕根结线虫病记述 [J]．植物病理学报，1994，24（3）：264.

[85] 张绍升，艾洪木．不同施药时期对水稻潜根线虫防治效果的影响 [J]．福建农业大学学报，1994，23（4）：426–428.

[86] 张绍升．福建果树根部的芒果半轮线虫记述 [J]．植物病理学报，1995，25（1）：39–42.

[87] 张绍升．福建省主要作物根结线虫病害发生情况调查 [J]．福建农业大学学报，1995，24（3）：307–309.

[88] 张绍升．粗糙盘旋线虫的形态学观察 [J]．上海农学院学报，1995，13（增刊）：69–72.

[89] 张绍升，蔡学清．果树根围的植物线虫种群结构调查 [J]．亚热带植物通讯，1995，24（2）：35–40.

[90] 张绍升．果树线虫病害和防治研究 [J]．果树科学，1996，13（1）：10–13.

[91] 张绍升，刘国坤，蔡学清．环科（Criconematidae）线虫几个种的记述 [J]．福建农业大学学报，1997，26（4）：427–431.

[92] 张绍升，李茂胜，严叔平．水稻潜根线虫的致病性和综合防治技术 [J]．中国水稻科学，1998，12（1）：31–34.

[93] 张绍升．拟鞘线虫属二新种 [J]．植物病理学报，1998，28（4）：367–374.

[94] 张绍升．植物线虫病害诊断与治理 [M]．福州：福建科学技术出版社，1999.

[95] 张绍升，张玉珍，张章华，等．福建烟草线虫种类及其对烟草青枯病的影响 [J]．中国烟草学报，1999，5（3）：28–33.

[96] 张绍升，肖荣凤，林乃铨，等．福建橄榄寄生线虫种类鉴定 [J]．福建农林大学学报（自然科学版），2002，31（4）：445–451.

[97] 张绍升，章淑玲．拟短体线虫属一新种 [J]．植物病理学报，2003，33（4）：317–322.

[98] 张绍升，谢志成．火鹤花衰退病诊断与检疫 [J]．植物检疫，2003，17（5）：264–268.

[99] 张绍升．进境红掌种苗有害生物风险分析 [J]．福建农林大学学报（自然科学版），2003，32（4）：414–419.

[100] 张绍升，章淑玲．寄生甘薯的肾形线虫种类鉴定 [J]．植物病理学报，2005，35（6）：560–562.

[101] 张绍升，章淑玲．甘薯茎线虫形态特征 [J]．植物病理学报，2006，36（1）：22–27.

[102] 张绍升．中国植物线虫学研究九十年 [C] //廖金铃，彭德良，郑经武，等．中国线虫学研究：第一卷．北京：中国农业科学技术出版社，2006.

[103] 张绍升，谢志成，刘国坤，等．潜根线虫对稻苗根系侵染的影响 [J]．亚热带农业研究，2011，7（3）：166–170.

[104] 张绍升，谢志成，刘国坤，等．潜根线虫侵染对水稻早衰的影响 [J]．福建农林大学学报（自然科学版），2011，40（6）：566–569.

[105] 张绍升，顾钢，刘长明．烟草病虫害诊治图鉴 [M]．福州：福建科学技术出版社，2012.

[106] 张绍升．优质稻病虫害诊治图鉴 [M]．福州：福建科学技术出版社，2014.

[107] 张绍升，刘国坤，肖顺，等．蔬菜病虫害速诊快治 [M]．福州：福建科学技术出版社，2015.

[108] 张绍升，刘国坤，肖顺．果树病虫害速诊快治 [M]．福州：福建科学技术出版社，2016.

[109] 张绍升，刘国坤，肖顺，等．花卉病虫害速诊快治 [M]．福州：福建科学技术出版社，2019.

[110] 张绍升，刘国坤，肖顺，等．食用菌病虫害速诊快治 [M]．福州：福建科学技术出版社，2020.

[111] 张雯，倪丽，刘国坤，等．淡紫拟青霉产几丁质酶特性及其对根结线虫卵的侵染作用 [J]．莱阳农学院学报，2004，21（2）：139–142.

[112] 张雯，倪莉，程丽云，等．淡紫拟青霉 FZ–0289 产几丁质酶的条件优化 [J]．福建农林大学学报（自然科学版），2005，34（2）：195–199.

[113] 张婷婷．虾壳上放线菌分离、筛选、鉴定及放线菌制剂的研制 [D]．福州：福建农林大学，2011.

[114] 范赛赛．尤溪县金柑黄化衰退病因研究及其治理 [D]．福州：福建农林大学，2018.

[115] 林艳婷．福建省香蕉根结线虫病发生与防治研究 [D]．福州：福建农林大学，2011.

[116] 罗仰奋，张绍升．香菇菌筒腐烂病的病原鉴定 [J]．福建农业大学学报，1996，25（2）：182–186.

[117] 周峡，张锦恒，张绍升．香蕉假植苗肾形线虫病的发生与病原鉴定 [J]．福建农林大学学报（自然科学版），2012，41（5）：460–463.

[118] 周峡，李世通，刘国坤，等．福建省漳州地区香蕉寄生线虫的初步调查与鉴定 [C] //廖金铃，彭德良，段玉玺．中国线虫学研究：第四卷．北京：中国农业科学技术出版社，2012.

[119] 周峡，林艳婷，张绍升．福建省香蕉根结线虫病调查与病原鉴定 [J]．热带作物学报，2013，34（11）：1–7.

[120] 周峡，肖雅敏，刘国坤，等．香蕉根际六线头垫刃线虫 *Cephalenchus hexalineatus* 的鉴定 [C] //廖金玲，彭德良，简恒，等．中国线虫学研究：第五卷．北京：中国农业科学技术出版社，2014.

[121] 周峡．福建省香蕉重要线虫病害及其病原鉴定 [D]．福州：福建农林大学，2016.

[122] 段艳．福建省观赏植物线虫种类调查与鉴定 [D]．福州：福建农林大学，2012.

[123] 洪彩凤，刘国坤，张绍升，等．福建省柑橘半穿刺线虫雌虫食线虫真菌的鉴定 [J]．福建林学院学报，2007，27（3）：263–266.

[124] 洪彩凤．柑橘慢衰病诊断与微生态治理 [D]．福州：福建农林大学，2008.

[125] 侯翔宇．福建省几种块茎作物重要病原线虫的分类鉴定 [D]．福州：福建农林大学，2018.

[126] 高小倩，段艳，刘国坤，等．袖珍椰子根际 2 种寄生线虫的鉴定 [C] //廖金铃，彭德良，段玉玺．中国线虫学研究：第三卷．北京：中国农业科学技术出版社，2010.

[127] 高小倩，刘国坤，肖顺，等．寄生柑橘的根腐线虫种类鉴定 [J]．亚热带农业研究，2012，8（3）：169–173.

[128] 高小倩．柑橘线虫病害的诊断与防治 [D]．福州：福建农林大学，2012.

[129] 郭全新，简恒．危害马铃薯的茎线虫分离鉴定 [J]．植物保护，2010，36（3）：117–120.

[130] 徐鹏刚，李惠霞，刘永刚，等．甘肃定西地区马铃薯腐烂线虫病的调查及品种抗性评价 [J].

甘肃农业大学学报，2017，52（3）：46-50.

[131] 黄美婷．柑橘上几种重要病原线虫的种类鉴定 [D]．福州：福建农林大学，2016.

[132] 黄斌锋，陈绵才，张绍升．福建省部分地区蔬菜根结线虫病的病原种类鉴定 [J]．福建农林大学学报（自然科学版），2011，40（3）：246-249.

[133] 黄斌锋，陈绵才，张绍升．福建省蔬菜根结线虫卵囊寄生真菌鉴定 [J]．亚热带农业研究，2011，7（2）：105-108.

[134] 黄巧敏．福建省火龙果线虫病害调查及其病原线虫种的鉴定 [D]．福州：福建农林大学，2020.

[135] 章淑玲．甘薯线虫病害及线虫种类鉴定 [D]．福州：福建农林大学，2005.

[136] 章淑玲，张绍升．甘薯茎线虫与镰刀菌对甘薯的复合侵染 [J]．福建农林大学学报（自然科学版），2007，36（4）：261-264.

[137] 章淑玲，张绍升．甘薯茎线虫 rDNA-ITS1 区的 PCR 扩增与序列分析 [J]．植物病理学报，2008，38（2）：132-135.

[138] 章淑玲，张绍升．甘薯的几种寄生线虫鉴定 [C] //廖金铃，彭德良，段玉玺．中国线虫学研究：第二卷．北京：中国农业科学技术出版社，2008.

[139] 章淑玲，张绍升，刘国坤，等．甘薯茎线虫对几种作物的致病性测定 [C] //廖金铃，彭德良，段玉玺．中国线虫学研究：第二卷．北京：中国农业科学技术出版社，2008，104-108.

[140] 章淑玲，李世通，刘国坤，等．花生种荚内寄生线虫的种类鉴定 [C] //廖金铃，彭德良，郑经武．中国线虫学研究：第四卷．北京：中国农业科学技术出版社，2012.

[141] 章淑玲，李世通，黄艳，等．福建省花生根部寄生线虫种类鉴定 [J]．植物保护，2012，38（5）：128-133.

[142] 章淑玲，林谷园，陈婷，等．袖珍椰子根际寄生线虫种类鉴定 [J]．福建农林大学学报（自然科学版），2013（2）：143-148.

[143] 章淑玲，林谷园．福建省蝴蝶兰根部寄生线虫种类鉴定 [J]．植物保护，2013，（1）：166-170.

[144] 章淑玲，廖琳琳，刘国坤，等．花生短体线虫病的病原鉴定与诊断 [J]．热带作物学报，2015，36（2）：365-370.

[145] 章淑玲．花生茎线虫（*Ditylenchus arachis* n. sp.）新种鉴定、生物学及快速检测技术 [D]．福州：福建农林大学，2016.

[146] 章淑玲，林谷园，肖顺．愈伤组织和培养温度对花生茎线虫繁殖力的影响 [J]．福建农林大学学报（自然科学版），2018，47（2）：144-147.

[147]章淑玲，林谷园，肖顺．花生茎线虫（*Ditylenchus arachis*）在真菌上的培养条件研究[J]．植物保护，2018，44（2）：100-103，121.

[148]程云，张绍升．腐烂茎线虫对花生的致病性[J]．福建农林大学学报（自然科学版），2007，36（5）：454-457.

[149] 程云．花生线虫种类鉴定与危害性调查 [D]．福州：福建农林大学，2008.

[150] 谢志成，张绍升．火鹤花短尾盾线虫和细尾丝尾线虫鉴定 [J]．福建农林大学学报（自然科

学版），2003，32（2）：185–188.

[151] 谢志成，张绍升．火鹤花上的几种线虫鉴定 [J]．福建农林大学学报（自然科学版），2003，32（4）：430–433.

[152] 谢志成，陈柳凤，刘国坤，等．福建草莓线虫病害及线虫种类鉴定 [J]．莱阳农学院学报，2004，21（2）：99–103.

[153] 谢志成，张绍升．寄生水稻的南方根结线虫 [C] //廖金铃，彭德良，郑经武．中国线虫学研究：第一卷．北京：中国农业科学技术出版社，2006.

[154] 谢志成．水稻根部线虫鉴定及潜根线虫对水稻的致病性 [D]．福州：福建农林大学，2007.

[155] 谢志成，吕伟成，杨卿，等．水稻根部八种线虫的鉴定 [J]．福建农林大学学报（自然科学版），2007，36（1）：20–24.

[156] 谢志成，杨卿，陈璟，等．野生稻对潜根线虫的抗性调查 [J]．福建农林大学学报（自然科学版），2007，36（3）：241–243.

[157] 廖琳琳．花生线虫病害病原鉴定与生物学研究 [D]．福州：福建农林大学，2015.

[158] 廖琳琳，章淑玲，肖顺，等．寄生于花生的根腐线虫种类鉴定及致病性测定 [J]．福建农林大学学报（自然科学版），2015，44（3）：240–244.

[159] 廖琳琳，肖顺，刘国坤，等．温度对短尾根腐线虫繁殖力的影响及其胚胎发育过程 [J]．福建农林大学学报（自然科学版），2017，46（3）：247–249.

[160] 樊敬辉．柑橘根部线虫种类鉴定及其根际微生态初步研究 [D]．福州：福建农林大学，2020.

[161] CHEN J W，CHEN S Y，NING X L，et al. First report of *Meloidogyne graminicola* infecting Chinese chive in China[J]．Plant disease，2019：103.

[162] EVANS K，TRUDGILL D L，WEBSTER J M. Plant parasitic nematodes in temperate agriculture [M]. UK: CAB International，1993.

[163] HUNT D J. Aphelenchida，Longidoridae and Trichodoridae:their systematics and bionomics [M]. UK: CAB International，1993.

[164] LUC M，SIKORA R A， BRIDGE J. Plant parasitic nematodes in subtropical and tropical agriculture [M]. UK: CAB Internathionl，1990.

[165] LIU G K，CHEN J，XIAO S，et al. Development of species-specific PCR primers and sensitive detection of the *Tylenchulus semipenetrans* in China [J]. Agricultural sciences in China， 2011，10（2）：252–258.

[166] QIAO K，BAI M， LIU G，et al. Unexpected rDNA divergence between two morphologically minimalistic nematodes with description of a new species （Tylenchomorpha: Tylenchidae）[J]． Nematology，2019，21（1）：57–70.

[167] QIAO K，BAI M，LIU G，et al. Description of *Labrys fuzhouensis* n. sp. and first record of *Coslenchus rafiqi* （Nematoda: Tylenchidae） from China [J]. Nematology， 2019，21（7）：693–708.

[168] SIDDIQI M R. Tylechida: Parasites of plants and insects [M]． UK: CAB Commonwealth Institute of Parasitology，1986.

[169] WANG Y F， XIAO S，HUANG Y K，et al. First Report of *Meloidogyne enterolobii* on Carrot in

China [J]. Plant Disease， 2014，98（7）:1019.

[170] WHITEHEAD A G. Plant nematode control[M]. UK: CAB Internathional，1998.

[171] ZHANG S L，LIU G K，JANSSEN T，et al. A new stem nematode associated with peanut pod rot in China: morphological and molecular characterization of *Ditylenchus arachis* n. sp.（Nematoda: Anguinidae）[J]. Plant pathology，2014，63（5）: 1193–1206.

[172] ZHANG S L，CHENG X，LIU G K，et al. Development of species-specific primer pairs for the molecular diagnosis of *Ditylenchus arachis* [J]. International Journal of Agriculture & Biology，2019，21（1）: 99–104.

[173] ZHOU X，LIU G K，XIAO S，et al. First report of *Meloidogyne graminicola* infecting banana in China [J]. Plant Disease，2015，99（3）: 470.

[174] ZHOU X，CHENG G X，XIAO S，et al. First Report of *Meloidogyne enterolobii* onBanana in China [J]. Plant Disease，2016，100（4）: 863.

作物线虫病害病原线虫索引